HANDBUCH DER PRAKTISCHEN UND EXPERIMENTELLEN SCHULBIOLOGIE

HANDBUCH DER PRAKTISCHEN UND EXPERIMENTELLEN SCHULBIOLOGIE

STUDIENAUSGABE IN 8 BÄNDEN

Herausgegeben von Oberstudiendirektor a. D.
Dr. *Hans-Helmut Falkenhan*, Würzburg

Unter Mitarbeit von

Oberstudiendirektor Prof. Dr. *Ernst W. Bauer*, Nellingen-Weiler Park; Universitätsprofessor Dr. *Franz Bukatsch*, München-Pasing; Studiendirektor Dr. *Helmut Carl*, Bad Godesberg; Studiendirektor Dr. *Karl Daumer*, München; *Hilde Falkenhan*, Würzburg; Studiendirektorin *Elisabeth Freifrau v. Falkenhausen*, Hannover; Dr. *Hans Feustel*, Hessisches Landesmuseum, Darmstadt; Studiendirektor Dr. *Kurt Freytag*, Treysa; Oberstudiendirektor a. D. *Helmuth Hackbarth*, Hamburg; Universitäts-Prof. Dr. *Udo Halbach*, Frankfurt; Studiendirektor *Detlef Hasselberg*, Frankfurt; Studiendirektor Dr. *Horst Kaudewitz*, München; Dr. *Rosl Kirchshofer*, Schulreferentin, Zoo Frankfurt; Studiendirektor *Hans-W. Kühn*, Mülheim-Ruhr; Studiendirektor Dr. *Franz Mattauch*, Solingen; Dr. *Joachim Müller*, Göttingen-Geismar; Professor Dr. *Dietland Müller-Schwarze*, z. Z. New York; Gymnasialprofessor *Hans-G. Oberseider*, München; Studiendirektor Dr. *Wolfgang Odzuck*, Glonn; Studiendirektor Dr. *Gerhard Peschutter*, Starnberg; Studiendirektor Dr. *Werner Ruppolt*, Hamburg; Professor Dr. *Winfried Sibbing*, Bonn; Studiendirektor Dr. *Ludwig Spanner*, München-Gröbenzell; Studiendirektor *Hubert Schmidt*, München; Universitätsprofessor Dr. *Werner Schmidt*, Hamburg; Oberstudienrätin Dr. *Maria Schuster*, Würzburg; Oberstudienrat Dr. *Erich Stengel*, Rodheim v. d. Höhe; Oberstudiendirektor Dr. *Hans-Heinrich Vogt*, Alzenau; Dr. med. *Walter Zilly*, Würzburg

AULIS VERLAG DEUBNER & CO KG · KÖLN · 1981

HANDBUCH DER PRAKTISCHEN UND EXPERIMENTELLEN SCHULBIOLOGIE

Band 8

Biologische Quellen
Anhang zum Gesamtwerk

AULIS VERLAG DEUBNER & CO KG · KÖLN · 1981

Der Text der achtbändigen Studienausgabe ist identisch
mit dem der in den Jahren 1970–1979 erschienenen Bände 1–5
des „HANDBUCHS DER PRAKTISCHEN UND
EXPERIMENTELLEN SCHULBIOLOGIE"

Best.-Nr. 9439
© AULIS VERLAG DEUBNER & CO KG KÖLN
Gesamtherstellung: Clausen & Bosse, Leck
ISBN 3-7614-0552-9
ISBN für das Gesamtwerk: 3-7614-0544-8

Inhaltsverzeichnis

	Seite
Vorwort	XV

Biologische Quellen

		Seite
Einleitung		2
I.	*Die Entstehung des Lebens*	3
	Aristoteles: „Über die Urzeugung"	3
	Louis Pasteur: „Die in der Atmosphäre vorhandenen organisierten Körperchen, Prüfung der Lehre von der Urzeugung,"	5
	Alexander, I. Oparin: „Die Entstehung der Urorganismen"	8
II.	*Struktur und Wachstum*	10
	Marcellus Malphigi: „Die Anatomie der Pflanzen"	10
	J. L. Sirlin: „Der Nukleolus"	12
	R. C. Valentine: „Die Gestalt der Viren"	15
	J. Reinert: „Morphogenese in pflanzlichen Gewebekulturen"	18
III.	*Physiologie, Biochemie und Kybernetik*	21
	Julius Sachs: „Gasabscheidung aus grünen Pflanzenteilen im orangenen und blauen Licht (Blasenzählmethode)"	21
	„Die Erzeugung der organischen Pflanzensubstanz (Assimilation) (die Blatthälftenmethode)"	22
	Wilhelm Pfeffer: „Gasabscheidung durch Wasserpflanzen"	25
	„Die Jodprobe"	28
	Paul Ehrlich: „Zur Theorie der Lysinwirkung"	33
	Alan Wiseman: „Der Mechanismus der Biosynthese von Enzymen in der Hefe"	35
	Wolf, D. Keidel: „Codierung, Signalleitung und Decodierung in der Sinnesphysiologie"	38
IV.	*Fortpflanzung*	40
	Aristoteles: „Geschlechtliche Fortpflanzung"	40
	Christian, C. Sprengel: „Das entdeckte Geheimnis der Natur im Bau und in der Befruchtung der Blumen"	41
	Carl v. Linné: „Von der Begattung der Pflanzen"	43
	Oskar Hertwig: „Der Befruchtungsvorgang"	45
	Lazzano Spallanzani: „Ob die Aale lebendige Junge gebären, wie die Meinung einiger Comachieser und berühmter Naturforscher ist"	49

V. Vererbung und Entwicklung

Gregor Mendel: „Versuche über Pflanzenhybriden" 53
Carl Correns: „G. Mendels Regel über das Verhalten der Nachkommen der Rassenbastarde" 58
Erich Tschermak: „Über künstliche Kreuzung bei Pisum sativum" . . . 59
August Weismann: „Der Begriff der Keimbahn" 61
Theodor Boveri: „Ergebnisse über die chromatische Substanz des Zellkerns" 62
„Erklärung der Mendel'schen Regeln durch die Chromosomenlehre" . . . 65
„Das Problem der Befruchtung" 67
Hans Spemann: „Neue Arbeiten über Organisatoren in der tierischen Entwicklung" 70
Eugen Fischer: „Das Bastardierungsproblem beim Menschen" 78
Fritz Lenz: „Zur seelischen Charakteristik der nordischen Rasse" 87
„Zur Erblichkeit der geistigen Eigenschaften" 93
Johannes Lange: „Die Anwendung der Zwillingsmethode auf die Frage der Verbrechensverursachung" 96
Thomas, H. Morgan: „Die stoffliche Grundlage der Vererbung" 98
„Crossing over" 102
Hermann, J. Muller: „Künstliche Änderung der Gene" 109
Oswald, Th. Avery: „Brief an seinen Bruder (Bedeutung der Nukleinsäuren)" 112
James, D. Watson u. Francis H. C. Crick: „Die molekulare Struktur von Nukleinsäuren" 113
„Molekularbiologie der Gene" 116
John Cairns: „Die Form und Reduplikation von Desoxyribonukleinsäure (DNS)" 118

VI. Abstammung 123

Jean Lamarck: „Über den Einfluß der Umgebungsverhältnisse auf die Artumbildung" 123
Georges Cuvier: „Die Umwälzungen der Erdrinde in Naturwissenschaftlicher und Geschichtlicher Beziehung" 128
Charles Darwin: „Die Entstehung der Arten durch natürliche Zuchtwahl" 130
„Zur Entstehung der Menschenrassen durch Naturzüchtung" 138
„Aus einem Brief an Ernst Haeckel vom 8. 10. 1864" 139
Karl, Wilhelm v. Nägeli: „Der Begriff der Modifikation" 140
August Weismann: „Die Unmöglichkeit der Vererbung erworbener Eigenschaften" 141
Zum biogenetischen Grundgesetz 148
1. *Arthur Schopenhauer:* „Zur Philosophie und Wissenschaft der Natur" 148
2. *Fritz Müller:* „Für Darwin" 148
3. *Ernst Haeckel:* „Anthropogenie" 149
4. *Oskar Hertwig:* „Kritik des biogenetischen Grundgesetzes" 149
Nikolaus Tinbergen: „Stammesgeschichtliche Betrachtungen — Die vergleichende Methode" 153

	Seite

Trofim, Denissowitsch Lyssenko: „Die Idee der Unerkennbarkeit in der Lehre von der Vererbungssubstanz" 155
Trofim, Denissowitsch Lyssenko: „Die Fruchtlosigkeit des Mendelismus-Morganismus" 156
Hans, Elmar Kaiser: „Die Problematik des Abnormen in der Evolution" 158

VII. Anpassung und Umwelt 165
Peter Krott: „Der große Höktanden — Mondnächte" 165
Jakob v. Uexküll: „Streifzüge durch die Umwelt von Tieren und Menschen" 166

VIII. Bauplan 175
Gajus, Julius Cäsar: „Der Hercynische Wald und seine Tierwelt" 175
Conradt Gessner: „Von dem Kuckuck" 176
„Von den Straussen (Strutocamelus)" 179
„Gründliche Beschreibung der Wasserpferde" 179
„Von der Wallschlangen" 179
„Von den Wasserschlangen" 180
Adam Lonitzerus: „Meyenblumen" 181
„Wegerich" 182
„Einhorn" 185
Johann, Jakob Scheuchzer: „Homo Diluvii Testis" 186
Johann, Bartholomäus, Adam Behringer: „Lithographiae Wirceburgensis" 188
Ernst Haeckel: „Arabische Korallen" 192

IX. Verhalten 197
Karl v. Frisch: „Demonstration von Versuchen zum Nachweis des Farbensinnes bei angeblich total farbenblinden Tieren" 197
„Über die Sprache der Bienen" 198
„Sprechende Tänze im Bienenvolk" 203
„Die Biene und ihr Himmelskompaß" 211
Konrad Lorenz: „Tiergeschichten" 214
Nikolaus Tinbergen: „Tiere untereinander" 218
Mario Marret: „Sieben Mann bei den Pinguinen" 219
Lois Crisler: „Wölfe jagen Karibus" 222
Yriö Kokko: „Das Geweih der Rentierkühe" 227

X. Biologische Schädlingsbekämpfung 228
Vorbemerkung des Herausgebers 228
Karl Gösswald: „Die Rote Waldameise im Dienste der Waldhygiene" ... 228

XI. Medizin 223
Ignaz Semmelweis: „Ätiologie, Begriff und Prophylaxis des Kindbettfiebers" 233
Robert Koch: „Die Ätiologie der Tuberkulose" 235
Emil von Behring: „30 Jahre Diphterieforschung" 237
Wilhelm, Conrad Röntgen: „Über eine neue Art von Strahlen" 241
Alexander Fleming: „Entwicklungsgeschichte des Penicillins" 248

Anhang zum Gesamtwerk

Die Ausstellung im Dienste der Schulbiologie

Seite

Einleitung 253
    1. Die Voraussetzungen für Ausstellungen 254
    2. Die Gestaltung von Ausstellungen 256
        a. Ausstellungsmaterial 256
        b. Ausstellungsthemen 258

Literatur (Auswahl) 266

Lebende Pflanzen und Tiere in der Schule

Einleitung 268

I. *Pflege und Zucht von Pflanzen in der Schule* 269
    Schulpflanzen und ihre Ausnutzung im Unterricht 271
        a. Liliaceen 272
        b. Amaryllidaceen 275
        c. Cyperaceen 276
        d. Araceen 277
        e. Palmen 277
        f. Bromeliaceen 278
        g. Commeliaceen 279
        h. Moraceen 279
        i. Crassulaceen 280
        k. Begoniaceen 282
        l. Convolvulaceen 282
        m. Euphorbiaceen 282
        n. Cactaceen und andere Sukkulenten 284
        o. Farngewächse 285

Literatur (Auswahl) 288

II. *Pflege und Zucht von Tieren in der Schule* 289
    1. Lebende Tiere in der Schule 289
    2. Aquarien 290
        a. Technik und Voraussetzungen 290
        b. Beispiele für die Gestaltung von Süßwasseraquarien 295
        c. Lurche in Aquarien 299
        d. Tümpelaquarien 300
        e. Meeresaquarien 305
        f. Unterrichtliche Ausnutzung von Aquarien 308
    3. Terrarien 310
        a. Technik und Voraussetzungen 310
        b. Beispiele für die Gestaltung von Terrarien 312
    4. Insektarien 317
    5. Zucht von Futtertieren 323

Literatur (Auswahl) 326

Schulversuche zum Thema Rauchen

Seite

Einleitung 336

A. Voraussetzungen 337

B. Versuche 338

   I. Teerstoffe 338
      Versuch 1: Einfacher Nachweis 338
      Versuch 2: Teerstoffe und Lungenzug 339
      Versuch 3: Nachweis mit Kochsalzzigarettenspitze 339
      Versuch 4: Prüfung handelsüblicher Filter 341
      Versuch 5: Braunfärbung von Kochsalz 342
      Versuch 5a: Rauchen mit Handgebläse 343
      Versuch 6: Prinzip der Wasserpfeife 344
      Versuch 7: Nachweis mit Watte oder Glaswolle 345

   II. Nikotin 345
      Versuch 1: Pulsbeschleunigung 346
      Versuch 1a: Projektion der Pulsbeschleunigung 347
      Versuch 2: Blutgefäßverengung 348
      Versuch 2a: Blutgefäßverengung; Nachweis mit „Raucherthermometer"
      nach Dr. Falkenhan 349

   III. Kohlenmonoxid 350
      Versuch 1: Vorversuch zum CO-Nachweis 351
      Versuch 2: CO-Nachweis im Zigarettenrauch 352
      Versuch 2a: Nachweis im Zigarettenrauch ohne Citratblut
      nach Prof. Glöckner 353
      Versuch 3: Nachweis von Oxihämoglobin 355
      Versuch 4: Nachweis, daß Oxihämoglobin eine lockere chemische Verbindung ist 355

   IV. pH-Werte des Zigaretten-, Zigarren- und Pfeifenrauches 356
      Versuch 1: Nachweis, daß Zigarettenrauch sauer reagiert 356
      Versuch 2: Nachweis, daß Zigarren- und Pfeifenrauch nicht sauer reagieren 357

C. Statistische Angaben und Ergebnisse medizinischer Untersuchungen 358

   1. Geringere Lebenserwartung von Rauchern 358
   2. Rauchen und Krebserkrankungen 359
   3. Rauchen und chronische Bronchitis und Lungenemphysem 360
   4. Rauchen und Herz- bzw. Kreislauferkrankungen 360
   5. Rauchen und Durchblutungsstörungen: „Raucherbein" 362
   6. Rauchen und Magengeschwüre 362
   7. Rauchen und der weibliche Organismus 362
   8. Rauchen der Mutter, Wirkung auf den Fötus 362
   9. Zunahme des Zigarettenkonsums 363

		Seite

10.	Sterberisiko der Zigarettenraucher nach Todesursache	363
11.	Rauchen und „Stiller Streß"	363
12.	Das Passivrauchen	364
13.	Rauchgewohnheiten der Jugendlichen	366
14.	Rauchen und Drogenkonsum	367
15.	Nikotin — ein schweres Magengift	368
16.	Nikotin — ein schweres Hautgift	368

Schlußbemerkungen 368
Der Schadstoffgehalt von 105 bekannten Zigarettenmarken 369
Literatur 372

Statistischer Wiederholungskurs, programmiert

Einleitung 376
Zur Benutzung eines programmierten Textes 376
Statistik nützlich 376
Warum Scheu vor Statistik? 377
Statistik als Forschungsmittel 377

I.	*Begriffe* 378
II.	*Tests, Verteilungen* 391
III.	*Analyse der Variationsursachen* 400
IV.	*Analyse von Zusammenhängen* 411

Fachwortlexikon
siehe Handbuch, Band III, 329—337

Statistische Lehrbücher, Literatur
siehe Handbuch, Band III, 337—338

Die Biologie in der Umgangssprache

I.	*Das Problem der Fachsprache* 425
II.	*Von den Pflanzen- und Tiernamen* 426
	1. Die primäre Aufgabe der Namen 426
	a. Die Herkunft der Namen 426
	b. Die Verwendung der Namen 428
	2. Die erweiterten Aufgaben der Namen 429
	a. Der einzelne Namen in fremder Umgebung 430
	Tiernamen bezeichnen Menschen — Tiernamen bezeichnen Pelzwerk — Tiernamen unter den Sternbildern — Tiernamen in fremder Umgebung — Teile von Tieren in fremder Umgebung

		Seite
	b. Der Name im Wortzusammenhang	434
	Das beigeordnete Adjektiv — Der Wie-Vergleich — Vergleich mit Adjektiva gebildet — Vergleich mit Verben gebildet — Tiere und Pflanzen in Redensart und Sprichwort	
	c. Neue Wortarten als Abkömmlinge des Namens	441
	Tiernamen werden zu Verben — Pflanzennamen werden zu Verben — Namen, die einfache Adjektiva prägten — Farbadjektiva — Pflanzen- und Tiernamen werden zu menschlichen Vornamen	
III.	*Von den jagdbaren Tieren*	447
	1. Besonderheiten der Jägersprache	447
	a. Substantiva	448
	b. Verben	449
	c. Tiernamen	450
	2. Von den Waffen des Jägers	451
	3. Von dem Gehilfen des Jägers	452
	4. Von der Jagd auf den Hasen	453
	5. Von der Jagd auf Vögel	454
	6. Von der Jagd auf Fische	454
IV.	*Von Haustieren und Nutzpflanzen*	455
	1. Besonderheiten der Bauernsprache	455
	a. Substantiva	456
	b. Verben	457
	c. Tiernamen	458
	2. Von den Haustieren	459
	a. Der Haushund	459
	b. Die Hauskatze	460
	c. Das Pferd	460
	Das Pferd als Reittier — Das Pferd als Zugtier	
	d. Das Hausrind	462
	e. Der Esel	463
	f. Das Schwein	463
	g. Das Schaf	464
	h. Die Ziege	465
	i. Das Haushuhn	465
	Die Familie des Haushuhns — Das Haushuhn als Eierleger	
	3. Von den Kulturpflanzen	466
	a. Wechselfälle beim Ackerbau	466
	b. Das Dreschfest	467
	c. Die Spinnfaser	467
V.	*Vom menschlichen Körper*	468
	1. Von den Namen um den menschlichen Körper	468
	a. Die eigenständigen Namen	468
	Die Hautoberfläche und ihre Veränderungen	
	b. Die eingewanderten Namen	474
	Pflanzen und ihre Teile — Tiere und ihre Teile — Eingewanderte Grundwörter für Komposita	

		c. Die ausgewanderten Namen	476
		Körperteile als Naturmaße — Ausgewanderte Grundwörter für Komposita — Vom Konkreten zum Abstrakten — Übertragungen in die Zoologie	
		d. Einige Ergebnisse der Untersuchung	478
	2.	Über die Redensarten um den menschlichen Körper	479
		a. Die eigenständigen Namen	480
		Redensarten um den gesunden Menschen — Übertreibungen — Redensarten um den kranken Menschen	
		b. Redensarten aus der Zoologie	482
		c. Redensarten aus anderen Quellen	483
		Biblische Zitate — Aus dem Mittelalter	
VI.	*Folgerungen und Ergebnisse*		484
Literatur			485

Umweltschutz

Einleitung 488

A. Neuartige Begrenzungs- und Regulationsfaktoren (Belastungsfaktoren) 490

I. *Dominieren der Population „Homo sapiens"* 490

II. *Sonstige Belastungsfaktoren und ihr chemischer oder physikalischer Nachweis* 491
1. Luftverunreinigungen 491
2. Verunreinigungen des Wassers 494
3. Lärm 499
4. Strahlung 499
5. Müll 500
6. Gefährdung des Bodens 501

B. Auswirkungen der Belastungsfaktoren auf die ökologischen Strukturen 503

I. *Abiotische Substanzen* 503
1. Biotest auf Luftverunreinigungen 503
2. Biotest auf Verunreinigungen eines Sees 504
3. Biotest auf Verunreinigungen des Bodens 505

II. *Produzenten* 506

III. *Konsumenten* 508

IV. *Zersetzer* 509

C. Auswirkungen der Belastungsfaktoren auf die ökologischen Funktionen 510

I. *Energiefluß* 510

		Seite
II.	*Stoffkreislauf*	513
III.	*Biotische Faktoren*	513
	1. Sukzessionen	513
	2. Konkurrenz	515

D. Auswirkungen der Belastungsfaktoren auf Ökosysteme 516

I. *Allgemeine Auswirkungen auf Ökosysteme* 516
  1. Vermutliche Ausgangssituation des Ökosystems 516
  2. Belastungsfaktoren 516
  3. Tatsächliche Situation des belasteten Ökosystems 516
  4. Darstellung des Istwerts 516

II. *Auswirkungen der Belastungsfaktoren auf bestimmte Ökosysteme* 519
  1. Aquatische Ökosysteme 519
  2. Terrestrische Ökosysteme 520
  3. Urban-industrielle Ökosysteme 522

E. Maßnahmen zum Erhalt bzw. zur Wiederherstellung einer gesunden Umwelt 524

I. *Änderung des Verhaltens* 524
  1. Geburtenkontrolle 525
  2. Unterrichtung 525
  3. Ökologische Produktion 525

II. *Gesetzliche Maßnahmen* 525
  1. Naturschutz 525
  2. Raumordnung und Landesplanung 526

Literatur 527
  1. Bücher 527
  2. Zeitschriften 527
  3. Veröffentlichungen in Zeitschriften 528

Die Stellung des Experiments im Biologieunterricht

I. *Versuche* 530

II. *Experimentelles Verfahren* 535

III. *Analyse* 535

IV. *Besprechung der Analysenergebnisse* 541

Literatur 541

Namen- und Sachregister 542

Vorwort des Herausgebers

Nach den Handbüchern für Schulphysik und Schulchemie bringt der AULIS VERLAG das vorliegende HANDBUCH DER PRAKTISCHEN UND EXPERIMENTELLEN SCHULBIOLOGIE heraus. Zur Mitarbeit an diesem mehrbändigen Werk haben sich erfreulicherweise mehr als 25 Biologen von Schule und Hochschule bereit erklärt, die im Handbuch jeweils ihr Spezialgebiet bearbeiten und sich durch ihre bisherigen schulbiologischen Veröffentlichungen einen Namen gemacht haben. Real- und Volksschullehrer werden es besonders begrüßen, daß unter ihnen auch Professoren der Pädagogischen Hochschulen zu finden sind.
Keine Wissenschaft hat in den letzten Jahrzehnten eine so stürmische Entwicklung durchgemacht, wie die Biologie. Beschränkte sie sich um die Jahrhundertwende noch fast ausschließlich auf Morphologie und Systematik, so haben inzwischen andere Disziplinen, wie Genetik, Physiologie, Ökologie, Phylogenie, Ethologie, Molekularbiologie, Kybernetik und Biostatistik eine ständig wachsende Bedeutung erlangt.
Diese sich ständig ausweitende Stoffülle erschwert den modernen Biologieunterricht außerordentlich. An der Hochschule und im Seminar hat der junge Biologielehrer zwar die Methodik und Didaktik seines Faches gründlich kennen gelernt, aber der praktische Unterrichtsbetrieb mit seiner starken Belastung macht es ihm nicht leicht, das Erlernte auch anzuwenden. Will er nicht nur mit Kreide und Tafel seinen Unterricht gestalten, muß er sehr viel Zeit für die Vorbereitung aufwenden, denn die Beschaffung der lebenden oder präparierten Naturobjekte, die Bereitstellung der verschiedenen Anschauungsmittel und die Vorbereitung eindrucksvoller Unterrichtsversuche erfordern viel Arbeit. Von erfahrenen Pädagogen sind zwar irgendwo in der umfangreichen Literatur die Wege beschrieben worden, wie man diese Schwierigkeiten am besten überwinden kann, aber gerade das Zusammensuchen der verstreuten Literaturstellen erfordert wiederum Zeit und Mühe und der Anfänger weiß oft nicht, wo er suchen soll. Manche Buch- und Zeitschriftenveröffentlichungen sind außerdem für ihn oft kaum beschaffbar.
Hier will das Handbuch helfen! Es soll dem in der Schulpraxis stehenden Biologen auf alle im Unterricht und bei der Vorbereitung auftauchenden Fragen eine möglichst klare und umfassende Antwort geben. Er soll hier nicht nur Ratschläge zur Beschaffung der Naturobjekte und Anschauungsmittel erhalten, sondern auch Vorschläge und genaue Anweisungen für Lehrer- und Schülerversuche finden, die sich besonders bewährt haben und ohne großen Aufwand durchführbar sind. Darüber hinaus bietet ihm das Handbuch statistisches Material, Tabellen, vergleichende Zahlenangaben und oft auch die Zusammenstellung wichtiger Tatsachen, die besonders unterrichtsbrauchbar sind. Auch die neuesten medizinischen Erkenntnisse, die für den Biologen interessant sind, wie etwa über Krebsvorsorge, Ovulationshemmer und die Belastung bei der Raumfahrt, kann er im Handbuch finden.

Wenn auch bereits in der Aufführung der Tatsachen, die für einen modernen Biologieunterricht wichtig sind, eine gewisse methodische Anweisung steckt, so wird doch im Handbuch auf spezielle methodische und didaktische Hinweise verzichtet. Der Fachlehrer soll hier die Freiheit haben, nach eigenem pädagogischen Ermessen zu unterrichten. Gerade aus diesem Grund wird das Handbuch von den Fachbiologen a l l e r Schultypen erfolgreich verwendet werden können.

Dagegen werden im Handbuch auch solche Probleme behandelt, die als V o r a u s s e t z u n g e n für einen modernen und erfolgreichen Biologieunterricht wichtig sind, wie etwa die Einrichtung von Unterrichts- und Übungsräumen und des Schulgartens. Auch die Beschreibung und Einsatzmöglichkeit der verschiedenen optischen und akustischen Hilfsmittel fehlt nicht. Trotz seines Umfanges kann das Handbuch natürlich nicht vollständig sein. Deshalb steht am Ende jeden Kapitels ein ausführliches Literaturverzeichnis.

Neben dem Inhaltsverzeichnis wird ein Stichwortverzeichnis dem Leser das Suchen erleichtern. Es ist so angelegt, daß alle Seiten aufgeführt sind, auf denen das Stichwort zu finden ist. Wenn aber das Stichwort an einer Stelle im Handbuch besonders gründlich behandelt wird, so ist die entsprechende Seite durch Fettdruck hervorgehoben.

Der 5. Band ist der Abschlußband des Handbuchs. Er enthält neben einem „Biologischen Quellenbuch", mit Auszügen aus Originalarbeiten bekannter Biologen, Ergänzungskapitel zum bisher behandelten Lehrstoff, die besonders wichtige Stoffeinheiten hervorheben. So finden sich in ihm Schulversuche zum Umweltschutz und zum Thema Rauchen; ferner Anleitungen zu Schulausstellungen und zum Halten von Tieren und Pflanzen in der Schule. Ein Wiederholungskurs Statistik (programmiert) und ein Kapitel über die Biologie in der Umgangssprache schließen sich an. Am Schluß finden sich Hinweise für den Lehrer, wie er den Wert und Erfolg biologischer Experimente genau überprüfen kann.

Um Wiederholungen zu vermeiden, wurde im allgemeinen auf Abschnitte in den schon erschienenen Bänden verwiesen. Wenn aber der Zusammenhang dadurch zu sehr verloren ging, auch um dem Benutzer unnötiges Suchen zu ersparen, erwies es sich als zweckmäßig, manche Versuche noch einmal zu beschreiben, besonders wenn es verschiedene Möglichkeiten ihrer Durchführung gibt.

Würzburg, im Herbst 1976

Dr. Hans-Helmut Falkenhan

BIOLOGISCHE QUELLEN

Von Oberstudiendirektor Dr. Hans-Helmut Falkenhan

Würzburg

und

Universitäts-Professor Dr. Müller-Schwarze

New York, Syracus

EINLEITUNG

In dem „Biologischen Quellenbuch" haben wir Auszüge aus Originalarbeiten von Biologen vom Altertum bis in unsere Zeit zusammengetragen. Durch sie soll dem Biologielehrer die Möglichkeit gegeben werden, den Stand des biologischen Wissens von Aristoteles bis zu den heute lebenden Nobelpreisträgern zu veranschaulichen.

Natürlich haben wir in erster Linie die bedeutendsten Vertreter der Biologie zu Wort kommen lassen, die durch ihre neuen Erkenntnisse den Fortschritt dieser Wissenschaft gefördert haben. Es finden sich in dem Quellenbuch aber auch Beiträge, die aufzeigen, welche Irrtümer das biologische Denken bis heute zeitweise beherrschten und den Fortschritt hemmten. — Auch die Vertreter anderer Wissenschaften, wie Mediziner, Paläontologen und Physiker haben wir berücksichtigt, wenn ihre Entdeckungen in engem Zusammenhang mit unserer Wissenschaft stehen.

Würzburg, im Sommer 1976 *Dr. Hans-Helmut Falkenhan*

Dr. D. Müller-Schwarze

I. Die Entstehung des Lebens

ARISTOTELES:

Aus „Über die Urzeugung"

Übrigens verhält es sich auch bei den Pflanzen so, daß die einen aus Samen entstehen, die anderen durch spontane Bildung; und zwar entstehen die letzteren so, daß entweder die Erde in Fäulnis übergeht oder daß sie aus gewissen Teilen innerhalb anderer Pflanzen hervorgehen. Denn manche Pflanzen bilden sich nicht für sich allein, sondern entstehen auf anderen Bäumen wie z. B. die Mistel. Alle Schaltiere entstehen von selbst im Schlamm: in dem unrathaltigen die Austern, in dem sandigen die Conchen [Muscheln] und die anderen [bereits genannten] Arten, in den Felsklüften die Seescheiden und Meereicheln und die an der Oberfläche lebenden wie die Napfschnecken [Patella] und die Neriten.
Auch die sogenannten Seelungen [Schirmquallen] entstehen von selbst.... Der Einsiedlerkrebs bildet sich spontan aus Erde und Schlamm, begibt sich dann in leere Schalen und wandert, wenn er größer geworden ist, wieder in eine andere größere Schale.
Andere [Insekten] entstehen nicht von lebenden Eltern, sondern von selbst, und zwar manche aus Tau, der auf die Blätter fällt, der Regel nach im Frühling, oft aber auch im Winter, wenn längere Zeit heiteres Wetter und Südwind geherrscht hat; andere wieder entstehen in faulendem Schlamm und Mist, noch andere im Holz, sowohl lebendigem, als trockenem, wieder andere in den Haaren oder im Fleisch der Tiere, ferner andere in den Exkrementen, entweder in den schon nach außen beförderten oder in den noch im Leibe des Tieres befindlichen wie die sogenannten Eingeweidewürmer.
Auch in den Stoffen, welche der Fäulnis am wenigsten unterworfen zu sein scheinen, entstehen Tiere, wie z. B. in altem Schnee. Alter Schnee rötet sich allmählich, daher haben auch die auf ihm befindlichen behaarten Würmer diese Farbe.... Auf der Insel Cypern, wo Kupfererz gebrannt wird, entstehen, wenn es mehrere Tage hintereinander aufgeschichtet wird, in dem Feuer Tiere mit kurzen Flügeln, die etwas größer sind als die großen Fliegen; sie springen und laufen durch das Feuer. Sowohl die Würmer wie auch diese Tiere sterben, wenn man sie vom Feuer bzw. vom Schnee entfernt. Daß es übrigens möglich ist, daß manche tierische Bildungen nicht verbrennen, beweist der Salamander: von diesem heißt es nämlich, daß er, wenn er durch Feuer hindurchgeht, es auslöscht.
Andere kleine Tierchen entstehen in Wolle und Wollstoffen, z. B. die Motten, die sich besonders dann häufig bilden, wenn die Wolle staubig ist.
Die meisten Fische entstehen aus Eiern. Indes gibt es auch unter den Sippen, die sich durch Begattung und Eier fortpflanzen, einige, die aus Schlamm und Sand

entstehen. Solche finden sich wie in anderen Sümpfen auch angeblich in einem See bei Knidos. Als dieser nämlich um die Hundstage austrocknete und auch der ganze Schlamm trocken geworden war, zeigten sich, als nach den ersten Regengüssen das Wasser wieder hineingekommen war, sofort mit dem Erscheinen des Wassers kleine Fische darin; und zwar war dies eine Art Meeräsche [Mugill], die niemals durch Begattung entsteht.... Alle Fische aber, die weder Eier legen noch lebendige Junge gebären, entstehen teils aus Schlamm, teils aus Sand und aus emporsteigenden Fäulnisstoffe, wie z. B. der sogenannte „Schaum" der Aphye aus der sandigen Erde hervorkommt. Diese Art Aphye wächst nicht und ist unfruchtbar und geht zugrunde, wenn sie längere Zeit gelebt hat; jedoch bilden sich wieder neue. Daher wird sie mit Ausnahme eines kurzen Zeitraumes fast während des ganzen Jahres angetroffen.

Die Aale entstehen weder durch Begattung noch pflanzen sie sich durch Eier fort; auch ist niemals ein Aal mit Samenflüssigkeit oder Eier gefangen worden, und an aufgeschnittenen Tieren findet man innen weder Samengänge noch Eierstöcke; vielmehr entsteht dieses ganze Geschlecht von Bluttieren weder durch Begattung noch aus Eiern. Daß es sich so verhält, ergibt sich daraus, daß in einigen sumpfigen Seen, wenn alles Wasser ausgeschöpft und der Schlamm zusammengetrocknet war, die Aale wieder erschienen, sobald sich wieder Regenwasser in ihnen gesammelt hatte. Dagegen wurden sie in stagnierenden Teichen nicht gefunden; denn sie leben und nähren sich von Regenwasser. Hieraus ist klar, daß sie weder durch Begattung noch aus Eiern entstehen können. Wenn aber einige meinen, daß die Aale Junge erzeugen, weil man bisweilen in ihnen Würmer findet, aus denen man die Entstehung der Aale herleitet, so ist diese Ansicht nicht richtig; die Aale entstehen vielmehr aus sogenannten „Erddärmen", die sich in dem Schlamm und der wasserreichen Erde von selbst entwickeln; und es ist schon beobachtet worden, wie Aale aus ihnen herausschlüpften oder sich in ihnen zeigten, wenn man sie auseinanderbrach oder zerschnitt. Dergleichen Erddärme finden sich sowohl im Meere als in den Flüssen, sobald nämlich dort Fäulnis in hohem Grade auftritt, und zwar im Meere an solchen Orten, wo viel Tang ist, in den Flüssen und Seen aber an den Rändern: denn dort wirkt die Sonnenwärme fäulniserregend.

[Theorie der Urzeugung]: Alle Organismen, die auf diese Weise [spontan] in der Erde oder im Wasser sich bilden, entstehen im Zusammenhang mit einer Art Fäulnis und dem Hinzutreten von Regenwasser. Denn indem das Süße sich zur Herstellung des bildenden Prinzips abscheidet, nimmt das Übrigbleibende eine entsprechende Gestalt an. Es entsteht aber nichts dadurch, daß es verwest, sondern alles durch Garkochung; die Fäulnis und das Verweste sind nur eine Ausscheidung des Gargekochten. Denn nichts entsteht aus dem gesamten Stoffe, ebensowenig wie bei den durch die Kunst gefertigten Dingen. Denn sonst hätte die Kunst nichts zu tun nötig; aber hier nimmt die Kunst, dort die Natur einen Teil des unbrauchbaren Stoffes hinweg. Die Tiere und Pflanzen entstehen in der Erde und im Feuchten, weil in der Erde Wasser vorhanden ist und im Wasser Luft [Pneuma], in aller Luft aber Lebenswärme [psychische Wärme], so daß gewissermaßen alles von Leben [Seele] erfüllt ist. Daher bilden sich rasch lebende Körper, sobald diese Luft in einem Raum eingeschlossen wird; sie wird dann umschlossen, indem sich bei der Erwärmung der [erdigen] körperhaften Flüssigkeit eine Art schaumiger Blase bildet. Ob nun das, was sich bildet, eine vollkommenere oder eine minder vollkommene Art wird, davon liegt der Unterschied in dem eingeschlossenen Lebenskeim; und die Ursachen, die dabei wirken, sind in dem Ort und dem Stoff [der das vitale Prinzip einschließt] zu suchen. Im Meerwasser ist eine Menge erdigen Stoffes, daher entspringt aus einer solchen Mischung die Bildung der Schaltiere, indem sich das Erdige ringum erhärtet und auf dieselbe Weise fest wird wie die Knochen und Hörner; inwendig aber wird der lebendige Leib des Tieres eingeschlossen.

Aristoteles (389 v. Chr. — 322 v. Chr.): Griechischer Denker, Schüler Platos, ab 343 v. Chr Erzieher Alexander d. Großen. Er war nicht nur der bedeutendste Philosoph, sondern auch der kenntnisreichste Naturwissenschaftler seiner Zeit. Besonders widmete er sich der Biologie. Seine Erkenntnisse auf biologischem Gebiet, wurden bis zum Beginn der Neuzeit gelehrt. Seine Irrtümer widerlegten erst die Forscher der letzten Jahrhunderte.

LOUIS PASTEUR:

Aus „Die in der Atmosphäre vorhandenen organisierten Körperchen, Prüfung der Lehre von der Urzeugung"

Abhandlung (1862); Verlag von Wilhelm Engelmann, Leipzig, 1892
Ostwalds Klassiker der exakten Wissenschaften, Nr. 39

Kapitel IV

Aussaat von Staub, der in der Luft suspendiert ist, in zur Entwicklung niederer Organismen geeigneten Flüssigkeiten

Die Versuchsergebnisse der beiden vorausgehenden Kapitel haben uns gelehrt,
1. daß in der gewöhnlichen Luft stets organisierte Körperchen suspendiert sind, welche den Keimen niederer Organismen vollständig gleich sind,
2. daß zuckerhaltiges Wasser von Bierhefe, eine gewöhnlicher Luft außerordentlich veränderliche Flüssigkeit, unversehrt und durchsichtig bleibt, ohne Infusorien oder Schimmel zu erzeugen, wenn sie mit vorher geglühter Luft in Berührung gelassen wird.

Dies voraussetzend, wollen wir versuchen zu erforschen, was sich bei Berührung mit derselben Luft ereignen würde, wenn man in das zucker- und eiweißhaltige Wasser Staub hineinsät, den zu sammeln wir im Kapitel II kennen gelernt haben, ohne irgend etwas anderes als diesen Staub hineinzubringen.

Welches auch immer die Versuchsmethode sein mag, es ist nötig, daß sie vollständig die Quecksilberwanne ausschließt, weil alle Ergebnisse dadurch getrübt werden würden. Ich habe das für diesen Punkt der Frage unmittelbar durch besondere Versuche, über welche hierzu berichten ich nicht für nützlich halte, festgestellt. Ich werde übrigens noch Gelegenheit haben, auf den Nachteil in der Verwendung des Quecksilbers bei dieser Art Experimente zurückzukommen. Folgendes sind die Anordnungen, welche ich traf, um den Staub der Luft in fäulnis- oder gährungsfähige Flüssigkeiten bei Gegenwart von geglühter Luft zu bringen.

Nehmen wir unseren zuckerhaltiges Hefewasser und geglühte Luft enthaltenden Ballon wieder vor. Ich setze voraus, daß der Ballon seit zwei oder drei Monaten im Wärmschrank bei 25 bis 30 Grad zubringt, ohne dort irgend eine wahrnehmbare Veränderung erfahren zu haben, deutlicher Beweis von der Unwirksamkeit der geglühten Luft, mit der er unter gewöhnlichem Luftdruck gefüllt wurde.

Mittels einer Kautschukröhre verbinde ich den Ballon, während seine Spitze beständig geschlossen bleibt, mit einem Apparate, der folgendermaßen aufgestellt ist. T ist ein starkes Glasrohr von 10 bis 12 Millimeter lichtem Durchmesser. in welches ich ein Stückchen Rohr von kleinem Durchmesser a legte, das an seinen Enden offen war, frei in der dicken Röhre gleiten konnte und einen Teil eines der kleinen mit Staub beladenen Baumwollpfropfen umschloß; R ist eine Messingröhre von der Form eines T mit Hähnen, von denen der eine mit der Luftpumpe in Verbindung steht, ein anderer mit einer rotglühenden Platinröhre und der dritte mit der Röhre T; cc stellt das Kautschukrohr vor, welches den Ballon B mit der Röhre T verbindet.

Wenn alle Teile des Apparates aneinander gefügt sind und die Platinröhre durch den bei G abgebildeten Gasofen auf Rotglut gebracht ist, so evacuiert man, nachdem man den zu dem Platinrohr führenden Hahn geschlossen hat. Dieser Hahn wird darauf geöffnet, so daß er allmählich wieder geglühte Luft in den Apparat eintreten läßt. Die Evacuierung und das Wiederhinzutreten der geglühten Luft werden abwechselnd zehn bis zwölf Mal wiederholt. So findet sich die kleine Röhre mit Baumwolle mit geglühter Luft bis in die kleinsten Zwischenräume der Baumwolle erfüllt, doch hat dieselbe ihren Staub bewahrt. Nachdem dies geschehen ist, breche ich die Spitze des Ballons durch den Kautschuk cc hindurch ab, ohne die Schnürchen aufzubinden; dann lasse ich die kleine Röhre mit Staub in den Ballon gleiten. Endlich verschließe ich vor der Lampe den Hals des Ballons, welcher von Neuem in den Wärmschrank zurückgestellt wird. Nun ereignet es sich regelmäßig, daß in dem Ballon Gebilde nach vierundzwanzig, sechsunddreißig oder höchstens achtundvierzig Stunden anfangen zu erscheinen.

Das ist genau die Zeit, welche notwendig ist, daß die nämlichen Gebilde in zuckerhaltigem Hefewasser auftreten, wenn dasselbe der Berührung mit gewöhnlicher Luft ausgesetzt wird.

Folgendes sind die Einzelheiten einiger Versuche:

In den ersten Tagen des November 1859 richtete ich mehrere Ballons von 250 ccm Inhalt her, welche 100 ccm zuckerhaltiges Hefewasser und 150 cm geglühte Luft enthielten. Sie blieben im Wärmeschrank bei einer Temperatur von nahezu 30 Grad bis zum 8. Januar 1860 stehen. An diesem Tag brachte ich gegen neun Uhr Morgens in einen dieser Ballons einen Teil eines Baumwollpfropfes, welcher mit Staub beladen war, der aufgefangen wurde, wie ich es im Kapitel II auseinandergesetzt habe.

Am 9. Januar neun Uhr Morgens bietet die Flüssigkeit des Ballons nichts Besonderes dar. Sechs Uhr Abends desselben Tages sieht man sehr deutlich kleine Büschel Schimmel aus der Röhre mit Staub hervorkommen. Vollständige Klarheit der Flüssigkeit.

Am 10. Januar fünf Uhr Abends bemerke ich außer den seidenglänzenden Büscheln von Schimmel, während die Flüssigkeit noch vollkommene Klarheit bewahrt hatte, auf den Wänden des Ballons eine große Zahl weißer Streifen, welche

in verschiedenen Farben schillern, wenn man den Ballon zwischen das Auge und das Licht hält.
Am 11. Januar hat die Flüssigkeit ihre Klarheit verloren. Sie ist so stark getrübt, daß man die Myceliumbüschel nicht mehr unterscheiden kann. Nun öffne ich den Ballon durch einen Feilstrich und studiere die verschiedenen Gebilde, welche in ihm entstanden sind, unter dem Mikroskop. Die Trübung der Flüssigkeit wird von einer Menge kleiner Bakterien von den allergeringsten Dimensionen veranlaßt, welche in ihren Bewegungen sehr schnell sind, sich lebhaft hin- und herbewegen oder hin- und herschwingen usw.
Die seidenglänzenden Büschel werden von einem Mycelium aus verzweigten Fäden gebildet.
Endlich besteht jene Art staubartigen Niederschlages in Gestalt weißer Streifen, der sich am 10. Januar zeigte, aus einer sehr eleganten Torulacee. Diese Torulacee ist in den eiweiß- und zuckerhaltigen Flüssigkeiten sehr häufig, sie entwickelt sich z. B. in dem etwas sauer gemachten Rübensaft, in dem Harn der Diabetiker, und man könnte sie leicht mit der Bierhefe verwechseln, der sie durch ihre Entwicklungsweise gleicht, wenn der Durchmesser ihrer Kügelchen nicht merklich kleiner wäre, als derjenige der Hefezellen, und zwar um ein Drittel oder selbst um die Hälfte kleiner. Die Kügelchen dieser Torulacee sind wenig körnig und durchsichtiger als die Kügelchen der Bierhefe. Wenn überhaupt ein Zellkern zu sehen ist, ist nur einer und zwar sehr deutlich zu sehen. Diese Kügelchen vermehren sich durch Sprossung und nehmen durch diese Vermehrungsweise die verzweigte Gestalt der Bierhefe an.
So haben wir dreierlei Gebilde, welche unter dem Einfluß des ausgesäten Staubes entstanden sind, Gebilde derselben Art wie diejenigen, welche man in den nämlichen zucker- und eiweißhaltigen Flüssigkeiten entstehen sieht, wenn man sie der Berührung mit gewöhnlicher Luft überläßt....
... Hier ist die geeignete Stelle, zu bemerken, daß es nichts Wahrheitswidrigeres gibt, als jene von den Anhängern der Urzeugung oft wiederholte Behauptung, „daß dem Erscheinen der ersten Organismen immer Gährungs- oder Fäulniserscheinungen vorausgehen, und daß die Bildung der Aufgußtiere bei den Macerationen die Folge einer Entwicklung verschiedener Gase ist, welche wir der Zersetzung der angewandten Substanzen verdanken, und daß erst nach dem Bemerkbarwerden dieser Erscheinungen an der Oberfläche der Flüssigkeiten ein besonderes Häutchen ensteht." ♂♂) Wenn man mir von gährungsfähiger Bewegung, welche ich in meinen Flüssigkeiten veranlasse, indem ich den Staub in dieselben aussäe, spricht, von gährungsfähiger Bewegung, welche zur Entfaltung der zeugenden Kräfte nötig ist, so sehe ich darin nur vage Worte, denen mich das Experiment lehrt, keinen vernünftigen Sinn beizulegen.
♂♂) Pouchet, Traité de la génération spontanée 1859, p. 352 u. 353.

Louis Pasteur (1822—1895): *Pasteur* war Biologe und Chemiker und wirkte als Professor an den Universitäten Dijon, Straßburg, Lille und Paris. Er erforschte die Gärung und die Fäulnis, entwickelte die Konservierung und die Schutzimpfung und begründete die Lehre von den asymmetrischen Kohlenstoffatomen und von der optischen Aktivität. Er widerlegte endgültig die Lehre von der ständigen Urzeugung lebender Organismen aus faulender Substanz.

ALEXANDER, IWANOWITSCH OPARIN:

Aus „Die Entstehung der Urorganismen"

Mit Genehmigung des volkseigenen Verlags „Volk und Wissen", Berlin-DDR

Solange die organische Substanz völlig mit ihrer Umgebung ineinanderfloß, solange sie in den Gewässern der irdischen Urhemisphäre gelöst war, konnten wir die Entwicklung dieser Substanz im ganzen, in ihrer Gesamtheit betrachten. Sobald sich aber diese organische Substanz in bestimmten Raumpunkten, in den Tröpfchen des Koazervats, konzentriert hatte, sobald sich diese Gebilde durch irgendeine mehr oder weniger ausgeprägte Grenzfläche von der Umgebung abgesondert hatten, empfingen sie auch eine gewisse Individualität. Die weitere Geschichte irgendeines dieser Koazervattröpfchen konnte sich wesentlich von der Geschichte eines anderen, ebensolchen Tröpfchens unterscheiden. Sein Schicksal wurde nicht mehr allein von den Bedingungen der äußeren Umgebung bestimmt, sondern auch von seinem inneren, spezifischen physikalisch-chemischen Bau, der in seinen Einzelheiten nur ihm allein eigen war und bei anderen Tröpfchen einen etwas anderen, wieder für jedes Tröpfchenindividuum charakteristischen Ausdruck haben konnte....

Denn dieses Tröpfchen schwamm nicht einfach in Wasser, sondern in einer Lösung verschiedenartigster organischer und anorganischer Verbindungen. Es adsorbierte diese Stoffe aus der Umgebung, und schon dadurch veränderte sich allmählich sein Inhalt. Die aus der Umgebung ins Tröpfchen gelangenden Stoffe traten in chemische Wechselwirkung mit den Stoffen des Koazervats selbst, und innerhalb des Tröpfchens vollzogen sich andauernd zahlreiche chemische Reaktionen. Mögen anfangs diese Reaktionen noch sehr langsam verlaufen sein und einen fast ebenso zufälligen, unordentlichen Charakter getragen haben wie die Stoffumsätze im Außenmedium, so mußten sich doch bereits in den ersten Stadien der Existenz unserer Kolloidgebilde zwei wesentliche Umstände auswirken, die eine höchst bedeutsame Rolle im Prozeß der weiteren Entwicklung der Materie spielten.

Erstens prägten die individuellen Besonderheiten der physikalisch-chemischen Konstitution eines jeden Koazervattröpfchens den chemischen Umwandlungen, die im gegebenen Tröpfchen vor sich gingen, eine bestimmte Eigenart auf. Das Vorhandensein irgendeiner Substanz oder eines Radikals, das Vorhandensein oder Fehlen der einfachsten anorganischen Katalysatoren (vom Typus des Eisens, Kupfers, Kalziums usw.), die Konzentration der Eiweiß- und anderer Kolloidstoffe, die das Koazervat bildeten, und schließlich eine bestimmte, vielleicht sogar sehr unbeständige Struktur, die als Ergebnis der Wirkung der Richtkräfte entstand — alles das äußerte sich in Richtung und Geschwindigkeit der einzelnen chemischen Reaktionen, die sich im gegebenen Koazervattröpfchen abspielten, alles das gab den chemischen Prozessen, die sich in den Koazervaten entwickelten, einen spezifischen Charakter. Auf diese Weise bestand ein gewisser Zusammenhang zwischen dem individuellen Bau, der Organisation des Tröpfchens und den chemischen Umsetzungen, die in ihm vor sich gingen.

Zweitens waren die verschiedenen, sich chaotisch innerhalb des Koazervattröpfchens abspielenden chemischen Reaktionen für sein weiteres Schicksal nicht gleichgültig. Von diesem Standpunkt aus hatten einige von ihnen positive Be-

deutung, verhalfen zu größerer Beständigkeit, zu längerer Existenzdauer des gegebenen Systems. Andere trugen im Gegenteil einen negativen Charakter, führten zum Zerfall, zum Verschwinden unseres individuellen Tröpfchens....
In den von uns beschriebenen primären Kolloidgebilden war die Koordinierung zwischen den einzelnen chemischen Reaktionen noch verhältnismäßig schwach ausgebildet. Die von außen herantretenden organischen Stoffe und die Zwischenprodukte des Zerfalls konnten hier chemische Veränderungen noch in sehr verschiedenen Richtungen erleiden. Infolge der schlechten Abstimmung der Prozesse aufeinander befand sich der Nutzeffekt der chemischen Energie dieser Prozesse hinsichtlich kombinierter Synthesen und somit auch des Wachstums auf sehr niedriger Stufe. Die Wirkung der natürlichen Zuchtwahl ging darauf hinaus, aus dem ganzen Chaos der verschiedenartigsten chemischen Möglichkeiten bestimmte wirkungsvollste Wege für die Energieprozesse herauszuarbeiten und festzulegen. Dies wurde durch das nach und nach erfolgende Entstehen von Regulationsmechanismen erreicht, mit deren Hilfe die einzelnen Reaktionsgeschwindigkeiten immer mehr und mehr aufeinander abgestimmt wurden. Dank dessen verminderte sich die Vielgestaltigkeit der chemischen Möglichkeiten, die früher den verschiedenen Zwischenprodukten des Stoffwechsels offenstand, dafür aber erhöhte sich die allgemeine Abgestimmtheit des Prozesses als Ganzes....
Auf Grund des Gesagten mußte sich im Entwicklungsprozeß dieser Gebilde neben dem Entstehen und der Rationalisierung einzelner Fermentkomplexe auch eine Organisation höherer Ordnung anbahnen. Diese Organisation war auf einer gewissen Koordinierung bereits ganzer Fermentgruppen aufgebaut, was die Verwirklichung so komplizierter chemischer Verwandlungen ermöglichte, wie sie den einfachsten Urkoazervaten völlig unzugänglich waren....
Die Entstehung der Zelle mit ihren differenzierten Formelementen ist bloß der äußere sichtbare Ausdruck einer stetigen Komplikation und Vervollkommnung der inneren physikalisch-chemischen Struktur unserer primären Kolloidgebilde. Ihre sehr vergängliche, wechselseitige Orientierung der Molekularkomplexe gewann im Verlauf der Entwicklung einen beständigeren Charakter und gab schließlich den Anlaß für Bildung bereits mikroskopisch sichtbarer Komplexe und Strukturen.
Auf diese Weise sind als Ergebnis einer langwierigen Entwicklung jener individuellen Kolloidsysteme, die sich irgendwann aus der anfänglichen wässerigen Lösung organischer Stoffe abgeschieden hatten, die einfachsten Organismen, die Urlebewesen, entstanden. Diese neue Existenzform der Materie konnte sich nur auf der Grundlage biologischer Gesetzmäßigkeiten bilden, die sich im Verlauf des Prozesses der Entstehung des Lebens formten. Wir würden vergeblich versuchen, mit Hilfe irgendwelcher elementarer physikalischer oder chemischer Prozesse das Auftreten solcher für die Organismen charakteristischer Eigenschaften, wie z. B. die festgelegte Bauart der Eiweißkörper, die Asymmetrie des Protoplasmas, die außerordentliche Geschwindigkeit und Abgestimmtheit biochemischer Reaktionen, die Fähigkeit zur Selbstvermehrung usw., zu erklären.

Alexander Iwanowitsch Oparin, geb. 1894, russischer Biochemiker veröffentlichte 1924 vor *H. B. S. Haldares* Schrift über den Ursprung des Lebens (1928) zum erstenmal eine Arbeit, die 1936 in erweiterter Form erschien und bald darauf in mehrere Sprachen übersetzt wurde. Die deutsche Ausgabe heißt „Die Entstehung des Lebens auf der Erde". *Oparin* leitet die ersten Organismen von abgegrenzten Partikeln organischer Substanzen, „Koazervaten", her.

II. Struktur und Wachstum

MARCELLUS MALPHIGI:

Aus „Die Anatomie der Pflanzen"

I. u. II. Teil, London 1675 und 1679, Verlag von Wilhelm Engelmann, 1901
Ostwalds Klassiker der exakten Wissenschaften, Leipzig, Nr. 120

... „Welches der Weg des Nahrungssaftes ist und ob der Saft von den äußersten Spitzen der Pflanzen zu den untersten Teilen zurückfließt und nach Bedürfnis nach der ganzen Peripherie, nach oben und unten getrieben wird, das ist fraglich. Wenn Wurzeln aus den Spitzen der Äste hervorbrechen, so schreiben sie dem in diesen enthaltenen Saft einen umgekehrten Weg und eine neue Bahn vor: denn es sind keine Klappen dazwischen, die eine bestimmte Bewegung bedingen. Einiges Licht darüber verbreiten die von mir an verschiedenen Bäumen angestellten Versuche. An einigen Sprossen und Zweigen nämlich habe ich einen horizontalen Schnitt in die Rinde gemacht und von ihr und dem Bast einen Ring abgetragen, so daß das darunter befindliche Holz freigelegt wurde. Als an den Zweigen des Ahorn, der Pflaumen, Quitte, Eiche, Weide, Pappel, Hasel u. a. ein derartiger Ringschnitt gemacht war, entwickelte sich der obere Teil des Sprosses oder Stammes über dem Schnitt nach kurzem Wachstum der Art, daß er stark anschwoll; in der Rinde nämlich, besonders bei der Eiche, den Pflaumen, der Quitte, verlängern sich die Querreihen der Zellen so, daß häufig Auswüchse entstehen, durch welche die entblößte Stelle des Holzes bedeckt wird: und indem sich von neuem eine Verbindung mit dem unteren Schnittrand der Rinde bildet, wird der Zusammenhang derselben wieder hergestellt, wobei auch der Teil des Zweiges über der Schnittstelle zu einem holzigen Ring auswächst und dick anschwillt: der entblößte Holzteil aber bleibt dünn, indem kein Wachstum eintritt, was auch bei dem übrigen Teil des Sprosses unter der Schnittstelle geschieht. Dasselbe ereignete sich öfters, wenn ich einen spiraligen Einschnitt machte, bei Äpfel- und Pflaumenbäumen. Nur das fand ich merkwürdig, daß bisweilen an dem unteren Teil, nicht weit von dem Schnitt mehrere Knospen, besonders im Sommer, ohne bestimmte Stellung hervorbrechen, die sich zu neuen Sprossen entwickeln. Aus der Vergrößerung der Masse an dem Sproß über dem Schnitt kann man mit Recht schließen, daß der Nahrungssaft an den oberen Teilen zu den unteren zurückfließe: denn da die Gefäße der Rinde und des Bastes durchschnitten sind und den Nahrungssaft nicht weiter nach unten leiten können, so rufen sie am Holz und an der Rinde ein neues Wachstum hervor. Andererseits dringt ein Teil des Saftes, der besonders in den Gefäßen der Rinde geleitet und in den Querreihen der Zellen unterhalb des Schnittes verarbeitet wird, aus der Rinde und dem Bast in die Knospen und schließlich in die Äste, wobei eine Vergrößerung der Rinde und ein Zuwachs der Holzschicht unterbleibt. Auch hieraus geht hervor, daß nicht aller Nahrungsstoff und Bildungssaft durch die

Gefäße des Bastes und der Rinde von den Wurzeln in den Stamm und die äußersten Zweige geleitet wird.

Bisweilen habe ich auch vermutet, daß die erwähnte Anschwellung, die über dem Schnitt in den oberen Teilen der Zweige gebildet wird, von dem Zufluß des aufwärts steigenden Saftes herrührte, denn da nach Durchschneidung der Rinde der Nahrungssaft nur durch die Röhren des Holzes aufsteigen kann, so würde er nach der engen und beschränkten Stelle über dem Schnitt das weite Gebiet der Rinde treffen und sich hier nach außen verbreiten können, daher wäre er im Stande, durch sein Verweilen an dieser Stelle ein Wachstum der nächstliegenden Teile zu veranlassen. Da jedoch an jungen Zweigen, besonders der Eiche, fast keine Anschwellung entsteht, wenn die Rinde unterbrochen wird und wenn nur ein kleiner Teil des Zweiges, nach Entfernung seiner Spitze, über dem Ringelschnitt übrig bleibt, und da ebenso bei den Bäumen, in denen ebenfalls ein horizontaler Schnitt durch die Rinde gemacht ist, aber so, daß ein Teil dieser Rinde von der Breite des kleinen Fingers übrig bleibt und der Zusammenhang der Rinde gewahrt wird: so ist es sicher, daß die Zunahme des Nahrungssaftes stattfindet in dem zurückbleibenden Teil der Rinde und in der oberen Partie derselben, und deshalb halte ich es für wahrscheinlicher, daß der Nahrungssaft sich auch von oben nach unten bewegen kann.

Ich habe auch in den einzelnen Monaten mit horizontalen Einschnitten an verschiedenen Bäumen Versuche angestellt, um mich zu vergewissern, ob Ernährung und Wachstum zu jeder Zeit stattfinde. Im Mai wurde an einem dreijährigen Zweige des Feldahorns, an der Quitte, an Zwetschgen, an Eiche und Ulme ein Einschnitt gemacht und nach Kurzem schwoll der obere Teil an. Dasselbe geschah, und zwar stärker, in den Monaten Juni und Juli, auch im Monat August waren mehrere Zweige, besonders der Ulme, des Feldahorns und der Pappel, die im Frühjahr eingeschnitten worden waren, angeschwollen; einige Äste von Pflaumen- und Quittenbäumen aber, die in demselben Monat eingeschnitten waren, zeigten nach Kurzem im oberen Teile eine monströse Verdickung: mehrere Bäume, die im September auf diese Weise eingeschnitten waren, gingen zu Grunde und die überlebenden wuchsen nur an den oberen Teile etwas in die Dicke, während sie im unteren dünn blieben. Dasselbe geschah auch im Monat Oktober, als der Boden sehr trocken war: es wurde nämlich am Schwarzdorn nur eine kleine Anschwellung über dem Einschnitt gebildet, an Zwetschgenbäumen eine etwas größere, aber nicht so groß wie im Frühling. Auch in den Monaten November und Dezember erfolgte kein Wachstum, weder über noch unter dem Einschnitt, obwohl der Versuch an verschiedenen Bäumen, besonders am Lorbeer gemacht worden war. Ebenso wenig konnte in den Monaten Januar und Februar eine Veränderung bemerkt werden, sondern der von der Rinde entblößte und durch die Kälte starr gewordene Holzteil erfuhr kein Wachstum. Gegen Ende März, als die Erde wieder auflebte, schwoll der obere Teil der eingeschnittenen Bäume ein wenig an und es brachen die Knospen hervor. Zu derselben Zeit verwelkten die Stämme und meisten Äste, an denen im Herbst oder im Sommer ein horizontaler Einschnitt in die Rinde gemacht worden war, über der Schnittstelle und unterhalb lockerten sich die Knospen und schlugen aus. Dies geschah besonders an einjährigen Zweigen und zarten Stämmchen der Eichen, Äpfel, Rosen, Pflaumen, Quitten, des Weißdornes usw. Dickere Stämme aber und mehrjährige Zweige des Feldahorns, Weißdorns, der Äpfel und ähnlicher (nachdem der Einfluß der Kälte überwunden war) schwollen im oberen Teil etwas an und trieben Knospen und Blüten. Schließlich im Monat April wuchs der Teil über dem Schnitt bei Ulmen, Pflaumen und anderen raschwüchsigen Bäumen beträchtlicher in die Dicke, während bei Eichen und anderen, deren Knospen sich erst später öffnen, nur ein äußerst geringes Wachstum im oberen Teile zu bemerken war."

Zu erwähnen ist noch folgender Versuch:
„Manche zweifeln noch, ob alles Wachstum und alle Fortpflanzung nur durch Eier oder wenigstens eingepflanzte Teile von Wurzeln und Zweigen geschieht oder ob die Erde selbst, ohne einen Samen zu empfangen, die gewöhnlich vorkommenden Pflanzen erzeuge. Um dies zu untersuchen, nahm ich Erde aus der Tiefe und tat sie in ein Glasgefäß, dessen Mündung ich mit einem mehrfachen Seidenstoff überspannte, damit Luft zutreten und Wasser zugegossen werden könne, alle Samen aber, die vom Winde abgerissen werden, ausgeschlossen seien: in dieser Erde nun entwickelte sich überhaupt keine Pflanze."

Malphighi schließt mit den Worten:
„Während Du, lieber Leser, diese kleine Auswahl aus dem reichen Schatze der Natur, studierst, werde ich nach dem Rate des Sophocles wieder Neues lernen und das übrige, was man von den Himmlischen erflehen kann, durch Gebete zu erhalten suchen."

Marcello Malpighi (1628—1694) war Anatom, Physiologe und Professor der Medizin in Bologna, Pisa und Messina. Er machte viele Entdeckungen auf dem Gebiet der pflanzlichen und tierischen Anatomie und Physiologie („Malpighische Gefäße" der Insekten „Malpighische Körperchen" = Lymphknötchen in der Milz usw.).

J. L. SIRLIN:

Der Nucleolus

Aus „Endeavour", Bd. XX, Nr. 79, 1961

Der Nucleolus, eine Organelle des Zellkerns, ist vor bald zweihundert Jahren erstmals beschrieben worden, allein seine Bedeutung ist bis in die letzte Zeit unbekannt geblieben. Im einzelnen ist seine Tätigkeit in der Zelle auch heute noch nicht aufgehellt, doch wissen wir, daß er bei der Proteinsynthese eine Rolle spielt. Die vorliegende Arbeit beschäftigt sich mit den verschiedenen Theorien, die seine biochemische Funktion aufzuklären bestrebt sind.

„On observe un corps oviforme, ayant une tache dans son milieu", so schrieb *Fontana* 1781 bei der Schilderung von Zellen im Schleim eines Aales; es war die erste Erwähnung des Nucleolus (Der Kern selbst, den *Fontana* als „oviformen Körper" bezeichnet, war schon 1702 von *Leeuwenhoek* beschrieben worden. Ein Nucleolus ist in den meisten Zellkernen vorhanden). Gewöhnlich besteht er aus einem rundlichen Körper, in Einzahl oder zu mehreren pro Kern vorhanden; durch seinen hohen Proteingehalt erscheint er dichter als das umgebende Chromatin. Seine Funktion ist dagegen so schwer zu fassen, daß erst um 1940 herum die ersten bestimmten chemischen Aussagen über ihn gemacht worden sind. Sie stützten sich vorwiegend auf die Arbeiten der Schule von *Caspersson* in Schweden und von *Brachet* in Belgien über die Chemie der Ribonukleinsäure und der Proteine in der Zelle.

Ribonukleinsäure (RNS) ist der wichtigste Bestandteil des Nucleolus; daneben finden sich in ihm Lipide, Kohlenhydrate und Mineralien. Streng genommen fehlt die Desoxyribonukleinsäure (DNS), die die charakteristische Substanz der Chromosomen darstellt. Da der Nucleolus jedoch in eine bestimmte Region des Chromosoms eingelagert ist, und da er in den meisten zytologsichen Präparaten als vom verdichteten Chromatin des aufgetriebenen Chromosoms umgeben erscheint, einer Chromatinpartie also, die mit dem Nucleolus in naher räumlicher Beziehung steht und von manchen Autoren auch als Teil des Nucleolus aufgefaßt wird, so kann man oft die Angaben finden, der Nucleolus enthalte DNS. Diese enger mit dem Nucleolus verbundene Chromatinpartie hat zum Teil den Charakter des sogenannten Heterochromatins...

Zellen, die normalerweise nicht aktiv Protein aufbauen, wie etwa Leukozyten oder Muskelzellen, beherbergen unansehnliche Nukleolen. Dem entspricht auch, daß der Nukleolus gewöhnlich während der Zellteilung verschwindet; es ist die Phase im Zyklus der Zelle, während der keine Synthese stattfindet. Das Protein der Spindeln wird ja schon vor der Teilung aufgebaut; embryonale Zellen während der Furchung, in der wohl die Zahl der Zellen, aber nicht ihre Gesamtmasse an Protein zunimmt, besitzen meist auch keine Nukleolen. Diese treten im Embryo erst auf, wenn die Dotterreserven aufgebraucht sind und die Proteinsynthese wieder einstzt, bei der Gastrulation. Säuger- und Annelidenembryonen folgen dieser Regel nicht; bei ihnen treten schon in den frühesten Stadien ausgebildete Nukleolen auf. Ob ihnen bei diesen beiden Stämmen eine besondere Funktion zukommt, ist nicht bekannt, wird aber wahrscheinlich gemacht durch die besondere Art der Entwicklung in beiden Fällen. Daß im allgemeinen eine aktive Synthese in der Zelle einer starken Entwicklung von Nukleolen zugeordnet ist, findet eine Ausnahme bei gewissen Zellen, die einen deutlichen Nucleolus aufweisen, jedoch keine Synthese vollziehen. Beispiele dieser Art sind gewisse degenerierende Tumorzellen, ferner bei Mangel an Nährprotein....

Die Morphologie des Nucleolus

Die Substanz des Nucleolus ist nicht homogen; sie enthält Vakuolen, Einschlüsse und Fäden, die oft eher auf physikalischen Artefakten als auf echten Zellstrukturen beruhen. In anderen Fällen aber handelt es sich um chemisch begründete Differenzierungen, die ein Maß für den Aktivitätsgrad des Nucleolus abgeben. Große Vakuolen gehen einher mit einer Vermehrung der sekretorischen Tätigkeit, zuweilen auch mit Degenerationserscheinungen.

Im Elektronenmikroskop erscheint der Nucleolus als feine, filamentöse Grundsubstanz, wahrscheinlich von Proteinnatur, in der zahlreiche dichtere Partikeln von etwa 150 A Durchmesser eingelagert sind. Da diese Einlagerungen gleich aussehen wie jene, die man auch sonst im Kern und im Zytoplasma findet, nimmt man an, sie bestehen wie jene aus Ribonukleoproteid. Die zentrale Partie des Nucleolus erscheint dichter als die Peripherie, besonders nach Osmiumfixierung; diese erhöhte Dichte kann entweder von der Matrix herrühren oder einer vermehrten Einlagerung der Partikel entsprechen. Der chromosomale Nucleolusorganisator bleibt oft eingebettet im Nucleolus, der hier entstanden ist. Im Be-

reich der Ultrastrukturen hängt das Bild der Kernsubstanz natürlich weitgehend von der Technik der Fixierung und Färbung ab.
Hand in Hand mit der Differenzierung des Nucleolus geht in manchen Fällen eine Differenzierung der Zellen selbst einher.... Ob Bakterien und Blaualgen Nukleolen besitzen, ist immer noch eine Streitfrage, Protozoen aber besitzen sie sicher. Organismen ohne Nukleolen gedeihen sehr gut in der Natur; das wirft die Frage nach dem Wert des Nucleolus für höher entwickelte Zellen auf....

Die Funktion des Nucleolus

Ursprünglich glaubte man, der Nucleolus baue den Kern auf und dieser bilde die Zelle. Bis vor kurzem war man auch der Meinung, er sei verantwortlich für die Dotterbildung und für das Melanin; auch alle Organellen von Paramecium wurden auf ihn zurückgeführt. Als weitere mögliche Funktionen wird ihm auch die als Nährstoffreserve zugeschrieben, für die Zelle und noch mehr für den Kern, oder man hat ihn als Beitrag des Zytoplasmas zur Ernährung des Kerns gesehen, ferner als Speicherstätte für Chromosomenmaterial während dessen Bildung und schließlich auch als Ablagerung von Stoffwechselprodukten aus Kern und Zytoplasma.

Die „Matrizen-Theorie" macht die Annahme, daß sich das Material des Nucleolus, während dieser selbst verschwindet, wie eine Matrize auf die Chromosomen niederschlägt und sich in der Telophase wieder an der Bildung des neuen Nucleolus beteiligt. *Darlington* erwähnt Nucleolus und Heterochromatin als die beiden möglichen Quellen der Nukleinsäure der Chromosomen. Gewisse Beobachtungen am Nukleolarapparat von Nerven- und Drüsenzellen zur Zeit der Berührung des Nucleolus mit der Kernmembran, vermittelt durch das nucleolusassoziierte Chromatin, lassen sich dahin deuten, daß die Nukleolarsubstanz ins Zytoplasma abgeschieden wird....

Ribonukleinsäure

Die Beteiligung des Nucleolus am RNS-Umsatz der Zelle dürfte wohl seine wichtigste Funktion darstellen. Sie besteht darin, RNS entweder zum Endprodukt oder zu einer Zwischenstufe während der Synthese eines Proteins zu machen. Damit ist die eine Seite der weiteren Fragen nach der RNS-Synthese oder deren Steuerung durch den Kern für den Bedarf des Zytoplasmas zur Proteinsynthese berührt. Daß die RNS des Zytoplasmas weitgehend von der Kern-RNS abhängt, ist reichlich durch die Tatsachen belegt; im Nucleolus verläuft der RNS-Stoffwechsel im allgemeinen dem des Kernes parallel. Neuere Experimente mit Bestrahlung des Nucleolus haben ergeben, daß ein Teil der Zytoplasma-RNS von der des Nucleolus abhängt; auch eine Abhängigkeit der Chromosomen-RNS besteht nachweislich, wenn auch in geringem Grade. Es ist sehr beachtenswert, daß nach diesen Ergebnissen ein Teil der Zytoplasma-RNS weder von der des Kerns noch von der des Nucleolus abhängig ist. Der Entstehungsort dieser Fraktion mag das Zytoplasma selbst sein, statt des Kerns, in den man für gewöhnlich den Sitz der RNS-Synthese, soweit sie von Kern oder Nucleolus gesteuert wird, verlegt. Man hat neuerdings auch nachgewiesen, daß in Spinnenoozyten die Zusammensetzungen der Nukleotide der Kern- und der Nucleolus-RNS identisch sind, sich dagegen von der übrigen RNS unterscheiden; auch dies deutet auf eine nahe Beziehung zwischen den beiden genannten RNS-Komplexen....

Proteine

Obwohl die Nukleolen sowohl wachsender wie reifer Zellen alle Erfordernisse zur Proteinsynthese besitzen, vollzieht sich der Umsatz von Aminosäure nur im wachsenden Nucleolus. Diese begrenzte Umwandlung von Aminosäure kann man aus verschiedenen Gründen als Ausdruck reiner Proteinsynthese auslegen und nicht als bloße Aktivierung oder als Austauschvorgang von Aminosäure. Diese Synthese würde zum Teil das Protein des wachsenden Nucleolus betreffen, zum Teil vielleicht auch ein für die Abgabe bestimmtes Protein erzeugen, und das umsomehr, als man neuerdings gefunden hat, daß der Nucleolus für sein eigenes Wachstum wenigstens teilweise schon fertiges Protein verwendet. Es ist klar, daß der ausgereifte Nucleolus eine Kontrolle über die Zellproteine nur ausüben kann entweder durch Proteine, die er während seiner Wachstumsperiode synthetisiert hat, oder auf dem Umweg über seine RNS, die ihre Umsetzungstätigkeit in Stadium seiner Reife fortsetzt. ...

Verschiedene ähnliche Züge zwischen Nukleolen und Mitosenspindeln lassen vermuten, daß auch die Bildung der Spindel auf den Nucleolus zurückgeht. Erstens enthalten beide anscheinend nur ein einziges Protein und zeigen auch sonst große Ähnlichkeit im chemischen Aufbau. Zweitens fällt eine gewisse Wechselbeziehung auf zwischen dem Nucleolus und der Spindelfunktion. Drittens wird die Spindelbildung sofort gehemmt durch Bestrahlung eines einzelnen Nucleolus in einem Kern. Viertens wird das Spindelprotein vor der Spindelbildung synthetisiert, das heißt also, bevor der Nucleolus bei der Teilung verschwunden ist, und vielleicht zu einer Zeit, da er noch Aminosäuren umsetzt. Aus der erheblichen relativen Menge Spindelprotein ergibt sich jedoch, daß wohl nicht alles von der Nucleolussynthese abhängt. Der Nucleolus könnte aber auch in die Spindelbildung eingreifen, indem er Aktivatoren ausgeben würde, die zur Spindelstruktur Beziehung haben. Das schlagendste Argument gegen die Auffassung der Spindelbildung als einziger Funktion des Nucleolus ergibt sich aus seiner offensichtlichen Tätigkeit in Zellen, die sezernieren und nicht in Teilung gehen.

J. L. Sirlin wurde 1926 in Buenos Aires geboren, wo er auch den Dr. Nat. Sc. erwarb. Seit 1953 arbeitet er im Institut für tierische Genetik der Universität Edinburgh über die biochemische Cytologie der Proteinsynthese.

R. C. VALENTINE:

Die Gestalt der Viren

Aus: „Endeavour", Bd XXII Nr 86, 1963

Die Studien der Einzelheiten von Viren durch die Hochauflösungs-Elektronenmikroskope hatten ihren Ursprung im Interesse an der Gestalt der Viren. Was jedoch aufgefunden wurde, sind anscheinend kleine Untereinheiten des äußeren Proteinmantels, deren Symmetrie untersucht wurde. Der Verfasser beschreibt die Theorien der Bildung von Viren und die Natur der Antigene.

Die Vorstellungen von der Virusnatur haben sich im Laufe der Jahre geändert. Der Name zeigt, daß die Viren ursprünglich als Gifte angesehen wurden, da sie im Gegensatz zu Mikroorganismen, die auch Krankheiten hervorrufen können, unter dem Mikroskop nicht sichtbar sind und wie chemische Stoffe durch Filter laufen. Die chemische Natur vieler einfacher Viren ist nun gut begründet. Ein Proteinmantel umgibt einen Kern aus Nukleinsäure, dem wichtigen genetischen Material. In einigen Fällen kann ein Nukleinsäureextrakt aus einem Virus selbst eine Infektion verursachen. Kein Virus kann jedoch außerhalb eines lebenden Organismus wachsen oder überhaupt Lebensäußerungen zeigen. Ein einfaches Virus wird nun als ein Makromolekül, bestehend aus Proteinen und Nukleinsäuren angesehen, das die Fähigkeit besitzt, einer Zelle eine genetische Information aufzuzwingen. Die infizierte Zelle erzeugt neue Viren, die genau dem eingedrungenen Virusteilchen entsprechen.

Daraus scheint zu folgen, daß Viren von lebenden Mikroorganismen sehr verschieden sind. Die Chemie einiger Viren ist jedoch viel komplexer als die einfacher Nukleoproteine, und einige Bakterien können sich nur innerhalb lebender Zellen vermehren. Es besteht daher tatsächlich bei einer Anzahl von Krankheitserregern das Problem, ob sie komplexe Viren oder Bakterien sind, die in ihrer Existenz als Parasiten in Zellen eine äußerste Grenze erreicht haben. Solche Schwierigkeiten lassen die Frage erstehen, ob zwischen Bakterien und Viren ein grundsätzlicher und absoluter Unterschied besteht, oder ob ein Bakterium zu einem Virus degenerieren könnte.

Was immer jedoch ihr Ursprung ist, und abgesehen von den von ihnen verursachten Krankheiten, die mit Antibiotika nicht kontrolliert werden können, verdienen die Viren ein besonderes Interesse als Produkte, die in lebenden Zellen durch die Anwesenheit fremder Nukleinsäure gebildet werden. Deshalb ist das elektronenmikroskopische Bild für einige biologische Probleme sehr aufschlußreich.

Die äußere Gestalt von Viren

Die vor ca. 20 Jahren mit dem Elektronenmikroskop ausgeführten morphologischen Untersuchungen an Viren, waren durch die kontrastarmen Bilder begrenzt. Es ergab sich aber, daß pflanzliche Viren rund oder stäbchenförmig und tierische fast durchwegs rund sind. *K. M. Smith* und *R. C. Williams* arbeiteten 1957 an einem kristallisierbaren Insektenvirus „Tipula-Iridescent-Virus" (T. I. V.). Um den Kontrast der elektronenmikroskopischen Bilder zu erhöhen, benützten sie die Metallbeschattungstechnik, die 1946 durch *R. C. Williams* und *R. W. G. Wyckoff* eingeführt wurde. Mit dieser Technik wird im Elektronenmikroskop eine der schrägen Beleuchtung des Objekts im Lichtmikroskop analoge Wirkung erzielt. So konnten *Williams* und *Smith* zeigen, daß das T. I. V. eine sechsseitige Form hat und scharfe Schatten wirft. Zur gleichen Zeit versuchte ich den Kontrast des Adenovirus, das fiebrige Infektionen der Atmungswege hervorruft, zu erhöhen. In meiner Methode versuchte ich Phosphorwolframsäure oder Uranylacetat chemisch mit dem Virus zu verbinden. Durch diese Behandlung wird der äußere Umriß der Viren so stark gedunkelt, daß dessen Sechsseitigkeit ebenfalls deutlich wird. Diese beiden ähnlichen Befunde führten zum Studium der Gestalt verschiedener geometrischer Körper und deren Schattenwurf, um denjenigen ausfindig zu machen, der in jeder Lage ein sechsseitiges Profil zeigt.

Der sehr regelmäßige hexagonale Umriß des T. I. V. und des Adenovirus im elektronenmikroskopischen Bild läßt vermuten, daß diese Viren die Gestalt eines völlig regelmäßigen Körpers besitzen d. h. alle Flächen, Kanten und Winkel sind gleich. *Euklid* hatte bewiesen, daß es nur fünf völlig regelmäßige Körper geben kann: das Tetraeder, der Würfel, das Oktaeder, das Dodekaeder und das Ikosaeder. Von diesen Körpern gibt nur das Ikosaeder in den meisten Lagen ein hexagonales Profil. *Williams* und *Smith* zeigten in eleganter Weise, daß die schrägen Schatten, welche das Ikosaeder wirft, genau den Bildern des T. I. V. entsprechen. Ähnlich verhält es sich mit dem Adenovirus.

Einzelheiten der Virusoberfläche

S. Brenner und *R. W. Horne* beschrieben 1958 ein Verfahren, das die Oberflächenstruktur von Viren ausgezeichnet und sehr kontrastreich im Elektronenmikroskop wiedergibt. Sie nannten ihr Verfahren „negative Färbung". Winzigste Tröpfchen einer Virussuspension, die geringe Mengen des Kaliumsalzes der Phosphorwolframsäure enthält, werden auf der entsprechenden Unterlage getrocknet. Das Wolframat trocknet zu einer relativ elektronenundurchlässigen Schicht, in der die Virusteilchen teilweise eingebettet sind. Ihre Oberflächenstruktur ist durchsichtig auf dunklem Hintergrund abgebildet. Forscher in Cambridge wandten diese Technik zur Präparation von Adenovirus an. Eine ihrer ersten Abbildungen wurde das klassische elektronenmikroskopische Bild eines Virus. Die gezeigte Oberfläche des Adenovirus ist mit offensichtlich kugelförmigen Untereinheiten von ca. 70 A Abstand, die regelmäßig zu Dreiecksflächen angeordnet sind, besetzt. Diese Flächen gehören deutlich einem vollkommenen Ikosaeder an. Andererseits sahen kleine Viren, trotz vorhandener Untereinheiten, nahezu rund aus.

Die Bildung von Viren

In jüngster Zeit wurde durch biochemische Versuche gezeigt, daß Nukleinsäuren die Bildung spezifischer Proteine wiederholen und steuern können. Es ist daher möglich, wenigstens das Prinzip der Bildung der einzelnen Virusbestandteile in der infizierten Zelle zu verstehen. Diese Einzelbestandteile werden zu einem Virus zusammengesetzt, welches eine einzigartige Größe und Gestalt besitzt, die durch die Elektronenmikroskopie sichtbar gemacht wurde. Hierbei scheint ein Mechanismus zu wirken, der den Bauplan des Virus von vornherein festlegt und ein Abweichen hiervon verhindert....

Der Vorgang der Virusbildung sieht nun folgendermaßen aus. Die Zelle, die auf die von der Nukleinsäure des infizierenden Virus übertragene Information reagiert, produziert eine große Zahl identischer Grundbaueinheiten. Diese sollen etwa zigarrenförmig sein, was in einem Falle richtig ist, obwohl im allgemeinen ihre Gestalt unbekannt ist. Das Molekulargewicht wird mit ca 20 000 angenommen, ist also zu klein, um mit dem Elektronenmikroskop wahrnehmbar zu sein. In einem besonders wichtigen Beispiel sollen diese Grundeinheiten mittels spezifisch chemischer Bindungen in Sechsergruppen vereint sein, ähnlich einem Bündel von sechs Zigarren. Diese Gruppen und nicht die Grundeinheiten sollen die im Elektronenmikroskop sichtbaren morphologischen Untereinheiten sein. Die Gruppen können sich dann wiederum durch Bindungen zu hexagonalen Anordnungen zusammenschließen. Die wichtige Eigenschaft dieser Anordnung ist, daß jede Grundeinheit mit der angrenzenden durch gleiche Bindung verbunden ist. Dies ist möglich, da sich jede in einer äquivalenten Lage befindet. Eine solche

Anordnung würde fortschreitend eine flache Schicht von der Dicke einer Zigarre bilden, bis der Vorrat an Grundeinheiten aufgebraucht ist. Diese Vorstellung geht jedoch von der Voraussetzung aus, daß die Bindungen zwischen den Einheiten so gerichtet sind, daß die Achsen aller Gruppen von sechs Einheiten parallel und aufrecht sind. Wenn sie nämlich in einem kleinen Winkel zueinander liegen würden, würde das Ergebnis anders sein, da bei Beginn der Verbindung zu Gruppen eine gekrümmte Oberfläche entstehen würde. Aus geometrischen Gründen ist es aber nicht möglich, diesen Prozeß mit Gruppen, die je 6 Nachbarn besitzen, sehr weit fortzusetzen. Es wird bald unmöglich, weitere Einheiten unter den richtigen Winkeln einzufügen; weiterer Aufbau hört auf. Die Situation wird jedoch sofort einfacher, wenn eine Gruppe, die nur fünf Untereinheiten enthält und nur von fünf Nachbarn umgeben ist, eingeführt wird. Die erforderliche Deformation der Bindungswinkel ist nur gering, das Wachstum der Oberfläche kann dann fortgesetzt werden, bis eine neue Fünfereinheit nötig ist. Die stabile Anordnung führt zu einem geschlossenen Mantel, wenn 12 Fünfergruppen symmetrisch eingefügt werden. Wenn die hexagonal angeordneten Flächen dazwischen annähernd flach sind, ist die daraus resultierende Oberfläche nahezu ein Ikosaeder mit den Fünfergruppen an den Ecken. Dies ist genau die Anordnung, die im Adenovirus sichtbar ist. . . .

R. C. Valentine, M. A., Ph. D. studierte im Clare College der Universität Cambridge und arbeitete anschließend an der biophysikalischen Forschung im Cavendish Laboratorium. Er ist nun Mitglied des wissenschaftlichen Stabes des Britischen Medizinischen Forschungsverbandes. Seine Spezialgebiete sind elektronenmikroskopische Untersuchungen der Virenstruktur und der Gestalt der Proteinmoleküle.

J. REINERT:

Morphogenese in pflanzlichen Gewebekulturen

Aus „**Endeavour**", Bd. XXI, Nr. 82, 1962, S. 85 u. 86

Gewebekulturen höherer Pflanzen unterscheiden sich von denjenigen höherer Tiere dadurch, daß sie ihre Fähigkeit zur Bildung neuer Organe — Wurzeln sowie Sprosse — behalten. Der Verfasser beschreibt die Bedingungen, unter denen sich diese neuen Organe entwickeln sowie einige Untersuchungen über die Faktoren, die bestimmen, ob Wurzeln oder Sprosse gebildet werden. Die Rolle chemischer Verbindungen bei der Bestimmung des jeweiligen Typs der sich bildenden neuen Zelle wird diskutiert.

Seitdem man in der Lage ist, Gewebe aus höheren Pflanzen in vitro zu kultivieren, sind diese für morphogenetische Untersuchungen verwendet worden. Besonders für ein Teilgebiet der Morphogenese, die Organbildung, haben sich Gewebekulturen als ausgezeichnete Objekte erwiesen. Einer der wesentlichsten Gründe dafür ist die Tatsache, daß Zellen und Gewebe höherer Pflanzen — im Gegensatz zu denjenigen höherer Tiere — auch bei der Kultur in vitro in vielen Fällen ihre Fähigkeit zur Organbildung behalten.

Obwohl die Bedeutung von Gewebe- und Zellkulturen für die Pflanzenphysiologie schon um die Jahrhundertwende von *Haberlandt* erkannt und herausgestellt worden ist, hat es sehr lange gedauert, bis *Haberlandts* Ideen verwirklicht wurden. Erst in den Jahren 1938—39 ist es gelungen, normales und Tumorgewebe aus verschiedenen Pflanzen zeitlich unbegrenzt zu kultivieren und damit ein neues Feld für physiologische Untersuchungen verschiedenster Art zu öffnen. Dieser Erfolg konnte vor allem dadurch erreicht werden, daß die reifen und weitgehend ausdifferenzierten Zellen, mit denen *Haberlandt* und seine Mitarbeiter gearbeitet hatten, durch Gewebe ersetzt wurden, die embryonale Zellen enthielten. Für die Kultur der normalen Gewebe war es außerdem wesentlich, daß schon damals synthetisches Auxin (3-Indolessigsäure) zur Verfügung stand. Bei diesen ersten erfolgreichen Arbeiten sind relativ einfache, chemisch eindeutig definierte Medien verwendet worden, die außer Nährsalzen, Spurenelementen, Rohrzucker, zum Teil auch noch wenige Vitamine, einzelne Aminosäuren und Auxin enthielten. Auf den gleichen einfachen Nährböden konnten in der Folge Gewebe aus den verschiedensten Pflanzen und Organen kultiviert werden. Der bei weitem größte Teil dieser Kulturen stammt allerdings aus der Gruppe der dikotylen Pflanzen. Mit anderen Gruppen, wie den Monokotylen, ergaben sich aber beträchtliche Schwierigkeiten, da sie höhere Ansprüche an die Nährböden stellen. Sie konnten bisher nur dann zu ausreichendem Wachstum gebracht werden, wenn die einfachen, synthetischen Nährmedien durch komplexere Komponenten unbekannter Zusammensetzung ergänzt wurden. Die wirkungsvollste und auch am häufigsten verwendete dieser Komponenten ist die Kokosnußmilch; daneben haben sich aber auch Hefe- und Malzextrakte als geeignet erwiesen. Ähnliche Erfahrungen sind auch mit Geweben aus Gymnospermen gemacht worden.

Organbildung ist an Gewebekulturen aus sämtlichen der eben erwähnten Gruppen von Pflanzen beobachtet worden. Am häufigsten kommt es zur Bildung von Wurzeln, die sowohl an Geweben aus Wurzeln als auch aus Sprossen angelegt werden können. Sie sind regellos über die Kultur verteilt und können vollkommen normal gebaut sein. Die Bezeichnung „normal" gilt hier aber nur für das Wurzelmeristem und die dahinter liegenden Wachstums- und Differenzierungszonen; die Basis endet blind im Parenchym der Gewebekultur. Bei der Isolierung und darauf folgender Kultur in geeigneten Nährlösungen unterscheiden sich diese Wurzeln kaum von denjenigen intakter Pflanzen.

In der Regel ist die Wurzelbildung nicht von präexistierenden Anlagen abhängig. Schon die Tatsache, daß die schnell wachsenden Wurzelanlagen im günstigsten Falle ein bis zwei Wochen nach der Isolierung der Gewebe festgestellt werden können, weist auf Neubildungen hin. Voraussetzung für deren Anlage und Entwicklung sind offenbar zwei Wachstumsphasen. Während der ersten, die kurz nach der Isolierung der Gewebe einsetzt, erfolgt eine Beschleunigung der Zellteilung und eine daraus resultierende Bildung undifferenzierter Zellen, dem Callusgewebe. Sie entstehen aus meristematischen, aber auch aus reifen, hochdifferenzierten Zellen, die zum Beispiel aus dem Phloem stammen können. In der zweiten Phase kommt es dann in diesem Parenchym erneut zu örtlich begrenzten Beschleunigungen des Teilungswachstums, und es werden kleine Nester embryonaler Zellen angelegt, die sich sehr schnell zu Vegetationspunkten organisieren. Die Polarität dieser, bevorzugt in den äußeren Zellschichten der Kulturen auftretenden Wurzelanlagen, deutet sich schon früh in der Richtung der Spindeln der Mitosen an. Dieser Entwicklungsmodus ist übereinstimmend an verschiedenen, kurzfristig kultivierten Geweben festgestellt worden. Über die Vorgänge im Callusgewebe, die schon viele Übertragungsperioden hinter sich haben, liegen dagegen nur gelegentliche, weniger exakte Beobachtungen vor. Offenbar ist aber auch in diesen Kulturen, die neben der Masse des Parenchyms oft auch ausdifferenzierte Phloem- und Xylemzellen enthalten, die Formierung von kleinen, embryonalen Zentren Voraussetzung für die Bildung von Wurzeln. Sehr viel seltener als Wurzeln entwickeln sich beblätterte Sprosse, einzelne Blätter oder vollständige Pflänzchen an Gewebekulturen. Die morphologischen und anatomischen Eigenschaften dieser Regenerate sind ebenfalls nur in wenigen Fällen eingehend untersucht worden. Es steht aber trotzdem fest, daß sich zum Beispiel an Tabak- und Sequoiageweben völlig normal gebaute unbewurzelte Sprosse und in Kulturen aus Karotten vollständige Pflänzchen entwickeln können, die auch in ihren Jugendstadien weitgehend den aus Samen gezogenen Keimlingen entsprechen. In einem Falle konnten diese „Karotten" sogar aus den Kulturen gelöst und bis zur Samenreife gebracht werden. Andererseits können Strukturen, die an Geweben aus Agaven entstehen, nur noch als blatt- bzw. knospenähnlich bezeichnet werden.

Die ersten Entwicklungsstadien der Sprosse und Blätter unterscheiden sich nicht von denjenigen, die für die Wurzelbildung beschrieben worden sind, das heißt in frisch isolierten Kulturen entsteht in der ersten Phase undifferenziertes Parenchym, das seinen Ursprung in verschiedenen Zelltypen haben kann. In diesem Parenchym kommt es dann in der zweiten Entwicklungsphase, die auch in langjährig kultiviertem Callusgewebe beobachtet werden kann, zur Anlage der schon beschriebenen embryonalen Zentren mit hoher Zellteilungsrate, aus denen sich Sprosse bzw. Blätter entwickeln. Während des Wachstums der Anlagen können auch Zellen aus benachbarten Zonen, selbst wenn sie ausgereift und nicht mehr teilungsfähig sind, in das Organmeristem einbezogen werden. Etwas anders verläuft die Entwicklung vollständiger Pflänzchen in Karottenkulturen. In bestimmten Stämmen dieser Kulturen werden zuerst Wurzeln gebildet, an denen sich später der Sproß entwickelt. Mit anderen Stämmen ist dagegen eine Entwicklungsreihe beobachtet worden, die mit ihren eizellartigen Strukturen, mit Proembryonen und verschiedenen anderen Stadien der Embryo- und Keimlingsentwicklung eine überraschende Übereinstimmung mit den Vorgängen aufweist, die nach der Befruchtung in Eizellen ablaufen. Ein Parallelfall zu dieser Art der Entwicklung ist vor kurzem auch in Callusgeweben nachgewiesen worden, die aus Cuscutaembryonen stammen.

Irgendwelche allgemeingültigen Regeln hinsichtlich der Reaktionen von Gewebekulturen bei der Organogenese können aus den bisherigen Erfahrungen nicht abgeleitet werden. Auf Grund einer Vielzahl von Beobachtungen steht es zwar fest, daß es in frisch isolierten Geweben häufiger zu Neubildungen von Organen kommt, und daß diese Fähigkeit mit zunehmender Kulturdauer abnimmt und später völlig verschwindet, aber auch diese Regel entspricht nur zum Teil den tatsächlichen Verhältnissen. So gibt es außer einer großen Anzahl von Kulturen, die weitgehend ohne jede Organisation bleiben, andere mit einer offenbar zeitlich unbegrenzten Kapazität zur Formation vor Organen...

J. Reinert, Dr. phil. 1912 in Köln geboren, studierte an den Universitäten Köln und Bonn. Er promovierte 1948 in Köln und wurde 1953 Dozent für Botanik an der Universität Tübingen. In den Jahren 1953—55 arbeitete er am Roscoe B. Jackson Memorial Laboratory, Bar Harbor, USA und 1959—60 am Institute for Cancer Research in Philadelphia, USA. Er wurde 1961 Direktor des pflanzenphysiologischen Institutes der Freien Universität Berlin. Seine Hauptarbeitsgebiete sind die Wachstums- und die Entwicklungsphysiologie.

III. Physiologie, Biochemie und Kybernetik

JULIUS SACHS:

1. Gasabscheidung aus grünen Pflanzenteilen im orangen und blauen Licht (Blasenzählmethode)

Aus: Botanische Zeitung Nr. 22, 1864

Ich habe mich darauf beschränkt, die Geschwindigkeit der Gasabscheidung unter orangem und blauem Lichte mit der in weißem zu vergleichen. Die Aufsammlung des Gases zum Zweck eudiometrischer Analysen erschien bei den mir zu Gebote stehenden Mitteln unthunlich, und da die Gasabscheidung an sich, ohne Rücksicht auf die Zusammensetzung des ausgeschiedenen Gases, eine Funktion des Lichtes ist, so kann die Frage vorläufig auch in diesr einfacheren Form behandelt werden.

Wenn man eine Wasserpflanze, wie *Potamogeton* oder *Ceratophyllum* in kohlensaurem Wasser liegend bei klarem Himmel dem Sonnenlichte ausgesetzt, nachdem man am Stengel einen frischen Querschnitt gemacht hat, so treten aus den Luftkanälen Gasblasen hervor; häufig sind dieselben sehr klein und dann treten sie in rascher Folge aus, so daß sie bei dem Aufsteigen im Wasser eine Perlenschnur zu bilden scheinen, in welcher die einzelnen Bläschen gleichweit voneinander liegen, also in gleichen Intervallen ausgestoßen worden sind; oder die Blasen treten mit größerem Volumen aus dem Querschnitt und dann viel langsamer, ein Unterschied, der wesentlich von der Form des Querschnitts abzuhängen scheint. Es ist leicht zu bemerken, daß auch im letzten Falle die Zeiträume, welche zwischen dem Austritt je zweier Blasen liegen, nur langsam sich ändern, so lange die sonstigen Verhältnisse gleich bleiben. Durch die Wahl des Zweiges und wiederholtes Abschneiden des Stammendes gelingt es, die Größe und Geschwindigkeit der austretenden Blasen innerhalb gewisser Grenzen so zu regulieren, daß man mit Bequemlichkeit die Blasen zählen kann, worauf die von mir gewählte Beobachtungsmethode beruht: um den Einfluß des farbigen Lichts auf die Gasabscheidung zu ermitteln, zähle ich nämlich die austretenden Blasen abwechselnd im weißen und orangen oder abwechselnd im weißen und blauen Lichte. Unter den gegebenen Umständen schien mir dieser Weg nicht nur fördernder, sondern auch mit weniger Fehlerquellen behaftet, als die Volumenbestimmung des ausgeschiedenen Gases. Wenn bei letzterer die unvermeidlichen Beobachtungsfehler den zu beobachtenden Einfluß nicht verdecken sollen, so muß man größere Gasvolumina (mindestens einige Cubikcentimeter) sammeln, dazu ist aber bei einer in den Apparat passenden Pflanze immer längere Zeit erforderlich, während dieser Zeit ändert sich der Stand der Sonne erheblich, nicht selten auch die Durchsichtigkeit der Atmosphäre, also die Intensität des einfallenden Lichts. Die Beobachtungen sind aber nur dann wirklich vergleichbar, wenn sie an derselben Pflanze unmittelbar nach einander gemacht werden, denn es gelingt nicht, zwei gleiche Pflanzen, welche gleiche Gasmengen in derselben Zeit abscheiden, zu gewinnen; die verschiedene Gestalt und Lage der Teile zweier Pflanzen bedingt, daß das Licht sie unter verschiedenen Winkeln trifft, was notwendig auf die Tätigkeit der Pflanze einwirken muß. Ich habe daher die zu vergleichenden Beobachtungen einer Versuchsreihe immer an derselben Pflanze ausgeführt, und die Lage derselben im Apparat und gegen die Lichtquelle so constant als möglich erhalten; die Beobachtungszeiten waren so kurz, daß die Beleuchtung bei klarem Himmel nur unerheblich während derselben wechseln konnte und sobald eine merkliche Störung der Durchsichtigkeit der Luft eintrat, oder wenn gar Wolken aufzogen, wurde alsbald die weitere Beobachtung aufgegeben; wenn es sein mußte, die Beobachtungsreihe ganz verworfen. Während der Beobachtungsreihe ändert sich der Kohlensäuregehalt und die Temperatur des Wassers, was die Gasabscheidung bald beschleunigt, bald verzögert; diese Änderungen werden dadurch auf die Beobachtungen im weißen und farbigen Licht verteilt, daß man während kurzer Zeiten abwechselnd das weiße und farbige Licht einwirken läßt und aus einer längeren Reihe das Mittel zieht. Bei dem Aufsammeln des Gases für die Volumenmessung machen sich diese Übelstände ebenso geltend, ohne daß man im Stande ist, durch raschen Wechsel der Beleuchtung ihren Einfluß auf die beiden Beobachtungsreihen zu verteilen; auch würden sich in diesem Falle die Absorptionsverhältnisse der verschiedenen Gase (der Kohlensäure, des Sauerstoffs, des Stickstoffs) in einer schwer zu beseitigenden Art bemerklich machen. Wenn demnach das Blasenzählen als eine strenge Messung nicht bezeichnet werden kann, so bietet es doch für den vorliegenden Zweck weniger Fehlerquellen als die volumetrische Bestimmung; die so gewonnenen Zahlen stimmen untereinander weit besser als die von *Daubeny* angegebenen Volumbestimmungen. Die Größe der während kürzerer Zeiträume ausgeschiedenen Gasblasen ist, soweit das Augenmaß reicht, eine sehr konstante und somit muß das in einer gegebenen kürzeren Zeit austretende Gasvolumen der Blasenzahl nahezu proportional sein....

Die Erzeugung der organischen Pflanzensubstanz: Assimilation
(Die Blatthälftenmethode)
Vorlesungen über Pflanzenphysiologie 1887, S. 282—97

Aus: XVII. Vorlesung

1862 wurde ich schließlich zu der Annahme geführt, daß die bereits von *Nägeli* und *Mohl* in den Chlorophyllkörner beobachteten Stärkeeinschlüsse als die ersten wahrnehmbaren Assimilationsprodukte, welche bei der Zersetzung der Kohlensäure entstehen, zu betrachten seien. Ich sagte mir, daß, wenn diese Ansicht die richtige sei, durch Abschluß des Lichtes die Stärkebildung in den Chlorophyllkörnern aufhören müsse, weil dann die Kohlensäurezersetzung nicht mehr stattfindet, daß ebenso der erneute Zutritt des Lichtes zu den Chlorophyllkörnern auch erneute Stärkebildung in denselben bewirken müsse. Diese und ähnliche Folgerungen wurden durch geeignete Versuche bestätigt und noch mehr als das: ich hatte schon aus meinen früheren mikrochemischen Analysen ganzer Pflanzen in den verschiedensten Vegetationsstadien geschlossen, daß die in den Blattstielen, Stengeltheilen wachsender Knospen usw. auf Wanderungen begriffenen und dann verbrauchten Massen von Stärke und Zucker usw. aus den grünen assimilirenden Blättern herbeigeführt werden, daß also, wenn in diesen letzteren die Assimilation aufhört, auch die Stärke aus den Chlorophyllkörnern selbst verschwinden müsse. Auch diese Folgerung erwies sich als richtig. Es wäre hier nicht der geeignete Ort, die zahlreichen, zum Theil direkten, zum Theil indirekten Beweise ausführlich wiederzugeben, welche ich in den Jahren 1862—1864 beibrachte um den Satz zu konstatieren, daß die in den Chlorophyllkörnern normal vegetierender Pflanzen beobachteten Stärkekörnchen die Producte der Assimilation sind, dass sie, nach ihrer Entstehung unter dem Einfluss des Lichtes aufgelöst, aus den Blättern durch die Stiele derselben in die Sprossaxen, von dort in die Knospen und Wurzelspitzen fortgeführt werden, um das Material zum Wachsthum der Organe zu liefern, und dass ein Theil dieses ursprünglichen Assimilationsproductes bei dem Stoffwechsel zur Bildung von Eiweißsubstanzen benutzt wird, während andererseits Fette durch relativ geringe Veränderungen aus den Kohlehydraten, also schließlich aus der assimilirten Stärke entstehen können. Es tauchte der Gedanke auf, daß es bei der Ernährung der Pflanzen zunächst nur darauf ankommt, in den chlorophyllhaltigen Zellen unter Mitwirkung gewisser Mineralstoffe, welche von den Wurzeln aufgenommen werden, unter dem Einfluss des Lichts Kohlensäure zu zersetzen und auf Kosten ihres Kohlenstoffes eine organische Substanz, eben die Stärke zu erzeugen, die dann das Ausgangsmaterial darstellt, aus welchem durch fortgesetzte chemische Veränderungen alle übrigen organischen Substanzen der Pflanze hervorgehen, und diese meine Annahme hat sich im Laufe von 25 Jahren mehr und mehr als die richtige consolidirt.

Auch Personen, die nicht gerade Pflanzenphysiologen von Fach sind und über kein Laboratorium verfügen, können mit leichter Mühe die Stärkebildung im chlorophyllhaltigen Gewebe bei Tageslicht in gewöhnlicher kohlensäurehaltiger Luft nachweisen. Man denke sich das Blatt (Abb. 1 links) noch an der Pflanze sitzend, die im freien Land eingewurzelt ist. Um das Blatt legt man, bei Sonnenaufgang, an beliebiger Stelle (hier in der Mitte) einen Streifen Stanniol, den man fest an die Blattfläche andrückt. Nach etwa 5—6 Stunden nimmt man den Stanniolstreifen ab; das Blatt selbst wirft man in eine Schale mit kochendem Wasser, und etwa nach 5 Minuten aus diesem in ein Gefäß mit heißem Alkohol. Auf diese Weise werden die in Wasser und Alkohol löslichen Stoffe entfernt, und das Blatt erscheint völlig weiß oder gelblich. Legt man es nunmehr in eine Flasche mit schwach alkoholischer Jodlösung, worin es etwa eine Stunde liegen bleibt, und endlich auf einen mit klarem Wasser gefüllten weißen Teller, so erscheinen nun die vom Licht getroffenen Theile schwarzblau, die Stelle aber, die durch das Stanniolband verdunkelt war, bleibt weiß oder hellgelb. Die Schwärzung in dem Jod rührt von der Stärke her, es bildet sich Jodstärke, während dies an der verdunkelten Stelle nicht geschehen kann, weil dort keine Stärke gebildet worden ist.

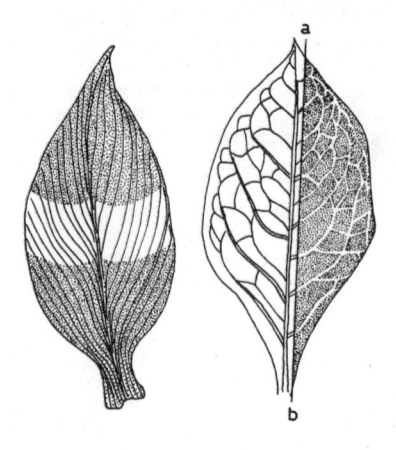

Abb. 1: Die Blatthälftenmethode
(Erläuterungen im Text)

Durch dieselbe einfache Methode, die ich Jodprobe nenne, überzeugt man sich auch, daß ein am Abend mit Stärke (im Chlorophyll) erfülltes Blatt, diese in der Nacht auflöst und dem Stamm übergiebt. Man braucht nur am Abend vor Sonnenuntergang von einem Blatt — (Abb. 1 rechts), die eine Längshälfte neben der Mittelrippe etwa längs der Linie ab abzuschneiden und sofort der Jodprobe zu unterwerfen; die andere Hälfte schneidet man am nächsten Morgen vor Sonnenaufgang ab und behandelt sie ebenso. Dann erscheint die Abends abgeschnittene Hälfte von Jodstärke schwarz, die am Morgen abgenommene Hälfte stärkefrei. Die Beobachtung beweist außerdem, daß die Stärkebildung eine streng lokale ist, sie findet nur da statt, wo die Lichtstrahlen direct auffallen.

Julius Sachs (1832—1897) wurde in Breslau als 7. Kind eines Graveurs geboren. Da er durch den frühen Tod seiner Eltern vollständig mittellos war, ermöglichten ihm Freunde, die seine hohe Begabung erkannt hatten, seine Studien. Schon mit 29 Jahren wurde er Professor der Botanik in Bern und 1868 kam er als Ordinarius nach Würzburg, wo er bis zu seinem Tod blieb. Sachs ist einer der Begründer der Pflanzenphysiologie. Grundlegende Versuche zur Klärung der Photosynthese und der Reizphysiologie gehen auf ihn zurück, die, wie etwa die „Blatthälftenmethode", noch heute von Bedeutung sind. Zahlreiche Geräte hat er für seine Versuche entwickelt. Am bekanntesten wurde der Sachs'sche Klinostat. Schon 1865 schrieb er ein „Handbuch der Experimentalphysiologie der Pflanzen", 1868 ein großes „Lehrbuch der Botanik" und 1875 eine „Geschichte der Botanik".

WILHELM PFEFFER:

Gasabscheidung durch Wasserpflanzen

Aus „Die Wirkung farbigen Lichtes auf die Zersetzung der Kohlensäure"
Arbeiten des Botanischen Instituts der Universität Würzburg, Nr. 1, Heft 1, 1874

Es ist wohl mehr als wahrscheinlich, daß die Assimilationsthätigkeit bei Wasser- und Landpflanzen von den verschiedenen Spektralfarben in relativ gleicher Weise angeregt wird, und es war nun interessant zu sehen, wie sich die durch Blasenzählen erhaltenen Resultate gegenüber den von mir gefundenen Zersetzungswerthen für gleiche farbige Flüssigkeiten herausstellen würden.

Schon bei der Besprechung der *Sachs*'schen Arbeit habe ich hervorgehoben, daß das Blasenzählen nicht nur die bequemste, sondern auch die genaueste Methode ist, wenn es sich einfach um die Abhängigkeit der Gasabscheidung von Strahlen verschiedener Brechbarkeit handelt. Dahingegen müßte, wenn hierdurch die Assimilationsthätigkeit selbst messbar sein sollte, das heraustretende Gas eine gleiche Zusammensetzung haben, gleichviel, ob der Blasenstrom mit größerer oder geringerer Geschwindigkeit aus derselben Wunde hervorquillt. Dies ist aber im hohen Grade unwahrscheinlich.

Wenn eine Pflanze im Wasser liegend assimilirt, so wird das in derselben im absorbirten und gasförmigen Zustand eingeschlossene Gas in keinen Augenblick sich mit dem im umgebenden Medium aufgelösten in einem Gleichgewichtszustand befinden, der indess fortwährend angestrebt werden muss. So wird ein Sauerstoffstrom aus der Pflanze zum Wasser gehen und umgekehrt besonders Kohlensäure, doch auch Stickstoff in die Pflanze diffundiren. Diese kurzen Andeutungen über ein von *Sachs* ausführlich behandeltes Thema genügen hier, um uns einer Pflanze, die aus einer Wunde einen Blasenstrom hervortreten lässt, zuwenden zu können. Der Sauerstoff wird von der Zelle aus, in welcher er durch Zerlegung der Kohlensäure gebildet wurde, zum Theil wohl direkt in das umgebende Wasser diffundiren, zum voraussichtlich größten Theil aber in das Innere der Pflanze dringen, um in den Intercellulärräumen und Luftlücken sich im gasförmigen Zustande zu sammeln und nach der den Austritt gestattenden Wunde hinzuströmen. Auf dem Weg, den er bis hierher von seiner Bildungsstätte aus im absorbirten und gasförmigen Zustand zurückzulegen hat, mischen sich ihm die anderen in der Pflanze enthaltenen Gase, Stickstoff und Kohlensäure, bei, und eine Ausgleichung mit diesen wird um so vollständiger sein können, je länger der zu durcheilende Weg ist, oder je langsamer eine bestimmte Strecke durchlaufen wird. Da nun bekanntlich die Geschwindigkeit des Blasenstromes unter dem Einfluß verschiedener Spektralfarben eine sehr ungleiche ist und desshalb anzunehmen steht, dass der Sauerstoffgehalt der Blasen um so geringer ausfällt, je langsamer dieselben aufeinander folgen, so wird das vergleichende Blasenzählen einen der wirklichen Assimilationsthätigkeit gegenüber um so höheren Werth geben, je weniger energisch die Kohlensäurezersetzung durch die zutretenden Strahlen des Spektrums angeregt wird. Diese Folgerung fand ich in zufriedenstellender Weise bestätigt, als ich die Gasabscheidung unter denselben farbigen Flüssigkeiten beobachtete, mit welchen ich meine Untersuchung über die Assimilationsthätigkeit von Landpflanzen anstellte.

Über die Ausführung des Blasenzählens habe ich hier nur weniges in Betreff der von mir angewandten Zusammenstellung der Apparate zu sagen. Dieselben Glocken und dieselben Flüssigkeiten, wie bei meinen Versuchen mit Landpflanzen wandte ich auch beim Blasenzählen an, indem ich dieselben über ein geeignetes cylindrisches Gefäss stülpte, in welchem sich die Versuchspflanze, die immer *Elodea canadensis* war, befand, mit dem Stammquerschnitt nach oben gewandt und in ihrer Lage durch Anbinden an einen Glasstab unverrücklich fixirt. In das, in dem übrigens offen bleibenden Gefäße enthaltene Wasser wurde einige Zeit ein Kohlensäurestrom geleitet und das Zuleiten dieses Gases jedesmal wiederholt, nachdem einige vergleichende Zählungen, abwechselnd hinter einer mit Wasser und einer mit farbiger Flüssigkeit gefüllten Glocke gemacht worden waren. Die Versuche mit den verschiedenen Lösungen wurden nicht an denselben, immer aber an sehr hellen Tagen vorgenommen, und jedesmal die in einer oder bei geringer Zahl in 2 Minuten austretenden Blasen gezählt.

Die Resultate sind in Folgendem zusammengestellt und zwar die Blasenzahl in einer Minute und das hieraus sich ergebende Mittel in den beiden ersten Columnen und in der letzten Vertikalreihe noch die Werthe, welche sich für die farbigen Flüssigkeiten ergeben, wenn die Zahl der Blasen im weissen Licht, hinter der mit Wasser gefüllten Glocke, gleich 100 gesetzt wird. Die Temperaturen habe ich nicht angeführt, weil diese, wie ein in dem Versuchswasser stehendes Thermometer zeigte, bei zwei aufeinanderfolgenden Ablesungen stets um weniger als ein $1/2°$ C differirten.

Die Glocken gefüllt mit:	Zahl der Gasblasen in 1 Minute						Im Mittel	Zahl der im weissen Licht ausgeschiedenen Blasen = 100 gesetzt
Wasser	27	26	26	25	26	27	26,2	100,0
Chrs. Kali*)	26	26	24	24	24	24	24,7	94,3
Wasser	33	34	34	35	34	33	33,8	100,0
Cuoammon*)	6	7	6	7	7	6	6,5	19,2
Wasser	28	29	29	30	30	28	29,0	100,0
Orsellin	17	18	18	19	19	17	18,0	62,1
Wasser	28	28	30	30	30	28	29,0	100,0
Anilinviolett	14	14	15	15	15	14	14,5	50,0
Wasser	30	30	31	31	29	28	29,8	100,0
Anilinroth	13	14	14	14	13	12	13,3	44,6
Wasser	45	46	46	45	44		45,2	100,0
Chlorophyll**)	13	14	14	13	12		13,2	29,2

*) Vgl. Sachs, Bot. Ztg. 1864, p. 363 u. Experimtphys p. 26.
**) Dieses ist eine Chlorophylllösung, welche bereits ein wenig verfärbt war.

Wenn die im weissen Licht, hinter der mit Wasser gefüllten Glocke, zersetzte Kohlensäure und ebenso die in diesem Fall ausgeschiedene Zahl der Gasblasen gleich 100 gesetzt wird, so ergeben sich die Werthe, welche in dem folgenden Täfelchen in der ersten und zweiten Vertikalreihe stehen. Die Differenz, um welche die durch Blasenzählen erhaltenen Wertle zu hoch ausgefallen sind, finden sich in der letzten Columne zusammengestellt.

	Im weissen Licht zersetzte CO^2 = 100	Im weissen Licht ausgeschiedene Gasblasen = 100	Differenz.
Wasser	100,0	100,0	0
Chrs. Kali	88,6	94,3	5,7
Orsellin	53,9	62,1	8,2
Anilinviolett	38,9	50,0	11,1
Anilinroth	32,1	44,6	12,5
Chlorophyll	15,9	29,2	13,3
Cuoammon	7,6	19,2	11,6

In diesem Täfelchen folgen die farbigen Medien so aufeinander, dass hinter jedem tiefer stehenden weniger Kohlensäure zersetzt wird, als hinter dem vorhergehenden, und wie man sieht, steigen die in der letzten Columne stehenden Differenzen im Allgemeinen in derselben Reihenfolge. Für Kupferoxydammoniak fällt die Differenz zwar etwas geringer aus, als für Chlorophyll und Anilinroth, allein sie ist doch immer noch doppelt so gross als zwischen Wasser und chromsaurem Kali und gerade bei jenem Medium, hinter welchem die Gasblasen am langsamsten aufeinander folgen, war ein Fehler beim Zählen derselben am leichtesten möglich, da der Austritt einer Blase nicht immer genau mit dem Ablauf einer Minute zusammenfiel. Jedenfalls liegt in obigem Resultate der Beweis, *dass das Blasenzählen im farbigen Licht einen höheren, als der Assimilationsthätigkeit in den betreffenden Strahlen entsprechenden Werth ergibt und zwar im Allgemeinen um so höher, je weniger Kohlensäure überhaupt zersetzt wird.*

Der eben gezogene Schluss steht mit unseren theoretischen Folgerungen im vollen Einklang, und nach diesen ist wohl auch gewiss, dass der Sauerstoffgehalt der aus einer Wunde ausgeschiedenen Blasen sinkt, wenn dieselben langsamer aufeinander folgen. Doch erlauben obige Resultate einen bestimmten Schluss auf die Zusammensetzung der von einer Pflanze mit ungleicher Geschwindigkeit ausgeschiedenen Gase nicht, da hierbei auch die Diffusionsverhältnisse der Gase in einer nicht mit Sicherheit zu berechnenden Weise in Betracht kommen. Hierauf näher einzugehen, kann hier nicht in meiner Absicht liegen.

Bereits *Daubeny* kam, aus freilich sehr unsicheren Belege hin, zu dem Schluss, dass das von Pflanzen unter Wasser ausgeschiedene Gas um so ärmer an Sauerstoff sei, je weniger Gas ausgegeben werde. Eine Bestätigung dieses Schlusses konnte *Draper* bei den Analysen, welche mit in verschiedenen Spektralfarben ausgeschiedenen Gasgemengen angestellt wurden, nicht finden, während bei

Cloez und *Gratiolet* wieder das Sinken des Sauerstoffgehaltes mit Verringerung der ausgeschiedenen Gasmenge in ganz auffallender Weise hervortritt. Bei den Versuchen, die diese Autoren mit Wasserpflanzen anstellten, sammelten sich z. B. im Mittel aus 3 Beobachtungen 73,7 C. C. Gas hinter weissem Glase, für welches nach Abzug der Kohlensäure 76,8 Procent Sauerstoff gefunden wurden, unter blauem Glase hingegen wurden 18 C. C. Gas erhalten, in denen die Analyse nur 44,6 Procent Sauerstoff ergab (nach Abzug der Kohlensäure). Dieser gewaltige Unterschied in dem Verhältnis von Sauerstoff und Stickstoff, wie er in den beiden oben angeführten Fällen gefunden wurde, kann ein analytischer Fehler unmöglich sein, wenn auch die Sauerstoffbestimmung der genannten Autoren nach einer sehr mangelhaften Methode geschah. Diese analytischen Befunde haben übrigens keine endgültige Beweiskraft, da in der Zusammensetzung der ausgeschiedenen Gase wesentliche Änderungen beim Aufsammeln statthaben konnten. Denn wenn das Sperrwasser ein gewisses Quantum Sauerstoff zu absorbiren vermochte, so musste der Sauerstoffgehalt eines in geringer Menge angesammelten Gasgemisches in höherem Grade vermindert werden, als wenn grössere Gasmengen sich ansammelten. Diese kurzen Andeutungen mögen hier genügen, da mir eigene Beobachtungen in dieser Richtung nicht zu Gebote stehen und eine ausführliche Kritik der einschlägigen Literatur nicht hierher gehört.

2. Die Jodprobe

Aus „Ein Beitrag zur Ernährungsthätigkeit der Blätter"
Arbeiten des Botanischen Instituts der Universität Würzburg, Nr. 1, Heft 1, 1874

Wenn man, wie ich es vor 22 Jahren that, die Stärke im Chlorophyll mikrochemisch aufsucht, und dabei die jetzt längst allgemein bekannte Methode anwendet, so kann man entscheiden, ob die Chlorophyllkörner überhaupt Stärke enthalten oder nicht; auch ist es möglich, zu erkennen, ob viel oder wenig Stärke vorhanden, ob unter Umständen eine Vermehrung oder Verminderung eingetreten ist. Allein die Untersuchung ist sehr zeitraubend, wenn es darauf ankommt, eine übersichtliche Vorstellung von dem Stärkegehalt zahlreicher, zumal größerer Blätter zu gewinnen, denn es steht je nicht im voraus fest, daß alle Theile eines umfangreichen Blattes zur selben Stunde gleichen Stärkegehalt zeigen müssen, und daß verschiedene Blätter derselben Pflanze zur selben Zeit sich gleichartig verhalten; aber gerade darüber wollte ich Gewißheit haben.

Manche sehr wichtige Fragen der Ernährung finden eine genügende Beantwortung schon dann, wenn man nur mit Bestimmtheit konstatiren kann, ob überhaupt Stärke im Mesophyll vorhanden ist oder nicht, ob eine deutliche Vermehrung oder Verminderung derselben stattgefunden hat; es ist durchaus nicht immer nötig, Zahlen angeben zu können, weiterhin werde ich freilich zeigen, daß auch das Gewicht der durch Assimilation gewonnenen oder der aus den Blättern verschwundenen Stärke auf sehr einfachem Wege gefunden werden kann. Es kommt also zunächst darauf an, die Stärke in den Blättern makroskopisch nachzuweisen, wie ich es seit langer Zeit zum Zweck der Demonstration in Vorlesungen zu thun pflege, wobei es ja unbenommen bleibt, jederzeit auf mikroskopischem Wege etwaige Zweifel zu lösen.

Kocht man grüne, frisch geerntete Blätter etwa 10 Minuten lang in Wasser, so wird der größte Theil der im Wasser löslichen Stoffe extrahirt, ohne daß das Gefüge des Blattgewebes allzusehr leidet: man kann die Blätter, oder größere Stücke derselben nach dem Kochen noch bequem als feste Lamellen mit der Pincette herausheben, ohne daß sie zerreißen, was für meinen Zweck durchaus nöthig ist.

Der Farbstoff des Chlorophylls bleibt bekanntlich bei dem Kochen im Blatt, gewöhnlich sogar ändert sich der Farbenton nicht einmal: nur wenn gewisse Pflanzensäuren in den Blättern vorhanden sind, wie bei *Vitis, Oxalis, Rheuma* u. a., verändert sich die Färbung des Chlorophylls, was aber für uns hier ohne Bedeutung bleibt.

Legt man nun die gekochten Blätter in starken Alkohol (96 %), so wird der Farbstoff des Chlorophylls ausgezogen und mit ihm zugleich alle anderen Stoffe, welche in Alkohol löslich sind.

Das Blatt wird also im wesentlichen von den Stoffen befreit, welche in kochendem Wasser und in Alkohol überhaupt löslich sind. Das Blattgewebe ist demnach hinreichend gereinigt, um die nun folgende Jodreaktion auf Stärke ungehindert durch andere Stoffe deutlich hervortreten zu lassen.

Die gekochten Blätter entfärben sich im Alkohol gewöhnlich vollständig und erscheinen dann weiß wie gewöhnliches Papier, so z. B. bei *Tropaeolum, Helianthus, Solanum, Cucurbita, Datura, Phaseolus* u. a.; in manchen Fällen, besonders wie es scheint bei Holzpflanzen, und wie ich vermuthe in Folge der Gegenwart größerer Gerbstoffmengen, bleiben die Blätter nach der Extraktion braun und sind dann für manche Zwecke der Jodreaktion nicht geeignet.

Es ist leicht wahrzunehmen, daß die Extraktion des Chlorophylls unter dem Einfluß direkten Sonnenlichtes viel rascher vor sich geht, als im Schatten; offenbar vorwiegend infolge der starken Erwärmung durch die Sonnenstrahlen; ich habe daher, um rasch zum Ziel zu gelangen, was bei manchen Beobachtungen durchaus nöthig ist, das Verfahren eingeschlagen, den Alkohol auf 50—60° C. zu erwärmen, indem ich das Gefäß in heißes Wasser stellte; die vollständige Entfärbung der Blätter geht dann oft in wenigen Minuten vor sich, und ist jedenfalls in 15—30 Minuten vollendet.

Bei Blättern von lederartiger Konsistenz, wie denen von *Populus* u. a., geht die Extraktion mit Alkohol sehr langsam vor sich, infolge der außerordentlich geringen Diffusibilität des grünen Farbstoffs, von der man sich auch sonst leicht überzeugen kann. In solchen Fällen, wo man 10—12 und mehr Stunden, selbst Tage verlieren würde, kann man dadurch zum Ziel gelangen, daß man dem kochenden Wasser einige Cubikcentimeter starker Kalilauge zusetzt, worauf dann die Extraktion im Alkohol binnen wenigen Stunden vollendet ist.

Die meisten Demonstrationen in Vorlesungen über Pflanzenphysiologie leiden an dem Übelstand, daß die betreffenden Vorgänge sehr langsam verlaufen und daher im Laufe einer Vorlesung nicht vollständig gezeigt werden können. Dies ist selbst bei der Extraktion des Chloorphylls aus Blättern der Fall. Es wird daher vielleicht Manchem willkommen sein, zu wissen, wie man diesen Vorgang binnen wenigen Minuten demonstriren kann: man benutzt am besten ausgewachsene Blätter von *Tropaeolum,* die man während der Vorlesung einige Minuten in kochendes Wasser steckt und dann in ein Gefäß mit heißem Alkohol überträgt; der grüne Farbstoff tritt dann sofort in den Alkohol über und nach 2—3

Minuten kann man das völlig entfärbte Blatt aus dem prachtvoll grünen Alkohol herausziehen, um es sodann, wenn erwünscht, binnen wenigen Minuten in einer starken alkoholischen Jodlösung durch die nun eintretende Jodreaktion völlig schwarz oder hellgelb erscheinen zu lassen, je nachdem man an einem kleinen Abschnitt des Blattes vorher schon den Stärkegehalt oder die Abwesenheit der Stärke festgestellt hat.

Bei Untersuchungen der Art, wie sie in Folgendem beschrieben werden, ist es zweckmäßig, größere Quantitäten von Alkohol zu verwenden; ich benutze Gefäße (Bechergläser) von 1—2 Liter Inhalt; auch muß, wenn man rasche und vollständige Entfärbung der Blätter wünscht, der Alkohol öfter erneuert werden, da er sich bei häufigem Gebrauch sehr bald mit Chlorophyll und anderen Extraktivstoffen sättigt, also unwirksam wird.

Die extrahirten Blätter oder Blattstücke bringe ich nun in eine starke Jodlösung, von der ich 1—2 Liter in einem Glaszylinder mit eingeschliffenem Stopfen vorräthig halte. Ich verwendete anfangs eine Auflösung von Jod in Jodkalium, später jedoch ausschließlich eine alkoholische Jodlösung, die man am besten dadurch herstellt, daß man ein größeres Quantum Jod in starkem Alkohol auflöst und diesem dann soviel destillirtes Wasser zusetzt, bis die Flüssigkeit etwa die Farbe eines dunklen Bieres besitzt.

Die Blätter oder Blattstücke bleiben nun je nach Umständen eine halbe, oder 2—3 oder selbst mehr Stunden in der Jodlösung, d. h. solange, bis keine Farbenänderung mehr eintritt, denn es ist für unsere Zwecke nöthig, daß sich das Blattgewebe mit Jod vollständig sättigt.

Enthalten die untersuchten Blätter gar keine Stärke im Chlorophyll, so nehmen sie in der Jodlösung eine hellgelbe Färbung an; sind sie dagegen sehr reich an Stärke, so erscheint nach einiger Zeit das Mesophyll tief schwarz gefärbt, während (besondere Umstände abgerechnet) die Rippen sowohl, wie die im Mesophyll netzartig verzweigten dünnen Nerven farblos bleiben.

Die mit Jod gesättigten Blätter hebe ich nun mit der Pincette heraus und lege sie in einen mit reinem Wasser gefüllten weißen Porzellanteller, der am Fenster placirt ist. Auf dem weißen Untergrund hebt sich nun die Jodfärbung des Mesophylls völlig deutlich ab, und man ist imstande, zahlreiche Abstufungen der Jodfärbung, also auch des Stärkereichthums deutlich zu unterscheiden. Um sich davon zu überzeugen, braucht man nur Blätter der Kartoffel, der Sonnenrose, des Kürbis u. a. bei Sonnenaufgang und zu verschiedenen Tagesstunden der beschriebenen Behandlung zu unterwerfen, und sie sämmtlich in der angegebenen Weise im Wasser liegend zu besichtigen.

Nach meinen sehr zahlreichen Beobachtungen scheint es mir zweckmäßig einige bestimmte Ausdrücke für die mit Jod gesättigten Blätter aufzustellen. Ich unterscheide folgende Färbungen der mit Jod gesättigten Blätter:

1. hellgelb oder ledergelb (keine Stärke im Chlorophyll).
2. schwärzlich (sehr wenig Stärke im Chlorophyll).
3. matt schwarz (reichlich Stärke).
4. kohlschwarz (sehr reichlich Stärke).
5. metallisch glänzend schwarz (Maximum des Stärkegehalts).

Ich will gleich hier bei dieser Gelegenheit eine Thatsache hervorheben, die zu weiteren Untersuchungen Anlaß geben dürfte. Es ist nämlich im Sommer eine gewöhnliche Erscheinung, daß Blätter, welche noch nicht das Maximum von Stärke enthalten, oder bereits einen Theil derselben verloren haben, auf der Oberseite nur schwärzlich oder braun erscheinen, während die Unterseite des Gewebes kohlschwarz oder selbst metallisch glänzend ist. Umgekehrt fand ich die Sache am 1. Oktbr. Abends 5 Uhr nach einem trüben, regnerischen Tage von 6—11° C., bei der Kartoffel, *Datura, Phaseolus, Vitis Labrusea, Helianthus, Juglans* und *Populus*, wo die Unterseite sehr wenig oder gar keine Stärke enthielt, während die Oberseite bei der Jodprobe kohlschwarz wurde.

Das beschriebene Verfahren, d. h. das Kochen in Wasser, die Extraktion in Alkohol und die schließliche Färbung in Jod werde ich künftighin der Kürze wegen einfach als „Jodprobe" bezeichnen, und ich bemerke ausdrücklich, daß, wenn im Texte gesagt wird, es sei die Jodprobe angewendet worden, darunter keineswegs die Jodrekation allein, sondern immer das ganze beschriebene Verfahren gemeint ist.

Die so behandelten Blätter oder Blattstücke kann man beliebig lange in schwachem Jodalkohol aufbewahren, sie als Belege oder als Demonstrationsobjekte benutzen, und da es sich bei der Untersuchung gewöhnlich um die Frage handelt, ob eine Zu- oder Abnahme von Stärke eingetreten ist, so kann man immer die früher hergestellten Objekte mit den späteren bequem vergleichen, nur müssen dieselben vorher immer hinreichend lange in derselben Jodlösung gelegen haben. Bei der Jodprobe, wo es immer auf völlige Sättigung der kleinen Stärkekörnchen im Chlorophyll mit Jod abgesehen ist, nehmen dieselben nicht die bekannte blaue, sondern eine tiefschwarze Färbung an, indessen kann man, wenn es erwünscht sein sollte, nicht selten auch nach der Jodprobe die blaue Färbung hervorrufen, wenn man die Blätter einige Stunden lang in einem mit Wasser gefüllten Teller offen liegen läßt.

Bevor ich auf die eigentlchie Anwendung der Jodprobe bei meiner Untersuchung eingehe, ist es vielleicht nicht ganz überflüssig, zweier Thatsachen zu erwähnen, die man ebenfalls bei Vorlesungen zur Demonstration benutzen kann. Man kann z. B. die Jodprobe dazu benutzen, die völlige Abwesenheit der Stärke in solchen Blättern zu demonstriren, die sich im Finstern vollständig entwickelt haben und dann bekanntlich gelb gefärbt sind. Ich habe in meinem Buche: „Vorlesungen über Pflanzenphysiologie" p. 198 ein Verfahren abgebildet, durch welches man bei *Cucurbita* etiolirte Blätter von einer Größe, die sich von der normaler grüner Blätter kaum unterscheidet, gewinnen kann; es interessirte mich, speziell in diesem Falle zu wissen, ob sich nicht etwa, von den grünen Blättern derselben Pflanze ausgehend, Stärke in diesen großen etiolirten Blättern ansammelt. Die Jodprobe zeigt aber, daß sie immer völlig frei davon sind, selbst dann, wenn sich in dem finstern Raum eine Frucht von einigen bis zwölf kg Gewicht bildet, d. h. also, wenn von den grünen Theilen her eine sehr betrachtliche, 6—8 Wochen dauernde Einwanderung von Assimilationsprodukten in den etiolirten Theil der Pflanze stattfindet.

Einen besonders ansprechenden und lehrreichen Vorlesungsversuch kann man mit panachirten Blättern jeder beliebigen Art anstellen, um zu beweisen, daß bei der Jodprobe die Stärke ausschließlich in denjenigen Theilen der Blätter entsteht, welche Chlorophyll enthalten. Diese Stellen färben sich, wenn die Blätter am Licht assimilirt haben, bei der Jodprobe schwarz, wogegen die im lebenden Blatt farblosen oder doch chlorophyllfreien (chlorotischen) Stellen farblos bleiben, also keine Stärke enthalten. Sehr geeignet sind zu einem derartigen Versuch die bunten Blätter von *Coleus*, bei denen eine unendliche Mannigfaltigkeit der grünen, farblosen, rothen, gelben und braunen Stellen zu finden ist, und da die Blätter sehr zart sind, so kann man sie rasch extrahieren und in kurzer Zeit die Jodprobe selbst in der Vorlesung anstellen. Besonders geeignet sind solche *Coleus*blätter, die einen weißen, breiten Rand haben.

Noch schönere Präparate, aber erst nach längerem Liegen in Jodlösung geben die panachirten lederartigen Blätter von *Sanchezia* und *Codiaeum variegatum*, die sich besonders ihrer Haltbarkeit wegen zu längerer Aufbewahrung für spätere Demonstrationen eignen.

Schließlich noch einige Bemerkungen über die Auswahl der Blätter für die zu beschreibenden Beobachtungen. Es ist im Folgenden überall nur von völlig ausgewachsenen, durchaus gesunden und fehlerfreien Blättern die Rede, von Blättern, die als fertige und vollkräftige Assimilationsorgane der Pflanze funktioniren; die Vergleichung junger und alter, kranker oder sonstwie abnormer Blätter war gänzlich ausgeschlossen. Um mit Gewißheit sagen zu können, daß dasselbe Blatt z. B. bei Sonnenaufgang keine Stärke enthält, Nachmittags aber damit erfüllt ist, daß dasselbe Blatt am Vormittag gewöhnlich weniger als am Nachmittag enthält, um sicher zu sein, ob die vorhandene Stärke erst vor einigen Stunden entstanden ist, oder nicht etwa vom vorigen Tage her noch restirt usw., hat man ein sehr einfaches Mittel, wenn man Stücke desselben Blattes zu verschiedenen Zeiten abschneidet und sofort der Jodprobe unterwirft. Gewöhnlich genügt es, zwei Beobachtungen an einem Blatt zu machen, und mit Rücksicht auf die Symmetrie, die sich auch betreffs der Assimilation im Blatt geltend macht, schneide ich zuerst die eine Längshälfte des Blattes mit sorgfältigster Schonung der Mittelrippe ab; die andere Hälfte der Lamina bleibt an dem Stiel und in Verbindung mit der Pflanze, um erst später der Beobachtung unterzogen zu werden; die zurückbleibende Hälfte wird durch das Abschneiden der anderen in ihrer Ernährungsfunktion durchaus nicht gestört; sie kann wochen- und monatelang gesund und frisch bleiben.

Es wäre durchaus unzweckmäßig, zuerst etwa die vordere Hälfte mit der Spitze, und später das Basalstück mit dem Stiel abzuschneiden, um die Stärkeveränderungen desselben Blattes durch die Jodprobe kennen zu lernen. Vielfache Erfahrung zeigte mir nämlich, daß die Stärke oft in der Blattspitze noch reichlich vorhanden ist, während die Basis der Lamina sich schon entleert hat.

Bei zusammengesetzten oder gefiederten Blättern (Kartoffel, *Juglans*, *Ampelopsis* usw.) nehme ich zur Vergleichung zuerst die Foliola von einer Seite der Mittelrippe, und später die Foliola der andern Seite, oder auch Hälften derselben Foliola.

Gewöhnlich könnte man sich auch damit begnügen, zu verschiedenen Tageszeiten ganze, an einem Sproß benachbarte Blätter zu untersuchen, da sich dieselben meist ganz gleichartig verhalten. Trotzdem ist die angegebene Vorsichtsmaßregel doch nicht überflüssig, denn es kommen Fälle vor, wie ich namentlich bei *Tropaeolum majus* wiederholt fand, wo ganz gleichartig aussehende Blätter eines und desselben Sprosses sich doch ganz verschieden verhielten: das eine war an Stärke reich zu derselben Zeit, wo das andere stärkearm oder selbst stärkefrei war; in solchem Falle könnten bei Nichtbeachtung der angegebenen Methode große Irrthümer stattfinden.

Wilhelm Pfeffer (1845—1920) wurde in Grebenstein bei Kassel geboren. Nach einer Apothekerlehre promovierte der hochbegabte Botaniker schon nach vier Semestern Studium und wurde als Schüler von *Sachs,* der ihn für die Physiologie begeisterte, 1873 Professor in Bonn, 1878 in Tübingen und 1887 in Leipzig. Er starb in Basel. — *Pfeffer* hat grundlegende pflanzenphysiologische Untersuchungen durchgeführt, vor allem über Osmose, Assimilation, thermo- und photonastische Bewegungen der Blüten und Stofftransport in den Pflanzen. Von seinen zahlreichen Veröffentlichungen sind seine „Osmotischen Untersuchungen" (1877) und sein 1881 erschienenes „Handbuch der Pflanzenphysiologie" am bedeutendsten.

PAUL EHRLICH:

Zur Theorie der Lysinwirkung

Aus: Gesammelte Arbeiten zur Immunitätsforschung,
Verlag von August Hirschwald, Berlin 1904.

... Besitzt irgend ein Körper, sei es nun ein Toxin oder ein ungiftiges Toxoid, ein Ferment oder eine Bestandteil der Bacterienzelle oder des Erythocyten, die Fähigkeit, sich mit Seitenketten des Protoplasmas zu verbinden, so ist dadurch die Möglichkeit für die Bildung des betreffenden Antikörpers gegeben. Der Antikörper muß nach der Theorie diejenige Gruppe besitzen, die in die haptophore, die specifisch bindende Gruppe, des Ausgangskörpers eingreift. Der lösliche Stoff also, der durch die Einwirkung des Ausgangskörpers (Toxin, Toxoid oder dergl.) entsteht, muß sich mit diesem Ausgangskörper chemisch vereinigen. Ist der Ausgangskörper ein von Anfang an gelöster Stoff, wie es die Toxine sind, so verläuft die Neutralisation in der Lösung. Ist dagegen der Ausgangsköper nicht direkt löslich, sondern bildet ursprünglich einen unlöslichen Bestandteil z. B. der Bacterienzelle oder einer Blutzelle, so muß der ja im Blute gelöste Antikörper durch jenen unlöslichen Stoff seiner Lösungsflüssigkeit entrissen und an die genannten Zellen selbst verankert werden. In ähnlicher Weise wird ja in den bekannten Wassermann'chen Versuchen der Ausgangskörper (das Tetanustoxin) durch die an den zerriebenen Hirnzellen festsitzenden, also ungelösten Seitenketten der Lösungsflüssigkeit entrissen.
In Analogie mit dem eben Gesagten müßten wir daher in unserem Falle fordern, daß der im Ziegenserum gelöste Immunkörper von den Erythrocyten des Hammelblutes gebunden werden muß.
Die Versuchsanordnung ist eine sehr einfache, indem man Hammelblut oder eine Verdünnung desselben mit Immunserum versetzt, das durch Erwärmen auf 56 Grad seiner lösenden Eigenschaften beraubt ist. Scheidet man dann durch Zentrifugieren die Blutkörperchen von der Zwischenflüssigkeit, so wird in dem Fall, daß die roten Blutkörperchen den Immunkörper verankert haben, die Flüssigkeit von demselben frei sein müssen. Um diesen Nachweis zu führen, hat man nur die zentrifugierte Flüssigkeit mit entsprechenden Mengen Hammelblutkörperchen wieder zu versetzen und eine ausreichende Menge Addiment in Form von normalem Serum hinzuzufügen. Es werden dann, wenn die Flüssigkeit von Im-

munkörpern frei ist, die roten Blutkörperchen ungelöst verbleiben. Andererseits muß das Sediment in analoger Weise auf die Anwesenheit des Immunkörpers geprüft werden. Es geschieht dies dadurch, daß man das von Flüssigkeit möglichst befreite Sediment in Kochsalzlösung aufschwemmt und gleichfalls eine genügende Menge Addiment zufügt. Sind entsprechende Mengen des Immunkörpers gebunden, so tritt Lösung der rothen Blutkörperchen ein. Wir lassen als Beispiel einen unserer zahlreichen Versuche folgen:
4 ccm 5 proc.Hammelblutgemisches werden mit 1,0 resp. 1,3 des inactivirten Serums unserer Ziege versetzt. Die Mischung bleibt 15 Minuten bei 40 Grad und wird dann sorgfältig zentrifugiert. Die klare Flüssigkeit wird abgegossen, mit 0,2 ccm normalen Hammelblutes versetzt und dann 0,8 ccm Serum einer normalen Ziege zugefügt. Nach zweistündigem Verweilen im Thermostaten bei 37 Grad und Sedimentierung in der Kälte ist keine Spur von Lösung wahrzunehmen. Das zentrifugierte Sediment wird durch Absaugen mit Fliesspapier von den Resten der Flüssgkeit möglichst befreit, in 4,0 ccm physiologischer Kochsalzlösung aufgeschwemmt und gleichfalls mit 0,8 ccm normalem Ziegenserum versetzt. Nach zweistündigem Aufenthalt im Thermostaten bei 37 Grad ist vollständige, resp. fast vollständige Lösung eingetreten. Es ist also bei dieser Versuchsanordnung, bei welcher die ausreichende Menge von Immunkörpern verwandt wurde, complette Bindung von seiten der roten Blutkörperchen eingetreten, derart, daß der Zwischenflüssigkeit der Immunkörper vollständig entzogen wurde. Dasselbe finden wir bei niederen Temperaturen, auch bei 0 Grad.

Daß es sich hier um eine chemische Bindung und nicht um eine Absorption handelt, geht aus Versuchen mit anderen Blutarten hervor; indem die Blutkörperchen des Kaninchens, der Ziege keinerlei Anziehung auf den Immunkörper ausüben.

Auf Grund dieser Versuche müssen wir also annehmen, daß der Immunkörper eine specifisch haptophore Gruppe besitzen muß, die ihn an die roten Blutkörperchen des Hammels fesselt, wie dies den Forderungen der Seitenkettentheorie entspricht ...

Paul Ehrlich (1854—1915): Er war Pathologe und Serumforscher in Frankfurt, wo er 1899 Direktor des Instituts für experimentelle Therapie wurde. Zusammen mit dem japanischen Bakteriologen *Hata* entdeckte er 1910 als 606. Präparat einer langen Versuchsreihe das SALVARSAN als Heilmittel gegen die Syphilis. Damit wurde er, weil es das erste wirksame sythetisch hergestellte Heilmittel gegen Infektionskrankheiten war, zum Begründer der Chemotherapie. 1908 erhielt er für seine bahnbrechenden Serumforschungen den Nobelpreis für Medizin.

ALAN WISEMAN:

Der Mechanismus der Biosynthese von Enzymen in der Hefe

Aus „Endeavour", Bd. XXII, Nr. 85, 1963

Die lebende Zelle kann in gewissen Fällen Enzyme synthetisieren, die sie normalerweise nicht erzeugt. Dies geschieht, wenn sie bestimmte Verbindungen antrifft, die sie in ihren Stoffwechsel einbeziehen muß. Die entsprechende Information wird an den Ort der Proteinsynthese von den Genen über Ribonukleinsäuren als „Boten" weitergegeben. Es scheint bald möglich, in diesen Prozeß einzugreifen und so die Zelle „anzuweisen", Enzyme für die Katalyse einer ganz speziellen Reaktionsfolge zu synthetisieren. Der vorliegende Artikel diskutiert den Mechanismus der Bildung normalerweise von der Hefe nicht erzeugter Enzyme.

Hefezellen können einfache Nährstoffe benützen zur Herstellung der verschiedenen Stoffe, die sie zur Erhaltung ihrer Struktur, zum Wachstum und zur Vermehrung benötigen. Die einfachsten, unbedingt notwendigen Nährstoffe sind jedoch wesentlich komplizierter als die der grünen Pflanzen, die im Sonnenlicht mit Mineralsalzen, Wasser und CO_2 auskommen. Die Hefen können sich — wie die meisten anderen Mikroorganismen ohne Chlorophyll — die Energie des Sonnenlichtes nicht zur Erzeugung der benötigten Zucker zunutze machen. Statt dessen brauchen sie andere Energiequellen, die ihnen in ihrem Nährmedium zur Verfügung stehen müssen, daneben oft Aminosäuren, Spuren bestimmter Metalle und Vitamine der B-Gruppe.

Die Aminosäuren werden zum Aufbau von Proteinen verwendet, die aus langen Ketten dieser Bausteine bestehen; es sind über zwanzig verschiedene Aminosäuren beteiligt. Die Zucker werden hauptsächlich zur Energieerzeugung für diesen Prozeß eingesetzt. Die Proteine sind von größter Bedeutung für die Hefezelle wie für das Leben überhaupt, denn sie sind wiederum oft die Bausteine der Enzyme, spezifischer Katalysatoren für Reaktionen, die ohne sie sehr langsam oder gar nicht ablaufen würden. Wie in den meisten anderen Organismen ist auch bei der Hefe die Synthese von Proteinen, die als Enzyme wirken, eine Folge von ineinandergreifenden chemischen Reaktionen unter dem Einfluß von schon vorhandenen Enzymen, d. h. ein sich selbst erhaltender Prozeß. Der erste Schritt einer weitverbreiteten Art der Enzymsynthese besteht in der Aktivierung der Aminosäuren innerhalb der Zelle. Im aktivierten Zustand werden sie an den Ort der Proteinsynthese gebracht und dort verbunden. Als Aktivator für die Überführung in den energiereichen Zustand dient das Adenosintriphosphat (ATP), das mit Hilfe der aus der Zuckerspaltung gewonnenen Energie erzeugt wird; es enthält in seinen energiereichen Phosphatbindungen die bei der Spaltung der Zuckermoleküle freigewordene Energie. In Anwesenheit der nötigen Enzyme kann das ATP diese Energie auf jede der Aminosäuren übertragen. Zum Transport an den Ort der Proteinsynthese in der Zelle werden die aktivierten Aminosäuren mit löslicher Ribonucleinsäure (l. RNS) vereinigt.

Die Spezifität der Enzyme hängt von der Art der verschiedenen Aminosäuren in der Kette, ihrer Sequenz und der Art der Faltung der Kette ab. Die Synthese eines bestimmten Proteins erfordert daher eine ganz spezifische Anordnung der enthaltenen Aminosäuren. Neuere Theorien fordern, daß der Ort der Proteinsynthese in der Zelle die Fähigkeit haben soll, diese richtige Reihenfolge dadurch zu verwirklichen, daß er laufend „Informationen" vom zugehörigen Informator-Gen der Chromosomen erhält. Allgemein gesprochen prägen die Chromosomen die Erbmerkmale der Zelle: Die Struktur eines jeden Enzyms wird von „seinem" Informator-Gen determiniert. Das Gen sendet die entsprechenden „Befehle" vom Zellkern aus an den Entstehungsort (Mikrosom) des Enzyms. Als Übermittler dient eine Ribonukleinsäure (RNS-Bote); der Befehl (Code) ist in der Aufbausequenz der langen Nukleotidekette (Phosphat-Zucker-Basen) des RNS-Boten verschlüsselt. Aus der Tatsache, daß sowohl Entstehungsort (Mikrosom) wie Übermittler (RNS-Bote) Ribonukleinsäuren sind und auch das zugehörige Gen von ähnlichem Aufbau ist (Desoxyribonukleinsäure, DNS), geht klar die überragende Bedeutung der Nukleinsäure im Leben der Zelle hervor.

Ferner wird postuliert, daß die in der richtigen Reihenfolge angeordneten aktivierten Aminosäuren durch weitere Enzymreaktionen verbunden werden, und die Aminosäurekette in spezifischer Weise zum Endprodukt, dem Protein, gefaltet wird. Das fertige Enzym kann spezifische chemische Reaktionen in der Zelle katalysieren, vielleicht sogar bei der Synthese von Molekülen der eigenen Art mitwirken. So laufen die zyklischen Prozesse immer weiter ab: die Hefezelle kann wachsen, sich fortpflanzen und die fein differenzierten chemischen Umwandlungen bewirken, aus denen sich der Prozeß des Lebens zusammensetzt.

Der Kontrollmechanismus der Enzymsynthese

Hefezellen können wachsen und sich teilen, wenn die einzige Energiequelle im Nährmedium Glucose ist. Der Wachstumsprozeß hört vorübergehend auf, wenn die monomere Glucose durch eine dimere, die Maltose, ersetzt wird. Nach einer charakteristischen Zeit wird aber von der Zelle Maltase erzeugt, das zur Spaltung der zugesetzten Maltose befähigte Enzym; normales Wachstum und Teilung setzen wieder ein. Diese Anregung zur Synthese eines bestimmten, normalerweise nicht erzeugten Enzyms nennt man Induktion. Die Hefe paßt sich dadurch an das neue Substrat an. Das induzierte Enzym geht bei längerem Fehlen der Maltose im Kulturmedium wieder verloren. Es scheint also, daß die Hefezelle die jeweiligen Enzyme zur Einbeziehung der angebotenen Zucker in ihren Stoffwechsel produzieren kann. Das Disaccharid Cellobiose induziert z. B. beta-Glucosidase, von der es gespalten wird; nun kommt es aber auch vor, daß andere Zucker dieses für sie „falsche" Enzym induzieren. Ganz offensichtlich weist hier der Kontrollmechanismus der Enzymsynthese Mängel auf: die Hefe stellt Enzyme her, die nicht ihrem Weiterleben dienen.

Es konnte gezeigt werden, daß die Erscheinung der induzierten Enzymbildung in Hefe nicht in der Aktivierung oder Modifizierung eines normalerweise gebildeten Enzyms besteht, sondern in der Synthese eines völlig neuen Proteins: Es tritt nämlich keinerlei Induktion eines neuen Enzyms ein, bevor nicht die für das neue Protein nötigen Aminosäuren irgendwie zur Verfügung stehen. Radioaktiv markierte Aminosäuren werden in die induzierten Enzyme während der Induktion quantitativ eingebaut, was einen ausreichenden Beweis für diese Hypothese darstellt. Die induzierte Enzymsynthese ist eine leicht zu untersuchende Proteinsynthese, weil sie vor dem Eintreten erneuten Wachstums — mit all den damit verbundenen Komplikationen — erfolgt, und gut identifizierbare Produkte entstehen. Unter geeigneten Bedingungen kann man die Menge des gebildeten Proteins direkt bestimmen, indem man mißt, wieviel von dem Produkt seiner enzymatischen Reaktion entstanden ist: beispielsweise berechnet sich die Menge des induzierten Enzyms Maltase aus der quantitativen Bestimmung der Glucose, die es aus Maltose gebildet hat.

Das Wesen der Induktorwirkung ist von großem Interesse: Es ist lange bekannt, daß die Anwesenheit kleiner Mengen von Glucose als anfängliche Energiequelle zwar die Adaption an einen am Überschuß vorhandenen anderen Zucker beschleunigt, größere Glucosekonzentrationen aber z. B. die Induktion von beta-Glucosidase hemmt. Dieser „Glucose-Effekt" wird am einfachsten dadurch erklärt, daß die Zellen zunächst die direkt vorhandene Glucose und nicht die aus dem Disaccharid durch Spaltung gewinnbare verarbeiten, obwohl das Spaltungsenzym schon synthetisiert worden war. Ein möglicher chemischer Mechanismus für diese Erscheinung ist die Unterdrückung der Loslösung des neu synthetisierten Enzyms durch die Glucose. Das induzierte Enzym ist immobilisiert, es bleibt an seinem Entstehungsort, dem Mikrosom, fest gebunden; wirksam ist es nur, wenn es im Zellcytoplasma gelöst ist. Eine andere Erklärung wäre die: Die Glucose unterdrückt die genetische Kontrolleinheit, die normalerweise einen RNS-Boten bildet; dieser ermöglicht die Entstehung des Enzyms, das für die Loslösung der neu synthetisierten beta-Glucosidase vom Mikrosom erforderlich ist. Der Induktor müßte also einen inhärenten Repressor entfernen. In Abwesenheit des Induktors verhindert dieser Repressor die Synthese des für die Enzymproduktion nötigen RNS-Boten.

Man glaubt, daß der Repressor RNS enthält. Da man weiß, daß sich Induktoren mit ihrem Enzym verbinden, obwohl das Enzym sie nicht unbedingt angreift, wäre es denkbar, daß das Enzym und sein RNS-Bote enzymatisch gebunden sind und den Repressor bilden. Möglicherweise verbindet sich diese Substanz nicht mit gewissen Nicht-Induktoren, die aber mit dem Enzym Komplexe bilden können. Wenn das zutrifft, könnte nur der Induktor auf Grund seiner Bindungsfähigkeit den Repressor dauernd vom Gen entfernen. Diese Hypothese wird durch die Beobachtung gestützt, daß induzierbare Enzyme, wenn auch nur in kleinen Mengen, schon vor der Induktion in induzierbaren Stämmen vorhanden sind. Sie könnten an die Gene gebunden sein und so die Synthese weiterer Enzyms unterdrücken. Eine andere Art von Kontrolle der Enzymsynthese durch die Zelle besteht in der Blockierung gewisser Syntheseketten durch eines der darin durchlaufenen Produkte. Diese Kontrolle ist eine Art Rückkoppelungsmechanismus, in dem das Endprodukt eines vielstufigen Prozesses das Enzym blockiert, welches eine frühere, meist die erste Stufe katalysiert.. Bei dieser Art Kontrollsystem wird die unerwünschte Anreicherung von Zwischenprodukten verhütet.

Es sei betont, daß die vielen Enzymreaktionen, die in der normalen Zelle ablaufen, aufeinander abgestimmt arbeiten, wenn auch diese Koordinierung indirekt durch Stimulation und Repression bewerkstelligt wird. Die „letztverantwortlichen Kontrolleure", die Gene, sind allgemein Teile der Chromosomen, langer Ketten von DNS-Molekülen mit einem fest verankerten chemischen Code, der in der Aufbausequenz der monomeren Bausteine (Nukleotide) des Makromoleküls verschlüsselt ist. Die Proteine werden nach diesem Code über die chemischen Zwischenträger, die RNS-Boten, gebildet. Diese relativ kleinen Einheiten werden als Kopien von kleinen Chromosomenabschnitten synthetisiert und geben die Information an die Mikrosome weiter.

Alan Wiseman, B.Sc., A.R.I.C., Ph.D.: In London geboren studierte er am Imperial College in London. Nach Forschungsarbeiten am Institute of Technology in Bradford begann er seine jetzigen Arbeiten bei der Brewing Industry Research Foundation in Nutfield. Sein Hauptinteresse gilt dem Gebiet der Proteine und Polypeptide, speziell der Synthese von Enzymen durch Hefe.

W. D. KEIDEL:

Codierung, Signalleitung und Decodierung in der Sinnesphysiologie

Aus „Kybernetik — Brücke zwischen den Wissenschaften"
Umschau-Verlag, Frankfurt/M., 1962, S. 82—85

Der menschliche Organismus verfügt einerseits über die Fähigkeit zu Energieumwandlungen, die allgemein kurz als Stoffwechsel bezeichnet und als sogenannter Grundumsatz gebraucht werden für die Bereitschaft der lebenden Zellen, durch Reize in Erregung versetzt werden zu können. Andereseits gibt es Organsysteme (peripherer Nerv, Sinnesorgane, Zentralnervensystem), in denen die Energieumwandlung nebensächlich, dagegen die Informationsverarbeitung die entscheidende Funktion ist. Für diese gelten im Organismus dieselben Gesetze, wie sie die Nachrichtentechnik für ihre Datenverarbeitungsautomaten entwickelt hat. Andererseits ist die Informationsverarbeitung der lebenden Organismen ungleich vielfältiger als diejenige vergleichbarer technischer Geräte und in Einzelheiten nur sehr wenig bekannt. Dagegen sind die Grundprinzipien, nach denen die Einzelelemente codieren, leiten und decodieren, eingehend untersucht und gut darstellbar:
Jeder Reiz aus der Umwelt versetzt einen hierfür geeigneten Rezeptor (Licht einen Rezeptor des Auges, Schall eine Sinneszelle des Ohres, Druck eine Sinneszelle der Haut) in Erregung. Diese Erregung ist in Form einer Änderung des Rezeptorstoffwechsels auch von Ionenverschiebungen und Ionenkonzentrationsänderungen begleitet, die elektrisch z. B. als Generatorpotential registriert werden können. Dieses Erregungspotential ist reizstärkeproportional, hat aber wegen gleichzeitig ablaufender Adaptionsvorgänge bei einem Stufenreiz die Form einer steilen Anfangszacke, die in einen reizstärkeproportionalen konstanten Endwert allmählich übergeht. Entsprechend kann bei einem Reizabwärtssprung die Erregung erst ganz auf Null absinken und erst langsam wieder den neuen niedrigeren Endwert erreichen. An einer funktionellen Grenzmembran zwischen der Rezeptorzelle und der ableitenden Nervenfaser wird diese reizstärkeproportionale Information über die Reizgröße neuverschlüsselt, und zwar in einzelne kurze Ionenstöße an entsprechenden Membranstellen der Nervenfaser, die voneinander einen Abstand von etwa 2 bis 3 mm haben. Dabei springt dieses Signal von einer Membran zur anderen (den sogenannten *Ranvierschen Schnürringen*) praktisch ohne Zeitverlust über die dazwischenliegenden Faserabschnitte, die Internodien, nach einem genau bekannten Mechanismus, der sogenannten saltatorischen Erregungsleitung *(Tasaki, Stämpfli)*. Der Sinn dieser Codierung in pulsfrequenzmodulierte Signalfolgen, bei denen also die Information nicht mehr in der Größe und Form des Einzelpotentials, sondern in der Zahl der Einheitssignale

pro Zeiteinheit steckt, ist die Ausschaltung von Dekrement (Dämpfungs-) und Stoffwechselschwankungseinflüssen der Leitung über weite Strecken auf den Informationsinhalt einer Signalfolge. Auf ähnliche Weise werden auch Störspannungseinflüsse auf Signale amplitudenmodulierter Rundfunkübertragungssysteme durch Übergang auf frequenzmodulierte UKW-Kanäle ausgeschaltet.

In den Relaisstationen des Zentralnervensystems, den sogenannten Synapsen, wird die von der Nervenfaser her ankommende frequenzmodulierte Information wieder decodiert, nach einem chemischen Mechanismus, der gut übersehbar ist. Das erste Signal ruft die Bildung einer Erregungssubstanz, z. B. des Acetylcholins hervor, deren Konzentration nach Durchlaufen eines verhältnismäßig rasch erreichten Maximums infolge Autokatalyse etwa durch Cholinesterase so langsam wieder absinkt, daß durch das nächste Signal eine Aufstockung der Erregungsstoffkonzentration entsteht. Offensichtlich wird die erreichte Summenkonzentration des Erregungsstoffes in der Synapse um so größer, je häufiger die Signale ankommen. Das ganze System stellt also nichts anderes als ein Rückcodierungssystem von der pulsfrequenzmodulierten in die reizstärkeproportionale Form der Information dar. Die Synapse wirkt als Decodierungsapparat.

Tatsächlich sind die Verhältnisse der zentralnervösen Decodierung noch komplizierter: Einmal deshalb, weil jeweils viele Nervenfasern eine Synapse erreichen, aber nur eine sie wieder verläßt, was zum sogenannten Untersetzerverhalten führt: Die Zahl der in die nächste Faser neuverschlüsselten Signale ist im Mittel kleiner als diejenige der ankommenden. Zum andern dadurch, daß jede Synapse mit vielen Rezeptorzellen und jede Rezeptorzelle mit vielen Synapsen durch Nervenfasern verbunden ist. Da zudem die Neuverschlüsselung in der Grenzmembran zwischen Synapse und nächster Nervenfaser wieder nach dem Prinzip der Pulsfrequenzmodulation erfolgt, wiederholt sich der für den Rezeptor beschriebene Codierungsvorgang mit anschließender Decodierung in den nächsten Synapsen im Zentralnervensystem viele Male nach dem Informationsleitungsschema, das als Konvergenz-Divergenz-Schaltung bezeichnet wird. Eine Folge dieser besonderen Schaltung ist das nichtlineare Verhalten der biologischen Informationsverarbeitungssysteme des Zentralnervensystems, eine andere die Fähigkeit zu statistischer Mittelung, die vielleicht nach dem Prinzip der Autokorrelation abläuft. Endlich werden durch Rückkoppelungsschleifen mit Verpolung (Hemmung) Regelkreisschaltungen beobachtet, die z. B. in Form der Blutdruck-, Temperatur- und Blutzuckerkonstanthaltung, sowohl mit neutraler wie humoraler Informationsleitung in vielfältiger Vermaschung die Homöostase des Organismus *(Cannon)* sicherstellen, also seine Fähigkeit, gegen Störgrößenaufschaltungen der Umwelt seine wichtigen Kenngrößen konstant zu halten.

W. D. Keidel, geb. 1917, ist Direktor des Physiologischen Instituts der Universität Erlangen. Er beschäftigt sich mit kybernetischen bzw. informationstheoretischen Forschungen am Zentralnervensystem und Gehörorgan. Er ist Autor des bekannten „Lehrbuchs der Physiologie", das im Springer-Verlag erschienen ist und Mitherausgeber von 3 Bänden des 10bändigen Handbuchs „Sensory of Physiology".

IV. Fortpflanzung

ARISTOTELES:

Geschlechtliche Fortpflanzung

1. Dem Samen des Männchens entspricht der Monatsfluß des Weibchens

Daß nun der [männliche] Samen eine Ausscheidung brauchbarer Nahrung, und zwar der letzten, ist, ... ist in dem Vorhergehenden dargetan. Zunächst muß nun bestimmt werden, von welcher Nahrung der Samen eine Ausscheidung ist und was der Monatsfluß ist; einige der Lebendgebärenden haben nämlich Monatsfluß. Daraus wird sich ergeben: [1.] ob auch das Weibchen, ebenso wie das Männchen, Samen ergießt und ob das Werdende eine Mischung von zwei Samen ist, oder ob vom Weibchen kein Samen abgesondert wird, [2.] und wenn das letztere der Fall ist, ob es auch nichts anderes zur Zeugung beiträgt, sondern nur den Platz hergibt, oder [3.] ob es etwas beiträgt, und zwar wie und auf welche Weise. Daß nun die letzte Nahrung bei den Bluttieren das Blut ist und bei den Blutlosen das ihm Entsprechende, ist vorher gesagt worden. Da aber auch die Samenflüssigkeit eine Ausscheidung der Nahrung, und zwar der letzten ist, so wird sie [1.] entweder Blut oder das Entsprechende [bei den blutlosen Tieren] oder [2.] etwas daraus Gewordenes sein müssen. Da aber aus dem Blut, wenn es gar gekocht und irgendwie verteilt wird, ein jeder Teil des Körpers entsteht, der Samen aber, wenn er gar gekocht ist, als etwas vom Blute Verschiedenes abgesondert wird, bei manchem auch schon blutähnlich herausgetreten ist (wenn man nämlich in wiederholter Ausübung der Wollust seinen Abfluß erzwingt), so ist einleuchtend, daß der Samen eine Ausscheidung der blutartigen Nahrung ist, wie sie zuletzt an die einzelnen Körperteile verteilt wird.... So ist auch zu erklären, daß die Abkömmlinge den Erzeugern ähnlich sind, da das, was zu den Teilen hingeht [das Blut], demjenigen, was als Samen zurückbleibt, ähnlich ist, so daß die Hand oder das Gesicht oder das ganze Tier im Samen auf unbestimmte Weise, d. h. als unterentwickelte Hand, Gesicht oder ganzes Tier vorhanden ist; und was ein jedes derselben in Wirklichkeit ist, das ist der Same der Möglichkeit nach, entweder nach seinem Stoffe oder nach einer gewissen ihm innewohnenden Kraft. Denn aus dem Bisherigen ist noch nicht klar geworden, ob der Stoff des Samens die Ursache der Zeugung ist oder ob er eine gewisse Qualität und ein zeugendes Prinzip in sich enthält. Da es aber notwendig ist, [1.] daß auch das Schwächere eine Ausscheidung habe, aber von größerer Menge und minder gargekocht, und [2.] daß eine derartige Ausscheidung eine reichliche blutähnliche Flüssigkeit sein muß, und [3.] das schwächer sein muß, was von Natur eine geringere Wärme besitzt, [4.] das Weibchen aber nach dem oben Gesagten so beschaffen ist, so folgt daraus, daß auch die bei den Weibchen stattfindende blutähnliche Absonderung eine Ausscheidung ist; solcherart ist die Absonderung des sogenannten Monatsflusses. Es ist also offenbar, daß der Monatsfluß eine Ausscheidung ist und daß der Samenflüssigkeit bei den Männchen der Monatsfluß bei den Weibchen entspricht. Von der Richtigkeit dessen zeugen auch die Erscheinungen. Denn bei den Männchen beginnt sich der Samen in demselben Lebensalter zu bilden und wird abgeschieden, in dem auch bei den Weibchen der Monatsfluß durchbricht, ihre Stimme sich ändert und sich die Brüste erheben, und in der Neige des Lebens hört bei jeden das Vermögen zu zeugen auf und bei diesen der Monatsfluß.

2. Theorie der Befruchtung

Daß nun das Weibchen zur Zeugung zwar keine Samenflüssigkeit, aber doch etwas anderes beiträgt und daß dieses der zusammentretende Stoff des Monatsflusses ist (bzw. das Entsprechende bei den blutlosen Tieren), wird aus dem Gesagten klar; ebenso ergibt sich dies, wenn man die Sache aus allgemeinen Gründen erörtert. Denn notwendigerweise muß etwas, was zeugt, und etwas, woraus jenes zeugt, vorhanden sein, und falls diese beiden auch in einem [hermaphroditischen] Individuum vereinigt sind, so müssen sie doch der Form und der Verschiedenheit ihres Wesens nach sich unterscheiden. Dort aber, wo diese Vermögen getrennt sind, müssen auch der Körper und das natürliche Wesen des Wirkenden und des Empfangenden getrennt und verschieden sein. Wenn nun das Männliche die Bedeutung des Bewegenden und Wirkenden hat, das Weibliche aber, sofern es weiblich ist, die des Empfangenden, so wird das Weibchen zu der Samenflüssigkeit des Männchens zwar keinen Samen, aber einen Stoff beitragen.

CHRISTIAN CONRAD SPRENGEL:

Aus „Das entdeckte Geheimnis der Natur im Bau und in der Befruchtung der Blumen"

Verlag Mayer u. Müller, Berlin, 1893

Einleitung

Als ich im Sommer 1787 die Blume des Waldstorchschnabels *(Geranium Sylvaticum)* aufmerksam betrachtete, so fand ich, daß der unterste Teil ihrer Kronenblätter auf der inneren Seite und an den beiden Rändern mit feinen und weichen Haaren versehen war. Überzeugt, daß der weise Urheber der Natur auch nicht ein einziges Härchen ohne eine gewisse Absicht hervorgebracht hat, dachte ich darüber nach, wozu denn wohl diese Haare dienen möchten. Und hier fiel mir bald ein, daß, wenn man voraussetze, daß die fünf Safttröpfchen, welche von eben so vielen Drüsen abgesondert werden, gewissen Insekten zur Nahrung bestimmt seien, man es zugleich nicht unwahrscheinlich finden müßte, daß dafür gesorgt sei, daß dieser Saft nicht vom Regen verdorben werde, und daß zur Erreichung dieser Absicht diese Haare hier angebracht seien. Jedes Safttröpfchen sitzt auf seiner Drüse unmittelbar unter den Haaren, welche sich an dem Rande der zwei nächsten Kronenblätter befinden. Da die Blume aufrecht steht, und ziemlich groß ist: so müssen, wenn es regnet, Regentropfen in dieselbe hineinfallen. Es kann aber keiner von den hineingefallenen Regentropfen zu einem Safttröpfchen gelangen, und sich mit demselben vermischen, indem er von den Haaren, welche sich über dem Safttröpfchen befinden, aufgehalten wird, so wie ein Schweißtropfen, welcher an der Stirn des Menschen herabgeflossen ist, von den Augenbrauen und Augenwimpern aufgehalten, und verhindert wird, in das Auge hinein zu fließen. Ein Insekt hingegen wird durch diese Haare keineswegs verhindert, zu den Safttröpfchen zu gelangen. Ich untersuchte hierauf andere Blumen, und fand, daß verschiedene von denselben etwas in ihrer Struktur hatten, welches zu eben diesem Endzweck zu dienen schien. Je länger ich diese Untersuchung fortsetzte, desto mehr sah ich ein, daß diejenigen Blumen, welche Saft enthalten, so eingerichtet sind, daß zwar die Insekten sehr leicht zu demselben gelangen können, der Regen aber ihn nicht verderben kann. Ich schloß also hieraus, daß der Saft dieser Blumen, wenigstens zunächst, um der Insekten willen abgesondert werde, und, damit sie denselben rein und unverdorben genießen können, gegen den Regen gesichert sei.

Im folgenden Sommer untersuchte ich das Vergißmeinnicht *(Myositis palustris)*. Ich fand nicht nur, daß diese Blume Saft hat, sondern auch, daß dieser Saft gegen den Regen völlig gesichert ist. Zugleich aber fiel mir der gelbe Ring auf, welcher die Öffnung der Kronenröhre umgibt, und gegen die himmelblaue Farbe des Kronensaums so schön absticht. Sollte wohl, dachte ich, dieser Umstand sich auch auf die Insekten beziehen? Sollte die Natur wohl diesen Ring zu dem Ende besonders gefärbt haben, damit derselbe den Insekten den Weg zum Safthalter zeige? Ich betrachtete in Rücksicht auf diese Hypothese andere Blumen, und fand, daß die mehresten sie bestätigten. Denn ich sah, daß diejenigen Blumen, deren Krone an einer Stelle anders gefärbt ist, als sie überhaupt ist, diese Flecken, Figuren, Linien oder Tüpfel von besonderer Farbe immer da haben, wo sich der Eingang zum Safthalter befindet. Nun schloß ich vom Teil auf das Ganze. Wenn, dachte ich, die Krone der Insekten wegen an einer besonderen Stelle besonders gefärbt ist, so ist sie überhaupt der Insekten wegen gefärbt; und wenn jene besondere Farbe eines Teils der Krone dazu dient, daß ein Insekt, welches sich auf die Blume gesetzt hat, den rechten Weg zum Saft leicht finden könne, so dienet die Farbe der Krone dazu, daß die mit einer solchen Krone versehenen Blumen den ihrer Nahrung wegen in der Luft umherschwärmenden Insekten, als Saftbehältnisse, schon von weitem in die Augen fallen.

Als ich im Sommer 1789 einige Arten der Iris untersuchte, so fand ich bald, daß *Linné* sich in Ansehung sowohl des Stigma, als auch des Nectarii geirrt habe, daß der Saft gegen den Regen völlig gesichert sei, daß endlich eine besonders gefärbte Stelle da sei, welche die Insekten zum Saft hinführet. Aber ich fand noch mehr, nämlich daß diese Blumen schlechterdings nicht anders befruchtet werden können, als durch Insekten, und zwar durch Insekten von einer ziemlichen Größe. Ob ich nun gleich damals diese Vorstellung noch nicht durch die Erfahrung bestätigt fand (denn dies geschah erst im folgenden Sommer, da ich wirklich Hummeln in die Blumen hineinkriechen sah): so überzeugte mich doch schon der Augenschein von der Richtigkeit derselben. Ich untersuchte also, ob auch andere Blumen so gebaut seien, daß ihre Befruchtung nicht anders, als durch die Insekten, geschehen könne. Meine Untersuchungen überzeugten mich immer mehr davon, daß viele, ja vielleicht alle Blumen, welche Saft haben, von den Insekten, die sich von diesem Saft ernähren, befruchtet werden, und daß folglich diese Ernährung der Insekten zwar in Ansehung ihrer selbst Endzweck, in Ansehung der Blumen aber nur ein Mittel, und zwar das einzige Mittel zu einem gewissen Endzweck ist, welcher in ihrer Befruchtung besteht, und daß die ganze Struktur solcher Blumen sich erklären läßt, wenn man bei Untersuchung derselben folgende Punkte vor Augen hat:

1. Diese Blumen sollen durch diese oder jene Art von Insekten, oder durch mehrere Arten derselben befruchtet werden.

2. Dieses soll also geschehen, daß die Insekten, indem sie dem Saft der Blumen nachgehen, und deswegen sich entweder auf den Blumen auf eine unbestimmte Art aufhalten, oder auf eine bestimmte Art entweder in dieselben hineinkriechen, oder auf denselben im Kreise herumlaufen, notwendig mit ihrem mehrenteils haarichten Körper, oder nur mit einem Teil desselben, den Staub der Antheren abstreifen, und denselben auf das Stigma bringen, welches zu dem Ende entweder mit kurzen und feinen Haaren, oder mit einer gewissen, oft klebrichten Feuchtigkeit überzogen ist...

Christian Konrad Sprengel (1750—1816) war Botaniker und Stadtschulrektor in Spandau. Er begründete mit seinem 1793 erschienenen Buch „Das entdeckte Geheimnis der Natur in Bau und in der Befruchtung der Blumen" die Blütenökologie.

CARL VON LINNE:

Von der Begattung der Pflanzen

Aus „Auserlesene Abhandlungen aus der Naturgeschichte, Physik und Arzneiwissenschaft", Leipzig 1776

Vorrede

Jedermann, der in der Naturgeschichte nicht ganz unbewandert ist, weiß, dünkt mir, daß man nicht erst seit gestern oder vorgestern die Pflanzen in zwey Geschlechter abgetheilt hat, daß die Botanisten aber nur eine dunkle und zweifelhafte Kenntniß von der Sache hatten. Die Alten konnten schon hinlängliche Geschlechtskennzeichen bey den Thieren angeben, und dadurch mit leichter Mühe das männliche vom weiblichen unterscheiden; bey den Geschlechtern der Pflanzen aber hatten sie nichts als ungewisse und unzulängliche Mutmaßungen. Schon vor Alexander des Großen Zeiten, wußten die Einwohner der Länder, wo die Datteln wachsen, daß es bey dem Dattelbaum ein Männchen und Weibchen gebe, und das letzte durch abgeschnittene und übergehängte männliche Blumen befruchtet werde. Sie getrauten sich aber doch nicht diese bey Einer Pflanzenart gemachte Bemerkung auf alle anderen anzuwenden.

Auch die Völker, welche die Pistacie und Feige als Gartengewächse zogen, beförderten mit hilfreicher Hand die Befruchtung dieser Pflanzen; machten aber aus Unwissenheit der Naturkunde, keinen Schluß auf ein verschiedenes Geschlecht. Daß endlich von jeher die Pflanzenkenner, unter denen *Theophrast, Plinius* und *C. Bauhin* rc. vorzügliche Stellen behaupten, sowohl Bäume als Kräuter in ihre zwey Geschlechter getheilt haben: daran lassen uns die glaubwürdigsten schriftliche Denkmale nicht zweifeln. Daß ihrer aber viele vom Wege der Wahrheit verirret, und oft Schein für Wesen gehalten haben: ist auch offenbar. Denn da sie die Geburtsglieder bey Unterscheidung der Geschlechter gar nicht in Betrachtung zogen: so haben sie nicht selten den weiblichen Pflanzen männliche, und den männlichen weibliche Namen gegeben. Zum Beyspiel kann man den Hanf, das Bingelkraut, den Hopfen und mehrere anführen, wo sie zum deutlichen Beweiß ihrer groben Unwissenheit die wahre Weibchen Männer, und die Männer Weibchen genennt haben. Sie glaubten auch an ein doppeltes Geschlecht bey den Eichen, Linden, Kiefern, Tannen und mehreren; die hinlängliche Kennzeichen aber beyde Geschlechter von einander zu unterscheiden, hat erst das neuere und hellere Zeitalter angegeben.

Im siebzehenden Jahrhundert, sahen die meisten und größten Kräuterkenner, auf die Hypothese von den Geschlechtern der Pflanzen, als auf eine neue Grille, auf eine lächerliche Hirngeburt, womit man die gelehrte Welt täuschen und zum besten haben wolle, mit Verachtung herab. Unter diesen war *Bauhin, Morison, Tourneforr* und andere mehr.

Im Jahr 1676 scheint *Thomas Mellington* ein Englischer Ritter, der erste gewesen zu seyn, der sich mit großem Fleiß auf die Erforschung dieser Sache legte und dem erfahrenen Naturforscher *Grew* den Weg bahnte.

Dieser *Nehemias Grew* hat 1685 in seiner Anatome plantarum die Befruchtung der Pflanzen durch den Blumenstaub fleißig untersucht; und der zu seiner Zeit berühmte Botaniste *Ray* gab seinen Hypothesen Beyfall.

Im Jahr 1695 bewieß *Rudolph Jacob Camerarius* in seiner Epistola de fexu plantarum 2vo die zwey Geschlechter und Erzeugung der Pflanzen; ob er gleich noch einigen Zweifel an dieser Wahrheit hegte, welchen die mit dem Hanf angestellte Versuche erregt hatten.

Gleichwohl pflichtete *Joseph Pitton Tourneforr* im Jahr 1700 dieser Lehre nicht bey, sondern verwarf sie gänzlich.

Moriland welcher in den Englischen Transactionen No. 287 der Löwenhökischen Theorie beystimmte, hielte dafür, daß der Blumenstaub, durch die Narbe und den Staubweg auf den noch künftigen Saamen herabsteige und den Anfang der Pflanze bilde.

Im Jahr 1711 lehrte *Geoffroi* der jüngere, von wenig eigenen Bemerkungen unterstützt, die beyden Geschlechter der Pflanzen, und zeigte, daß der Blumenstaub zum Saamen herabsteige.

Ums Jahr 1718 hat *Sebastian Vaillant* in einer Rede de structura florum zuerst das verschiedene Geschlecht der Pflanzen deutlich unterschieden, und dieses vormals jedermann anstößig und abgeschmackt geschienene Geheimniß der Natur durch viele Observationen ausser allem Zweifel gesetzt.

Patricius Blair hat 1720 (Botan. Essais 8vo) dieselbe Wahrheit noch weiter aufgeklärt, und ihren ausnehmenden Nutzen für alle Kräuterkenner gezeigt.

Im Jahr 1720 schrieb *Julius Pontedera*, der sich ein Geschäfte daraus gemacht hatte, die Geschlechter der Pflanzen zu untersuchen, in seiner Anthologia Patav 4vo: wann die Sache richtig sey, so verschaffe sie bey dem Bau der Pflanzen solche Vortheile, daß sie ein allgemeiner Grundsatz in der Botanik zu seyn verdiene: wenn sie aber falsch sey, so müsse man sie in ewiges Stillschweigen vergraben. Und nun führt er viele Bemerkungen an, woraus er die Schlüsse zieht, daß das Geschlecht der Pflanzen ein lächerliches Hirngespinst sey.

Anton Jußieu (in Bradley worck of nature) fügte 1721 jenen Observationen die seinigen bey.

Im Jahr 1724 stellte *Richard Brandley* (Experiment. relat. to te generation of plants 8vo) viele Versuche über das Geschlecht der Pflanzen an, welche der Gärtnerey und Oeconomie nicht wenig Vortheile verschaffen können.

Endlich hat 1735 *Carl von Linné* (Fundamenta botanica Amst. 8vo) in dieser Materie unsäglichen Fleiß angewandt, und vom § 132 bis 150 die beyden Geschlechter der Pflanzen mit solcher Gewißheit erwiesen, daß er kein Bedenken getragen, das sehr weitläufige System der Pflanzen darauf zu gründen.

Carl von Linné (1707—1778): Schwedischer Arzt und Botaniker, wurde 1741 Professor für Anatomie in Uppsala und ein Jahr später dort Professor für Botanik. Als bedeutendster Systematiker seiner Zeit führte er die binäre Nomenklatur konsequent durch und schuf ein (künstliches) System aller damals bekannten Pflanzen, Tiere und Mineralien. Von seiner Vielseitigkeit zeugen seine Reiseberichte aus Gotland und Lappland. In Uppsala, wo er 1761 geadelt wurde, ist ihm ein Museum gewidmet. Er wurde in der Kathedrale dieser Stadt beigesetzt.

OSKAR HERTWIG:

Der Befruchtungsvorgang

Aus „Allgemeine Biologie", Fischer, Jena 1893

Die klassischen Objekte für das Studium der Befruchtungsvorgänge sind die Eier der *Echinodermen* ... und die Eier von *Ascaris megalocephala*. Beide ergänzen sich gegenseitig, indem einzelne Phasen des Prozesses an dem einen Objekt leichter als an dem anderen festgestellt werden können.
Bei den meisten Echinodermen werden die sehr kleinen, durchsichtigen Eier in völlig reifem Zustand in das Meerwasser abgelegt, nachdem sich bereits die Polzellen ... gebildet und einen kleinen Eikern erhalten haben. Sie sind nur von einer weichen, für die Samenfäden leicht durchgängigen Gallerthülle umgeben. Die Samenfäden sind sehr klein und bestehen, wie es bei den meisten Tieren der Fall ist: 1. aus einem einer Spitzkugel ähnlich aussehenden Kopf, 2. aus einem darauf folgenden Kügelchen, dem Mittelstück oder Hals und 3. aus einem feinen, kontraktilen Faden. Der Kopf enthält das Chromatin des Kernes, das Mittelstück das Zentrosom und der Faden ist umgewandeltes Protoplasma, einer Geißel vergleichbar.
Um die künstliche Befruchtung auszuführen, entleert man von einem laichreifen Weibchen reife Eier aus dem Eierstock in ein kleines, mit Seewasser gefülltes Uhrschälchen, entnimmt dann in derselben Weise einem männlichen Tiere frischen Samen und verdünnt ihn in einem zweiten Uhrschälchen reichlich mit Meerwasser. Auf einem Objektträger bringt man je einen Tropfen eierhaltiger und samenhaltiger Flüssigkeit mit einer feinen Glaspipette zusammen, vermischt sie und deckt sofort das Präparat unter geeigneten Kautelen, damit die Eier nicht gepreßt und zerdrückt werden können, vorsichtig mit einemDeckgläschen zu; dann beginnt man unverzüglich die Beobachtung bei starker Vergrößerung.
Man kann jetzt am lebenden Objekt leicht verfolgen, wie von den zahlreichen, im Wasser lebhaft herumschwimmenden Samenfäden sich immer mehr auf der Oberfläche der Eier festsetzen, wobei sie fortfahren, mit ihrer Geißel peitschende Bewegungen auszuführen. *Stets aber wird unter normalen Verhältnissen die Befruchtung nur von einem einzigen Samenfaden,* und zwar von demjenigen ausgeführt, der sich am frühesten dem membranlosen Ei genähert hat. An der Stelle, wo sein Kopf, der die Gestalt einer kleinen Spitzkugel hat, mit seiner scharfen Spitze die Oberfläche des Dotters berührt, reagiert diese auf den Reiz durch Bildung eines kleinen Höckers von homogenem Protoplasma, des Empfängnishügels, wie ich ihn zu nennen vorgeschlagen habe. Durch sein Auftreten wird der

Beobachter gewöhnlich zuerst auf den Beginn des Befruchtungsprozesses aufmerksam gemacht. Denn am Empfängnishügel bohrt sich der Samenfaden rasch mit seinem Kopf in das Ei ein, so daß nur der kontraktile, fadenförmige Anhang noch eine Weile nach außen hervorsieht. Fast gleichzeitig wird eine feine Membran vom befruchteten Ei auf der ganzen Oberfläche ausgeschieden; sie beginnt zuerst in der Umgebung des Empfängnishügels und breitet sich von hier rasch auf das ganze Ei aus. Im Moment ihrer Ausscheidung liegt sie der Dotterrinde unmittelbar auf; doch nur eine verschwindend kurze Zeit. Denn bald beginnt sie sich von ihr abzuheben und durch einen immer breiter werdenden, von klarer Flüssigkeit ... erfüllten Zwischenraum getrennt zu werden. Die Abhebung wird dadurch hervorgerufen, daß der protoplasmatische Eiinhalt sich infolge des Reizes beim Eindringen des Samenfadens, der auch die Membranbildung kurz vorher schon ausgelöst hat, etwas zusammenzieht und dabei Flüssigkeit aus seinem Innern auspreßt.

Die Bildung einer Dotterhaut hat außer dem Schutz, den sie später dem sich in ihrem Innern entwickelnden Embryo bietet, auch noch die hohe physiologische Bedeutung, daß sie für alle die übrigen Samenfäden, die sich in reichlicher Menge auf ihrer Oberfläche ansetzen, ganz undurchdringlich ist und dadurch eine Befruchtung durch mehr als einen Samenfaden unmöglich macht.

An diese verschiedenen Vorgänge, die sich teils nach- teils nebeneinander in ein paar Minuten abspielen, schließen sich unmittelbar weitere Veränderungen an, die man als den inneren Befruchtungsakt zusammenfassen kann. Der in die Eirinde eingedrungene Kopf beginnt sich alsbald in der Weise zu drehen, daß der auf ihn folgende Hals mit dem Zentrosom nach einwärts zu liegen kommt. Dabei wird das Zentrosom zum Mittelpunkt einer Strahlenfigur. Denn das Protoplasma in seiner unmittelbaren Umgebung beginnt sich zu einem strahligen Gefüge, wie Eisenfeilspäne um den Pol eines Magneten anzuordnen. Auch vergrößert sich der Kopf zusehends, indem sein Chromatin sich mit Flüssigkeit, die er aus dem Dotter bezieht, vollsaugt und die Form einer Spitzkugel verliert. Er wandelt sich auf diesem Wege allmählich wieder in einen bläschenförmigen *Samenkern* um.

Und jetzt beginnt — etwa 5 Minuten nach Vornahme der Befruchtung — ein interessantes, am lebenden Objekt gut sichtbares Phänomen das Auge des Beobachters zu fesseln. Die beiden im Ei vorhandenen Kerne setzen sich in Bewegung und wandern langsam, doch mit wahrnehmbarer Geschwindigkeit, aufeinander zu, als ob sie sich gegenseitig anzögen. Der durch das Spermatozoon neu eingeführte Samenkern verändert rascher seinen Ort; hierbei schreitet ihm die schon oben erwähnte Protoplasmastrahlung mit dem von ihr eingeschlossenen Zentrosom voran und breitet sich dabei immer weiter in der Umgebung aus. Langsamer bewegt sich der etwas größere Eikern, der keine eigene Strahlung besitzt.

Beide Kerne treffen sich etwa eine Viertelstunde nach Beginn der Befruchtung nahe der Mitte des Eies, legen sich immer fester zusammen und platten sich an der Berührungsoberfläche gegenseitig so ab, daß der Samenkern dem etwas größeren Eikern wie eine kleine Kalotte aufsitzt; schließlich verschmelzen sie vollständig untereinander zu einem Gebilde, das halb aus väterlicher, halb aus mütterlicher Substanz zusammengesetzt ist. Das Verschmelzungsprodukt muß daher wieder mit einem besonderen Namen als „Keimkern" oder „Furchungskern" unterschrieben werden. Es liegt inmitten einer Strahlungsfigur, welche in der Umgebung des Zentrosoms entsteht, den Samenkern auf seiner Wanderung begleitet und sich allmählich durch die ganze Dottermasse bis an die Oberfläche ausbreitet. Mit der Verschmelzung der beiden Kerne ist der Befruchtungsprozeß beendet; durch ihn hat das Ei die Fähigkeit zu seiner Entwicklung erworben, welche gewöhnlich sofort mit einer neuen Reihe von Erscheinungen, dem Teilungs- und Furchungsprozeß, beginnt.

Die Befruchtungsvorgänge, die wir auf den vorausgegangenen Seiten vom Seeigel kennengelernt haben, sind in den seit ihrer Entdeckung verflossenen Jahrzehnten nicht nur von vielen Beobachtern am gleichen Objekt bestätigt, sondern auch an den Vertretern zahlreicher anderer Tierformen, bei Coelenteraten, bei vielen Würmern und Mollusken, bei verschiedenen Arthropoden, bei Tunikaten und Wirbeltieren, wie bei Amphioxus, bei der Forelle, dem Frosch, dem Triton der Maus usw. in prinzipiell gleicher Weise nachgewiesen worden. Dabei verdient noch ausdrücklich hervorgehoben zu werden, daß mit wenigen Ausnahmen Ei- und Samenkern vor ihrer Verschmelzung von genau der gleichen Größe sind und dieselbe Masse von Kernsubstanz besitzen. Wenn der Samenkern zuweilen etwas kleiner ist, so besteht er aus einer entsprechend kompakteren Substanz, da er sich noch nicht im demselben Grade wie der Eikern mit Saft durchtränkt hat. Es handelt sich daher um allgemeingültige oder gesetzmäßige Erscheinungen für das gesamte Tierreich. So ist denn auch der deduktive Schluß naturwissenschaftlich voll berechtigt, daß der Befruchtungsprozeß in allen den Fällen, in denen er, wie im Ei des Menschen, der Beobachtung unzugänglich ist, sich ebenfalls in derselben Weise abspielen wird.

In prinzipiell der gleichen Weise wie im Tierreich verlaufen die Befruchtungsvorgänge auch im Pflanzenreich. Hier entspricht bei den Phanerogamen das Pollenkorn dem tierischen Samenfaden. Endlich werden Befruchtungsvorgänge auch bei niederen, einzelligen Lebewesen, z. B. bei Infusorien, Flagellaten, Rhizopoden, Algen, Pilzen usw. beobachtet; und auch hier konnte ein Austausch und eine Verschmelzung der beiden Kerne und der beiden kopulierenden Zellen nachgewiesen werden.

Wenn wir das Gesamtergebnis aus den zahlreichen, die ganze Organismenwelt umfassenden Untersuchungen ziehen, so können wir sagen: *Die Befruchtung hat zur Aufgabe, die Vereinigung zweier Zellen herbeizuführen, die von einem weiblichen und einem männlichen Indviduum der gleichen Art abstammen; sie liefert durch ihre Verbindung die Anlage für ein neues Geschöpf, welches Eigenschaften von beiden Erzeugern darbietet. Der wichtigste Vorgang bei der Zellverschmelzung ist aber offenbar die Vereinigung (Amphimixis) von Ei- und Samenkern.* Zur Erfüllung dieser Aufgaben sind im Tierreich die beiderlei Geschlechtszellen während ihrer Entstehung in den weiblichen und männlichen Keimdrüsen in verschiedener Weise gleichsam vorbereitet und nach dem Gesetz der Arbeitsteilung in entgegengesetzter Richtung differenziert worden ...

Durch die „*biologische Theorie der Befruchtung*", wie ich die oben gegebene Fassung bezeichnet habe, ist jetzt auch ein befriedigender Abschluß für eine alte Streitfrage gewonnen worden, welche einst während mehrerer Jahrhunderte zwischen der Schule der Ovisten und der Animalkulisten bestanden und eine große Rolle in der Geschichte der Wissenschaften gespielt hat. Denn wenn wir jetzt von dem Standpunkt unserer neu gewonnenen Erkenntnis des Befruchtungsprozesses aus die sich widersprechenden Lehren der Ovisten und der Animalkulisten beurteilen und sie zu verstehen uns bemühen, so sehen wir Wahrheit und Irrtum auf beiden Seiten in eigenartiger Mischung verteilt. Wir begreifen zugleich, daß die alten Naturforscher in das Wesen der Befruchtung zu ihrer Zeit nicht tiefer einzudringen vermochten, nicht nur weil ihnen die Vorstellung vom elementaren Aufbau der Organismen, vor allem auch der Begriff der Zelle als einer niederen Lebenseinheit noch ganz fehlte, sondern auch weil sie in dem Dogma der Präformation in einer die vorurteilslose Beobachtung hemmenden Weise befangen waren. Wie ich in einem in St. Louis gehaltenen Vortrag über die Probleme der Zeugungs- und Vererbungslehre schon bemerkt habe, „der Gedanke der Verschmelzung zweier Organismen zu einer neuen Einheit, durch welchen der Hauptstreitpunkt der beiden sich bekämpfenden Schulen in einfacher und der Wirklichkeit entsprechenden Weise würde beseitigt worden sein, konnte den Anhängern der Präformationstheorie nicht in den Sinn kommen. Denn wenn die Keime schon die Miniaturgeschöpfe sind, zusammengesetzt aus vielen Organen, wie sollte es möglich sein, daß sie sich paarweise zu einem einheitlichen Organismus verbinden und gleichsam mit ihren Organen und Geweben in eins zusammenfließen?"

Unter der Herrschaft der Präformationstheorie konnte es nur heißen: Entweder das Ei oder der Samenfaden ist das präformierte Geschöpf. Das eine schloß das andere aus. Für uns dagegen, die wir wissen, daß die Keime abgelöste Zellen der Eltern, also Elementarorganismen sind, trägt die Vorstellung einer stofflichen Vermischung *(Amphimixis)* keine derartigen Schwierigkeiten in sich. Und im übrigen handelt es sich ja für uns auch um feste Tatsachen. Können wir doch die Vereinigung einer weiblichen und einer männlichen Zelle und sogar die Vereinigung ihrer einzelnen Bestandteile, besonders ihrer Kerne und der in ihnen eingeschlossenen Substanzen direkt unter dem Mikroskop verfolgen.

Mit der Erkenntnis der Möglichkeit einer Amphimixis wird zugleich die Erscheinung, daß die Kinder ihren beiden Erzeugern gleichen, eine Tatsache, für welche die Naturforscher bis ins 19. Jahrhundert hinein keine rechte Erklärung zu geben wußten, unserem Verständnis näher gerückt. *Die Kinder gleichen beiden, weil sie aus der Substanz von Vater und von Mutter oder, mit anderen Worten, aus der Vereinigung einer väterlichen und einer mütterlichen Anlage hervorgegangen sind.*

An die Stelle der Miniaturgeschöpfe in der alten Lehre der Präformation sind jetzt in der biologischen Wissenschaft die *Begriffe der Artzelle und der Anlage* getreten, welche in der stofflichen Zusammensetzung und Organisation von Ei und Samenfaden gegeben ist.

Wer sich mit dem Studium der Vererbungserscheinungen intensiver beschäftigt, wird zur Einsicht kommen, daß die beiderlei Keimzellen in bezug auf die Vererbung elterlicher Eigenschaften einander durchaus gleichwertig sind.

Oscar Hertwig (1849—1922), Anatom und Biologe, war Professor der Anatomie an den Universitäten Jena und Berlin. 1875 entdeckte er die Befruchtung der Seeigeleier und 1890 die Reduktion der Chromosomenzahl bei der Eireifung. 1884 erkannte er, daß der Zellkern der Träger der Vererbung ist. Zusammen mit seinem Bruder Richard arbeitete er über Keimblätter der Wirbeltiere und stellte die Coelomtheorie auf. Außerdem Arbeiten zur Kern-Plasma-Relation.
Bücher: Lehrbuch der Entwicklungsgeschichte 1886; Allgemeine Biologie 1893.

LAZZANO SPALLAZANI:

Ob die Aale lebendige Jungen gebären, wie die Meinung einiger Comacchieser, und berühmter Naturforscher ist

Aus „Gemählde aus dem Naturreiche beyder Sicilien",
Ferd. Raffelsberger, Wien 1824.

Es soll der Schlauch der Alimenten sein, welcher von mehreren Comacchiesern für den Ort gehalten wird, den die Natur bestimmt hat, die werdenden Aelchen unterzubringen. An den Verfasser wurden Aale übersandt mit der Brut in eben diesem Alimenten-Schlauch. Es entdeckt sich, daß sie keine Aelchen, sondern Würmer sind. Es ist ein wesentlicher Abstand zwischen diesen Würmern und den wahren Haarälchen. Eine durchaus paradoxe Sache, daß die Därme der Ort seyen, wo die Aale generiren. Meinungen des *Linné* und des *Falberigio*, die den Comacchiesern gleich kommen. Die von diesen beyden Autoren berührten Aelchen, sind wahrscheinlich nicht anders als Eingeweidewürmer. Gallenbläschen, unter den Eingeweiden angebracht und das sich gegen den Ausgangsort des Unraths öffnet, und von *Loevenoek* für Fetus-Behälter der Aelchen gehalten. Es wird endlich gezeigt, daß dieß Gallenbläschen die Harnblase ist. Beschluß, daß bis heute noch nicht bewiesen wurde, daß die Aele eyerlegend seyen.

Die Herbstzeit in welcher ich meine Beobachtungen zu Comacchio machte, war wohl ziemlich angemessen, um viele natürliche Gewohnheiten unserer Fische, welche ich in Büchern umsonst gesucht hätte, zu entdecken, zwar nicht was die Zeugung betrifft welche mich höchst interessirt, und die gewöhnlich im Verlauf des Winters geschieht, wo mir meine Vorlesungen auf der Hochschule zu Pavia nicht erlauben mich zu entfernen; nun erachte ich, daß es keine verworfene Arbeit seyn werde, darüber die Factoren der Teiche anzuhören, welche Männer von einigen Einsichten und nicht mit lächerlichen Meinungen so wie die Fischer angesteckt sind, die Aale aus dem zähen Schleime ihres Körpers entspringen zu lassen. Diese Fischer wähnen, daß sie in den süßen Wassern sich mehren und daselbst ihre Jungen gebären, indem sie mir sagten, daß der öfter genannte Herr *Ghiberti* von Ravenna welcher den Fischereyen zu Comacchio oft beywohnt, des nähmlichen Glaubens ist. Allein, das was sie mir darüber erzählten, ließen mich zwey Dinge einigermaßen bezweifeln, nähmlich daß die Aelchen sich immer in der Alimentenröhre befänden, und daß sie in den erwachsenen Aalen niemahls, wohl aber in den unreifen auch von wenig Unzen vorhanden sind.

Nachdem ich im September Comacchio verlassen hatte, wollte der General-Pächter *Massari* meinem heißen Verlangen entsprechend, und sendete mir den nächsten Frühling einige von jenen vermutheten, noch im Schoße der Mütter nistenden Aelchen. Im April erhielt ich diese verschiedenen in den Eingeweiden eines unzeitigen Aales von den Factoren gefundenen und sehnlichst erwarteten Gegenstände, sie waren gedörrt auf einem Papier angeheftet und ihrer Feinheit nach wahre Haarälchen. Ein wenig im Wasser gehalten erfrischten sich sie, und ich konnte sie ohne Verletzung vom Papier ablösen; aber ich entdeckte in ihnen wirklich nicht das Charakteristische der Aale, doch wohl jenes der Würmer.

Gegen die Mitte des May wurden mir durch den nähmlichen Weg abermals dergleichen in einem Aal von 3 Unzen gefundene Haarälchen gesendet; diese unterschieden sich von den erstern nicht, außer daß zwey davon geringelt waren, das sonst ihre Eigenschaft nicht ist. Diese Beobachtungen befriedigten mich aber nicht genügend; ich wünschte sie selbst in den Müttern zu beobachten, und meine Wünsche wurden durch eine Schiffsgelegenheit welche von Ponte-Lago-Scuro auf dem Po und Ticino nach Pavia kam, durch die Gütigkeit des Herrn *Massari* von Comacchio erfüllt. In einer Flasche mit Branntwein gefüllt habe ich die Sendung gut erhalten, und die folgende Beschreibung beygelegt gefunden.

„Den 14. May 1793 begab sich der Verwalter des Caldiroler Teiches *Mariano Vitali*, nach dem süßen Wasserteiche Brina, in dem Bezirke Longastrino unter der Legation von Ravenna gelegen."

„Nachdem derselbe dort ungefähr 40 Fische geöffnet hatte, stieß er auf einen, welcher der größte Aal in der Flasche ist, in dessen Ausleerungs-Darm*) verschiedene kaum gewordene Anguillini waren, welche auch in dem genannten Darm unberührt gelassen worden sind."

„Es fand sich in der Flasche noch ein kleinerer unzeitiger Aal vor, in dessen Darm unter der Linse sich verschiedene Eyer zeigten, welche man dort ließ."

„In besagte Flasche hat man zwey Därme von unzeitigen Aalen gelegt, in welchen noch kaum geschaffene Aelchen zu finden sind. Bey ihrer Eröffnung sah man deutlich, daß ihr äußerster Teil, der hervor stach, lebend war, und sichtbar sich bewegte. Weiters sind in dieser Flasche 4 Haarälchen zu finden, welche in dem Darme eines unreifen Aales lagen. Es ist beobachtet worden, daß sowohl die besagten Haarälchen als die genannten Eyer, nicht in dem Nahrungsdarme, wohl aber in jenem der Unreinigkeit sind."

Endlich lagen in einer kleineren Flasche 5 Haarälchen von den neuen Ankömmlingen welche man zu Anfang des ersten Capitels in den Bauschen der Fanggesperre gefunden hat.

So bald diese Gegenstände in meinen Händen waren, habe ich nicht gesäumt sie zu untersuchen; sie wogen 7 1/2 und die kleinste 5 Unzen, während die Vollgewachsenen nie weniger als 11 und 12 Unzen wiegen.

Die vermutheten Anguillini des größern Aales lagen in den Eingeweidshöhlen, und jedes Thierchen sah man an ihr inneres Häutchen geheftet. Die Farbe war aschengrau, die Länge ging nicht über 3 Linien, oben eine breit, wo das Wesen an dem Häutchen klebte, das sich dann bis zum gegenseitigen äußeren Theile sehr verfeinert darstellt. Dem unbewaffneten, und um so mehr dem bewaffneten Auge, stellt sich der Körper dieser Thierchen überzwerch ringlicht gezeichnet dar, und ich zählte an einem 27 Ringe. Diese Leblinge sind mit einiger Festigkeit begabt, man kann sie mit Zängelchen, ohne Furcht sie abzureißen, aufheben, auf alle Arten biegen und sachte zerren. Zerrt man sie stärker, lösen sie sich von dem Darm ab in welchem man sieht, daß sie durch ein Bändchen und einer dünnen Warze, welche von ihrer stumpfen Seite hervor springt, befestiget sind.

Zwey Därme aus den in der obigen Relation erwähnten Aalen, hatten wieder gleicher Weise andern ähnlichen winzig kleinen Thierchen Unterstand gegeben, die nur weniger zahlreich waren. Aber werden wir solche lebendige Puncte, so wie die Comacchieser, als werdende Fische erkennen? Ich denke Nein! und halte sie für Würmer. Laut der Relation waren in der Flasche 5 neu angekommene

---

*) Aus Ausleerungs-Darm verstehen jene Factoren die Eingeweide, zur Unterscheidung des Fraßdarms, welcher der Magen ist.

Haarfischchen, ich habe zwischen diesen und den erst bezeichneten winzig kleinen Thierchen eine genaue Gegeneinanderhaltung beobachtet, und sie mit den Aelchen von gleicher Größe gefunden. Aber diese Confrontirung dient eben zum Grunde, einen wesentlichen Unterschied zwischen diesen Leblingen festzusetzen. Die jungen Aelchen haben trotz ihrer Kleinheit die Augen sichtbar, den Kopf rund, die Schnautze gespitzt, und in jenen Anfängen des Lebens ist es nicht schwer die Oeffnung der Pforte nebst den zwey Floßfedern in der Nähe des Hauptes zu entdecken. Nichts von allen diesen erscheint in den mir überschickten und geglaubten Anguillini. Also keine Augen, keine Floßfedern, keinen Kopf aber eine dünne Warze statt diesem und den Leib gefärbt, während jener der Aale ganz glatt sind. Diese lebendigen Puncte gehören somit in eine ganz andere Reihe der Wesen, nämlich in jene der Würmer die eben in den Eingeweiden der Aalfische gefunden werden. Um sich dessen zu überzeugen, lese man den *Redi*, der über die in der Nahrungs-Röhre eingenisteten Würmer spricht, und ganz ähnlich mit mir darüber urtheilt. Seine Worte lauten: „meistens mit einem ihrer Enden in das innere Häutchen ihrer Eingeweide tief eingreifend und befestigt."
In meinem Buch über die Verdauung, rede ich von einigen von mir in den inneren Magenhäutchen der Salamander, Acquajole und der Dohlen gefundenen Würmern. Bey Eröffnung der Hühnereingeweide, habe ich oft sehr viele kleine Bandwürmchen mit dem Vorderteil ihres Leibes darin stecken gesehen, und es ist klar daß alle diese Würmer in solcher Lage ihre Nahrung von den Eingeweiden saugen, und um so mehr müssen wir von jenen sagen die an den inneren Wänden der Aale hocken. Diese sammt dem Aal in Branntwein getaucht, gehen zu Grunde, verbleiben aber an ihren Stellen sitzen.
Die Höhlung der Eingeweide, so wie sie für den Sitz der Würmer natürlich ist, ist sie für den Fetus der jungen Aale widernatürlich. Ich wenigstens weiß kein Beyspiel von andern Thieren, in welchen die Därme zugleich die Verwahrer der Nahrung und der unreifen Leibesfrüchte wären; es ist zu notorisch, daß für diese letztern ein besonders ausgezeichnetes Plätzchen bestimmt worden ist.
Wir wissen daß sich der Fisch vom Fische, und sogar von seiner eigenen Gattung nährt, und in den großen Aalen habe ich oft kleine gefunden, bey welchen die Verdauung mehr oder weniger vorgerückt war. Wie kann daher begriffen werden, daß ihre Därme der Ort seyn sollte, wo sich der Fetus der Aelchen entwickeln und bewahren, ohne daß er von der Mächtigen Thätigkeit des gastrischen Saftes bald aufgerieben würde?
Die vor erwähnte Relation sagt, daß man in einem kleinen unreifen Aal verschiedene Eyer gesehen hätte. Dieser vermeinten Eyer haben meinen Augen bloß ein aufgeblähtes Hautwerk im Durchschnitte von 1/2 Linie dargestellt, und so viel ich unterscheiden konnte, waren sie von den innern Häutchen der Gedärme, da und dort in winzigen Erhabenheiten formirt.
Diese kritischen Betrachtungen stellen einen neuen Beweis her, daß die Zeugung der Aale nicht in den süßen Wassersümpfen nahe an Comacchio Statt habe. Wäre nun dieses wie sollte man, da sie nicht tief sind, und in allen Jahreszeiten gefischt wird, nicht oft auf solche stoßen, welche Eyer oder Fetus in sich hätten? Gezeigt hat man deßwegen, daß der vermeintliche Fetus nichts als Würmer, und die Aale nicht Eyer legend seyn.
Daß übrigens die Aale lebendige Junge hervorbringen und in dem mütterlichen Darmwerk ihr Entstehen haben, ist die Meinung des berühmten *Linné*. Parit

vivipara *(Muraena Anguilla)* sub canicula; also spricht er im System der Natur, und seine Behauptung ist auf die Autorität des *Falbergio* gestützt, welcher bekräftigt, in den Gedärmen der Aale viele lebendige Aelchen von verschiedenen Größen gefunden zu haben.
Ueber das schon so viele, wider diese vermeintlichen Aelchen oben Gesagte, ist es leicht, daß *Falbergio* die Darmwürmer dafür angesehen habe; und wirklich lesen wir in *Vallisneri*, daß ihn anfänglich ihre Aehnlichkeit mit den Aelchen getäuscht hätte, und ihm fast zum Gläubigen für diese machte.
In meinen Zergliederungen so vieler Aale, habe ich das Nähmliche gefunden, und füge noch darüber an, daß ich in jeder Jahreszeit mehrere dieser Würmer von beträchtliche Länge gesehen habe; dieses konnte dann in der Hypothese, daß sie Fetus der Aale wären, nicht Statt haben, indem es mit den, der Generation der lebendige Junge gebärenden Thiere vorgeschriebenen Naturgesetzen nicht übereinstimmt, wie z. B. die Squalen (Meerschweinfische), die Rochen etc. deren Fetus nicht den gehörigen Wachsthum erhalten, bis sie ihrer Geburt nahe sind; und im Gegentheil bey ihrer Entwicklung sich kaum zu erkennen geben. Dieser Irrthum oder Zweydeutigkeit, diese winzig kleinen Würmer Aelchen zu nehmen, ist sehr alt, schon in den Zeiten des großen *Aristoteles* wollten mehrere behaupten, daß der Magen der Aale der Sammelplatz ihres Fetus sey; der eben genannte Weltweise verwirft dieß, und führt unter andern Gründen jenen an, daß sie von der Macht des gastrischen Magensaftes aufgezehrt würden, wie man in den Großen bemerkt, welche die Kleinern verschlingen.
Obschon *Loevenoek* meint, daß die Aale Leblinge gebären, setzt er dem ungeachtet fest, daß der Fetus in von den Eingeweiden abgeschiedenen Orten, und zwar in einem länglichen unter ihnen liegenden Säckchen wohne, das sich in das Mundloch durch welches der Unrath abgeht, öffnet. Dort erzählt er mit seinen Vergrößerungsgläsern eine Menge lebender Thierchen, 50 Mahl dünner als ein Haar gesehen zu haben, welche er wegen der Aehnlichkeit mit unsern Fischen für solche Anfänge hielt. Aber durch die fleißigen Nachsuchungen des wohlberufenen Anatomisten *Mondini*, wird gezeigt, daß der eben genannte Säckel nichts anders als die gewöhnliche Harnblase der Aale ist, (T. 6. der Bologn. Akad.), und wenn es jedoch von der natürlichen Ordnung abweicht, und der Fetus der Aale in den Därmen oder Mägen einnistet, kann er auch die Harnblase bewohnen. Die Thierchen also, die der Holländische Microscopist in ihnen gewahrte, müssen winzig dünne Würmer gewesen seyn; und es darf nicht befremden, daß ein solcher innerer Theil seine Gäste beherbergte, da ich sie oft und oft in den Harnbläschen der Kröten und Frösche gesehen habe.
Der Irrthum in welchen *Loevenoek* verfiel, ist vielleicht derselbe in den *Ghiberti* gerathen ist; als ich ihm schrieb, daß es schwer zu begreifen, wie die Därme der Aelchen ein angemessener Ort seyn könnten und er mir antwortete: daß diese zwar nicht in dem Nahrungsschlauch, wohl aber in einem Darme sich befänden, der am Rücken der Aale unter dem Rückgrath ist, und oben an der Ausmündung (Orifico) endet.
Wenn ich übrigens die von mir an den von Comacchio an mich gesandten Aalen gemachten Nachforschungen in einem Puncte zusammenfassen, und noch überdieß, was von einigen Naturkundigen darüber gesagt wurde, erwäge, kann ich weder mit dem einen noch dem andern gründlich übereinkommen, nähmlich daß diese Leblinge zur Fortpflanzung dieser Fische bestimmt seyen, und doch ist

erforderlich, das Auge und den Gedanken dahin zu lenken, wo vielleicht gefunden werden könne, ob die Aale nicht vielmehr Eyer legende als Leblinge gebärende Fische seyen.

Lazzaro Spallanzani (1729—1799) war Arzt, Biologe und einer der Väter der Physiologie. Er lehrte in Reggio, Modena und zuletzt in Pavia. Von ihm stammen eine Reihe grundlegender Entdeckungen auf dem Gebiet der Physiologie: er fand, daß der Magensaft Fleisch verdaut, untersuchte die Regeneration bei Salamandern, entdeckte den Blutkreislauf bei Kaltblütern und berichtete zum ersten Mal über geblendete Fledermäuse, die sich dennoch sicher orientieren. Er bekämpfte die Urzeugungslehre, weil er die Rolle der Samenfäden bei der Befruchtung erkannte. Als erster befruchtete er Hunde durch künstliche Samenübertragung.

V. Vererbung und Entwicklung

GREGOR MENDEL:
Versuche über Pflanzenhybriden

Aus: Verhandlungen des naturforschenden Vereins in Brünn, IV, 1866

Einleitende Bemerkungen

Künstliche Befruchtungen, welche an Zierpflanzen deshalb vorgenommen wurden, um neue Farbenvarianten zu erzielen, waren die Veranlassung zu den Versuchen, die hier besprochen werden sollen. Die auffallende Regelmäßigkeit, mit welcher dieselben Hybridformen immer wiederkehrten, so oft die Befruchtung zwischen gleichen Arten geschah, gab die Anregung zu weiteren Experimenten, deren Aufgabe es war, die Entwicklung der Hybriden in ihren Nachkommen zu verfolgen.

.... Wenn es noch nicht gelungen ist, ein allgemein gültiges Gesetz für die Bildung und Entwicklung der Hybriden aufzustellen, so kann das niemanden wundernehmen, der den Umfang der Aufgabe kennt und die Schwierigkeiten zu würdigen weiß, mit denen Versuche dieser Art zu kämpfen haben. Eine endgültige Entscheidung kann erst dann erfolgen, wenn Detailversuche aus den verschiedensten Pflanzenfamilien vorliegen. Wer die Arbeiten auf diesem Gebiete überblickt, wird zu der Überzeugung gelangen, daß unter den zahlreichen Versuchen keiner in dem Umfange und in der Weise durchgeführt ist, daß es möglich wäre, die Anzahl der verschiedenen Formen zu bestimmen, unter welchen die Nachkommen der Hybriden auftreten, daß man diese Formen mit Sicherheit in den einzelnen Generationen ordnen und die gegenseitigen numerischen Verhältnisse feststellen könnte. Es gehört allerdings einiger Mut dazu, sich einer so weit reichenden Arbeit zu unterziehen; indessen scheint es der einzig richtige Weg zu sein, auf dem endlich die Lösung einer Frage erreicht werden kann, welche für die Entwicklungsgeschichte der organischen Formen von nicht zu unterschätzender Bedeutung ist.

Die vorliegende Abhandlung bespricht die Probe eines solchen Detailversuches. Derselbe wurde sachgemäß auf eine kleine Pflanzengruppe beschränkt und ist nun nach Verlauf von acht Jahren im wesentlichen abgeschlossen. Ob der Plan, nach welchem die einzelnen Experimente geordnet und durchgeführt wurden, der gestellten Aufgabe entspricht, darüber möge eine wohlwollende Beurteilung entscheiden.

Auswahl der Versuchspflanzen

Der Wert und die Geltung eines jeden Experimentes wird durch die Tauglichkeit der dazu benützten Hilfsmittel, sowie durch die zweckmäßige Anwendung derselben bedingt. Auch in dem vorliegenden Falle kann es nicht gleichgültig sein, welche Pflanzenarten als Träger der Versuche gewählt und in welcher Weise diese durchgeführt wurden.

Die Auswahl der Pflanzengruppe, welche für Versuche dieser Art dienen soll, muß mit möglichster Vorsicht geschehen, wenn man nicht im vorhinein allen Erfolg in Frage stellen will.

Die Versuchspflanzen müssen notwendig
1. konstant differierende Merkmale besitzen.
2. Die Hybriden derselben müssen während der Blütezeit vor der Einwirkung jedes fremdartigen Pollens geschützt sein oder leicht geschützt werden können.
3. Dürfen die Hybriden und ihre Nachkommen in den aufeinander folgenden Generationen keine merkliche Störung in der Fruchtbarkeit erleiden....

... Die Merkmale, welche in die Versuche aufgenommen wurden, beziehen sich:
1. auf den Unterschied in der Gestalt des reifen Samens. Diese sind entweder kugelrund oder rundlich, die Einsenkungen, wenn welche an der Oberfläche vorkommen, immer nur seicht, oder sie sind unregelmäßig kantig, tief runzelig *(Pisum quadratum)*;
2. auf den Unterschied in der Färbung des Samenalbumens *(Endosperms)*. Das Albumen der reifen Samen ist entweder blaßgelb, hellgelb oder orange gefärbt, oder es besitzt eine mehr oder weniger intensiv grüne Farbe. Dieser Farbenunterschied ist an den Samen deutlich zu erkennen, da ihre Schalen durchscheinend sind;
3. auf den Unterschied in der Färbung der Samenschale. Diese ist entweder weiß gefärbt, womit auch konstant die weiße Blütenfarbe verbunden ist, oder sie ist die Farbe der Fahne violett, die der Flügel purpurn, und der Stengel an den grau, graubraun, lederbraun mit oder ohne violetter Punktierung, dann erscheint Blattachseln rötlich gezeichnet. Die grauen Samenschalen werden in kochendem Wasser schwarzbraun;
4. auf den Unterschied in der Form der reifen Hülse. Diese ist entweder einfach gewölbt, nie stellenweise verengt, oder sie ist zwischen den Samen tief eingeschnürt und mehr oder weniger runzelig *(Pisum saccharatum)*;
5. auf den Unterschied in der Farbe der unreifen Hülse. Sie ist entweder licht- bis dunkelgrün oder lebhaft gelb gefärbt, an welcher Färbung auch Stengel, Blattrippen und Kelch teilnehmen (Eine Art besitzt eine schöne braunrote Hülsenfarbe, welche gegen die Zeit der Reife hin in Violett und Blau übergeht. Der Versuch über dieses Merkmal wurde erst im verflossenen Jahre begonnen);
6. auf den Unterschied in der Stellung der Blüten. Sie sind entweder achsenständig, d. i. längs der Achse verteilt, oder sie sind endständig, am Ende der Achse gehäuft und fast in eine kurze Trugdolde gestellt; dabei ist der obere Teil des Stengels im Querschnitte mehr oder weniger erweitert *(Pisum umbellatum)*;
7. auf den Unterschied in der Achsenlänge*). Die Länge der Achse ist bei einzel-

nen Formen sehr verschieden, jedoch für jede insofern ein konstantes Merkmal, als dieselbe bei gesunden Pflanzen, die im gleichen Boden gezogen werden, nur unbedeutenden Änderungen unterliegt. Bei den Versuchen über dieses Merkmal wurde der sicheren Unterscheidung wegen stets die lange Axe*) von 6 bis 7' mit der kurzen von 3/4 bis 11/2 verbunden....

Die Nachkommen der Hybriden, in welchen mehrere differierende Merkmale verbunden sind.

Für die eben besprochenen Versuche wurden Pflanzen verwendet, welche nur in einem wesentlichen Merkmal verschieden waren. Die nächste Aufgabe bestand darin, zu untersuchen, ob das gefundene Entwicklungsgesetz auch dann für je zwei differierende Merkmale gelte, wenn mehrere verschiedene Charaktere durch Befruchtung in der Hybride vereinigt sind.

Was die Gestalt der Hybriden in diesem Falle anbelangt, zeigten die Versuche übereinstimmend, daß dieselbe stets jener der beiden Samenpflanzen näher steht, welche die größere Anzahl von dominierenden Merkmalen besitzt. Hat z. B. die Samenpflanze eine kurze Achse, endständige weiße Blüten und einfach gewölbte Hülsen, die Pollenpflanze hingegen eine lange Achse, achsenständige violett-rote Blüten und eingeschnürte Hülsen, so erinnert die Hybride nur durch die Hülsenform an die Samenpflanze, in den übrigen Merkmalen stimmt sie mit der Pollenpflanze überein. Besitzt eine der beiden Stammarten nur dominierende Merkmale, dann ist die Hybride von derselben kaum oder gar nicht zu unterscheiden.

Mit einer größeren Anzahl Pflanzen wurden zwei Versuche durchgeführt. Bei dem ersten Versuch waren die Stammpflanzen in der Gestalt der Samen und in der Färbung des Albumens verschieden; bei dem zweiten in der Gestalt der Samen, in der Färbung des Albumens und in der Farbe der Samenschale. Versuche mit Samenmerkmalen führen am einfachsten und sichersten zum Ziele.

Um eine leichtere Übersicht zu gewinnen, werden bei diesen Versuchen die differierenden Merkmale der Samenpflanze mit A, B, C, jene der Pollenpflanze mit a, b, c und die Hybridform dieser Merkmale mit Aa, Bb, Cc bezeichnet.

Erster Versuch:

AB Samenpflanze   ab Pollenpflanze
 A Gestalt rund   a Gestalt kantig
 B Albumen gelb   b Albumen grün.

Die befruchteten Samen erschienen rund und gelb, jenen der Samenpflanze ähnlich. Die daraus gezogenen Pflanzen gaben Samen von viererlei Art, welche oft gemeinschaftlich in einer Hülle lagen. Im ganzen wurden von 15 Pflanzen 556 Samen erhalten, von diesen waren:

315 rund und gelb
101 kantig und gelb
108 rund und grün
 32 kantig und grün.

Alle wurden im nächsten Jahre angebaut. Von den runden gelben Samen gingen 11 nicht auf und 3 Pflanzen kamen nicht zur Fruchtbildung.

---

*) So im Original

Unter den übrigen Pflanzen hatten:
38 runde gelbe Samen....	AB
65 runde gelbe und grüne Samen....	ABb
60 rund gelbe und kantige gelbe Samen....	AaB
138 runde gelbe und grüne, kantige gelbe und grüne Samen	AaBb

Von den kantigen gelben Samen kamen 96 Pflanzen zur Fruchtbildung, wovon
28 nur kantige gelbe Samen hatten....	aB
68 kantige, gelbe und grüne Samen....	aBb

Von 108 runden grünen Samen brachten 102 Pflanzen Früchte, davon hatten:
35 nur rund grüne Samen....	Ab
67 rund und kantige grüne Samen....	Aab

Die kantigen grünen Samen gaben 30 Pflanzen mit durchaus
gleichen Samen; sie blieben konstant.... ab

Die Nachkommen der Hybriden erscheinen demnach unter 9 verschiedenen Formen und zum Teile in sehr ungleicher Anzahl. Man erhält, wenn dieselben zusammengestellt und geordnet werden:

38 Pflanzen mit der Bezeichnung	AB
35 Pflanzen mit der Bezeichnung	Ab
28 Pflanzen mit der Bezeichnung	aB
30 Pflanzen mit der Bezeichnung	ab
65 Pflanzen mit der Bezeichnung	ABb
68 Pflanzen mit der Bezeichnung	aBb
60 Pflanzen mit der Bezeichnung	AaB
67 Pflanzen mit der Bezeichnung	Aab
138 Pflanzen mit der Bezeichnung	AaBb

Sämtliche Formen lassen sich in drei wesentlich verschiedene Abteilungen bringen. Die erste umfaßt jene mit der Bezeichnung AB, Ab, aB, ab; sie besitzen nur konstante Merkmale und ändern sich in den nächsten Generationen nicht mehr. Jede dieser Formen ist durchschnittlich 33 mal vertreten. Die zweite Gruppe enthält die Formen ABb, aBb, AaB, Aab; diese sind in einem Merkmale konstant, in dem anderen hybrid, und variieren in der nächsten Generation nur hinsichtlich des hybriden Merkmales. Jede davon erscheint im Durchschnitt 65 mal. Die Form AaBb kommt 138 mal vor, ist in beiden Merkmalen hybrid, und verhält sich genau so wie die Hybride, von der sie abstammt.

Vergleicht man die Anzahl, in welcher die Formen dieser Abteilungen vorkommen, so sind die Durchschnittsverhältnisse 1 : 2 : 4 nicht zu verkennen. Die Zahlen 33, 65, 138 geben ganz günstige Annäherungswerte an die Verhältniszahlen 33, 66, 132.

Die Entwicklungsreihe besteht demnach aus 9 Gliedern. 4 davon kommen in derselben je einmal vor und sind in beiden Merkmalen konstant; die Formen AB, ab gleichen den Stammarten, die beiden anderen stellen die außerdem noch möglichen konstanten Kombinationen zwischen den verbundenen Merkmalen A, a, B, b vor. Vier Glieder kommen je 2 mal vor und sind in einem Merkmal konstant, in dem anderen hybrid. Ein Glied tritt 4 mal auf und ist in beiden Merkmalen hybrid. Daher entwickeln sich die Nachkommen der Hybriden, wenn in denselben zweierlei differierende Merkmale verbunden sind, nach dem Ausdruck: AB + Ab + aB + ab + 2ABb + 2aBb + 2Aab + 2Aab + 4AaBb

Diese Entwicklungsreihe ist unbestritten eine Kombinationsreihe, in welcher die beiden Entwicklungsreihen für die Merkmale A und a, B und b gliedweise verbunden sind. Man erhält die Glieder der Reihe vollzählig durch die Kombinierung der Ausdrücke:

$$A + 2Aa + a$$
$$B + 2B + b.$$

... Außerdem wurde noch mehrere Experimente mit einer geringeren Anzahl Versuchspflanzen durchgeführt, bei welchen die übrigen Merkmale zu zwei und zu drei hybrid verbunden waren; alle lieferten annähernd gleiche Resultate. Es unterliegt daher keinem Zweifel, daß für sämtliche in die Versuche aufgenommenen Merkmale der Satz Gültigkeit habe: *die Nachkommen der Hybriden, in welchen mehrere Merkmale vereinigt sind, stellen die Glieder einer Kombinationsreihe vor, in welchen die Entwicklungsreihen für je zwei differierende Merkmale verbunden sind. Damit ist zugleich erwiesen, daß das Verhalten je zweier differierender Merkmale in hybrider Verbindung unabhängig ist von den anderweitigen Unterschieden an den beiden Stammpflanzen.*
Bezeichnet n die Anzahl der charakteristischen Unterschiede an den beiden Stammpflanzen, so gibt 3^n die Gliederzahl der Kombinationsreihe, 4^n die Anzahl der Individuen, welche in die Reihe gehören, und 2^n die Zahl der Verbindungen, welche konstant bleiben. So enthält z. B. die Reihe, wenn die Stammarten in 4 Merkmalen verschieden sind, $3^4 = 81$ Glieder, $4^4 = 256$ Individuen und $2^4 = 16$ konstante Formen; oder was dasselbe ist, unter je 256 Nachkommen der Hybriden gibt es 81 verschiedene Verbindungen, von denen 16 konstant sind. Alle konstanten Verbindungen, welche bei Pisum durch Kombinierung der angeführten 7 charakteristischen Merkmale möglich sind, wurden durch wiederholte Kreuzung auch wirklich erhalten. Ihre Zahl ist durch $2^7 = 128$ gegeben. Damit ist zugleich der faktische Beweis geliefert, *daß konstante Merkmale, welche an verschiedenen Formen einer Pflanzensippe vorkommen, auf dem Wege der wiederholten künstlichen Befruchtung in alle Verbindungen treten können, welche nach den Regeln der Kombination möglich sind.* ...

Gregor, Johann Mendel (1822—1882) war Lehrer an der deutschen Staatsoberrealschule und später Prälat und Abt des Augustinerklosters St. Thomas in Brünn. Er beschäftigte sich jahrelang mit systematischen Vererbungsversuchen an Pflanzen, vor allem an Erbsen. 1865 entdeckte er die Grundregeln der Vererbung und wurde durch diese „Mendel'schen Regeln" zum Begründer der modernen Vererbungslehre. — Mendel mußte das Schicksal vieler großer Forscher teilen: Die Anerkennung seiner großen Entdeckung durch die Wissenschaft erlebte er nicht mehr.

CARL CORRENS:

G. Mendels Regel über das Verhalten der Nachkommen der Rassenbastarde

Aus: Berichte der Deutschen Botanischen Gesellschaft, Bd. XVIII, 1900, S. 83 ff.

Die neueste Veröffentlichung von *Hugo de Vries:* „Sur la loi de disjonction des Hybrides"[1]), in deren Besitz ich gestern durch die Liebenswürdigkeit des Verfassers gelangt bin, veranlaßt mich zu der folgenden Mitteilung.
Auch ich war bei meinen Bastardierungsversuchen mit Mais- und Erbsenrassen zu demselben Resultat gelangt wie *de Vries,* der mit Rassen sehr verschiedener Pflanzen, darunter auch mit zwei Maisrassen, experimentierte. Als ich das gesetzmäßige Verhalten und die Erklärung dafür — auf die ich gleich zurückkomme — gefunden hatte, ist es mir gegangen, wie es *de Vries* offenbar jetzt geht: ich habe das alles für etwas Neues gehalten[2]). *Dann habe ich mich aber überzeugen müssen, daß der Abt Gregor Mendel in Brünn in den sechziger Jahren durch langjährige und sehr ausgedehnte Versuche mit Erbsen nicht nur zu demselben Resultat gekommen ist, wie de Vries und ich, sondern daß er auch genau dieselbe Erklärung abgegeben hat, soweit das 1866 nur irgend möglich war.* Man braucht heutzutage nur „Keimzelle", „Keimbläschen" durch Eizelle oder Eizellkern, „Pollenzelle" eventuell durch generativen Kern ersetzen. — Auch einige Versuche mit *Phaseolus* hatten *Mendel* entsprechendes *Resultat* gegeben, und er vermutete bereits, daß die gefundene Regel in vielen weiteren Fällen Gültigkeit habe.
Diese Arbeit *Mendels,* die in *Fockes* „Pflanzenmischlingen" zwar erwähnt, aber nicht gebührend gewürdigt ist, und die sonst kaum Beachtung gefunden hat, gehört zu dem Besten, was jemals über Hybride geschrieben wurde, trotz mancher Ausstellungen, die man in nebensächlichen Dingen, z. B. was die Terminologie anbetrifft machen kann.

Ich habe es dann nicht für nötig gehalten, mir die Priorität für diese „Nachentdeckung" durch eine vorläufige Mitteilung zu sichern, sondern beschlossen, die Versuche noch weiter fortzusetzen.

Ich beschränke mich im folgenden auf einige Angaben über die Versuche mit *Erbsen-Rassen.* — Die Rassenbastarde des *Mais* verhalten sich zwar im wesentlichen gleich, bieten aber kompliziertere Verhältnisse, es läßt sich schwerer mit ihnen experimentieren und einige, übrigens weniger wesentliche Punkte habe ich hier noch nicht in einer mir genügenden Weise aufgeklärt. Sie werden später an anderer Stelle genauer besprochen werden.

Die Erbsenrassen sind, wie *Mendel* richtig betont, für die uns hier interessierenden Fragen geradezu unschätzbar, weil die Blüten nicht nur autogam sind, sondern auch nur äußerst selten von Insekten gekreuzt werden. Ich kam durch meine Versuche über die Bildung von Xenien — die hier nur negative Resultate ergaben — auf diese Objekte und verfolgte die Beobachtungen weiter, als ich fand, daß hier die Gesetzmäßigkeit viel durchsichtiger ist, als beim Mais, wo sie mir zuerst aufgefallen war.

---

[1]) Compte rendu de l'Acad. des Sciences, Paris, 1900. 26. mars.
[2]) Vgl. die Nachschrift. (Nachtr. Anm.)

Mendel kommt zu dem Schluß, „*daß die Erbsenhybriden Keim- und Pollenzellen bilden, welche ihrer Beschaffenheit nach in gleicher Anzahl allen konstanten*[1]) *Formen entsprechen, welche aus der Kombinierung der durch Befruchtung vereinigten Merkmale hervorgehen*", oder, wie man zu den hier benützten Ausdrücken sagen kann: *Der Bastard bildet Sexualkerne, die in allen möglichen Kombinationen die Anlagen für die einzelnen Merkmale der Eltern vereinen, nur die desselben Merkmalspaares nicht. Jede Kombination kommt annähernd gleich oft vor.* — Sind die Elternsippen nur in einem Merkmalspaar (2 Merkmalen: A, a) verschieden, so bildet der Bastard *zweierlei* Sexualkerne (A, a), die gleich denen der Eltern sind; von jeder Sorte 50 % der Gesamtzahl. Sind sie in zwei Merkmalspaaren (4 Merkmalen A, a; B, b) verschieden, so gibt es viererlei Sexualkerne (AB, Ab, aB, ab); von jeder Sorte 25 % der Gesamtzahl. Sind sie in drei Merkmalspaaren (6 Merkmalen: A, a; B, b; C, c) verschieden, so existieren achterlei Sexualkerne (ABC, ABc, AbC, Abc, aBC, aBc, abC, abc), von jeder Sorte 12,5 % der Gesamtzahl usw. ...

Dies nenne ich die *Mendelsche Regel;* sie umfaßt auch *de Vries'* „loi de disjonction"[2]). Alles weitere läßt sich aus ihr ableiten. ...

Carl Correns (1864—1933) war Botaniker und von 1914 bis 1933 Direktor des Kaiser-Wilhelm-Instituts für Biologie in Berlin-Dahlem. Er entdeckte 1900 in Tübingen gleichzeitig mit *de Vries* und *Tschermak* die Mendelschen Vererbungsregeln von neuem. Er arbeitete über Vererbung und Geschechtsbestimmung bei Pflanzen.

ERICH TSCHERMAK:

Über künstliche Kreuzung bei Pisum sativum[3])

Aus: Berichte der Deutschen Botanischen Gesellschaft, Bd. XXIII, 1900

Angeregt durch die Versuche *Darwins* über die Wirkungen der Kreuz- und Selbstbefruchtung im Pflanzenreiche, begann ich im Jahre 1898 an *Pisum sativum* Kreuzungsversuche anzustellen, weil mich besonders die Ausnahmefälle von dem allgemein ausgesprochenen Satze über den Nutzeffekt der Kreuzung verschiedener Individuen und verschiedener Varietäten gegenüber der Selbstbefruchtung interessierten, eine Gruppe, in welche auch *Pisum sativum* gehört. Während bei den meisten Spezies, mit welchen *Darwin* operierte ..., die Sämlinge aus einer Kreuzung zwischen Individuum *derselben* Spezies beinahe immer die durch Selbstbefruchtung erzeugten Konkurrenten an Höhe, Gewicht, Wuchs, häufig auch an Fruchtbarkeit übertrafen, verhielt sich bei der Erbse die Höhe der aus der Kreuzung stammenden Pflanzen zu jener der Erzeugnisse von Selbstbefruchtung wie 100:115. *Darwin* erblickte den Grund dieses Verhaltens in der durch viele

---

[1]) „Konstant" nennt *Mendel* eine Form dann, wenn sie nicht mehr die zwei Anlagen für *dasselbe* Merkmalspaar enthält.

[2]) Spaltungsgesetz.

[3]) Die ausführliche Abhandlung wird in der Zeitschrift für das landwirtschaftliche Versuchswesen in Österreich, 5. Heft, 1900, erscheinen.

Generationen sich wiederholenden Selbstbefruchtung der Erbse in den nördlichen Ländern. In Anbetracht des geringeren Beobachtungsmaterials bei *Darwin* (es wurden nur vier Erbsenpaare gemessen und verglichen) erschien es mir, zumal *Darwin* die Blüten nie kastrierte, angezeigt, diese Versuche in größerem Maßstab und mit größerer Genauigkeit zu wiederholen.

Auch führte ich künstliche Kreuzungen zwischen *verschiedenen* Varietäten von *Pisum sativum* aus, welche den Zweck hatten, den unmittelbaren Einfluß des fremden Pollens auf die Beschaffenheit (Form und Farbe) der durch ihn erzeugten Samen zu studieren, sowie die Vererbung konstant differierender Merkmale der beiden zur Kreuzung benutzten Elternsorten in den nächsten Generationen der Mischlinge zu verfolgen. Im zweiten Versuchsjahre wurde auch das Verhalten der Mischlinge in bezug auf ihr Wachstum (speziell auf ihre Höhe), auf ihre Samenproduktion und ihre Änderung an Farbe und Form der Samen und Hülsen in Vergleich gestellt mit den korrespondierenden Eigenschaften der aus Selbstbefruchtung der Eltern gewonnenen Deszendenten. Bestäubungen mit zwei verschiedenen Pollenarten (sogenannte Doppelbestäubungen) wurden an mehreren Blüten vorgenommen, um die gleichzeitige Wirkung beider oder die Prävalenz der einen zu prüfen. Kreuzungen der Mischlinge mit ihren Elternsorten oder reiner Sorten mit Mischlingen ergaben gesetzmäßige Resultate. Schließlich gestatteten die notwendigen zahlreichen Gewichtsbestimmungen der einzelnen Erbsen Schlüsse zu ziehen auf den Sitz des schwersten Kornes in der Hülse ...
Nachschrift.

Die soeben veröffentlichten Versuche von *Correns* (*G. Mendels* Regel über das Verhalten der Nachkommenschaft der Rassenbastarde ...), welche gleichfalls künstliche Kreuzung verschiedener Varietäten von *Pisum sativum* und Beobachtungen der der Selbstbefruchtung überlassenen Mischlinge in mehreren Generationen betreffen, bestätigen ebenso wie die meinigen die *Mendel*sche Lehre. Die gleichzeitige „Entdeckung" *Mendels* durch *Correns, de Vries* (Das Spaltungsgesetz der Bastarde ...) und mich erscheint mir besonders erfreulich. Auch ich dachte noch im zweiten Versuchsjahre etwas ganz Neues gefunden zu haben.

Erich von Tschermak-Seysenegg lebte von 1871 bis 1962. Er war Professor für Botanik an der Hochschule für Bodenkultur in Wien und ist einer der Wiederentdecker der Mendelschen Regeln. *Tschermak* gab das Werk von *Gregor Mendel* „Versuche über Pflanzenhybriden" heraus.

AUGUST WEISMANN:

Der Begriff der Keimbahn

Aus „Das Keimplasma, eine Theorie der Vererbung", G. Fischer, Jena, 1892

Wenn die Vererbung auf der Anwesenheit einer Substanz beruht, dem Keimplasma, und wenn dieses das neue Individuum dadurch ins Leben ruft, daß es den Teilungsprozeß der Ontogenese leitet, indem es sich in gesetzmäßiger Weise verändert, so fragt es sich, wieso es sich dann doch weiter in den Keimzellen des neuen Individuums einstellen kann. Die Vererbung der Eigenschaften des Elters auf das Kind kann nur darauf beruhen, daß die Keimzelle, aus welcher das Kind entsteht, genau die gleichen Jde vom Keimplasma enthalten kann, welche in der Keimzelle enthalten waren, aus welcher der Elter sich entwickelte; nun erleidet aber das Keimplasma zahllose Veränderungen während der Entwicklung des Eies zum Elter, wie ist es also möglich, daß dennoch dieselbe Substanz wieder in den Keimzellen des Elter enthalten sein kann?

Es liegen offenbar zwei Möglichkeiten vor, entweder sind die Veränderungen, welche das Keimplasma während des Aufbaues des Körpers erleidet, von solcher Art, daß sie wieder rückgängig gemacht werden können, entweder kann also das Idioplasma aller oder wenigstens eines Teiles der Körperzellen wieder in Keimplasma zurückverwandelt werden, von dem es ja indirekt herstammt, oder, falls dies nicht möglich ist, das Keimplasma der Keimzellen des Kindes muß sich direkt von denjenigen der elterlichen Keimzelle herleiten. Diese letztere Ansicht ist diejenige, welche ich vor mehreren Jahren aufgstellt und als die Hypothese von der *Kontinuität des Keimplasmas* bezeichnet habe (Die Kontinuität des Keimplasmas als Grundlage einer Theorie der Vererbung. Jena 1885). Eine dritte Möglichkeit gibt es nicht, da eine völlige Neubildung des Keimplasmas ausgeschlossen ist.

Die Hypothese beruht auf der Anschauung eines Gegensatzes von *Körper-* und *Fortpflanzungszellen,* wie wir ihn tatsächlich bei allen Tier- und Pflanzenarten beobachten, von der höchst differenzierten bis herab zu den niedersten ... unter den koloniebildenden Algen.

Ich nehme an, daß Keimzellen sich nur da im Körper bilden können, wo Keimplasma vorhanden ist, und daß dieses Keimplasma unverändert und direkt von jenen abstammt, welches in der elterlichen Keimzelle enthalten war. Es muß also nach meiner Auffassung, bei jeder Ontogenese ein Teil des im Eikern enthaltenen Keimplasmas unverändert bleiben, und als solcher bestimmten Zellfolgen des sich entwickelnden Körpers beigegeben werden. Das beigegebene Keimplasma befindet sich im *inaktiven* Zustand, so daß es das aktive Idioplasma der Zelle nicht hindert, ihr einen mehr oder minder spezifischen Charakter aufzudrücken. Dasselbe muß sich aber auch ferner noch dadurch von dem gewöhnlichen Zustand des Idioplasmas unterscheiden, daß es seine Determinanten fest zusammenhält und sie bei den Zellteilungen nicht in Gruppen in die Tochterzellen verteilt. Dieses Nebenkeimplasma wird also in *gebundenem* Zustande durch mehr oder minder lange Zellfolgen hindurch weitergegeben, bis es schließlich zuerst seine Inaktivität in irgendeiner von der Eizelle mehr oder weniger weit entfernten Zellengruppe aufgibt und nun der betreffenden Zelle den Stempel der Keimzelle aufdrückt. Diese Versendung des Keimplasmas von der Eizelle bis zur Keimstätte der Fortpflanzungszellen hin geschieht in gesetzmäßiger Weise und durch ganz bestimmte Zellfolgen hindurch, welche von mir als *Keimbahnen* bezeichnet wurden. Sie sind nicht äußerlich kenntlich, lassen sich aber von ihren Endpunkten, den Keimzellen aus rückwärts bis zur Eizelle zurückerschließen, vorausgesetzt, daß der Zellenstammbaum der Embryogenese bekannt ist.

August Weismann (1834—1914) wurde in Franfurt geboren. Anfangs war er Zoologe und Arzt, ab 1865 Professor an der Universität Freiburg, wo er bis zu seinem Tode lebte.
Neben *Ernst Haeckel* ist er einer der Pioniere der Abstammungslehre und des Darwinismus gewesen. Er begründete die Theorie der potentiellen Unsterblichkeit des Keimplasmas und der Germinalselektion (die im Keimplasma enthaltenen Einheiten — Determinanten — entsprechend den Genen — sind einer Auslese unterworfen).
Er erkannte als erster die Bedeutung der Reifeteilung und war ein Gegner der Theorie der Vererbung erworbener Eigenschaften (siehe S. 123). *Weismann* begründete den Neodarwinismus.

THEODOR BOVERI:

Aus 1. Ergebnisse über die Konstitution der chromatischen Substanz des Zellkerns

(Verlag Gustav Fischer, Jena 1904)

Wenn ein Zoologe die Konstitution der chromatischen Kernsubstanz zu seinem Thema wählt, so hat er kaum nötig zu sagen, daß der Ausdruck Konstitution nicht im chemischen Sinn gemeint ist. Aber auch von Struktur im morphologischen Sinn, wie sie durch Analyse bestimmt präparierter Zellkerne mit stärkster Vergrößerung erkannt werden kann, soll hier nicht die Rede sein. So viel Wertvolles auch über die Anordnung der färbbaren Substanz in ruhenden Zellkernen ermittelt worden ist, die allgemeine Erkenntnis, die bisher aus diesen Beobachtungen fließt, scheint mir doch zu gering zu sein, als daß viel darüber zu sagen wäre.
Man wird vielleicht fragen, was nun noch übrig bleibt, wenn es sich weder um chemische Konstitution, noch um mikroskopisch erkennbare Kernstruktur handeln soll. Denn auch ein Drittes, woran noch gedacht werden könnte: mechanische Eingriffe behufs Entfernung einzelner Teile und Beobachtung der Folgen, ist an den Kernen, diesen winzigen, in ein anderes Lebendes eingeschlossenen Gebilden, bisher nicht möglich gewesen.
Und doch besteht noch ein Mittel, um über die Konstitution der chromatischen Substanz des Zellkerns Erfahrungen zu machen und, wie mir scheint, die wichtigsten, die bisher gemacht worden sind: das ist das Studium der Zustände, die bei der Teilung des Kerns auftreten.
So wenig ein ruhender Kern für unsere jetzigen Hilfsmittel an scharf zu fassenden Charakteren darbietet, sobald er sich teilt, tritt Zahl und Ordnung auf. Die

ganze chromatische Substanz zeigt sich nun konzentriert in eine bestimmte Zahl geformter Stücke, die Chromosomen. Von diesen Körperchen, die in so merkwürdig gesetzmäßiger Weise den Übergang vom Mutterkern zu den Tochterkernen vermitteln, wollen wir ausgehen und uns die Frage vorlegen, inwieweit wir von hier aus zu allgemein gültigen Sätzen über die Kernkonstitution gelangen können.

Unter „chromatischer Substanz" verstehe ich also hier die Substanz, die uns in den Chromosomen vorliegt, und das, was im ruhenden Kern aus ihr wird oder was aus dem ruhenden Kern sich wieder zu den neuen Chromosomen zusammenzieht. Ob sich diese Substanz der Chromosomen selbst wieder als irgendwie zusammengesetzt erweist, dies bleibt hier gänzlich unberücksichtigt.

Ich habe 1887 die gewöhnlich unter dem Namen der Individualitätshypothese angeführten Vorstellungen ausgesprochen, die ich hier mit den damals gebrauchten Worten wiedergebe: „Ich betrachte die sogenannten chromatischen Segmente oder Elemente als Individuen, ich möchte sagen elementarste Organismen, die in der Zelle ihre selbständige Existenz führen. Die Form derselben, wie wir sie in den Mitosen finden, als Fäden oder Stäbchen, ist ihre typische Gestalt, ihre Ruheform, die je nach den Zellenarten, ja, je nach den verschiedenen Generationen derselben Zellenart, wechselt. Im sogenannten ruhenden Kern sind diese Gebilde im inaktiven Zustand ihrer Tätigkeit. Bei der Kernrekonstruktion werden sie aktiv, sie senden feine Fortsätze, gleichsam Pseudopodien aus, die sich auf Kosten des Elements vergrößern und verästeln, bis das ganze Gebilde in dieses Gerüstwerk aufgelöst ist und sich zugleich so mit den in der nämlichen Weise umgewandelten übrigen verfilzt hat, daß wir in dem dadurch entstandenen Kernretikulum die einzelnen konstituierenden Elemente nicht mehr auseinanderhalten können."

Ob diese Hypothese in ihrem wesentlichen Inhalt richtig ist oder nicht, dies ist eine so fundamentale Frage für die weitere Erfosrchung des Chromatins, daß es notwendig ist, ausführlicher auf ihre Begründung einzugehen. Die eine Tatsachenreihe, auf die sie ruht, haben wir soeben in den Beobachtungen über die Chromosomenanordnung kennen gelernt; die unerläßliche Ergänzung dazu bilden die Feststellungen über die Chromosomenzahl.

In dieser Hinsicht vermochte ich (7, 9, 11, 18) auf Grund gewisser Abnormitäten bei der Entwicklung von *Ascaris megalocephala* zu zeigen, daß die Zahlenkonstanz, die wir von einer Zellengeneration zur nächsten finden, nicht in einer geheimnisvollen Fähigkeit des Organismus begründet ist, seine chromatische Substanz immer in eine ganz bestimmte Zahl von Segmenten zu zerlegen, sondern daß sich diese Konstanz einfach so erklärt, daß aus jedem Kern bei der Vorbereitung zur Teilung genau ebensoviele Chromosomen hervorgehen, als in seine Bildung eingegangen waren. Die Möglichkeit eines solchen Nachweises ist durch einige besonders günstige Umstände gegeben, welche der Pferdespulwurm darbietet.

Betrachten wir die normalen Eireifungsvorgänge von *Ascaris megalocephala universalens* (Abb. 2 Fig. 10—14), so finden wir in der ersten Reifungsspindel (Fig. 10) ein vierteiliges Chromatinelement, eine sogenannte „Tetrade", wie solche für die vorletzte Teilung der Oo- und Spermagenese charakteristisch sind. Diese Tetrade wird in zwei Diaden zerlegt (Fig. 11); eines dieser Doppelelemente gelangt in die erste Polocyte (= Richtungskörperchen) (Fig. 12), das andere bleibt im Ei und wird ohne Einschaltung eines Ruhestadiums in die zweite Reifungsspindel aufgenommen (Fig. 12). Hier zerfällt die Diade in zwei einfache Elemente; eines davon gelangt in die zweite Polocyte, das andere verbleibt im Ei und bildet den Eikern (Fig. 13). Bei seiner Auflösung nach erfolgter Befruchtung geht aus dem Eikern wieder ein, jetzt wesentlich anders gestaltetes Element hervor, ein gleiches liefert der Spermakern (Fig. 14). Die erste Furchungsspindel enthält also bei dieser Varietät des Pferdespulwurms zwei Chromosomen und diese Zahl zwei läßt sich durch die ganze Embryonalentwicklung hindurch verfolgen....

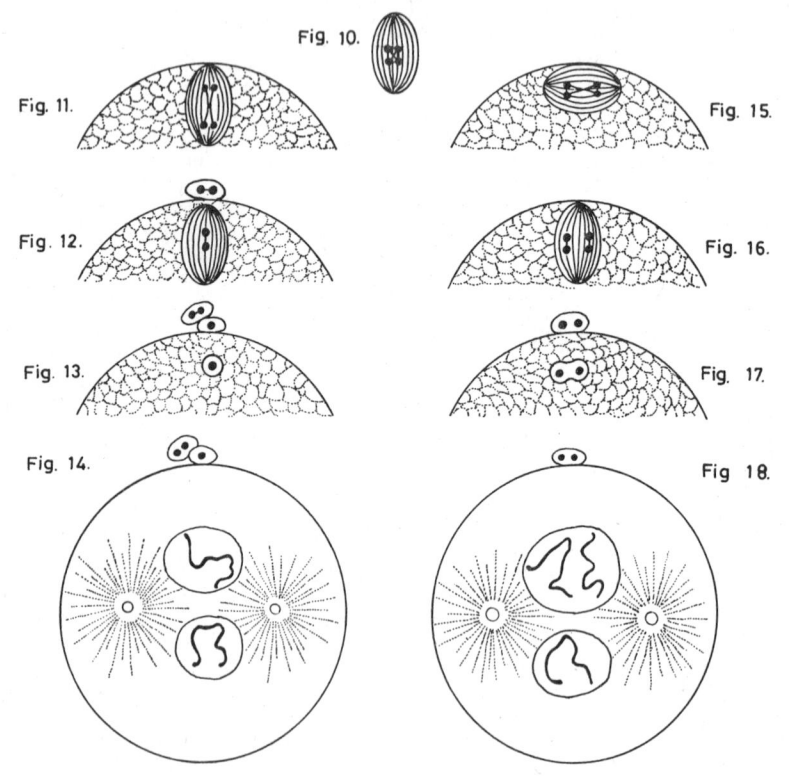

Abb. 2: Normale Reifeteilungen des Ascariseies (Fig. 10—14) und abnorme Eireifung (Fig. 15—18)

Es kommt nun als eine nicht ganz seltene Abnormität bei diesem Wurm vor, daß die erste Reifungsspindel, im Übrigen von ganz typischer Beschaffenheit, anstatt radial tangential steht (Fig. 15). Auch hier zerfällt die Tetrade in zwei den Polen zustrebende Diaden; aber zu einer Zellteilung und also zur Abschnürung der ersten Polocyte kann es bei dieser Lagerung nicht kommen. Beide Diaden bleiben im Ei und treten sofort wieder in eine zweite Spindel ein (Fig. 16), die nun radial steht, wie die normale zweite Reifungsspindel (Fig. 12), aber die doppelte Zahl von Chromosomen enthält. Ganz regulär bildet sich hierauf die zweite — hier einzige — Polocyte (Fig. 17), der zwei Elemente zufallen, desgleichen erhält das reife Ei hier zwei Elemente, die dem Eikern Entstehung geben. Da nun die Polocyten bei Askaris sich während der Embryonalentwicklung lange Zeit unverändert innerhalb der Eischale erhalten, kann man es jedem Keim ansehen, aus wieviel Chromosomen der Eikern entstanden ist; jedes in den Richtungskörpern fehlende Element muß als überzählig in den Eikern eingegangen sein. Auf Grund dieses Merkmals läßt sich zunächst konstantieren, daß der Eikern, wenn er abnormerweise zwei Elemente in sich aufgenommen hat, auch wieder zwei aus sich hervorgehen läßt. Ein Fall dieser Art ist in Fig. 18 wiedergegeben. Man erkennt an der einzigen, zwei Chromosomen enthaltenden Polocyte, daß dieses Ei der gleichen abnormen Serie angehört, wie Fig. 15 bis 17. Während der Spermakern die normale einzige Schleife aufweist, enthält der Eikern zwei. Die erste Furchungsspindel baut sich also in diesem Fall aus drei Elementen auf anstatt aus zweien, und diese erhöhte Zahl vermochte ich durch alle Stadien bis zu Embryonen mit Urdarm- und Mesoblastanlage zu verfolgen. . . .

Auf Grund der oben mitgeteilten positiven Tatsachen habe ich als „Grundgesetz der Zahlenkonstanz" den Satz formuliert, daß die Zahl der aus einem ruhenden Kern hervorgehenden chromatischen Elemente direkt und ausschließlich davon abhängig ist, aus wie vielen Elementen dieser Kern sich aufgebaut hat.

2. *Erklärung der Mendel'schen Regeln durch die Chromosomenlehre*

Im Jahre 1865 hat *Gregor Mendel* (63) bei Versuchen über Pflanzenbastardierung ein bis vor drei Jahren völlig in Vergessenheit geratenes, seither aber durch *Correns, Tschermak* und *De Vries* ans Licht gezogenes und vielfach bestätigtes Gesetz entdeckt, das sich auf das Verhalten solcher Merkmale bezieht, die sich im Bastard nicht mischen, wie z. B. die Blütenfarbe verschiedener Erbsenvarietäten. Bastardiert man z. B. rotblühende und weißblühende Erbsen, so sind alle Abkömmlinge in der ersten Generation rotblühend. Züchtet man aber die Individuen dieser ersten Generation untereinander, so treten wieder und zwar in ganz bestimmtem Prozentsatz weiße auf. Daraus folgt zunächst, daß das Merkmal weiß in der ersten Generation nicht verloren gegangen ist, sondern nur latent war. *Mendel* nennt diese unterdrückte Qualität das rezessive Merkmal, die rote Farbe in unserem Fall das dominierende. Das von ihm gefundene Gesetz besagt nun, daß, wenn wir die erste Generation der Bastarde unter sich kreuzen, die nächste Generation das dominierende und rezessive Merkmal in folgendem Prozentsatz aufweist: auf vier Individuen treffen

$$1\,D + 2\,DR + 1\,R$$

d. h. ein Viertel der Individuen enthält nur das rezessive Merkmal (R) und diese unter sich weiter gezüchtet zeigen nun ausnahmslos und für immer das rezessive Merkmal. Drei Viertel weisen das dominierende Merkmal (D) auf, aber weitere Zucht lehrt, daß von diesen drei Vierteln nur wieder eines das dominierende Merkmal rein enthält, wogegen die zwei anderen auch das rezessive in sich haben, das hier, mit dem dominierenden gepaart, unterdrückt ist und erst in den späteren Generationen zum Vorschein kommt.

Wir können sonach, ohne auf weitere Einzelheiten einzugehen, folgende wichtige Aussage machen: Die korrespondierenden Qualitäten D und R zweier Varietäten gehen im Bastard ganz selbständig nebeneinander her, sie werden, was schon *Mendel* klar erkannt hat, in den Keimzellen wieder ganz rein voneinander gelöst, und zwar, wie aus den Zahlen der Versuche zu entnehmen ist, in der einfachen Weise, daß die Hälfte der Eizellen D erhält, die andere Hälfte R, und ebenso bei den Samenzellen. Nur unter dieser Voraussetzung nämlich läßt sich die *Mendel*sche Formel verstehen. Bei gleicher Anzahl von D und R sowohl in den Samenzellen müssen, sobald dieselben in großen Mengen miteinander gekreuzt werden, nach den Gesetzen der Wahrscheinlichkeit die drei möglichen Kombinationen DD, DR und RR in dem Prozentsatz

$$1\,DD + 2\,DR + 1\,RR$$

Denken wir uns nun, und damit kommen wir zu unserem Thema zurück, das dominierende Merkmal auf ein Chromosoma D des einen Elters, das rezessive auf das homologe Chromosoma R des anderen Elters lokalisiert, so werden alle Abkömmlinge in der ersten Generation die Kombination DR in ihren Kernen enthalten. Bei der Reduktion in der Oo- und Spermatogense werden diese homologen, zu einer Kopula der Reduktionsspindel verbundenen Chromosomen wieder auf verschiedene Samen- und Eizellen verteilt. Genau die Hälfte der Samenzellen erhält D, die andere Hälfte R, ebenso bei den Eizellen. Und nun gilt das gleiche, was oben für die Neugruppierung der Merkmale bei den *Mendel*schen Versuchen ausgeführt worden ist. Werden die Individuen, deren Geschlechtszellen zur einen Hälfte das Chromosoma D, zur andern das Chromosoma R besitzen, miteinander gepaart, so müssen bei großen Zahlen die Neukombinationen von D und R in dem Verhältnis

$$1\,DD + 2\,DR + 1\,RR,$$

d. h. eben in dem Prozentsatz der *Mendel*schen Regel, vertreten sein.

Wir sehen also hier auf zwei Forschungsgebieten, die sich ganz unabhängig voneinander entwickelt haben, Resultate erreicht, die so genau zusammenstimmen, als sei das eine theoretisch aus dem andern abgeleitet; und wenn wir uns vor Augen halten, was wir aus anderen Tatsachen über die Bedeutung der Chromosomen bei der Vererbung entnommen haben, so wird die Wahrscheinlichkeit, daß die in den *Mendel*schen Versuchen verfolgten Merkmale wirklich an bestimmte Chromosomen gebunden sind, ganz außerordentlich groß.

Durch dieses Ergebnis kommt nun zu den oben betrachteten Experimentalmöglichkeiten über die Kernkonstitution und deren Bedeutung, ein weiteres und vermutlich das aussichtsreichste Experimentalverfahren hinzu: systematische Züchtung und vor allem Bastardierung verbunden mit Chromatinstudien am gleichen Objekt. Was wir bei jenen anderen Experimenten künstlich zu erreichen suchen: einen spezifischen, womöglich genau bestimmbaren Chromosomenbestand in entwicklungsfähigen Embryonalzellen herzustellen, das bietet uns die Natur in einem beschränkten Maß durch die in der Befruchtung erfolgende immer neue Kombinierung der in der Reduktionsteilung voneinander geschiedenen Chromosomen selbst dar. Nachdem diese Gruppierungen einer rechnerischen Behandlung zugänglich sind, führt die Voraussetzung der Bindung bestimmter Merkmale an bestimmte Chromosomen zu streng formulierbaren Postulaten über das prozentische Verhältnis, in welchem diese Merkmale bei der Züchtung auftreten müssen, und die Züchtungsresultate werden also zeigen, ob die Annahme für das Chromatin richtig gewesen sein kann oder nicht. Wird sich durch solche Studien ergeben, daß in der Tat der hier vorausgesetzte Zusammenhang besteht, so wird dann umgekehrt das Verhalten der Merkmale genauere Aussagen über die Chromatinkonstitution möglich machen.

3. *Das Problem der Befruchtung*
(Verlag W. C. Vogel, Leipzig, 1901)

Betrachten wir einfach den Vorgang der Befruchtung, so besteht er in der Vereinigung zweier höchst ungleicher Zellen, einer weiblichen und einer männlichen, zu einer Zelle, die den Ausgangspunkt für ein neues Individuum darstellt. Allein unter Befruchtung hat man von jeher eine Bewirkung verstanden; ob wir den Zoologen *Leuckart* oder den Botaniker *Sachs* befragen, ob wir die Physiologie *Johannes Müller*'s oder die Schriften des Anatomen O. *Hertwig* nachschlagen, stets wird das Befruchtungsproblem dahin formuliert: Was bewirkt der Samen am oder im Ei, um es zur Bildung eines neuen Individuums zu befähigen? Und diese Frage werden wir heute so aussprechen müssen: Was bringt die Samenzelle in die Eizelle hinein, um die Entwicklungsfähigkeit herzustellen?

Die Zahl von Möglichkeiten, die hier von vorn herein denkbar wären, ist eine ungeheuer grosse, wie am besten daraus ersichtlich ist, dass man schon zu Ende des 17. Jahrhunderts die Zahl der bis dahin aufgestellten Zeugungstheorien auf etwa 300 geschätzt hat. Die Erfahrungen, die seither gemacht worden sind, gestatten uns jedoch, diese Fülle auf einen ganz kleinen Kreis einzuschränken. Wir kennen, besonders bei den Insekten und verwandten Gliederfüsslern, Eier, die sich ohne Befruchtung — wie der wissenschaftliche Ausdruck lautet: parthenogenetisch — entwickeln; es gehört also nicht nothwendig zur Natur des Eies, zum Zwecke der Entwicklung einer Ergänzung zu bedürfen. Zweitens: es giebt Eier, die befruchtet werden, die aber, wenn nicht befruchtet, sich doch entwickeln, wie das für die Biene seit Langem bekannt ist. Wir schliessen daraus, dass selbst Eiern, die auf Befruchtung eingerichtet sind, nichts Essentielles zur Hervorbringung eines neuen Individuums fehlen kann. Drittens endlich hat vor 2 Jahren *J. Loeb* an Seeigeleiern die Entdeckung gemacht, daß sie künstlich zu parthenogenetischer Entwicklung gebracht werden können. Werden diese Eier, die sich unter normalen Verhältnissen nur nach erfolgter Befruchtung entwickeln und ohne sie absterben, auf einige Zeit in gewisse Salzlösungen versetzt und dann in Seewasser zurückgebracht, so beginnen sie sich spontan zu entwickeln.

Aus allen diesen Thatsachen muss gefolgert werden, dass das Wesen der Thieroder Pflanzenspecies in dem Ei allein vollkommen enthalten ist. Der Detect, der das Ei typischer Weise an selbständiger Entwicklung verhindert, kann nur in einer untergeordneten Hemmung bestehen, die durch das Spermatozoon gehoben wird. Das Ei lässt sich einer Uhr vergleichen mit vollkommenem Werk; nur die Feder fehlt und damit der Antrieb. Und da, wie wir constatirt haben, das Triebwerk der Embryonalentwicklung in der fortgesetzten Zelltheilung liegt, alle qualitativen Veränderungen bei derselben, die zur Bildung eines Zellenstaates von bestimmter Art führen, in der Beschaffenheit des Eies selbst begründet sind, so wird die definitive Formulierung des Befruchtungsproblems die sein: Was fehlt dem Ei, dass es sich nicht zu theilen vermag, was bringt das Spermatozoon Neues hinein, um die Theilung des Eies und als Folge alle weiteren Theilungen zu bewirken?

Das reife Ei besitzt alle zur Entwicklung nothwendigen Organe und Qualitäten, nur sein Centrosoma, welches die Theilung einleiten könnte, ist rückgebildet oder in einen Zustand von Inactivität verfallen. Das Spermatozoon umgekehrt ist mit einem solchen Gebilde ausgestattet, ihm aber fehlt das Protoplasma, in welchem dieses Theilungsorgan seine Thätigkeit zu entfalten im Stande wäre. Durch die Verschmelzung beider Zellen im Befruchtungsact werden alle für die Entwicklung nöthigen Zellenorgane zusammengeführt; das Ei erhält ein Centrosoma, das nun durch seine Theilung die Embryonalentwicklung einleitet.

Eine genaue Analyse der Spermatozoon-Entwicklung, um die sich vor Allem *F. Meves* verdient gemacht hat, hat seither zu dem Ergebniss geführt, dass das Centrosoma, welches der Samenzelle bei ihrer Entstehung zugefallen ist, oder wenigstens ein Derivat dieses Centrosomas an jene Stelle rückt, wo wir im Ei das Spermacentrosoma auftreten sehen, so dass also auch in dieser Hinsicht die Theorie dem Beobachtbaren völlig entspricht.

Hier wird sich nun sofort eine Frage aufdrängen: Wie ist es bei der Parthenogenese? Wenn zur Theilung ein Centrosoma nöthig ist, wenn der Defect des Eies in dem Fehlen des Centrosoma besteht, wie gewinnen die Eier, die sich ohne Befruchtung entwickeln, ein solches? Also z. B. das Seeigelei, wenn es durch Versetzen in die von *Loeb* angegebenen Lösungen zu selbständiger Entwicklung angeregt wird? Völlig aufgeklärt ist diese Frage nicht. So viel aber, glaube ich, lässt sich sagen, dass das Ei in diesem Fall die Fähigkeit besitzt, Centrosomen durch eine Art von Regeneration neu zu bilden. In allen Eiern, die zu dieser Regeneration befähigt sind, wäre Parthenogenese möglich.

Das uralte physiologische Problem der Befruchtung sehe ich auf Grund unserer Feststellungen im Wesentlichen als gelöst an. In Bestätigung einer merkwürdigen Vorahnung des *Aristoteles,* wonach der weibliche Organismus den Stoff für das neue Individuum, der männliche den Anstoss zur Bewegung dieses Stoffes liefere, haben wir die Unfähigkeit des Eies, sich selbständig zu entwickeln, als eine Unfähigkeit zur Theilung erkannt, wir haben gefunden, dass das Spermatozoon diesen Mangel durch Einpflanzung eines neuen Theilungscentrums behebt. Die Befruchtung ist damit auf die Physiologie der Zelltheilung zurückgeführt und damit im Princip erklärt.

Die Paarung kann also nicht eine unumgängliche Nothwendigkeit sein zum Bestand des organischen Lebens, die Verjüngungstheorie wird damit hinfällig, und es bleibt nur die Annahme übrig, dass die Verbindung individueller Eigenschaften, die durch die Verschmelzung zweier Zellen erreicht wird, irgendwie einen Zweck erfüllt, wenn wir auch einstweilen dahingestellt sein lassen, welchen. Aber eine Reihe von Thatsachen, vor Allem die vielfach bestehenden Einrichtungen zur Verhütung der Selbstbefruchtung bei solchen Pflanzen und Thieren, die zugleich männliche und weibliche Organe besitzen, lassen kaum einen Zweifel, dass das Ziel der Paarung in der Vereinigung der Eigenschaften zweier Individuen in einem Individuum, also ganz allgemein in einer Qualitätenmischung gesehen werden muss.

Mit diesen Betrachtungen haben wir einen neuen Standpunkt gewonnen, von dem aus wir zum zweiten Mal unser Problem in Angriff nehmen wollen. Jetzt wird es sich um die Frage handeln, ob die Besonderheiten der geschlechtlichen

Fortpflanzung: der Gegensatz männlicher und weiblicher Keimzellen und die Beziehung zur Entstehung eines neuen Individuums, aus den Bedürfnissen der Qualitätenmischung erklärbar sind. Eine Vergleichung mit den Bedingungen bei der Conjugation lässt hier Folgendes erkennen.

Sollen zwei einzellige Organismen ihre Eigenschaften mischen, so brauchen sie einfach zu verschmelzen. Protoplasma mischt sich mit Protoplasma, Kern mit Kern; werden beide Constituenten zu einer Zelle werden, müssen auch ihre Eigenschaften sich verbinden und combiniren. Diese Combination kann dann auf alle Abkömmlinge übergehen.

Sollen zwei vielzellige Organismen ihre Eigenschaften mischen, so geht das nicht so einfach. Ein Mensch kann nicht mit einem anderen Menschen verschmelzen zu einem Individuum, und selbst wenn etwas Derartiges möglich wäre, wie wir nach *Crampton* Stücke von Schmetterlingspuppen zu einem Ganzen verheilen oder Pflanzen auf einander pfropfen können, so würde dies doch nie zu einer Qualitätenmischung führen. Mischen kann sich Organisches nur im Zustand der Zelle, und so ist es zu erklären, dass bei allen höheren Organismen die Mischung an die Fortpflanzung geknüpft ist, an denjenigen Zustand, wo das neue Individuum so zu sagen noch in eine Zelle zusammengefasst ist, wo es als Keimzelle existirt. Da können zwei Keimzellen von zwei verschiedenen Individuen mit einander verschmelzen und an dem Zellenstaat, der aus diesem Verschmelzungsproduct hervorgeht, eine Mischung ihrer beiderlei Qualitäten zur Entfaltung bringen.

Die alten, uns so selbstverständlich gewordenen Vorstellungen über den Zusammenhang von Befruchtung und Entwicklung werden hiermit also genau ins Gegentheil verkehrt; nicht die Verschmelzung zweier Keimzellen ist eine essentielle Vorbedingung für die Entstehung eines neuen Individuums, sondern umgekehrt, die Entstehung des neuen Individuums aus einer Zelle ist die nothwendige Voraussetzung für die Mischung.

Wenn wir nun weiter finden, dass bei allen höheren Thieren und ähnlich bei den Pflanzen die verschmelzenden Keimzellen zu zwei Arten differenzirt sind, zwischen denen ein höchst auffallender Gegensatz besteht, so kann uns dies nach dem, was wir bei der Conjugation gefunden haben, nicht mehr als etwas Fundamentales erscheinen, sondern wir sehen darin lediglich eine Theilung der Arbeit.

Aber, werden Sie schliesslich fragen, wenn doch der Zweck die Qualitätenmischung sein soll, wie ist es möglich, dass die Eigenschaften des Spermatozoons im Ei nicht völlig unterdrückt werden? Wie können sie aufkommen gegenüber denen des Eies, das an Masse tausend- und millionenfach überlegen ist? Darauf ist vor Allem zu antworten: sie kommen auf, auch wenn wir nicht erklären könnten, wie. Zahllose Erfahrungen bei Pflanzen und Thieren und speciell auch am Menschen lehren, dass der Vater auf die Constitution des Kindes im allgemeinen ebenso viel Einfluss hat, wie die Mutter. Aber wir sehen nun auch bei der Befruchtung etwas, was uns wohl den Schlüssel giebt und damit weite Perspectiven auf celluläres Leben überhaupt eröffnet. So verschieden die männlichen und weiblichen Keimzellen sind, in Einem sind sie doch gleich, in ihrer Kernsubstanz. Ununterscheidbar steht schliesslich der herangewachsene Spermakern dem Eikern gegenüber, in vollster Gleichheit nach Grösse, Form und Zahl liegen die väterlichen und mütterlichen Kernelemente neben einander, mit unübertrefflicher Sorgfalt wird bewirkt, dass sie in gleicher Combination auf die Tochterzellen und, wie wir annehmen dürfen, auf alle Zellen des neuen Individuums übergehen. In diesen väterlichen und mütterlichen Kernelementen müssen wohl die dirigirenden Kräfte liegen, welche dem neuen Organismus neben den Merkmalen der Species die individuellen Eigenschaften der beiden Eltern combinirt aufprägen. Und diese Combination der Kernsubstanzen als der Qualitätenträger wäre also das Ziel aller Paarung vom Infusionsthierchen bis zum Menschen.

Theodor Boveri (1862—1915): Geboren als Sohn eines Arztes in Bamberg, studierte er in München Anatomie und Biologie, wo er 1885 mit „summa cum laude" promovierte. Von 1886—1891 erhielt er ein Stipendium zum weiteren Studium in München und an der zoologischen Station in Neapel. Nach Habilitation und Assistententätigkeit bei *R. Hertwig* wurde er 1893 Professor für Zoologie in Würzburg, wo er nach Ablehnung ehrenvoller Berufungen bis zu seinem frühen Tod blieb. Weltberühmt wurde *Boveri* durch seine schon 1885 mit großem Geschick begonnenen Zellforschungsarbeiten. Er entwickelte auf Grund seiner Ergebnisse die Theorie der Chromosomenindividualität, bewies endgültig, daß die Chromosomen die Träger der Erbanlagen sind und konnte so die *Mendel*'schen Regeln mit der Verteilung der Chromosomen bei der Reifeteilung und durch ihre Verdoppelung bei der Befruchtung erklären. Ferner gewann er fundamentale Erkenntnisse zum Problem der Befruchtung.

HANS SPEMANN:

Neue Arbeiten über Organisatoren in der tierischen Entwicklung

Vortrag, gehalten in einer allgemeinen Sitzung auf dem X. Internationalen Zoologenkongreß in Budapest

Aus: Naturwissenschaften, Nr. 12, 1927.

Schon früher habe ich in dieser Zeitschrift (1919, 1924) über experimentelle Forschungen von mir und meinen Mitarbeitern berichtet, welche die ursächliche Verknüpfung der frühen Entwicklungsvorgänge zum Gegenstand haben. Bei diesen Untersuchungen hatte sich gezeigt, daß gewisse Teile des jungen Amphibienkeims die Fähigkeit besitzen, andere Teile in ihrer Entwicklung zu bestimmen, derart, daß sie zwischen solche indifferenten Teile verpflanzt, diese gewissermaßen in ihren Dienst zwingen. Ich nannte sie daher „Organisatoren", und den Keimbezirk, wo diese Organisatoren in jenem frühen Entwicklungsstadium beisammen liegen, das „Organisationszentrum" des Keims.

Diese Forschungen sind seither planmäßig fortgesetzt worden und haben eine Anzahl wichtiger neuer Tatsachen ans Licht gebracht, über welche jetzt kurz berichtet werden soll.

I. Umfang des Organisationszentrums

Eine der Fragen, welche zunächst zu lösen waren, ist die nach dem Umfange des Organisationszentrums. Zuerst von *Otto* und *Hilde Mangold* in Angriff genommen, ist sie nunmehr von *H. Bautzmann* (1926) exakt beantwortet worden. Aus der ganzen Umgebung der eben sich bildenden oberen Urmundlippe wurden Stichproben entnommen und auf ihre Fähigkeit, zu induzieren, geprüft. Ihr Ort wurde bestimmt durch die Entfernung vom Mittelpunkt der oberen Urmundlippe, in Winkelgraden gemessen. Zu dem Zweck schnitt *Bautzmann* mit einer von ihm hierzu konstruierten Doppelnadel (zwei dünne parallele Glasfäden in geringer Entfernung voneinander) schmale ringförmige Streifen, welche den Urmund enthielten, in der zu prüfenden Richtung aus. Ein solcher Ring, z. B. entsprechend der Medianebene der Gastrula ,wurde nun in Stücke von je 30°, vom Urmund beginnend, zerlegt. Diese Stücke wurden einzeln je einer Gastrula durch einen Schlitz in die Furchungshöhle gesteckt; im Verlauf der Gastrulation kommen sie so unter das Ektoderm zu liegen und können dort gegebenenfalls eine Medullarplatte induzieren. Auf diese Weise ließ sich ein bestimmter Bereich des Keims über und zu beiden Seiten der oberen Urmundlippe als „Organisationszentrum" abgrenzen.

Dieser Bereich der Gastrula ist nun derselbe, welcher sich in der Folge um die obere und seitliche Urmundlippe herum ins Innere einstülpt und dort zu Chorda und Mesoderm wird. Der Bezirk, welchen *W. Vogt* (1923, 1925) durch seine schönen Versuche der vitalen Farbmarkierung als präsumptive Chorda und Mesoderm feststellen konnte, deckt sich in weitgehender Annäherung mit dem von *Bautzmann* abgegrenzten „Organisationszentrum".

Dieses Ergebnis kam nicht ganz unerwartet. Daß die Bildung der Medullarplatte vom Dach des Urdarms aus induziert wird, hatte ich schon lange vermutet. *A. Marx* (1925) wies dann experimentell die Fähigkeit dazu nach, indem er aus einer vollendeten Gastrula ein Stückchen des Urdarmdachs herausnahm und es einem anderen Keim zu Beginn der Gastrulation in die Furchungshöhle verpflanzte. Dadurch später unter die Epidermis gelangt, induzierte es dort Medullarplatte. Diese Fähigkeit besitzt nun nach den Feststellungen *Bautzmanns* das präsumptive Mesoderm mindestens implicite schon vor der Gastrulation.

Daran schließt sich folgerichtig die Frage, von welchem Entwicklungsstadium an ein bestimmter Keimbereich durch diese Fähigkeit ausgezeichnet ist.

II. Ursprung des Organisationszentrums

Verschiedene Tatsachen sprechen dafür, daß das Organisationszentrum schon sehr früh angelegt ist; wahrscheinlich schon vor Beginn der Furchung, im Zusammenhang mit den Materialverlagerungen, durch welche nach der Befruchtung das sog. graue Feld (grey crescent) entsteht. Ich deute diese Tatsachen nur kurz an. Wenn man nach Ausbildung der ersten Furche die dorsale Zelle entfernt, also den Teil des Keims, welcher das graue Feld enthält, so entwickelt sich die ventrale Zelle zwar weiter, gastruliert auch, bildet aber keine Achsenorgane. Dasselbe gilt, wenn die Abschnürung noch früher, vor Ausbildung der ersten Furche, vorgenommen wird, wobei dann ein Abkömmling des Furchungskerns durch die dünne Plasmabrücke hindurch wandert (*Spemann* 1914).

Exakter noch ist ein altes Experiment von *M. Moszkowski* (1902). Er zerstörte das graue Feld durch Anstich mit der heißen Nadel; daß Ei entwickelte sich, gastrulierte auch, bildete aber keine Achsenorgane.

Auch das Experimentum crucis zu diesem Defektversuch läßt sich ausführen, die Transplantation eines kleinen Stücks des befruchteten, ungefurchten Eies. Ein solches Stück Eiplasma läßt sich mit der Mikropipette in die Furchungshöhle eines anderen Keims bringen, und wenn es einen überzähligen Spermakern besitzt, so entwickelt es sich dort weiter. Nimmt man das Stück aus der Randzone, so muß man in einem gewissen Prozentsatz der Fälle das graue Feld treffen. Ein sicheres Ergebnis hat das Experiment bis jetzt nicht gehabt; in einem Fall, wo eine Medullarplatte induziert zu sein scheint, starb der Keim ab, ehe er zur Untersuchung auf Schnitten gebracht werden konnte.
Auch gewisse Versuche von O. *Mangold* (1920, 1927) lassen sich in diesem Sinn deuten. Bei ihnen wurden die ersten Furchungszellen gegeneinander verlagert, indem entweder die Blastomeren des Viererstadiums übers Kreuz zur Verschmelzung gebracht wurden oder aber zwei ganze Keime im Zweizellenstadium. Es entstanden je nachdem einheitliche Embryonen von normaler oder von doppelter Größe, oder aber solche mit zwei oder drei Vorderenden. Dieses Ergebnis läßt sich verstehen unter der Annahme, daß schon in jenem Anfangsstadium der Entwicklung Urmund und Organisationzentrum determiniert sind; ja, daß das betreffende Eimaterial schon eine gerichtete Struktur besitzt, welche in die Struktur des späteren Stadiums übergeht.

III. *Struktur des Organisationszentrums*

Über die Struktur des Organisationszentrums zu Beginn der Gastrulation lassen sich auch schon einige experimentell begründete Angaben machen.
Längsstruktur. Zunächst ist die Tatsache von Wichtigkeit, daß die sekundär induzierten Embryonalanlagen zu den Achsenorganen des Wirtskeims sehr verschieden orientiert sein können. Man hätte ja vielleicht erwarten können, daß sie immer mit ihnen gleichgerichtet sind; das hätte man sich als Wirkung einer gerichteten Struktur des Wirtskeims auffassen müssen, etwa im Sinn der Gradienten (gradients) von *Child*. Nun mag eine solche Struktur vorhanden sein und mitwirken; manches spricht dafür. Sie ist aber sicher nicht ausschlaggebend. Die induzierte sekundäre Anlage kann geradezu quer zur primären stehen; und wenn sie an ihrem Vorderende Hörbläschen trägt, so liegen diese symmetrisch zu ihren Seiten, also vom Wirtskeim aus gesehen das eine vor dem sekundären Medullarrohr, das andere hinter ihm. Daraus folgt, daß der Organisator eine *Längsstruktur* besessen haben muß, welche in der neuen Umgebung erhalten blieb und zunächst die Richtung bestimmte oder mindestens mitbestimmte, in welcher er sich einstülpt, hernach alles Weitere. — Um diese Frage völlig zu klären, müssen Organisatoren von länglicher Form in willkürlich bestimmter Richtung implantiert werden; solche Versuche sind schon früher von *B. Geinitz* angestellt und jetzt von mir neu aufgenommen worden.
Lateralität. Auch eine Struktur irgendwelcher Art in mediolateraler Richtung, also *Lateralität* nach *Streeters* Bezeichnung, kommt dem Organisationszentrum zu; das folgt aus schönen Versuchen von *W. Vogt* und *K. Görttler* aus allerneuster Zeit, deren Ergebnisse mir durch die Freundlichkeit der beiden Forscher mit der Erlaubnis zur Mitteilung schon jetzt zugänglich gemacht worden sind.
W. Vogt (1927) hat an Amphibienkeimen bestimmt abgegrenzte Bezirke in ihrer Entwicklung zurückgehalten, indem er sie durch lokalisierten Sauerstoffmangel

oder durch lokalisierte Abkühlung vorübergehend lähmte. Zu letzterem Zweck wurde eine kleine Wanne durch ein dünnes Silberblech in zwei Abteilungen geschieden, die von verschieden temperiertem Wasser durchströmt wurden. In dem Silberblech befand sich eine runde Öffnung, gerade so groß, daß sie durch ein hineingestecktes Amphibienei dicht verschlossen wurde. Dieses entwickelte sich dann in seinen beiden Hälften verschieden rasch, mit scharfer Grenze zwischen den verschieden alten Teilen. Nach beiden Methoden erzielte *Vogt* Gebilde, welche er als „Alterschimären" bezeichnet. Dieses Experiment leistet also in vollkommenster Weise, was *Roux* schon vor langem mit seinen grundlegenden Anstichversuchen angestrebt und bis zu einem gewissen Grade auch erreicht hat. Im jetzigen Zusammenhang interessieren vor allem die Fälle, wo die linke oder rechte Hälfte des Keims zurückgehalten wurde, und zwar schon vom Zweizellenstadium an. Es entstanden dann nicht etwa seitlich verwachsene Zwillinge, wie nach medianer Einschnürung, vielmehr entwickelte sich ein einfacher Keim, aber zusammengesetzt aus zwei Halbkeimen von sehr verschiedenem Entwicklungsstadium. Daraus schließt *Vogt* auf eine Halbstruktur der beiden Keimhälften vom Zweizellenstadium an.

K. *Görttler* entfernte ein seitliches Stück der oberen Urmundlippe und ersetzte es durch das entsprechende Stück der anderen Seite von einem anderen Keim. Wenn so z. B. im Anschluß an die linke Hälfte der oberen Urmundlippe eine zweite linke Hälfte gesetzt wurde, so entwickelten sich auch zwei linke Hälften der Medullarplatte mit zwei parallel verlaufenden linken Medullarwülsten. Es muß also die linke Hälfte der oberen Urmundlippe eine innere Struktur gehabt haben, welche sie eben zu einer linken machte; sie muß „Lateralität" besitzen. Dieses Experiment von *Görttler* geht also hierin weiter als jenes von *Vogt*. Während jenes nur auf eine Halbstruktur des ganzen Keims schließen ließ, folgt aus diesem eine Halbstruktur des Organisationszentrums, d. h. des präsumptiven Mesoderms, welches bei der Gastrulation eingestülpt wird und die Medullarplatte induziert. Sollte das ektodermale Material, aus welchem diese entsteht, die präsumptive Medullarplatte, selbst schon eine entsprechende Struktur gehabt haben, so würde sich gerade darin die Übermacht des Organisationszentrums zeigen, daß es diese Struktur in ihr Spiegelbild zu verwandeln vermochte.

Regionale Struktur. Noch eine weitere Struktur könnte das Organisationszentrum besitzen: man könnte sie eine regionale Struktur nennen, indem durch sie die einzelnen Regionen sowohl des Mesoderms wie der von ihm induzierten Medullarplatte bestimmt würden. Auch zu dieser Frage liegen schon einige Tatsachen vor, welche weiter führen könnten.

In dem ersten vollkommenen Fall von Induktion, welchen *Hilde Mangold* (1924) erzielte und beschrieb, lagen die Hörbläschen am Vorderende des sekundären Medullarrohrs; es fehlte also das Vorderende des Hirns mit den Augenblasen. Im vorigen Jahre erzielte ich nun auch ein isoliertes Gehirn, vorn mit wohlentwickelten Augenblasen, hinten am blinden Hinterende mit zwei angelagerten Hörblasen. Dieses verschiedene Ergebnis der Induktion könnte nun von einer Verschiedenheit der induzierten Organisationen herrühren, welche verschiedenen Regionen des Organisationszentrums entnommen worden wären. Dasjenige mesodermale Material, welches später unter dem Kopfteil der Medullarplatte zu liegen kommt, könnte „Kopforganisator" sein, das unter den Rumpf gelangende

„Rumpforganisator". Das müßte sich leicht prüfen lassen; denn da zuerst der Kopforganisator die obere Urmundlippe passiert, später erst der Rumpforganisator, so braucht man bloß ein Stück vom Umschlagsrand der oberen Urmundlippe in verschiedenen Stadien der Gastrulation zu entnehmen und immer an derselben Stelle eines anderen Keims einzupflanzen, um auf die verschiedene Beschaffenheit des Organisators schließen zu können. Dieses Experiment wurde im verflossenen Sommer von mir planmäßig durchgeführt; als Ort der Implantation wurde die Mitte der unteren Urmundlippe gewählt, bzw. die Stelle, wo sie entstehen wird. Es ergab sich, daß wohl eine regionale Struktur besteht, daß aber die Verhältnisse in doppelter Hinsicht kompliziert sind. Einmal vermag der Organisator mehr zu induzieren, als ihm normalerweise zukäme; er strebt nach Ganzbildung, verhält sich also wie ein harmonisch-äquipotentielles System im Sinne von *Driesch*. Und dann ist offenbar der Ort der Implantation nicht gleichgültig. Entweder antworten die verschiedenen Regionen des Keims an sich verschieden auf den Induktionsreiz oder aber übt das primäre Organisationszentrum einen Einfluß auf das Organisationsfeld des implantierten Organisators aus. Das Experiment muß also in der Weise vervollständigt werden, daß derselbe Organisator an verschiedenen Stellen eingepflanzt wird. Auch darüber habe ich ein großes experimentelles Material zusammengebracht, dessen Auswertung diese wichtige Frage wohl klären wird.

IV. Die Natur der Induktionswirkung

Nicht weniger als Umfang, Ursprung und Struktur des Organisationszentrums interessiert die Art seiner Wirkung; aber freilich sind hier unsere Kenntnisse noch in den allerersten Anfängen.

Zunächst läßt sich wohl sagen, daß das induzierende Agens *nicht von ganz allgemeiner Natur* sein kann, wie etwa ein Berührungsreiz; sonst würde ein Stück präsumptive Epidermis oder präsumptive Medullarplatte dieselbe Wirkung ausüben.

Auf der anderen Seite aber ist der induzierende Reiz auch *nicht in engsten Grenzen spezifisch;* das folgt aus schönen Versuchen von B. Geinitz (1925). *Geinitz* verwandte nicht nur Organisatoren derselben Art oder Gattung zur Induktion, also etwa einen solchen von *Triton cristatus* in *Triton taeniatus,* sondern sogar solche verschiedener Ordnungen. Ein Organisator von *Bombinator* induzierte in einem Keim von *Triton* eine Medullarplatte.

Ganz im unsicheren sind wir noch über die elementarste Frage, ob die Induktion *materiell oder dynamisch* vermittelt ist; ob also bestimmte Stoffe oder bestimmte Kraftwirkung die schlummernden Fähigkeiten in den zu induzierenden Teilen wecken. Im letzteren Fall dürfte wohl nur die lebende Zelle induzieren können; nur von ihr können wir spezifische Kraftwirkungen erwarten. Bestimmte Stoffe dagegen könnten erhalten und wirksam bleiben, auch wenn die lebende Substanz, welche sie erzeugt hat, etwa durch Einfrieren oder Zerquetschen zerstört ist. Derartige Experimente sind vorbereitet.

In diesem Zusammenhang möchte ich noch zwei allerneueste Feststellungen anführen, die sich den übrigen bisher gemachten noch nicht recht einfügen wollen und gerade deshalb eine wichtige Erweiterung unserer Vorstellungen versprechen.

Die eine Tatsache wurde im Sommer 1926 von O. *Mangold* und mir (1927) gleichzeitig und völlig unabhängig festgestellt; ich möchte sie *homoeogenetische* oder *assimilatorische Induktion* nennen. Wir verpflanzen ein Stück reine Medullarplatte mit der Augenanlage in die Furchungshöhle einer Gastrula; sie sollte im Verlauf der Gastrulation unter die Epidermis zu liegen kommen und sich dort weiter entwickeln; der Augenbecher sollte die Epidermis von innen berühren und sie womöglich zur Linsenbildung veranlassen. Dabei trat nun das Unerwartete ein, daß die Medullarplatte in der Epidermis ihresgleichen induzierte, nämlich Medullarplatte. *Mangold* arbeitete heteroplastisch, ich mit vital gefärbtem Material; dadurch und durch Beobachtung des lebenden Keims ist die Tatsache selbst in zahlreichen Experimenten völlig sichergestellt. Zu ihrer Erklärung kann man bis jetzt nur vermutungsweise so viel sagen, daß das Agens, welches die Medullarplatte erzeugt hat, von ihr wieder abgegeben werden und in geeignetem Material neue Medullarplatte induzieren kann.

O. *Mangold* hat nun in diesem Sommer, wie ich brieflich mit der Erlaubnis der Mitteilung von ihm erfahren habe, die zeitliche Dauer dieses Induktionsvermögens untersucht und dabei eine zweite nicht weniger wichtige Entdeckung gemacht. Die Induktionsfähigkeit rückwärts verfolgend fand er, daß sie mit der Unterlagerung des Ektoderms durch das Mesoderm beginnt; präsumptive Medullarplatte aus der beginnenden Gastrula induziert noch nicht, wie wir ja auch schon durch *H. Bautzmanns* (1926) Untersuchungen wissen. Das Induktionsvermögen tritt im Stadium des Dotterpfropfs auf und erreicht seinen vollen Wert mit der Ausbildung der Medullarplatte. Viel merkwürdiger aber ist sein langes Erhaltenbleiben; noch das funktionierende Gehirn der schwimmenden Larve besitzt es in vollem Maße. Solange bleibt also, kann man vielleicht sagen, ein Residuum des Medullarplatte bildenden Agens erhalten und vermag induzierend auf indifferente Epidermis zu wirken. Das scheint für die chemische Natur dieses Agens zu sprechen.

Die Tatsache erinnert an einen schon seit Jahrzehnten bekannten Fall, der seinerzeit großes Aufsehen erregt hat, an die von *Colucci* und *G. Wolff* entdeckte Regeneration der Tritonlinse aus dem oberen Irisrand. Nach den Experimenten, welche *H. Wachs* (1914) unter meiner Leitung darüber angestellt hat, entwickelt sich die regenerierende Linse unter einem induzierenden Einfluß der Retina, welche also diese Fähigkeit, die sie während einer kurzen Zeit ihrer Entwicklung auszuüben hatte, in den erwachsenen Zustand herübergerettet hat.

Dies scheint kein vereinzelter Fall zu sein. *H. Bautzmann* hat im vergangenen Sommer etwas ganz Ähnliches festgestellt. Er entnahm aus einer Neurula ein Stück Chordaanlage, welches sich soeben deutlich abgrenzen läßt, und pflanzte es einem anderen jungen Keim in die Furchungshöhle und damit unter die Epidermis. Dort induzierte die Chorda eine Medullaranlage. In der Neurula, aus welcher die Chordaanlage stammte, war aber die Medullarplatte schon sichtbar, also seit langer Zeit determiniert. Die Chorda hat sich diese Fähigkeit, zu induzieren, über die Zeitspanne des Bedarfs hinaus bewahrt.

V. Die Bedeutung des Induktionsvermögens für die normale Entwicklung

Welche Bedeutung hat nun dieses experimentell festgestellte Induktionsvermögen für die normale Entwicklung? Diese Frage soll uns zum Schluß noch kurz beschäftigen.

Es ist durch zahlreiche ältere und neuere Experimente bekannt, daß die Anlage des Auges, der Augenbecher, in fremder Epidermis die Bildung einer Linse induzieren kann; es ist daher im höchsten Grade wahrscheinlich, daß der Augenbecher auch bei der normalen Entstehung der Linse zum mindesten mitwirkt. Man könnte ihn daher den Organisator der Linse nennen. Nun kann aber dieser Augenbecher experimentell auch aus solchem Material hergestellt werden, welches eigentlich Epidermis hätte bilden sollen und erst durch Transplantation an die Stelle gekommen ist, wo ihm von der Umgebung, wohl vom unterlagernden Mesoderm aus, die Entwicklungsrichtung auf Augenbecher hin induziert wird. Alle Wahrscheinlichkeit spricht dafür, daß auch der normale Augenbecher zum mindesten unter Mitwirkung des Mesoderms induziert wird. Selbst durch Induktion entstanden induziert er weiter; er ist also ein *„Organisator zweiter Ordnung"*. Einen solchen Organisator zweiter Ordnung habe ich nun gemeinsam mit *B. Geinitz* (1927) experimentell hergestellt, und zwar auf folgende Weise.

O. Mangold (1924) hat bekanntlich Mesoderm aus präsumptivem Ektoderm erzeugt, indem er präsumptive Epidermis der jungen Gastrula so verpflanzte, daß sie bei der Gastrulation mit eingestülpt wurde und an die Stelle von Mesoderm zu liegen kam. Er fand, daß sie dort die Entwicklung ihrer Umgebung mitmacht und je nach ihrer Lage zu Chorda, Urwirbeln, Vorniere wird. Dieses Experiment haben *B. Geinitz* und ich wiederholt, mit demselben Erfolg.

Nun hat *A. Marx* (1925) gezeigt, daß Mesoderm Medullarplatte induzieren kann; auch dieses Experiment ist seither vielfach von uns wiederholt worden.

Sollte nun diese Fähigkeit, zu induzieren, auch jenem Mesoderm zukommen, welches aus verpflanztem Ektoderm entstanden ist? Um dies zu prüfen, kombinierten wir das Experiment von *Mangold* mit dem von *Marx;* d. h. wir machten Ektoderm durch Verpflanzung zu Mesoderm, nahmen es einige Zeit nach der Einstülpung wieder heraus und verpflanzten es aufs neue in die Furchungshöhle einer jungen Gastrula, so daß es also in der Folge unter die Epidermis des Keims zu liegen kam. Und in der Tat induzierte es dort eine Medullarplatte von großer Vollkommenheit.

Dadurch waren also zwei Entwicklungsvorgänge, die sicher durch Induktion eingeleitet waren, experimentell aneinander gehängt. Es scheint nichts im Wege zu stehen, sich die ganze Entwicklung, zu mindesten des Amphibienkeims, aus solchen durch Organisatoren verbundenen Einzelvorgängen zusammengesetzt zu denken. Die besondere Art des Zusammenhangs wäre in allen einzelnen Fällen noch experimentell festzustellen; im Prinzip aber wäre die alte Streitfrage im Sinn einer streng epigenetischen Auffassung entschieden.

So einfach liegen die Dinge nun aber doch nicht. Darüber zum Schluß noch einige Worte.

Schon die Erfahrungen mit der eigentümlich komplizierten kausalen Verknüpfung der Einzelvorgänge bei der Linsenentwicklung mußten vorsichtig machen. Denn so sicher es festgestellt ist, daß der Augenbecher in fremder Epidermis eine Linse zu induzieren vermag, so fest steht auf der anderen Seite die Tatsache, daß die eigentliche Linsenbildungszellen sich auch ohne Augenbecher zu einer Linse weiter entwickeln können. Bei einem Objekt wenigstens, bei *Rana esculenta,* kommen beide Fähigkeiten, von denen die eine überflüssig erscheint, sicher nebeneinander vor. „Doppelte Sicherung" hat *Braus* das im Anschluß an *Rhumbler* in einem anderen besonders klaren von ihm entdeckten Fall genannt.

Etwas Derartiges könnte nun auch bei der Determination der ersten Organanlagen eine Rolle spielen. Es könnte also das ektodermale Material, aus welchem Medullarplatte werden soll, von sich aus der induzierten Wirkung entgegenkommen, welche das unterlagernde Mesoderm ausübt; dieses Entgegenkommen könnte sogar so weit gehen, daß das Material auch ohne Unterlagerung, ja sogar völlig isoliert, zu Medullarplatte wird.

Alle Versuche, welche ich und später namentlich B. *Geinitz* in dieser Richtung anstellten, sie sind nicht veröffentlicht worden, haben aber viel Zeit gekostet — hatten ein negatives Ergebnis. Trotzdem mußte diese Möglichkeit immer offengehalten werden.

Dieser Frage ist neuerdings vor allem K. *Görttler* (1925, 1926, 1927 a und b) auf eigenen, zum Teil neuen Wegen nachgegangen und endlich zu einem klaren positiven Ergebnis gekommen. Von seinen Experimenten, die mir nicht alle gleich überzeugend sind, beschränke ich mich auf das letzte (1927), welches mir das klarste und wichtigste erscheint; es ist mir ebenfalls durch die Freundlichkeit des Autors schon vor der Veröffentlichung zugänglich gemacht worden. Präsumptive Medullarplatte aus einer beginnenden Gastrula wurde in die Epidermis einer Neurula, also eines etwas älteren Keims, verpflanzt. Manchmal entwickelte sich dieses Stück ortsgemäß, also zu Epidermis statt zu Medullarplatte, so wie ich es nach Verpflanzung in einen gleich alten Wirtskeim immer gefunden hatte; manchmal aber wurde es herkunftsgemäß zu Medullarplatte. Für diesen Unterschied im Verhalten fand nun *Görttler* — und das ist das wichtigste — auch die Ursache; sie lag in der verschiedenen Orientierung des Implantats. Wurden die Zellverschiebungen, die es am Ort seiner Herkunft durchzumachen gehabt hätte, durch diejenigen der neuen Umgebung nicht gehindert, so entwickelte es sich zu Medullarplatte; es hatte also offenbar die Tendenz dazu schon in sich. Darin kann es nun aber sehr leicht gestört werden; denn es wird in solcher Orientierung eingepflanzt, daß seine normalen Zellbewegungen durch die der neuen Umgebung gehindert werden, so schließt es sich der Entwicklung seiner Umgebung an und wird wie sie zu Epidermis. Wenn so das Ektoderm, welches später von dem induzierten Mesoderm unterlagert wird, schon vorher (obgleich nicht unwiderruflich) zu Medullarplatte determiniert erscheint, so fragt sich, wann und wie dies geschehen ist. Es wäre durchaus möglich, daß die nach der Unterlagerung stattfindende Induktion nur die Fortsetzung einer solchen ist, welche eingeleitet wurde, solange die Materialien noch flächenhaft nebeneinander lagen (H. *Spemann* und B. *Geinitz*, 1927). Andererseits könnte die Disposition zur Bildung von Medullarplatte schon viel früher vorhanden sein. Dieselben Unordnungen des Eiplasmas, durch welche im Anschluß an die Befruchtung das graue Feld, die Grundlage des späteren Organisationszentrums, entsteht, könnten auch spezifisches medulares Material an seine spätere Stelle bringen. Um so merkwürdiger aber wäre es, daß in derselben Richtung dann das unterlagernde Mesoderm wirkt, dessen induzierende Fähigkeit — das darf nicht vergessen werden — so weit geht, daß es aus indifferenter Epidermis ein Hirn mit Augen und Hörblasen hervorrufen und auch die mesodermale Umgebung des Wirtskeims sich angliedern kann.

Nur fortgesetzte Experimente können in dieser wie in den anderen noch offenen Fragen eine Entscheidung bringen.

Hans Spemann (1869—1941), wurde 1908 Professor für Zoologie in Rostock, 1914 Direktor des Kaiser-Wilhelm-Instituts für Biologie in Berlin-Dahlem und war von 1919—1935 Professor für Zoologie in Freiburg. 1935 erhielt er als erster Biologe überhaupt den Nobelpreis für Medizin für seine bahnbrechenden Arbeiten über die embryonale Entwicklung, die er durch von ihm neu entwickelte Operationsmethoden an Amphibienkeimen durchführen konnte. Dabei entdeckte er, daß bestimmte Zellbezirke die Fähigkeit haben, andere Zellen in ihrer Entwicklung entscheidend zu beeinflussen, wenn sie in ihrer Nähe liegen. So kann ein Teil der Urmundlippe des Amphibienkeims, das „Organisationszentrum", wenn es an anderer Stelle in den Keim eingepflanzt wird, das darüberliegende Gewebe zur Bildung einer zweiten Embryonalanlage veranlassen, so daß auf diese Weise künstlich Doppelbildungen entstehen können.

EUGEN FISCHER:

Das Bastardierungsproblem beim Menschen

Aus „Die Rehobother Bastarde und das Bastardierungsproblem beim Menschen", Jena, 1913

Im Namen „Bastardvolk" liegt anthropologisch ein Programm. Ein Bastardvolk anthropologisch zu bearbeiten ist bisher überhaupt noch nie unternommen worden, im Gegenteil, der anthropologische Forscher suchte möglichst unvermischte Stämme zu erreichen, ... um reine Rassen kennen zu lernen. Nur ganz gelegentlich wurden Beobachtungen an Mischlingen mitgeteilt. Aber um so zahlreicher sind „Ansichten" über Rassenmischung beim Menschen, von Rassenmischung spricht der Anthropologe fast überall, auf Rassenmischung führt er Tausende von Erscheinungen in der Anthropologie heutiger menschlicher Gruppen zurück. Das Problem der Rassenmischung begegnet uns also in der Anthropologie fast auf Schritt und Tritt, unsere wirklichen Kenntnisse aber über die gesetzmäßigen Vorgänge bei Rassenmischung sind — das darf man ruhig sagen — beinahe Null! So liegt wirklich ein Programm im Namen „Bastardvolk" — und die hier gebotene Anthropologie des Rehobother Bastardvolkes will versuchen, diesem Programm gerecht zu werden — zu einer wirklichen Lösung der Frage der Rassenmischung einen kleinen Beitrag zu leisten — wir werden noch sehr viel Einzelarbeit gebrauchen, bis wir auch nur die Hauptlinien dieser Vorgänge übersehen! Und wie lohnend wird dann später einmal derartiges Wissen sein! Wie außerordentlich wichtig wäre heute schon die Kenntnis der Vorgänge bei Rassenkreuzungen. Die ganzen schier unermeßlichen Fragen, die mit dem Worte: „Rassen und Völker" aufgerollt werden, das große Problem, ob und wie die Mischung rasseverschiedener Völker eine neue Rasse, eine Mischrasse hervorbringt, ob eine solche sich erhält, ob und wie sie sich verändert, ob die „alte" Rasse wieder durchschlägt, sich „entmischt", ob und wie eine Umwelt auf eine ausgewanderte Rasse wirkt, Rassenentstehung und Rassentod — all diese verwickelten Fragen führen letzten Endes zu der Aufgabe, die Erscheinungen, Regeln und Gesetze genau kennen zu lernen, die bei der Kreuzung zweier Rassen auftreten, die also die Nachkommenschaft verschiedenartiger Eltern beherrschen und in all ihren Eigenschaften bestimmen. Wo es dem Botaniker und Zoologen leicht ist, im Experiment generationslange, bestimmte und gewünschte Kreuzung zu setzen, wo jene mit vielen Tausenden von beobachteten und genealogisch genau bestimmten Tieren und Millionen solcher Pflanzen experimentieren, da muß der Anthropologe mühsam beobachten, wo die Natur und des Menschen unberechenbare Laune ihm freiwillig ein Experiment vormachen! Da muß er dann allerdings zugreifen und arbeiten — es ist heute, da wir naturwissenschaftlich mitten in einer Hochflut von vererbungstheoretischen Arbeiten und experimentellen Bastardierungsversuchen stehen, fast unbegreiflich, daß wir über den Menschen fast nichts derartiges wissen! Da muß schleunigst Arbeit einsetzen — und ihre Methode muß die Familienanthropologie sein. Hier liegt ganz sicher eine (wenn nicht „die") Zukunft wenigstens des Rasseteiles der Anthropologie. Nicht Massenuntersuchungen, nicht „Typen", Mittelwerte und Variationsbreiten bringen uns mehr weiter — da ist genug gearbeitet worden als Basis — wenn auch derartige solide Materialbearbeitung weitergehen muß — ein, die Einzel-„Linien", die Familienstämme müssen jetzt die Einheiten sein; nur ihr Studium kann uns ererbte von erworbenen Merkmalen unterscheiden, kann uns Wert, Bedeutung, Veränderlichkeit oder Konstanz der sogenannten Rassenmerkmale erkennen lehren.

Und wie der botanische und zoologische Experimentator formverschiedene Eltern benützt, um deutlicher zu sehen, was vom Vater, was von der Mutter weitergegeben wird, so werden auch wir da am meisten lernen, wo auch beim Menschen jene Erscheinung zutrifft, bei der Rassenkreuzung.

Tausendfältig entstanden vor unseren menschlichen Augen menschliche Bastarde, man hat nirgends und nie statistisch und einwandfrei die Ergebnisse aufgezeichnet. Das größte Rassenkreuzungsexperiment am Menschen — Weißer und Neger in Amerika — ist wissenschaftlich ungenutzt abgelaufen, unwiederbringlich sogar, denn kein Mensch wird je die Aszendenz der heutigen „Farbigen" in Amerika angeben können. Tausendfältig gehen aber heute noch Rassekreuzungen vor uns ihren Gang, es gilt, sie zu fassen! Sicher einer der für die Forschung günstigsten Fälle von Kreuzung stark differenzierter Rassen im Großen, gelang es mir zu beobachten, seine Darstellung ist der Zweck der folgenden Blätter.

Der große Herero- und Hottentottenkrieg 1904—1907 hat weite Kreise unseres Volkes, wie mit den Verhältnissen unseres Deutsch-Südwestafrika überhaupt, so mit einer eingeborenen Bevölkerung, darunter mit der „Nation der Bastards" bekannt gemacht. In Werken, die irgendwie anthropologische Verhältnisse Südafrikas behandeln, wurden die „Bastards" mit ein paar Worten abgetan, eine wissenschaftlich wenig interessierende Mischbevölkerung.... Jetzt in der Zeit des allgemeinen Interesses der „Mendelschen Regeln" bei der Bastardierung lag der Gedanke nahe, einmal von der alten Gewohnheit der Anthropologie reiner Rassen abzugehen und den Vorgang der Bastardierung zu studieren....

Die Aufgabe, die sich bot, war demnach die, das sogenannte „Bastardvolk" zu studieren, also festzustellen, wie in den aus Buren-Hottentotten-Kreuzungen entstandenen Mischlingen die Rassenmerkmale beider Elternrassen sich verhielten. Dabei mußte es vor allem darauf ankommen, die Stammbäume bzw. Ahnentafeln der einzelnen untersuchten Bastardindividuen festzustellen, um Verhältnisse zu haben, die denen des Tier- und Pflanzenexperimentators mög-

lichst gleichkamen. Die Aufgabe wurde, soweit es möglich war, in viermonatlicher Arbeit im Bastardland im Sommer und Herbst 1908 gelöst....
Ganz einzigartige, vielleicht in der Menschheitsgeschichte nirgends wiederkehrende Verhältnisse waren wirksam, das Rehobother „Bastardvolk" entstehen zu lassen. Schwerlich wird es je bisher, wie hier, möglich gewesen sein, die Entstehung, das Sichbilden eines Volkes derart zu beobachten und in allen Einzelheiten zu überschauen. Wohl können wir die Entstehung von Mischlingen historisch verfolgen, die Quellen aufdecken, woher ihre Teile zusammenflossen, aber nur Herkunftsbereich, ungefähre Menge der eingeströmten Bestandteile, deutliche Verhältnisse der Schübe und ähnliches läßt sich einigermaßen beobachten, das Schicksal nach der Mischung ist in Dunkel gehüllt, höchstens als Endergebnis ist wieder festzustellen, daß der oder jene alte Bestandteil stärker vorherrscht oder verschwunden ist und so fort. Auf diese Art betrachten wir wohl das Mischvolk der Nordamerikaner, die semitischen Völker Nordostafrikas und viele andere. Wir dürfen ja doch als sicher annehmen, daß Rassenmischung in größtem Maßstabe die Entstehung fast aller Völker begleitete, alles, was wir z. B. über die Urzeit der europäischen Völker wissen, spricht dafür, wir dürfen überall als festgestellt ansehen, daß sich eine Eroberschicht über die ansässige Bevölkerung überschob und daß dann generationenlang Rassenmischung stattfand — auch zwischen ziemlich fernstehenden Rassen, wie etwa denen, die sich in Nord- und Ostafrika bei Bildung der semitisch-negroiden Völker, vieler Sudanvölker usw. trafen. Aber alle diese Mischungen lassen sich im einzelnen, familien- und stammbaumweise, sozusagen urkundlich, „standesamtlich" auf keine Weise verfolgen. — Dieses zu tun, könnte man dagegen da versuchen wollen, wo ebenfalls vor unseren Augen Bastarde entstehen und zwar in gewaltigen Mengen und zwischen rassenmäßig stark verschiedenen Eltern, so daß sie leicht zu erkennen sind. Bekanntlich leben in den Vereinigten Staaten Nordamerikas und noch mehr in einzelnen südamerikanischen Staaten Bastarde zwischen Weißen und Negern, Negern und Indianern, Weißen und Indianern in größter Menge, so daß man über ein Dutzend Namen hat, um die Mischlinge nach Herkunft und Grad zu bezeichnen. Ebenso sind massenhaft entsprechende Bastarde in Indien, den Sundainseln, Australien, Südafrika und vielen anderen Orten. Aber anthropologische Studien sind überall dort in irgendwie größerem Maßstabe nicht ausgeführt worden — und lassen sich heute wohl kaum mehr ausführen. Der Grad der Blutmischung ist nach rückwärts für die farbige Seite, also wohl fast stets für die mütterliche, wissenschaftlich einwandfrei fast nie festzustellen. Urkundliche Belege hat es früher da fast gar nicht gegeben, die ganz erdrückende Mehrzahl der Zeugungen geschah illegitim — die Produkte bildeten eine soziale Schicht, besonders in den Großstädten sich haltend, die jeder rassenmäßigen Analyse spottet. Es entstand da nirgends und niemals durch das Gemenge dieser reinrassigen mit Mischlingsindividuen jeder Abschattierung ein Volk, auch nie eine geschlossene Kaste oder Schicht eines Volkes, sondern stets ein sozial minderwertiges, stark fluktuierendes, dauernd in seiner Zusammensetzung sich änderndes Bevölkerungselement, das einfach alles aufnahm, was zu ihm hinabsank oder hineinströmte und das dazu wohl noch von der Umwelt, den sozialen Bedingungen, der Ernährung, sexuellen Verhältnissen usw. stark und vor allem wechselnd beeinflußt wurde. Und alle diese Dinge dauern fort, bald intensiver, bald eingeschränkt.

Wie gesagt, zu einer irgendwie typischen Bevölkerung oder gar zu einem Volke führt das nirgends, die einzelnen Familien die (unreinen, d. h. Bastard-)„Linien" innerhalb der „Population" zu verfolgen (um mit *Johannsen* zu reden), ist völlig unmöglich; sämtliche Grade der Mischung gehen völlig durcheinander, jeder Versuch einer Einteilung ist hoffnungslos, es ist ein Rassenbrei, ein Rassenproletariat, anthropologisch völlig uninteressant.

Ganz anders, geradezu gegensätzlich dazu verhält sich das „Bastardvolk" in Südwestafrika. Eine ganze Reihe Faktoren, starke und dauernde Einflüsse und gleichmäßige, eigentümlich wirkende Verhältnisse haben es fertig gebracht, daß hier durch friedliche Mischung eine deutlich abgrenzbare Mischbevölkerung entstand, die festen, faßbaren Charakter, feststehende, mit Stammbäumen belegbare Mischungsverhältnisse besitzt, die ein eigenes Leben, eigene Geschichte und schließlich soziale und völkische Selbständigkeit aufwies, kurz zu einem neuen Volk, dem „Bastardvolk" wurde.

Wir haben da geradezu ein Schulbeispiel, wie äußere Umstände, die Einflüsse der gesamten Umwelt das Produkt von Rassenmischungen beeinflussen, für sein Schicksal maßgebend sind — freilich ebenso deutlich läßt sich zeigen, wie dieses von der Natur der sich mischenden beiden Elemente, der Rasse also, abhängt. Daß hier auf südafrikanischem Boden eine ganz eigenartige Natur des Landes, Sonderart der sozialen Verhältnisse und eigentümliche Veranlagung europäischer und hottentottischer Menschen zusammentraf, das verursachte diese fast einzigartige friedliche Hervorbringung eines „Bastardvolkes" aus so heterogenen Stammrassen.

Die langsame und eigenartige, dabei nicht allzuweit zurückliegende Entstehung läßt sich verhältnismäßig leicht überschauen, bei der Kleinheit des Gesamtvolkes sind die Familien und ihre Schicksale rückwärts bis zu ihrer Entstehung verfolgbar, so daß hier für die anthropologische Untersuchung eine Vorgeschichte historisch gegeben werden kann. Der Versuch, diese aufzustellen, führt in das Gebiet des heutigen Kaplandes und in die zweite Hälfte des 18. Jahrhunderts...

De Villiers (1893) hat in drei dicken Bänden über „die alten Kapschen Familien" alles, was aus Kirchenbüchern und Akten zu holen war, zusammengestellt. Und wenn ich nun meinen Bastardangaben folge, so komme ich fast immer zu gegebener Zeit auf einen Buren, wie tatsächlich ein Mann des betreffenden Namens — aktenmäßig nachweisbar — gelebt hat. Da finden wir die Familien Beukes, Bezuidenhout, Coetsee, Cloete, Diergaart, Krueger, Schalkwijk, Steenkamp, van Wyk, van Zyl und mehrere andere (dieses sind die wichtigsten und kopfreichsten). Sie alle heirateten mannigfach untereinander, waren mehrere Generationen miteinander verschwägert, und aus diesen Familien kam der Grundstock unseres Bastardvolkes. Es sind etwa 40 Männer, die als Gründer angesehen werden dürfen, die je Hottentottenfrauen hatten und deren Nachkommen sich dann untereinander weiter fortpflanzten.

Natürlich kamen später auch noch einige andere dazu, aber jene bildeten den Hauptstock der Bevölkerung....

Die Aufgabe, die ich mir stellte, war eine Untersuchung des Bastardvolkes, um Material zur Frage der Rassenmischung, also der Kreuzung und Vererbung beim Menschen zu bekommen....

Mein Material bestand aus 310 anthropologisch untersuchten Individuen, Männer, Weiber und Kinder und aus gegen 300 photographischen Aufnahmen. Dazu kommen die durch Abfragen und Akten-(Taufregister-)Studium erlangten 23 Stammbäume, aus denen ich einige 50 Ahnentafeln konstruieren konnte. Skelettmaterial war leider nicht zu erlangen....

Die Kenntnis der sich vererbenden „Merkmale" kann wohl nur auf diesem Wege gewonnen werden, genau wie erst Tier- und Pflanzenexperimente die Erbeinheiten für jene Formen feststellen. Für die Hunderte Farbenrassen der Löwenmaulpflanze (*Antirrhinum*) kennt man heute schon die etwa 25 sie bedingenden „Erbeinheiten", ebenso eine Anzahl anderer, die Unterschiede in der Form der Blüten, im Wuchs usw. hervorbringen; für Mäuse, für Hühner, für Schnecken sind für eine ganze Anzahl von solchen Merkmalen die Erbeinheiten auf dem gleichen Wege erschlossen. Das muß auch für den Menschen geschehen und intensive Arbeit, Massenbeobachtungen bei der Kreuzung von „Linien" (nicht nur „Rassen") wird darüber allmählich Aufschluß bringen können. Dann erst werden wir lernen, das rassenmäßig Angeborene zu trennen von den Wirkungen der Umwelt. Dann erst wird der Rassenbegriff klar werden! —

So sei in folgenden Kapiteln versucht, die rein deskriptiven Ergebnisse der anthropologischen Untersuchung der Rehobother Bastards vom Standpunkt der modernen Vererbungs- und Bastardierungslehre aus zu prüfen....

Aus der im vorigen Abschnitt gegebenen Untersuchung einzelner Merkmale der Bastards hat sich mit Sicherheit ergeben, daß eine ganze Anzahl Merkmale bei der Kreuzung von Europäern und Hottentotten sich nach den Mendelschen Regeln vererben. Für einige ist ziffernmäßig der volle Beweis zu erbringen, für andere nur ein Indizienbeweis und für andere nur eine Wahrscheinlichkeit zu erschließen....

Damit ist — wohl zum erstenmal auf etwas breiterer Basis — festgestellt, daß menschliche Rassen sich nach Mendelschen Regeln kreuzen, genau wie zahllose Pflanzen- und Tierrassen....

Die wichtigste Frage ist: kann aus dem Bastardierungsprozeß allmählich eine neue Rasse entstehen, können die beiden alten verschwinden, d. h. in einer neuen aufgehen, die neue Merkmale hat, die als selbständige Dauerrasse weiterlebt? Mit aller Vorsicht können wir zunächst behaupten, der Nachweis, daß solches tatsächlich irgendwo eintraf, ist bis jetzt nicht erbracht worden! Wohl spricht man von Mischrassen, wohl beschreibt man einzelne Gruppen als rassenmäßig in der Mitte stehend zwischen zwei anderen und schließt aus dieser mittleren Ähnlichkeit der Herkunft von beiden, auf Mischung — aber ein Beweis für die Richtigkeit solcher Behauptungen liegt nicht vor.

In vielen Fällen liegen tatsächlich nur — wie bei unseren Bastards — die arithmetischen Mittel vieler ziffernmäßig ausdrückbarer Merkmale in der Mitte, aber alle beiden Extreme — d. h. Elternmerkmale — sind ebenfalls reich vertreten — also ein Rassengemisch, oder besser Rassenmerkmalgemisch, keine Mischrasse! Und in anderen Fällen wissen wir über die Genese gar nichts, nehmen nur Bastardierung auf Grund der typologischen Zwischenstellung an, die natürlich ebensogut sonst bedingt sein kann aus gemeinsamer Stammesentwicklung aller drei betreffenden Gruppen oder dergleichen. Also ein Beweis für das Bestehen einer wirklichen Bastardrasse ist nicht erbracht. Die Möglichkeit einer solchen kann nicht geleugnet werden; man könnte auf entsprechendes im Tierreich hinweisen, wo manche „konstante" Haustierrassen durch Kreuzung gewon-

nen sein sollen (?). Voraussetzung ist dabei intermediäre Vererbung, mindestens für eine Anzahl wichtiger Merkmale.
In unserem Falle ist das ausgeschlossen, eine dauernde reine Rasse kann also aus unseren Bastards rein auf dem Erbweg nicht entstehen.
Es scheint nun, daß das bei der erdrückenden Mehrzahl aller Fälle zutrifft, wenn sich menschliche Rassen kreuzen. Es wird wohl — aber das ist nur Hypothese und noch statistisch überall zu prüfen — meist Vererbung nach den Mendelschen Regeln eintreten. Da haben wir dann das Resultat oben schon erörtert, die Merkmale vererben sich einzeln, „spalten" auf und die reinen elterlichen Merkmale treten immer wieder hervor. Diese Erscheinung — noch ehe man etwas von Mendelschen Regeln wußte — erkannt zu haben, ist das große Verdienst von *v. Luschans* (1889). Er betonte mehrfach und beschrieb, wie nach Rassenkreuzung die alten Typen wieder auftreten, wie auf die Kreuzung eine „Entmischung" folge. Er führt z. B. bezüglich der ungeheueren Rassenmischung in Vorderasien aus, „daß es bei der Vermischung zwischen voneinander recht verschiedenen, aber innerlich gefestigten Typen nicht dauernd zu einem neuen Typus mit dem arithmetischen Mittel entsprechenden Eigenschaften kommen muß. Im Gegenteil entspricht dem Gesetz der Entmischung, daß durch eine, wie es scheint unbegrenzte Anzahl von Generationen hindurch wenigstens in einzelnen Familien wiederum die alten und reinen Typen fast unversehrt sich wieder herstellen." Das entspricht völlig dem, was man heute Aufspalten nennt, die elterlichen Merkmale treten wieder auf. Nur wird man richtiger von den Merkmalen statt von den ganzen Typen sprechen müssen. Natürlich kommen auch letztere vor; wir verlangen ja meist nur drei oder vier Merkmale, sagen wir Schädel- und Nasenform, Körpergröße, Haarfarbe, um von einem Typ zu sprechen; deren Kombination tritt natürlich in einer Bevölkerung, die die betreffenden Einzelmerkmale mendelnd und wiederauftretend enthält, unbeschadet des Nichtbestehens eine Korrelation so oft auf, daß ein anthropologisch geschulter Beobachter sie leicht feststellen kann und leicht vom Wiederauftreten der betreffenden Rasse spricht. So meint z. B. *v. Luschan*, er habe unter der Mischlingsbevölkerung der Kapkolonie den guten alten Hottentottentypus gelegentlich wieder auftreten sehen — sicher mit Recht! Damit wird also die *v. Luschan*sche Beobachtung und seine Formulierung der Entmischung der Rassen durch die Mendelschen Regeln erklärt, eine Verbindung, die der Autor selbst natürlich seit dem allgemeinen Bekanntwerden dieser Regeln erkannte — der ziffernmäßige Nachweis aber, daß diese Vorgänge sich wirklich so abspielen, der ist an unseren Bastards hiermit erbracht. —
Dieses Entmischen, das dauernde Wiederauftreten der parentalen Merkmale in allen Filialgenerationen erklärt und bestätigt nun auch die bekannten Ausführungen *J. Kollmanns* über die „Konstanz der Rassen". *Kollmann* (1902) betont mit aller Schärfe: „Trotz aller Anomalien, trotz aller Wirkungen des Milieu, trotz aller Kreuzungen blieben die Menschenrassen und ihre Varietaten die nämlichen." Ausführlich erörtert er, daß auch gerade Kreuzungen keine neue, etwa mittlere Rasse hervorbringen können, es entstehen Kreuzungen, Kreuzungsprodukte, Bastarde aller Art, aber kein neuer Typus."
Auch *R. Virchow* hat sich (Anthropologische Versammlungen in Braunschweig) dahin ausgesprochen. *Kollmann* führt als Beispiele die Rassenkreuzung in Amerika an, ein neuer Typus sei nicht entstanden! „Es haben sich" — so fährt

er fort, „seit vielen Jahrhunderten auf dem Boden Europas Blonde und Brünette unzählige Male miteinander gekreuzt, aber nirgends ist dadurch ein neuer Typus entstanden." Auch *Kolbrugge* ist überzeugt, daß „niemals neue Varietäten oder Rassen durch Kreuzung" entstehen.

Heute ist uns das nicht mehr einfach nur eine unverstandene Beobachtungstatsache, sondern es wird verständlich. An unseren Bastards können wir den Prozeß vor unseren Augen sich abspielen sehen. Weil für fast alle Merkmale sich mendelnde Vererbung nachweisen oder doch wahrscheinlich machen ließ, müssen stets wieder die alten Eigenschaften rein herausfallen. In diesem Sinne gewinnt die Kolmannsche Lehre von der Konstanz oder Persistenz der Rassen, sagen wir lieber der Rassenmerkmale, neues Licht, Begründung und damit volle Bestätigung — sie zeigt sich als derselbe Vorgang wie *v. Luschans* Entmischung der Rassen....

So führte also unsere Bastarduntersuchung zu dem Resultat, daß die Neuentstehung von Rassen, von typischen Zwischenformen etwa, die nirgends nachgewiesen ist, hier in Südafrika mit Sicherheit auszuschließen ist und wohl im allgemeinen als höchst unwahrscheinlich bezeichnet werden kann.

Das endgültige Schicksal einer aus Rassenkreuzung entstandenen Population ist also entweder ein Beharren auf der Stufe einer „F_2-Generation", d. h. auf der Stufe eines Gemisches der elterlichen Merkmale oder aber — wenn Ausmerzung oder Auslese stattfindet — ein Aufgehen in der einen elterlichen Form....

Was wir nun von Vererbung anthropologischer Merkmale wissen, scheint ebenfalls sich nach Mendel spaltend zu vererben!.... Das ist dann also ein recht schwerwiegendes Indizium für die Rassennatur der morphologisch unterscheidbaren Gruppen des Menschen!

So dürfte der Schluß gerechtfertigt sein: Was wir über Bastardierung beim Menschen wissen — Vererbungsmodus, Verhalten der Bastarde —, spricht mit größter Wahrscheinlichkeit dafür, daß der heutige Mensch eine einheitliche Spezies darstellt und die morphologischen Gruppen die Bedeutung von Lokalvarietäten, das ist, von Rassen haben....

Der Naturforscher, der sich anthropologisch, also rein um wissenschaftlicher Probleme willen mit dem Bastardvolk beschäftigt hat, es kennen gelernt hat, wird die Pflicht haben, der Frage nicht auszuweichen, was er denn nun, abgesehen von seiner speziellen Wissenschaft, aber auf Grund seiner Kenntnisse vom „Bastard" als aufmerksamer Beobachter von der Brauchbarkeit, Zukunft usw. des Bastardvolkes oder des Halbblutes überhaupt denkt — stehen doch zur Zeit solche Dinge im Vordergrunde deutscher Kolonialfragen....

Das Bastardvolk ist zwar, wie oben angeführt, wirtschaftlich, nach Arbeits- und Verwaltungsfähigkeit meiner Meinung nach jedem reinen Eingeborenenstamm überlegen. Aber dem Weißen gegenüber würde es keinerlei Konkurrenz aushalten können. Das Leben und der Bestand des Bastardvolkes hängt, wie ich glaube, davon ab, daß die deutsche Regierung es gegen die Gelüste, die Sorglosigkeit, den Voraussichtsmangel seiner eigenen Mitglieder schützt. Wäre Verkaufsfreiheit jeglichen Grund und Bodens, wäre Einkaufsfreiheit aller Alkoholika gegeben, wäre der Bastard völlig selbständig, rechtlich als Käufer und Verkäufer, als Vertragschließender (Kauf-, Pacht-, aber auch vor allem Eheverträge), so wäre in sehr kurzer Zeit alles Land und der größte Teil Vieh in der

Hand der Weißen; verkauft, verpfändet, weggegeben gegen Augenblicksbedürfnisse.
Die Bastards gedeihen inmitten des weißen Mannes Land wirtschaftlich nur, weil die Regierung ihre schützende Hand über sie hält. (Nur das Mehr an Gedeihen gegenüber reinen Hottentotten kann der eigenen Tüchtigkeit der Bastards zugeschrieben werden.) ...
Man gewähre ihnen eben das Maß von Schutz, was sie als uns gegenüber minderwertige Rasse gebrauchen, um dauernden Bestand zu haben, nicht mehr und nur so lange, als sie uns nützen — sonst freie Konkurrenz, d. h. hier meiner Meinung nach Untergang! Der Standpunkt klingt fast brutal egoistisch — wer den Rassebegriff, wer die oben im Abschnitt „Psychologie" dargelegten Punkte zu Ende denkt, kann nicht anderer Ansicht sein. Darnach ergibt sich also auch in ihrem Interesse, daß sie für uns „Eingeborene" sein und bleiben müssen.
Unendlich viel mehr aber als dieses Wohl und Wehe des Bastardvolkes bedeutet für die Frage, ob man sie als „Eingeborene" belassen soll, unseres eigenen Volkes Gedeihen.
Wenn die Bastards irgendwie den Weißen gleichgesetzt werden, kommt ganz unweigerlich Hottentottenblut in die weiße Rasse. Auf die Dauer könnte das auf keine Weise vermieden werden. Noch wissen wir nicht sehr viel über die Wirkungen der Rassenmischung. Aber das wissen wir ganz sicher: Ausnahmslos jedes europäische Volk (einschließlich der Tochtervölker Europas), das Blut minderwertiger Rassen aufgenommen hat — und daß Neger, Hottentotten und viele andere minderwertig sind, können nur Schwärmer leugnen — hat diese Aufnahme minderwertiger Elemente durch geistigen, kulturellen Niedergang gebüßt. Daß einzelne Mischlinge persönlich hochwertige Individuen sind — Amerika hat viele solche Paradefälle — widerspricht dem auf keine Weise, wie oben gezeigt wurde. Diese Fälle sind heute, wo wir die Mendelschen Regeln kennen, zu erwarten, aber ebensoviele ganz wertlose Individuen sind zu erwarten und das Gros als minderwertig.
Das gilt nun nicht nur für das Bastardvolk, sondern für jedes Halbblut, das von Europäern aus Negern, Hottentotten u. a. gezeugt wird, ich schließe auch die sämtlichen, auch polynesischen Südseevölker ein; eine Verbesserung unserer Rasse ist durch solche Kreuzung unmöglich, eine Verschlechterung, im günstigsten Falle nur durch disharmonische Anlagen, sicher zu gewärtigen.
Die Einzelbeweise dafür bedürfen nicht der Ausführung. Spanien, Portugal, das ganze lateinische Amerika sind abschreckendste Beispiele, auf viele Verhältnisse im römischen Kaiserreich, dann im mittelalterlichen Sizilien, heute in Indien und Inselindien, auf Nordafrika könnte man hinweisen. Ich halte die Tatsachen für schlagend. Aber wenn auch nur die Wahrscheinlichkeit, ja die bloße Möglichkeit bestände, daß Bastardblut unsere Rasse schädigt, ohne daß dem auf der anderen Seite eine gute Chance gegenüberstände, daß es uns verbessert, muß jede Aufnahme verhindert werden. Ich halte diese Sachlage für so absolut klar, daß ich einen anderen Standpunkt eben nur als den vollkommenster biologischer Unkenntnis ansehen kann.
Auf die ethische Seite, auf die rechtliche Seite der Frage, wie das im einzelnen zu regeln ist, brauche ich hier nicht einzugehen — hier handelt es sich geradezu um den Bestand — ich sage das in vollem Bewußtsein — unserer Rasse, das muß in jeder Beziehung der oberste Gesichtspunkt sein, da haben sich eben ethische

und rechtliche Normen danach zu richten — oder aber — falls man das als Unrecht gegen die farbige Bevölkerung empfindet — weg mit der ganzen Kolonisation, denn die ist natürlich von einem ewigen Friedens- und Gleichheitsstandpunkt aus Unrecht, glücklicherweise herrscht nicht dieser, sondern eine gesunde Expansionskraft des Stärkeren.

Danach erübrigt sich auch jedes Wort über die sog. Mischehenfrage. Mögen Gesetzgeber und Verwaltung sehen, wie man die Einzelverhältnisse regelt, dem anthropologisch gebildeten Patrioten kommt es nur auf eines an: nicht ob sich Mischlinge bilden, sondern nur, daß sie unter allen Umständen Eingeborene bleiben. Man hat gelegentlich auf die Buren und ihren großen Rassestolz hingewiesen — mit Recht — *(Leutwein z. B.)* und man hat gesagt, sie hätten sich rein gehalten, weil sie fast keine Mischlinge erzeugt hätten — nein, sie hielten sich als Buren vollkommen rein, und sie gaben einem ganzen Mischlingsvolk das Leben — aber sie gingen soweit, daß nicht nur die Bastardkinder, sondern die mit farbigen Frauen lebenden Buren sogar ausschieden aus ihrer Gemeinschaft! Ich will nicht sagen, Verachtung für den Mann, der sich ein Hottentottenweib oder ein Bastardmädchen nimmt — aber kein Verkehr mit ihm, keine Gemeinschaft, er bricht damit die Brücke zwischen sich und seinem Volke. Seine Nachkommen sind Eingeborene von Glied zu Glied. —

Vom Standpunkt aus endlich, daß dadurch einzelne Männer und ein von ihnen aus deutscher Frau zu erwartender tüchtiger Stamm uns verloren geht, von dem Gesichtspunkt aus begrüßt auch unsereiner jede Maßregel, die die Mischung verhindert, vorbeugen ist besser als nachher behandeln!

Daß die betreffenden weißen Männer meistens herabgezogen werden, „verkaffern", wie man sagt, das finden alle Kenner und berichten alle Quellen. Daß es auch Ausnahmen gibt, und je gebildeter die „Bastards" werden, desto mehr, ist natürlich zuzugeben; den Kernpunkt der ganzen Frage berührt das nicht......

Die Hauptergebnisse dieser ersten größeren Bastardstudien seien zum Schluß in ein paar Leitsätzen niedergelegt.

1. Die anthropologische Untersuchung der Rehobother Bastards zeigt eine wohl charakteristische, aber sehr stark variable Bevölkerungsgruppe. Die anthropologischen Merkmale der beiden Stammrassen kombinieren sich in der mannigfaltigsten Weise. Die Bastards stehen im allgemeinen zwischen jenen. Die stärker europäisch aufgekreuzte Gruppe hat mehr europäische und im Mittel dem europäischen Mittelwert nähergerückte Merkmale, die stärker hottentottisch aufgekreuzte umgekehrt.

Die Mischbevölkerung ist gesund, kräftig, sehr fruchtbar.

2. Die Vererbung der beiderseitigen Rassenmerkmale erfolgt alternativ und zwar nach den Mendelschen Regeln. Das konnte für Haarform, Haar-, Augen-, Hautfarbe, Nasenfarm, Nasenindex, Form der Lidspalte, Stirnbreite u. a. nachgewiesen, für viele andere Merkmale wahrscheinlich gemacht werden.

Zur Biologie der Bastards wurde festgestellt, daß die Körpergröße und Gesichtslänge die beiden Elternrassen übertrifft; die Fruchtbarkeit ist nicht beschränkt, das Geschlechtsverhältnis nicht geändert.

3. Variationskurven und Variationskoeffizient zeigen die Bastardnatur der stark variierenden Bevölkerung nicht an.

4. Eine präpotente Rassenvererbung gibt es nicht. Daß etwa farbige oder primitive Rassen als solche stärker „durchschlagen" in der Vererbung, ist falsch.

Einzelmerkmale sind dominant, nicht Rassen. Dominanzmerkmale gibt es bei allen Rassen. Die Rassenmerkmale scheinen (größtenteils) (alle?) ohne jede Korrelation zu sein.

5. Als Ergebnis einer Rassenkreuzung gibt es keine neuen Rassen, rein durch Bastardierung niemals. Die Merkmale spalten nach der Mendelschen Regel wieder auf, das ist die Grundlage für *v. Luschans* „Entmischung".

Eugen Fischer (1874—1967), Anthropologe, 1912 Professor u. 1927 Direktor des Kaiser-Wilhelm-Instituts für Anthropologie, menschliche Erblehre und Eugenik in Berlin. Seine bedeutendsten Werke sind seine 1913 erschienene Untersuchung der Rehobother Bastarde. Sie ist die erste wissenschaftliche Arbeit über menschliche Rassenkreuzung und die dabei auftretenden Vererbungserscheinungen. Ferner seine, zusammen mit *Baur* und *Lenz* herausgegebene „Menschliche Erblehre und Rassenkunde", München 1927.

FRITZ LENZ:

1. „Zur seelischen Charakteristik der nordischen Rasse"

Aus: Baur-Fischer-Lenz: Menschliche Erblehre. 4. Aufl. 1936.
J. F. Lehmanns Verlag München.

Ich glaube nicht, daß es übertrieben ist, wenn man sagt, daß die nordische Rasse hinsichtlich der geistigen Begabung an der Spitze der Menschheit marschiert. ...
Die nordische Rasse verdankt ihre führende Stellung im übrigen nicht nur ihrer hohen Verstandesbegabung, sondern nicht minder auch ihren Charaktereigenschaften.
Der nordische Mensch ist von allen am wenigsten dem Augenblick hingegeben; er übertrifft alle anderen Rassen an Willensenergie und sorgender Voraussicht. Infolge der vordenklichen Sinnesart werden die sinnlichen Antriebe weiter gesteckten Zielen untergeordnet. Die Selbstbeherrschung ist vielleicht der bezeichnendste Wesenszug der nordischen Rasse; und auf ihr beruht zum guten Teil ihre Kulturbegabung. Rassen, die ihrer ermangeln, sind nicht befähigt, sachliche Ziele auf lange Sicht zu verfolgen und durchzusetzen.
Die seelische Eigenart der nordischen Rasse hängt offenbar mit der nordischen Umwelt zusammen, aber nicht so, daß das naßkalte Klima unmittelbar ihre sorgende Sinnesart erzeugt hätte, sondern vielmehr in dem Sinne, daß Sippen mit dem leichten Sinn des Südländers, die nicht auf lange Zeit vorauszudenken pflegten, viel häufiger im nordischen Winter zugrunde gingen. Die Rasse ist also im gewissen Sinne das Produkt ihrer Umwelt, aber nicht das direkte Produkt der Umwelt im lamarckistischen Sinne, sondern das Züchtungsprodukt der Umwelt. Von wesentlicher Bedeutung sind dabei natürlich auch die ursprünglichen Entwicklungsmöglichkeiten einer Rasse. Auch mongolide Rassen sind durch Auslese an nördliches Klima angepaßt worden. Während aber bei der nordischen Rasse die Überwindung der Unwirtlichkeiten der Umwelt durch Steigerung der geistigen Kräfte erreicht wurde, geschah die Anpassung der arktischen Mongoliden durch Züchtung äußerster Bedürfnislosigkeit.

Der Züchtung durch die nordische Umwelt verdankt der nordische Mensch auch wohl seine Begabung für Technik wie überhaupt die Meisterung der Natur. Menschen, die in der nordischen Umwelt sich behaupten wollten, mußten dauerhafte Häuser und seetüchtige Schiffe zu bauen verstehen. Die nordische Rasse stellt daher die meisten Techniker und Erfinder. Sie ist mehr für Naturwissenschaften als für historische und philologische Wissenschaften begabt.

In den letzten Jahrzehnten sind über 100 der hervorragendsten Forscher auf der Gebiet der Physik, Chemie und Medizin mit dem von dem schwedischen Industriellen *Nobel* gestifteten Preise ausgezeichnet worden. Die Preisrichter setzen sich aus führenden Männern der schwedischen Wissenschaft zuammen. Bis auf ganz wenige Hundertteile stammen alle Träger des Nobelpreises aus der nordwestlichen Hälfte von Europa oder aus Bevölkerungen, die von da ausgegangen sind wie die Nordamerikas. Allerdings sind über ein Zehntel von diesen Juden. Von den Trägern des Nobelpreises für Literatur und Frieden sehe ich ab, da es in diesem Zusammenhang mehr auf die wissenschaftliche Begabung zumal die für Naturwissenschaft ankommt.

Kennzeichnend ist auch die Vorliebe der nordischen Rasse für die See. Schon im frühen Mittelalter sind nordische Wikinger auf den unermeßlichen Ozean hinausgesegelt und über Island nach Nordamerika gelangt. Außer nordischen haben nur wenige Stämme aus verwandten Rassen eine eigentliche Seeschiffahrt entwickelt (alte Bevölkerung der westlichen Mittelmeerküsten, Phönikier, Polynesier). Für sämtliche negriden und mogoliden Rassen sowie auch für die vorderasiatische dagegen ist das Wasser ein unheimliches Element, das keine Balken hat, geblieben. Die alten Hellenen haben ihre Neigung und Begabung für Seefahrt von ihren nordischen Ahnen geerbt, ebenso ihren Sinn für Plastik und Baukunst sowie für tiefdringende Forschung, aber auch ihren geringen Sinn für Gemeinschaft, ihre mangelhafte Fähigkeit für Einordnung in einen großen Verband, die ihnen schließlich zum Verhängnis geworden ist.

Die nordische Umwelt erlaubte in früheren Zeiten nicht, daß die Menschen in großen Gemeinschaften lebten. Bei der nordischen Rasse wurde daher die Neigung zur Vereinzelung, zur Einzelsiedlung gezüchtet. Die Neigung zur Ausdehnung, zur Entfernung vom Nachbar, ja zu Zwist und Kampf war für sie in jener Umwelt erhaltungsgemäß. Während der letzten Eiszeit lebten die Vorfahren des nordischen Menschen in den eisfreien Strichen nördlich der großen von den Pyrenäen bis zum Kaukasus reichenden Gebirgskette so gut wie ausschließlich von der Jagd. Sie griffen nicht nur das riesige Mammut, sondern auch den gewaltigen Höhlenbären mit den primitiven Waffen der älteren Steinzeit an, überwältigten und verzehrten sie. Derartige Lebensbedingungen erforderten todesverachtende Kühnheit und Angriffslust, und folglich wurden sie gezüchtet. Auch in den ersten Jahrtausenden nach der Eiszeit, als der Cro-Magnon-Mensch als Renntierjäger nach Nordeuropa vordrang, war die Jagd die wesentliche Grundlage der Wirtschaft. So wurde die nordische Rasse als Bewegungsrasse gezüchtet.

Erst mit Beginn der jüngeren Steinzeit vor rund 7000 Jahren kam der Ackerbau nach Nordeuropa. Damit setzte die Züchtung eines seßhaften Typus ein. In der Indogermanenzeit ist das Bauerntum der „Lebensquell der nordischen Rasse" *(Darré).* Mit der Entwicklung einer vielseitigen Wirtschaft fanden auch die be-

weglichen Rassenelemente wieder neue Lebensmöglichkeiten. Die Wikinger lebten ähnlich wie die ionischen Hellenen hauptsächlich von Seefahrt und Handel.
Die Ausbreitung der Indogermanen wurde durch ihre kriegerische Überlegenheit ermöglicht. Die Neigung zu Kampf und Krieg ist echt nordisch. Wo es gilt, eine Not zu wenden durch kühnen Angriff, da ist der nordische Mensch zur Stelle.
Die Kehrseite dieser Kühnheit ist die leidige, in der Geschichte immer wiederkehrende Vernichtung nordischer Menschen und Gemeinwesen. Die Isländersagen sind voll von Mord und Totschlag. Und dennoch ist der nordische Mensch nicht eigentlich grausam. Es treibt ihn nicht dazu, fremdes Leid zu genießen; seine Kampflust und Kühnheit achtet fremdes Leben nur gering wie auch das eigene.
Der Vorliebe für Kampf und Krieg ist die Sportbegeisterung verwandt. Unter Sportsleuten ist der schlanke nordische Typus unverhältnismäßig stark vertreten. Es scheint zum Teil die Gefahr als solche zu sein, die nordische Menchen reizt und sie veranlaßt, sich in Hochtouristik, Skispringen und Flugsport zu betätigen. In der sportsmäßigen und militärischen „Haltung" des nordischen Menschen kommt die verhaltene Energie, d. h. die Fähigkeit zur Leistung zum Ausdruck.
Ein Chinese sah im Europäerviertel einer chinesischen Hafenstadt Tennisspielern zu, die im Schweiße ihres Angesichtes ihre Kräfte maßen. Schließlich fragte er kopfschüttelnd einen europäischen Begleiter: „Warum lassen die das nicht von Kulis machen?" Der Chinese spart seine Kräfte; er ist nicht auf Umsatz, sondern auf Ansatz gezüchtet. Er weiß keinen Krieg zu führen, obwohl er zäh im Widerstande ist. Er tritt nicht als Eroberer auf; er schiebt statt dessen seine kleinbäuerlichen Siedlungen vor; und es sieht so aus, als ob diese Veranlagung im Daseinskampf der Rassen schließlich überleben wird. . . .
Die nordische Kühnheit befähigt nicht nur zu kriegerischen Taten, sondern sie kann auch die treibende Kraft für Großtaten des Geistes sein. Bei Erkenntnissen von umwälzender Tragweite ist oft der Mut zur Wahrheit entscheidend. Daher hat die nordische Rasse eine stolze Zahl großer Denker und Forscher gestellt. Auch große Staatsmänner bringt die nordische Rasse hervor. *Treitschke* hat Niedersachsen das „Land der staatsmännischen Köpfe" genannt. In der Tat kann in dieser Hinsicht wohl kein anderes deutsches Land mit England wetteifern als eben das Stammland der Angelsachsen. Zur Organisation befähigt den nordischen Menschen neben seiner starken Urteilsfähigkeit vor allem sein Wille zur Macht und Gestaltung.
Wenig versteht sich dagegen der nordische Mensch auf seelische Beeinflussung anderer Menschen, in der der vorderasiatische Meister ist. Er kann sich überhaupt nur schwer in die Seelen anderer Menschen einfühlen. Seine Instinkte sind mehr individualistisch als sozial gerichtet. Sein starker Unabhängigkeitstrieb steht der Einordnung in die Gemeinschaft entgegen. Begabung und Charakter des nordischen Menschen sind zwar von großem Wert für das soziale Leben; für ihn aber bedeutet die Gesellschaft wenig; niemals geht er darin auf.
Der nordische Mensch braucht die Freiheit als Lebensluft, die persönliche wie die nationale. Wenn ihm die Freiheit genommen wird, so erkämpft er sie wieder, oder er geht zugrunde. „Lieber tot als Sklave" ist ein alter friesischer Grundsatz. Der nordische Mensch gedeiht unter keiner Fremdherrschaft; keiner Despotie und in keiner Kollektive.
Dieser unbändige Freiheitsdrang ist zugleich die Stärke und die Schwäche des nordischen Menschen. Auch der Starke ist nicht am mächtigsten allein; auch er

bedarf des Zusammenschlusses und der Einordnung in die Gemeinschaft. Es ist fast eine unlösbare Aufgabe, nordische Menschen zu dem notwendigen gemeinsamen Handeln zu organisieren und ihnen doch jenes große Maß persönlicher Freiheit zu lassen, ohne das sie nicht leben können. Die Sachsen sind Karl dem Großen unterlegen, weil sie es nicht fertig brachten, an entscheidender Stelle durch Überzahl die Stärkeren zu sein. Karl dagegen, der von dem römischen Cäsarismus und Papismus gelernt hatte, der rücksichtslos über die Menschen verfügte, hat die deutschen Stämme mit Gewalt geeint; aber es hat mit dem Odium des „Sachsenschlächters" erkauft. Nordisches Führertum ist etwas wesenhaft anderes als asiatische und orientalische Despotie. Kadavergehorsam auf der Grundlage der Angst oder blinder Autorität lassen sich bei nordischen Menschen nicht erzwingen. Nordische Gemeinwesen zeichnen sich durch Duldsamkeit aus, die auf dem Bewußtsein der Stärke beruht, die aber auch zur Schwäche werden kann.

Ein gewisser Abstand gegenüber Menschen und Dingen, wie ihn besonders *Clauß* hervorgehoben hat, ist kennzeichnend für den nordischen Menschen. Es ist das, was *Nietzsche* den „Pathos der Distanz" genannt hat. Damit hängt wieder die nordische Sachlichkeit zusammen; ohne einen gewissen Abstand von Menschen und Dingen ist ein sachliches Urteil über sie kaum möglich. Der nordische Mensch neigt wenig zu Gefühlsäußerungen; er trägt seine Gedanken und Gefühle nicht auf der Zunge. Eine gewisse aristokratische Zurückhaltung schützt ihn und seinesgleichen vor Zudringlichkeit. Die ihn am tiefsten bewegenden Fragen macht er mit sich allein ab. Auch in der nordischen Liebe bleibt wohl stets ein gewisser Abstand der Seelen bestehen.

Die Selbstbeherrschung und Zurückhaltung der nordischen Rasse wird leicht dahin mißverstanden, daß sie temperamentlos sei; und diese Meinung wird von jenen, die ihr nicht wohlwollen, anscheinend auch geflissentlich verbreitet. Sie ist indessen von Grund auf falsch. Der nordische Mensch ist wählerisch in seiner Liebe, aber keineswegs kalt.

In der nordischen Rasse hat das, was man Persönlichkeit nennt, seine stärkste Ausbildung erfahren. *Nietzsche* hat den Menschen einmal „ein Tier, das etwas versprechen kann" genannt; das trifft besonders für den nordischen Menschen zu. ...

Günther nennt die körperliche Reinlichkeit ein Kennzeichen der nordischen Rasse. Der Vergleich von Städten und Menschen im Norden und Süden lehrt in dieser Hinsicht in der Tat sehr anschauliche Unterschiede. Läuse, die im Osten und Süden Europas noch weit verbreitet sind, kommen im Norden und Nordwesten kaum noch vor.

Der nordische Mensch hat größeres sachliches und geringeres psychologisches Interesse als der mogolide und zumal der vorderasiatische. Sehr ausgesprochen ist sein Sinn für die Natur, während das Interesse des Vorderasiaten sich ganz vorwiegend auf das soziale Leben der Menschen erstreckt. Das nordische Interesse ist mehr nach außen auf die anschauliche Körperwelt als nach innen auf die Seele gerichtet. Der nordische Mensch denkt anschaulich in Bildern, er ist „zum Sehen geboren, zum Schauen bestellt" *(Goethe)*. Die höchste Schönheit findet er in der *Gestalt*. Seine künstlerische Begabung liegt demgemäß hauptsächlich auf dem Gebiet der bildnerischen Formgestaltung.

Für die Tonkunst, die den Regungen der Seele Ausdruck gibt, scheint die nordische Rasse nicht besonders begabt zu sein. Wenngleich viele große Komponisten überwiegend von nordischer Rasse sind, so verdanken sie dem nordischen Erbe wohl eher ihre geistige Schöpferkraft als die eigentliche musikalische Begabung. „Frisia non cantat." Italiener, Magyaren, Juden, Zigeuner gelten bei den Germanen als musikalisch und wohl mit Recht. Schon die Süddeutschen sind im Durchschnitt musikfreudiger als die Norddeutschen.

Als Denker hat der nordische Mensch den Willen zur Anschaulichkeit und Klarheit. Die klassische Ruhe und Nüchternheit der alten hellenistischen und der modernen angelsächsischen Denker ist echt nordisch. Der nordische Mensch neigt nicht zu „wahlloser Befriedigung des Erkenntnistriebes" *(Nietzsche);* er verlangt vielmehr von aller Erkenntnis die Beziehung auf die wesentlichen Zwecke der menschlichen Vernunft *(Kant).* Er ist daher nicht der Mensch des vielen Wissens. *Oberhummer* macht darauf aufmerksam, daß bei den indischen Ariern „ein völliger Mangel an Sinn für positives Wissen" herrschte, während die Chinesen einen ausgesprochenen Sinn dafür haben und eine Fülle von historischen und geographischen Werken hervorgebracht haben. Ein gewisser Mangel an historischer und geographischer Bildung, den man den Engländern und Amerikanern zum Vorwurf zu machen pflegt, scheint im Wesen der nordischen Rasse begründet zu liegen. Sie hat mehr Sinn für das Wesentliche und Gesetzliche als für das Einzelne und Zufällige. Sie stellt daher mehr Naturforscher und Philosophen als Historiker und Philologen, mehr Forscher und Denker als Gelehrte. Der nordische Mensch verläßt sich mehr auf eigenes Urteil als auf positives Wissen; der mogolide dagegen neigt gleichsam zu einem liebevollen Betasten aller Dinge, zu einer mehr passiven Aufnahme ihrer Besonderheiten; sein Realismus besteht in dem geduldigen Eingehen auf die unendliche Mannigfaltigkeit der wirklichen Dinge. Der Trieb des nordischen Menschen, allen Dingen auf den Grund zu gehen, sein Ungenügen am Gegebenen, sein bohrender Tiefsinn macht ihn zu metaphysischen Spekulationen geneigt. Die nordische Sehnsucht findet nicht, was ihr genügt. Damit hängt eine eigentümliche Vergeistigung der Liebe zusammen, die leicht einen ungesunden Zug erhält und dem Leben der Rasse gefährlich werden kann. In den nordischen Ländern Europas ist die Sicherheit des Lebens und Eigentums viel größer als in den südlichen Ländern. In den Mittelmeerländern muß der Reisende dauernd auf der Hut sein, daß er nicht bestohlen oder betrogen wird; in den nordischen Ländern und auch in England kann er sich dagegen weitgehend auf die Ehrlichkeit der Bevölkerung verlassen. Die Ursache dieses unterschiedlichen Verhaltens kann im wesentlichen nur in der Rasse liegen. Selbstbeherrschung, Voraussicht, Selbstachtung bewahren den nordischen Menschen weitgehend vor Gesetzesverletzungen. In den Vereinigten Staaten ist die Sicherheit von Leben und Eigentum viel größer als in Mittel- und Südamerika. Die Einwanderer aus den südlichen und östlichen Ländern Europas sind viel mehr an Verbrechen beteiligt als die aus der nordwestlichen Hälfte Europas. Auch hier spielt natürlich die wirtschaftliche Lage mit, die ihrerseits wieder zum guten Teil von der Rassenveranlagung abhängt. ...

Schon *Lombroso* (Der verbrecherische Mensch. Deutsche Ausgabe 1907) hat darauf hingewiesen, daß in Europa Mord und Totschlag bei den germanischen Völkern am seltensten, bei den romanischen am häufigsten vorkommen und daß in Italien diese Verbrechen im Süden und auf den Inseln viel häufiger sind als in Norditalien. Die mediterrane Rasse scheint also verhältnismäßig stark dazu zu neigen. In Sardinien ist Mord und Totschlag 14mal so häufig als in der Lombardei. (C. *Lombroso*, L'uomo delinquente. 5. Aufl. Torino 1897. Deutsche Ausgabe, Hamburg 1907.)

Selbst die alte Lehre *Lombrosos*, daß der „geborene Verbrecher" einer primitiven Urrasse des Menschengeschlechts angehöre, scheint mir nicht ohne ein Körnchen Wahrheit zu sein. Verbrecher weisen oft Züge auf, die an den Neandertaler oder sonstige primitive Rassen erinnern durch vorspringende massige Kiefer, fliehende Stirn u. a. Wenn eine Rasse durch eine andere verdrängt wird, so pflegt im allgemeinen etwas von Erbmasse in Mischung erhalten zu bleiben, und es ist gar nicht ausgeschlossen, daß auch von der primitiven diluvialen Rasse Europas noch Erbanlagen in der europäischen Bevölkerung zerstreut vorhanden sind und daß ihre Träger mit den Forderungen des sozialen Lebens besonders leicht in Widerstreit geraten. Auch ist zu bedenken, daß es einen biologischen Wesensunterschied zwischen den Rassenanlagen und den sonstigen erblichen Anlagen einschließlich der krankhaften eigentlich nicht gibt.

Ich habe bisher die seelische Eigenart der nordischen Rasse als etwas Einheitliches geschildert, ohne Rücksicht darauf, daß es in Nordwesteuropa neben schlanken beweglichen Menschen auch schwere bedächtige gibt und daß diese Typen auch nach Landstrichen verschieden verteilt sind. Es geht offenbar nicht an, den schweren Typus Nordwestdeutschlands auf „alpine" oder mongolide Rassenelemente zurückzuführen. *Paudler* hat daher eine eigene Rasse, die „dalische" aufgestellt, die ziemlich allgemeine Anerkennung gefunden hat (Die hellfarbigen Rassen. Heidelberg 1924). *Günther* nennt sie die „fälische". Von der nordischen Rasse im engeren Sinn, der „eigentlichen" nordischen Rasse würde die fälische Rasse sich durch schweren (athletischen) Bau, durch kürzeres, breiteres Gesicht, breitere Stirn, weiter auseinanderstehende Augen und breiteten, vorn mehr waagerecht verlaufenden und dann rechtwinklig aufsteigenden Unterkiefer unterscheiden. *Kern* sieht für die Dalrasse mehr eckige, für die nordische mehr kurvige Formen als kennzeichnend an (Stammbaum und Artbild der Deutschen. München 1927). *Paudler* leitet die „dalische" Rasse von der Cro-Magnon-Rasse ab, die am Ende der letzten Eiszeit in Westeuropa verbreitet war, während er für die nordische Rasse im engeren Sinne eine Herkunft aus den osteuropäischen Steppengebieten annimmt. *Kern* hat auf die Ähnlichkeit des schlanken blonden Typus mit der schlanken, dunklen orientalischen Rasse hingewiesen. Es scheint mir in der Tat einleuchtend zu sein, daß bei der nacheiszeitlichen Besiedlung Nordeuropas jene Erbelemente, die die schweren Formen bedingen, aus den westlichen Mittelmeerländern bzw. den Küstenländern des Atlantischen Ozeans gekommen sind, die schlanken dagegen mehr aus den südöstlichen Ebenen. Schon seit der jüngeren Steinzeit sind aber beide Elemente so innig durchmischt, daß es nicht mehr angängig erscheint, sie als zwei verschiedene „Rassen" anzusehen. „Nordische" und „fälische" Menschen haben offenbar den allergrößten Teil ihrer Erbmasse gemeinsam; es sind nur verhältnismäßig wenig Erbeinheiten, die jene Merkmale bedingen, nach denen man einen „fälischen" Typus von dem nordischen im engeren Sinne zu unterscheiden pflegt.

Das schlanke blonde Element ist es anscheinend gewesen, das mit der Indogermanisierung Europas die starke Bewegung in die Geschichte unseres Erdteiles gebracht hat. Ich erinnere an die Wanderungen und Eroberungszüge der Arier, der Hellenen, der Italiker, der Kelten, sodann vor allem an die Germanenzüge der Völkerwanderung, die Wikingerfahrten, Kreuzzüge, Italienzüge, die Entdeckungfahrten, die Eroberung und Besiedlung Nord- und Südamerikas, Südafrikas, Australiens. Bei den Ostgermanen (Goten, Vandalen, Burgunden) scheint der schlanke Bewegungstypus stärker vorgeherrscht zu haben als bei den mehr seßhaften Westgermanen.

Aber auch in der Gegenwart unterscheiden sich Bevölkerungen von schwerem blonden Typus auch seelisch von solchen von mehr schlanken Typus. So ist in gewissen niedersächsischen Gebieten, z. B. in Westfalen, eine gewisse Schwerfälligkeit der Bevölkerung nicht zu verkennen. Der schwere blonde Mensch ist weniger beweglich als der schlanke, er hat nicht den gleichen Drang in die Ferne; er hängt vielmehr an der Heimat und am Hergebrachten. An Zuverlässigkeit übertrifft er den schlanken eher noch. Die „deutsche Treue" ist besonders für ihn kennzeichnend. Es ist wohl auch kein Zufall, daß gerade in Westfalen die Reformation sich nicht durchgesetzt hat. Der schwere blonde Mensch neigt zu Grübelei und Mystik. Die deutsche „Tiefe" und „Innerlichkeit" ist vorzugsweise bei ihm zu Hause. Er kann sich noch schwerer als der schlanke in die Seele anderer einfühlen. Eigensinnig besteht er auf seinem Kopf. Westfalen und Schwaben sind als starrköpfig bekannt. Der schwere blonde Mensch ist verschlossen und schweigsamer als der schlanke. Auf ihn ist wohl die germanische Einzelsiedlung zurückzuführen. Der schwere blonde Bauer will Herr sein auf seinem Hof und weitumher nicht seinesgleichen haben. So siedelten auch die Buren in Südafrika. *Hauschild* führt die gewaltige Stoßkraft der Germanen zum guten Teil auf den schweren blonden Typus zurück (Die menschlichen Skelettfunde des Gräberfeldes von Anderten bei Hannover. Zeitschrift für Morphologie und Anthropologie Bd. 25. H. 2. 1925); zur Führung und Herrschaft aber sei er weniger als der schlanke geeignet. Allerdings zeigen mehrere der großen Führer der Deutschen z. B. *Bismarck* und *Hindenburg*, den schweren blonden Hünentypus. In ihnen paarte sich die „fälische" Schwere mit der nordischen Kühnheit.

2. Zur Erblichkeit der geistigen Eigenschaften

Aus: Baur-Fischer-Lenz „Menschliche Erblehre und Rassenkunde",
München 1927 (S. 661, 662, 672, 708)

Die geistigen Unterschiede der Menschen sind nicht nur ungleich größer als die körperlichen, sondern auch ungleich bedeutungsvoller. Die Kulturwelt, in der wir leben, ist durch den menschlichen Geist gestaltet. Die geistige Ausstattung der Menschen, ihre Eignung für die Bewahrung und Weiterführung der Kultur ist äußerst verschieden. Von der höchsten Verstandesbegabung bis zur Idiotie gibt es unzählige Stufen und Übergänge, und Entsprechendes gilt auch von den Unterschieden des Temperamentes und des Charakters. Woher kommt es nun, daß manche Menschen klug, viele dumm und die meisten mittelmäßig sind? Daß die einen meist heiter, die anderen meist traurig sind, daß einige betriebsam und andere träge, daß diese menschenfreundlich und jene eigensüchtig sind? Für den, der biologisch zu denken gewöhnt ist, ist es ganz selbstverständlich, daß die seelische Eigenart des Menschen ebenso wie die körperliche ihre Wurzel in der erblichen Veranlagung hat und daß die äußeren Einflüsse einschließlich der Erziehung nur eine Ausgestaltung oder eine Hemmung der erblichen Anlagen bewirken.

In der psychologischen Erblehre liegt wegen ihrer entscheidenden Bedeutung für die menschliche Kultur der Schwerpunkt der Erblehre überhaupt. Leider ist sie zugleich auch ihr schwierigstes Teilgebiet, weil die seelischen Eigenschaften und Anlagen so wenig der Messung zugänglich sind und auch sonst so schwer zu erfassen sind. Abgesehen davon ist aber die Methode der psychologischen Erbforschung aber genau dieselbe wie bei der sonstigen menschlichen Erbforschung.

Schon bei Besprechung der krankhaften Erbanlagen sind wir einigen Tatsachen begegnet, die Schlüsse auf die Erblichkeit normaler seelischer Fähigkeiten erlauben. So können wir aus dem geschlechtsgebundenen rezessiven Erbgange der Rotgrünblindheit schließen, daß gewisse geschlechtsgebundene dominante Erbanlagen zum Zustandekommen normaler Farbentüchtigkeit nötig sind. Das ist nur eine Betrachtung von der anderen Seite her. Die Farbenblindheit ist eine seelische Anomalie, nämlich ein Mangel der Sinneswahrnehmung, die Farbentüchtigkeit eine normale seelische Fähigkeit. Ganz entsprechend kann man aus dem Vorkommen rezessiver Erbanlagen, die Taubstummheit bedingen, schließen, daß es gewisse dominante Erbanlagen gibt, die bei der Entstehung normalen Gehörs mitwirken.... Aus dem Vorkommen erblicher Geistesschwäche können wir auf die erbliche Bedingtheit der normalen Verstandesanlagen schließen; und aus der Tatsache, daß es eine ganze Reihe verschiedener Arten erblicher Geistesschwäche gibt, folgt weiter, daß beim Aufbau des normalen Verstandes eine ganze Anzahl von Erbeinheiten mitwirken, von denen keine fehlen darf, ohne daß Mängel des Verstandes in die Erscheinung treten. In einer Bevölkerung von lauter Schwachsinnigen würde normale Begabung als eine erbliche besondere Fähigkeit des Geistes hervortreten, der allerdings die große Mehrheit der Bevölkerung verständnislos gegenüber stehen würde.

Entsprechend verhält es sich mit der Erblichkeit von Begabungen, die den Durchschnitt der heutigen Bevölkerung in ähnlichem Grade überragen, wie diese die Begabung der Schwachsinnigen. ...

Gegen die Erblichkeit geistiger Begabung wird gern ein Satz Goethes ins Feld geführt: „Das Genie ist freilich nicht erblich". Er hat dabei vermutlich bedauernd an seinen Sohn August gedacht, dem es nicht an Erziehung und äußerer Förderung, wohl aber an angeborener Begabung fehlte. Es ist gewiß unbestreitbar, daß geniale Männer nicht wieder ebenso geniale Söhne zu haben pflegen; das beweist aber nicht das geringste gegen die Erbbedingtheit des Genies. Wir haben oben gesehen, daß eine ganze Anzahl von Erbanlagen zusammentreffen muß, damit eine hervorragende und umfassende Begabung entsteht. Jedes Kind bekommt aber von jedem seiner Eltern nur die Hälfte seiner Erbanlagen, und es ist in der Regel natürlich nicht gerade die bessere Hälfte der Erbanlagen. Selbst wenn also die Frauen der Genies regelmäßig dieselben günstigen Erbanlagen enthalten würden wie ihren Männer, was natürlich in Wirklichkeit fast niemals der Fall ist, so würde es doch nicht zu erwarten sein, daß die Söhne der Genies ihren Vätern gleich kämen. Wie alle polymeren Eigenschaften ist das Genie in gemischten Bevölkerungen nicht als solches erblich; gleichwohl aber sind die einzelnen Anlagen, die es bedingen, doch erblich. Bei entsprechender Auslese

und Reinzucht würde des Genie daher ebenso wie andere polymere Eigenschaften erblich sein. ...
Die seelischen Vorgänge im Individuum sind erbbiologisch gesehen Modifikationen, ebenso wie auch die körperlichen Vorgänge am Individuum Modifikationen sind. Wenn ich die Hand erhebe, so ist das eine Modifikation. Ich rede und schreibe in Modifikationen. Modifikationen können von sehr verschiedener Dauer sein. Wenn ich erröte, so ist das eine flüchtige Modifikation; wenn ich durch Aufenthalt in der Sonne braun werde, ist das eine länger dauernde; und wenn eine Wunde eine Narbe hinterläßt, so dauert diese Modifikation das ganze Leben an. Entsprechend gibt es auch flüchtige, mehr dauernde und eigentliche Dauermodifikationen der Seele. Aber auch die flüchtigsten Modifikationen und ihr Wechsel sind durch die Erbmasse wesentlich mitbestimmt. Die Erbmasse kann geradezu als die Summe aller Modifikationsmöglichkeiten aufgefaßt werden. Auch für das Seelenleben des Individuums liegen in seiner Erbmasse die Möglichkeiten und die Grenzen seiner Modifikationen begründet.
Die Art und Weise, wie diese Modifikationsmöglichkeiten verwirklicht werden, hat auf die Erbmasse keinen Einfluß. Es gibt also auch keine Vererbung erworbener seelischer Eigenschaften. ... Damit durch Übung und Erziehung ein Erfolg erreicht werden kann, müssen immer schon entsprechende Anlagen vorhanden sein; dann ist innerhalb gewisser Grenzen eine Ausbildung möglich. Die Erfolge der Erziehung beruhen hauptsächlich auf der Aneignung von Gedächtnisinhalten und auf der Gewöhnung an gewisse Anschauungen und Verhaltensweisen...
Auch auf seelischem Gebiet kommen Dauermodifikationen vor, die dem Individuum bis an sein Lebensende anzuhaften pflegen und die auf dem Wege der Tradition auf die nächste Generation übertragen werden und sich so durch zahlreiche Generationen halten können. Die Sprache und die Konfession sind z. B. solche Dauermodifikationen.
Wenn seelische Modifikationen auf die nächste Generation übertragen werden, so geschieht das nicht auf dem Wege biologischer Vererbung, sondern auf dem der Erziehung und Überlieferung (Tradition). So kann die Sprache oder die Konfession sich scheinbar vererben. Durch Anhäufung überlieferter geistiger Güter kann auch ein Fortschritt der Kultur zustande kommen, ohne daß dem ein biologischer Fortschritt im Sinne einer Steigerung der Fähigkeiten der Rasse entspricht. Auch die Rasse ist in ihren geistigen Anlagen freilich nicht unveränderlich. Sie kann infolge von Mutation und ungünstiger Auslese entarten; und sie kann durch günstige Auslese gesunden und sich fortentwickeln. ...
Wenn die Kinder gebildeter Eltern im Durchschnitt begabter sind als die ungebildeter, so sind sie es nicht infolge der Ausbildung der Eltern, sondern weil sie von diesen Erbanlagen übernommen haben, die schon die Eltern zur Aneignung der Bildung befähigten. Erblich ist also die Erziehbarkeit oder Bildungsfähigkeit. Andererseits ist es eine alltägliche Erfahrung, daß aus gebildeten Familien oft unbegabte Söhne stammen, die trotz allen Aufwandes von Bildungs- und Erziehungsmitteln sich keine höhere Bildung anzueignen vermögen. Solche Erfahrungen sprechen deutlich gegen eine Erblichkeit von Bildungserfolgen, während sie auf Grund des *Mendel*schen Grundgesetzes der Erblichkeit ohne weiteres verständlich sind.
Wem es niederdrückend erscheinen mag, daß alles, was wir durch immer strebendes Bemühen an unserer Vervollkommnung vielleicht erreichen können,

doch nicht in die Erbmasse unserer Nachkommen eingehen kann, der möge daran erinnert werden, daß andernfalls die kommenden Geschlechter auch mit all dem Wust des Irrtums und Unsinns, der Verächtlichkeit und Gemeinheit der Vergangenheit und Gegenwart belastet sein würden. Soweit diese nicht aus dem erblichen Wesen der Zeitgenossen, sondern nur aus den Zeitumständen entspringen, brauchen unsere Nachkommen damit also nicht belastet zu sein. Die kommenden Geschlechter können sich wieder zur Höhe und Reinheit emporarbeiten, wofern wir nur dafür sorgen, daß sie aus tüchtigem Ahnenerbe stammen. Darauf kommt alles an.

Fritz Lenz, geb. 1887, Anthropologe, Hauptarbeitsgebiet menschliche Erbpathologie, „Erblichkeitslehre und Rassenkunde", 2 Bde., München 1927, Prof. für Anthropologie und Erblehre in Göttingen (Emer. 1955).

J. LANGE:

Die Anwendung der Zwillingsmethode auf die Frage der Verbrechensverursachung

Aus „Verbrechen als Schicksal" (G. Thieme, Leipzig 1929)

Es lag nahe, die Zwillingsmethode auch auf die Frage anzuwenden, wie weit der Einfluß der Anlage bei der Verbrechensentstehung reiche. Würde die erbliche Artung ohne Bedeutung sein, so dürfte ein Vergleich keine Unterschiede zwischen eineiigen und zweieiigen Zwillingspaaren zeigen. Je größer jedoch das Gewicht der Anlage wäre, um so häufiger müßte konkordantes Verhalten Eineiiger sein. Der Abstand von durchgehender Konkordanz bei Erbgleichen würde die Reichweite äußerer Verbrechensursachen abschätzen lassen. Je häufiger im Vergleich mit anderen Geschwistern positive Konkordanz erbungleicher Zwillinge hinsichtlich des Verbrechens wäre, um so größer würde das Gewicht der Umwelteinflüsse zu erachten sein, da diese ja nur bei ganz gemeinsam aufwachsenden Menschen als völlig gleich angesetzt werden dürfen.

Zwillinge sind nicht eben häufig; auf etwa 80 Geburten tritt eine Zwillingsgeburt. Dazu sterben etwa 40 % der Zwillinge, viel mehr als andere Kinder, infolge ihrer Schwächlichkeit in den ersten Lebensjahren. Da für uns nur solche Zwillingspaare Bedeutung haben, deren beide Partner das strafmündige Alter erreicht haben, engt sich der Kreis weiter ein, denn es kommt sehr häufig vor, daß nur einer der Zwillinge früh abstirbt. Pärchen (Bruder und Schwester) kamen für uns nicht in Betracht, da die Geschlechtsunterschiede hinsichtlich der Kriminalität, wie bekannt, sehr große sind. Wir mußten also solche Zwillinge erfassen, die bestraft worden sind und einen im strafmündigen Alter noch lebenden gleichgeschlechtlichen Partner hatten.

Zur Verfügung stand uns das in der kriminalbiologischen Sammelstelle angesammelte Material von Untersuchungsbögen. Ferner ordnete auf unser Ansuchen hin das bayerische Staatsministerium der Justiz an, daß alle zu einem gegebenen Zeitpunkte in bayerischen Strafanstalten befindlichen Gefangenen, die Zwillinge waren, namhaft gemacht und außer der Reihe kriminalbiologisch untersucht würden. Außerdem mußten jene Gefangenen genannt werden, die in ihrer Geschwisterreihe lebende strafmündige gleichgeschlechtliche Zwillinge hatten. Endlich suchte ich noch unter den psychopathischen Probanden der genealogischen Abteilung der Deutschen Forschungsanstalt für Psychiatrie alle jene mit Zwillingseigenschaft heraus, die bestraft waren, und befragte auch alle Zwillinge, die mir im Rahmen meiner Berufstätigkeit (im Krankenhause) zu Gesicht kamen, nach Kriminalität. Alle jene Zwillinge, welche die genannten Bedingungen erfüllten: Partner gleichgeschlechtlich und im strafmündigem Alter noch am Leben, wurden als Probanden herangezogen. Zunächst wurden für die Probanden selbst und für ihre Zwillingspartner die Strafregisterauszüge eingeholt. Sodann suchte ich die noch in Strafanstalten befindlichen Zwillinge selbst auf, um sie, soweit nötig, eingehender zu befragen. Bei ihnen und bei allen anderen Probanden begannen sodann z. T. sehr mühselige Nachforschungen nach dem Grad der Ähnlichkeit und nach den Lebensschicksalen. Natürlich wurden alle Strafakten eingeholt und die polizeilichen Personalakten eingesehen. Auch die Strafvollzugsakten standen mir ausnahmslos zur Verfügung, daneben auch manche Zivilakten. Eine Reihe von kriminellen Zwillingen erschienen auf meine unter einem Vorwande erfolgende Aufforderung in meiner Sprechstunde. Andere suchte ich in ihren Wohnungen, z. T. an fremden Orten auf. . . .

Es ist selbstverständlich, daß alle Untersuchungen mit größter Vorsicht angestellt werden mußten, da ja nirgends die Herkunft der Adressen und die Fragestellung kenntlich werden durfte. Auch meinen Helfern teilte ich, um Voreingenommenheiten zu vermeiden, die eigentliche Grundfragestellung nicht mit, und dort, wo ich selbst mich auf einer voreingenommenen Einstellung ertappte, zog ich nach Möglichkeit Helfer heran, denen ich nur die Klärung der Ähnlichkeitsfrage übertrug, ohne sie von den Kriminalitätsbefunden zu unterrichten. Ich glaube, so alles getan zu haben, um die Untersuchung vor labilen Einflüssen zu schützen. . . .

Unter den 37 Paaren befanden sich 15 eineiige und 22 zweieiige.

Bei 2 eineiigen und 5 zweieiigen Paaren des Ausgangsmaterials sind beide Partner unbestraft — es handelt sich hier um Zwillingspaare, die in den Geschwisterreihen der Gefangenen erfaßt wurden. Sie scheiden bei unserer Fragestellung natürlich aus. Ich müßte sonst das Material ohne irgendeinen Vorteil durch die zahlreichen unbestraften Paare meiner übrigen Zwillingserhebungen ergänzen.

Es bleiben also 30 Paare, 13 eineiige und 17 zweieiige, von denen jeweils der Proband bestraft ist.

Der Partner ist bei den 13 eineiigen Zwillingen auch bestraft 10 mal, nicht bestraft 3 mal, bei den 17 zweieiigen Paaren auch bestraft 2 mal, nicht bestraft 15 mal. Das heißt also: Eineiige Zwillinge verhalten sich dem Verbrechen gegenüber ganz vorwiegend konkordant, zweieiige aber ganz vorwiegend diskordant. Der Bedeutung der Zwillingsmethode entsprechend müssen wir also daraus schließen, daß die Anlage eine ganz überwiegende Rolle unter den Verbrechensursachen spielt.

Johannes Lange, geb. 1891 in Wismar, war Professor für Psychiatrie und Direktor der Nervenklinik der Universität Breslau. Er untersuchte vor allem den Einfluß der Vererbung auf psychische Erkrankungen.

TH. H. MORGAN:

Aus: „Die stoffliche Grundlage der Vererbung"

(Übersetzung Hans Nachtsheim, Verl. Gebrüder Bornträger, Berlin 1921)

1. Koppelung

Die Ergebnisse der Experimente *Mendels* mit zwei oder mehr Merkmalspaaren führten zu dem Schluß, daß die Verteilung der Glieder eines Paares von Genen unabhängig ist von der Verteilung der Glieder anderer Paare. Dieser Vorgang kann als freie oder unabhängige Kombination bezeichnet werden, er steht zu erwarten, wenn die verschiedenen Paare von Genen in verschiedenen Chromosomenpaaren lokalisiert sind. Wenn diese Regel für alle Merkmalspaare gilt, dann kann es nicht mehr unabhängig voneinander kombinierbare Paare geben, als Paare homologer Chromosomen vorhanden sind. Wenn andererseits die Chromosomen die Träger der Erbfaktoren sind, so müssen wir auf Grund unserer Feststellungen hinsichtlich der Individualität der Chromosomen und bei der großen Zahl erblicher Merkmale annehmen, daß viele dieser Faktoren im gleichen Chromosom liegen. Trifft dies zu, so kann *Mendels* zweites Gesetz nur eine begrenzte Anwendbarkeit besitzen.

Mit der Erweiterung unserer Kenntnisse über den Vererbungsmodus der Merkmale hat die Zahl der Fälle, in denen keine freie Kombination erfolgt, ständig zugenommen. Es sind zahlreiche Merkmale gefunden worden, die in aufeinanderfolgenden Generationen vereinigt bleiben. Diese Tendenz zusammenzuhalten wird als *Koppelung* bezeichnet. Die extremsten Fälle sind einerseits die, wo die Merkmale ständig beisammenbleiben, und andererseits die, wo die Tendenz zusammenzuhalten nur um ein geringes größer ist als die Tendenz zu freier Kombination. Zwischen diesen Extremen haben sich alle Übergänge im Koppelungsgrad nachweisen lassen. Der Einfachheit halber beschränken wir uns in diesem Kapitel auf Fälle vollkommener Koppelung; die anderen Fälle werden im nächsten Kapitel behandelt.

Wenn eine Fliege *(Drosophila)* mit zwei rezessiven Mutationsmerkmalen, schwarzer Körperfarbe (b = *black)* und Stummelflügeln (v = *vestigial)* mit einer Fliege vom wilden Typus, mit grauer Körperfarbe und langen Flügeln, gekreuzt wird, so hat die Nachkommenschaft (F_1) das Aussehen des wilden Typus (Abb. 3). Wird ein F_1-Männchen rückgekreuzt mit einem schwarzen stummelflügeligen Weibchen, so entstehen nur zwei Sorten von Nachkommen (F_2), die eine Hälfte ist schwarzstummelflügelig, die andere gehört dem wilden Typus an. Mit anderen Worten, die beiden Mutationsmerkmale, schwarz und stummelflügelig, die zusammen in die Kreuzung eingetreten sind, gehen auch zusammen wieder aus ihr hervor, und ebenso bleiben auch ihre normalen Allelomorphen, Körperfarbe des wilden Typus und lange Flügel, beisammen. Es gibt in F_2 keine schwarzen langflügeligen Individuen und ebenso keine grauen stummelflügeligen, was der Fall sein würde, wenn eine unabhängige Kombination der Gene erfolgte.

In Abb. 3 sind die Resultate dargestellt auf Grund der Chromosomentheorie.

Die Gene für schwarze Körperfarbe (b) und Stummelflügel (v) liegen im gleichen Chromosom. Das homologe Chromosom der Fliege vom wilden Typus trägt die normalen Allelomorphen (BV). Die F_1-Generation besitzt jedes von diesen beiden Chromosomen einmal, und die Fliege zeigt den normalen Typus, weil die beiden normalen Allelomorphen dominant sind. Im F_1-Männchen trennen sich die beiden Chromosomen (bv und BV) bei der Reduktionsteilung der Geschlechtszellen wieder, jeder Gamet erhält eines von beiden. Wenn dieses F_1-Männchen mit einem schwarzen stummelflügeligen Weibchen gekreuzt wird, dessen Eier alle die Gene für schwarz und stummelflügelig enthalten, so muß die Nachkommenschaft die Zusammensetzung der Gameten des F_1-Männchens enthüllen, da die zwei rezessiven Faktoren der Eier des schwarzen stummelflügeligen Weibchens nicht imstande sind, die Wirkung der in den Gameten des F_1-Männchens enthaltenen Faktoren zu verdecken.

Solange wir nicht wissen, daß die beiden Merkmale schwarz und stummelflügelig verschiedene Mutationsmerkmale sind, ist das obige Experiment nicht not-

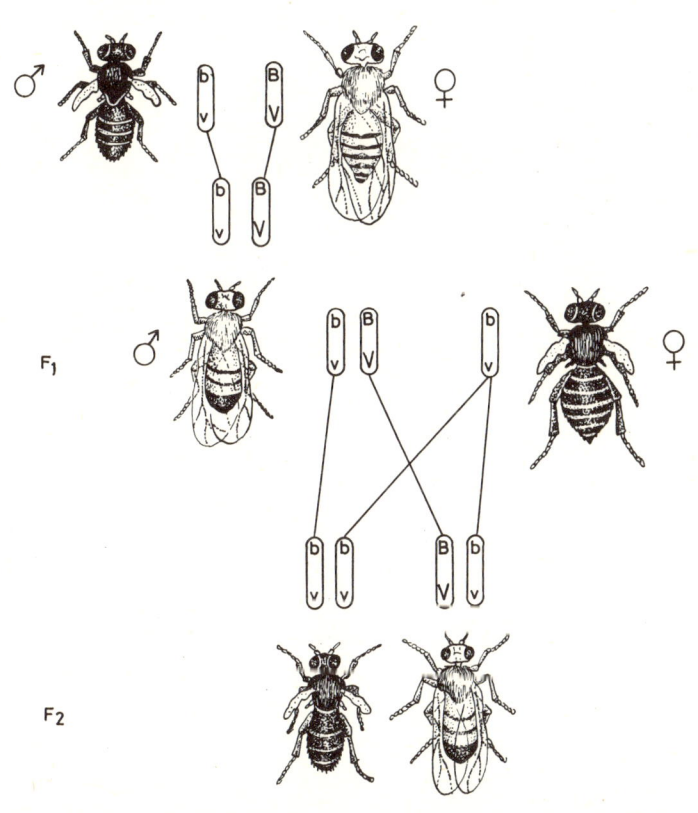

Abb. 3: Rückkreuzung eines F_1-Männchens aus der Kreuzung schwarz-stummelflügelig × wilder Typus mit einem schwarzen stummelflügeligen Weibchen

wendig ein Beweis dafür, daß die Gene gekoppelt sind, denn das gleiche Resultat erhielten wir, wenn schwarze Körperfarbe und Stummelflügel auf die Wirkung eins einzigen Genes zurückzuführen wären. Andere Experimente zeigen indessen, daß es sich hier um zwei durch verschiedene Gene bedingte Merkmale handelt.

Es ist von Interesse, die obige Kreuzung mit einer anderen zu vergleichen, bei der der eine Elter die Eigenschaft schwarz, der andere die Eigenschaft stummelflügelig mitbringt. Wenn z. B. eine schwarze Fliege mit langen Flügeln mit einer grauen mit Stummelflügeln gekreuzt wird (Abb. 4), so wird die F_1-Generation dem wilden Typus gleichen, und zwar sowohl hinsichtlich ihrer Körperfarbe wie auch, was die Form der Flügel anbetrifft; die schwarze Fliege bringt ja das normale Allelomorph von stummelflügelig und die stummelflügelige Fliege das normale Allelomorph von schwarz mit. Wenn die F_1-Männchen rückgekreuzt

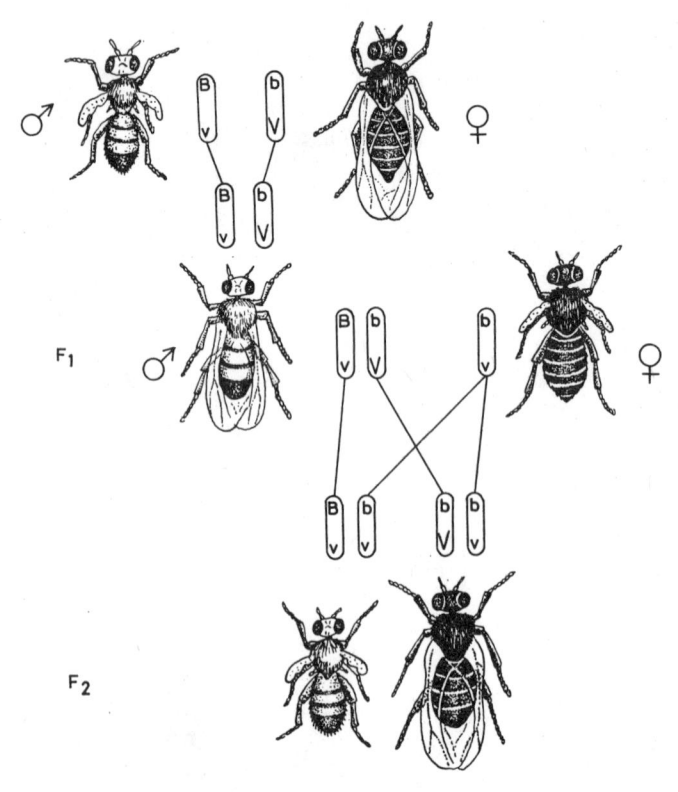

Abb. 4: Rückkreuzung eines F_1-Männchens aus der Kreuzung grau-stummelflügelig x schwarz-normalflügelig mit einem schwarzen stummelflügeligen Weibchen

werden mit schwarzen stummelflügeligen Weibchen, so entstehen zwei Sorten von Nachkommen, schwarze langflügelige Individuen und graue stummelflügelige Individuen. Die Kombinationen kommen so aus der Kreuzung hervor, wie sie in sie eingetreten sind. Wie oben Abb. 3 zeigt auch Abb. 4, daß die genetischen Resultate in dem Verhalten der Chromosomen ihre Erklärung finden.

Der Einfachheit wegen wurde in den bisherigen Beispielen nur mit zwei gekoppelten Faktoren gerechnet. Es können aber auch drei, vier, fünf Merkmale — theoretisch überhaupt jede Zahl von Merkmalen — diese Beziehungen zueinander zeigen. So gibt es einen Stamm von *Drosophila* mit fünf gekoppelten Mutationsmerkmalen, schwarz, purpurn, gekrümmt, netzig und fleckig. Bei einer Rückkreuzung ähnlich der obengenannten besitzt die Hälfte der F_2-Generation alle Mutationsmerkmale, wenn diese gemeinsam in die Kreuzung eintraten, während die andere Hälfte alle homologen Merkmale des wilden Typus besitzt.

Es gibt noch einen anderen Weg, auf dem die Koppelung sehr einfach demonstriert werden kann. Gewisse Merkmale werden als geschlechtsgekoppelt oder geschlechtsgebunden bezeichnet, weil ihre Faktoren den Geschlechtschromosomen folgen, die Faktoren sind mit anderen Worten in den Geschlechtschromosomen lokalisiert. Bei *Drosophila* hat das Weibchen zwei X-Chromosomen (Abb. 5), das Männchen nur eines und ein Y-Chromosom). Nach der Reduktionsteilung hat jedes Ei ein X-Chromosom. Wird ein solches Ei durch ein Spermium mit Y-Chromosom befruchtet, so entsteht ein Männchen (XY), wie obiges Schema zeigt. Das einzige X-Chromosom, das dieses Männchen besitzt, stammt also von der Mutter. Wenn ihr X-Chromosom geschlechtsgebundene Faktoren enthielt, so müssen diese auch bei dem Sohne vorhanden sein. Das ist in der Tat der Fall. Wenn z. B. ein *Drosophila*-Weibchen mit gelben Flügeln und weißen Augen mit einem Männchen vom wilden Typus gekreuzt wird, so bringt es Weibchen vom wilden Typus und gelbflügelige weißäugige Männchen, die also gleich der Mutter sind, hervor. Hier erhält der Sohn seine geschlechtsgebundenen Eigenschaften von seiner Mutter, da sein einziges X-Chromosom von ihr stammt. Experimente haben ergeben, daß dies für jede Zahl von geschlechtsgebundenen Merkmalen gilt, die die Mutter besitzt*).

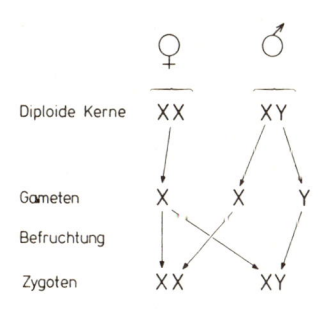

Abb. 5: Die Geschlechtschromosomen von Drosophila und ihre Verteilung bei der Reifeteilung, bzw. ihre Kombination bei der Befruchtung.

---

*) Bei dieser Angabe muß ein Vorbehalt gemacht werden hinsichtlich Faktorenaustausches bei einer heterozygoten Mutter (siehe das nächste Kapitel).

2. Crossing-over

Die Koppelung steht in Wechselbeziehung zum Faktorenaustausch, dem „Crossing-over". Dieser stellt einen Eingriff in den Mechanismus dar, auf dem die Koppelung beruht, und ist als eines der Grundprinzipien der Vererbung zu bezeichnen.

Bei der Darstellung der vollständigen Koppelung, wie sie im vorhergehenden Kapitel gegeben wurde, sind nur solche Beispiele gewählt worden, in denen die ganzen Ketten von Genen während des Reduktionsprozesses intakt bleiben. Das Männchen von *Drosophila* zeigt diese Erscheinung; das Gleiche ist bei dem Weibchen des Seidenspinners der Fall. Es gibt indessen auch einen Austausch von Gruppen von Genen zwischen homologen Chromosomenpaaren, so beim Weibchen von *Drosophila,* beim Männchen der Schmetterlinge und Hühner, in beiden Geschlechtern bei der Ratte und der Heuschrecke, und in Ei- wie Samenzellen der Primel. Dieser Austausch wird als *Crossing-over* bezeichnet, und es läßt sich zeigen, daß es sich dabei nicht um einen zufälligen Vorgang handelt, sondern er führt zu numerischen Ergebnissen von außerordentlicher Konstanz. Einige Beispiele mögen die Erscheinung des Crossing-over veranschaulichen.

Wird eine schwarze Fliege (b = *black*) mit Stummelflügeln (v = *vestigial*) mit einer wilden Fliege, d. h. einer grauen (B = grau) mit langen Flügeln (V = langflügelig gekreuzt (Abb. 6), so ist die Nachkommenschaft, wie wir bereits gesehen haben, grau und langflügelig. Wenn eines der F_1-Weibchen rückgekreuzt wird mit einem schwarzen Männchen mit Stummelflügeln, so entstehen vier Sorten von Nachkommen, und zwar die beiden ursprünglichen Kombinationen, schwarze Individuen mit Stummelflügeln und graue langflügelige Individuen; dazu kommen noch zwei neue Kombinationen, schwarze langflügelige Individuen und graue stummelflügelige Individuen. Die beiden letzten Klassen werden als Austauschklassen bezeichnet oder kurz als *Crossovers*. Der Prozentsatz der Crossovers ist bei einer bestimmten Rasse von gewissem Alter und unter gewissen äußeren Bedingungen ein ganz bestimmter.

In dem genannten Falle erhalten wir folgende Prozentsätze:

Kein Austausch		Austausch	
schwarz-stummelflüg.	grau-langflüg.	schwarz-langflüg.	grau-stummelflüg.
41,5 %	41,5 %	8,5 %	8,5 %
83 %		17 %.	

Wenn ein Chromosomenpaar der F_1-Fliege die Gene für die genannten Merkmale enthält, so müssen in dem einen Glied dieses Paares die Gene für schwarz (b) und für stummelflügelig (v) lokalisiert sein und in dem homologen Glied die normalen Allelomorphen, d. h. ein Gen für grau (B) und eines für langflügelig (V). Findet Crossing-over in der Weise statt, daß ein Gen für schwarz in das andere Chromosom gelangt, so erfolgt auch das Umgekehrte, ein Gen für grau geht in das Chromosom über, das das schwarze Gen abgab. Die Konstanz, mit der dieser Austausch vor sich geht, ist es, die es ermöglicht, die Mechanik des Vorganges auf exakter Basis zu betrachten.

Der Austausch ist unabhängig von dem Wege, auf dem die Gene in die Kreuzung eintreten. Wenn z. B. eine schwarze langflügelige Fliege mit einer grauen

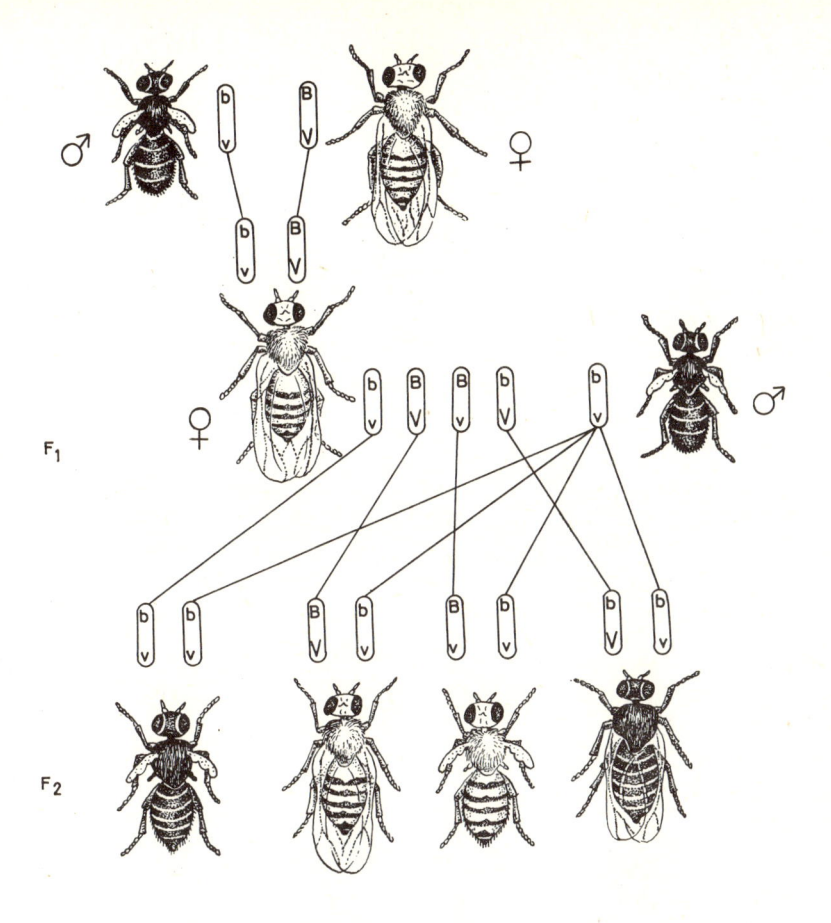

Abb. 6: Rückkreuzung eines F$_1$-Weibchens aus der Kreuzung schwarz-stummelflügelig × wilder Typus mit einem schwarzen stummelflügeligen Männchen

stummelflügeligen gekreuzt wird (Abb. 7), so ist die F$_1$-Generation — wie oben — grau und langflügelig. Kreuzt man ein F$_1$-Weibchen (grau-langflügelig) zurück mit einem schwarzen stummelflügeligen Männchen, so entstehen wieder vier Sorten von Nachkommen, die beiden ursprünglichen Kombinationen, schwarze Individuen mit langen Flügeln und graue mit Stummelflügeln, und außerdem die beiden Austauschkombinationen, schwarze Individuen mit Stummelflügeln und graue mit langen Flügeln, und zwar in folgendem Verhältnis:

103

Kein Austausch	Austausch
schwarz-langflüg. grau-stummelflüg.	schwarz-stummelflüg. grau-langflüg.
41,5 % 41,5 %	8,5 % 8,5 %
83 %	17 %.

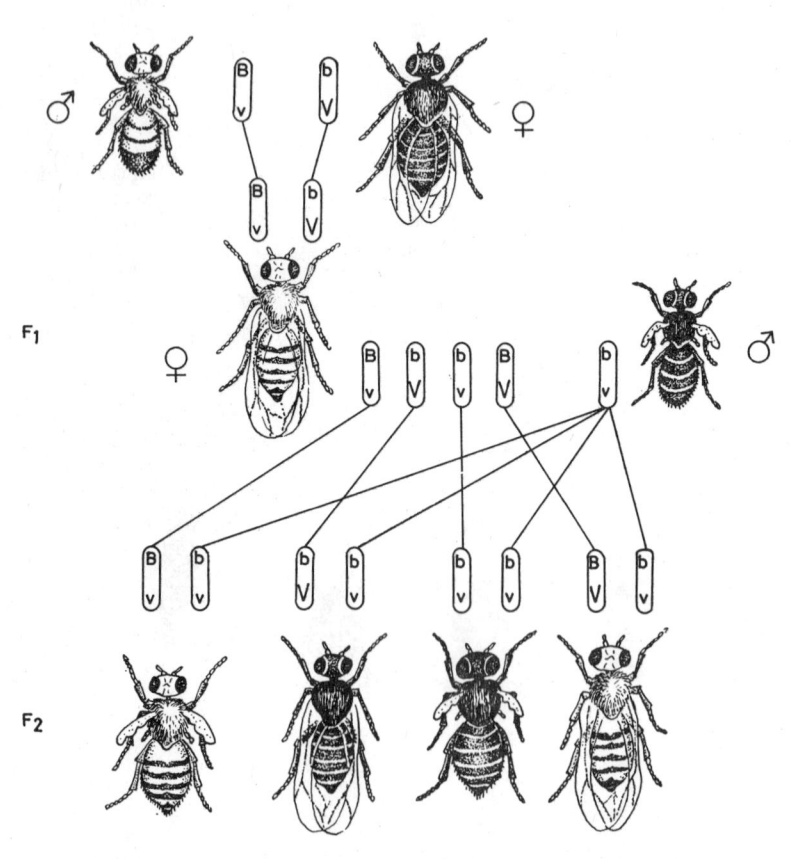

Abb. 7: Rückkreuzung eines F_1-Weibchens aus der Kreuzung grau-stummelflügelig mit einem schwarzen stummelflügeligen Männchen

In diesem letzten Beispiel erfolgt der Austausch in der umgekehrten Weise wie in dem ersten Beispiel, zahlenmäßig ist er jedoch in beiden Fällen der gleiche. Es ist mit anderen Worten gleichgültig, ob die beiden Gene für schwarze Körperfarbe und für Stummelflügel zusammen in die Kreuzung eintreten, d. h. in dem gleichen Chromosom, oder ob sie in homologen Chromosomen liegen — die Wahrscheinlichkeit des Austausches ist immer die gleiche. Wenn das F_1-Männchen rückgekreuzt worden wäre (Abb. 4), so hätte es nur zwei Sorten von Nachkommen gegeben, da ja, wie schon gesagt wurde, beim Männchen von *Drosophila* kein Faktorenaustausch stattfindet.

Es sei hier noch besonders darauf hingewiesen, daß ein Faktorenaustausch oder Crossing-over natürlich nur festgestellt werden kann, wenn zwei oder mehr Faktorenpaare in Betracht gezogen werden, denn wenn ein Merkmal nicht gleichzeitig mit einem anderen bekannten Merkmal in eine Kreuzung eintritt, so läßt sich nicht bestimmen, ob zwischen den homologen Chromosomen ein Austausch stattgefunden hat oder nicht. Wie später ausgeführt werden soll, haben wir allen Grund zu der Annahme, daß der Austausch vor sich geht ohne Rücksicht auf die Gegenwart anderer Gene, durch die er festgestellt werden kann.

Experimente mit verschiedenen Merkmalspaaren zeigen, daß für je zwei Paare ein ganz bestimmtes numerisches Verhältnis existiert. Wird z. B. eine weibliche Fliege mit gelben Flügeln und weißen Augen gekreuzt mit einer Fliege mit grauen Flügeln und roten Augen (wilder Typus) so haben die F_1-Weibchen graue Flügel und rote Augen. Wird das F_1-Weibchen rückgekreuzt mit einem Männchen mit gelben Flügeln und weißen Augen, so entstehen vier Klassen von Nachkommen in folgendem Verhältnis:

Kein Austausch		Austausch	
gelbe Fl.-weiße A.	graue Fl.-rote A.	gelbe Fl.-rote A.	graue Fl.-weiße A.
49,5 %	49,5 %	0,5 %	0,5 %
99 %		1 %	

Hier findet Crossing-over nur in einem Falle unter hundert statt. Wenn die Merkmale in anderer Kombination in die Kreuzung eintreten, nämlich gelbe Flügel und rote Augen von der einen Seite, graue Flügel und weiße Augen von der anderen Seite, so ist der Austauschprozentsatz der gleiche, nämlich:

Kein Austausch		Austausch	
gelbe Fl.-rote A.	graue Fl.-weiße A.	gelbe Fl.-weiße A.	graue Fl.-rote A.
49,5 %	49,5 %	0,5 %	0,5 %
99 %		1 %	

Weißäugigkeit in Kombination mit einem anderen Merkmal zeigt einen anderen Koppelungsgrad. Wenn eine weibliche Fliege mit weißen Augen und Miniaturflügeln mit einem Männchen mit roten Augen und langen Flügeln (wilder Typus) gekreuzt wird, so haben die F_1-Weibchen rote Augen und lange Flügel. Wird eines dieser F_1-Weibchen rückgekreuzt mit einem weißäugigen Männchen mit Miniaturflügeln, so erscheinen in der Nachkommenschaft vier Klassen in folgendem Verhältnis:

Kein Austausch		Austausch	
weiße A.-Miniaturfl.	rote A.-lange Fl.	weiße A.-lange Fl.	rote A.-Miniaturfl.
33,5 %	33,5 %	16,5 %	16,5 %
67 %		33 %	

Hier findet Crossing-over bei 33 unter 100 Fliegen statt, während bei den vorhergehenden Kreuzungen mit Weißäugigkeit und einem anderen Mutationsmerkmal (gelbe Flügel) nur einmal unter 100 Fällen ein Austausch erfolgte. Auf Grund dieser numerisch verschiedenen Verhältnisse des Crossing-over sowie auf Grund anderer verwandter Phänomene ist eine Theorie des Crossing-over formuliert worden, die später besprochen werden soll. Hier interessieren uns zunächst nur die Zahlen.

Werden mehr als zwei Merkmalspaare gleichzeitig betrachtet, so treten neue Phänomene des Crossing-over zutage. Einige von diesen stehen zu Prinzipien in Beziehung, von denen in späteren Kapiteln die Rede sein wird, einige Ergebnisse aber sollen schon hier mitgeteilt werden. Wenn z. B. drei Faktorenpaare in Betracht gezogen werden, so können zwei ausgetauscht werden, das dritte kann seinen Platz behalten. Ein Weibchen mit weißen Augen, Miniaturflügeln und gegabelten Borsten, gekreuzt mit einem Männchen vom wilden Typus gibt in F_1 Nachkommen vom wilden Typus. Ein F_1-Weibchen, rückgekreuzt mit einem weißäugigen Männchen mit Miniaturflügeln und gegabelten Borsten, liefert in der nächsten Generation nicht nur die beiden ursprünglichen Kombinationen, sondern auch Neukombinationen. Wie wir gesehen haben, ist bei 33 % der ganzen Nachkommenschaft Austausch zwischen den Merkmalen weißäugig und miniaturflügelig erfolgt; außerdem hat noch bei 20 % Austausch zwischen den Merkmalen miniaturflügelig und gegabelte Borsten stattgefunden. Mit anderen Worten, es treten rotäugige miniaturflügelige und weißäugige langflügelige Individuen auf, sodann da auch zwischen den Genen für die Merkmale Miniaturflügel und gegabelte Borsten Crossing-over vorkommt, miniaturflügelige Individuen mit einfachen Borsten und langflügelige mit gegabelten Borsten. Daraus folgt, daß es Fälle geben muß, wo Crossing-over gleichzeitig zwischen den beiden oben genannten Kombinationen stattgefunden hat (Abb. 8) d. h., es werden einige Fliegen auftreten, die weißäugig-langflügelig sind und gegabelte Borsten haben, sowie einige, die rotäugig-miniaturflügelig sind und einfache Borsten haben. Eine Zusammenstellung der sämtlichen Klassen mit den Prozentsätzen, wie sie sich auf Grund eines Experimentes ergeben haben, zeigt die folgende Tabelle:

Kein Austausch:
weißäugig-miniaturflügelig-gegabelte Borsten = 23,2 %
rotäugig-langflügelig-einfache Borsten = 23,2 %
Einfacher Austausch:
weißäugig-langflügelig-einfache Borsten = 13,2 %
rotäugig-miniaturflügelig-gegabelte Borsten = 13,2 %
weißäugig-miniaturflügelig-einfache Borsten = 6,7 %
rotäugig-langflügelig-gegabelte Borsten = 6,7 %
Doppelter Austausch
weißäugig-langflügelig-gegabelte Borsten = 3,3 %
rotäugig-miniaturflügelig-einfache Borsten = 3,3 %

― ― ―

Durch das Studium von tausenden von Fällen von Faktorenaustausch konnten *Morgan* und seine Mitarbeiter nicht nur die lineare Anordnung der Gene in den Chromosomen endgültig beweisen, sondern auch die ersten „Chromosomenkarten" (Abb. 9) entwickeln.

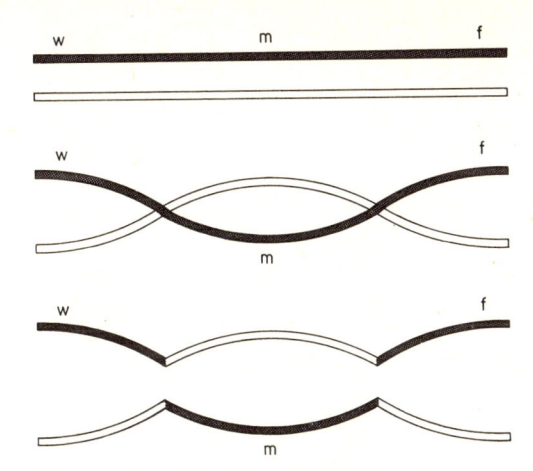

Abb. 8: Schema des Faktorenaustauschs beim Crossing-over

Thomas, Hunt Morgan (1866—1945), geboren in Lexington, Professor der experimentellen Zoologie an der Columbia-Universität von 1904—1928 und Direktor der KERCKHOFF-Laboratorien am California-Institut von 1928—1941. Er formulierte, vor allem fußend auf den Arbeiten von *Boveri,* die Theorie der Gene als Träger von Erbanlagen. 1933 erhielt er den Nobelpreis für Medizin für seine Entdeckungen über Mutationen und die Bedeutung der Chromosomen für die Vererbung. Seine grundlegenden Versuche machte er mit seinen Mitarbeitern an der Taufliege *Drosophila melanogaster,* wobei es ihm erstmals gelang, durch Auswertung seiner Experimente über das Crossing-over, den Faktorenaustausch und die geschlechtsgebundene Vererbung, die Genorte auf den Chromosomen zu bestimmen. — Er starb 1945 in Pasadena.

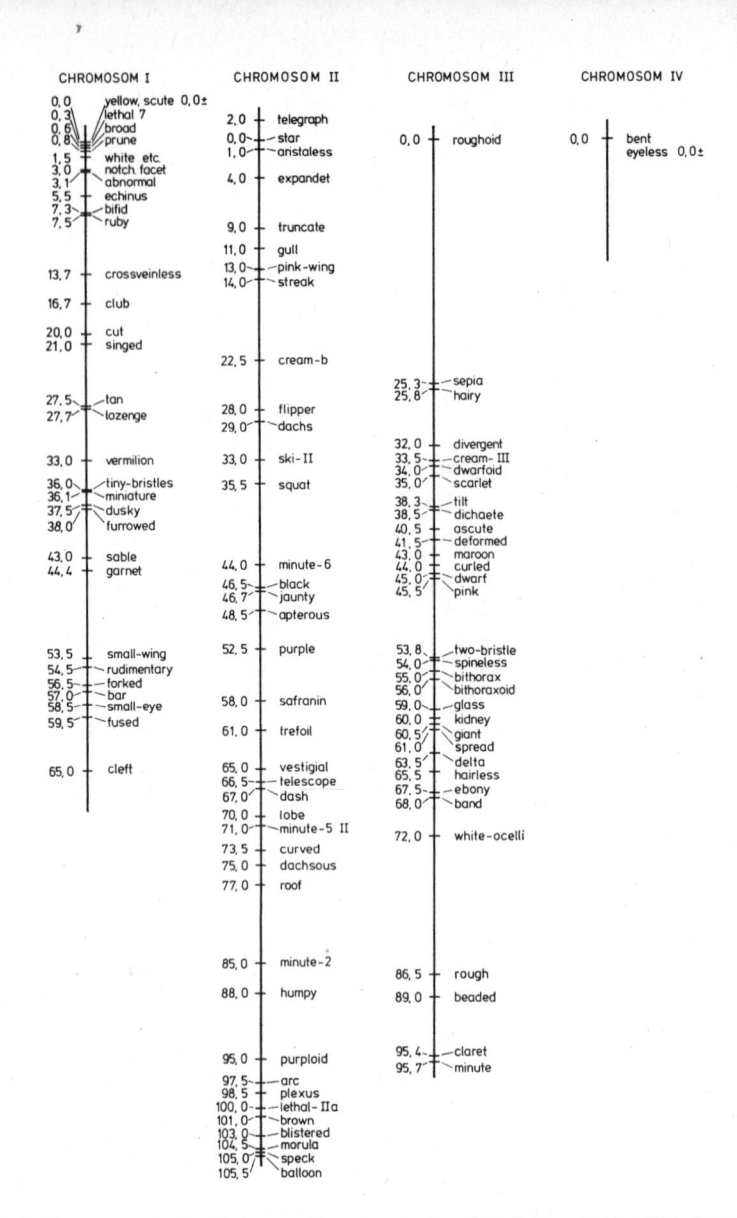

CHROMOSOM I	CHROMOSOM II	CHROMOSOM III	CHROMOSOM IV
0,0 yellow, scute 0,0±			
0,3 lethal 7			
0,6 broad	2,0 telegraph		
0,8 prune	0,0 star	0,0 roughoid	0,0 bent
1,5 white etc.	1,0 aristaless		eyeless 0,0±
3,0 notch. facet	4,0 expandet		
3,1 abnormal			
5,5 echinus			
7,3 bifid			
7,5 ruby	9,0 truncate		
	11,0 gull		
13,7 crossveinless	13,0 pink-wing		
	14,0 streak		
16,7 club			
20,0 cut			
21,0 singed			
	22,5 cream-b		
		25,3 sepia	
		25,8 hairy	
27,5 tan	28,0 flipper		
27,7 lozenge	29,0 dachs		
		32,0 divergent	
33,0 vermilion	33,0 ski-II	33,5 cream-III	
		34,0 dwarfoid	
	35,5 squat	35,0 scarlet	
36,0 tiny-bristles		38,3 tilt	
36,1 miniature		38,5 dichaete	
37,5 dusky		40,5 ascute	
38,0 furrowed		41,5 deformed	
		43,0 maroon	
43,0 sable	44,0 minute-6	44,0 curled	
44,4 garnet	46,5 black	45,0 dwarf	
	46,7 jaunty	45,5 pink	
	48,5 apterous		
		53,8 two-bristle	
53,5 small-wing	52,5 purple	54,0 spineless	
54,5 rudimentary		55,0 bithorax	
56,5 forked		56,0 bithoraxoid	
57,0 bar	58,0 safranin	59,0 glass	
58,5 small-eye		60,0 kidney	
59,5 fused	61,0 trefoil	60,5 giant	
		61,0 spread	
		63,5 delta	
65,0 cleft	65,0 vestigial	65,5 hairless	
	66,5 telescope	67,5 ebony	
	67,0 dash	68,0 band	
	70,0 lobe		
	71,0 minute-5 II	72,0 white-ocelli	
	73,5 curved		
	75,0 dachsous		
	77,0 roof		
	85,0 minute-2	86,5 rough	
	88,0 humpy	89,0 beaded	
	95,0 purploid	95,4 claret	
	97,5 arc	95,7 minute	
	98,5 plexus		
	100,0 lethal-IIa		
	101,0 brown		
	103,0 blistered		
	104,5 morula		
	105,0 speck		
	105,5 balloon		

Abb. 9: Chromosomenkarte mit den von Morgan und seinen Mitarbeitern festgestellten Genorten

HERMANN J. MULLER:

Aus „Künstliche Änderung der Gene"

Science, July 22, 1927, Vol. LXVI, No. 1699 (Übersetzung Dr. Falkenhan)

Die meisten heutigen Genetiker sind sich darüber einig, daß Genmutationen die Grundlage für die Evolution der Organismen und weiterhin für die Komplexität der Lebenserscheinungen sind. Unglücklicherweise jedoch, ist für die Genetiker das Studium dieser Mutationen und durch sie das der Gene selbst, wegen der Seltenheit dieser Erscheinungen unter normalen Bedingungen stark behindert. Das gilt auch für die Mißerfolge aller Versuche, diese geringe „natürliche" Mutationsrate entscheidend und auf einem sicheren und gangbaren Wege zu ändern. In der praktischen Züchtung sind Abänderungen der erbbedingten Natur der Organismen deshalb ebenfalls kaum möglich und der Züchter ist bis jetzt gezwungen, mit dem ihm zur Verfügung stehende Material Kombinationszüchtungen durchzuführen, wobei er zufällig einmal, allerdings sehr selten, auch neue Mutationen erhalten kann. Diese Umstände machen den weitverbreiteten Wunsch der Biologen verständlich, die Möglichkeit zu erhalten, Erbänderungen in den Genen kontrollierbar durchzuführen.

Es ist wiederholt berichtet worden, daß Keimänderungen durch Röntgen- oder Radiumstrahlen verursacht werden können, aber, genau wie im Fall ähnlicher Berichte über andere Mutationsauslöser (Alkohol, Blei, Antikörper usw.) sind alle diese Ergebnisse unsicher, wenn sie vom modernen genetischen Standpunkt aus überprüft werden. Darüber hinaus haben gerade die scheinbar klarsten Fälle bei der Wiederholung oft negative, oder sogar entgegengesetzte Resultate geliefert. Trotzdem aber, insbesondere auf Grund theortischer Überlegungen, erschien es dem Verfasser wahrscheinlich, daß Strahlen von kurzer Wellenlänge für die Erzeugung von Mutationen besonders vielversprechend angewandt werden können. Aus diesem und anderen Gründen wurden zu diesem Problem während des letzten Jahres eine Serie von Experimenten mit der Fruchtfliege *Drosophila melanogaster* durchgeführt, ein Vorhaben, das entscheidende Werte liefern sollte. Der allgemein bekannte Vorzug dieser Art für genetische Studien und die speziellen Methoden, die der Verfasser während der intensiven, achtjährigen Arbeit über ihre natürliche Mutationsrate entwickelt hat, machten es schließlich möglich, einige entscheidende Wirkungen als Folge der Anwendung von Röntgen-Strahlen zu finden. Die Effekte, über die hier berichtet wird, sind wirklich mutagen und nicht mit den bekannten Wirkungen von Röntgen-Strahlen auf die Verteilung des Chromatins, wie Trennung gepaarter Chromosomen während der Mitose, nicht erbliche Crossing-overs, usw. zu verwechseln. In diesem zusammenfassenden Bericht über die Arbeit können nur die Tatsachen und Schlußfolgerungen gebracht werden und einige Probleme, die sich daraus ergeben, nicht aber die benutzten genetischen Methoden oder besondere Einzelergebnisse, die erhalten wurden.

Es konnte ganz sicher festgestellt werden, daß die Behandlung von Sperma mit relativ hohen Dosen von Röntgen-Strahlen das Auftreten von echten „Gen-Mutationen" bei einem großen Teil der behandelten Keimzellen verursacht. Einige hundert Mutationen wurden auf diese Weise in kurzer Zeit erhalten und beträchtlich mehr als hundert der mutierten Gene konnten in drei, vier und mehr

Generationen verfolgt werden. Sie sind fast alle stabil bei der Vererbung und die meisten von ihnen vererben sich in der typischen Weise der Mendel-Vererbung, wie sie als Chromosomen-Mutationen der Gene allgemein in den Organismen gefunden werden. Die Art der Kreuzungen erwies sich als günstig für die Feststellung, Mutationen in den X-Chromosomen gegenüber anderen Chromosomen, denn die meisten Mutationen waren geschlechtsgebunden. Es gab aber auch genügend Beweise dafür, daß ähnliche Mutationen auch in den anderen Chromosomen vorkommen können. Bei der stärksten Dosis mit der das Sperma behandelt wurde, hatte rund ein Siebtel der Nachkommen individuell feststellbare Mutationen in ihren X-Chromosomen. Da die X-Chromosomen ungefähr ein Viertel des haploiden Chromatins ausmachen und, wenn wir die gleiche Mutationsrate in allen Chromosomen (pro Einheit ihrer Länge) annehmen, folgt daraus, daß fast „jede andere" der Spermazellen, die fähig ist einen fruchtbaren Nachkommen zu erzeugen, eine individuell feststellbare Mutation in dem einen oder anderen Chromosom enthält. Tausende von nichtbestrahlten Eltern-Fliegen wurden als Kontrolle in der gleichen Weise wie die bestrahlten gezüchtet. Der Vergleich der beiden Stämme zeigte, daß die starke Bestrahlung eine um 15 Tausend Prozent höhere Mutationsrate gegenüber den nicht bestrahlten Keimzellen verursacht hatte.

Betrachtet man die entstandenen Mutationen, so wurde gefunden, was aus theoretischen Gründen und auf Grund der Ergebnisse von *Altenburg* und dem Verfasser zu erwarten war, daß die Lethal-Mutationen der Nicht-Lethalen, die eine sichtbare Abänderung des Habitus zeigten, zahlenmäßig weit übertrafen. Es gab auch einige „Halb-Lethalmutationen" (Mutationen mit einer Überlebenschance von 0,5—10 Prozent der Normalen), aber glücklicherweise waren diese lange nicht so zahlreich wie die Lethal-Mutationen, die ja als Index für die Mutationsrate verwendet wurden. Die schwer zu fassende Klasse der „unsichtbaren" Mutationen, die sogar eine geringere Reduktion der Überlebenschance verursachten und durchaus nicht mit Lethal-Mutationen verwechselt werden können, erschienen zahlreicher als die der Halb-Lethalen; aber sie wurden hier nicht berücksichtigt. Es ist hinzuzufügen, daß bei diesen Experimenten erstmals das Auftreten von dominanten lethalen genetischen Änderungen in den X-Chromosomen und anderen nachgewiesen werden konnte. ...

Zu der Feststellung, daß der Anteil der „individuell nachweisbaren Mutation" ungefähr ein Siebtel der X-Chromosomen und deshalb etwa die Hälfte des Gesamtchromatins betrifft, ist hinzuzufügen, daß nur die rezessiven Lethalen und Halb-Lethalen und die „sichtbaren" Mutationen berücksichtigt wurden. Würden auch die dominanten Lethalen, die dominanten und rezessiven Gene, die Sterilität verursachen, sowie die „unsichtbaren" Mutationen, die nur die Lebenskraft oder die Fruchtbarkeit beeinflussen, mitgezählt worden sein, würde der Prozentsatz der Mutationen noch bedeutend höher liegen. Es ist deshalb sicher, daß die Mehrzahl der bestrahlten Spermazellen Mutationen der einen oder anderen Art enthält. Es scheint, da der Anteil an Mutationen nach Röntgen-Bestrahlung im Verhältnis zur Gesamtzahl der Gene hoch genug ist, daß es möglich sein wird, sogar ihre Genorte in den Chromosomen zu finden, was dann für Variationsprobleme und andere von Bedeutung werden kann. ...

Alles in allem kann ohne Zweifel gesagt werden, daß die durch Röntgen-Strahlen erzeugten Veränderungen genau die gleichen sind, wie die so viel selteneren,

ohne künstliche Bestrahlung entstehenden „Gen-Mutationen", von denen wir annehmen, daß sie die Grundpfeiler der Evolution sind.
Außer den Genmutationen wurde gefunden, daß die Röntgen-Bestrahlung einen hohen Anteil von Neuordnungen in der Linearsequenz der Gene verursachte. Dies wurde hauptsächlich durch die vielen, nicht vererbbaren Störungen der Crossing-over-Häufigkeit entdeckt (es wurden schließlich 3 Prozent in den X-Chromosomen allein festgestellt, viele verbunden mit Lethal-Effekten, einige aber auch ohne diese). Außerdem gab es noch andere Störungen bei einem Teil der Chromosomen, wie mangelhafte Ausbildung, Brüche, Translokationen, usw. Diese Fälle machen es möglich, eine Reihe von genetischen Problemen anzugehen, die auf andere Weise kaum lösbar sind. ...
Die verändernde Wirkung der Röntgenstrahlen auf die Gene ist nicht auf die Spermazellen beschränkt, denn die Bestrahlung unreifer Weibchen verursacht genau so leicht Mutationen wie bei den Männchen. ...
Zum Schluß möchte ich die Aufmerksamkeit derjenigen, die sich mit klassischen genetischen Arbeiten beschäftigen, auf die Möglichkeiten hinweisen, die sie durch die Benutzung von Röntgen-Strahlen erhalten können, um bei den von ihnen untersuchten Organismen eine Serie von künstlichen Rassen zu erzeugen. Wenn, wie es auf Grund allgemeiner Überlegungen wahrscheinlich ist, die Wirkung auf die meisten Organismen die gleiche sein wird, sollte es in Zukunft möglich sein, genügend Mutationen zu schaffen, um so genaue Chromosomenkarten der untersuchten Art erhalten zu können. Die Untersuchung der so kartierten Gene würde es gleichzeitig ermöglichen, die abgeänderten Chromosomenverhältnisse zu analysieren. In ähnlicher Weise kann erhofft werden, daß sich die Methode für den praktischen Züchter als äußerst nützlich erweisen wird. Dagegen ist die Zeit noch nicht reif, um derartige Möglichkeiten auch für den Menschen selbst zu diskutieren.

Hermann Joseph Muller (1890—1967), war amerikanischer Biologe, der an der Universität von Texas 1920—1936 lehrte, später von 1937—1940 in Edinburgh und von 1940—1945 am Amberst College. 1945 wurde er Professor an der Indiana-Universität. 1926 entdeckte *Muller*, daß Röntgen-Strahlen Gene verändern können. Seine Versuche an Drosophila zeigten außerdem eine Erhöhung der Mutationsrate und Schädigungen des Erbgutes. Für diese grundlegenden Untersuchungen erhielt er 1946 den Nobelpreis für Medizin. Nach dem 2. Weltkrieg setzte sich *Muller* leidenschaftlich für das Verbot von Atomtests ein, die nach seiner Auffassung durch die Verursachung schädlicher Mutationen das Erbgut späterer Generationen gefährden.

OSWALD, THEODORE AVERY

Averys Brief vom 13. 5. 1943 an seinen Bruder R. C. Avery, in dem er von seiner grundlegenden Entdeckung, daß DNS-Moleküle die genetische Information enthalten und übertragen, erstmalig berichtet.

„... aber endlich haben wir es — vielleicht! Die aktive Substanz wird nicht durch kristallines Trypsin oder Verdauungstrypsin angegriffen, sie verliert ihre Aktivität nicht, wenn sie mit kristalliner Ribonuklease behandelt wird ... Polysacharide können entfernt werden, Fette können extrahiert werden: die biologische Akitvität wird dadurch nicht beeinträchtigt! ... Wird der von Proteinen getrennte und gereinigte Extrakt tropfenweise mit absolutem Äthylalkohol versetzt, ereignet sich etwas Interessantes. Wenn der Alkohol ungefähr eine Konzentration von 9/10 desVolumens erreicht hat, scheidet sich eine faserige Substanz ab, die sich, wie ein Faden um eine Spule, um einen Glasstab wickelt, mit dem man die Mischung umrührt. ... Das fädige Material ist hochaktiv und die Elementaranalyse zeigt, daß es sehr genau mit den theoretischen Werten von reiner Desoxyribonukleinsäure (Thymus-Typ) übereinstimmt. (Wer hätte das vermutet?) ... Es wurde gefunden, daß Depolymerase, die bekanntermaßen imstande ist, Proben von Desoxyribonukleinsäure zu schädigen, auch die Aktivität unserer Substanz zerstört — ein indirekter, aber überzeugender Beweis, daß das „transformierende Prinzip" zu dieser Klasse von chemischen Substanzen gehört. ... Wenn wir recht haben — natürlich ist es noch nicht bewiesen — so bedeutet dies, daß Nukleinsäuren nicht nur strukturell wichtige, sondern auch funktionell aktive Substanzen sind, welche die biochemischen Aktivitäten und die spezifischen Eigenschaften der Zellen determinieren. ... Aber heutzutage muß man eine Menge gut fundierter Beweise bringen, um jedermann zu überzeugen, daß das proteinfreie Natriumsalz der Desoxyribonukleinsäure möglicherweise mit derartigen biologischen Aktivitäten und diesen spezifischen Eigenschaften ausgestattet ist — und diese Beweise versuchen wir nun zu erbringen! — Es macht viel Spaß, Seifenblasen in die Luft zu pusten, aber es ist weiser, sie selbst anzustechen, bevor andere es versuchen."

Oswald, Theodore Avery (1877—1955): Amerikanischer Mediziner, Biochemiker und Bakteriologe. Arbeitete seit 1913 im Führungsstab des Rockefeller-Instituts in New York. Zusammen mit seinen Mitarbeitern entdeckte er Anfang der 40er Jahre, daß die Erbsubstanz von Pneumococcen durch Zugabe von DNS geändert werden kann. So fand er als Erster, daß die DNS Träger der Erbinformationen ist.

JAMES D. WATSON und FRANCIS H. C. CRICK:

Die molekulare Struktur von Nuklein-Säuren

Aus: NATURE, 1953, I, S. 737/38, London, New York (Übersetzung Dr. Falkenhan)

Struktur der Desoxiribonukleinsäure

Wir wollen eine Struktur des Salzes der Desoxiribonukleinsäure (DNS) vorschlagen. Diese Struktur zeigt neue Gesichtspunkte, die von erheblichem biologischem Interesse sind.

Eine Struktur der Nukleinsäuren ist schon von *Pauling* und *Corry* vorgeschlagen worden. Sie stellten uns freundlicherweise ihre Manuskripte zur Verfügung. Ihr Modell besteht aus einer dreikettigen Spirale mit den Phosphaten nahe der Mitte und den Basen an der Außenseite. Nach unserer Ansicht ist diese Struktur aus zwei Gründen unbefriedigend: (1.) wir glauben, daß die Materie, welche die Röntgen-Diagramme bedingt, das Salz und nicht die freie Säure ist. Ohne die Säure-Wasserstoff-Atome ist es aber nicht klar, welche Kräfte die Struktur zusammenhalten könnten, besonders nachdem die negativ geladenen Phosphate in der Nähe der Achse sich gegenseitig abstoßen werden. (2.) Einige der van der-Waal'schen Abstände scheinen zu klein zu sein.

Eine andere Dreiketten-Struktur ist von *Frazer* vorgeschlagen worden (in der Presse). In seinem Modell sind die Phosphate an der Außenseite und die Basen innen, zusammengehalten durch Wasserstoffbindungen. Diese Struktur ist aber so unbestimmt beschrieben, daß wir uns nicht mit ihr kritisch auseinandersetzen wollen.

Wir wollen dagegen eine völlig andere Struktur des Salzes der Desoxiribonukleinsäure vorschlagen. Diese Struktur besteht aus zwei schneckenförmigen Ketten, von denen jede um die gleiche Achse gewunden ist (siehe Diagramm, Abb. 10). Wir haben die üblichen bisherigen chemischen Vorstellungen übernommen, vor allem, daß jede Kette aus Phosphat-Doppelester-Gruppen besteht, die mit β-D-Desoxiribofuranose-Resten in 3,5-Bindungen verbunden sind. Die beiden Ketten (aber nicht ihre Basen) sind ähnlich durch eine Doppelbindung, senkrecht zur gedachten Mittelachse. Beide sind schneckenartig rechts gewunden, aber entsprechend den Doppelbindungen, verläuft die Sequenzfolge der Atome in den beiden Ketten in entgegengesetzter Richtung. Jede Kette gleicht ungefähr *Furbergs* Modell Nr. 1: Die Basen sind an der Innenseite der Schnecke, die Phosphate außen. Die Stellung des Zuckers und der ihm benachbarten Atome ist *Furbergs* „Standard Configuration" ähnlich, die Zucker stehen ungefähr senkrecht zu der mit ihnen verbundenen Base. Es gibt in jeder Kette alle 3—4 A. ein Radikal in der z-Richtung. Wir haben einen Winkel von $36°$ zwischen zwei benachbarten Radikalen angenommen, so daß sich die Struktur nach 10 Radikalen in jeder Kette wiederholt, das ist nach 34 A. Der Abstand eines Phosphoratoms von der Achse beträgt 10 A. Da die Phosphate an der Außenseite liegen, können Kationen leicht zu ihnen gelangen.

Die Struktur ist offen und ihr Wassergehalt ist ziemlich hoch. Ein geringerer Wassergehalt würde, so nehmen wir an, genügen, daß die Basen sich neigen und so die Struktur kompakter würde.

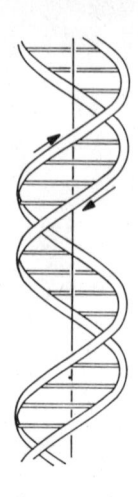

Abb. 10: Erste Darstellung der DNS von *Watson* und *Crick*

Eine neue Tatsache an der Struktur ist die Art und Weise, wie die beiden Ketten durch die Purin- und Pyramidinbasen zusammengehalten werden. Die Ebenen der Basen stehen senkrecht zur Achse; sie sind in Paaren miteinander verbunden; eine einzelne Base der einen Kette ist durch Wasserstoffbrücken mit einer einzelnem Base der anderen Kette vrebunden, so daß beide Seite an Seite mit identischen z-Koordinaten liegen. Eine Base des Basenpaares muß ein Purin sein, das andere ein Pyrimidin, damit die Bindungen stimmen. Die Wasserstoffbindungen bestehen wie folgt: Purin Position 1 zu Pyrimidin Position 1; Purin Position 6 zu Pyrimidin Position 6.

Es wird angenommen, daß die Basen nur in der Struktur der wahrscheinlichsten tautomeren Form vorkommen (das ist die Keto-Form im Gegensatz zur Enol-Form). Dadurch ist bestimmt, daß nur bestimmte Basenpaare aneinander gebunden werden können. Diese Paare sind: Adenin (Purin) mit Thymin (Pyrimidin) und Guanin (Purin) mit Cytosin (Pyrimidin). Mit anderen Worten, wenn Adenin ein Glied eines Paares in einer Kette ist, muß nach dieser Annahme Thymin das andere Glied sein; dasselbe gilt für Guanin und Cytosin. Die Sequenz der Basen in einer Kette scheint durch nichts eingeschränkt zu sein. Jedoch, wenn nur bestimmte Basenpaare möglich sind, folgt, daß die gegebene Basensequenz in einer Kette, die Sequenz in der anderen Kette automatisch bestimmt. Experimentell wurde gefunden, daß die Zahl der Adenin und Thymin-Moleküle bzw. der Guanin- und Cytosinmoleküle in Desoxiribonukleinsäure annähernd gleich ist.

Es ist wahrscheinlich unmöglich die gleiche Struktur mit Ribose-Zucker anstelle von Desoxiribose zu bilden, denn das Extra-Sauerstoffatom würde einen van-der-Waal'schen Kontakt zu eng begrenzen.

Die bisher veröffentlichten Röntgen-Struktur-Daten über Desoxiribose-Nukleinsäuren sind für einen gründlicheren Test unserer Struktur ungenügend. So weit wir es beurteilen können, ist diese aber, grob betrachtet, mit den experimentellen

Daten durchaus vereinbar, aber das muß als unbewiesen gelten, bevor nicht genaue Untersuchungen vorliegen. Einige von ihnen werden in der nachstehenden Veröffentlichung gegeben werden. Wir wußten nichts von den Einzelheiten der Resultate, die hier veröffentlicht werden, als wir unsere Struktur erdachten, die hauptsächlich, wenn auch nicht ausschließlich, auf schon veröffentlichten experimentellen Daten und stereochemischen Argumenten beruht.

Es ist unserer Aufmerksamkeit nicht entgangen, daß die spezifische Paarung, die wir als wahr voraussetzen, sofort den Gedanken eines möglichen Kopiermechanismus des genetischen Materials anregt. Die genauen Einzelheiten der Struktur, einschließlich der Bedingungen, die für ihre Bildung anzunehmen sind, zusammen mit einer Reihe der Koordinierungsmöglichkeiten der Atome, wird an anderer Stelle veröffentlicht werden.

Wir sind *Dr. Jerry Donohue* für seine vielen Ratschläge und seine Kritik sehr verpflichtet, besonders bezüglich der Atomabstände. Wir sind ferner durch die Kenntnis der noch unveröffentlichten experimentellen Ergebnisse und Ideen von *Dr. M. H. F. Wilkins, Dr. R. E. Franklin* und ihren Mitarbeitern vom King's College, London, vielfach angeregt worden. Einer von uns *(J. D. W.)* ist durch ein Stipendium des National-Fonds zur Bekämpfung der Kinderlähmung unterstützt worden.

J. D. Watson
F. H. C. Crick
Medical Research Council Unit fort the Study
of the Molecular Structure of Biological Systems,
Cavendish Laboratory, Cambridge
April 2, 1953

James, D. Watson wurde 1928 in USA geboren, Biochemiker, seit 1958 Professor und seit 1968 Direktor des Cold Spring Harbor Laboratory. Entdeckte zusammen mit Crick und Wilkins 1953 in Cambridge, wo er als Stipendiat arbeitete, den Aufbau der DNS und erhielt dafür, zusammen mit Crick und Wilkins, 1962 den Nobelpreis.

F. H. C. Crick wurde 1916 in England geboren, Vererbungsforscher, arbeitete in Cambridge und den USA, seit 1947 Leiter des Laboratory of Molecular Biology in Cambridge. Entdeckte zusammen mit Watson und Wilkins 1953 den Aufbau der DNS — Nobelpreis 1962.

JAMES D. WATSON:

Aus „Molekularbiologie der Gene"

W. A. Benjamin, New York, 1965

Avery's Bombe: Nukleinsäuren liefern spezifische Erbinformationen!
Bis 1944 war die Zahl der Chemiker, die an Nubkleinsäuren arbeiteten, nur ein kleiner Teil derjenigen, die versuchten, Proteine zu erforschen. Die Existenz von zwei Nukleinsäuren war bis dahin bekannt, DNS = Desoxiribonukleinsäure und RNS = Ribonukleinsäure, aber die wichtigtsen Tatsachen ihres chemischen Aufbaus waren noch ungeklärt. Obwohl DNS nur in Zellkernen gefunden wurde (daher der Name Nukleinsäure), herrschte allgemein die Meinung, daß es sich hier wahrscheinlich nicht um eine genetische Substanz handelt, denn die Chemiker dachten, daß ihre vier Typen von Nukleotiden immer in der gleichen Zahl anwesend wären und deshalb die DNS eine ähnlich sich wiederholende Struktur wie die Stärke hätte (die Vier-Nukleotid-Hypothese). In der Mitte der Dreißiger Jahre fanden die schwedischen Chemiker *Hammarsten* und *Caspersson* durch die vorsichtige Anwendung physikalisch-chemischer Techniken, daß das Molekulargewicht der DNS größer als 500 000 ist, und damit größer als das der meisten Proteine. Zur gleichen Zeit führte die Analyse von gereinigten Pflanzenviren durch den Amerikaner *Stanley* und die Engländer *Bawden* und *Pirie* zu der Vermutung, daß die Viren Nukleinsäuren enthalten und diese deshalb bei der Vererbung eine Rolle spielen.

Der erste schlüssige Beweis für die genetische Wirkung der Nukleinsäuren wurde jedoch von dem berühmten amerikanischen Mikrobiologen *Avery* und seinen Mitarbeitern *Mac Leod* und *Mac Carty* am Rockefeller-Institut in New York erbracht. Sie machten 1944 die wichtige Entdeckung, daß die Erbsubstanz der Erreger der Lungenentzündung durch die Zugabe von sorgfältig präparierter DNS von hohem Molekulargewicht spezifisch geändert werden kann.

Obgleich man zunächst zögerte, die sich hieraus ergebenden Schlußfolgerungen anzunehmen, regte ihre Entdeckung doch zur intensiven weiteren Untersuchung der Nukleinsäuren an. Hierbei erwies sich die Papierchromatographie als besonders brauchbare Untersuchungsmethode und sie erlaubte bald dem Biochemiker *Chargaff*, der in New York arbeitete, die Nukleotid-Zusammensetzung von DNS-Molekülen verschiedener Organismen zu analysieren. 1947 ergaben seine Versuche nicht nur, daß die vier Nukleotide keineswegs immer in gleichen Mengen vorhanden sind, sondern auch, daß das genaue Verhältnis der vier Nukleotide von einer Art zur anderen variiert. Diese Entdeckung bedeutete, daß viel mehr Variationsmöglichkeiten bei der DNS denkbar sind als die Vier-Nukleotid-Hypothese erlaubt hatte und das führte sofort zu der Annahme, daß die genaue Anordnung der Nukleotide in einem Molekül in Beziehung zu seiner genetischen Besonderheit steht.

Durch *Chargaff's* Arbeiten wurde in den nächsten Jahren auch erwiesen, daß das relative Verhältnis der vier Basen nicht zufällig war. Die Zahl der Adenin-Anteile in einer bestimmten DNS war immer gleich dem Betrag der Thymin-Anteile und die Zahl der Guanin-Anteile dem der Cytosine. Die fundamentale Bedeutung diesr Beziehungen wurde allerdings erst klar, als man dem dreidimensionalen Aufbau der DNS ernsthafte Beachtung schenkte.

Die Doppel-Helix

Parallel mit Arbeiten über die Röntgen-Analyse der Proteine versuchte auch eine noch kleine Zahl von Wissenschaftlern die Röntgenstrahlenbrechung der DNS zu klären. Die ersten Ergebnisse wurden 1938 von dem Engländer *Astbury* erzielt, der DNS benutzte, die ihm *Hammarsten* und *Caspersson* geliefert hatten. Es dauerte dann aber bis nach dem Weltkrieg (1948—50), bis *Wilkins* und *Franklin,* die in London am King's College arbeiteten, Fotos von hoher Qualität erhalten konnten. Aber selbst danach konnte man die chemischen Bindungen, durch die die verschiedenen Nukleotide verbunden waren, noch nicht unzweifelhaft bestimmen. Das gelang erst 1952 einer Gruppe von Chemikern, die im Cambridge-Labor von *Alexander Todd* arbeiteten.

Fußend auf Pauling's — Helix, wurde 1951 eine elegante Theorie über die Röntgenstrahlenbrechung durch Helix-Moleküle entwickelt. Diese Theorie machte es möglich, DNS-Strukturen auf der Versuch- und Irrtum-Basis zu prüfen. Die richtige Lösung, eine sich ergänzende Doppel-Helix, wurde 1953 von *Crick* und *Watson* gefunden, die in England im Labor von *Perutz* und *Kendrew* arbeiteten. Die richtige Vorstellung gelang vor allem, weil sie die stereochemisch wahrscheinlichste Konfiguration fanden, die wiederum mit den Röntgen-Analysen der King's-College-Gruppe übereinstimmte.

Die richtige Vorstellung der Doppel-Helix begründete sofort geradezu eine Revolution in der Art und Weise, wie von da an zahlreiche Genetiker ihre Ergebnisse analysierten. Das Gen war nun nicht mehr ein geheimnisvolles Wesen, dessen Verhalten nur durch Züchtungsexperimente geklärt werden konnte. Es wurde stattdessen rasch ein faßbares molekulares Objekt, über das Chemiker in der gleichen sachlichen Weise grübeln konnten, wie über irgendwelche, bekannten kleineren Moleküle. Die größte Aufregung wurde aber nicht nur durch die Tatsache bedingt, daß die Struktur aufgeklärt worden war, sondern vor allem durch die Beschaffenheit dieser Struktur selbst. Bevor die Antwort gefunden war, hatte immer die Befürchtung geherrscht, daß alle Untersuchungen zu nichts führen und man nichts über Genreplikation und Genfunktion erfahren würde. Glücklicherweise jedoch war die Antwort enorm erregend: das Molekül schien aus zwei ineinander gewundenen Strängen zu bestehen, wobei die Struktur des einen Stranges als Schablone für den Aufbau des anderen dient. Wenn diese Hypothese richtig ist (und heute wissen wir, daß es so ist), dann ist das fundamentale Problem der Genreplikation, an dem die Genetiker schon so viele Jahre gerätselt haben, in der Tat gelöst.

Dadurch wurden in den letzten Jahren zahlreiche Experimente angeregt, zu untersuchen, wie auf molekularer Ebene die DNS-Moleküle kontrollieren, was in einer Zelle geschieht. Diese Studien haben viele Entdeckungen darüber gebracht, wie das genetische Material arbeitet, die man 1953 noch nicht voraussehen konnte. Da es jetzt diese Ergebnisse gibt, die zunächst für die molekulare Ebene gelten, ist es richtig, hier von molekularer Genetik zu sprechen.

Das Ziel der Molekular-Biologie

Bis jetzt schien die Vererbung die geheimnisvollste der Lebenserscheinungen zu sein. Aber die allgemein anerkannte Tatsache, daß die Struktur der DNS uns nun erlaubt, alle grundsätzlichen Fakten auf molekularer Ebene zu verstehen, ist von größter Bedeutung. Wir sehen jetzt nicht nur, daß die Gesetze der Chemie ausreichen, um die Eiweißstruktur zu verstehen, sondern auch daß diese Gesetze mit allen Vererbungserscheinungen übereinstimmen. Ferner sind alle bedeutenden Biochemiker jetzt sicher, daß die anderen Charakteristika des lebenden Organismus (z. B. die selektive Permeabilität von Zellmembranen, die Muskelkontraktionen, die Nervenleitung und die Hör- und Gedächtnisleistungen) vollständig durch die koordinierten Wechselwirkungen zwischen kleinen und großen Molekülen verstanden werden können. Viel wissen wir heute schon über die weniger komplexen Erscheinungen, jedenfalls genug, um uns die Zuversicht zu geben, daß weitere intensive genetische Untersuchungen uns eventuell sogar in die Lage versetzen werden, die wesentlichen Fakten zu beschreiben, die das Leben bedingen.

JOHN CAIRNS:

Die Form und Reduplikation von Desoxyribonucleinsäure (DNS)

Aus „Endevour", XXII, 1963, 87, S. 141—145

In den Molekülen von Desoxyribonucleinsäure (DNS) sind die Erbmerkmale festgelegt, die von Generation zu Generation weitergegeben werden. Diese Makromoleküle sind so groß und zerbrechlich, daß man sie nicht den normalen biophysikalischen Arbeitsmethoden unterwerfen kann. Der vorliegende Artikel beschreibt Methoden, nach denen diese Molekülen näher untersucht werden können.
In den letzten Jahren hat unser Verständnis der Mechanismen, die die Funktionen lebender Systeme steuern und kontrollieren, gewaltige Fortschritte erfahren. Eingeleitet wurde dieser Fortschritt zweifellos durch die Entdeckung, daß in den Nucleinsäuren, speziell der Desoxyribonucleinsäure (DNS), die genetischen Informationen verankert sind. Die Erbmerkmale jedes Lebewesens kann man betrachten als die Folge der chemischen Reaktionen, die in seinem Leben ablaufen, als Folge der Strukturen, die es hervorbringen kann, und der Art, wie diese sich während des wechselnden Daseins eines höheren Lebewesens entfalten. Man weiß heute, daß diese Vorgänge von genetischen Befehlen gesteuert ablaufen, die in den DNS-Molekülen enthalten sind und von einer Generation zur nächsten weitervererbt und exakt kopiert werden.
Den zweiten Schritt der Erweiterung unseres Verständnisses brachte die Klärung der DNS-Struktur mit sich, was schon in Endeavour beschrieben wurde und daher hier nur kurz zusammengefaßt sei. Das Molekül besteht aus zwei Desoxyribose-phosphatketten, die sich spiralförmig um eine gemeinsame Achse winden; an jede Desoxyribose ist eine Purinbase (Adenin oder Guanin) oder eine Pyrimidinbase (Thymin oder Cytosin) gebunden; die beiden Ketten halten durch Wasserstoffbrückenbindungen aneinander, die sich zwischen den zwei Purin-Pyrimidin-Basenpaaren, Adenin-Thymin (A—T) und Guanin-Cytosin (G—C) ausbilden können. *Watson* und *Crick* behaupteten, daß die Information eines DNS-Moleküls in der genauen Reihenfolge der Basenpaare begründet ist, so daß also die genetische Botschaft in einem Vier-Buchstaben-Alphabet (A—T, T—A,

G—C und C—G) geschrieben ist. Weiterhin legten sie dar, daß durch die Beschränkung der Basenpaare auf A—T und G—C die Reihenfolge in der einen Kette die der zweiten absolut determiniert, daß also A in Kette 1 T in Kette 2 bedingt, usw. Die Reduplikation der DNS ist notwendig, wenn das Molekül zur sicheren Festlegung genetischer Informationen dienen soll. Nach den obigen Autoren wäre das dadurch gewährleistet, daß die beiden Ketten sich trennen und jede die Rolle der Matrize für den Aufbau der komplementären Kette übernehmen würde. Das ursprüngliche DNS-Molekül stellt also eine Kette für jedes Tochtermolekül zur Verfügung, dieses würde sich als ein „Hybrid" von einer Eltern-Kette und einer neu synthetisierten Kette ergeben. Diese Hypothese hat sich in den vergangenen Jahren allgemein bestätigt.

Es sollten hier neue Arbeiten über den Aufbau und die Reduplikation der DNS verschiedener Organismen (einfachste Viren, Bakterien und Zellen höherer Lebewesen) besprochen werden. Die Diskussion der neuesten Fortschritte im Verständnis der Vorgänge, die die Reihenfolge der Basen der DNS auf die Aminosäuresequenz im Protein übertragen, d. h. die genetischen Befehle „in die Tat umsetzen", würde hier zu weit führen. Es genügt, daß die genetische Information wirklich in der Basensequenz der DNS begründet ist und daß die vier Basen (A, T, G und C) ein Vier-Buchstaben-Alphabet darstellen, mit dem die genetische Botschaft in Worten aus je drei Buchstaben (drei Basenpaare) geschrieben wird.

Bestätigungen für das Watson-Crick-Modell der DNS-Reduplikation

Watson und *Crick* postulierten, daß jedes DNS-Molekül eine Kette des Elternmoleküls und eine neue komplementäre Kette enthält. Man hat diese Art der Reduplikation semi-konservativ genannt, da die einzelnen Ketten von einer Generation zur nächsten erhalten bleiben, die Assoziierung zweier Ketten aber nicht. Dieses Prinzip wurde für einen großen Teil aller lebenden Systeme bestätigt — durch Experimente, zu deren Beginn die DNS irgendwie markiert wurde. Zum Beispiel kann man Bakterien gleichmäßig mit dem schweren Stickstoffisotop ^{15}N markieren, so daß ihre DNS eine merkliche Erhöhung der Dichte zeigt. Nach einer Generation in ^{14}N-haltigem Medium — dabei verdoppelt sich die Gesamtmenge der DNS — fand man, daß die DNS zu einer 1:1-Mischung aus ^{15}N- und ^{14}N-Ketten mit mittlerer Dichte geworden war; nach einer weiteren Generation mit nochmaliger Verdoppelung der DNS-Menge ist die eine Hälfte immer noch eine ^{15}N- ^{14}N-Mischung, was zeigt, daß die ^{15}N-Ketten erhalten geblieben sind, die andere Hälfte ist reine ^{14}N-DNS von normaler Dichte.

DNS und genetische Information

Die in den DNS-Molekülen verankerte Information legt nicht nur die spezielle Beschaffenheit aller hergestellten Proteine fest und damit die Art aller Produkte der enzymatischen Prozesse, sondern auch sämtliche Kontrollsysteme. So hat man zeigen können, daß bakterielle Chromosome Regionen enthalten, die nur dazu da sind, die „Exekutive" anderer Regionen in Gang zu bringen oder abzustoppen, d. h. die sogenannten „Operator-Gene" werden durch „Regulator-Gene" gesteuert. Erst das Vorhandensein solcher Kontrollsysteme macht das, was zu einer sinnlosen oder gar selbstmörderischen Aktivität werden könnte, zu jenem geordneten System, wie wir es in jedem Lebewesen vorfinden. Schließlich hat man berechtigte Gründe anzunehmen, daß die stufenweise Entwicklung zu immer komplexeren Formen des Lebens viel eher von der Ausbildung solcher Kontrollmechanismen als von der bloßen Vergrößerung der biochemischen Kompliziertheit abhing.

Die DNS-Menge variiert in den verschiedenen Organismen über einen weiten Bereich. Verwenden wir die Sprache der Genetik, also Worte aus drei Buchstaben — drei Basenpaaren — so enthalten die Viren 2000—50000, die Bakterien 1—2 Millionen und jede Säugetierzelle ungefähr 2 Milliarden solcher Worte.

Die DNS von Viren

Es ist naheliegend, diese Besprechung mit einem Abschnitt über die DNS des Bateriophagen T 2 zu beginnen, über den mehr gearbeitet worden ist als über jeden anderen. Als Einführung ist dieses Molekül auch deshalb geeignet, weil es genügend groß ist, um viele spezielle Probleme bei seiner Handhabung zu ergeben; unter den verwendeten Techniken befinden sich die meisten, die man zur Bewältigung solcher Probleme allgemein heranziehen muß.

Die genetische Analyse hat ergeben, daß alle mutablen Eigenschaften von T 2 in eine einzige lineare und unverzweigte Kette fallen. Daraus schloß man, daß jede Viruspartikel ein einziges DNS-Molekül enthält. Die Ergebnisse der einfachen chemischen Analyse lieferten einen recht genauen Wert für die Größe dieses zunächst hypothetischen Moleküls: jede Viruspartikel enthält ungefähr 170 000 Basenpaare, entsprechend einem Molgewicht von mehr als 10^8. Bei der Extraktion lag die DNS offensichtlich in sehr großen Molekülen vor. Die üblichen biophysikalischen Methoden zur Molekulargewichtsbestimmung lassen aber bei Molekülen dieser Größe und Form an Genauigkeit zu wünschen übrig. Aus Messungen des Sedimentationskoeffizienten dieser DNS ging lediglich hervor, daß jede Viruspartikel mit Sicherheit nur aus einigen identischen Molekülen besteht. Man mußte nun durch eine speziell entwickelte Technik bestimmen, wieviele solche Moleküle jede Partikel enthält, um so das Ergebnis der biophysikalischen Bestimmung entsprechend korrigieren zu können.

Es wurde bis heute schon nach verschiedenen Methoden gezeigt, daß tatsächlich jedes Virus nur aus einem einzigen DNS-Molekül besteht, z. B. kann die Virus-DNS durch Wachsen in Gegenwart von radioaktivem Phosphor markiert werden, so daß jede Partikel beim Einbetten in eine photographische Schicht sternförmige Spuren von emittierten beta-Teilchen erzeugt. Durch Abzählen dieser radioaktiven Quellen oder „Sterne" war es möglich zu zeigen, daß bei der Extraktion der DNS die Zahl der Sterne unverändert blieb, daß also die Gesamtzahl der DNS-Moleküle die gleiche ist wie der der Viruspartikel. Diese Technik stellt eine Art Autoradiographie dar; sie kann noch verfeinert werden, indem man die Zahl der Einzelspuren zählt, die den Stern zusammensetzen. Dadurch erhält man ein direktes Maß für die Zahl der Phosphoratome und damit die Gesamtmasse des Moleküls. Keine dieser Methoden bringt aber eine Aussage über die Form der DNS; sie könnte etwa stäbchenförmig, kreisförmig oder aus vielen Einzelsträngen zusammengesetzt sein.

Am unmittelbarsten kann man wohl diese Moleküle durch Elektronenmikroskopie untersuchen, und dabei erwies es sich, daß sie die für zwei umeinander gewundene DNS-Moleküle erwartete Breite von 20 Å haben. Die praktischen

Schwierigkeiten, die Photographie eines ganzen Moleküls zu erhalten, sind aber noch nicht ganz überwunden, was nicht verwundert, wenn man bedenkt, daß seine Länge sich zum Durchmesser wie 25 000 : 1 verhält.

Zur Bestimmung der Moleküllänge müssen wir zur Autoradiographie zurückkehren. Das Wasserstoffisotop Tritium emitiert eine sehr schwache beta-Strahlung, deren Reichweite in einer photographen Emulsion kürzer als 1 ist. So kann man also die Länge eines DNS-Moleküls mit einer Genauigkeit von etwa einem Mikron bestimmen, indem man es mit ^3H markiert und dann mit einer dünnen photographischen Schicht bedeckt.

Nach den eben geschilderten Methoden wurden noch einige andere bakterielle Viren untersucht. In allen Fällen konnte gezeigt werden, daß sie ihre gesamte DNS in einem einzigen Molekül enthalten. Der vielleicht am meisten überraschende Vertreter dieser Gruppe von Viren heißt oX 174 und enthält nur eine DNS-Kette in Form eines Kreises. Wie erwiesen wurde, verschafft sich aber auch diese anomale DNS im Stadium der Reduplikation eine zweite komplementäre Kette, so daß wenigstens der Vorgang ihrer Reduplikation normal zu sein scheint.

Die DNS von Bakterien

1946 bewiesen *Lederberg* und *Tatum* die Verschmelzung und Reduplikation in dem Bakterium *Escherichia coli*. Seitdem hat sich das Gebiet der bakteriellen Genetik derartig ausgedehnt, daß es heute praktisch die gesamte Genetik beherrscht. Zunächst wurde dieses Feld beschritten, um die Besonderheiten des Verschmelzungsprozesses, der von den Bakterien benützt wird, verstehen zu lernen, außerdem weil in diesem System die Art der Wirkungsweise der Gene am leichtestens zergliedert werden kann. Zum Beispiel stammt unser Wissen über die oben erwähnten genetischen Kontrollmechanismen aus dem Studium der bakteriellen Genetik. Es braucht hier nur erwähnt zu werden, daß das genetische Material gewisser Bakterien nur in einer einzigen Kette enthalten ist, die — wenigstens bei der genetischen Analyse — in Form eines Kreises auftritt.

Eine der hervorstechensten Eigenschaften der aus den größeren bakteriellen Viren isolierten DNS-Moleküle ist ihre Zerbrechlichkeit, die, wie zu erwarten, bei den größten Molekülen am ausgeprägtesten ist: schon durch Rütteln und Turbinieren zerbrechen sie, besonders bei geringer Konzentration, leicht. Der „Kern" der Bakterien enthält viel mehr DNS als das größte Virus und deshalb muß die DNS, wenn sie ein einziges Molekül ist, sehr fragil sein. Beim Versuch zu beweisen, daß auch hier nur ein einzelnes Molekül vorliegt, mußten also Methoden angewandt werden, die keine Bewegung der einmal extrahierten DNS erforderten. Die einzigen heute verfügbaren Techniken sind die Elektronenmikroskopie und die Autoradiographie. ...

Die DNS von Pflanzen und Tieren

Die Methoden zur Handhabung großer Moleküle intakter DNS sind erst neuerdings entwickelt worden, es liegen jedoch noch keine Berichte über ihre Anwendung auf höhere Organismen vor. Obwohl sich die DNS komplexer Zellen auf mehrere Chromosome verteilt, ist die gesamte DNS-Menge in jedem dieser Chromosome meist viel größer als in einem Bakterium.

Zum Beispiel enthält jedes menschliche Chromosom schätzungsweise durchschnittlich 2 cm DNS. Beträchtliches experimentelles Geschick wird nötig sein, solche Moleküle, wenn sie existieren, zu entfalten. Es gibt zwei recht dürftige Gründe zur Annahme, daß man diese Moleküle finden wird.

1. Obwohl die DNS großer Chromosome nicht unmittelbar gesehen werden konnte, erhält man eine Vorstellung über ihre Form aus ihrem Verhalten innerhalb des Chromosoms zur Zeit der Reduplikation. Wenn ein Markierungsmittel wie ^{3}H-Thymidin für kurze Zeit während der DNS-Synthese in eine Pflanzenzelle eingeführt wird, findet man, daß beide Tochter-Chromatide*) zum Zeitpunkt der Zellteilung markiert sind; nach einer weiteren Reduplikation aber zeigt es sich, daß diese beiden Chromosome jeweils ein markiertes und ein nicht markiertes Chromatid erzeugt haben. Das ist genau, was man erwartet, wenn jedes dieser Chromosome ein einziges Molekül enthält: eine kurze Periode radioaktiver Markierung ergibt zwei Moleküle, von denen jedes in dem einen, neuen Strang — zum mindestens teilweise — „heiß", im anderen, alten Strang dagegen „kalt" ist; jedes dieser Moleküle reproduziert sich dann in Abwesenheit von Markierungsmittel und addiert an jeden seiner Stränge einen neuen, „kalten" Strang. Im Endeffekt entsteht ein „heiß-kalt"-Molekül und ein „kalt-kalt"-Molekül. Man muß zugeben, daß diese Ergebnisse nicht zwingend beweisen, daß jedes Chromosom nur ein Molekül enthält, denn streng genommen geben sie nur Auskunft über die Auftrennung des vorhandenen Materials und nicht über die Anzahl der anwesenden Stränge; es könnten viele Moleküle so angeordnet sein, daß ihre Einzelketten sich in der gefundenen speziellen Weise aufteilen könnten.

2. Der zweite Grund ist noch leichter anfechtbar, obwohl er für sich von einigem Interesse ist. Das für die DNS-Reduplikation verantwortliche Enzym ist isoliert worden und vermag in vitro DNS zu reduplizieren, ein Vorgang, der am Ende des Moleküls beginnt und an ihm entlang weiter abläuft. Wir haben schon gesehen, wie auch das bakterielle Chromosom sich auf ähnliche Weise repliziert. Wenn wir daher annehmen, daß dies die Regel ist, und weiterhin voraussetzen, daß die Reduplikationsgeschwindigkeit für alle DNS dieselbe ist, können wir wenigstens überprüfen, ob die Zeit, die zur Reduplikation eines der größten Chromosome nötig ist, dafür ausreicht, daß ein Einzelprozeß der gesamten Länge der vorhandenen DNS entlangläuft. Diese Rechnung ist in folgender Tabelle durchgeführt:

	Gesamter DNS-Gehalt	Reduplikationsdauer bei 37° C (min)	Reduplikationsgeschwindigkeit
T2 Bakteriophage	50	1—2	(25—50)
Escherichia coli	1000	30	33
Menschliches Chromosom	(~20000)	~400	(~50)

Die in Klammern gesetzte Werte sind berechnet und nicht direkt beobachtet. Wir sehen, daß man vielleicht an eine universelle Reduplikationsgeschwindigkeit glauben darf, und dies gibt seinerseits der Annahme eines einzigen Moleküls

---

*) Das Wort „Chromatid" ist hier gewählt, um eine Verärgerung der Genetiker zu vermeiden, hat aber in diesem Zusammenhang die gleiche Bedeutung wie das Wort Chromosom.

für jedes Chromosom einige Wahrscheinlichkeit. Gleichzeitig ist bekannt, daß es Chromosome gibt, für die dies nicht zutrifft. Beispielsweise machen die Riesenchromosome in den Speichelzellen von *Diptera* mehrere DNS-Syntheseprozesse durch, ohne die Produkte abzuschneiden, so daß sie mit Sicherheit mehr als ein Molekül enthalten. ...

John Cairns, D. M. wurde 1922 geboren und besuchte die Oxford University. Er arbeitete zwei Jahre am Walter and Eliza Hall Institute in Melbourne und seit 1955 an der Australian National University. *Cairns* arbeitet über Virusvermehrung.

VI. Abstammung

JEAN LAMARCK:

Über den Einfluß der Umgebungsverhältnisse auf die Artumbildung

Aus „Zoologische Philosophie", 1809

Kann es bei der Beobachtung der Natur etwas Interessanteres geben als das Studium der Tiere, die Betrachtung der Ähnlichkeit ihrer Organisation mit der des Menschen, die Untersuchung der abändernden Macht, welche die Gewohnheit, die Lebensart, das Klima und die Wohnorte auf ihre Organe, Fähigkeiten und Charaktere ausüben; etwas Interessanteres, als die Untersuchung der verschiedenen Stufen ihrer Organisation, nach denen man die größeren oder geringeren Beziehungen bestimmt, welche die Stelle eines jeden im natürlichen System feststellen; als die allgemeine Einteilung endlich, in die wir diese Tiere bringen, indem wir den größeren oder geringeren Grad der Komplikation ihrer Organisation in Betracht ziehen, eine Einteilung, die zu der Kenntnis des wirklichen Ganges führen kann, dem die Natur bei der Erzeugung ihrer Arten folgte? Es ist kein unnützes Ding, den Artbegriff positiv festzustellen; zu untersuchen, ob es wahr ist, daß die Arten eine absolute Konstanz besitzen, daß sie so alt wie die Natur, und daß sie alle ursprünglich so existiert haben, wie wir sie heute noch beobachten; oder ob sie nicht vielmehr, den wechselnden Umständen unterworfen, wenn auch nur äußerst langsam, im Laufe der Zeiten ihren Charakter und ihre Gestalt verändert haben.
Die Aufhellung dieser Frage ist nicht nur für unsere zoologischen und botanischen Kenntnisse von Interesse, sondern sie ist auch wichtig für die Geschichte der Erde. ...
Man hat Art jede Gruppe von ähnlichen Individuen genannt, welche von anderen, ihnen ähnlichen Individuen hervorgebracht wurden.
Diese Definition ist genau, denn jeder Organismus gleicht immer beinahe vollständig seinem oder seinen Erzeugern. Man verbindet aber mit dieser Definition die Vorstellung, daß die zu einer Art gehörenden Individuen in ihrem spezifischen Charakter niemals abändern, und daß folglich die Art in der Natur eine absolute Konstanz besitzt.
Diese Annahme ist es, die ich bekämpfen will, weil einleuchtende, durch die Beobachtung gewonnene Beweise dartun, daß sie unbegründet ist. ...

Wenn man unter dem Namen Art eine Anzahl ähnlicher Individuen zusammenfaßt, die in der Fortpflanzung sich ähnlich erhalten und die sich gleich geblieben sind, solange die Natur existiert, so muß man mit Notwendigkeit annehmen, daß die Individuen einer Art niemals mit den Individuen einer anderen Art in geschlechtliche Verbindung treten können, Unglücklicherweise hat die Beobachtung gezeigt und sie zeigt sich tagtäglich, daß diese Betrachtung aller Begründung entbehrt. Denn die bei den Pflanzen sehr häufigen hybriden Formen und die Paarungen von Individuen sehr verschiedener Arten, die man häufig bei den Tieren antrifft, haben gezeigt, daß die Grenzen dieser „konstanten" Arten keineswegs so fest sind, wie man geglaubt hat.

Es ist wahr, daß aus diesen Paarungen, besonders wenn die Arten sehr verschieden sind, oft nichts hervorgeht, oder daß die so erzeugten Individuen im allgemeinen unfruchtbar sind. Wenn indessen die Verschiedenheit minder groß sind, so weiß man, daß dieser Fall nicht eintritt. Dieses Mittel allein genügt aber, um ganz allmähliche Varietäten zu erzeugen, die endlich zu Rassen und mit der Zeit zu Arten werden.

Um zu beurteilen, ob der Begriff, den man sich von der Art gebildet hat, eine reale Begründung hat, wollen wir auf die angeführten Betrachtungen zurückkommen. Diese zeigen uns:

1. Daß alle Organismen unseres Erdkörpers wahre Naturerzeugnisse sind, welche die Natur in langer Zeit allmählich hervorgebracht hat.

2. Daß die Natur in ihrem Gange — wie sie es noch heute tut — mit der Schöpfung der einfachsten Organismen begonnen hat, und daß sie unmittelbar nur diese, d. h. diese ersten Anfänge der Organisation erzeugt, was man mit dem Namen Urzeugung bezeichnet.

3. Daß die ersten, an günstigen Orten und unter günstigen Umständen gebildeten tierischen und pflanzlichen Anfänge, ausgestattet mit der Fähigkeit des beginnenden Lebens und der organischen Bewegung, mit Notwendigkeit allmählich Organe entwickelt und mit der Zeit dieselben, sowie ihre Teile vervielfältigt haben.

4. Daß das von den ersten Wirkungen des Lebens unzertrennliche Wachstumsvermögen in jedem Teil des Organismus die verschiedenen Arten der Vermehrung und Fortpflanzung der Individuen verursacht hat, und daß dadurch die in dem Baue der Organisation und in der Gestalt und Verschiedenheit der Teile erworbenen Fortschritte erhalten wurden.

5. Daß mit Hilfe genügender Zeiträume, notwendig günstiger Umstände und der Veränderungen, welche alle Punkte der Erdoberfläche ununterbrochen erlitten haben, mit einem Wort: daß durch die umändernde Wirkung neuer Gewohnheiten alle jetzt existierenden Organismen unmerklich so gebildet worden sind, wie wir sie wahrnehmen.

6. Daß endlich — da ja alle Organismen in ihrer Organisation und in ihren Teilen mehr oder weniger große Veränderungen erlitten haben — das, was man bei ihnen Art nennt, nach einer ähnlichen Ordnung der Dinge unmerklich und ununterbrochen so gebildet wurde, eine nur relative Konstanz hat und nicht so alt wie die Natur sein kann....

Gewiß wird diese scheinbare Stabilität der Dinge in der Natur von gewöhnlichen Menschen immer für wirklich gehalten werden, da im allgemeinen der Mensch alle Dinge nur mit Bezug auf sich selbst beurteilt.

Für den Menschen, der in dieser Beziehung nur nach den Veränderungen, die er selbst vor sich gehen sieht, urteilt, sind die Zwischenräume dieser Veränderungen stationäre Zustände, die ihm wegen der kurzen Lebensdauer der Individuen seines Geschlechts unbegrenzt erscheinen. Weil die Annalen seiner Beobachtungen und die Bemerkungen über Tatsachen, die er in seine Bücher hat eintragen können, sich nur auf einige tausend Jahre erstrecken, eine Zeit, die im Vergleich zu der Lebensdauer des Menschen unendlich lang ist, im Vergleich zu den Zeiträumen aber, während derer die großen Veränderungen der Erdoberfläche vor sich gingen, äußerst kurz, so erscheint ihm alles beständig auf dem Planeten, den er bewohnt, und er ist geneigt, die Zeichen zurückzuweisen, welche allerorts um ihn aufgehäuft oder in dem Boden, den er mit seinen Füßen tritt, verborgen sind. ...

Nachdem wir dies sicher festgestellt haben, wollen wir nach den Ursachen dieser Erscheinung fragen. Wir wollen untersuchen, ob die Natur die Mittel dazu besitzt und ob die Beobachtung uns Aufschluß darüber gibt.

Eine Menge von Tatsachen lehren uns, daß in dem Maße, als die Individuen einer unserer Arten ihren Standort, das Klima, ihre Lebensart oder ihre Gewohnheiten ändern, sie dadurch dermaßen beeinflußt werden, daß allmählich die Beschaffenheit und die Proportion ihrer Teile, ihre Gestalt, ihre Fähigkeiten und selbst ihre Organisation sich verändern, so, daß mit der Zeit alles an ihnen an diesen Veränderungen teilnimmt.

Verschiedene Umgebungsverhältnisse in einem gleichartigen Klima lassen die Individuen zunächst einfach abändern; aber mit der Zeit führt die beständige Verschiedenheit der Umgebungsverhältnisse dieser Individuen, die leben und sich in denselben Verhältnissen fortschreitend fortpflanzen, Verschiedenheiten hierbei, die gewissermaßen für ihr Dasein wesentlich werden, so, daß nach vielen aufeinander folgenden Generationen diese Individuen, die ursprünglich einer Art angehörten, in eine neue, von der ersten verschiedene Art umgewandelt sind.

Der Einfluß der Umgebungsverhältnisse wirkt tatsächlich zu jeder Zeit und überall auf die Organismen ein; was uns aber die Wahrnehmung dieses Einflusses erschwert, ist der Umstand, daß seine Wirkungen (hauptsächlich bei den Tieren) erst nach Verlauf langer Zeiten merklich oder erkennbar werden. ...

Große Veränderungen in den Verhältnissen führen aber für die Tiere große Veränderungen in ihren Bedürfnissen herbei, und diese Veränderungen in den Bedürfnissen ziehen notwendigerweise ebensolche in den Tätigkeiten nach sich. Wenn nun die neuen Bedürfnisse bleibend werden oder lange andauern, so nehmen die Tiere neue Gewohnheiten an, die ebenso dauerhaft sind als die Bedürfnisse, die sie haben entstehen lassen. Es ist dies sehr leicht nachzuweisen und bedarf gar keiner Erklärung, um eingesehen zu werden.

Wenn nun neue, für eine Tierrasse dauernd gewordene Verhältnisse diesen Tieren neue Gewohnheiten auferlegen, d. h. neue gewohnheitsmäßige Tätigkeiten derselben veranlaßt haben, so wird sich daraus *der vorzugsweise Gebrauch eines Teiles vor einem anderen ergeben haben, und in gewissen Fällen der vollständige Nichtgebrauch eines Teiles, der unnütz geworden ist.*

Wenn z. B. ein Same irgendeines Krautes einer üppigen Wiese auf einen höheren Ort gebracht wird, auf einen dürren, trockenen, steinigen, den Winden ausgesetzten Grasplatz, und wenn er hier auskeimen und auswachsen kann zu einer

Pflanze, die, obgleich sie hier immer schlecht ernährt wird, doch an diesem Orte leben kann, und wenn die Individuen, welche sie erzeugt, auch weiterhin unter diesen schlechten Verhältnissen leben, so wird eine Rasse entstehen, durchaus verschieden von der, welche auf der Wiese lebt, und von der sie abstammt. Die Individuen dieser neuen Rasse werden klein und mager in ihren Teilen sein, und gewisse Organe derselben, die zu einer größeren Entwicklung gelangt sind als die anderen, werden besondere Größenverhältnisse darbieten... .

Wie höchst verschiedenartige Rassen von Haushühnern und Haustauben haben wir uns verschafft, indem wir sie unter verschiedenen Verhältnissen und in verschiedenen Ländern aufzogen! Vergeblich würde man sie jetzt in der Natur suchen!

Wo findet man jetzt in der Natur diese Menge von Hunderassen, die wir durch die Domestikation hervorgebracht haben, die Doggen, Windhunde, Pudel, Wachtelkunde, Bologneserhündchen usw., Rassen, die untereinander größere Verschiedenheiten darbieten, als diejenigen sind, die man bei Tieren einer Gattung, welche frei in der Natur leben, für spezifisch hält?

Ohne Zweifel ist zu irgendwelcher Zeit eine erste und einzige Rasse, dem Wolf nahe verwandt — wenn er nicht selbst der wahre Typus derselben ist —, durch den Menschen der Domestikation unterworfen worden. Diese Rasse, deren Individuen damals noch nicht voneinander verschieden waren, zerstreute sich mit dem Menschen in verschiedene Länder und verschiedene Klimata. Die Individuen derselben wurden den Einflüssen der Wohnorte und der verschiedenen Gewohnheiten, welche sie in jedem Lande annehmen mußten, ausgesetzt. Dadurch erlitten sie beträchtliche Veränderungen und bildeten verschiedene besondere Rassen....

Wer nun diese unleugbare Wahrheit einmal erkannt hat und den beiden folgenden Naturgesetzen, welche die Beobachtung immer bestätigt hat, einige Aufmerksamkeit schenkt, der wird leicht bemerken, wie die neuen Bedürfnisse befriedigt und die neuen Gewohnheiten angenommen werden konnten.

Erstes Gesetz

Bei jedem Tier, welches den Höhepunkt seiner Entwicklung noch nicht überschritten hat, stärkt der häufigere und dauernde Gebrauch eines Organs dasselbe allmählich, entwickelt, vergrößert, und kräftig es proportional der Dauer dieses Gebrauchs: der konstante Nichtgebrauch eines Organs macht dasselbe unmerklich schwächer, verschlechtert es, vermindert fortschreitend, seine Fähigkeiten und läßt es endlich verschwinden.

Zweites Gesetz

Alles, was die Individuen durch den Einfluß der Verhältnisse, denen ihre Rasse lange Zeit hindurch ausgesetzt ist, und folglich durch den Einfluß des vorherrschenden Gebrauchs oder konstanten Nichtgebrauch eines, Organs erwerben oder verlieren, wird durch die Fortpflanzung auf die Nachkommen vererbt, vorausgesetzt, daß die erworbenen Veränderungen beiden Geschlechtern oder den Erzeugern dieser Individuen gemein sind.

Dies sind zwei bleibende Wahrheiten, welche nur von denen verkannt werden können, welche die Natur in ihren Wirkungen noch nie beobachtet und verfolgt haben....

Ich will jetzt nachweisen, daß der beständige Gebrauch eines Organs und die Anstrengungen, um aus demselben in den Verhältnissen, welche es erfordern, einen großen Vorteil zu ziehen, dieses Organ stärken, ausdehnen und vergrößern oder neue Organe schaffen, welche notwendig gewordene Funktionen ausüben können.

Der Vogel, den das Bedürfnis auf das Wasser zieht, um hier seinen Lebensunterhalt zu suchen, spreitzt die Zehen seiner Füße auseinander, wenn er das Wasser schlagen und an dessen Oberfläche schwimmen will. Die Haut, welche diese Zehen an ihrer Basis verbindet, nimmt durch dieses unaufhörlich wiederholte Ausspreizen der Zehen die Gewohnheit an, sich auszudehnen. So sind mit der Zeit die breiten Schwimmhäute entstanden, welche gegenwärtig die Zehen der Enten und Gänse usw. verbinden. Die gleichen Anstrengungen zu schwimmen, d. h. das Wasser zu stoßen, um darin vorwärts zu kommen, haben auch die Häute, welche zwischen den Zehen der Frösche, der Meerschildkröten, der Fischotter, des Bibers usw. sind, ausgebreitet.

Der Ameisenbär *(Myrmecophagna),* bei dem sich die Gewohnheit, nicht zu kauen, eingeführt und seit langer Zeit in seiner Rasse erhalten hat, ist im gleichen Falle. Augen am Kopfe sind einer großen Zahl verschiedener Tiere eigentümlich und machen einen wesentlichen Bestandteil des Organisationsplans der Wirbeltiere aus.

Nichtsdestoweniger hat schon der Maulwurf, der infolge seiner Gewohnheiten vom Sehvermögen sehr wenig Gebrauch macht, nur sehr kleine und kaum sichtbare Augen, weil er dieses Organ sehr wenig übt.

Bisher angenommene Folgerung: Die Natur (oder ihr Urheber) hat bei der Schöpfung der Tiere alle möglichen Verhältnisse, in welche dieselben kommen würden, vorausgesehen und hat jeder Art eine konstante Organisation und eine bestimmte und in ihren Teilen unveränderliche Gestalt gegeben, welche jede Art zwingen, an den Orten und in den Klimaten, wo man sie findet, zu leben und hier ihre Gewohnheiten beizubehalten.

Meine eigene Folgerung: Die Natur hat alle Tierarten nacheinander hervorgebracht. Sie hat mit den unvollkommensten oder einfachsten begonnen und mit den vollkommensten aufgehört. Sie hat ihre Organisation stufenweise entwickelt. Indem sich diese Tiere allgemein auf alle bewohnbaren Orte der Erde ausbreiten, hat jede Art derselben durch den Einfluß der Verhältnisse, in denen sie sich befand, ihre Gewohnheiten und die Abänderungen in ihren Teilen erhalten, die wir bei ihr beobachten. ...

Wenn nun eine einzige Tatsache beweist, daß ein seit langer Zeit domestiziertes Tier von seiner wilden Stammart verschieden ist, und wenn sich zwischen den Individuen einer domestizierten Art, die man zu verschiedenen Gewohnheiten gezwungen hat, eine große Verschiedenheit in der Körperbildung vorfindet, dann ist sicher, daß die erste Folgerung den Naturgesetzen nicht entspricht, daß hingegen die zweite vollständig mit ihnen übereinstimmt.

Es trägt also alles dazu bei, meine Behauptung zu beweisen, daß nicht die Gestalt des Körpers oder seiner Teile die Gewohnheiten und die Lebensweise der Tiere bestimmt, sondern daß im Gegenteil die Gewohnheiten, die Lebensweise und alle anderen einwirkenden Verhältnisse mit der Zeit die Gestalt des Körpers und der Teile der Tiere herbeigeführt haben. Zugleich mit der neuen Gestalt

wurden neue Fähigkeiten erworben, und allmählich gelangte die Natur dazu, die Tiere so zu bilden, wie wir sie gegenwärtig vor uns sehen.
Gibt es in der Naturgeschichte eine wichtige Betrachtung, der man größere Aufmerksamkeit schenken muß, als diejenige, welche ich in diesem Kapitel dargelegt habe?

Jean Baptiste Lamarck, 1744—1829, französischer Biologe, der als Botaniker im Auftrag des Königs ganz Europa bereiste, wurde 1788 Kustos der königlichen Gärten und 1793 Zoologie-Professor in Paris. Sein Hauptwerk ist die „Naturgeschichte der Tiere, ohne die Wirbeltiere", 7 Bände 1815—1822. Weltweit bekannt wurde er aber durch die in seiner 1809 erschienenen „Zoologischen Philosophie" entwickelten Deszendenztheorie, den „Lamarckismus". Er bricht hier erstmalig mit der Anschauung von der Unveränderlichkeit der Arten und erklärt ihre Umwandlung durch den Gebrauch oder Nichtgebrauch einzelner Organe. Die so erworbenen Eigenschaften wurden nach Lamarck's Vorstellung auf die Nachkommen vererbt.

GEORGES V. CUVIER:

Die Umwälzungen der Erdrinde in Naturwissenschaftlicher und Geschichtlicher Beziehung

Aus der fünften Original-Ausgabe übersetzt und mit besonderen Ausführungen und Beilagen begleitet von Dr. *J. Nöggerath*.

Bonn, bei Eduard Weber, 1830

Warum, wird man mir einwenden, sollten die vorhandenen Racen nicht Abänderungen von jenen alten Racen seyn, welche man im fossilen Zustande findet: Abänderungen, welche durch örtliche Umstände und verändertes Clima veranlasst und durch die lange Folge der Jahre bis zu dieser äussersten Abweichung gelangt seyn könnten?
Dieser Einwurf muss besonders denen wichtig scheinen, welche an unbegrenzte Möglichkeit der Wandelung der Gestalten organischer Körper glauben und der Meinung sind, dass durch Jahrhunderte und Gewöhnungen alle Arten sich in einander verwandeln oder von einer einzigen abstammen könnten.
Aber man kann ihnen, in ihren eigenen Vorstellungs-Systeme, antworten, dass, wenn die Arten sich nach und nach geändert hätten, man Spuren von diesen stufenweisen Umwandelungen finden müsste; dass man zwischen dem Paläotherium und den heutigen Arten einige Mittelformen entdecken müsste, wovon sich aber bis jetzt noch nicht ein Beispiel gezeigt hätte.
... Überhaupt die Gestalten der Knochen verändern sich wenig; ihre Verbindungen, ihre Einlenkungen, die Gestalt der grossen Backenzähne ändern sich nie ab. Die geringe Entwickelung der Hauzähne des zahmen Schweins, das Verwachsen der Klauen bei einigen Racen derselben, sind das Äusserste der Verschiedenheiten, welche wir in den pflanzenfressenden Hausthieren hervorgebracht haben.
... Ich weiss wohl, dass einige Naturforscher viel auf die Tausende von Jahrhunderten rechnen, welche sie mit einem Federzuge zusammen reihen; aber bei

dergleichen Gegenständen können wir auf keinem anderen Wege erschliessen, was die Länge der Zeit erzeugen möge, als indem wir in Gedanken das Vielfache von dem nehmen, was ein kürzerer Zeitraum hervorbringt. Ich habe deswegen die ältesten Denkmäler von Thier-Formen zu sammeln gesucht; unter ihnen werden aber die, welche uns Aegypten darbietet, von keinem andern, es sey an Alter oder an Menge, irgend erreicht. Dieses Land liefert uns nicht bloss die Bilder der Thiere, sondern auch ihre Körper selbst, welche sich in den Katakomben einbalsamirt vorfinden.

Mit der grössten Sorgfalt habe ich die Abbildungen der Vierfüsser und Vögel untersucht, welche auf den zahlreichen aus Aegypten nach dem alten Rom gekommenen Obelisken eingegraben sind. Alle diese Figuren haben, nach dem Gesamtausdrucke, welcher ja nur allein der Gegenstand der Aufmerksamkeit der Künstler seyn konnte, vollkommene Ähnlichkeit mit den Arten, wie wir sie heut zu Tage sehen.

... Wenn ich übrigens behaupte, dass die festen Gebirgslager die Knochen mehrerer Gattungen und die angeschwemmten Gebilde die Gebeine mehrerer Arten enthalten, welche nicht mehr vorhanden sind, so spreche ich damit noch nicht die Nothwendigkeit aus, dass es einer neuen Schöpfung bedurft hätte, um die jetzt lebenden Arten zu erzeugen; ich sage nur, dass letztere nicht an denselben Orten wohnten, wo sie gegenwärtig sich aufhalten, und daher aus anderen Gegenden dahin gekommen seyn müssen.

Nehmen wir zum Beispiele an, daß dass ein grosser Einbruch des Meeres das Festland von Neuholland mit einer Masse von Sand oder anderen Trümmern überdecke, so werden die Leichen der Känguru, der Wombats *(Phascolomys)*, der Dasyuren, der Peramelen *(Thylacis Illig.)*, der Fliegenden Phalangisten, der Echidnen *(Tachyglossus Illig.)* und der Schnabelthiere darin begraben werden; die Arten aller dieser Gattungen werden gänzlich untergehen, weil gegenwärtig kein derselben sich zugleich in anderen Ländern findet.

Die nemliche Umwälzung setze nun ferner die vielen kleinen Meerengen, welche Neuholland vom asiatischen Continente trennen, aufs Trockene, so eröffnet sich dadurch ein Weg für die Elephanten, Rhinoceros, Büffel, Pferde, Kameele, Tieger und alle anderen Säugethiere Asiens, welche nun ein Land bevölkern werden, wo sie vorher unbekannt waren.

Nun versuche ein Naturforscher, nachdem er diese spätere lebende Welt wohl kennen gelernt hat, den Boden, auf welchem sie lebt, aufzugraben: so wird er darin die Überbleibsel ganz abweichender Wesen finden.

Das, was in dieser aufgestellten Voraussetzung Neuholland seyn würde, das ist Europa, Sibirien, ein grosser Theil von Amerika wirklich; und vielleicht findet man einst, wenn man die anderen Gegenden und selbst Neuholland untersuchen wird, dass sie alle ähnliche Umwälzungen, ich möchte fast sagen, wechselseitige Austauschungen der Erzeugnisse erlitten haben; denn, gehen wir in der Voraussetzung noch etwas weiter — setzen wir nach dem Herüberziehen der asiatischen Thiere eine zweite Umwälzung, wodurch Asien, ihr ursprüngliches Vaterland, zerstört würde: so müssten diejenigen, welche sie in Neuholland, ihrem zweiten Vaterlande, beobachten, sich offenbar in derselben Verlegenheit befinden, ihre Herkunft zu ermitteln, in welcher wir jetzt sind, indem wir dem Ursprunge der unsrigen nachforschen.

Georg Baron von Cuvier (1769—1832), Zoologe und Paläontologe. Er förderte die vergleichende Anatomie stark, teilte das Tierreich in 4 Stämme ein. Er lehrte wie Linné die Artkonstanz. Die verschiedenen fossilen Formen erklärte er durch Annahme mehrerer Katastrophen auf der Erde, die jedes Mal viele Tierarten vernichtete, und nach der Wiederbesiedlung durch Einwanderung aus anderen Gebieten erfolgte (Kataklysmentheorie). Berühmt wurde sein Streitgespräch mit *E. Geoffroy St. Hilaire* vor der Französischen Akademie der Wissenschaften („Akademiestreit") über die Wandelbarkeit der Arten.

CHARLES DARWIN:

Die Entstehung der Arten durch natürliche Zuchtwahl (1859)

1. Aus der Einleitung

Als ich an Bord des „Beagle" als Naturforscher Südamerika erreichte, überraschten mich gewisse Tatsachen in hohem Grade, die sich mir in bezug auf die Verteilung der Bewohner und die geologischen Beziehungen der jetzigen zu der früheren Bevölkerung dieses Weltteiles darboten. Diese Tatsachen schienen mir, ... einiges Licht auf den Ursprung der Arten zu werfen, dies Geheimnis der Geheimnisse, wie es einer unser größten Philosophen genannt hat. Nach meiner Rückkehr im Jahre 1837 kam ich auf den Gedanken, daß sich etwas über diese Frage müsse ermitteln lassen durch ein geduldiges Sammeln und Erwägen aller Arten von Tatsachen, welche möglicherweise in irgendeiner Beziehung zu ihr stehen konnten. Nachdem ich dies fünf Jahre lang getan, glaubte ich eingehender über die Sache nachdenken zu dürfen und schrieb nun einige kurze Bemerkungen darüber nieder; dies führte ich im Jahre 1844 weiter aus und fügte der Skizze die Schlußfolgerungen hinzu, welche sich mir als wahrscheinlich ergaben. Von dieser Zeit an bis jetzt (bis 1859) bin ich mit beharrlicher Verfolgung des Gegenstandes beschäftigt gewesen. Ich hoffe, daß man die Anführung dieser auf meine Person bezüglichen Einzelheiten entschuldigen wird; sie sollen zeigen, daß ich nicht übereilt zu einem Abschluß gekommen bin.

Mein Werk ist nun (1859) nahezu vollendet; da es aber noch viele weitere Jahre bedürfen wird, um es zu ergänzen, und meine Gesundheit keineswegs fest ist, so hat man mich zur Veröffentlichung dieses Auszugs gedrängt. Ich sah mich noch umso mehr dazu veranlaßt, als Herr *Wallace* beim Studium der Naturgeschichte der Malayischen Inselwelt zu fast genau denselben Schlußfolgerungen über den Ursprung der Arten gelangt ist, wie ich. Im Jahre 1858 sandte er mir eine Abhandlung darüber mit der Bitte zu, sie *Sir Charles Lyell* zuzustellen, welcher sie der Sinné'schen Gesellschaft übersandte, in deren Journal sie nun im dritten Bande abgedruckt worden ist. *Sir Ch. Lyell* sowohl als *Dr. Hooker,* welche beide meine Arbeit kannten (der letzte hatte meinen Entwurf von 1844 gelesen), hielten es in ehrender Rücksicht auf mich für ratsam, einen kurzen Auszug aus meinen Niederschriften zugleich mit *Wallaces* Abhandlungen zu veröffentlichen.

Dieser Auszug, welchen ich hiermit der Lesewelt vorlege, muß notwendig unvollkommen sein. Er kann keine Belege und Autoritäten für meine verschiedenen Angaben beibringen, und ich muß den Leser bitten, einiges Vertrauen in meine Genauigkeit zu setzen. Zweifelsohne mögen Irrtümer mit untergelaufen sein; doch glaube ich mich überall nur auf verlässige Autoritäten berufen zu haben.

2. Die natürliche Zuchtwahl

Wie mag wohl der Kampf um das Dasein... in bezug auf Variation wirken? Kann das Prinzip der Auswahl für die Nachzucht, die Zuchtwahl, welche in der Hand des Menschen so viel leistet, in der Natur angewandt werden? Ich glaube, wir werden sehen, daß ihre Tätigkeit eine äußerst wirksame ist. Wir müssen die endlose Anzahl unbedeutender Abänderungen und individueller Verschiedenheiten bei den Erzeugnissen unserer Züchtung und in minderem Grade bei den Wesen im Naturzustande, ebenso auch die Stärke der Neigung zur Vererbung im Auge behalten. Im Zustande der Domestikation, kann man sagen, wird die ganze Organisation in gewissem Grade plastisch. Aber die Veränderlichkeit, welche wir an unseren Kulturerzeugnissen fast allgemein antreffen, ist .... nicht direkt durch den Menschen herbeigeführt worden; er kann weder Varietäten entstehen machen, noch ihr Entstehen hindern; er kann nur die vorkommenden erhalten und häufen. Absichtslos setzt er organische Wesen neuen und sich verändernden Lebensbedingungen aus und Variabilität ist Folge hiervon. Aber ähnliche Wechsel der Lebensbedingungen können auch in der Natur vorkommen und kommen wirklich vor. Wir müssen auch dessen eingedenk sein, wie unendlich verwickelt und wie eng zusammenpassend die gegenseitigen Beziehungen aller organischen Wesen zueinander und zu ihren physikalischen Lebensbedingungen sind; und folglich, wie unendlich vielfältige Abänderungen der Struktur einem jedem Wesen, unter wechselnden Lebensbedingungen nützlich sein können. Kann man es denn, wenn man sieht, daß viele für den Menschen nützliche Abweichungen unzweifelhaft vorgekommen sind, für unwahrscheinlich halten, daß auch andere mehr und weniger einem jeden Wesen selbst in dem großen und zusammengesetzten Kampfe ums Leben vorteilhafte Abänderungen im Laufe vieler aufeinanderfolgenden Generationen zuweilen vorkommen werden? Wenn solche aber vorkommen, bleibt dann noch zu bezweifeln (wenn wir uns daran erinnern, daß offenbar viel mehr Individuen geboren werden, als möglicherweise fortleben können), daß diejenigen Individuen, welche irgendeinen, wenn auch noch so geringen Vorteil vor andern voraus besitzen, die meiste Wahrscheinlichkeit haben, die andern zu überdauern und wieder ihresgleichen hervorbringen. Andererseits können wir sicher sein, daß im geringsten Grade nachteilige Abänderung unnachsichtlich zur Zerstörung der Form führt. Diese Erhaltung günstiger individueller Verschiedenheiten und Abänderungen und die Zerstörung jener, welche nachteilig sind, ist es, was ich natürliche Zuchtwahl nenne oder Überleben des Passendsten. Abänderungen, welche weder vorteilhaft noch nachteilig sind, werden von der natürlichen Zuchtwahl nicht berührt, und bleiben entweder ein schwankendes Element, wie wir es vielleicht in den sogenannten polymorphen Arten sehen, oder werden endlich fixiert infolge der Natur des Organismus oder der Natur der Bedingungen.

Einige Schriftsteller haben den Ausdruck natürliche Zuchtwahl mißverstanden oder unpassend gefunden. Die einen haben selbst gemeint, natürliche Zuchtwahl führe zur Veränderlichkeit, während sie doch nur die Erhaltung solcher Abänderungen einschließt, welche dem Organismus in seinen eigentümlichen Lebensbeziehungen von Nutzen sind. Niemand macht dem Landwirt einen Vorwurf daraus, daß er von den großen Wirkungen der Zuchtwahl des Menschen spricht, und in diesem Falle müssen die von der Natur dargebotenen individuellen Verschiedenheiten, welche der Mensch in bestimmter Absicht zur Nachzucht wählt, notwendigerweise zuerst überhaupt vorkommen. Andere haben eingewendet, daß der Ausdruck Wahl ein bewußtes Wählen in den Tieren voraussetze, welche verändert werden; ja man hat selbst eingeworfen, da doch die Pflanzen keinen Willen hätten, sei auch der Ausdruck auf sie nicht anwendbar! Es unterliegt allerdings keinem Zweifel, daß buchstäblich genommen, natürliche Zuchtwahl ein falscher Ausdruck ist; wer hat aber je den Chemiker getadelt, wenn er von den Wahlverwandtschaften der verschiedenen Elemente spricht? und doch kann man nicht sagen, daß eine Säure sich die Base auswähle, mit der sie sich vorzugsweise verbinden wolle. Man hat gesagt, ich spreche von der natürlichen Zuchtwahl wie von einer tätigen Macht oder Gottheit; wer wirft aber einem Schriftsteller vor, wenn er von der Anziehung redet, welche die Bewegung der Planeten regelt? Jedermann weiß, was damit gemeint und was unter solchen bildlichen Ausdrücken verstanden wird; sie sind ihrer Kürze wegen fast notwendig. Ebenso schwer ist es, eine Personifizierung des Wortes Natur zu vermeiden; und doch verstehe ich unter Natur bloß die vereinte Tätigkeit und Leistung der mancherlei Naturgesetze, und unter Gesetzen die nachgewiesene Aufeinanderfolge der Erscheinungen. Bei ein wenig Bekanntschaft mit der Sache sind solche oberflächliche Einwände bald vergessen....

Wie der Mensch große Erfolge bei seinen domestizierten Tieren und Pflanzen durch Häufung bloß individueller Verschiedenheiten in einer und derselben gegebenen Richtung erzielen kann, so vermag es die natürliche Zuchtwahl, aber noch viel leichter, da ihr unvergleichlich längere Zeiträume für ihre Wirkungen zu Gebote stehen.... Da alle Bewohner eines jeden Landes mit gegenseitig genau abgewogenen Kräften in beständigem Kampfe miteinander liegen, so genügen oft schon äußerst geringe Modifikationen in der Bildung oder Lebensweise einer Art, um ihr einen Vorteil über andere zu geben; und weitere Abänderungen in gleicher Richtung werden ihr Übergewicht oft noch vergrößern, so lange als die Art unter den nämlichen Lebensbedingungen fortbesteht und aus ähnlichen Subsistenz- und Verteidigungsmitteln Nutzen zieht. Es läßt sich kein Land bezeichnen, in welchem alle eingeborenen Bewohner bereits so vollkommen aneinander und an die äußeren Bedingungen, unter denen sie leben, angepaßt wären, daß keiner unter ihnen mehr einer Veredlung oder noch besseren Anpassung fähig wäre; denn in allen Ländern sind die eingeborenen Arten so weit von naturalisierten Erzeugnissen besiegt worden, daß diese Fremdlinge imstande gewesen sind, festen Besitz vom Lande zu nehmen. Und da die Fremdlinge überall einige der Eingeborenen geschlagen haben, so darf man wohl ruhig daraus schließen, daß, wenn diese mit mehr Vorteil modifiziert worden wären, sie solchen Eindringlingen mehr Widerstand geleistet haben würden.

Da nun der Mensch durch methodisch und unbewußt ausgeführte Wahl zum Zwecke der Nachzucht so große Erfolge erzielen kann und gewiß erzielt hat, was mag nicht die natürliche Zuchtwahl leisten können? Der Mensch kann nur auf äußerliche und sichtbare Charaktere wirken; die Natur (wenn es gestattet ist, so die natürliche Erhaltung oder das Überleben des Passendsten zu personifizieren) fragt nicht nach dem Aussehen, außer wo es irgendeinem Wesen nützlich sein kann. Sie kann auf jedes innere Organ, auf jede Schattierung einer konstitutionellen Verschiedenheit, auf die ganze Maschinerie des Lebens wirken. Der Mensch wählt nur zu seinem eigenen Nutzen; die Natur nur zum Nutzen des Wesens, das sie erzieht. Jeder von ihr ausgewählte Charakter wird daher in voller Tätigkeit erhalten, wie schon in der Tatsache seiner Auswahl liegt. Der Mensch dagegen hält die Eingeborenen aus vielerlei Klimaten in derselben Gegend beisammen und läßt selten irgendeinen ausgewählten Charakter in einer besonderen und ihm entsprechenden Weise tätig werden. Er füttert eine lang- und kurzschnabelige Taube mit demselben Futter; er beschäftigt ein langrückiges oder ein langbeiniges Säugetier nicht in einer besonderen Art; er setzt das lang- und das kurzwollige Schaf demselben Klima aus. Er läßt die kräftigeren Männchen nicht um die Weibchen kämpfen. Er zerstört nicht mit Beharrlichkeit alle unvollkommeneren Tiere, sondern schützt vielmehr alle seine Erzeugnisse, so viel in seiner Macht liegt, in jeder verschiedenen Jahreszeit. Oft beginnt er seine Auswahl mit einer halbmonströsen Form oder mindestens mit einer Abänderung, hinreichend auffallend um seine Augen zu fesseln oder ihm offenbar Nutzen zu versprechen. In der Natur dagegen kann schon die geringste Abweichung in Bau und organischer Tätigkeit das bisherige genau abgewogene Gleichgewicht im Kampfe ums Leben aufheben und hierdurch ihre Erhaltung bewirken. Wie flüchtig sind die Wünsche und die Anstrengungen des Menschen! wie kurz ist seine Zeit! wie dürftig werden mithin seine Erzeugnisse denjenigen gegenüber sein, welche die Natur im Verlaufe ganzer geologischer Perioden angehäuft hat! Dürfen wir uns daher wundern, wenn die Naturprodukte einen weit „echteren" Charakter als die des Menschen haben, wenn sie den verwickelten Lebensbedingungen unendlich besser angepaßt sind und das Gepräge einer weit höheren Meisterschaft an sich tragen?

Man kann figürlich sagen, die natürliche Zuchtwahl sei täglich und stündlich durch die ganze Welt beschäftigt, eine jede, auch die geringste Abänderung zu prüfen, sie zu verwerfen, wenn sie schlecht, und sie zu erhalten und zu vermehren, wenn sie gut ist. Still und unmerkbar ist sie überall und allezeit, wo sich Gelegenheit darbietet, mit der Vervollkommnung eines jeden organischen Wesens inbezug auf dessen organische und unorganischen Lebensbedingungen beschäftigt. Wir sehen nichts von diesen langsam fortschreitenden Veränderungen, bis die Hand der Zeit auf eine abgelaufene Weltperiode hindeutet, und dann ist unsere Einsicht in die längst verflossenen geologischen Zeiten so unvollkommen, daß wir nur noch das eine wahrnehmen, daß die Lebensformen jetzt andere sind, als sie früher gewesen.

Um irgendeinen beträchtlichen Grad von Modifikation mit der Länge der Zeit bei einer Spezies hervorzubringen, muß eine einmal aufgetauchte Varietät, wenn auch vielleicht erst nach einem langen Zeitraum, von neuem variieren oder individuelle Verschiedenheiten derselben günstigen Art wie früher darbieten, und diese müssen wieder erhalten werden und so Schritt für Schritt weiter. Wenn man sieht, daß individuelle Verschiedenheiten aller Art beständig vor kommen, so kann dies kaum als eine nicht zu verbürgende Vermutung angesehen werden. Ob dies aber alles wirklich stattgefunden hat, kann nur danach beurteilt werden, daß man zusieht, wie weit die Hypothese mit den allgemeinen Erscheinungen der Natur übereinstimmt und sie erklärt. Andererseits beruht aber auch die gewöhnlichere Meinung, daß der Betrag der möglichen Abänderung eine scharf begrenzte Größe sei, auf einer bloßen Voraussetzung.

Obwohl die natürliche Zuchtwahl nur durch und für das Gute eines jeden Wesens wirken kann, so werden doch wohl auch Eigenschaften und Bildungen dadurch berührt, denen wir nur eine untergeordnete Wichtigkeit beizulegen geneigt sind. Wenn wir sehen, daß bestimmte blattfressende Insekten grün, rindenfressende graugefleckt, das Alpenschneehuhn im Winter weiß, die schottische Art heidenfarbig sind, so müssen wir glauben, daß solche Farben den genannten Vögeln und Insekten dadurch nützlich sind, daß sie dieselben vor Gefahren schützen. Waldhühner würden sich, wenn sie nicht in irgendeiner Zeit ihres Lebens der Zerstörung ausgesetzt wären, in endloser Zahl vermehren. Man weiß, daß sie sehr von Raubvögeln leiden, und Habichte werden durch das Gesicht auf ihre Beute geführt, und zwar in einem Grade, daß man in manchen Gegenden von Europa vor dem Halten von weißen Tauben warnt, weil diese der Zerstörung am meisten ausgesetzt sind. Es dürfte daher die natürliche Zuchtwahl am entschiedensten dahin wirken, jeder Art von Waldhühnern die ihr eigentümliche Farbe zu verleihen und, wenn solche einmal hergestellt ist, dieselbe echt und beständig zu erhalten. Auch dürfen wir nicht glauben, daß die zufällige Zerstörung eines Tieres von irgendeiner besonderen Färbung nur wenig Wirkung habe; wir sollten uns daran erinnern, wie wesentlich es ist, aus einer weißen Schafherde jedes Lämmchen zu beseitigen, das die geringste Spur von schwarz an sich hat.... Bei den Pflanzen rechnen die Botaniker den flaumigen Überzug der Früchte und die Farbe ihres Fleisches mit zu den mindest wichtigen Merkmalen; und doch hören wir von einem ausgezeichneten Gärtner, *Downing*, daß in den Vereinigten Staaten nackthäutige Früchte viel mehr durch einen Käfer, einen *Curculio*, leiden, als die flaumigen, und daß die purpurfarbenen Pflaumen von einer gewissen Krankheit viel mehr leiden als die Gelben, während eine andere Krankheit die gelbfleischigen Pfirsische viel mehr angreift, als die mit andersfarbigem Fleische. Wenn bei aller Hilfe der Kunst diese geringen Verschiedenheiten schon einen großen Unterschied im Anbau der verschiedenen Varietäten bedingen, so werden gewiß im Zustande der Natur, wo die Bäume mit anderen Bäumen und mit einer Menge von Feinden zu kämpfen haben, derartige Verschiedenheiten äußerst wirksam entscheiden, welche Varietät erhalten bleiben soll, ob eine glatte oder flaumige, ob eine gelb- oder rotfleischige Frucht.... Wenn es für eine Pflanze von Nutzen ist, ihre Samen immer weiter und weiter mit dem Winde umherzustreuen, so ist meiner Ansicht nach für die Natur die Schwierigkeit, dies Vermögen durch Zuchtwahl zu bewirken nicht größer, als es für den Baumwollenpflanzer ist, durch Züchtung die Baumwolle in den Fruchtkapseln seiner Pflanzen zu vermehren und zu verbessern. Natürliche Zuchtwahl kann die Larve eines Insektes modifizieren und zu zwanzigerlei Bedürfnissen geeignet anpassen, welche ganz verschieden sind von jenen, die das reife Tier betreffen; und diese Abänderungen in der Larve mögen durch Korrelation auf die Struktur des reifen Insektes wirken. So können auch umgekehrt gewisse Veränderungen im reifen Insekte die Struktur der Larven berühren; in allen Fällen wird aber die natürliche Zuchtwahl das Tier dagegen sicherstellen, daß die Modifikationen nicht nachteiliger Art sind, denn wären sie so, so würde die Spezies aussterben....

Es dürfte der Mühe wert sein, ein... Beispiel für die Wirkung natürlicher Zuchtwahl zu geben. Gewisse Pflanzen scheiden eine süße Flüssigkeit aus, wie es scheint, um irgend etwas Nachteiliges aus ihrem Safte zu entfernen. Dies wird

z. B. bei manchen Leguminosen durch Drüsen am Grunde der Stipulae und beim gemeinen Lorbeer auf dem Rücken seiner Blätter bewirkt. Diese Flüssigkeit, wenn auch nur in geringer Menge vorhanden, wird von Insekten begierig aufgesucht; aber ihre Besuche sind in keiner Weise für die Pflanzen von Vorteil. Nehmen wir nun an, es werde ein wenig solchen süßen Saftes oder Nektars von der inneren Seite der Blüten einer gewissen Anzahl von Pflanzen irgendeiner Spezies ausgesondert. In diesem Falle werden die Insekten, welche den Nektar aufsuchen, mit Pollen bestäubt werden und denselben oft von einer Blume auf die andere übertragen. Die Blume zweier verschiedener Individuen derselben Art würden dadurch gekreuzt werden; und die Kreuzung liefert, wie sich vollständig beweisen läßt, kräftige Sämlinge, welche mithin die beste Aussicht haben zu gedeihen und auszudauern. Die Pflanzen mit Blüten, welche die stärksten Drüsen oder Nektarien besitzen und den meisten Nektar liefern, werden am öftesten von Insekten besucht und am öftesten mit anderen gekreuzt werden und so mit der Länge der Zeit allmählich die Oberhand gewinnen und eine lokale Varietät bilden. Ebenso werden diejenigen Blüten, deren Staubfäden und Staubwege so gestellt sind, daß sie nach Größe und sonstigen Eigentümlichkeiten der sie besuchenden Insekten in irgendeinem Grade die Übertragung ihres Samenstaubs erleichtern, gleicherweise begünstigt. Wir könnten auch den Fall annehmen, die zu den Blumen kommenden Insekten wollten Pollen statt Nektar einsammeln; es wäre nun zwar die Entführung des Pollens, der allein zur Befruchtung der Pflanze erzeugt wird, dem Anscheine nach ein Verlust für dieselbe; wenn jedoch anfangs gelegentlich und nachher gewöhnlich ein wenig Pollen von den ihn verzehrenden Insekten entführt und von Blume zu Blume getragen und hierdurch eine Kreuzung bewirkt würde, möchten auch neun Zehntel der ganzen Pollenmasse zerstört werden, so könnte dies doch für die so beraubten Pflanzen ein großer Vorteil sein, und diejenigen Individuen, welche mehr und mehr Pollen erzeugen und immer größere Antheren bekommen, würden zur Nachzucht gewählt werden.

Wenn nun unsere Pflanze durch lange Fortdauer dieses Prozesses für die Insekten sehr anziehend geworden ist, so werden diese, ihrerseits ganz unabsichtlich, regelmäßig Pollen von Blüte zu Blüte bringen; und daß sie dies sehr wirksam tun, könnte ich durch viele auffallende Beispiele belegen. . . .

Die natürliche Zuchtwahl wirkt nur durch Erhaltung und Häufung kleiner vererbter Modifikationen*), deren jede dem erhaltenen Wesen ein Vorteil ist; und wie die neuere Geologie solche Ansichten, wie die Aushöhlung großer Täler durch eine einzige Diluvialwoge, fast ganz verbannt hat, so wird auch die natürliche Zuchtwahl den Glauben an eine fortgesetzte Schöpfung neuer organischer Wesen oder an große und plötzliche Modifikationen ihrer Struktur verbannen. . .

Obwohl die Natur lange Zeiträume für die Wirksamkeit der natürlichen Zuchtwahl gewährt, so gestattet sie doch keine von unendlicher Länge; denn da alle organischen Wesen eine Stelle im Haushalte der Natur einzunehmen streben, so muß eine Art, welche nicht gleichen Schrittes mit ihren Konkurrenten verändert und verbessert wird, bald erlöschen. Wenn vorteilhafte Abänderungen sich nicht wenigstens auf einige Nachkommen vererben, so vermag die natürliche Zuchtwahl nichts auszurichten. Die Neigung zum Rückschlag mag die Tätigkeit

---

*) „Modifikationen" nannte *Darwin* vererbbare Variationen, also Mutationen. (Der Herausgeber)

der natürlichen Zuchtwahl oft gehemmt oder aufgehoben haben; da jedoch diese Neigung den Menschen nicht an der Bildung so vieler erblicher Rassen im Tier-, wie im Pflanzenreiche gehindert hat, wie sollte sie die Vorgänge der natürlichen Zuchtwahl verhindert haben?

Bei planmäßiger Zuchtwahl wählt der Züchter nach einem bestimmten Zwecke, und ließe er die Individuen sich frei kreuzen, so würde sein Werk gänzlich fehlschlagen. Haben aber viele Menschen, ohne die Absicht ihre Rasse zu veredeln, ungefähr gleiche Ansichten von Vollkommenheit, und sind alle bestrebt, nur die besten und vollkommensten Tiere zu erhalten und zur Nachzucht zu verwenden, so wird, wenn auch langsam, doch sicher aus diesem unbewußten Prozesse der Zuchtwahl eine Verbesserung hervorgeht, trotzdem keine Trennung der zur Zucht ausgewählten Tiere stattfindet. So wird es auch in der Natur sein...

Ich gebe vollkommen zu, daß die natürliche Zuchtwahl immer mit äußerster Langsamkeit wirkt. Sie kann nur dann wirken, wenn in dem Naturhaushalte eines Gebietes Stellen vorhanden sind, welche dadurch besser besetzt werden können, daß einige seiner Bewohner irgendwelche Abänderung erfahren. Das Vorhandensein solcher Stellen wird oft von gewöhnlich sehr langsam eintretenden physikalischen Veränderungen und davon abhängen, daß die Einwanderung besser anpassender Formen gehindert ist. Da einige wenige der alten Bewohner Abänderungen erleiden, so werden die Wechselbeziehungen anderer Bewohner zueinander häufig gestört werden; und dies schafft neue Stellen, welche geeignet sind, von besser angepaßten Formen ausgefüllt zu werden. Obgleich alle Individuen einer und derselben Art in einem gewissen Grade voneinander verschieden sind, so wird es häufig lange dauern, ehe Verschiedenheiten der richtigen Art in den verschiedenen Teilen der Organisation eintreten. Durch häufige Kreuzung wird der Prozeß oft sehr verlangsamt werden. Ich glaube aber, daß natürliche Zuchtwahl im Hervorbringen von Veränderungen meist sehr langsam wirkt, nur in langen Zwischenräumen und gewöhnlich nur bei sehr wenigen Bewohnern einer Gegend zugleich. Ich glaube ferner, daß diese langsamen und aussetzenden Erfolge der natürlichen Zuchtwahl ganz gut dem entsprechen, was uns die Geologie in bezug auf die Ordnung und Art der Veränderung lehrt, welche die Bewohner der Erde allmählich erfahren haben.

Wie langsam aber auch der Prozeß der Zuchtwahl sein mag; wenn der schwache Mensch in kurzer Zeit schon so viel durch seine künstliche Zuchtwahl tun kann, so vermag ich keine Grenze für den Umfang der Veränderungen, für die Schönheit und endlose Verflechtung der Anpassung aller organischer Wesen aneinander und an ihre natürlichen Lebensbedingungen zu erkennen, welche die natürliche Zuchtwahl durch das Überleben des Passendsten im Verlaufe langer Zeiträume zu bewirken imstande gewesen sein mag....

Natürliche Zuchtwahl wirkt nur durch Erhaltung irgendwie vorteilhafter Abänderungen, welche folglich die andern überdauern. Infolge des geometrischen Vervielfältigungsvermögens aller organischer Wesen ist jeder Bezirk schon mit lebenden Bewohnern in voller Zahl versorgt und hieraus folgt, daß, wie begünstigte Formen an Menge zunehmen, so die minder begünstigten allmählich abnehmen und seltener werden. Seltenwerden ist, wie die Geologie uns lehrt, der Vorläufer des Aussterbens....

Auch führt die natürliche Zuchtwahl zur Divergenz der Charaktere; denn je mehr Wesen in Struktur, Lebensweise und Konstitution abändern, desto mehr kann eine große Zahl derselben auf einer gegebenen Fläche nebeneinander bestehen, — wofür man die Beweise bei Betrachtung der Bewohner eines kleinen Landflecks oder der naturalisierten Erzeugnisse in fremden Ländern findet. Je mehr daher während der Umänderung der Nachkommen einer jeden Art und während des beständigen Kampfes aller Arten und Vermehrung ihrer Individuenzahl jene Nachkommen differenziert werden, desto besser wird ihre Aussicht auf Erfolg im Ringen ums Dasein sein. Auf diese Weise streben die kleinen Verschiedenheiten zwischen den Varietten einer und derselben Spezies dahin stets größer zu werden, bis sie den größeren Verschiedenheiten zwischen den Arten einer Gattung oder selbst zwischen verschiedenen Gattungen gleich kommen. . . .

Der Vorteil einer Differenzierung der Struktur der Bewohner einer und derselben Gegend ist in der Tat derselbe, wie er für einen individuellen Organismus aus der physiologischen Teilung der Arbeit unter seine Organe entspringt ein von *H. Milne Erwards* so trefflich erläuterter Gegenstand. Kein Physiolog zweifelt daran, daß ein Magen, welcher nur zur Verdauung von vegetabilischen oder von animalischen Substanzen geeignet ist, die meiste Nahrung aus diesen Stoffen zieht. So werden auch in dem großen Haushalte eines Landes um so mehr Individuen von Pflanzen und Tieren ihren Unterhalt zu finden imstande sein, je weiter und vollkommener dieselben für verschiedene Lebensweisen differenziert sind. . . .

Noch kein Naturforscher hat eine allgemein befriedigende Definition davon gegeben, was unter Vervollkommnung der Organisation zu verstehen sei. . . . . Nehmen wir den Betrag der Differenzierung und Spezialisierung der einzelnen Organe in jedem Wesen im erwachsenen Zustande als den besten Maßstab für die Höhe der Organisation der Formen an (was mithin auch die fortschreitende Entwicklung des Gehirnes für die geistigen Zwecke mit einschließt), so muß die natürliche Zuchtwahl offenbar zur Erhöhung der Vervollkommnung führen; denn alle Physiologen geben zu, daß die Spezialisierung seiner Organe, insofern sie in diesem Zustande ihre Aufgaben besser erfüllen, für jeden Organismus ein Vorteil ist; und daher liegt Häufung der zur Spezialisierung führenden Abänderungen innerhalb des Zieles der natürlichen Zuchtwahl. Auf der anderen Seite sehen wir aber auch, daß es unter Berücksichtigung des Umstandes, daß alle organischen Wesen sich in raschem Verhältnis zu vervielfältigen und jeden noch nicht oder nur schlecht besetzten Platz im Haushalte der Natur einzunehmen streben, der natürlichen Zuchtwahl wohl möglich ist, ein organisches Wesen solchen Verhältnissen anzupassen, wo ihm manche Organe nutzlos oder überflüssig sind, und in derartigen Fällen wird Rückschritt auf der Stufenleiter der Organisation stattfinden. . . .

Natürliche Zuchtwahl führt, wie soeben bemerkt worden, zur Divergenz der Charaktere und zu starker Austilgung der minder vollkommenen und der mittleren Lebensformen. Aus diesen Prinzipien lassen sich die Natur der Verwandtschaften und die im allgemeinen deutliche Verschiedenheit der unzähligen organischen Wesen aus jeder Klasse auf der ganzen Erdoberfläche erklären. Es ist eine wunderbare Tatsache, obwohl wir das Wunder aus Vertrautheit damit zu übersehen pflegen, daß alle Tiere und Pflanzen durch alle Zeiten und allen Raum so miteinander verwandt sind, daß sie Gruppen bilden, die anderen subordiniert sind, so daß nämlich, wie wir allerwärts erkennen, Varietäten einer Art einander am nächsten stehen; daß Arten einer Gattung weniger und ungleiche Verwandtschaft zeigen und Untergattungen und Sektionen bilden, daß Arten verschiedener Gattungen einander viel weniger nahe stehen, und daß Gattungen mit verschiedenen Verwandtschaftsgraden zueinander Unterfamilien, Familien, Ordnungen, Unterklassen und Klassen zusammensetzen.... Aus der Ansicht, daß jede Art unabhängig von der anderen geschaffen worden sei, kann ich keine Erklärung dieser Art von Klassifikation entnehmen; sie ist aber erklärlich durch die Erblichkeit und durch die zusammengesetzte Wirkungsweise der natürlichen Zuchtwahl, welche Austilgung der Formen und Divergenz der Charaktere verursacht.....

Die Verwandtschaft aller Wesen einer Klasse zueinander sind manchmal in Form eines großen Baumes dargestellt worden. Ich glaube, dieses Bild entspricht sehr der Wahrheit. Die grünen und knospenden Zweige stellen die jetzigen Arten, und die in vorangehenden Jahren entstandenen die lange Aufeinanderfolge erloschener Arten vor. In jeder Wachstumsperiode haben alle wachsenden Zweige nach allen Seiten hinaus zu treiben und die umgebenden Zweige und Äste zu überwachsen und zu unterdrücken gestrebt, ganz so wie Arten und Artengruppen andere Arten in dem großen Kampfe ums Daseins überwältigt haben. Die großen in Zweige geteilten und in immer kleinere und kleinere Verzweigungen abgeteilten Äste sind zur Zeit, wo der Stamm noch jung, selbst knospende Zweige gewesen; und diese Verbindung der früheren mit den jetzigen Knospen durch sich verästelnde Zweige mag ganz wohl die Klassifikation aller erloschenen und lebenden Arten in anderen Gruppen subordinierte Gruppen darstellen. Von den vielen Zweigen, welche munter gediehen, als der Baum noch ein bloßer Busch war, leben nur noch zwei oder drei, die jetzt als mächtige Äste alle anderen Verzweigungen abgeben; und so haben von den Arten, welche in längst vergangenen geologischen Zeiten lebten, nur sehr wenige noch lebende und abgeänderte Nachkommen. Von der ersten Entwicklung eines Baumes an ist mancher Ast und mancher Zweig verdorrt und verschwunden, und diese verlorenen Äste von verschiedeer Größe mögen jene ganzen Ordnungen, Familien und Gattungen vorstellen, welche, uns nur in fossilem Zustande bekannt, keine lebenden Vertreter mehr haben. Wie wir hier und da einen vereinzelten dünnen Zweig aus einer Gabelteilung tief unten am Stamme hervorkommen sehen, welcher durch irgendeinen Zufall begünstigt an seiner Spitze noch fortlebt, so sehen wir zuweilen ein Tier, wie *Ornithorhynchus* oder *Lepidosiren*, welches durch seine Verwandtschaften gewissermaßen zwei große Zweige der belebten Welt, zwischen denen es in der Mitte steht, miteinander verbindet und vor einer verderblichen Konkurrenz offenbar dadurch gerettet worden ist, daß es irgendeine geschützte Stelle bewohnte. Wie Knospen durch Wachstum neue Knospen hervorbringen und, wie auch diese wieder, wenn sie kräftig sind, sich nach allen Seiten ausbreiten und viele schwächere Zweige überwachsen, so ist es, wie ich glaube, durch Zeugung mit dem großen Baume des Lebens ergangen, der mit seinen toten und abgebrochenen Ästen die Erdrinde erfüllt, und mit seinen herrlichen und sich noch immer weiter teilenden Verzweigungen ihre Oberfläche bekleidet.

3. Zur Entstehung der Menschenrassen durch Naturzüchtung

1813 las Dr. *W. E. Wells* von der Royal Society eine „Nachricht über eine Frau der weißen Rasse, deren Haut zum Teil der eines Negers gleicht"; der Aufsatz wurde nicht eher veröffentlicht, bis seine zwei berühmten Essays „Über Tau und Einfach — Sehn" 1818 erschienen. In diesem Aufsatz erkennt er deutlich das Prinzip der natürlichen Zuchtwahl an, und dies ist der erste nachgewiesene Fall einer solchen Anerkennung. Er wendete es aber nur auf die Menschenrassen und nur auf besondere Merkmale an. Nachdem er anführte, daß Neger und Mulatten Immunität gegen gewisse tropische Krankheiten besitzen, bemerkt er erstens, daß alle Tiere in einem gewissen Grade abzuändern streben, und zweitens, daß Landwirte ihre Haustiere durch Zuchtwahl verbessern. Nun fügt er hinzu: was aber im letzten Falle „durch Kunst geschieht, scheint mit gleicher Wirksamkeit, wenn auch langsamer, bei der Bildung der Varietäten des Menschengeschlechts, die für die von ihnen bewohnten Gegenden eingerichtet sind, durch die Natur zu geschehen. Unter den zufälligen Varietäten von Menschen, die unter den wenigen zerstreuten Einwohnern der mittleren Gegenden von Afrika auftreten, werden einige besser als andere imstande sein, die Krankheiten des Landes zu überstehen. Infolge hiervon wird sich diese Rasse vermehren, während die anderen abnehmen, und zwar nicht bloß weil sie unfähig sind, die Erkrankungen zu überstehen, sondern weil sie nicht imstande sind, mit ihren kräftigeren Nachbarn zu konkurrieren. Nach dem, was bereits gesagt wurde, nehme ich es als ausgemacht an, daß die Farbe dieser kräftigeren Rasse dunkel sein wird. Da aber die Neigung, Varietäten zu bilden, noch besteht, so wird sich eine immer dunklere und dunklere Rasse im Laufe der Zeit bilden; und da die dunkelste am besten für das Klima paßt, so wird diese zuletzt in dem Lande, in dem sie entstand, wenn nicht die einzige, doch die vorherrschende Rasse werden!"

4. Aus einem Brief an Ernst Haeckel vom 8. 10. 1864

In Südamerika traten mir besonders drei Klassen von Erscheinungen sehr lebhaft vor die Seele: *erstens* die Art und Weise, in welcher nahe verwandte Species einander vertreten und ersetzen, wenn man von Norden nach Süden geht, — *zweitens* die nahe Verwandtschaft derjenigen Species, welche die Südamerika nahe gelegenen Inseln bewohnen, und derjenigen Species, welche diesem Festland eigentümlich sind; dies setzte mich in tiefes Erstaunen, besonders die Verschiedenheit derjenigen Species, welche die nahe gelegenen Inseln des Galapagos-Archipels bewohnen; — *drittens* die nahe Beziehung der lebenden zahnlosen Säugetiere *(Edentata)* und Nagetiere *(Rodentia)* zu den ausgestorbenen Arten. Ich werde niemals mein Erstaunen vergessen, als ich ein riesengroßes Panzerstück ausgrub, ähnlich demjenigen eines lebenden Gürteltieres.

Als ich über diese Tatsachen nachdachte und einige ähnliche Erscheinungen damit verglich, schien es mir wahrscheinlich, daß nahe verwandte Species von einer gemeinsamen Stammform abstammen könnten. Aber einige Jahre lang konnte ich nicht begreifen, wie eine jede Form so ausgezeichnet ihren besonderen Lebensverhältnissen angepaßt werden konnte. Ich begann darauf systematisch die Haustiere und die Gartenpflanzen zu studieren und sah nach einiger Zeit deutlich ein, daß die wichtigste umbildende Kraft in des Menschen Zuchtwahlvermögen liege, in seiner Benutzung auserlesener Individuen zur Nachzucht. Dadurch, daß ich vielfach die Lebensweisen und Sitten der Tiere studiert hatte, war ich darauf vorbereitet, den Kampf ums Dasein richtig zu würdigen; und meine geologischen Arbeiten gaben mir eine Vorstellung von der ungeheueren Länge der verflossenen Zeiträume. Als ich dann durch einen glücklichen Zufall das Buch von Malthus „Über die Bevölkerung" las, tauchte der Gedanke der natürlichen Züchtung in mir auf.

Charles Robert Darwin (1809—1882), Englischer Naturforscher und Privatgelehrter lebte auf seinem Landsitz Down. Er nahm 1832—37 an der Weltreise der „Beagle" teil. 1859 erschien sein berühmtes Werk „Über den Ursprung der Arten durch natürliche Zuchtwahl". Weitere Werke über die Domestikation, die Abstammung des Menschen, den Ausdruck der Gemütsbewegungen bei Mensch und Tier, und die Bildung von Ackererde durch die Tätigkeit der Würmer. Zu seiner Theorie der Wandelbarkeit der Arten und der stammesgeschichtlichen Entwicklung (dem „Darwinismus") wurde er durch Spezialstudien, z. B. an den Finken der Galapagos-Inseln und durch die Ideen des Volkswirtschaftlers *Malthus* angeregt.

KARL WILHELM v. NÄGELI:

Der Begriff der Modifikation

Aus „Mechanisch-physiologische Theorie der Abstammungslehre",
München und Leipzig 1884, S. 263 f.

Wie der Rassenbegriff nur dann deutlich und rein hervortritt, wenn man von ihm die vorübergehenden Merkmale ausscheidet, welche durch Ernährung und Klima unmittelbar hervorgebracht werden, so verhält es sich auch mit dem Begriff der *Varietät;* von demselben muß alles Nichtvererbbare ausgeschlossen werden. Die wirklichen Varietätsmerkmale lassen sich nur dann sicher erkennen, wenn eine natürliche Form unter die verschiedensten äußeren Bedingungen gebracht wird. Nur die bei einer solchen Behandlung konstant bleibenden Eigenschaften gehören der Varietät an; alle sich verändernden Eigenschaften sind als Ernährungs- und Standortmodifikation zu eliminieren.

Neben Rassen und Varietäten*) muß also noch eine Kategorie von Formen unterschieden werden, die durch nicht erbliche Merkmale charakterisiert ist, und die ich einstweilen in Ermangelung eines anderen Wortes mit der bisher bereits gebrauchten Benennung *Modifikation* bezeichnen will. Die Modifikationen werden durch verschiedene äußere Einflüsse, durch Nahrung, Klima, Reize hervorgebracht und sind vorzügliche Standorts-, Ernährungs- und krankhafte Modifikationen. Sie bestehen in Erscheinungen, die am Individuum entstehen und wieder vergehen, oder, wenn sie ihm bis zu seinem Ende anhaften, doch nicht auf die Kinder übertragen werden. Kommen sie auch den Kindern zu, so ist dies nicht die Folge der Vererbung, sondern weil sie in ihnen durch die nämlichen Ursachen wie in den Eltern erzeugt werden. ...

Die Modifikation unterscheidet sich also dadurch von der Varietät und der Rasse, daß sie nicht erblich ist.

---

*) Varietät bei Nägeli, jetzt: *Mutation* genannt (Der Herausgeber)

Karl Wilhelm von Nägeli (1817—1891) war Botaniker und wurde in Kilchberg bei Zürich geboren. Er war Professor in München, entdeckte die Spermatozoiden der Farne, untersuchte die Stärkekörner, den Verlauf der Blattspuren im Stengel und die Zellhäute im polarisierten Licht. Außerdem machte er Kreuzungen mit der artenreichen Gattung der Habichtskräuter.

AUGUST WEISMANN:

Die Unmöglichkeit der Vererbung erworbener Eigenschaften

Aus: Vorträge über Deszendenztheorie. 2. Aufl. 1904. 1. Bd. S. 196 ff.
2. Bd. S. 53 ff. und S. 68 ff. Jena, Gustav Fischer

Sie wissen, daß *Lamarck* die direkte Wirkung des Gebrauchs oder Nichtgebrauchs als den wesentlichen Faktor der Umwandlungen ansah, und daß *Darwin,* obwohl zögernd und vorsichtig, diesen Faktor anerkannte und beibehielt: er glaubte denselben nicht entbehren zu können, und in der Tat sieht es auch auf den ersten Blick so aus; es gibt eine große Reihe von Tatsachen, die nur auf diesem Wege erklärbar erscheinen, vor allem die Existenz der unzähligen rudimentären Organe, die alle im Verlauf des Nichtgebrauchs verkümmert sind, die Reste von Augen bei im Dunkeln lebenden Tieren, die von Flügeln bei den laufenden Vögeln, die Reste von Hinterbeinen bei den schwimmenden Säugern, den Walen, von Ohrmuskeln bei dem seine Ohren nicht mehr spitzenden Menschen usw.

Sind doch allein beim Menschen nach *Wietersheim* nahezu zweihundert solcher „rudimentärer Organe" aufzuzählen, und es gibt kein höheres Tier, das deren keine besäße; bei allen also steckt ein Stück der Vorgeschichte der Art noch in dem heutigen Organismus darin und legt Zeugnis dafür ab, wie vieles von dem, was die Ahnen besaßen, überflüssig geworden und entweder umgewandelt oder nach und nach beseitigt worden ist, d. h. noch heute in der Beseitigung begriffen ist. Es liegt aber auf der Hand, daß durch Naturzüchtung im *Darwin-Wallace*schen Sinne dieses allmähliche Kleinerwerden und Verkümmern eines nicht mehr gebrauchten Organs sich nicht mehr erklären läßt, da der Vorgang so überaus langsam erfolgt, daß die geringen Größenunterschiede des Organs, wie sie zwischen verschiedenen Individuen der Art zu irgendeiner Zeit des Rückbildungsprozesses vorkommen, unmöglich Selektionswert haben können. Ob das verkümmernde, nicht mehr benötigte Hinterbein des Wals ein wenig größer oder kleiner ist, kann keine Bedeutung im Kampf ums Dasein haben; das kleinere Organ kann weder als geringes Hindernis beim Schwimmen, noch als größere Materialersparnis in Betracht kommen, und ähnlich verhält es sich in den meisten anderen Fällen von Verkümmerung bei Nichtgebrauch. Wir bedürfen also einer andern Erklärung, und diese scheint das *Lamarck*sche Prinzip auf den ersten Blick zu bieten.

Aber auch das Umgekehrte, die Kräftigung, Vergrößerung, stärkere Ausbildung eines Teils geht sehr häufig parallel seinem stärkeren Gebrauch, und auch hier also scheint uns das *Lamarck*sche Prinzip eine einfache Erklärung zu gewähren. Denn wir wissen, daß Übung einen Teil kräftigt, Nichtgebrauch ihn schwächt, und wenn wir annehmen dürften, daß diese Übungs- oder Nichtgebrauchsresultate sich von der Person, welche sie im Laufe ihres Lebens an sich hervorgerufen oder „erworben" hat, auf ihre Kinder vererben könnten, dann wäre nichts gegen

das *Lamarck*sche Prinzip einzuwenden, — aber eben hier liegt die Schwierigkeit: Dürfen wir eine solche Vererbung erworbener Eigenschaften annehmen? Besteht sie? Läßt sie sich erweisen?
Daß *Lamarck* sich diese Frage gar nicht stellte, sondern eine solche Vererbung als selbstverständlich annahm, ist erklärlich aus der Zeit, in der er lebte; hatte er doch als einer der ersten gerade den Gedanken der Transmutationshypothese gefaßt und konnte froh sein, zugleich schon irgendein Erklärungsprinzip dafür bereit zu haben. Aber auch *Ch. Darwin* gestand diesem Prinzip noch einen bedeutenden Einfluß zu, obwohl ihm die dabei vorausgesetzte Vererbung „erworbener" Eigenschaften Bedenken verursachte. Er richtete sogar seine Vererbungstheorie ... ganz besonders auf die Erklärung dieser dabei vorausgesetzten Vererbungsform ein.... Wenn wir Tatsachen gegenüber stehen, für deren Verständnis wir keine andere Möglichkeit vor uns sehen als eine einzige, wenn auch unbeweisbare Annahme, so müssen wir diese einstweilen einmal machen, bis eine bessere gefunden wird. Auf diese Weise ist offenbar die Stellung *Darwins* zum *Lamarck*schen Prinzip zu verstehen; er verwarf es nicht, weil es ihm die einzige mögliche Erklärung für das Schwinden nutzlos gewordener Teile zu bieten schien; er behielt es bei, obgleich ihm die dabei vorausgesetzte Vererbung erworbener Eigenschaften zweifelhaft, jedenfalls nicht sicher erwiesen erscheinen mußte und auch wirklich erschien.
Leise und stärkere Zweifel an dieser angenommenen Vererbungsform wurden erst spät, ... so zuerst von *Fr. Galton* (1875), dann von *His,* der sich bestimmt wenigstens gegen eine Vererbung von Verstümmelungen erklärt, von *Du Bois-Reymond,* der in seiner Rede „Über die Übung" 1881 sagte: „Wollen wir ehrlich sein, so bleibt die Vererbung erworbener Eigenschaften eine lediglich den zu erklärenden Tatsachen entnommene und noch dazu in sich ganz dunkle Hypothese."
In der Tat mußte sie jedem, der sie auch nur auf ihre theoretische Möglichkeit, auf ihre bloße Denkbarkeit prüfte, so erscheinen. So erschien sie denn auch mir, als ich 1883 versuchte, mir über sie klar zu werden, und ich sprach damals die Überzeugung aus, daß eine solche Vererbungsform nicht nur nicht erwiesen, sondern daß sie auch theoretisch nicht denkbar sei; daß wir somit darauf angewiesen wären, die Tatsache des Schwindens nicht gebrauchter Teile auf andere Weise zu erklären, und ich versuchte eine solche Erklärung zu geben....
Damit war dem *Lamarck*schen Prinzip, der direkt umwandelnden Wirkung von Gebrauch und Nichtgebrauch der Krieg erklärt, und es entspann sich daraus in der Tat ein Kampf, der sich bis in unsere Tage fortgesetzt hat, der Kampf zwischen den Neolamarckianern (s. a. Seite 155) und den Neodarwinianern, wie man die streitenden Parteien genannt hat....
Wie sollen nun die Veränderungen, die an einem Muskel durch Übung eintreten, oder die Verkümmerung, die eine Gliedmaße durch Nichtgebrauch erleidet, sich der im Innern des Körpers liegenden Keimzelle mitteilen, und noch dazu derart mitteilen, daß diese Zelle später, wenn sie zu einem neuen Organismus heranwächst, an dem entsprechende Muskel und der entsprechenden Gliedmaße dieselbe Veränderung von sich aus hervorruft, die bei den Eltern durch Übung oder Nichtgebrauch entstanden war?
Das ist die Frage, welche sich mir schon frühe aufdrängte, und welche mich in ihrer weiteren Durchdenkung zu einer völligen Leugnung der Vererbung dieser Art von „erworbenen Eigenschaften" führte.

Wenn ich Ihnen nun zeigen soll, wie ich zu diesem Resultat gelangte, und worin dasselbe seine Begründung findet, wird es unerläßlich sein, zunächst die Erscheinungen der Vererbung überhaupt und der mit ihr unzertrennlich verbundenen Fortpflanzung kennen zu lernen, und dann daraus uns irgendeine theoretische Vorstellung von dem Vorgang der Vererbung zu bilden, ein wenn auch nur vorläufiges und notwendigerweise noch sehr unvollkommenes Bild des Mechanismus, der der Keimzelle die Fähigkeit verleiht, das Ganze wieder hervorzubringen und nicht bloß — wie andere Zellen ihresgleichen. Wir werden so zu einer Untersuchung über die Fortpflanzung und Vererbung geführt, nach deren Abschluß erst wir uns berechtigt fühlen dürfen, wieder zu der Frage nach der Vererbung erworbene Eigenschaften zuückzukehren, um unser Urteil über die Beibehaltung oder Verwerfung des *Lamarck*schen Prinzips auszusprechen....

Darwin ... als der erste ersann eine Vererbungstheorie, die den Namen einer Theorie verdient, indem sie nicht nur ein flüchtig hingeworfener Gedanke, sondern wenn auch nur skizzierter Versuch einer Durcharbeitung dieses Gedankens ist. Seine „Pangenesis"-Theorie nimmt an, daß Zellen aus besonderen Keimchen entstehen, gemmules, welche von unendlicher Kleinheit sind, und von welchen eine jede Zelle während ihres Daseins ungezählte Scharen in sich hervorbringt. Jedes dieser Keimchen kann einer Zelle den Ursprung geben, welche der gleicht, in der sie selbst entstand, aber nicht jederzeit, sondern nur unter bestimmten Bedingungen, dann nämlich, wenn sie „in diejenige Zelle gelangt", welche derjenigen, die sie hervorzubringen hat, „in der Reihe vorausgeht". *Darwin* nennt dies eine „Wahlverwandtschaft" jedes Keimchens für diese eine besondere Zelle. So entstehen also vom Beginn der Ontogenese an in jeder Zelle Scharen von Zellkeimchen, von denen jede virtuell eine spezifische Zelle repräsentiert. Diese Keimchen bleiben aber nicht, wo sie entstanden, sondern sie wandern aus ihrem Entstehungsort heraus in den Blutstrom und werden zu Myriaden von diesem in alle Teile des Körpers geführt. So gelangen sie auch in die Ovarien und Spermarien und zu den in ihnen gelegenen Keimzellen, dringen in diese ein und häufen sich in ihnen an, so daß die Keimzellen im Laufe des Lebens die Keimchen aller Arten von Zellen, die je im Organismus aufgetreten sind, in sich enthalten müssen, und zugleich auch alle Veränderungen, die etwa durch äußere oder innere Einflüsse durch Übung oder durch Vernachlässigung eines Teils an ihnen eingetreten sein können.

Auf diese Weise also suchte *Darwin* den Keimzellen die Fähigkeiten zu erteilen, auch diejenigen Veränderungen bei ihrer Entwicklung wieder hervorzubringen, welche das Individuum während seines Lebens infolge äußerer Einwirkungen oder funktioneller Einflüsse eingegangen war.

Ich verzichte auf eine Widerlegung der dabei gemachten Annahmen; die Unwahrscheinlichkeiten und die Widersprüche gegen die Tatsachen sind so groß, daß ich sie nicht hervorzuheben brauche; die Theorie zeigt deutlich, zu welcherlei unwahrscheinlichen Annahmen man greifen muß, will man die Vererbung erworbener (somatogener) Charaktere theoretisch begründen. Als *Darwin* seine Pangenesis aufstellte, da waren seine Annahmen schon kaum vereinbar mit dem, was man von Zellenfortpflanzung wußte; heute wären sie vor allem nicht mit der Erkenntnis zu vereinigen, daß die Keimsubstanz nie neu entsteht, sondern sich immer von der der vorhergehenden Generation ableitet, also mit der Kontinuität des Keimplasmas.

Wollte man heute eine theoretische Ermöglichung der Vererbung erworbener Charaktere ersinnen, so müßte man annehmen, daß die Zustände sämtlicher Teile des Körpers in jedem Augenblick oder doch jeder Lebensperiode sich in den entsprechenden Anlagen des Keimplasmas, also in den Keimzellen abspiegelten. Da nun aber die Anlagen durchaus verschieden von den Teilen selbst sind, so müßten die Anlagen in ganz anderer Weise sich verändern als die fertigen Teile sich verändert hatten, etwa wie wenn ein deutsches Telegramm nach China dort gleich in chinesischer Sprache ankäme...

Untersuchen wir also, ob eine Vererbung erworbener Veränderungen, d. h. zunächst nur funktioneller Abänderungen, durch die Erfahrung nachweisbar ist...

Wenn wir nun fragen, welche Tatsachen als Beweise für die Vererbung erworbener Abänderungen im engeren Sinne von den zahlreichen modernen Anhängern des *Lamarck*schen Prinzips vorgebracht worden sind, so zeigt es sich, daß keine derselben der Kritik standhält.

Da sind zuerst die zahlreichen Behauptungen von Vererbung von Verstümmelungen und Verlusten ganzer Körperteile.

Es ist nicht ohne Interesse zu sehen, wie sich hier die Ansichten im Laufe der Debatte geändert haben.

Im Anfang derselben wurden sie als vollgültiger Beweis für das *Lamarck*sche Prinzip vorgebracht.

Auf der Naturforscherversammlung vom Jahre 1887 zu Wiesbaden wurden Kätzchen vorgezeigt mit Stummelschwänzen, welche diese Eigentümlichkeit von ihrer Mutter geerbt haben sollten, welcher der Schwanz angeblich abgefahren worden war. Die Zeitungen berichteten, wie großes Aufsehen dieser Fall gemacht habe, und Naturforscher vom Ansehen eines *Rudolph Virchow* erklärten diesen Fall für bemerkenswert, hielten ihn also, falls er überhaupt in allen Angaben auf Wahrheit beruhte, für einen Beweis. Von vielen Seiten wurden dann noch ähnliche Fälle vorgebracht, die beweisen sollten, daß das Abschneiden der Schwänze bei Katzen und Hunden erbliche Verkümmerung dieses Teiles hervorrufen könne; auch studentische „Schmisse" sollten sich gelegentlich auf den Sohn — glücklicherweise nicht auf die Tochter — vererbt haben... Eine Menge solcher und ähnlicher Fälle finden sich schon in den älteren Lehrbüchern der Physiologie von *Burdach* und besonders *Blumenbach,* von welchen freilich die meisten den Wert von Anekdoten nicht übersteigen, da sie nicht nur ohne sicheren Gewährmann erzählt werden, sondern auch ohne die zur Beurteilung unentbehrlichen Einzelheiten.

Schon im vorigen Jahrhundert hat unser großer Philosoph *Kant* und in unseren Tagen der Anatom *Wilhelm His* sich völlig absprechend diesen Angaben gegenüber geäußert, und eine Vererbung von Verstümmelungen völlig in Abrede gestellt; nachdem nun aber ein ganzes Jahrzehnt hindurch eine lebhafte Debatte für und wider, verbunden mit eingehenden anatomischen Untersuchungen, genauerer Prüfung einzelner Fälle und dem Experiment stattgefunden hat, darf man das Ergebnis als ein durchaus negatives bezeichnen und sagen: es gibt keine Vererbung von Verstümmelungen....

In keinem der vorgebrachten Fälle von Stummelschwanz konnte auch nur nachgewiesen werden, daß dem betreffenden Elter der Schwanz wirklich abgefahren oder abgeschnitten worden war, geschweige denn, daß das Vorkommen eines verkümmerten Schwanzes aus inneren Ursachen bei einem der Eltern oder

Großeltern hätte ausgeschlossen werden können. Zugleich ergab die genaue anatomische Untersuchung solcher Stummelschwänze, wie sie bei den Katzen der Insel Man und vielen Katzen Japans vorkommen und bei den verschiedensten Hunderassen ziemlich häufig gefunden werden, daß dieselben ihrem Bau nach nichts zu tun haben mit dem Rest eines abgeschnittenen Schwanzes, sondern spontane Rückbildungen des ganzen Schwanzes sind, also verkrüppelte, nicht verkürzte Schwänze *(Bonnet)*.
Zugleich bewiesen Versuche an Mäusen, daß das Abschneiden des Schwanzes, auch wenn es bei beiden Eltern geschieht, doch keine, auch noch so geringe Verkürzung des Schwanzes bei den Nachkommen zur Folge hat....
Wenn nun aber auch jede Spur eines Beweises für die Vererbbarkeit funktioneller Abänderungen, also für die Vererbung von Übungsresultaten fehlt, so würde daraus allein doch die Unmöglichkeit eines solchen Geschehens nicht geradezu gefolgert werden dürfen, denn es mag manches geschehen können, was wir zur Stunde nicht zu beweisen imstande sind. Wenn sich zeigen ließe, daß große Gruppen von Erscheinungen sich auf keine andere Weise erklären ließen als unter der Voraussetzung einer solchen Vererbung, so müßten wir dieselbe dennoch als wirklich annehmen, trotzdem es nicht beweisbar, ja nicht einmal theoretisch vorstellbar ist. Auf diesen Standpunkt stellen sich nun jetzt die Anhänger des *Lamarck*schen Prinzips....
Man hat geltend gemacht, daß Dressur z. B. bei Hunden sich vererben könne, daß der junge Vorstehhund noch ungelehrt vor dem Wild stehen bleibe, der junge Schäferhund von selbst die Schafherde umkreise und anbelle, ohne zu beißen. Man vergißt dabei nur, daß diese Rassen nicht nur unter dem Einfluß der künstlichen Züchtung des Menschen entstanden sind, sondern daß sie heute noch scharf selektiert werden....
Man glaube auch nicht, daß die Gewohnheit des Vorstehhundes tatsächlich auf Dressur beruhe, sie ist nur bei jedem einzelnen Tier verstärkt durch Dressur, sie beruht aber auf der angeborenen Neigung, das Wild anzuschleichen, also auf einer Variation des Raubinstinktes. Der Mensch hat sie benützt und durch Züchtung gesteigert, aber keineswegs in die Rasse hineingeprügelt. Und ähnlich wird es sich bei aller sog. Vererbung von Dressuren verhalten. Man muß auch nicht vergessen, wie ungemein viel durch Dressur beim einzelnen Tier zu erreichen ist. Der Elefant ist dafür das beste Beispiel, denn er pflanzt sich in Gefangenschaft nur ganz ausnahmsweise fort, und alle die Tausende zahmer Elefanten Indiens sind gezähmte wilde Tiere. Dennoch sind sie sanft und lenksam, wie es das seit Jahrtausenden domestizierte Pferd nicht besser sein kann, verrichten alle möglichen Arbeiten mit größter Geduld und Gewissenhaftigkeit, und nicht selten auch ohne stets beaufsichtigt zu sein. Es sind eben Tiere von großer Intelligenz, die begreifen, was von ihnen verlangt wird, und die sich bereitwillig den neuen Lebensbedingungen anbequemen....
Es war *Herbert Spencer,* der englische Philosoph, der das Argument der Koadaptation gegen meine Ansicht von der Nichtvererbung funktioneller Abänderungen ins Feld geführt hat. Er machte geltend, daß viele, ja fast die meisten Umgestaltungen eines Körperteiles weitere, ja oft sogar sehr zahlreiche Veränderungen anderer Teile voraussetzen, um wirksam zu sein, daß die letzteren also gleichzeitig mit dem durch Naturzüchtung zu verändernden Teil abändern müßten; dies aber sei nur durch Vererbung der durch den Gebrauch gesetzten Ver-

änderung denkbar, da eine gleichzeitige Abänderung so vieler Teile durch Naturzüchtung undenkbar sei. Wenn z. B. das Geweih unseres heutigen Hirsches etwa bis zur Größe des 18 Fuß messenden Geweihes des Riesenhirsches aus den Torflagern Irlands vergrößert werden sollte, so würde dies eine gleichzeitige Verdickung des Schädels bedingen und zum Tragen der schweren Last eine Verstärkung des Nackenbandes, der Muskel des Halses und Rückens, der Knochen der Beine, ihrer Muskeln und schließlich auch aller der Nerven, welche die Muskeln versehen, und wie sollte das alles gleichzeitig und in genauer Proportion zu dem Wachsen des Geweihes geschehen können, wenn es abhinge — wie doch Naturzüchtung annimmt — von zufälligen Variationen aller dieser Teile? Wenn nun die günstigen Variationen eines dieser zahlreichen Teile nicht eintreten! Ein gleichsinniges Variieren aller der Teile, Knochen, Muskeln, Bänder, Nerven, die zu einer gemeinsamen Tätigkeit zusammenwirken, sei schon deshalb eine unstatthafte Annahme, weil ja in vielen Fällen im Laufe der Artbildung solche gemeinsam wirkenden Organgruppen sich in der einen Hälfte in entgegengesetzter Richtung weiterentwickelt hätten als die anderen. Bei der Giraffe z. B. sind die Vorderbeine höher als die Hinterbeine, umgekehrt wie bei den meisten Wiederkäuern, bei dem Känguruh haben sich die Hinterbeine im Gegenteil zu unverhältnismäßiger Größe entwickelt, und die Vorderbeine sind zu winzigen Greifpfoten zurückgebildet. Zusammenarbeitende Teile, wie vordere und hintere Extremitten können also auch sehr wohl entgegengesetzte Umwandlungswege gehen, ihre Variationen müssen nicht immer gleichsinnig gerichtet sein.

Die Schwierigkeit, welche diese sog. Koadaptation oder Zusammenstimmung bietet, ist gewiß nicht hinwegzuleugnen, auch wird man zugeben müssen, daß wenn die Resultate der Übung sich vererbten, die Erklärung der Erscheinung für viele, wenn auch nicht für alle Fälle eine leichte wäre, weil dann die Anpassung der sekundär zu verändernden Teile in jedem Einzelleben genau der veränderten Funktion des Teils entsprechen könnte, sich auf die Nachkommen übertrüge, und dort wiederum einem solchen Maß von Abänderung gemäß dem Prinzip der Histonalselektion unterläge, wie es von der weiter fortschreitenden primären Abänderung bedingt würde. Die Einfachheit der Erklärung ist bestechend, wenn ihr nur auch die Richtigkeit zur Seite ginge; allein es gibt eine Reihe von Fällen oder vielmehr von Tatsachengruppen, welche beweisen, daß die Ursachen der Koadaptation nicht in der Vererbung funktioneller Abänderung liegen, und dies muß anerkannt werden, einerlei ob wir heute schon imstande sind, die wahren Ursachen der Zusammenpassung anzugeben, ob also Naturzüchtung zu ihrer Erklärung ausreicht oder nicht.

Zuerst muß ich darauf hinweisen, daß Koadaptationen nicht bloß bei aktiv, sondern auch bei passiv funktionierenden Teilen vorkommen. Lehrreiche Beispiele finden sich in größter Zahl bei den Gliedertieren, deren ganzes Hautskelett in diese Kategorie gehört.... Das Chitinskelett kann erst dann dem Muskelzug Widerstand leisten, wenn es nicht mehr weich ist wie unmittelbar nach seiner Abscheidung; sobald es aber einmal hart geworden ist, bleibt es auch unveränderlich und kann höchstens von außen her durch langen Gebrauch abgerieben werden. Der Beweis dafür liegt schon in der Notwendigkeit der Häutungen, welche bei allen Gliedertiere unentbehrlich sind, solange sie wachsen, später aber nicht mehr eintreten. Wer das Wachstum irgendeines Insekts oder Krebses verfolgt hat, weiß, daß die Häutungen of mit großen, fast niemals aber ohne irgendwelche

kleine Veränderungen der äußeren Körperform, besonders der Gliedmaßen und ihrer Zähne, Borsten, Stacheln usw. verlaufen. Diese neuen oder umgewandelten Teile bilden sich aber vor dem Abwerfen der alten Chitinhaut, unter dem Schutz derselben, und zwar durch Aus- und Umgestaltung der lebendigen, weichen Matrix des Skelettes, der aus Zellen bestehenden Hypodermis, der eigentlichen Haut. So müssen sie auch bei den Vorfahren unserer heutigen Gliedertiere entstanden sein, aber nicht durch allmähliche Umwandlung während des Gebrauchs, sondern durch plötzliche geringfügige Modifizierung vor dem Gebrauch....
Wenn man sich diese Verhältnisse recht deutlich vor Augen hält, dann bieten die Gliedertiere ein geradezu erdrückendes Beweismaterial gegen die Lamarkkianer.
.... Besonders Ameisen und Bienen beanspruchen hier unser Interesse, ... weil bei ihnen im Laufe des Gesellschaftslebens eine Art von Individuen entstanden ist, welche sowohl von den Männchen als den Weibchen im Bau ihres Körpers in vielen Teilen abweicht, obschon sie unfruchtbar ist, und sich nicht, oder doch nur so ausnahmsweise fortpflanzt, daß dies für die Entstehung ihres heutigen Körperbaues nicht in Betracht kommt. Bekanntlich sind diese sog. Neutra oder besser Arbeiterinnen bei Bienen und Ameisen Weibchen, die sich aber von den echten Weibchen nicht nur durch geringere Größe und durch Unfruchtbarkeit unterscheiden, sondern noch durch vieles andere.... Was am meisten auffällt, ist die Veränderung ihrer Instinkte, denn während die Weibchen nur für die Fortpflanzung sorgen, sich begatten und Eier legen, sind es die Arbeiterinnen, welche die ausschlüpfenden, gänzlich hilflosen Larven füttern, reinigen, an sichere Orte bringen, die Puppen in die wärmere Sonne tragen und später wieder zurück in den schützenden Bau, welche auch diesen Bau selbst aufrichten und instand halten, nachdem sie das Material dazu herbeigeschleppt oder zubereitet hatten; sie sind es auch allein, welche den Stock gegen feindliche Angriffe verteidigen, welche räuberische Züge unternehmen, den Bau anderer Ameisen anfallen und hartnäckige Kämpfe mit denselben eingehen.
Wie konnten nun alle diese Eigentümlichkeiten entstehen, da doch die Arbeiterinnen sich nicht oder nur ausnahmsweise fortpflanzen und auch wenn sie dies tun, zur Begattung nicht fähig sind, und deshalb — bei Bienen wenigstens — nur männliche Nachkommen liefern können? Offenbar nicht durch Vererbung der Resultate von Gebrauch oder Nichtgebrauch, da sie eben keine Nachkommen liefern, auf die etwas vererbt werden könnte....
Also nicht bloß aus dem Grund verwerfen wir, und müssen wir das *Lamarck*sche Prinzip verwerfen, weil es sich nicht als richtig erweisen läßt, sondern zugleich deshalb, weil die Erscheinungen, welche es erklären soll, auch unter Verhältnissen aufttreten, welche eine Mitwirkung dieses Prinzips geradezu ausschließen.

Zum biogenetischen Grundgesetz

1. Arthur Schopenhauer:

Aus „Zur Philosophie und Wissenschaft der Natur"

Die Batrachier führen vor unseren Augen ein Fischleben, ehe sie ihre eigene, vollkommene Gestalt annehmen, und nach einer jetzt ziemlich allgemeinen Bemerkung durchgeht ebenso jeder Fötus sukzessiv die Formen der unter seiner Species stehenden Klassen, bis er zur eigenen gelangt. Warum sollte nun nicht jede neue und höhere Art dadurch entstanden sein, daß diese Steigerung der Fötusform einmal noch über die Form der ihn tragenden Mutter um eine Stufe hinausgegangen ist? — Es ist die einzige rationelle, d. h. vernünftigerweise denkbare Entstehungsart der Species, die sich ersinnen läßt.

Arthur Schopenhauer (1788—1860), war der Philosoph des Pessimismus. Sein Hauptwerk: „Die Welt als Wille und Vorstellung" (1819).

2. Fritz Müller:

Aus „Für Darwin", Leipzig, 1864

Die Nachkommen gelangen also zu einem neuen Ziele entweder indem sie schon auf dem Wege zur elterlichen Form früher oder später abirren, oder indem sie diesen Weg zwar unbeirrt durchlaufen, aber dann statt stille zu stehen noch weiter schreiten.
Die erstere Weise wird vorwiegend gewirkt haben, wo die Nachkommenschaft gemeinsamer Ahnen einen in den wesentlichsten Zügen auf gleicher Stufe stehenden Formenkreis bildet, wie etwa sämtliche Amphipoden, oder Krabben, oder Vögel. Dagegen wird man zur Annahme der zweiten Weise des Fortschreitens geführt, sobald man von gemeinsamer Stammform Tiere abzuleiten sucht, von denen die einen übereinstimmen mit Jugendzuständen der anderen.
Im ersteren Falle wird die Entwicklungsgeschichte der Nachkommen mit der ihrer Vorfahren nur bis zu dem Punkte zusammenfallen können, an dem ihre Wege sich schieden, über deren Bau im erwachsenen Zustand wird sie nichts lehren. Im zweiten Falle wird die ganze Entwicklung der Vorfahren auch von den Nachkommen durchlaufen und soweit daher die Entstehung einer Art auf dieser zweiten Weise des Fortschreitens beruht, wird die geschichtliche Entwicklung der Art sich abspiegeln in deren Entwicklungsgeschichte. — In der kurzen Frist weniger Wochen oder Monden führen die wechselnden Formen der Embryonen und Larven ein mehr oder minder vollständiges, mehr oder minder treues Bild der Wandlungen an uns vorüber, durch welche die Art im Laufe ungezählter Jahrtausende zu ihrem gegenwärtigen Stande sich emporgerungen hat....
Die in der Entwicklungsgeschichte erhaltene geschichtliche Urkunde wird allmählich *verwischt*, indem die Entwicklung einen immer geraderen Weg vom Ei zum fertigen Tier einschlägt, und sie wird häufig *gefälscht* durch den Kampf ums Dasein, den die freilebenden Larven zu bestehen haben....
Die Urgeschichte der Art wird in ihrer Entwicklungsgeschichte um so vollständiger erhalten sein, je länger die Reihe der Jugendzustände ist, die sie gleich-

mäßigen Schrittes durchläuft, und um so treuer, je weniger sich die Lebensweise der Jungen von der der Alten entfernt, und je weniger die Eigentümlichkeiten der einzelnen Jugendzustände als aus späteren in frühere Lebensabschnitte zurückverlegt oder als selbständig erworben sich auffassen lassen.

Fritz Müller (1821—1897) war Zoologe. Anfangs Farmer, war er später Professor in Desterro/Brasilien. Er war einer der ersten Anhänger des Darwinismus. Von ihm stammt das Biogenetische Grundgesetz, zu dem ihn Studien an Rankenfüssern führten. Außerdem arbeitete er über Mimikry („Müllersche Mimikry"), Duftorgane bei Schmetterlingen und Ameisen, Ameisenpflanzen, Termiten und Blütenbestäubung.

3. Ernst Haeckel:

Aus „Anthropogenie", Leipzig, 1874

Die Keimesentwicklung *(Ontogenesis)* ist eine gedrängte und abgekürze Wiederholung der Stammesentwicklung *(Phylogenesis);* und zwar ist diese Wiederholung um so vollständiger, je mehr durch beständige Vererbung die ursprüngliche Auszugsentwicklung *(Palingenesis)* beibehalten wird; hingegen ist die Wiederholung um so unvollständiger, je mehr durch wechselnde Anpassung die spätere Störungsentwicklung *(Zenogenesis)* eingeführt wird.

Ernst Haeckel (1834—1919) war Zoologe und Professor an der Universität Jena. Er verhalf der Abstammungstheorie *Darwins* durch viele Vorträge und Schriften zum Siege. Den von *Fritz Müller* gefundenen Parallelismus zwischen Embryonal- und Stammesentwicklung formulierte er zum „Biogenetischen Grundgesetz".
Bücher: „Generelle Morphologie", 1866, „Natürliche Stammesgeschichte", 1868, „Anthropogenie", 1874.
Populäre Werke: „Die Welträtsel", 1899; „Die Lebenswunder", 1904; „Kunstformen der Natur", 1899—1903; „Italienfahrt", 1859—60; „Aus Insulinde", 1901.

4. Oskar Hertwig:
Kritik des biogenetischen Grundgesetzes

Aus „Allgemeine Biologie", G. Fischer, Jena, 1906

Unsere Lehre, daß die Artzelle ebenso wie der aus ihr sich entwickelnde vielzellige Repräsentant der Art im allgemeinen eine fortschreitende, und zwar korrespondierende Entwicklung im Laufe der Erdgeschichte durchgemacht haben, *steht in einem gewissen Widerspruch zu dem „biogenetischen Grundgesetz".* Nach der von *Haeckel* aufgestellten Formel „ist die Keimesgeschichte ein Auszug der Stammesgeschichte"; oder: „die Ontogenie ist eine Rekapitulation der Phylogenie", oder etwas ausführlicher: „Die Formenreihe, welcher der individuelle Organismus während seiner Entwicklung von der Eizelle bis zu seinem ausgebildeten Zustand durchläuft, ist eine kurze, gedrängte Wiederholung der langen Formenreihe, welche die tierischen Vorfahren desselben Organismus oder die Stammformen seiner Art von den ältesten Zeiten der sogenannten organischen Schöpfung an bis auf die Gegenwart durchlaufen haben".

Haeckel läßt den Parallelismus zwischen beiden Entwicklungsreihen allerdings „dadurch etwas verwischt sein, daß meistens in der ontogenetischen Entwicklungsreihe vieles fehlt und verloren gegangen ist, was in der phylogenetischen Entwicklungskette früher existiert und wirklich gelebt hat".

„Wenn der Parallelismus beider Reihen", bemerkt er „vollständig wäre, und wenn dieses große Grundgesetz von dem *Kausalnexus der Ontogenie und Phylogenie* im eigentlichen Sinne des Wortes volle und bedingte Geltung hätte, so würden wir bloß mit Hilfe des Mikroskops und des anatomischen Messers die Formenreihe festzustellen haben, welche das befruchtete Ei des Menschen bis zu einer vollkommenen Ausbildung durchläuft; wir würden dadurch sofort uns ein vollständiges Bild von der merkwürdigen Formenreihe verschaffen, welche die tierischen Vorfahren des Menschengeschlechtes von Anbeginn der organischen Schöpfung an bis zum Auftreten des Menschen durchlaufen haben. Jene Wiederholung der Stammesgeschichte durch die Keimesgeschichte ist eben nur in seltenen Fällen ganz vollständig und entspricht nur ganz selten der ganzen Buchstabenreihe des Alphabets. In den allermeisten Fällen ist vielmehr dieser Auszug sehr unvollständig, vielfach durch Ursachen, die wir später kennen lernen werden, verändert, gestört oder gefälscht. Wir sind daher meistens nicht imstande, alle verschiedenen Formzustände, welche die Vorfahren jedes Organismus durchlaufen haben, unmittelbar durch die Ontogenie im einzelnen festzustellen; vielmehr stoßen wir gewöhnlich auf mannigfache Lücken."

Die Theorie der Biogenesis macht an der von Haeckel gegebenen Fassung des biogenetischen Grundgesetzes einige Abänderungen und erläuternde Zusätze notwendig. Wir müssen den Ausdruck: „Wiederholung von Formen ausgestorbener Vorfahren" fallen lassen und dafür setzen: Wiederholung von Formen, welche für die organische Entwicklung gesetzmäßig sind und vom Einfachen zum Komplizierten fortschreiten. Wir müssen den Schwerpunkt darauf legen, daß in dem embryonalen Formen ebenso wie in den ausgebildeten Tierformen allgemeine Gesetze der Entwicklung der organisierten Lebenssubstanz zum Ausdruck kommen.

Nehmen wir, um unseren Gedankengang klarer zu machen, die Eizelle. Indem jetzt die Entwicklung eines jeden Organismus mit ihr beginnt, wird keineswegs der alte Urzustand rekapituliert aus der Zeit, wo vielleicht nur einzellige Amöben auf unserem Planeten existierten. Denn nach unserer Theorie ist die Eizelle zum Beispiel eines jetzt lebenden Säugetieres kein einfaches und indifferentes, bestimmungsloses Gebilde, als welches sie nach dem biogenetischen Grundgesetz betrachtet werden müßte; vielmehr erblicken wir in ihr das außerordentlich komplizierte Endprodukt eines sehr langen historischen Entwicklungsprozesses, welcher die organisierte Substanz seit jener hypothetischen Epoche der Einzelligen durchgemacht hat.

Wenn schon die Eier eines Säugetieres von denen eines Reptils und eines Amphibiums sehr wesentlich verschieden sind, weil sie ihrer ganzen Organisation nach nur die Anlagen für ein Säugetier, wie diese für ein Reptil oder ein Amphibium, repräsentieren, um wieviel mehr müssen sie verschieden sein von jenen hypothetischen einzelligen Amöben, die noch keinen anderen Erwerb aufzuweisen hatten, als nur wieder Amöben ihrer Art zu erzeugen!

Allgemein ausgedrückt, beginnt der Entwicklungsprozeß bei der Entstehung eines vielzelligen Organismus nicht da, wo er vor Urzeiten einmal begonnen hat, sondern er ist die unmittelbare Fortsetzung des höchsten Punktes, bis zu welchem die organische Entwicklung jetzt geführt hat.

Mit der Zelle nimmt die Ontogenese für gewöhnlich wieder ihren Anfang, weil sie die elementare Grundform ist, an welche das organische Leben beim Zeugungsprozeß gebunden ist und weil sie für sich schon die Eigenschaften ihrer Art „der Anlage nach" repräsentiert und losgelöst von der höheren Individualitätsstufe, die aus der Vereinigung von Zellen hervorgegangen ist, wieder imstande ist, das Ganze zu reproduzieren.

Die Eizelle von jetzt und ihre einzelligen Vorfahren in der Stammesgeschichte, die Amöben, *sind nur, insofern sie unter den gemeinsamen Begriff der Zelle fallen, miteinander vergleichbar,* im übrigen aber in ihrem eigentlichen Wesen außerordentlich verschieden voneinander. Denn das Idioplasma jeder Amöben — so müssen wir schließen — muß noch von einer relativ sehr einfachen mizellaren Organisation sein, da es nur wieder Amöben hervorzubringen die Anlage hat; die Eizelle eines Säugetiere dagegen ist eine hochkomplizierte Anlagesubstanz, wie früher zu begründen versucht wurde.

Man muß in der Artenentwicklung zwei verschiedene Reihen von Vorgängen auseinander halten:

1. *Die Entwicklung der Artzelle, welche sich in einer steten, fortschreitenden Richtung von einer einfachen zu einer komplizierteren Organisation fortbewegt;*
2. *die sich periodisch wiederholende Entwicklung des vielzelligen Individuums aus dem einzelligen Repräsentanten der Art oder die einzelne Ontogenie, die im allgemeinen nach denselben Regeln wie in den vorausgegangenen Ontogenien erfolgt, aber jedesmal ein wenig modifiziert, entsprechend dem Betrag, um welchen sich die Artzelle selbst in der Erdgeschichte verändert hat.*

Der Gedanke läßt sich durch ein Gleichnis noch besser veranschaulichen.

Die Zelle nimmt im Verhältnis zu dem aus ihrer Vereinigung entstehenden Organismus eine ähnliche Stellung ein wie der einzelne Mensch zum staatlichen Organismus. Wie die Zelle, so kann auch ein einzelnes, von einem bestehenden Staat losgetrenntes und auf eine unbewohnte Insel isoliertes Menschenpaar der Ausgang eines neuen Staatengebildes werden. Dieses wird bei Gleichheit der äußeren Faktoren doch sehr verschieden ausfallen, je nach den Eigenschaften des isolierten Menschenpaares, je nachdem es der schwarzen, der roten oder der weißen Rasse angehört. Es wird aber auch verschieden ausfallen, wenn die Isolierung an Gliedern ein und derselben Rasse, aber zu weit entfernten Zeiten vorgenommen wurde. Ein Vorfahre aus einer zweitausendjährigen Vergangenheit, zum Beispiel am Beginn der deutschen Geschichte, wird sich auf der unbewohnten Insel in anderer Weise einzurichten beginnen, als ein jetzt lebender Vertreter derselben Rasse, der einen großen Teil der Kulturerrungenschaften vieler Jahrhunderte in seinem Gedächtnis bewahrt und sie zum Teil wieder seiner Deszendenz überliefert. In beiden Fällen werden gleichfalls wieder die entstehenden Staatengebilde etwas verschieden ausfallen müssen, weil ihre Ausgangspunkte verschieden waren, weil die isolierten Menschenpaare die Träger der Kultur verschieden weit entwickelter Gemeinschaften waren, von welchen sie abgelöst wurden.

Ähnlich einschränkende und erläuternde Zusätze wie für das einzellige, sind auch für jedes folgende Stadium in der Ontogenie zu machen. Wenn wir sehen, daß embryonale Zustände höherer Tiergruppen mit den ausgebildeten Formen verwandter, aber im System tiefer stehenden Tiergruppen mancherlei Vergleichspunkte darbieten, so liegt dies, wie schon C. E. v. Baer richtig hervorgehoben hat, daran, „daß die am wenigsten ausgebildeten Tierformen sich vom Embryonenzustand wenig entfernen und daher einige Ähnlichkeit mit den Embryonen höherer Tierformen behalten". „Im Grunde ist aber nie der Embryo einer höheren Tierform einer anderen Tierform gleich" *(Baer,* Über Entwicklungsgeschichte der Tiere, 1828, S. 224).

Wenn ein Systematiker einen einfachen Hydroidpolypen und die nur in geringfügigen *äußeren* Merkmalen unterschiedenen Gastrulaformen eines Seesterns, eines Brachiopoden, einer Sagitta, eines Amphioxus auf Grund ihrer Ähnlichkeit im Tiersystem zu einer Gruppe von Gasträaden vereinigen wollte, so würde er handeln wie der Chemiker, der verschiedene chemische Körper nach äußeren Merkmalen der Farbe, der Kristallbildung und dergleichen zu einer Gruppe im chemischen System vereinigte, auch wenn sie alle mit ganz verschiedenen, vom Laien allerdings nicht erkennbaren und auch nicht nachzuweisenden Molekularstrukturen versehen sind. Wie in der chemischen Systematik nicht ein grob in die Augen springendes Merkmal als Einteilungsprinzip zu verwerten ist, so auch bei der Einordnung der äußerlich einander ähnlichen Gastrulaformen. Denn die Gastrula eines Echinodermen, eines Cölenteraten, eines Brachiopoden, eines Amphioxus tragen trotz aller äußeren Ähnlichkeit stets der Anlage nach und als solche für uns nicht erkennbar die Merkmale ihres Typus und ihrer Klasse an sich, nur noch im unentwickelten Zustand; alle Gastrulastadien sind also in der Wahrheit ebensoweit voneinander unterschieden, wie die nach allen ihren Merkmalen ausgebildeten, ausgewachsenen Repräsentanten der betreffenden Art.

Daß gewisse Formzustände in der Entwicklung der verschiedenen Tierarten mit so großer Konstanz und in prinzipiell übereinstimmender Weise wiederkehren, liegt hauptsächlich daran, daß sie unter allen Verhältnissen die notwendigen Vorbedingungen liefern, unter denen sich allein die folgende höhere Stufe der Ontogenese hervorbilden kann.

Der einzellige Organismus kann sich seiner ganzen Natur nach in einen vielzelligen Organismus nur auf dem Wege der Zellteilung umwandeln. Daher muß bei allen Lebewesen die Ontogenese mit einem Furchungsprozeß beginnen.

Aus einem Zellenhaufen kann sich ein Organismus mit bestimmt angeordneten Zellenlagen und Zellengruppen nur gestalten, wenn sich die Zellen bei ihrer Vermehrung in feste Verbände zu ordnen beginnen und dabei nach gewissen Regeln, mit einfacheren Formen beginnend, zu komplizierteren fortschreiten. So setzt die Gastrula als Vorbedingung das einfache Keimblasenstadium voraus. So müssen sich die Embryonalzellen erst in Keimblätter anordnen, welche für weitere in ihrem Bereich wieder stattfindende Sonderungsprozesse die notwendige Grundlage sind. Die Anlage zu einem Auge kann sich bei den Wirbeltieren erst bilden, nachdem sich ein Nervenrohr vom äußeren Keimblatt abgeschnürt hat, da in ihm das Bildungsmaterial für die Augenblasen mit enthalten ist.

So führt uns die Vergleichung der ontogenetischen Stadien der verschiedenen Tiere teils untereinander, teils mit den ausgebildeten Formen niederer Tiergruppen zu der Erkenntnis allgemeiner Gesetze, von welchen der Entwicklungsprozeß der organischen Materie beherrscht wird.

Bestimmte Formen werden trotz aller beständig einwirkenden, umändernden Faktoren im Entwicklungsprozeß mit Zähigkeit festgehalten, weil nur durch

ihre Vermittlung das komplizierte Endstadium auf dem einfachsten Wege und in artgemäßer Weise erreicht werden kann.
Endlich muß zur richtigen Beurteilung ontogenetischer Gestaltungen stets auch beachtet werden, daß äußere und innere Faktoren auf jede Stufe der Ontogenese wohl noch in höherem Grade umgestaltend einwirken als auf den ausgebildeten Organismus. Jede kleinste Veränderung, welche auf diese Weise am Beginn der Ontogenese neu bewirkt worden ist, kann der Anstoß sein für immer augenfälligere Formverwandlungen auf späteren Stufen....
Überhaupt ist bei der Vergleichung ontogenetischer Stadien mit vorausgegangenen ausgebildeten Formen der Vorfahrenkette, die selbst uns unbekannt sind und bleiben werden, immer im Auge zu behalten, daß infolge der mannigfachsten Einwirkungen äußerer und innerer Faktoren das ontogenetische System in beständiger Veränderung begriffen ist, und zwar sich im allgemeinen in fortschreitender Richtung verändert, *daß daher in Wirklichkeit ein späterer Zustand niemals mehr einem vorausgegangenen entsprechen kann.*
In einem Bild hat *Nägeli* das Verhältnis ganz passend ausgedrückt, indem er sagt: Die Anlagesubstanz, aus welcher sich ein neues Individuum entwickelt, „zieht mit jeder Generation ein neues Kleid an, d. h. sie bildet sich einen neuen, individuellen Leib. Sie gestaltet dieses Kleid, entsprechend ihrer eigenen Veränderung, periodisch etwas anders und stets mannigfaltiger aus".
Ontogenetische Stadien geben uns daher nur stark abgeänderte Bilder von Stadien, wie sie in der Vorzeit einmal als ausgebildete Lebewesen existiert haben können, entsprechen ihnen aber nicht ihrem eigentlichen Inhalte nach, da ja inzwischen die Anlagesubstanz eine Fortentwicklung erfahren hat.

NIKOLAUS TINBERGEN:

Stammesgeschichtliche Betrachtungen — Die vergleichende Methode

Aus: „Tiere untereinander", Verlag Paul Parey, 1955

Wir haben keine Urkunden über die Stammesgeschichte tierischer Gesellschaften. Da uns die Versteinerungen gerade vom Verhalten früherer Tiere nur wenig verraten, können wir die Geschichte der Gesellschaftsentwicklung nicht an den Objekten studieren, die sie selbst durchgemacht haben. Trotzdem aber erlaubt uns der Vergleich heute lebender Tiergesellschaften wichtige Rückschlüsse. In der Morphologie vergleicht man unausgesetzt; bevor wir diese fruchtbare Methode auf das soziale Verhalten anwenden, erinnern wir uns daran, wie der Morphologe sie handhabt.
Als erstes stellt man Ähnlichkeiten und Unterschiede fest und ordnet Tierarten nach steigender bzw. fallender Ähnlichkeit: ähnliche Tiere stellt man in eine Gruppe, ähnliche Gruppen in eine Gruppe nächsthöherer Stufe, und so fort. Ähnlichkeit gilt als Maßstab für Verwandtschaft. Beim Abschätzen von Ähnlichkeitsgraden gilt es, eine Klippe zu vermeiden: es gibt oberflächliche Übereinstimmungen, welche Verwandtschaft vortäuschen; z. B. scheinen uns Wale und Fische auf den ersten Blick recht ähnlich zu sein. Sieht man aber näher zu, so bleibt nicht viel mehr als die torpedohafte Stromlinienform, die wir doch lieber nicht überschätzen wollen. Denn äußerst zahlreiche andere Merkmale sind bei

beiden sehr verschieden: das Skelett, die Haut, die Nasenhöhle, die Art der Fortpflanzung usw. In all diesem gleichen Wale nicht Fischen, sondern Säugetieren; und deshalb, weil die überwiegende Mehrzahl der Merkmale dafür spricht, halten wir die Wale für mit Säugetieren näher verwandt als mit Fischen. Die Palaeontologie bestätigt diesen Schluß.

Wale sehen fischähnlich aus, weil sich beide demselben Element angepaßt haben; so gewannen sie die gut vergleichbare Stromlinienform. Solch paralleles Sichanpassen verschiedener Tiergruppen an dieselbe Leistung ist weit verbreitet und heißt Konvergenz. In jedem Lebensvorgang kann man Konvergenzen finden, mag sich Form — man nennt es allgemein Struktur — oder Leistung entwickeln; beide sind ja nur zwei Seiten desselben Dinges: funktionierende Struktur, lebendige Gestaltung. Konvergenzen der ganzen Körperform zeigen Wale und Fische, Fledermäuse und Vögel, Möven und Eissturmvogel; konvergente Organe sind die grabenden Vorderbeine des Maulwurfs und der Maulwurfsgrille, die Tastorgane von Insekten und Säugetieren. Auf der Suche nach Verwandtschaft muß man Konvergenz ausschließen; nur echte Ähnlichkeit, Homologie genannt, beweist stammesgeschichtliche Verwandtschaft.

Vergleicht man Tiere aus einer und derselben kleinen Gruppe, z. B. von gleicher Rasse, so haben sie unzählbar viele Merkmale gemeinsam; die Artdiagnose sagt nichts über Rassenmerkmale aus, die der Gattung nichts über Artmerkmale, und so fort. Je höher die systematische Einheit, je größer die Reichweite unseres Vergleichens, desto weniger ähnlich sind sich die Zugehörigen; aber auch eine so hohe Einheit wie die Wirbeltiere hat den Bauplan bis in kleinste Einzelheiten gemeinsam; alle Tiere bestehen aus Zellen, entwickeln sich aus einer Eizelle usw. Das alles erklärt die Stammesgeschichte durch die Annahme, je ähnlicher zwei Gruppen einander sind, umso enger sind sie verwandt, um so näher zurück liegt ihr gemeinsamer Ahn, um so weniger Zeit hatten sie, Unterschiede zu entwickeln. Zum Beispiel haben sich Wale und Fledermäuse an zwei verschiedene Medien angepaßt; aber weil beide trotz all ihrer Verschiedenheiten doch sämtliche Merkmale besitzen, die jedes Säugetier haben muß, um den Namen zu verdienen, sind sie beide Säugetiere.

Manche verschiedene Arten einer größeren Gruppe oder verschiedene kleine systematische Einheiten derselben höheren Einheit haben sich in gleicher Richtung entwickelt, aber verschieden weit. Daher kann man manche Entwicklungsbahnen entdecken, indem man Arten nach dem Grade ihrer Spezialisierung gegen einen bestimmten Typus hin in eine Reihe ordnet. Auch diese Methode erfordert viel Vorsicht, um Irrtümer zu vermeiden. Man kann kein Tier mit all seinen Merkmalen zugleich spezialisierter nennen als ein anderes; oft hat es sich in einem Merkmal weiter von der Ausgangsform entfernt als jenes, in anderen Merkmalen weniger weit.

Nikolaus Tinbergen, geb. 1903 in Holland, lehrt an der Universität Oxford. Mit *Konrad Lorenz* ist er der Begründer der modernen Ethologie.
Bücher: „Instinktlehre", 1951; „Tiere untereinander", 1953; „Die Welt der Silbermöwe", 1954; „Wo die Bienenwölfe jagen", 1960.

TROFIM, DENISSOWITSCH LYSSENKO:

Aus: Vortrag und Diskussion — Die Situation in der biologischen Wissenschaft
31. 7. — 7. 8. 1948, Verlag Kultur und Fortschritt, Berlin

5. *Die Idee der Unerkennbarkeit in der Lehre von der „Vererbungssubstanz"*
Der Mendelismus-Morganismus verleiht der von ihm geforderten mystischen „Vererbungssubstanz" einen unbestimmten Charakter der Veränderlichkeit. Die Mutationen, d. h. die Veränderungen der „Vererbungssubstanz", haben angeblich keine bestimmte Richtung. Diese Behauptung der Morganisten ist logisch mit der wichtigsten Grundlage des Mendelismus-Morganismus verbunden, mit der These von der Unabhängigkeit der Vererbungssubstanz vom lebenden Körper und seinen Lebensbedingungen.
Indem die Morganisten die „Unbestimmtheit" der erblichen Veränderungen verkünden, der sog. „Mutationen", stellen sie sich diese erblichen Veränderungen als grundsätzlich nicht voraussagbar vor. Dies ist eine eigentümliche Auffassung von der Unerkennbarkeit, ihr Name ist — Idealismus in der Biologie.
Die Behauptung von der „Unbestimmtheit" der Veränderlichkeit versperrt die Straße für eine wissenschaftliche Voraussicht und entwaffnet damit die landwirtschaftliche Praxis.
Von der unwissenschaftlichen, reaktionären Lehre des Morganismus, von der „unbestimmten Veränderlichkeit" ausgehend, behauptete der Ordinarius des Lehrstuhles für Darwinismus an der Moskauer Universität, Akad. *I. I. Schmalhausen*, in seinem Buche „Faktoren der Evolution", daß die erbliche Veränderlichkeit in ihrer Eigenart nicht von den Lebensbedingungen abhänge und daher richtungslos sei.
Der Professor der Biologie, der Genetiker *N. P. Dubinin,* schrieb in seinem Artikel: „Genetik und Neolamarckismus": „Ja, die Genetik teilt mit vollem Recht den Organismus in zwei verschiedene Teile — in das Erbplasma und in das Soma. Mehr noch, diese Teilung stelt eine ihrer Grundthesen dar, sie ist eine ihrer bedeutendsten Verallgemeinerungen.
Wir werden die Liste dieser sagen wir aufrichtigen Autoren, wie *M. M. Sawadowskij* und *N. P. Dubinin* nicht weiter fortsetzen, die das ABC des morganistischen Anschauungssystems aufsagen. Dieses ABC wird in den Hochschullehrbüchern der Genetik als Regeln und Gesetze des Mendelismus bezeichnet (Dominanzregel, Gesetz der Spaltung, Gesetz der Reinheit der Gameten usw.). Als Beispiel dafür, wie unkritisch unsere Mendelisten-Morganisten die idealistische Genetik aufnehmen, kann auch die Tatsache dienen, daß bis in die letzte Zeit an vielen Hochschulen das streng morganistische, aus dem Amerikanischen übersetzte Lehrbuch von *Sinnot* und *Dunn* das Hauptlehrbuch für Genetik darstellt.
In Übereinstimmung mit den Grundthesen dieses Lehrbuchs schrieb *Prof. N. P. Dubinin* im gleichen Artikel „Genetik und Neolamarckismus": „Demnach erlaubt es das Tatsachenmaterial der modernen Genetik in keiner Weise, sich mit der Anerkennung der wichtigsten Grundlagen des Lamarckismus abzufinden, mit der Vorstellung von der Vererbung selbsterworbener Merkmale".
Die These von der Möglichkeit der Vererbung erworbener Abweichungen, diese bedeutende Errungenschaft in der Geschichte der Biologie, deren Grundlagen bereits von Lamarck gelegt und weiterhin organisch in die Lehre Darwins auf-

genommen wurde, wurde demnach von den Mendelisten-Morganisten über Bord geworfen.
Somit wurde der materialistischen Lehre von der Möglichkeit der Vererbung von individuellen Abweichungen der Merkmale bei Tieren und Pflanzen, die diese unter bestimmten Lebensbedingungen erworben haben, von den Mendelisten-Morganisten die idealistische Behauptung entgegengestellt, nach welcher der lebende Körper in zwei gesonderte Wesenheiten getrennt wird: in den gewöhnlichen sterblichen Körper (das sogenannte Soma) und in die unsterbliche Vererbungssubstanz, das Keimplasma. Dabei wird kategorisch behauptet, daß Veränderungen des Somas, das heißt des lebenden Körpers, keinerlei Einfluß auf die Vererbungssubstanz haben.

6. Die Fruchtlosigkeit des Mendelismus-Morganismus

Wiederholt, dabei unbegründet und oft sogar in verleumderischer Weise, wurde von den Mendelisten-Morganisten, d. h. von den Verfechtern der Chromosomentheorie der Vererbung, behauptet, daß ich, als Präsident der Landwirtschaftsakademie, im Interesse der von mir vertretenen mitschurinschen Richtung in der Wissenschaft die andere, der mitschurinschen entgegengesetzte Richtung mit administrativen Mitteln unterdrückt hätte.

Bedauerlicherweise verhält sich die Sache bisher gerade umgekehrt. Und dies kann und muß man mir, als Präsidenten der Unionsakademie für Landwirtschaftswissenschaften zum Vorwurf machen. Ich fand nicht die Kraft und Fähigkeit, die mir eingeräumte amtliche Stellung im notwendigen Maße für die Schaffung von Verhältnissen auszunützen, die eine weitere Verbreitung der mitschurinschen Richtung in den verschiedenen biologischen Abteilungen und eine wenigstens geringfügige Einschränkung der Scholastiker und Metaphysiker der entgegengesetzten Richtung gewährleistet hätten. Deshalb war bis jetzt in Wirklichkeit die Richtung unterdrückt, und zwar gerade durch die Morganisten, die vom Präsidenten vertreten wurde, d. h. die Mitschurinsche Richtung.

Wir Mitschurinisten müssen offen zugeben, daß wir es bisher nicht verstanden haben, all die glänzenden Möglichkeiten in ausreichendem Maße auszunützen, die in unserem Lande von der Partei und der Regierung für eine vollständige Entlarvung der morganistischen Metaphysik geschaffen worden sind. Diese wurde restlos aus der uns feindlich gesinnten, ausländischen, reaktionären Biologie hereingebracht. Die Akademie ist jetzt, nachdem sie eben erst durch eine bedeutende Zahl von Akademikern der Mitschurinrichtung ergänzt worden ist, verpflichtet, diese wichtige Aufgabe zu erfüllen. Diese wird von nicht geringer Bedeutung für die Vorbereitung der Kader und für die verstärkte Unterstützung der Kolchosen und Sowchosen seitens der Wissenschaft sein.

Der Morganismus-Mendelismus (die Chromosomentheorie der Vererbung) wird bis jetzt in verschiedenen Varianten noch an allen biologischen und agronomischen Hochschulen unterrichtet, Unterricht in Mitschurinscher Genetik jedoch ist im Grunde genommen noch gar nicht eingeführt. Oft erwiesen sich auch in den höheren, offiziellen biologischen Kreisen die Anhänger der Lehre *Mitschurins* und Wiljams' in der Minderheit. Bisher waren sie auch in der früheren Zusammensetzung der W. I. Lenin-Akademie der Landwirtschaftswissenschaften der Sowjetunion in der Minderheit. Dank der Fürsorge der Partei, der Regierung und Genossen *Stalins* persönlich hat sich jetzt die Lage an der Akademie gründlich verändert. Unsere Akademie wurde aufgefüllt und wird in naher Zukunft, bei den nächsten Wahlen, noch weiter durch eine bedeutende Zahl neuer ordentlicher und korrespondierender Mitglieder, Mitschurinisten, ergänzt werden. Dies schafft in der Akademie eine neue Lage und neue Möglichkeiten für die Weiterentwicklung der Mitschurinschen Lehre.

Vollkommen falsch ist die Behauptung, die Chromosomentheorie der Vererbung, die auf purer Metaphysik und auf Idealismus aufgebaut ist, sei bisher unterdrückt worden. Die Sache verhält sich bisher gerade umgekehrt.

In unserem Lande stand und steht die Mitschurinsche Richtung in der Agrobiologie mit ihrer praktischen Wirksamkeit den Morganistischen Zytogenetikern im Wege.

Da die Morganisten die praktische Nutzlosigkeit der theoretischen Voraussetzungen ihrer metaphysischen „Wissenschaft" kennen und sich nicht von ihnen lossagen und die wirksame Mitschurinsche Richtung nicht akzeptieren wollen, boten und bieten sie noch alle ihre Kräfte auf, um die Entwicklung der Mitschurinschen Richtung, die ihrer Pseudowissenschaft von Grund auf feindlich ist, aufzuhalten. . . .

Diskussionsbeitrag: S. 72/73

Akad. *P. F. Plessezkij* (Direktor des Ukrainischen Wissenschaftlichen Forschungsinstitutes für Obstbau): In seinem Vortrage wies Akademiemitglied *T. D. Lyssenko* das Vorhandensein zweier diametral entgegengesetzter Richtungen in der modernen Biologie nach. Er enthüllte mit größter Klarheit die philosophischen Wurzeln dieser zwei Richtungen und charakterisierte dieselben.

Die eine ist die idealistische Mendel-Morgansche Richtung. Sie ist krankhaft im Sinne der Erkenntnis und unfruchtbar im Sinne der Praxis. Den Vertretern dieser Richtung ist die Abkehr von den Bedürfnissen unseres Volkes und der Anschluß an die reaktionären Gelehrten des Auslandes eigen. Noch war der Lärm der Waffen auf den Schlachtfeldern nicht verhallt, noch floß das Blut der wahren Söhne des Sowjetvolkes bei der Verteidigung der Ehre, Freiheit und Unabhängigkeit unserer Heimat, als die Werktätigen des Hinterlandes die Front unterstützten und gleichzeitig die zerstörten Städte und Dörfer, Werke und Fabriken wiederaufbauten, die Vertreter der Mendel-Morganschen Richtung in der Biologie aber, wie *Prof. Dubinin,* waren zu dieser Zeit mit „wichtigeren" Aufgaben beschäftigt: in welcher Zahl und in welchem Verhältnis gingen in den Populationen die Fruchtfliegen der von den Deutschen zerstörten Stadt Woronesch ein. Dies ist kein lyrisches Abschweifen vom akademischen Stil der Diskussionsreden, dies ist eine Charakteristik der Arbeitsrichtung und des Arbeitsstils der Mendelisten-Morganisten. Noch vor Beendigung des Krieges begannen in den kapitalistischen Staaten, in erster Linie in Großbritannien und in den USA, auf der politischen Bühne die Anstifter eines neuen imperialistischen Krieges aufzutreten. Unter ihnen finden wir *Sax, Darlington* und andere Vertreter des Mendelismus-Morganismus. Und *Prof. Shebrak* behauptet in seinem in der Zeitschrift „Science" (1945) erschienenem Artikel, daß er mit diesen Reaktionären der Wissenschaft zusammen an einer „allgemeinen Biologie von Weltmaßstab" baut. Dies ist ebenfalls keine lyrische Abschweifung, sondern die Charakteristik des politischen Gesichtes des Mendelisten-Morganisten.

Die zweite, Mitschurinsche, materialistische Richtung in der Biologie hat gewaltige Bedeutung für die Erkenntnis, übt einen tiefen Einfluß auf das Zielbewußtsein der Forscher aus und ist reich an praktischen Ergebnissen. Die unerschöpfliche Schatzkammer der Anschauungen und Forschungsmethoden I. W. Mitschurins gab ihm die Möglichkeit, die Entwicklung des pflanzlichen Organismus zu lenken und auf dieser Grundlage eine große Zahl von Sorten landwirtschaftlicher Pflanzen zu schaffen, die den Sortenreichtum an Obst- und anderen landwirtschaftlichen Kulturpflanzen erneuerten und den Obstbau weit nach Norden vortrieben....

Trofim Denissowitsch Lyssenko wurde 1898 geboren. Seit 1929 arbeitete er an der Erweiterung der Anbaugebiete verschiedener Kulturpflanzen am Institut für Genetik in Odessa. Er wurde Direktor des Instituts für Genetik an der Akademie der Wissenschaften in Moskau und Präsident der W.-J.-Lenin-Akademie der Agrarwissenschaften der Sowjetunion. In dieser Eigenschaft unterdrückte er aus ideologischen Gründen die allgemeingültige Genetik in der Sowjet-Union und erhob die Hypothese von der Vererbung erworbener Eigenschaften zur allgemeingültigen Lehre, bis sein Einfluß 7 Jahre später wieder ausgeschaltet wurde.

HANS ELMAR KAISER:

Die Problematik des Abnormen in der Evolution

Ausgewählte Fragestellungen und Beispiele
Aus: Naturwissenschaftliche Rundschau, 17, 1964, Heft 2

Die Frage abnormen Geschehens innerhalb der stammesgeschichtlichen Entwicklung der Pflanzen- und Tierwelt wurde dem Stande unserer jeweiligen Kenntnisse und Auffassungen entsprechend verschieden interpretiert. Innerhalb dieser historischen Entwicklung, womit wir unsere denkökonomische Entwicklung des Problems meinen, kam es zu einer Betrachtung unter verschiedenen Aspekten. Wenn auch die meisten derartigen Ansichten als überholt gelten, so muß ihnen doch ihr wesentlicher Wert in Form einer gründlichen Sondierung verschiedenster Faktoren, die vielleicht eine Rolle im Abnormen der Evolution gespielt haben mochten, zuerkannt werden. Hierher gehören zum Beispiel die folgenden Fragen:
— Haben Orogenesen und andere erdgeschichtliche Vorgänge das Aussterben ganzer Tiergruppen und somit die großen, erdgeschichtlichen Faunenschnitte bedingt?
— Sind beim Menschen und beim Tier beobachtete Individualerkrankungen für das Aussterben vorzeitlicher Tiere verantwortlich zu machen?
— Welche Rolle spielte das Klima verschiedener Epochen für das Aussterben von Pflanzen und Tieren?
— Es wurden auch solche Hypothesen aufgestellt, daß zum Beispiel die ersten, etwa rattengroßen Säuger die Eier der Riesensaurier aufgefressen hätten und so ihr Aussterben bedingten.

Derartige Theorien haben eines gemeinsam. Sie mögen hie und da einmal für einen Einzelfall als Erklärung in Frage kommen, aber sie können unter keinen Umständen eine generelle Erklärung der Aussterbeprozesse auch nur einer Gruppe vorzeitlicher Tiere geben. Dies sei mit einigen Worten genauer definiert. Orogenesen und andere erdgeschichtliche Vorgänge wirkten niemals weltweit, die Ammoniten zum Beispiel erloschen aber auf der ganzen Erde, ebenso die Saurier. Menschliche und tierische Erkrankungen können wegen der verschiedenartigen Ätiologie, dem anderen Erscheinungsbild, und vor allem wegen dem Individualfaktor bei dem einen und dem Artfaktor bei dem anderen Prozeß nicht verantwortlich gemacht werden. Das Klima vermag keine allgemeine Erklärung zu geben, da wir an die Isostasie und die allmähliche Umwandlung über Jahrmillionen denken müssen.

An dieser Stelle sei auf das Zusammenwirken verschiedener Faktoren in seiner kausalen Beziehung für das Aussterben kleiner Gruppen verwiesen. Während der quartären Eiszeit und ihren verschiedenen Teilabläufen spielte die Anordnung der Gebirge des nordamerikanischen und des europäischen Kontinents eine bedeutende Rolle. Wir wissen nämlich, daß in Nordamerika während dem Vorrücken des Eises in nord-südlicher Richtung bestimmte empfindliche Tiere und Pflanzen auf Grund der nordsüdlichen Erstreckung der Rocky Mountains nach Süden ausweichen konnten und so dort dem Aussterben entgingen. In Europa war das infolge der westöstlich orientierten Alpen nicht möglich, und daher starben dort bestimmte Gruppen, besonders Säugetiere und höhere Pflanzen, aus, während dieselben Gattungen in anderen Gebieten überlebten. In Europa kam noch hinzu, daß auf Grund der Verschlechterung des eiszeitlichen Klimas (abgesehen von den Zwischeneiszeiten) sich in den Alpen Gletscher entwickelten und das Eis somit auch in süd-nördlicher Richtung während der Kälteperioden vordrang. Somit wurde durch die klimatischen Verhältnisse und die spezielle Gebirgslagerung der Lebensraum nördlich der Alpen für bestimmte Organismengruppen besonders nachteilig beeinflußt, und es gab kein Entweichen. Das Klima mag andererseits allein auch bei typolytischen Endformen, die aber bereits als dezentralisiert zu betrachten sind, eine Rolle gespielt haben, wie zum Beispiel bei den riesigen pflanzenfressenden Beuteltieren Australiens, wie *Diprotodon* oder *Nototherium* aus dem Pleistozän. Für diese Tiere mußte sich die Versteppung ihres Lebensraumes ungünstig ausgewirkt haben. Es handelte sich bei einer derartigen Kausalität klimatischer und geographischer Faktoren in diesem Falle aber lediglich um Sekundärfaktoren untergeordneter Bedeutung. Diese wirken auch nur bei Einzelformen. Wie sollten wir mit derartigen Erklärungen die typenmäßige Entwicklung kurzlebiger, aberranter und langlebiger, unspezifischer Formen zu gleichen Zeiten beweisen? (Die Theorie mit den aufgefressenen Eiern dürfte als unrichtig zu bezeichnen sein.)

Aber im allgemeinen können wir sagen, nur selten mögen solche Faktoren direkt kausal in Erscheinung getreten sein. Eine Vielfalt der Erscheinungen und Faktoren ergibt sich, sobald man die Frage des Aussterbens einer genauen Betrachtung unterzieht. Es kann sich niemals um nur einen oder wenige gleichartige Faktoren gehandelt haben. Was im Grundzug einheitlich gewesen sein kann, ist die Gesetzmäßigkeit der Aussterbevorgänge. Die denkökonomische Herausbildung unserer Ansichten war notwendig, um zu erkennen, daß nicht nur die Phase der Typenentstehung, der Typogenese, eine ihr eigene Gesetzmäßigkeit aufweist, sondern daß es sich ebenso mit der Typostase und der uns besonders interessierenden Typolyse verhält. Daraus ergibt sich auch, daß es keine Übertragungsversuche aus der menschlichen oder tierischen Pathologie geben kann, und daß exogene Faktoren zwar auf die verschiedenen Typen einwirkten, daß ihre Reaktion aber in dem betreffenden Typus, das heißt seinem Protoplasma gebildet wurde. Die Beantwortung der auf das Erbgut einwirkenden Faktoren der verschiedensten Gruppen mußte logischerweise zu einem verschiedenen Effekt führen, der wieder vom Entwicklungsstadium des Typus (bereits Typostase oder erst Typogenese oder schon Typolyse) abhängig sein mochte. Damit erklären sich einige charakteristische Eigentümlichkeiten des typolytischen Geschehens.

1. Das Aussterben von verschiedenen, aber nicht allen Gattungen einer Gruppe zu bestimmten Zeitabschnitten zeigt uns deutlich, daß der anatomische Aufbau für die Ausübung der Funktionen und somit für das Überdauern der Gattungen von grundlegendster Bedeutung ist. Hier seien 3 Beispiele gegeben:

a. *Merostomata*. Diese marinen Spinnentiere erschienen in kambrischer Zeit, verbreiteten sich während des mittleren Paläozoikum, lebten eingeschränkt im Mesozoikum fort und sind heute nur noch durch eine Gattung vertreten, nämlich *Limulus*. Limulus gehört zu der ersten Ordnung der *Xiphosura*. An dieser Stelle sei daran erinnert, daß zu der zweiten, völlig erloschenen Ordnung den *Eurypterida*, welche besonders im Silur und Devon verbreitet waren, die größten Arthropoden gehören mit einer Länge von 2—3 m. Als Beispiel seien *Pterygotus* und *Stylonurus* genannt.

b. Der wahrscheinlich zu den Protosauriern gehörige *Tanystropheus* zeigt den enorm verlängerten Hals (die ersten Erforscher dieser Gattung hielten die Halswirbel für Extremitätenknochen), stellt somit eine hochgradige Dezentralisation dar und erlischt bereits in der Mitteltrias, während seine anderen Verwandten erst in der Obertrias erlöschen.

c. Betrachten wir zum Beispiel die Zahnarmen oder Edentaten unter den Säugetieren, so sehen wir, daß zum Beispiel *Megatherium* eine pleistozäne Endform darstellt und so groß wie ein Elefant war. Wir sehen somit, daß dieses Tier im Gegensatz zu den heutigen lebenden Verwandten extrem ausgebildet war.

2. Die aussterbenden Gattungen, die letzten Endglieder der erloschenen Entwicklungsreihen zeigen deutlich die Enthemmungs-, die Dekorrelationserscheinungen. In diesem Zusammenhang soll an die Formenthemmungen der Endglieder der Ammoniten in Trias und Kreide, an die Endformen der großen, alttertiären Säugetiere, an die letzten Formen der vielen erloschenen Reptilgattungen oder an Endformen der Pflanzen mit Extremformen der Blätter und anderer Organe erinnert werden.

3. Die Dekorrelation entwickelt sich als topographischer Teil der zur Typolyse führenden Ursprungsgattung der betreffenden Einheit. Wenn wir zum Beispiel die Sirenen oder Seekühe betrachten, so sehen wir während der Entwicklung vom Altertiär bis heute einen Prozeß, der zum Verlust der Hinterextremität führte und außerdem zur Ausbildung der Pachyostose. Diese Pachyostose ist nicht nur auf Grund ihrer Histologie, sondern besonders im Hinblick auf die Kombination mit der Umwandlung des ganzen Bauplanes ein Teil desselben. Vergleichenderweise sei festgestellt, daß wir auch Pachyostosen der Fische

kennen. Die derartige Dekorrelation manifestiert sich dort aber in ganz anderer Weise, da dort die Bindung an die Hämatopoese fehlt.

4. Durch die in Punkt 3 gegebene Entwicklung ist der zum Aussterben führende typolytische Bauplan historisch einmalig in der Erdgeschichte. An den oben gegebenen Beispielen sahen wir, daß zum Beispiel die Pachyostose als Dezentralisation der Seekühe in der Art und Weise ihres Auftretens ein Teil des Bauplanes der heutigen Sirenen darstellt. Bestimmte Sirenengattungen ihrerseits aber gehören in bestimmte zeitliche Epochen der Erdgeschichte.

5. Der Plan des übergeordneten Typus, also der übergeordnete Gruppencharakter schimmert durch, wurde aber durch das Entstehen der aberranten Form verzerrt. Man spricht mit Recht von der aberranten Nebenform im Sinne des Abweichens vom Grundtypus. Als Beispiele solcher Formen nennen wir die Muschel *Richthofenia,* die für den Typus dieser Organismengruppe ganz aberrant gebaut ist. Das gleiche gilt, auf die Ammoniten bezogen, von *Vermetus.* Allgemein können wir sagen, die Form der Schnecke (des Gehäuses) ist normal bei dieser Tiergruppe, aber abnorm beim Ammoniten.

6. Die typolytische Größenzunahme mag als ein mutativer Vorversuch der Einregulierung, der Ausbalancierung des degenerativen Typus gewertet werden. Als Beispiel betrachten wir die Wale. „Dabei unterscheiden wir heute 2 Gruppen, nämlich die Odontoceten, oder Zahnwale, und die Mysticeten, oder Bartenwale. Die größten Vertreter der ersten Gruppe ist der Pottwal oder *Physeter.* Die Vertreter der zweiten Gruppe, nämlich der *Mysticeti* oder Bartenwal, umfassen nur wenige Arten, von denen aber nahezu alle von ungeheurer Körpergröße sind, und die größten Tiere, die die Natur je hervorbrachte, darstellen. Ihre Geschichte begann im Oligozän. Zuerst erschienen die *Cetotheriidae,* die im Miozän häufig waren und auch im Pliozän vorkamen. Sie erloschen dann nachkommenlos. Vertreter der zwei heute lebenden Familien, nämlich der Balenoptera- und der Balaena-Gruppen, erschienen im Miozän. Von der letzten Gruppe erreicht der Blauwal ein Maximumgewicht von 150 t und mehr.

Wir haben uns nunmehr mit besonderen Fragen der Aussterbetheorie, der Dezentralisation am Beispiel dieser Tiere zu befassen. Wie wir bei den verschiedensten Gruppen immer wieder feststellten, spielte während der phylogenetischen Entwicklung die Ausbalancierung der Zentralisation und Spezialisierung des bestimmten Bauplanes oder Typus die Hauptrolle. Bei einem Versagen dieser Ausbalancierung kommt es im Verlaufe der Phylogenie zu Überspezialisierungen einerseits und Dezentralisation andererseits. Die Wale sind ein eklatantes Beispiel für die Auffassung, daß die phylogenetische Größenzunahme nur eine sekundäre Folgerung ist, niemals ein primärer Grund des Aussterbens an sich. Wir müssen uns die Frage vorlegen, wieso können die Wale als die größten Tiere bestehen, sofern sie nicht vom Menschen ausgerottet werden. Warum erloschen diese Riesenformen nicht? Beginnen wir den Vergleich innerhalb der Ordnung der Wale, um nachher einige Schlüsse auf andere Riesenformen, im besonderen die Dinosaurier, zu ziehen. Wenn man *Basilosaurus* und *Phyester* vergleicht, so erkennt man zunächst, daß *Basilosaurus* die Zentralorgane, wie Gehirn, Herz, Lunge, am rostralen Pol des Körpers zentralisiert hatte. Der Brustkorb ist verhältnismäßig klein im Zusammenhang mit dem schlangenartig ausgedehnten Leib. Vergleicht man gegenüber diesem Höhepunkt eines ausgestorbenen Waltypus die lebenden Extreme der beiden anderen

Ordnungen, wie *Physeter, Balaena* oder *Balaenoptera,* so fallen einem zwei typische Unterschiede auf.

a. Der typische Habitus des an das Wasserleben voll angepaßten Wales wurde bei *Basilaeus,* wie die Körperform zeigt, nicht erreicht, so kommt zu einer Form, die uns entfernt an die Phytonomorphen oder Mosasaurier unter den Reptilien erinnert.

b. Bei den typischen Walen, wie *Balaena* oder *Physeter,* ist eine wesentliche Umwandlung vor sich gegangen. Das Kopfskelett hat eine enorme Vergrößerung erfahren und erreicht bei *Physeter* ein Drittel der Körperlänge. Der Rumpf erscheint gegen *Basilaeus* kompakt und verkürzt. Was haben wir im Vergleich der inneren Organe zu folgern?

1. Die beiden Zentralorgane Herz und Hirn sind in nahezu der Mitte des Körpers zentralisiert.

2. Es wird eine derartige Verzerrung der Hirnnerven, wie bei den Sauropoden, vermieden. Es sei hier davon abgesehen, daß die Wale als Säugetiere einen höheren Funktionstypus der Cranioten darstellen als die Sauropoden. Im Gegensatz zu den Sauropoden erweitert sich nicht der *Nervus vagus*, sondern nur bestimmt unbedeutende Gebiete der Hirnnerven, wie die *Lobi olfactorii.* Der Geschmackssinn ging verloren, und die wichtigen Sinnesorgane, wie die Augen, sind ebenfalls in zentralisierter Position ganz dem Wasserleben angepaßt. Somit kommt es bei diesen Tieren nicht zu einer nervlichen Dezentralisation wichtigster, vegetativer, wie der Herzversorgung z. B. Bei *Basilaeus* sind größere Verzerrungen zu folgern, es kam nicht zu der Ausbalancierung des Waltypus.

3. Der Blutkreislauf. Die Position des Herzens ist zentralisiert, außerdem die Herzkammereinteilung vom Funktionstypus der Säuger. Der Kreislauf ist zentralisierter und nicht solchen Belastungen wie bei landlebenden Tieren ausgesetzt. Das Milieu des Wassers, in dem die Wale alle ihre Lebensfunktionen, auch Schlaf, Geschlechtsverkehr, Geburt der Jungen, durchführen, läßt eine Kompensation der Größe dieser Organismen in bezug auf die Probleme der Riesenleiber zu. Wir müssen vermerken, daß bei den Walen besondere Einrichtungen des Kreislaufapparates, wie Wundernetze, bestehen.

4. Das Atmungssystem. Die *Trachea* ist für die Riesentiere, wenn wir sie zum Beispiel mit solchen Reptilformen, wie *Tanystropheus,* als einem früh erloschenen Protosaurier, vergleichen, kurz. Der sogenannte schädliche Raum ist nicht stark in Erscheinung tretend, jedenfalls nicht mehr als bei anderen Tieren normaler Größe. Für die Sauerstoffversorgung der Riesenkörper sind gewaltige Lungen entwickelt, die wiederum zentral gelegen, im Vergleich zu anderen Tieren von recht kompakter Form sind.

Vergleichen wir noch einmal rückblickend die Extremformen der Dinosaurier, der Archaeoceten und die Riesenformen der Zahn- und Bartenwale, ergibt sich in bezug auf die Gesamtzentralisation der drei hier gegenübergestellten Tiergruppen folgendes:

— Dinosaurier, zum Beispiel *Diplodocus.* Hochgradig dezentralisierte Endform mit nervlicher, respiratorischer und kreislaufmäßiger Verzerrung und Auseinanderentwicklung im Zusammenhang der einzelnen Teile, die sich im Verlaufe der Erdgeschichte mehr und mehr vergrößerten (Funktionstypus des Reptils).

— *Basilosaurus* als Archaeocete. Eine Form, deren Vorfahren von den Creodontiern ausgehend, zwar eine Anpassung an das Wasserleben, nicht aber eine

Zentralisation und Neuspezialisierung im neuen Lebenselement erreichte. Der phylogenetische Werdegang endet ebenfalls, in einer allerdings nur teildezentralisierten Form mit dem Aussterben (Secundärfaktoren).
— Lebende Riesenformen der Wale. Diese Tiere machen eine bestimmte Zentralisation im Zusammenhang mit einer hochgradigen Spezialisierung durch. Die phylogenetische Größenzunahme trat als ausbalancierender Faktor hinzu. Die Zentralisation ist ausbalanciert, und so war es möglich, daß nicht dezentralisierte, sondern vielmehr zentralisierte Riesenformen als größte Tiere aller Zeiten entstanden. Bezeichnen wir sie in zentralistischer Hinsicht als ein positives Extrem.
7. Diese Ausbalancierung ist in der erdgeschichtlichen Entwicklung der hierher gehörenden typolytischen Endglieder bereits nicht mehr möglich, wodurch es zur ortogenetischen Festlegung der weiteren Entwicklung gekommen ist. Die Entwicklung läuft starr weiter zum Nutzen oder Schaden des betreffenden Bauplanes.
Besonders im Hinblick der Beurteilung in bezug auf das Aussterben hat es sich als notwendig erwiesen, zwischen Organdisharmonien und Dezentralisationen zu unterscheiden. Unter ersteren sind aberrante Erscheinungen zu verstehen, die allein für das Aussterben nicht verantwortlich gemacht werden konnten (wie die Mikromelie und Pterodaktilie von *Allosaurus, Gorgosaurus, Tyrannosaurus*). Bei der Gruppe der Dezentralisationen handelt es sich um Enthemmungen der Korrelationsgruppe, was zum Beispiel die Wirbeltiere anbetrifft. Bei den Wirbellosen sind es ebenfalls Erscheinungen, die wir für ein Aussterben verantwortlich machen können.
Bei den Wirbellosen ist das zweifach phasenhafte Auftreten aberranter Gehäusetypen bei den Ammoneen besonders interessant. Vor dem ersten, fast völligen Erlöschen in der Trias, finden sich ähnliche Formen wie vor dem großen Erlöschen in der Kreide. Die Grenze Trias-Jura wurde nur von einer primitiven Form, nämlich *Phylloceras*, überschritten. So können wir *Choristoceras* mit *Ammonitoceras*, *Rhabdoceras* mit *Baculites*, *Cochloceras* mit *Turrilites* vergleichen.
Als *Archosauria* werden die fünf Ordnungen der *Saurischia, Ornithischia, Krokodile, Pterosauria* und *Vögel* bezeichnet. Ihre gemeinsamen Vorfahren waren die Thecodontier. Das gemeinsame morphologische Merkmal ist durch den Bau des Beckens gegeben. Die Saurischier stehen wegen der Beckenverhältnisse etwas abseits. Gemeinsam ist den anderen 4 Ordnungen die Umbildung des Beckens, die besonders das *Pubis* betrifft. Im Zusammenhang mit dem Aussterben interessiert uns besonders die verschiedene Entwicklung der fünf Ordnungen.
Die Saurischier brachten riesige Formen, wie den *Diplodocus, Brontosaurus, Apatosaurus* u. a. hervor. Es kam zu einer Dezentralisation des Nervensystems und anderer korrelativer Organe. Durch die Ausdehnung des Körpers wurde das Gehirn im Verhältnis immer kleiner, das Versorgungsgebiet dehnte sich mehr und mehr aus. Alle Hirnnerven außer X., dem *Nervus vagus*, hatten das kleine Gebiet des Kopfes und einen kleinen Teil des Halses, der Vagus allein ein ausgedehntes Gebiet einschließlich wichtigster Organe (Herz und Lunge) zu innervieren. So mußte es im Rahmen der Weiterentwicklung schließlich zu einem Erlahmen der Funktionen dieser Gattungen gekommen sein. Der Hirnstamm

eines derartigen Riesen von etwa 50 t Lebendgewicht (nach amerikanischen Schätzungen) entsprach gewichtsmäßig dem eines solchen des Menschen. (Wegen Einzelheiten der Dezentralisation der Sauropoden darf der Verfasser auf seine 1961 erschienene Arbeit verweisen).

Die Ornithischier zeigen wieder andere Dezentralisationen, wobei wir nur an die Entwicklung der Familie der *Ceratopsidae* zu denken brauchen. Hier haben wir eine Gruppe vor uns, hinter deren sichtbaren Überspezialisierungen wir noch weitere nicht mehr rekonstruierbare zu vermuten haben.

Die Krokodile zeigen das Überleben ihrer mehr als konservativ zu bezeichnenden Gattungen.

Die Petrosaurier brachten überspezialisierte Riesenformen hervor, die bald erloschen.

Die Vögel *(Aves)* zeigen dagegen einen einheitlichen Typ, der meist klein blieb, keine korrelativ gefährlichen Spezialisierungen und heute noch eine ungeheure Arten- und Individuenzahl zeigt. Der Bauplan ist auffallend einheitlich.

Aus den hier verglichenen Entwicklungsabläufen sehen wir, was aus einer Überspezialisierung gegenüber einer Beibehaltung bauplanmäßig, vor allem korrelativ günstiger, nicht überspezialisierter Verhältnisse werden kann: Einmal lebensunfähige, zum anderen hochvitale Typen, und das bei dem Ausgang von gleichen Vorfahren, in unserem Fall der *Thecodontier*.

Die zunehmende Spezialisierung ist nicht nur eine der weitverbreiteten Eigenheiten des Evolutionsgeschehens, sondern auch eine der häufigsten Voraussetzungen zum Aussterben, weil jede Spezialisierung die Möglichkeit der Dekorrelation vermehrt. Es kommt darauf an, in welchem phylogenetischen Stadium die Spezialisierung einsetzt, wodurch sich der Grad der Abnormität phylogenetischen Geschehens richtet. Bei einer Voraussetzung dezentralistischer Entwicklung als Ursache des Aussterben dürfen wir aber folgende Tatachen nicht übersehen:

— Nur ein minimaler Prozentsatz der uns interessierenden Erscheinung ist rekonstruierbar, wie zum Beispiel im Falle der Saurischier oder der Pachyostosen der Sirenen.

— Formen, die auf Hochgebieten lebten, die der Abtragung anheimfielen, werden für uns immer verloren sein. Es fehlen uns die Formengruppen, deren Reste heute vom Meer bedeckt werden, und die wir auch nicht kennen.

— Durch die Bildung neuer Gattungen mögen die vorhergehenden durch Umwandlung und nicht durchs Aussterben verschwunden sein. Der Verfasser verweist diesbezüglich auf die bekannten Beispiele der Entwicklung der Pferde und Elefanten. Bei beiden gibt es Formen, die als Endglieder erloschen. Die zusammengehörigen Formen einer Ahnenreihe haben wir aber als aufeinanderfolgende Stufen eines Prozesses zu betrachten. Deshalb ist die Gattungszahl als eine Summierung aus verschiedenen Erdperioden, wenn wir sie als Summe auffassen, irreführend.

— Sobald in der Typostase oder Typolyse die zur Bildung von Dezentralisationen notwendige Vitalität nicht mehr ausreiche, mag es lediglich zu einem Aussterben auf Grund einer Vitalitätsabnahme gekommen sein. Vielleicht können wir derartige Vorgänge bei den Agnostiden unter den Trilobiten und bei den Graptolithen annehmen.

— Ein Aussterben auf Grund der Umwelt/Organismus-Beziehung mag es nur geben, wenn mehrere ganze spezielle Umstände zusammentreffen, und auch das nur bei hochspezialisierten Typen. So etwas hält der Verfasser bei Tieren für möglich, die so spezialisiert sind wie zum Beispiel die australischen Koalas oder Beutelbären, die sich nur vom älteren Laub einiger Eucalyptusarten ernähren. Blicken wir auf das abnorme Geschehen in der Erdgeschichte zurück, so haben wir zu unterscheiden zwischen:
1. der Pathologie des Einzelindividuums als Abnormität ohne die Bindung an den Bauplan und
2. der funktionell negativ, vom systematisch übergeordneten Bauplan abweichenden, überspezialisierten typolytischen Gattung, als phylogenetischer Abnormität.

Erstere tritt vereinzelt immer wieder in der Erdgeschichte auf (zum Beispiel das als *Osteomyelitis* bezeichnete Krankheitsbild wurde seit dem Perm immer wieder bei verschiedenen Gattungen und Arten beschrieben), während die Organdisharmonie oder Dezentralitsation durch die Bindung an die Gattung eines bestimmten Typus historisch einmalig in der Erdgeschichte fixiert ist.

Dr. H. E. Kaiser, geboren 16. Februar 1928, ist Professor an der Universität Saskatchewan in Saskatoon/Canada. Gleichzeitig führt er Forschungsarbeiten an der Smithonian Institution in Washington D. C. USA durch. Im Verlag Brill in Leiden, Niederlande, befindet sich z. Z. das Werk von *H. E. Kaiser* „Die Problematik des Abnormen in der Evolution" im Druck.

VII. Anpassung und Umwelt

PETER KROTT:

Der große Höktanden — Mondnächte

Aus: Tupu-Tupu, das seltenste Raubwild Europas

Parey-Verlag, Berlin - Hamburg 1960

In der Natur herrscht überall Ordnung und Weisheit. Jedes Lebewesen hat soviel mitbekommen, daß es sein Dasein möglichst gut fristen kann. Aber immer nur möglichst gut, nicht vollkommen ideal. In diesem kleinen Marginal liegt die Möglichkeit zu leben für alle Wesen überhaupt. Denn wäre die Rentierflechte giftig, so könnte sie zwar überleben, aber das Rentier müßte verhungern. Dann fehlten wieder die harten Schalen des Rentierlaufes, der das Heidekraut zerstört und der Flechte Lebensmöglichkeit bietet. Und wären die Rentiere genügend wachsam und flüchtig, so könnte oio der Tupu*) niemals erbeuten, auch im Winter nicht, und müßte Hungers sterben. Aber dann gäbe es zu viele Rentiere und auch diese müßten verhungern, weil nicht genug Flechten für sie da wären. Und so geht es ewig weiter. Wären die Lebewesen äußeren Gefahren gegenüber vollkommen gefeit, so könnten sie gar nicht existieren. Auch der

*) Tupu = Vielfraß

Tupu ist nicht vollkommen, selbst wenn Paul vielleicht den Älvdalsjägern so erschienen sein mag. Aber er ist *möglichst* gut ausgerüstet, sein Leben in der kargen Umgebung zu führen, in der er vorkommt. Der Tupu ruht niemals, wenn er nicht schläft. Er beschäftigt sich dauernd mit irgend etwas; wenn es nichts Lebenswichtiges ist, so spielt er eben mit Schneebällen, Steinen, Zweigen oder mit seinem eigenen Körper. In dieser seiner ungeheuren Aktivität liegt das Geheimnis von der Unüberwindlichkeit des Tupus begründet. Er bemerkt fast alles! Vieles, was anderem Getier entgeht, entgeht ihm nicht. Er bemerkt sofort, daß ein Elchkadaver, an dem ein Jäger lauert — und wenn er noch so gut versteckt ist — ein anderer Elchkadaver ist als der, an dem kein Jäger lauert. Und der Tupu frißt eben nur von einem Kadaver, bei dem kein Jäger im Hinterhalt liegt. Das tun auch andere Raubtiere, aber sie bemerken weniger gut, daß bei dem Aas eine Gefahr droht. Der Tupu rettet seinen Balg, der Fuchs verliert ihn. Der Tupu ist aber auch sehr gelehrig. Er kann unter Umständen lernen, daß ein Kadaver, an dem ein Jäger sitzt, völlig ungefährlich ist, ja vielleicht sogar besser schmeckt, als der, wo keiner sitzt; wenn ihm der Jäger z. B. etwas Süßes offeriert, was alle Tupus mögen. Aber dazu muß der Tupu genügend jung sein, ein Tupukind. Dann lernt er sogar außerordentlich rasch und mancherlei. Das haben Rosa, Jukka, Lomo und Else, Rolf und all die vielen Tupus gezeigt, die ich im Laufe der Zeit aufgezogen hatte. Aber daß die Jäger gefährlich sind, das muß der Tupu nicht lernen, das nimmt er von vornherein als gegeben. Ich habe einmal in meiner Heimat Österreich einen sehr tüchtigen, aber vielleicht zu pessimistisch eingestellten Konservator an einem Museum gekannt, dessen Wahlspruch gewesen ist, man müsse sich stets erst überzeugen, daß jemand *kein* Gauner ist. Nach diesem Motto ungefähr lebt der Tupu, freilich nicht bewußt wie der Konservator, sondern ohne Gehirnarbeit, ohne Wissen, weil er nicht anders kann — nach Tupuart.

Peter Krott, Forstmann und Verhaltensforscher, bekanntgeworden durch seine originellen Studien an freilebenden, aber menschengebundenen Vielfraßen und Bären.

JAKOB V. UEXKÜLL:

Aus „Streifzüge durch die Umwelten von Tieren und Menschen"

Hamburg, 1956, Verl. ROWOHLT

Einleitung

Ein jeder Landbewohner, der mit seinem Hunde häufig Wald und Busch durchstreift, hat gewiß die Bekanntschaft eines winzigen Tieres gemacht, das, an den Zweigen der Büsche hängend, auf seine Beute, sei es Mensch oder Tier, lauert, um sich auf sein Opfer zu stürzen und sich mit seinem Blute vollzusaugen. Dabei schwillt das ein bis zwei Millimeter große Tier bis zur Größe einer Erbse an.
Die Zecke oder der Holzbock ist zwar kein gefährlicher, aber doch unliebsamer Gast der Säugetiere und Menschen. Sein Lebenslauf ist durch neuere Arbeiten in vielen Einzelheiten so weit geklärt worden, daß wir ein fast lückenloses Bild von ihm entwerfen können.

Aus dem Ei entschlüpft ein noch nicht voll ausgebildetes Tierchen, dem noch ein Beinpaar und die Geschlechtsorgane fehlen. In diesem Zustand ist es bereits befähigt, kaltblütige Tiere, wie Eidechsen, zu überfallen, denen es, auf der Spitze eines Grashalmes sitzend, auflauert. Nach mehreren Häutungen hat es die ihm fehlenden Organe erworben und begibt sich nun auf die Jagd auf Warmblüter. Nachdem das Weibchen begattet worden ist, klettert es mit seinen vollzähligen acht Beinen bis an die Spitze eines vorstehenden Astes eines beliebigen Strauches, um aus genügender Höhe sich entweder auf unter ihm hinweglaufende kleinere Säugetiere herabfallen zu lassen oder um sich von größeren Tieren abstreifen zu lassen.

Den Weg auf seinen Wartturm findet das augenlose Tier mit Hilfe eines allgemeinen Lichtsinnes der Haut. Die Annäherung der Beute wird dem blinden und tauben Wegelagerer durch seinen Geruchssinn offenbar. Der Duft der Buttersäure, die den Hautdrüsen aller Säugetiere entströmt, wirkt auf die Zecke als Signal, um ihren Wachtposten zu verlassen und sich herabzustürzen. Fällt sie dabei auf etwas Warmes, was ihr ein feiner Temperatursinn verrät — dann hat sie ihre Beute, den Warmblüter, erreicht und braucht nur noch mit Hilfe ihres Tatsinnes eine möglichst haarfreie Stelle zu finden, um sich bis über den Kopf in das Hautgewebe ihrer Beute einzubohren. Nun pumpt sie langsam einen Strom warmen Blutes in sich hinein.

Versuche mit künstlichen Membranen und anderen Flüssigkeiten als Blut haben erwiesen, daß der Zecke jeder Geschmackssinn abgeht, denn nach Durchbohrung der Membran wird jede Flüssigkeit aufgenommen, sofern sie nur die richtige Temperatur hat.

Fällt die Zecke, nachdem das Merkmal der Buttersäure gewirkt hat, auf etwas Kaltes, so hat sie ihre Beute verfehlt und muß wieder auf ihren Wachtposten emporklettern.

Die ausgiebige Blutmahlzeit der Zecke ist zugleich auch ihre Henkersmahlzeit, denn nun bleibt ihr nichts zu tun übrig, als sich zu Boden fallen zu lassen, ihre Eier abzulegen und zu sterben.

Die übersichtlichen Lebensvorgänge der Zecke bieten uns einen geeigneten Prüfstein, um die Stichhaltigkeit der biologischen Betrachtungsweise gegenüber der physiologischen Behandlung, wie sie bisher üblich war, nachzuweisen.

Für den Physiologen ist ein jedes Lebewesen ein Objekt, das sich in seiner Menschenwelt befindet. Er untersucht die Organe der Lebewesen und ihr Zusammenwirken, wie ein Techniker eine ihm unbekannte Maschine erforschen würde. Der Biologe hingegen gibt sich davon Rechenschaft, daß ein jedes Lebewesen ein Subjekt ist, das in einer eigenen Welt lebt, deren Mittelpunkt es bildet. Es darf daher nicht mit einer Maschine, sondern nur mit dem die Maschine lenkenden Maschinisten verglichen werden.

Wir stellen kurz die Frage: Ist die Zecke eine Maschine oder ein Maschinist, ist sie ein bloßes Objekt oder ein Subjekt?

Die Physiologie wird die Zecke für eine Maschine erklären und sagen: an der Zecke kann man Rezeptoren, d. h. Sinnesorgane, und Effektoren, d. h. Handlungsorgane, unterscheiden, die durch einen Steuerapparat im Zentralnervensystem miteinander verbunden sind. Das ganze ist eine Maschine, von einem Maschinisten ist nichts zu sehen.

„Darin gerade liegt der Irrtum", wird der Biologe antworten, „kein einziger Teil des Zeckenkörpers besitzt den Charakter einer Maschine, überall sind Maschinisten wirksam."

Der Physiologe wird unbeirrt fortfahren: „Gerade bei der Zecke läßt es sich zeigen, daß alle Handlungen ausschließlich auf Reflexen[1]) beruhen, und der Reflexbogen bildet die Grundlage einer jeden Tiermaschine. Er beginnt mit einem Rezeptor, d. h. mit einem Apparat, der nur bestimmte äußere Einflüsse, wie Buttersäure und Wärme, einläßt, alle anderen aber abblendet. Er endet mit einem Muskel, der einen Effektor, sei es den Gangapparat oder den Bohrapparat, in Bewegung setzt.

Die die Sinneserregung auslösenden *sensorischen* und die den Bewegungsimpuls auslösenden *motorischen* Zellen dienen nur als Verbindungsteile, um die durchaus körperlichen Erregungswellen, die vom Rezeptor auf den äußeren Anstoß hin in den Nerven erzeugt werden, den Muskeln der Effektoren hinzuleiten. Der ganze Reflexbogen arbeitet mit Bewegungsübertragung wie jede Maschine. Kein subjektiver Faktor, wie es ein oder mehrere Maschinisten wären, tritt irgendwo in die Erscheinung."

„Gerade das Gegenteil ist der Fall", wird der Biologe erwidern, „wir haben es überall mit Maschinisten und nicht mit Maschinenteilen zu tun. Denn alle einzelnen Zellen des Reflexbogens arbeiten nicht mit Bewegungsübertragung, sondern mit Reizübertragung. Ein Reiz aber muß von einem Subjekt *gemerkt* werden und kommt bei Objekten überhaupt nicht vor."

Ein jeder Maschinenteil, wie z. B. der Klöppel einer Glocke, arbeitet nur dann maschinenmäßig, wenn er in bestimmter Weise hin und her geschwungen wird. Alle anderen Eingriffe, wie Kälte, Wärme, Säuren, Alkalien, elektrische Ströme, werden von ihm wie von einem beliebigen Stück Metall beantwortet. Nun wissen wir aber seit *Joh. Müller*[2]), daß ein Muskel sich durchaus anders benimmt. Alle äußeren Eingriffe beantwortet er in der gleichen Weise: durch Zusammenziehen. Jeder äußere Eingriff wird von ihm in den gleichen Reiz verwandelt und mit dem gleichen Impuls beantwortet, der seinen Zellkörper zum Zusammenziehen veranlaßt.

Joh. Müller hat ferner gezeigt, daß alle äußeren Wirkungen, die unsere Sehnerven treffen, mögen es Ätherwellen oder Druck oder elektrische Ströme sein, eine Lichtempfindung hervorrufen, d. h. unsere Sehsinneszellen antworten mit dem gleichen „Merkzeichen".

Daraus dürfen wir schließen, daß jede lebende Zelle ein Maschinist ist, der merkt und wirkt und daher ihm eigentümliche (spezifische) Merkzeichen und Impulse oder „Wirkzeichen" besitzt. Das vielfältige Merken und Wirken des ganzen Tiersubjektes ist somit auf das Zusammenarbeiten kleiner Zellmaschinisten zurückzuführen, von denen jeder nur über ein Merk- und Wirkzeichen verfügt.

Um ein geordnetes Zusammenarbeiten zu ermöglichen, bedient sich der Organismus der Gehirnzellen (auch diese sind elementare Maschinisten) und gruppiert

---

[1]) Reflex bedeutet ursprünglich das Auffangen und Zurückwerfen eines Lichtstrahls durch einen Spiegel. Auf die Lebewesen übertragen, versteht man unter Reflex das Auffangen eines äußeren Reizes durch einen Rezeptor und die vom Reiz bewirkte Beantwortung durch die Effektoren des Lebewesens. Dabei wird der Reiz in Nervenerregung verwandelt, die mehrere Stationen zu passieren hat, um vom Rezeptor zum Effektor zu gelangen. Der dabei zurückgelegte Weg wird als Reflexbogen bezeichnet.
[2]) Begründer der neuzeitlichen Physiologie (1801—1858).

die eine Hälfte als „Merkzellen" im reizaufnehmenden Teil des Gehirns, dem „Merkorgan", in kleinere oder größere Verbände. Diese Verbände entsprechen äußeren Reizgruppen, welche als Fragen an das Tiersubjekt herantreten. Die andere Hälfte der Gehirnzellen benutzt der Organismus als „Wirkzellen" oder Impulszellen und gruppiert sie zu Verbänden, mit denen er die Bewegungen der Effektoren beherrscht, die die Antworten des Tiersubjektes an die Außenwelt erteilen.
Die Verbände der Merkzellen erfüllen die „Merkorgane" des Gehirns, und die Verbände der Wirkzellen bilden den Inhalt der „Wirkorgane" des Gehirnes.
Wenn wir uns demgemäß ein Merkorgan als eine Stätte wechselnder Verbände von Zellmaschinisten vorstellen dürfen, welche die Träger von spezifischen Merkzeichen sind, so bleiben sie doch räumlich getrennte Einzelwesen. Auch ihre Merkzeichen würden isoliert bleiben, wenn sie nicht die Möglichkeit hätten, sich außerhalb des räumlich festgelegten Merkorgans zu neuen Einheiten zu verschmelzen. Und diese Möglichkeit ist tatsächlich vorhanden. Die Merkzeichen einer Gruppe von Merkzellen vereinigen sich außerhalb des Merkorgans, ja außerhalb des Tierkörpers zu Einheiten, welche zu Eigenschaften der außerhalb des Tiersubjektes liegenden Objekte werden. Diese Tatsache ist uns allen wohlbekannt. Alle unsere menschlichen Sinnesempfindungen, die unsere spezifischen Merkzeichen darstellen, vereinigen sich zu den Eigenschaften der Außendinge, die uns als Merkmale für unser Handeln dienen. Die Empfindung „Blau" wird zur „Bläue" des Himmels — die Empfindung „Grün" wird zur „Grüne" des Rasens usf. Am Merkmal Blau erkennen wir den Himmel, und am Merkmal Grün erkennen wir den Rasen.
Ganz das gleiche spielt sich im Wirkorgan ab. Hier spielen die Wirkzellen die Rolle elementarer Maschinisten, die in diesem Falle gemäß ihrer Wirkzeichen oder Impulsen zu wohlgegliederten Gruppen angeordnet sind. Auch hier besteht die Möglichkeit, die isolierten Wirkzeichen zu Einheiten zusammenzufassen, die als in sich geschlossene Bewegungsimpulse oder rhythmisch gegliederte Impulsmelodien auf die ihnen unterstellten Muskeln einwirken. Worauf die von den Muskeln in Tätigkeit gesetzten Effektoren den außerhalb des Subjektes gelegenen Objekten ihr „Wirkmal" aufprägen.
Das Wirkmal, das die Effektoren des Subjektes dem Objekt erteilen, ist ohne weiteres erkennbar — wie die Wunde, die der Bohrrüssel der Zecke der Haut des von ihr befallenen Säugetiers zufügt. Aber erst die mühevolle Auffindung der Merkmale der Buttersäure und der Wärme hat das Bild der in ihrer Umwelt tätigen Zecke vollendet.
Bildlich gesprochen greift jedes Tiersubjekt mit zwei Gliedern einer Zange sein Objekt an — einem Merk- und einem Wirkgliede. Mit dem einen Gliede erteilt es dem Objekt ein Merkmal und mit dem andern ein Wirkmal. Dadurch werden bestimmte Eigenschaften des Objekts zu Merkmalträgern und andere zu Wirkmalträgern. Da alle Eigenschaften eines Objektes durch den Bau des Objektes miteinander verbunden sind, müssen die vom Wirkmal getroffenen Eigenschaften durch das Objekt hindurch ihren Einfluß auf die das Merkmal tragenden Eigenschaften ausüben und auch auf dieses selbst verändernd einwirken. Dies drückt man am besten kurz so aus: *das Wirkmal löscht das Merkmal aus.*
Entscheidend für den Ablauf einer jeden Handlung aller Tiersubjekte ist neben der Auswahl von Reizen, welche die Rezeptoren passieren lassen, und neben der

Anordnung der Muskeln, die den Effektoren bestimmte Betätigungsmöglichkeiten verleiht, vor allem die Zahl und Anordnung der Merkzellen, die mit Hilfe ihrer Merkzeichen die Objekte der Umwelt mit Merkmalen auszeichnen, und die Zahl und Anordnung der Wirkzellen, die mit ihren Wirkzeichen die gleichen Objekte mit Wirkmalen versehen.

Das Objekt ist nur insofern an der Handlung beteiligt, als es die nötigen Eigenschaften besitzen muß, die einerseits als Merkmalträger, andererseits als Wirkmalträger dienen können, die durch ein Gegengefüge miteinander in Verbindung stehen müssen.

Die Beziehungen von Subjekt zu Objekt werden am übersichtlichsten durch das Schema des Funktionskreises erläutert. Er zeigt, wie Subjekt und Objekt ineinander eingepaßt sind und ein planmäßiges Ganzes bilden. Stellt man sich weiter vor, daß ein Subjekt durch mehrere Funktionskreise an das gleiche oder an verschiedene Objekte gebunden ist, so erhält man einen Einblick in den ersten Fundamentalsatz der Umweltlehre. Alle Tiersubjekte, die einfachsten wie die vielgestaltigsten, sind mit der gleichen Vollkommenheit in ihre Umwelten eingepaßt. Dem einfachen Tiere entspricht eine Umwelt, dem vielgestaltigen eine ebenso reichgegliederte Umwelt.

Und nun setzen wir in das Schema des Funktionskreises die Zecke als Subjekt und das Säugetier als ihr Objekt ein. Es zeigt sich alsbald, daß drei Funktionskreise planmäßig nacheinander ablaufen. Die Hautdrüsen des Säugetieres bilden die Merkmalträger des ersten Kreises, denn der Reiz der Buttersäure löst im Merkorgan spezifische Merkzeichen aus, die als Geruchsmerkmal hinausverlegt werden. Die Vorgänge im Merkorgan rufen durch Induktion (was dort ist, wissen wir nicht) im Wirkorgan entsprechende Impulse hervor, die das Loslassen der Beine und das Herabfallen hervorrufen. Die herabfallende Zecke erteilt den getroffenen Haaren des Säugetieres das Wirkmal des Anstoßens, das nun seinerseits ein Tastmerkmal auslöst, wodurch das Geruchsmerkmal der Buttersäure ausgelöscht wird. Das neue Merkmal löst ein Herumlaufen aus, bis es auf der ersten haarfreien Hautstelle durch das Merkmal Wärme abgelöst wird, worauf das Einbohren beginnt.

Zweifellos handelt es sich hierbei um drei einander ablösende Reflexe, die immer durch objektiv feststellbare physikalische resp. chemische Wirkungen ausgelöst werden. Wer sich aber mit dieser Feststellung begnügt und annimmt, das Problem dadurch gelöst zu haben, beweist nur, daß er das wirkliche Problem gar nicht gesehen hat. Nicht der chemische Reiz der Buttersäure steht in Frage, ebensowenig wie der (durch die Haare ausgelöste) mechanische Reiz, noch der Temperaturreiz der Haut, sondern allein die Tatsache, daß unter den Hunderten von Wirkungen, die von den Eigenschaften des Säugetierkörpers ausgehen, nur drei zu Merkmalträgern für die Zecke werden, und warum gerade diese drei und keine anderen?

Wir haben es nicht mit einem Kräfteaustausch zwischen zwei Objekten zu tun, sondern es handelt sich um die Beziehungen zwischen einem lebenden Subjekt und seinem Objekt, und diese spielen sich auf einer ganz anderen Ebene ab, nämlich zwischen dem Merkzeichen des Subjektes und dem Reiz des Objektes. Die Zecke hängt regungslos an der Spitze eines Astes in einer Waldlichtung. Ihr ist durch ihre Lage die Möglichkeit geboten, auf ein vorbeilaufendes Säugetier zu fallen. Von der ganzen Umgebung dringt kein Reiz auf sie ein. Da nähert sich ein Säugetier, dessen Blut sie für die Erzeugung ihrer Nachkommen bedarf.

Und nun geschieht etwas höchst Wunderbares: von allen Wirkungen, die vom Säugetierkörper ausgehen, werden nur drei, und diese in bestimmter Reihenfolge zu Reizen. Aus der übergroßen Welt, die die Zecke umgibt, leuchten drei Reize wie Lichtsignale aus dem Dunkel hervor und dienen der Zecke als Wegweiser, die sie mit Sicherheit zum Ziele führen. Um das zu ermöglichen, sind der Zecke außer ihrem Körper mit seinen Rezeptoren und Effektoren drei Merkzeichen mitgegeben worden, die sie als Merkmale verwenden kann. Und durch diese Merkmale ist der Zecke der Ablauf ihrer Handlungen so fest vorgeschrieben, daß sie nur ganz bestimmte Wirkmale hervorzubringen vermag.

Die ganze reiche, die Zecke umgebende Welt schnurrt zusammen und verwandelt sich in ein ärmliches Gebilde, das zur Hauptsache noch aus 3 Merkmalen und 3 Wirkmalen besteht — ihre Umwelt. Die Ärmlichkeit der Umwelt bedingt aber gerade die Sicherheit des Handelns, und Sicherheit ist wichtiger als Reichtum.

Am Beispiel der Zecke lassen sich, wie man sieht, die Grundzüge des Aufbaues der Umwelten, die für alle Tiere gültig sind, ableiten. Aber die Zecke besitzt noch eine sehr merkwürdige Fähigkeit, die uns einen weiteren Einblick in die Umwelten eröffnet.

Es ist ohne weiteres klar, daß der Glückszufall, der ein Säugetier unter dem Ast, auf dem die Zecke sitzt, vorbeiführt, außerordentlich selten eintritt. Dieser Nachteil wird auch durch die große Zahl von Zecken, die auf den Büschen lauern, nicht genügend ausgeglichen, um die Fortdauer der Art sicherzustellen. Es muß noch die Fähigkeit der Zecke, lange Zeit ohne Nahrung leben zu können, dazukommen, um die Wahrscheinlichkeit, daß ihr eine Beute in den Weg läuft, zu erhöhen. Und diese Fähigkeit besitzt die Zecke allerdings in ungewöhnlichem Maße. Im Zoologischen Institut zu Rostock hat man Zecken am Leben erhalten, die bereits 18 Jahre gehungert hatten[1]). 18 Jahre warten kann die Zecke, das können wir Menschen nicht. Unsere menschliche Zeit besteht aus einer Reihe von Momenten, d. h. kürzesten Zeitabschnitten, innerhalb derer die Welt keine Veränderung zeigt. Während der Dauer eines Momentes steht die Welt still. Der Moment des Menschen währt 1/18 Sekunde[2]). Wir werden später sehen, daß die Dauer des Momentes bei verschiedenen Tieren wechselt, aber welche Zahl wir auch für die Zecke ansetzen wollen, die Fähigkeit, eine nie wechselnde Umwelt

---

[1]) Die Zecke ist in jeder Hinsicht für eine lange Hungerperiode gebaut. Die Samenzellen, die das Weibchen während seiner Wartezeit beherbergt, bleiben in Samenkapseln gebündelt liegen, bis das Säugetierblut in den Magen der Zecke gelangt — dann befreien sie sich und befruchten die Eier, die im Eierstock ruhten. Im Gegensatz zur vollendeten Einpassung der Zecke in ihr Beuteobjekt, das sie endlich ergreift, steht die äußerst geringe Wahrscheinlichkeit, daß dies trotz langer Wartezeit wirklich geschieht. *Bodenheimer* hat ganz recht, wenn er von einer *pessimalen*, d. h. denkbar ungünstigen Welt redet, in der die meisten Tiere leben. Nur ist diese Welt nicht ihre Umwelt, sondern ihre Umgebung. *Optimale*, d. h. denkbar günstige *Umwelt* und *pessimale Umgebung* wird als allgemeine Regel gelten können. Denn es kommt immer darauf an, daß die Art erhalten bleibe, mögen noch so viele Einzelindividuen zugrunde gehen. Wäre die Umgebung bei einer Art nicht pessimal, so würde sie dank ihrer optimalen Umwelten das Übergewicht über alle anderen Arten erlangen.

[2]) Den Beweis dafür liefert das Kino. Bei der Vorführung eines Filmstreifens müssen die Bilder ruckweise nacheinander vorspringen und dann stillstehen. Um sie in voller Schärfe zu zeigen, muß das ruckweise Vorspringen durch Vorbeiführen eines Schirmes unsichtbar gemacht werden. Die Verdunkelung, die dabei auftritt, wird von unserem Auge nicht wahrgenommen, wenn das Stillstehen des Bildes und seine Verdunkelung innerhalb einer Achtzehntelsekunde geschieht. Wird die Zeit länger genommen, so entsteht das unleidliche Flimmern.

18 Jahre lang zu ertragen, liegt außerhalb des Bereiches jeder Möglichkeit. Wir werden daher annehmen, daß die Zecke während ihrer Wartezeit sich in einem schlafähnlichen Zustand befindet, der ja auch bei uns die Zeit stundenlang unterbricht. Nur ruht die Zeit in der Umwelt der Zecke während ihrer Warteperiode nicht bloß stundenlang, sondern über viele Jahre, und tritt erst wieder in Wirksamkeit, wenn das Signal Buttersäure die Zecke zu neuer Tätigkeit erweckt.

Was haben wir mit dieser Erkenntnis gewonnen? Etwas sehr Bedeutsames. Die Zeit, die alles Geschehen umrahmt, scheint uns das allein objektiv Feststehende zu sein gegenüber dem bunten Wechel ihres Inhaltes, und nun sehen wir, daß das Subjekt die Zeit seiner Umwelt beherrscht. Während wir bisher sagten: Ohne Zeit kann es kein lebendes Subjekt geben, werden wir jetzt sagen müssen: Ohne ein lebendes Subjekt kann es keine Zeit geben.

Wir werden im nächsten Kapitel sehen, daß das Gleiche auch für den Raum gilt: Ohne ein lebendes Subjekt kann es weder Raum noch Zeit geben. Damit hat die Biologie endgültig Anschluß an die Lehre *Kants* gewonnen, die sie in der Umweltlehre durch Betonung der entscheidenden Rolle der Subjekte naturwissenschaftlich ausbeuten will.

Zusammenfassung und Schluß

Wenn wir den Körper eines Tieres mit einem Hause vergleichen, so haben bisher die Anatomen die Bauweise und die Physiologen die im Hause befindlichen maschinellen Anlagen genug studiert. Auch haben die Ökologen den Garten, in dem sich das Haus befindet, abgegrenzt und untersucht.

Man hat aber den Garten immer so geschildert, wie er sich unseren menschlichen Augen darbietet, und darüber verabsäumt, sich Rechenschaft davon abzulegen, wie sich der Garten ausnimmt, wenn er von dem Subjekt, das das Haus bewohnt, betrachtet wird.

Und dieser Ausblick ist höchst überraschend. Der Garten des Hauses grenzt sich nicht, wie es unserem Auge dünkt, von einer umfassenden Welt ab, von der er nur einen kleinen Ausschnitt darstellt, sondern er ist ringsum von einem Horizont umschlossen, der das Haus zum Mittelpunkt hat. Jedes Haus wird von seinem eigenen Himmelsgewölbe überdeckt, an dem Sonne, Mond und Sterne, die direkt zum Hause gehören, entlangwandeln.

Jedes Haus hat eine Anzahl von Fenstern, die auf den Garten münden — ein Lichtfenster, ein Tonfenster, ein Duftfenster, ein Geschmackfenster und eine große Anzahl von Tastfenstern.

Je nach der Bauart dieser Fenster ändert sich der Garten vom Haus aus gesehen. Er erscheint keineswegs wie der Ausschnitt einer größeren Welt, sondern ist die einzige Welt, die zum Hause gehört — seine Umwelt.

Grundverschieden ist der Garten, wie er unserem Auge erscheint, von dem, der sich den Bewohnern des Hauses darbietet, besonders in bezug auf die ihn erfüllenden Dinge.

Während wir im Garten tausend verschiedene Steine, Pflanzen und Tiere entdecken, nimmt das Auge des Hausbewohners nur eine ganz beschränkte Anzahl von Dingen in seinem Garten wahr — und zwar nur solche, die für das Subjekt, das das Haus bewohnt, von Bedeutung sind. Ihre Anzahl kann auf ein Minimum reduziert sein, wie in der Umwelt der Zecke, in der immer nur das gleiche

Säugetier mit einer ganz beschränkten Anzahl von Eigenschaften auftritt. Von all den Dingen, die wir im Umkreis der Zecke entdecken, von den duftenden und farbigen Blumen, den rauschenden Blättern, den singenden Vögeln tritt kein einziges in die Umwelt der Zecke ein.

Ich habe gezeigt, wie der gleiche Gegenstand, in vier verschiedene Umwelten versetzt, vier verschiedene Bedeutungen annimmt und jedes Mal seine Eigenschaften von Grund aus ändert.

Dies ist nur dadurch zu erklären, daß sämtliche Eigenschaften der Dinge im Grunde nichts anderes sind als Merkmale, die ihnen vom Subjekt aufgeprägt werden, zu dem sie in Beziehung treten.

Um das zu verstehen, muß man sich daran erinnern, daß jeder Körper eines Lebewesens aus lebenden Zellen aufgebaut ist, die gemeinsam ein lebendiges Glockenspiel bilden. Die lebende Zelle besitzt eine spezifische Energie, die es ihr ermöglicht, jede an sie herantretende äußere Wirkung mit einem „Ichton" zu beantworten Die Ichtöne können unter sich durch Melodien verbunden werden und bedürfen nicht eines mechanischen Zusammenhanges ihrer Zellkörper, um aufeinander einzuwirken.

In ihren Grundzügen ähneln sich die Körper der meisten Tiere darin, daß sie als Grundstock Organe besitzen, welche dem Stoffwechsel dienen und die aus der Nahrung gewonnene Energie der Lebensleistung zuführen. Die Lebensleistung des Tiersubjektes als Bedeutungsempfänger besteht im Merken und Wirken. Gemerkt wird mit Hilfe der Sinnesorgane, die dazu dienen, die allerseits eindringenden Reize zu sortieren, die unnötigen abzublenden und die dem Körper dienlichen Reize in Nervenerregung zu verwandeln, die, im Zentrum angelangt, das lebende Glockenspiel der Hirnzellen erklingen läßt. Die dabei ansprechenden Ichtöne sind die Merkzeichen des äußeren Geschehens. Sie werden je nachdem, ob sie Hörzeichen, Sehzeichen, Riechzeichen usw. sind, als entsprechende Merkmale der jeweiligen Reizquelle aufgeprägt.

Zugleich induzieren die im Merkorgan anklingenden Zellglocken die Glocken im zentralen Wirkorgan, die ihre Ichtöne als Impulse hinaussenden, um die Bewegungen der Muskeln der Effektoren auszulösen und zu dirigieren. Es ist also eine Art musikalischen Vorganges, der, von den Eigenschaften des Bedeutungsträgers ausgehend, wieder zu ihm zurückführt. Deshalb ist es zulässig, sowohl die rezeptorischen wie die effektorischen Organe des Bedeutungsempfängers mit den entsprechenden Eigenschaften des Bedeutungsträgers als Kontrapunkte zu behandeln.

Wie man sich stets von neuem überzeugen kann, ist bei den meisten Tieren ein sehr verwickelter Körperbau die Voraussetzung, um das Subjekt mit seinem Bedeutungsträger reibungslos zu verbinden.

Der Körperbau ist niemals von Anfang an vorhanden, sondern ein jeder Körper beginnt seinen Aufbau als eine einzige Zellglocke, die sich teilt und sich zu einem tönenden Glockenspiel gliedert nach einer bestimmten Gestaltungsmelodie.

Wie ist es möglich, daß zwei Dinge so verschiedenen Ursprunges, wie es z. B. die Hummel und die Blüte des Löwenmaules sind, so gebaut sind, daß sie in allen Einzelheiten ineinander passen? Offenbar dadurch, daß die beiden Gestaltungsmelodien sich gegenseitig beeinflussen — daß die Melodie des Löwenmaules als Motiv in die Melodie der Hummel eingreift und umgekehrt. Was für die Biene

173

galt, gilt auch für die Hummel: Wäre nicht ihr Körper blumenhaft, sein Aufbau würde nie gelingen.

Mit der Anerkennung dieses Kardinalsatzes der Naturtechnik ist die Frage, ob es eine Fortschritt von Unvollkommenerem zu Vollkommenerem gibt, bereits in negativem Sinne entschieden. Denn wenn fremde Bedeutungsmotive allseitig eingreifend den Aufbau der Tiere gestalten, so ist nicht abzusehen, was daran eine noch so große Abfolge von Generationen ändern könnte.

Wenn wir die Ahnenspekulationen hinter uns lassen, betreten wir den soliden Boden der Naturtechnik. Aber hier erwartet uns eine große Enttäuschung. Die Erfolge der Naturtechnik liegen offen vor unseren Augen da, aber ihre Melodienbildung ist für uns gänzlich unerforschlich.

Das hat die Naturtechnik mit der Entstehung eines jeden Kunstwerkes gemein. Wir sehen wohl, wie die Hand des Malers Farbfleck an Farbfleck auf die Leinwand setzt, bis das Gemälde fertig vor uns dasteht, aber die Gestaltungsmelodie, die die Hand bewegte, bleibt uns völlig unerkennbar.

Wir können wohl verstehen, wie eine Spieluhr ihre Melodien erklingen läßt, aber wir werden nie verstehen, wie eine Melodie ihre Spieluhr erbaut.

Gerade darum handelt es sich bei der Entstehung eines jeden Lebewesens. In jeder Keimzelle liegt das Material da, auch die Tastatur ist in den Genen vorhanden. Es fehlt nur die Melodie, um die Gestaltung zu vollbringen. Woher stammt sie?

In jeder Spieluhr befindet sich eine Walze, die mit Stiften besetzt ist. Beim Drehen der Walze schlagen die Stifte an Metallzungen von verschiedener Länge und erzeugen Luftschwingungen, die unser Ohr als Töne wahrnimmt.

Ein jeder Musiker wird mit Leichtigkeit in der Stellung der Stifte auf der Walze die Partitur der Melodie wiedererkennen, die von der Spieluhr gespielt wird.

Denken wir uns für den Augenblick den menschlichen Verfertiger der Spieluhr fort und nehmen wir an, sie sei ein Naturerzeugnis, so werden wir sagen können, wir haben es hier mit einer körperlichen dreidimensional ausgebildeten Partitur zu tun, die offenbar aus der Melodie selbst herauskristallisiert ist, weil die Melodie den *Bedeutungskeim* der Spieluhr darstellt, dem alle ihre Teile entstammen, vorausgesetzt, daß genügendes und fügsames Material vorhanden ist.

Jakob von Uexküll (1864—1944), wurde in Estland geboren und verbrachte seine letzten Jahre auf Capri. Als Privatgelehrter schuf er statt der früheren Tierpsychologie eine objektive, dem Experiment zugängliche Umweltlehre mit den Begriffen: Funktionskreis, Plan, Umwelt, Gegenwelt, Merkmal, Wirkmal, Gegengefüge etc. Seit 1926 leitete er als Honorarprofessor das neugegründete Institut für Umweltforschung an der Unversität Hamburg.

Hauptwerke: „Umwelt und Innenwelt der Tiere", „Bausteine zu einer biologischen Weltanschauung", „Theoretische Biologie".

VIII. Bauplan

GAJUS, JULIUS CÄSAR:

Der Hercynische Wald und seine Tierwelt

Aus „Der Gallische Krieg", sechstes Buch

Man weiß auch, daß in dem Walde viele Arten von Tieren leben, die anderswo nicht zu sehen sind. Die sich am meisten von den anderen unterscheiden und erwähnt zu werden verdienen, sind folgende:
Es gibt da ein Rind von der Gestalt eines Hirsches. Auf seiner Stirn, in der Mitte zwischen den Ohren, erhebt sich nur ein Horn, das höher und weniger gekrümmt ist als die uns bekannten Hörner. Von seiner Spitze breiten sich schaufelförmige Verästelungen weithin aus. Die weiblichen und männlichen Tiere haben gleiche Gestalt und Hörner von gleicher Form und Größe*).
Weiter gibt es da die sogenannten Elche. Sie haben die Gestalt einer Ziege und ein buntes Fell, sind jedoch etwas größer und haben ein abgestumpftes Geweih und Beine ohne Gelenkknoten. Deshalb legen sie sich auch nicht hin, wenn sie ruhen wollen, und können nicht wiederaufstehen, oder auch nur sich aufrichten, wenn sie durch irgendeinen Zufall hinfallen. Ihnen dienen die Bäume als Ruhestätten; an sie lehnen sie sich an und pflegen so, nur ein wenig zurückgelehnt, der Ruhe. Wenn ihre Fährten den Jägern ihren gewohnten Schlupfwinkel verraten, so unterwühlen diese alle Bäume dort an den Wurzeln oder schneiden sie unten an, aber nur so weit, daß es ganz so aussieht, als ständen sie noch fest. Lehnen sich dann die Tiere ihrer Gewohnheit gemäß an die gelockerten Bäume an, so reißen sie sie durch ihre Schwere um und fallen selbst dabei hin.
Die dritte Gattung sind die sogenannten Ure. Etwas kleiner als Elefanten, gleichen sie an Aussehen, Farbe und Gestalt den Stieren. Sie sind sehr stark und behende und schonen weder Menschen noch Tiere, die ihnen zu Gesicht kommen. Die Germanen töten diese Tiere, nachdem sie sie mit großem Eifer in Gruben gefangen haben, eine mühsame Jagd, die die jungen Leute abhärtet und übt. Wer die meisten Ure erlegt und zum Beweis ihre Hörner der Gemeinde vorzeigt, erntet hohes Lob. Eine Gewöhnung an Menschen und eine Zähmung ist bei diesen Tieren unmöglich, auch wenn man sie ganz jung einfängt. Ihre Hörner sind nach Größe, Gestalt und Aussehen ganz anders als die unserer Ochsen. Die Germanen sammeln sie eifrig, fassen sie am Rand mit Silber ein und benutzen sie bei prunkvollen Gastmählern als Trinkgefäße.

Gajus, Julius Cäsar (100 v. Chr. — 44 v. Chr.). Römischer Kaiser und Feldherr. Erfolgreiche Feldzüge nach Gallien, über den Rhein und nach Britannien. In seinem berühmten Werk über seine Kämpfe in Gallien („De bello Gallico") beschreibt er nicht nur die Schlachten, sondern auch Land und Leute. Seine Angaben über die Tierwelt stammen aus den Erzählungen der Einwohner, aber wohl nicht aus eigenen Beobachtungen.

---

*) Wahrscheinlich handelt es sich hier um das Ren.

CONRADT GESSNER:

Von dem Kuckuck

(Aus dem „Vogelbuch", Deutsche Ausgabe, Zürich 1582)

Dieser Vogel, so Gucker, Guggauch und Kuckuck genannt wird (Abb. 11), hat keine krummen Klauen, sondern er ist mit denselbigen, auch mit dem Kopf und Schlund den Tauben ähnlicher als dem Habicht, aber in der Farbe ist er letzterem nicht unähnlich. Sein Flug und seine Größe gleichen den kleinsten Habichten, wie *Aristoteles* und *Plinius* schreiben. *D. Geßner* sagt, daß er einmal einen jungen Kuckuck gesehen hat, der am Bauch dem Sperber nicht unähnlich war. *Albertus* meint, daß es zwei Arten von Kuckucken gibt, eine große und eine kleine. Die große Art ist aus dem Habicht und der Taube zusammengesetzt: Schnabel und Füße ähneln der Hohltaube, der übrige Leib gleicht dem Habicht. Auch im Flug gleicht er beiden Vögeln und ebenso im Verhalten: Von der Taube, daß er anderen Vögeln keinen Schaden zufügt, vom Habicht, daß er kleinen Vögeln aufsäßig ist. Der kleine Kuckuck wird aber aus der Taube und dem Sperber zusammengesetzt. Dieser hat den Schnabel und die Füße von der Taube. Der übrige Leib aber und der Flug sind dem Sperber ähnlich. Aber *D. Geßner* meint, daß man den größeren Kuckuck gar nicht findet, sondern allein den kleineren; deshalb gäbe es nicht zwei, sondern nur einen Kuckuck.

Abb. 11: Kuckuck

Von der Natur und Anmut dieses Vogels

Der Kuckuck legt wohl Eier, aber nicht in sein Nest, sondern in die Nester anderer kleinerer Vögel, aus denen er die Eier, die er darin findet, frißt. Aber bei den Hohltauben zerbricht er die Eier, die er im Nest findet und legt seine Eier hinein. Er legt auch seine Eier in die Nester der Spatzen, der Grasmücken, der Lerche und des Grünlings, denn er weiß, daß seine Eier diesen am ähnlichsten sind. Findet er aber diese Nester leer, so kommt er nicht mehr hin, sondern sucht andere, in denen Eier liegen und mischt seine darunter. Wenn er aber in einem Nest viele Eier findet, so verdirbt er etliche und legt dafür seine hinein, (ebenso viele, damit der Vogel, wenn er zu viele darin findet, diese nicht hinauswerfe) sodaß dann seine von dem Vogel nicht erkannt werden. Die Vögel lassen dann die fremden Eier ausschlüpfen und wenn dann die jungen Kuckucke erwachsen sind und fliegen können und sich selbst als unrechte Zucht erkennend, suchen sie wieder ihren Vater. Denn, wenn ihnen Federn gewachsen sind, werden sie vom Vogel als Fremdling erkannt und übel von ihm geschlagen. Aber der Kuckuck, weil er kalter Natur ist, weiß wohl, daß er weder seine Eier ausbrüten, noch diese schlüpfen lassen mag, und legt deshalb nur wenig Eier. Allerdings ist er kein Vogel, der nur ein Ei legt, sondern meistens zwei oder drei. Etliche sagen, daß der Vogel, dem die Kuckuckseier unterlegt wurden, sodaß dann fremde Junge aufwachsen, seine eigene Zucht zum Nest hinauswerfe. Andere sagen, daß dieselbigen von der eigenen Mutter getötet und dem jungen Kuckuck zur Speise gegeben würden, denn sie würde sie wegen der schöneren Gestalt des jungen Kuckucks hassen. Obwohl viele sagen, daß sie es gesehen haben, sind sie sich doch über die Art des Tötens nicht einig; denn andere meinen, daß der Kuckuck selbst wiederum zu dem Nest fliegt, in das er seine Eier gelegt hat, und die übrigen Jungen daraus fräße. Wieder andere meinen, daß der junge Kuckuck alles Futter (weil er der Größte ist) auffräße und die übrigen Hungers sterben müßten. Ferner sagen einige, daß er, weil er der Stärkste ist, die anderen, damit sie ihm am Futter keinen Abbruch tun, umbringe. Aber, wie dem auch sei, der Kuckuck erhält doch sein Geschlecht wunderbar. Denn, weil er seine Faulheit kennt, und seine Jungen nicht aufziehen will, macht er lieber seine Kinder zu Bastarden, damit sie davon kommen. Da er sehr furchtsam ist, wird er von anderen kleinen Vögeln gejagt und gerupft, wie *Albertus* und *Aristoteles* lehren. *Plinius* aber meint, daß dies die Ursache sei, daß er seine Jungen von anderen Vögeln aufziehen läßt, weil er weiß, daß er allen Vögeln verhaßt ist. Sein Geschlecht würde nicht erhalten bleiben, wenn er nicht diesen Beschiß brauchen würde.

Aristoteles meint, der Kuckuck entstehe aus einem Habicht, der seine Figur und Gestalt verändert habe, denn man sieht ihn in der Zeit, in der kein Habicht gesehen wird, nämlich Anfang März. Im Sommer fliegt er mutig daher, in der Winterszeit liegt er faul da und sieht dem Berghuhn ähnlich, oder er verbirgt sich in hohlen Bäumen oder Steinen. Die Deutschen nennen einen räudigen Menschen: So räudig wie ein Kuckuck, weil dieser, wenn er im Winter, wenn er seine Federn wechselt, räudig aussieht. Man glaubt auch allgemein, daß dieser Vogel einen Schleim ausspeit, wovon ein Kraut seinen Namen bekommen hat. Allerdings meint *D. Geßner*, daß dies nicht die Wahrheit sei. Schier alle Vögel kämpfen mit dem Kuckuck und hintergehen ihn heimlich, außer zu der Zeit, da sie Eier legen. Ein Wunder wird von diesem Vogel erzählt: wenn nämlich einer an dem Ort, an

177

dem er den Kuckuck zum ersten Mal hört, seinen rechten Fuß umzeichnet und dort die Erde ausgräbt, wachsen keine Flöhe, wohin er die ausgegrabene Erde streut, wie *Plinius* schreibt. Wenn dieser Vogel zu einer Stadt, oder gar hinein kommt, verkündigt er einen Regen oder Ungewitter. Etliche befürchten eine Teuerung, wenn dieser Vogel gegen die Häuser zu fliegt, doch tut er das allein wegen der Kälte. Man hört die Kuckucke bei uns fast bis zum Johannistag im Sommer. Wenn man sie aber danach weiter hört, erwartet man im gleichen Jahr einen sauren Züricher Wein.

Was von diesem Vogel äußerlich und innerlich als Arznei dem Menschen nutzt

Der junge Kuckuck ist, weil er von einer fremden Mutter im Nest aufgezogen wird, durchaus feist und wohlschmeckend, wie *Aristoteles* schreibt. Einem eben flügge gewordenen Kuckuck ist kein Fleisch ebenbürtig, wie *Plinius* lehrt. Wenn er aber dann seine Nahrung selber sucht, ändert er seinen Geschmack, wie *Pero-*

Abb. 12 Strauß (Man beachte die falsche Darstellung der Federn)

thes zeigt. Heutzutage wird er, wie ich meine, als Speise nicht genommen, denn weil er, wie geglaubt wird, speit, wird er für einen unreinen Vogel gehalten. Weil Kaath (wie etliche lehren) auf Hebräisch Kuckuck heißt, ist er auch im Gesetz Moses verboten gewesen.

Wird ein Kuckuck in einen Hasenbalg eingenäht und aufgehängt, bedingt er einen guten Schlaf. Sein Kot in Wein gekocht und getrunken, dient dem Wütenden Hundebiß, sagt *Plinius*.

Von den Straussen (Strutocamelus)

Den griechischen Namen dieses Vogels haben auch die Latiner behalten, vielleicht darum, daß er von der Länge seines Halses und seiner Beine den Camelen ähnlich ist.... Er hat auch nit Federn, so zum Flug geeignet sind, und die Klauen sind des Hirschen ähnlich oder dem Widder (Abb. 12)....

Gründliche Beschreibung der Wasserpferde

(Aus dem „Fischbuch", Deutsche Ausgabe, Zürich 1575)

In dem Fluß Gambo der neugefundenen Welt sollen Fische wohnen, gleich einem Meerkalb, ausgenommen das Haupt, das einem Roßkopf gleicht. Sie haben die Größe einer Kuh, nur mit kürzeren oder niedrigeren Beinen, mit gespaltenen Klauen. In seinem Maul hat er auf jeder Seite einen langen, hervorstehenden Zahn, über zwei Spannen lang, wie ein Eber. Solches schreibt *Aloysius Cadamustus* in der Beschreibung seiner Fahrt oder Schiffsreise, die er in etliche fremde, unbekannte Länder unternommen hat.

Aus einer anderen Beschreibung einer Seefahrt eines Hamburgers, die im Jahr 1549 stattfand:

Eine Insel (spricht er) liegt in der neu entdeckten Welt, Meersenbick genannt, dem König von Portugal untertan, nicht weit von Arabien gelegen. Daselbst am

Von der Wallschlangen.

Abb. 13: Wallschlange

Gestade des Meeres werden Fische gesehen, die Pferdegestalt haben, mit kurzen Beinen, gefleckt und mit ganz kurzem Haar. Sie wohnen daselbst am Ufer, wo Büsche sind, und stellen den Menschen nach, welche sie fressen.

Von den Wasserschlangen, so auf der Erde und im Wasser sind
(Aus dem „Fischbuch", Deutsche Ausgabe, Zürich 1575)

Hydrus vel cerpeus torquatus — Hecknatter / Ringelnatter
Dies Geschlecht der Nattern wird bei uns sowohl auf der Erde und im Wasser gefunden. Sie sind meistens äschenfarben, kommen zu einer mächtigen Länge, werden aber nicht so dick wie die schwarzen Nattern oder Schlangen. — Sie ist ein schädliches, böses Tier, auch gegenüber allen anderen Tieren. Sie ist begierig auf Milch und kommt deshalb zu bestimmten Zeiten den Kühen an ihre Euter und saugen diese so aus, daß das Blut folgt.

Von der Wallschlangen
Bei Norwegen in stillem Meer erscheynend Meerschlange 300 Schuch lang, seer verhaßt den Schiffleuten, also daß sie zu zeyten ein Menschen auß dem Schiff hinnemmend, und das Schiff zu grund richtend: erhebend solche Krümb über

Von einer anderen grausamen Wasserschlangen.
Hydra monstrosa. Sibenköpffige Schlang.

Abb. 14: Siebenköpfige Schlang

dem Wasser, daß auch zu Zeiten ein Schiff darunter hinfahren mag. Solche Gestalt hat der große Olaus in seinen Tafeln gesetzt (Abb. 13).

Von einer anderen grausamen Wasserschlange
Hydra monstrosa — Siebenköpfige Schlange
Diese scheußliche Wasserschlange (Abb. 14), die sieben Köpfe hat, soll aus der Türkei nach Venedig gebracht und dort 1530 öffentlich gezeigt worden sein. Danach soll sie dem König von Frankreich zugeschickt und auf sechstausend Dukaten geschätzt worden sein. Aber es dünkt die Verständigen der Natur, daß es ein erdichteter und kein natürlicher Körper ist.

Konrad von Geßner (1516—1565), Schweizer Naturforscher und Gelehrter. Er war zuerst Professor für Griechische Geschichte in Lausanne, später Professor für Physik und Naturgeschichte in Zürich. In seiner „Naturgeschichte der Tiere" (4 Bände 1551—1558) beschreibt er alle Tiere, die damals bekannt waren. Das große, lateinisch geschriebene Werk, das mit hervorragenden Holzschnitten illustriert ist, wurde bald nach *Geßners* Tod von *D. Cunradt Forer* ins Deutsche übersetzt und 1575—1585 in Zürich gedruckt. Die *Geßner* gut bekannten europäischen Tiere sind ausgezeichnet und naturgetreu abgebildet (Abb. 11). Außereuropäische und Meerestiere sind, je nach Richtigkeit der *Geßner* zugänglichen Präparate und Berichte, teils richtig, teils falsch dargestellt (siehe Abb. 12). Dazu kommen noch völlig phantastische Geschöpfe, an deren Existenz aber auch *Geßner* nicht immer glaubte (Abb. 13 und 14). Den Ehrentitel „Vater der Bibliographie" erhielt er für seine „Universalbibliothek" (4 Bde. 1545—1555) in der alle damals bekannten Bücher in lateinischer, griechischer und hebräischer Sprache zusammengestellt sind.

ADAM LONICERUS (LONITZER):

Aus „Kreuterbuch", 1557

Meyenblumen — *Cavalia* — *Lilium convalium*

Meyenblumen ist ein Kraut von zwei Blättlein, hat in der Mitte ein subtil Stenglein, daran kleine, weiße Blümlein, wie Cymbeln formiert (Abb. 15). Rings herum schartig, in jedem ein purpurfarbiges Flecklein; eines guten, edlen Geruchs, seine Wurzel ist weiß in der Erde geflochten. Wächst gern an feuchten Stätten, auf den Bergen, und in den Wäldern, werden im Moyen gcochen. Aus den Blumlein werden im Heumonat rote Körnlein, wie Korallen.

Kraft und Wirkung
Meyenblumen sind kalt und feucht. Die Blümlein sind kräftiger als das Kraut. Diese Blumen beize vier Wochen in Wein, danach seie den Wein ab, destilliere ihn fünfmal. Dieser Wein, also destilliert, ist besser als Gold. Wer diesen Wein

Abb. 15: Meyenblumen — Lilium convalium

mit sechs Pfefferkörnern und ein wenig Lavendelwasser einnimmt, der darf sich in dem gleichen Monat nicht vor dem Schlag sorgen. Ein Löffel dieses Weins alle Morgen getrunken, ist gut für Darmgicht. Also genützt, ist er auch denjenigen, die hinten am Hirn ein Geschwür haben, sehr bequem. Dieser Wein macht gar gute Vernunft, hinten ans Haupt gestrichen und vorn an die Stirn.

Meyenblumenwasser

Die Zeit seiner Destillierung sind allein die Blümlein mitten im Mayen gebrannt. Ist ein außerordentliches Mittel für die Augen; äußerlich darauf geschlagen, kühlt es alle Hitze. Für das Haupt, um das Gedächtnis zu stärken und wieder zu bringen, sehr bequem. Meyenblumenwasser, 6 Loth getrunken ist gut für den, der Gift gegessen hat und gleichfalls auch für einen, den ein tobender Hund gebissen hat. Es treibt die Geburt, stärkt das Hirn, Herz und Sinne und nimmt die Fallsucht, wenn es 40 Tage getrunken wird. Ist gut für Ohnmacht und Sprachstörungen. Bringt den Frauen ihre verlegene oder verlorne Milch wieder. Vertreibt auch die Harnwinde, ist gut fürs Stechen im Herz und für die entzündete Leber. Hilft auch den Frauen, die ihre Krankheit hart haben, so daß dieselbige sanft ankommt. — Das Wasser ist gut, wenn einen eine Spinne verletzt; ein Tüchlein darin genetzt und darüber gelegt. Das Wasser macht klare Augen, hinein getropft, und kühlt den Rotlauf, wenn es darüber gelegt wird. — Wem die Glieder oder das Haupt zittern, der wasche sich vorher schön sauber und trockne sich wieder; danach streicht er dieses Wasser darauf: es hilft!

Wegerich — *Plantago*

Vom gemeinen Wegerich gibt es drei Geschlechter: erstlich den Roten Wegerich, *Plantago rubea* (Abb. 16) genannt und *Arnoglossum rubeum*. Er wächst mit groben, breiten, rotbraunen Blättern, wie der Mangold, hat eckigen, braunen Stengel, um welchen er seinen Samen in einer Ähre hat; blüht braungelb. Die Wurzel ist weiß, haarig, fingerdick.

Das andere Geschlecht ist der Breite Wegerich — *Plantago major* — (Abb. 17) wird auch Großwegerich genannt und *Septinerva*, weil jedes Blatt sieben Adern hat. Er ist dem roten Wegerich nicht ungleich, nur daß die Blätter rund und jedes sieben Adern hat; blühet weiß und bringt auch seine Samen wie der Rote

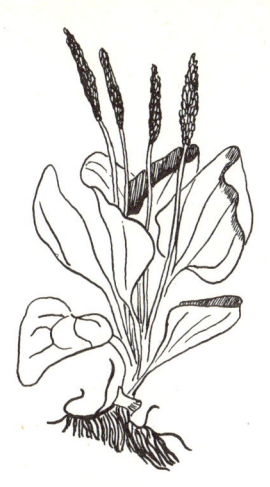

Abb. 16: Roter Wegerich — Plantago rubea

Wegerich, dem Basilium gleich. Wächst auf den Wegen und Wiesen. Der dritte ist der Spitze Wegerich, von dem im folgenden Kapitel geschrieben wird. — Der Große Wegerich wächst gemeiniglich an feuchten Orten, bei den Wassern und Teichen, in Höfen, an Zäunen und Straßen, eben so der Kleine Wegerich.

Kraft und Wirkung
Wegerich ist mittelmäßig kalter und trockener Natur. Der Rote Wegerich wird besonders gegen die Rote Ruhr gebraucht.

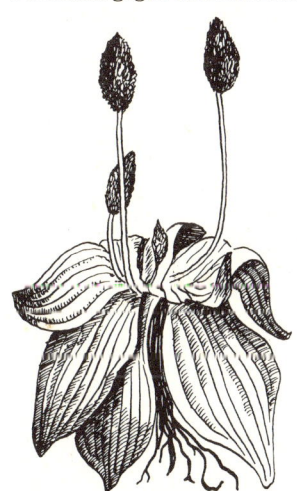

Abb. 17: Breiter Wegerich — Plantago major

Wegerichsaft mit einem Clystier eingelassen / benimmt das Kalt oder Fieber / so lange Zeit gewähret hat.

Mit diesem Saft die Augen bestrichen / vertreibt selbigen Hitze und Geschwulst. Damit die Zähn gewaschen / nimmt es derselbigen Schmerzen und Geschwulst hinweg. Der Safft ist gut den Frauen / denen man ihre Blum nicht stillen kann / mit einem Tuch auf die Scham gelegt / sobaldt es getrucknet ist / soll mans wieder netzen.

Der Saame gestoßen und mit Wein getrunken / ist allen Dingen gut / darzu der Saft gerühmt wird. Der Safft lang im Mund gehalten / heilet desselbigen Fäulnis / und die Wunden auf der Zungen. Der Safft in die Fisteln gelassen / heilet sie gleichfalls.

Der Safft in die Ohren gelassen, heilet und trocknet die Geschwüre.

Er löscht das wilde Feuer / mit Hauswurz vermengt. Dieser Safft ist auch gut denen / so Blut harnen / mit Essig genützt. Wie gleichfalls für das Abnehmen. Die Blätter mit Honig gestossen / und gesotten / als Pflaster auf die nassen Wunden gelegt / trocknet sie. Die größeren Wegerichblätter mit Essig und Salz gesotten / als ein warmes Muß / solches gessen / stopfet den Bauch oder Ruhr.

Und dasselbige noch mehr / so Linsen gesotten werden. Wem im Hals weh ist / der nehme Wegerich / stoß das Kraut / drücke den Safft daraus / trinke denselbigen und bestreiche Hals damit. Solches macht auch weit um die Brust und hilft.

Es sei dreierlei Bauchfluß: Einer heißt *Dysenteria,* der geht mit Blut, der andere heißt *Diarrhoea,* und ist ohne Blut. Der dritte ist genannt *Lienteria,* und ist ein Fluß, in welchem die Kost hinweg geht / gleich wie sie gegessen wurde.

Für den ersten und letzten ist Wegerich gar gut / mit Wein gesotten und den getrunken. Wegerich stillt das Blut in Wunden / gestoßen und mit Eierklar darauf gelegt. Heilet auch die Hundsbiß / vertreibt alle Geschwulst / gestossen und darauf gelegt. Heilet den Brand, gestossen und darauf gelegt.

Der Safft ist gut fürs viertägige Fieber / zwo Stund zuvor genutzt / ehe das Fieber kommt. Was für Geschwüre sein, die um sich fressen / als der Wolff und veraltete Schäden / die reinigt der Wegerich und heilet sie.

Der Safft in die Augen getropft reinigt und kühlet sie. In die Ohren getan, bringet er das verlorene Gehör wiederum. Die Wurtzel unter die Zähn gelegt / roh und gekocht gegessen / benimmt das Zahnweh.

Dieser Wurtzel drei mit drei Becher Weins und Wasser getrunken / ist gut fürs dreitägige Fieber. Wegerich und Aronpulver in die Feigblattern gethan / heilet sie.

Dieses Kraut mit allem was es an ihm hat / öffnet Leber, Milz, Nieren und kühlet sie. Welchen ein rasender Hund gebissen, der lege dies Kraut in die Wunden / es heilet sie. Ist auch gut für Schlangen und giftiger Thiere Biß, übergelegt. Wegerich mit Honig gesotten und auf der Weiber Brüst gelegt / so hilft. So sie schweren heilet es dieselbigen. Hat sich jemand übergangen / daß ihm die Füß / davon geschwollen / der lege das Kraut auf die Sohlen der Füß / es verzeucht die Geschwulsten. Wegerichblätter mit Salz gestossen / übern Schmertzen deß Podagra gelegt / hindert den Wehethum. Der Saft von den Blättern den keuchenden Menschen / und denen so Fallsucht haben gegeben / ist ihnen fast bequem.

Von den Thieren

Einhorn / *Monoceros, Unicornu.*

Das Einhorn wird auf Griechisch μονοκεμως, Latinè *Unicornu, Gall. Licorne,* Ital. *Licorne,* und *Hisp. Unicornie* genannt.

Hat den Nahmen von dem einsamen eintzigen Horn / so an seiner Stirn wächst (Abb. 18). Ist ein eindd wild Thier / in den wüsten Wäldern in India / mit der Gestalt deß Leibs einem Pferd gleich / amKopff gestalt wie ein Hirtz / an dem Halß hat es sein lange gelbe Haar / wie ein Roßkam / Fuß wie ein Elephant / sein Schwanz wie an einem wilden Schwein / mitten auf der Stirn wächst ihm ein starck Horn / gantz spitzig / zwo Ello lang / hat eine brüllende Stimm / die Haar seines Leibs seynt gelb.

Abb. 18: Einhorn — Monoceros — Unicornu

Dieses Thier wird nicht lebendig gefangen / sondern wenn es mit dem Louen streitet / als deme es sonderlich feind ist / so stellet der Lou sich wieder einen Baum / alsdenn laufft das Einhorn mit vollem Lauff zum Louen zu / und vermeinet ihn mit dem Horn umzubringen / so weicht ihm der Loue / und bleibt das Einhorn mit seinem Horn in dem Baum stecken / und wird also von den Louen umgebracht.

Adam Lonicerus (Lonitzer) 1528—1586. Geboren in Marburg; wurde dort 1553 Professor für Mathematik, dann Stadtphysikus von Frankfurt. Er veröffentlichte mehrere naturwissenschaftlich-medizinische Bücher, von denen sein 1557 erschienenes „Kreuterbuch" weite Verbreitung fand und noch 1783, wohl wegen der zahlreichen medizinischen Ratschläge und der guten Abbildungen neu gedruckt wurde. Im „Kreuterbuch" beschrieb er auch die wichtigsten Tiere und Mineralien. *Linné* verewigte seinen Namen in der Gattung *Lonicera.*

JOHANN, JAKOB SCHEUCHZER:
Homo Diluvii Testis

Beingerüst eines in der Sündflut ertrunkenen Menschen (Abb. 19)

Wir haben / nebst dem ohnfehlbaren Zeugnis des Göttlichen Wortes so viel andere Zeugen jener allgemeinen und erschrecklichen Wasserflut, als viel Stätte, Dörffer, Thäler, Stein-Brüche, Leum-Gruben sind: Pflanzen, Fische, vierfüssige Thiere, Ungeziefer, Muscheln, Schnecken, ohne Zahl / von Menschen aber, so damahls zu Grund gegangen / hat man biß dahin sehr wenig Überbleibseln gefunden. Sie schwammen tod auf der oberen Wasser-Fläch und verfaulten und läßt sich von denen hin und wider befindlichen Gebeinen nicht allezeit schließen, das sie von Menschen seyen. Dieses Bildniß, welches ich in sauberem Holzschnitt

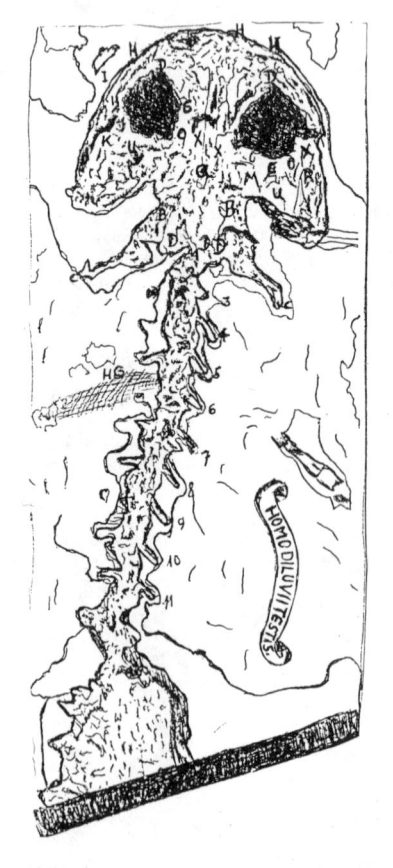

Abb. 19: Beingerüst eines in der Sündflut ertrunkenen Menschen

der gelehrten und curiosen Welt zum Nachdenken vorlege / ist eines von sichersten ja ohnfehlbaren Überbleibseln der Sünd-Flut, da finden sich nicht einige Lincament, auß welchen die reiche und fruchtbare Einbildung etwas / so dem Menschen gleichet / formieren kan / sondern eine gründliche Übereinkunft mit den Theilen eines Menschlichen Bein-Gerüsts / ein vollkommenes Ebenmaß ja selbst die in Stein (der auß dem Oeringischen Stein-Bruch) eingesenckte Bein, selbst auch weichere Theil sind in Natura übrig und von übrigem Stein leicht zu unterscheiden. Dieser Mensch, dessen Grabmal alle andere Römische, Griechische, auch Egyptische oder andere orientalische Monument an Alter und Gewißheit übertrifft, präsentiert sich von vornen. ABC ist der Umfang des Stirnbeins mit dessen beiden Tafeln (alles in natürlicher Grösse) B die Mitte der Stirn. A das rechte Jochbein. C das lincke. DGEH. Die Augenleiser. KL die Dicke des Stirn-Beins, mit dessen beyden Tafeln, der äusseren und inneren, M das Loch der unteren Augenleise / welches die Senn-Ader des fünfften Nerven hindurchläßt. N sind die Reliquien vom dem Gehirn / oder des harten Hirn-Häutleins. O die Gebeine, welche die Augenleisten formieren. P die siebförmigen und schwammichten Bein. PQ die Pflugschar, so durch die Mitten der Nasen hinunter geht. U ein zimliches Stuck vom vierten Backen-Bein. W scheint seyn ein Stuck des Stirn-Muskuls. X ein Uberbleibselen der Nasen. Y ein Stuck vom käuenden Muskul. BC ein Durchschnitt von dem unteren Kiefel wie der von dem dikeren Fortsatz geht zu dem unteren Ek oder Winkel. D Stuker von dem unteren Kienbaken gegen den Kien. 1, 2, 3, dan bis 16 sind 16 Rukgrat Wirbel, nämlich 6 vom Hals und 10 vom Ruken / da gemeindlich die Nebenfortsätze bloß ligen. BD ein Stuk vom Radenformigen Fortsatz des Schulter-Blatts. GH ein Stuk vom ersten Ripp, welches äußerst mit Stein überzogen / HG Überbleibselen von der Leber. Auß der gantzen Grösse läßt sich schließen / im Anhalt der übrigen Theilen / daß die Höhe dieses Menschen steigt auf 58 Pariser Zoll / welche entsprechend 5 Züricher Schuhe, 95 Decimal Zoll.

Johann, Jakob Scheuchzer
Med. D. Math. P.
Im Jahr nach der Sünd-Flut
MMMMXXXII
(Auffallend diese genaue Datierung
der Sündflut)

Johann, Jakob Scheuchzer (1672—1733), Schweizer Naturforscher, Stadtarzt und Professor der Mathematik in Zürich. Er beschrieb zahlreiche Fossilien und wurde vor allem durch die oben stehende Abhandlung über einen Riesensalamander aus dem Steinbruch von Oeringen bekannt, dessen gut erhaltenes Skelett er für „das betrübliche Beingerust eines alten Sünders, so in der Sündflut ertrunken" hielt. Er begründete die Erforschung des Schweizer Hochgebirges. Hauptwerk: Naturhistorie des Schweizer Landes (2 Teile, Zürich 1716—18).

JOHANN, BARTHOLOMÄUS, ADAM BERINGER:

Aus „Lithographiae Wirceburgensis" (1726)

Vorbemerkung des Herausgebers

Die Paläontologie ist eine sehr junge Wissenschaft. Noch vor 250 Jahren hatte man für die schon seit dem Altertum bekannten Fossilien die phantastischsten Erklärungen. Man betrachtete sie als „Spiele der Natur", spontan entstanden aus faulendem Schlamm, oder aus Erde und heißem Wasser. Andere glaubten an eine geheimnisvolle „Vis plastica" eine schöpferische plastische Kraft in der Erde. Der Wahrheit etwas näher kamen diejenigen, die in ihnen Reste von Lebewesen sahen, die in der Sintflut umgekommen waren (siehe auch Seite 186). — Nur so ist es verständlich, daß einer der gelehrtesten Männer seiner Zeit, der begeistert Versteinerungen sammelte, auf eine ganz plumpe Fälschung hereinfiel und seine mehr als 2000 Funde, die er in der Nähe Würzburgs bei Ausgrabungen an einem Berg bei Eibelstadt machte, für echt hielt. Er veröffentlichte sie in seinem dem Fürstbischof gewidmeten Werk „Lithographiae Wirceburgensis", in dem er einen großen Teil seiner Funde, sauber in Kupfer gestochen, abbildete (Abb. 20) und alle damals bekannten Theorien über die Entstehung von Fossilien eingehend diskutierte. So wurden die „Würzburger Lügensteine", wie sie später genannt wurden, zu einer der berühmtesten Fälschungen in der Wissenschaft. Bis heute ist nicht einwandfrei geklärt, wer diese Fälschungen veranlaßt hatte. Man dachte an einen Studentenulk, oder an neidische Kollegen, die den berühmten Professor blamieren wollten. Es wird auch berichtet, daß ein Geliebter der jungen Frau Beringers den eifrigen Fossilienforscher durch seine Grabtätigkeit in dem über 10 km entfernten Eibelstadt genügend lange von Würzburg fortlocken wollte, um ungestörte Schäferstündchen zu genießen. Berücksichtigt man die sehr große Zahl der Fälschungen, erscheint diese Version gar nicht so unglaubwürdig.

Die „Würzburger Lügensteine" wurden bald hochgeschätzte Raritäten in den Naturaliencabinetten der Universitäten. So besitzt heute noch das Geologisch-Paläontologische Institut der Universität Würzburg über 200, das Mainfränkische Museum in Würzburg 57, das Naturwissenschaftliche Museum in Bamberg 52, das Geologische Institut in Erlangen 17, das Paläontologische Institut in München 2, das Teyler-Museum in Harlem (Holland) 6 und einige das Britische Museum in London. — Auch der Dichter *Mörike* wollte, wie eine Leserzuschrift im Kosmos, Jahrg. 1962, S. 91, berichtet, einige Steine besitzen. Eine ihm gut bekannte Dame besorgte sie ihm von einem Würzburger Curator einer Sammlung und zahlte „widerstrebend drei Küsse dafür". *Mörike* bedankte sich 1862 mit der folgenden netten „Quittung":

Quittung
Unterzeichneter bezeugt hiermit pflichtlich,
Aus Herrn Behringers Cabinet ganz richtig
Drei Stück Petrefakta: den Tausendfuß,
Den Palaeoniscus dubius,
Wie auch ein gar selten Objekt,
Deß Art und Natur noch nicht entdeckt
(Etwan Kropf und Bürzel von Noäh Raben),

Abb. 20: Eine Auswahl der „Würzburger Lügensteine"

Durch Fräulein Bauer mit Ach
Und Krach
Vom Herrn Curator erhalten zu haben,
Wofür von gedachtem schönen Kind
Drei Küsse bezahlt worden sind,
Die ich mit Zinsen verbindlich
Mündlich
Ohn' alle Gefährde
Wiedererstatten werde.

Literatur

Josef Weiss: Die „Würzburger Lügensteine" — Abhandlungen des Naturwissenschaftlichen Vereins Würzburg, Würzburg 1963

Aus Beringers Vorwort (Übersetzung *Dr. Falkenhan):*
„Gelehrte Erforscher der unbelebten und seelenlosen Objekte der Natur kann man in zwei Gruppen einteilen. Die einen, überdrüssig der sichtbaren, minderwertigen Welt, erheben verzückt ihre Augen und Gedanken zum Himmel, allein durchdrungen von der Absicht, die Bewegungen und die Natur der Sterne und anderer himmlischer Körper zu ergründen. Die anderen gehören zu jenen, deren Blicke auf die nahe Erde gerichtet sind, um durch emsiges Forschen bewunderswerte Dinge zu finden, die im Schoß der Erde oder im Meer verborgen sind, wobei sie trotz aller Mühe kein geringeres Vergnügen dabei empfinden, als die Astronomen beim Betrachten der Planeten und Fixsterne.

Auf hohen Bergspitzen, in Felsenhöhlen, in Gesteinsschichten, in den Rissen unebener Straßen, in den Tiefen der Bergwerke, in den Furchen der Felder finden sie, sogar in der Mitte von Deutschland, obwohl diese weit vom Meer entfernt liegt, als harte Steine zahlreiche Arten von Muscheln, Stücke von Korallen, Reste von Fischen und Meeresungeheuern, ja sogar von solchen Arten, die sonst nur in Asien oder Afrika vorkommen.

Es gibt kaum eine Provinz in Deutschland, gar nicht zu reden von anderen Ländern, die nicht durch die unermüdliche Arbeit der Fossilienliebhaber, durch die Entdeckungen wunderbarer Versteinerungen berühmt wurden. Nur in Franken, besonders in der Gegend von Würzburg, abgesehen von der außergewöhnlichen Fruchtbarkeit seiner Erde, scheint es bis zum heutigen Tag daran zu fehlen. In anderer Beziehung hingegen, hat die großmütige Natur, oder besser Gott, der Schöpfer der Natur, hier seine Reichtümer mit verschwenderischer Hand ausgestreut. An diesem Ort fließt der Wein in so großer Menge von den Hügeln, daß Bacchus, wenn der Main plötzlich austrocknen würde, sein Bett mit dem süßen, reichlich fließenden Nektar füllen könnte.

Es ist wahr, daß es hier in weinbedeckten Bergen und in Steinbrüchen eine so erstaunlich große Ansammlung von Ammoniten sowie versteinerte Muschelschalen aus dem Meer und aus Flüssen, gibt, daß ganze Wälle aus Stein, die dicht mit Versteinerungen durchsetzt sind, anstelle von Hecken die Weinberge umgeben. Da diese Versteinerungen aber so häufig in vielen Ländern vorkommen und über sie von anderen Wissenschaftlern genügend veröffentlicht worden ist, habe ich es nicht der Mühe wert gefunden, darüber weitere Forschungen anzustellen. Ich habe aber inzwischen, da ich in Franken keine seltenen und wertvollen Versteinerungen fand, meine Sammlung mit Arten gefüllt, die an fast

allen Küsten Europas gesammelt wurden, dank der Großzügigkeit von Freunden und Gönnern, die meine eigenen Anstrengungen und Ausgaben unterstützten. So sammelte ich begierig die Schätze anderer Länder und wartete geduldig auf die Zeit, in der mein Heimatland mir eigenen Reichtum liefern würde — und ich hatte eine bestimmte Vorahnung, daß dies früher oder später der Fall sein würde. Ich hatte mich nicht getäuscht, denn durch einen einmaligen Akt der göttlichen Vorsehung, für den ich auf meinen Knien danke, enthüllte ein Berg, den ich zwar schon früher, allerdings nicht sehr gründlich untersucht hatte, einen Schatz — zunächst nur spärlich auf der Oberfläche, aber dann beim weiteren Graben offenbarte sich ein Füllhorn, das alle jene Dinge enthielt, welche die Natur in den Bergwerken, Höhlen und Vertiefungen anderer Provinzen erzeugt hatte. Hier sind alle Reiche der Natur vertreten, besonders Tiere und Pflanzen, kleine Vögel mit ausgebreiteten oder angelegten Flügeln, Schmetterlinge, Käfer im Flug oder rastend, Bienen und Wespen (einige auf Blumen, andere in ihren Nestern), Hornissen, Fliegen, Schildkröten aus dem Meer und aus Flüssen, Fische aller Sorten, Würmer, Schlangen, Blutegel aus der See und aus Sümpfen, Läuse, Austern, Meereskrabben, Einsiedlerkrebse, Frösche, Kröten, Eidechsen, Skorpione, Spinnen, Grillen, Ameisen, Heuschrecken, Schnecken, schalentragende Fische, und zahllose seltene und exotische Formen von Insekten, augenscheinlich aus anderen Regionen. Hier gab es Tintenfische, Ammoniten, Seesterne, Spiralschnecken, Kammuscheln und andere, bisher unbekannte Arten. Da waren Blätter, Blumen, Pflanzen, ganze Kräuter, einige mit, andere ohne Wurzeln und Blüten. Hier gibt es klare Bildnisse der Sonne und des Mondes, von Sternen und Kometen mit ihrem feurigen Schweif. Und schließlich, als das größte Wunder, das die ehrfurchtsvolle Bewunderung meiner Kollegen und mir selbst hervorrief, fand ich großartige Tafeln, in die lateinische, arabische und hebräische Schriftzeichen geritzt waren, mit dem verehrungswürdigen Namen von Jehova. Diese herrlichen Ausstellungsstücke offenbaren den reichhaltigsten Schatz von Versteinerungen ganz Deutschlands, der so viele Jahre verborgen war und schließlich, dank meiner beharrlichen Anstrengungen und Nachforschungen durch eine gütige Vorsehung entdeckt, und mit nicht geringer Arbeit und erheblichen Kosten ausgegraben wurde.
Ich bezweifle, daß ein herzerfreuenderes Ereignis vor die Augen eines Naturforschers kommen kann! Denn alle diese Figuren sind nicht nur in Umrissen vorhanden, sondern sind richtige Reliefdarstellungen, so daß manche Gelehrte und bedeutenden Männer den Verdacht hatten, daß sich irgend ein Betrug hinter diesem außergewöhnlichen Wunder verbirgt — daß die Steine nachgemacht und im geheimen aus betrügerischer Habsucht hergestellt worden sind, wie dies sich häufig bei Münzen ereignet, die von Fälschern feilgeboten werden. — Um diese Befürchtungen zu zerstreuen, führte ich einige Kollegen auf einer schönen Wanderung zu dem Berg, so daß sie teilhatten an der fröhlichen und die Neugier erweckenden Arbeit, den Hügel zu erklimmen — keine schwierige Aufgabe in dieser weichen Erde — und wo sie diese wunderbaren Nachbildungen natürlicher Objekte mit ihren eigenen Händen ausgruben. Was für ein Glücksgefühl rief das hervor! Wie allgemein ihre Zustimmung und ihr Beifall war, überlasse ich der Phantasie des Lesers...."
(Wahrscheinlich waren diese beifallspendenden Kollegen die gleichen „Freunde", die dem armen Beringer den Streich gespielt hatten (der Herausgeber).

Im 13. Kapitel gibt Beringer die folgende Erklärung für die Entstehung seiner Figurensteine:
„Am gleichen Platz fanden wir kieselharte Felsbrocken, an denen lehmfarbige, durchscheinende, cristalline, „versteinerte" Flüssigkeit haftete, feste Tropfen, Kügelchen, kleine Säulchen und Ringe, ausgeschieden in Vertiefungen. Es ist hier der gleiche Vorgang wie jener, wenn die Tropfen des Winterschnees von den Dächern fallen und zu Eis erstarren, oder die Feuchtigkeit in der Höhle bei Homburg, nahe dem Main, zu Stein wird. Und als weiteres augenscheinliches Werk der Natur, enden diese gleichen Ausscheidungen manchmal in einer halbfertigen Kröte oder einer Eidechse, gleichsam als ob die Natur ihr begonnenes Werk nicht vollendet hat, sei es aus Überdruß oder wegen eines anderen Hindernisses. Und es ist möglich, daß das plastische Material unserer Figurensteine den gleichen Ursprung hat wie diese Phänomene.
Nun will ich aber aufhören. Ich habe hiermit meine Tafeln den Gelehrten vorgelegt, zur Prüfung, begierig ihre Meinung zu erfahren. Weniger wichtig ist meine eigene Ansicht in dieser völlig neuen und zu diskutierenden Frage. Ich wende mich an die Wissenschaftler und hoffe durch ihre weisen Antworten in dieser widerspruchsvollen Angelegenheit unterrichtet zu werden...."

Johann, Bartholomäus, Adam Beringer (1667—1740) war der Sohn eines Professors und studierte Medizin und Naturwissenschaften. 1696 wurde ihm die Verwaltung des botanischen Gartens in Würzburg übertragen und Anfang des 18. Jahrhunderts wurde er Leibarzt des Fürstbischofs. An der Universität, deren angesehendstes Mitglied er bald wurde, las er Medizin, Therapie, Botanik und Chemie. Sein besonderes Interesse galt aber den Fossilien und er legte eine umfangreiche Sammlung von Versteinerungen aus ganz Europa an. 1726 brachten ihm drei Eibelstädter Burschen die ersten, etwa handtellergroßen „Lügensteine" und Beringer grub dann im Laufe des nächsten halben Jahres etwa 2000 „Figurensteine" an dem Fundort aus, den ihm die Burschen zeigten. — Nach der Aufdeckung der Fälschung soll er sich verbittert zurückgezogen haben.

ERNST HAECKEL:

Arabische Korallen

Aus „Kunstformen der Natur" (1899—1904)

Auf dem geheimnisvollen Grunde des Meeres lebt und webt eine Tierwelt, die zum größten Teile unter den Bewohnern der süßen Gewässer und des Festlandes nicht ihres Gleichen hat. Ganze große Klassen von Tieren besitzen unter den letzteren nicht einen einzigen Vertreter, so z. B. die wundervollen Medusen und Ctenophoren; die rätselhaften Sterntiere, die Seesterne, Seeigel, Seelilien, Seegurken; manche Würmerklassen, wie die Sagitten, Gephyreen, Ascidien; ferner unter den Weichtieren die merkwürdigen Tascheln oder Brachiopoden, die seltsamen Kracken oder Cephalopoden, und noch manche Andere. Gerade unter diesen ausschließlich meerbewohnten Tierklassen finden sich aber Lebensformen von allerhöchstem Interesse; teils fesseln sie durch die Schönheit ihrer Gestalten und Farben unser entzücktes Auge; teils erregen sie durch die merkwürdigsten

Einrichtungen ihres Körperbaues und ihrer Lebensverhältnisse unsere lebhafteste Wißbegier; teils üben sie durch ihre verwickelten ursächlichen Beziehungen zueinander und zum großen Naturganzen einen bestimmten Einfluß auf unsere ganze philosophische Weltanschauung. Unter diesen hochinteressanten Seetieren gebührt ein hervorragender Rang der wunderbaren Klasse der Korallentiere.

Wenn im Handel und Wandel des täglichen Lebens von Korallen die Rede ist, so denkt man gewöhnlich dabei nur an den bekannten, einem roten Edelstein ähnlichen Schmuckgegenstand, der schon im Altertum einen hohen Wert besaß. Fragt man aber gelegentlich nach der eigentlichen Natur dieses wertvollen und beliebten Zierrates, so erhält man die sonderbarsten und widersprechendsten Antworten. Namentlich besitzen die Frauen, die sich vorzugsweise mit den roten Korallen zu schmücken lieben und die den Vergleich derselben mit ihren eigenen roten Lippen aus dem Munde der Dichter nicht ungern hören, vom wahren Wesen der Koralle meistens keine Vorstellung. Ich erinnere mich noch mit Vergnügen eines darüber entstandenen Streites in einer größeren Gesellschaft, zu welchem das prachtvolle rote Korallengeschmeide einer vornehmen Dame Veranlassung gab. Die meisten Anwesenden vereinigten sich in der Annahme, daß die Koralle ein roter Edelstein sei. Eine Dame behauptete dagegen, sie sei die steinharte Frucht eines indischen Baumes; eine andere stellte sie mit den Perlen zusammen, als „Seegewächse"; und eine dritte erklärte sie für ein steinernes Tiergehäuse. Als ich dann auf Befragen erklärte, daß die rote Edelkoralle nur das innere Skelet eines zusammengesetzten, von seinen lebendigen Bewohnern entblößten Tierstockes sei, und sich zu letzterem ähnlich verhalte, wie das innere Knochengerüst des menschlichen Körpers zu den umschließenden Weichteilen, schien diese Antwort keinen rechten Glauben zu finden. Und doch ist es so in der Tat.

Übrigens dürfen uns die irrigen, noch heute über die Natur der Korallen weit verbreiteten Ansichten nicht Wunder nehmen, wenn wir bedenken, daß noch im vorigen Jahrhundert die „Kuralia", diese schönen „Töchter des Meeres" allgemein für Pflanzen oder für „Steinpflanzen (*Lithophyta*)" galten. Zwar hatte schon der große Naturforscher und Philosoph des Altertums, *Aristoteles,* die blumenähnlichen, zu der Korallenklasse gehörigen Actinien oder Seeanemonen ganz richtig für Tiere erklärt. Aber erst mehr als zweitausend Jahre später, im Jahre 1725, wies der französische Arzt *Peyssonel* nach, daß auch die angeblichen Blumen der harten, steinbildenden Korallen eben solche Tiere seien, wie die weichen Actinien. Freilich fand diese wichtige Entdeckung, wie es so oft geschieht, bei den nächstbeteiligten Fachgelehrten lange keinen Glauben. Die französische Akademie der Wissenschaften, der sie zuerst mitgeteilt wurde, wies sie mit Spott ab; und ihr Berichterstatter, der berühmte Physiker *Réaumur,* verschwieg aus zarter Rücksicht den Namen des Entdeckers. Allein die genaueren Untersuchungen der folgenden Zeit haben ihre Richtigkeit festgestellt. Wir wissen jetzt mit voller Sicherheit, daß die Korallen echte Tiere sind, und daß sie eine eigentümliche, an schönen Formen reiche Klasse des Stammes der Pflanzentiere (*Zoophyta* oder *Coelenterata*) bilden.

Schon kennen wir mehr als eintausend verschiedene lebende Korallenarten, und die versteinerten Skelette von mehr als dreitausend ausgestorbenen Arten. Viele von diesen sind weit größer, schöner gestaltet und prächtiger gefärbt, als die allgemein bekannte rote Edelkoralle. Aber die merkwürdigen Formen und Lebenserscheinungen derselben sind in weiteren Kreisen noch sehr wenig bekannt, und doch lohnt es wohl der Mühe, einen tieferen Blick in das Leben dieser wunderbaren Korallentiere zu tun.

Am zweckmäßigsten verfahren wir dabei, wenn wir nicht von der roten Edelkoralle oder von einer anderen steinbildenden Koralle ausgehen, sondern von einer jenen weichen, skelettlosen Formen, deren fleischiger Körper gar keine harten Kalkteile einschließt. Die bekanntesten von diesen weichen (zum Teil gallertigen) „Fleischkorallen" sind die sogenannten „Actinien, Seeanemonen oder Meeresrosen". In den neuerdings eingerichteten Seeaquarien (z. B. in Berlin und Hamburg) sind sie durch zahlreiche Arten vertreten und sind hier bald die auserkorenen Lieblinge der Besucher geworden. Gleich farbenprächtigen stengellosen Blumen sitzen diese Actinien still und regungslos auf den Steinen des Aquariums, wie in ihrer kühlen Heimat auf den Felsen und in den Grotten der Meeresküsten. Bald sehen wir sie einzeln, bald in kleineren oder größeren Gruppen beisammen. Die einen gleichen mehr einer gefüllten Rose, einer üppigen Georgine oder einer prächtigen Cactusblüte; die anderen haben mehr Ähnlichkeit mit einer gefüllten Nelke, einer bunten Tulpe oder einer zarten Anemone.

Fassen wir nun einen solchen schönen Blumenkelch genauer ins Auge, so nehmen wir an dem becherförmigen Körper zunächst einer strahligen, oft deutlich sechszähligen Bau wahr. Um die Mitte der Kelchöffnung steht ein zierlicher, einfacher oder mehrfacher Kranz von blattförmigen oder fadenförmigen Anhängen, ganz ähnlich einer Krone von Staubfäden und Blumenblättern. Bald sind diese zierlichen Fortsätze länger, bald kürzer als der eigentliche Körper. Ist das Wasser ganz still, so hängen sie oft schlaff und regungslos herab. Wer zum ersten Male solche unbewegliche Actinien festsitzend im Aquarium erblickt, wird sie gewiß zunächst für die Blüten von Seepflanzen halten. Aber diese Täuschung verschwindet sofort, wenn man das stille Wasser bewegt oder gar den scheinbaren Blumenkelch sanft berührt. Da erwacht plötzlich Leben und Bewegung in dem schlafenden Blütengebilden. Die feinen Blättchen am Kelchrande, welche als Fangarme und Fühlfäden oder Tentakeln dienen, werden nach allen Richtungen tastend bewegt oder auch verkürzt und eingezogen; und zur Überraschung des Beobachters äußert sich ein empfindliches Seelchen in der stillen Blume. Daß aber dieses fühlende Wesen keine zarte, träumerische Pflanzenseele ist, wie bei der bekannten Mimose und anderen reizbaren Sinnpflanzen, das zeigt sich deutlich, wenn man der Actinie ein Stückchen Fleisch oder einen lebendigen kleinen Fisch hinhält. Denn kaum haben die ausgestreckten Fäden den fremden Körper berührt, so schlingen sie sich gierig um ihn herum, ziehen sich dann kräftig zusammen, und im Grunde der vermeintlichen Blumenkrone öffnet sich plötzlich ein weiter Mund, der die erfaßte Beute verschluckt. Durch die Mundöffnung gelangt letztere in ein Schlundrohr und von da in eine geräumige Magenhöhle, deren kräftiger Verdauung sie nur kurze Zeit widersteht. Damit liefert uns die zarte Seeanemone den besten Beweis, daß sie ein echtes Tier und zwar ein gefräßiges Raubtier ist. Denn wenn irgend ein Organ den Tierkörper als solchen legitimiert und in zweifelhaften Fällen den entscheidenden Beleg für die Tiernatur eines Organismus liefert, so ist es der Magen. Echte Pflanzen mit einem Magen gibt es nicht; und selbst die in neuester Zeit durch *Darwin* so berühmt gewordenen „insektenfressenden Pflanzen" besitzen kein dem Magen ähnliches Organ. Hingegen erfreuen sich alle echten Tiere eines verdauenden Magens, ausgenommen nur die Urtiere (*Protozoa*) und gewisse Schmarotzer, die durch parasitische Lebensweise ihren Magen verloren haben.

Die meisten Actinien, wie überhaupt die meisten Korallen, sind im Stande, eine große Menge Wasser einzusaugen und ihren Körper dadurch so auszudehnen, daß er das frühere Volumen mehrfach übertrifft. Viele Korallentiere werden in diesem aufgequollenen Zustande glasartig durchsichtig und die lebhaft gefärbten Arten erscheinen wie aus buntem Kristall gebildet. Nimmt man aber eine solche Koralle vorsichtig aus dem Meere heraus, so zieht sie sich plötzlich zusammen, preßt das Wasser aus, und nur ein unansehnlicher und mißfarbiger Rest bleibt übrig.

Sehen wir uns nun den Körperbau unserer Actinien noch etwas näher an und werfen wir einen Seitenblick auf ihre Entwicklungsgeschichte, so überzeugen wir uns bald, daß ihre Organisation derjenigen der übrigen Korallentiere im Wesentlichen gleich ist. Obgleich der Körper aller Actinien ganz weich und fleischig, derjenige der meisten übrigen Korallen hingegen zum großen Teile steinhart ist, so finden wir dennoch hier wie dort denselben Körperbau. Im Ganzen ist derselbe zwar sehr einfach, aber doch in mehrfacher Beziehung von hohem Interesse.

Bei äußerlicher Betrachtung finden wir am Actinienkörper keine anderen Organe, als die schon erwähnten Fangarme, Fühlfäden oder Tentakeln, welche meistens in sehr großer Menge die Mundöffnung umgeben. Bald bilden sie hier einen einfachen, bald einen mehrfachen Kranz; oft beträgt ihre Zahl nur sechs oder acht; meistens aber sind mehr, und bisweilen einige hundert Fangfäden vorhanden. Bald sind sie von einfacher Gestalt, wie bei unserer gewöhnlichen Seeanemone; bald sind sie zierlich gefiedert, einem Akazienblatte gleich, wie bei der Edelkoralle und unserer *Monoxenia*. Selten sind sie reich verästelt und buschförmig, wie bei der Federnelkenkoralle (*Thalassianthus*), und noch seltener sind zweierlei oder selbst dreierlei verschiedene Tentakeln vorhanden. Das sehen wir z. B. bei der prächtigen *Crambactis*, wo die äußeren Fangarme einfach sind, während die inneren die Gestalt von zierlichen Krausen oder Endivienblättern besitzen. Bei der schönen *Phyllactis* sind umgekehrt die inneren Fangarme einfach, und die äußeren bilden einen Kranz von Endivienblättern. Bei sämtlichen Korallen dienen diese Tentakeln sowohl zum Fangen der Beute als zum Tasten und Fühlen. Wenn ein Würmchen, ein Fischchen oder ein anderes kleines Tierchen unvorsichtiger Weise in die Umarmung derselben gerät, so geht es in der Regel rasch zu Grunde. Denn so unschuldig die schönen, weichen Arme der Actinien aussehen, so furchtbare Waffen sind in ihnen verborgen. Millionen mikroskopischer Giftbläschen, sogenannte Nesselorgane, sind in der Haut versteckt und entleeren bei der Berührung ihren brennenden, giftigen Saft, zugleich mit einem langen elastischen Faden, der an der Basis oft mit Widerhaken besetzt ist. Die bloße Berührung dieser Giftpfeile ist für kleinere Tiere schon tödlich, vermag aber bisweilen auch größere Tiere und den Menschen recht empfindlich zu beschädigen. Die arabische Feuerkoralle (*Millepora*) brennt, wenn wir sie mit der Hand anfassen, wie lebendiges Feuer. Aber selbst wenn wir eine ganz unschuldig aussehende Cactusrose unserer Nordsee (*Anthea*) mit der Zunge berühren, empfinden wir sofort ein heftiges Brennen, das oft mehr als vierundzwanzig Stunden anhält. Welches furchtbare Arsenal die zarten Actinien von diesen Nesselfäden besitzen, geht daraus hervor, daß ein einziger Fangarm der *Anthea* über vierzig Millionen Nesselkapseln enthält. Ein solches Tier mit hundertvierundvierzig Fangarmen hat demnach den kolossalen Vorrat von mehr als fünf Milliarden! Die beweglichen, mit den Nesselorganen vorzugsweise bewaffneten Fangarme der Actinien dienen aber nicht allein zum Fangen und Töten der Beute; sie sind vielmehr außerdem auch die bevorzugten Werkzeuge der Empfindung, sie sind zugleich die einzigen Sinnesorgane dieser Tiere. Nach Augen, Ohren und anderen gesonderten Sinneswerkzeugen suchen wir vergeblich. Ebenso sind auch alle Bemühungen fehlgeschlagen, ein Nervensystem in ihrem fleischigen Körper nachzuweisen. Während bei den höheren Tieren die Seele vorzugsweise im Zentralnervensystem ihren Sitz hat, entbehrt sie hier gesonderter Zentralorgane. Wie es auch bei anderen, verwandten Pflanzentieren, namentlich den Hydropolypen oder Hydroiden der Fall ist, erscheinen die Organe der Empfindung und Bewegung, die Nerven und Muskeln, noch nicht gesondert; sie werden durch ein einfaches „Neuromuskel"-Gewebe vertreten.

Um ein Bild vom inneren Bau der Koralle zu bekommen, müssen wir mit dem anatomischen Messer den Körper einer Actinie oder eines anderen isolierten Korallentieres der Länge nach und der Quere nach durchschneiden. Am besten nehmen wir dazu eine der einfachsten und kleinsten Korallen, wie die arabische *Monoxenia*. Da finden wir, daß die geräumige Höhle im Innern des fleischigen Körpers in zwei verschiedene Abschnitte zerfällt, die obere Schlundhöhle und die untere eigentliche Magenhöhle. Die Schlundhöhle ist von einer Anzahl Röhren oder Fächer umgeben, die unten mit der Magenhöhle zusammenhängen und oben in die Höhlung der Fangarme sich fortsetzen. Die Magenfächer sind durch strahlig gestellte Scheidewände voneinander getrennt und diese Scheidewände setzen sich als senkrechte Falten auch noch eine Strecke weit unten in die Magenhöhle fort. Hier liegen am freien Rande der Magenfalten eigentümliche gewundene Bänder, deren Bedeutung noch unbekannt ist: die Magenschnüre oder Gastralfilamente (oft auch unpassend „Mesenterialfilamente" genannt). Vielleicht sind diese Organe als ausscheidende Drüsen, als Lebern oder Nieren zu deuten. Die Anzahl der strahlig gestellten Scheidewände, an deren unterem freien Rande diese Magenschnüre herablaufen, ist natürlich gleich der Zahl der Magenfächer und meistens auch eben so groß (bisweilen nur halb so groß) als die Zahl der Fangarme. Je nach der verschiedenen Grundzahl dieser strahligen Organe teilen wir die Korallenklassen in drei Hauptgruppen oder Legionen: vierzählige, sechszählige und achtzählige. Zur Legion der vierstrahligen Korallen (*Tetracoralla*) gehören die ältesten, ausgestorbenen Korallen, die vor vielen Millionen Jahren die silurischen und devonischen Meere unseres Erdballs bevölkerten und auch während der Steinkohlenbildung noch in vielen Formen lebten; die Furchenkorallen (*Rugosa*), namentlich die Kreuzkorallen (*Staurida*), die Becherkorallen (*Cyathophyllida*) usw. Die Legion der sechsstrahligen Korallen (*Hexacoralla*) umfaßt die große Mehrzahl aller jetzt lebenden Korallen, insbesondere die Familien der Fleischkorallen (*Actinien*), der Königskorallen (*Antipatharia*) und der echten Steinkorallen (*Madreporania*). Die Legion der achtstrahligen Korallen (*Octocoralla*) wird vorzugsweise durch die Gruppe der Rindenkorallen gebildet, zu welcher unter anderem die Edelkoralle (*Eucorallium*) und die Fächerkoralle (*Rhipidogorgia*) gehören; aber auch die Orgelkoralle (*Tubipora*), die Seefeder (*Pennatula*) und unsere arabische *Monoxenia* sind solche Octokorallen ...

IX. Verhalten

KARL V. FRISCH

1. Demonstration von Versuchen zum Nachweis des Farbensinnes bei angeblich total farbenblinden Tieren

Vortrag auf der 24. Jahresversammlung am 2. Juli 1914
(aus Verhandlungen der Deutschen Zoologischen Ges. 1914)

II. Versuche an Bienen

Zum Nachweis eines Farbensinnes bei Bienen hatte ich solche inmitten einer Serie von Graupapieren durch Fütterung auf einem blauen Papier auf Blau dressiert. Im Versuch wurde ein reines Blaupapier an einer abweichenden Stelle der Grauserie geboten und auf jedes der Papiere ein leeres, sauberes Glasschälchen gesetzt. Die Bienen finden das Blau unter allen Grauabstufungen heraus und lassen sich auf ihm nieder. Es besitzt also für sie nicht nur Helligkeitswert, sondern Farbwert. *V. Hess* hat gegen diesen Versuch eingewendet, die Bienen könnten das blaue Papier an einem (für uns nicht wahrnehmbaren) spezifischen Geruch erkannt haben. Ich habe darauf den Versuch in der Weise wiederholt, daß ich über alle Papiere eine große Glasplatte deckte oder die grauen und farbigen Papiere in Glasröhrchen eingeschmolzen darbot. Wie zu erwarten war, fiel der Versuch unter diesen Umständen ebenso aus wie ohne Glas. Hingegen schreibt *v. Hess:* „Es ließ sich zeigen, daß sowohl die älteren Angaben *Lubbocks* und *Forels* wie auch die neueren *v. Frischs*, nach welchen eine ‚Dressur' der Bienen auf bestimmte Farben möglich sein sollte, sämtlich unrichtig sind. Sobald man den Bienen verschiedene Farben unter sonst gleichen Bedingungen sichtbar macht, erweist es sich als völlig unmöglich, sie an bestimmte Farben zu gewöhnen und durch solche anzulocken."

Ich begann am 31. Mai, zwei Tage vor der ersten Sitzung, im Garten des Freiburger Zoologischen Instituts Bienen des dortigen Bienenstandes auf Blau zu dressieren. Am 2., 3. und 4. Juni habe ich dann mehr als ein dutzendmal den folgenden Versuch vorgeführt (er ist niemals mißlungen):

Vom Versuchstisch werden die von den Bienen zum Teil beschmutzten Papiere entfernt, es wird eine reine Grauserie aufgelegt und an einer beliebigen, aber vom Ort der letzten Fütterung abweichenden Stelle ein blaues Papier eingefügt. Die ganze Anordnung wird mit einer Glasplatte bedeckt und auf diese über jedes Papier ein reines, leeres Uhrschälchen gesetzt. Die Bienen flogen sofort deutlich gegen das blaue Papier an und ließen sich nach kurzem Zögern auf der Glasplatte über dem Blau nieder.

v. Hess erwähnt, daß schon eine oder zwei sitzende Bienen auf die neu anfliegenden Tiere eine gewisse Anziehungskraft ausüben und hält es für möglich, daß die große Mehrzahl meiner Bienen lediglich durch die Anwesenheit einer oder weniger Bienen, nicht aber durch die farbige Unterlage herbeigelockt wurden. Mit Rücksicht hierauf verschob ich, sobald sich ein mächtiger Bienenknäuel über dem Dressurblau gebildet hatte, die Glasplatte samt den Bienen vorsichtig derart, daß der Bienenknäuel mitten auf ein großes Papier kam, das Blau dagegen gänzlich von Bienen entblößt war. Binnen $\frac{1}{4}$—$\frac{1}{2}$ Minute löste sich der Bienenknäuel vollständig auf, und über dem Blau war ein neuer entstanden.

Es wurde im Verlauf dieser Demonstration von den Zuschauern vielfach bemerkt, daß nach dem Entfernen des Futterschälchens die nach Nahrung suchenden, blaudresierten Bienen in auffälliger Weise blaue Hutbänder oder Krawatten und andere blaue Kleidungsstücke umschwärmten.

2. Über die „Sprache" die Bienen

1. Mitteilung

(aus Münchener Medizin, Wochenschrift, 1920, 20; Vortrag in der Gesellschaft
f. Morphologie u. Physiologie in München am 20. Januar 1920)

Es ist begreiflich, daß wir fast in jedem Werk über das Leben der Bienen auch einen Abschnitt über das Mitteilungsvermögen finden. Denn wer das wohlgeordnete Treiben in einem Bienenstaate kennt, wer z. B. gesehen hat, wie rasch und planmäßig ein Volk zu Werke geht, wenn eines seiner Mitglieder einen günstigen Futterplatz entdeckt hat, der muß sich fragen, ob und wie sich diese Tiere untereinander verständigen. Bei der Sichtung unserer bisherigen Kenntnisse müssen wir freilich feststellen, daß von „Kenntnissen" kaum die Rede sein kann. Spärlich sind die tatsächlichen Beobachtungen, und um so freier spielt die Phantasie. Wenn v. Buttel-Reepen und andere moderne Bienenforscher von einer primitiven Lautsprache reden, deren Wortschatz sich hauptsächlich aus einem verschiedenartigen Summen zusammensetze, wenn sie einen Schwarmton und einen Stechton, einen Heulton und einen Lockton, wenn sie Angstrufe und ein beruhigendes Murmeln unterscheiden und der Wahrnehmung dieser Töne eine entsprechende Wirkung zuschreiben, so können wir das vorderhand glauben — oder nicht. Denn noch niemand hat bewiesen, daß die Bienen hören und daß die Übertragung der „Affekte" von wenigen Bienen auf viele tatsächlich durch die erwähnten Lautäußerungen bewirkt wird.

Gelegentliche Beobachtungen sind der Sache wenig förderlich. Was uns fehlt sind planmäßige Untersuchungen. Solche habe ich im vergangenen Sommer begonnen. Wenn ich Ihnen schon heute über einige Ergebnisse berichte, so muß ich mich an eine eng begrenzte Teilfrage halten. Doch lehren uns schon diese ersten Erfahrungen, wie sehr wir uns hüten müssen, ohne eingehende Prüfung die gewohnten menschlichen Vorstellungen in die Bienenphysiologie hineinzutragen. Wollte ich in früheren Jahren Bienen auf Farben dressieren, so legte ich auf dem Experimentiertisch zunächst einen Honigbogen auf. Er wurde nach einiger Zeit von einer Biene entdeckt, die sich ungesäumt ans Einsammeln machte und rasch Gefährten in größerer Anzahl aus ihrem Stock herbeiholte. So waren es schon nach wenigen Stunden viele Dutzend Bienen, die in regelmäßigen Flügen zwischen dem Futterplatz und ihrem Heimatstock verkehrten. Nun wurde der Honig entfernt und mit der Dressur begonnen, indem auf farbigem Papier ein Schälchen mit Zuckerwasser geboten wurde. War es von den Bienen geleert, so schaltete ich gewöhnlich eine halbstündige Pause ein. Denn bei unausgesetzter Fütterung nimmt die Zahl der Besucher am Dressurplatz so überhand, daß die Versuche dadurch gestört werden.

Bei dieser Gelegenheit konnte ich unzählige Male folgende Beobachtung machen: am Ende einer jeden Futterperiode umschwärmen vielleicht 50—100 Bienen den Platz und drängen sich um das leere Schälchen. Aber schon nach wenigen Minuten nimmt ihre Zahl merklich ab, und schließlich ist der Platz verlassen, nur ab und zu kommt eine Biene angeflogen wie um nachzusehen, ob schon wieder etwas zu holen sei. Findet sie nichts, so kehrt sie nach kurzem Suchen in den Stock zurück. Sobald man aber Zuckerwasser eingießt und die ersten Bienen mit gefüllter Honigblase heimkehren, kommen auch die anderen geflogen, und schon nach wenigen Minuten ist die Schar wieder mobil geworden.

Haben es die ersten Bienen, welche das Schälchen gefüllt fanden, den anderen gesagt, daß es wieder Futter gibt? Nach *v. Buttel-Reepen* sollte man annehmen, daß der besondere Flugton der hastig zum Futter zurückkehrenden Tiere die anderen zum Nachfliegen veranlaßt hätte. Aber das Problem ist verwickelter, als es auf den ersten Blick erscheint. Ein mittelstarkes Volk besteht aus ca. 30 000 Bienen. Tausende von diesen sind an schönen Tagen damit beschäftigt, Blütenstaub und Nektar einzutragen. Nur ein kleiner Bruchteil von ihnen sind die ca. 100 Tiere, die zu unserem Futterplatz kommen. Warum bleiben diese Tiere während der Futterpause unberührt von den Tausenden, die nach wie vor vom Blütenbesuch heimkehren, und warum setzen sie sich in Bewegung, sobald nur ein oder zwei Angehörige ihrer eigenen Schar mit gefüllten Ränzlein nach Hause kommen? Ich sah keine andere Möglichkeit als anzunehmen, daß die an einer bestimmten Futterstelle verkehrenden Bienen im Stock miteinander in enger Fühlung bleiben und sich gewissermaßen persönlich kennen. Darin habe ich mich allerdings getäuscht.

Von weiteren Beobachtungen am Futterplatz war nicht viel zu erwarten. Man mußte sehen, was im Inneren des Stockes vor sich geht. Zu diesem Zwecke ließ ich mir einen Bienenkasten anfertigen, in welchem die Waben nicht — wie sonst — aller hintereinander, sondern nebeneinander angebracht worden waren. Durch Glasfenster konnte man die Breitseiten der Waben und alle Bienen im Inneren des Stockes überblicken. Kleine Kunstgriffe in der Anlage machten es dem Beobachter möglich, von seinem Posten aus auch die das Flugloch passierenden Bienen und den 2 m vom Abflug entfernten Futterplatz zu überschauen. Alle Versuchsbienen wurde nach einem einheitlichen System mit Nummern versehen, so daß jede einzelne leicht kenntlich und mit keinem Stockgenossen zu verwechseln war.

Meist wurden nur ca. 20 Bienen zum Futterplatz zugelassen und alle weiteren Tiere sofort abgefangen. An der fehlenden Nummer waren sie als Neulinge kenntlich. Diese Beschränkung war nötig, um den Überblick nicht zu verlieren. Wie deutlich die Verständigung in Erscheinung trat, möge ein Beispiel zeigen: am Vormittag des 25. Juli 1919 numerierte ich eine neue Schar von 24 Bienen am Futterplatz. Von 12 Uhr 15 bis 2 Uhr 34 war Futterpause. Die Tiere schienen das Suchen aufgegeben zu haben, erst nach einer vollen halben Stunde kam um 3 Uhr 05 als erste Biene Nr. 24 zum Schälchen. Sie sog sich voll und kehrte um 3 Uhr 09 in den Stock zurück. Um 3 Uhr 11 kamen Nr. 15 und 16 zum Futterschälchen, um 3 Uhr 12 Nr. 17, eine halbe Minute später Nr. 6 und um 3 Uhr 13 kehrte Nr. 24 selbst zum Schälchen zurück, nach 1 Minute von Nr. 2 gefolgt, so daß schon 5 Minuten nach der ersten Heimkehr von Nr. 24 fünf weitere Bienen neben ihr am Schälchen saßen, deren Kommen offenbar durch sie veranlaßt worden war. Und während sich vorher 30 Minuten lang keine einzige Biene an der Futterstelle gezeigte hatte, finden wir eine knappe halbe Stunde später 3/4 der ganzen Bienenschar des heutigen Vormittages emsig mit Einsammeln des Zuckerwassers beschäftigt.

Dadurch, daß bei diesem Versuch die Tiere numeriert waren, erfahren wir etwas Neues: Man hätte erwarten können, daß die erste beladen heimkehrende Biene bei ihrer Rückkehr zum Futter andere mit sich bringt. Es waren aber nach der Heimkehr von Nr. 24 vier Bienen zum Zuckerwasser geeilt, noch bevor jene den Stock wieder verlassen hatte. Fast sieht es so aus, als wären sie von der ersten durch irgendein Zeichen geschickt worden. Daß etwas derart tatsächlich zutrifft, davon können wir uns aufs schönste überzeugen, wenn wir unsere Aufmerksamkeit den Vorgängen auf den Waben zuwenden.

Während einer Futterpause sitzen die numerierten Bienen untätig im Stock, im allgemeinen nicht zu fern vom Flugloch. Ab und zu wird eine von ihnen unruhig, beginnt herumzukrabbeln, setzt sich langsam nach abwärts in Bewegung, verläßt den Stock und fliegt zur Futterstelle. Findet sie da kein Zuckerwasser, so kehrt sie wieder heim, kriecht langsam an den Waben empor und kommt zur Ruhe, ohne sich irgendwie auffällig zu machen. Ganz anders, wenn inzwischen das Schälchen gefüllt worden war. Dann pumpt sie ihren Honigmagen voll, fliegt in den Stock, und nun läuft sie wie von einer fieberhaften Aufregung erfaßt an den Waben in die Höhe, hält aber und zu im Laufe inne, um Zuckerwasser an andere Bienen, die darauf zu warten scheinen, abzugeben, und dann spielen sich Szenen ab, so reizvoll und fesselnd, daß man an der Aufgabe verzweifeln möchte, sie in trockenen Worten zu schildern. Sie beginnt einen Tanz, einen „Werbetanz" könnte man ihn nennen, der ihre nächste Umgebung sichtlich in Erregung bringt. Sie trippelt mit großer Schnelligkeit im Kreise herum, wobei sie häufig um 180° schwenkt, so daß die Richtung ständig wechselt. Die Kreise sind eng, in ihrem Innern liegt meist eine Zelle; auf den 6 angrenzenden Zellen läuft die Biene herum, beschreibt ein bis zwei Kreise in einer Richtung, oft auch nur einen halben oder dreiviertel Kreisbogen, um dann plötzlich kehrt zu machen und sich im entgegengesetzten Sinne weiter zu drehen. So treibt sie es am selben Fleck 3, 5, 10 Sekunden, auch eine halbe Minute und länger. Dann läuft sie eine Strecke weiter, um an einer anderen Stelle das Spiel zu wiederholen, oder sie bricht den Tanz schon jetzt plötzlich ab, stürzt in größter Hast zum Flugloch und kehrt an den Futterplatz zurück. Ebenso charakteristisch wie dieses Benehmen ist die Reaktion, die es bei den anderen auslöst. Sobald die Biene den Tanz beginnt, wenden ihr jene, die ihr zunächst sitzen und mit ihr in direkte Berührung kommen, die Köpfe zu, suchen die vorgestreckten Fühler an ihren Hinterleib zu halten und trippeln so hinter ihr drein, die raschen Kreistänze mit allen Wendungen mitmachend. Sind die Bienen, deren Aufmerksamkeit auf diese Weise erregt wurde, unnumerierte Tiere — also solche, die zu unserem Futterplatz keine Beziehung haben —, so lassen sie meist von der werbenden Biene wieder ab, ohne daß etwas weiter erfolgt. Kommt sie beim Tanz zufällig mit einer numerierten Biene in Berührung, die den Futterplatz kennt und während der Pause untätig auf der Wabe saß, so reagiert auch diese zunächst in der oben beschriebenen Weise, dann aber eilt sie, ohne sich um die werbende Kollegin weiter zu kümmern, direkt zum Flugloch und zur Futterstelle. Kehrt sie dann vollgesogen in den Stock zurück, benimmt sie sich ebenso wie die erste Biene. Da sich die Tiere auch nach den weiteren Ausflügen so verhalten und da ferner, wie schon erwähnt, die zur Futterstelle gehörigen Bienen gewöhnlich in der Nähe des Flug-

lochs sitzen, wo die Heimkehrenden ihre Tänze aufzuführen pflegen, dauert es gar nicht lange, bis die ganze Schar oder doch ein großer Teil von ihr alarmiert ist.
Wir sehen also eine direkte Benachrichtigung, aber nicht für ein Gehör bestimmt, nicht durch Töne, denn die werbenden Bienen können in nächster Nähe von anderen tanzen — solange sie mit ihnen nicht in Berührung kommen, zeigt sich keine Wirkung.
Wie kommt es nun, daß beim Zusammentreffen mit der werbenden Biene gerade die zur gleichen Schar gehörigen Tiere — so scheint es ja — veranlaßt werden, prompt an den Futterplatz zu eilen? Erkennen sie vielleicht die engere Gefährtin am Geruch oder an einer besonderen Art der Zeichengebung?
Zunächst sollte man wissen, ob die Tiere die Angehörigen ihrer Schar tatsächlich von anderen Sammlerinnen deutlich unterscheiden. Um dies zu erfahren, bildete ich aus Bienen des Beobachtungsstockes zwei angenähert gleich starke Gruppen, die an zwei verschiedenen Stellen gefüttert wurden, so daß die eine Gruppe nur den einen, die andere Gruppe nur den anderen Futterplatz kannte und besuchte. Wieder wurden alle Tiere numeriert, und um die zwei Scharen recht deutlich unterscheiden zu können, wurde den einen ein weißer, den anderen ein gelber Fleck auf den Hinterleib gesetzt. Ich will sie einfach als die „weißen" und die „gelben" Bienen bezeichnen. Nachdem beide Gruppen genügend eingeflogen sind, machen wir folgenden Versuch: Wir pausieren an beiden Plätzen mit der Fütterung, bis nurmehr ab und zu eine Biene Nachschau hält. Dann bieten wir der einen Gruppe, z. B. den „gelben" Bienen, wieder Zuckerwasser, den „weißen" aber nicht. Die erste „Gelbe", die mit gefülltem Magen heimkehrt, vollführt im Stock ihre Werbetänze. Wenn sie dabei mit „weißen" Bienen zusammentrifft, mit denen sie nie gemeinsam gesammelt hat, werden sich diese dann ebenso von ihr alarmieren lassen wie ihre engeren „gelben" Gefährten? Zu meiner Überraschung war es der Fall. Nicht nur „gelbe", auch „weiße" Bienen wurden durch ihren Kreistanz veranlaßt, den Stock schleunigst zu verlassen, aber jede fliegt an den ihr vertrauten Platz; die „Gelben" kommen zum Zuckerwasser, die „Weißen" zu ihrem leeren Schälchen, wo sie um so hartnäckiger nach Futter herumsuchen, je eifriger sich ihre erfolgreichen Schwestern auf den Waben herumdrehen.
Wir müssen also annehmen, daß eine Biene, die in der geschilderten Weise wirbt, nicht nur die Angehörigen ihrer Gruppen, sondern alle Nektarsammler, die wegen zeitweisen Versiegens ihrer Futterquelle untätig im Stock sitzen, zur Arbeit ruft, wenn sie mit ihnen zusammentrifft.
Wie kommt es aber dann, daß nicht ganz allgemein unsere Versuchsbienen während einer Futterpause immer wieder von jenen Bienen, die von Blüten heimkehren, zu ihrem Schälchen geschickt werden?
Aufklärung bringt uns folgender Versuch: Wir füllen das Schälchen und sehen bald unsere Bienenschar eifrig sammeln und auf den Waben lebhaft tanzen. Nun ersetzen wir das Futterschälchen durch ein anderes, welches nur mit Zuckerwasser durchfeuchtetes Filtrierpapier enthält. Die Bienen saugen an dem süßen Papier nicht minder eifrig, aber während sie früher nach 1—2 Minuten ihre Honigblase prall gefüllt hatten, müssen sie sich nun lange Zeit abmühen, bis sie endlich, nur halb beladen, in den Stock zurückkehren. Wie mit einem Schlag nehmen die Werbetänze ein Ende. Nicht, daß unsere Bienen des Sammelns über-

drüssig wären! Aber sie entledigen sich rasch ihrer spärlichen Bürde und eilen ohne Aufhebens an ihre Sammelstätte zurück. Die erste Anordnung ist den Verhältnissen bei überreicher Tracht vergleichbar, die zweite entspricht den Verhältnissen bei spärlicher Tracht, wo die Bienen zahllose Blüten besuchen und schließlich doch nur halb beladen nach Hause kommen. Und da ich meine Versuche fast ausschließlich in einer Gegend mit schlechten Trachtverhältnissen und noch dazu im Sommer, nach Ablauf der besten Blütezeit ausgeführt habe, dürfen wir annehmen, daß die vom Blumenbesuch kommenden Bienen keine Werbetänze vollführt und deshalb unsere Sammlerinnen während der Futterpause nicht alarmiert haben.

Der Versuch lehrt uns aber noch etwas anderes: Während der spärlichen Fütterung, wenn im Stock also nicht geworben wird, kommen zum Futterplatz nur die numerierten Bienen, die den Platz schon kennen. Ist aber das Schälchen reichlich gefüllt, so stellen sich bald Neulinge ein, in um so größerer Zahl, je lebhafter und ausdauernder die Sammlerinnen werben. Wir können daraus entnehmen, daß die Werbetänze nicht nur die Bienen unserer Schar dazu bewegen, den ihnen bekannten Futterplatz wieder aufzusuchen, sondern daß durch sie auch neue Kräfte „angeworben" werden. Auf welche Weise diese den Futterplatz finden, darüber kann ich trotz vieler Bemühungen heute noch nichts aussagen; daß aber der Werbetanz für das Gewinnen neuer Mitarbeiter von ausschlaggebender Bedeutung ist, dürfte außer Zweifel sein. Denn von der Heimkehr der beladenen Biene in den Stock bis zu ihrer Rückkehr an die Futterstelle gibt es nur zwei Gelegenheiten, bei welchen sie mit anderen Bienen ihres Stockes in Verbindung tritt: beim Werbetanz und beim Abgeben des Zuckerwassers. Letzteres veranlaßt aber keine neuen Bienen, zur Futterstelle zu kommen. Das folgt aus den Versuchen mit spärlicher Fütterung, bei welchen ja von den heimkehrenden Bienen auch Zuckerwasser abgegeben wird, und es geht ferner aus den unmittelbaren Beobachtungen hervor, die dafür sprechen, daß die Empfänger des Zuckerwassers dauernd im Stocke beschäftigt bleiben.

Die Bedingungen unseres Versuches weichen von den natürlichen Verhältnissen einigermaßen ab. Doch fällt es nicht schwer, sich nach den so gewonnenen Erfahrungen ein Bild von der biologischen Bedeutung des Vorganges zu machen. Wenn eine ergiebige Nektarquelle, z. B. die Blumen einer eben erblühenden Pflanzenart von einzelnen Bienen entdeckt wird, so werden diese in Nektar schwelgen, ähnlich wie an unserem reichlich mit Zuckerwasser beschickten Schälchen, nach kurzer Zeit voll beladen heimkehren und durch ihre Werbetänze neue Bienen den Blüten zuführen, bis die Zahl der Sammelnden so groß ist, daß alle Kelche gründlich ausgebeutet werden und es in ihnen nicht mehr zu größerer Nektaransammlung kommt. Dann werden die Sammlerinnen aufhören zu werben, und ihre Zahl erhält keinen weiteren Zuzug. So wird die bekannte Erscheinung verständlich, daß die Anzahl der Bienen, die darangehen, eine bestimmte Futterquelle auszubeuten, zu deren Ergiebigkeit meist in einem angemessenen Verhältnis steht. Wenn die Nektarquellen infolge ungünstiger klimatischer Bedingungen gänzlich versiegen, so lassen die Bienen vom Blütenbesuch ab; doch sobald eine Änderung eintritt und nur eine oder wenige Bienen die Blütenkelche gefüllt finden, werden sie durch ihr Werben in kürzester Zeit alle Nektarsammler ihres Stockes wieder auf den Plan rufen.

Einen Schritt weiter sind wir gekommen. In einer Frage, über die man bisher nur vage Vermutungen äußern konnte, wissen wir Bescheid: Es gibt im Bienenstock eine aktive Benachrichtigung über die Anwesenheit von Futter, und zwar durch eine Art Zeichensprache, die aber der Finsternis im Bienenstock entsprechend nicht auf den Gesichtssinn, sondern auf den Tastsinn berechnet ist. Wie reich der „Wortschatz" dieser Zeichensprache ist und ob nicht daneben auch eine primitive Verständigung durch Töne besteht, bleibt noch zu untersuchen. Die Schwierigkeiten, die sich der Klärung dieser Fragen entgegenstellen, sind groß, und so wird noch manches Jahr ins Land ziehen, bis wir die Sprache der Bienen halbwegs verstehen können.

3. Sprechende Tänze im Bienenvolk

(aus Verlag der Bayer, Akademie der Wissenschaften, C. H. Beckersche Verlagsbuchhandlung, München; Festrede in der öffentl. Sitzung d. Bayer. Akad. d. W. in München am 11. Dezember 1954)

Insekten haben für viele Menschen etwas Verächtliches an sich — vielleicht, weil die meisten bei diesem Wort eher an Flöhe und Wanzen denken als etwa an die farbenfrohe Welt der Käfer und Schmetterlinge, und weil sie nicht wissen, wie wunderbar selbst ein Floh organisiert ist. Der Floh kann 50mal höher springen als ein Mensch, wenn wir dem Vergleich die Körpergröße zugrunde legen. Und das ist durchaus nicht der einzige Punkt, in dem es Insekten weiter gebracht haben als wir.

So ist der Bienenstaat bekannt und berühmt ob seiner inneren Harmonie. Die selbstlose Hingabe seiner Mitglieder für das Wohl der Gemeinschaft ist oft der Menschheit als Vorbild hingestellt worden. Bei Menschen gibt es immer Differenzen — ob es nun am Stammtisch um Politik geht, im Stadtrat um die Verkehrsregelung oder am Familientisch um den Sonntagsausflug. Das kommt daher, daß die Menschen vernünftig handeln — und was vernünftig sei, darüber ist man selten einer Meinung. Dem Bienenvolk ist seine Einigkeit von der Natur vorgeschrieben. Es handelt „instinktiv", sein Tun und Lassen folgt strengen, erblich festgelegten Richtlinien. Wie verwickelt dabei die Tätigkeiten ineinandergreifen, wie anpassungsfähig sie den Wechselfällen der Außenwelt zu folgen vermögen, das möchte ich Ihnen heute am Beispiel der Bienensprache vor Augen führen.

Die „Sprache" der Bienen ist keine Lautsprache. Sie richtet sich an den Tast- und Geruchssinn. Ihre „Worte" sind rhythmische Bewegungen und Düfte. Sie ist auch wegen der völlig verschiedenen geistigen Grundlagen etwas anderes als die Sprache des Menschen. Aber sie ist auch etwas anderes als die wechselseitige Verständigung bei den übrigen Tieren. Die Warnrufe eines Vogels, seine Locktöne oder sein Balzgesang bringen Stimmungen zum Ausdruck und können sie auf Artgenossen übertragen. Die „Sprache" der Bienen vermittelt dagegen die Kenntnis inhaltsreicher Tatbestände.

„Es geschieht nichts Neues unter der Sonne". Die Tänze der Bienen hat schon der alte *Aristoteles* beschrieben. Sie sind seither wiederholt beobachtet worden. Ihre Deutung beschränkte sich allerdings auf vage Vermutungen, und meistens war sie falsch.

Bienen sammeln an Blumen den süßen, zuckerreichen Nektar als Nahrung für das Volk und seine Brut. Stellen wir in der Nähe eines Bienenstockes ein Zuckerwasserschälchen auf, sozusagen als künstliche Blume, und wird es — oft nach langer Wartezeit — von einer Biene gefunden, so kommen im Handumdrehen Dutzende, aus dem gleichen Stock, dem die Entdeckerin angehörte. Sie hat von ihrem Fund daheim berichtet. In einem Beobachtungsstock mit Glasfenstern erkennt man, daß die Benachrichtigung durch einen Rundtanz erfolgt (s. Abb. 21).

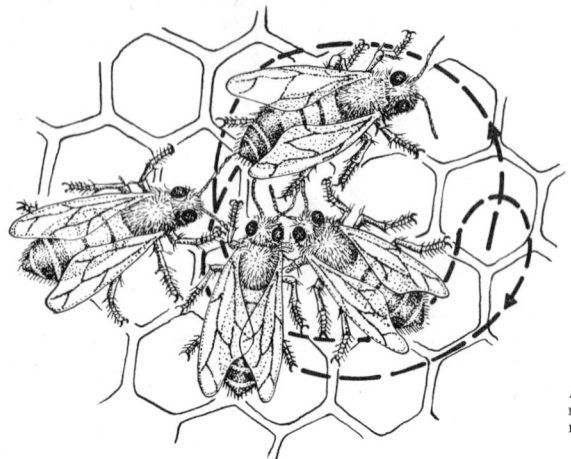

Abb. 21: Rundtanz — Drei nachtrippelnde Bienen nehmen die Nachricht auf

Er bedeutet für die Stockgenossen, die der Tänzerin auf der Wabe nachtrippeln, daß sie ausfliegen und rund um den Stock suchen sollen. Der für jede Blütensorte spezifische Duft, der mit dem Nektar eingetragen wird und auch äußerlich am Körper der Sammlerin haftet, weist die Kameraden eindeutig darauf hin, nach welchem Duft sie suchen müssen, um jene ertragreichen Blüten zu finden. Nur wenn sich das Sammeln lohnt, gibt es Tänze; durch den Grad ihrer Lebhaftigkeit wird die Rentabilität der entdeckten Nahrungsquelle verkündet. Da sieht man alle Abstufungen von einem matten, kaum erkennbaren Ansatz zu einer Runde bis zu den stürmischen, minutenlang fortgesetzten Tänzen einer Sammlerin, die etwas Ausgezeichnetes gefunden hat. Worin besteht dieses „ausgezeichnet"? Es hängt von vielen Umständen ab, ob es sich lohnt, eine gegebene Futterquelle auszunützen: der Nektar kann viel oder wenig Zucker enthalten; er kann üppig fließen oder spärlich, so daß er nur mühsam zu gewinnen ist; der Fundplatz kann in der Nähe liegen, oder so weit weg, daß das Sammeln mit großem Zeitverlust verbunden ist; es ist auch wichtig, ob Schönwetter herrscht oder ein Gewitter droht, wobei die Luftreise gefährlich werden kann; ob fette Zeiten sind oder magere, die auch eine kümmerliche Ernte begehrenswert machen. Für jeden einzelnen der genannten Faktoren und für noch einmal so viele, die ich nicht genannt habe, läßt sich experimentell zeigen, daß er die Lebhaftigkeit und Dauer des Tanzes beeinflußt: Je süßer das Futter, desto besser wird'— ceteris paribus — getanzt; für einen nahegelegenen Futterplatz wird stärker Propaganda gemacht als für einen fernen usw. Wie die Biene das „Fazit" aus dieser

Summe der Gegebenheiten zieht und die Gesamtrentabilität in der Lebhaftigkeit des Tanzes zum Ausdruck bringt, ist wunderbar und von großer biologischer Bedeutung. Denn je lebhafter die Tänze, desto mehr Kameraden werden für den Besuch der betreffenden Blumen angeworben. Von den Pflanzenarten, die gleichzeitig in Blüte stehen, werden daher jene am stärksten beflogen, die zur Zeit für das Bienenvolk am einträglichsten sind. Doch schließlich nimmt auch in honigreichen Blumen der Überfluß ein Ende, wenn sie von mehr und mehr Bienen geplündert werden — so wie beim Pilzesuchen ein Gelände, das zu viele Liebhaber gefunden hat, dem einzelnen nur mehr wenig liefert. Bei spärlichem Ertrag sammeln die Bienen zwar weiter, aber sie hören auf zu tanzen, es kommen keine Neulinge mehr, und so bleibt die Nachfrage in einem angemessenen Verhältnis zum Angebot.

Das Sammelgebiet der Bienen kann bis zu mehreren Kilometern von ihrem Heimatstock entfernt liegen. Dann ist eine Nachricht, wie sie der Rundtanz bringt, zu dürftig. Tatsächlich ändert sich die Ausdrucksweise einer erfolgreichen Sammlerin schon, wenn sich der Abstand der Futterquelle vom Stock auf 50—100 m erhöht. Von da ab tritt an die Stelle des Rundtanzes der Schwänzeltanz (Abb. 22). Genau wie der Rundtanz verkündet er das Bestehen einer lohnenden Futterquelle, ihren spezifischen Duft und den Grad ihrer Rentabilität, aber darüber hinaus auch die Lage des Zieles.

Dessen Entfernung wird durch das Tanztempo angezeigt. Wir verfügen jetzt über Daten bis zu 6 km vom Stock (Abb. 23). Je ferner das Ziel, desto länger wird

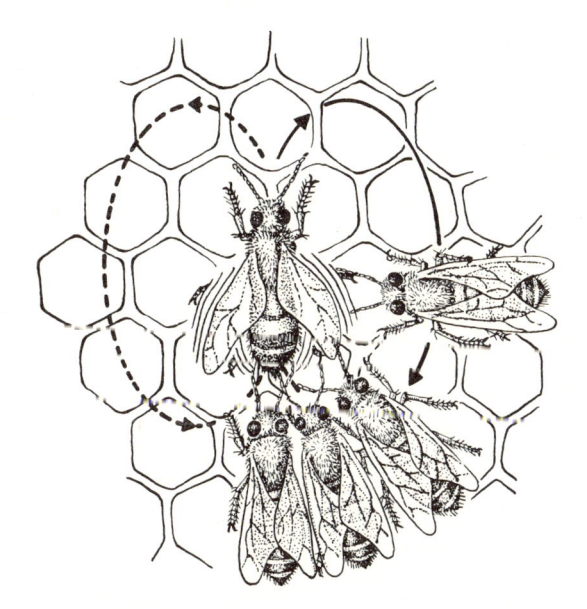

Abb. 22: Schwänzeltanz

in jeder Runde der geradlinige Schwänzellauf durchgehalten — nach einem bestimmten Schlüssel, der — von geringfügigen Eigenheiten mancher Rassen abgesehen — in der Bienensprache internationale Geltung hat. Wir wüßten gern, wonach die Biene „beurteilt", ob sie nun vom Stock zum Futterplatz z. B. 200, 300 oder 500 m geflogen ist. Maßgebend ist bestimmt nicht der nach Metern abgemessene tatsächliche Abstand. Denn wenn sie auf ihrem Weg zum Ziel Gegenwind hat oder einen Steilhang hinauffliegen muß, gibt sie eine größere Entfernung an als für die gleiche Strecke in der Ebene, und bei Rückenwind oder nach einem Flug hangabwärts eine kleinere. Wahrscheinlich ist der Kraftaufwand der ausschlaggebende Faktor, vielleicht spielt auch die benötigte Zeit eine Rolle. Wir hoffen das noch herauszubekommen. (Weitere Versuche haben später gezeigt, daß der Kraftaufwand das Entscheidende ist.)

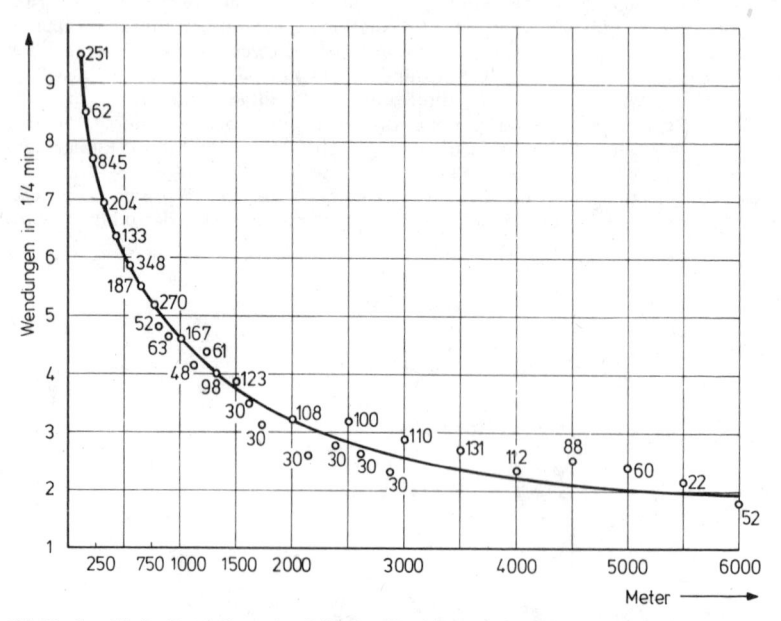

Abb. 23: Graphische Darstellung der Zahl der Wendungen beim Schwänzellauf in einer Viertel-Minute in Abhängigkeit von der Entfernung der Futterquelle vom Stock

Die Richtung zum Futterplatz wird durch die Richtung der geradlinigen Laufstrecke im Schwänzeltanz angegeben. Das ist besonders eindrucksvoll, wenn wir eine Biene ausnahmsweise unter freiem Himmel auf dem horizontalen Anflugbrettchen tanzen sehen. Sie weist dann mit jedem Schwänzellauf direkt die Richtung des Zieles, wie wir mit erhobenem Arm. So rätselhaft dieses Verhalten zunächst erschien, so einfach ist es verständlich. Wir müssen wissen, daß viele Insekten in ihrem Lauf oder Flug einen bestimmten (an sich beliebigen) Winkel zum Sonnenstand einhalten. Sie sichern sich dadurch eine geradlinige Fortbewegung. Auch die Biene hat auf ihrem Flug zum Futterplatz den Sonnenstand beobachtet. Sie hat den Winkel zwischen ihrer Flugrichtung und der Sonne genau wahrgenommen (Abb. 24a). Das Facettenauge ist für eine solche Aufgabe hervorragend geeignet. Denn es ist starr am Kopf befestigt und aus Tausenden von Einzelaugen aufgebaut, die in strenger Ordnung, ein wenig divergierend, nach allen Richtungen blicken. Indem die heimgekehrte Biene beim Schwänzellauf denselben Winkel zur Sonne einhält wie beim Flug, weist sie die Richtung zum Ziel (Abb. 24b). Die Kameraden, die der Tänzerin in engem Kontakt nachlaufen, achten auf die Stellung der Sonne; wenn sie dann beim Ausfliegen den gleichen Winkel zu ihr einhalten, haben sie die gewiesene Richtung.

In der Regel wird aber nicht im Freien getanzt, sondern im finsteren Bienenstock, auf der vertikalen Wabenfläche. Da übersetzen nun die Bienen, was sie über die Sonne in der Sprache des Lichtes zu sagen haben, in eine andere Aus-

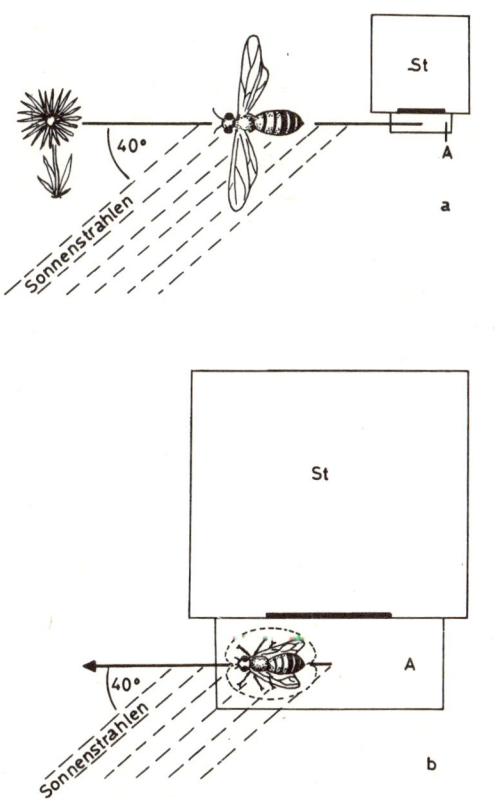

Abb. 24: Schematische Darstellung der Richtungsweisung beim Tanz auf horizontalem Boden
a) Die Biene achtet beim Flug vom Stock zum Futterplatz auf den Winkel zum Sonnenstand.
b) Nach der Rückkehr hält sie beim geradlinigen Schwänzellauf den gleichen Winkel zur Sonne ein und weist so die Richtung zum Ziel.
S Bienenstock, A Anflugbrettchen vor dem Flugloch

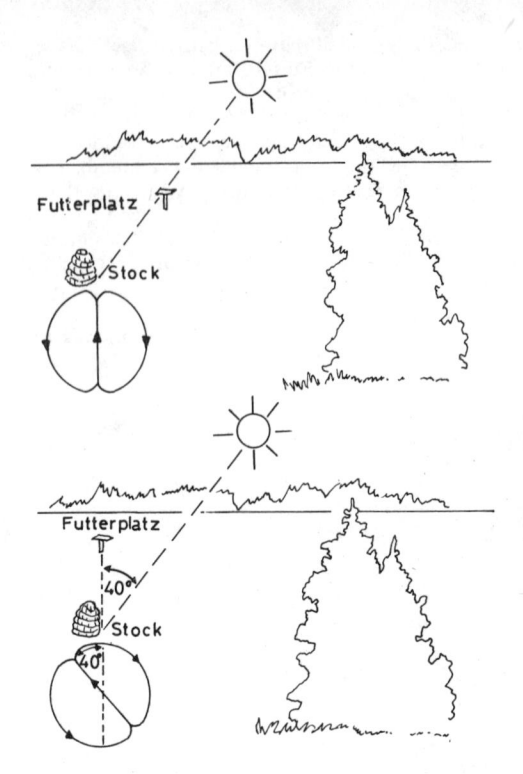

Abb. 25: Die Richtungsweisung durch den Schwänzellauf auf der vertikalen Wabenfläche
oben: Das Ziel liegt in der Richtung des Sonnenstandes. Der Schwänzellauf in der Tanzfigur zeigt nach oben.
unten: Das Ziel liegt 40° links vom Sonnenstand, der Schwänzellauf zeigt 40° nach links von der Richtung nach oben. — Unter dem Bienenkorb ist in größerem Maßstab die Laufkurve des Schwänzeltanzes dargestellt.

drucksweise, in die Sprache der Schwerkraft. Sie haben ein ungemein feines Empfindungsvermögen für die Richtung der Lotlinie und machen davon Gebrauch, indem sie beim Schwänzellauf genau nach oben rennen, wenn sie auf dem Weg zum Futterplatz die Sonne genau vor sich hatten; jede Abweichung der Zielrichtung nach links oder rechts von der Sonne zeigen sie durch einen entsprechenden Tanzwinkel nach links oder rechts von der Richtung nach oben an (Abb. 25). Sie werden wissen wollen, wie genau das stimmt. Ich greife als Beispiel Bobachtungen vom 29. 8. 1953 heraus. Wir haben in 2 Stunden des Vormittags 30 Tänze gemessen. Die Sonne stand zu Beginn der Beobachtungszeit 6°, am Ende 45° rechts vom Ziel. Die von den Bienen gewiesene Richtung war durchschnittlich um 2° falsch. (Genauere Messungen haben inzwischen ergeben, daß die Richtungsweisungen der Tänzerinnen unter günstigen Bedingungen kaum mehr als um ½ Grad nach rechts oder links vom Ziel abweicht). Bedenkt man, daß in diesen Abweichungen nicht nur die Fehler der Tänzerinnen, sondern auch die Ungenauigkeiten des Beobachters enthalten sind, so erscheint die Exaktheit ihrer Nachrichtenübermittlung erstaunlich. Haben sie doch als Meßinstrumente allein ihre Sinneswerkzeuge, und dabei mußten sie noch beim Tanz auf der Wabe den gesehenen Sonnenwinkel aus dem Gedächtnis auf den Winkel zur Schwerkraft übertragen!...

Wie unwahrscheinlich klingt doch die Zeremonie der Richtungs- und Entfernungsweisung durch den Tanz. Ich wollte selbst lange nicht daran glauben. Auch meine Mitarbeiter hatten Zweifel. Sie haben mich auf die Probe gestellt. Als ich eines Tages von einer Bergtour heimkam, sagten meine Töchter (sie gehören zu meinen besten Mitarbeitern), sie hätten einen neuen Futterplatz angelegt, würden aber nicht verraten, wo. Ich sollte meine Bienen fragen. Als ich mir vortanzen ließ und dann auf den Futterplatz zuging, der 350 m entfernt an versteckter Stelle lag, war ihr Vertrauen gestärkt.

Daß wir diese Tanzsprache verstehen, dafür noch ein anderes Beispiel: Wenn Bienen schwärmen, dann sammeln sie sich zunächst als Schwarmtraube um ihre Königin, meist an einem Ast in der Nähe des Muttervolkes. Kundschafter („Spürbienen") sind unterwegs, um eine passende Wohnung zu suchen. Die eine findet vielleicht einen hohlen Baum, die andere ein Erdloch oder eine Mauerhöhle. Jede wirbt nach ihrer Rückkehr auf der Schwarmtraube für ihre Entdeckung durch Rund- oder Schwänzeltänze, die sich von den Tänzen der Nahrungssammlerinnen in nichts unterscheiden. Mein Mitarbeiter *Dr. Lindauer* hat in den letzten Jahren diese Vorgänge studiert. Wenn die Quartiermacher auf der Traube durch ihre Tänze zunächst verschiedene, oft weit auseinanderliegende Fundplätze anzeigen und die einen etwa auf eine Wohnung 300 m nördlich hinweisen, andere auf eine solche 900 m südöstlich oder 1600 m südwestlich, so kommt es doch — wenn nicht der Imker mit rauher Hand eingreift — im Verlauf von Stunden oder Tagen zu einer Einigung auf die beste Wohnung. Das geht so vor sich, daß die Bienen — in vollkommener Parallele zu den Nahrungstänzen — auch über eine angeborene Bewertungsskala für die Güte der Wohnung verfügen und diese in der Lebhaftigkeit ihrer Tänze zum Ausdruck bringen. Dabei spielt eine Rolle, ob das Quartier windgeschützt liegt oder zugig, ob es dort gut riecht oder übel, ob die Größe des Raumes den Bedürfnissen entspricht und noch manches mehr. Je besser die Wohnung in ihrer Gesamtheit bewertet wird, desto lebhafter wird getanzt, desto mehr Kameraden fliegen hin, um sie zu besichtigen, und dann treten sie selbst durch Werbetänze für sie ein. Die Entdeckerinnen von weniger guten Unterkünften bemerken das energischere Tanzen der anderen und „verstummen", oder sie lassen sich informieren, sehen sich die Konkurrenzwohnung an, lassen sich für diese umstimmen und werben nun selbst für sie. Nach erfolgter Einigung zieht der Schwarm in die auserkorene Wohnung.

Dr. Lindauer konnte nun mehrmals allein aufgrund der beobachteten Tänze die neue Niststätte auffinden, obwohl sie von 300 m bis 1600 m vom Bienenheim und von der Schwarmtraube entfernt lag. Dreimal entdeckte er sie sogar noch vor dem Einzug des Schwarmes, so daß er schon dort stand, als die Bienen geflogen kamen und die Wohnung in Besitz nahmen. Überzeugender kann man nicht zeigen, daß der Tanz wirklich die Lage des Zieles angibt.

Wir haben versucht, den Bienen auch Aufgaben zu stellen, die sie nicht mehr meistern könnten. Wir haben sie im Gebirge veranlaßt, auf einem Umweg um einen hohen Felsgrat herum zum Futterplatz zu fliegen. Es gelang uns nicht, sie dadurch in Verlegenheit zu bringen. Sie haben bei ihren Tänzen mit überraschender Genauigkeit die Richtung der Luftlinie angezeigt, die sie niemals geflogen

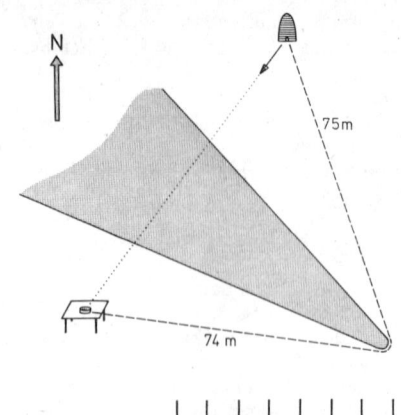

Abb. 26: Der Schwänzellauf zeigt die gerade Richtung zum Futterplatz an, auch wenn ein Hindernis auf der Strecke zu einem Umweg zwingt.

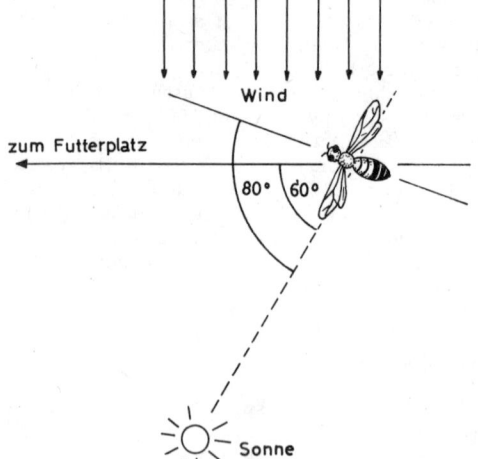

Abb. 27: Die Biene ist unterwegs zum Futterplatz einem Seitenwind ausgesetzt und stellt sich zum Ausgleich der Abtrifft schräg gegen den Wind. Der Winkel zwischen Futterplatz und Sonnenstand betrug im vorliegenden Fall 60°. Die Biene sah ihn infolge ihrer Schrägstellung um 20° größer. Sie gab trotzdem beim Tanz den richtigen Winkel an.

waren (Abb. 26). Das ist gut, denn so können die Kameraden, dem Hindernis ausweichend, ans Ziel finden, während sie ein Hinweis auf die Abflugsrichtung in die Irre leiten müßte. Aber was sie dabei leisten, erinnert an die Kunst der Integralrechnung*).

---

*) Wir hatten uns vorgestellt, daß die Neulinge, die in Richtung der Luftlinie zum Ziel fliegen wollen, seitlich ausweichen, sobald sie auf das Hindernis treffen, daß sie also von vornherein auch den Umweg fliegen. Sie konnten aber nicht wissen, ob sie links herum oder rechts herum besser ans Ziel kämen. Um ihr Verhalten zu klären, sind wir der Sache weiter nachgegangen. Es hat sich herausgestellt, daß sie sich zunächst an die gewiesene Richtung halten und über den Felsgrat fliegen. Erst später fanden sie den seitlichen Umweg, der in diesen Versuchen kürzer war als der Flug über den Grat.

Ähnliche Fähigkeiten bekunden sie unter anderen Umständen, die sicher viel häufiger verwirklicht sind. Wir haben (in gemeinsamer Arbeit mit *Lindauer*) die Frage geprüft, wie die Richtungsweisung aussieht, wenn die Bienen beim Flug zum Futterplatz Seitenwind haben. Unmittelbare Beobachtung lehrt, daß sie in solchem Falle die Abtrift ausgleichen; sie machen es wie ein Fährmann, der sein Boot über einen Fluß steuert: sie stellen sich schräg gegen die Strömung. Bei einen Seitenwind von 3 m/Sek. beträgt z. B. die Schrägstellung rund 20° *). Um diesen Betrag sieht die Biene bei der in Abb. 27 dargestellten Lage den Winkel zwischen Futterplatz und Sonnenstand größer, als er wirklich ist. Wird sie nach der Heimkehr bei ihrem Tanz diesen größeren Winkel anzeigen? Das tut sie nicht, sondern sie reduziert den Tanzwinknl auf jenen Wert, der bei Windstille gültig ist und dann geraden Weges zum Ziel führt. Ein durchaus sinnvolles Verhalten! Denn der Wind ist wechselhaft, und die Tänzerin könnte ihre Stockgenossen leicht auf Abwege bringen, wenn sie ihrer Richtungsweisung die Verhältnisse in der kurzen Zeitspanne ihres Fluges zugrunde legen würde. So aber erfahren die Kameraden die wahre Richtung, nach der sie fliegen sollen und haben nur die Abtrift auszugleichen, die sie nun ihrerseits erleiden.

4. Die Bienen und ihr Himmelskompaß

(aus einem Vortrag in der öffentlichen Sitzung des Ordens pour le Mérite am 31. Mai 1957, Verlag Lambert Schneider, Heidelberg 1956/57)

Zuweilen finden Schwänzeltänze auf horizontalem Boden unter freiem Himmel angesichts der Sonne statt, z. B. auf dem Anflugbrettchen vor dem Flugloch. Unter solchen Umständen ist ein Transponieren auf die Richtung der Schwerkraft weder möglich noch nötig. Die Biene weist durch ihren Schwänzellauf direkt nach dem Ziel. Das ist das einfachere Verfahren. Es ist wohl auch, phylogenetisch betrachtet, die ursprüngliche Form der Richtungsweisung. Diese Vermutung fand eine Bestätigung bei „vergleichenden Sprachstudien" *Lindauers* an indischen Bienen. Nur in Indien leben heute noch mehrere Arten der Gattung *Apis*, der unsere Honigbiene angehört. Die Zwerghonigbiene *(Apis florea)*, die sich in mehrfacher Hinsicht als primitiv erwiesen hat, baut nur eine einzige hängende Wabe an einen Zweig unter freiem Himmel. Sie hat im Grunde die gleiche Verständigungsweise wie unsere Bienen, aber sie tanzt nur auf horizontaler Fläche angesichts des Himmels. Ihre Wabe ist oben verbreitet und zu einem flachen Tanzboden ausgestaltet. Hier landen die heimkehrenden Sammlerinnen, und hier führen sie ihre Tänze auf. Wenn man ihnen diese Möglichkeit nimmt und sie auf die vertikale Wabenfläche zwingt, sind sie hilflos. Sie haben das Transponieren auf die Richtung der Schwerkraft noch nicht erfunden und werden es kaum noch nachholen. Denn das Insektenreich scheint erstarrt in der Blüte seiner Entfaltung, die in längst vergangenen Epochen der Erdgeschichte hinter ihm liegt.

Als ich die Tänze der Bienen auf horizontaler Fläche zum erstenmal sah, wollte ich sie in Ruhe studieren. Deshalb legte ich den Beobachtungsstock flach, so daß die Bienen im Inneren nur eine horizontale Wabenfläche vorfanden. Durch ein

---

*) Wir haben bei diesen Versuchen die Windstärke und Windrichtung an zwei Punkten der 210 m langen Flugbahn zur Zeit des Passierens jeder Versuchsbiene durch Windmesser kontrolliert.

Glasfenster über den Waben hatten sie Ausblick nach dem Himmel. Ich wollte wissen, ob sie sich bei diesen unmittelbaren Hinweisen auf das Ziel wirklich nach der Sonne orientieren und baute eine Art Kartenhaus aus großen Dämmplatten um den Stock, so daß sie weder Sonne noch Himmel sehen konnten. Dann war es vorbei mit der Richtungsweisung, aber nicht mit den Tänzen, die nun ein Bild völliger Konfusion boten und im raschen Wechsel nach allen Richtungen zielten. Zeigte man aber den Tänzerinnen durch ein im Kartenhaus schräg eingesetztes Ofenrohr einen kleinen Fleck blauen Himmels, so waren sie sofort richtig orientiert und wiesen nach dem Futterplatz. Sie mußten am blauen Himmel den Sonnenstand abgelesen haben.

Diese neue Überraschung fand ihre Erklärung in einer Fähigkeit des Bienenauges, in der es unseren Augen überlegen ist. Es vermag die Schwingungsrichtung polarisierten Lichtes zu analysieren. Natürliches Licht, wie es von der Sonne kommt, kann als ein Schwingungsvorgang aufgefaßt werden, bei dem die Schwingungsebene der transversalen Lichtwellen rasch in ungeordneter Weise wechselt. Bei polarisiertem Licht liegt die Schwingungsrichtung in einer Ebene (Abb. 28). Polarisiertes Licht entsteht nicht selten in der Natur, z. B. bei der Spie-

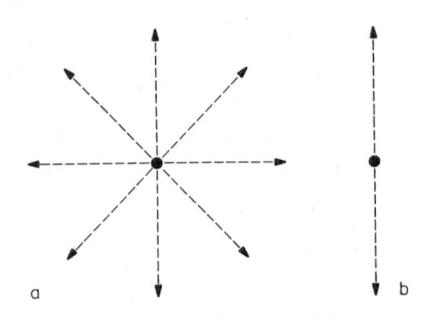

Abb. 28 a) Schematische Darstellung der zahlreichen Schwingungsebenen des normalen Lichtes.
b) Die Schwingungsrichtung des polarisierten Lichtse liegt in einer Ebene.

gelung von Sonnenstrahlen an einer Wasserfläche. Auch das Licht, das vom blauen Himmel kommt, ist zum großen Teil polarisiert. Seine Schwingungsrichtung steht in bestimmter Beziehung zum Sonnenstand. Unser Auge sieht keinen Unterschied zwischen natürlichem und polarisiertem Licht, aber das Bienenauge trägt Analysatoren in sich, mit deren Hilfe es die Schwingungsrichtung erkennt und zur Orientierung nach der Sonne benützt. Der Beweis liegt in folgendem Experiment: Zeigt man den Tänzerinnen in unserem Kartenhaus einen Fleck blauen Himmels durch eine Polarisationsfolie, durch die man die Schwingungsrichtung des Lichtes willkürlich ändern kann, so weisen sie nach Drehung der Folie um einen bestimmten Winkelbetrag nach einer falschen Richtung, genau entsprechend dem Sinne der Drehung und ihrem Ausmaß.

Vielleicht haben diese Mitteilungen Ihren Respekt vor den Bienen grenzenlos gesteigert. Da muß ich, so leid es mir tut, einen Abstrich anbringen. Ja, in ihrer Tanzsprache sind die Bienen die souveränen Meister. Aber in der Fähigkeit, sich nach der Sonne und nach dem polarisierten Licht zu orientieren, wobei sie die Tageszeit und den Sonnenlauf berücksichtigen, teilen sie mit anderen Insekten, und mit Spinnen und Krebsen, und keineswegs nur mit den höchststehenden Vertretern dieser artenreichen Gesellschaft. Ich bin überzeugt, daß auch Schmetterlinge bei ihren berühmten weiten Wanderzügen auf die gleiche Weise navigieren. Es scheint sich um eine elementare Fähigkeit der Gliederfüßer zu handeln, deren Bedeutung für ihre Orientierung im Raum noch kaum zu übersehen ist.

Ganz fremd ist dieser Himmelskompaß auch den Wirbeltieren nicht. Vögel machen von ihm Gebrauch. Das alte Rätsel, wie die Zugvögel ihren Weg finden, hat sich in den letzten Jahren etwas aufgehellt; *Kramer* und andere Untersucher konnten zeigen, daß auch diese Tiere imstande sind, nach der Sonne zu steuern, indem sie deren täglichen Gang und die Tageszeit in Rechnung stellen. Es gibt auch Vögel, die nur während der Nachtstunden ziehen, z. B. unsere Grasmücken. Wie machen sie ihre weite Reise von Nordeuropa bis nach Afrika ohne die Sonne? Mit ihren scharfen Augen haben sie eine Möglichkeit, die den Insekten mit ihrer weit geringeren Sehschärfe nicht gegeben ist: die Beachtung der Sterne. *F. Sauer* konnte zeigen, daß Grasmücken zur Zeit ihres Herbstzuges auch unter dem künstlichen Sternhimmel eines Planetariums ihre natürliche Zugrichtung nach dem Süden einschlagen. Als er für eine Grasmücke den Sternenhimmel eines Planetariums gegenüber der Ortszeit so verstellte, wie es einer weiter östlich gelegenen Gegend entsprochen hätte, schaute der Vogel erregt hin und her und strebte dann mit Vehemenz nach Westen. Wurde der Himmel allmählich so verändert, wie es dem Wanderweg entspricht, dann strebten sie weiter nach Süden, bis die Sternbilder ihrer afrikanischen Winterheimat im Planetarium von Bremen erschienen. Da legte sich ihr stürmischer Drang davonzuziehen, als glaubten sie sich am Ziel.

Das sind bezaubernde Leistungen. Es fällt einem schwer zu sagen, wem der Preis gebührt in der Beherrschung des Himmelskompasses, der Grasmücke oder der Biene. Ich gebe meine Stimme der Biene. Nur sie zeigt nach dem Kompaß auch den anderen den Weg; sie verliert nicht die Richtung, wie die Grasmücke, wenn der Himmel bedeckt ist, weil sie die Sonne durch die Wolken sieht; und zusammen mit ihren Genossen aus dem Reich der Gliederfüßer versteht sie es, auch nach dem polarisierten Licht des blauen Himmels zu steuern. Das können Wirbeltiere nicht. Den Anblick des Himmelszeltes in dieser Weise auszuwerten, blieb den Gliederfüßern vorbehalten. Wenn man bedenkt, daß diese das Meer und alle Länder in unermeßlicher Zahl von Arten und Individuen bevölkern, die um ein Vielfaches größer ist als die Zahl der Wirbeltiere samt uns Menschen, so erscheint unter den mit Augen bedachten Wesen auf der Erde ihre Leistung als die Regel und wir sind die ausnehmende Unbegabten. Wir wollen ihre Überlegenheit mit Andacht zur Kenntnis nehmen.

Zitiert aus *Karl v. Frisch*. „Ausgewählte Vorträge 1911 bis 1969" mit Genehmigung der BLV Verlagsgesellschaft m. b. H., München.

Karl von Frisch wurde 1886 in Wien geboren und studierte dort Naturwissenschaften. Heute ist er Professor in München. — Auf dem Gebiet der Verhaltensforschung gelangen ihm bahnbrechende Untersuchungen, Er bewies durch neuartige, von ihm entwickelte Versuche u. a. den Farbensinn der Fische und der Bienen. Sein genialster Erfolg war die Enträtselung der „Bienensprache", was ihm allerdings erst nach jahrzehntelangen Versuchen gelang. 1974 erhielt er den

Nobelpreis. Zahlreiche Mitarbeiter wurden von ihm angeregt. Da seine Versuche besonders eindringlich den Weg der modernen experimentellen Verhaltensforschung zeigen, haben wir ihnen hier einen breiteren Raum gewidmet. *Karl v. Frisch* sagte einmal: „Der richtig ausgedachte Versuch ist der Zauberschlüssel, der ein Tier zwingt, eine gestellte Frage zu beantworten — und dabei lügt es nie!"

KONRAD LORENZ:

Tiergeschichten

Aus „Er redete mit dem Vieh, den Vögeln und den Fischen"
Verlag Borotha-Schöler, Wien, 15.—17. Aufl., 1958

... Und was treiben die Dohlen nicht alles mit dem Winde! Auf den ersten Blick scheint es, als spiele der Wind mit den Vögeln wie die Katze mit der Maus. Aber die Rollen sind vertauscht: die Vögel spielen mit dem Sturm. Beinahe, immer nur beinahe lassen sie dem Sturm seinen Willen, lassen sich vom Aufwind hoch, hoch in den Himmel werfen, sie scheinen dabei nach oben zu fallen — und dann drehen sie sich mit einer lässigen kleinen Bewegung des einen Flügels auf den Rücken, öffnen die Tragflächen für den Bruchteil einer Sekunde von unten her gegen den Wind, stürzen mit einem Vielfachen der freien Fallbeschleunigung nach unten, drehen sich mit einer ebenso winzigen Flügelbewegung wie vorher wieder in die normale Lage zurück und schießen nun mit fast völlig geschlossenen Schwingen in rasender Fahrt gegen den Sturm, der sie nach Osten blasen will, hunderte Meter nach Westen davon. Das kostet die Vögel keine Kraft, der blinde Riese selbst muß die Arbeit leisten, die nötig ist, um den Vogelkörper mit weit mehr als hundert Stundenkilometer Geschwindigkeit durch die Luft zu treiben, die Dohle selbst hat nichts dazu beigetragen, nur zwei oder drei lässige, kaum merkbare Stellungsveränderungen ihrer schwarzen Schwingen. Souveräne Beherrschung roher Gewalt, berauschender Triumph des lebendigen Organismus über die elementaren Kräfte des Anorganischen!

Vierundzwanzig Jahre sind vergangen, seit die erste Dohle so um die Giebel von Altenberg flog, seit ich mein Herz an die Vögel mit den silbernen Augen verlor. Und wie es so häufig mit den großen Lieben unseres Lebens ist, dachte ich mir gar nichts besonderes dabei, als ich meine erste ganz junge Dohle kennenlernte. Sie saß in Rosalia Bongar's Tierhandlung, in der ich seit nunmehr vierzig Jahren Stammkunde bin, in einem ziemlich finsteren Käfig, und wurde für genau vier Schilling mein. Ich kaufte sie nicht aus wissenschaftlichen Erwägungen, sondern nur, weil mich eben die Lust ankam, den großen, roten, gelb umrandeten Sperr-Rachen des Jungvogels mit gutem Futter zu stopfen. War er erst einmal selbständig geworden, wollte ich den Vogel wieder ziehen lassen. Das habe ich dann auch wirklich getan, aber nicht mit dem erwarteten Erfolg, daß noch heute die Dohlen unter unserem Dach brüten. Noch nie ist mir ein Akt des Mitleids mit einem Tiere so gelohnt worden.

Wenige Vögel, ja überhaupt wenige höhere Tiere (die staatenbildenden Insekten stehen auf einem anderen Blatt) haben ein so hoch entwickeltes Familien- und

Gesellschaftsleben wie die Dohlen. Deshalb sind auch nur wenige Tierkinder so rührend hilflos und hängen dem Pfleger so reizend an wie junge Dohlen.

Als die Kiele ihres Großgefieders verhornt und meine Dohle voll flugfähig war, zeigte sie eine geradezu kindliche Anhänglichkeit an meine Person. Sie flog mir im Hause von Zimmer zu Zimmer nach, und mußte ich sie einmal, notgedrungen, allein lassen, rief sie verzweifelt ihren Ruf: „Tschok". Diesen Ruf erhielt sie denn auch zum Namen. Daraus erwuchs die Tradition, alle einzeln aufgezogenen Jungvögel nach ihrem Lockruf zu benennen.

Ein Dohlenkind, das mit seiner ganzen jugendlichen Anhänglichkeit dem Pfleger verbunden ist, bringt natürlich auch dem wissenschaftlichen Interesse viel Gewinn. Man kann mit dem Vogel ins Freie gehen, kann seinen Flug, seinen Nahrungserwerb, kurz, alle seine Verhaltensweisen in völlig natürlicher Umgebung, uneingeengt vom Gitter des Käfigs und doch aus nächster Nähe, studieren. Ich glaube nicht, daß ich von einem anderen Tier so viel und so wesentliches gelernt habe wie im Sommer 1926 von Tschok.

Es lag wohl an meiner Nachahmung des Dohlenrufes, daß Tschok mich sehr bald allen anderen Menschen vorzog. Fliegend begleitete er mich auf weiten Wanderungen, ja selbst auf Radtouren, treu wie ein Hund. Obwohl er mich zweifellos persönlich kannte, seine Anhänglichkeit eindeutig nur mir galt, trat doch das Triebhafte, ja geradezu Reflex-Ähnliche seines Nachfolgens oft in höchst merkwürdiger Weise zu Tage: ging jemand sehr viel schneller als ich es im Augenblick tat, und überholte er mich dadurch, so verließ mich die Dohle regelmäßig und schloß sich dem Fremden an. Allerdings merkte sie bald ihren „Irrtum" und kehrte zu mir zurück; mit zunehmendem Alter trat dann diese Korrektur immer rascher ein. Aber ein kleiner Start, eine Intentionsbewegung, dem der schneller ging, zu folgen, war auch später noch oft zu bemerken.

In einen viel stärkeren Seelenkonflikt aber geriet Tschok, flogen vor uns eine oder gar mehrere Krähen auf. Der Anblick eines schlagenden schwarzen Flügelpaares, das sich rasch entfernt, löst in einer jungen Dohle zwangsläufig den übermächtig starken Trieb aus, hinterher zu fliegen. Tschok konnte nicht widerstehen und hat auch aus trüben Erfahrungen in diesem Punkte nichts gelernt. Denn hinter jeder Krähe sauste er blindlings her und wurde auf diese Weise oft von einem Krähentrupp so weit entführt, daß er um ein Haar verloren gegangen wäre.

Eigenartig war sein Verhalten, wenn die Krähen landeten. In dem Augenblick, da sie nicht mehr flogen, der Zauber des schlagenden schwarzen Flügelpaares also nicht mehr wirkte, fühlte sich Tschok vereinsamt und begann mit dem besonderen Jammerruf nach mir zu rufen, mit dem eine verlorengegangene junge Dohle nach ihren Eltern ruft. Sobald er meinen antwortenden Ruf hörte, flog er auf und nach mir hin, und zwar so energisch, daß er sehr häufig nun seinerseits die Krähen mitriß und an der Spitze des ganzen Trupps auf mich zugeflogen kam. In solchen Fällen mußte ich mich den Krähen schon von weitem bemerkbar machen, sonst trat eine andere Komplikation ein. Sie kamen nämlich anfangs, ehe ich diese Gefahr kannte, hinter der Dohle her und ganz nahe an mich heran, ohne mich zu bemerken. Wurden sie schließlich meiner ansichtig, erschraken sie heftig und stoben in solcher Panik davon, daß Tschok, angesteckt vom allgemeinen Schrecken, wiederum mitgerissen wurde.

In allen sozialen Verhaltensweisen, deren Gegenstand durch individuelle Erfahrung festgelegt wird, war Tschok also auf den Menschen eingestellt. Wie *Kiplings* Mowgli sich als Wolf bezeichnete, so würde Tschok, hätte er sprechen können, sich gewiß als Menschen bezeichnet haben. Nur das Signal des schlagenden schwarzen Flügelpaares wird angeborenermaßen verstanden: „flieg mit!". Man kann, etwas vermenschlichend, sagen: solange Tschok zufuß ging, hielt er sich für einen Menschen, flog er aber auf, betrachtete er sich als Nebelkrähe, denn sie war es, deren schwarze schlagende Flügelpaare er als erste kennenlernte.

... Um die Verluste des Winterzugs zu vermeiden, hielt ich die Vögel von November bis Februar im Flugkäfig eingesperrt, die ein bezahlter Helfer — er galt als gewissenhaft — versorgte, da ich selbst damals noch in Wien wohnte. Eines Tages waren alle Tiere fort. Das Käfiggitter hatte ein Loch, es mochte vom Winde gerissen worden sein, zwei Dohlen fand man tot, die anderen waren weg. Vielleicht war ein Hausmarder eingedrungen? Ich weiß es nicht.

Dieser Verlust war mir einer der herbsten, die mein tierpflegerisches Mühen betroffen haben.

Und doch trug er auch Gutes ein, nämlich Beobachtungen, die mir sonst wahrscheinlich nie möglich gewesen wären. Dieses Gute begann damit, daß nach drei Tagen e i n e Dohle plötzlich wieder da war: Rotgelb, die Exkönigin, die erste Dohle, die in Altenberg gebrütet und Junge großgezogen hatte.

Ihr zuliebe, damit sie nicht so einsam sei, zog ich wieder vier junge Dohlen auf, und als sie fliegen konnten, setzte ich sie zu der Rotgelben in den Flugkäfig. Doch übersah ich, in der Eile und beschäftigt mit tausend Dingen, daß der Käfig wiederum ein großes Loch im Gitter hatte. Und noch ehe sie an die Rotgelbe gewöhnt waren, kamen alle vier Jungen gleichzeitig frei; in dicht geschlossenem Schwarm, vergeblich beieinander Führung suchend, kreisten sie hoch und höher und landeten schließlich oben am Bergeshang, weit von zuhause weg und mitten in dichten Buchenbeständen. Dort konnte ich nicht an sie heran, und da die Vögel nicht gewohnt waren, auf meinen Ruf zu hören und mir nachzufliegen, hatte ich keine Hoffnung, sie je wiederzusehen. Gewiß, die Rotgelbe hätte sie mit Kjuh-Rufen heimbringen können; alte Tiere, die „consules", sorgen sich ja um j e d e s jüngere Koloniemitglied, das im Begriff ist, sich zu verfliegen. Aber Rotgelb betrachtete die vier Jungen eben noch nicht als Koloniemitglieder, da sie erst knapp einen halben Tag mit ihr zusammen waren. Da kam mir in meiner Verzweiflung ein genialer Einfall!

Ich kletterte in den Bodenraum zurück und kam im nächsten Augenblick wieder herausgekrochen. Unterm Arm hatte ich eine riesige schwarz-gelbe Fahne, die zu vielen Geburtstagen des alten Franz Josef auf dem Hause meines Vaters geweht hatte. Und auf meines Daches Zinnen, ganz oben beim Blitzableiter stehend, schwenkte ich nun verzweifelt diesen politischen Anachronismus. Was wollte ich damit? Ich versuchte durch dieses Schrecknis die Rotgelbe so hoch in die Luft hinauf zu treiben, daß die Jungen vom Walde her ihrer ansichtig würden und zu rufen begönnen. Dann, so hoffte ich, würde die Alte vielleicht mit einer Kjuh-Reaktion antworten und die Verlorenen nachhause holen.

Die Rotgelbe kreiste hoch droben, aber noch nicht hoch genug. Ich stieß ein Indianergeheul nach dem anderen aus und schwenkte Franz Josefs Banner wie ein Irrer. In der Dorfstraße begannen sich Leute zu sammeln. Ich verschob aber die Erklärung meines Tuns auf später und schwenkte und brüllte weiter. Rotgelb stieg noch ein paar Meter höher. Und da rief auch schon eine junge Dohle auf dem Berghang. Ich stellte mein Fahnenschwenken ein und sah schnaufend nach oben, wo die alte Dohle kreiste. Und, bei allen vogelköpfigen Göttern Ägyptens, sie änderte ihren Flügelschlag, sie begann aufs neue zu steigen, sehr entschlossen, sie nahm die Richtung nach dem Walde und — kjuh, rief sie kjuh ... kommt zurück, kommt zurück! Ich wickelte so rasch ich konnte, die Fahne zusammen und verschwand fluchtartig in der Bodenluke.

Zehn Minuten später waren alle vier Kinder wieder zuhause, samt der Rotgelben. Die war ebenso müde wie ich. Die vier Dohlenjungen aber hat sie von da an treu gehütet und nicht mehr davonfliegen lassen. Aus den vier jungen Dohlen wurde mit den Jahren eine volkreiche Kolonie, an deren Spitze eine Frau stand, eben eine Rotgelbe. Da der Altersunterschied zwischen ihr und den übrigen Vögeln sehr groß war, hatte sie mehr „Autorität" unter den anderen Dohlen als sonst ein Koloniedespot. In der Fähigkeit, die Schar zusammenzuhalten, übertraf Rotgelb alle anderen Herrscher, die meine Siedlung je vorher gehabt hatte. Getreulich hütete sie alle jungen Dohlen, allen war sie Mutter denn sie selbst hatte ja keine Kinder.

Es wäre stimmungsvoll, den Lebensroman der Dohle Rotgelb hier zu schließen: die ehelose Vestalin als selbstlose Hüterin des allgemeinen Wohles ..., das gäbe vielleicht keinen üblen Ausklang. Was aber w i r k l i c h noch geschah ist ein kitschiges Happy end, daß ich mich kaum getraue, es zu erzählen.

Drei Jahre nach der großen Dohlenkatastrophe, an einem sonnigen, windigen Vorfrühlingstage, einem richtigen Vogelzugtag also, da hoch am Himmel eine Wanderschar von Dohlen und Saatkrähen nach der anderen vorüberzog, löste sich aus einer dieser Scharen ein flügelloses torpedofömiges Projektil und stürzte in sausendem Falle herab. Aber dicht über unserem Hausdach wurde das Projektil zum Vogel, der seinen Sturz mit leichtem Schwung abfing und schwerelos auf der Wetterfahne landete. Dort saß nun ein riesengroßer Dohlenmann mit blauglänzenden Schwingen und einer so prächtigen, seidigen fast weiß schimmernden Nackenmähne, wie ich sie nie vorher an einer Dohle gesehen hatte.

Und Rotgelb die Königin, Rotgelb die Despotin, kapitulierte ohne einen Streich. Aus dem herrschsüchtigen Mannweib wurde schlagartig wieder ein schüchternes, unterwürfges Mädchen, das so schön mit dem Schwanz wackelte und so reizend mit den Flügeln zitterte, wie nur irgend eine junge Dohlenbraut. Schon wenige Stunden nach dem Eintreffen des Männchens waren beide ein Herz und eine Seele und benahmen sich völlig wie ein lang verheiratetes Paar. Sehr interessant war, daß das große Männchen so gut wie keine Kämpfe mit den anderen Dohlen zu bestehen hatte. Seine Anerkennung als Despot durch den bisherigen Herrscher schien ihn für alle Koloniemitglieder als „Nummer Eins" zu kennzeichnen. Nur noch von Hunden kenne ich Ähnliches!

Konrad Lorenz wurde 1903 in Wien geboren. Mit *Nikolaus Tinbergen* ist er der Begründer der modernen Ethologie. Arbeiten über die Instinktbewegungen, angeborene Schemata (das „Kindchenschema"). Analysen des Sozialverhaltens von Dohle und Graugans. Er lebt als Direktor des Max-Planck-Instituts in Seewiesen bei Starnberg. In viele Sprachen übersetzte populäre Bücher: „Er redete mit dem Vieh, den Vögeln und den Fischen" und „So kam der Mensch auf den Hund". 1963: „Das sogenannte Böse — Naturgeschichte der Aggression". 1974 erhielt er den Nobelpreis.

NIKOLAUS TINBERGEN:

Aus „Tiere untereinander", Verlag Paul Parey, 1955

Einleitung, Problemstellung

Wenn man Stare, die im Schwarm leben, soziale Vögel nennt im Unterschied zu Einzelgängern wie dem Wanderfalken, der im Winter über den Flußmündungen jagt, so bedeutet sozial, daß wir es mit mehr als einem Individuum zu tun haben. Viele brauchen es nicht zu sein, ja auch im Verhalten nur eines Paares nenne ich vieles sozial. Aber nicht alle Ansammlungen von Tieren sind es; z. B. die Hunderte von Insekten, die in der Sommernacht um unsere Lampe fliegen, sind es meistens nicht. Sie können einzeln angekommen sein und sich rein zufällig versammelt haben, eben weil jedes zu der Lampe hingezogen wurde. Aber Stare, die uns an Winterabenden, ehe sie schlafen gehen, ihre bewundernswerten Flugmanöver vorführen, reagieren sicher aufeinander; ja ihr Exerzieren im Verbande ist von solcher Präzision, daß man ihnen übernatürliche Verständigungsmittel zutrauen möchte. Dies Zusammenhalten, indem jeder beachtet, was die anderen tun, ist ein zweites Kennzeichen sozialen Verhaltens. Hierin unterscheidet sich Tiersoziologie von der der Pflanzen; man nennt Pflanzengesellschaften alles, was beieinandersteht, gleich ob sie sich gegenseitig beeinflussen oder nur auf gleiche Art von denselben Außenbedingungen angezogen oder ausgelesen worden sind. Der Einfluß, den soziale Tiere aufeinander ausüben, ist nicht nur Anziehung. Haben sie sich erst versammelt, so beginnen sie meistens auch enger zusammenzuarbeiten, etwas miteinander zu tun. Die Stare fliegen im Schwarm, wenden zugleich im gleichen Sinne, und einer gibt Alarm, worauf die anderen reagieren; oder sie wehren gemeinsam den Sperber ab oder den Wanderfalken, indem sie ihn in dichter Wolke überfliegen. Hat ein Männchen sein Weibchen gefunden, so handeln sie die ganze Sommerzeit über eng zusammen: beim Liebesspiel, Nestbau, bei der Brut und Aufzucht der Jungen.

Beim Sozialverhalten gilt es also zu untersuchen, in welcher Weise die Individuen zusammenarbeiten, mögen es nur zwei sein oder viele. Im Starenschwarm sind es Tausende, die aufeinander achten.

Wenn wir von solch gemeinsamem Tun sprechen, denken wir zugleich immer mehr oder weniger deutlich mit an seinen Zweck; wir nehmen an, es sei zu etwas nütze. Diese Frage nach der „biologischen Bedeutung", der „Leistung" von Lebensvorgängen ist ein besonders anziehendes Problem, in der Organphysiologie ebenso wie in der des Individuums, in der Verhaltensphysiologie und auf der nächsthöheren Stufe auch in der Soziologie. Anders als der Physiker und Chemiker muß der Biologe auch nach dem Zweck der Vorgänge fragen, die er untersucht. Dabei ist natürlich nicht Endzweck gemeint. Ebensowenig wie der Physiker fragt, wozu Materie und Bewegung, fragt der Biologe, wozu es Leben gibt. Aber der unstabile Zustand, das Risiko, daß alles Leben läuft, zwingt uns zu fragen, wie es möglich ist, daß das Lebendige nicht sogleich den ständig drohenden zerstörenden Einflüssen der Umgebung erliegt. Wie kann das Geschöpf überleben, sich selbst und durch Fortpflanzung seine Art erhalten? Der Zweck, das Ziel des Lebens in diesem engen Sinne ist Erhaltung des Individuums, der Gruppe und der Art. Eine Gesellschaft von Individuen soll bestehen bleiben, sich vor dem Zerfallen schützen wie ein Organismus auch, der ja — so sagt es schon der Name — eine Gesellschaft von Organen, von Organteilen und deren Unterteilen ist. Der Physiologe fragt, wie sich das Individuum oder das Organ oder endlich die Zelle durch wohlgeordnete Zusammenarbeit der Teile zu erhalten weiß. Ebenso muß der Soziologe fragen, wie die Glieder der Gruppe, die Individuen es machen, daß sich die Gruppe erhält.

Nach einigen Beispielen vom Gruppenleben verschiedener Tierarten werde ich in den nächsten Kapiteln erläutern, was alles das soziale Verhalten eines Gruppengliedes zum Wohl der anderen und der ganzen Gruppe leistet, und danach besprechen, wie die Zusammenarbeit geregelt wird. Diese beiden Gesichtspunkte, Leistung und Verursachung, werden erörtert für das Verhalten der Geschlechtspartner, das Leben in der Familie und der Gruppe sowie für den Kampf. So werden wir Schritt für Schritt soziale Strukturen entdecken. Da sie alle nur vorübergehender Art sind, ist zu untersuchen, wie sie entstehen. Endlich gilt es herauszufinden, wie die Organismen im Laufe ihrer langen Stammesgeschichte das soziale Verhalten entwickelt haben, das wir heute an ihnen beobachten.

MARIO MARRET:

Aus „Sieben Mann bei den Pinguinen", Kümmerli & Frey, Bern

... Wenig später verbrachten wir eine ganzen Tag damit, einen Kaiserpinguin zu beobachten, der vorschriftsmäßig mit einem Holztäfelchen etikettiert war, damit er sich nicht in der Masse der anderen verliere. Wir konnten uns so von der außergewöhnlichen Sparsamkeit der Bewegungen und Ortsveränderungen überzeugen, die das Dasein des Kaiserpinguins kennzeichnet, wenn er außer Wasser ist. Ein paar Schritte nach der einen, ein paar nach der anderen Seite, ein paar Flügelschläge, den Kopf zuerst nach rechts, dann nach links geneigt, zwei Stunden völliger Bewegungslosigkeit, dann wieder drei Schritte und so fort.... Man könnte glauben, sich einem mit Betäubung geschlagenen, stumpfsinnig gewordenen, apathischen Tier gegenüber zu befinden. Aber man darf nicht vergessen, daß der Kaiserpinguin ein Doppelleben führt: dasjenige, das sich im Winter abspielt, das wir gerade studieren, und von dem wir Aufnahmen machen, und dasjenige, von dem wir nichts wissen, das sich unter Wasser, im offenen Meer entfaltet, wo sich, wie man annehmen darf, diese marmorne Leidenschaftslosigkeit in eine aalhafte Geschwindigkeit verwandelt. Mag übrigens die fast dauernde Unbeweglichkeit noch so sehr enttäuschen, der Vogel bewahrt nichts destoweniger seine wahrhaft kaiserliche Würde und Allüre. Auf seinen Pfoten sitzend, in seiner Prunkrobe wie in Gips gegossen, gleicht er einem Torpedo im Abendkleid.

Die einzigen Bewegungen des Kaiserpinguins außer Wasser scheinen entweder durch die Liebe oder durch die Väterlichkeit verursacht zu werden. Und dann ist noch die Bildung der „Schildkröten" ein weiteres höchst erstaunliches Phänomen bei diesem Vogel, dessen Verhalten in seiner Gesamtheit lauter Überraschungen bereitet. Die Kaiserpinguine sind angekommen, die Individuen haben sich gesucht, gefunden und zu Paaren vereinigt; eins hat den Gesang angestimmt, das andere geantwortet, dann haben sich ihre Stimmen vermischt; endlich haben sie, Aug in Auge, die Verzückung erlebt. In diesem Zeitpunkt geschieht es, daß sich die Paare, sehr eng beieinander, sich fast berührend, fortbewegen, quer über den Nistplatz spazieren und schließlich, die einen an die andern gedrängt, dichte Gruppen von wesentlich ovaler Form bilden, die man „Schildkröten" nennt. Wir haben ihrer in dieser Zeit auf dem Gelände des Nistplatzes zehn bis dreißig gezählt. Diese Gruppierungen erfolgen nachts, auch wenn kein Blizzard weht. Es handelt sich also dabei um eine Kollektivverteidigung gegen die Kälte. In der Folge nimmt man, am Tag, allgemeines Wiederauseinandergehen wahr. Die Paare begeben sich an die Peripherie des Nistplatzes. Es kommt vor, daß sich zwei Partner in einer Haltung von Zärtlichkeit mit dem Kopfe berühren. Andere Paare liegen ein Partner dem andern gegenüber, und der Kopf des Weibchens schmiegt sich unter den des Männchens. In einigen Fällen endlich liegt das Männchen quer überm Rücken des Weibchens. Dann folgt eine etwa vierzehn Tage während Periode der Ruhe. Hierauf richten sich die Pärchen wieder auf, und die „Verzückungen" steigern sich bis zur Paarung.

Der Liebesakt ermangelt bei den Kaiserpinguinen nicht der Vielfältigkeit. Das Männchen legt oft seinen Schnabel um den des Weibchens und zwingt es, sich auszustrecken. Es begibt sich aber, daß das Weibchen nicht einverstanden ist. Mitunter macht auch das Weibchen eine einladende Geste, indem es sich von sich aus aufs Eis legt, und nicht selten ist in solchem Falle das Männchen der Verweigerer. Doch gewöhnlich klettert das Männchen, ist erst einmal das Weibchen ausgestreckt, auf dessen Rücken, wobei es mit seinem Schnabel nachhilft und mit seinen Krallen, die als Steigeisen dienen. Und dann, die Flügel ausgebreitet, um das Gleichgewicht zu halten, den Schnabel unter dem des Weibchens zurückgelegt, befruchtet das Männchen dieses. Die eigentliche Begattung dauert dreißig Sekunden. Öfters verliert das Männchen die Balance und rollt zur Seite. Seine Bewegungen sind ungeschickt, und sein Eigengewicht behindert es. Es klettert dann wieder an seinen Platz und beginnt von vorne; wiederholt sich aber das Mißgeschick allzu oft, dann ereignet es sich wohl, daß es ermüdet, die Partnerin im Stich läßt und sich wieder in seiner priesterlichen Bewegungslosigkeit hinlagert. Ist das der Fall, dann richtet sich nach vergeblichem Warten das Weibchen wieder auf, prustet und entfernt sich ... sofern es nicht, solange es noch ausgestreckt ist, von männlichen Alleingängern, die auf der Suche nach einer Partnerin sind, im Sturm erobert wird. Wir haben drei, vier und sogar fünf solche Kaiserpinguine beobachtet, die sich um ein Weibchen schlugen und sich einen Platz auf ihrem Körper streitig machten. Das Pärchen richtet sich nach der Begattung empor, prustet und wendet sich nach verschiedenen Punkten des Nistplatzes. Es trennt sich bald, und die Kaiserpinguine nehmen wieder die Tätigkeit auf, in der wir sie zu Anfang unseres Aufenthaltes gesehen haben....

.... Obwohl wir mit Riesenschritten dem Winter entgegengehen, verbleiben uns doch noch Seevögel. Schneesturmvögel, ganz weiß und flaumig, flattern um die Inseln herum. Auf dem Eis des Meeres nimmt man junge Riesensturmvögel wahr, die Flugversuche machen, um im Augenblick der großen Kälte abfliegen zu können. Einige von ihnen sind von ihren Eltern verlassen worden. Unterernährt, vor Anstrengung und Kälte abgemagert, auf ihren Füßen unsicher, warten sie auf einen günstigen Windstoß, um davonzufliegen. Man wundert sich beim Anblick dieser Wesen, weil sie so schlecht ausgerüstet sind, ein Klima solcher Art zu ertragen. Die Sterblichkeit unter den Jungen ist aber auch beträchtlich, um so mehr, als ihre Wachstumsperiode sehr lange währt. Sollten sich im Lauf eines Jahres die klimatologischen Bedingungen plötzlich verschlechtern, dann würden wahrscheinlich alle diese Jungen zugrundegehen.

Zwischen dem 5. und 20. Mai haben die Kaiserpinguine ihre Eier gelegt. Die Zeit der Eibildung scheint mithin ungefähr fünfundzwanzig Tage zu dauern. Das Eierlegen erfolgt mutmaßlich nachts, zwischen zwei Uhr und sieben Uhr morgens. Es ist *Prévost*, trotz seiner Wachsamkeit, nie gelungen, es unmittelbar zu beobachten. Es erging ihm damit ähnlich wie *Rivolier*, als er vergeblich versuchte, der Geburt einer Robbe beizuwohnen. Er hatte eines Tages ein Weibchen aufgestöbert, dessen Schwangerschaftsgrad eine baldige Niederkunft erwarten ließ. Er schlug daher ihm zur Seite sein Zelt auf, und da er ausgerechnet hatte, daß die Entbindung erst nach etlichen Stunden statthaben werde, legte er sich schlafen. Doch ach, seine Berechnungen wurden von der Natur widerlegt; denn als er aufwachte, konnte er nur noch die Anwesenheit eines quäkenden Seehundbabys feststellen, das gierig an den unsichtbaren Zitzen seiner Mutter sog.

Um auf die Kaiserpinguine zurückzukommen: alles, was man vermuten kann, ist, daß das Weibchen sein Ei auf dem Eise selbst legt, es dann auf seinen Pfoten unterbringt und dort aufbewahrt, im Schutz der Wärme des Bauches, der es bedeckt.

Das Erscheinen des Eies versetzt das Pärchen in einen Zustand nicht alltäglicher Aufregung. Das Weibchen zieht seinen Bauch zusammen und läßt das Ei vor den Augen des Männchens abwechselnd auftauchen und wieder verschwinden; das Männchen gibt seiner Gemütsbewegung durch einen Gesang Ausdruck, den der des Weibchens beantwortet. Die beiden Vögel treten auf der Stelle, machen ein paar kurze Schritte. Als seine Neugier den Höhepunkt erreicht hat, neigt das Männchen den Kopf und versucht das Ei mit seinem Schnabel zu berühren. Das Weibchen spannt den Bauch, spreizt die Flügel, bewegt Kopf und Hals von oben nach unten und watschelt an Ort und Stelle bis zu einem Augenblick, da es die Pfoten öffnet und sein Ei in den Schnee rollen läßt. Jetzt bemächtigt sich das Männchen des Gegenstandes, läßt ihn zwischen seinen eigenen Pfoten rollen und hißt ihn, was ihm aber nur mit sehr großer Mühe gelingt, mit linkischen Gesten empor, derart, daß er zwischen die gewichtige und gewölbte Masse des Unterleibes und den oberen Teil der Pfoten zu liegen kommt.

LOIS CRISLER:

Wölfe jagen Karibus

Aus „Wir heulten mit den Wölfen". F. A. Brockhaus, Wiesbaden, 1960

... Am Morgen des 30. Juli kleidete ich mich gerade im Zelt an, als Cris mich rief: „Wölfe! Lois, ich sehe zwei Wölfe!" Ich lief barfuß hinaus.
Zwei langgestreckte, gelblich-weiße Tiere flogen unten über die Tundra dahin, sie strebten zwischen dem mittleren und dem Landungs-See nordwärts. Alle die Tiere, die wir an diesem merkwürdigen Tag noch erblickten, zogen nach Norden, außer einer Karibukuh und einem Kalb, die bereits vorübergekommen und nach Süden gewandert waren, sowie den Wölfen, die zwischen den Seen hin- und herpendelten.
An diesem Morgen kamen wir nicht zum Frühstücken. Kaum hatte ich mich fertig angezogen, als Cris schon wieder rief. „Sie verfolgen einen Karibu!" In den nächsten vier Stunden waren wir damit beschäftigt, Wölfe bei der Karibujagd zu beobachten; das war ein Schauspiel, über das wenig zuverlässige und fast keine Augenzeugenberichte vorhanden sind.
Der dunkelgraue Karibu lief nach Norden auf den mittleren See zu, die Wölfe ihm nach. Plötzlich schienen alle drei schneller zu werden. Dann wurde der Abstand zwischen dem Karibu und den Wölfen größer. Der Leitwolf blieb stehen, sah sich gemütlich nach dem anderen Wolf um und — setzte sich nieder! Der Karibu war jetzt schon weit weg und hatte den Weg nach der niedrigen Polar-Wasserscheide am Nordende des Passes eingeschlagen.
Wir hofften, daß die Wölfe jetzt auf unsere Paß-Seite kämen. Doch sie trabten zum anderen Hang, wo der größere Wolf, ein Rüde, wie wir vermuteten, auf einem grünen Fleck auf irgend etwas lossprang, ein wenig grub, und sich dann wiederum darauf stürzte. Wahrscheinlich jagte er Mäuse.
Auf einmal wandte sich der kleinere, behendere Wolf, vielleicht ein Weibchen, wieder dem Landungs-See zu. „Ein zweiter Karibu!" sagte Cris. Auf dieser Jagd sollten wir ein spannendes Schauspiel erleben: Wölfe, die eine bestimmte Taktik anwandten.
Das Weibchen lief scheinbar geradewegs auf den näherkommenden ahnungslosen Karibu zu. Doch nein! Ungesehen eilte die Wölfin am Hang über ihm vorbei. Erst als sie ihn überholt hatte, zeigte sie sich, machte kehrt und hetzte ihn.
Der Hirsch rannte schnurstracks auf den großen blaßgelben Wolf zu, der auf einer niedrigen Anhöhe in der Nähe des unteren Endes des mittleren Sees lauerte. Jetzt raste der Hirsch längs dem Hügelabhang weiter. Er erblickte den lauernden Wolf und macht einen Satz vorwärts, als hätte ihn ein Peitschenhieb getroffen. „Er wird in den See springen!" rief Cris.
Im gleichen Augenblick schwenkte der Hirsch plötzlich ein und stürzte den Hang hinunter zu einem grünen Sumpfstreifen am See; nun griff der große Wolf in die Jagd ein und stürmte im rechten Winkel zu seiner früheren Laufrichtung heran. „Jetzt wird ihn der Wolf erwischen", meinte Cris.
Aber der Hirsch kam flink durch den Sumpf. Der Wolf tapste hinein, verschwand von der Bildfläche, strampelte wieder hoch und stapfte, ständig einsinkend, weiter; dann gab er die Verfolgung des Karibus auf und suhlte sich gründlich

und hingebungsvoll. Als er auftauchte, war er von der grauschimmernden Tundra und den dunklen Steinen nicht mehr zu unterscheiden. Zum Glück für die Kamera war der andere Wolf noch sauber und hell.
Die Wölfe trabten nun wieder mit Unterbrechungen dem Landungs-See zu. Urplötzlich fing die eifrige kleine Wölfin wieder zu laufen an. Zuerst konnten wir ihr Wild nicht ausmachen.
Völlig unbewegt lag der Landungs-See da. Wie eine Fata Morgana erstreckte sich das Spiegelbild der purpur- und grüngetönten Berghänge in seine verschleierte stille Tiefe hinab. Auf den ersten flüchtigen Blick hätte ein Fremder gemeint, es sei überhaupt keine See vorhanden. Unvermittelt entdeckte ich das Wild der Wölfin, einen großen Karibuhirsch.
Im Augenblick war er den Wölfen entwischt. Er befand sich bereits in der Mitte des Sees, ein dunkler Fleck, der eine V-förmige, silberne Spur hinter sich nachzog. Nun schwamm er auf unsere Seite zu.
Die zwei hübschen Wölfe trotteten am jenseitigen Ufer des Sees entlang, sie schickten sich gelassen an, ihn zu umgehen und den Hirsch abzufangen, sobald er an Land kam. Auch am Südende dieses Sees lag grünes Sumpfland. Es bereitete ihnen einige Schwierigkeiten. Sie sprangen hindurch, so daß blinkend das Wasser hochspritzte. Als die Wölfe wieder auftauchten, waren sie beide sauber. Sie schienen keine Eile zu haben. Gemächlich kamen sie an unserem Uferrand den See herauf und steuerten auf die Stelle zu, wo der Karibu sich dem Land näherte.
Der Hirsch war nun mit den Füßen auf Grund gestoßen, er stellte sich so hin, daß unter der schwarzen Schnauze die weiße Brust sichtbar wurde, und blickte auf das Ufer vor sich, dann nach Norden, als beabsichtige er, aus dem Wasser zu steigen und in diese Richtung zu wandern.
Mit Besorgnis beobachtete ich, wie die beiden Wölfe näher kamen, sie hielten sich an den Ufersaum mit seinen Buchten und Landzungen. Der Karibu vergeudete kostbare Zeit. Endlich drehte sich das Geweih nach rechts. Im Nu war der Hirsch wieder untergetaucht und schwamm zurück, er überquerte den See nicht in gerader Linie, sondern in einem Winkel, der ihn von den Wölfen weg zur Nordwestecke führte.
Die Wölfe machten kehrt und traten den Rückweg rund um den See an. Jetzt war es ein Wettrennen, das wohlüberlegt ausgetragen wurde. Der Karibu machte im Wasser flinke Beine. Er schwamm ein wenig schräg, fast mit der Breitseite zu uns. Die schwarze Masse seines Kopfes und die über die Nase vorspringenden Augprossen schienen wie die hochragenden Stangen und Schaufelenden der übrigen Geweihsprossen durch Spiegelung verdoppelt. Sein Rücken war ein flacher brauner Streifen. Er hielt die Richtung nicht unbeirrbar ein. Ab und zu wich er ein wenig davon ab, doch er holte unter Wasser mit den Beinen aus, und wiederum folgte ihm über den stillen See das lange „V" seines Kielwassers.
Die Wölfe kamen stetig, aber ohne Eile näher. Es sah aus, als sollten sie gleichzeitig mit dem Hirsch an der Stelle eintreffen, wo er herausstieg. Sie umgingen den Sumpf und liefen entlang dem jenseitigen Seeufer nach Norden.
Auf einmal fing der Leitwolf zu galoppieren an. Ein neuer Umstand hatte die Lage geändert. Die Karibukuh und das Kalb, die am frühen Morgen südwärts gezogen waren, kamen nun am jenseitigen Seeufer zurück. Sie liefen vor den Wölfen her und hatten sie noch nicht erspäht.

Die Wölfe rannten entlang dem Ufersaum hintereinander, von ihren Spiegelbildern im Wasser begleitet — Der Hirsch war nun dicht an der Böschung. In dem gleichen Augenblick erblickten er und die beiden anderen Karibus einander. Jeder witterte in dem anderen eine Gefahr! Wenn Rotwild sich überraschend begegnet, flieht es voreinander; ehe es ein Tier, das es wahrnimmt, richtig erkennt, reagiert es blitzschnell, um sein Leben zu retten. Der Hirsch machte kehrt, ohne den Grund zu berühren, und schwamm zum drittenmal auf die Mitte des Sees zu. Die Kuh eilte noch schneller nach Norden, ohne die wahre Gefahr, die Wölfe, zu bemerken.

Das Junge aber tat etwas sichtlich Törichtes und Gefährliches. Es bog im rechten Winkel ein, lief den Berghang hinauf und verschwand zwischen den gefleckten Felsen.

Dieses Verhalten des Kälbchens brachte die Mutter in Bedrängnis; ihre Sorge um das Jungtier hemmte sie. Sie hielt an und sah sich um. Zum erstenmal erblickte sie die Wölfe. Die waren jetzt nahe und deutlich sichtbar. Die Kuh rannte eilends weiter. Aber sie tat es nicht mit der unbeirrbaren Zielstrebigkeit der ersten zwei Karibus, die von den Wölfen gehetzt worden waren. Die Kuh lief langsamer, sie setzte ihren Vorteil aufs Spiel, um stehenzubleiben und sich nach ihrem Jungen umzusehen. Sie bewegte sich sogar im Kreise. Doch schließlich zögerte sie nicht länger. Sie drehte sich um und floh über die weite Tundra geradewegs auf die Eismeer-Wasserscheide zu.

Nun wußte ich mir keinen Rat. Ich vermochte nicht festzustellen, wo das dunkle kleine Kälbchen steckte. Cris konnte ich nicht fragen, denn er hatte die Kamera an einem günstigeren Punkt aufgestellt. Eine Weile waren nicht einmal die Wölfe mehr zu entdecken. Dann tauchte einer aus einer grünen Senke auf. Hatten sie sich das Junge geholt, während ich die Mutter beobachtete? Hatte sie den Tod des Kälbchens miterlebt, als sie es endgültig aufgab, mit ihm Verbindung zu suchen, und sich in Trab setzte, ohne noch einmal innezuhalten?

Der Hirsch regte mich auf. Er befand sich in der Seemitte, und ich wünschte, er würde vorankommen, an unser Ufer gelangen und sich ausruhen. Die Wölfe hatten von ihm abgelassen. Doch der Hirsch fühlte sich noch bedrängt, weil er auf der einen Seite des Sees vor den Wölfen geflohen und auf der anderen zwei Tieren begegnet war, die er für gefährlich hielt.

Was tat er nun? Er schwamm in dem klaren, stillen und dunklen Wasser immer ungefähr am gleichen Fleck im Zickzack herum. Jetzt war sein Kopf uns zugewandt. „Er kommt an Land", dachte ich erleichtert. Dann schwenkte er herum und drehte uns die Flanke zu. Niemals machte er völlig kehrt. Er schaute nach Norden und beschrieb dauernd einen Halbkreis, einmal nach Nordwesten, dann wieder nach Nordosten.

Doch schließlich steuerte er mit Schwung auf unser Gestade zu und begann die lange V-förmige Wellenfurche hinter sich herzuziehen, aber nicht so flink wie zuvor. Als er endlich mit den Füßen auf Grund stieß, blieb er lange stehen und wandte den dunklen Kopf mit dem Geweih hierhin und dorthin. Am Ende stieg er ans Ufer hinauf, und sein Fell glänzte schwer vor Nässe.

Nach einer Weile wagte er hin und wieder einen Bissen zu äsen, aber er bewegte sich dabei kaum von seinem Standplatz, hob den Kopf und spähte nach allen Seiten.

Indessen war Cris zum Zelt gegangen, um die Kamera neu zu laden. Er hatte die Wölfte gefilmt: einmal bei ihrem mitreißenden taktischen Verfolgungsrennen und dann, als sie sich beim Laufen im See spiegelten. Nun wollte er näher an sie herankommen. Wir stiegen zum Paß hinunter, ohne an unsere Waffe zu denken, nur auf Bilder bedacht. Auf einer Anhöhe, durch eine Wiese von den Wölfen getrennt, stellte Cris die Kamera auf. Hier konnte er über die wogenden Warmluftströmungen hinweg photographieren; die Tundra flirrte und flimmerte. Keiner von uns beiden wußte, ob die Wölfe das Kalb erbeutet hatten, aber es sah aus, als hätten sie gefressen und ruhten sich aus.

„Vielleicht bleiben sie hier liegen, bis um vier Uhr die Hitze nachläßt", murmelte ich.

„Ich kann auch bis vier Uhr hierbleiben", erwiderte Cris.

Die Hitze und der Durst plagten uns gleich heftig. Glücklicherweise hatte Cris daran gedacht, für jeden aus dem Zelt eine Orange mitzunehmen, als er einen neuen Film einlegte. Wir saßen neben dem Stativ, aßen sie und beobachteten die Wölfe. Der Rüde hatte sich der Länge lang hingelegt und hob den Kopf überhaupt nicht, das Weibchen streckte ihn in die Höhe und musterte uns, aber sie senkte ihn von Zeit zu Zeit wieder. Schließlich wurde die Wölfin dieser Halbheiten müde, sie stand auf, drehte sich um und legte sich so nieder, daß sie uns im Auge behalten konnte, ohne den Kopf zu bewegen.

Plötzlich erhob sie sich und lief nach Süden zurück. „Sie wittert etwas", flüsterte Cris. „Sie ist nervös und will von uns fort", meinte ich. Cris hatte recht. Vom Süden her näherte sich wieder ein Karibu.

Wie zuvor, lief die Wölfin ihm nicht einfach entgegen, sie überholte ihn. Erst als sie hinter ihm war, machte sie kehrt. Dann kamen sie und der Karibu auf den Wolf zugerast. Wiederum wandte sie ihre Taktik an und trieb ihm den Karibu zu. Er hatte sich inzwischen aufgesetzt, blickte auf uns, dann trottete er schwerfällig hinter ihr drein und warf hin und wieder einen flüchtigen Blick zu uns herüber. Nun geschah etwas Unglaubliches. Der Karibu blieb stehen und sah sich um, wie das für einen Karibu unvermeidlich ist. Dies war die günstige Gelegenheit für die Wölfin. Aber nein! Auch sie setzte sich nieder! Der Karibu stand still und starrte den Wolf an, der Wolf saß dort und starrte den Karibu an.

Nach ein oder zwei Minuten schwenkte der Karibu herum und setzte seinen Weg in der schönen Gangart fort, bei der die Beine anmutig hochfliegen; die Karibus zeigen sie immer dann, wenn gerade keine Kamera läuft. Der Wolf stand auf und raste hinterdrein. „Jagen Wölfe nach den Regeln des Marquis of Queensberry?" dachte ich!

Der Karibu lief geradewegs in den Tod. Der große blaßgelbe Wolf erwartete ihn. „Jetzt werden wir etwas erleben", murmelte Cris.

Allerdings, aber nicht das, was wir erwarteten. Wer erschien plötzlich auf der Bildfläche! Das Kalb! Es hatte die ganze Zeit versteckt gelegen. Als die Karibukuh vorbeikam, sprang es auf und raste ihr nach. War es seine Mutter, die den See umkreist hatte, um es abzuholen? Darauf sollten wir bald Antwort erhalten. Inzwischen lief die Kuh am Wolf vorbei, ohne ihn zu sehen. Wie zuvor hielt er im rechten Winkel darauf zu. Doch kannten wir nun das Verhältnis der Geschwindigkeit von Wolf und Karibu; wir wußten, daß keine Gefahr drohte. Die Wölfin war stehengeblieben; die Jagd war jetzt Sache des Rüden. Er lief der Kuh nach, gab es aber schnell wieder auf. Sie eilte nach Norden weiter.

Noch immer waren wir überzeugt, daß die Wölfe zu ihrem Frühstück kommen mußten. Das Junge war dem Untergang geweiht. Es lief ziemlich weit hinter der Kuh. Das närrische Ding zauderte. Es hielt oft inne und blickte auf die Wölfe zurück, die jetzt beide hinter im herjagten. Sie gewannen Boden, weil das Kalb so tolpatschig war. Es sauste weiter. Wollte es denn nie aufhören, zweifelnd stehenzubleiben und sich umzusehen? Schließlich überholte es tatsächlich die Kuh. Ich atmete auf. Jetzt war es bestimmt in Sicherheit; die Mutter würde es aus dieser Gegend wegführen. Aber nein, es war die falsche Kuh! Wiederum machte das Junge kehrt und lief den Berghang hinauf. Die Kuh, ein Fremdling, setzte ihre Flucht fort, ohne sich um das Junge zu kümmern.

Nun kamen wir an die Reihe. Die Wölfe hatten den Karibu aufgegeben und trabten zögernd auf uns zu, wir waren als letzte Wesen übriggeblieben, die man sich genauer ansehen mußte. Ein Kopf tauchte über dem Abhang unseres Erdhügels auf, dann der Körper. Die Wölfin blieb stehen, um uns zu betrachten, schließlich kam sie auf uns zu.

Es war unleugbar ein leicht gruseliges Gefühl. Ich nahm an, daß sie ängstlich waren wie Trigger und Lady und wie der Blitz davonrannten, sobald wir uns rührten. Es war aber doch erregend — wenn wir auch lächelten und es köstlich spannend fanden, die wilde Wölfin auf uns zugehen, uns beobachten zu sehen. Sie bog ab und beschrieb einen Halbkreis um uns.

Das Männchen erklomm die Anhöhe und umkreiste uns in größerer Entfernung. Dann kam es wie im Märchen: Der Wolf gähnte! Ein gewaltiges und gelassenes, ein genießerisches und gleichgültiges Gähnen. Die Wölfe trotteten davon, auf die Eismeer-Wasserscheide zu.

„Sie sind zu dem Schluß gekommen, daß wir keine Karibus sind", meinte Cris. „Angst haben sie nicht sonderlich vor uns, aber neugierig sind sie".

Endlich Frühstück für uns und die Welpen. „Eine Weile dachte ich, es werde frisches Fleisch für sie geben", sagte Cris lächelnd. Er schnurrt förmlich vor Behagen über die fabelhafte Arbeit heute morgen.

„Jeder bringt den schwer arbeitenden Wolf um seinen Lohn!"

Es drängte uns, über unsere Eindrücke zu sprechen. Wir waren Zeugen eines Schauspiels geworden, das wir kaum zu erblicken gehofft hatten. „An den Geschichten aus alter Zeit zweifle ich jetzt", sagte Cris. „Über die Wölfe, die unentwegt zum Zeitvertreib morden. Diese Wölfe plagten sich den ganzen Morgen hart, und was hatten sie davon: nichts! Abgesehen vielleicht von ein paar Mäusen dort drüben."

„Das Kalb hätten sie erbeuten müssen, wenn der Wolfrüde sein Teil geleistet hätte", meinte ich.

„Das Laufen hat die Wölfin allein besorgt und ihm jede erdenkliche Gelegenheit verschafft zuzupacken", gab Cris zu. „Er hat sie nicht genützt."

Heute morgen war uns eine Fülle von Überraschungen beschert worden. Um nur eine zu erwähnen: Wie schnell hatten die Wölfte beurteilt, wann eine Jagd zwecklos wurde. Dann der im Körperbau verankerte Unterschied der Geschwindigkeit zwischen Wolf und Karibu. Für einen Edelhirsch hatte man nach Angaben des Naturforschers *E. A. Kitchin* eine Zeit von 67 Kilometern in der Stunde gestoppt. Was dieser arktische Hirsch — der Karibu — auch zu leisten vermochte, es war deutlich festzustellen, daß Wölfe es nicht ganz mit ihm aufnehmen konnten. Später erzählten uns Eskimos vom Anaktuvuk-Paß, daß „ein sehr starker

Wolf" manchmal „fast" so schnell wie ein Karibu laufen könne. Sie betrachteten selbst das als äußerst ungewöhnlich.

Lois Chrisler, Verhaltensforscher, zog in der kanadischen Tundra Wölfe auf, um sie für Walt Disney zu filmen. Von diesem freien Zusammenleben von Menschen und Wölfen berichtet das Buch „Wir heulten mit den Wölfen", dem der Abschnitt „Wölfe jagen Karibus" entnommen ist.

YRIÖ KOKKO:
„Das Geweih der Rentierkühe"
Aus: Y. Kokko: „Die Insel im Vogelsee". F. A. Brockhaus, Wiesbaden, 1960

... Bei den Wildrens gab es keine Trennung der kalbenden Kühe von der übrigen Herde, sie wanderten im Frühjahr zu Hunderttausenden von ihren Winterplätzen in den Wäldern nach Norden in die Berge. In Europa, Asien und Nordamerika waren gleichzeitig Millionen von Tieren in Bewegung; Wärme, Mücken und Bremsen trieben sie in die Flucht. Oben im Gebirge zu kalben war ein starker Naturtrieb.
Wir konnten nicht lange ausruhen und mit den Rentierhirten schwatzen. Die Kühe wären wohl dort geblieben, wo sie waren, aber die übrigen Tiere waren unruhig, sie wollten wandern. Die Hirten versuchten sie dadurch aufzuhalten, daß sie auf ihren Skiern die Herde unaufhörlich umkreisten und durch die Hunde alle Tiere zurücktreiben ließen, die sich von der Herde trennten, aber allmählich wurde der Druck zu stark, niemand konnte dem Wandertrieb einer schnellfüßigen Tiermasse von mehr als 2000 Köpfen widerstehen; die Herde begann sich wie ein Strom ihren Weg nach Südosten zu bahnen, um den höchsten Bergkamm zu umgehen. Der Herdentrieb riß auch die Kühe mit; er war so stark, daß eine Kuh, die garade beim Gebären war, das Kalb wie einen großen Klumpen Exkremente in eine Wasserpfütze fallen ließ, wo es liegenblieb. Die eben geborenen Kälber vermochten der Mutter nicht zu folgen, sondern blieben blökend zurück. In den Müttern kämpften zwei Triebe, die Mutterliebe und der Herdeninstinkt. Bei den Kühen, deren Kälber schon ein paar Stunden alt waren, aber noch nicht so schnell laufen konnten, siegte die Mutterliebe, und sie blieben bei ihren Kälbern in der bedrohlichen Einsamkeit. Bei den Kühen mit frischgeborenen Kälbern war der Mutterinstinkt nicht genügend entwickelt, bei ihnen bekam der Wandertrieb die Oberhand, sie ließen die Kälber im Stich und folgten der Herde. Es schien, als ob sie das Weinen ihres eigenen Kalbes noch nicht von dem Blöken der anderen unterscheiden konnten.
Wir ließen uns Zeit, obwohl unsere Zugtiere unruhig wurden und der Herde folgen wollten. Ich war mit den harten Bedingungen des Gebirgslebens vertraut, vielleicht schon abgestumpft, das Schauspiel regte mich nicht auf, doch war ich neugierig auf seine Darbietungen und wollte sie untersuchen.
Was eine traditionelle Rentierzucht sich heute nicht mehr leisten kann, durfte die Natur in der Zeit des Wildrens tun. Sie wollte schwache Individuen ausmerzen; wenn dabei gelegentlich auch ein lebensfähiges Wesen zugrunde ging, vom Standpunkt des Ganzen aus war der Untergang dieser jungen Tiere weder blind noch

unvernünftig, zur Zeit der Rentierwanderung und des Kalbens sprießt vielerlei neues Leben in den Bergen. Es ist kein Zufall, daß Wolf, Adler, Vielfraß, Steinmarder und Fuchs zur gleichen Zeit Junge haben, die gefüttert werden müssen, und die Rentierwanderung deckte mit den zurückgelassenen Kälbern den Tisch für diese anderen Tierkinder.

Yriö Kokko ist Tierarzt und lebt in Nordfinnland. Seine freie Zeit widmet er dem Freilandstudium nordischer Vögel. Am bekanntesten ist sein Buch über den Singschwan.

X. Biologische Schädlingsbekämpfung

Vorbemerkung des Herausgebers

Auf einigen Teilgebieten ist es gelungen, die Nachteile der chemischen Schädlingsbekämpfung durch gezielte biologische Maßnahmen zu vermeiden. Am erfolgreichsten waren bis jetzt die Versuche, neben der Aussetzung sterilisierter Fliegenmännchen zur Bekämpfung von Viehschädlingen, besonders räuberisch veranlagte Ameisenarten zu finden und zu vermehren, um durch sie die Schadinsekten des Waldes zu bekämpfen.
Daß Ameisen nützlich sind, ist schon lange bekannt. Bereits 1798 wurden sie in einigen Gegenden unter Schutz gestellt, aber bis vor kurzem wurden zahlreiche Nester durch unvernünftige Menschen geplündert, um die Puppen — die „Ameiseneier" — als Vogel- oder Fischfutter zu erhalten, oder „Ameisenspiritus" zu gewinnen. So wurden in vielen Gegenden die Ameisen praktisch ausgerottet.
Es ist das große Verdienst von *Prof. Dr. Karl Gößwald*, Würzburg, daß er in jahrzehntelanger Forscherarbeit mit seinen Mitarbeitern nicht nur die für die Schädlingsbekämpfung wichtigsten Ameisenarten herausfand, sondern auch ihre künstliche Vermehrung entdeckte. Heute werden nach den von ihm entwickelten Methoden weltweit Ameisen vermehrt und so die gefährdeten Wälder durch diese „Waldhygiene" wieder in ihr ökologisches Gleichgewicht gebracht.

KARL GÜSSWALD:

Aus „Die Rote Waldameise im Dienste der Waldhygiene",
Metta Kienen Verlag, Wolf und Täuber, Lüneburg, 1951

Hilfe gegen Schadinsekten

Ein besonders eindringlicher Beweis für die räuberische Betätigung der Roten Waldameise sind die von ihr bei Insektenkalamitäten geretteten sogenannten g r ü n e n O a s e n inmitten der ringsum z. B. von Nonne, Kieferneule, Kiefernspinner und Kiefernspanner kahl gefressenen Waldes. Der Zusammenhang zwischen dem Stehenbleiben der grünen Inseln und der Tätigkeit der Roten Waldameise ist nicht immer erkannt und auch nicht unbestritten geblieben. Sicher kann es auch andere Ursachen für das Verschontwerden der Bäume geben. Doch steht in zahlreichen Fällen die Tatsache des Schutzes der Bäume vor Kahlfraß durch die Tätigkeit der Roten Waldameise fest. Die Natur selbst hat bei zahlreichen verflossenen Kalamitäten in Form der grünen Inseln das beweiskräftigste

Experiment für den Nutzen der Roten Waldameise geliefert. Solche zum Kahlfraß führenden Kalamitäten stellen die stärkste Belastungsprobe für den Erfolg eines Nützlings gegen einen Schädling dar; denn infolge des bisher noch herrschenden Mangels an Kolonien der nützlichen Kleinen Roten Waldameise standen nur verhältnismäßig sehr wenig Ameisen einer großen Überzahl von Schadinsekten gegenüber. In zahlreichen beobachteten Fällen haben Einzelkolonien in ihrem Wirkungsbereich dem Ansturm von Millionenmassen von Schadinsekten standgehalten. Diese Schädlinge konnten sich in einer vor ihnen ungeschützten Zone ungestört vermehren und dringen daher in einer so unnatürlich großen Zahl in den Jagdbereich der Roten Waldameise ein, daß auch die besten Insektenräuber so große Nahrungsmengen gar nicht verbrauchen können. Wenn gleichwohl unter derart ungünstigen Umständen der Wald bis zu einem Umkreis von 3 Hektar um eine übrig gebliebene Ameisenkolonie völlig grün bleibt, dann ist bei einer gleichmäßigen Wiederbesetzung des Waldes mit Ameisen unbedingt ein Erfolg zu erwarten. Den Schädlingen bleibt in einem lückenlos von Ameisen besetzten Wald kein Raum, in dem sie sich ungestört vermehren können, eine Übervermehrung der Schädlinge wird bereits im Keim erstickt. Das bedeutet praktisch, daß an Stelle der früher geretteten grünen Inseln, nach Durchführung der Ameisenvermehrung, der ganze von den Ameisen geschützte Wald gesund und grün bleibt.

Art- und Rassenunterschiede

Die in den letzten Jahren festgestellten Art- und Rassenunterschiede der Roten Waldameise (*Gößwald* 1941 und 1944) sind von so entscheidender Bedeutung, nicht nur für die Beurteilung des Nutzens, sondern auch für den praktischen Einsatz unseres besten Helfers gegen die Waldverderber, daß ihre Kenntnis für den in der Waldhygiene tätigen Forstwirt unbedingt erforderlich ist. Die Auseinanderhaltung der Arten wird dadurch sehr erschwert, daß sich diese äußerlich nur wenig und nicht immer eindeutig unterscheiden. Um so wichtiger sind die Veschiedenheiten in der Lebensweise.

Wir können drei Formen der Roten Waldameise unterscheiden: eine Große Rote Waldameise oder *Formica Rufa rufa*, eine Mittlere Rote Waldameise oder *Formica rufa rufo - pratensis major* und eine Kleine Rote Waldameise oder *Formica rufa rufo - pratensis minor*. Die Kleine Rote Waldameise spaltet sich wieder in einige ökologische Rassen und Varietäten auf.

Die Arbeiterinnen der Großen Roten Waldameise sind 6—9 mm lang. Der Rücken ist bei den größeren Individuen rot, auf dem Vorderrücken ist bisweilen ein dunkelbrauner Fleck erkenntlich, der jedoch in der Regel den Hinterrand des Vorderrückens nicht erreicht. Die kleineren Arbeiterinnen haben meistens einen ausgedehnteren Fleck auf dem Rücken.

Die Arbeiterinnen der Mittleren Roten Waldameise haben eine Länge von 5—8 mm. Der braune Fleck auf dem Rücken ist hier auch bei den größeren Arbeiterinnen ausgebildet, er greift meistens auf den Mittelrücken über, bei kleineren Individuen fast bis an den Hinterrücken.

Die Arbeiterinnen der Kleinen Roten Waldameise sind 4—7 mm lang. Von einer selteneren Rasse abgesehen (Kleine Rotrückige Waldameise, hier ist der Rücken einheitlich rot), weist der Rücken einen bis an den Hinterrücken ausgedehnten braunen Fleck auf. Die Farben machen vielfach einen verwaschenen Eindruck.

Verbreitung

Die Große Rote Waldameise überwiegt in Laub- und Mischwald oder im Nadelwald mit üppiger Bodenvegetation. — Die Mittlere Rote Waldameise ist in Übergangsgebieten vom feuchten zum trockenen Boden verbreitet, mitunter auch auf trockenem Boden in Nadelwald (Kiefer). — Die Kleine Rote Waldameise bevorzugt reine Nadelwaldbestände. Hier kann eine Fichtenrasse mit sehr bissigen Arbeiterinnen und eine Kiefernrasse, deren Arbeiterinnen gegen den Menschen weniger angriffslustig, gegen Insekten jedoch ebenfalls sehr räuberisch veranlagt sind, unterschieden werden. Die besonders räuberischen und wirkungsvollen Waldameisenarten bevorzugen also die am meisten von Schadinsekten bedrohten Nadelwaldreinbestände. Dieser Umstand kommt den Bestrebungen der Waldhygiene sehr zugute. Die Dauerschadgebiete, ganz besonders die Kiefernwälder auf dürftigstem Sandboden, sind in hervorragendem Maße für die künstliche Vermehrung der Roten Waldameise geeignet.

Zahl der Königinnen

Die am häufigsten verbreitete Große Rote Waldameise hat nur eine einzige Königin im Nest. Die Arbeiterinnen dieser Art würden jedes andere begattete Weibchen, auch die im eigenen Nest aufgezogenen jungen Geschlechtstiere töten. Die Geschlechtstiere der Großen Roten Waldameise verlassen daher das Mutternest, bevor sie sich begatten. Nach dem Tode der Königin stirbt die *monogyne* (= einzige Königin enthaltende) Kolonie der Großen Waldameise, die ein Alter von 20 Jahren erreichen kann, allmählich aus ...

Ein Nest der Kleinen Roten Waldameise kann bis 5000 Königinnen enthalten. Diese große Zahl fortpflanzungsfähiger Weibchen kommt dadurch zusammen, daß die Begattung der jungen Geschlechtstiere hier in und auf dem Nest stattfinden kann, und die Arbeiterinnen, im Gegensatz zur Großen Roten Waldameise, junge Weibchen, sogar solche, die nach dem Hochzeitsflug aus fremden Nestern stammend im Freien angetroffen werden, in größerer Zahl der Kolonie einverleiben. So hat die *polygyne* (= viele Königinnen enthaltende) Kolonie der Kleinen Roten Waldameise die Möglichkeit, sich ständig zu verjüngen. 70jährige Kolonien ohne Alterserscheinungen sind bekannt. Die Arbeiterinnen der Kleinen Roten Waldameise sind wegen der Verkümmerung ihrer Ovarien nicht zur Eiablage befähigt. Vielleicht sind aus dem gleichen Grunde die Arbeterinnen der Kleinen Roten Waldameise nicht so langlebig wie die der Großen Roten Waldameise (Näheres bei *Gößwald* 1951).

Die Mittlere Rote Waldameise ist *oligogyn*, d. h. sie besitzt einige Königinnen im Nest; unter den zur Wahl stehenden Königinnen wird eine starke Auslese getroffen. Die Mittlere Rote Waldameise nimmt also an Größe, Verbreitung, Zahl der Königinnen und Lebensweise eine Mittelstellung ein.

Bevölkerungsdichte

Die Bevölkerungsdichte der einzelnen Nester entspricht ebenfalls der Zahl der Königinnen. Die Königin der Großen Roten Waldameise ist zwar besonders fruchtbar, sie kann am Tag bis 300 Eier legen, aber das ist zugleich die Höchstleistung für die ganze Kolonie, da nur eine einzige Königin im Nest vorhanden ist. Ein Weibchen der Kleinen Roten Waldameise legt im Tag nur 10 Eier, die sich aber bei der großen Zahl an Königinnen und im Hinblick auf den umfangreichen Nestbestand der gesamten Kolonie sehr vervielfachen. Infolgedessen sind die Nester der Kleinen Roten Waldameise sehr dicht bevölkert, sie umfassen ausgewachsen 500 000 bis 1 000 000 Arbeiterinnen. Auch die Mittlere Rote Waldameise kann sehr individuenreich sein, jedoch ist diese Art wegen der etwas geringeren Ausprägung des Raubinstinktes nicht ganz so wirkungsvoll. Das Nest der Großen Roten Waldameise ist, verglichen mit der Kleinen Art, individuenarm bei einer Höchstzahl von annähernd 100 000 Arbeiterinnen, der Wirkungsgrad dieser Art ist infolgedessen bei Massenvermehrungen von Schadinsekten sehr begrenzt.

Künstliche Vermehrung der Kleinen Roten Waldameise

Verfahren I der Kolonievermehrung durch einfache Nestaufteilung

... Die Kleine Rote Waldameise kann wegen ihres Königinnenreichtums durch einfache Nestaufteilung vermehrt werden, wenn bestimmte Voraussetzungen erfüllt sind. Zum Ableger der Kleinen Roten Waldameise werden mindestens 200 Königinnen beigegeben. Die künstliche Kolonievermehrung wird hier sehr durch die natürliche Aufspaltung des Mutternestes gefördert. In Anlehnung an diese natürliche Gewohnheit kann die Entstehung eines neuen Nestes dadurch erreicht werden, daß man eine Anzahl von Königinnen mit einer größeren Zahl von Arbeiterinnen unter geeigneten Bedingungen aussetzt ...

Als Stützpunkt für den Ableger wählt man einen mindestens dreijährigen, jedoch nicht zu morschen Baumstrunk (Stubben). Die Gänge von Käfer- und Holzwespenlarven sollen den Ameisen die Besitzergreifung der neuen Wohnstätte erleichtern. Zum gleichen Zweck kann die Rinde am Stubben mit dem Spaten leicht gelockert werden. Auf den derart vorbereiteten Stubben werden einige dürre Äste gelegt; damit das darüber zu schichtende Ameisen- und Nestmaterial locker liegt, wechselt jeweils eine Schicht Äste mit Nestmaterial. Zu insektenarmen Zeiten legt man den Ameisen auf die Nestkuppel einige Hand voll Zucker oder Kunsthonig auf einem Moospolster vor und deckt dieses Futter mit einer weiteren Schicht Moos ab. So können die Ameisen die erste kritische Zeit überstehen, bis sie Rindenlausherden in genügender Zahl als Nahrungsreserve herangezogen haben. Zum Schluß deckt man, falls keine Umzäunung mit Maschendraht möglich sein sollte, über den Nesthaufen dürres Reisig zum Schutz gegen Spechte und andere natürliche Feinde ...

Verfahren II der Kolonievermehrung mit Massenzucht von Königinnen

Die natürliche Kolonievermehrung wird durch die Aufzucht einer großen Zahl junger Geschlechtstiere eingeleitet. Eine große Verschwendung treibt die Natur bei der Aufzucht von jungen Geschlechtstieren: in einem ungestorten Nest werden jährlich etwa 5000 bis 30 000 geflügelte Männchen oder Weibchen im Frühjahr aufgezogen. Von 20 000 Weibchen erreicht aber höchstens ein einziges das Ziel, sich fortzupflanzen. Alle übrigen fallen widrigen Umweltumständen zum Opfer. Daher wurden Methoden zur umfangreichen Massenzucht von Königinnen der Kleinen Roten Waldameise ausgearbeitet (*Gößwald* 1942), die diese in so großer Zahl zur Verfügung stehenden Geschlechtstiere fast verlustlos für die künstliche Kolonievermehrung verwerten. Im ersten Jahr konnten bereits 300 000 junge Königinnen gezogen werden; diese Zahl läßt sich ohne Schwierigkeiten auf Millionen erhöhen. So sind wir heute nicht mehr auf die alten Königinnen des

Stammnestes angewiesen. Bei ihrem Verbleiben im Nest wird die Kolonie geschont. Dafür können wiederholt im Laufe eines Jahres Arbeiterinnen für die Kolonievermehrung entnommen werden ...

Für die Durchführung der Königinnenzucht ist die Kenntnis der mit der Schwarmzeit und Koloniegründung in Zusammenhang stehenden Vorgänge erforderlich. Sobald die geflügelten Ameisen schwarmbereit sind, sammeln sie sich auf der Nestoberfläche, um von einem erhöhten Punkt abzufliegen ... Die Männchen schwärmen früher aus, infolgedessen pflegen bei der praktischen Durchführung der Königinnenzucht ohne besondere Vorkehrungen zu Beginn der Zuchtperiode die Weibchen und gegen Ende die Männchen zu fehlen.

In einem besonders konstruierten Fangzwinger, der über das Nest gestülpt wird, werden die geflügelten Tiere bei größtmöglicher Zeitersparnis automatisch abgesammelt. Mit einem Handgriff können manchmal 10 000 — 20 000 Ameisen auf einmal abgenommen werden. Sobald ein Nest abgesammelt ist, kann der Zwinger binnen weniger Minuten über ein anderes vor dem Schwärmen stehendes Nest aufgebaut werden ...

Zur Begattung werden jeweils einige Tausend der abgesammelten Männchen und Weibchen zu etwa gleichen Teilen in ein Terrarium gebracht, welches mindestens etwa 23 × 36 × 26 cm groß ist ... Nach der Begattung sterben die Männchen, die Weibchen brechen die Flügel ab.

Der Versand der Königinnen erfolgt in Glastuben, die mit einer Gipsschicht versehen sein müssen (*Gößwald*, 1942) ... Die für die Ablager benötigten Arbeiterinnen werden dem Kern gesunder Stammnester entnommen, wo sich die Ameisen dicht gedrängt finden ... Ein Ableger erhält mindestens 200, besser 500 oder 1000 Königinnen. Die Arbeiterinnen des Ablegers müssen erst ganz allmählich an die fremden Königinnen gewöhnt werden. Dies geschieht am besten dadurch, daß man neben dem Ableger einen mit feuchtem Gips ausgelegten Behälter, der vor Regen geschützt ist, mit den Königinnen stellt, denen zunächst etwa 500 Arbeiterinnen beigegeben werden. Wenn die Ameisen sich in geringer Zahl und vor allem ungefähr gleichstark gegenüberstehen, neigen sie zur Verträglichkeit. In etwa drei Tagen, nachdem sich die ursprünglich geruchsfremden Tiere zusammengewöhnt haben, gibt man etwa 3000 Arbeiterinnen des Ablegers neu dazu und fährt mit dieser stufenweisen Angewöhnung so lange fort, bis die Weibchen den Geruch des Ablegers angenommen haben und daher nicht mehr von den im Ableger verbliebenen Arbeiterinnen angegriffen werden. Nach einigen Tagen überzeugt man sich durch vorsichtiges Aufdecken des Nestes von dem Erfolg der Adoption. Das Vorhandensein von Eiern und Eilarven ist ein Kennzeichen, daß die Aufnahme der Königinnen gelungen ist, auch wenn diese selbst nicht mehr gefunden werden, da sie außer zur Zeit der Sonnung sich in der Regel in großer Nesttiefe aufhalten.

Literatur

Gößwald, Karl: Rassenstudien an der Roten Waldameise, *Formica Rufa L.* auf systematischer, ökologischer physiologischer und biologischer Grundlage, Zeitschr. f. angew. Entomologie, 1941, 28.
Gößwald, Karl: Die Massenzucht von Königinnen der Kleinen Roten Waldameise im Wald, Zeitschr. f. angew. Entomologie, 1942, 29.
Gößwald, Karl: Rassenstudien an der Roten Waldameise im Lichte der Ganzheitsforschung. Anzeiger für Schädlingskunde, 1944, 20.
Gößwald, Karl: Über den Lebenslauf von Kolonien der Roten Waldameise. Zool. Jahrbücher, Abt. Syst., 1951.

Karl Gößwald wurde 1907 in Würzburg geboren, wo er auch seine Jugend- und Studienzeit verbrachte, in der er bereits seine ersten Arbeiten über Ameisen veröffentlichte. Seine Doktorarbeit „Ökologische Studien über die Ameisenfauna des mittleren Maingebietes" wurde mit dem Universitätspreis ausgezeichnet. Als Stipendiat ging er an das Institut für angewandte Zoologie zu *Geheimrat Escherich* nach München. Seine Ameisenstudien setzte er an der Biologischen Reichsanstalt und an der Preußischen Versuchsanstalt für Waldwirtschaft fort. 1948 wurde er Professor in Würzburg und 1950 Vorstand des dort gegründeten Instituts für angewandte Zoologie, das durch die von *Gößwald* entwickelten Methoden zur Erkennung der nützlichsten Ameisenarten und ihre künstliche Vermehrung weltweit bekannt wurde. 1954 begründete er die Zeitschrift „Waldhygiene", die heute in mehr als 30 Ländern verbreitet ist. In der von ihm gegründeten „Ameisenschutzwarte" in Würzburg finden ständig Lehrgänge für Forstleute, Ökologen, Jäger und Waldtechniker statt, um sie mit moderner Waldhygiene vertraut zu machen. Vor allem erlernen sie hier die Praxis der von *Gößwald* entwickelten künstlichen Königinnenaufzucht der besonders nützlichen Kleinen Roten Waldameise. Diese Methode wird heute in vielen Ländern angewendet, so in Italien, Rußland, Bulgarien, Rumänien, Jugoslawien, Tschechoslowakei, Polen, Spanien, Frankreich, England, Kanada und Südkorea.

XI. Medizin

IGNAZ SEMMELWEIS:

Aus „Ätiologie, Begriff und Prophylaxis des Kinderbettfiebers" (1861)

Die Geburtshilfe ist derjenige Zweig der Medizin, welcher die höchste Aufgabe derselben, nämlich Rettung des bedrohten menschlichen Lebens, in zahlreichen Fällen am augenscheinlichsten löst. Unter vielen Fällen wollen wir nur die Querlage des reifen Kindes anführen. Mutter und Kind sind einem sicheren Tode verfallen, wenn die Geburt der Natur überlassen bleibt, während die rechtzeitig hilfeleistende Hand des Geburtshelfers durch beinahe schmerzlose, kaum einige Minuten in Anspruch nehmende Handgriffe beide rettet.
Diesen Vorzug der Geburtshilfe, mit welchem ich schon in den theoretischen Vorlesungen dieses Faches bekannt gemacht wurde, fand ich zwar allerdings vollkommen bestätigt, als ich Gelegenheit hatte, im großen Wiener Gebärhause die Geburtshilfe auch von ihrer praktischen Seite kennen zu lernen. Aber leider sah ich, daß die Anzahl von Fällen, in welchen der Geburtshelfer so segensreich wirken kann, verschwindend klein sei im Vergleiche mit der großen Anzahl von Opfern, denen er nur eine erfolglose Hilfe bringen kann. Diese Schattenseite der Geburtshilfe ist das Kindbettfieber. Zehn, fünfzehn Wendungen sah ich im Jahre mit Rettung der Mutter und des Kindes vollführen, aber viele Hundert von Wöchnerinnen sah ich erfolglos am Kinderbettfieber behandeln. Aber nicht allein die Therapie fand ich erfolglos, auch die Ätiologie zeigte sich mir mangelhaft, indem ich das ätiologische Moment für das Kindbettfieber, an welchem ich so viele Hundert Wöchnerinnen erfolglos behandeln sah, in der bisher gültigen Ätiologie des Kindbettfiebers nicht finden konnte ...

Begriff des Kindbettfiebers

Gestützt auf Erfahrungen, welche ich innerhalb 15 Jahren an drei verschiedenen Anstalten, welche sämtlich vom Kindbettfieber in hohem Grade heimgesucht waren, gesammelt habe, halte ich das Kindbettfieber, keinen einzigen Fall ausgenommen, für ein Resorptionsfieber, bedingt durch die Resorption eines zersetzten tierisch-organischen Stoffes, die erste Folge der Resorption ist die Blutmischung, Folgen der Blutentmischung sind die Exsudationen.

Der zersetzte tierisch-organische Stoff, welcher, resorbiert, das Kindbettfieber hervorruft, wird in der überwiegend größten Mehrzahl der Fälle den Individuen von außen beigebracht, und das ist die Infektion von außen; das sind die Fälle, welche die Kindbettfieberepidemien darstellen, das sind die Fälle, welche verhütet werden können.

In seltenen Fällen wird der zersetzte tierisch-organische Stoff, welcher resorbiert das Kindbettfieber hervorruft, innerhalb der Grenzen des ergriffenen Organismus erzeugt, und das sind die Fälle von Selbstinfektion, und diese Fälle können nicht alle verhütet werden.

Die Quelle, woher der zersetzte tierisch-organische Stoff genommen wird, welcher, von außen den Individuen beigebracht, das Kindbettfieber erzeugt, ist die Leiche jeden Alters, jeden Geschlechtes, ohne Rücksicht auf die vorausgegangene Krankheit, ohne Rücksicht, ob es die Leiche einer Wöchnerin oder einer Nichtwöchnerin ist, nur der Grad der Fäulnis kommt bei der Leiche in Betracht.

Es waren die heterogensten Leichen, mit welchen sich die an der ersten Gebärklinik Untersuchenden beschäftigten.

Die Quelle, woher der zersetzte tierisch-organische Stoff genommen wird, welcher, von außen den Individuen beigebracht, das Kindbettfieber erzeugt, sind alle Kranken jeden Alters, jeden Geschlechtes, deren Krankheiten mit Erzeugung eines zersetzten tierisch-organischen Stoffes einherschreiten, ohne Rücksicht, ob das kranke Individuum am Kindbettfieber leide oder nicht; nur der zersetzte tierisch-organische Stoff als Produkt der Krankheit kommt in Betracht ...

Prophylaxis des Kindbettfiebers

Da die alleinige Ursache des Kindbettfiebers, nämlich ein zersetzter tierischorganischer Stoff, den Individuen entweder von außen eingebracht wird, oder da dieser Stoff auch in den Individuen entstehen kann, so besteht die Aufgabe der Prophylaxis des Kindbettfiebers darin, die Einbringung zersetzter Stoffe von außen zu verhüten, die Entstehung zersetzter Stoffe in den Individuen hintanzuhalten, und endlich die wirklich entstandenen zersetzten Stoffe so schnell wie möglich aus dem Organismus zu entfernen, um womöglich deren Resorption, und dadurch den Ausbruch des Kindbettfiebers zu verhüten.

Der Träger, mittels welchem am häufigsten ein zersetzter Stoff den Individuen von außen eingebracht wird, ist der untersuchende Finger.

Da es bei einer großen Anzahl von Schülern sicherer ist, den Finger nicht zu verunreinigen, als den verunreinigten wieder zu reinigen, so wende ich mich an sämtliche Regierungen mit der Bitte um die Erlassung eines Gesetzes, welches jedem im Gebärhause Beschäftigten für die Dauer seiner Beschäftigung verbietet, sich mit Dingen zu beschäftigen, welche geeignet sind, seine Hände mit zersetzten Stoffen zu verunreinigen.

Die unabweisbare Notwendigkeit eines solchen Gesetzes machte mir die Erfahrung klar, daß es mir trotz aller Energie nicht gelungen ist, an der I. Gebärklinik zu Wien die Fälle von Kindbettfieber auf die Fälle von Selbstinfektion zu beschränken ...

... Da der Träger der zersetzten Stoffe auch die atmosphärische Luft sein kann, so sind die Gebärhäuser an Orten zu erbauen, wo ihnen von außen durch die atmosphärische Luft keine zersetzten Stoffe zugeführt werden können. Gebärhäuser sollen daher nicht Bestandteile großer Krankenhäuser sein, und damit die atmosphärische Luft in den Räumen des Gebärhauses nicht zum Träger des zersetzten Stoffes werde, müssen die Exhalationen der Individuen vor ihrer Zersetzung aus den Räumen des Gebärhauses durch Ventilation entfernt werden. Nebst dem ist es ein Erfordernis der Prophylaxis des Kindbettfiebers, daß jedes Gebärhaus mehrere abgesonderte Räume besitze, um in denselben diejenigen Individuen, welche zersetzte Stoffe exhalieren, oder deren Krankheiten zersetzte Stoffe erzeugen, vollkommen von den gesunden gesondert verpflegen zu können. Unter der Voraussetzung der Absonderung kranker Individuen ist das Zellensystem kein Erfordernis der Prophylaxis des Kindbettfiebers, und es ist vollkommen gleichgültig, wie viele gesunde Wöchnerinnen in einem Zimmer verpflegt werden, wenn die Zahl der Wöchnerinnen nur im richtigen Verhältnis zur Größe des Zimmers steht. Wir haben an der I. Geburtsklinik 32 Wöchnerinnen gleichzeitig in einem Zimmer verpflegt ...

Ignaz, Philipp Semmelweis (1818—1865). Der deutsch-ungarische Gynäkologe wies 1847 den infektiösen Charakter des Kindbettfiebers nach, das bis dahin vielen Müttern, insbesondere in den großen Kliniken, das Leben gekostet hatte. Seine bahnbrechende Entdeckung fand lange nicht die Anerkennung der Fachwelt und man bespöttelte die von ihm eingeführte Methode der Desinfektionswaschung der Hände, die er von den Ärzten verlangte, bevor sie in seiner Klinik die Wöchnerinnen untersuchen durften.

ROBERT KOCH:

Die Ätiologie der Tuberkulose

(Nach einem in der Physiologischen Gesellschaft zu Berlin am 24. März 1882 gehaltenen Vortrage. Abgedruckt in der Berliner Klinischen Wochenschrift Nr. 15 vom 10. April 1882)

Die von *Villemin* gemachte Entdeckung, daß die Tuberkulose auf Tiere übertragbar ist, hat bekanntlich vielfache Bestätigung, aber auch anscheinend wohlbegründeten Widerspruch gefunden, so daß es bis vor wenigen Jahren unentschieden bleiben mußte, ob die Tuberkulose eine Infektionskrankheit sei oder nicht. Seitdem haben aber die zuerst von *Cohnheim* und *Salomonsen*, später von *Baumgarten* ausgeführten Impfungen in die vordere Augenkammer, ferner die Inhalationsversuche von *Tappeiner* und andern die Übertragbarkeit der Tuberkulose gegen jeden Zweifel sichergestellt, und es muß ihr in Zukunft ein Platz unter den Infektionskrankheiten angewiesen werden. ...

Wenn in dem tuberkulösen Gewebe Riesenzellen vorkommen, dann liegen die Bazillen vorzugsweise im Innern dieser Gebilde. Bei sehr langsam fortschreitenden tuberkulösen Prozessen ist das Innere der Riesenzellen gewöhnlich die einzige Stätte, wo die Bazillen zu finden sind. In diesem Falle umschließt die Mehrzahl der Riesenzellen einen oder wenige Bazillen und es macht einen überraschenden Eindruck, in weiten Strecken des Schnittpräparates immer neuen Gruppen von Riesenzellen zu begegnen, von denen fast jede einzelne in dem weiten, von braungefärbten Kernen umschlossenen Raum 1 oder 2 winzige, fast im Zentrum der Riesenzelle schwebende, blaugefärbte Stäbchen enthält. Oft sind die Bazillen nur in kleinen Gruppen von Riesenzellen, selbst nur in einzelnen Exemplaren anzutreffen, während gleichzeitig viele andere Riesenzellen frei davon sind. Dann sind die bazillenhaltigen, wie aus ihrer Lage und Größe zu schließen ist, die jüngeren Riesenzellen, die bazillenfreien dagegen die älteren, und es läßt sich annehmen, daß auch die letzteren ursprünglich Bazillen umschlossen, daß diese aber abgestorben oder in den bald zu erwähnenden Dauerzustand übergegangen sind. Nach Analogie der von *Weiß, Friedländer* und *Laulamié* beobachteten Bildung von Riesenzellen um Fremdkörper, wie Pflanzenfasern und Strongyluseier, wird man sich das Verhältnis der Riesenzellen zu den Bazillen so vorstellen können, daß auch hier die Bazillen als Fremdkörper von den Riesen-Zellen eingeschlossen werden, und deswegen ist selbst dann, wenn die Riesenzelle leer gefunden wird, alle übrigen Verhältnisse aber auf tuberkulöse Prozesse deuten, die Vermutung gerechtfertigt, daß sie früher einen oder mehrere Bazillen beherbergt hat und diese zu ihrer Entstehung Veranlassung gegeben haben.

Auch ungefärbt in unpräpariertem Zustand sind die Bazillen der Beobachtung zugänglich. Es ist dazu erforderlich, von solchen Stellen, welche bedeutende Mengen von Bazillen enthalten, z. B. von einem grauen Tuberkelknötchen aus der Lunge eines an Impftuberkulose gestorbenen Meerschweinchens ein wenig Substanz unter Zusatz von destilliertem Wasser oder besser Blutserum zu untersuchen, was, um Strömungen in der Flüssigkeit zu vermeiden, am zweckmäßigsten im hohlen Objektträger geschieht. Die Bazillen erscheinen dann als sehr feine Stäbchen, welche nur Molekularbewegung zeigen, aber nicht die geringste Eigenbewegung besitzen. ...

Bis dahin war durch meine Untersuchungen also festgestellt, daß das Vorkommen von charakteristischen Bazillen regelmäßig mit Tuberkulose verknüpft ist, und daß diese Bazillen sich aus tuberkulösen Organen gewinnen und in Reinkulturen isolieren lassen. Es blieb nunmehr noch die wichtige Frage zu beantworten, ob die isolierten Bazillen, wenn sie dem Tierkörper wieder einverleibt werden, den Krankheitsprozeß der Tuberkulose auch wieder zu erzeugen vermögen. Um bei der Lösung dieser Frage, in welcher der Schwerpunkt der ganzen Untersuchung über das Tuberkelvirus liegt, jeden Irrtum auszuschließen, wurden möglichst verschiedene Reihen von Experimenten angestellt, welche wegen der Bedeutung der Sache einzeln aufgezählt werden sollen.

Zunächst wurden Versuche mit einfacher Verimpfung der Bazillen in der früher geschilderten Weise angestellt.

1. Versuch. Von 6 eben angekauften und in einem und demselben Käfig gehaltenen Meerschweinchen wurden 4 am Bauch mit Bazillenkultur geimpft, welche aus menschlichen Lungen mit Miliartuberkeln gewonnen und 54 Tage lang in 5 Umzüchtungen kultiviert waren. 2 Tiere blieben ungeimpft. Bei den geimpften

Tieren schwollen nach 14 Tagen die Inguinaldrüsen, die Impfstellen verwandelten sich in ein Geschwür und die Tiere magerten ab. Nach 32 Tagen starb 1 der geimpften Tiere. Nach 35 Tagen wurden die übrigen getötet. Die geimpften Meerschweinchen, sowohl das spontan gestorbene, als die 3 getöteten, wiesen hochgradige Tuberkulose der Milz, Leber und Lungen auf; die Inguinaldrüsen waren stark geschwollen und verkäst, die Bronchialdrüsen wenig geschwollen. Die beiden nicht geimpften Tiere zeigten keine Spur von Tuberkulose in den Lungen, der Leber oder Milz.

2. Versuch. Von 8 Meerschweinchen wurden 6 mit Bazillenkultur geimpft, welche aus der tuberkulösen Lunge eines Affen abstammend 95 Tage lang in 8 Umzüchtungen kultiviert war. 2 Tiere blieben zur Kontrolle ungeimpft. Der Verlauf war genau derselbe wie im 1. Versuche. Die 6 geimpften Tiere wurden bei der Sektion hochgradig tuberkulös, die beiden ungeimpften gesund gefunden, als sie nach 32 Tagen getötet wurden.

3. Versuch. Von 6 Meerschweinchen wurden 5 mit Kultur geimpft, die von perlsüchtiger Lunge herrührte, 72 Tage alt und 6 mal umgezüchtet war. Die 5 geimpften Tiere zeigten sich, als nach 34 Tagen sämtliche Tiere getötet wurden, tuberkulös, das ungeimpfte gesund.

4. Versuch. Eine Anzahl Tiere (Mäuse, Ratten, Igel, 1 Hamster, Tauben, Frösche), über deren Empfänglichkeit für Tuberkulose noch nichts bekannt ist, wurden mit Kultur geimpft, welche von tuberkulöser Lunge eines Affen gewonnen und 113 Tage lang außerhalb des Tierkörpers fortgezüchtet war. 4 Feldmäuse, welche 53 Tage nach der Impfung getötet wurden, hatten zahlreiche Tuberkelknötchen in der Milz, Leber und Lunge, ebenso verhielt sich ein gleichfalls 53 Tage nach der Impfung getöteter Hamster.

In diesen 4 ersten Versuchsreihen hatte die Verimpfung von Bazillenkulturen am Bauche der Versuchstiere also eine ganz genau ebenso verlaufende Impftuberkulose hervorgebracht, wie wenn frische tuberkulöse Substanzen verimpft gewesen wären.

Robert Koch (1843—1910) war Arzt und Bakteriologe. Er entdeckte 1876 den Milzbrand-, 1882 den Tuberkulose- und 1883 den Cholera-Erreger. Er ist einer der Begründer der medizinischen Bakteriologie und erhielt 1905 den Nobelpreis für Medizin.

EMIL V. BEHRING:

30 Jahre Diphtherieforschung

Aus „Gesammelte Abhandlungen"

Neue Folge, Bonn 1915, A. Marcus u. E. Webers Verlag (Dr. jur. Albert Ahn)

Ein weiter und überaus mühsamer Weg war noch zurückzulegen, ehe nach der wissenschaftlichen Feststellung der heilsamen Antitoxinwirkung im Tierexperiment eine für den Menschen brauchbare Serumtherapie in die ärztliche Praxis eingeführt wurde. Ein felsenfester Glaube an die Erreichbarkeit dieses Zieles gehörte dazu und außerdem ein nicht geringer Aufwand von organisatorischer Tätigkeit, durch welche viele wissenschaftliche Mitarbeiter, praktische Ärzte, die interessierte Anteilnahme des Publikums, namentlich der Familienmütter, Vertreter der Staatsregierung und nicht zum wenigsten eine leistungsfähige Industrie der neuen therapeutischen Methode dienstbar zu machen waren. Daß ich nicht ohne Glück dieser organisatorischen Aufgabe mich unterzogen habe, mag die Tatsache beweisen, daß kaum ein zivilisiertes Land existiert, welches für die Diphtherieheilserumgewinnung nicht staatlich subventionierte Institute besitzt, während wir in Deutschland auf jede finanzielle Staatsunterstützung verzichten konnten. Dankbar will ich übrigens auch an dieser Stelle es den Höchster Farbwerken bezeugen, daß sie jahrelang mich mit großen Mitteln unterstützt haben, bevor noch mit einer gewinnbringenden Antitoxindarstellung gerechnet werden konnte.

Gegenwärtig stehe ich vor ähnlichen organisatorischen Aufgaben wie im Beginn der neunziger Jahre des vorigen Jahrhunderts. Es gilt jetzt, mein neues Diphtherieschutzmittel, welches ich TA nenne, weil es aus einer Kombination von Toxin und Antitoxin besteht, in die ärztliche Praxis einzuführen. Die tierexperimentelle Begründung der Wirksamkeit dieses Mittels ist in viel umfangreicherem Maße erfolgt, als das seinerzeit beim antitoxischen Heilserum der Fall war. Zirka 7000 Injektionen bei menschlichen Individuen verschiedener Altersklassen, in gesundem und krankem Zustande, sind von einer großen Zahl klinischer Mitarbeiter ausgeführt worden, ohne daß jemals ein Mensch davon geschädigt worden ist. Durch einwandfreie Untersuchungen ist ferner eine der Hauptfragen, ob nämlich das neue Mittel, ähnlich dem durch die Vakzination bewirkten Pockenschutz, einen langdauernden Diphtherieschutz zu erzeugen vermag, in günstigem Sinne entschieden worden. Aber ich kann mir noch immer nicht genug tun mit der Sammlung weiterer Erfahrungen, insbesondere auch, um durch die therapeutische Statistik Antwort zu bekommen auf die Frage, ob wir — wiederum ähnlich wie beim Pockenschutz — mit zweimaliger Impfung auskommen.

Das Ziel, welches ich mit der Einführung des TA-Mittels verfolge, ist höher gesteckt, als dasjenige, welches wir mit dem Heilserum erreicht haben. Dieses hat zwar die Zahl der Sterbefälle — die Mortalität — wesentlich verringert; die Diphtherieerkrankungsfälle — Morbidität — sind jedoch inzwischen bei uns und in anderen Ländern eher noch im Ansteigen begriffen. Was ich von dem neuen Mittel hoffen darf, ist nun die Reduktion der Diphtheriemorbidität auf ein so niedriges Niveau, daß nur noch sporadisch richtige und lebensgefährliche Diphtheriefälle zu beobachten sein werden. Ich habe schon auf dem Wiesbadener Kongreß 1913 Zweifel daran geäußert, daß ich die Erfüllung dieser Hoffnung noch erleben werde, hege aber keinen Zweifel daran, daß von den zirka 100 000 Diphtherieerkrankungen, welche im Deutschen Reich jährlich die Familien in Unruhe und Sorge versetzen, nach spätestens zwei Jahrzehnten wie von einer schwer glaublichen Legende gesprochen werden wird.

Eines möchte ich zum Schluß noch hervorheben; die ungerechtfertigte Kritik, welche bei einer neuen Methode zur Krankheitsbekämpfung alsbald einzusetzen pflegt, wenn sie nicht sofort in aller Vollkommenheit, wie Athene aus dem Haupt des Zeus, auf den Plan tritt und wenn auch bei größter Sorgfalt und Vorsicht in der praktischen Erprobung es doch zugeht wie in einer Springprozession. Aber man erinnere sich nur, mit wie großer Toleranz die Wandlungen und Irrtümer einer Kapazität auf rein wissenschaftlichem Gebiet hingenommen werden, wo doch viel leichter das Hervortreten einer neuen Anschauung oder Tatsache bis zur Eliminierung aller denkbaren Einwände abgewartet werden kann, als bei der Nutzbarmachung praktisch wichtiger Entdeckungen. Der Autorität *Robert Kochs* hat es nicht im geringsten geschadet, daß von seinen ursprünglichen Forderungen an diejenigen Eigenschaften eines Mikroorganismus, welche ihn zum Erreger einer Infektionskrankheit stempeln sollen, kaum eine aufrecht zu erhalten ist (Nachtrag). Aber daß seine größte Tat, die Tuberkulinentdeckung, nicht alle Hoffnungen erfüllt hat, das wird ihm von vielen Leuten immer noch wie ein Verbrechen an der Ehre der deutschen Nation angerechnet.

Meinerseits bin ich bemüht, womöglich noch umsichtiger jetzt den Kampf gegen die Diphterie als Volkskrankheit zu organisieren, wie früher den Kampf gegen die mörderische Wirksamkeit des Diphtherievirus und gegen den qualvollen Verlauf der diphtherischen Erkrankung; und ich besitze Mut und Selbstvertrauen genug, um durch die Aussicht auf harte Arbeit und schwere Kämpfe mich nicht beirren zu lassen.

7. Aufgaben und Leistungen meines neuen Diphtherieschutzmittels*)

I.

Das aus Antitoxin bestehende, in der Regel von immunisierten Pferden herstammende Diphtherieheilserum hat sich als Mittel zur kurativen Diphtheriebekämpfung gut bewährt. Wenn neuerdings von amtlicher Stelle aus mitgeteilt worden ist, daß v o r der Anwendung des Heilserums im Deutschen Reiche etwa 60 000 Menschen jährlich an Diphtherie starben, gegenwärtig aber nur noch etwa 11 000 Diphtherietodesfälle in einem Jahre zu verzeichnen sind, und wenn überall in europäischen und außereuropäischen Ländern, in welchen das Heilserum sachverständig und einigermaßen konsequent angewendet wird, ungefähr der gleiche, zum Teil sogar ein noch stärkerer Rückgang der Diphtheriemortalität stattgefunden hat, so wird kaum noch irgendwo bestritten, daß dieses erfreuliche Ergebnis der therapeutischen Statistik der Heilwirkung des Diphtherieantitoxins zu verdanken ist. Nun ist aber das Antitoxin nicht bloß zur kurativen, sondern auch zur präventiven Diphtherietherapie befähigt, und ich hatte ursprünglich gehofft, daß es mit Hilfe des Heilserums gelingen würde, auch die Morbiditätsziffern wesentlich zu verkleinern. Diese Hoffnung hat sich jedoch nicht erfüllt. An vielen Orten ist sogar die Zahl der Diphtherieerkrankungen nicht unerheblich gestiegen, so z. B. in Berlin von etwa 3000 im Jahre 1906 auf jährlich mehr als 11 000 seit dem Jahre 1911; und soviel bis jetzt zu erkennen ist, hat weder die Verschärfung der sanitätspolizeilichen Maßnahmen zur Verminderung der Ansteckungsgefahr, noch die Belehrung des Publikums von seiten der Behörden und der Ärzte über die Schutzwirkung des Diphtherieheilserums, noch auch die unentgeltliche Abgabe des Heilserums für präventive Injektionen einen unzweideutigen Erfolg gehabt.

Ob und inwieweit durch zeitweisen Schulenschluß, durch Raum- und Personaldesinfektion, durch Isolierung der Diphtheriepatienten, der Rekonvalszenten und der gesunden Bazillenträger, durch desinfizierende Behandlung und bakteriologische Kontrolle der bazillentragenden Rachenorgane usw. die Diphtherie wirk-

---

*) Aus Nr. 20 der Berl. klin. Woch. 1914

sam bekämpft werden kann, will ich hier unerörtert lassen, möchte aber jeden Zweifel ausschließen an dem sofortigen Eintritt des Diphtherieschutzes mit dem Moment, wo wir dem noch nicht infizierten, aber diphtheriegefährdeten Individuum durch Heilseruminjektion einen 1/100—1/20 fach normalen Blutantitoxingehalt verschafft haben. Für einen 50 kg schweren Menschen ist dazu eine Heilserumdosis von etwa 250 Antitoxineinheiten erforderlich. Die in unzähligen Beobachtungen immer von neuem bestätigte Schutzwirkung des Antitoxins, welche außerdem durch das wissenschaftliche Experiment jederzeit verifiziert werden kann, würde zweifellos der präventiven Serumtherapie ohne jede Schwierigkeit zur allgemeinen Einführung in die ärztliche Praxis verholfen haben, wenn nicht die Erfahrung gezeigt hätte, daß der Wert dieser so glänzend demonstrierbaren Schutzkraft des Heilserums durch folgende Mängel beeinträchtigt wird.

Erstens nämlich schwindet das Antitoxin, wenn es aus heterogenem Serum, speziell aus Pferdeserum herstammt, im menschlichen Blute in so schnellem Tempo, daß es nach etwa 20 Tagen von 1/20 Antitoxineinheit auf weniger als 1/1600 Antitoxineinheit in 1 ccm gesunken ist und dann eine Schutzwirkung kaum ausüben kann.

Zweitens findet, wenn nach 20 Tagen die Infektionsgelegenheit fortbesteht, und wenn man nun von neuem Heilserum einspritzt, ein beschleunigter Antitoxinschwund statt, derart, daß nunmehr schon nach 5—8 Tagen kein Antitoxin im Blute mehr nachweisbar ist.

Drittens wird durch die erstmalige Seruminjektion eine individuelle Serumüberempfindlichkeit (Anaphylaxie) bewirkt, welche nicht selten sich durch unerwünschte Nebenwirkungen äußert, wenn später größere Serumdosen für Heilzwecke injiziert werden. Diese Überempfindlichkeit bleibt jahrelang zurück. Nach dem Urteil kompetenter Kinderärzte werden ihre Gefahren vielfach sehr übertrieben, aber die Scheu vor der präventiven Heilserumanwendung wird einigermaßen verständlich, wenn zugegeben werden muß, daß sie nur einen sehr kurze Zeit anhaltenden Diphtherieschutz gewährt und außerdem zu unangenehmen Serumerkrankungen disponiert.

Emil von Behring (1854—1917). Nach einer 11jährigen Tätigkeit als Militärarzt wurde er Assistent von *Robert Koch*. 1890 entdeckte er, zusammen mit dem Japaner Shibasaburo Kitasato das Tetanusserum und im gleichen Jahr entwickelte er die Serumtherapie gegen Diphtherie und wurde so zum Begründer der Serumtheraphie. 1895 wurde er Professor in Marburg und 1901 erhielt er als erster Mediziner den Nobelpreis. Seine Heilsera erhielt er von vorher infizierten Tieren, deren Blut die Antikörper im Serum entwickelten. Seine Methode findet heute noch weltweite Anwendung und hat Millionen von Menschen das Leben gerettet.

WILHELM, CONRAD RÖNTGEN:

Über eine neue Art von Strahlen
(vorläufige Mitteilung)

Sitzungsbericht der Würzburger Physik.-medic. Gesellschaft 1895
(Verlag und Druck, Stahelsche K. Hof- und Universitäts Buch- und
Kunsthandlung, Würzburg Ende 1895)

1. Läßt man durch eine *Hittorf*sche Vakuumröhre, oder einen genügend evakuierten *Lenard*schen, *Crookes*schen oder ähnlichen Apparat die Entladungen eines größeren *Ruhmkorffs* gehen und bedeckt die Röhre mit einem ziemlich eng anliegenden Mantel aus dünnem, schwarzem Karton, so sieht man in dem vollständig verdunkelten Zimmer einen in die Nähe des Apparates gebrachten, mit Bariumplatinzyanür angestrichenen Papierschirm bei jeder Entladung hell aufleuchten, fluoreszieren, gleichgültig ob die angestrichene oder die andere Seite des Schirmes dem Entladungsapparat zugewendet ist. Die Fluoreszenz ist noch in 2 m Entfernung vom Apparat bemerkbar.
Man überzeugt sich leicht, daß die Ursache der Fluoreszenz vom Entladungsapparat und von keiner anderen Stelle der Leitung ausgeht.

2. Das an dieser Erscheinung zunächst Auffallende ist, daß durch die schwarze Kartonhülse, welche keine sichtbaren oder ultravioletten Strahlen des Sonnen- oder des elektrischen Bogenlichtes durchläßt, ein Agens hindurchgeht, das imstande ist, lebhafte Fluoreszenz zu erzeugen, und man wird deshalb wohl zuerst untersuchen, ob auch andere Körper diese Eigenschaft besitzen.
Man findet bald, daß alle Körper für dasselbe durchlässig sind, aber in sehr verschiedenem Grade. Einige Beispiele führe ich an. Papier ist sehr durchlässig[*]): hinter einem eingebundenen Buch von ca. 1000 Seiten sah ich den Fluoreszenzschirm noch deutlich leuchten; die Druckerschwärze bietet kein merkliches Hindernis. Ebenso zeigte sich Fluoreszenz hinter einem doppelten Whistspiel; eine einzelne Karte zwischen Apparat und Schirm gehalten macht sich dem Auge fast gar nicht bemerkbar. — Auch ein einfaches Blatt Stanniol ist kaum wahrzunehmen; erst nachdem mehrere Lagen übereinander gelegt sind, sieht man ihren Schatten deutlich auf dem Schirm. — Dicke Holzblöcke sind noch durchlässig; 2—3 cm dicke Bretter aus Tannenholz absorbieren nur sehr wenig. — Eine ca. 15 mm dicke Aluminiumschicht schwächte die Wirkung recht beträchtlich, war aber nicht imstande, die Fluoreszenz ganz zum Verschwinden zu bringen. — Mehrere zentimeterdicke Hartgummischeiben lassen noch Strahlen hindurch. — Glasplatten gleicher Dicke verhalten sich verschieden, je nachdem sie bleihaltig sind (Flintglas) oder nicht; erstere sind viel weniger durchlässig als letztere. — Hält man die Hand zwischen den Entladungsapparat und den Schirm, so sieht man die dunkleren Schatten der Handknochen in dem nur wenig dunklen Schattenbild der Hand. — Wasser, Schwefelkohlenstoff und verschiedene andere Flüssigkeiten erweisen sich in Glimmergefäßen untersucht als sehr durchlässig .—
Daß Wasserstoff wesentlich durchlässiger wäre als Luft habe ich nicht finden

---

[*]) Mit „Durchlässigkeit" eines Körpers bezeichne ich das Verhältnis eines dicht hinter dem Körper gehaltenen Fluoreszenzschirmes zu derjenigen Helligkeit des Schirmes, welcher unter denselben Verhältnissen aber ohne Zwischenschaltung des Körpers zeigt.

können. — Hinter Platten aus Kupfer, resp. Silber, Blei, Gold, Platin ist die Fluoreszenz noch deutlich zu erkennen, doch nur dann, wenn die Plattendicke nicht zu bedeutend ist. Platin von 0,2 mm Dicke ist noch durchlässig; die Silber- und Kupferplatten können schon stärker sein. Blei in 1,5 mm Dicke ist so gut wie undurchlässig und wurde deshalb häufig wegen dieser Eigenschaft verwendet. — Ein Holzstab mit quadratischem Querschnitt (20 × 20 mm), dessen eine Seite mit Bleifarbe weiß angestrichen ist, verhält sich verschieden, je nachdem er zwischen Apparat und Schirm gehalten wird; fast vollständig wirkungslos, wenn die X-Strahlen parallel der angestrichenen Seite durchgehen, entwirft der Stab einen dunklen Schatten, wenn die Strahlen die Anstrichfarbe durchsetzen müssen. — In eine ähnliche Reihe, wie die Metalle, lassen sich ihre Salze, fest oder in Lösung, in bezug auf ihre Durchlässigket ordnen.

3. Die angeführten Versuchsergebnisse und andere führen zu der Folgerung, daß die Durchlässigkeit der verschiedenen Substanzen, gleiche Schichtendicke vorausgesetzt, wesentlich bedingt ist durch ihre Dichte: keine andere Eigenschaft macht sich wenigstens in so hohem Grade bemerkbar als diese.

Daß aber die Dichte doch nicht ganz allein maßgebend ist, das beweisen folgende Versuche. Ich untersuchte auf ihre Durchlässigkeit nahezu gleichdicke Platten aus Glas, Aluminium, Kalkspat und Quarz; die Dichte dieser Substanzen stellte sich als ungefähr gleich heraus, und doch zeigte sich ganz evident, daß der Kalkspat beträchtlich weniger durchlässig ist als die übrigen Körper, die sich untereinander ziemlich gleich verhielten. Eine besonders starke Fluoreszenz des Kalkspates namentlich im Vergleich zum Glas habe ich nicht bemerkt.

4. Mit zunehmender Dicke werden alle Körper weniger durchlässig. Um vielleicht eine Beziehung zwischen Durchlässigkeit und Schichtendicke finden zu können, habe ich photographische Aufnahmen gemacht, bei denen die photographische Platte zum Teil bedeckt war mit Stanniolschichten von stufenweise zunehmender Blätterzahl; eine photometrische Messung soll vorgenommen werden, wenn ich im Besitz eines geeigneten Photometers bin.

5. Aus Platin, Blei, Zink und Aluminium wurden durch Auswalzen Bleche von einer solchen Dicke hergestellt, daß alle nahezu gleich durchlässig erschienen. Die folgende Tabelle enthält die gemessene Dicke in Millimetern, die relative Dicke bezogen auf die des Platinblechs und die Dichte,

Dicke		relat. Dicke	Dichte
Pt.	0,018 mm	1	21,5
Pb.	0,05 mm	3	11,3
Zn.	0,10 mm	6	7,1
Al.	3,5 mm	200	2,6

Aus diesen Werten ist zu entnehmen, daß keineswegs gleiche Durchlässigkeit verschiedener Metalle vorhanden ist, wenn das Produkt aus Dicke und Dichte gleich ist. Die Durchlässigkeit nimmt in viel stärkerem Maße zu, als jenes Produkt abnimmt.

6. Die Fluoreszenz des Bariumplatinzyanürs ist nicht die einzige erkennbare Wirkung der X-Strahlen. Zunächst ist zu erwähnen, daß auch andere Körper fluoreszieren; so z. B. die als Phosphore bekannten Kalziumverbindungen, dann Uranglas, gewöhnliches Glas, Kalkspat, Steinsalz etc.

Von besonderer Bedeutung in mancher Hinsicht ist die Tatsache, daß photographische Trockenplatten sich als empfindlich für die X-Strahlen erwiesen haben. Man ist imstande, manche Erscheinung zu fixieren, wodurch Täuschungen leichter ausgeschlossen werden; und ich habe, wo es irgend anging, jede wichtigere Beobachtung, die ich mit dem Auge am Fluoreszenzschirm machte, durch eine photographische Aufnahme kontrolliert.

Dabei kommt die Eigenschaft der Strahlen, fast ungehindert durch dünnere Holz-, Papier- und Stanniolschichten hindurchgehen zu können, sehr zu statten; man kann die Aufnahmen mit der in der Kasette, oder in einer Papierumhüllung eingeschlossenen photographischen Platte im beleuchteten Zimmer machen. Andererseits hat diese Eigenschaft auch zur Folge, daß man unentwickelte Platten nicht bloß durch die gebräuchliche Hülle aus Pappendeckel und Papier geschützt längere Zeit in der Nähe des Entladungsapparates liegen lassen darf.

Fraglich erscheint es noch, ob die chemische Wirkung auf die Silbersalze der photographischen Platte direkt von den X-Strahlen ausgeübt wird. Möglich ist es, daß diese Wirkung herrührt von dem Fluoreszenzlicht, das, wie oben angegeben, in der Glasplatte, oder vielleicht in der Gelantineschicht erzeugt wird. „Films" können übrigens ebenso gut wie Glasplatten verwendet werden.

Daß die X-Strahlen auch eine Wärmewirkung auszuüben imstande sind, habe ich noch nicht experimentell nachgewiesen; doch darf man wohl diese Eigenschaft als vorhanden annehmen, nachdem durch die Fluoreszenzerscheinungen die Fähigkeit der X-Strahlen, verwandelt zu werden, nachgewiesen ist, und es sicher ist, daß nicht alle auffallenden X-Strahlen den Körper als solche wieder verlassen. Die Retina des Auges ist für unsere Strahlen unempfindlich; das dicht an den Entladungsapparat herangebrachte Auge bemerkt nichts, wiewohl nach den gemachten Erfahrungen die im Auge enthaltenen Medien für die Strahlen durchlässig genug sein müssen.

7. Nachdem ich die Durchlässigkeit verschiedener Körper von relativ großer Dicke erkannt hatte, beeilte ich mich, zu erfahren, wie sich die X-Strahlen beim Durchgang durch ein Prisma verhalten, ob sie darin abgelenkt werden oder nicht. Versuche mit Wasser und Schwefelkohlenstoff in Glimmerprismen von ca. 30° brechendem Winkel haben gar keine Ablenkung erkennen lassen, weder am Fluoreszenzschirm, noch an der photographischen Platte. Zum Vergleich wurde unter denselben Verhältnissen die Ablenkung von Lichtstrahlen beobachtet; die abgelenkten Bilder lagen auf der Platte um ca. 10 mm resp. ca. 20 mm von dem nicht abgelenkten entfernt. — Mit einem Hartgummi- und einem Aluminiumprisma von ebenfalls ca. 30° brechenden Winkel habe ich auf der photographischen Platte Bilder bekommen, an denen man vielleicht eine Ablenkung erkennen kann. Doch ist die Sache sehr unsicher, und die Ablenkung ist, wenn überhaupt vorhanden, jedenfalls so klein, daß der Brechungsexponent der X-Strahlen in den genannten Substanzen höchstens 1,05 sein könnte. Mit dem Fluoreszenzschirm habe ich auch in diesem Fall keine Ablenkung beobachten können.

Versuche mit Prismen aus dichteren Metallen lieferten bis jetzt wegen der geringen Durchlässigkeit und der infolgedessen geringen Intensität der durchgelassenen Strahlen kein sicheres Resultat.

In Anbetracht dieser Sachlage einerseits und andererseits der Wichtigkeit der Frage, ob die X-Strahlen beim Übergang von einem Medium zum anderen gebrochen werden können oder nicht, ist es sehr erfreulich, daß diese Frage noch in anderer Weise untersucht werden kann, als mit Hilfe von Prismen. Fein pulverisierte Körper lassen in genügender Schichtendicke das auffallende Licht nur wenig und zerstreut hindurch infolge von Brechung und Reflexion: erweisen sich nun die Pulver für die X-Strahlen gleich durchlässig, wie die kohärente Substanz — gleiche Massen vorausgesetzt — so ist damit nachgewiesen, daß sowohl eine Brechung als auch eine regelmäßige Reflexion nicht in merklichem Betrage vorhanden ist. Die Versuche wurden mit fein pulverisiertem Steinsalz, mit feinem, auf elektrolytischem Wege gewonnenen Silberpulver und dem zu chemischen Untersuchungen vielfach verwandten Zinkstaub angestellt; es ergab sich in allen Fällen kein Unterschied in der Durchlässigkeit der Pulver und der kohärenten Substanz, sowohl bei der Beobachtung am Fluoreszenzschirm, als auch auf der photographischen Platte.

Daß man mit Linsen die X-Strahlen nicht konzentrieren kann, ist nach dem Mitgeteilten selbstverständlich; eine große Hartgummilinse und eine Glaslinse erwiesen sich in der Tat als wirkungslos. Das Schattenbild eines runden Stabes ist in der Mitte dunkler als am Rande; dasjenige einer Röhre, die mit einer Substanz gefüllt ist, die durchlässiger ist als das Material der Röhre, ist in der Mitte heller als am Rande.

8. Die Frage nach der Reflexion der X-Strahlen ist durch die Versuche des vorigen Paragraphen als in dem Sinne erledigt zu betrachten, daß eine merkliche regelmäßige Zurückwerfung der Strahlen an keiner der untersuchten Substanzen stattfindet. Andere Versuche, die ich hier übergehen will, führen zu demselben Resultat.

Indessen ist eine Beobachtung zu erwähnen, die auf den ersten Blick das Gegenteil zu ergeben scheint. Ich exponiere eine durch schwarzes Papier gegen Lichtstrahlen geschützte photographische Platte, mit der Glasseite dem Entladungsapparat zugewendet, den X-Strahlen; die empfindliche Schicht war bis auf einen frei bleibenden Teil mit blanken Platten aus Platin, Blei, Zink und Aluminium in sternförmiger Anordnung bedeckt. Auf dem entwickelten Negativ ist deutlich zu erkennen, daß die Schwärzung unter dem Platin, dem Blei und besonders unter dem Zink stärker ist als an den anderen Stellen; das Aluminium hatte gar keine Wirkung ausgeübt. Es scheint somit, daß die drei genannten Metalle die Strahlen reflektieren; indessen wären noch andere Ursachen für die stärkere Schwärzung denkbar, und um sicher zu gehen, legte ich bei einem zweiten Versuch zwischen die empfindliche Schicht und die Metallplatten ein Stück dünnes Blattaluminium, welches für ultraviolette Strahlen undurchlässig, dagegen für die X-Strahlen sehr durchlässig ist. Da auch jetzt wieder im wesentlichen dasselbe Resultat erhalten wurde, so ist eine Reflexion von X-Strahlen an den genannten Metallen nachgewiesen.

Hält man diese Tatsache zusammen mit der Beobachtung, daß Pulver ebenso durchlässig sind, wie kohärente Körper, daß weiter Körper mit rauher Oberfläche sich beim Durchgang der X-Strahlen, wie auch bei dem zuletzt beschriebenen Versuch ganz gleich wie polierte Körper verhalten, so kommt man zu der Anschauung, daß zwar eine regelmäßige Reflexion, wie gesagt, nicht stattfindet, daß aber die Körper sich den X-Strahlen gegenüber ähnlich verhalten, wie die trüben Medien dem Licht gegenüber.

Da ich auch keine Brechung beim Übergang von einem Medium zum anderen nachweisen konnte, so hat es den Anschein, als ob die X-Strahlen sich mit gleicher Geschwindigkeit in allen Körpern bewegen, und war in einem Medium, das überall vorhanden ist, und in welchem die Körperteilchen eingebettet sind. Die letzteren bilden für die Ausbreitung der X-Strahlen ein Hindernis und zwar im allgemeinen ein desto größeres, je dichter der betreffende Körper ist.

9. Demnach wäre es möglich, daß auch die Anordnung der Teilchen im Körper auf die Durchlässigkeit desselben einen Einfluß ausübte, daß z. B. ein Stück Kalkspat bei gleicher Dicke verschieden durchlässig wäre, wenn dasselbe in der Richtung der Achse oder senkrecht dazu durchstrahlt wird. Versuche mit Kalkspat und Quarz haben aber ein negatives Resultat ergeben.

10. Bekanntlich ist *Lenard* bei seinen schönen Versuchen über die von einem dünnen Aluminiumplättchen hindurchgelassenen *Hittorf*schen Kathodenstrahlen zu dem Resultat gekommen, daß die Strahlen Vorgänge im Äther sind, und daß sie in allen Körpern diffus verlaufen. Von unseren Strahlen haben wir Ähnliches aussagen können.

In seiner letzten Arbeit hat *Lenard* das Absorptionsvermögen verschiedener Körper für die Kathodenstrahlen bestimmt und dasselbe u. a. für Luft von Atmosphärendruck zu 4,10, 3,40, 3,10 auf 1 cm bezogen gefunden, je nach der Verdünnung des im Entladungsapparat enthaltenen Gases. Nach der aus der Funkenstrecke geschätzten Entladungsspannung zu urteilen, habe ich es bei meinen Versuchen meistens mit ungefähr gleichgroßen und nur selten mit geringeren und größeren Verdünnungen zu tun gehabt. Es gelang mir mit dem *L. Weber*schen Photometer — ein besseres besitze ich nicht — in atmosphärischer Luft die Intensität des Fluoreszenzlichtes meines Schirmes in zwei Abständen — ca. 100 resp. 200 mm X vom Entladungsapparat mit einander zu vergleichen, und ich fand aus drei recht gut miteinander übereinstimmenden Versuchen, daß dieselben sich umgekehrt wie die Quadrate der resp. Entfernungen des Schirmes vom Entladungsapparat verhalten. Demnach hält die Luft von den hindurchgehenden X-Strahlen einen viel kleineren Bruchteil zurück als von den Kathodenstrahlen. Dieses Resultat ist auch ganz in Übereinstimmung mit der oben erwähnten Beobachtung, daß das Fluoreszenzlicht noch in 2 m Distanz vom Entladungsapparat wahrzunehmen ist.

Ähnlich wie Luft verhalten sich im allgemeinen die anderen Körper: sie sind für die X-Strahlen durchlässiger als für die Kathodenstrahlen.

11. Eine weitere sehr bemerkenswerte Verschiedenheit in dem Verhalten der Kathodenstrahlen und der X-Strahlen liegt in der Tatsache, daß es mir trotz vieler Bemühungen nicht gelungen ist, auch in sehr kräftigen magnetischen Feldern eine Ablenkung der X-Strahlen durch den Magneten zu erhalten.

Die Ablenkbarkeit durch den Magnet gilt aber bis jetzt als ein charakteristisches Merkmal der Kathodenstrahlen; wohl ward von *Hertz* und *Lenard* beobachtet, daß es verschiedene Arten von Kathodenstrahlen gibt, die sich durch „ihre Phosphoreszenzerzeugung, Absorbierbarkeit und Ablenkbarkeit durch den Magnet voneinander unterscheiden", aber eine beträchtliche Ablenkung wurde doch in allen von ihnen untersuchten Fällen wahrgenommen, und ich glaube nicht, daß man dieses Charakteristikum ohne zwingenden Grund aufgeben wird.

12. Nach besonders zu diesem Zweck angestellten Versuchen ist es sicher, daß die Stelle der Wand des Entladungsapparates, die am stärksten fluoresziert, als Hauptausgangspunkt der nach allen Richtungen sich ausbreitenden X-Strahlen zu betrachten ist. Die X-Strahlen gehen somit von der Stelle aus, wo nach Angaben verschiedener Forscher die Kathodenstrahlen die Glaswand treffen. Lenkt man die Kathodenstrahlen innerhalb des Entladungsapparates durch einen Magnet ab, so sieht man, daß auch die X-Strahlen von einer anderen Stelle, d. h. wieder von dem Endpunkte der Kathodenstrahlen ausgehen.

Auch aus diesem Grund können die X-Strahlen, die nicht ablenkbar sind, nicht einfach unverändert von der Glaswand hindurchgelassene resp. reflektierte Kathodenstrahlen sein. Die größere Dichte des Glases außerhalb des Entladungsgefäßes kann ja nach *Lenard* für die große Verschiedenheit der Ablenkbarkeit nicht verantwortlich gemacht werden.

Ich komme deshalb zu dem Resultat, daß die X-Strahlen nicht identisch sind mit den Kathodenstrahlen, daß sie aber von den Kathodenstrahlen in der Glaswand des Entladungsapparates erzeugt werden.

13. Diese Erzeugung findet nicht nur in Glas statt, sondern, wie ich an einem mit 2 mm starkem Aluminiumblech abgeschlossenen Apparat beobachten konnte, auch in diesem Metall. Andere Substanzen sollen später untersucht werden.

14. Die Berechtigung, für das von der Wand des Entlassungsapparates ausgehende Agens den Namen „Strahlen" zu verwenden, leite ich zum Teil von der ganz regelmäßigen Schattenbildung her, die sich zeigt, wenn man zwischen den Apparat und den fluoreszierenden Schirm (oder die photographische Platte) mehr oder weniger durchlässige Körper bringt.

Viele derartige Schattenbilder, deren Erzeugnug mitunter einen ganz besonderen Reiz bietet, habe ich beobachtet und teilweise auch photographisch aufgenommen; so besitze ich z. B. Photographien von den Schatten der Profile einer Türe, welche die Zimmer trennt, in welchen einerseits der Entladungsapparat, andererseits die photographische Platte aufgestellt waren; von den Schatten der Handknochen; (Abb. 29); von dem Schatten eines auf einer Holzspule versteckt aufgewickelten Drahtes; eines in einem Kästchen eingeschlossenen Gewichtssatzes; einer Bussole, bei welcher die Magnetnadel ganz von Metall eingeschlossen ist; eines Metallstückes, dessen Inhomogenität durch die X-Strahlen bemerkbar wird; etc.

Für die geradlinie Ausbreitung der X-Strahlen beweisend ist weiter eine Lochphotographie, die ich von dem mit schwarzem Papier eingehüllten Entladungsapparat habe machen können; das Bild ist schwach aber unverkennbar richtig.

15. Nach Interferenzerscheinungen der X-Strahlen habe ich viel gesucht, aber leider, vielleicht nur infolge der geringen Intensität derselben, ohne Erfolg.

16. Versuche, um zu konstatieren, ob elektrostatische Kräfte in irgend einer Weise die X-Strahlen beeinflussen können, sind zwar angefangen, aber noch nicht abgeschlossen.

17. Legt man sich die Frage vor, was denn die X-Strahlen, — die keine Kathodenstrahlen sein können — eigentlich sind, so wird man vielleicht im ersten Augenblick, verleitet durch ihre lebhafte Fluoreszenz- und chemischen Wirkungen, an ultraviolettes Licht denken.

Indessen stößt man doch sofort auf schwerwiegende Bedenken. Wenn nämlich die X-Strahlen ultraviolettes Licht sein sollten, so müßte dieses Licht die Eigenschaft haben:

Abb. 29: Eine der ersten Röntgen-Aufnahmen: Hand von Geheimrat Koellicken, aufgenommen in der Sitzung der Medizinisch-Physikalischen Gesellschaft im Dezember 1895 in Würzburg, in der Röntgen seine sensationelle Entdeckung bekanntgab.

a) daß es beim Übergang aus Luft in Wasser, Schwefelkohlenstoff, Aluminium, Steinsalz, Glas, Zink etc. keine merkliche Brechung erleiden kann;
b) daß es von den genannten Körpern nicht merklich regelmäßig reflektiert werden kann;
c) daß es somit durch die sonst gebräuchlichen Mittel nicht polarisiert werden kann;
d) daß die Absorption desselben von keiner anderen Eigenschaft der Körper so beeinflußt wird als von ihrer Dichte.
Das heißt, man müßte annehmen, daß sich diese ultravioletten Strahlen ganz anders verhalten, als die bisher bekannten ultraroten, sichtbaren und ultravioletten Strahlen.
Dazu habe ich mich nicht entschließen können und nach einer anderen Erklärung gesucht.
Eine Art von Verwandtschaft zwischen den neuen Strahlen und den Lichtstrahlen scheint zu bestehen, wenigstens deutet die Schattenbildung, die Fluoreszenz und die chemische Wirkung, welche bei beiden Strahlenarten vorkommen, darauf hin. Nun weiß man schon seit langer Zeit, daß außer den transversalen Lichtschwingungen auch longitudinale Schwingungen im Äther vorkommen können und nach Ansicht verschiedener Physiker vorkommen müssen. Freilich ist ihre Existenz

bis jetzt noch nicht evident nachgewiesen, und sind deshalb ihre Eigenschaften noch nicht experimentell untersucht.
Sollten nun die neuen Strahlen nicht longitudinalen Schwingungen im Äther zuzuschreiben sein?
Ich muß bekennen, daß ich mich im Laufe der Untersuchung immer mehr mit diesem Gedanken vertraut gemacht habe und gestatte mir dann auch diese Vermutung hier auszusprechen, wiewohl ich mir sehr wohl bewußt bin, daß die gegebene Erklärung einer weiteren Begründung noch bedarf.
Würzburg. Physikal. Institut der Universität. Dez. 1895

Wilhelm, Conrad Röntgen (1865—1923). Er wurde in Lennep geboren und studierte zunächst ohne Abitur Maschinenbau am Polytechnikum in Zürich. 1869 erwarb er dort sein Diplom als Maschinenbau-Ingenieur und 1869 an der Universität das Doktor-Diplom. *Röntgen* wurde 1875 Professor in Hohenheim, 1876 in Straßburg, 1879 in Gießen, 1888 in Würzburg und schließlich 1900 in München. 1895 entdeckte er in Würzburg die später nach ihm benannten Strahlen, die er zunächst X-Strahlen nannte. Es war dies eine der größten und folgenreichsten wissenschaftlichen Entdeckungen und dementsprechend wurde R. mit Ehrungen überhäuft. 1901 erhielt er als erster den Nobelpreis für Physik.

ALEXANDER FLEMING:

Entwicklungsgeschichte des Penicillins

Einleitung

Der Name „Penicillin" wurde von mir im Jahre 1929 einer antibakteriellen Substanz gegeben, die von einem Schimmelpilz des *genus Penicillium* gebildet wird. Diese Nomenklatur folgt somit einem alten Brauch, wie z. B. Digitalin nach digitalis, Aloin nach aloe genannt wird.
Penicillin gehört einer Klasse von antibakteriellen Substanzen an, die von lebenden Orgnismen gebildet werden und schon im Jahre 1889 mit dem Namen „Antibiotica" bezeichnet wurden. Dieses Wort wurde, obgleich schon so früh eingeführt, für lange Zeit ungebräuchlich, ist aber in den letzten Jahren wiedererstanden und erweist sich als recht nützlich.
Viele Beispiele dafür, daß Mikroorganismen antibiotische Substanzen bilden, sind seit *Pasteurs* Zeiten angeführt worden; es ist jedoch nicht nötig, sie im einzelnen wiederzugeben. Eine Besprechung dieses Schrifttums hat *Florey* gegeben. Keine dieser älteren Arbeiten hat die Entstehung des Penicillins beeinflußt.
Bevor ich die Anfänge des Penicillins beschreibe, ist es wohl angebracht, etwas über den Pilz *Penicillium* zu sagen. Sein Leben beginnt als Spore, die beim Keimen einzelne Hyphen (Fäden) bildet, die wachsen, sich verzweigen und dabei große, verfilzte Kolonien bilden. Darunter wachsen auch viele Fäden aus, die sich besonders stark vermehren. Jeder dieser Fäden spaltet sich in einer besonderen Art auf; er bildet einen Körper (Penicillus), der einer Bürste oder einem Stift ähnelt — daher der Name. Von den Endzweigen dieser wachsenden Hyphen lösen sich Sporen ab, so daß jede Penicillium-Kolonie Millionen Sporen abgeben

kann. Die Sporen werden durch den Luftzug oder sonstwie zerstreut und wachsen, wenn sie auf einen ihnen zusagenden Nährboden fallen, zu einer Schimmelpilzkolonie aus, wie man sie auf Marmelade, Brot und anderen organischen Substanzen, wenn sie nur genügend feucht sind, beobachten kann.

Die Verunreinigung einer Nährbodenplatte durch Sporen einer species *Penicillium* im Jahre 1926 war der Beginn der Erforschung des Penicillins*). Eine solche Verunreinigung ist in einem bakteriologischen Laboratorium nichts Außergewöhnliches und wirft höchstens ein etwas schlechtes Licht auf die Technik des Bakteriologen; zuweilen aber, wie in diesem besonderen Fall, läßt sie sich nicht vermeiden, z. B. wenn die Nährbodenplatte zur Abimpfung und Untersuchung unter dem Mikroskop geöffnet werden muß und dann zu weiteren Prüfungen verwendet wird. Als ich sie wieder beobachtete, hatten sich die Schimmelpilzsporen, die Zutritt gefunden hatten, zu einer großen Kolonie entwickelt. Das hatte an sich nichts zu sagen; aber es bedeutete eine große Überraschung, daß die Staphylokokken-Kolonien in der Nachbarschaft des Schimmelpilzes, die sich vorher gut entwickelt hatten, nunmehr Zeichen der Auflösung aufwiesen. Das war eine so außergewöhnliche und unerwartete Erscheinung, daß sie der Erforschung wert erschien. Der Schimmelpilz wurde deshalb zur weiteren Untersuchung in Reinkultur gezüchtet. Es ergab sich, daß er zum *genus Penicillium* gehörte, aber es war nicht ganz leicht, die Species festzustellen. Es gibt einige hundert Spezies von *Penicillium,* und der Pilzforscher des St. Mary's Hospital bezeichnete ihn als *Penicillium rubrum*. In der ersten Veröffentlichung über Penicillin erschien er auch unter diesem Namen. Spätere Untersuchungen durch *Raistrick* und *Thom* ergaben jedoch, daß es sich in Wirklichkeit um *Penicillium notatum* handelte, eine Spezies, die *Penicillium chrysogenum (Thom)* nahe verwandt ist. *Penicillium notatum* wurde zuerst 1911 von *Westling* beschrieben, der es in Skandinavien in faulendem Ysop fand.

Vorversuche mit dem Schimmelpilz, der die Platte verunreinigt hatte

Einige Sporen wurden an eine Stelle einer Agarplatte gebracht und 4—5 Tage bei Zimmertemperatur dem freien Wachstum überlassen. Dann wurden verschiedene Bakterien in radial angeordneten Streifen bis an die Pilzkultur heran aufgeimpft. Einige der Bakterien wuchsen ungehindert bis dicht an die Pilzkolonie heran, während andere schon in einem beträchtlichen Abstand von der Kolonie völlig gehemmt wurden. Dieser Versuch zeigte, daß der Schimmelpilz eine selektive antibakterielle Substanz bildete, die im Agar frei diffundierte. Diese Diffusionsfähigkeit ist bei antiseptischen Substanzen eine wichtige Eigenschaft. Penicillin diffundiert äußerst leicht, während ältere Antiseptika, die ohne größeren Erfolg gegen Infektionen des menschlichen Körpers verwandt worden sind, in dieser Beziehung zu wünschen übrigließen.

Dann wurde der Schimmelpilz in einem flüssigen Medium, gewöhnlicher Nährbouillon, gezüchtet. Er wuchs auf der Oberfläche als dicke, runzlige, filzige Masse, während sich in der darunterstehenden klaren Flüssigkeit in ein paar Tagen eine intensiv gelbe Farbe entwickelte.

---

*) Diese Kultur-Platte ist im Laboratorium des Autors im St. Mary's Hospital in London aufbewahrt worden.

Die antibakterielle Wirksamkeit wurde dadurch ausgetestet, daß von der Ausgangs-Nährbouillon, die mit Staphylokokken-Mikroben, die sich schon als penicillin-empfindlich erwiesen hatten, infiziert worden war, Verdünnungsserien hergestellt wurden. Es ergab sich, daß die Kulturflüssigkeit mehrere hundert Male verdünnt werden konnte, bevor sie ihre Fähigkeit, das Wachstum der Staphylokokken völlig zu unterbinden, verlor.

... Meine erste Erfahrung bei der Behandlung eines Patienten mit Penicillin-Konzentrat machte ich im September 1942. Ein Mann in mittleren Jahren mit einer Streptokokken-Meningitis drohte trotz der Anwendung von Sulfonamid zu sterben. Der Streptococcus sprach auf Penicillin an, und *Florey* war so freundlich, mit seinen ganzen Penicillin-Vorrat zu überlassen, damit ich ihn an diesem ersten Fall einer Meningitis-Behandlung ausprobieren konnte. Nach intramuskulären und intralumbalen Injektionen war der Patient in wenigen Tagen außer Gefahr und genas ohne Komplikationen. Das Ergebnis war so eindrucksvoll, daß wir die Aufmerksamkeit des Versorgungsministers auf das Penicillin lenkten; dieser berief sofort eine Sitzung aller interessierten akademischen und industriellen Kreise ein; daraus entstand dann die Penicillin-Kommission unter dem Vorsitz von *Sir Henry Dale,* welche die Penicillin-Produktion in Großbritannien förderte und ihre Erfahrungen rückhaltlos mit den amerikanischen Behörden austauschte. Die enge Zusammenarbeit zwischen den Laboratorien und Fabriken auf beiden Seiten des Ozeans war ein Hauptfaktor für die Massenproduktion, die bald als eine kriegswichtige Aufgabe erster Ordnung erkannt wurde.

In England wurde die Produktion durch den Mangel an Arbeitskräften und an einigen wesentlichen Ausgangsmaterialien gehemmt; trotzdem kam sie vorwärts, wenn auch in langsamerem Tempo als in den USA.

Erweiterung der Penicillin-Behandlung

Als das Mittel reichlicher zur Verfügung stand, konnte seine Anwendung erweitert werden. Die ersten behandelten Fälle waren hauptsächlich Staphylokokken- und Streptokokken-Infektionen. Bald aber wurden auch die Lungenentzündung und andere Lungen-Infektionen mit Erfolg behandelt; weiter erwies sich, daß Penicillin bei Gonorrhöe geradezu Wunder wirkte. Später stellte sich heraus, daß auch die Syphilis mit Erfolg behandelt werden konnte, ebenso viele weniger häufige Infektionen ...

Sir Alexander Fleming, geb. 1881, englischer Bakteriologe, entdeckte im Jahre 1929 das Penicillin als bakterientötendes Heilmittel und erhielt dafür 1945 den Nobelpreis für Medizin.

DIE AUSSTELLUNG IM DIENSTE DER SCHULBIOLOGIE
LEBENDE PFLANZEN UND TIERE IN DER SCHULE

Von Studiendirektor Hans W. Kühn,
Lehrbeauftragter an der Gesamthochschule Duisburg

Mülheim/Ruhr

Die Ausstellung im Dienste der Schulbiologie

Einleitung

Zur Erreichung der Ziele des Unterrichtsfaches Biologie, deren Erläuterung in diesem Zusammenhang nicht notwendig erscheint, spielen Ausstellungen von biologischen Objekten aller Art eine wichtige Rolle. In der einschlägigen methodischen Literatur wird erst in den letzten Jahren auf ihre Bedeutung hingewiesen. Die für Ausstellungen notwendigen Gesichtspunkte werden erstmalig bei *Linder* (1) herausgestellt. In den folgenden Jahren sind nur wenige Aufsätze darüber in der „Praxis der Naturwissenschaften/Biologie" erschienen (11, 15), die sich mit der Technik des Ausstellens oder der Materialbeschaffung für Ausstellungen befassen. Erst *Siedentop* widmet 1964 in seiner „Methodik" (3) diesem interessanten Gebiet einen ganzen Abschnitt.

Die Menschen der heutigen Zeit sind in hohem Maße auf das Schauen eingestellt und somit selbstverständlich auch unsere Schüler. Hinzu kommt, daß die Biologie auf diesem Schauen — nämlich der Beobachtung — aufgebaut ist. Dabei ist es selbstverständlich, daß es vom reinen Schauen zur planmäßigen und sorgfältigen Beobachtung ein weiter Weg ist, der laufender Anleitung bedarf; denn häufig wenden sich die Schüler schon nach wenigen Augenblicken mit der Bemerkung ab, schon alles gesehen zu haben. Hier muß der Lehrer viel Geduld aufbringen, um die Schüler zum richtigen Beobachten der ausgestellten Objekte zu führen. Ist das erreicht, dann wird es sich auch günstig im Unterricht auswirken. In modernen Schulbauten werden meist Ausstellungsmöglichkeiten der verschiedensten Art eingeplant, damit ergibt sich für die Biologen, die an solchen Schulen tätig sind, sogar die Notwendigkeit Ausstellungen durchzuführen.

Die Bedeutung der biologischen Ausstellungen gilt für alle Schultypen und ist außerordentlich vielseitig: Die Ausstellungen dienen der Weckung des Interesses, der Belehrung und Selbstbelehrung, der Vertiefung des Unterrichtes, der Ausweitung und Festigung des Wissens, der Vergrößerung der Formenkenntnisse, der Schulung der Beobachtungsgabe, der Erschließung der Liebe zur Natur usw. Ferner wird der Lehrer immer wieder feststellen können, daß seine Ausstellungen durchaus ein Mittel sind, den Unterricht durch Fragen zu beleben, vor allem nämlich dann, wenn Unterricht und Ausstellung parallel laufen. Weiterhin kann den Schülern durch geeignete Ausstellungen ein Einblick in die Arbeiten der biologischen Arbeitsgemeinschaften, des Wahlpflichtfaches oder der Grund- und Leistungskurse der Sekundarstufe II gegeben werden, wodurch ein Anreiz ausgeübt werden kann, später in der Sekundarstufe II auch an einem solchen Kurs teilzunehmen. Außerdem gibt es gerade in der Biologie viele Gebiete und Objekte, die im Unterricht gar nicht oder nur am Rande besprochen werden können, aus denen sich aber lohnende Ausstellungen zusammenstellen lassen. Werden alle Gegebenheiten für die Ausgestaltung einer Ausstellung richtig ausgenutzt, dann kann das gleich zwei Vorteile erbringen — nämlich erstens auf die Schüler entsprechend zu wirken und zweitens, was ebenfalls sehr wichtig ist, die Kollegen auf das heute immer noch vernachlässigte Fach Biologie aufmerksam zu machen.

1. Die Voraussetzungen für Ausstellungen

Die Dauer einer Ausstellung darf sicherlich verschieden lang sein, sinnvoll wird sie aber nur dann, wenn sie den Schülern eine längere Zeit hindurch immer wieder zu erneuter Betrachtung zur Verfügung steht. Jährliche Wiederholungen gleicher Ausstellungen sind wertvoll zur Unterstützung der Einprägung und der Weiterverarbeitung des bereits Gelernten. Manche Themen sollten besser erst nach größeren Zeitabständen wiederholt werden, einige eignen sich sogar nur für eine einmalige Ausstellung. Als Durchschnittszeit für die Dauer eines Ausstellungsthemas erscheint ein Zeitraum von vier bis sechs Wochen angemessen; das bedeutet aber, daß für jeden Schrank im Jahre etwa 8 verschiedene Ausstellungen vorbereitet und durchgeführt werden müssen. Es dürfte sicher vorteilhaft sein, wenn jeder Fachlehrer einen dieser Schränke in seine Verantwortlichkeit übernähme, wodurch eine größere Mannigfaltigkeit der Ausstellungen gewährleistet wäre. Das erscheint um so wichtiger, da jeder Kollege seine ihm eigene Unterrichtsmethode und seine besonderen biologischen Spezialgebiete hat. Ferner haben die Fachlehrer bei dieser Handhabung die Möglichkeit, im Unterricht behandelte Themen durch die Ausstellung des verwendeten bzw. auch weiteren Anschauungsmaterials zu vertiefen und einer ruhigeren und eingehenderen Betrachtung zugänglich zu machen, als es im Klassenunterricht bei den hohen Schülerzahlen heute immer möglich sein dürfte.

Nach jedem Ausstellungswechsel kann im Klassenunterricht durchaus eine Stunde dafür geopfert werden, auf besondere Themen aufmerksam zu machen, oder auch näher einzugehen. In manchen Fällen wird sich sogar eine Verlegung eines Teiles der Unterrichtsstunde auf den Flur zur Besprechung des Ausgestellten als lohnend erweisen. Wenn jetzt noch die Möglichkeit besteht, zu dem betreffenden Thema mit der Klasse auch Untersuchungen oder Versuche durchzuführen, wäre es besonders wertvoll.

Schon in früheren Zeiten wurden in den Sommermonaten in vielen Schulen Ausstellungen von Pflanzen, die auf Exkursionen gesammelt wurden, auf den Fensterbrettern oder auf dazu bereit gestellten Tischen in den Biologieräumen oder -fluren mit den erforderlichen Beschriftungen durchgeführt. Heute geschieht das auch noch, erweitert durch eine ständige Aufstellung von Zimmerpflanzen. Das Fensterbrett ist nach wie vor eine der guten Ausstellungsmöglichkeiten von verschiedensten Arten von Topfpflanzen, die ja gleichzeitig auch als Schmuck dienen. Beschriftungen sind in diesem Falle nicht erforderlich. Blüht einmal eine besondere Zimmerpflanze, so kann sie im Ausstellungsschrank ausgestellt werden, dann allerdings sollte auf eine genaue Beschriftung nicht verzichtet werden.

Die Größe der in modernen Schulneubauten eingebauten Ausstellungsschränken muß so bemessen sein, daß die Möglichkeit gegeben ist, in jedem Schrank eine

Ausstellung unter einem einheitlichen Gesichtspunkt oder einem Leitgedanken auszurichten. Maße, die sich bereits bewährt haben, seien genannt:
Höhe: 100 cm, Breite: 140 cm, Tiefe: 15 cm.

Von mehreren Schränken sollte wenigstens einer eine Tiefe von 30 cm besitzen, um evtl. auch größere Ausstellungsstücke zeigen zu können. Die Schränke sollten in der Regel verschließbar sein, dafür genügt aber bei Schranktüren mit Metallrahmen ein einfacher Vierkantschlüssel oder bei Glasschiebetüren ein einfaches, eingebautes Steckschloß. Der Innenausbau sollte aus Holz bestehen, dabei muß für die Rückseite ein Holzmaterial verwendet werden, welches es gestattet, Reißnägel zur Befestigung von Bildmaterial zu verwenden. Lose Einlegebretter sind erforderlich, da sie nicht für alle Ausstellungen benötigt werden. Zur Beleuchtung sind im Innern der Ausstellungsschränke seitlich angebrachte Leuchtstoffröhren am vorteilhaftesten. Der Lichtschalter liegt ebenfalls im Schrank, so daß je nach den Erfordernissen jeder Schrank für sich beleuchtet werden kann. Ein oder zwei seitlich montierte Steckdosen dürfen nicht fehlen. An der Schalttafel des Flures kann ein Hauptschalter für alle Schränke nur empfohlen werden.

Alleinstehende, nach allen Seiten verglaste Vitrinen erscheinen für biologische Ausstellungen wenig zweckmäßig. Vollkommen ungeeignet sind eingebaute, zweiseitig verglaste Vitrinen, die einen Durchblick vom Lehrraum oder vom Flur in den Sammlungsraum gewähren; dadurch werden nämlich die Schüler von den Ausstellungsobjekten abgelenkt, ihre Blicke wandern in den „viel interessanteren" Sammlungsraum und der Sinn der Ausstellung wird damit hinfällig. Neben den eingebauten Schränken können im Flur auch käufliche oder vom Tischler nach eigenen Angaben angefertigte Ausstellungsvitrinen oder -schränke Verwendung finden. Erprobte Richtmaße seien zur groben Orientierung angegeben:
Vitrine (Abb. 1) Höhe: 100/85 cm, Breite: 110 cm, Tiefe: 60 cm.

Vitrinenschrank (Abb. 2) Unterteil: Höhe: 115/110 cm, Breite: 145 cm, Tiefe: 75 cm.
Aufsatz: Höhe 80 cm, Breite: 145 cm, Tiefe: 25 cm.

Abb. 1: Ausstellungsvitrine

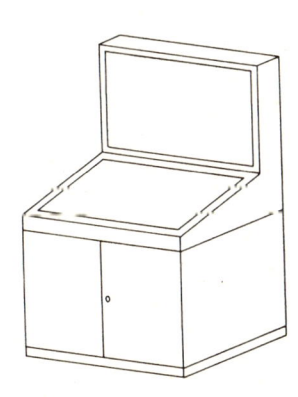

Abb. 2: Ausstellungs-Vitrinenschrank

Genaue Maße müssen den gegebenen örtlichen Raumverhältnissen gemäß ausgewählt werden. Der Unterteil der Vitrinen sollte als verschließbarer Schrank mit Schüben oder mit Fächern ausgestattet werden, die dann zur Aufbewahrung von Ausstellungsmaterial Verwendung finden.

2. Die Gestaltung von Ausstellungen

Die besondere Schwierigkeit bei der Gestaltung von Ausstellungen liegt darin, daß möglichst viele der in verschiedenen Entwicklungsstufen befindlichen Schüler gleichzeitig in der richtigen Weise angesprochen werden sollen. Anlage und Durchführung von Ausstellungen müssen daher wohl durchdacht sein, sie erfordern ein gutes Einfühlungsvermögen und pädagogisch-methodisches Geschick. Große Anschaulichkeit und gute Übersichtlichkeit und wohl überlegte Beschriftung sind erforderlich, da sie den pädagogischen Wert der Ausstellung erhöhen. Das ausgestellte Material muß gut überblickbar angeordnet sein, die wesentlichen Zusammenhänge müssen einprägsam hervortreten, auf keinen Fall darf zu viel in einen Schrank hineingepreßt werden.

Die Beschriftungen sollten kurz, prägnant, aber dennoch leicht verständlich sein, denn sie sollen ja verhältnismäßig schnell einen Aufschluß über Ausstellungsthema bzw. -gegenstand vermitteln. Zur Erleichterung des Verständnisses muß auf Besonderheiten hingewiesen werden, um das Interesse zu wecken. Vor allem aber soll ja das Geschaute auch geistig erfaßt, verarbeitet und behalten werden. Außerdem sollte noch neben den Ausstellungsobjekten Kärtchen mit erläuternden Beschriftungen, Zeichnungen und Angaben über das Vorkommen gelegt werden — Karteikarten der verschiedenen Formate sind dazu gut geeignet. Die Schrift selber muß sauber, akkurat und ansprechend sein, darf aber ruhig zeigen, daß nicht gerade ein „Schriftkünstler" am Werke war. Die gewöhnliche, einfache Druckschrift ist anderen Schrifttypen sicher vorzuziehen. Für die Herstellung der Beschriftung sind die in jeder Schreibwarenhandlung erhältlichen „Rotringschreiber" als besonders geeignet anzusehen, da sie in verschiedenen Stärken bezogen werden können. Die großen Überschriften können sehr vorteilhaft mit dem „Schnellschreiber — edding 3000" hergestellt werden. Für beide Schreiber sind verschiedene Farben im Handel erhältlich. Sollte es aus bestimmten Gründen einmal erforderlich sein, längere Beschriftungen für eingehendere Erläuterungen anfertigen zu müssen, so kann dazu auch die Schreibmaschine herangezogen werden.

Art und Umfang von Ausstellungen richten sich in erster Linie nach den im Schulgebäude vorhandenen Möglichkeiten. In Industriegroßstädten werden biologische Ausstellungen in den Schulen eine weit größere Rolle spielen müssen als in kleineren Landstädten.

a. Ausstellungsmaterial

Lebendes Material eignet sich nur in den seltensten Fällen zur Ausstellung in eingebauten, verschließbaren Schränken, da diese innen mit Holz verkleidet sind und durch die Feuchtigkeit schnell verquellen würden. Außerdem beschlagen die Glasscheiben, so daß nichts mehr zu sehen bzw. zu beobachten wäre. Bei den angefertigten Ausstellungsvitrinen oder -schränken könnte ein kleiner Scheibenabstand Ausstellungen von lebenden Pflanzen gerade noch ermöglichen, da durch diesen Scheibenabstand noch eine gewisse Luftzirkulation gewährleistet ist. Im allgemeinen darf aber gesagt werden, daß Ausstellungen von lebenden Pflanzen nach wie vor auf den Fensterbrettern durchgeführt werden sollten.

Die Beschaffung und Präparation von Ausstellungsmaterial wird, von einigen Ausnahmen abgesehen, in den Händen des Ausstellers liegen müssen. Außerdem können beispielsweise Gruppen- oder Einzelarbeiten einer Klasse oder besonders interessierter Schüler in einer Ausstellung erfaßt werden; auch eine Zusammenfassung von Ergebnissen aus Arbeitsgemeinschaften ist als lohnend zu bezeichnen. Es lassen sich natürlich auch freiwillige A. G. s. von beschränkter Dauer einrichten, die ausschließlich zur Herstellung von Ausstellungsmaterial dienen. Als ein mögliches Beispiel sei die Präparation von Eulengewöllen genannt. Dazu gehört selbstverständlich auch der Versuch, die präparierten Schädel und Knochen bzw. deren Reste zu bestimmen. Zur Bestimmung seien die Zusammenstellungen von S. *Nöding* [20, 21] empfohlen. Eine besondere Rolle spielt aber auch die eigene wissenschaftliche Arbeit des Lehrers, denn aus seinen Naturbeobachtungen, Sammeltätigkeiten sowie wissenschaftlichen und fotografischen Arbeiten kann er interessante und lehrreiche Ausstellungen aufbauen.

Alle haltbaren Tier- und Pflanzenteile bieten sich als Ausstellungsmaterial von selbst an. Daneben eignet sich ein großer Teil des in der Sammlung vorhandenen Anschauungsmaterials nicht weniger. Durch die Heranziehung dieser Lehrmittel wird sogar die Sammlung erst richtig ausgenutzt und den Schülern wirklich zugänglich gemacht. Dabei darf natürlich für Ausstellungen nur geeignetes Anschauungsmaterial herangezogen werden, denn nicht jedes biologische Modell, sei es für den Unterricht auch noch so geeignet, ist für Ausstellungszwecke brauchbar. Die vom Lehrer oder Schüler selbst gefertigten Anschauungsstücke, seien es nun gesammelte, präparierte, gebastelte oder fotografierte Objekte, sind auf jeden Fall den käuflichen oder reproduzierten vorzuziehen.

Zur Selbstherstellung von Präparaten eignen sich nur solche Objekte, die ohne besondere, komplizierte Konservierungsmethoden erstellt werden können. Jegliches trockenes, getrocknetes oder gepreßtes Pflanzenmaterial, wie ganze Pflanzen, Holz, Blätter, Früchte, Samen, Ähren, Zapfen, Pflanzengallen, Versteinerungen und v. a. m. ist geeignet. Von Herbarblättern sollten allerdings nur wirklich ansprechende Stücke zur Ausstellung herangezogen werden. An tierischen Materialien ist für Ausstellungszwecke alles geeignet, was haltbar, gut trocknungsfähig bzw. leicht präparierbar ist, wie Schädel, Skelett-Teile, Molluskenschalen, Vogelfedern, Gewölle, Häute, Panzer, Insekten, selbst hergestellte oder von Schülern angefertigte Modelle, also Bastelarbeiten aller Art (z. B. Beinmodelle, Futterhäuschen, Nistkästen usw.). Ferner sind Zeichnungen aus allen biologischen Teilgebieten als wertvolle Ausstellungsobjekte zu benennen, daneben auch Verbreitungskarten, Flug- bzw. Wanderwege und Statistiken. Schülerarbeiten sind auch hier als besonders wertvoll zu betrachten.

Da die Schüler über ihre Hobbies besonders gut angesprochen werden können, muß das Fotografieren und Briefmarkensammeln auch für die Biologie — im gegebenen Fall für biologische Ausstellungen — ausgenutzt werden. An der Fotografie als Lieferantin von Veranschaulichungsmaterial ist ja die Biologie von allen Naturwissenschaften an sich schon am stärksten interessiert. Der Herstellung von Bildmaterial für Ausstellungszwecke kommt sicher die gleiche Bedeutung zu. Das Foto selbst, aber auch Reproduktionen und sonstige Bilder aus Zeitschriften können verwendet werden. An alle derartigen Bilder sind auf jeden Fall hohe Ansprüche zu stellen. Zur Verwendung kommen selbstverständlich alle Arten von Fotos, also auch Makro- und Mikrofotos mit Formaten von 13×18 und 18×24. Ein Farbbild ist häufig besser geeignet als ein Schwarz/Weiß-Foto, wird aber aus pekuniären Gründen seltener hergestellt und daher ausgestellt werden können. Sogar Dias können zu Ausstellungen herangezogen werden, sofern eine Beleuchtungsmöglichkeit vorhanden ist. Hier sei auf ein Gerät verwiesen, das für diese Zwecke gut verwendet werden kann, wenn die Schüler zur Betrachtung auch nahe an den Ausstellungsschrank herantreten müssen: Dia-Sichtsortierkoffer — Fa. Dunco, Berlin.

In den großen Industriezentren werden die Abbildungen, seien es nun Lichtbilder, Dias, Drucke, oder Reproduktionen, immer mehr an Bedeutung gewinnen, da sie in zunehmendem Maße die lebenden Organismen ersetzen müssen. Zur Herstellung von Abbildungen sei in diesem Zusammenhang auch auf das leicht durchführbare und billige Lichtpausverfahren hingewiesen. Die Technik dieses Verfahrens wird von R. *Weber* [28] beschrieben.

b. *Ausstellungsthemen*

Wenn es sich einrichten läßt, sollte keinesfalls auf die Ausstellung von lebenden einheimischen Pflanzen auf den Fensterbrettern verzichtet werden. Die auf Exkursionen gesammelten Pflanzen werden in gleichartigen Gefäßen ausgestellt. Gut und übersichtlich beschriftete Karteikarten mit deutschem und lateinischem Namen, Familienzugehörigkeit, Angaben über den Fundort bzw. Standort und sonstigen evtl. notwendigen Erläuterungen sind unbedingt erforderlich. Derartige Ausstellungen könnten dann das Frühjahr und den Sommer über wöchentlich neu beschickt werden. Unansehnlich gewordene Pflanzen sind natürlich schon vorher zu entfernen. Die ganze Zeit über kann die Überschrift „Was blüht jetzt!" verwendet werden. Die einmal hergestellten Karten werden in einem besonderen Karteikasten aufbewahrt und lassen sich dann jahrelang immer wieder verwenden.

Für alle anderen biologischen Ausstellungen ist die Zahl von Themenbeispielen sehr groß, denn diese können ja praktisch aus allen biologischen Teildisziplinen ausgewählt werden. Bei aller Vielseitigkeit wird man grundsätzlich zwischen zwei Gruppen von Ausstellungsthemen zu unterscheiden haben, erstens Themen, die auch im Unterricht behandelt werden und zweitens solchen, die im Unterricht nur gestreift werden bzw. gar keine Erwähnung finden. Bei den „Klassenthemen" kann die Beschriftung kürzer sein, als bei solchen Themen, die im Unterricht nur anklingen. Ein volles Verständnis muß aber mit Hilfe der Beschriftung in jedem Falle gewährleistet sein.

Wie im Unterricht selbst, so lassen sich auch in den Ausstellungen Querverbindungen zu anderen Fächern herstellen, das gilt besonders für Geographie, Geologie, Paläontologie und nicht zuletzt Gemeinschaftskunde.

Die Themen als solche können in ihrer Gesamtheit gar nicht alle erfaßt werden, hier sollen einige wenigstens kurz skizziert und andere nur genannt werden.

Mit Fotos und Bildern von Blütenpflanzen lassen sich eine große Anzahl von Ausstellungsthemen zusammenstellen. Wenn der Aussteller selbst fotografiert, ist es vorteilhaft von jeder ausgewählten Pflanze gleich mehrere, verschiedene Aufnahmen anzufertigen, nämlich: Die Pflanze in ihrem Lebensraum, eine Pflanze (total), die Blüte als Nahaufnahme und die Frucht. Treten bei Blüten verschiedene Entwicklungsstadien auf, wie z. B. beim Besenginster *(Sarothamnus scoparius)*, denn empfiehlt es sich, auch diese zu fotografieren und, mit den entsprechenden Erläuterungen versehen, auszustellen (Abb. 3 und 4). Die Fotos oder

Abb. 3: Besenginster — junge Blüte

Abb. 4: Besenginster — ältere Blüte

Bilder in Verbindung mit Herbarexemplaren und Blütenmodellen zur Ausstellung zu bringen, wäre günstig. Einige Ausstellungsthemen hierzu seien genannt: Mehrere Blütenpflanzen einer Familie — z. B. „Orchideen!" (Abb. 5) Blütenpflan-

Abb. 5: Ophrys speculum

zen einer bestimmten Pflanzengesellschaft. „Unter Naturschutz stehende Pflanzen". „Einheimische Heilpflanzen". „Einheimische Giftpflanzen". „Mein Briefmarkenherbarium". Hierbei kann man die Briefmarken allein wirken lassen; es ist aber genau so gut möglich, die Briefmarke neben Foto, Herbarexemplar oder Blütenmodell auszustellen.

Soll beispielsweise die Familie der Korbblütler ausgestellt werden, so wird man diese nach dem Bau der Einzelblüten eines Körbchens in drei Gruppen einteilen, wie es in den meisten Schullehrbüchern geschieht:
Die jeweils häufigste Art von den strahlenblütigen (z. B. Wucherblume), den zungenblütigen (z. B. Löwenzahn) und den röhrenblütigen Korbblütlern (z. B. Kornblume) könnte ausgewählt werden. Dann ließen sich Abbildungen der ganzen Pflanzen, der Blüten und Früchte gegenüberstellen, verbunden mit schematischen Zeichnungen und Blütenmodellen, wenn letztere in der Sammlung vorhanden sind.

Auch über die Nadelhölzer lassen sich geeignete Themen finden, am besten wohl in der Form von Gegenüberstellungen verschiedener Arten. Überblicksbilder der einzelnen Arten und Fotos, Zeichnungen und Modelle der Staub- und Stempelblüten, ergänzt durch die dazugehörigen Zapfen als Trockenpräparate können gezeigt werden.

„Einige häufige Holzarten" kann als ansprechendes Thema bezeichnet werden, dafür lassen sich Stammstücke von Bäumen verwenden, die so zersägt werden müssen, daß die Quer-, Radial- und Tangentialflächen sichtbar sind. Damit die Struktur des Holzes auch deutlich in Erscheinung tritt, empfiehlt es sich, die angeschnittenen Flächen noch mit feinem Sandpapier zu schleifen. Rindenstücke dürfen natürlich nicht fehlen. Als wertvolle Ergänzungen können Mikroaufnahmen oder Zeichnungen von Mikropräparaten der ausgewählten Holzarten herangezogen werden.

Für Ausstellungen im Herbst sind Frucht- und Samensammlungen sehr zu empfehlen, die sich als Gemeinschaftsarbeit mehrerer Schüler oder einer ganzen Klasse durchführen lassen.

Über die einheimischen Farnkräuter könnten mehrere Ausstellungsthemen, die sich reichhaltig gestalten lassen, zusammengestellt werden: „Die Entwicklung der Farne!", „Die Farne des Waldes bei ... !", „Farne an den Mauern von ... !" oder „Die unter Naturschutz stehenden Farne!". Bei dem Thema „Wie lassen sich Wurmfarn, Frauenfarn und Dornfarn leicht unterscheiden?" lassen sich Herbarexemplare in Verbindung mit Standortsaufnahmen, Makrofotos der Blattunterseiten und mikroskopische Zeichnungen gut verwenden. Daneben sind noch Zeichnungen oder Mikrofotos von Stengelquerschnitten zu empfehlen.

Bei Schachtelhalmen und Bärlappen kann ganz entsprechend verfahren werden. Für Equisetumarten sei noch besonders auf die unterschiedlichen Sproßquerschnitte verwiesen, die sogar eine Bestimmungshilfe darstellen (18) Bei einigen Ausstellungen von Farngewächsen lassen sich Versteinerungen gut heranziehen, in den meisten Fällen erhöhen sie sogar das Interesse der Schüler. Selbstverständlich lassen sich Versteinerungen oder ihre Fotos auch zu eigenständigen Ausstellungen aufbauen.

„Die Entwicklung der Moose!" könnte durch Zeichnungen, Mikro- und Makrofotos aufgebaut werden. Das Thema „Einige häufige Moose der Heimat!" kann mit Hilfe von 4—6 Makrofotos von verschiedenen, häufigen Moosarten, einigen selbst hergestellten Moospräparaten zwischen Dia-Deckgläsern und mikroskopischen Zeichnungen bzw. Mikrofotos erstellt werden. Auch Lichtpausen von Moosen können leicht angefertigt und benutzt werden [28].

Ähnlich läßt sich ein Ausstellungsthema „Einheimische Flechten!" aufbauen. Neben Fotos und Bildern eignen sich Trockenpräparate, die über 10 Jahre lang ansehnlich bleiben, recht gut. Mikroskopische Zeichnungen oder Mikrofotos dürfen nicht fehlen.

Ausstellungen einheimischer Pilze waren schon immer recht beliebt. Auf Exkursionen gesammelte Pilze werden in Gemeinschaftsarbeit mit den Teilnehmern bestimmt und auf Tischen oder Fensterbrettern ausgestellt (vgl. *Falkenhan*, Bd. 2, S. 494). Gleichzeitig damit können dann in einem Schrank getrocknet haltbare Pilze, wie Schmetterlingsporling, Eichenwirrling, Birkenporling u. a. m., in Verbindung mit Zeichnungen und Lichtbildern gezeigt werden. Auch Fotos von eßbaren und giftigen Pilzen zusammen mit guten Pilzmodellen können für Ausstellungszwecke empfohlen werden. Bei den Pilzen sollten nun nicht nur die großen Formen zu Ausstellungen herangezogen werden. Die parasitären Pilze mit ihrem Wirtswechsel und ihren verschiedenen Sporenarten sind sicher genau so gut geeignet. Einige Beispiele für Ausstellungsthemen mögen das zeigen: „Brandpilze an Gräsern!" „Der Mutterkornpilz!" „Der Weizenschwarzrostpilz!" „Der Erbsenrostpilz!" „Der Alpenrosenrostpilz als Fichtenschädling!"

Befallene Pflanzenteile als getrocknete oder gepreßte Präparate, Fotos, Zeichnungen und Mikrofotos in Verbindung mit einem Schema der Entwicklung und des Wirtswechsels lassen sich als Ausstellungsobjekte empfehlen.

Für Ausstellungen von Algen eignen sich nur Zeichnungen und Mikrofotos, die aus der Arbeit einer Arbeitsgemeinschaft hervorgegangen sind. Die Themen können gerade auf diesem Gebiet sehr mannigfaltig sein. In diesem Zusammenhang sei darauf hingewiesen, daß sich von einigen Meeresalgen — vorwiegend Braun- und Rotalgen — schöne Trockenpräparate herstellen lassen. Die Anfertigung solcher Präparate ist an sich nicht schwierig. Die zur Trocknung erwählte Braunalge wird vorsichtig in einen Eimer mit Süßwasser gebracht und gut abgespült. Dann wird ein Stück Papier in das Wasser gelegt, damit es gleichmäßig durchnäßt wird. Ist die Alge schön nach allen Richtungen gestreckt, dann wird das Papier unter die Alge gebracht und sehr langsam und vorsichtig ganz gleichmäßig angehoben. Die Alge muß während dieses Vorganges gut ausgebreitet auf dem Papier liegen bleiben. Das erfordert einige Übung! Dann läßt man die Alge an dem Papier antrocknen, bevor das Papier mit der Alge wie gewöhnlich gepreßt wird, dabei klebt dann die Alge am Papier fest. Das Ganze sieht nachher wie eine gute Zeichnung aus. Gewisse Schwierigkeiten bereitet die Auswahl des geeigneten Papiers, was am besten vorher ausprobiert werden muß. Die auf Abbildung 6 abgebildete Alge wurde auf die Weise hergestellt.

Bei zoologischen Ausstellungen werden Skelette, Skelett-Teile, Stopfpräparate, Kunstharzeinbettungen, Modelle, Zeichnungen u. a. m. Verwendung finden. Die Fotos und Abbildungen werden hier allerdings zwangsläufig im Vordergrund stehen müssen. In bezug auf Tierfotos ist zu empfehlen, charakteristische Haltungen oder Stellungen des betreffenden Tieres festzuhalten, wie es z. B. bei der Abb. 7 versucht wurde.

Abb. 6: Auf Papier präparierte Rotalge

Abb. 7: Giraffe

Ausstellungen von Säugetieren lassen eine große Anzahl von Themen zu, einige seien genannt: „Säugetiere der Heimat!", „Säugetierfamilie ... !" „Tiere im Zoo!", „Geweih und Gehörn!", „Mein Briefmarkenzoo!" (Abb. 8) u. a. m.

Noch größer wird die Zahl der möglichen Themen bezüglich der Vögel: „Vögel unserer Heimat!" (mehrere Ausstellungen), „Vögel im Zoo!", „Vogelschnäbel!", „Vogelfedern!", „Vom Vogelzug!", „Geeignete Nistkästen!", „Die richtige Winterfütterung der Vögel!", „Untersuchung von Eulengewöllen!" und viele andere mehr.

Abb. 8: Gepard auf Briefmarke

Ist in einer Schule ein großes Schau-Aquarium oder -Terrarium vorhanden, dann sollte auf eine Ausstellung von beschrifteten Abbildungen der gezeigten Reptilien, Amphibien oder Fische und Pflanzen nicht verzichtet werden. Die ausgezeichneten farbigen Reproduktionen der „DATZ" [7] lassen sich hierfür wie für andere Ausstellungen sehr gut verwenden. Eine laufende Ergänzung bzw. Erweiterung des Bildmaterials ist bei eintretenden Veränderungen des Tier- und Pflanzenbestandes so schnell wie möglich vorzunehmen.

Sollen kleinere Aquarien oder Terrarien mit irgendwelchen Tieren zur Ausstellung kommen, dann sei auf die von *Siedentop* [3] angegebenen, verschließbaren Fensternischen hingewiesen, die meines Erachtens von großem Vorteil sind. Für sonstige Ausstellungen von Angehörigen aus diesen drei Klassen, lassen sich nur Abbildungen, Fotos, Präparate und Modelle verwenden. Wenigstens einige Themenvorschläge seien aufgeführt: „Einheimische Eidechsen". „Ausländische Schlangen". „Ausgestorbene Reptilien". Eine Gegenüberstellung von Kreuzotter und Ringelnatter als Ausstellungsthema wird immer wichtig sein. „Einheimische Lurche". „Empfehlenswerte Aquarienfische". „Korallenfische".

Insektenausstellungen lassen sich mit Hilfe von Trockenpräparaten, Fotos, Makrofotos und Modellen durchführen. Viele Themen ergeben sich schon aus der Systematik, lohnend sind auch solche, die sich mit den Schadinsekten des Gartens oder Waldes beschäftigen. Außerdem wären zu nennen — „Fraßbilder von Insekten" — „Bauten von Insekten" — „Gallen erzeugende Insekten" — u. a. m. In Bezug auf Ausstellungen von lebenden Insekten wird auf den Abschnitt „Lebende Tiere und Pflanzen" verwiesen [317].

Für Ausstellungen von Weichtieren und Stachelhäutern eignen sich Abbildungen aller Art, Kalkschalen, Schulpe, getrocknete Panzer, Versteinerungen, Flüssigkeitspräparate und Kunstharzpräparate aus der Sammlung. Einige Themen seien vorgeschlagen: „Einheimische Schnecken!" „Einheimische Muscheln!" „Muschel- und Schneckenschalen des Nordseestrandes!" „Austerngärten an Frankreichs Küsten!" „Stachelhäuter", „Seeigel und Seeigelversteinerungen" u. a.

Alle Fragen und Belange des Naturschutzes sind in Ausstellungen gut zu demonstrieren, hierzu kann allerdings nur Bildmaterial verwendet werden. Einige Themen mögen als Beispiele genügen: „Die heimischen Naturdenkmäler". „Aus dem Naturschutzgebiet ... !" „Wind- und Bodenerosion". „Die Verschmutzung unserer Gewässer". „Unser Wald — ein Müllabladeplatz" u. a. m.

Besondere örtliche Funde oder deren Fotos biologischer [19] paläontologischer aber auch prähistorischer Art gehören in dieses Gebiet, im letzteren Fall auch dann, wenn die Fundstücke noch nicht haben bestimmt werden können (Abb. 9). Es wurden z. B. in Mülheim/Ruhr fossile Baumreste gefunden, vom Verfasser im

Abb. 9: Tonscherben und Knochensplitter
(Fund in Mülheim/Ruhr)

Rahmen einer Arbeitsgemeinschaft untersucht, Mikropräparate, Mikrofotos und Zeichnungen angefertigt, bestimmt und mit Teilstücken der Funde ausgestellt [17].

Aus dem Bereiche der Landwirtschaft bzw. der angewandten Biologie lassen sich eine ganze Reihe von ansprechenden Ausstellungen gestalten. Als Beispiele für Ausstellungen aus diesen Gebieten mögen folgende Themen dienen: „Einheimische Nutzpflanzen!" „Krankheiten einheimischer Nutzpflanzen!" „Haustiere auf dem Bauernhof!" „Fischfang an der Nordsee". „Wirtschaftlich wichtige Pflanzen der Tropen oder Subtropen!" Hieraus lassen sich dann auch noch einige Einzelthemen herausholen, wie Reis, Mais, Citrusfrüchte, Kokospalme, Ölbaum, Feige, Dattelpalme, Kakao u. v. a. m.

Für biologische Ausstellungen spielen die Bearbeitungsgebiete in den Arbeitsgemeinschaften und die Spezialgebiete der Fachlehrer eine große Rolle. Einige Themenbeispiele seien angefügt: „Das Plankton des ... im Verlaufe des Jahres". „Vegetationskartierungen in ...". „Blattminen". „Untersuchungen einheimischer Holzarten". „Untersuchung pilzparasitärer Pflanzenkrankheiten". „Pflanzenhaare".

Werden in einer Arbeitsgemeinschaft z. B. die Pflanzengallen als Untersuchungsgegenstand gewählt, dann kann aus den Ergebnissen eine Vielzahl von verschiedenen Ausstellungsthemen zusammengestellt werden. Trockenpräparate lassen sich ohne Schwierigkeiten herstellen, Mikro- und Makroaufnahmen (Abb. 10) können in großer Zahl angefertigt werden und Schülerzeichnungen von den hergestellten botanischen und zoologischen Mikropräparaten lassen sich verwerten.

Abb. 10: Beutelgallen auf Lindenblatt (Gallmilbe Eriophyes tiliae rudis)

Kleinere, flache Gallen lassen sich, wenn sie sauber gepreßt worden sind, leicht zu Dia-Glas-Präparaten verarbeiten, die [16] als Ausstellungs- bzw. Demonstrationsobjekte gut geeignet sind. Von einigen Gallenerzeugern können sogar lebende Tiere gezeigt werden. Als Beispiele für Einzelthemen aus diesem Gebiet wären zu nennen: „Die Gallen der Eiche. — Rose — Pappel — Fichte — usw.". „Blattläuse als Gallenerzeuger". „Gallmücken". „Generationswechsel bei der Gallwespe...".

Auch die weiten Bereiche der Molekularbiologie und Biochemie bieten sich zu Ausstellungsthemen an. Als Ausstellungsobjekte sind Modelle, Zeichnungen, Schemata, selbsthergestellte oder käufliche DNA- und RNA-Modelle, Molekülbaukästen und Kalottenbaukästen gut verwendbar. Für die genannten Zeichnungen und Schemata kann u. a. d. der „dtv-Atlas zur Biologie" [26] viele Anregungen geben. Als Beispiele seien einige Themen aufgeführt: „Der Aufbau der DNA". — „Die Proteinsynthese". — „Der Zitronensäurezyklus". — „Die Struktur einiger Aminosäuren". — „Replikation, Transkription, Translation".

Neben all den erwähnten Möglichkeiten lassen sich aber auch Ferienfotos von Lehrern und Schülern bei zweckentsprechender Zusammenstellung gut verwenden. Als Beispiele mögen folgende Themen dienen: „Fischfang an der portugiesischen Atlantikküste". „Vegetationsformen an der portugiesischen Küste". „Schöne Alpenpflanzen". „Blütenpflanzen aus den Subtropen".

Zu besonderen festlichen Gelegenheiten der Schule oder der Stadt (z. B. Jahrhundertfeiern) kann an den Schulbiologen auch einmal der Auftrag herantreten, eine größere Ausstellung gestalten zu müssen. In solch einem Falle müßten die Biologieflure und -räume mit zu den Ausstellungen herangezogen werden. Das Gesamtthema muß, den Umständen entsprechend, den örtlichen Gegebenheiten angepaßt sein. Für derartige Gelegenheiten seien als Beispiel zwei solcher Gesamt-Themen vorgeschlagen: „Von unserer biologischen Schularbeit". „Aus der Natur unserer Heimat".

Eine bis ins Einzelne gehende, langfristige Planung ist für solche Großausstellungen unbedingt erforderlich. Eine ganze Anzahl der vorher aufgeführten Ausstellungsthemen lassen sich als Teilgebiete mit verwerten.

Bei ständiger Weiterarbeit an der Gestaltung von Ausstellungen in einer Schule wird die Menge des Ausstellungsmaterials im Laufe der Zeit immer mehr ansteigen und will untergebracht sein. Es lohnt sich einen oder mehrere Schränke dafür einzurichten, jedenfalls für diejenigen Objekte, die ausschließlich Ausstellungszwecken dienen, der Schule gehören oder ihr überlassen werden sollen. Die diesem Zwecke dienenden Schränke erleichtern die Arbeit des Ausstellers beträchtlich. Es empfiehlt sich ferner die geschriebenen Titel der Ausstellungsthemen und die zu den einzelnen Objekten angefertigten Beschriftungen sorgfältig aufzubewahren. Eine übersichtliche, systematische Zusammenstellung von Bildmaterial aller Art ist erforderlich, Karteikästen können dazu benutzt werden. Die für diese Zwecke hergestellten Präparate und Modelle müssen staubsicher untergebracht werden. Die einzelnen Schaustücke sollten in passenden Glasbehältern, Reagenzgläsern, Kisten oder Schachteln, den Sachgebieten nach geordnet, aufbewahrt werden. Durch Beschilderung dieser Behälter kann langwieriges Suchen vermieden werden.

Es war die Absicht einige Anregungen für die Gestaltung von Ausstellungen zu geben, begreiflicherweise konnte dabei nur eine Auswahl von Beispielen für mögliche Ausstellungsthemen angeführt werden. Ferner hofft der Verfasser, gezeigt zu haben, daß biologischen Ausstellungen im Rahmen der schulischen Arbeit eine wesentliche Bedeutung zukommt, zumal diese Fragen bisher nur wenig Beachtung gefunden haben.

Literatur (Auswahl)

[1] H. Linder: Arbeitsunterricht in Biologie. Stuttgart 1950
[2] W. Siedentop: Arbeitskalender für den biologischen Unterricht. Heidelberg 1959
[3] W. Siedentop: Methodik und Didaktik des Biologieunterrichts. Heidelberg 1964
[4] F. Steinecke: Methodik des biologischen Unterrichts. Heidelberg 1951
[5] R. Becker: Schulbiologie und Briefmarke. P. 1963
[6] H. Beckmann: Ein reizvolles Hobby: Holzsammlung. M. K. 1964
[7] — DATZ —: Deutsche Aquarien- und Terrarienzeitschrift. Stuttgart
[8] W. Gerber: Museum und Schule. P. 1954
[9] W. Hedrich: Tierkundliche Bewegungsmodelle im Biologieunterricht. P. 1954
[10] W. Hedrich: Die Biologie der Vogelfeder in der Schule. P. 1955
[11] W. Hedrich: Der Schaukasten im Dienste der Biologie. P. 1961
[12] F. Jensen: Die Präparation von Säugetierschädeln. P. 1954
[13] W. Klevenhusen: Herstellung einfacher Anschauungspräparate. P. 1955
[14] W. Klevenhusen: Biologisches Anschauungsmaterial. P. 1959
[15] H. W. Kühn: Über biologische Ausstellungsschränke in den Schulen. P. 1962.
[16] H. W. Kühn: Pflanzengallen I—IV. P. 1958, 1965, 1970
[17] H. W. Kühn: Entdeckerfreuden in Arbeitsgemeinschaften. P. 1954
[18] H. W. Kühn: Einheimische Schachtelhalme. P. 1964
[19] H. W. Kühn: Blütenmißbildungen bei *Linaria vulgaris*. P. 1966
[20] S. Nöding: Bestimmungstabelle für Gewölle. P. 1969
[21] S. Nöding: Bestimmungstabelle für Nagetiere und Insektenfresser aus Eulengewöllen I + II. P. 1970
[22] W. Schmidt: Die Photographie im Dienste des Biologieunterrichtes. P. 1954
[23] G. Stehli: Sammeln und Präparieren von Tieren. Stuttgart 1969
[24] E. Stengel: Die besondere Lage des Biologieunterrichtes in der Großstadt. B. U. 1965
[25] E. Stengel: Anregungen für den Biologieunterricht in der Großstadt. B. U. 1965
[26] G. Vogel, H. Angermann: dtv-Atlas zur Biologie. München 1967

[27] *R. Weber:* Präparate von Eulengewöllen. P. 1955
[28] *R. Weber:* Lichtpausen als Hilfsmittel im biologischen Unterricht. P. 1955
[29] *R. Weber:* Billige und doch wirksame Arbeitsmittel für den Biologie-Unterricht. MNU 1963/64
[30] *R. Weber:* Arbeitssammlungen für den Biologie-Unterricht I + II. B. U. 1967/1968
[31] *A. Windelband:* Fangen und Herrichten von Insekten für die biologische Schulsammlung. B. U. 1967
[32] *A. Windelband:* Samen und trockene Früchte als wesentliche Bestandteile der biologischen Arbeitssammlung. B. i. d. Sch. 1967
[33] *A. Windelband:* Unterrichtsmittel für anschauliche Gestaltung des Stoffgebietes Fische — selbst hergerichtet. B. U. 1968
[34] *K. Zechlin:* Einbetten in Gießharz. Stuttgart 1968

Lebende Pflanzen und Tiere in der Schule

Einleitung

Lebende Pflanzen und Tiere sind die besten Lehrmittel für den Biologie-Unterricht, denn die Anschauung am lebenden Objekt wird immer im Vordergrund stehen, sofern es der Gegenstand erlaubt. Jeder Biologe wird also bestrebt sein, seinen Unterricht nach diesem Prinzip aufzubauen. Nur wenn sich dieser Grundsatz nicht verwirklichen läßt, wird der Lehrer zu anderen Lehrmitteln greifen. Das lebende bzw. lebendfrische Material wird sich der Fachlehrer fast immer selbst aus der Natur heranschaffen müssen. In ländlichen Gegenden ist das sicher nicht schwer, wenn auch zeitraubend, in den Industriegebieten dagegen ergeben sich nicht selten Schwierigkeiten, eine bestimmte Pflanzen- oder Tierart, die an sich durchaus häufig sein kann, zu beschaffen.

Ganz allgemein darf dazu wohl gesagt werden, daß die Schulbiologen der Industriegebiete in Zukunft die in Gärten kultivierten oder im Zimmer gepflegten Pflanzen und die in Vivarien gehaltenen Tiere in ihrem Unterricht immer stärker werden heranziehen müssen. Damit zusammenhängend wird in den Schulen dieser Gebiete für den botanischen Unterricht im Laufe der Jahre die Haltung von verschiedenen Topfpflanzen stärker an Bedeutung gewinnen. Für den zoologischen Unterricht gilt Ähnliches. Aus den gleichen Gründen wird die Einrichtung von Vivarien der verschiedensten Art zunehmend mehr in Angriff genommen werden müssen. Allerdings muß unter solchen Umständen auch für die erforderliche Entlastung der Biologen durch Anstellung von Hilfspersonal Sorge getragen werden.

Wenn in diesem Zusammenhang an die Ausbildung der Schulbiologen gedacht wird, dann zeigt sich, daß der junge Biologe auf der Universität oder Hochschule nur mehr oder weniger gute Formenkenntnisse der wild vorkommenden Pflanzen und Tiere erwirbt. Dagegen besteht für ihn nur in den seltensten Fällen die Möglichkeit, beispielsweise Zierpflanzen oder -fische kennenzulernen, geschweige denn sich ihre Kulturverfahren bzw. Pflegeansprüche anzueignen. Aus diesen Gründen sollen auf Grund eigener Erfahrungen und an Hand von Fachliteratur einige Anregungen zur Haltung und Pflege von Pflanzen und Tieren im Rahmen der schulischen Verhältnisse gegeben werden. Dieser Abschnitt kann allerdings in keiner Weise etwa ein Lehrbuch der Pflanzen- oder Tierpflege ersetzen, vielmehr wird geraten, bei intensiverer Beschäftigung mit diesen Fragen, die einschlägige Literatur zu Rate zu ziehen.

Außerdem soll nicht vergessen werden, daß wir der Jugend auch Hinweise und Beispiele zu eigener Pflege von Pflanzen auf dem Fensterbrett und Tieren in Vivarien geben sollten. Ein Teil der Erziehung zum biologischen Denken kann durch die sachgemäße Pflege von Pflanzen und Tieren geleistet werden. Ferner stellt solch eine Pflege einen wertvollen Faktor für eine sinnvolle Freizeitgestaltung der jungen Menschen dar und kann sich vielleicht sogar für das spätere Leben auswirken.

I. Pflege und Zucht von Pflanzen in der Schule

In gut geleiteten biologischen Sammlungen werden bei ausreichenden Räumen schon seit Jahren eine Reihe von Topfpflanzen gehalten und gepflegt. *Steinecke* [55] nennt solche Pflanzen mit Recht „Schulpflanzen", denn sie müssen ja wirklich einer Reihe von schulisch bedingten Voraussetzungen genügen, vor allem nämlich eine beträchtliche Anspruchslosigkeit besitzen. Diese Anspruchslosigkeit bezieht sich im wesentlichen darauf, daß Temperaturunterschiede und Zugluft gut vertragen werden und daß zu starkes oder zu geringes Gießen nicht Schäden hervorruft. In den Ferien müssen sie evtl. sogar ohne Pflege auskommen können. Diese Schulpflanzen müssen für Unterricht und Arbeitsgemeinschaft zu Untersuchungen, Beobachtungen und Versuchen geeignet und in genügender Anzahl vorhanden sein und jederzeit zur Verfügung stehen. Dabei soll nicht vergessen werden, daß diese und andere Topfpflanzen daneben auch zur Verschönerung der Biologie-Räume und -Flure benutzt werden sollten.

Im wesentlichen können Schulpflanzen zu Untersuchungen folgender biologischer Teilgebiete herangezogen werden:

1. Mikroskopische Untersuchungen.
2. Physiologische Versuche.
3. Ökologische Untersuchungen.
4. Vermehrungsversuche.
5. Blütenbiologische Beobachtungen.

Zur Pflege der Zimmerpflanzen kann ganz allgemein gesagt werden, daß es darauf ankommt, den Umweltbedingungen möglichst nahezu kommen. Eine Reihe von Pflanzen sind recht anpassungsfähig, andere nicht, daraus ergibt sich, daß einige leichter und andere schwieriger zu pflegen sind. Die ersteren sind die geeignetsten Schulpflanzen. Bei der Blumenerde fängt es schon an. Der Gärtner hält für seine Zimmerpflanzen eine ganze Reihe von verschiedenen Erdarten bereit, für die Schule läßt sich das nicht durchführen. In der Schule können nur solche Pflanzen gepflegt werden, die sich mit einer Einheitserde — auch Standarderde genannt — begnügen. Diese Einheitserde dürfte für jede Schule in ausreichender Menge zu beschaffen sein. Der Verfasser bittet das städtische Gartenamt oder das Friedhofsamt um die Lieferung solcher Erde und hat damit noch niemals Schwierigkeiten gehabt.

Bei einer Reihe von Pflanzenarten ist eine Düngung mit Nährsalzen in bestimmten Zeitabständen erforderlich; am besten werden die Nährsalze dem Gießwasser zugesetzt. Dabei erscheint es vorteilhaft, von käuflichen Düngemitteln Gebrauch zu machen und den beiliegenden Vorschriften gemäß zu verfahren. Eine organische Düngung dürfte wenigstens in der Großstadt schwierig durchzuführen sein. Zu den regelmäßigen Pflegebemühungen gehört das Gießen, über das sich nichts Allgemeines sagen läßt, da es je nach Pflanzenart verschieden zu handhaben ist. Der Standort mit den damit zusammenhängenden Lichtverhältnissen muß genau überlegt sein und richtet sich ebenfalls nach den Bedürfnissen jeder einzelnen Pflanze. Die meisten Pflanzen vertragen es schlecht, wenn ihr Standort verändert wird, dabei genügt oft schon ein Drehen des Topfes. Es empfiehlt sich daher, den Topf mit einer Kreidemarke zu versehen, um die Stellung zum Licht zu markieren. Auf die günstigsten Temperaturverhältnisse zu achten, muß bei Schulpflanzen auf Grund der gegebenen Bedingungen verzichtet werden. Ein Umtopfen der Schulpflanzen wird immer wieder einmal notwendig werden, dabei ist vor allem darauf zu achten, die Wurzeln möglichst wenig zu beschädigen. Als Gefäße sollten nur unglasierte Tontöpfe mit Abzugsloch Verwendung finden. Die Benutzung eines Kunststoffuntersatzes ist anzuraten, schon allein um die Fensterbänke zu schonen.

Gleichzeitig mit dem Umtopfen — aber auch gesondert — kann bei einigen Arten, wenn erforderlich, eine vegetative Vermehrung durch Stecklinge oder Teilung des Wurzelstockes usw. durchgeführt werden.

Bei der Vermehrung durch Sproßstecklinge empfiehlt es sich, den Topf für einige Zeit unter eine Glasglocke zu stellen oder einen durchsichtigen Frischhaltebeutel über dem Topf zu befestigen.

Eine Vermehrung von Pflanzen durch Samen kann für die Schule — von wenigen Ausnahmen abgesehen — als nicht lohnend bezeichnet werden. Das soll allerdings nicht heißen, daß Keimungsversuche nicht durchgeführt werden sollten. Neben den wohl immer angestellten Keimversuchen mit Erbsen, Bohnen, Mais, Weizen oder Roggen sind solche mit Nadel- und Laubbaumsamen (Keimblätter) sehr zu empfehlen. Außerdem sei auf Keimversuche mit den Samen der Südfrüchte wie *Citrus, Phoenix, Coffea* usw. [34, 37] hingewiesen.

Eine wertvolle Einrichtung — besonders für die Großstadt — ist ein Blumenfenster, da gegebenenfalls einigen Pflanzen, die die Lufttrockenheit der Schulräume nicht oder nur schlecht vertragen, bessere Bedingungen geboten werden können. Ein Ausbau von Südfenstern zu Blumenfenstern sollte vermieden werden, da die Hitze im Sommer in solch einem abgeschlossenen Raum zu groß werden würde. Ein nachträglicher Einbau in eine Fensternische des Biologieraumes oder -flures ließe sich von einer einschlägigen Firma leicht und ohne erheblichen Kostenaufwand durchführen. *Knodel* [21] und *Siedentop* [53] machen genauere Angaben über derartige Anlagen. Dabei schlägt Knodel für ein Blumenfenster eine Pflanzwanne vor, da die Pflanzen darin besser gedeihen als in Töpfen. Außerdem bedeuten Anpflanzungen in solchen Wannen erhebliche Zeitersparnis für den Lehrer bei der Pflege. Als weiterer Vorteil wird auf die Möglichkeit hingewiesen, auch anspruchsvollere Pflanzen kultivieren zu können — vor allem tropische und subtropische Nutzpflanzen. In der Bundesrepublik dürfte das kleine Gewächshaus, das an den Neubau des Graf-Zeppelin-Gymnasiums in Friedrichshafen angebaut wurde, wohl einmalig sein. *Marten* [27] berichtet, daß vor der Einrichtung dieses „begehbaren Erdbeetes" 6 Jahre lang Versuche durchgeführt wurden, um den Unterricht in möglichst starken Maße am lebenden Objekt vollziehen zu können. In großer Zahl werden Versuche angeführt — nach den einzelnen Klassenstufen geordnet — die schon erprobt wurden bzw. geplant sind. Dieses kleine Gewächshaus dürfte ein idealer Raum für praktische Betätigung und die Bearbeitung von Beobachtungsaufgaben am lebenden Objekt sein. Wie

aber soll die Mehrarbeit, die sich zwangsläufig daraus ergibt, vom Lehrer rein zeitlich bewältigt werden? Wie soll die Betreuung dieses Gewächshauses in den Ferien durchgeführt werden? Man wird, so glaube ich, die Arbeit und den Unterricht in diesen Räumen zunächst als einen interessanten Versuch ansehen müssen und darf nach einigen Jahren vielleicht mit einem Erfahrungsbericht rechnen.
Die Wasserkultur (Hydrokultur) von Zimmerpflanzen hat in den letzten 10—15 Jahren viele Anhänger gefunden. Die Anwendung der Hydrokultur in der Schule wird unterschiedlich beurteilt, jedoch sollte wenigstens eine Pflanze auf diese Weise gepflegt werden, um die besondere Art des Kulturverfahrens zeigen zu können. Ein Hydrokulturtopf für die erdlose Pflanzenbaumethode besteht aus zwei Teilen, einem äußeren, wasserundurchlässigen Hydrotopf — meist ein keramischer Ziertopf — und einem durchlöcherten Einsatztopf, der mit Bimssteinkies, Basaltsplitt oder groben Kieselstücken gefüllt ist. Die Nährsalze für die Pflanzen in Hydrokultur sind in Tablettenform in Blumengeschäften erhältlich. Eine Tablette (1 g) wird in einem Liter Wasser gelöst. Alle 3—4 Wochen muß die alte Lösung aus den Hydrogefäßen weggegossen und durch neue ersetzt werden. Eine laufende Kontrolle bleibt natürlich unerläßlich. Für die Ferien hat die Hydrokulturmethode große Vorteile gegenüber der herkömmlichen Pflanzenpflege, allerdings eignen sich nicht alle Pflanzen hierfür. Besonders gut lassen sich folgende Pflanzen kultivieren: *Philodendron, Monstera, Ficus, Chlorophytum* u. a. m. Ungeeignet erscheinen alle einjährigen Pflanzen und solche mit ausgesprochen periodischem Wachstum, wie *Amaryllis, Clivia, Begonia, Calla* u. a. m. *D. Hasselberg* [17] berichtet ausführlich über die verschiedenen Verfahren der erdlosen Pflanzenkultur.

Vegetative Vermehrungen und Samenaussaaten lassen sich ebenfalls mittels der Hydrokultur durchführen. Für Aussaaten kann z. B. eine alte Zigarrenkiste benutzt werden, die mit Kunststoffolie ausgelegt wird. Als Füllmaterial kann Kieselsäuremehl oder fein gemahlener Bimsstein verwendet werden. Zum Keimen wird zunächst nur Wasser hinzugegeben, haben sich dann die Keimpflänzchen gebildet, wird die Nährlösung benutzt. Wenn die Keimpflänzchen groß genug geworden sind, werden sie in ein normales Hydrogefäß überführt [44, 45, 46]. Sollen ernährungsphysiologische Versuche durchgeführt werden, müssen die notwendigen Nährlösungen (s. *Brauner-Bukatsch* [2]) selbst zusammengestellt werden, um die verschiedenen Elemente oder Salze weglassen zu können.

Schulpflanzen und ihre Ausnutzung im Unterricht

Im folgenden Abschnitt sollen einige geeignet erscheinende Schulpflanzen (Blütenpflanzen und Farne) in Vorschlag gebracht werden, ohne allerdings eine Vollzähligkeit anzustreben, was in dem gegebenen Rahmen gar nicht möglich wäre. Die Kultur und Zucht niederer Pflanzen werden an anderer Stelle des Handbuches behandelt.

Aus Gründen der Übersichtlichkeit werden die Blütenpflanzen systematisch — den Familien nach geordnet — zusammengefaßt, dann folgen die Farngewächse. Der Einfachheit halber werden im folgenden Abschnitt für immer wiederkehrende Begriffe Abkürzungen verwendet:

B. = Blüten
Bz. = Blütezeit
G. = Gießen
Sch. = Schulische Verwendung
U. = Umpflanzen

Bl. = Blätter
D. = Düngung
H. = Heimat
St. = Standplatz
V. = Vermehrung

a. *Liliaceae*

Sehr viele Arten der Liliengewächse werden als Zimmerpflanzen gepflegt, einige Arten eignen sich auch gut als Schulpflanzen. In erster Linie ist hier die seit langem kultivierte, recht beliebte und widerstandsfähige *Grünlilie (Chlorophytum comosum)* in ihrer Abart *(var. variegatum)* mit grün-weiß gestreiften Blättern zu nennen. Selbst an dunkleren Stellen der Schulflure gedeihen sie noch gut, vergrünen dann allerdings leicht. — Aus ihren Blattachseln entspringen die langen Blütenstände. Die kleinen weißen Blüten sind leicht vergänglich, an ihrer Stelle bilden sich nach ihrem Verblühen kleine Adventivpflanzen. Die Vermehrung dieser Lilienart ist sehr einfach, denn die jungen Adventivpflanzen wachsen ohne Schwierigkeiten und ohne besondere Ansprüche schnell an.
H. Südafrika. St. Hell bis sonnig, aber auch halbschattig. G. Wenn möglich regelmäßig, verträgt aber der Speicherwurzeln wegen für kürzere Zeit auch Trockenheit. D. Etwa alle 6—8 Wochen. U. Nach 1—2 Jahren. Sch. Speicherwurzeln — Vegetative V. — Raumschmuck.

Der *Bogenhanf (Sansiviera trifasciata)* kann als ausgezeichnete Schulpflanze bezeichnet werden, da sie in der trockenen Luft der zentralgeheizten Schulräume sehr gut gedeiht und sogar — abweichend von den Angaben in der Literatur — beim Verfasser regelmäßig zur Blüte gekommen ist (Abb. 1). Neben der Stamm-

Abb. 1: Sansivieria trifasciata

form gibt es die Variation laurentii, die an den Blatträndern gelbe Längsstreifen trägt. Die meisten Sansivierienarten sind in Westafrika beheimatet; die Eingeborenen gewinnen aus den Blättern Fasern, die sie zu Bogensehnen verarbeiten, worauf der deutsche Name zurückzuführen ist. In der Literatur findet man häufig angegeben *(Encke* [10], *Schoenfelder-Fischer* [49], *Rauh-Senghas* [31]), daß stehende Nässe den Pflanzen schaden solle und daß es vermieden werden müsse, Jungtriebe direkt zu gießen. Das dürfte nicht richtig sein, denn vom Verfasser wurde zu Versuchszwecken ein älterer Trieb für viele Monate halb unter Wasser kultiviert — nach einiger Zeit bildete er einen Jungtrieb aus, der unter Wasser wuchs und sich gut weiterentwickelt hat.

St. Möglichst hell und sonnig, verträgt aber auch Halbschatten. G. Wenig — verträgt Trockenheit gut. D. Selten. U. Alle 2—3 Jahre. Bl. Ungestielt, schwertförmig, im Zimmer bis 100 cm hochwerdend. B.-stand. Unauffällig. B. Klein, gelblich, duftend, Zuckersaft abscheidend. Bz. Frühjahr bis Sommer. V. Ausläufer — Stockteilung. Sch. Halbsukkulente Pflanze — Blattuntersuchung — Vegetative V. — Raumschmuck. — Rhizom. — Blattstecklinge. — Extraflorale Nektarien — [2, 35, 39, 40].

Die *Schildblume (Aspidistra elatior)*, auch Fleischerblume genannt, ist wegen ihrer Anspruchslosigkeit eine ganz ideale Schulpflanze, wird aber leider nur noch selten gepflegt. Sie ist beachtlich widerstandsfähig und verträgt fast alles, bis auf zuviel Nässe und zuviel Sonne. Die langlebigen Blätter sind breit lanzettlich und gestielt. Die kleinen Blüten werden ihrer Unscheinbarkeit wegen meist nicht beachtet, zumal sie einzeln und dicht über dem Boden stehen [42].

H. Ostasien. St. Hell bis schattig. G. Mäßig. D. Selten. U. Nur wenn erforderlich. Bz. Unterschiedlich. V. Teilung des Rhizoms. Sch. Blätter — Blattstiele — Rhizom — Raumschmuck-Blüten.

Die Angehörigen einiger Gattungen der Liliaceen sind Blattsukkulenten, deren Heimat die Tropen sind. Aus der Gattung *Aloe* werden eine Reihe von Arten als Zimmerpflanzen gepflegt. Alle diese Pflanzen sind als Schulpflanzen gut geeignet, da sie zeitweilige Trockenheit und die trockene Schulzimmerluft ohne Schaden vertragen können. Die ungestielten, fleischigen Blätter stehen dicht beieinander und bilden eine Rosette, an ihren Rändern sind sie oft stachlig gezähnt. Bei einigen Arten tritt auch Stammbildung auf, diese Arten können dann auch im Zimmer zu beträchtlichen Größen heranwachsen. Die Blütenstände entspringen in den Blattachseln und haben meist eine beachtliche Länge. Die rot- bis orangefarbenen, lang röhrenförmigen, herabhängenden Blüten stehen in Ähren. Die Blattrosetten sterben nach der Blütezeit nicht ab. In der Natur findet die Vermehrung durch Samen und Adventivpflanzen bzw. Ausläufer statt. Von den zahlreichen gepflegten Arten seien drei besonders häufige genannt:

Aloe arborescens trägt eine endständige Rosette von langen, schmalen, blaßgrünen, weißlich gezähnten Blättern. Die Pflanze hat einen langen, kahlen Stamm, da die untersten Blätter nach und nach vertrocknen (Abb. 2).

A. brevifolia hat dickere Blätter von stärker gedrungener Form und dunkel grüner Farbe mit kräftig ausgebildeten Zähnen.

A. succotrina hat längere Blätter, die aber breiter sind als diejenigen der erstgenannten Art, außerdem zeigen sie eine feine hellgrüne Punktierung.

Abb. 2: Aloe arborescens

Angaben für die Gattung Aloe: H. Afrika. St. Hell bis sonnig. G. Mäßig, verträgt Trockenheit gut. D. Selten. U. Nach Bedarf. Bz. Unterschiedlich. V. Ableger. Sch. Sukkulenz — Blattuntersuchung — vegetative V. — Raumschmuck-Blüten.
Auch aus der Gattung *Gasteria* gibt es einige Arten, die seit langem beliebte Zimmerpflanzen sind. Eine Bestimmung der Angehörigen dieser Gattung stößt häufiger auf Schwierigkeiten, da die einzelnen Arten leicht miteinander bastardieren. *Gasteria verrucosa* ist für die Schule zu empfehlen. Ihre Blätter sind zumindest in der Jugend zweizeilig angeordnet — im Gegensatz zu der Gattung Aloe. Mit zunehmendem Alter und an sonnigen Standorten beginnen die Pflanzen ihre Blätter zu drehen, so daß sie schließlich rosettenförmig stehen können. Die Blätter sind dick, fleischig und haben eine fast linealische, spitz auslaufende Form. Ferner tragen sie auf der Ober- und Unterseite kleine, weiße Warzen. Die Blütenstände entspringen den Blattachseln. Die orangeroten Blüten sind röhrenförmig und am Grunde blasig aufgetrieben. Nach dem Verblühen stirbt die Pflanze nicht ab.
H. Südafrika. St. Hell bis sonnig, vertragen aber auch Halbschatten. G. Mäßig. D. Selten. U. Wenn erforderlich. V. Ableger und Samen. Sch. Vegetative V. durch Ableger und Blattstecklinge. — Sukkulenz — Blatt- und Warzenquerschnitte — Mitose — Meiose (vergl. Handbuch Bd. 4/III, S. 87) Raumschmuck.

b. Amaryllidaceae

Das *Elefantenohr (Haeamanthus albiflos)* ist eine häufig gepflegte Zimmerpflanze, die sich als immergrüne Art auch für die Schule gut eignet. Aus der Zwiebel ragen meist vier, zweizeilig angeordnete Blätter hervor. Die am Rande fein behaarten Blätter sind groß und breit, was der Pflanze ihren deutschen Namen eingetragen haben mag. Zwischen dem ersten und zweiten Blattpaar entspringt ein Blütenstiel, der viele kleine, unscheinbare, weiße Blüten trägt, die von weißlichen Hüllblättern umgeben sind. Die reifen Früchte sind leuchtend rot. Die Keimung der Samen gelingt sogar unter schulischen Verhältnissen.

H. Südafrika. — St. Hell. — G. Regelmäßig, aber nicht zu stark. D. Gelegentlich. U. Nach Bedarf. V. Tochterzwiebeln und Samen. Bz. Unterschiedlich. Sch. Blätter, Blatthaare, Blütenschaft — Vegetative V. — Raumschmuck.

Die *Clivie*, auch Riemenblatt genannt, *(Clivia miniata)* ist in den Wohnungen ihrer schönen großen Blüten wegen häufig als beliebte Zimmerpflanze anzutreffen. Ihre Blätter sind dunkel grün, lang, schmal und gegenständig angeordnet. Die großen Blüten stehen in einer Dolde auf einem kräftigen Blütenschaft, der meist vor dem letzten Blattpaar entspringt. Die Zwiebel ist nur schwach entwickelt, die kräftigen Wurzeln dienen auch als Speicherorgane und haben z. T. die Funktion der Zwiebel übernommen. Aus diesem Grunde dürfen die Wurzeln beim Umtopfen nicht beschädigt werden. Bestäubte Blüten bilden verhältnismäßig leicht Früchte aus, die auch im Schulraum reif werden. Keimversuche lohnen sich durchaus. Eine Pflege dieser schönen Pflanze in der Schule muß schon als schwieriger bezeichnet werden, da sie im Herbst eine ausgesprochene Ruhezeit hat, kühler stehen und weniger gegossen werden sollte. Wird ihr diese Ruhezeit nicht gewährt, darf mit einer Blüte in der nächsten Vegetationsperiode nicht gerechnet werden. Wenn allerdings von diesen beiden Forderungen abgesehen wird, ist sie recht anspruchslos.

H. Afrika. — St. Hell, aber nicht sonnig, verträgt auch Schatten. — G. Regelmäßig — Ruhezeit ab August weniger, während der Bz. März bis Juni mehr. — D. Alle 4—6 Wochen. — U. Alle 2—3 Jahre. — Sch. Blätter, Blütenschaft, Blüten, Speicherwurzeln, Raumschmuck.

Alle in der Gattung *Hypeastrum* (Ritterstern) zusammengefaßten Arten, werden von Blumenfreunden meist kurz „Amaryllis" genannt. Viele Arten werden seit über 100 Jahren gepflegt und in Gärtnereien gezüchtet, so darf es nicht wundernehmen, daß es heute viele Bastarde bzw. Sorten gibt. Einige Arten sind immergrün, andere verlieren ihre Blätter. Für die Schule eignen sich wohl nur die immergrünen Arten. Aber auch diese Pflanzen bedürfen besonderer Pflege, da sie im Herbst eine Ruheperiode durchmachen, der Boden aber niemals vollständig trocken werden darf. Diese Pflanzen sind der Clivie recht ähnlich, haben aber eine ausgeprägte Zwiebel, hellgrüne, riemenartige Blätter und meist größere Blüten. Es wird angenommen, daß die handelsüblichen, immergrünen Sorten von *H. aulicum* abstammen.

H. Mittel- und Südamerika. — St. Hell, aber nicht sonnig. — G. Regelmäßig, während der Ruhezeit weniger. — D. Gelegentlich. — U. Alle 2—3 Jahre. — V. Nebenzwiebeln. — Sch. Blätter. Blütenschaft — Blüten.

Die *Agaven* sollen hier bei den Amaryllidaceen behandelt werden, wenn auch einige Systematiker diese Pflanzen einiger Merkmale wegen in eine eigene Familie — Agavaceae — einordnen. Die Artenzahl ist groß. Die spitzen, langen Blätter bilden eine grundständige Rosette, in deren Mitte ein kräftiger Blütenstand entspringt. Nach der Reife stirbt die ganze Pflanze ab, hat aber in den meisten Fällen vorher einige Ausläufer gebildet.

Agave americana dürfte am häufigsten anzutreffen sein. Abb. 3 zeigt ein blühendes Exemplar aus Portugal. Sie kann jahrelang gehalten werden, da sie unter „schulischen" Lebensbedingungen noch langsamer wächst als in der Natur, be-

Abb. 3: Agave americana

sonders dann, wenn sie nicht häufig umgepflanzt wird. Von einer Klassenfahrt nach Jugoslawien wurde dem Verfasser ein Ausläufer mitgebracht, der heute, nach über 10 Jahren, immer noch klein ist und weiter gepflegt wird.

H. Zentralamerika. — G. Gering. — D. Selten. — U. Sehr selten. — Sch. Sukkulenz — Blätter.

c. *Cyperacese*

Das *Zyperngras, Cyperus alternifolius*, ist eine dankbare Zimmerpflanze, die auch für die Schule geeignet ist. Es erreicht eine Höhe von 60—100 cm. Wenn das Zyperngras in einem Topf gehalten wird, der in einem Aquarium steht, so daß der ganze Topf vom Wasser bedeckt ist, bereitet die Pflege auch in den Ferien keine Schwierigkeiten. Die vegetative Vermehrung ist leicht durchzuführen, dabei auch noch recht eindrucksvoll für die Schüler. Die Blattschöpfe werden mit einem einige Zentimeter langem Halmstück abgeschnitten und in feuchte Erde (oder aber auch nur in Wasser) gesteckt. Es ist vorteilhaft, die Blätter um die Hälfte zu verkürzen. Nach einiger Zeit bilden sich, von den Blattachseln ausgehend, erst kleine Wurzeln, etwas später neue junge Triebe. Zur Demonstration der vegetativen Vermehrung ist der besseren Sichtbarkeit wegen die Wasserkultur zu empfehlen.

H. Madagaskar. — St. Hell bis halbschattig — nicht sonnig. — G. Erde muß immer naß sein, daher Untersatz ständig mit Wasser gefüllt. Am besten Topf ist kleines Aquarium stellen. — U. Nicht erforderlich — wenn die Pflanze unansehnlich wird, erneut vegetativ vermehren. — Sch. Vegetative V. — Palludarium — Aquarium — Zimmerschmuck.

d. *Araceae*

Aus der Familie der Aronstabgewächse können Angehörige der Gattungen *Monstera* und *Philodendron* — Pflanzen beider Gattungen werden Fensterblatt oder Gitterpflanze genannt — als Schulpflanzen empfohlen werden. Die Zimmerpflanzen aus beiden Gattungen haben in Bezug auf ihre Pflege so vieles gemeinsam, daß sie zusammen besprochen werden können. Außerdem gibt es viele Kreuzungen unbekannter Herkunft. — Im Zimmer werden sie nur als dekorative Blattpflanzen gehalten, da sie auch bei bester Pflege sehr schwer zum Blühen gebracht werden können. Die meisten Arten sind kletternd und rankend und sollten deswegen rechtzeitig mit entsprechenden Stützen oder Gestellen versehen werden. Sie bilden Luftwurzeln aus, die nur zum Teil in den Topf hineinwachsen. Als Urwaldbewohner verlangen sie eine hohe Luftfeuchtigkeit. Da diese Pflanzen jedoch sehr anpassungsfähig sind, gewöhnen sie sich recht gut an trockene Zimmerluft. Die Vermehrung läßt sich auch in der Schule mit Stecklingen leicht durchführen. Dabei ist es nicht notwendig, etwa nur von den Sproßspitzen auszugehen, Augenstecklinge genügen vollauf.

H. Zentralamerika. — St. Hell bis halbschattig, aber nicht sonnig. — G. Reichlich, aber von der Zimmertemperatur abhängig — Gelegentlich Blätter abwaschen. — D. Etwa alle 4 Wochen. — U. Alle 2—3 Jahre — dabei Luftwurzeln nicht beschädigen. — Sch. Vegetative V. — Untersuchung der Luftwurzeln — Raumschmuck.

e. *Palmae*

Die Pflege von Palmen — gleich welcher Art — muß für schulische Verhältnisse als schwierig angesehen werden, da diese gegen Luftzug und Lufttrockenheit in überheizten Räumen sehr empfindlich sind. Trotzdem sollten Keimversuche mit Samen der Dattelpalme, Phoenix dactylifera, nicht unterlassen werden. Es sei aber darauf hingewiesen, daß eine Keimung dieser Samen immer lange Zeit erfordert. Zur besseren Keimung empfehlen *Rauh* und *Senghas* [31], die sehr harten Dattelsamen an einer Stelle etwas anzuschaben und *Fessler* [12] das Einweichen der Samen in Wasser von 30°—35° C für 48 Stunden oder aber eine Behandlung mit 10 %iger Schwefelsäure für mehrere Stunden mit anschließender Spülung in Sodawasser. Der Topf mit den Samen sollte immer einen warmen

Standort haben. Ferner muß darauf geachtet werden, daß die Erde immer feucht ist. Der Topf wird mit einer Glasplatte zugedeckt und nach erfolgter Keimung eine Glocke darüber gestülpt. Wie bei allen Keimlingen wird die Wurzel zuerst ausgebildet, dann erst folgt das langgestreckte Keimblatt.

St. Hell, aber nicht zu sonnig. — G. Reichlich — D. Gelegentlich. — U. Wenn erforderlich. — Sch. Keimversuche. Mikroskopische Untersuchungen der Frucht [12, 31, 34].

f. Bromeliaceae

Die Familie der Ananasgewächse ist außerordentlich artenreich, viele werden gern im Zimmer gepflegt. Da die meisten Bromelien Epiphyten sind, ist ihre Pflege in der Schule der trockenen Luft wegen weniger ratsam. Aus dieser Familie eignet sich für schulische Verhältnisse nur der sehr genügsame *Zimmerhafer — Billbergia nutans*. Wie viele Bromelien bildet auch der Zimmerhafer eine Blattrosette aus; die festen Blätter stehen so dicht, daß ein Blattrichter gebildet wird, in dem sich in der Natur Wasser ansammelt und dort „gespeichert" wird. In diesen wassergefüllten Trichtern leben zahlreiche Tierarten und hinterlassen viele Abfallstoffe. Von dort entnimmt die Pflanze den größten Teil ihres Wasser- und Nährstoffbedarfs. Die Blätter vieler Ananasgewächse sind besonders an ihrer Basis mit einem feinen grauen Reif überzogen, der sich leicht abkratzen läßt. Eine mikroskopische Untersuchung zeigt, daß es sich dabei um sehr kleine, schuppenförmige Haare handelt, die dazu dienen, das Wasser mit den darin gelösten Nährsalzen aufzunehmen. Bei der Haltung dieser Pflanzen muß also darauf geachtet werden, daß die Trichter immer mit Wasser gefüllt sind. Der endständige Blütenstand bildet zahlreiche, rot gefärbte Hoch- und Deckblätter aus, so daß sich die blau-grünen Blüten gut abheben. Die Bestäubung der Bromelien erfolgt in der Natur nicht nur durch Insekten sondern auch durch Kolibries, was aus der Blütenstellung und der Nektarabsonderung geschlossen werden kann, wenn auch der Bestäubungsvorgang noch nicht restlos erforscht worden ist [19]. Nach dem Verblühen stirbt die Pflanze nicht unmittelbar ab, sondern bildet zunächst noch eine Reihe von Seitensprossen aus, die der Gärtner „Kindel" nennt. Die Aufzucht dieser Ableger bereitet keine Schwierigkeiten [19].

H. Zentralamerika. — St. Hell, verträgt aber auch Schatten. — G. Boden mäßig feucht — Im Blattrichter immer Wasser. — U. wird selten notwendig, da mehrere Einzelpflanze in einem Topf bleiben. — Sch. Epiphytische Lebens- und Ernährungsweise — Saugschuppen — Blütenbiologie — Vegetative V.

In den großen Ananas-Anbaugebieten werden die Pflanzen nicht nur durch Schößlinge sondern auch durch Stecklinge vermehrt. Die auf der Frucht stehenden, obersten Deckblätter bilden den Schopf, der nach der Ernte abgeschnitten und als Steckling verwendet wird. Das läßt sich auch in der Schule durchführen, wenn man einen noch einigermaßen frischen Ananas-Schopf erhält. Das Anwachsen dürfte in den meisten Fällen gelingen, wenn die Erde immer feucht, aber nicht naß gehalten wird und der Topf einen warmen, hellen Standplatz erhält. Bei der trockenen Schulluft empfiehlt es sich, eine Glocke oder einen Plastikbeutel darüber zu stülpen. Bis die ersten Blätter, die recht lang gestreckt sind, nachwachsen, können Monate vergehen.

g. *Commelinaceae*

Unter der populären Bezeichnung „*Tradescantia*" werden eine Reihe von weit verbreiteten und beliebten Hängepflanzen der Gattungen *Callisia*, *Tradescantia* und *Zebrina* zusammengefaßt. Alle Arten lassen sich ohne Schwierigkeiten in der Schule kultivieren. Ein Umtopfen ist nicht erforderlich, denn von den unansehnlich gewordenen Pflanzen werden die gesunden Triebspitzen abgeschnitten und als Stecklinge verwendet. Die Wurzelneubildung erfolgt bald nach dem Einsetzen der Stecklinge. Werden die jungen Wurzeln für mikroskopische Untersuchungen benötigt, so ist eine Wasserkultur erforderlich. Bei der „*Tradescantia*" handelt es sich um eine Pflanze, die in keiner Schule fehlen sollte, weil sie für außerordentlich viele mikroskopische Untersuchungen herangezogen werden kann [2, 8, 38, 56].

1. Die am Grunde der Staubgefäße stehenden Haare werden herausgelöst. Beobachtung von: Zelle — Zellwand — Protoplasma — Zellkern — Zellsaft — Protoplasmaströmung.

2. Vom Sproß werden Teile abgeschabt und Quetschpräparate hergestellt. Beobachtung von: Chloroplasten — Stärkekörner — Raphiden aus Ca-Oxalat.

3. Querschnitt durch den Sproß. Beobachtung von: Epidermis mit Haaren — Spaltöffnungen — Rinde — Zentralzylinder mit Leitbündeln — Holzteil — Siebteil.

4. Längsschnitt durch den Sproß. Beobachtung von: Ring-, Spiral- und Treppengefäßen.

5. Blattquerschnitte. Beobachtung von: Epidermiszellen (Wasserspeicherung) — Assimilationsgewebe — Epidermis der Blattunterseite mit Spaltöffnungen — Haare — Zellen mit Raphiden.

6. Wurzelquerschnitt (aus Wasserkultur). Beobachtung von: Rindenzylinder — Zentralzylinder — Wurzelhärchen — Wurzelhaube.

7. Pollenquetschpräparate. Beobachtung des vegetativen und generativen Kernes (Methylgrün-Essigsäure).

8. Physiologische Versuche: Bewurzelung von Stecklingen mit und ohne Anwendung von Wuchshormon. An Stelle von Bohnen- oder Maiskeimlingen für ernährungsphysiologische Versuche empfiehlt *Brauner-Bukatsch* [2] die Verwendung von Tradescantia-Stecklingen.

h. *Moraceae*

In den Stadtgärtnereien findet sich manchmal ein *Feigenbaum (Ficus carica)* (Abb. 4). Wenn man sich Stecklinge erbittet, kann ohne besondere Schwierigkeiten ein kleiner Feigenbaum groß gezogen werden. Die Stecklinge werden in nicht zu kleine Töpfe mit Einheitserde gesetzt und in den ersten Wochen unter einer Glasglocke gehalten. Gelegentliches Lüften, was an sich schon beim Gießen geschieht, ist erforderlich. Der Boden soll feucht niemals aber ausgesprochen naß sein. Als Standort ist eine warme, nicht zu sonnige Fensterbank am vorteilhaftesten. Werden die Bäumchen größer, dann können sie in Kübel gepflanzt werden und auf hellen Fluren Aufstellung finden. Im Freien gehalten, verlieren sie im

Abb. 4: Ficus carica

Herbst ihre Blätter. Sie vertragen zwar leichten Frost, sollten aber auf jeden Fall den Winter über in einen kühlen, aber frostfreien Raum gestellt werden [24]. Die Zucht aus Samen dürfte auch gelingen, denn man findet ja hin und wieder auf Ruderalplätzen und Schlammhalden von städtischen Abwasserkläranlagen kleine Ficus-Pflänzchen. Dort halten sie sich meistens nicht lange, da sie einen harten Winter nicht überstehen.

i. *Crassulaceae*

Alle Angehörigen der Familie der Dickblattgewächse neigen mehr oder weniger zur Sukkulenz, da sie trockene Standorte bevorzugen. Gerade deswegen sind auch viele Arten in Kultur genommen worden und erfreuen sich großer Beliebtheit. Für die Schule sind so viele Arten geeignet, daß hier nur eine kleine Auswahl angeführt werden kann. Die Familie hat etwa 30 Gattungen.

In der Gattung *Crassula* sind Arten zusammengefaßt, die mehr oder weniger strauchartigen Wuchs haben und solche, die stammlose Rosetten bilden. Als häufigste „Bäumchenbildende" Arten, die untereinander sehr ähnlich sind, wären zu nennen:
C. arborescens und *C. portulacea*. Sie kommen in der Schule wohl kaum zur Blüte. Die stammlosen C.-Arten blühen im Zimmer meist regelmäßig, wie *C. falcata*. Die Vermehrung wird mit Sproß- oder Blattstecklingen durchgeführt, so daß immer genügend Material für den Unterricht zur Verfügung stehen kann.
Die Arten der Gattung *Echeveria* sind als schöne Zierpflanzen hervorzuheben. Diese Pflanzen gestatten eine gute Beobachtung der Cuticula in Oberflächenansichten. Der Gerbstoff kann mit Eisensalzen nachgewiesen werden.
Die Gattungen *Bryophyllum* und *Kalanchoe* sind miteinander so nahe verwandt, daß in der Literatur einmal dieser und ein andermal jener Gattungsname bei den verschiedenen Arten anzutreffen ist. Einige Arten bilden an den Blättern kleine Adventivpflanzen aus und das sind diejenigen Pflanzen, die für die Schule von Bedeutung sind, nämlich *Bryophyllum daigremontianum* und *B. tubiflorum*. Die

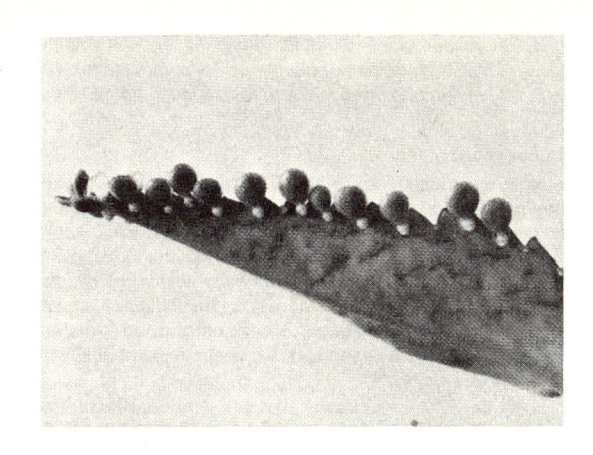

Abb. 5: Bryophyllum daigremontianum

Abb. 6: Bryophyllum tubiflorum

erstgenannte Art hat fleischige, herzförmige Blätter, deren Blattrand leicht gekerbt ist und an den Einkerbungen bilden sich die Adventivpflanzen aus. *B. tubiflorum* erzeugt die Brutpflänzchen an der Spitze der walzenförmigen Blätter (Abb. 5 und Abb. 6). Beide Arten lassen sich leicht pflegen und sind schnellwüchsig, was für physiologische Versuche besonders wichtig ist. Bei zu groß gewordenen Pflanzen können die Spitzen abgeschnitten und als Stecklinge verwendet werden. Pflanzen mit gekappten Spitzen bilden schnell Seitensprosse heran, die auch wieder als Stecklinge verwendet werden können. Auch die Adventivpflanzen lassen sich verhältnismäßig schnell heranziehen, so daß immer genügend Versuchspflanzen bereit stehen. Außerdem dürften immer noch so viele Brutpflänzchen vorhanden sein, daß diese den Schülern zur Eigenbeobachtung abgegeben werden können. *George* [14] schlägt ernährungsphysiologische Versuche in reinem Sand mit Nährlösungen vor, die sich mit Brutpflänzchen durchführen lassen. Außerdem können auf Grund ihrer Wuchsfreudigkeit mit 15—20 cm hohen Pflanzen reizphysiologische Versuche angestellt werden (Geo- und Phototropismus).

Angaben für Bryophyllum: H. Madagaskar. — St. Hell — G. Mäßig, im Winter weniger. — D. Gelegentlich. — U. Nicht erforderlich. — V. Adventivpflanzen, Stecklinge. — Sch. Vegetative V. — mikroskopische Untersuchungen, Physiologische Versuche.

k. *Begoniaceae* (Schiefblattgewächse)

Die *Königsbegonien (Begonia Rex)* werden im Handel in vielen Sorten angeboten. In den meisten Fällen handelt es sich um Bastarde, die durch Kreuzung verschiedener B.-Arten entstanden sind. Die Pflege der Begonien bereitet schon in der Wohnung große Schwierigkeiten, wieviel mehr gilt das für die Schule. Sie verlangen reichliche Wassergaben, Blätter und Stiele sind sehr zerbrechlich, das Drehen der Töpfe oder gar ein Standortwechsel schädigen die Pflanzen stark. Trotz aller Schwierigkeiten sollte versucht werden, ein Exemplar zu pflegen, denn bei keiner anderen Pflanze läßt sich die vegetative Vermehrung durch Blattstecklinge so schön zeigen, wie bei der Begonie.

Das Blatt wird etwas unterhalb der Verzweigungsstelle der großen Blattadern quer auf 2—3 cm Länge eingeschnitten. Danach wird das Blatt fest auf die Erde gelegt und mit einigen Steinchen beschwert, damit die Schnittstellen den Boden berühren. Nach 4—6 Wochen können die ersten feinen Wurzeln, nach weiteren 2—4 Wochen die kleinen Pflänzchen beobachtet werden. Die Abdeckung des Zuchtgefäßes mit einer Glasplatte ist erforderlich, allerdings ist eine gelegentliche Lüftung notwendig. Der Boden muß immer feucht gehalten werden, aber beim Gießen darf die Blattfläche nicht benetzt werden, da sonst zu leicht Fäulnis auftreten kann [31].

l. *Concolvulaceae*

Die *Hopfenseide (Cuscuta europaea)* läßt sich zur Demonstration in Unterricht oder Arbeitsgemeinschaft gut kultivieren. Wenn zwischen August und Oktober reifer Samen eingesammelt wird, kann schon im Herbst in einem geschlossenen Raum die Aussaat durchgeführt werden. Ein Wurzelstock mit einigen wenigen Sproßen von der Brenneessel *(Urtica spec.)* oder von der Weißen Taubnessel *Lamium album)* wird in einen Topf eingepflanzt und unter eine Glasglocke gehalten. Sind die zukünftigen Wirtspflanzen angewachsen, können die Samen von Cuscuta ausgesät werden. Schon nach wenigen Tagen erscheinen die sehr zarten Keimpflänzchen und können bei genügender Anzahl laufend mikroskopisch untersucht und in allen Entwicklungsphasen gut beobachtet werden. Die Keimblätter sind sehr klein und die Wurzeln, die schnell absterben, stark reduziert. Der Keimling streckt sich bald zu einem langen, dünnen Faden, um nach in der Nähe wachsenden Wirtspflanzen zu suchen. Hat das Keimpflänzchen einen geeigneten Wirt gefunden, umwindet es ihn und bildet an den Berührungsstellen Haustorien aus. Sind erst einmal Senker in den Wirt hineingewachsen, dann verläuft das weitere Wachstum recht schnell. Die Abb. 7 zeigt ein etwa drei Wochen altes Pflänzchen. Die Untersuchung der Keimlinge und der leicht herzustellenden mikroskopischen Präparate erweist sich didaktisch als sehr wertvoll, da ja die Entwicklung von den Schülern laufend verfolgt werden kann [23].

m. *Euphorbiaceae*

Die Familie der Wolfsmilchgewächse hat neben vielen anderen auch einige sukkulente Arten, die dadurch besonders beachtenswert sind, daß sie vom Laien häufig

Abb. 7: Cuscuta europaea auf Urtica

als Kakteen angesprochen werden. Alle sukkulenten Euphorbiaceea sind Stammsukkulenten. Bei einigen Arten werden normale Blätter ausgebildet, bei anderen sehr kleine und bei einigen fehlen sie gänzlich. Die genannten Wolfsmilchgewächse sind sämtlich als Schulpflanzen geeignet, sie zeigen aber so große Formenmannigfaltigkeit, daß auf die Schilderung mehrerer Arten verzichtet werden muß. *Euphorbia milii* (Christusdorn) ist eine dankbare Zimmerpflanze, die sich für die Schule ihrer bescheidenen Ansprüche wegen besonders gut eignet. In ihrer Heimat entwickelt sie sich zu einem hohen, mit Dornen bewehrten Strauch. Die kräftigen Triebe tragen kurzlebige Blätter, deren Anhänge — Nebenblätter — sich zu spitzen Dornen ausbilden. Es ist mit Sicherheit damit zu rechnen, daß der Christusdorn zur Blüte kommt. Die Untersuchung dieser kleinen Blütenstände in Arbeitsgemeinschaften ist durchaus lohnend. An mikroskopischen Untersuchungen sind hervorzuheben: Quer und Längsschnitte durch den Stamm — Milchgefäße — Milchsaft [59]. Der Milchsaft aller Wolfsmilcharten ist stark giftig. Kommen kleinste Spritzer oder auch nur Spuren davon in die Augen, so kann das zur Erblindung führen (vergl. Fischer [19]). Von medizinischer Seite wird sogar vor äußerlicher Anwendung z. B. gegen Warzen gewarnt. Das Beschneiden oder die Anfertigung von Schnitten zu mikroskopischen Zwecken muß also mit äußerster Vorsicht durchgeführt werden.

H. Madagaskar. — St. Hell. aber nicht zu sonnig. — G. Mäßig. — D. Mäßig. — U. Wenn erforderlich. — V. Stecklinge. — Sch. Sukkulenz — Mikroskopische Untersuchungen.

n. Cactaceae

Die Heimat aller Angehörigen der Familie der Cactaceen ist Nord-, Mittel- und Südamerika. Die in anderen Erdteilen vorkommenden Arten sind in früheren Zeiten dort eingeführt oder eingeschleppt worden.

Die Familie der Cactaceen wird systematisch in ca. 140—150 Gattungen eingeteilt. Eine große Anzahl von Arten ist in Kultur genommen worden. Die meisten Arten sind Wüstenbewohner, es gibt aber auch epiphytische Kakteen, die auf hohen Bäumen in den mittelamerikanischen Regenwäldern vorkommen. Die Unterschiede in der Pflege von Sukkulenten und Epiphyten müssen selbstverständlich beachtet werden. Da alle Kakteenarten geeignete Schulpflanzen sind, sollen keine Einzelbeispiele aufgeführt werden. Wer beabsichtigt, für die Schule eine größere Kakteensammlung aufzubauen, sei auf die einschlägige Literatur verwiesen.

Die Kakteen, deren Heimat in Wüstengebieten liegt, verlangen auch in der Kultur jedes Jahr eine längere Ruhezeit, die etwa von Oktober bis März reicht, in der sie vollkommen trocken gehalten werden sollen. Lediglich in stark überheizten Schulräumen ist ein sehr geringes Gießen anzuraten. Im Sommer brauchen diese Pflanzen mehr Wasser, gelegentliches Besprühen trägt zum guten Gedeihen bei. Als Standplatz werden sonnige Fenster gut vertragen. Die Vermehrung läßt sich ohne Schwierigkeiten mit Ablegern und Stecklingen durchführen. Wenn man in der Schule wirklich einmal reife Samen geerntet haben sollte, so ist es sicher sehr interessant, eine Sämlingszucht zu versuchen, ob sie aber gelingen wird, bleibt immer sehr fraglich.

Alle epiphytischen Kakteen benötigen etwas mehr Feuchtigkeit, brauchen aber ebenfalls eine längere Ruhezeit, in der sie aber nie vollständig austrocknen dürfen. Hierhin gehören die bekannten Gattungen *Epiphyllum* und *Zygocactus,* die Angehörigen beider Gattungen sind recht blühwillig. Die Epiphyllumarten (Blattkaktus) blühen im Frühjahr bis Anfang Juni. Die Zygocactusarten (Gliederkaktus) werden ihrer Blütezeit wegen auch Weihnachtskakteen genannt. Von beiden Gattungen gibt es zahlreiche Bastarde, deswegen ist eine einwandfreie Artbestimmung auch sehr schwierig. Der Standplatz für epiphytische Kakteen soll hell, aber nicht zu sonnig sein, da sich bei zu starker Sonnenbestrahlung leicht Brandflecke bilden.

Alle vom Verfasser gepflegten Kakteen werden in Einheitserde — vermischt mit Sand — gehalten, gedeihen darin gut und kommen teilweise auch zur Blüte. Oft wird dem Lehrer die Frage vorgelegt, warum eigentlich die Kakteen so selten zur Blüte kämen. Dazu wäre zu sagen, daß meistens zwei grobe Fehler gemacht werden, erstens werden viele Kakteen in zu kleinen Gefäßen gepflegt, worunter die richtige Wurzelausbildung leidet; zweitens benötigen die Kakteen die oben erwähnte Ruheperiode, in der sie kaum gegossen werden dürfen. In der Wachstumszeit, also im Sommer, dürfen die Töpfe nie vollkommen austrocknen, was gerade bei den oft winzigen Gefäßen im Sommer leicht vorkommen kann, wodurch sie dann in ihrem Lebensrhythmus gestört werden. Daneben sei noch bemerkt, daß die Kakteen auch alt und groß genug sein müssen, um blühen zu können, denn es gibt einige Arten, die erst mit beträchtlicher Größe und in höherem Alter ihre Blühfähigkeit erlangen, wie z. B. einige Säulenkakteen.

Wenn beabsichtigt wird, sich in einer Arbeitsgemeinschaft mit den Erscheinungen der Sukkulenz zu beschäftigen, sollten auch Angehörige der Aizoaceen und sukkulente Arten der Compositen und anderer Familien mit herangezogen werden. Aus diesem Grunde werden noch kurze Angaben über beide Familien gemacht (Abb. 8).

Abb. 8: Stapelia variegata (Asclepiadareae)

Die Familie der *Eiskrautgewächse (Aizoaceae)* ist mit den Kakteen nahe verwandt. Ihre Angehörigen sind im wesentlichen Bewohner wasserarmer Gebiete Südafrikas. Alle strauchigen und stammlosen Arten zeigen Blattsukkulenz. Die Angehörigen der Gattung Lithops werden vom Volksmund „blühende Steine" oder „Mimikry-Pflanzen" genannt, da sie in Form und Farbe verwaschenen Steinen zum Verwechseln ähnlich sind. Einige Arten der Gattung *Mesembryanthemum* (Mittagsblume) haben sich im Mittelmeergebiet und an der porgugiesischen Atlantikküste an trockenen Strandgebieten und Felspartien angesiedelt Diese Arten sind leicht zu pflegen, wenn sie an einem Südfenster aufgestellt werden und wenn die notwendige Ruhezeit beachtet wird. Es kann nur dazu geraten werden, sich aus dem Mittelmeergebiet Stecklinge mitzubringen, denn sie wachsen hier gut an.

Unter den Compositen gibt es nur wenige sukkulente Arten, sie zeigen entweder Sproß- oder Blattsukkulenz. Im wesentlichen ist hier nur die Gattung Senecio zu nennen. Auch für diese Pflanzen gelten die gleichen geringen Pflegeansprüche wie für die Kakteen [1, 3, 4, 5, 6, 18, 20, 22, 25, 32, 33, 57, 60]. Sch. Sukkulenz — Mikroskopische Untersuchungen — Kakteenblüte.

o. *Farngewächse*

Nach Möglichkeit sollte das eine oder andere Farngewächs auch in der Schule gepflegt werden, damit es für Unterricht oder Arbeitsgemeinschaft zur Verfügung steht. Allerdings werden von den zahlreichen Farngewächsen nur wenige kultiviert, noch weniger eignen sie sich für die Pflege in der Schule. Von den Lycopodiaceen und Equisetaceen sind Zimmerpflanzen überhaupt nicht bekannt. Von den Selaginellaceen eignet sich für eine Pflege in der Schule nur *Selaginella martensii*, wenn die Pflanze unter einer Glasglocke bzw. im Blumenfenster oder im feuchten Tropen-Terrarium gehalten wird, da sie sehr hohe Luftfeuchtigkeit benötigt. Sie wächst auf Einheitserde mit Torfmullbeimischung. Die Vermehrung wird mit den Triebspitzen, die sich leicht bewurzeln, durchgeführt. Die aus amerikanischen Trockengebieten stammende *S. lepidophylla*, „Auferstehungspflanze", ist für die Schule sehr gut geeignet, um Anpassungen an ein Trockenklima demonstrieren zu können. In trockenem Zustand legen sich die beblätterten Triebe über den kurzen, gestauchten Stamm. Wird die Pflanze in Wasser gelegt, entfalten sich die Triebe und bilden wieder die Rosette. Diese Bewegungen werden nicht nur von den lebenden, sondern auch von den abgestorbenen Pflanzen ausgeführt. Lebende Pflanzen sind sehr selten!

Von den zahlreichen Farnkräutern der Tropen werden nur wenige als Zimmerpflanzen gehalten, da die Pflegeansprüche recht groß sind. In der Schule läßt sich die Haltung von Farnen nur schwierig durchführen. Für ihr Gedeihen verlangen die Farne Halbschatten, hohe Luftfeuchtigkeit, relativ hohe Temperaturen und immer feuchten Boden mit Torfmullzusatz. Einige Arten, die noch verhältnismäßig widerstandsfähig sind, seien genannt: *Nephrolepis cordifolia, Cyrtomium falcatum, Pellaea rotundifolia* und *Pteris cretica*. Von den aufgeführten Arten dürfte die erstgenannte nach den Erfahrungen des Verfassers die geeignetste sein.

Die Zucht von Prothallien

In Gewächshäusern einer Stadtgärtnerei z. B. wird man das ganze Jahr über unter den kultivierten tropischen Farnen immer viele Prothallien vorfinden, um sie den Schülern zeigen zu können. Die eigene Aufzucht im Rahmen der Klassen-

Abb. 9: Prothallium mit jungem Farn

gemeinschaft ist aber viel instruktiver (Abb. 9). Dabei kann man von den Sporen einheimischer oder tropischer Arten ausgehen, für schulische Zwecke sind die einheimischen vorzuziehen. In der Literatur finden sich viele Angaben zur Aufzucht von Vorkeimen.

1. Auf gepreßten Torfplatten mit Knop'scher Nährlösung.
2. Auf feuchter vom Standort stammender Erde.
3. Auf Agar-agar mit Knop'scher Nährlösung.
4. Auf Agar-agar mit gekochter und filtrierter Erdauslaugung

und andere mehr.

Die unter 3. aufgeführte Methode dürfte wohl als die vorteilhafteste bezeichnet werden, da ohne Schwierigkeiten laufend mikroskopische Beobachtung möglich sind.

Zusammensetzung der Knop'schen Nährlösung nach *Schömmer* [48]:

1000 cm³ aqua dest.
   1,0 g $Ca(NO_3)_2$
   0,25 g $MgSO_4$ 7 H_2O
   0,25 g KH_2PO_4

Dabei ist es zweckmäßig, zunächst das Kalium- und Magnesiumsalz zu lösen und dann erst das Calziumsalz, der unlösliche Niederschlag bleibt in diesem Falle nämlich geringer. Eine Spur von $FeCl_3$ muß anschließend noch hinzugefügt werden. In einem Liter Nährlösung werden dann 20 g Agar-Schnitzel mehrere Stunden gequollen und schließlich auf dem Wasserbad ca. 1 Stunde gekocht und damit aufgelöst. Die Agar-Nährlösung wird noch warm, möglichst dünn, in Petrischalen ausgegossen, in denen sie beim Erkalten fest wird. Daß steril gearbeitet werden muß, kann als Selbstverständlichkeit vorausgesetzt werden. Im Anschluß daran können die Sporen ausgesät werden. Die Aussaat darf nicht zu dicht sein, damit die einzelnen Entwicklungsstadien auch gut beobachtet werden können, was bei dieser Methode direkt in der Petrischale geschehen kann. Die Zeit zwischen Aussaat und Keimung kann verschieden lang sein (3—14 Tage), sie ist nämlich abhängig von dem Alter der Sporen und von der Temperatur. Junge Sporen keimen schneller als ältere. — Die Farnsporen behalten etwa ein Jahr lang ihre Keimfähigkeit [28, 30, 48, 58].

Die Aufzucht von Vorkeimen der Schachtelhalme kann wie bei den Farnen durchgeführt werden. Die Sporen der Equiseten keimen aber nur unmittelbar nach ihrer Reife. Ihre Keimfähigkeit behalten sie höchstens 14 Tage.

Literatur (Auswahl)

[1] *C. Backeberg:* Wunderwelt Kakteen. Jena 1966
[2] *Brauner-Bukatsch:* Das kleine pflanzenphysiologische Praktikum. Stuttgart 1964
[3] *S. Brehme:* Kakteen — interessante Versuchsobjekte ... B. Sch. 1971
[4] *F. Buxbaum:* Kakteenpflege richtig. Stuttgart 1962
[5] *F. Buxbaum:* Wie bringt man Kakteen zum Blühen? K. 1959
[6] *F. Buxbaum:* Wir untersuchen die Entwicklung einer Kakteenblüte! M. K. 1961
[7] *H. Dietle:* Versuche mit dem fleißigen Lies'chen. M. K. 1968
[8] *H. Dietle:* Die Tradescantia als Versuchspflanze. M. K. 1972
[9] *W. Eichhorn:* Untersuchung von keimenden Pollenschläuchen am lebenden Objekt im Verlaufe eines halben Jahres. P 1967.
[10] *F. Encke:* Pflanzen für Zimmer und Balkon. Stuttgart 1964
[11] *F. Erlinghagen:* Wurzel- und Sproßregeneration der Blattstecklinge von Petunien. M. K. 1957
[12] *A. Fessler:* Meine Blumen — meine Welt. Frankfurt 1960
[13] *W. J. Fischer:* Wolfsmilcharten als Gift- und Heilpflanzen. K. 1963
[14] *H. George:* Bryophyllum. P. 1954
[15] *R. Gentschel:* Versuche mit Topfpflanzen. P. 1956
[16] *E. Gugenhan:* Zimmerpflanzen gut versorgt. Stuttgart 1965
[17] *D. Hasselberg:* Die erdlose Pflanzenhaltung in Klassenzimmer und Schulgarten, I, II und III. P. 1968 und P. 1969
[18] *V. Higgins:* Stachliges Hobby. Stuttgart 1962
[19] *J. Hild:* Bromelien ... K. 1965
[20] *W. Hoffmann:* Das kleine Kakteenbuch. Gütersloh 1963
[21] *H. Knodel:* Das Blumenfenster im Biologiesaal. P. 1955
[22] *H. Krainz:* Die Kakteen. Stuttgart 1970
[23] *H. W. Kühn:* Cuscuta für den Unterricht. P. 1961
[24] *H. W. Kühn:* Der Feigenbaum — Ficus carica. P. 1964
[25] *W. Küpper:* Kakteen. Berlin 1929
[26] *H. Linder:* Arbeitsunterricht in Biologie. Stuttgart 1950
[27] *E. Marten:* Ein begehbares Erdbeet — der Experimentiertisch der Biologie an höheren Schulen. P. 1965
[28] *F. Mattauch:* Die Zucht von Farnprothallien. P. 1952
[29] *H. Molisch - R. Biebl:* Botanische Versuche und Beobachtungen ohne Apparate. Stuttgart 1963
[30] *O. Rathfelder:* Kulturversuche an Farnprothallien in Nährlösungen. M. K. 1955
[31] *W. Rauh / K. Senghas:* Balkon- und Zimmerpflanzen. Heidelberg 1959
[32] *W. Rauh:* Die großartige Welt der Sukkulenten. Berlin, Hamburg 1967
[33] *B. Rüdiger:* Regeneration beim Igelkaktus. K. 1962
[34] *W. Ruppolt:* Die Dattelfrucht. M. K. 1961
[35] *W. Ruppolt:* Extraflorale Nektarien bei Sensvieria. P. 1961
[36] *W. Ruppolt:* Bryophyllum. P. 1961
[37] *W. Ruppolt:* Sojakulturen in der Schule. P. 1963
[38] *W. Ruppolt:* Tradescantia discolor als Objekt für die Schulmikroskopie. P. 1964
[39] *W. Ruppolt:* Blattstecklinge von Sansivieria. P. 1964
[40] *W. Ruppolt:* Sansiviera. P. 1967
[41] *W. Ruppolt:* Blätter als vegetative Vermehrungsorgane. P. 1967
[42] *W. Ruppolt:* Bodenblüher Aspidistra. P. 1968
[43] *E. Salzer:* Buntes Glück am Fensterbrett. Stuttgart 1963
[44] *E. Salzer:* Pflanzen wachsen ohne Erde. Stuttgart 1963
[45] *E. Salzer:* Wasserkulturversuche im Biologieunterricht. P. 1955
[46] *E. Salzer:* Können Pflanzen ohne Erde kultiviert werden? N. R. 1954
[48] *F. Schömmer:* Kryptogamenpraktikum. Stuttgart 1949
[49] *Schönfelder - Fischer:* Was blüht auf Tisch und Fensterbrett. Stuttgart 1961
[50] *H. Schomaekers:* Blühende Steine. A. d. H. 1953
[51] *M. Schubert:* Zimmerpflanzen für Dich und für mich. Darmstadt 1958
[52] *W. Siedentop:* Arbeitskalender für den biologischen Unterricht. Heidelberg 1959
[53] *W. Siedentop:* Methodik und Didaktik des Biologie-Unterrichts. Heidelberg 1964
[54] *F. Steinecke:* Methodik des biologischen Unterrichts. Heidelberg 1951
[55] *F. Steinecke:* Schulpflanzen. P. 1952
[56] *E. Strasburger / H. Koernicke:* Das kleine botanische Praktikum. Stuttgart 1954
[57] *R. Subik / J. Kaplicka:* Spitze Stacheln — bunte Blüten. Stuttgart 1968
[58] *H. Wiegner:* Züchtung von Farnprothallien. P. 1960
[59] *E. Woessner:* Milchröhrensysteme bei Blütenpflanzen. M. K. 1967
[60] *Zeitschrift: Kakteen und andere Sukkulenten.* Franckh, Stuttgart

II. Pflege und Zucht von Tieren in der Schule

1. Lebende Tiere in der Schule

Eine Reihe von Tieren lassen sich ohne besondere Schwierigkeiten in Vivarien aller Art und oft sogar in ganz primitiven Behältern in der Schule halten, pflegen und sogar züchten, hierfür einige Hinweise und Anregungen zu geben, ist der Zweck dieses Abschnittes.

Lebende Säugetiere und Vögel in der Schule für längere Zeit zu halten, ist nach Ansicht des Verfassers grundsätzlich abzulehnen, da eine richtige Pflege nicht gewährleistet ist. Außerdem dürften in den meisten Fällen geeignete Räume nicht zur Verfügung stehen, wenn z. B. an die Haltung von Mäusen gedacht wird (Geruchsbelästigung). Das soll nun nicht etwa bedeuten, daß lebende Tiere nicht zu einer bestimmten Stunde oder auch für kürzere Zeit im Unterricht gezeigt und beobachtet werden sollten.

Selbstverständlich können z. B. Hund, Katze, Goldhamster, Maus, Huhn, Taube oder andere Tiere [52, 107, 128, 171, 259, 363, 364] von den Schülern für den Unterricht mitgebracht werden, nur ist dafür Sorge zu tragen, daß diese Tiere während der übrigen Zeit, ohne Schaden zu erleiden, untergebracht werden können. Das Gleiche gilt auch für evtl. zugelaufene oder selbst gefangene Tiere, wie Igel, Maulwurf, Maus u. a. m.., sie sollten aber alsbald wieder ihre Freiheit erhalten. Natürlich kann auch der Versuch unternommen werden, Jungtiere in der Schule aufzuziehen bzw. gesundzupflegen. Allerdings ist es in solchen Fällen erforderlich genau zu wissen, wie die Tiere sachgemäß gepflegt und ernährt werden müssen.

Eine Auswahl von Büchern, die sich für diese Zwecke eignen, sei hier aufgeführt:

O. v. Frisch: Findelkinder! Tips für die Aufzucht und Pflege von Jungvögeln [87]

S. Jung: Grundlagen für die Zucht u. Haltung der wichtigsten Versuchstiere [164]

J. Krumbiegel: Wie füttere ich gefangene Tiere? [185]

K. Schwammberger: Kleine Säugetiere richtig gepflegt! [296]

A. Usinger: Einheimische Säugetiere und Vögel in der Gefangenschaft [336]

Die Anschaffung eines dieser Bücher für die biologische Handbücherei kann nur empfohlen werden, schon um die häufig aus Schülerkreisen kommenden Fragen nach sachgemäßer Pflege und richtiger Ernährung einzelner Tierarten sicher beantworten zu können.

Von Schulen, die ganz im Grünen liegen oder auch von genügend Bäumen und Sträuchern umgeben sind, können einige Nistkästen aufgehängt und Winterfutterstellen eingerichtet werden, was gute Beobachtungsmöglichkeiten schafft. Zahlreiche Anregungen zur Selbstherstellung von Nistkästen und Futterhäuschen werden gegeben bei: *Henze-Zimmermann,* Gefiederte Freunde in Garten und Wald. Bayr. Landwirtschaftsverlag, München.

Im Zusammenhang mit diesen Fragen des Vogelschutzes soll darauf hingewiesen werden, daß die meisten modernen Schulgebäude mit ihren großen Fenstern vielen Vögeln den Tod bringen. Es ist notwendig, die Innenseiten der Fenster mit 30—40 cm großen, schwarzen Greifvogelsilhouetten zu bekleben, um diesen Übelstand zumindest zu vermindern. Hierfür zu sorgen und aufklärend zu wirken, ist Aufgabe des Schulbiologen.

Der Schulbiologe in Großstädten wird selbstverständlich die Nähe von Zoologischen Gärten für seinen Unterricht entsprechend auszunutzen wissen [56, 58, 327, 366], denn in der Schule können von Wirbeltieren allenfalls Fische, Amphibien und Reptilien für längere Zeit gehalten, richtig gepflegt und evtl. sogar gezüchtet werden. Allerdings muß bemerkt werden, daß viele Kollegen es aus Arbeitsüberlastung mit Recht solange grundsätzlich ablehnen, ein großes Schulvivarium zu betreuen, bis eine Hilfskraft für diese Arbeiten zur Verfügung steht.

2. Aquarien

Süßwasseraquarien sind in unseren Schulen am häufigsten anzutreffen, in modernen Gebäuden dürfte es sich dabei um große, eingebaute Becken handeln. Daneben sollten aber immer noch eine Reihe von größeren und kleineren Gestellaquarien eingerichtet und betreut werden. Literaturangaben — Aquarien — allgemein: [9, 71, 72, 74, 76, 80, 81, 182, 189, 231a, 268, 323, 332, 334, 342, 351, 396, 409].

a. Technik und Voraussetzungen

Ein großes, eingebautes Schaubecken einer Schule wird im Durchschnitt ein Fassungsvermögen von 400 bis 600 Litern haben. Es muß von der Rückseite aus betreut werden können, was am vorteilhaftesten von einem kleinen, abgeschlossenen Raum, dem Aquariumbedienungsraum, aus geschieht. Beim Neubau einer Schule läßt sich ein derartiger Raum leicht einplanen, wie es im naturwissenschaftlichen Neubau des städtischen naturwissenschaftlichen Gymnasiums zu Mülheim/Ruhr auf den Vorschlag des Verfassers hin vor einigen Jahren durchgeführt worden ist. Solch ein Aquariumbedienungsraum hat eine ganze Reihe von Vorzügen. In den Ferien und in der kalten Jahreszeit läßt er sich allein oder zusätzlich beheizen. Weitere Aquarien lassen sich dauernd oder vorübergehend unterbringen. Reinigungsgeräte, Eimer, Schläuche und sonstiges Hilfsgerät sind stets zur Hand. Trocken- und Lebendfutter stehen immer griffbereit zur Verfügung. Kleinere Aquarien können als Quarantänebecken auf eingebauten Gestellen Platz finden. Der Boden ist mit Fliesen belegt und mit einem Bodenablauf versehen, um Wasserschäden irgendwelcher Art zu vermeiden. Müßte die Bedienung des Aquariums von einer anderen Stelle aus erfolgen, so käme nur noch der Lehrervorbereitungsraum dafür in Betracht, was aber eine Reihe von nicht gerade angenehmen Nachteilen mit sich brächte, z. B. evtl. auftretende Wasserschäden, hoher Feuchtigkeitsgehalt der Luft, Geruch, höhere Wärmegrade des Raumes, Beheizung eines sehr viel größeren Raumes in den Ferien usw.

Um die technische Ausrüstung des großen Beckens zu gewährleisten, müssen im Aquariumbedienungsraum Steckdosen in genügender Anzahl vorhanden sein. Es hat sich als vorteilhaft erwiesen, wenn alle elektrischen Leitungen, die in diesen Raum führen, bei den Etagensicherungen gesondert angeschlossen werden. An technischen Ausrüstungsgegenständen sind erforderlich: Eine regulierbare Beheizungsanlage für das Aquarium (ein Markenfabrikat ist anzuraten), zwei

Außenfilter, eine Durchlüftungspumpe und die Beleuchtungseinrichtung. Da die Verhältnisse für jedes Aquarium jeweils andere sind, lassen sich ins Einzelne gehende Angaben nicht machen. Die Durchlüftungspumpe „Wisa" hat sich beim Verfasser seit Jahren bewährt. Bezüglich der Lichtquellen sei auf die Arbeiten von G. *Brünner* [41], R. *Kübler* [186] und H. *Mischke* [212] verwiesen, worin die Erfahrungen aus mehrjährigen Beleuchtungsversuchen niedergelegt sind. Vom Verfasser werden heute die Leuchtstoffröhren „Gro-Lux, Fluorescent Lamp, Silvania" verwendet, die sich bezüglich des Pflanzenwuchses gut bewährt haben und durch ihren leicht roten Schein die Fische in das „rechte Licht" setzen. Ein Auswechseln ausgebrannter Röhren sollte nicht von Schülern durchgeführt werden, da durch das Zerschlagen einer Röhre gesundheitliche Schäden auftreten können, sie enthalten nämlich Argon, Quecksilbersalze, Barium- und Strontiumoxid.

Als einzige Beheizung des Aquariumbedienungsraumes verwendet der Verfasser einen Heizlüfter (auf 1000 und 2000 Watt einstellbar) mit Thermostat. Dieses Gerät läuft jetzt über 8 Jahre ohne Unterbrechung — eingestellt auf 26° C Raumtemperatur — und kann daher wirklich empfohlen werden.

Vor der Einrichtung des Beckens muß es mit einem farbigen Kautschuklack oder mit gefärbtem Kunststoff gestrichen werden. Als geeignete Anstrichmittel, die sich gut bewährt haben, seien „Eple-Plast oder „Dukolux" empfohlen. Nach dem Streichen wird zunächst für mehrere Wochen Wasser eingefüllt, um den Innenanstrich richtig auszulaugen. Erst danach kann der gewaschene bzw. abgebrühte Sand eingebracht werden, der in der Regel eine Höhe von 7—10 cm haben soll. Der Bodengrund bildet auch heute noch gewisse Probleme. Die in der Literatur angegebenen Mischungen sind sehr zahlreich. Die Ansichten der Aquarianer gehen hier weit auseinander. Schließlich kommt es darauf an, welche Pflanzen gepflegt werden sollen — danach muß sich die Zusammensetzung des Bodens richten. Einige größere Steine müssen in das Becken so hineingelegt werden, daß sie den Fischen natürliche Versteckmöglichkeiten bieten. Dabei ist unbedingt darauf zu achten, daß nicht gerade kalkhaltige Steine verwendet werden, da diese die Härte des Wassers erheblich beeinflussen würden. An empfehlenswerten Steinen wären zu nennen: Basalt, Porphyr und Schiefer. Auch Wurzelstöcke wirken recht dekorativ, sollen sie in Aquarien Verwendung finden, dann müssen sie sorgfältig ausgewählt werden. Von Wasser ausgelaugte Wurzeln oder noch besser aus Mooren ausgegrabene sind am geeignetsten. Ein vorheriges, gründliches Abbrühen ist auf jeden Fall erforderlich.

Vor dem Einlassen des Wassers wird über den Sand ein Bogen Papier ausgebreitet, um ein zu starkes Aufwirbeln des Sandes zu vermeiden. Nach der Auffüllung des Beckens auf einen Wasserstand von etwa 20 cm können die Pflanzen entweder direkt in den Boden eingesetzt, oder aber vorher in kleine Blumentöpfe oder rechteckige Tonschalen gepflanzt und dann in den Boden eingebracht werden. An Stelle von Tontöpfen können auch niedrige und dünnwandige Kunststoffbehälter, die mit Löchern versehen werden müssen, als Kulturgefäße verwendet werden. Die Einpflanzung in Tonschalen erscheint deshalb besonders vorteilhaft, weil solchen Pflanzen unter der Sand- oder Kiesschicht bereits ein geeigneter Boden gegeben worden ist, so daß im Aquarium nur reiner Sand verwendet zu werden braucht. Der Verfasser hat mit diesem Verfahren beste Erfolge erzielt. Ferner können Stecklinge oder Ableger zunächst in besonderen Becken kultiviert und dann gleich ohne Umpflanzung in ein größeres Aquarium überführt werden. Die Tongefäße müssen selbstverständlich entweder so tief in den Sand eingebettet sein, daß sie nicht mehr sichtbar sind oder durch Steine verdeckt werden. Die Abbildung 10 zeigt ein Becken, dessen Pflanzen in Tonschalen gezogen und mit diesen in das Aquarium gesetzt wurden. Einige Tongefäße sind bereits

Abb. 10: Aquarium

durch Steine verkleidet worden. Die Artenauswahl sollte sorgfältig überdacht werden. Die größeren Pflanzen gehören in den Hintergrund, kleine, rasenbildende Formen eignen sich für den Vordergrund. Weiter muß bei der Bepflanzung beachtet werden, daß einige Pflanzendickichte entstehen und andererseits den Fischen ein größerer, freier Schwimmraum zur Verfügung steht. Nach vollständiger Füllung mit Wasser werden die Schwimmpflanzen eingebracht. Durchlüftung, Filtergeräte und Heizung müssen anschließend eingeschaltet und genau kontrolliert werden. Vor dem Einsetzen der Fische ist es ratsam, die gesamte Anlage mehrere Tage arbeiten zu lassen und dabei genauestens zu beobachten. Beim Einsetzen der Fische sollen Temperaturunterschiede möglichst gering sein, um gesundheitliche Schäden der Tiere zu vermeiden. Bei einer Erstgestaltung eines Schaubeckens überläßt man wohl am vorteilhaftesten die Einrichtung derjenigen zoologischen Handlung, bei der die Bestellung aufgegeben worden ist. Bei jeder Erstellung eines beliebigen Biotops müssen wir uns völlig klar darüber sein, daß auch das besteingerichtete Aquarium sicher nicht den in der Natur vorkommenden Verhältnissen auch nur annähernd gleicht. Wir können nur bemüht sein, den Pfleglingen wenigstens ähnliche Gegebenheiten zu bieten, in denen sie in der Natur leben. Hierzu gehört vor allem eine genaue Untersuchung des verwendeten Wassers [94, 139, 343]. Der Härtegrad und der pH-Wert sind zu ermitteln und, wenn notwendig, laufend zu kontrollieren und zu korrigieren. Zur Bestimmung der Gesamthärte des Wassers ist das Reagenz „Durognost" gut geeignet, da dieses Verfahren leicht und rasch durchführbar ist. Die einfachste Methode der pH-Messung, die meines Erachtens für den Aquarianer voll ausreichen dürfte, wird mit Universal-Indikatorpapieren ausgeführt.

Wichtig wäre noch, ein großes Schaubecken durch ein verglastes Holzgestell oder ein Perlonnetz abzudecken, um ein Herausspringen der Fische zu verhindern. Bei einem Gestell muß eine Ecke einen aufklappbaren Deckel besitzen, damit die Fütterung und sonstige kleine Handgriffe ohne Schwierigkeiten durchgeführt werden können.

Jedes abgestorbene Tier muß so schnell wie möglich aus dem Becken entfernt werden, der sich bildende Schlamm ist von Zeit zu Zeit abzuheben. Etwa alle 14 Tage sollte 1/10 des Wassers durch Frischwasser ersetzt werden, denn auch in völlig klarem Wasser sind viele lösliche Abfallstoffe (aus Kot und Harn) enthalten. Wenn erforderlich müssen auch die Glaswände von Algen gesäubert werden. Ist einmal ein Becken von Algen stark befallen, dann dürfte ihre Bekämpfung immer große Schwierigkeiten bereiten. Algenfressende Fische (z. B. Saugschmerlen) werden im Aquarium mit einem geringen Algenbelag fertig, nimmt die Algenwucherung aber zu, dann können diese Tiere es auch nicht mehr schaffen. Eine chemische Algenbekämpfung dürfte immer etwas gewagt sein, da die Bekämpfungsmittel auch die höheren Pflanzen schädigen können. In Zoohandlungen werden einige erfolgversprechende Algenbekämpfungsmittel angeboten, sie sollten aber nur sehr genau nach den angegebenen Vorschriften verwendet werden. Die *Redaktion des A. M.* (1967, S. 399) empfiehlt folgende Methode: „Wir setzen dem Wasser jeden Abend soviel Methylenblau zu, bis das Becken leicht bläulich getönt war. Der Farbstoff wurde jeweils über einen Kohlefilter wieder abfiltriert. Auf diese Weise erreichten wir, daß die schädliche Konzentration innerhalb kurzer Zeit aufgehoben wurde. Das reichte aus, um die Algen nach 6—8 Tagen abzutöten, ohne daß bei den höheren Pflanzen irgendeine Schädigung sichtbar wurde. Bei jeder chemischen Algenbekämpfung müssen wir berücksichtigen, daß die abgetöteten Algen sich im Filter ansammeln und dort faulen. Die Filtermasse daher rechtzeitig auswechseln!"

Bei der Algenbekämpfung kann auch die lebendgebärende *Turmdeckelschnecke (Melanoides tuberculatus)* eine gute Hilfe sein. Tagsüber wühlt sie im Bodengrund und nachts weidet sie die Algenrasen an den Beckenwandungen und Pflanzen ab, ohne sich an den höheren Pflanzen zu vergreifen [233].

Sollten sich verschiedene Schneckenarten in einem großen Becken zu stark vermehren, so daß die Waserpflanzen darunter zu leiden haben, empfiehlt O. Klee [175] eine längs aufgeschnittene Mohrrübe in das Becken zu legen. Nach einiger Zeit sammeln sich die Schnecken an diesem Lockfutter und können mit den Mohrrübenstücken entfernt werden. Während dieser Zeit sollten allerdings die Fische nicht mit Trockenfutter gefüttert werden, da dies noch lieber angenommen wird als Mohrrüben.

Die Fütterung wird in der Schule am besten einmal täglich — möglichst abwechslungsreich — durchgeführt. Im Sommer ist lebendes Futter allem Trockenfutter vorzuziehen, da schon den Winter über letzteres vorwiegend verwendet werden muß.

Die meisten heute im Handel angebotenen Trockenfuttermittel können durchaus als gut bezeichnet werden. Um auch bei Trockenfütterung den Fischen etwas Abwechslung zu bieten, empfiehlt es sich, Trockenfutter verschiedener Herstellerfirmen umschichtig zu verfüttern. Die Lebendfutterbeschaffung läßt sich in der Großstadt nur über einen Händler bewerkstelligen. Der Verfasser bezog regelmäßig wöchentlich einmal Lebendfutter (Tubifex und Mückenlarven), das auch in den Sommermonaten gut eine Woche lang im Kühlschrank frisch gehalten werden kann. In den Sommermonaten werden außerdem wöchentlich einmal Wasserflöhe verfüttert. Die Bezahlung des Futters erfolgt einmal im Vierteljahr gemäß Vereinbarung mit dem Schulverwaltungsamt. [Futterkunde: 89, 97, 122, 147, 155, 158, 251, vergl. außerdem Abschnitt: Futtertiere].

Ein schwerwiegendes Problem, das sicher viele Schulbiologen von der Pflege von Schulaquarien abhält, betrifft die Betreuung während der Ferien. Leider wird es in den großen Ferien nicht oder nicht immer möglich sein, den Hausmeister mit der Betreuung zu beauftragen, da er ja meistens zur gleichen Zeit Urlaub hat. Ein derartiger Auftrag wäre auch nur dann sinnvoll, wenn er selbst Aquarianer ist oder zumindest starkes Interesse daran hat. *Als glückliche Lösung wäre es zu bezeichnen, wenn die Fische dem zoologischen Händler, bei dem sie bezogen wurden oder noch werden und laufend Futter gekauft wird, gegen geringes Entgelt in Pflege genommen werden würden.* Eine weitere Möglichkeit kann sich über die örtlichen Aquarienvereine ergeben. Aus Liebe an der Sache bieten sich nach eigenen Erfahrungen einzelne Mitglieder selbst an, die Ferienpflege zu übernehmen. Zusätzliche Kosten würden in solch einem Falle überhaupt nicht entstehen bzw. nur gering sein. Dazu ist es natürlich notwendig, diesem Verein anzugehören und sich durch gelegentliche Vorträge zu revanchieren.

Für das große, eingebaute Schulaquarium erhebt sich sofort die erste und zugleich schwierigste Frage: Wie soll das Aquarium eingerichtet, oder besser, welche Fische sollen gepflegt werden? Die Meinungen der Unterrichtsmethodiker gehen hierbei auseinander, wie es auch aus einer Reihe von Aufsätzen in der Praxis der Naturwissenschaften/Biologie ersichtlich wird [7, 72, 74, 90, 189, 200, 334, 365]. Einige Fachkollegen setzen sich nachdrücklich für ein Heimataquarium ein und andere befürworten ein großes Tropenbecken. Die verschiedenen Ansichten lassen sich aber dadurch gut miteinander in Verbindung bringen, daß das eingebaute Schaubecken für den einen Zweck Verwendung findet und andere etwas kleinere Aquarien, in den Biologie-Räumen aufgestellt, dem anderen Zwecke dienen können. Grundprinzip sollte es aber in jedem Falle sein, eine möglichst echte Lebensgemeinschaft im Kleinen darzustellen.

Die große Bedeutung, die den einheimischen Fischen in unseren Schulen zukommt und auch zukommen muß, soll nicht geschmälert werden, aber aus rein ästhetischen Gründen möchte sich der Verfasser bei dem großen Schauaquarium im Biologieflur für ein Warmwasserbecken einsetzen. Ein großes Schulschaubecken muß „blitzen" und das gelingt bei einem Heimataquarium nur in den seltensten Fällen. Ohne große Schwierigkeiten lassen sich verschiedene tropische Biotope in einem Schaubecken einer Schule erstellen. Vor der Einrichtung sollte allerdings genau überlegt werden, welche tropische Lebensgemeinschaft aufgebaut werden soll. In einzelnen Fällen erscheint ein ausgiebiges Literaturstudium recht angebracht. Nicht nur die Fische [7, 22, 60, 117, 156, 157, 169, 179, 181, 183, 190, 191, 192, 194, 219, 228, 229, 240, 260, 275, 276, 323, 324, 338, 339, 340, 357, 392, 393, 394, 406, 409], sondern auch die Pflanzen [37, 38, 39, 40, 42, 146, 410] müssen ja mit Bedacht je nach der Art des betreffenden Biotops zusammengestellt und ausgewählt werden. Unter den Wasser- und submers-wachsenden Sumpfpflanzen der Tropen und Subtropen gibt es eine ganze Reihe von Kosmopoliten, die in jeder tropischen Lebensgemeinschaft anzutreffen sind und daher auch in jedes Becken hineinpassen. Pflanzen aus begrenzten Verbreitungsgebieten gehören auch nur in Becken entsprechender Biotope. Bei einer Ersteinrichtung ergeben sich bei den heutigen geringen Etatsmitteln, die den biologischen Sammlungen meist zur Verfügung stehen, sicher gewisse Schwierigkeiten, um ein bestimmtes Biotop sofort aufbauen zu können. Im Verlaufe weniger Jahre läßt es sich aber sicher verwirklichen.

Auf Grund eigener Erfahrungen und an Hand von Fachliteratur sollen anschließend als gewisse Anhaltspunkte noch einige kurz gehaltene Vorschläge über verschiedene tropische Biotope, die sich für ein großes Schulschaubecken eignen, dargestellt werden.

b. *Beispiele für die Gestaltung von Süßwasseraquarien*

Ein *Amazonas-Becken* könnte mit einer ganzen Reihe von in Südamerika heimischen Wasser- und Sumpfpflanzen ausgestaltet werden, die schon seit Jahren in Deutschland von Aquarienfreunden kultiviert werden. Hier wären u. a. zu nennen: *Echinodorus radicans* (Wasserwegerich), *E. tenellus* (Zartblättriger Froschlöffel), *E. brevipediculatus* (Amazonas-Schwertpflanze), *E. intermedius* (Amazonas-Zwergschwertpflanze), *Cabomba aquatica* (Wasser-Haarnixe). Bei den angegebenen Arten handelt es sich um recht dekorativ wirkende Pflanzen, die sich für ein großes Schaubecken hervorragend eignen. Zur Herstellung von notwendigen Pflanzendickichten lassen sich *Myriophyllum brasiliense* (Brasilianisches Tausendblatt) und *Elodea densa* (Dichtblättrige Wasserpest) ausgezeichnet verwenden. An Schwimmpflanzen sind folgende im tropischen Amerika heimische Formen zu empfehlen: *Salvinia auricularia* (Kleinohriger Büschelfarn), *Azolla caroliniana* (Karolinischer Wasserbüschelfarn) und *A. filiculoides* (Gefiederter Moosfarn). Damit steht eine reichhaltige Auswahl von typisch südamerikanischen Wasserpflanzen zur Verfügung, so daß ohne Schwierigkeiten auf die Kosmopoliten verzichtet werden könnte.

Für das Amazonasbecken seien zur Auswahl folgende Fische vorgeschlagen: Mehrere kleine Schwärme — vielleicht 8—10 Stück — verschiedener Salmler-Arten, wie *Hyphessobrycon ornatus* (Schmucksalmler), *Hyphess. innesi* (Neon-Salmler), *Hyphess. serpae* (Serpa-Salmler), *Hyphess. griemi*, der erst 1956 nach Deutschland importiert wurde, heute aber in zoologischen Handlungen recht häufig angeboten wird, da seine Nachzucht inzwischen gelungen ist. *Hyphess. costello* (Grüner Neon), *Hypess. heterorhabdus* (Dreiband-Salmler), *Hemigrammus rhodostomus* (Rotmaul-Salmler) — die beiden zuletzt genannten Arten sind etwas empfindlicher. — *Hemigr. ocellifer* (Laternen-Salmler), *Pristella riddlei* (Wasserstieglitz) und *Nannostommus eques* (Spitzmaul-Salmler). Ein im Aquarium recht nützlicher Fisch ist *Nannost. aripirangensis* (Aripiranga-Salmler), da dieser Fisch nach eigenen Beobachtungen von den Pflanzen und den Beckenwandlungen recht eifrig die sich ansetzenden Algen vertilgt. Alle genannten Arten überschreiten eine Länge von 5 cm kaum, sind munter, anspruchslos, recht widerstandsfähig und vor allem friedfertig. Die volle Leuchtkraft ihrer Farben erhalten sie erst, wenn ihnen günstige Lebensbedingungen geboten werden. In kalkarmen, über Torf gefilterten Wasser fühlen sie sich am wohlsten. Einige etwas größer werdende Fische dürfen nicht fehlen. Der anspruchslose und muntere

Schwanztupfen-Salmler *(Moenkhausia oligolepis)* erreicht eine Größe bis zu 12 cm. Auch der bis etwa 8 cm werdende Schrägschwimmer *(Tayeria abliquus)* ist ein friedlicher Pflegling. Besonders hervorzuheben sind die in diesem Gebiet vorkommenden, sehr munteren Panzerwelse der Gattung *Corydoras* (z. B. *C. punctatus, C. aeneus, C. melanistius* oder *C. hastatus).* Sie sind immer in Bewegung und durchsuchen den Boden ständig nach Freßbarem. Sie werden dadurch im Aquarium sehr nützlich, da sie die Futterreste eifrig vertilgen, den sich bildenden Schlamm immer weiter zerkleinern und somit dafür sorgen, daß das Becken sauber bleibt. Allerdings dürfen es nicht zu viel Tiere sein, da sie sonst zu wenig Schlamm zur Verfügung haben und nun anfangen auch im Sande zu wühlen. Für ein 500 *l* Becken sind 4—5 Tiere zu empfehlen. Aus der Familie der Cichliden sind nicht alle Vertreter für ein Schauaquarium geeignet, da einige Arten sehr stark wühlen und auf diese Weise alle Pflanzen ausgraben, andere als recht rauflustig, bissig und unverträglich zu bezeichnen sind. Die Haltung des Flaggenbuntbarsches *(Cichlasoma festivum)* kann empfohlen werden; allerdings ist bei seiner Pflege besondere Sorgfalt erforderlich. *Aequidens curviceps* (Tüpfelbuntbarsch) ist bis auf seine Laichzeit friedlich, zu diesem Zeitpunkt erscheint es geraten, ihn aus dem Gemeinschaftsbecken zu entfernen. Als etwas kleinere Art sei *Nannacra taenia* (Zwergbuntbarsch) erwähnt, der sich für ein größeres Becken gut eignet, wenn ihm ausreichende Versteckmöglichkeiten geboten werden können. Einer der schönsten Fische dieses Gebietes, der Segelflosser *(Pterophyllum scalare)* darf natürlich nicht fehlen. Besondere Sorgfalt ist bei seiner Pflege sehr anzuraten, da diese Tiere nicht immer leicht zu halten sind, das gilt besonders für neu eingerichtete Becken.

Für eine *Kongoflußlandschaft* mögen einige kurze Anregungen folgen. An empfehlenswerten Pflanzen wären zu nennen: *Ludwigia pulvinaris* (Zwerg-Ludwigie), *Lagarosiphon muscoides* (Krause Wasserpest), hierbei handelt es sich um eine unserer Wasserpest *(Elodea)* nahe verwandte Art, die Gattung *Elodea* selbst ist in Afrika nicht vertreten. Außerdem können hier nun die tropischen Kosmopoliten empfohlen werden, wie *Cerathopteris thalictroides* (Wasserfarn), *Vallisneria spiralis* (Sumpfschraube), *Ceratophyllum submersum* (Glattes Hornblatt) u. a. m. An Schwimmpflanzen wären *Riccia fluitans* (Teichlebermoos) und die Schwimmform des bereits genannten Wasserfarns hervorzuheben.

An Fischen wären vorzuschlagen: Die Schmetterlingsbarbe *(Puntius hulsterti)* ist eine recht hübsche und anspruchslose Fischart. Im Gesellschaftsbecken lassen sich 10—12 Tiere gut pflegen, die sie nur etwa 3,5 cm lang werden. Der afrikanische Einstreifensalmler *(Nannaethiops unitaeniatus)* wird ca. 6,5 cm lang, ist ausdauernd und friedlich, allerdings etwas scheu, so daß dem Tier genügend Versteckmöglichkeiten geboten werden müssen. Ein kleiner Schwarm der sehr hübschen Kongosalmler *(Mikralestis interruptus)* eignet sich ebenfalls vorzüglich. Die hauptsächlich im tropischen West-Afrika lebenden Zahnkarpfen der Gattung *Aphyosemion* zeichnen sich durch besonders lebhafte Zeichnungen der Männchen aus. Leider meiden diese Tiere das helle Licht und ziehen sich gern in Verstecke zurück. Als Oberflächenfische lieben sie vor allem eine dichte Schwimmpflanzendecke, sind also für ein Gesellschaftsbecken nur bedingt geeignet. Bei einigen Arten sind die Männchen untereinander ziemlich unverträglich, so daß es ratsam erscheint, im Gesellschaftsbecken nur ein Männchen mit mehreren Weibchen zu halten. Von den im Kongo-Gebiet vorkommenden Arten dieser Gattung seien hervorgehoben: *A. cognatum* und *A. cameronensis*. Beabsichtigt man allerdings, *Aphyosemion*-Arten zu züchten, dann sollten diese Fische paarweise in Einzelbecken gehalten werden, da sie als Dauerlaicher von anderen Fischen getrennt werden müssen. Von den in ihrer Lebensweise recht interessanten Labyrinthfischen kommen aus der Gattung der Buschfische *(Ctenopoma)* einige Arten im Kongo vor. Folgende nicht zu groß werdende und vor allem friedliche Arten eignen sich gut: *C. congicum* (8,5 cm), *C. nanum* (7,5 cm) und *C. fasciolatum* (8 cm). Schließlich soll noch auf die interessante Welsart *Synodontis nigriventis* (Rückenschwimmender Kongowels) hingewiesen werden. Die Tiere sind ausdauernd, friedlich, anspruchslos und recht munter; sie ernähren sich von Lebendfutter, Futterresten und Algen.

Als weiteres Beispiel sollen schließlich Vorschläge aus dem asiatischen Raum und zwar für ein *Sumatra-Becken* angefügt werden. Zur Bepflanzung eignen sich besonders gut die in Südost-Asien heimischen *Cryptocorinen* — es müssen hier durchaus nicht die teuren oder schwierig zu pflegenden Arten sein. Auch verschiedene *Aponogeton*-Arten gehören in eine derartige Lebensgemeinschaft. Außerdem kämen *Myriphyllum spicatum* (Tausendblatt) und *Vallisneria gigantea* (Riesensumpfschraube) in Betracht und daneben die bereits angeführten Kosmopoliten vor allem als Schwimmpflanzendecke.

An geeigneten Fischen können vorgeschlagen werden: *Brachydanio albolineatus* (Schillerbärbling) in einem Schwarm von 10—12 dieser kleinen, sehr lebendigen und genügsamen Allesfresser. Auch die dort heimische Eilandbarbe *(Puntius oligolepis)* ist genügsam und friedlich, wird etwa 5 cm lang und kann in einem Schwarm von 10—12 Tieren gehalten werden. Der Halbschnabelhecht *(Dermogenys pusillus)*, als recht lebhafter Oberflächenfisch, benötigt für sein Wohlbefinden immer eine Schwimmpflanzendecke. Diese besondere und interessante Fischart besitzt einen lang ausgezogenen, unbeweglichen Unterkiefer und einen viel kürzeren, beweglichen Oberkiefer. Die Nahrung, die aus Fruchtfliegen, Mücken und kleinen Insektenlarven besteht, wird von der Wasseroberfläche aufgenommen — Trockenfutter wird ebenfalls gern gefressen. Die genannte Art ist lebendgebärend, eine Zucht gelingt allerdings nicht immer, da die Weibchen leicht verwerfen. Werden diese Tiere in kleineren Becken gepflegt, so kommt es vor, daß sie sich beim schnellen Schwimmen an den Beckenwandungen den Unterkiefer verletzen oder sogar abbrechen und dann natürlich eingehen. Die Arten der Gattung *Acanthophthalmus* mit ihrer eigentümlichen wurmförmigen Gestalt müssen als reizvolle Pfleglinge bezeichnet werden. Es sind nahe Verwandte unseres einheimischen Schlammpeitzgers. Geeignete Versteckmöglichkeiten, wie umgestülpte, halbe Kokosnuß-Schalen oder Ähnliches sind zum Wohlbefinden dieser Tiere erforderlich. Als etwas größere Fische seien noch zwei „Labyrinther" empfohlen, die sich als friedliche Fische für ein großes Gesellschaftsbecken gut eignen, den Mosaik-Fadenfisch *(Trichogaster leeri)* und den Blauen Fadenfisch *(T. trichopterus sumatranus)*. Diese Tiere zeichnen sich, wie die ganze Familie *(Anabantidae)*, durch ein zusätzliches Atmungsorgan, das Labyrinth, aus. Dieses Organ versetzt die Tiere in die Lage, auch aus der Luft Sauerstoff aufzunehmen. Die Tiere sind leicht zu pflegen und zuweilen gelingt es — sogar im großen Gesellschaftsbecken — die Tiere zur Zucht zu bekommen.

Sehr interessante und von den Schülern immer wieder bewunderte Tiere sind die Kugelfische. Der grüne Kugelfisch *(Tetraodon fluviatilis)* kommt in Süd-Ostasien auch im Süßwasser vor. Besondere Ansprüche stellen die Tiere nicht, so daß die Pflege als leicht bezeichnet werden kann; Schwierigkeiten, wie sie *H. Hart* [111] schildert, sind bei dem Verfasser nicht aufgetreten. Sie werden bis zu 17 cm lang. In der Jugend sind sie durchaus friedfertig, werden aber mit zunehmendem Alter bissig. Die Zähne dieser Tiere verschmelzen miteinander und bilden scharfe Leisten, wodurch sie dazu in der Lage sind, auch hartschalige Tiere zu bewältigen. Ihre Lieblingsnahrung sind Schnecken. Nach eigenen Beobachtungen gehen sie aber auch an Trockenfutter heran, von Futtertabletten beißen sie sich sogar kleine Stückchen ab.

W. Jocher [160] berichtet über Kugelfische als Planarienfresser. Bei ausschließlicher Ernährung der Tiere mit Planarien gehen sie nach kurzer Zeit ein. *W. Jocher* setzt die Kugelfische jeweils nur für wenige Stunden in ein planarienverseuchtes Becken, fängt die Fische dann heraus und füttert sie drei Tage über wieder normal. Das wird so lange wiederholt, bis alle Planarien gefressen worden sind.

Als letztes Beispiel für Warmwasserfische soll noch eine weitere Möglichkeit des Aufbaues des großen Schulaquariums kurz skizziert werden. Es ließen sich auch einige wenige Exemplare von größer werdenden Fischen mit gutem Erfolg pflegen. Als Vorschlag sei hier nur ein Mitglied der Familie der *Cichliden,* der Pfauenaugen-Buntbarsch — *Astronotus ocellatus* — angeführt. Das Tier wird bis zu 33 cm lang und ist im Vergleich zu anderen Buntbarschen und zu seiner Größe noch verhältnismäßig friedlich. Eine ganze Reihe von Cichliden, so auch die angeführte Art, sind nämlich gegen andere Fische, aber auch gegen Artgenossen recht streitsüchtig. Sie wühlen viel und reißen dabei die Pflanzen aus dem Bodengrund heraus. Bei der Einrichtung eines solchen Beckens muß natürlich an diese Gewohnheit gedacht werden. Als Bodengrund ist grobkörniger Sand oder feiner Kies empfehlenswert. Auf Pflanzen sollte überhaupt verzichtet werden, statt dessen könnte eine Felspartie aus großen Steinen mit zahlreichen Schlupfwinkeln erstellt werden, vielleicht in Verbindung mit einem größeren Wurzelstock. Eine nicht zu dichte Schwimmpflanzendecke belebt ein derartiges Aquarium. Zur Fütterung kann alles größere Lebendfutter — vor allem auch kleine Fische (z. B. Guppys) — verwendet werden, gelegentlich gereichtes Trockenfutter wird angenommen, kleingeschnittenes Fleisch wird gierig gefressen. Oft gelingt sogar die Zucht dieser Tiere in den großen Becken, schwierig ist es allerdings, die geeigneten Paare herauszufinden.

Ein *Heimataquarium* ließe sich selbstverständlich auch in einem großen Schulbecken gestalten, wenn die dagegen sprechenden Umstände vorher wohl bedacht worden sind. Die meisten unserer einheimischen Fische werden größer als tropische, so daß das Wasser immer trüb sein wird, wie es von den Heimatbecken der öffentlichen Aquarien gut bekannt ist. Auch in Bezug auf die Bepflanzung ergeben sich beim Aufbau einer heimischen Lebensgemeinschaft sofort Schwierigkeiten, da es kaum geeignete einheimische Wasserpflanzen gibt, die sich auch den Winter über halten lassen, es sei denn man greift auf ausländische Formen zurück und damit wäre dann gerade die einheimische Lebensgemeinschaft nicht mehr echt [7, 66, 71, 76, 151, 181, 194, 219].

Als wirklich ausdauernde einheimische Pflanzen sind nur zu nennen: Kanadische Wasserpest *(Elodea canadensis)* und Quellmoos *(Fontinalis antipyretica)*. Bei den beiden *Ceratophyllum*-Arten (Hornblatt), *Callitriche hermaphroditica* (Herbst-Wasserstern und *Stratiotes aloides* (Krebsschere) gelingt es gelegentlich die Pflanzen auch über den Winter lebend zu erhalten. Die Nadelsimse, *Eleocharis acicularis*, kann das ganze Jahr über vollständig unter Wasser gehalten werden, bei vorsichtiger Gewöhnung läßt sie sich sogar im Warmwasserbecken bis 22° C kultivieren. Das bekannte und häufig vorkommende Pfennigkraut, *Lysimachia nummularia* [39], kann unter Wasser kultiviert und als Aquarienpflanze verwendet werden. Die genannten Pflanzen benötigen aber für ihr Gedeihen im Winter besonders viel Licht. Wird auf die Echtheit des Biotops kein Wert gelegt, dann lassen sich einige fremdländische Pflanzen auch im nicht beheizten Heimataquarium verwenden, z. B. *Myriophyllum*-Arten (Tausendblatt), *Elodea densa* (Wasserpest), *Vallisneria spiralis* (Sumpfschraube), *Ludwigia natans* (Schwimmende Ludwigie u. a. m. Da unsere Teichrose, *Nuphar luteum* [38] auch im Tropenaquarium angepflanzt werden kann und sich bei guter Beleuchtung und nicht zu hoher Wassertemperatur gut hält, dürfte sie auch im Heimataquarium bei mittleren Temperaturen und guter, künstlicher Beleuchtung über den Winter gebracht werden können.

Es ist schwierig, Vorschläge darüber zu machen, welche Einheimischen Fische in einem großen Heimataquarium von ca. 400 l Inhalt gemeinsam gepflegt werden könnten, da einheimische Fische in zoologischen Handlungen oder auch in Zierfischzüchtereien sehr selten zu beziehen sind. Von einem Fang der Fische in unseren Gewässern ist abzuraten, da zu leicht Krankheiten in ein großes Aquarium eingeschleppt werden können. Am geeignetsten erscheinen die kleineren Arten, wie Dreistachliger Stichling *(Gastrerosteus aculeatus)*, Neunstachliger Stichling *(G. pungitius)* [117], Bitterling *(Rhodeus amarus)*, Schlammpeitzger *(Misgurnus fossilis)*, Bartgrundl *(Nemachilus barbatulus)*, Steinbeißer *(Cobitis taenia)*, Zwergwels *(Amiurus nebulosus)*, Moderlieschen *(Leucaspius delineatus)*, Elritze *(Phoxinus phoxinus)*, u. a. m. [7, 76, 105, 117, 143, 181, 183, 194, 275]. Daneben können natürlich auch die größer werdenden Fische gehalten werden, dann aber nur als Jungtiere, es sei denn, daß das Becken so eingerichtet wird, wie es bei den größer werdenden tropischen Fischen bereits beschrieben wurde. Viele einheimische Karpfenfische sind gute Springer, daher sollte auch ein Heimataquarium immer gut abgedeckt sein.

Viel ratsamer erscheint es dem Verfasser, die eine oder andere einheimische Fischart gesondert in einem kleineren Aquarium von 60—80 cm Länge zu pflegen. Damit sind natürlich bei weitem noch nicht alle Möglichkeiten zum Aufbau eines großen Schulaquariums erschöpft, der eigenen Initiative eröffnet sich ein weites Betätigungsfeld. Wer sich in stärkerem Maße mit der Aquaristik beschäftigen will, sollte eines der im Literaturverzeichnis angeführten größeren Werke anschaffen und die „Datz" oder das „Aquarienmagazin" abonnieren.

c. Lurche im Aquarium

Während ihrer Fortpflanzungszeit können Molche zur Beobachtung des Paarungsverhaltens gehalten werden. Für die Eiablage ist es erforderlich, einige Zweige von *Elodea* in das Becken zu legen, da die Tiere daran einzeln ihre Eier ablegen. Nach erfolgter Eiablage müssen die Tiere an geeigneter Stelle wieder ausgesetzt werden, wenn sie nicht in ein feuchtes Heimat-Terrarium überführt werden können. Die Molche fressen alles, was sich bewegt, von Wasserflöhen bis zu kleinen Regenwürmern und jungen Kaulquappen. Größere Regenwürmer werden in Stücken verfüttert. Das Aquarium muß immer abgedeckt sein, damit die Tiere nicht entweichen können. Die Larven werden mit Daphnien, Tubifex und Mückenlarven gefüttert. Nach der Verwandlung gehen die Jungtiere an Land. Zu diesem Zeitpunkt müssen in das Aquarium schwimmende Korkscheiben gelegt werden, damit die jungen Molche das Wasser leicht verlassen können. Ein Aussetzen der Jungtiere an geeigneten Orten — am besten in der Nähe der Fangstellen der Elterntiere — ist anzuraten, es sei denn, eine Weiterhaltung im Terrarium wird angestrebt. Dort können dann zunächst Enchytraeen an die Jungtiere verfüttert werden.

Im zeitigen Frühjahr wird der Biologe immer Frosch- oder Krötenlaich zur Beobachtung der Ei- und Larvenentwicklung (z. B. Blutkreislauf) herbeischaffen. Die Kaulquappen sind Allesfresser und benagen mit ihrem Hornkiefer und den Lippenzähnchen Wasserpflanzen und Tierleichen oder schaben die Beläge von Steinen, Holz und Pflanzen ab. Kaulquappen werden mit Algen gefüttert, Salatblätter sind ebenfalls geeignet, auch Trockenfischfutter wird angenommen [5, 36, 82, 96, 97, 147, 151, 155, 348, 355].

Beobachtungen: Verhaltensweisen der Tiere. Embryonal- und Larvenentwicklung — *R. Lehmann* [198] berichtet über Keimesentwicklung beim Bergmolch mit anschaulichen Zeichnungen, die für den Unterricht gut verwendet werden können. Die Larven und noch kleinen Jungtiere eignen sich sehr gut für die Herstellung von Mikropräparaten, da sie sich leicht schneiden und gut färben lassen und daher auch gut unterscheidbare Gewerbearten zeigen [132, 133, 282, 330].

Der Axolotl *(Siredon mexicanum)* wird in einigen Schulen gern gepflegt, da er häufig im Larvenzustand (Neotenie) bleibt und somit das Wasser nicht verläßt. Sie werden in großen, warm stehenden (Wassertemperatur etwa 20° C), am besten mit *Elodea* bepflanzten Aquarien gehalten. Axolotl sind sehr gefräßig; als Futter dienen Würmer, kleine Fische, aber auch kleine Fleischstreifen. Bei der Axolotlzucht kann man es als ein Kriterium für günstige Umweltsbedingungen in dem Zuchtaquarium ansehen, wenn die Metamorphose der einige Monate alten Larven nicht stattfindet. Ungünstige Lebensumstände führen zur Umwandlung der Larven. Haltung und Zucht sind in der Schule relativ leicht durchzuführen. Die seltenere Landform wird im Terrarium bei etwa 20° C gehalten. (Ernährung wie bei dem Feuersalamander) [178, 266, 295].

d. *Tümpelaquarium*

Auf den Tümpelfahrten können so viele verschiedene Tiere gefangen werden, daß hier gar nicht alle Erwähnung finden können, nur die häufigsten seien angeführt:

Die mit dem Planktonnetz gefangenen Kleinkrebse werden zu mikroskopischen Untersuchungen kurz nach dem Fang verwertet oder Futterzwecken zugeführt [62, 97, 151, 216, 317]. Gewöhnlich gelingt es nicht, Kleinkrebse längere Zeit am

Leben zu halten oder gar zu züchten. Auch eine ständige Einleitung von Luft genügt nicht, da sie dann durch die ständige Strömung kein Futter aufnehmen können. Eine Anleitung dazu gibt H. *Krethe* [184].

Beim Planktonfang kann es gelegentlich vorkommen, eine Karpfenlaus *(Argulus spec.)* — in Deutschland kommen drei Arten vor — zu erbeuten. Das Tier gehört zu den niederen Krebsen (Ordnung *Branchiura*, Kiemenschwänze) und lebt als zeitweiliger Parasit auf Fischen und Amphibien. Größere Fische gehen bei Befall im allgemeinen nicht ein, kleinere und Jungfische dagegen recht leicht. Unter günstigen Lebensbedingungen verläuft die Entwicklung sehr schnell, so daß bei Unachtsamkeit ein großes Aquarium in kurzer Zeit verseucht sein kann. Daher ist es notwendig, die Futterfänge auf diese bis zu 8 mm lang werdenden Krebs'-chen durchzusehen.

Beobachtungen: Schwimmbewegungen. Zusammensetzen von Fischen mit Karpfenläuse im Kleinaquarium — dabei Festsetzen und Blutsaugen. Zucht möglich. Herstellung von Totalpräparaten [247].

Ein naher Verwandter unseres einheimischen Flußkrebses — der amerikanische Flußkrebs *(Cambarus affinis)* — dürfte heute die häufigste größere Krebsart in unseren Gewässern sein. Seine Haltung ist einfacher als die der heimischen Art, da er bei weitem nicht so empfindlich gegenüber Verunreinigungen des Wassers ist. Der Wasserspiegel des Aquariums darf nur etwa 25 cm hoch sein — einige festgestellte Steine sollten aus dem Wasser ragen, da die Tiere das Wasser gern für kürzere Zeit verlassen. Die Bepflanzung des Beckens ist nicht angebracht, da die Krebse die Pflanzen nicht herausreißen würden. Eine Durchlüftung ist immer erforderlich. Eine feste mit einem Stein beschwerte Abdeckung des Aquariums ist unbedingt notwendig, da die Tiere sonst entweichen. Als Nahrung dienen Schnecken, Muscheln, Fische, Regenwürmer aber auch klein geschnittenes Fleisch von größeren Fischen und Schlachttieren. Für die Pflege der heute nur noch gelegentlich zu fangenden Wollhandkrabben *(Eriocheir sinensis)* gilt das Gesagte ebenfalls [32, 48, 215, 237, 311].

In den heimischen Gewässern können eine ganze Reihe von Weichtieren gefangen werden, die ständig oder nur für eine gewisse Zeit in gesonderten Becken gehalten werden sollten. Als häufigste Süßwasserschnecken wären zu nennen: Die Spitzhornschnecke *(Limnea stagnalis)*, die Tellerschnecke *(Planorbis corneus)* und einige weitere Arten dieser Gattungen, die aber of recht schwierig zu bestimmen sind. Alle diese Arten sind Lungenschnecken, die immer zum Luftholen an die Wasseroberfläche kommen müssen. Sie sind Zwitter und legen die befruchteten Eier an Pflanzen oder den Glasscheiben des Aquariums ab. Eine weitere häufiger vorkommende Süßwasserschnecke ist die lebendgebärende Sumpfdeckelschnecke *(Viviparus viviparus)*, sie ist zweigeschlechtlich und atmet durch Kiemen [36, 145, 150, 152].

Nach *H. Meuser* [211] lassen sich die tropischen, heute wieder häufiger angebotenen Apfelschnecken *(Ampullarius urceus)* im Unterricht gut verwenden (Heimat Südamerika). Zur Beobachtung sind sie ihrer Größe wegen (ca. 9 cm Gehäusedurchmesser) gut geeignet. Außerdem besitzen sie eine Reihe von Eigenschaften, die sie unterrichtlich wertvoll erscheinen lassen, sie leben nämlich im Wasser, laichen aber auf dem Lande bzw. am Beckenrand oder an der Deckscheibe und besitzen Kiemen und Lungen, ferner verschlingen sie ihre Nahrung, sind aber auch dazu befähigt, diese durch Strudeln aufzunehmen.

Als Futter für alle Süßwasserschnecken eignet sich: *Elodea, Ceratopteris,* Salat, kleine tote Fische, klein geschnittenes Fleisch und Fischtrockenfutter. Die wärmeliebenden, roten Abarten von *Planorbis corneus* lassen sich als Futter für Kugelfische *(Tetraodon spec.)* gut züchten.

Beobachtungen: Kriechbewegungen — Fressen des Algenbelages — Mundwerkzeuge — Atmung — Embryonalentwicklung — Herzschlag bei Jungtieren [51, 145, 151, 265, 273, 331].

An häufigeren Muscheln wären folgende Arten zu nennen: Große Teichmuschel *(Anodonta cygnea)*, Malermuschel *(Unio pictorum)* und mehrere der kleinen Muschelarten (Pisidium spec.), die schwierig zu bestimmen sind [36, 144, 150, 152, 207, 408]. Für die Zucht von Bitterlingen *(Rhodeus amarus)* ist die gleichzeitige Haltung von Anodonta oder Unio Voraussetzung. Nach *Bader* [9] wird aber auch *Dreysensia* angenommen. Es ist nicht ratsam, Muscheln in einem großen Schauaquarium ohne Vorsichtsmaßnahmen zu halten, da die Tiere durch ihre Wanderungen die Pflanzen herauswühlen. G. *Steiner* [319] empfiehlt, um das Wandern einzuschränken, die Muscheln in ein steilwandiges, etwa 6 cm hohes, mit Sand gefülltes Gefäß (Durchmesser 15 cm) zu setzen und in den Boden des großen Aquariums zu versenken. Wenn auch nur einige Schlammteilchen im Becken sind, braucht man sich um die Ernährung der Muscheln keine Sorge zu machen, da sie nur kleinste Nahrungspartikel mit dem Atmungsstrom aufnehmen.

Beobachtungen: Atmungs- und Nahrungsströmung mit Graphitpulver — Bau der Muschel [239].

Die kleinsten einheimischen Muscheln werden nur wenige mm groß, sie gehören zur Gattung *Pisidium.* Für den biologischen Unterricht sind sie trotz ihrer geringen Größe durchaus wertvoll, da sie fast durchsichtig sind. Nach einem Durchsieben von Schlamm aus Gräben und Tümpeln (altes Küchensieb) bleiben sie als feine Körnchen (ca. 4 mm) im Rückstand. Beobachtungen und Präparationen finden sich bei *Meier-Brook* [207] und für *Sphaerium corneun* bei *Peters* [239].

Sollte es zufällig einmal gelingen, zusammen mit Wasserpflanzen eine Wasserspinne *(Argyroneta aquatica)* zu erbeuten, so sollte sie in einem kleinen, abgedeckten Aquarium, mit *Elodea* bepflanzt, gepflegt werden. Als Futter dienen Flohkrebse, Daphnien, Wasserasseln und kleine Insektenlarven.

Beobachtungen: Anpassung an das Wasserleben — Verhaltensweisen [45, 278].

Zahlreiche Insektenarten oder ihre Larven leben im Wasser und können zur Beobachtung in ein Aquarium gebracht werden. Viele führen eine räuberische Lebensweise und zeigen interessante Verhaltensweisen.

Die Zahl der im Wasser lebenden Käfer ist beachtlich groß, sie gehören im wesentlichen 5 Familien an: Schwimmkäfer *(Dytisciden)* mit etwa 150 Arten, Wassertreter *(Halipliden)* mit etwa 18 Arten, Taumelkäfer *(Gryriniden)* mit ca. 12 Arten, Wasserkäfer *(Hydrophiliden)* mit ca. 150 Arten und Hakenkäfer *(Dryoptiden)* mit rund 35 Arten. Nur wenige der bekannteren Arten können hier Erwähnung finden [21, 36, 345].

Alle Schwimmkäfer und ihre Larven sind Räuber, deren Beute aus kleinen z. T. auch größeren Wassertieren besteht. Der Breitrand *(Dytiscus latissimus)* ist mit etwa 4 cm der größte einheimische Schwimmkäfer. Der Gelbrand *(D. marginalis)* ist nur etwas kleiner. Der Gaukler *(Cybister laterimarginalis)* ist dem Gelbrand sehr ähnlich und wird mit ihm häufig verwechselt. Es gibt noch viele andere kleinere Arten, die teilweise recht schwierig zu bestimmen sind. Die größeren Schwimmkäfer und ihre Larven können mit allen Wasserinsekten, Regenwürmern, Kaulquappen und kleinen Fischen (z. B. Guppys) gefüttert werden. Die kleineren Arten erhalten entsprechend kleinere Beutetiere, wie Wasserasseln, Mückenlarven und Daphnien [407].

Die Familien der *Halipliden* und *Dryoptiden* sind für schulische Beobachtungen ungeeignet, da die Käfer nur sehr klein sind. Sie leben im wesentlichen von Algen.

Die allgemein bekannten Taumelkäfer, die etwa 1 cm groß werden, schwimmen auf der Oberfläche ruhiger Gewässer, können aber sehr schnell tauchen, was ihren Fang besonders schwierig gestaltet. Ihre Nahrung besteht aus lebenden und toten Tieren, die auf der Wasseroberfläche schwimmen. Ihre Larven ernähren sich von kleineren Wassertieren. Beobachtungen: Die Taumelkäfer haben ihrer Lebensweise entsprechend besonders gebaute, große Facettenaugen. Sie bestehen aus von einander getrennten oberen und unteren Hälften, die auch in ihrem anatomischen Bau Unterschiede aufweisen. Die oberen Hälften eignen sich für das Sehen in der Luft, die unteren für das Sehen im Wasser [222].

Bei weitem nicht alle Angehörigen der Familie der Wasserkäfer leben im Wasser. Der größte Vertreter ist der Kolbenwasserkäfer *(Hydrous piceus);* er erreicht eine Länge von fast 50 mm. Sollten Schüler einmal einen Kolbenwasserkäfer zur Schule mitbringen, muß er natürlich gezeigt werden, aber alsbald wieder an geeigneter Stelle ausgesetzt werden, da er unter Naturschutz steht. Alle erwachsenen Wasserkäfer sind Pflanzenfresser und schlechtere Schwimmer als die Schwimmkäfer. Die langsam kriechenden und schlecht schwimmenden Larven führen eine räuberische Lebensweise, ihre Beute besteht aus kleineren Wassertieren, die nur über der Wasseroberfläche aufgenommen werden können. Die Verpuppung findet auf dem Lande statt [62, 105, 285, 305].

Aquarien, in denen im Wasser lebende Käfer gehalten werden, müssen immer gut abgedeckt werden, da die meisten von ihnen sehr gut fliegen können.

Beobachtungen an allen im Wasser lebenden Käfern: Anpassungen an das Wasserleben — Atmung — Fortbewegung — Beutefang. — Kaumagen [13, 46, 142, 170, 344].

Bei den Fängen aus Gräben, Tümpeln und Teichen werden auch Insekten aus der Ordnung der *Rinchoten* dabei sein. Hier seien nur einige Gattungen der Wasserwanzen aufgeführt, wie Rückenschwimmer *(Notonecta),* Schwimmwanze *(Naucoris),* Wasserskorpion *(Nepa),* Ruderwanze *(Corixa),* Wasserläufer *(Gerris),* Teichläufer *(Hydrometra)* und Stabwanze *(Ranatra).* Die Haltung dieser Tiere erfolgt in kleineren, mit *Elodea* bepflanzten, immer bedeckten Becken. Eine Durchlüftung ist für die auf der Wasseroberfläche laufenden Arten erforderlich, um eine Kahmhautbildung zu verhindern. Eine kleine Korkinsel bietet den Tieren auch einen trockenen Aufenthaltsort. Nach Steiner [319] pflanzen sich Wasserläufer in solchen Aquarien sogar fort. Vorsicht beim Fang ist geraten, da die Stiche von *Notonecta* und *Nepa* z. B. recht schmerzhaft sind. Futter je nach Größe der Tiere Daphnien, Mückenlarven, Chironomidenlarven, Wasserasseln, Kaulquappen, junge Guppys und Fliegen oder gleichgroße Insekten auf der Wasseroberfläche. *Naucoris* ist Pflanzenfresser, als Futter kann den Tieren *Fontinalis* oder Fadenalgen gegeben werden.

Beobachtungen: Anpassungen an das Wasser — Fangapparate (Raubbeine) — Lautäußerungen — Statische Organe — Sichtotstellen (Katalepsie) bei Ranatra — Verhaltensweisen [162, 163, 305].

Schließlich gibt es noch einige Insektenarten, von denen nur die Larven im Wasser leben. An erster Stelle sind hier die Libellenlarven zu nennen, die im bepflanzten Aquarium leicht zu halten sind. Einige Rohrstengel müssen in den Sand gesteckt werden, damit die ausgewachsenen Larven das Wasser verlassen können. Das Aquarium muß stets abgedeckt sein. Futter: Wasserasseln, Guppys, Kaulquappen u. a. m.

Beobachtungen: Atmung — Fangmaske — Lebensweise [36, 285].

Die verschiedenen Mückenlarven *(Culex, Corethra* und *Chironomus)* dienen nicht nur als gutes Futter für Fische, Amphibien und deren Larven und fast allen Wasserinsekten und ihren Larven, sondern können auch zu der Demonstration der Entwicklung dieser Tiere herangezogen werden.

Beobachtungen: Wie oben und Riesenchromosomen (Quetschpräparate der Speichendrüsen von Chironomuslarven).

Die häufig anzutreffenden und leicht zu fangenden Trichopterenlarven (Köcherfliegen) lassen sich gut im bepflanzten Aquarium halten. Futter: Fadenalgen und *Elodea* — Netzspinnende Arten müssen mit *Daphnia* gefüttert werden. Beobachtungen: Körperbau — Lebensweise — Tracheenkiemen [18].

In stehenden Gewässern gefangene Ephemeridenlarven (Eintagsfliegen) lassen sich in kleinen Aquarien gut halten. Als Futter dienen Fadenalgen und *Elodea*-Stückchen. Aus fließenden Gewässern stammende Larven sind schwieriger zu halten, da eine möglichst niedrige Temperatur bei guter Durchlüftung des Beckens erforderlich ist. Beobachtungen: Wie oben [99].

In diesem Zusammenhang soll nicht unerwähnt bleiben, daß es auch einige wenige Arten von „Wasserschmetterlingen" gibt, deren Larven im Wasser leben. Es handelt sich um Kleinschmetterlinge, die zu der Familie der Zünsler *(Pyraliden)* gehören. Die Eier werden an untergetauchten Wasserpflanzen oder an Schwimmblättern abgelegt. Die jüngsten Larvenstadien dieser Wasserraupen sind in den meisten Fällen Blattminierer, in späteren Stadien bauen sie sich kleine Gehäuse, die aus Blatteilen ihrer Nährpflanzen bestehen, so daß sie leicht mit jungen Köcherfliegenlarven verwechselt werden können. Die Lebensgewohnheiten dieser Tiere sind bisher noch nicht restlos geklärt. Die Falter sind Lufttiere geblieben, halten sich aber in unmittelbarer Nähe der Gewässer auf. Lediglich bei dem Laichkrautzünsler *(Acentropus niveus)* treten weibliche Imagines auf, die im Wasser bleiben und nur Flügelstummel besitzen. Bei diesem Falter treten zwei Generationen auf, die Weibchen der Frühlingsgeneration sind stummelflüglig. Wenn durch Zufall mit irgendwelchen Wasserpflanzen solche Wasserraupen gefangen werden, sollte die Haltung wenigstens versucht werden [220]. An Würmern, die häufiger gefangen werden und sich leicht halten lassen, ist der Pferdeegel *(Haemopis sanguisaga)* zu erwähnen. Dieser Egel verläßt ab und zu das Wasser, daher müssen die Becken abgedeckt werden. Futter: Würmer, Schnecken, Kaulquappen.

Beobachtungen: Schwimm- und Kriechbewegungen.

Der medizinische Blutegel *(Hirudo medicinalis)* kommt in heimischen Gewässern kaum noch vor, kann aber in Apotheken gekauft werden, wenn er unbedingt gezeigt werden soll. Seine Haltung muß in mit Gaze verschlossenen Gefäßen erfolgen. Er ist ein rechter Hungerkünstler, muß aber doch alle paar Wochen einmal vom Lehrer „gefüttert" werden.

So unwillkommen Strudelwürmer *(Turbellarien)* im Aquarium sind, da sie gern Fischlaich und Jungfische angehen, so wertvoll kann ihre Haltung in kleinen Becken sein, um sie den Schülern zeigen zu können. Futter je nach Größe Pantoffeltierchen — Daphnien. Beobachtungen und Versuche: Schwimmen — primitive Lichtsinnesorgane — Regenerationsversuche — Herstellung von Totalpräparaten [47, 121, 299].

Die bei Aquarianern wenig beliebte *Hydra* (Süßwasserpolyp) kann in der Schule sehr gut in einem ganz kleinen mit *Elodea* bepflanzten Aquarium gehalten und mit Kleinkrebsen gefüttert werden. Beobachtungen und Versuche: Beutefang — Nesselkapseln — Fressen — Verdauung — Symbiose mit Algen — ungeschlechtliche und geschlechtliche Vermehrung — Regenerationsversuche [135, 209, 258, 298].

Sollten sich durch einen unglücklichen Zufall in einem großen Becken Hydren angesiedelt und stark vermehrt haben, dann können nach *H. Hart* [112] Saugschmerlen *(Gyrinocheilus aimonieri)* als ihre Vertilger gute Dienste leisten. Aber Vorsicht! Es kann vorkommen, daß ältere Schmerlen andere Fische anknabbern. Süßwasserschwämme können für kurze Zeit in kleinen Gefäßen zur Demonstration bereit gehalten werden, eine längere Haltung darf wohl als nicht lohnend bezeichnet werden. Ihre Bestimmung muß als schwierig angesehen werden, eine gute Hilfe bietet die Tabelle von *A. Bartsch* [16, 315].

e. *Meeresaquarium*

Am seltensten von allen Aquarientypen dürften wohl die *Meeresaquarien* in unseren Schulen anzutreffen sein. Der Grund dafür kann nur darin gesehen werden, daß die Meeresaquaristik noch in ihren ersten Anfängen steckt. Zahlreiche Fragen und Probleme müssen bearbeitet werden. Beobachtungen und Erfahrungen über die Haltung von Seewassertieren sind in der Literatur verhältnismäßig selten anzutreffen. Umfangreiche deutschsprachige Lehrbücher fehlten bis vor kurzem; es sind hier nur zu nennen: *W. Ladiges* [193], *S. Müllegger* [214], *K. Probst* [244] und *W. Wickler* [360]. Erst 1969 *(Klausewitz* [400]) und 1971 *(de Graaf* [397]) sind Lehrbücher bzw. Handbücher zu diesem Gebiet herausgegeben worden, die auch für schulische Belange geeignet erscheinen.

Die Angaben und Erfahrungsberichte in Aufsätzen widersprechen sich manchmal oder weisen Lücken auf, so daß *Wickler* [360] in seinem Vorwort zu folgender Meinung kommt, die auch nach wie vor Gültigkeit haben dürfte: „Von dieser literarischen Sammelmethode sind wir aber schnell wieder abgekommen, weil uns schon die ersten Beobachtungen einiges zeigten, was unsere Fische anders haben wollten. Seither befragen wir unsere Pfleglinge, indem wir ihre Umgebung so lange verändern, bis sie sich wohl fühlen." Das heißt aber für den Schulbiologen — ein Meeresaquarium erfordert noch größere Sorgfalt, weit mehr ständige Beobachtungen und laufende Kontrollen als irgend ein anderes Vivarium. Dadurch wird natürlich auch die Ferienbetreuung sehr viel schwieriger, wenn nicht überhaupt in Frage gestellt. Es läßt sich auf keinen Fall verantworten, die heute noch recht teuren Tiere ohne tägliche Betreuung und sachkundige Pflege in den Ferien zu belassen.

Die wichtigste Voraussetzung für die Einrichtung eines Seewasserbeckens ist, daß das Meereswasser mit Metall nicht in Berührung kommen darf. Das gilt nicht nur für das Aquarium selbst, sondern genau so auch für alle benötigten Hilfsgeräte, die mit diesem in Verbindung stehen. Bezüglich der Einrichtung gilt vieles, was schon über die des Süßwasseraquariums gesagt worden ist. Einiges ist aber anders und das soll hier kurz skizziert werden. Der Sand für ein derartiges Becken kann durchaus kalkhaltig sein, da das Seewasser auch Kalk enthält. Ein Meeresaquarium kann nur mit Hilfe von Sand und Steinen gestaltet werden, als weiteres Dekorationsmaterial können leere Schneckengehäuse und Muschelschalen, bzw. deren Bruchstücke, dienen. Für ein tropisches Seewasseraquarium kommen noch Korallenstöcke hinzu. Die käuflichen Korallenstöcke müssen vor einer Verwendung im Becken mehrere Tage in verdünnte Natronlauge gelegt werden, um die im Stock noch vorhandenen organischen Reste herauszulösen. Die folgende Auswaschung muß sorgfältig durchgeführt werden.

Möglichst viele Verstecke von verschiedener Größe zu schaffen ist für ein Meeresaquarium besonders wichtig, da ja Pflanzendickichte fehlen, denn ein Bewuchs mit größeren Meeresalgen ist meistens nicht möglich. Als Pflanzen kommen lediglich Tange in Frage, W. *Wickler* [360] empfiehlt einige Arten der Gattung *Caulerpa*, die auf Sandboden wachsen.

Die Chemie des Meereswassers und alle damit zusammenhängenden Fragen werden von G. *Hückstedt* [141] eingehend diskutiert. Starke Filterung und gute Belüftung sind gerade bei einem Seewasserbecken eine unbedingt erforderliche Voraussetzung. Die Beleuchtung muß beträchtlich kräftiger sein, als die eines gleich großen Süßwasseraquariums. Einige Aquarianer benutzen noch zusätzlich eine U.V.-Lichtquelle. (Doch Vorsicht! — U.V.-Licht kann Oberflächenfischen schaden.) Auf den Steinen und oft auch auf dem Sand bilden sich recht bald Algenrasen, die von Zeit zu Zeit entfernt werden müssen, wachsen sie zu üppig, so ist das ein Zeichen für zu geringe Beleuchtung. Wie für ein Süßwasseraquarium gilt auch hier, die fertige Anlage vor dem Einsetzen der Fische mehrere Tage arbeiten zu lassen, um Durchlüftung, Filterung und Heizung genauestens zu erproben.

Für ein Schulbecken sollte man nur solche Meeresfische anschaffen, deren Pflege keine besonderen Schwierigkeiten bereitet. Vor dem Kauf der Fische ist es also ratsam, sich über ihre Haltung und Lebensgewohnheiten in der Literatur sehr genau zu orientieren. Neben den Fischen können aber auch eine ganze Anzahl von wirbellosen Tieren gehalten werden, wie z. B. Seerosen (Abb. 11), Garnelen, Einsiedlerkrebse, Krabben, Seesterne und Seeigel. Für diese Tiere gilt genauso wie für die Meeresfische, daß über ihre Haltung und Pflege noch sehr wenig bekannt bzw. veröffentlicht worden ist, wenn auch die Zahl der Veröffentlichungen in den letzten Jahren beachtlich zugenommen hat.

Wer sich trotz aller Schwierigkeiten ein Meereswasserbecken einrichten möchte, dem sei als erster Fisch der Engelfisch *(Pomaranthus paru)* empfohlen. H. *Feucht* [64] sagt dazu: „Der Engelfisch ist billig und haltbar und steht an Schönheit,

Abb. 11: Aktinien im Seewasser-Aquarium

Lebhaftigkeit und eleganter Form kaum einem anderen „Kaiser" nach." Der Engelfisch kann zu mehreren Exemplaren in einem Becken gepflegt werden, da er im Gegensatz zu vielen anderen Korallenfischen nicht aggressiv ist. Es ist auch möglich, ihn mit anderen Friedfischen und See-Anemonen zusammenzusetzen. Ein erwachsener Fisch kann bis zu 35 cm lang werden. Als Futter wird empfohlen: Mysis, Mückenlarven, Tubifex, Enchyträen und sehr fein gehacktes Muschelfleisch. Die Wassertemperatur sollte zwischen 23 und 26° C liegen.

Ferner kann als Fisch für ein Korallenfischbecken der Schmetterlingsfisch *(Chaetodon lunula)* als gut pflegbar empfohlen werden. Beim Kauf sollte jedoch darauf geachtet werden, nur Fische von mehr als 6—7 cm Größe zu erwerben [65], da die kleineren Fische zu empfindlich sind. Als Futter dient Muschel- und Tintenfischfleisch, was sehr fein geschnitten werden muß.

Immer wieder sind aber Eingewöhnungsschwierigkeiten beim Einsetzen neuer Fische festzustellen, was darauf zurückzuführen sein dürfte, daß die weitaus meisten Fische heute noch nicht gezüchtet werden können. Bei Fischkäufen dürfte es sich immer um Importe frisch gefangener Fische handeln.

Im *Wilhelma-Aquarium* in Stuttgart gelang es im Jahre 1969 erstmalig, Jungfische von *Amphiprion akallopisus* und *A. ephippum* aufzuziehen. *W. Neugebauer* [225] berichtet ausführlich über die Haltung der Elterntiere, ihrem Laichakt und über das Schlüpfen und die Entwicklung der Jungtiere. Die bisherigen Mißerfolge mit der Aufzucht von Korallenfischen werden auf das Fehlen des geeigneten Kleinstfutters zurückgeführt. *W. Neugebauer* [225] empfiehlt das Meereswimpertier *Euplotes*, das in Massen kultiviert werden kann. (Vergl. auch Abschnitt Futtertiere). Diese einseitige Ernährung mit *Euplotes* genügt nach *W. Neugebauer* jedoch nicht, das Nahrungsangebot muß viel reichhaltiger sein. In der Wilhelma [225] wurden weitere marine Mikroorganismen gezüchtet, in dem „wir Importwasser und alle möglichen Gegenstände aus dem Meer, an denen mutmaßlich Kleinlebewesen hafteten, in besondere Becken mit Seewasser brachten. Diese Becken hielten wir peinlichst frei von Chemikalien und Desinfektionsmitteln, und so stellte sich in ihnen ein natürliches und gesundes Milieu ein. Nach einiger Zeit konnten wir etwa 20 verschiedene Mikroorganismen feststellen. Neben einigen Arten von Wimpertierchen, die den Hauptteil bildeten, fanden wir Geißeltierchen, Kieselalgen, Rädertierchen, Fadenwürmer und eine ansehnliche Artenzahl kleiner Krebstierchen verschiedenster Größenordnung. Die Vermehrung erfolgt wellenförmig: einmal überwiegt die eine, dann wieder eine andere Art."

In einem Meeresaquarium Seeanemonen oder Seerosen zu pflegen ist reizvoll und für Anfänger lohnend. Die Purpurrose *(Actinia equina)* und andere in der Adria vorkommende Aktinien sind ihrer Anspruchslosigkeit und leichten Pflege wegen besonders zu empfehlen. In einem derartigen Becken können auch Einsiedlerkrebse des Mittelmeeres (wie z. B. *Euparagus prideauxi* u. a.) mit der Aktinie *Adamsia parasitica* gepflegt werden. Für ein „Adria-Becken" genügt die Zimmertemperatur [1].

H. Fürsch [93] berichtet über den Einsatz eines Seewasserbeckens im biologischen Unterricht und über die Artenauswahl für Meereswasserbecken [88, 92, 234].

Sicher gilt auch heute noch, was *G. Hückstedt* [141] 1964 sagte: „Die Meeresaquaristik ist heute noch ein großes Experiment und eben darum ist sie so unerhört reizvoll." Der Schulbiologe muß aber daraus den Schluß ziehen, sich nur dann an ein Meeresaquarium „heranzuwagen", wenn er selbst ein wirklich passionierter Aquarianer ist, über die erforderlichen sachkundigen Hilfskräfte und über die notwendige Zeit verfügt.

f. *Die unterrichtliche Ausnutzung der Aquarien*

Die unterrichtliche Ausnutzung des großen Schauaquariums erstreckt sich über alle Klassenstufen. In der Unterstufe tritt bei der Besprechung der Fische die Unmittelbarkeit des Naturerlebnisses in den Vordergrund — die lebendige Anschauung ist voll gewährleistet. Viele Schüler gerade dieses Alters „halten" sich zu Haus Fische und sollen lernen, sie zu „pflegen".

Zur Vertiefung der Formenkenntnisse sollten für eine stille Beobachtung in den Pausen oder nach dem Unterricht an den Schulaquarium — oder in seiner Nähe — die im Schaubecken vorhandenen Fisch- und Pflanzenarten in einem Schaukasten als Zeichnung, Foto, Reproduktion oder Druck — mit deutschem und wissenschaftlichem Namen versehen — ausgestellt werden. Ganz besonders gut eignen sich dazu die meist vorzüglichen, nur eingeklebten Buntdrucke der ersten Seite der „Datz".

Für alle Klassenstufen lassen sich die vorhandenen Aquarien-Becken für weitere Teilgebiete der Biologie wertvoll ausnutzen, wie Physiologie, Anatomie und Histologie [30, 31, 34, 109, 116, 137, 173, 241] und Züchtung, Genetik und Embryonalentwicklung [29, 60, 71, 91, 137, 158, 169, 235, 240, 242, 254, 286, 287, 294, 357, 358, 359, 389]. Interessante genetische Untersuchungen am Guppy werden von *J. H. Schröder* [287] beschrieben.

Die Fischzucht läßt sich in der Regel nur schlecht in einer Schule durchführen, dennoch sollte ein Sammlungsleiter nicht gänzlich darauf verzichten. An der einen oder anderen leicht zu züchtenden Fischart — z. B. Guppy oder Schwertträger (lebendgebärend) oder Zebrabärbling *(Brachydanio verio)* (eierlegend) —

sollten ruhig Zuchtversuche gemacht werden. Es lohnt sich allein deswegen, einige kleine Jungfische zur Verfügung zu haben, um den Untersekundanern bei der Besprechung des Blutes einen Jungfisch in Mikroprojektion zeigen und den Blutkreislauf demonstrieren zu können. Einige lebendgebärende Zahnkarpfenarten lassen sich leicht züchten und untereinander kreuzen und können daher auch für genetische Versuche herangezogen werden.

Daß sogar die Zucht von Forellen in der Schule möglich ist, hat *Riese* [256] gezeigt.

Für die Aufzucht von Jungfischen können sich in der Schule gewisse Schwierigkeiten ergeben. Die lebendgebärenden Fische haben verhältnismäßig große Jungfische, die leichter mit dem richtigen Futter versorgt werden können. Die Jungfische der meisten eierlegenden Arten sind sehr viel kleiner und daher schwieriger mit dem richtigen Futter zu versorgen, bis sie Salinenkrebs'chen fressen können. Kleingeriebenes Trockenfutter wird teilweise gefressen, das Gleiche gilt für zerriebenes Eipulver. *W. Jocher* [158] berichtet über gute Erfahrungen mit dem englischen „liquifry", einem in Tuben käuflichen milchigen Jungfischfutter. Einige Jungfischchen verlangen aber als erste Kost lebendes Futter und dazu müssen Infusorienkulturen hergestellt werden (vergl. Abschnitt „Futtertiere", S. 323).

Besonders hervorzuheben ist die Verhaltensforschung, denn gerade für dieses Teilgebiet der Biologie bieten Aquarien gute Beobachtungsmöglichkeiten. Auf einzelne Versuche und Beobachtungen einzugehen, würde den Rahmen des Themas überschreiten, aus diesem Grunde sei auf das Literaturverzeichnis verwiesen [6, 22, 34, 53, 54, 55, 61, 66, 68, 69, 73, 116, 180, 190, 203, 218, 226, 310, 325, 361, 393, 404]. Sehr interessante Versuche mit dem gestreiften Zwergbuntbarsch beschreibt *P. Kuenzer* [190].

Auch für die heute im Vordergrund stehende Frage der Sexualerziehung kann die Aquaristik bzw. allgemeiner die Vivaristik einen wesentlichen Beitrag liefern [6, 8, 22, 71].

Eine wesentliche Bereicherung für den biologischen Unterricht bieten mehrere kleinere Becken, in denen die verschiedensten einheimischen Tiere und Pflanzen gehalten werden, z. B. solche, die auf Tümpelfahrten — wie der Aquarianer seine Exkursionen nennt — erbeutet worden sind. Solche Becken, die *H. Janus* [151] Tümpelaquarien nennt, enthalten wertvollstes botanisches und zoologisches Unterrichtsmaterial für das ganze Jahr, was dann für viele Klassenstufen und die Arbeitsgemeinschaften ständig zur Verfügung steht. Verhältnismäßig schnell wird sich ein Algenbelag an den Glaswänden bilden, was in den meisten Fällen sogar erwünscht sein dürfte, — denn es handelt sich ja nicht um ein Schaubecken. Aus diesem Grunde ist auch eine besondere Pflege nicht erforderlich, ausgenommen natürlich die sachgemäße Fütterung. Die zur Besprechung bestimmten Tiere können herausgefangen und in kleineren, sauberen Becken demonstriert werden. Viele Kleinlebewesen — vor allem Algen — kommen in Aquarien vor und können für Unterricht und Arbeitsgemeinschaft herangezogen werden — eine gute Zusammenstellung von in Aquarien häufig auftretenden Algenarten gibt *Thiel* [326].

Vor Fischfängen ist es ratsam, um Ärger und Schwierigkeiten zu vermeiden, den zuständigen Fischereiberechtigten um Erlaubnis zu bitten. Es empfiehlt sich immer, die auf Tümpelfahrten gefangenen Fische artenweise in verschiedenen Aquarien unterzubringen. Schon nach wenigen Tagen sind meistens einige Fische verendet oder zeigen deutliche Zeichen von Erkrankungen. Auf die Fischkrankheiten selbst kann in dem gestellten Rahmen nicht eingegangen werden, eine kurze Literaturzusammenstellung möge genügen: [2, 19, 95, 123, 124, 125, 126, 199, 202, 248, 252, 253, 270, 288, 289, 290, 291, 292, 293]. Tote Fische können gegebenenfalls — nach vorheriger Fixierung und unter den notwendigen Vorsichtsmaßnahmen — in einer Arbeitsgemeinschaft auf Parasitenbefall untersucht werden. Für die im großen Schulaquarium verendeten Fische gilt das Gleiche. Viele der gefangenen Stichlinge z. B. haben Bandwürmer, die sich gut zu Dauerpräparaten verarbeiten lassen.

Schließlich läßt sich bei einer Besprechung von Wasser- und Abwasserfragen auch die Filteranlage wertvoll im Unterricht verwenden, besonders dann, wenn ein selbstgebauter, biologischer Filter benutzt wird [94, 139, 189, 205].

3. Terrarien

Terrarien sind in den Schulen sehr viel seltener anzutreffen als Aquarien, fest eingebaute Terrarien fehlen nahezu vollkommen. Der Grund dafür dürfte in dem geringeren biologischen Erziehungswert eines Terrariums zu suchen sein. Ferner stellt eine ständige Pflege von Reptilien und Amphibien in vieler Beziehung weit höhere Ansprüche an den Pfleger als die Haltung von Zierfischen, und das bedeutet eine erhebliche Belastung für den Sammlungsleiter. Dennoch werden in dem folgenden Abschnitt einige Anregungen gegeben und Vorschläge gemacht, die sich besonders auf die schulischen Möglichkeiten beziehen.

a. Technik und Voraussetzungen

Diese Zeilen sollen und können ein Lehrbuch über die Terraristik nicht ersetzen. Wenn also die Anschaffung eines Terrariums beabsichtigt wird, ist es ratsam, vorher eines der im Literaturverzeichnis angeführten Lehrbücher [149, 166, 178, 227, 238, 243, 269, 337, 390, 395, 399] durchzuarbeiten. Vor der Einrichtung, besser noch vor der Anschaffung eines Terrariums, muß sich der Sammlungsleiter entschieden haben, welche Tiere gepflegt werden sollen, schon danach richten sich nämlich die Bauweisen und Proportionen eines Terrariums. Dabei muß genau wie bei der Pflege von Fischen überlegt werden, ob ein heimatliches oder fremdländisches Terrarium erstellt werden soll. Ferner ist zu bedenken, daß die Reptilien und Amphibien der Heimat einen Winterschlaf von etwa 6 Monaten, die der Subtropen von ca. 3 Monaten benötigen. In dieser Zeit würde ein derartiges Terrarium also unbesetzt sein. Während ihres Winterschlafes müssen die Tiere in besonderen Behältern in einem kühlen aber frostfreien Keller untergebracht werden. Ein derartiger Kellerraum muß also zur Verfügung stehen, was bei zentralbeheizten Schulen durchaus nicht immer der Fall ist. Nur tropische Tiere können das ganze Jahr über im Terrarium der Beobachtung dienen.

Gleichgültig, ob es sich um tropische oder einheimische Tiere handelt, gibt es Terrarien von unterschiedlicher Bauweise, denn einige Tiere bevorzugen einen trockenen und andere einen feuchten Standort, teilweise muß eine kleinere oder größere, offene Wasserstelle vorhanden sein. Für ein fest eingebautes Terrarium wird schon von Seiten der Verwaltung eine einschlägige Firma beauftragt, den Einbau und die Ersteinrichtung durchzuführen. In solch einem Falle ist es wichtig, rechtzeitig genug — bei Verwaltung und Firma — die Wünsche durchzusprechen. Besonders günstig ist es, wenn schon von Seiten der Bauverwaltung ein Zentralheizungskörper unter dem Terrarium vorgesehen werden könnte. Bei derartigen Terrarien erscheint es ratsam, an einer Ecke des Bodens einen verschließbaren Ablaufhahn anbringen zu lassen. Von Zeit zu Zeit wird nämlich eine gründliche Reinigung mit Wasser erforderlich, das dann bequem abgelassen werden kann. Auch für gegebenenfalls notwendige Desinfizierungen erleichtert ein Abfluß die Arbeit. Genau wie für die eingebauten, großen Aquarien sollte auch für ein eingebautes, großes Terrarium ein kleiner, abgeschlossener Bedienungsraum eingeplant werden. Sind beide Arten von Vivarien vorhanden, wäre ein gemeinsamer derartiger Raum recht vorteilhaft.

Als Richtmaße für Gestellterrarien gibt *Klingelhöfer* [178] folgenden allgemeinen Wert an: 3 : 2 : 2 + 10; also z. B. 75 : 50 : 60 oder 100 : 65 : 75. Auf keinen Fall dürfen Terrarien zu niedrig sein. Sie müssen immer an einem Südfenster aufgestellt werden, da die Tiere in den meisten Fällen jedenfalls mindestens einen halben Tag über Sonne verlangen, wenn sie gedeihen sollen. Sogar die Bepflanzung muß so durchgeführt werden, daß das Tageslicht ungehindert und ungeschwächt eintreten kann. Viele Terrarientiere benötigen zumindest zeitweise noch zusätzlich künstliche Beleuchtung und Beheizung — subtropische und tropische Arten verlangen außerdem noch Infrarot- und Ultraviolett-Bestrahlung. Eine Bodenbeheizungsmöglichkeit sollte in jedem Terrarium vorhanden sein, eine solche mit automatischer Regulation ist besonders zu empfehlen. Es erscheint ratsam, die Bodenbeheizungsanlage nur an einer Seite des Terrariums anzubringen, um den Tieren die Möglichkeit zu belassen, eine Auswahl zu treffen. Da Terrarientiere immer recht anspruchsvolle Pfleglinge sind, besonders auch bezüglich der Temperaturen, sei auf eine Tabelle von *W. Kästle* [167] hingewiesen. Darin sind für 45 einheimische und ausländische Terrarientiere Angaben über höchste und tiefste bzw. optimale Temperaturen zusammengestellt. Als Beleuchtungsquelle mit gleichzeitiger Luftbeheizung wird eine Terrasollampe vorgeschlagen. Ist im Terrarium ein Wasserbecken vorhanden, kann für seine Erwärmung ein Aquarienstabheizer benutzt werden. Bei der Verwendung von I.R.- oder U.V.-Strahlern ist darauf zu achten, daß die Tiere nicht näher als höchstens 35 cm an diese herankommen können. Besonders bei U.V.-Bestrahlung muß der Pfleger sehr vorsichtig verfahren, die Bestrahlungszeit darf nur langsam gesteigert werden. Der Strahlengang muß so ausgewählt werden, daß die Pflanzen nicht direkt getroffen werden und daß die Tiere auch nicht bestrahlte Plätze aufsuchen können. Ferner muß durch geeignete Belüftungseinrichtungen ein guter Luftaustausch gewährleistet sein, ohne daß die Tiere der Zugluft ausgesetzt sind. Bezüglich der Einrichtung eines Terrariums gilt ganz allgemein, gute Versteckplätze zu schaffen. Schlupfwinkel und Höhlen werden durch eingebrachte abgestorbene Baumstümpfe, die vorher abgebrüht werden müssen, oder durch festgefügte Steine hergestellt. Außerdem verkriechen sich die Tiere gern unter Rindenstücken, Korkeichenrinde ist dafür besonders gut geeignet. Die für einige Tiere erforderlichen Kletterbäume, die eher etwas zu kräftig als zu schwach sein dürfen, müssen immer im Boden fest verankert sein. Die Bepflanzung, auf die später noch eingegangen wird, richtet sich nach der Art des Terrariums. Nach vollständiger Einrichtung sollte jedes Terrarium etwa 14 Tage ohne Tiere belassen werden, um Beleuchtung, Heizung und Belüftung genau kontrollieren zu können und um den Pflanzen Ruhe zur Bewurzelung zu gewähren. Das Begießen der Pflanzen muß sehr sorgfältig durchgeführt werden, oft ist ein Besprühen vorteilhafter, da einige Reptilienarten gern bzw. nur diese feinen Tropfen von den Pflanzen zum Trinken aufnehmen.

Im allgemeinen dürfte es ratsam sein, nur Tiere einer Art in einem Terrarium zu pflegen; zu empfehlen wäre sogar noch, Tiere gleicher Größe dazu auszuwählen. Auch verhältnismäßig große Reptilien und Amphibien lassen sich ohne Schwierigkeiten in Terrarien der oben angeführten Ausmaße pflegen, da ihr Bedürfnis nach Bewegung viel geringer ist als bei Fischen.

Zur Sauberhaltung eines Terrariums sei nur hervorgehoben, daß verschmutzter Boden baldmöglichst entfernt und durch neue, gleichartige Erde ersetzt werden muß. Eine der größten Sorgen für den Pfleger ist die Frage der Futterbeschaffung [97, 147, 155, 251], die in der Großstadt besondere Schwierigkeiten bereitet, denn die Ernährung muß ja möglichst vielseitig sein. Eine einseitige Ernährung z. B. mit Mehlwürmern ruft immer gesundheitliche Schäden hervor, die in vielen Fällen auch nicht durch angewandte Vitamingaben zu überbrücken sind.

Die Ferienbetreuung der Pfleglinge eines Terrariums ist schwieriger als die eines Aquariums, da ja — je nach den Witterungsverhältnissen — evtl. eine tägliche Überwachung von Heizung, Belüftung und Bestrahlung notwendig wird. Die Fütterung spielt in diesem Zusammenhang keine so ausschlaggebende Rolle, da eine 2- bis 3wöchige Hungerperiode den Tieren durchaus nicht schadet.

Die Zucht von Reptilien ist unter schulischen Verhältnissen sicher zu schwierig, befindet sich aber ein trächtiges Weibchen unter den Pfleglingen, dann sollte es isoliert untergebracht und eine Aufzucht der Eier wenigstens versucht werden. Die Jungtiere großzuziehen, ist meist der Futterschwierigkeiten wegen nicht gerade leicht.

b. *Beispiele für die Gestaltung von Terrarien*

Aus der Fülle der Möglichkeiten, Terrarien zu gestalten und Tiere zu pflegen, seien einige wenige Beispiele als Vorschläge kurz skizziert.

Für ein *trockenes Heimat-Terrarium* kann als Vorbild eine Heidelandschaft dienen. Zur Erstellung eines Ausschnittes aus diesem Biotop sollten die Pflanzen aus der Natur in das Terrarium gebracht werden. Geeignete Pflanzen wie Heidekraut *(Calluna vulgaris)*, Preißelbeere *(Vaccinium vitis-idaeus)*, Brombeere *(Rubus fructicosus)*, Himbeere *(Rubus idaeus)* oder andere müssen mit großen Wurzelballen ausgestochen werden, damit die Pflanzen gut weiter wachsen. Es ist ratsam, nicht zu viele Gewächse anzupflanzen, um genügend freien Raum zu behalten. Als Bodengrund kann trockener Heidesand, Erde aus Kiefernbeständen oder Kies dienen. An einigen Stellen ist der Boden mit trockenem Wurzelwerk, Steinen und Rindenstücken zu bedecken, um gute Versteckmöglichkeiten zu schaffen. Für die Schule sind in einem derartigen Terrarium Zauneidechsen *(Lacerta agilis)* besonders gut geeignet, da sie sich leicht einleben und sehr zutraulich werden. Große Kosten würden nicht entstehen, wenn die Tiere selbst gefangen werden. Futter: Heuschrecken, Mehlwürmer, Grillen, Küchenschaben, Regenwürmer und a. m.. Außerdem könnten noch Erdkröten *(Bufo bufo)* oder die etwas kleineren Wechselkröten *(Bufo viridis)* als angenehme Pfleglinge gehalten werden. Futter wie für Zauneidechsen sowie Nacktschnecken und Raupen. Gleich nach dem Winterschlaf müssen diese Tiere allerdings für die Dauer ihrer Paarungszeit in einem Aquarium mit einer Insel untergebracht werden. Die Aufzucht junger Kröten aus ihren Kaulquappen muß als recht schwierig bezeichnet werden. Es ist nicht leicht das geeignete Futter zu beschaffen, deshalb sollten niemals mehr als 5—6 junge Kröten großgezogen werden. Als geeignete Futtermittel werden in der Literatur Blattläuse, die ja leicht beschafft werden können, und Fruchtfliegen *(Drosophila melanogaster,* stummelflüglig) angegeben.

Sollen Tiere aus dem südeuropäischen Raum gehalten werden, dann können neben den bereits genannten Pflanzen auch Agaven und Opuntien verwendet werden. Die griechische Landschildkröte *(Testudo hermanni)* wäre für ein Schulterrarium gut geeignet, da sie in zoologischen Handlungen häufig und verhältnismäßig billig angeboten wird. Für diese Tiere sollte das Terrarium die Mindestgröße von 120 cm x 60 cm Bodenfläche und 30 cm Höhe haben. Das Futter muß recht abwechslungsreich sein: Salat, Löwenzahn, Klee, Fetthenne, süßes Obst, Beeren und ab und zu Regenwürmer und geriebenes Fleisch. Kalk, Vigantol und Lebertran als Beigaben sind dringend erforderlich [8, 127, 148, 174, 210].

In derartigen Terrarien könnten Kreuzottern *(Vipera berus)* gepflegt werden. Der Verfasser glaubt aber, sich mit allen Schulvivaristen darin einig zu sein, daß Giftschlangen in Schulen — der damit verbundenen Gefahr wegen — nicht gehalten werden sollten [172, 308].

Je nach den zu pflegenden Tierarten wird ein *feuchtes Heimat-Terrarium* entweder ein kleines oder aber ein großes Wasserbecken enthalten. Da der Bodengrund feucht gehalten werden muß, muß auch der Bodeneinsatz mit einem Anstrich versehen sein, am haltbarsten und geeignetsten dürften Kunststoffe sein. Die vorhandenen Abflußlöcher müssen mit Gaze bedeckt werden, um Verstopfungen der außen angebrachten Hähne zu vermeiden. Vor Einbringung der Erdfüllung muß eine Schicht von Tonscherben ausgelegt werden, um überschüssiges Wasser ableiten zu können. Als Bodengrund kann ein Gemisch von Heideerde, Nadelerde und Mulm von hohlen Baumstümpfen oder Torfmull Verwendung finden. Der Übergang vom Wasser zum Land muß durch einige festliegende Steine so sicher gestaltet werden, daß die Tiere jederzeit das Wasser ohne Anstrengungen verlassen können. Zur Bepflanzung werden einheimische Pflanzen herangezogen. Brombeeren und Himbeeren lassen sich auch hierbei verwenden, außerdem sind noch Immergrun *(Vinca minor),* Pfennigkraut *(Lysimachia nummularis),* Rippenfarn *(Blechnum spicant),* Tüpfelfarn *(Polypodium vulgare),* Hirschzunge *(Scolopendrium vulgare)* u. a. m. gut brauchbar. Einige Moospolster wirken im Terrarium immer gut und sind zu empfehlen, da sie sich leicht auswechseln lassen. Für die Randzone zwischen Wasser und Land eignet sich das Lebermoos Marchantia polymorpha gut, da es den Boden festhält. Es darf als selbstverständlich angesehen werden, daß den Tieren auch vollständig trockene Plätze angeboten werden müssen, was durch Einlegen von flachen Steinen oder größeren Rindenstücken erreicht werden kann.

Ist ein Terrarium groß genug und mit einem großen Wasserbecken ausgestaltet, dann können Ringelnattern *(Natrix natrix)* — auch zu mehreren — als Pfleglinge empfohlen werden. Ihre Haltung macht keine besonderen Schwierigkeiten, zumal sie relativ schnell an das dargebotene Futter herangehen, manchmal sogar sofort nach dem Einsetzen in das Terrarium. Als Futtertiere dienen: Laubfrösche, Grasfrösche, Fische und Molche. — Wasserfrösche und Kröten werden weniger gern angenommen; einige Tiere lassen sich sogar an Fleischstreifen gewöhnen.

Für kleinere Terrarien mit kleinen Wasserbecken und nur schwach feuchtem Boden eignen sich die Blindschleichen recht gut *(Anguis fragilis)*, da sie verhältnismäßig anspruchslos sind und über längere Zeit gehalten werden können. Oft gelingt sogar ungewollt eine Zucht. Erwachsene Tiere können vorwiegend mit Regenwürmern und Nacktschnecken gefüttert werden; es gelingt sogar, die Tiere an angefeuchtete Fleischstreifen, die vor ihnen bewegt werden müssen, zu gewöhnen. Jungtiere erhalten Enchytraeen, Blattläuse, kleine Nacktschnecken und kleine Würmer.

In einem Freiland-Terrarium hat G. *Radek* [245] seine Blindschleichen in einer Trockenperiode auch mit „Wiesenplankton" (Hauptsächlich Heuschrecken und Spinnen) gefüttert. Diese an sich flinken Tiere wurden nach seinen Beobachtungen von den Blindschleichen in den frühen, kühlen Morgenstunden gefangen.

Sehr reizvoll kann es auch sein, Laubfrösche *(Hyla arborea)* zu pflegen; ihre Haltung bereitet kaum Schwierigkeiten. Eine Stubenfliegenzucht und eine Mehlwurmzucht ist gegebenenfalls anzuraten.

Feuersalamander *(Salamandra salamandra)* können, wenn auch viel schwieriger, gepflegt werden, da diese Tiere eine sehr hohe Luftfeuchtigkeit im Terrarium verlangen. Leider wird man sie tagsüber nur selten beobachten können. Ihre Hauptnahrung besteht aus Regenwürmern und Nacktschnecken, Insektenarten und ihre Larven werden ebenfalls angenommen. E. *Trumler* [333] kommt nach vielen mißlungenen Versuchen, den Feuersalamander über mehrere Jahre in einem „natürlichen" Terrarium zu pflegen, zu dem Resultat, Kunststoffbehälter zu verwenden. Er schreibt: „Der letzte Schrei meiner zahlreichen Haltungsversuche ist nun ein geräumiges Regalfach, durch eine Glasplatte verschließbar und ganz und gar mit selbst klebender Plastikfolie ausgeschlagen. Darin steht eine geeignete Wasserschüssel, bequem können die Tiere ein- und aussteigen. In das Wasser reicht ein Zipfel des in den bekannten Rollen erhältlichen, saugfähigen Papiers (ungefärbt). Aus diesem Saugpapier können wir einen Hügel modellieren, und die Oberflächenverdunstung schafft bald eine feuchte Atmosphäre, daß sich vom Papier weg noch Pfützen bilden, die von den Tieren gern aufgesucht werden." Zweimal in der Woche wird dieses künstliche Terrarium gesäubert. Die Salamander sollen sogar zahm sein und aus der Hand fressen.

Die abgesetzten Larven können zu mehreren in einem kleinen, flachen Aquarium gehalten werden, oder aber einzeln in flachen Glasschalen mit einem Elodea-Zweig [333]. Wenn die Kiemen zurückgebildet werden und die gelb-schwarze Färbung zu erscheinen beginnt, muß der Wasserstand gesenkt werden, bis die Jungtiere in ein Terrarium gesetzt werden können. Die Salamanderlarven sind starke Fresser und können mit Enchyträen, Daphnien und Tubifex gefüttert werden; sie verlangen stets frisches, kühles und sauerstoffreiches Wasser, aus diesem Grunde muß mindestens jeden zweiten Tag das Wasser gewechselt werden [83, 96, 348].

Die beiden einheimischen Unken-Arten *(Bombina bombina* und *B. variegata)* können in einem feuchten Heimat-Terrarium gehalten werden, wenn viel freie Wasserfläche geschaffen werden kann. Besser dürfte es allerdings sein, Unken in einem flachen Aquarium mit großer Korkinsel unterzubringen.

Das *trocken-warme Terrarium* ist ein besonders beliebter Vivarientyp. Seine Aufstellung über einem Zentralheizungskörper ist vorteilhaft, dennoch sollte eine Bodenbeheizungsanlage nicht fehlen, damit zu jeder Jahreszeit die erforderliche Boden- und Raumtemperatur sichergestellt ist. Die Ausgestaltung dieses Terrarientyps bildet keine besonderen Schwierigkeiten. Im Hintergrund kann eine Mauer mit einigen Absätzen aufgebaut werden. Die Steine müssen mit Lehm derart miteinander verkittet werden, daß gleichzeitig einige gute Schlupfwinkel entstehen. Werden in diese Mauer gleich Höhlungen für Blumentöpfe eingebaut, dann erleichtert es die Pflege des Vivariums erheblich, da auf diese Weise ein schneller Pflanzenaustausch ermöglicht wird. Ein kräftiger Kletterbaum für Echsen oder Schlangen darf nicht fehlen. Die Auswahl an geeigneten Pflanzen ist recht groß, da es sich im wesentlichen um solche Pflanzen handelt, die als „Schulpflanzen" bezeichnet werden (vergl. Abschnitt „Schulpflanzen"), wie z. B. *Aloe-, Crassula-, Sempervivum-, Mesembryanthemum-, Echeveria*-Arten, junge Agaven u. a. m.. Daneben eignen sich noch kleinere Exemplare von *Myrthus, Laureus* und Oleander *(Nerum)*.

Für die Schule können einige Echsenarten vorgeschlagen werden: Die im Mittelmeerraum vorkommenden und etwa 15 cm groß werdenden Mauergeckos *(Tarentola mauritanica)* und Scheibenfinger *(Hemidactylus turcicus)*, die bis 10 cm lang werden. Das in den Küstengebieten des Mittelmeers lebende gemeine Chamäleon *(Chamäleon chamäleon)* kann ebenfalls empfohlen werden. Für diese Tiere muß das Futter besonders abwechslungsreich sein. Nachts wirken sich absinkende Temperaturen bei ihrer Pflege günstig aus.

Die in Nord- und Mittelamerika beheimateten Zaunleguane *(Sceloporus-Arten)* werden etwa 25 cm lang, sind anspruchslos und lassen sich gut pflegen. Der Zwerggürtelschweif *(Cordylus cordylus)* — eine der häufigsten Echsen Südafrikas — ist ein gern gehaltenes, harmloses Tier von Zauneidechsengröße. Alle aufgeführten Tiere erhalten Futter wie Zauneidechsen.

Die nordafrikanischen Dornschwänze (z. B. *Uromastyx aegypticus* und *U. acanthinurus)* sind als Pflanzenfresser dankbare Pfleglinge. Diese Tiere verlangen tagsüber hohe und nachts stark absinkende Temperaturen, da sie sich sonst nur 2—3 Jahre im Terrarium halten lassen. Gefüttert werden die Dornschwänze mit Löwenzahn-, Klee- und Gänseblümchenblüten, Salat, Kohl und Heu. An lebender Kost können ihnen Heupferde und Mehlwürmer angeboten werden. Wasser brauchen sie bei der oben genannten Kost nicht.

In zoologischen Gärten wird gern der Teju *(Tupinambis teguixin)* gehalten, für Schulen wird dieses Tier zu groß, es sei denn, ein großes, eingebautes Terrarium stünde zur Verfügung.

W. Mudrack berichtet über die Haltung und Zucht von Leopardgeckos *(Eublepharis macularius)* [213].

Zu empfehlen, wenn auch selten zu erwerben, sind ferner die australischen Bartagamen *(Amphibolurus barbatus)*. Die Männchen werden bis 60 cm, die Weibchen bis 48 cm lang. Wie *Schmida* [277] berichtet, lassen sie sich in ihrer Heimat leicht fangen und machen nicht einmal bei ihrer Gefangennahme von ihrem Gebiß Gebrauch. Sie werden schnell zahm und fressen aus der Hand. Große Käfer und Heuschrecken bilden ihre Hauptnahrung.

Plattgürtelechsen *(Platysaurus guttatus)*, die aus dem Kapland stammen, können als Pfleglinge empfohlen werden [168]. Vorbedingung ist allerdings ein höheres, oder ein großes, eingebautes Terrarium, dessen Rückwand als fast senkrechter Kletterfels mit Schlupfwinkeln ausgebaut werden muß.

Für das *feucht-warme oder Tropenterrarium* (Palludarium) gilt bezüglich der grundlegenden Einrichtung das Gleiche wie für ein feuchtes Heimatterrarium, bis auf die Bepflanzung. Ganz allgemein darf gesagt werden, daß alle schnellwüchsigen Pflanzen als unvorteilhaft bezeichnet werden müssen. Als geeignete Pflanzen können empfohlen werden: Zwergpfeffer *(Peperomia argyreia)* und andere P.-Arten. Kleine Pflanzen aus den Gattungen Philodendron und Monstera. Gummibaum *(Ficus elastica)*, der notfalls immer wieder gestutzt werden muß. Ficus pumila, eine rankende Art. Verschiedene Tradescantien aus den Gattungen *Tradescantia, Zebrina* und *Callisia*. Zyperngras *(Cyperus alternifolius)*, allerdings nur wenn das Terrarium eine Mindesthöhe von 80 cm besitzt. An Farngewächsen: *Adiantum-, Pteris-* und *Selaginella*-Arten. In Astgabeln können auch Epiphyten gehalten werden.

Arten aus den Gattungen *Tillandsia, Billbergia, Vriesea* und *Aechmea* kommen in Frage. Wenn besondere Neigung besteht, können heute sogar epiphytische Orchideen verwendet werden. Gut eingerichtet, bietet ein derartiges „Urwaldterrarium" einen sehr schönen Anblick, die richtige Pflege kostet allerdings sehr viel Zeit und darf nicht als einfach angesehen werden.

Landschildkröten sind für ein derartiges Terrarium völlig ungeeignet, da sie sich in zu starkem Maße an den Pflanzen vergreifen. Wasserschildkröten werden am besten in einem Aquarium mit einer „Insel" untergebracht.

Besonders beliebte Tiere für diesen Terrarientyp sind Arten der Gattung *Anolis* (Saumfinger), die im subtropischen und tropischen Amerika beheimatet sind. Im Winter sollten diese Tiere etwas kühler gehalten werden, damit sie in einen gewissen Halbschlaf verfallen, denn dadurch überstehen sie unsere sonnenarme Zeit besser. Das gilt besonders für die aus den Subtropen stammenden Arten, wie z. B. *Anolis carolinensis*. (Futter wie Zauneidechsen).

Wenn ein größeres Wasserbecken im Terrarium vorhanden ist, ist die im Süden der U.S.A. vorkommende Wassernatter *(Natrix sipedon)* ein geeigneter Pflegling. Für die Schule noch mehr zu empfehlen sind Strumpfbandnattern, wie *Thamnophis sirtalis*, die ebenfalls in den U.S.A. beheimatet sind. Sie lassen sich leichter pflegen, da sie neben Amphibien und Fischen — wie die Ringelnatter — auch Regenwürmer fressen und sogar an Fischfleischstreifen gewöhnt werden können. Auch die Landform des Axolotl kann in einem solchen Terrarium gehalten werden [75, 83, 96, 113, 149, 161, 166, 167, 168, 172, 174, 213, 224, 227, 231, 243, 245, 269, 277, 328, 333, 337, 348, 391, 395, 399, 405].

4. Insektarien

In unseren Schulen trifft man verhältnismäßig selten Insektarien an, obgleich ihre Pflege gar nicht so viel Arbeit macht, wie gewöhnlich angenommen wird. Anleitungen über die Haltung und Zucht von Insekten finden sich bei *Illis* [142], *Steiner* [319] und besonders auf schulische Belange ausgerichtet bei *Wagner* [344] u. a. m.

Insektarien könnten aus Holz mit Glas und Gaze gut im Werkunterricht hergestellt werden. Außerdem sind sie natürlich in verschiedenen Größen auch im Handel erhältlich. In vielen Fällen genügt aber durchaus ein kleines Vollglasaquarium, manchmal sogar kleine einfache Gläser verschiedener Formate; die verwendeten Gefäße müssen in jedem Falle mit Drahtgaze, Glas oder Watte gut verschlossen werden können. Sollen lebende Insekten zu Ausstellungszwecken herangezogen werden, empfiehlt sich ihre Unterbringung in vollständig durchsichtigen und glattwandigen Gefäßen.

Es dürfte in einigen Fällen vorteilhaft, aber keinesfalls immer erforderlich sein, den Boden eines Insektariums mit einer etwa 3 cm hohen Schicht feinen Sandes zu bedecken. Zusätzlich könnten noch einige Moospolster, die alle paar Tage leicht angefeuchtet werden müssen, daraufgelegt werden. Kurze Zweige der gerade erforderlichen Futterpflanze werden in kleine, aber besonders feststehende Gläschen mit Wasser gestellt, deren Öffnung mit Watte verschlossen werden muß, damit die Tiere nicht hineinfallen können. Es ist ratsam, Futtergefäße mit glatten Wänden mit rauhem Papier oder Pappe zu umkleiden, damit die Tiere auch ohne Schwierigkeiten an ihre Futterpflanzen kriechen können. Futterreste, vertrocknete oder abgefressene Pflanzenteile und Kot müssen selbstverständlich regelmäßig entfernt werden. Der Aufstellungsplatz für Insektarien kann beliebig gewählt werden, auf alle Fälle sollte aber eine direkte Sonnenbestrahlung vermieden werden.

Wenige Beispiele für das Halten von einigen Gliedertieren aus verschiedenen Ordnungen und einigen als Futter für Vivarienbewohner dienenden Tieren sollen folgen. Über Insekten, die im Wasser oder vorwiegend im Wasser leben oder dort ihre Entwicklung durchmachen, wurden bereits im Abschnitt „Aquarien" (S. 302) entsprechende Angaben gemacht.

Käfer werden meistens nur für kurze Zeit zur Besprechung oder Demonstration in der Schule gehalten. Bei pflanzenfressenden Arten, vor allem also Blattkäfern verwendet man als Futter am besten diejenige Pflanze, auf der man die Tiere gefunden hat. Maikäfer *(Melolontha vulgaris)* z. B. können mehrere Wochen über im Terrarium gehalten werden, wenn sie regelmäßig mit frischem Laub von Eichen und anderen Laubbäumen gefüttert werden. Fleischfressende Käferarten, wie Laufkäfer (z. B. Goldlaufkäfer, *Carabus auratus*, oder andere Arten) werden mit zerdrückten Schnecken und Regenwürmern gefüttert. Sie lassen sich recht leicht in kleineren Insektarien halten. Sogar Zuchten sind möglich, da die Larven der Laufkäfer das gleiche Futter erhalten.

Ruppolt [262] berichtet über Züchtungsversuche am Lilienhähnchen *(Crioceris lilii)*. Die dort angeführten Untersuchungen können analog auch auf andere Käferarten angewandt werden.

Gotthard [104] gibt Zuchtanleitungen für den veränderlichen Blattkäfer *(Chrysomela varians)* und berichtet über Vererbungsversuche mit diesem Käfer.

Immer wieder einmal wird es vorkommen, daß Schüler irgend einen großen, seltenen einheimischen Käfer durch Zufall gefangen haben und in die Schule mitbringen, z. B. den Hirschkäfer *(Lucanus cervus)* oder den Nashornkäfer *(Oryctes nasicornis)*. Diese Käfer stehen unter Naturschutz und sollten nur wenige Tage in der Schule gezeigt bzw. ausgestellt werden, dann aber wieder ihre Freiheit erhalten. Für diese kurze Zeit wird in das Ausstellungsgefäß ein Streifen von Fließpapier gehängt, das mit Zuckerwasser getränkt ist.
In einigen Schulen werden sicher Mehlwürmer, die Larven des Mehlkäfers *(Tenebrio molitor)*, als Futter für Vivarienbewohner benötigt. Ist eine solche Zucht, die recht einfach durchzuführen ist, vorhanden, dann läßt sich die Käferentwicklung vom Ei über die Larve und Puppe zum fertigen Insekt im Unterricht gut demonstrieren. Als Zuchtgefäße können Weithalskolben, aber genau so gut auch alte Einweck- oder Marmeladengläser verwendet werden. Sollen die Larven als Futtertiere gezüchtet werden, müssen natürlich entsprechend größere Behälter Verwendung finden. Die Zuchtgefäße werden mit Kleie oder Mehl gefüllt, dem einige trockene Brotstückchen beigemengt sind. Das Ganze wird mit einem alten Lappen, der nur mit wenigen Tropfen Wasser angefeuchtet werden darf, bedeckt. Nach dem Einsetzen der in zoologischen Handlungen käuflichen Mehlwürmer, wird das Gefäß mit einem Stück Drahtgaze verschlossen. Für die ausgeschlüpften Imagines werden nach *Illies* [142] neue Behälter eingerichtet, die mit Fließpapier ausgelegt werden. Auf eine Hälfte kommt dann eine etwa fingerdicke Schicht Mehl, auf die andere ein kleines leicht angefeuchtetes Moospolster und ein paar trockene Blätter und Aststückchen. Nach 10—20 Tagen haben die Weibchen die Eier abgelegt, die in Zuchtgefäße (wie sie vorher beschrieben wurden) überführt werden [21, 35, 104, 110, 119, 142, 170, 176, 262, 263, 271, 274, 285, 345].
An *Schmetterlingen* ist die Holometabolie, die bei einigen Insektenordnungen (Coleopteren, Lepidopteren, Hymenopteren, Dipteren, Aphanipteren und Neuropteren) vorkommt, am besten zu demonstrieren. Aus diesem Grund sollte, wenn es sich irgend einrichten läßt, eine Schmetterlingsart — wie z. B. der Kohlweißling *(Pieris brassicae)* — gezüchtet werden. Wird eine andere Tagfalterart für diesen Zweck ausgewählt, dann sollten die Imagines nachher in Freiheit gesetzt werden, denn die Schmetterlinge haben in den Industriegebieten in erschreckendem Maße abgenommen. Häufiger bringen auch Schüler Raupen mit in die Schule, dabei dürfte es sich meistens um Wolfsmilch- und Ligusterschwärmer, aber auch andere, größere Arten handeln. Ein Schmetterlings- und Raupenbestimmungsbuch sollte in jeder Sammlung vorhanden sein, um unbekannte Tiere zu bestimmen oder die richtigen Futterpflanzen für Raupen zu ermitteln. *R. Weber* [350] schlägt für die Schule Seidenraupenzuchten vor, sofern genügend Futterpflanzen (Maulbeere) zur Verfügung stehen, und berichtet über seine Erfahrungen und Beobachtungen. Empfohlen werden kann auch die Zucht von großen, exotischen Schmetterlingen, deren Eier mit den notwendigen Zuchtanweisungen im Handel bezogen werden können. Bezugsquellen für Eier und Puppen sind in der „Insektenbörse" einer Beilage der „Entomologischen Zeitschrift" (Kernen Verlag, Stuttgart) zu finden. Die Aufsätze von *K. Dylla* und *H. Hubl* [57, 138] geben einen guten Überblick über in der Schule durchführbare Versuche und Beobachtungen [57, 59, 98, 136, 138, 142, 208, 220, 281, 285, 346, 347, 349, 350].
Die Haltung von *Hautflüglern*, wie Bienen und Ameisen, dürfte in der Schule recht schwierig sein, dennoch liegen einige Erfahrungsberichte vor.

H. J. Unverfähr [335] gibt gute Anleitungen für den Bau eines Bienenschaukastens und die richtige Pflege und Wartung eines Bienenvolkes. Die Einrichtung eines Bienenstandes in der Schule ist sicher nur dann möglich, wenn der Schulbiologe selbst Imker ist.

Über Bau, Haltung und Pflege von künstlichen Ameisennestern berichtet *J. Illies* [142]. Solche Nester werden m. E. in der Schule immer eine Seltenheit bleiben. Es sei aber auf die Arbeit von *W. Rühl* [261] besonders hingewiesen [102, 103, 402]. Wenn erwachsene oder fast erwachsene Raupen gefunden werden, die Träger von Schlupfwespenlarven oder -Puppen sind, dann ist eine Weiterzucht nur zu empfehlen. Zusätzliche Arbeit entsteht dadurch keinesfalls. Die Schlupfwespenimagines können der Beobachtung dienen und zu Dauerpräparaten verarbeitet werden. Kleinere Schlupfwespenarten können auch als Parasiten von Gallenbewohnern aus den verschiedenen Gallen entschlüpfen. Über Gallwespen wird in einem der folgenden Abschnitte berichtet [36, 86, 102, 103, 136, 272, 285, 301, 302, 303, 314, 335] (S. 322).

Bei einer Zucht von *Zweiflüglern* hat die von *Drosophila* für eine Reihe von biologischen Belangen besondere Bedeutung, nämlich um die Entwicklung von Fliegen zu beobachten, um Vererbungsversuche anzustellen und um Futtertiere für Vivarienbewohner zur Verfügung zu haben. Als Zuchtgefäße für Fruchtfliegen eignen sich Weithalskolben jeder Art. Als Futter wird reifes Obst verwendet, das zu Brei zerdrückt, mit etwas Kleie und einem kleinen Stückchen Hefe verrührt wird. Der Futterbrei wird etwa 2 cm hoch in die Zuchtbehälter eingefüllt. Um den Fruchtfliegen ein trockenes Plätzchen zu sichern, werden einige Fasern Holzwolle oder einige Holzspäne eingebracht. Verschlossen werden die Gefäße mit Wattestopfen. Die optimale Zuchttemperatur liegt bei 24° bis 26° C. Weitere Anleitungen zur Haltung und Futterbereitung sind zu finden bei: *Illies* [142], *Jocher* [155], *Riese* [257] und *Steiner* [319].

Die Zucht kann das ganze Jahr über getätigt werden, so daß etwa notwendige Futtertiere (Maden, Puppen, Imagines) ständig zur Verfügung stehen. Werden die Larven, Puppen oder Fliegen nur zu Futterzwecken gezüchtet, kann von Wildtieren ausgegangen werden, die jederzeit — besonders im Herbst — gefangen werden können. Für genetische Versuche müssen Zuchtansätze von einschlägigen Firmen bezogen werden. Für Futterzwecke wird die Zucht von flugunfähigen Fruchtfliegen empfohlen, da Zucht und Verfütterung leichter durchführbar sind. Über Zucht und genetische Versuche von *Drosophila* im Rahmen der schulischen Verhältnisse berichten: *Hinke* [131], *Riese* [27] und *Schwarzmaier* [297].

Von den *Netzflüglern (Neuroptera)* kann der Ameisenlöwe, also die Larve der Ameisenjungfer *(Myrmeleon formicarius)* gut gehalten werden. Die gefangenen Ameisenlöwen können in ein beliebiges Gefäß eingebracht werden, das etwa 10 cm hoch feinkörnigen Sand enthält. Bei reichlicher Fütterung dauert die Entwicklung etwa zwei Jahre. Als Futter dienen Ameisen, Käfer, Wanzen, Spinnen und Raupen. Nach der Verpuppung müssen die Kokons in ein geschlossenes Gefäß überführt werden, das einige Zweige enthält, damit die Imagines später die Möglichkeit haben, an diesen emporzuklettern, um die Flügel richtig entfalten zu können. Auch die Imagines führen eine räuberische Lebensweise. In der Gefangenschaft können sie mit kleinen, unbehaarten Raupen, Fliegen, Kleinschmetterlingen und Blattläusen gefüttert werden [77, 115, 142, 285].

Bei den *Geradflüglern* (Orthopteren) sollen — nach dem Erscheinen des ausgezeichneten Buches von *U. Bässler* [14] — die Stabheuschrecken *(Carausius morosus)* an den Anfang gestellt werden. Auf alle Zucht- und Haltungsanleitungen kann aus dem oben genannten Grunde verzichtet werden. Eine große Anzahl von Versuchen, Beobachtungen und Untersuchungen werden von *Bässler* angeführt und mit Anweisungen versehen, die auch für Schüler der Oberstufe durchaus verständlich sind. Das Buch kann also den Teilnehmern an Arbeitsgemeinschaften als Lehrbuch in die Hand gegeben werden. Einige Experimente eignen sich sogar als Demonstrationsversuche im Klassenunterricht.

Heuschrecken können gut in Terrarien gehalten werden, für den Selbstbau einer Zuchtanlage sei auf *Müller-Langenbeck* [217] verwiesen. Laubheuschrecken *(Tettigoniiden)* werden mit Hirse- und Gerstenkeimlingen gefüttert, daneben können zerdrückte Fliegen, Zweige mit Blattläusen, Hackfleisch und süße Früchte gegeben werden. Feldheuschrecken *(Acridiiden)* sollen als Futter Schnittgras, Gras- und Weizenkeimlinge erhalten. Die älteren Entwicklungsstadien fressen verhältnismäßig viel. Für Zuchten ist eine etwa 10 cm hohe Schicht feuchten Sandes erforderlich.

Sollen Zuchten von Feldheuschrecken zu Futterzwecken für Vivarientiere durchgeführt werden, wird von *Steiner* [319] die Wandheuschrecke *Locusta migratoria*, die von zoologischen Gärten bezogen werden kann, empfohlen. *K. Harz* [114] gibt genaue Anleitungen zur Beobachtung von einheimischen Heuschrecken und berichtet von ihrer Zucht. *Schneider* [280] und *Seitz* [304] berichten über die Verhaltensbiologie von Heuschrecken [23, 25, 26, 217, 285].

Die Haltung und Zucht von *Heimchen (Gryllus domesticus)* in der Schule kann nicht empfohlen werden, da diese Tiere sehr leicht entweichen und dann gerade in den zentralbeheizten Schulräumen — zur Freude der Schüler — durch ihr Zirpen sehr lästig werden können [24, 285, 319].

Das zu den *Urinsekten* (Apterygoten) gehörige Silberfischchen *(Lepisma saccharina)* dürfte in nahezu allen Wohnungen — vor allem in den Badezimmern — anzutreffen sein. Eine Zucht macht kaum Arbeit und ist durchaus lohnend, wenn diese Tiere in einer A. G. eingehender untersucht werden sollen. Als Zuchtgefäße eignen sich alle Arten von Gläsern, die ca. 5 cm mit Gips ausgegossen und etwas feucht gehalten werden müssen. Einige Muschelschalenstücke werden hineingelegt, um den Tieren einen Unterschlupf zu bieten. Die immer erforderliche Deckscheibe sollte der Durchlüftung wegen mit Knetmasse dem Bruchteil eines Millimeters angehoben sein. Ein gelegentlicher Wechsel der Zuchtbehälter erweist sich als vorteilhaft, um ein Überhandnehmen von schädlichen Tieren (z. B. Milben) zu vermeiden. Als Futter dient gesüßter Mehlbrei, der auf Glasstreifen in getrockneter Form in das Gefäß gestellt werden muß. Ein paar kleine Papierschnitzel können auch in den Behälter gelegt werden, da sie gern daran knabbern. Die Eier werden von Mai bis Juli abgelegt. Auch in geheizten Räumen halten die Tiere eine Winterruhe [17, 285, 300, 319].

Sehr leicht läßt sich eine unserer kleinsten Insektenarten, der Kugelspringer *(Sminthurides aquaticus)*, in der Schule halten und züchten. Er gehört zur Familie der Springschwänze *(Collembola)* und ist als Bewohner der Wasseroberfläche, sehr im Gegensatz zu den meisten anderen Urinsekten, nicht lichtscheu. Allerdings sind die winzigen Tierchen (Männchen 0,75 mm, Weibchen 1—1,5 mm) nur für Arbeitsgemeinschaften geeignet, bieten aber dem Schüler nach einiger Übung viele interessante Beobachtungsmöglichkeiten. Die Sminthuriden kommen oft in Massen auf der Oberfläche kleiner, stiller Tümpel, auf Freilandbecken und besonders den Wasserflächen in Warmhäusern vor. Ihre Haltung und Zucht ist denkbar einfach, denn man kann sie ohne besondere Pflege und Fütterung auf der Oberfläche kleiner Glasaquarien jahrelang halten und züchten, wenn diese mit ihrer Hauptnahrung, der bekannten Wasserlinse *(Lemna minor)* bedeckt ist. Sie brauchen auch während der Ferien keine besondere Wartung. Einzeltiere hält man in kleinen runden Standzylindern von etwa 2,5 cm Durchmesser und 10 cm Höhe, wie sie zur Färbung von Mikropräparaten benutzt werden. In Holzblöcken mit entsprechenden Löchern kann man viele dieser Kleinstaquarien auf engstem Raum unterbringen, ohne daß sie umfallen können. Man verschließt sie mit Korken. Zur Isolierung einzelner Tiere dient ein einfaches Fanggerät: an einen Glasstab wird eine kleine, etwa 1 cm hohe Glasglocke angeschmolzen, deren Öffnung 1/2—1 cm Durchmesser hat. So eine Glocke ist aus einem Glasrohr von entsprechendem Durchmesser, das man erhitzt und auseinanderzieht, leicht herzustellen. Diese Glocke stülpt man wie ein Schmetterlingsnetz über das zu fangende Tier, das auf dem Oberflächenhäutchen der Wasseroberfläche wie auf einer Eisschicht laufen kann. Hebt man dann das Fanggerät hoch, so verschließt sich die Öffnung der Glocke mit einem Wasserhäutchen. Man kann jetzt die Glocke mit dem gefangenen Kugelspringer über das Gefäß halten, in dem man das Tierchen isolieren will. Nach kurzer Zeit platzt das Wasserhäutchen und der Kugelspringer fällt unbeschädigt in seine neue Behausung.

Mit einer großen Lupe, besser noch mit einem 10- bis 15fach vergrößernden Binokular, läßt sich die Lebensweise, wie Fortbewegung (Laufen und Springen mit Hilfe einer besonderen Springgabel), Fressen, Häutung und Fortpflanzung gut beobachten. Besonders merkwürdig ist das Geschlechtsverhalten: die Fühler des kleineren Männchens sind zu Klammerorganen umgebildet, mit denen es die Fühler des Weibchens von vorne packt. Ist ihm das geglückt, schnellt es sich empor und läßt sich tagelang, nur an den Fühlern hängend, von dem Weibchen umhertragen (Abb. 12). Die sehr schwer zu beobachtende Samenübertragung geschieht schließlich durch Absetzen eines Tröpfchens Samenflüssigkeit, einer Art Spermatophore, über welche das Weibchen kriecht, um sie mit der ventral liegen-

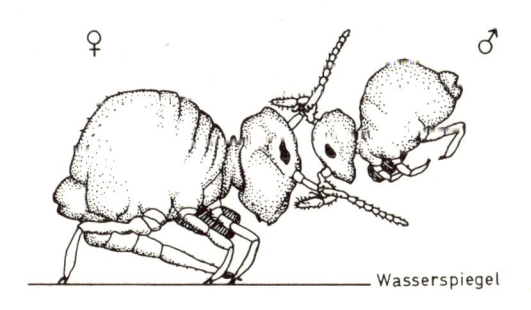

Abb. 12: Kugelspringer (Sminzhurides aquaticus) in Paarungseinleitungsstellung

321

den Geschlechtsöffnung aufzunehmen. — Besonders auffallend ist bei dieser Collembolenart die Eingeschlechtlichkeit der Gelege. Parthenogenese kommt nicht vor, es müssen vielmehr alle Weibchen befruchtet werden, die später entwicklungsfähige Eier ablegen. Aber ungefähr die Hälfte der Weibchen legt Eier, aus denen nur Männchen schlüpfen, die andere Hälfte dagegen nur solche, aus denen ausschließlich Weibchen schlüpfen! Erstaunlicherweise kommen aber außerdem noch einige wenige Gelege vor, aus deren Eiern Männchen und Weibchen schlüpfen. Die Eier werden auf Wasserlinsenblättern abgelegt und können so leicht isoliert werden. Die Entwicklungszeit und die Generationenfolge ist stark temperaturabhängig. In warmen Zimmern beträgt letztere nur etwa 14 Tage, dagegen im Freien, wo die Eier mit den Blättern im Eis eingefroren überwintern, bis zu einem halben Jahr. Aus den Eier schlüpfen Jungtiere, die den Erwachsenen weitgehend schon gleichen. Sie machen mehrere Häutungen durch. An den zu Klammernorganen umgebildeten Fühlern sind die Männchen schon bald zu erkennen. Näheres bei *H. H. Falkenhan* [63a].

Die Imagines einer Reihe von *Gallenerzeugern* aus verschiedenen Insektenordnungen können, wenn sie aus ihren Gallen ausgeschlüpft sind, für einige Zeit in der Schule gehalten und den Schülern gezeigt werden. Es ist nur erforderlich, die Gallen zum richtigen Zeitpunkt einzusammeln und in geeignete Beobachtungsgläser zu überführen, die gut verschlossen sein müssen. Der Verfasser verwendet zu diesem Zweck Standzylinder mittlerer Größe. Ein mit Zuckerwasser getränktes Fließpapier wird in das Gefäß gehängt.

Die Eichengalläpfel (Kugelgalle auf den Blättern) hervorgerufen durch die Gallwespe *Diplolepis quercusfolii* — müssen im Herbst kurz vor dem Laubabfall eingesammelt werden. Bei Zimmertemperatur schlüpfen die Imagines nach 2 bis 3 Wochen. Notfalls müssen die Gallen mit einem Messer vorsichtig geöffnet werden. Die großen Kugelgallen an den Sproßspitzen von Eichen (Gallwespe *Cynips Kollari)*, die Rosenbedeguare (Gallwespe *Rhodithes rosae*) und die Sproßgallen an *Cirsium arvense* (Bohrfliege *Euribia cardui*) werden im zeitigen Frühjahr eingesammelt. In die Wärme der Schulräume gebracht, schlüpfen die Imagines nach wenigen Tagen aus.

Die Gallen des Kiefernharzgallenwicklers *(Evetria resinella)* werden Ende April gesucht, da dieser Kleinschmetterling im Mai und Juni fliegt.

Die auf den Blättern vom Bergahorn vorkommenden Kugelgallen (Gallwespe *Pediaspis aceris*) müssen schon Ende Juli eingebracht werden, nur wenige Tage später schlüpfen die Imagines aus.

Es darf nicht vergessen werden, daß in einer Galle nicht immer nur eine Insektenart vorkommt — es gibt nicht selten Mitbewohner — Schlupfwespen können als Parasiten der Gallentiere ebenfalls in allen Gallen enthalten sein.

Alle geschlüpften Gallenbewohner können zuerst den Schülern gezeigt, dann abgetötet und zu interessanten Dauerpräparaten verarbeitet werden [188].

In Deutschland kommen etwa 20 verschiedene Arten von *Pseudoskorpionen* vor, die auf 5 Gattungen verteilt werden. Ihr einwandfreie Bestimmung ist nicht ganz einfach. Die Haltung und Zucht dieser Tiere darf als recht interessant bezeichnet werden. Als Zuchtgefäße können etwas höhere Petrischalen gut verwendet werden. Da die Tiere eine hohe Luftfeuchtigkeit lieben, werden die Schalen etwa 1 cm hoch mit Gipsbrei ausgegossen. Nach dem Festwerden wird etwas Laubstreu oder Fließpapier hineingelegt. Als Futter kann Drosophila gut verwendet werden, als Zusatzfutter sind kleine Käfer und Käferlarven erforderlich. W. *Weygoldt* [356] macht genaue Angaben über Zucht und Haltung von Pseudoskorpionen der Gattungen *Chelifer* und *Pselaphocherues* und schildert dabei auch interessante Verhaltensweisen dieser Tiere. Totalpräparate sind leicht herzustellen [187, 319, 356].

Landschnecken werden im Unterricht zur Beobachtung und Demonstration sicher regelmäßig verwendet. Am besten geeignet ist die *Weinbergschnecke (Helix pomatica)*, daneben aber auch die Hainschnecke *(Cepaea nemoralis)* und die Gartenschnecke *(C. hortensis)*. Eine längere Haltung dieser Tiere ist sicher nicht notwendig, lohnt sich auch nicht, da ja Wasserschnecken aus den Aquarien daneben immer noch zur Verfügung stehen dürften. Nach der Verwendung im Unterricht werden die Tiere an geeigneten Orten wieder ausgesetzt. Für die kurze Zeit des Verbleibs in der Schule — es dürfte sich meistens nur um wenige Tage handeln — können die Tiere mit Salatblättern und mit Abfällen von rohem Gemüse und Obst gefüttert werden. Werden Landschnecken als Futtertiere gehalten, dann kann ihnen das gleiche Futter vorgesetzt werden [51, 150, 152, 319, 321].

5. Zucht von Futtertieren

Wenn in unseren Schulen in Aquarien und besonders in Terrarien Tiere gepflegt werden, ist die Futterfrage immer eine der größten Sorgen des Pflegers. Aus diesem Grunde soll das letzte Kapitel dieses Beitrages der Zucht von Futtertieren gewidmet sein. Dieser Abschnitt soll aber nur einige Beispiele für die wichtigsten Futtertiere angeben, ohne Anspruch auf Vollzähligkeit aller Möglichkeiten zu erheben. Die Zucht des *Mehlkäfers (Tenebrio molitor)* siehe Seite 318.

Die Larven der *Mehlmotte (Ephestia kühniella)* werden häufig als Futtertiere verwendet. Nach *Steiner* [319] wird die Zucht in Petrischalen bei einer Temperatur von 25° C durchgeführt. Als Futter dient Gries, Mehl, Haferflocken u. a. m. Bei der Zucht, die leicht durchführbar und recht ergiebig ist, muß beachtet werden, daß die sehr kleinen Larven durch die kleinsten Spalten leicht hindurchschlüpfen können. Auf dichten Verschluß der Futtergefäße ist größter Wert zu legen, um eine unerwünschte Vermehrung in den Schulräumen zu vermeiden.

Für die Zucht von *Wachsmotten* als Lebendfutter für Aquarien- oder Terrarienbewohner, muß man sich von einem Imker befallene Waben geben lassen. Als Zuchtgefäße werden Vollglasbecken verwendet, die sicher und fest zugedeckt werden müssen, denn auch Wachsmottenlarven sind klein und können leicht entweichen. Durch einen Bronzegaze-Einsatz im Deckel muß für die notwendige Belüftung gesorgt werden. Es empfiehlt sich, die erhaltenen Waben in Zeitungspapier einzuwickeln und Papierröllchen in das Zuchtgefäß zu legen, in denen sich die Larven verpuppen. In den befallenen Waben kommen meistens beide Wachsmottenarten nebeneinander vor, die große (Galleria mellonella) und die kleine (Achroea grisella). G. mellonella ist die ergiebigere Art, aber Larven und Puppen beider Arten können verfüttert werden [319].

Eine Zucht von *Stubenfliegen* oder *Schmeißfliegen* ist teilweise recht schwierig und kann für die Schule — schon des Geruches wegen — nicht empfohlen werden, es sei denn, daß ein geeigneter Raum im Keller zur Verfügung steht. Zuchtanleitungen geben: *Illies* [142], *Jocher* [155], *Steiner* [319] u. a. m.

Über die Zucht der *Taufliege (Drosophila)* siehe Seite 319.

Die Zucht der *Feldgrille (Liogryllus campestris)* sollte pärchenweise in kleineren Gefäßen erfolgen. Die Behälter, die immer gut verschlossen sein müssen, werden etwa 3 cm hoch mit Sand gefüllt. Das Futter besteht aus feinen Grassämlingen, Schnittgras und Haferflocken. In der ersten Zeit können die Junglarven noch im Zuchtgefäß verbleiben, müssen später aber in kleinen Einzelbehältern untergebracht werden, da sie sich sonst leicht gegenseitig auffressen [319].

Eine Zucht von *Schaben* (Blattiden) dürfte nur dann erforderlich sein, wenn diese Tiere wirklich als Futter für Vivarientiere gebraucht werden. Die Haltung und Zucht wird am einfachsten in alten Aquariengläsern, die unbedingt mit dicht schließenden Deckeln versehen werden müssen, durchgeführt. Das Gefäß wird nach Steiner [319] 15 cm hoch mit groben Kiefernrindenstücken gefüllt, die ab und zu mit Wasser besprengt werden müssen, da die Schaben hohe Luftfeuchtigkeit verlangen. Die Eierpakete werden an versteckten Stellen der Rindenstücke abgelegt und können entnommen und in kleinere Zuchtgefäße überführt werden. Als Futter dient: Brot, auch eingeweichtes Brot, Futterrüben, Dörrobst, rohe Kartoffeln [285].

Die Zucht von *Feldheuschrecken* siehe Seite 320

Sehr wichtige Futtertiere für Jungfische sind die Naupliuslarven der *Salinenkrebschen*, *Artemia salina*, die anfangs nur 0,3 mm lang sind. Das Krebschen selbst wird 10 mm groß und kommt auch an einigen Stellen in Deutschland vor. Seine Dauereier sind hartschalig und bleiben in trockenem Zustand mehrere Jahre lang entwicklungsfähig. Die trockenen Eier werden in 3 %ige Kochsalzlösung mit guter Durchlüftung gebracht. Bei Zimmertemperatur (20°) schlüpfen die Nauplien nach 48 Stunden und bei 28° schon nach 24 Stunden. Zur Entnahme der Larven wird die Durchlüftung abgestellt. Bald danach schwimmen die leeren Eierschalen an der Wasseroberfläche. Am Zuchtgefäßboden sammeln sich die Nauplien an, die dann vorsichtig abgesaugt werden können. Vor der Verfütterung müssen die Naupliuslarven in Leitungswasser in einem Gaze-Sieb gewaschen werden. Dieses Waschen wirkt sich nicht schädlich aus, da die Nauplien im Süßwasser noch mehrere Stunden am Leben bleiben.

Vorteilhafterweise werden zur Aufzucht Vollglasbecken, die mit etwa 8 Liter Salzwasser (ca. 6 %ig) gefüllt sind und durchlüftet werden müssen, verwendet. Zur Fütterung der Nauplien selbst können Hefe-Suspensionen verwendet werden. H. J. Mayland [206] empfiehlt als Aufzuchtfutter ein mit etwas Süßwasser angerührtes Gemisch von 10—15 Tropfen Trigantol (Bayer), 10—15 Tropfen Polybion (Merck) und einem Teelöffel voll feines Seealgenmehl.

Anguillula silusia, ein Nematode, ist ein dem Zierfischzüchter unter dem Namen „Mikro" wohl bekannter, nur 0,5 bis 2,5 mm langer Wurm, der für ihn als Jungfischfutter sehr wichtig ist. Ein „Mikro"-Zuchtansatz ist in jeder zoologischen Handlung billig zu erwerben. Als Zuchtgefäße eignen sich Einmachgläser, die mit einem sehr dickflüssigen Brei von ungekochten Haferflocken mit roher Milch ein bis zwei cm hoch gefüllt werden. Die Gläser müssen zugedeckt und bei einer Temperatur von ca. 20° C gehalten werden. Nach einigen Tagen kriechen die Würmchen bis etwa 1,5 cm an der Glaswandung hoch. An diesen Stellen werden sie mit einem Spatel entnommen und verfüttert oder für mikroskopische Untersuchungen verwendet. Der Bau der Nematoden kann nämlich an diesen Tieren gut studiert werden [33, 155, 319].

Das *Grindal-Würmchen (Enchytraeus buchholzi)* gehört zu den Borstenwürmern, wird 6—10 mm lang und ist daher gerade das richtige Futter für etwas ältere Jungfische. Seine Zucht kann in alten Blumenkästen (am besten aus Kunststoff) oder -töpfen durchgeführt werden. Ein Zuchtansatz kann von einer zoologischen Handlung bezogen werden. Das Zuchtgefäß wird nach *Jocher* [155] zur Hälfte mit gut ausgekochtem Torf gefüllt. Das Futter besteht aus Haferflocken, die entweder trocken oder als Brei dünn aufgetragen und mit einer Glasscheibe bedeckt werden. An der Unterseite der Glasscheibe sammeln sich die Würmchen und können dort mit Pinzette oder Spatel abgelesen werden. Um die Verdunstung zu verhindern, empfiehlt es sich, das Gefäß mit einem Deckel zu versehen. Die optimale Zucht-Temperatur liegt bei 22° C, so daß das Zuchtgefäß im Aquariumbedienungsraum aufgestellt werden kann.

H. Friedrich [85] benutzt als Bodengrund 15—30 mm starken Schaumgummi, der, zurecht geschnitten, in Plastik-Kühlschrank-Schalen gelegt wird. Nach sorgfältiger Reinigung des Schaumgummis in klarem Wasser, wird der Wurmansatz aufgetragen. Als Futter wird Milupa-Haferschnee (Hafertrockenschleim) verwendet. Ferner wurden Pelargon „Hobby gelb", Eipulver und Vitamine einfach darüber gestreut. Der Schaumstoff muß immer feucht gehalten werden, stehendes Wasser ist zu vermeiden. Alle 8—10 Tage wird der Schaumstoff in lauwarmen Wasser ausgedrückt und als Jungfischfutter verwendet.

Ein noch größer werdender Wurm der gleichen Gattung ist *Enchytraeus albidus;* er wird 20—30 mm lang. Diese Würmer sind gut geeignete Futtertiere für größere Jungfische und für ausgewachsene, kleinere Fische; allerdings sollten sie nicht als Alleinfutter verwendet werden, da in solch einem Falle die Fische zu fett werden würden. In Zuchtgefäße (s. o.) wird ein Gemisch von lockerer Erde und Sand (Verhältnis 1:1), das mit wenig fein geriebenen Torfmull vermengt wird, eingebracht. In eine Mulde wird in Milch getränktes Weißbrot oder gekochter Haferflockenbrei gelegt, der Zuchtansatz dazu gebracht und mit einer Scheibe bedeckt. Die günstigste Zuchttemperatur liegt bei 12° C, so daß diese Kulturen am besten im Keller angesetzt werden und auch dort verbleiben.

Für die angeführten Wurmzuchten ist in jedem Falle die Aufstellung von je drei Zuchtgefäßen zu empfehlen, um das Futter abwechselnd entnehmen zu können [155, 319].

Als Jungfischfutter eignet sich *Paramaecium caudatum* recht gut. Das Fundortwasser wird nach *Steiner* [319] mit verrottenden Wasserpflanzen und Schlammteilen, die aus eutrophen Gewässern stammen sollen, in ein hohes schmales Glas gebracht und in den Schatten gestellt. Das Wasser soll hier sauerstoffarm werden, um diesen Vorgang zu beschleunigen, sollen einige Kohlrübenschnitzel hinzugegeben werden. An der Oberfläche bildet sich bald eine Kahmhaut, die neben den Bakterien auch die Paramaecien enthält, die hier abpipettiert und verfüttert werden können. Sollen größere Mengen gezüchtet werden, dann verwendet man 500 bis 1000 ml Gefäße (z. B. Steilbrustflaschen oder Erlenmeyerkolben mit möglichst hohem Hals). Als Kulturflüssigkeit dient Leitungswasser mit Kohlrübenschnitzeln. Des Geruches wegen müssen die Kulturgefäße mit einem lockeren Wattepfropfen verschlossen werden. Die Kultur wird am besten in schwaches Tageslicht gestellt. Nach einiger Zeit läßt sich in bestimmter Höhe des Zuchtgefäßes eine leicht getrübte Schicht beobachten, in der die Parameacien in großer Menge vorkommen. Diese leicht getrübte Schicht befindet sich an der Grenze zwischen sauerstoff-freiem und noch sauerstoffhaltigem Wasser.

Für die Aufzucht von Meeresfischen eignet sich das marine Wimpertierchen *Euplotes*, dessen Zucht leicht durchzuführen ist. Nach W. *Neugebauer* [225] wird eine normale Seewasserlösung hergestellt, auf je 100 ml eine Pinzettenspitze voll Tubifex zugegeben und mit Euplotes beimpft. Durch die faulenden Würmer vermehren sich die Bakterien, die den Wimpertierchen als Nahrung dienen, sehr stark. Schon nach wenigen Tagen sind in der Kultur viele Wimpertierchen vorhanden.

Bei Belüftung können die Kulturbehälter beliebig groß sein, ohne diese darf der Wasserspiegel nur eine geringe Höhe haben. Von Zeit zu Zeit müssen neue Kulturen angesetzt werden. Zuchtansätze können von der Redaktion des *„Aquarien-Magazin"* bezogen werden.

Literatur (Auswahl)

[1] *E. Abel:* Die Hängegärten der Semiramis — im Seewasserbecken. A. M. 69
[2] *E. Amlacher:* Taschenbuch der Fischkrankheiten .... Jena 1972
[3] *P. Anthes:* Die Notwendigkeit der Vivaristik in der Schule und ihre praktische Gestaltung. M. N. U. Bd. 4/1952
[4] *P. Anthes:* Das Schulvivarium, ein modernes Unterrichts- und Erziehungsmittel. M. N. U. Bd. 12/1960
[5] *R. Bader:* Molche im Schulaquarium. P. 1957
[6] *R. Bader:* Fortpflanzungsbiologische Beobachtungen in Schulvivarien. P. 1958
[7] *R. Bader:* Einheimische Fische im Schulaquarium. P. 1959
[8] *R. Bader:* Schildkröten im Schulvivarium. P. 1961
[9] *R. Bader:* Das Schulaquarium. Stuttgart 1962
[10] *R. Bader:* Mein Unkenkindergarten. A. M. 1967
[11] *R. Bader:* Unken im Aquarium. A. M. 1970
[12] *U. Bässler:* Schulversuche zur Photonemotaxis der Insekten. M. K. 1963
[13] *U. Bässler:* Tracheen im Dauerpräparat. M. K. 1965
[14] *U. Bässler:* Das Stabheuschreckenpraktikum. Stuttgart 1965
[15] *A. Bartsch:* Das Schlüpfen der Larven von Artemia salina. M. K. 1956
[16] *A. Bartsch:* Das Bestimmen einheimischer Süßwasserschämme. M. K. 1958
[17] *A. Bartsch:* Das Silberfischchen. M. K. 1958
[18] *A. Bartsch:* Der Laichring und die Embryonalentwicklung der Köcherfliege Phryganea grandis. M. K. 1960
[19] *A. Bartsch:* Hauttrüber und Hautzerstörer an Fischen. M. K. 1960
[20] *W. Bechtle:* Ein Sonnenanbeter. (Dornschwänze) A. M. 1967
[21] *J. u. B. Bechyne:* Welcher Käfer ist das? Stuttgart 1953
[22] *R. Becker:* Beobachtungen am Guppy. P. 1962
[23] *M. Beier* u. *F. Heikertinger:* Fangheuschrecken. Wittenberg 1952
[24] *M. Beier* u. *F. Heikertinger:* Grillen und Maulwurfsgrillen. Wittenberg 1954
[25] *M. Beier:* Laubheuschrecken. Wittenberg 1955
[26] *M. Beier:* Feldheuschrecken. Wittenberg 1956
[27] *M. Berger, W. Engels, H. Rahmann:* Die Entwicklung des Salzkrebschens Artemia. M. K. 1962
[28] *M. Berger, W. Engels, H. Rahmann:* Artemia salina und ihr Lebenszyklus. A. M. 1969
[29] *G. Beul:* Kleines Einmaleins der Zierfischzucht. A. M. 1967
[30] *D. Botsch:* Lebenduntersuchung der Blutkapillaren von Fischen und Fröschen. M. K. 1960
[31] *D. Botsch:* Das Gehirn der Knochenfische. M. K. 1961
[32] *R. Bott:* Flußkrebse. P. 1953
[33] *A. Brand:* Das „Mikro"-Älchen. M. K. 1962
[34] *R. Braun:* Tierbiologisches Experimentierbuch. Stuttgart 1959.

[35] *A. Brauns:* Taschenbuch der Waldinsekten. Stuttgart 1964
[36] *P. Brohmer* · Fauna von Deutschland. Heidelberg
[37] *G. Brünner:* Aquarienpflanzen. Stuttgart 1962
[38] *G. Brünner:* Teichrosen im Aquarium. Datz 1963
[39] *G. Brünner:* Pfennigkraut im Aquarium. Datz 1964
[40] *G. Brünner:* Weiderichgewächse im Aquarium. Datz 1964
[41] *G. Brünner:* Welche Lampe ist richtig? Pflanzenwachstum und Aquarienbeleuchtung. A. M. 1967
[42] *G. Brünner:* Salvinia-Arten. Datz 1966
[43] *G. Brünner:* Ananas-Terrarienpflanze. A. M. 1967
[44] *P. Chlupaty:* Schmetterlingsfische. Stuttgart o. J.
[45] *W. Crome:* Die Wasserspinne. Wittenberg 1951
[46] *M. Neckart:* Die Atmung wasserbewohnender Insekten. M. K. 1962
[47] *M. Deckart:* Die „Augen" niederer Tiere. — Einfachste Organe der Lichtwahrnehmung. M. K. 1964
[48] *M. Deckart:* Das zusammengesetzte Auge der Krebse und Insekten. M. K. 1964
[49] *M. Deckart:* Anopheles und Culex. M. K. 1968
[50] *H. Dietle:* Die Hydrazucht für den Biologieunterricht. M. K. 1969
[51] *R. Drews:* Die Schneckenzunge. M. K. 1958
[52] *F. Doerbeck:* Mäuse im Schulvivarium. A. M. 1969
[53] *Ch. Dogs:* Dressurversuche an Guppys. P. 1966
[54] *Ch. Dogs:* Auch Guppys können Schilder lesen. A. M. 1968
[55] *K. Dylla:* Verhaltensforschung. Heidelberg 1964
[56] *K. Dylla:* Schüler beobachten und experimentieren im zool. Garten. M. N. U. 17/1965
[57] *K. Dylla:* Schmetterlingszuchten — eine Spielerei. P. 1965
[58] *K. Dylla:* Methoden des Unterrichtens im zool. Garten. B. U. 1965
[59] *K. Dylla:* Schmetterlinge im prakt. Biol.-Unterricht. Köln 1968
[60] *M. Dzwillo:* Lebendgebärende Zahnkarpfen. Stuttgart o. J.
[61] *W. Ellerbrock:* Angeborenes Verhalten. (Lebistes) P. 1966
[62] *W. Engelhardt:* Was lebt in Tümpel, Bach und Weiher. Stuttgart 1955
[63] *H. Esser:* Beobachtungsaufgaben zur Molchentwicklung I—III. P. 1969
[63a] *H. H. Falkenhan:* „Biologische Beobachtungen an *Smithuridesaquaticus (Collembola)*, Zeitschrift für wissenschaftl. Zoologie, Abt. A, 141. Bd., 1932, Leipzig
[64] *H. Feucht:* Der Kaiserfisch für Anfänger. A. M. 1969
[65] *H. Feucht:* Anfängerfische — Salz. A. M. 1970
[66] *I. Feuchter:* Einiges über das Verhalten des Stichlings. A. d. H. 1964
[67] *W. v. Filek:* Frösche im Aquarium. Stuttgart 1967
[68] *W. Fischel:* Tierpsychologie im Schulunterricht. M. N. U. Bd. 2 1950
[69] *W. Fischel:* Kleine Tierseelenkunde. München 1954
[70] *J. Fischer:* Neuzeitliche Hilfsgeräte am Schulaquarium. P. 1961
[71] *J. Fischer:* Das Unterrichtsaquarium. Köln 1963
[72] *J. Fischer:* Schauaquarium in der Schule und andere nutzlose Show. P. 1963
[73] *J. Fischer:* Begriffe und Vorstellungen in der Verhaltensforschung. P. 1963
[74] *J. Fischer:* Nochmals Schauaquarium. P. 1964
[75] *H. Franke:* Probleme der Haltung und Zucht von Chamäleons. I.—IV. Datz 1963 und 1964
[76] *G. v. Frankenberg:* Das Heimataquarium. Hannover 1952
[77] *G. v. Frankenberg:* Das Schlüpfen der Ameisenjungfer. A. d. H. 1953
[78] *G. v. Frankenberg:* Die Musikinstrumente unserer Heuschrecken. Praschu 1957
[79] *H. Freese — G. Markuse:* Aquarienfotografie ganz einfach. Stuttgart 1964
[80] *H. Frey:* Das Süßwasseraquarium. Berlin 1955
[81] *H. Frey:* Bunte Welt im Glase, Wittenberg
[82] *G. Freytag:* Der Teichmolch. Wittenberg 1954
[83] *G. Freytag:* Feuersalamander. Wittenberg 1955
[84] *K. Freytag* u. *R. Vogel:* Nauplien von Artemia salina — ein günstiges Objekt für sinnesphysiologische Versuche. P. 1966
[85] *H. Friedrich:* Grindalzucht ... A. M. 1967
[86] *K. v. Frisch:* Aus dem Leben der Bienen. Berlin 1953
[87] *O. v. Frisch:* Findelkinder! Tips für die Aufzucht und Pflege von Jungvögeln V. K. 1969
[88] *U. E. Friese, See, Zylinder, Wachstoffen ...* A. M. 1970
[89] *H. Fritz:* Fischfutter aus dem „Bienenkorb". Zucht von Taufliegenmaden. A. M. 1967
[90] *H. Fürsch:* Eine Lanze für das Aquarium. P. 1964
[91] *H. Fürsch:* Aus Weibchen werden Männchen. Geschlechtsumwandlung bei Zahnkarpfen. A. M. 1967
[92] *H. Fürsch:* Das wartungsfreie Seeaquarium. A. M. 1967
[93] *H. Fürsch:* Korallenriff im Biologiesaal. Das Seewasserbecken im Schulunterricht. A. M. 1970
[94] *R. Geisler:* Wasserkunde für die aquaristische Praxis. Stuttgart 1964
[95] *A. Geus:* Ein gefährlicher Parasit an Fischen: Das Geißeltierchen Oodinium pillularis. M. K. 1960

[96] R. Gerlach: Salamandrische Welt. Hamburg 1960
[97] H. Geyer: Praktische Futterkunde für den Aquarien- und Terrarienfreund. Stuttgart 1965
[98] R. Gleichauf: Schmetterlinge sammeln und züchten. Stuttgart 1968
[99] H. Gleiß: Eintagsfliegen. Wittenberg 1954
[100] W. Glöckner: Die insektenkundliche A. G. P. 1956
[101] G. Göke: Über das soziale Verhalten der Smaragdeidechse. Datz 1963
[102] K. Gösswald: Der Ameisenstaat. M. N. U. Bd. 12, 1960
[103] W. Goetsch: Die Staaten der Ameisen. Berlin 1953
[104] W. Gotthard: Erbversuche mit dem veränderlichen Blattkäfer (Chrysomela varians) B. U. 5/1969
[105] J. Graf: Der Wanderer durch die Binnengewässer. München 1958
[106] W. Grau: Der Kreislauf des Lebens und seine Demonstration im Kleinaquarium. P. 1960
[107] G. Grave: Der Goldhamster im Unterricht der Sexta. B. U. 1965
[108] D. Grobe: Der Axolotl. A. M. 1968
[109]]W. Grüninger: Planungsunterricht über Fische. B. U. 1969
[110] K. W. Harde: Nützliches Ungeziefer. Stuttgart 1964
[111] H. Hart: Süß oder Salzig. Die Haltung von Kugelfischen. A. M. 1967
[112] H. Hart:: Biologische Selbstreinigung im Aquarium (Süßwasserpolyp). A. M. 1968
[113] H. Hart: Mauergeckos — selbst gezogen. A. M. 1969
[114] K. Harz: Zucht von Heuschrecken. P. 1957
[115] K. Harz: Ameisenlöwe und Ameisenjungfer. K. 1964
[116] E. Heer: Die Fische als Konzentrationsthema für eine Wiederholung zu den Gebieten der Sinnesphysiologie, Ethologie und der Stammesgeschichte i. d. Oberprima. B. U. 1969
[117] A. Heilborn: Der Stichling. Wittenberg 1949
[118] A. Heilborn: Frösche. Wittenberg 1950
[119] W. Heiligmann: Die Insektensammlung in der Schule. M. K. 1959
[120] B. Henning: Der Regenwurm. K. 1968
[121] G. Henke: Die Strudelwürmer. Wittenberg 1962
[122] W. Hering: Über die Aufzucht von Lebendfutter. Datz 1963
[123] H. Herkner: Dem „Seewasserichthyo" auf der Spur. A. M. 1967
[124] H. Herkner: Beobachtungen an Ichthyophthirius multifiliis. Datz 1969
[125] H. Herkner: Weit verbreitet und doch kaum bekannt — ein gefährlicher, neuer Parasit in unseren Aquarien. Datz 1969
[126] H. Herkner: Was verbirgt sich alles hinter dem Namen „Oodinium"? Datz 1969
[127] G. Hermes: Landschildkröten. P. 1961
[128] G. Hermes: Einige Bemerkungen zur Aufzucht neugeborener Goldhamster. P. 1963
[129] U. Hesse: Rädertierchenkultur als Aufzuchtfutter. Datz 1964
[130] H. Heusser: Unsere Kröten sind Nachtwandler. A. M. 1970
[131] W. Hinke: Unterrichtsversuche mit der Tauffliege. P. 1965
[132] R. Hoefke: Was kann man bei der Entwicklung des Froschlaiches mit Lupe und Mikroskop beobachten. M. K. 1954
[133] R. Hoefke: Die Entwicklung der Amphibien. M. K. 1956
[134] H. Hofer: Aquarienbau mit modernen Hilfsmitteln, Datz 1964
[135] H. J. Hoffmann: Hydra. P. 1958
[136] H. J. Hoffmann: Insektenflügel — Dias. P. 1961
[137] H. Horenburg: Vorschläge zur Behandlung der Stoffeinheit „Fische". B. i. Sch. 1966
[138] H. Hubl: Schmetterlingszuchten — eine Spielerei? P. 1964
[139] G. Hückstedt: Aquarienchemie. Stutgart 1963
[140] G. Hückstedt: Aquarientechnik. Stuttgart 1963
[141] G. Hückstedt: Paraxis der Meeresaquaristik. Datz 1964
[142] H. Illies: Wir beobachten und züchten Insekten. Stuttgart 1964
[143] H. Jackl: Kaltwasserfische werden zu unrecht verachtet. A. M. 1968
[144] S. Jaeckel: Unsere Süßwassermuscheln. Wittenberg 1952
[145] S. Jaeckel: Die Schlammschnecken unserer Gewässer. Wittenberg 1953
[146] J. Jahn: Aquarienpflanzen. Minden 1954
[147] J. Jahn: Lebendfutter für ausgewachsene Aquarien und Terrarientiere. Minden 1955
[148] J. Jahn: Schildkröten. Minden 1959
[149] J. Jahn: Kleine Terrarienkunde. Minden 1963
[150] H. Janus: Unsere Schnecken und Muscheln. Stuttgart 1958
[151] H. Janus: Das Tümpelaquarium. Stuttgart 1963
[152] H. Janus: Muscheln, Schnecken, Tintenfische. Stuttgart 1964
[153] H. Janus: Die Apfelschnecke. A. M. 1967
[154] (Entfällt)
[155] W. Jocher: Futter für Vivarientiere. Stuttgart 1965
[156] W. Jocher: Problemfische I. Stuttgart 1967
[157] W. Jocher: Problemfische II. Stuttgart 1968
[158] W. Jocher: Damit's ein Prachtfisch wird. Aufzuchtfutter für Jungfische. A. M. 1967

[159] W. *Jocher:* Schildkröten. Stuttgart 1966
[160] W. *Jocher:* Der Kugelfisch reinigt biologisch. A. M. 1968
[161] W. *Jocher:* Ein Platz an der Sonne (Schildkröten). A. M. 1968
[162] K. *Jordan:* Wasserläufer. Wittenberg 1952
[163] K. *Jordan:* Die Wasserwanzen. Wittenberg 1960
[164] S. *Jung:* Grundlagen für die Zucht und Haltung der wichtigsten Versuchstiere. Stuttgart 1962
[165] W. *Jungfer:* Die einheimischen Kröten. Wittenberg 1954
[166] W. *Kästle:* Terrarienbeheizung ist eine Wissenschaft für sich. A. M. 1968
[167] W. *Kästle:* Manche mögen es heiß. A. M. 1968
[168] W. *Kästle:* Die Pflege der Plattgürtelechse Platysaurus guttatus. A. M. 1970
[169] B. *Kahl:* Salmler im Aquarium / Haltung und Zucht. Stuttgart 1970
[170] H. *Kalmus:* Einfache Experimente mit Insekten. Basel 1950
[171] C. *Kasche:* Labyrinthversuche mit Goldhamstern im Klassenraum. M. N. U. Bd. 17/1965
[172] G. *Kemmner:* Der giftige Biß (Kreuzotter) N. 1966
[173] B. *Kirk:* Verwendung der Tierwelt des Schulaquariums im Biologieunterricht I—III. Praschu 1956
[174] O. *Klee:* Die griechischen Landschildkröten und ihre Pflege. A. M. 1969
[175] O. *Klee:* Beseitigung von Schnecken im Aquarium. A. M. 1969
[176] W. *Klevenhusen:* Eine Methode zur Insektenbeobachtung während eines Landschulheimaufenthaltes. P. 1954
[177] W. *Klevenhusen:* Die Larve der Zuckmücke. M. K. 1958
[178] W. *Klingelhöfer:* Terrarienkunde Bd. I—IV. Stuttgart 1955/59
[179] K. *Knaack:* Killifische im Aquarium. Haltung und Zucht von eierlegenden Zahnkarpfen. Stuttgart 1970
[180] F. *Knievel:* Der „Plan" des Fortpflanzungsverhaltens beim Stichling. P. 1967
[181] W. *Koch:* Kleines Fischereibuch. Stuttgart 1962
[182] K. *Kramer* — H. *Weise:* Aquarienkunde. Braunschweig 1952
[183] K. *Kraus:* Einheimische Schmerlen im Aquarium. Datz 1964
[184] H. *Krethe:* Haltung von Wasserflöhen. M. K. 1961
[185] J. *Krumbiegel:* Wie füttere ich gefangene Tiere? Frankfurt 1965
[186] R. *Kübler:* Licht im Aquarium. Stuttgart 1968
[187] H. W. *Kühn:* Bücherskorpion. P. 1958
[188] H. W. *Kühn:* Pflanzengallen I—IV. P. 1958, 65, 70
[189] H. W. *Kühn:* Das Schulaquarium. P. 1961
[190] P. *Kuenzer:* Mein Freund, der gestreifte Zwerg-Buntbarsch I.—III. A. M. 1967
[191] W. *Ladiges:* Barben. Stuttgart o. J.
[192] W. *Ladiges:* Bärblinge. Stuttgart o. J.
[193] W. *Ladiges:* Tropische Meeresfische. Stuttgart o. J.
[194] W. *Ladiges* — D. *Vogt:* Die Süßwasserfische Europas bis zum Ural und Kaspischen Meer. Hamburg 1965
[195] H. *Lehmann:* Crassula lactea, eine anspruchslose Pflanze für trockene Terrarien. Datz 1963
[196] H. *Lehmann:* Der Feigenbaum, ein dekoratives Gewächs für das Terrarium. Datz 1964
[197] H. *Lehmann:* Aquarien und Terrarien — wertvolle Hilfsmittel für den Biologieunterricht. Datz 1964
[198] R. *Lehmann:* Embryologische Untersuchungen am Bergmolch. M. K. 1966
[199] J. *Lom:* Vorsicht! Ein neuer Hauttrüber bedroht unsere Fische. A. M. 1969
[200] K. *Lorenz:* Eine Lanze für das Aquarium. N. 1965
[201] A. *Ludwig:* Die Honigbiene. Wittenberg 1958
[202] H. *Mann:* Krankheitsursache: Futter. A. M. 1970
[203] D. *Matthes:* Tiere miteinander. Stuttgart 1967
[204] H. *Mayland:* Fototechnik für Aquarianer. Stuttgart 1969
[205] H. *Mayland:* Bakterienfilter für salzig und süß. Ein biologisches Filter — selbstgebaut. A. M. 1969
[206] H. *Mayland:* Wachstumsfutter für Salinenkrebschen. A. M. 1969
[207] C. *Meier-Brook:* Unsere kleinsten Muscheln. M. K. 1963
[208] R. *Mell:* Der Seidenspinner. Wittenberg 1955
[209] E. *Mener:* Unsere Süßwasserpolypen. Wittenberg 1954
[210] R. *Mertens:* Kriechtiere und Lurche. Stuttgart 1960
[211] H. *Meuser:* Die Apfelschnecke im Schulaquarium. B. U. 1965
[212] H. *Mischke:* Aquarienbeleuchtung. Datz 1960
[213] W. *Mudrack:* Haltung und Zucht von Eublepharis macularius. A. M. 1970
[214] S. *Müllegger:* Das Seeaquarium. Stuttgart 1963
[215] H. *Müller:* Die Flußkrebse. Wittenberg
[216] J. *Müller:* Lebensgemeinschaft Süßwassersee. Köln 1963
[217] G. *Müller-Langenbeck:* Die Anlage einer Heuschreckenzuchtanlage. Datz 1964
[218] D. *Müller-Schwarze:* Ethologische Versuche in der Schule. P. 1967
[219] B. J. *Muns* — P. *Dahlström:* Süßwasserfische Europas. München 1968

[220] *H. Naumann:* Wasserschmetterlinge. A. d. H. 1952
[221] *H. Naumann:* Der Gelbrandkäfer. Wittenberg 1955
[222] *H. Naumann:* Taumelkäfer. A. d. H. 1959
[223] *H. Naumann:* Häufigste Insektenlarven in unseren Gewässern. Datz 1964
[224] *H. Nehring:* Pflege und Zucht von Anolis carolinensis. A. M. 1970
[225] *W. Neugebauer:* So züchten wir Korallenfische. A. M. 1969
[226] *G. H. Neumann:* Einführung in die Verhaltensforschung. P. 1966
[227] *G. Nietzke:* Die Terrarientiere I und II. Stuttgart 1972
[228] *A. v. d. Nieuwenhuizen:* Labyrinthfische. Stuttgart o. J.
[229] *A. v. d. Nieuwenhuizen:* Zwergbuntbarsche. Stuttgart o. J.
[230] *N. N.:* Algenplage. A. M. 1967
[231] *F. J. Obst — W. Mensel:* Die Landschildkröten Europas. Wittenberg 1963
[231a] *R. Olsson:* Alles über das Aquarium. Stuttgart 1969
[232] *W. Ostermöller:* Die Aquarienfibel. Stuttgart 1968
[233] *W. Ostermöller:* Die „Turmdeckelschnecke". A. M. 1968
[234] *W. Ostermöller:* Blumentiere für Sie — Seerosen im Anfängerbecken. A. M. 1969
[235] *W. Ostermöller:* Fische züchten nach Rezept. Stuttgart 1970
[236] *D. Otto:* Die roten Waldameisen. Wittenberg 1962
[237] *A. Panning:* Die chinesische Wollhandkrabbe. Wittenberg 1952
[238] *K. Panzke:* Tierhaltung in selbstgebauten Terrarien. P. 1955
[238a] *K. Paysan:* Welcher Zierfisch ist das? Stuttgart 1970
[239] *R. Peters:* Die Kugelmuschel. M. K. 1962
[240] *H. G. Petzold:* Der Guppy. Wittenberg 1968
[241] *W. Pfeiffer:* Schreckreaktion und Schreckstoffzellen der Fische. M. K. 1962
[242] *H. Pinter:* Handbuch für Aquarienfischzucht. Stuttgart 1966
[243] *W. Polder:* Das Paludarium. I—IV. Datz 1963
[244] *K. Probst:* Meeresaquaristik. Minden 1963
[245] *G. Radek:* Wie ich der Blindschleiche auf die Schliche kam. A. M. 1967
[246] *G. Radek:* Heimische Kröten im Terrarium. A. M. 1969
[247] *H. Rahmann — W. Engels:* Die Karpfenlaus. M. K. 1961
[248] *H. H. Reichenbach-Klinke:* Krankheiten der Aquarienfische. Stuttgart 1957
[249] *H. H. Reichenbach-Klinke:* Krankheiten der Amphibien. Stuttgart 1961
[250] *H. H. Reichenbach-Klinke:* Krankheiten der Reptilien. Stuttgart 1963
[251] *H. H. Reichenbach-Klinke:* Die Vitaminfütterung bei Fischen, Lurchen und Reptilien. Datz 63
[252] *H. H. Reichenbach-Klinke:* Krankheiten und Schädigungen der Fische. Stuttgart 1966
[253] *H. H. Reichenbach-Klinke:* Bestimmungsschlüssel zur Diagnose von Fischkrankheiten. Stuttgart 1969
[254] *R. Reinboth:* Die schönsten Männchen waren einmal Weibchen. (Geschlechtsumwandlungen). A. M. 1969
[255] *E. Richter:* Uromastyx acanthinurus $13^{1}/_{2}$ Jahre in Gefangenschaft. Datz 1966
[256] *K. Riese:* Forellenzucht als Schulversuch. P. 1956
[257] *K. Riese:* Drosophilazucht i. d. Schule. P. 1962
[258] *K. Riese und F. Seidel:* Die Hydra. M. K. 1967
[259] *U. Roland u. G. Winkel:* Die weiße Maus als Arbeitsobjekt in der Schule. P. 1969
[260] *E. Roloff:* Die Aphyosemionarten, ihre Lebensweise und ihr Nutzen. A. M. 1967
[261] *K. Rühl:* Freilandbeobachtungen und einige Experimente bei der roten Waldameise. P. 1967
[262] *W. Ruppolt:* Züchtungsversuche mit dem Lilienhähnchen Crioceris Lilii oder Lilioceris Lilii. P. 1957
[263] *W. Ruppolt:* Die Beobachtung der Insektenmetamorphose im Winter. M. N. U. 1957
[264] *W. Ruppolt:* Leguane im Schulterrarium. P. 1961
[265] *W. Ruppolt:* Tellerschnecken-Embryonen. P. 1964
[266] *W. Ruppolt u. W. Schulz:* Axolott-Metamorphose. M. N. U. 1964
[267] *W. Ruppolt:* Echsen als Beobachtungs- und Pflegetiere. P. 1967
[268] *W. B. Sachs:* Aquarienpflege leicht gemacht. Stuttgart 1958
[269] *W. B. Sachs u. R. Oeser:* Terrarienpflege leicht gemacht. Stuttgart 1953
[270] *W. Schäperclaus:* Fischkrankheiten. Berlin 1954
[271] *O. Scheerpeltz:* Der Maikäfer. Wittenberg 1950
[272] *O. Scheerpeltz:* Ameisen. Wittenberg 1952
[273] *E. Schermer:* Süßwasserschnecken im Biologieunterricht. M. K. 1955
[274] *F. Scherney:* Unsere Laufkäfer. Wittenberg 1959
[275] *O. Schindler:* Unsere Süßwasserfische. Stuttgart 1953
[276] *A. Schiötz u. P. Dahlström:* Aquarienfische (Bestimmungsbuch) München 1970.
[277] *G. Schmida:* Erlebnisse mit Bergagamen. Datz 1969
[278] *G. Schmidt:* Die Wasserspinne. Datz 1963
[279] *C. Schmitt:* Anleitung zur Haltung und Beobachtung wirbelloser Tiere. Freising o. J.
[280] *G. Schneider:* Aus dem Verhaltensinventar von Tettigonia viridissima. P. 1969

[281] *H. Schneider:* Schmetterlingseier: Embryologische Untersuchungen an lebenden Eiern. M. K. 1963
[282] *H. Schneider:* Entwicklungsgeschichte des Bergmolches. M. K. 1964
[283] *H. Schneider:* Polyp und Meduse im Schulaquarium. M. K. 1967
[284] *K. M. Schneider:* Welche erziehliche Bedeutung hat der Umgang mit Tieren. M. N. U. 1951
[285] *W. Schoenichen:* Praktikum der Insektenkunde. Jena 1930
[286] *M.* und *J. H. Schröder:* Lebistes reticulatus als Studienobjekt für das Wahlpflichtfach Biologie. M. N. U. 1966
[287] *M.* und *J. H. Schröder:* Das Züchten von Aquarienfischen — einmal wissenschaftlich betrachtet I—III. A. M. 1969 u. 1970
[288] *G. Schubert:* Krankheiten der Fische. Stuttgart 1964
[289] *G. Schubert:* Importierte Krankheiten. A. M. 1967
[290] *G. Schubert:* Fischfeind Nr. 1 „Der Ichthyo" I + II. A. M. 1967
[291] *G. Schubert:* Tod dem Ichthyophthirius. A. M. 1967
[292] *G. Schubert:* Ein trübes Kapitel. Hauttrüber. A. M. 1967
[293] *G. Schubert:* Kiemenwurm und Hautwurm. A. M. 1968
[294] *B. Schultz:* Die Entwicklung von Wagtailhelleris. P. 1964
[295] *B. Schultz:* Haltung und Zucht des Axolotls. Datz 1965
[296] *K. Schwammberger:* Kleine Säugetiere richtig gepflegt. Stuttgart 1968
[297] *W. Schwarzmaier:* Zucht- und Vererbungsversuche mit Drosophila melanogaster i. d. Schule. B. U. 1969
[298] *H. W. Schwegler:* Süßwasserpolypen im Unterricht. M. K. 1960
[299] *H. W. Schwegler:* Strudelwürmer. M. K. 1960
[300] *U. Sedlag:* Urinsekten. Wittenberg 1953
[301] *U. Sedlag:* Hautflügler I. Wittenberg 1951
[302] *U. Sedlag:* Hautflügler II. Wittenberg 1954
[303] *U. Sedlag:* Hautflügler III. Wittenberg 1959
[304] *K. Seitz:* Verhaltensbiologische Beobachtungen an Feldheuschrecken. P. 1969
[305] *W. Seyser:* Hilfstabellen für Tümpelfahrten. Braunschweig 1950
[306] *W. Siedentop:* Arbeitskalender für den biologischen Unterricht. Heidelberg 1959
[307] *W. Siedentop:* Methodik und Didaktik des Biologie-Unterrichts. Heidelberg 1964
[308] *W. Siedentop:* Gefährliche Begegnung mit einer Kreuzotter. M. N. U. 1964
[309] *W. Siedentop:* Regenwürmer und ihre Reviere. M. N. U. 1968
[310] *L. Sielmann:* Verhaltenskundliche Beobachtungen an Fischen. B. U. 1969
[311] *V. Skopzow:* Die Haltung von Flußkrebsen im Aquarium. B. i. Sch. 1966
[312] *G. Stehli:* Sammeln und Präparieren von Tieren. Stuttgart 1953
[313] *K. H. Stein:* Basteln für Aquarienfreunde. Stuttgart 1966
[314] *F. Steinecke:* Insektarium. P. 1955
[315] *F. Steinecke:* Süßwasserschwämme im Aquarium. P. 1957
[316] *F. Steinecke:* Frühlingsflorfliege und Ameisenlöwe. P. 1957
[317] *F. Steinecke:* Das Plankton des Süßwassers. Heidelberg 1958
[318] *F. Steinecke — R. Auge:* Experimentelle Biologie. Heidelberg 1963
[319] *G. Steiner:* Das zoologische Laboratorium. Stuttgart 1963
[320] *R. Steinhäuser:* Die Pflege von Vivarien an unseren Schulen. M. N. U. 1956
[321] *E. Stengel:* Eine Stunde über Schnecken. P. 1953
[322] *E. Stengel:* Die besondere Lage des Biologieunterrichtes in der Großstadt. B. U. 1965
[323] *G. Sterba:* Aquarienkunde I. u. II. Berchtesgaden 1954/56
[324] *G. Sterba:* Süßwasserfische aus aller Welt. Berchtesgaden 1959
[325] *G. Tembrock:* Verhaltensforschung. Jena 1964
[326] *K. Thiel:* Pflanzliche Kleinlebewesen im Aquarium. M. K. 1959
[327] *E. Thieme:* Der zoologische Garten als Unterrichtsmittel. Praschu 1957
[328] *N. Tinbergen:* Tiere untereinander. Bln/Hbg. 1955
[329] *N. Tinbergen:* Instinktlehre. Bln/Hbg. 1956
[330] *W. Tischbiereck:* Beobachtung der Krötenmetamorphose im Biologiezimmer. Praschu 1955
[331] *W. Trousil-Linhard:* Entwicklung der Schlammschnecke. M. K. 1967
[332] *H. W. Tusche:* 1 x 1 für junge und alte Aquarianer. Stuttgart 1957
[333] *E. Trummler:* Romantik oder Hygiene. — Feuersalamander lieben Sauberkeit. A. M. 1967
[334] *H. J. Unverfähr:* Das Arbeitsaquarium. P. 1966
[335] *H. J. Unverfähr:* Bienenschaukasten. P. 1957
[336] *A. Usinger:* Einheimische Säugetiere und Vögel in der Gefangenschaft. Hbg. 1960
[337] *Z. Vogel:* Wunderwelt Terrarium. Jena/Berlin 1963
[338] *D. Vogt:* Taschenbuch der tropischen Zierfische I. und II. Stuttgart 1956/57
[339] *D. Vogt:* Buntbarsche. Stuttgart 1962
[340] *D. Vogt:* Welse. Stuttgart 1963
[341] *H. H. Vogt:* Detergentien und Giftwirkung auf Fische. N. R. 1965
[342] *W. Vollmer:* Das wohltemperierte Aquarium. München 1961
[343] *H. Wachtel:* Aquarienhygiene. Stuttgart 1963

[344] *E. Wagner:* Insektenzucht in der Schule. Hamburg 1954
[345] *H. Wagner:* Taschenbuch der Käfer. Esslingen/München
[346] *H. Wagner:* Taschenbuch der Raupen. Esslingen/München
[347] *H. Wagner:* Taschenbuch der Schmetterlinge. Esslingen/München
[348] *G. v. Wahlert:* Molche und Salamander. Stuttgart 1965
[349] *G. Warnecke:* Welcher Schmetterling ist das? Stuttgart 1958
[350] *R. Weber:* Beobachtung an einer Seidenraupenzucht. P. 1957
[351] *W. Weigel:* Das Schmuck- und Schauaquarium. Stuttgart 1964
[352] *W. Weigel:* Meeresaquarium maßgeschneidert. A. M. 1967
[353] *W. Weigel:* Aquarianer fangen Meerestiere. Stuttgart 1969
[354] *W. Weiss:* Bunte Welt der Tropenfische. Stuttgart 1968
[355] *W. Weiss:* Versuchen Sie es doch mal mit Unken. A. M. 1967
[356] *P. Weygoldt:* Zucht und Beobachtung von Pseudoskorpionen. M. K. 1961
[357] *L. Whitney, P. Hähnel:* Alles über Guppys. Stuttgart 1959
[358] *W. Wickler:* Das Ei und die Embryonalentwicklung bei Fischen. M. K. 1957
[359] *W. Wickler:* Das Züchten von Aquarienfischen. Stuttgart 1963
[360] *W. Wickler:* Das Meeresaquarium. Stuttgart 1962
[361] *W. Wickler:* Soziologische Forschungen im Aquarium. Der Brabantbuntbarsch im Labor des Verhaltensforschers. A. M. 1970
[362] *G. Winkel:* Einrichtung eines Nordseeaquariums. Praschu 1955
[363] *G. Winkel:* Tierhaltung in der Schule. B. U. 1970
[364] *G. Winkel:* Die Maus als Objekt „forschender Schulbiologie", B. U. 1970
[365] *W. Wolf:* Schauaquarium — Ein Für und Wider. P. 1963
[366] *A. Wünschmann:* Vorschläge für den biologischen Anschauungsunterricht im zoologischen Garten. M. N. U. 1965
[367] *J. Zeithammer:* Sind Zecken wirklich harmlos? (Terrarienmedizin). A. M. 1969
[368] *J. Zeithammer:* Schlangen als Krankheitsüberträger. N. R. 1965

Literatur — Nachtrag

[389] *F. Anders, K. Klinke, U. Vielkind:* Genregulation und Differenzierung im Melanom-System der Zahnkärpflinge. B. u. Z 1972
[390] *W. Bechtle:* Bunte Welt im Terrarium. Stuttgart 1971
[391] *J. Blum:* Die Amphibien und Reptilien Europas. Bern, Stuttgart 1971
[392] *D. Erber:* Der Zebrabuntbarsch, ein Fisch für das Schulaquarium I + II, P. 1971
[393] *K. Freitag:* Verhaltensstudien am weinroten Prachtbarsch. P. 1972
[394] *R. Gerlach:* Die Geheimnisse im Reich der Fische. Düsseldorf 1970
[395] *R. Gerlach:* Die Geheimnisse im Reich der Amphibien und Reptilien. Düsseldorf 1971
[396] *J. Gilbert* und *R. Legge:* Das große Aquarienbuch. Stuttgart 1972
[397] *F. de Graaf:* Das tropische Meeresaquarium. Berlin, Basel, Wien 1971
[398] *G. Hartwich:* Regenerationsversuche an Planarien. B. S. 1970
[399] *W. Kästle:* Echsen im Terrarium. Stuttgart 1972
[400] *W. Klausewitz:* Kleine Meeresaquaristik. Minden 1969
[401] *R. Kübler:* Aquariengeräte — selbstgebaut. Stuttgart 1971
[402] *P. u. M. Larson:* Insektenstaaten. Hamburg, Berlin 1971
[403] *R. Mannesmann, E. Philipp:* Einsatzmöglichkeiten von Terminten im Unterricht. P. 1971
[404] *G. H. Neumann:* Verhaltensbiologische Schulexperimente mit Wirbeltieren. P. 1971
[405] *H. G. Petzold:* Blindschleiche und Scheltopusik. Wittenberg 1971
[406] *A. Schlötz, P. Dahlström:* Aquarienfische. München 1970
[407] *E. Schmidt:* Ein Schülerversuch zur Atmung von Wassertieren: Gelbrandkäfer und Rückenschwimmer. P. 1972
[408] *H. Schneider:* Wir untersuchen Süßwassermuscheln. M. K. 1971
[409] *G. Streba:* Handbuch der Aquarienfische. München 1972
[410] *H. C. de Wit:* Aquarienpflanzen. Stuttgart 1971

Zeitschriften (Auswahl für den schulischen Gebrauch)

P.: Praxis der Naturwissenschaften / Biologie. Aulis Verlag, Köln.
MNU.: Der Mathematische und Naturwissenschaftliche Unterricht. Dümmler-Verlag Bonn
Praschu.: Praktische Schulphysik, -chemie und -biologie. erschienen bis 1957. Ab 1958 vereinigt mit P. d. N.
B. U.: Der Biologie-Unterricht. Klett-Verlag, Stuttgart
A. d. H.: Aus der Heimat. Seit 1960 N. Die Natur. Spektrum-Verlag, Stuttgart
N. R.: Naturwissenschaftliche Rundschau. Wissenschaftliche Verlagsgesellschaft Stuttgart
K.: Kosmos
M. K.: Mikrokosmos
Nep.: Neptun   Franckh'sche Verlagsbuchhandlung, Stuttgart
V. K.: Vogel-Kosmos
A. M.: Aquarien-Magazin
Datz.: Deutsche Aquarien- und Terrarienzeitschrift
E. Z.: Entomologische Zeitschrift. Beide: Kernen-Verlag, Stuttgart
B. u. Z.: Biologie unserer Zeit. Verlag Chemie, Weinheim

SCHULVERSUCHE ZUM THEMA RAUCHEN

Von Oberstudiendirektor Dr. Hans-Helmut Falkenhan

Würzburg

EINLEITUNG

Die Schädlichkeit des Rauchens, insbesondere des Zigarettenrauchens, ist durch zahlreiche Untersuchungen eindeutig bewiesen. In den am Schluß dieses Kapitels zusammengestellten Statistiken wurden vor allem die Ergebnisse neuerer Untersuchungen berücksichtigt. Im Literaturverzeichnis finden sich die hierzu benutzten Originalarbeiten.

Bei den Versuchen wurden nur solche aufgeführt, die leicht und ohne besondere Vorkenntnisse in der Schule durchführbar sind und schnell ein Ergebnis liefern. Sie können vom Lehrer, aber auch von älteren Schülern ausgeführt werden. Da in vielen Schulen leider sogar „Raucherzimmer" eingerichtet worden sind, ist es durchaus zulässig, daß bei diesen Versuchen, die ja vom Rauchen abhalten sollen, auch einmal ein älterer Schüler „im Unterricht raucht".

Von den zahlreichen Bestandteilen des Zigaretten-, Zigarren- und Pfeifenrauchs sind es vor allem die *Teerstoffe,* das *Nikotin* und das *Kohlenmonoxid,* die die Hauptschäden verursachen. Die Versuche wurden deshalb so ausgewählt, daß sie das Vorhandensein dieser Schadstoffe im Rauch beweisen, und — wenn dies mit einfachen Mitteln möglich ist — die Wirkung auf den menschlichen Organismus aufzeigen.

Die Erfahrung hat gezeigt, daß Gewohnheitsraucher nur sehr schwer endgültig auf das Rauchen verzichten können. Jugendliche gehören im allgemeinen glücklicherweise noch nicht zu dieser Gruppe der schwer Beeinflußbaren. Erwiesen ist, daß Rauchen um so schädlicher ist, je früher damit begonnen wird. Leider hat sich in den letzten Jahren dieser Beginn immer weiter nach unten verschoben. Es kommt deshalb darauf an, daß die hier zusammengestellten Versuche möglichst schon den Zwölf- bis Vierzehnjährigen gezeigt werden, denn diese machen gerade ihre ersten regelmäßigen Rauchversuche. Natürlich sollten sie später, wenn bessere physiologische und chemische Kenntnisse vorhanden sind, wiederholt und vertieft ausgewertet werden. — Besonders betroffen waren die Jugendlichen, wie ich immer wieder beobachten konnte, wenn sie feststellen mußten, daß der Rauch nur einer Zigarette bei ihnen eine bestimmte physiologische Wirkung verursachte.

Sehr günstig ist es natürlich, wenn der Lehrer selbst Nichtraucher ist. Sollte dies nicht der Fall sein, kann er nur anführen, daß er viel später mit dem Rauchen begonnen hat. Außerdem waren seinerzeit die Schadwirkungen des Rauchens noch nicht so bekannt wie heute.

A. Voraussetzungen

Bevor Rauchversuche gezeigt werden, muß der Atmungsvorgang den Schülern geläufig sein. Sie müssen wissen, wie die Luft in die Lungenflügel über die mit Flimmerhärchen und Schleimzellen versehenen Bronchien gelangt, wodurch Staubteilchen zurückgehalten und durch das Schlagen der Flimmerhärchen wieder noch oben aus dem Körper geschafft werden.

Ferner muß ihnen die Zusammensetzung der Ein- und Ausatmungsluft, die Aufnahme des Sauerstoffs in das Blut, seine Bindung an die Roten Blutkörperchen und sein Transport in alle Teile des Körpers bekannt sein, ebenso der Transport und die Ausscheidung des bei den Oxidationsvorgängen entstehenden Kohlendioxids.

Zusammensetzung der Einatmungsluft		Zusammensetzung der Ausatmungsluft
Stickstoff:	ca. 78 %	ca. 78 % (unverändert)
Sauerstoff:	ca. 21 %	ca. 15 %
Kohlendioxid:	ca. 0,04 %	ca. 6 %
Rest: Edelgase und Verunreinigungen		Edelgase unverändert, Verunreinigungen zum großen Teil in Atmungswegen und Lunge zurückgehalten.

Versuche zur Atmung: Siehe Band 3, Seite 24 und folgende.

Methodische Hinweise: Unterrichtsprogramm „Rauchen und Gesundheit"

Herausgegeben von der Bundeszentrale für gesundheitliche Aufklärung, Köln-Merheim.

Die folgenden Versuche zum Thema Rauchen sind z. T. von mir in dem oben genannten Buch beschrieben worden (Literatur).

B. Versuche

I. Teerstoffe

Von den Feststoffen im Zigaretten-, Zigarren- und Pfeifenrauch gehört ein großer Teil zu den „Teerstoffen", die als krebserzeugende und krebsfördernde Stoffe ein besonders gefährlicher Bestandteil des Rauchs sind. Zigarettenrauch ist vor allem deshalb so gefährlich, weil er meistens inhaliert wird, so daß seine Bestandteile in die Lunge selbst gelangen. Sie können aus der Lunge nur in geringem Maße durch Schleimabsonderung und Aushusten wieder entfernt werden.

Aber auch auf dem Weg zur Lunge, in den Bronchien, verursachen die Teerstoffe Schäden: einmal veranlassen sie die Schleimzellen zu überhöhter Schleimabsonderung, denn der Schleim soll Fremdstoffe zurückhalten. In den feinsten Verzweigungen der Bronchien führt diese vermehrte Absonderung schließlich zu Verengungen, Hustenreiz und Atemnot: „Raucherhusten" — Die Flimmerhärchen, die ja die Aufgabe haben, durch ihre Bewegung Fremdstoffe zu entfernen, werden zunächst durch die Schädigung der Flimmerzellen in ihrer Tätigkeit gehemmt und schließlich vernichtet.

Versuch 1:

Geräte und Chemikalien
Ein weißes Taschentuch, Zigarette

Durchführung

Zigarette anzünden und einen Mund voll Rauch durch das vor den Mund gehaltene weiße Taschentuch blasen.

Beobachtung

Auf dem Taschentuch wird bereits nach dem ersten Ausblasen des Rauchs ein bräunlicher Fleck sichtbar, der sich natürlich nach mehrmaliger Wiederholung immer dunkler färbt.

Erklärung und Auswertung
Die weißen Tuchfasern haben die Feststoffe des Rauchs und damit vor allem die Teerstoffe zum Teil zurückgehalten.

Versuch 2:

Beweis, daß bei Lungenzügen ein Teil der Teerstoffe in der Lunge zurückbleibt.

Geräte und Chemikalien

Zwei weiße Taschentücher gleicher Machart, Zigarette

Durchführung

Die Versuchsperson, ein inhalierender Gewohnheitsraucher, bläst so viel Rauch durch eines der Taschentücher, wie er auf einmal in den Mund nehmen kann. Dann macht er mit ungefähr der *gleichen Rauchmenge* einen Lungenzug und bläst den ausgeatmeten Rauch durch das zweite Taschentuch.

Beobachtung

Der braune Fleck auf dem zweiten Taschentuch ist bedeutend kleiner als der auf dem ersten (Abb. 1).

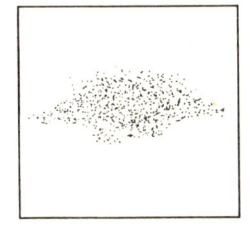

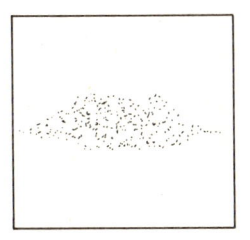

Abb. 1: Die Teerstoffe im Taschentuch
links: Der Rauch wurde nur im Mund behalten und dann durch das Taschentuch geblasen.
rechts: Die ungefähr gleiche Rauchmenge wurde nach einem Lungenzug durch das Taschentuch geblasen.

Erklärung und Auswertung

Der Unterschied in Größe und Färbung der beiden Flecke ist ein ungefähres Maß für den Anteil der Teerstoffe, der bei einem Lungenzug in den Bronchien und in der Lunge zurückbleibt.

Versuch 3:

Nachweis der Teerstoffe durch die Kochsalzzigarettenspitze

Geräte und Chemikalien

Drei Glasröhren von 12 cm Länge und 1 cm Durchmesser; ein Stück Verbandsmull, einige Rundgummis, Schere, Tesafilm, 1 Filterzigarette, 1 Zigarette ohne Filter, trockenes, grobkörniges Kochsalz, etwas Watte.

Durchführung

Eines der drei Glasröhrchen wird mit Kochsalz gefüllt und an den beiden Enden mit etwas Watte verstopft, damit das Kochsalz nicht herausrieseln kann (am einfachsten füllt man das Röhrchen, wenn man das Kochsalz auf ein Papier schüttet und das Röhrchen selbst als „Schaufel" benutzt). Dieses Röhrchen wird zum eigentlichen Versuch nicht benötigt und soll nur als Farbvergleich dienen. Die beiden anderen Röhrchen werden an einem Ende mit einem Stück passenden Mull verschlossen, das durch einen mehrfach darum gelegten Rundgummi festgehalten wird (Abb. 2). Der Gummi wird, je nach Länge, doppelt oder dreifach

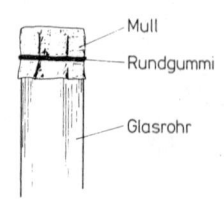

Abb. 2: Herstellung des „Mundstücks" der Kochsalzzigarettenspitze

genommen, damit der Mull fest als „Mundstück" auf den Glasröhrchen sitzt. Diese werden nun ebenfalls mit Kochsalz bis etwa 1,5 cm unter den oberen Rand gefüllt. (Sollte das Kochsalz unten aus dem Mull herausfallen, ist die Mullschicht zu verdoppeln). In die freie Öffnung des einen Röhrchens wird eine Filterzigarette gesteckt, in die des anderen eine Zigarette ohne Filter. Dabei ist darauf zu achten, daß die Zigaretten fest in den Glasröhrchen stecken. Sind sie zu dünn, müssen sie durch einen Streifen Tesafilm an der Mundstückseite verstärkt werden.

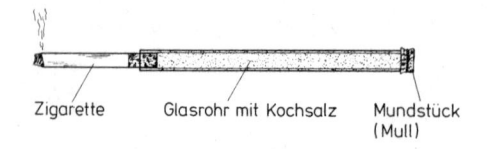

Abb. 3: Die Kochsalzzigarettenspitze mit brennender Zigarette

Die Zigarette mit Filter wird angezündet (Abb. 3) und die Versuchsperson macht 6 normale Züge, wobei sie das mit Mull bedeckte Ende des Glasrohrs als Mundstück benutzt. Danach wird die Zigarette gleich gelöscht, indem man mit der Schere den brennenden Teil abschneidet (auf diese Weise kann man sie, falls notwendig, noch einmal verwenden). — Der gleiche Versuch wird von der *gleichen* Versuchsperson wiederholt, wobei diese sich bemühen soll, ungefähr gleich starke Züge aus der Zigarette ohne Filter zu ziehen. Alle drei Röhrchen werden nach Beendigung dieses Versuchs nebeneinander gelegt, um die Farben zu vergleichen.

Beobachtung

Im Vergleich zu den unbenutzten Röhrchen zeigen die beiden anderen Röhren eine *deutliche* Braunfärbung, die in dem Röhrchen mit der Filterzigarette etwas schwächer ist, als in dem Röhrchen mit der Zigarette ohne Filter.

Erklärung und Auswertung

Die im Zigarettenrauch enthaltenen Teerstoffe wurden von dem Kochsalz zurückgehalten (adsorbiert) und haben es braun gefärbt. Schon sechs Züge haben genügt, um diese deutliche Verfärbung hervorzurufen.

Wie der Versuch mit der Filterzigarette beweist, halten derartige Filter nur einen Teil der Teerstoffe zurück. Die hier mit dem Kochsalz sichtbar gemachten Teerstoffe gelangen beim Inhalieren des Rauchs in die Bronchien und Lungenbläschen und können, wie aus Versuch 2 zu ersehen war, nur zum Teil wieder den Körper verlassen. Es ist leicht vorstellbar, welche Teermengen im Laufe eines Raucherlebens hier abgelagert werden. Die Teerstoffe, die unlöslich sind, werden in der Lunge im Gewebe eingelagert und abgekapselt. Präparate der Lunge von starken Rauchern zeigen, daß diese „Raucherlungen" durch die Teerstoffe schwärzlich verfärbt sind. Auf die Gefahr, daß sie Lungenkrebs verursachen können, wurde schon hingewiesen.

Versuch 4:

Prüfung der Wirksamkeit handelsüblicher Filter

Nachdem die Schädlichkeit der Teerstoffe bekannt wurde, hat die Industrie Zigarettenspitzen mit Filtereinrichtungen entwickelt, welche die Teerstoffe zurückhalten sollen. Ferner hat sich die Zigarettenindustrie bemüht, Zigaretten mit weniger Teergehalt zu entwickeln (s. Tabelle 3, S. 369). Entsprechend diesen Angaben können mit der in Versuch 3 beschriebenen Kochsalzzigarettenspitze die verschiedenen Marken geprüft werden. Die handelsüblichen Filter können mit ihr ebenfalls geprüft werden, wenn man die Versuchsanordnung etwas abändert.

Geräte und Chemikalien

Glasröhrchen, Mull, Rundgummis, Schere, Schlauchstück (etwa 5 cm lang), das auf Glasröhrchen paßt, Zigaretten mit und ohne Filter, einige Zigarettenspitzen mit Filtereinrichtungen.

Durchführung

Kochsalzzigarettenspitze, wie in Versuch 3, Zigarette in Filter, das geprüft werden soll, stecken und dieses durch das Schlauchstück mit dem mit Kochsalz gefüllten Röhrchen verbinden. Um ein Herausrieseln des Kochsalzes zu verhindern, wird das obere Ende des Röhrchens vor dem Aufschieben des Schlauches mit etwas Mull bedeckt. Zigarette anzünden und wieder 6 Züge machen lassen (Abb. 4).

Abb. 4: Die Kochsalzzigarettenspitze als Prüfgerät für handelsübliche Zigarettenspitzen mit Filtereinrichtung

Beobachtung

Nach 6 Zügen ist meistens noch keine Braunfärbung zu erkennen. Erst wenn die mehrfache Rauchmenge durch die Kochsalzzigarettenspitze gesogen wurde, ist eine Braunfärbung festzustellen.

Erklärung und Auswertung

Die im Handel befindlichen Filter halten die Teerstoffe zum großen Teil zurück. Ihre Benutzung ist zu empfehlen, wenn jemand das Rauchen nicht lassen kann. Die Qualität der Filter ist verschieden.

Versuch 5:

Nachweis, daß die Braunfärbung des Kochsalzes durch die Teerstoffe verursacht wird.

Geräte und Chemikalien

Wie in Versuch 3, dazu ein Glasstab, ein Erlenmeyerkolben

Durchführung

Eine oder auch mehrere Zigaretten werden durch das Kochsalzfilter geraucht. — Das braun gefärbte Kochsalz wird dann aus dem Röhrchen in den Erlenmeyerkolben geschüttet, der ca. 2 cm hoch mit Wasser gefüllt ist. Mit dem Glasstab umrühren, bis sich das Kochsalz aufgelöst hat.

Beobachtung

Das Wasser ist bräunlich gefärbt. Auf seiner Oberfläche schwimmen bräunliche Teertropfen, oft sind auch dunkle Flocken zu erkennen.

Erklärung und Auswertung

Im Gegensatz zu dem leicht löslichen Kochsalz sind die Teerstoffe in Wasser kaum löslich und werden deshalb in ihm und auf seiner Oberfläche sichtbar, da Teer spezifisch leichter ist als Wasser.

Die so sichtbar gemachten Teerstoffe machen nach meinen Beobachtungen auf die Jugendlichen einen starken Eindruck, denn sie erkennen hier deutlich, welchen „Dreck" sie mit jeder Zigarette in ihren Körper aufnehmen.

Versuch 5a:

Da bei Versuch 5 nicht nur ein paar Züge, sondern mehrere Zigaretten geraucht werden müssen, um die notwendige Teermenge im Kochsalz zu erhalten, empfiehlt sich für den Schulversuch eine Abänderung, die in den PHYWE-Nachrichten Nr. 137/15 von *Dr. Müller* und mir beschrieben wurde:

Geräte und Chemikalien

Wie in Versuch 5, dazu Bunsenstativ, Handgebläse, Doppelmuffe, Universalklemme

Durchführung

Das Handgebläse wird über das Mullmundstück gezogen, oder über das Glasröhrchen nach Entfernung des Mulls. In letzterem Fall muß aber das Herausrieseln des Kochsalzes durch einen lockeren Wattepropf verhindert werden, der an diesem Ende etwa 1/2 cm tief in das Glasröhrchen geschoben wird. Das Röhrchen mit Gebläse und Zigarette wird mit Hilfe einer Doppelmuffe und einer Universalklemme an dem Bunsengestell befestigt (Abb. 5). — Die Zigaretten werden nun durch das Absaugen mit dem Handgebläse „geraucht". (Natürlich kann man auch die Versuche 3 und 4 mit dem Handgebläse an der im Bunsengestell befestigten Kochsalzzigarettenspitze durchführen, wenn man das richtige Rauchen im Klassenzimmer möglichst vermeiden will).

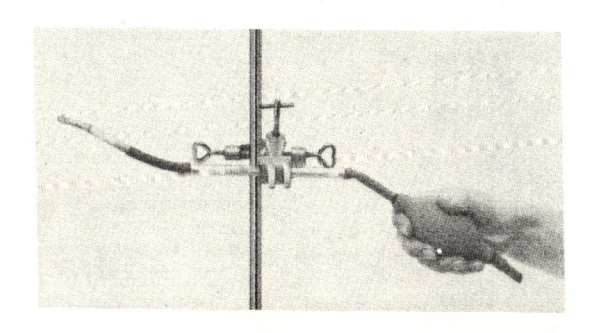

Abb. 5: Versuchsanordnung zum „Rauchen" mit Handgebläse

Will man von den Teerstoffen ein Dauerpräparat herstellen, so schüttet man das Wasser mit den Teerstoffen durch einen mit einem Rundfilter ausgelegten Trichter und trocknet anschließend das Filter, das man dann aufkleben kann. Auf ihm sind die Teerstoffe gut zu erkennen (Abb. 6).

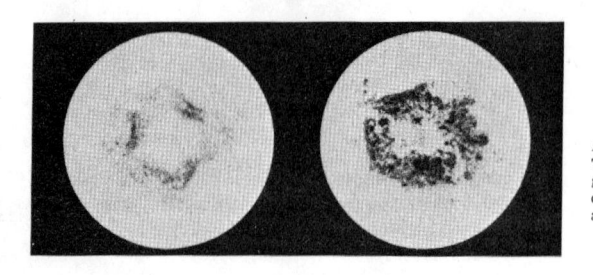

Abb. 6: Dauerpräparat der Teerstoffe auf einem getrockneten Rundfilter, das auf dunkles Papier aufgeklebt wurde

Versuch 6:

Nachweis der Teerstoffe in Wasser — Prinzip der Wasserpfeife

Geräte und Chemikalien

1 Erlenmeyerkolben, 2 rechtwinkelig gebogene Glasrohre, Gummistopfen mit 2 Bohrungen, Schlauchstück, einfache, kurze Zigarettenspitze, Zigarette.

Durchführung

Erlenmeyerkolben etwa 2 cm hoch mit Wasser füllen. Gerät nach Abb. 7 zusammensetzen, wobei darauf zu achten ist, daß der Schenkel des Glasrohrs, an dem die Zigarette befestigt ist, bis dicht über dem Boden in das Wasser eintaucht. Zigarette anzünden und das freie Glasrohrende als Mundstück benutzen oder an ihm das Handgebläse befestigen. Natürlich darf das Glasrohr an dem gesogen wird die Wasseroberfläche nicht berühren.

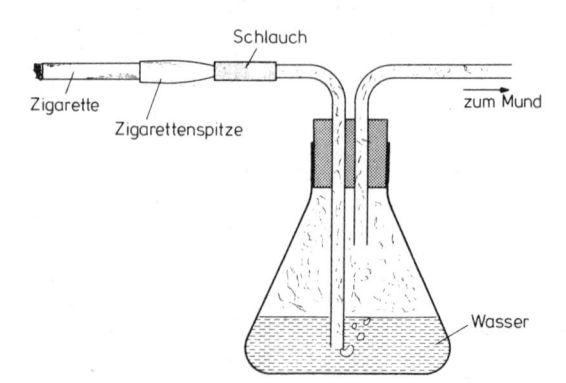

Abb. 7: „Wasserpfeife" zum Nachweis der Teerstoffe

Beobachtung

Der durch das Wasser perlende Rauch färbt dieses allmählich braun und nach einiger Zeit sind Teertröpfchen auf der Wasseroberfläche zu erkennen. Der Vorgang kann beschleunigt werden, wenn man das Wasser im Erlenmeyerkolben kühlt, was am einfachsten geschehen kann, indem man den Kolben in ein Gefäß mit Eisstückchen stellt.

Erklärung und Auswertung

Die im Zigarettenrauch enthaltenen Teerstoffe kondensieren sich im kalten Wasser und werden zum Teil dort zurückgehalten. Die Kondensation wird durch Kühlung begünstigt. Die im Orient benutzte Wasserpfeife ist nach dem gleichen Prinzip, allerdings ohne Kühleinrichtung, gebaut. Auch bei ihr wird der Rauch durch Wasser gesogen und so von den Teerstoffen zum Teil befreit.

Versuch 7:

Nachweis der Teerstoffe mit Watte oder Glaswolle
Geräte und Chemikalien
Wie in Versuch 6, Watte oder Glaswolle

Durchführung

Wie in Versuch 6, nur Kolben nicht mit Wasser, sondern mit Watte oder Glaswolle *locker* bis oben füllen.

Beobachtung

Die Watte oder die Glaswolle verfärben sich, je nach Länge des Rauchens, mehr oder weniger bräunlich. Auch bei diesem Versuch kann die Teerabscheidung durch Kühlung beschleunigt werden.

Erklärung und Auswertung

Auch Watte oder Glaswolle halten einen Teil der Teerstoffe zurück. Die Filtervorrichtungen in handelsüblichen Zigarettenspitzen sind deshalb mit ähnlichen Stoffen gefüllt, die außerdem noch mit bestimmten Chemikalien getränkt sind.

II. Nikotin

Formel: $C_{10}H_{14}N_2$

Nikotin, benannt nach dem französischen Gesandten Jean Nicot (1530—1600), der die Tabakpflanze nach Frankreich brachte, ist das Haupt-Alkaloid des Tabaks.

Es ist ein außerordentlich starkes Gift, das vor allem auf das Nervensystem einwirkt und über dieses die Blutgefäße, das Herz und den Darmtraktus beeinflußt. Schon 50 Milligramm sind die tödliche Dosis. Nur weil der Körper das Gift verhältnismäßig rasch abbaut, kommt es beim Rauchen von 40 oder mehr Zigaretten pro Tag nicht zu einer tödlichen Vergiftung, denn der Rauchvorgang zieht sich ja über viele Stunden hin. — Das Nikotin wird durch die Mundschleimhaut und die Lungenbläschen in das Blut aufgenommen und gelangt so rasch zum vegetativen Nervensystem, das sofort eine Verengung der peripheren Blutgefäße veranlaßt, wodurch eine Mangeldurchblutung und damit auch Sauerstoffmangel in den Muskeln entstehen kann. So sind von 100 Patienten mit sogenanntem „Raucherbein" 99 Raucher! Diese Erkrankung tritt vor allem bei Gewohnheitsrauchern nach dem 40. Lebensjahr auf. Die Durchblutungsstörung betrifft hier Gefäßverengungen in den Beinen, so daß die Beinmuskulatur beim Gehen nicht mehr genügend mit Sauerstoff versorgt werden kann. Die Mangeldurchblutung verursacht beim Gehen starke Schmerzen, so daß der Patient immer wieder stehen bleiben muß, denn in der Ruhe reicht die Sauerstoffversorgung noch aus. Die Gefäßverengungen können sogar zu Gefäßverschlüssen führen, was bei den schwersten Fällen eine Beinamputation notwendig macht. In der Bundesrepublik werden z. Z. etwa 10 000 Raucherbeine pro Jahr amputiert! — Nikotin erhöht den Blutdruck und beschleunigt die Herztätigkeit. Diese dauernde beschleunigte Herztätigkeit fordert aber, obwohl sie sinnlos ist, mehr Sauerstoff, der aber gerade bei Rauchern nicht zur Verfügung steht. Herzschmerzen, Angstgefühle, Herzdruck und, falls die Herzkranzgefäße durch Verkalkung bereits verengt sind, sogar ein Herzinfarkt können die Folgen sein. Alle Herzinfarkte unter 40 Jahren betreffen nahezu ausschließlich Raucher!

Versuch 1:

Nachweis der Pulsbeschleunigung durch Nikotinwirkung

Geräte und Chemikalien

Eine Stoppuhr, oder eine Armbanduhr mit großem Sekundenzeiger, Zigaretten.

Durchführung

Dieser Versuch ist bei älteren Schülern besonders für Gruppen von 3 Personen geeignet. Einer ist die Versuchsperson, der zweite führt die Messungen durch und ein dritter protokolliert sofort die Ergebnisse.

Durch mindestens 5 Messungen wird zunächst der normale Pulsschlag der ruhig sitzenden Versuchsperson gemessen. Der Schüler, der die Messung durchführt, tastet dabei mit den Spitzen von Zeige- und Mittelfinger den Puls am Handgelenk. Die Meßergebnisse werden protokolliert und der Durchschnittswert pro Minute berechnet.

Nach dem Rauchen *einer* Zigarette wird die Pulsfrequenz *alle zwei* Minuten gemessen und protokolliert. Die Messungen werden so lange durchgeführt, bis der vorher festgestellte Normalpulsschlag wieder erreicht ist. Man kann auch die Meßwerte in einer Kurve veranschaulichen, wobei auf der Abszisse die Zeit in Minuten und auf der Ordinate die jeweilige Pulsfrequenz abgetragen wird.

Beobachtung

Der Pulsschlag beginnt bald nach dem Beginn des Rauchens zu steigen und erreicht nach rund 4 Minuten seinen Höhepunkt, der 20—30 % über dem vorher festgestellten Normalwert liegt!

Die Pulsfrequenz nimmt dann langsam wieder ab und erreicht bei manchen Versuchspersonen erst nach etwa dreißig Minuten wieder den Normalwert.

Erklärung und Auswertung

Das Nikotin wird rasch vom Blut aufgenommen und verursacht über das vegetative Nervensystem eine Beschleunigung des Herzschlags, die recht anhaltend ist und erst nach vielen Minuten wieder abklingt, obwohl nur *eine* Zigarette geraucht wurde.

Der Versuch kann durch verschiedene Zigarettensorten, mit und ohne Filter, und durch das Rauchen mit und ohne Lungenzüge mannigfach variiert werden. Auch die Wirkung von Zigarren- und Pfeifentabaken kann so geprüft werden.

Versuch 1a:

Nach einer persönlichen Mitteilung von OStR. *Franz Beer,* Gymnasium Gemünden, kann man die Pulsmessung mit folgender Versuchsanordnung der ganzen Klasse gleichzeitig demonstrieren:

Geräte und Chemikalien

Reagenzglas 16 x 160 mm, Bunsenbrenner, Leitz Prado Universal, evtl. mit Horizontal-Projektionsvorsatz, Stoppuhr oder Taschenuhr mit großem Sekundenzeiger, Zigaretten.

Durchführung

Ein Reagenzglas wird in der Mitte über die nicht leuchtende Flamme eines Bunsenbrenners gehalten, bis zur Erweichung des Glases erhitzt und zu einer feinen Kapillare ausgezogen (Abb. 8a). Das geschlossene Ende des Reagenzglases wird abgetrennt; es wird für den Versuch nicht benötigt. — Das andere Stück des Reagenzglases wird mit Wasser gefüllt und rasch auf eine Fingerkuppe, die als Stöpsel dient, aufgesteckt (Abb. 8b). In der Kapillare muß sich der Wasserspiegel befinden, damit er sich bei einer Bewegung der Wassersäule auf und ab, bzw. hin und her bewegen kann.

Am Prado Universal wird nun der Diaschieber entfernt. In den frei gewordenen Raum hält man die Kapillare so, daß auf der Projektionsfläche eine scharfe Abbildung des Wasserspiegels entsteht. Arm und Hand sollen dabei ruhig aufliegen, am besten auf dem Projektionstisch. Die Kapillare wird von der Versuchsperson auf dem Finger zweckmäßigerweise schräg in den Dia-Raum gehalten. Die Schüler sehen jetzt die deutliche Hin- und Herbewegung der Wassersäule, hervorgerufen durch die „Blutstöße" in der Fingerkuppe, die sich auf das Wasser im Reagenzglas übertragen.

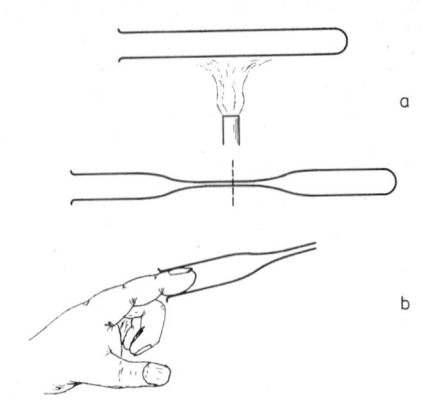

Abb. 8: Gerät zur Demonstration der Pulsfrequenz
a) Herstellung aus einem Reagenzglas
b) Haltung der Hand mit dem aufgesteckten Gerät zur Projektion mit dem Prado Universal

Die Pulsfrequenz wird nun, wie in Versuch 1 beschrieben, durch Auszählen ermittelt (Durchschnitt von 5 Messungen). — Nach dem Rauchen einer Zigarette durch die Versuchsperson wird die Pulsfrequenz wieder festgestellt (Ergebnis wie in Versuch 1). — Auch hier empfiehlt es sich, die Messungen in Abständen zu wiederholen, um die lang anhaltende Wirkung der Pulsbeschleunigung durch *eine* Zigarette zu demonstrieren.

Der große Wert dieses Versuchs liegt darin, daß die ganze Klasse unmittelbar die Pulssteigerung sieht und erlebt; sie ist hier nicht auf die Mitteilung des Pulszählenden angewiesen.

Versuch 2:

Nachweis der Blutgefäßverengung durch Messung der Fingertemperatur

Die Kontraktion der peripheren Blutgefäße, insbesondere der feinen Kapillaren verursacht ein Absinken der Temperatur in dem betreffenden Körperteil, besonders, wenn er stark der Außentemperatur ausgesetzt ist. Man kann dies vor allem an der Hauttemperatur der Fingerspitzen feststellen.

Auch dieser Versuch kann gut in Schülergruppen durchgeführt werden. Er erfordert allerdings Sorgfalt und Erfahrung im Umgang mit physikalischen Geräten und ist deshalb vor allem für die Oberstufe geeignet.

Geräte und Chemikalien

1 Beckmannthermometer, 1 Bunsenstativ Universalklemme, Zigaretten.

Durchführung

Das Beckmannthermometer wird auf den Temperaturbereich von 30—36 Grad sorgfältig eingestellt (am besten durch den Lehrer). Danach wird es mit der oberen Metallkappe so in das Bunsenstativ gespannt, daß die am Tisch sitzende

Versuchsperson mit bequem aufliegendem Unterarm das Quecksilberreservegefäß mit den Fingern einer Hand umfassen kann. Zunächst wird die normale Fingertemperatur der Versuchsperson festgestellt, die zwischen 30 und 35 Grad im allgemeinen liegt (bei kalten Fingern sogar unter 30 Grad). Erst wenn diese Normaltemperatur der Finger der betreffenden Versuchsperson genau ermittelt wurde, was etwa 10 Minuten dauert, raucht sie eine Zigarette, ohne das Thermometer loszulassen.

Beobachtung

Die Fingertemperatur sinkt bis zu 4 Grad. Allerdings ist dieser Temperaturabfall stark abhängig von der Art des Rauchens und den Zigarettensorten. Es kann aber festgestellt werden, daß sogar dann, wenn der Rauch nur in den Mund genommen wird, ein deutlicher Temperaturabfall zu beobachten ist.

Erklärung und Auswertung

Da die Fingerspitzen stark der Abkühlung durch die Außentemperatur ausgesetzt sind, ist an ihnen das Absinken der Temperatur, bedingt durch die vom Nikotin verursachte Verengung der Blutgefäße, besonders gut zu beobachten.

Auch bei diesem Versuch dauert es oft länger als eine halbe Stunde, bis die Normaltemperatur wieder erreicht ist. Die Versuchsperson soll deshalb einige Stunden vor dem Versuch nicht geraucht haben. Es kann vorkommen, insbesondere bei Kettenrauchern, daß die Blutgefäße nicht mehr so gut reagieren und dementsprechend kein Temperaturabfall zu beobachten ist. Allerdings ist das sehr selten der Fall.

Versuch 2a:

Messung der Fingertemperatur mit dem Fingerthermometer
(Raucherthermometer nach Dr. *Falkenhan*)

Da die Messung mit dem Beckmannthermometer etwas umständlich und nur bei sehr genauem Arbeiten zuverlässig ist, habe ich ein einfaches Gerät entwickelt, mit dem auch ungeübte jüngere Schüler gute Ergebnisse erzielen können.

Ähnlich wie bei einem Fieberthermometer umfaßt dieses Gerät nur einen kleinen Temperaturbereich (26°—37°), aber bei einer Messung bleibt die Temperaturanzeige nicht auf dem Maximalpunkt stehen, sondern bewegt sich, wie bei einem Normalthermometer, auf und ab. Als Temperaturfühler ist eine fingerhutartige Kappe angebracht, die zur Messung über einen passenden Finger gestülpt wird (Abb. 9). Da die Fingerdicke erheblich variiert, wird das Thermometer in einem Satz von 2 Stück mit verschiedenem Kappendurchmesser geliefert, was erfahrungsgemäß ausreicht. Als Thermometerflüssigkeit wurde aus Sicherheitsgründen kein Quecksilber verwendet (Abb. 10) (Lieferfirma PHYWE, Göttingen). Bei Messungen an 100 Versuchspersonen bewegte sich der Temperaturabfall nach dem Rauchen einer Zigarette zwischen 0,6° und 3,8° C. Im Durchschnitt lag er bei 1,8° C.

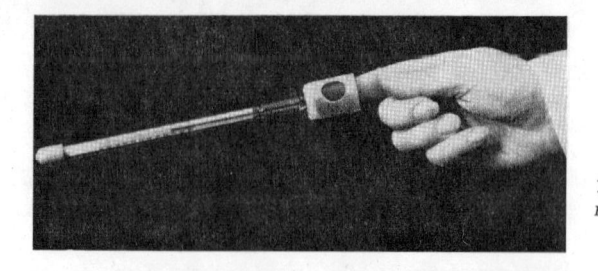

Abb. 9: Das „Raucherthermometer" nach *Falkenhan* im Gebrauch

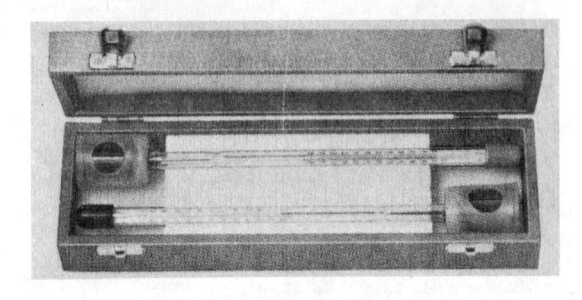

Abb. 10: Satz mit zwei Fingerthermometern mit verschiedener Kappenweite in Schutzbehälter

Nebenbei sei darauf hingewiesen, daß mit diesem Fingerthermometer zahlreiche andere interessante Messungen durchgeführt werden können. Beispielsweise kann man die Temperatur bei jungen und alten Menschen vergleichen, oder die erstaunlich niedrige Temperatur bei „kalten Fingern" feststellen. Ferner kann man die Wirkung anderer Stoffe auf die periphere Durchblutung prüfen, wie Coffein, Teein, Alkohol, u. a.

Literatur
Falkenhan-Müller: „Das Fingerthermometer (Raucherthermometer)", PHYNA Biologie 137/75.

III. Kohlenmonoxid

Kohlenmonoxid ist ein starkes Atemgift. Es ist weitaus für die meisten im täglichen Leben vorkommenden Vergiftungsfälle verantwortlich, denn im Gegensatz zu anderen schweren Giften kommt es in der Umgebung des Menschen häufig vor. So war es bis zur Einführung des Erdgases im Stadtgas enthalten (etwa 17 %) und Ursache der zahlreichen Gasvergiftungen. Außerdem ist es ein Bestandteil der Autoabgase, denn die Verbrennung der Kraftstoffe ist auch bei richtig eingestellten Motoren nicht ideal, so daß nicht nur H_2O und CO_2 entstehen, sondern, wie jeder Autofahrer weiß, auch Ruß und das Zwischenprodukt CO. Es entsteht immer bei der Kohleverbrennung in schlecht ziehenden Öfen und kann dann bei bestimmten Wetterlagen oder bei Verstopfung des Kamins, obwohl es leichter als Luft ist, nach unten aus den Öfen in die Zimmer gedrückt werden. Auf diese Weise hat es schon viele tödliche Vergiftungen hervorgerufen. Seine gefährliche toxische Wirkung beruht auf der Tatsache, daß es sich etwa 300 x so leicht mit dem Hämoglobin verbindet wie der Sauerstoff. Das so entstehende CO-Hämoglobin ist eine außerordentlich feste Verbindung. Zahlreiche Rote Blutkörperchen sind beim Vorhandensein von CO in der eingeatmeten Luft „besetzt" und können deshalb sich nicht mehr mit dem lebenswichtigen Sauerstoff verbinden. Die Sauerstoffversorgung der Gewebe ist deshalb mangelhaft und kann im schlimmsten Fall zu einer inneren Erstickung führen. CO ist besonders gefährlich, weil es völlig geruchlos ist und deshalb in der Atemluft nicht bemerkt werden kann.

Im Zigarettenrauch ist Kohlenmonoxid zu 3—4 % enthalten. Starke Raucher leiden deshalb an einem ständigen Sauerstoffmangel der Gewebe und Organe. Außerdem bewirkt es eine frühzeitige Verkalkung der Herzkranzgefäße, was häufig die Ursache des Herzinfarkts ist. — Besonders gefährdet durch den durch Kohlenmonoxid verursachten Sauerstoffmangel ist das im Mutterleib heranwachsende Kind. Jede werdende Mutter sollte sich darüber klar sein, daß der Fötus mitraucht. Zusammen mit dem Nikotin verursacht das CO schwere Entwicklungsstörungen. So wird der Herzschlag beschleunigt und das Geburtsgewicht liegt bei den Kindern von Raucherinnen um 150—240 Gramm im Durchschnitt unter dem von Nichtraucherinnen. Fehl- und Frühgeburten sind bei Raucherinnen fast doppelt so häufig zu beobachten wie bei Nichtraucherinnen.

Versuch 1:

Vorversuch: Nachweis der Farbänderung von Blut durch Kohlenmonoxid.

Geräte und Chemikalien

1 Erlenmeyerkolben, Gummistopfen mit 2 Bohrungen, 2 rechtwinkelig gebogene Glasrohre, 1 Gummischlauch 1 m, 1 Gummischlauch 2,5 m, frisches Citratblut.

Durchführung:

Geräte nach Abb. 11 zusammenbauen. Kürzeren Schlauch an Gasleitung anschließen. Gasstrom durch das Blut leiten. Das abströmende Gas durch den langen Schlauch zum Fenster hinaus leiten. *Vermeidung von Vergiftungs- und Explosionsgefahr!* (Natürlich muß man sicher sein, daß das Gas aus der Leitung CO enthält, was meistens nicht mehr der Fall ist. Wenn kein CO im Gas ist, siehe Versuch 1a).

Beobachtung

Das Blut nimmt nach kurzer Durchleitung eine *kirschrote* Farbe an.

Erklärung und Auswertung

Das im Gas enthaltene Kohlenmonoxid hat sich mit dem Hämoglobin des Blutes zu dem kirschroten CO-Hämoglobin verbunden. Diese besondere Färbung des Blutes ist ein einwandfreier Nachweis für das Vorhandensein von CO.

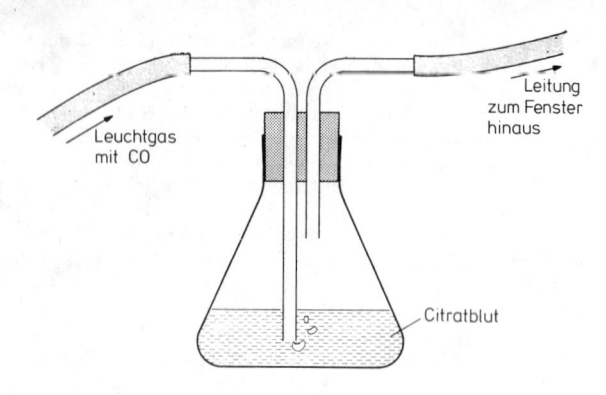

Abb. 11: Gerät zum Nachweis von Kohlenmonoxid mit frischem Citratblut

Versuch 1a:

Ist in dem zur Verfügung stehenden Stadtgas kein CO vorhanden, kann man das Kohlenmonoxid aus konz. Schwefelsäure und konz. Ameisensäure herstellen. (Siehe Chemielehrbücher).

Vorsicht beim Umgang mit den konzentrierten Säuren! Lehrerversuch!

Versuch 2:

Nachweis von Kohlenmonoxid im Zigarettenrauch
Geräte und Chemikalien

1 Erlenmeyerkolben, Gummistopfen mit 2 Bohrungen, 2 rechtwinkelig gebogene Glasrohre, Schlauchstück, kurze Zigarettenspitze, Druckschlauch für Wasserstrahlpumpe, falls Wasserstrahlpumpe verfügbar, Zigaretten, Zitratblut wie in Versuch 1.

Durchführung

Gerät wie in Abb. 12 zusammenbauen. Erlenmeyerkolben 2—3 cm hoch mit Blut füllen. Zigarette anzünden und den Rauch mit der Wasserstrahlpumpe durch das Blut saugen. Um den Rauchvorgang zu simulieren, öffnet und schließt man in entsprechenden Abständen die Wasserstrahlpumpe. Steht keine Wasserstrahlpumpe zur Verfügung, kann man auch den Rauch mit dem Mund durch das Blut saugen.

Beobachtung

Das Blut nimmt nach einiger Zeit (evtl. mehrere Zigaretten durchsaugen) genau die gleiche kirschrote Färbung an wie im Vorversuch.

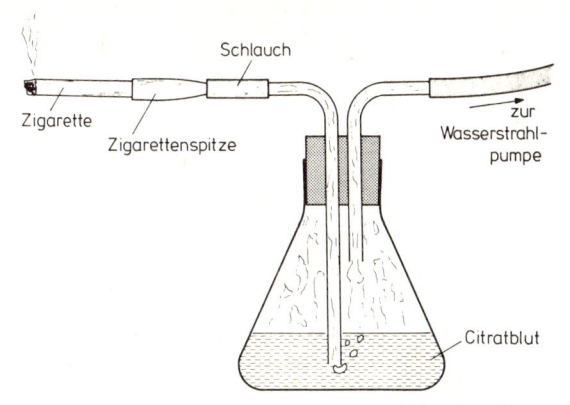

Abb. 12: Gerät zum Nachweis von Kohlenmonoxid im Zigarettenrauch

Erklärung und Auswertung

Durch diesen Versuch ist bewiesen, daß im Zigarettenrauch sich das schwer giftige CO befindet. Der Prozentsatz schwankt bei den einzelnen Sorten, kann aber im Höchstfall bis zu 14 % betragen. Er ist immerhin so hoch, daß bei starken Rauchern bis zu 10 % der Roten Blutkörperchen durch das Kohlenmonoxid blockiert werden. Diese geringere Sauerstoffversorgung verursacht neben den oben angeführten Schäden bei Sportlern eine starke Leistungsminderung.

Versuch 2a:

Nachweis von CO im Zigarettenrauch, wenn kein Citratblut zur Verfügung steht. Nach einer persönlichen Mitteilung von *Prof. Glöckner,* Hochschule Berlin, kann das CO im Zigarettenrauch auch durch folgende Versuchsanordnung nachgewiesen werden:

Geräte und Chemikalien

Wasserstrahlpumpe, 2 Waschflaschen, Stativ mit Halterungen, Druckschlauch für Wasserstrahlpumpe, Gummischlauchverbindungen, Zigarette, Aktivkohle gekörnt (2,5 mm), frisch bereitete Diaminsilber(I)-nitratlösung.

Bei der Vielzahl der Stoffe im Zigarettenrauch ist es schwer, auf Kohlenmonoxid selektiv zu prüfen. Man kann aber einen großen Teil der Teerprodukte durch Adsorption an Aktivkohle zurückhalten. Von den übrig bleibenden gasförmigen Stoffen im Zigarettenrauch, die in nennenswerter Menge vorkommen, hat nur CO reduzierende Wirkung. Es reduziert deshalb eine Diamminsilber(I)-salzlösung zu elementarem, schwarzen Silber:

$$2\ Ag(NH_3)_2 + CO + H_2O \overset{OH}{\dots\dots\dots} 2\ Ag + CO_2 + 2\ NH_4$$

(In gleicher Weise könnte auch eine Palladium(II)-chloridlösung eingesetzt werden, jedoch wird man diese Verbindung wegen des hohen Preises selten im Schullabor vorrätig haben). Beide Substanzen sind zwar wenig spezifisch für den CO-Nachweis, aber für den hier verfolgten Zweck völlig ausreichend, da keine anderen Substanzen mit reduzierender Wirkung in nennenswerter Menge nach Entfernung der Feststoffe im Zigarettenrauch vorkommen.

Durchführung

Herstellung der Diamminsilber(I)-nitratlösung
Zu einer verdünnten Silber(I)-nitratlösung gibt man tropfenweise verdünnte Natronlauge und fällt damit braunes Silber(I)-oxid aus, das man anschließend durch Zugabe von möglichst wenig verdünnter Ammoniaklösung zur Auflösung bringt.

Achtung! *Diese Lösung ist immer frisch zu bereiten. Sie darf nicht aufbewahrt werden, wegen der Bildung von explosivem Silberazid AgN_3.*

Versuchsdurchführung

Die Apparatur stellt man nach Abb. 13 zusammen: Waschflasche 1 wird mit gekörnter Aktivkohle möglichst vollständig beschickt, durch ein Schlauchstück mit einer Zigarette und durch ein zweites, kurzes Schlauchstück mit der Waschflasche 2 verbunden. Die Waschflasche 2 enthält die Diamminsilber(I)-lösung, die unmittelbar vorher frisch bereitet wurde. Sie wird mit der Wasserstrahlpumpe verbunden. Die Zigarette wird angezündet und durch Öffnen und Schließen der Wasserstrahlpumpe „geraucht". (Nur wenn die Wasserstrahlpumpe geöffnet ist, perlt Rauch durch die Diamminsilber(I)-salzlösung. Bei geschlossener Wasserstrahlpumpe brennt aber die Zigarette weiter) genau so, als ob man sie ohne zu ziehen in der Hand behält).

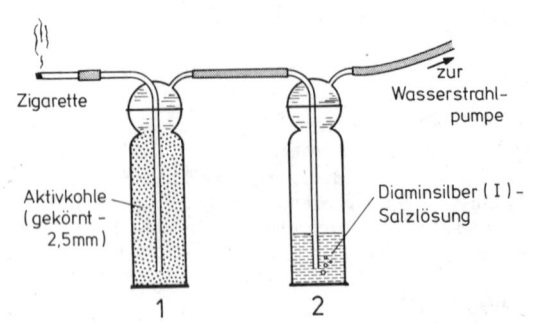

Abb. 13: Versuchsanordnung nach *Glöckner* zum Nachweis von Kohlenmonoxid

Beobachtung

Bald ist in der Diamminsilber(I)-salzlösung eine dunkle Trübung zu beobachten. Nach etwa 2—3 Minuten ist die Reagenslösung vollständig geschwärzt.

Erklärung und Auswertung

Beim Durchleiten von Zigarettenrauch durch eine Diamminsilber(I)-salzlösung tritt Schwärzung durch Abscheidung von metallischem Silber ein, was durch das im Rauch vorhandene Kohlenmonoxid bedingt ist.

Literatur

Ludwig - Goetze - Glöckner, „Anorganische Chemie". C. C. Buchners Verlag, Bamberg 2. Aufl. 1975
Cuny - Weber, „Chemie — Welt der Stoffe", Schrödel Verlag, Hannover 1975
WDR Westdeutsches Schulfernsehen 17. 10. — 5. 12. 1974. „Wer raucht, lebt kürzer". Biologie — 7. Schuljahr.

Versuch 3:

Nachweis des Oxihämoglobins zum Farbvergleich mit dem Kohlenmonoxid-Hämoglobin.

Geräte und Chemikalien

Wie in Versuch 1, Sauerstoffflasche.

Durchführung

Wie in Versuch 1, nur wird anstelle des Stadtgases der aus der Sauerstoffflasche entnommene Sauerstoff durch das Blut geleitet.

Beobachtung

Nach kurzer Zeit wird das Blut in charakteristischer Weise *hellrot* gefärbt.

Erklärung und Auswertung

Der Sauerstoff hat sich mit dem Hämoglobin der Roten Blutkörperchen zu Oxihämoglobin verbunden, das die hellrote Farbe des Blutes verursacht. Der gleiche Vorgang tritt in unserem Blut in der Lunge ein, wenn der Sauerstoff durch die Lungenbläschenwände in das Blut übergetreten ist.

Versuch 4:

Nachweis, daß Oxihämoglobin eine lockere chemische Verbindung ist, Kohlenmonoxid-Hämoglobin dagegen eine schwer reversible, sehr feste chemische Verbindung darstellt.

Geräte und Chemikalien

Wie in Versuch 1, Sauerstoffflasche, Kohlendioxidflasche, hellrotes Oxihämoglobin-Blut und kirschrotes CO-Hämoglobin-Blut.

Durchführung

Kohlensäuregas (Kohlendioxid, CO_2) wird aus der Flasche etwa 5 Minuten durch das Oxihämoglobin-Blut und dann ebenso lange durch das CO-Hämoglobin-Blut geleitet.

Beobachtung

Die hellrote Farbe des Oxihämoglobin-Blutes wird allmählich *dunkelrot*, dagegen bleibt die kirschrote Farbe des CO-Hämoglobin-Blutes *unverändert*.

Erklärung und Auswertung

Durch den Überschuß an CO_2 wird die lockere Oxihämoglobin-Verbindung in Sauerstoff und Hämoglobin getrennt. Die Roten Blutkörperchen nehmen dafür CO_2 auf, das dem Blut die typische dunkelrote Farbe gibt. Der gleiche Gasaustausch findet in den Zellen des Körpers statt. Man bezeichnet ihn als *innere Atmung*, im Gegensatz zur *äußeren Atmung*, worunter man den Gasaustausch in der Lunge versteht: Aufnahme von Sauerstoff, Abgabe von Kohlendioxid.
Die sehr feste CO-Hämoglobin-Bindung kann dagegen durch die gleiche Menge CO_2 *nicht gelöst werden!* Der Versuch zeigt deutlich die Gefahr der Aufnahme von CO in den Organismus: Ausfall der durch CO blockierten Roten Blutkörperchen für den O_2- und CO_2-Transport!

IV. pH-Wert des Zigaretten-, Zigarren- und Pfeifenrauchs

Durch sauren Rauch werden die Atemwege und die Lunge besonders angegriffen. Durch die besondere Fermentierung ist Zigarettenrauch sauer, Zigarren- und Pfeifenrauch sind dagegen nicht sauer.

Versuch 1:

Nachweis, daß Zigarettenrauch sauer reagiert

Geräte und Chemikalien

1 Erlenmeyerkolben, Gummistopfen mit 2 Bohrungen, 2 rechtwinkelig gebogene Glasrohre, Schlauchstück, eine kurze Zigarettenspitze, Zigarette, Phenolphthaleinlösung, verdünnte Natronlauge.

Durchführung

In den Erlenmeyerkolben etwa 2 cm hoch Wasser und einige Tropfen Phenolphthalein-Lösung geben. Mit einem Glasstab aus der Flasche mit verdünnter Natronlauge 1—2 Tropfen entnehmen und in das Wasser geben, so daß die Lösung deutlich rot gefärbt ist. Geräte zusammenbauen wie im Versuch 6 „Nachweis der Teerstoffe, Prinzip der Wasserpfeife" (Abb. 7), Zigarette anzünden und den Rauch durch die rotgefärbte Phenolphthaleinlösung saugen.

Beobachtung

Nach einiger Zeit wird die rote Farbe blasser und verschwindet schließlich vollständig.

Erklärung und Auswertung

Der Zigarettenrauch reagiert *sauer* und hat beim Durchgang die schwach basische (alkalische) Phenolphthaleinlösung zunächst neutralisiert und schließlich schwach angesäuert. Dadurch wurde die Phenolphthaleinlösung entfärbt.
Nebenbeobachtung: Die Phenolphthaleinlösung wird nicht vollkommen farblos. Sie ist vielmehr, wie schon bei der „Wasserpfeife" gezeigt wurde, durch die im Rauch enthaltenen Teerstoffe leicht braun gefärbt.
Haben die Schüler noch keine chemischen Kenntnisse, zeigt man ihnen als Vorversuch, daß Säuren, z. B. die im Essig enthaltene Essigsäure, die rote Phenolphthalein-Lösung entfärben. Auch Kohlensäuregas aus Sprudelflaschen, das ja den Schülern gut bekannt ist, kann man verwenden.

Versuch 2:

Nachweis, daß Zigarren- und Pfeifenrauch nicht sauer reagieren.

Geräte und Chemikalien

Wie in Versuch 1, anstatt Zigarette: Zigarre, gestopfte Pfeife.

Durchführung

Wie in Versuch 1, nur wird jetzt Zigarren- bzw. Pfeifenrauch durch die Phenolphthaleinlösung gesogen.

Beobachtung

Die Phenolphthaleinlösung wird nicht entfärbt.

Erklärung und Auswertung

Zigarren- bzw. Pfeifenrauch reagiert nicht sauer. Er greift dementsprechend den Organismus weniger an als Zigarettenrauch.

C. Statistische Angaben und Ergebnisse medizinischer Untersuchungen

1. Geringere Lebenserwartung von Rauchern (Literatur Nr. 1)

a. In der Bundesrepublik starben 1972 an den Folgen des Zigarettenrauchens 105 000 Menschen, das sind 235 pro Tag; sechsmal mehr als an Verkehrsunfällen. Dazu kommt noch eine schwer schätzbare Dunkelziffer, denn an Herzdurchblutungsstörungen sterben z. Z. 117 000 Menschen pro Jahr, die z. T. auch durch das Zigarettenrauchen bedingt sind.

b. Das Risiko wächst mit der Zahl der pro Tag gerauchten Zigaretten (Grafik Nr. 1). Ferner ist es von weiteren Faktoren, wie der Art des Rauchens (Lungenzüge!), der Benutzung von Filtern, der Länge des übriggelassenen Zigarettenstummels und dem Nikotin, bzw. Teerstoffgehalt der Zigaretten abhängig.

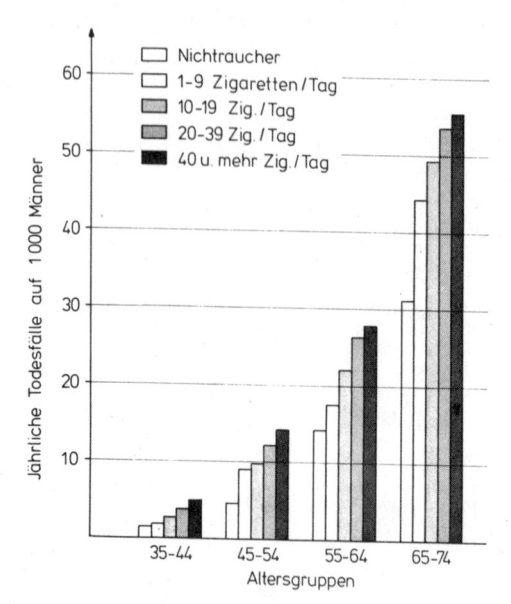

Grafik Nr. 1: Die unterschiedliche Sterblichkeit von Rauchern und Nichtrauchern in den einzelnen Altersstufen, abhängig vom täglichen Zigarettenkonsum

c. Ein Bericht der Königlichen Ärztegesellschaft in England stellte 1971 fest: „Das Zigarettenrauchen ist als Todesursache heute ebenso bedeutsam wie für frühere Generationen in diesem Land die großen Typhus-, Cholera- und Tuberkuloseepedemien."

d. Zigaretten haben mehr Menschen getötet als alle Tuberkulosewellen des 19. Jahrhunderts in Europa. Die Lebenserwartung eines 30jährigen Rauchers, der täglich 10—20 Zigaretten raucht, liegt um durchschnittlich 6 Jahre unter der eines gleichalterigen Nichtrauchers.

e. In der Bundesrepublik schätzt man die Zahl der vorzeitig verstorbenen Raucher auf 500 000 pro Jahr. Die doppelte Anzahl erkrankt jährlich an Leiden, die durch das Rauchen mitbedingt sind.

2. Rauchen und Krebserkrankungen (1)

a. Lungen- und Bronchialkrebs, verursacht durch die Teerstoffe und andere krebserzeugende Substanzen im Zigarettenrauch, ist bei der männlichen Bevölkerung der Bundesrepublik heute die häufigste bösartige Geschwulstform. Sie ist von 1952 bis heute, entsprechend dem steigenden Zigarettenkonsum, um mehr als das Doppelte gestiegen (Grafik Nr. 2a und 2b).

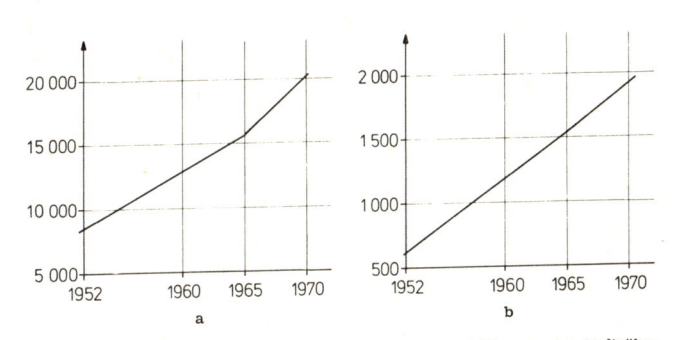

Grafik Nr. 2: a) Anstieg der Todesfälle an bösartigen Neubildungen der Luftröhre, der Brochien und der Lunge in der BRD

b) Anstieg des Pro-Kopf-Verbrauchs von Zigaretten in der BRD

b. Die Wahrscheinlichkeit an Lungenkrebs zu erkranken ist bei Rauchern, die mehr als 20 Zigaretten pro Tag rauchen, 10—15 mal so hoch wie bei Nichtrauchern.

c. Die Heilungsaussichten für diese Krankheit sind sehr schlecht: nur 5 % haben bei rechtzeitiger Behandlung die Chance noch länger als 5 Jahre zu leben.

d. Auch bei anderen Krebserkrankungen steigt das Sterberisiko der Raucher (2):

Tabelle 1

	Täglich gerauchte Anzahl von Zigaretten				Zigarren	Zigarren u. Pfeife
	0	1—9	10—20	21—39	40 u. mehr		
Sterberisiko bei Krebs der Speiseröhre	1,0	1,76	4,71	11,5	7,65	5,33	4,05
des Magens	1,0	2,17	1,61	1,35	1,87	1,20	1,21
des Kehlkopfs	1,0	3,27	8,45	13,62	18,85	10,35	7,28

3. Rauchen und chronische Bronchitis und Lungenemphysen (1)

a. Der „normale" Raucherkatarrh entsteht, weil das Nikotin und andere Schadstoffe im Rauch den Transportmechanismus der Flimmerhärchen zunächst lähmen und später große Teile des Flimmerepithels zerstören. Da aber die in der Schleimhaut befindlichen Drüsen weiter Schleim produzieren — bei Rauchern sogar in vermehrtem Umfang — kann dieser nicht mehr nach außen befördert werden. Er verengt die kleineren Atemwege und der Körper versucht durch Husten den angesammelten Schleim auszustoßen. Jeder Raucher kennt den morgendlichen Reizhusten!

b. Da der liegengebliebene Schleim ein idealer Nährboden für Bakterien ist, kommt es zu Entzündungen der Atemwege mit schleimig-eitrigem Auswurf. Die Entzündung kann durch die Wand der Atemwege auf das angrenzende Lungengewebe übergreifen, wodurch Blutgefäße und Gewebe zerstört werden.

c. Bestehen die bronchitischen Symptome (Husten und Auswurf) über 3 Monate, so spricht man, wenn sich dies in mehreren Jahren wiederholt, von einer chronischen Bronchitis. — Durch die Einengung der Luftwege und die Vernarbung des Lungengewebes ist eine gleichmäßige Luftverteilung in der Lunge nicht mehr möglich. Kurzatmigkeit bei geringer Anstrengung, später auch im Ruhezustand, ist die unmittelbare Folge.

d. Die Lungenbläschen verlieren durch die ständige Überdehnung ihre Elastizität und verschmelzen zu größeren Luftsäcken (Abb. 14). Durch hinzutretende Entzündungen wird die Elastizität des Lungengewebes weiter eingeschränkt. So entsteht schließlich das Lungenemphysem, das mit zunehmender Atemnot verbunden ist. Besonders das Ausatmen macht Schwierigkeiten und ein brennendes Streichholz kann selbst aus einer Entfernung von 15 cm nicht mehr ausgeblasen werden!

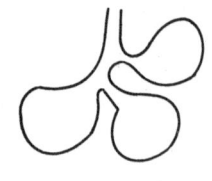

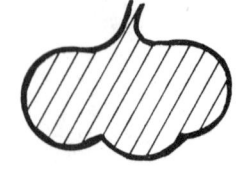

Abb. 14

4. Rauchen und Herz- bzw. Kreislauferkrankungen (1)

Herz- und Kreislauferkrankungen werden von dem im Rauch enthaltenen Kohlenmonoxid und dem Nikotin verursacht.

Das geruchlose Kohlenmonoxid ist im Zigarettenrauch zu 3—4 % enthalten. Seine Bindungsfähigkeit an das Hämoglobin ist etwa 300 mal größer als die des Sauerstoffs. Die Folgen sind Sauerstoffmangel der Gewebe und Organe, außerdem eine stärkere Verkalkung und Verfettung der Blutgefäße (Grafik Nr. 3).

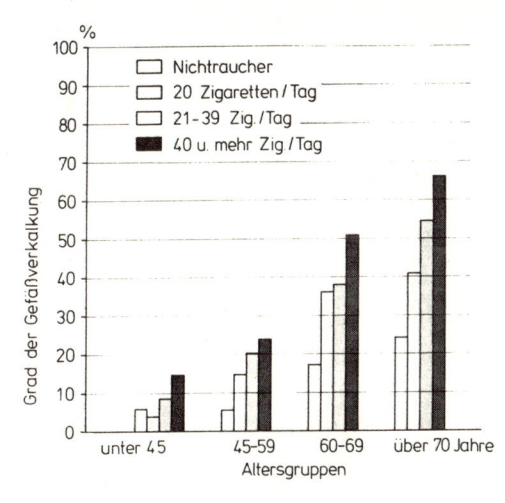

Grafik Nr. 3: Prozentualer Anteil der Verkalkung der Herzkranzgefäße bei Nichtrauchern und Zigarettenrauchern in verschiedenen Altersgruppen, abhängig vom täglichen Zigarettenkonsum

Nikotin beschleunigt den Herzschlag und verengt die Blutgefäße (Vers. S. 346 u. 348). Das Herz wird so trotz des durch CO bedingten Sauerstoffmangels zu größerer, völlig sinnloser Leistung angetrieben. Deshalb kann unter Umständen schon das Rauchen *einer* Zigarette einen Herzanfall mit Herzschmerzen, Angstgefühl, Herzdruck und Herzstolpern auslösen. Sind die Gefäße bereits verengt, kann dies sogar zum gefürchteten Herzinfarkt führen. Neben falscher Ernährung und Diabetes ist Zigarettenrauchen der wichtigste Risikofaktor für den Herzinfarkt. Das Infarktrisiko ist bei Rauchern, die mehr als 20 Zigaretten pro Tag rauchen, *sechsmal* höher als bei Nichtrauchern. — Das Ansteigen der Todesfälle am Herzkranzgefäßerkrankungen (Grafik 3 und 4) steht in unmittelbarem Zusammenhang mit dem Anstieg des Zigarettenkonsums (Grafik 2b).

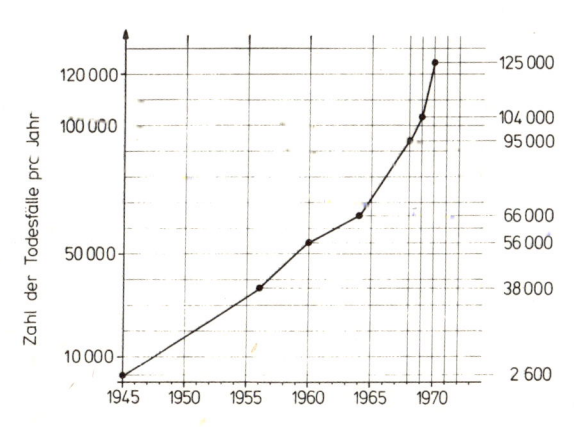

Grafik Nr. 4: Anstieg der Todesfälle an Herzkranzgefäßerkrankungen in der BRD

5. Rauchen und Durchblutungsstörungen der Gliedmaßen: „Raucherbein" (1)

Nicht nur die Herzkranzgefäße, sondern vor allem auch die Gefäße der Gliedmaßen werden durch das Rauchen verengt. Das führt besonders in den Beinen zu Durchblutungsstörungen.

Von 100 Patienten mit Durchblutungsstörungen in den Beinen sind 99 Raucher! Daher die Bezeichnung „Raucherbein". Betroffen werden vor allem Raucher nach dem 40. Lebensjahr.

6. Rauchen und Magengeschwüre

Es besteht ein ursächlicher Zusammenhang zwischen Rauchen und der Entstehung von Magengeschwüren. Eine Heilung von Magengeschwüren, welche Entstehungsursache sie auch haben mögen, ist deshalb nur möglich, wenn das Rauchen sofort eingestellt wird.

7. Rauchen und der weibliche Organismus (1)

Die Zahl der Raucherinnen — wohl eine Folge der Emanzipation — hat sich in den letzten 15 Jahren verdoppelt, ebenso die Zahl der Erkrankungen an Lungenkrebs. Leider haben Frauen, die an Lungenkrebs erkrankt sind, eine noch geringere Überlebenschance als Männer.

Zusätzliche Risiken sind bei Raucherinnen:

Durch Krämpfe der Muskulatur kann die Durchlässigkeit der Eileiter aufgehoben werden, was die oft bei Raucherinnen beobachtete Sterilität verursacht.

Schädigungen der werdenden Mutter:

Geburts- und Wochenbettstörungen:

(Totgeburten, Wehenstörungen, Nachgeburtsbluten,

Rückbildungs- und Milchdrüsenschwäche)

Raucherinnen 42,4 %   Nichtraucherinnen 24,6 %

Schwangerschaftsnierenentzündung mit Geburtskrämpfen (Eklampsie):

Raucherinnen 3,6 %   Nichtraucherinnen 0,2 %

Ferner: Stärkere Schwangerschaftsbeschwerden, wie Schwangerschaftsneurosen an Gallenblase, Herz und Harnwegen und häufigeres Erbrechen.

8. Rauchen der Mutter und seine Wirkung auf den Fötus

a. Erhöhung der Herztätigkeit des Fötus: Das Rauchen *einer* Zigarette bewirkt eine Steigerung um 10—20 Schläge pro Minute.

b. Verminderung des Geburtsgewichts um durchschnittlich 200—300 Gramm. Das mit Nikotin und CO angereicherte Blut der Mutter bedingt im Kreislauf des Fötus Entwicklungshemmungen.

c. Erhöhung der Zahl der Totgeburten.

d. Die Zahl der Frühgeburten (Geburtsgewicht unter 2500 Gramm), ist bei Raucherinnen 2—3 mal so groß wie bei Nichtraucherinnen.

9. Zunahme des Zigarettenkonsums

Bundesrepublik: Konsum pro Kopf der Bevölkerung

1932/33	489 Stück
1953/54	744 Stück
1965/66	1548 Stück
1970	2508 Stück

Gesamtkonsum in der Bundesrepublik:

1950	25,1	Milliarden
1966	100	Milliarden

Pro-Kopf-Verbrauch an Zigaretten je erwachsenen Einwohner 1970 (3)

USA	3850		Japan	2842
Ungarn	3750		Bulgarien	2530
Kanada	3445		BRD	2508
Schweiz	3324		Rumänien	2381
Großbritannien	3035		Österreich	2339
Polen	2910			

10. Relatives Sterberisiko der Zigarettenraucher nach Todesursache

Gesamtzahl der durch 7 Langzeitstudien erfaßten Sterbefälle = 37 391 (4)
Sterberisiko der Nichtraucher = 1,0

Todesursache	Sterberisiko		Todesursache	Sterberisiko
Lungenkrebs	10,8		Gefäßkrankheiten	
Bronchitis u. Emphysem	6,1		(ohne Arteriosklerose)	2,6
Kehlkopfkrebs	5,4		Leberzirrhose	2,2
Mundkrebs	4,1		Blasenkrebs	1,9
Speiseröhrenkrebs	3,4		Erkrankungen der	
Magen- u. Darmgeschwüre	2,8		Herzkranzgefäße	1,7
			andere Herzkrankheiten	1,7

11. Rauchen und „stiller Streß" (5)

Nach *Prof. H. Klensch* (Physiologisches Institut II der Universität Bonn), verursacht das mit dem Rauch in den Organismus aufgenommene Nikotin einen für den Raucher gefährlichen sogenannten „stillen Streß". Beim normalen Streß wird ein für den Fall einer abnormen Situation, wie sie für Angriff und Flucht gegeben ist, ein zweckmäßiges Programm ausgelöst, das im vegetativen Bereich durch den Sympathikus realisiert wird. Dabei wird für vorübergehende Umverteilung und Verstärkung des Blutstroms zugunsten der Muskulatur gesorgt, ferner für Erhöhung der Auswurfleistung des Herzens mit entsprechend höherem O_2-Verbrauch, für erhöhte Kerntemperatur durch Konstriktion der Hautgefäße (siehe Versuch S. 348), für erhöhte kortikale Reaktionsgeschwindigkeit und raschere Wahrnehmung, für eine Befeuchtung der Handflächen zur Erhöhung der Griffigkeit und für die Stillstellung des Verdauungsapparats. Außerdem sorgt das Programm im Hinblick auf die notwendige erhöhte Muskeltätigkeit für die Mobilisierung von Brennstoffen aus den Depots. So kann Mensch oder Tier durch den gerüsteten Alarmzustand seinen Vorteil wahren und Gefahren abwenden. Da dies dann im allgemeinen nur unter Aktivierung erheblicher Muskelkräfte möglich ist, werden die vorsorglich mobilisierten Treibstoffe durch Verbrennung in den Muskeln wieder aus dem Blut eleminiert. Kommt es nicht zu den vorgeplanten Muskeltätigkeiten, muß eine unnötige Treibstoff-Freisetzung in Kauf genommen werden, was man als „stillen Streß" bezeichnet.

Der Nikotinstreß ist nun in der Regel der extreme Modellfall eines „stillen Stresses". Zu den beim Streß mobilisierten Brennstoffen gehören neben dem Normaltreibstoff Zucker auch die Fettsäuren. Das sind energiereiche Supertreibstoffe, die aus den Fettdepots über Fasern des Sympathikus unter Einschaltung eines lipolytischen Systems freigesetzt werden. Nach dem Rauchen *einer* Zigarette kann der Anstieg der nichtveresterten Fettsäuren im Plasma eindeutig festgestellt werden. Diese mobilisierten Fettsäuren verbleiben nun im zirkulierenden Blut, denn es findet ja beim Rauchen keine Verbrennung durch erhöhte Muskeltätigkeit statt. Sie werden schließlich in der Leber zu Triglyzeriden aufgebaut und erscheinen dann wieder im Blut als Lipoproteide. Hohe Triglyceridwerte im Blut werden aber bekanntlich als hoher Risikofaktor für den Früheintritt arteriosklerotischer Erkrankungen angesehen. Diese unnötige Freisetzung von Treibstoffen durch das Rauchen muß deshalb als ein wesentlicher Risikofaktor betrachtet werden, zumal sich der Raucher ja dauernd in diese „stille Streß"-Situation versetzt.

12. Das Passivrauchen (6)

Prof. F. Schmidt, Forschungsstelle für Präventive Onkologie der Klinischen Fakultät Mannheim der Universität Heidelberg, definiert in einem wissenschaftlichen Gutachten in einem Prozeß zum Schutze von Nichtrauchern am Arbeitsplatz den Begriff so:

„Als Passivrauchen bezeichnet man das erzwungene Mitrauchen von Nichtrauchern in tabakverqualmten Räumen"

Die Schädigungen erfolgen durch CO, Nikotin, Teerstoffe und die anderen zahlreichen Inhaltsstoffe des Rauchs, die im einzelnen noch nicht vollständig genug untersucht sind.

Die Kommission zur Prüfung gesundheitsschädlicher Arbeitsstoffe der Deutschen Forschungsgemeinschaft hat den Begriff des MAK-Wertes eingeführt. Darunter versteht man die maximal zulässige Konzentration eines Stoffes in der Atemluft für eine 8stündige Arbeitszeit.

Dieser MAK-Wert wurde in der Bundesrepublik für CO auf 55 mg/m^3 festgesetzt, für Nikotin auf 0,5 mg/m^3.

Schon der Rauch von 2—3 Zigaretten reicht aus, um den CO-Gehalt in einem Kubikmeter Luft auf den zulässigen MAK-Wert anzuheben. Da der CO-Gehalt des Zigarettenrauchs sehr stark schwankt — es werden Werte von 5—21 mg genannt (Ergänzungsbericht zu (4) von 1972) — ist die Anzahl der Zigaretten schwer exakt vorauszusagen. Nach *Oettel* (7) kann dieser Wert in Büroräumen mit Raucherlaubnis überschritten werden.

Beard und Grandstaff (8) beobachteten bereits nach einer Einwirkung von 50 ppm CO pro m³ für nur 27—90 Minuten eine signifikante Veränderung der Wahrnehmung für optische und akustische Signale und für die Unterscheidung von Lichtunterschieden.

Da CO vor allem bei Verbrennung mit zu geringer O_2-Zufuhr entsteht, ist der sogenannte Nebenstrom des Zigarettenrauchs — das ist Rauch, der bei der brennenden Zigarette ohne Ziehen entsteht — reicher an CO als der Hauptstrom.

Nach *Schmidt* (6) werden die feinen Gehirnfunktionen, wie Konzentrationsfähigkeit, Urteilsvermögen und Merkfähigkeit in verrauchten Räumen negativ beeinflußt.

Nach *Hess* (9) inhaliert eine Kellnerin, die mehrere rauchende Gäste bedient, *stündlich* so viel Nikotin, als ob sie selbst eine Zigarette rauchen würde.

Nach *Speer* (10), der 250 Nichtraucher nach längerem Aufenthalt in verqualmten Räumen untersuchte, wurden folgende akute Symptome festgestellt:

Tabelle 2

	Jungen unter 16 J.	Männer	Mädchen unter 16 J.	Frauen	Gesamt	Prozent
Patientenzahl:	19	71	21	139	250	100
Augenbindehautreizung	9	54	14	96	173	69,2 %
Nasensymptome	5	28	2	38	73	29,2 %
Kopfschmerzen	5	26	5	43	79	31,0 %
Husten	7	15	10	31	63	25,2 %
erschw. Atmung	1	4	0	6	11	4,4 %
Halsschmerzen	0	7	0	7	14	5,6 %
Übelkeit	3	6	0	14	23	9,2 %
Heiserkeit	0	6	0	5	11	4,4 %
Schwindel	2	2	2	10	16	6,4 %

Gefahr für den Fötus (11)

Neben den schon beschriebenen Gefahren, die durch das Rauchen der werdenden Mutter bedingt sind, hat auch der väterliche Zigarettenkonsum Auswirkungen auf die perinatale Sterblichkeit und die Mißbildungshäufigkeit (Deutsche Medizinische Wochenschrift 99/21, Mai 1974). *P. Netter* und *G. Mau* (Kinderklinik der Univ. Kiel und Inst. f. medizinische Statistik der Univ. Mainz) prüften 5200 Fälle und untersuchten, ob bei nichtrauchenden Müttern die Rauchgewohnheiten der Väter hier einen Einfluß haben.

Ergebnis: Bei mehr als 10 Zigaretten täglich war die perinatale Sterblichkeit signifikant höher und die Zahl der schweren Mißbildungen ungefähr doppelt so hoch:

Täglicher Zigarettenkonsum der Väter	Perinatale Sterblichkeit
keine	3,1
1—10	2,2
mehr als 10	4,8

Täglicher Zigarettenkonsum der Väter	Schwere Mißbildungen in Prozent
keine	0,8
1—10	1,4
mehr als 10	2,1

Eine Erklärung für diese Auswirkungen konnte bisher nicht gefunden werden. Eventuell ist dafür eine direkte Einwirkung des Nikotins oder anderer Schadstoffe des Zigarettenrauchs auf die Spermien verantwortlich. Verschiedene Autoren fanden bei Rauchern Spermienmißbildungen (12, 13).

Gefahr für Säuglinge und Kinder

Besondere Gefahren bestehen für den Säugling, wenn rauchende Väter ihn längere Zeit in geschlossenen Räumen auf dem Arm herumtragen. Es kann hier sogar zu schweren Vergiftungsfällen kommen.
Der amerikanische Arzt *P. Cameron (14)* prüfte den Gesundheitszustand der Kinder aus 727 Familien rauchender und nichtrauchender Eltern. Bei den Kindern rauchender Eltern waren akute Entzündungen der Atemwege *doppelt so oft* festzustellen wie bei denen nichtrauchender Eltern.
Norman u. *Taylor (15)* fanden bei einer Untersuchung von 1000 Fünfjährigen: Wenn zwei oder mehr Erwachsene in der Familie rauchen, leiden sie häufiger an entzündlichen Atmungswege-Erkrankungen. Die Kinder leben in diesen Familien in einer stärker verschmutzten Umwelt, als wenn sie mitten *auf* (nicht an) einer verkehrsreichen Großstadtstraße wohnen würden.
Selbst die Hunde von Zigarettenrauchern leiden in erhöhtem Maße an Bronchitis-Symptomen.
Prof. Schmidt fordert aus all diesen Gründen Maßnahmen zum besseren Schutz der Nichtraucher.

13. Rauchgewohnheiten von Jugendlichen

Frau *Ilse Randschau* berichtet im STERN 1976/16 von einer Untersuchung von drei Doktoranden des Instituts für vorbeugende Krebsforschung der Universität Heidelberg, die sie mit einer Fragebogenaktion an 2000 Schülern durchgeführt haben.
Auf die Frage: „Warum rauchst Du?" antworteten die 12- bis 15jährigen Schüler am häufigsten: „Um anzugeben!", die über 16jährigen Schüler: „Aus Willensschwäche". — An zweiter Stelle wurde „Nachahmungstrieb" (28,5 %) genannt, an dritter „Verführung durch Werbung" (23,8 %).
38,5 % der Gymnasiasten bezeichnen sich als regelmäßige Raucher. Bei den Mädchen ist die Zahl genau so hoch.

Bei der Gruppe der über 18jährigen Schüler betrug der durchschnittliche Tageskonsum 11—20 Zigaretten; 25 % inhalieren gewohnheitsmäßig.
Das Anfangsalter liegt sehr früh und, was besonders bedenklich erscheint, ist in den letzten Jahren ständig gesunken:
69 % der 8- bis 12jährigen Schüler haben schon einmal geraucht.
22 % der 12- bis 14jährigen und 40 % der 15- bis 17jährigen Schüler sind regelmäßige Raucher!
Nach zahlreichen Untersuchungen sind die Gesundheitsschäden umso größer, je früher mit dem Rauchen begonnen wird.
Nach Medizinaldirektor *Dr. E. Mansfield* vom Gesundheitsamt der Stadt Stuttgart handelt es sich vor allem um Schäden am vegetativen Nervensystem, die sich lebenslang auswirken können.
Nach dem amerikanischen Arzt *Dr. Seaver*, der drei Jahre lang rauchende und nichtrauchende Schüler untersuchte, wird durch das Rauchen das Längenwachstum gehemmt:
Gelegenheitsraucher blieben um 10 %, Gewohnheitsraucher um 20 % im Wachstum hinter Nichtrauchern zurück.
Der Brustumfang war bei rauchenden Jugendlichen um durchschnittlich 20 % kleiner als bei Nichtrauchern.
Nach Untersuchungen des Dresdner Internisten *Prof. F. Lickint* ist die Lungenkapazität bei jugendlichen Rauchern bis zu 10 % geringer als bei Nichtrauchern. Ein 20jähriger Raucher, der täglich 10 Zigaretten raucht, hat nur die Atemfähigkeit eines 40jährigen Nichtrauchers. Seine Lunge ist also bereits um 20 Jahre gealtert!

14. *Rauchen und Drogenkonsum*

Nach einer 1974 veröffentlichten Dokumentation des Bayer. Staatsministeriums des Inneren (16) ist in 94 von 100 Fällen die Zigarette die Einstiegsdroge für Haschich, Morphium und Heroin.

Zusammenhang zwischen Zigarettenrauchen und Rauschmittelkonsum

	Jugendliche insgesamt	Probierer von Drogen	Schwache User	Starke User (mindestens 50 mal Rauschgift genommen)
Nichtraucher	41 %	11 %	8 %	8 %
Schwache Raucher (weniger als 10 Zigaretten tägl.)	35 %	43 %	48 %	39 %
weniger als 20 Zigaretten tägl.	12 %	11 %	18 %	10 %
20 und mehr Zigaretten tägl.	12 %	35 %	26 %	43 %
	100 %	100 %	100 %	100 %

Ein ähnlicher Zusammenhang wurde zwischen Rauchen und Alkoholkonsum festgestellt.

15. Nikotin — ein schweres Magengift

Die Zeitschrift „Rehabilation (17) berichtet von dem ersten Europäischen Kongreß „Rauchen und Gesundheit", der mit starker internationaler Beteiligung vom 6. — 9. September 1971 in Bad Homburg stattfand.

Auf diesem Kongreß berichtete *H. Oettel*, daß bereits 50 mg Nikotin, was *einem Tropfen Nikotinbase entspricht*, für den Menschen tödlich sind.

Ein dreijähriges Mädchen aus Smedjebarken (Schweden) verschluckte 1962 in einem unbewachten Augenblick eine Zigarette. Vier Tage kämpften die Ärzte vergebens um das Leben des Kindes (Pressemeldung vom 17. 7. 1962).

Tabakwaren müssen deshalb vor Kindern verschlossen aufbewahrt werden!

16. Nikotin — ein schweres Hautgift

Oettel (18) berichtet, daß Tabakschmuggler durch das Aufbinden von Tabakblättern auf die Haut tödliche Vergiftungen erlitten.

Besonders rasch wird Nikotin durch die Schleimhäute resorbiert. Die rasche zentrale Krampfwirkung wird oft in Pharmazievorlesungen an einer Taube demonstriert, die mit einem Tropfen Nikotinbase auf der Zunge nach wenigen Sekunden tot ist (kein Schulversuch!).

Schlußbemerkungen

Gewohnheitsraucher vom Rauchen auf die Dauer abzubringen ist sehr schwer. Auf die zahlreichen Methoden zur Entwöhnung soll hier nicht eingegangen werden, aber folgende Ratschläge können die Gesundheitsschäden verringern:

1. Übergang zu Filterzigaretten mit geringerem Teerstoff- und Nikotingehalt. Auf den Packungen muß in Zukunft der Anteil dieser Hauptschadstoffe angegeben werden (siehe Tabelle 3).
2. Lungenzüge möglichst einschränken.
3. Zigaretten nur zu zwei Drittel rauchen. Die Schadstoffe werden gerade im letzten Drittel durch das Rauchen angereichert.

Tabelle 3

Der Schadstoffgehalt von 105 bekannten Zigarettenmarken

Diese Zusammenfassung, die sich auf die Untersuchungsergebnisse von drei unabhängigen wissenschaftlichen Instituten stützt, wurde im STERN am 19. 12. 1974 veröffentlicht.

m. F. = mit Filter, o. F. = ohne Filter.

Die Marken sind nach dem Teerkondensatgehalt geordnet.

Zigarettenmarke	Teerkondensat in mg pro Zigarette	Nikotinkondensat in mg pro Zigarette	Marktrang alle Marken unter dem 60. Rang: u. 60
1 Auslese	ca. 5	ca. 0,15	Diese beiden Marken „im Rauch nikotinfrei" waren noch nicht auf d. Markt.
2 California	ca. 5	ca. 0,15	
3 Reemtsma m. F.	9,1	0,43	15
4 Astor Spezial m. F.	9,3	0,68	u. 60
5 Pall Mall mild m. F.	10.3	0,39	u. 60
6 Lord m. F.	11,5	0,48	59
7 Gitanes m. F.	11,5	0,65	u. 60
8 Windsor Menthol m. F.	11,6	0,65	u. 60
9 Stuyvesant Extra leicht m. F.	11,6	0,52	24
10 Atika m. F.	11,8	0,51	11
11 Lord Extra m. F.	11,9	0,49	2
12 Milde Sorte m. F.	12,3	0,52	14
13 Krone m. F.	12,4	0,48	7
14 Gauloises Caporal m. F.	12,4	0,56	u. 60
15 Astor m. F.	12,5	0,63	31
16 Astor Mild m. F.	12,5	0,65	36
17 Erste Sorte m. F.	12,6	0,69	u. 60
18 Bastos m. F.	13,0	0,67	u. 60
19 Muratti Privat m. F.	13,1	0,70	u. 60
20 Stuyvesant m. F.	13,1	0,75	4
21 Collie m. F.	13,4	0,70	44
22 Le Mans m. F.	13,4	0,78	u. 60
23 Lux m. F.	13,5	0,68	6
24 Salem Export m. F.	13,5	0,80	u. 60
25 Lasso m. F.	13,6	0,65	u. 60
26 Kim m. F.	13,7	0,68	13
27 Roth-Händle m. F.	13,7	0,79	21
28 Peer 100 m. F.	14,0	0,56	16
29 Ernte 23 m. F.	14,0	0,71	3
30 Life m. F.	14,1	0,69	u. 60
31 Mercedes Leicht m. F.	14,2	0,62	u. 60
32 Peer Export m. F.	14,3	0,73	29
33 Stern m. F.	14,3	0,76	u. 60

Zigarettenmarke	Teerkondensat in mg pro Zigarette	Nikotinkondensat in mg pro Zigarette	Marktrang alle Marken unter dem 60. Rang: u. 60
34 Kurmark m. F.	14,5	0,69	12
35 Panama m. F.	14,5	0,82	41
36 HB m. F.	14,8	0,71	1
37 Güldenring m. F.	14,8	1,00	u. 60
38 Astra m. F.	15,1	0,74	u. 60
39 Winston m. F.	15,1	1,05	54
40 Simon Arzt Nr. 3 m. F.	15,3	0,55	u. 60
41 Stuyvesant Golden Luxury m. F.	15,3	0,80	35
42 Ernte 23 Sondertyp m. F.	15,5	0,67	40
43 Candida m. F.	15,5	0,82	u. 60
44 eve m. F.	15,6	0,75	34
45 WY Chester m. F.	15,7	0,97	47
46 Reyno m. F.	15,8	0,90	20
47 Kent m. F.	15,9	0,79	33
48 Gold Dollar m. F.	15,9	0,82	u. 60
49 Marlboro m. F.	15,9	0,88	8
50 Rothmans m. F.	16,2	0,96	57
51 Kurier m. F.	16,4	0,91	u. 60
52 Camel m. F.	16,4	1,07	9
53 Roland o. F.	16,8	0,84	u. 60
54 Dunhill m. F.	16,8	1,01	27
55 Chesterfield m. F.	16,8	1,04	45
56 Golden Smart m. F.	16,9	0,85	u. 60
57 Lasso o. F.	16,9	0,93	u. 60
58 Sheffield m. F.	17,1	0,75	u. 60
59 Peer de Luxe m. F.	17,1	0,86	u. 60
60 Kent de Luxe m. F.	17,2	0,94	32
61 Prince of Wales m. F.	17,5	0,94	u. 60
62 Pall Mall m. F.	17,6	1,10	46
63 Pilipp Morris Internat. m. F.	17,6	1,14	u. 60
64 Oakland m. F.	17,7	0,96	55
65 Reyno 100 m. F.	17,7	1,18	u. 60
66 P & S m. F.	18,1	1,28	52
67 Rembrandt m. F.	18,2	0,99	u. 60
68 Mokri m. F.	18,2	1,00	48
69 Gitanes o. F.	18,3	1,04	53
70 Windsor de Luxe m. F.	18,7	1,01	22
71 Africaine o. F.	18,9	0,95	u. 60
72 Juno o. F.	19,3	1,05	19
73 Bataro m. F.	19,4	0,89	51
74 Imperial m. F.	19,4	0,93	u. 60
75 Exzellenz m. F.	19,6	1,14	49
76 Ova o. F.	19,8	1,08	56

Zigarettenmarke	Teerkondensat in mg pro Zigarette	Nikotinkondensat in mg pro Zigarette	Marktrang alle Marken unter dem 60. Rang: u. 60
77 York m. F.	19,8	1,08	u. 60
78 Reval m. F.	20,2	1,05	17
79 Gauloises o. F.	20,3	1,02	26
80 Benson+Hedges m. F.	20,4	1,25	30
81 Eckstein o. F.	20,5	1,08	23
82 Zuban 22 o. F.	20,6	1,14	50
83 Bastos o. F.	20,7	1,10	u. 60
84 Reval o. F.	21,0	1,06	5
85 Salem No. 6 o. F.	21,3	1,09	25
86 Astor o. F.	21,4	1,18	u. 60
87 P 4 m. F.	22,1	1,24	60
88 Senoussi o. F.	22,4	1,22	37
89 Gelbe Sorte o. F.	23,4	1,09	u. 60
90 Camel o. F.	23,7	1,45	28
91 Nil o. F.	24,2	1,15	u. 60
92 Orienta o. F.	24,9	0,89	43
93 Roth-Händle o. F.	25,7	1,54	10
94 Gold Dollar o. F.	25,9	1,35	38
95 Kurmark o. F.	25,9	1,39	u. 60
96 Mokri o. F.	25,9	1,43	u. 60
97 Lux o. F.	26,1	1,42	u. 60
98 Overstolz o. F.	26,2	1,42	18
99 Lucky Strike o. F.	26.3	1,35	u. 60
100 Laurens extra o. F.	26,4	1,46	u. 60
101 Finas o. F.	27,0	1,32	39
102 Player's Navy Cut o. F.	27,3	1,84	u. 60
103 Player's Virginia No. 6 o. F.	28,0	1,87	42
104 North State o. F.	29,9	1,57	u. 60
105 Red Rock o. F.	30,5	1,66	u. 60

Aus dieser Tabelle ist zu ersehen, daß der Gehalt an Teerkondensat und Nikotinkondensat bei den einzelnen Zigarettenmarken außerordentlich verschieden ist. So schwankt der Teerkondensatgehalt zwischen 5 und 30,5 mg, der Nikotinkondensatgehalt zwischen 0,15 und 1,87 mg.

Filterzigaretten haben zwar im allgemeinen geringeren Teerkondensat- und Nikotinkondensatgehalt, aber es gibt auch Ausnahmen: So steht die Marke Roland o. F. mit 16,8 mg Teerkondensat und 0,84 mg Nikotinkondensat an 53. Stelle, während die Marke P 4 m. F. mit 22,1 mg Teerkondensat und 1,24 mg Nikotinkondensat an 87. Stelle steht. Hieraus ist zu entnehmen, daß es sehr auf die Tabaksorte und ihre Behandlung ankommt.

Am Marktrang ist zu erkennen, daß sich die „leichten" Zigaretten schon einen hohen Marktanteil gesichert haben.

Da Gewohnheitsraucher schwer beeinflußbar sind, sollte alles getan werden, um Jugendliche, bevor sie es geworden sind, vom Rauchen abzuhalten. Leider wird im allgemeinen hier viel zu wenig getan. So hat das Doktorandenteam bei seiner gründlichen Untersuchung über die Rauchgewohnheiten Jugendlicher festgestellt:

Nur 9 % der Gymnasiasten einer Großstadtschule und sogar nur 5,9 % eines ländlichen Gymnasiums waren im Biologieunterricht über die gesundheitlichen Auswirkungen des Rauchens aufgeklärt worden!

Nach meiner Erfahrung ist ganz allgemein, aber besonders bei jüngeren Schülern, eine „Schocktherapie", wie etwa das Zeigen einer Raucherbeinamputation, völlig wirkungslos. Der Schüler kann sich mit so einem in weiter Ferne liegenden Ereignis nicht identifizieren. Ebenso verhält es sich mit allen für die spätere Zukunft angekündigten Gesundheitsschäden. Weitaus wirkungsvoller sind einfache Versuche, die dem Schüler die schädlichen Inhaltsstoffe unmittelbar zeigen, wie etwa den „Dreck", der bei jedem Lungenzug in die Lunge gerät. Am eindrucksvollsten erwiesen sich immer solche Versuche, bei denen der Schüler die Wirkung *auf sich persönlich selbst feststellen konnte,* wie etwa das Sinken der Hauttemperatur oder die Erhöhung der Pulsfrequenz nach dem Rauchen einer Zigarette.

Die an manchen Schulen eingerichteten „Raucherzimmer" wirken allerdings allen Bestrebungen, die Jugendlichen vom Rauchen abzuhalten entgegen und sollten unbedingt wieder abgeschafft werden. Der Jugendliche argumentiert von seinem Standpunkt aus durchaus richtig, wenn er meint: „So schlimm kann das ja mit dem Rauchen nicht sein, wenn die Schule selbst uns dafür einen besonderen Raum zur Verfügung stellt."

Wie ich aber, nach gründlicher sachlicher Information, in zahlreichen Gesprächen immer wieder feststellen konnte, haben Schüler durchaus dafür Verständnis, daß ihnen die Schule keine Einrichtung zur Verfügung stellen kann, die ihre Gesundheit schwer schädigt.

Literatur

(1) „15 Sekunden zum Nachdenken", Bundeszentrale für gesundheitliche Aufklärung, Köln-Merheim, in Zusammenarbeit mit der Bundesärztekammer, Köln
(2) *Meinrad Schär:* „Gesundheitsschäden durch Tabakgenuß", Wilhelm Goldmann-Verlag, München 1971, „Das wissenschaftliche Taschenbuch", Medizin
(3) *K. M. Kirch* und *H. Rudolf:* „Die Zigarette", eine Dokumentation und Betrachtung, Walter Rau Verlag, Düsseldorf 1971
(4) *Terry-Report:* Smoking and Health. Report of the Surgeon general's advisory committee on smoking and health. Public Health Service Publ. No. 1103, Washington D. C., U. S. Gov. Print Off., 1964
(5) *H. Klensch:* „Direkte und indirekte Nikotinwirkungen" — „Sandorama", 1976/2 SANDOZ AG, Nürnberg
(6) *F. Schmidt:* „Über die Gesundheitsschäden und die Beeinträchtigung der geistigen Leistungsfähigkeit durch Passivrauchen", Das öffentliche Gesundheitswesen, Monatsschrift für Präventivmedizin, Stuttgart, 35. Jahrg. 1976/3
(7) *H. Oettel:* Deutsche Medizinische Wochenschrift 92 (1967), 2042
(8) *R. R. Beard* und *N. Grandstaff:* Ann. New York Acad. Sci. 1974 (1970), 385
(9) *H. Heß:* Münchener Medizinische Wochenschrift 113 (1971), 705
(10) *F. Speer:* Arch. Environment Health 16 (1968), 443
(11) *G. Mau* und *P. Netter:* „Die Auswirkungen des väterlichen Zigarettenkonsums auf die perinatale Sterblichkeit und die Mißbildungshäufigkeit", Deutsche Med. Wochenschr. 99. Jahrg., 1974/21, 1113—1118

(12) *C. Schirren* und *G. Gey:* „Der Einfluß des Rauchens auf die Fortpflanzungsfähigkeit bei Mann und Frau", Zeitschr. Haut- und Geschl.-Krankh. 44 (1969), 175

(13) *M. Viczian:* „Ergebnisse von Spermauntersuchungen bei Zigarettenrauchern", Zeitschr. Haut- u. Geschl.-Krankh. 44 (1969), 183

(14) *P. Cameron* und *Mitarbeiter:* Journal Allergy 43 (1969), 336

(15) *Norman-Taylor:* Community Med. 127 (1972), 32

(16) Bayerisches Staatsministerium des Inneren, München 22, Odeonsplatz 3: „Drogen, Alkohol, Nikotin", Dokumentation über eine Repräsentativerhebung bei Jugendlichen in Bayern, RB-Nr. 03 A — 74/05 Dezember 1974

(17) Rehabilation 25, 1—2, 1972, Deutsche Gesellschaft für Rehabilation, e. V., D-51 Aachen

(18) *H. Oettel:* „Zur Toxikologie des Tabaks und seiner Schwelprodukte" Rehabilation 25, 1—2, 1972, Vortragsbericht S. 7

STATISTISCHER WIEDERHOLUNGSKURS, PROGRAMMIERT

Von Univ.-Professor Dr. Werner Schmidt

Hamburg

EINLEITUNG

Zur Benutzung eines programmierten Textes

In einem programmierten Lehr- und Lerntext kann man sich vergewissern, ob man die Art statistischer Schlüsse aus Fakten verstanden hat und ob man sie anzuwenden versteht. Es werden Fragen gestellt. Die Antworten findet man eine Zeile tiefer. Bitte versuchen Sie, die Fragen selbst zu beantworten und verdecken Sie die gedruckten Antworten mit einem Stück Papier, bis Sie Ihre eigenen gefunden und damit vergleichen können. Ihre Aktivität wird also ermutigt, Sie erwerben Übung. Ein anderes Verfahren; es werden Leerstellen im Text absichtlich aufgenommen, die der Leser ausfüllen kann.

Da es sich hier um einen Wiederholungstext handelt, können die einzelnen Schritte wohl rascher aufeinander folgen, als es in einem ersten, einführenden Kurs zweckdienlich wäre. Ist bereits ein solcher Kurs vorangegangen, so werden Ihnen die Antworten nicht schwer fallen. Falls nicht, so wäre zu ermitteln, ob programmierte Lehrtexte, neben gewöhnlichen, bereits eine erste Einführung zu erleichtern vermögen.

Statistik nützlich

Weshalb überhaupt statistische Methodik? Was sind ihre Grundgedanken? Nun, man kann mit ihrer Hilfe z. B. *Unterschiede* kritisch prüfen. Täglich werden wir mit Unterschieden konfrontiert, schon bei der Zeitungslektüre. Da ist z. B. zu entscheiden, ob bei Meinungsumfragen, über die berichtet wird, ein *Unterschied* zwischen 40 % zustimmenden Antworten, die sich auf dem Lande für eine Sache aussprachen, und 35 % städtischen Ja-Sagern realistisch zutreffen kann, oder ob er infolge zu kleiner und nicht repräsentativer Stichproben *zufällig* zustande gekommen sein mag. Der kritische statistische Denkansatz wertet Fakten vorsichtig, d. h. erst nach befriedigender Befragung der Daten, aus. Er drückt Resultate in Wahrscheinlichkeiten aus, und spricht nicht von absoluter Gewißheit, wie es Dogmatiker unter Umständen tun, die eine Prüfung gewisser Thesen nicht für nötig halten.

Nicht nur Massenerscheinungen, sondern auch Einzelfälle können statistisches Interesse haben. Wenn beispielsweise eine mittlere Pulsfrequenz von sagen wir 75 Schlägen pro Minute in einem Bevölkerungsdurchschnitt gefunden wurde, und ein abweichender Fall mit 95 Pulsschlägen, so lassen sich statistische Schlüsse ziehen. Fällt der Abweicher noch in den allgemeinen Streubereich, oder schon mit hoher Wahrscheinlichkeit außerhalb? Dann, und nur dann, wäre ein Indiz für eine pathologische Ursache seiner Pulsbeschleunigung gegeben. Man wird dann diesen Hinweis benutzen, um nach solcher Ursache zu suchen.

Zusammenhänge richtig zu erkennen und zu deuten, war schon in der frühen Menschheitsgeschichte lebenswichtig. „Mensch ißt Rinde, Mensch wird vom Fieber genesen". So und ähnlich schloß man aus Beobachtungen auf Zusammenhänge zwischen Verhaltensweisen oder Therapien und dem Erfolg. Scheinzusammenhänge wurden und werden oft für echte gehalten. Die statistische Methodik prüft und der Sachverstand wertet aus, ob ein post hoc auch ein propter hoc ist.

Warum Scheu vor Statistik?

Es ist ein neues Denken, zu dem uns die statistische Methodik bringt. Neues wird bekanntlich nicht immer in der Zeitspanne einer einzigen Generation akzeptiert und praktiziert. *Parkinson* spricht in einem jüngst erschienenen Buch vom „MANANA-Gesetz". Er schildert den „hinhaltenden Hinderer" H. H., der eine gedankliche Umstellung lieber verschiebt und dem Neuerer entgegnet: „zu gegebener Zeit" (z. g. Z.). *Es ist bemerkenswert, wie lange es gedauert hat*, bis man die Statistik als nützliches Instrument für Schlußfolgerungen, heute in allen empirischen Wissenschaften, anerkannt hat. Und doch finden sich noch immer „hinhaltende Hinderer". In den angelsächsischen Ländern ist längst zur Selbstverständlichkeit geworden, was bei uns noch aussteht. Gewiß, es erfordert etwas Einarbeitungszeit und Übung, bis man Gewandtheit im Umgang mit der Zahlensprache gewinnt. Aber man entschließe sich doch, unsere alten Disziplinen *vom Ballast entbehrlicher Details zu entrümpeln*. Nur so spart man Zeit ein und kann sich neuer Methoden bedienen. Das war schon immer so. Aber liebgewordene Details gibt mancher nur ungern preis. Ein drittes Faktum hat eine verzögernde Rolle gespielt: Während des Studiums haben Biologen, Mediziner, Psychologen, Soziologen, Sprachwissenschaftler, kurz in allen empirisch forschenden Disziplinen, bisher oft versäumt, in die statistische Schlußweise einzudringen. Nun macht es ihnen nachher Schwierigkeiten, nachzuholen. Es fehlen *gewandte Didaktiker* der Statistik, weil sie keinen Zugang fanden, und rechtzeitig während des Studiums kein Lehrangebot vorfanden. Das muß anders werden. Ohne statistische Datenauswertung geht es eben nicht, und sie muß bereits in der Schule trainiert werden. Im Grunde ist alles einfach. Besonders sei auf die Anhänge zu Kapitel III und IV „Vereinfachte zeitsparende Methoden" hingewiesen.

Statistik als Forschungsmittel

Datenlesen, einmal gelernt, schützt vor Zeitverlusten und Fehlschätzungen. Natürlich sind für Entdeckungen die guten Einfälle die Hauptsache. Oder, wie beim Penizillin, die richtige Vorstellung über Anwendungen, nämlich in diesem Falle über die Verwertbarkeit der Beobachtung, die über die bakterientötende Wirkung von Pilzstämmen gemacht wurde. In so klaren Fällen wird der Statistiker nicht zu reden anfangen. Das kommt erst hinterher, wenn Massenbefunde (und etwaige Nebenwirkungen) auszuwerten sind. Und dann kann die Datenanalyse zu neuer Forschung anregen. Es gibt nun Stimmen, die die Möglichkeiten überschätzen, ohne Statistik auszukommen. So schreibt der Tiermediziner *Victor Goerttler* in seinem Buch (Parey 1965), Seite 68:

„Neuerdings hat sich die Sitte — ich nenne sie „Unsitte" — herausgebildet, in medizinischen, veterinärmedizinischen, tierzüchterischen und biologischen Arbeiten *umfangreiche* mathematische Berechnungen und Ableitungen zu geben. Das

ist meist *überflüssig*, wobei ich jedoch zugebe, daß meine mathematischen Kenntnisse und mein *Verständnis für Mathematik* nur gering sind."
Der Einwand ist ernst zu nehmen. Wie muß unsere *Taktik* sein, wenn wir die uns notwendig erscheinende Unterrichtung im statistischen Datenlesen mehr Schülern und Studenten zugänglich machen wollen? Angesichts solcher Empfindlichkeiten, in die wir uns einfühlen müssen?
Zunächst stößt sich der Autor am *Umfang* der Mathematisierung. Also: Kürze, Kürze, wie er auch selbst vorschlägt. Nur nicht jede statistische Analyse im Detail bringen. Es genügt, ihre Ergiebigkeit zusammenzufassen und in anschaulichem Deutsch überzeugend vorzutragen.
Zweiter Einwand: Gerade bei zu großem Umfang wird die mathematisch-statistische Analyse als „*meist überflüssig*" empfunden. Als Fremdkörper, als etwas, auf das sich der „Eingeweihte", in „wissenschaftlichem Hochmut" *(Goerttler* ebendort) etwas zu gute hält. Diesen Eindruck zu vermeiden, wird gut tun. Man muß ja berücksichtigen, daß Leser (oder Leser der geschilderten Art) sich als unbewandert fühlen und daher in Abwehrstellung gehen.
Dritter Einwand: *Verständnis für Mathematik*. Es soll vermeintlich Voraussetzung sein, und eben nicht jedem gegeben. Sympathischer Zug der Bescheidenheit. Auch Varianzanalyse, meint der Autor, eine sehr sorgfältige Berechnung, führe nicht zu realistischen Ergebnissen, wenn der „Ansatz" falsch ist. Wir erwähnten das schon oben, und unterstrichen die Hauptrolle der forschungsfördernden Ideen. Aber muß man deswegen auf die Analyse verzichten? Und gehört wirklich mehr Mathematik dazu als uns die Obertertia mitgab? Das wäre eine pessimistische Übertreibung. Wer sich entschließt, Daten zu lesen, und gute Didaktiker findet, wird zustimmen.
Wie die genetische Forschung durch Statistik gefördert wurde, siehe Seite 390, 391.

I. Begriffe

Frage 1:

Was versteht man unter „Statistik"? Wenn Sie darauf antworten, Statistiken sind Datensammlungen aus Vollzählungen, z. B. Bevölkerungs- oder Wirtschaftserhebungen, so berücksichtigen Sie dabei nicht, daß heute meist nur Stichproben gezogen werden und aus ihnen Schlüsse auf die Gesamtheiten gezogen werden müssen. Hierbei prüft die „*statistische Methodik*", ob ein Ergebnis (in Versuchen oder Erhebungen) nur zufällig zustande gekommen oder als statistisch gesichert (signifikant) nachweisbar ist und drückt dies durch die Zufallswahrscheinlichkeit aus.
Schildern Sie die Herkunft des Wortes Statistik (um 1700) und die inzwischen entwickelte statistische Analyse.

Antwort 1:

Nach 1700 wurden an der Universität Göttingen Vorlesungen für den Verwaltungsnachwuchs gehalten. Man vermittelte ihnen „Staatsbeschreibungen" in Zahlen und nannte sie, in Anlehnung an das italienische Wort *statista* = Staatsmann, „Statistik". Wir würden heute sagen: „beschreibende Statistiken", aus Vollzählungen. Auch heute noch erhebt man durch Vollzählungen z. B. Einwohner- und Haushaltsziffern, Export und Import usw. Es können dabei *logische Fehler* begangen werden. So hat man nur die bewohnten Räumen gezählt, als der Lückeplan die Freigabe der Bewirtschaftung sich zum Ziel setzte, hat aber nicht nach der Bewohnbarkeit gefragt. Noch heute leben nach der Wohnungszählung 1968 etwa 800 000 Familien und Haushalte in der BRD in Baracken, Hütten, sonstigen unzureichenden Unterkünften oder zur Untermiete. Ferner wurde festgestellt, daß der ermittelte Bestand von 19,66 Millionen Wohnungen um vier Prozent niedriger liegt, gegenüber der bisherigen Statistik (20,47 Millionen) fehlen 810 000 Wohnungen. Es war also eine „unscharf definierte Vollzählung". Ganz anderer Art sind die Fehler (Unsicherheiten), die bei Schlüssen aus *Stichproben* auftreten. Wenn aufgrund vorangegangener Keimprüfungen eine Keimkraft von 95 % garantiert worden ist, so weiß die Saatgutwirtschaft, daß ein Streuungsspielraum (von sagen wir 91 % bis 99 %) toleriert werden muß und bei wiederholter Prüfung an Stichproben nicht beanstandet werden kann. Zu viele Faktoren können zu einer Streuung führen, so die wechselnden Bedingungen im Keimbett (trotz angestrebter Konstanthaltung) und ungleiche Verteilung von Keimern und Nichtkeimern in den Hunderter-Proben. Diese nicht kontrollierbaren Faktoren werden Zufallsfaktoren genannt, der durch sie hervorgerufene Fehler heißt *Zufallsfehler*. Ihn zu erfassen, ist durch die statistische Analyse möglich *(Analytische Statistik)*.

Dagegen besteht bei Gesamtbeobachtungen ganzer Populationen keine Notwendigkeit für die Anwendung statistisch-analytischer Schlußweisen. *Statistische Methodik* mußte in den Erfahrungswissenschaften entwickelt werden und wird heute ständig angewandt, um Experimente (an Stichproben) realistisch auszuwerten oder bereits, um sie auswertbar anzulegen, d. h. bei ihrer Planung.

Frage 2: *Stichproben und Gesamtheiten*

Gesamtzählungen geben erschöpfend die Merkmale der Gesamtheiten wieder, die man beobachtet, z. B. die Pulsschläge pro Minute. Natürlich läßt sich eine mittlere (durchschnittliche) Pulsfrequenz (sagen wir: Puls 80) nicht an einer Gesamtbevölkerung gesunder Menschen feststellen. Wir messen daher die Pulsschläge an einer ————— von z. B. 1000 Studenten in Körperruhe, und schließen darauf auf die „Population des Merkmals" (hier also Pulsfrequenz) ganz allgemein beim Menschen. Zwei Stichproben an je tausend Studenten werden ——— genau zum gleichen Mittelwert führen, sondern vielleicht einmal den Stichprobenmittelwert $\bar{x}_1 = 78$ und zum anderen Mal dem Stichprobenmittelwert $x_2 = 82$ ergeben. Welchen Schätzwert für den „wahren" Populationswert wird man daraus ableiten? (Antwort ——). Dieser wahre Mittelwert der Population, der „Parameter" μ (griechische Buchstaben für Parameter) ist unbekannt, er läßt sich nur aus ———— Stichprobenstatistiken schätzen, unter Berücksichtigung eines Vertrauensintervalls. Dieses Vertrauensintervall wird beim Schluß aus kleineren Stichproben von nur $n = 100$ Gliedern ———— zu erwarten sein als bei Stichproben von $n = 1000$ Gliedern. Denn bei größeren Stichproben verlieren individuelle Einzelabweicher an Gewicht.

Antworten 2:

Stichprobe nicht 80 schwankenden größer

Zwischenfrage:

Wann ist eine Stichprobe *repräsentativ* für die Gesamtheit, deren Merkmale sie widerspiegeln soll? Wann muß sie als *verzerrt* bezeichnet werden? Hat jedes Glied (Element) die gleiche Chance gehabt, in der Stichprobe vertreten zu sein?

Antwort:

Grundlage für jedes Stichprobenverfahren ist die *zufällige* Auswahl, damit die Gesamtheit widergespiegelt wird, und die Stichprobe repräsentativ ist. Würde man nur die Besitzer von Telefonanschlüssen nach ihrer Meinung für oder wider eine Sache (z. B. für oder wider einen Kandidaten, der zur Wahl steht) befragen, so wäre der ermittelte Prozentsatz von Ja- und Neinstimmen keinesfalls repräsentativ für die Gesamtheit. Denn die Telefonbesitzer sind nur eine bestimmte Gruppe der Bevölkerung. (Geschäftsleute, und berufsmäßig auf das Telefon angewiesene). Die anderen hatten nicht die gleiche Chance, in dem Kreis der Befragten vertreten zu sein. Eine solche Stichprobe müßte man als einseitig ausgewählt und daher verzerrt ansehen. Von solcherart Stichproben aus kann kein Schluß auf die Gesamtheit gezogen werden.

Frage 3:

Was versteht man unter einem *signifikanten* Unterschied?

Meist interessieren nicht absolute Werte, sondern Unterschiede zwischen den Populationen, aus denen Stichproben gezogen wurden. Da wir wissen, daß Unterschiede zwischen Stichproben, die aus *gleichen* Populationen stammen, durchaus die Regel sind, so präzisiert sich unsere Frage nach signifikanten Unterschieden darauf, zu fragen, ob Stichproben aus unterschiedlichen Populationen stammen können.

Wir ermitteln also z. B., ob Pulsfrequenzen bei bestimmten Krankheiten sich von denen Gesunder unterscheiden, d. h. ob ein signifikanter Unterschied besteht, so daß bei zu hoher Pulsfrequenz auf pathologische Ursachen geschlossen werden kann. Oder ob der beobachtete Puls noch an der Obergrenze der individuellen Streubreite Gesunder liegt, also nicht sicher aus der anderen Population der Pulsschläge Erkrankter stammen dürfte.

Zwei Institute der Meinungsforschung nannten in ihren Wahlvoraussagen zwei unterschiedliche Prozentsätze der von ihnen ausgezählten Stimmen. Das eine Institut fand 50 % Stimmabgaben für eine Partei, das andere 45 %. (Bei Umfragen vor der Wahl). War das nun überhaupt ein signifikanter Unterschied? Man muß stets mit einem Streuungsspielraum rechnen, je danach, welche und wie viel Personen befragt wurden. Bei so geringem Unterschied kann es durchaus sein, daß die Stichproben aus derselben Population stammten, aber rein zufällig voneinander abwichen (Streubreite).

Wie kann man ohne Rechenarbeit aus einer Tabelle ablesen, wieviel Befragte dazu gehören, um einen Unterschied gegen Zufälligkeiten abzusichern?

Antwort 3:

Man liest aus der Tabelle von *Chilton* und *Fertig* (siehe W. *Schmidt,* Die Mehrfaktorenanalyse in der Biologie oder in diesem Handbuch „Statistik" Abschnitt 2.1.) ab, daß bei einem so geringen Unterschied von nur 5 % mit einem zufälligen Zustandekommen zu rechnen ist, wenn nicht beide Stichproben den Umfang n=4314 gehabt haben. Dann, und nur dann, kann geschlossen werden, daß ein signifikanter Unterschied vorliegt, daß also die beiden Stichproben aus unterschiedlichen Populationen stammten. Vielleicht haben in diesem Falle die beiden Institute verschiedene Wählerschichten befragt, oder ihre Umfragen in verschiedenen Landesteilen erstellt, bzw. unterschiedliche Reaktionen auf Ereignisse vor der Wahl erfaßt, und ferner nicht bedacht, daß nicht alle Befragten wirklich wählen werden.

Frage 3a:

Außer den stets vorhandenen *Zufalls-Fehlern* können sich *systematische* einschleichen, d. h. solche, die ein Resultat konstant zu groß oder zu klein ausfallen lassen.

Wir müssen bei allen Beobachtungen an Lebewesen, in Biologie, Medizin, Psychologie oder Soziologie, damit rechnen, daß z. B. ein Beobachter A ständig andere Werte von Pflanzenerträgen mißt als Beobachter B, wenn der eine im trockneren, der andere im feuchteren Klima arbeitet und das Pflanzenmaterial darauf empfindlich reagiert (systematischer Fehler).

Vergleichbare Bedingungen zu schaffen und konstant zu halten, ist daher das Ziel *technisch einwandfreier* Versuchsdurchführung. Bei Längenmessungen an Werkstücken, in klimatisierten Räumen, sind allenfalls Meßungenauigkeiten zu berücksichtigen. Wollen wir jedoch Lebewesen in ihrer Umwelt studieren, z. B. Pflanzen im Freiland, so ist Konstanthaltung schwierig.

Die Technik der Konstanthaltung:

Stufenweise Verbesserung:

1. Freiland: keine Konstanz, daher ist es notwendig, Versuche über mehrere Jahre und Orte zu wiederholen.

2. Gefäßversuche im Gewächshaus: gleicher Boden, gleiche Wasserführung (dosiertes Begießen), Gewächshausheizung, aber Abhängigkeit vom wechselnden Außenlicht.

3. Laborversuch: größtmögliche Konstanz. Wie würden Sie systematische Fehler vermeiden? a. bei der *Voranzucht* des Pflanzenmaterials und b. während des *eigentlichen* Versuchs?

Antwort 3a:

a. durch gleichmäßig aufgewachsenes Pflanzenmaterial, *vor* Einsetzen des Versuchs,

b. durch Temperatur-Regler, Luftfeuchtigkeitsregler, Belichtungskontrolle (Klimatisierte Räume, Klimakammern).

Frage 4:

Was versteht man unter *Deutungsfehlern?*
Als Knochenrelikte des Neandertalers erstmals 1856 gefunden wurden, standen sich zwei Deutungen gegenüber: sie wurden vom Entdecker als ein sehr altes Skelett gedeutet, aus der menschlichen Frühgeschichte. Von anderen, unter denen sich *Rudolf Virchow* befand, als Knochen eines Menschen unserer Zeit, die durch krankhafte Veränderungen (Schädel durch Felsschicht flachgedrückt) verformt seien. In unserer Zeit stehen zur Altersbestimmung moderne Verfahren zur Verfügung. Auch fand man bis zum ersten Weltkrieg 17 weitere Fossilien desselben Typs, so daß man nicht auf den einen Fund von 1856, dessen Altersdeutung damals schwierig war, angewiesen blieb. — Zusammenhänge richtig zu deuten, z. B. zwischen Wurzeln oder Kräutern und ihrer entdeckten Heilwirkung, war schon in der frühen Menschheits-Geschichte lebenswichtig. Die Statistik hat durch die *Korrelationsanalyse* ein Instrument geschaffen, mit dem man die Stärke von Zusammenhängen, d. h. die Enge der Verknüpftheit messen kann.
Gibt es 100 %ige Zusammenhänge bei biologischen Beziehungen zwischen einer Einflußgröße und ihrer Wirkung? Oder sind Effekte meist nicht nur durch *einen* Einflußfaktor, sondern durch mehrere bedingt? Und ist die Reaktion auf ein Agens individuell verschieden? So daß Voraussagen nicht mit voller Sicherheit möglich sind?

Antwort 4: *Statistische Korrelationen*

Totale Zusammenhänge bestehen z. B. bei formalen mathematischen Funktionen. Durch den Durchmesser eines Kreises ist dessen Umfang eindeutig bestimmt. Anders bei biologischen, sozialen, medizinischen Daten: sie hängen mit so vielen Einflußgrößen zusammen, daß ein Effekt nicht durch einen Einzelzusammenhang allein mit einem Faktor bestimmt (erklärt) ist. Wenn zwei Variablen x und y korreliert sind, so enthält jede Information über x eine gewisse Information über das mit x steigende oder fallende y. Der Korrelationskoeffizient „r" gibt den Betrag dieser Information an. Aber ein Koeffizient von $r = +0,5$ (oder $-0,5$ bei negativem Zusammenhang) gibt nicht etwa halb so viel Information wie bei totaler Verknüpftheit, bei der Koeffizient $r = 1,0$ wird.
Vielmehr: (siehe Wiederholungskurs, IV)
Das „Bestimmtheitsmaß" (der Variablen y durch ihre Abhängigkeit von x) ist r^2. Also ist bei $r = 0,5$ und folglich $r^2 = 0,25$ die Variable y nur zu 25 % durch ihren Zusammenhang mit x „bestimmt" (erklärt). Und zu den restlichen 75 % bleibt sie unbestimmt, d. h. sie kann zu diesem Prozentsatz durch Zusammenhänge mit anderen Einflußgrößen erklärt sein. Aus dem Blutalkoholgehalt kann beispielsweise mit $r = +0,5$ ($r^2 = 0,25$) der Grad der Fahruntüchtigkeit vorausgesagt werden. Im übrigen wirkt es sich auf die Fahruntüchtigkeit aus, ob sehr rasch getrunken, ob dazwischen etwas gegessen wurde, ferner wie die Konstitution und Alkoholgewöhnung des Trinkenden war, usw.
Ein statistischer Zusammenhang muß interpretiert werden. Es kann sich um gegenseitige Verknüpftheit handeln: so steigt das Volkseinkommen mit der Zahl der Arbeitsplätze, und umgekehrt. Ferner können zwei Variable korreliert sein, weil beide von einer Drittgröße abhängen. Und ob ein statistischer Zusammenhang *als ein kausaler* (Ursache-Effekt) gedeutet werden darf, muß der Sachverstand entscheiden.

Frage 4a:
Wir gebrauchten den Ausdruck „Variable" (Veränderliche). Welche Arten von Variablen gibt es? (quantitative — qualitative).

Antwort 4a:
Bei quantitative Variablen (z. B. Größe, Gewicht, Anzahl der Pulsschläge pro Minute, Punkte beim Sport usw.) können die einzelnen Merkmalswerte in ansteigender oder abfallender Reihenfolge geordnet werden. Es ergibt sich eine kontinuierliche Verteilung der Merkmalswerte. Allerdings kann man durch Klassenbildung (Körper-Gewichte oder Altersklassen von 10 bis 12, 13 bis 15 usw.) zu einer Gruppierung kommen. Dagegen sind qualitative Merkmalsträger alternierender Eigenschaften (wie männlich - weiblich) lediglich in einer diskontinuierlichen Verteilung (Säulendiagramme) graphisch darstellbar.
Leistungszensuren wie gut, mittel, schwach lassen sich durch zugeordnete Zensurenwerte 1, 2, 3, 4, usw. quantifizieren. So verfährt man auch bei Quantifizierung von Befallsziffern durch einen Pflanzenschädling, Phasenangaben des Austreibezustands von Pflanzen im Frühjahr usw.

Frage 5:
Wie kann man es *schon bei der Versuchsplanung* sicherstellen, daß mehrere Faktoren, die an einem Effekt beteiligt sein können, erfaßt werden? Schildern Sie am Beispiel eines „kombinierten Versuchs" (oder einer kombinierten Erhebung), daß *eine Vernachlässigung von Faktoren, die eine Rolle spielen können*, zu einem einseitigen, unrealistischen Schluß führen.
Beispiel: In einer Erhebung von Verkehrsunfällen muß von vornherein nach der Länge der Fahrstrecken gefragt werden, da mit steigender Fahrstrecke die Gelegenheit zu Unfällen wächst. Es wäre unrealistisch, lediglich beim Datensammeln nach der Unfallhäufigkeit weiblicher und männlicher Fahrer zu fragen.

Antwort 5:
In einer amerikanischen Untersuchung der Unfallhäufigkeiten am Steuer hatten von je ca. 7000 Männern und Frauen die Frauen weniger häufig Unfälle, solange sie fuhren, als die Männer. Man hatte jedoch in den Fragebogen von vornherein auch nach der Länge der Fahrstrecken gefragt, da diese eine Rolle spielen konnten. Es stellte sich an der Hand der Erhebungsbogen nun heraus, daß die Frauen meist Kurzstreckenfahrer, die Männer überwiegend Langstreckenfahrer waren (wohl aus beruflichen Gründen). Verglich man die Unfallhäufigkeiten der Männer und Frauen bei *gleicher* Fahrstrecke, so war die Unfallhäufigkeit bei beiden gleich hoch. Entscheidend war also hiernach die Länge der Fahrstrecken gewesen, und nicht die Fahrweise der Geschlechter. Ein unterschiedliches Fahrverhalten der Geschlechter war, in der ersten Aufgliederung nach Frauen und Männern, nur vorgetäuscht worden. Man muß grundsätzlich beide Faktoren berücksichtigen und Vergleiche zwischen den Geschlechtern nur bei konstant gehaltener (vergleichbarer) Fahrstrecke ziehen. Ähnlich muß man Pflanzensortenerträge A und B nur innerhalb gleicher Bodenpartien vergleichen. Sonst kann man sich hinsichtlich einer Sortenüberlegenheit (A besser als B) täuschen, es kann in Wirklichkeit die unterschiedliche Bodenfruchtbarkeit gewesen sein, die Sorte A (auf ungleichem Boden) besser wachsen ließ als Sorte B.

Wonach muß bei obiger Verkehrszählung noch weiter gefragt werden? Kamen z. B. die Unfälle durch eigenes Verschulden zustande oder waren die Fahrer ohne eigenes Verschulden in Unfälle verwickelt? Nach der Häufigkeit der Bußgeldbescheide schnitten die Frauen günstiger ab. Man sieht, daß hier offenbar noch weitere Faktoren zu berücksichtigen sind.

Frage 6:

Je mehr Faktoren berücksichtigt werden, desto eher besteht die Aussicht auf eine realistische Auswertungsmöglichkeit von Untersuchungen. Läßt man zu viele Faktoren in einem Versuch unkontrolliert, so verunsichern die „unkontrollierten Zufallsfaktoren" das Resultat. Kann z. B. ein Arzt ein Medikament als wirksam betrachten und verordnen, bevor geprüft worden ist, inwieweit die Patienten individuell unterschiedlich reagieren? (Individuelle Streuung?)

Antwort 6:

Die individuelle Verschiedenheit der Reaktion auf ein Medikament ist meist recht groß, oder kann es sein. Man muß diesen Faktor prüfen. Der Arzt weiß bei einem neuen Medikament zunächst nicht, ob gerade *sein* Patient in erwünschter Weise reagieren wird. Bei der klinischen Prüfung zeigte sich ein noch unbekanntes Schlafmittel I als unterschiedlich wirksam. Während einige Patienten einen Schlafgewinn (gegenüber Nächten, in denen es nicht verabreicht wurde) verzeichnen konnten, schliefen andere sogar weniger lang. Die individuellen Unterschiede im Schlafgewinn (mehr Stunden oder weniger Stunden) brachten ein so starkes Unsicherheitsmoment in die Beobachtungsreihe hinein, daß infolge dieser „Streuung *innerhalb* der Stichproben" ein statistisch signifikanter Unterschied *zwischen* den Mittelwerten „behandelt" und „unbehandelt" nicht mehr nachzuweisen war.

Angenommen, man gibt denselben Patienten 1 bis 10 in der ersten Nacht kein Schlafmittel und in der folgenden das Medikament I. Der Schlafgewinn oder Schlafverlust in Stunden sei der folgende gewesen:

Patient Nr.	Schlafmittel I erbrachte ... Stunden + oder — gegenüber unbehandelt
1	+ 0,7
2	— 1,6
3	— 0,2
4	— 1,2
5	— 0,1
6	+ 3,4
7	+ 3,7
8	+ 0,8
9	0,0
10	+ 2,0

Man sieht: Etwa gleich oft schliefen die Patienten, nach Verabreichung des Medikaments I, länger (+) oder auch kürzer (—). Die Differenz zwischen der Schlafdauer behandelt gegenüber unbehandelt schwankt um den Wert Null. Folgerung: von einer statistisch zuverlässigen (signifikanten) schlafverlängernden Wirkung kann nicht gesprochen werden.

Hätte man den Vergleich zufällig nur an den Patienten Nr. 6, 7 oder 10 durchgeführt, so wäre das lediglich ein vorläufiges (günstiges) Ergebnis gewesen, das aber an größeren Stichproben noch nachzuprüfen war. Aufgrund obiger Zehner-Stichprobe war bereits klar, daß man zweckmäßig ein anderes Medikament II testen mußte. Vielleicht ergab sich dann wieder bei den Patienten 6, 7 und 10 eine besonders starke Reaktion, aber ohne weitere Versuche bliebe unklar, ob die individuelle Streuung auf einer persönlichen Konstitution beruhte, oder ob Wetterfühligkeit je nach dem Zeitpunkt des Versuchs eine beruhigende Wirkung der Medikamente ausschloß, und welche anderen Einflüsse eine Rolle spielen können. Solche unkontrollierten Faktoren werden daher, solange sie nicht erfaßt werden konnten, als „Zufallsfaktoren" bezeichnet. Ein Test auf Signifikanz des Unterschiedes *zwischen* der Schlafdauer „nach Behandlung (I oder II)" gegenüber „unbehandelt" prüft daher, ob der Unterschied größer ist als die „Zufallsschwankung" *innerhalb* der Reihen.
(Siehe Varianzanalyse), Wiederholungskurs, Abschnitt III.

Frage 7:

Es wurde wiederholt darauf hingewiesen, daß man bei größeren Stichproben eher Aussicht hat, zufällige Einzelabweichungen auszugleichen. Sie verlieren gegenüber der großen Anzahl von Durchschnittsfällen an Gewicht. Wählt man als Streuungsmaß die „durchschnittliche" Streuung, mit anderen Worten, die Summe aller Abweichungen vom Mittelwert, geteilt durch die Anzahl „n", so wird dieses Streuungsmaß natürlich *kleiner* ausfallen, je größer „n" wird. Es wird jedoch bisweilen auch ein anderes Streuungsmaß benutzt, die Spannweite „w" zwischen den Extremwerten $x_{max} - x_{min}$. Im Zahlenbeispiel zu Antwort 6 reicht die Spannweite von $-1,6$ bis $+3,7$ Stunden. Ist die Spannweite „w" bei kleinen und bei großen Stichproben anders zu beurteilen?

Antwort 7:

Der Spielraum zwischen dem kleinsten und dem größten vorkommenden Wert wird natürlich bei vergrößertem Stichprobenumfang *größer* werden. Ein Beispiel läßt sich leicht hinsichtlich der menschlichen Körpergrößen anführen. Geht man aus dem Haus und achtet auf die Längen der ersten 10 Passanten, denen man begegnet, so trifft man mit hoher Wahrscheinlichkeit innerhalb dieser Zehnerstichprobe auf 10 Werte, die ziemlich dicht um das Bevölkerungsmittel liegen. Nehmen wir an, wir beobachten zunächst nur Männer unserer Stadt. Die menschlichen Körpermaße folgen in ihrer Verteilung annähernd einer symmetrischen *Gauß*-Verteilung (Normalverteilung). Ordnet man die Häufigkeiten (Ordinate) in einer graphischen Darstellung über den Körperlängen 165 cm, 170, 175, 180 cm usw. (Abszisse), so entsteht die bekannte Glockenkurve, mit dem Häufigkeitsgipfel in der Mitte. Auch der Textil- und Schuhhandel weiß, daß Mittelmaße am meisten verlangt werden, und extrem kleine oder Übermaße selten. (Verteilungen siehe Abschnitt II). Wir werden also in einer Zehnerprobe eine kleine Spannweite „w" erhalten. Erst wenn wir die Stichprobe vergrößern, also wochenlang Körperlängen registrieren, stoßen wir vielleicht auf den allergrößten Einwohner. Oder überhaupt nicht, er mag in einem anderen Stadtteil wohnen. Statt dessen treffen wir den zweitlängsten oder drittlängsten. Da diese Extremwerte erst in großen Stichproben auftreten, so wird die Spannweite „w" in ihnen groß, und außerdem zufallsbedingt. Wir wenden sie daher nicht in großen Stichproben an. Außerdem muß berücksichtigt werden, daß beim Schluß von kleineren Stichproben auf die Gesamtheiten das Streuungsmaß stets unterschätzt wird. Man korrigiert das, indem man nach Abschnitt II verfährt (siehe dort).

Frage 8:

Zum Begriff der *Signifikanz*. Wie bereits erwähnt, prüft ein Test auf Signifikanz, ob ein Resultat, z. B. ein Unterschied der Meßwerte (Stunden Schlaf unbehandelt und nach Medikamenten I oder II) nur zufällig in den Stichprobenvergleichen zustande kam, oder als echter Unterschied auch bei Wiederholung der Proben reproduzierbar sein wird, also verallgemeinerungsfähig ist. Man drückt das durch die konventionellen Signifikanz-Niveaus von 5 %, 1 % oder 0,1 % Zufallswahrscheinlichkeit aus. Solche Irrtumswahrscheinlichkeiten muß der statistische Auswerter stets in Kauf nehmen. Volle Sicherheit gibt es nur bei unerbittlichen Naturgesetzen, z. B. bei dem Gesetz: Alle Lebewesen sind sterblich.
Wie können Sie Zufallswahrscheinlichkeiten und ihre Senkung durch größere Stichproben an einem anschaulichen Beispiel plausibel machen?

Antwort 8:

Man muß in der Naturforschung einfallsreich sein, wenn man ein Problem erkennen will, das noch niemand sah, und somit Neuland erschließen will. Man sollte aber auch einfallsreich (creativ) sein, wenn es darum geht, Sachverhalte an plastischen Beispielen und für den Leser zeitsparend zu veranschaulichen (Didaktik). *Hofstätter* und *Wendt* hatten folgenden guten Einfall: (Siehe ihr Lehrbuch „Quantitative Methoden der Psychologie").
Sie gingen davon aus: Grogtrinker behaupten, das richtige Rezept der Zubereitung herausschmecken zu können. Gut sei der Grog nur, wenn der Rum als letztes dem schon im Wasser aufgelösten Zucker beigegeben werde, nicht umgekehrt. Wie ermittelt man den Wahrscheinlichkeitsgrad der Hypothese, daß der Geschmack die Zubereitung verrät?
Setzt man dem „Grogkenner" ein Glas vor, ohne ihm die Reihenfolge der Zubereitung zu sagen, und trifft er im „Blindversuch" das richtige Rezept, so entsteht die Frage, ob er es wirklich herausschmeckt oder nur zufällig darauflos geraten hat. Die Wahrscheinlichkeit dafür, daß er entweder wirklich zu schmecken verstand oder nur zufällig richtig geraten hat, ist dann 50 % : 50 %. Das ist eine zu hohe Zufallswahrscheinlichkeit, die uns nicht genügt. Gibt man ihm zwei Glas, so sind folgende Fälle denkbar. Er trifft seine Entscheidung
1. zweimal richtig,
2. beim ersten Glas richtig, beim zweiten falsch,
3. beim ersten Glas falsch, beim zweiten richtig,
4. beide Male falsch.

Wenn er zweimal richtig entschied, obwohl er nur zufällig richtig geraten hat, so ist die Wahrscheinlichkeit dafür 1/4 (in zwei von 8 möglichen Fällen). Auch

diese Zufallswahrscheinlichkeit von 0,25 ist uns noch zu hoch. Für unsere „bestätigende Beobachtung" mit zwei richtig identifizierten Gläsern besteht also noch eine Zufallswahrscheinlichkeit von 0,25, daß nur geraten wurde und wir irrtümlich unsere Hypothese, daß er es schmecken konnte, für bestätigt halten.
Nach drei Gläsern können wir aus den möglichen Ausgängen errechnen, daß bei drei richtigen Identifizierungen noch eine Wahrscheinlichkeit von 1/8 = 0,125 besteht, daß unsere Hypothese, daß er zu schmecken vermochte, nur zufällig bestätigt wurde.
Vergrößert man die Stichproben und verwendet einen Test an 4,5 oder mehr Gläsern, so wird zunehmend die Wahrscheinlichkeit dafür sinken, daß eine richtige Entscheidung (viermal, fünfmal oder noch öfter richtig) lediglich durch Zufall (Drauflosraten) zustande kam. Wir erreichen eine so kleine Zufallswahrscheinlichkeit, daß wir das Risiko in Kauf nehmen können, uns in weniger als 5 % der Fälle zu irren, wenn wir die Hypothese akzeptieren. Man sagt dann: der Test hat eine so geringe Zufalls-(Irrtums-)Wahrscheinlichkeit ergeben, daß wir die Hypothese als bestätigt im statistischen Sinne annehmen können. Zwar nicht mit voller Sicherheit, aber doch mit einer an Sicherheit grenzenden Wahrscheinlichkeit, wie Juristen es ausdrücken würden, also mit einer konventionellen Irrtumswahrscheinlichkeit in 5 %, 1 % oder nur 0,1 % (in einem von 1000 Fällen).

Frage 9:

Ein weiterer Begriff: Die Freiheit zu variieren, die „*Freiheitsgrade (FG)*" (englisch: degrees of freedom)
Warum gibt es bei $n=4$ nur $(n-1) = 3$ FG?

Antwort 9:

Angenommen, die Pflanzenmerkmale (z. B. -erträge) zweier Sorten A und B seien an zwei Orten (Lagen) im Gewächshaus ermittelt. Wir haben dann $n=4$ Beobachtungen, nämlich A_1 und A_2 in den Lagen 1 und 2, sowie ferner B_1 und B_2 in den Lagen 1 und 2.
Schema:

	Lage 1	Lage 2	Sortensummen
Sorte A	$A_1 = 900$	$A_2 = 500$	1400
Sorte B	$B_1 = 600$	$B_2 = 300$	900
Lagesummen	1500	800	

Es gibt nur drei unabhängige Differenzen (Freiheiten zu variieren), nämlich:
$(A_1 + B_1) - (A_2 + B_2) = 1500 - 800$
die Lagedifferenz
$(A_1 + A_2) - (B_1 + B_2) = 1400 - 900$
Darüber hinaus gibt es nur noch eine dritte Differenz, nämlich
$(A_1 + B_2) - (A_2 + B_1) = 1200 - 1100$
Diese dritte Differenz ist die „Restliche" oder „(Zufallsvarianz)". In ihr kann noch die sogenannte Wechselwirkung stecken. Schreibt man die dritte Differenz wie folgt:
$(A_1 - B_1) - (A_2 - B_2) = 300 - 200 = 100$,

so wird ihr Sinn klar. Der Faktor Lage wirkt auf die Sortendifferenz wechselnd, d. h. in bester Lage (L_1) stärker als in schlechterer Lage (L_2). Das nennt man Wechselwirkung zwischen Sorten und Lagen.
Man sieht: Bei n=4 Beobachtungen gibt es nur (n—1) = 3 unabhängige Differenzen, d. h. Freiheiten zu variieren (FG). Dies hier nur als Zahlenbeispiel.

Frage 10:
Ein abgeleiteter Schluß kann unrealistisch ausfallen, wenn man nicht möglichst viele beteiligte Faktoren berücksichtigt, die eine Rolle spielen können.
Kann auch ein *unpassendes mathematisches Modell,* wie der arithmetische Mittelwert bei schiefen Verteilungen, zu einer falschen Wiedergabe der Wirklichkeit führen?

Antwort 10:
Ein arithmetischer Mittelwert $\bar{x} = \frac{Sx}{n}$ (Summe der x-Werte, geteilt durch deren Anzahl n) ist ein passendes Modell, wenn die Voraussetzung zutrifft, daß (symmetrische) Normalverteilung vorliegt, deren Häufigkeitsgipfel in der Mitte der Verteilung liegt. Für schiefe Verteilungen, wie die Einkommensverteilung, ist er nicht anwendbar.
Trotzdem finden wir arithmetische Mittelwerte häufig an unpassender Stelle benutzt.
Angenommen, 90 % beziehen ein jährliches Einkommen um 10 000 DM und die restlichen 10 % ein höheres Einkommen von sagen wir 50 000 DM, grob gerechnet. Dann würde das durchschnittliche (arithmetisch mittlere) Volkseinkommen unrealistisch errechnet als

$$= \underline{x} \quad \frac{100}{90} \cdot 10\,000 + \frac{100}{10} \cdot 50\,000$$

$= 14\,000$ DM.

Dieses „Pro-Kopf-Einkommen", errechnet aus den beiden unterschiedlichen Verdienstgruppen, ist ein rein rechnerischer Wert, nach rechts verschoben durch die Einbeziehung der zweiten Gruppe. Das arithmetische Mittel läge *zwischen* den beiden Gruppen und ist für keine charakteristisch. Die meisten Bezieher (90 %) haben eben ein kleineres Einkommen und nicht ein „mittleres" von 14 000 DM! Passend für das Modell der schiefen Verteilung ist der Medianwert (Zentralwert), d. h. nur „mittelste Wert" der Lage nach, gefunden durch Abzählung. Er fällt als 50 %-Wert, zu dem es ebensoviele größere wie kleinere Werte gibt, in das Intervall der Masseneinkommen (90 % der Bezieher).

Frage 11:
Wie formuliert man die *Nullhypothese* am Beispiel der Differenz zweier Stichprobenmittelwerte?

Antwort 11:
Aus der gefundenen Differenz zweier Stichproben-Mittelwerte $\bar{x}_2 - \bar{x}_1$ soll auf die Differenz der wahren Mittelwerte der Populationen, $\mu_2 - \mu_1$, geschlossen werden, aus denen die beiden Stichproben gezogen sind. Angenommen, die x_1-Werte

sind Meßwerte, die aus einer geimpften Gruppe stammen, und die x_2-Werte stammen aus einer nicht geimpften Kontrollgruppe, und man habe Merkmalsgrößen wie Körpertemperatur, Zeit bis zur Entfieberung nach einer Infektion usw. gemessen.

Frage: Hat die Maßnahme der Impfung die Zeit bis zur Entfieberung und die Körpertemperatur, gegenüber der ungeimpften Kontrollgruppe, wirksam gesenkt und einen statistisch verläßlichen Unterschied zwischen den Meßwertreihen $x_2\ldots$ und $x_1\ldots$ erbracht? Ist also durch die Daten die Hypothese bestätigt, daß ein signifikanter Unterschied, mit geringer Zufallswahrscheinlichkeit, vorliegt, oder müssen wir die *Nullhypothese* akzeptieren, d. h. die Gegenhypothese $\mu_2 - \mu_1 =$ Null?

Die Nullhypothese geht von der Annahme aus, daß in den Stichproben nur zufällig ein Unterschied zustande kam, während in den Populationen in Wirklichkeit die Differenz um Null herum schwankt. Die Nullhypothese kann verworfen werden, wenn die Prüfung der Daten ergibt: Man kann 99:1 wetten, daß $\mu_2 > \mu_1$ ist, daß also die Streubreite des Materials nicht Null berührt oder beiderseits Null reicht. Dann läßt sich, nach Verwerfung der Nullhypothese, konstatieren, daß mit einer geringen Zufallswahrscheinlichkeit die Stichproben aus signifikant unterschiedlichen Populationen stammen, daß also mit der hier angenommenen Impfung in sagen wir 99 % der Fälle ein Erfolg verbunden war.

Frage 12:

Die mathematische Statistik liefert ein Instrument, mit dem man den *induktiven Schluß* von speziellen Beobachtungen an Stichproben auf allgemeine Befunde (Gesamtheiten) prüfen kann.

Darf ein Chirurg ein empirisches Stichprobenergebnis (unter 200 Operierten waren 16 Todesfälle) verallgemeinern und sagen: die Wahrscheinlichkeit tödlichen Ausgangs sei allgemein $p = \dfrac{200}{16} = 8\ \%$?

Antwort 12:

Unter empirisch gefundener Wahrscheinlichkeit versteht man die Häufigkeit eingetretener Ereignisse (hier der Todesfälle) im Verhältnis zu den insgesamt beobachteten Fällen. Bei nur 200 Fällen wird sich die aus der Stichprobe *induktiv* abgeleitete Todesrate, bei einer bestimmten Operation, nicht mit Sicherheit verallgemeinern lassen. Je nach Begleitumständen ist es denkbar, daß bei Wiederholung der Beobachtungen auch einmal 6 % oder 10 % herauskommen können. Die Begleitumstände lassen sich nicht immer in ihren Einflüssen übersehen, zählen daher zu den unkontrollierten Zufallsfaktoren. Voraussagen der allgemein (für größere Gesamtheiten von Fällen) zutreffenden Wahrscheinlichkeit sind nur innerhalb eines Streuungsintervalls (Vertrauensintervalls) möglich. Siehe W. *Schmidt*, Mehrfaktorenanalyse, Seite 79/80.

Frage 13:

Wenn wir beim Würfeln die theoretische Wahrscheinlichkeit, eine 6 zu würfeln, mit $p = \dfrac{1}{6}$ erwarten, wie ist dann unser *deduktiver Schluß* von der allgemeinen Erwartung auf spezielle Fälle abzusichern?

Antwort 13:

Ein *deduktiver* Schluß aus einer für wahr gehaltenen Prämisse auf Einzelfälle ist nur dann gültig,

1. wenn die Prämisse zutrifft, was hier in unserem Beispiel der Fall ist;
2. wenn ferner das statistische Material, das wir der Nachprüfung zugrunde legen, nicht zu klein ist. Erst auf lange Sicht, d. h. in sehr großen Durchschnitten aus vielen Fällen, wird die „durchschnittliche Häufigkeit" als $p = \frac{1}{6}$ annähernd genau sich ergeben, wie theoretisch erwartet.

Frage 14:

Typologien, wie z. B. die Charakter- und Körperbau-Typenlehre *Kretschmer's*, gehen zunächst von einem Polaritätsschema (schwarz-weiß) aus, müssen dann aber einräumen, daß die Variationsbreiten unterschätzt wurden. Mischtypen zwischen den Extremen pflegen sehr viel häufiger zu sein als die reinen Extremtypen. Man kann sich das an einem Beispiel aus der Genetik veranschaulichen. Da individuell die Rotbuchen ganz verschieden rote Blätter haben, so sieht man: es treten viele Übergangsfarben auf. Der Typus „rot" ist durch sehr viele Gene gesteuert, nicht durch nur ein Gen allein. Man kann sich am *Pascal*schen Dreieck leicht klarmachen, was herauskommt, wenn Anlagen für „weiß" oder „schwarz", dargestellt durch 50 % weiße und 50 % schwarze Kugeln in einem Sack, herausgegriffen werden. Und zwar bei nur einer Kugel je Griff (einfaches Gen-Paar), und bei mehreren Kugeln je Griff (Polygenie, Beteiligung vieler Gene an einem Merkmal). Entwerfen Sie das *Pascal*sche Dreieck, und ziehen Sie Schlüsse für unseren Fall.

Antwort 14:

Man erhält das *Pascal*sche Dreieck, indem man vom Verhältnis 1:1 ausgeht, jeder folgenden Zeile eine Eins voransetzt und die anschließenden Zahlen als Summe der beiden darüberstehenden errechnet. Das ergibt folgendes Bild:

Nehmen wir je Griff

1 Kugel				1	1		
2 Kugeln			1	2	1		
3 Kugeln		1	3	3	1		
4 Kugeln		1	4	6	4	1	
5 Kugeln	1	5	10	10	5	1	
6 Kugeln	1	6	15	20	15	6	1

In der zweiten Zeile von oben haben wir das Modell einer Mendelspaltung, wenn die Färbung durch ein einfaches mendelndes Genpaar (Allelen-Paar) gesteuert wird. In den unteren Reihen treten die reinen Typen schwarz und weiß nur mit der Häufigkeit von je 1/64 (sechste Zeile) auf. Dazwischen gibt es fließende Übergänge zwischen vielerart Mischtypen. Wir greifen, bei 6 Kugeln je Griff, im großen Durchschnitt heraus:

1 mal 6 weiße Kugeln
6 mal 5 weiß, 1 schwarz (sehr hell grau)
15 mal 4 weiß, 2 schwarz (hellgrau)
20 mal 3 weiß, 3 schwarz (mittelgrau)

15 mal 2 weiß, 4 schwarz (dunkelgrau)
6 mal 1 weiß, 5 schwarz (noch dunkler)
1 mal 6 schwarze Kugeln.
Man sieht, die reinen Extremtypen treten sehr selten auf. Die Mischtypen überwiegen. Das solte man bei jedem Versuch einer Typologie erwägen. Genetische Anwendung: Die unterste Zeile stellt ein Modell für den Fall dar, daß Farbmerkmale nicht durch ein einzelnes Gen-Paar, sondern durch viele beteiligte Gene (polygen) beeinflußt werden. Das einzelne Gen spielt dann nicht mehr die Rolle eines Solisten, sondern eines Orchestermitglieds. Nachdem man durch diese Entdeckung der Polygenie durch *Nilson-Ehle* zunächst überrascht war, stellte man fest, daß solcherart Erbgänge überaus oft vorkommen (z. B. Hautfarbe der Menschenrassen). Quantitative Eigenschaften folgen diesem Erbgang in der Regel. Man erwartete nach *Mendel* zunächst *immer* einfache Erbgänge und kam anfangs nicht darauf, die Seltenheit der Ausgangsformen bei Polygenie (nur 1/64 statt 1/4) zu klären. Die Mannigfaltigkeit der Kombinationen, die nach Aufdeckung des Sachverhalts verständlich wurden, statten die Populationen von Wildgewächsen mit einer hohen Plastizität aus, so daß sich bei Klimawechsel immer genug anpassungsfähige Formen finden und in der Naturauslese durchsetzen können. Man sieht: die genetischen Vererbungsregeln sind statistische Gesetzmäßigkeiten, die vor 100 Jahren noch nicht recht begriffen wurden, da den damaligen Biologen *mathematische Modelle* nicht geläufig waren. Der damals berühmte Botaniker *von Nägeli* — München — blieb unbeeindruckt, und *Mendel* selbst resignierte und trat nicht mehr für seine Entdeckung ein. Er ahnte zeitlebens nicht, daß seine Vererbungsregeln einmal als *Mendelsche Gesetzmäßigkeiten* allgemein bekannt werden würden. So fiel eine Generation von Biologen aus, bis um 1900 drei weitere Forscher *Mendel's* Regeln wiederentdeckten. Noch heute übrigens besteht ein erhebliches Defizit für den Statistikunterricht in deutschen Schulen und Hochschulen! Es bleibt noch Aufklärungsarbeit zu leisten! Das statistische Denken muß auf breiter Front popularisiert werden, ohne seine Grundgedanken in allzu viel mathematischen Details verloren gehen zu lassen.

II. Tests, Verteilungen

Frage 1:

Im Kapitel 1 (Begriffe) wurde davon ausgegangen, daß eine Feststellung über eine ganze Population — und daran sind wir ja gerade interessiert — durch Vollerhebungen meist unmöglich ist. Wir sind vielmehr auf Stichproben-Entnahmen angewiesen und müssen aus ihnen statistische Schlußfolgerungen auf die Gesamtheiten ziehen, wobei wir wissen, daß verschiedene Stichproben aus ein und derselben Population nicht völlig gleich ausfallen. Die Populationswerte sind nicht genau gleich denen von nur einer ihrer möglichen Stichproben. Was versteht man nun unter einem *statistischen Test*? Er soll prüfen, und wir entscheiden uns je nach dem Ergebnis des Tests, ob wir eine von uns aufgestellte Hypothese (z. B. daß die Werte für Patientengruppe I (unbehandelt) und -gruppe II (behandelt) sich echt unterscheiden und nicht nur zufällig), aufgrund der Daten in einem Stichproben-Experiment akpeztieren oder als ungesichert verwerfen müssen. Man benutzt also die Daten als Testgrundlage.

Bemerkung:
Mathematische Beweisverfahren ermöglichen es, zu testen, ob z. B. die Behauptung „Die Summe der Winkel in einem Dreieck beträgt 180°" wahr oder falsch ist. Es handelt sich hierbei um eine mathematische Thesen-Testung mittels mathematischer Beweisverfahren. Und haben wir geprüft, dann sind wir sicher, ob die These wahr oder falsch war.
Anders bei unseren *statistischen Tests*. Die Wirklichkeit ist vielschichtig. Und wir sind in den Erfahrungswissenschaften niemals völlig sicher, ob die Daten von Stichproben mit annehmbarer Annäherung Abbilder der Populationen spiegeln. Unsere Hypothese kann sich durch die Daten als bestätigt erweisen, aber doch nicht ausnahmslos.
Folgende Muster von Testaufgaben seien an einfachen Beispielen veranschaulicht.
a. Die Lebensdauer bestimmter Glühlampen war, nach Stichproben, 900, 1000, 1100 und 1200 Brennstunden. Für die Gesamtheit wurde hieraus geschlossen, daß die durchschnittliche Lebensdauer ――― Brennstunden betrüge. Nun kommt eine neue Partie derselben Glühlampen auf den Markt, und als ihre Lebensdauer wurden nur 800 Brennstunden ermittelt. Testaufgabe: gehört die neue Partie noch zur gleichen Population? Oder muß auf vorliegende Fabrikationsfehler geschlossen werden?
Um dies beurteilen zu können, benötigen wir eine Vorstellung über die
b. ――― innerhalb der Population. Nur wenn wir sie kennen, können wir daraus schließen, ob die Lebensdauer der neuen Partie ein neuer Befund ist, der nicht mehr unter den früheren Fabrikationsbedingungen vorgekommen wäre.
Praktisch ist diese Entscheidung wichtig; wenn die Hypothese sich aus den Daten bestätigt, 800 Brennstunden der neuen Partie fallen außerhalb des Streubereichs der früheren Beobachtungen, so müßte die Fabrikation überprüft werden.
Hier im Kapitel II wird die Testung *signifikanter Unterschiede* zwischen Stichproben (die zu unterschiedlichen Populationen gehören) behandelt. Wir benötigen hierzu die Maße Mittelwert und Streuung (Abweichungen vom Mittelwert.)

Antwort 1:
1050
Streubreite

Frage 2:
Durch die Maße Mittelwert ($\bar{x}$) und Standardabweichung (s) ist eine Verteilung von Beobachtungswerten charakterisiert. Kann man bei vielen Verteilungen von Merkmalswerten eine „Normalverteilung" annehmen und den statistischen Tests zugrunde legen? Falls nicht, welche Art von Tests sind anzuwenden? (nichtparametrische, von der Art der Verteilung unabhängige Tests).

Antwort 2:
Der klassische t-Test von *Gosset* (Pseudonym „Student") setzt beim Vergleich zweier Stichproben voraus, daß sie aus normalverteilten Populationen stammen. Man kann dies testen (II.8) und nicht zu kleinen Stichproben schon ansehen, ob die Verteilung „schief" ist. Recht oft dagegen findet man „normalverteilte" Merkmalsreihen, d. h. symmetrische Glockenkurven der Häufigkeiten, mit etwa 70 % Häufigkeit der Werte dicht um den Mittelwert. (Intervall $\bar{x} \pm 1 \cdot s$), und seltener

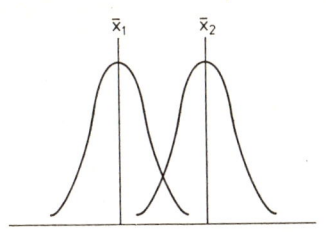

Abb. 1: Abstand zwischen den Mittelwerten $\bar{x}_1$ und $\bar{x}_2$ zweier Verteilungen, z. B. Stichprobe 1: Pflanzengrößen ungedüngt und Stichprobe 2: Pflanzengrößen gedüngt. Je größer der Abstand zwischen den Mittelwerten $\bar{x}_1$ und $\bar{x}_2$, im Verhältnis zur Streuung innerhalb beider Stichproben ist, desto eher wird der Unterschied $\bar{x}_1 - \bar{x}_2$ sich trotz der Streuung als signifikant nachweisen lassen.

auftretenden Extremwerten mit größerer Abweichung vom Mittelwert. Außerhalb $\bar{x} \pm 3 \cdot s$ beträgt die Wahrscheinlichkeit, daß Werte in diesem Abweichungsbereich bei Normalverteilung auftreten, nur noch 0,27 %! (Abb. 1)
Der t-Test prüft nun, ob eine Differenz zwischen zwei Stichproben-Mittelwerten groß genug ist, um trotz evtl. überlappender Streuung als echt (signifikant) gelten zu können.

$$t = \frac{\bar{x}_1 - \bar{x}_2}{\sqrt{\dfrac{s_1^2}{n_1} + \dfrac{s_2^2}{n_2}}} = \frac{\text{Differenz}}{\text{Streuung der Differenz}}$$

(Siehe „Mehrfaktorenanalyse", Aulis Verlag, Köln, 1905, Seite 74/75)

Der vereinfachte τ-Test $= \dfrac{\bar{x}_1 - \bar{x}_2}{\frac{1}{2}(w_1 + w_2)}$

benutzt als Streuungsmaß die Spannweiten w_1 und w_2 zwischen den kleinsten und den größten vorkommenden Einzelwerten (siehe Kap. I, Nr. 7).
Er erspart Rechenarbeit, läßt sich aber nur zum Vergleich kleinerer Stichproben (bis $n = 20$) anwenden. Denn es hängt zu sehr vom Zufall ab, (wenn man die Spannweiten als Streuungsmaß verwendet), ob man auf sehr extreme oder weniger extreme Außenseiterwerte stoßen wird, die nur auftreten, wenn man große Stichproben verarbeitet.

Frage 3:
Wann kann man extreme Außenseiterwerte, die man beobachtet hat, streichen?

Antwort 3:
Angenommen, der größte oder der kleinste beobachtete Wert liegt weit außerhalb der anderen, so in der Reihe 326, 177, 176, 157 der Wert 326. Falls wir annehmen können, die Stichproben seien aus einer normalverteilten Population gezogen, so könnte ein solcher Außenseiter
1. auf falscher Ablesung beruhen,
2. dadurch zustandegekommen sein, daß der Extremwert unter abweichenden Laboratoriumsbedingungen erhalten wurde, mithin zu einer anderen Population von Werten gehörte,
3. die untersuchte Population kann tatsächlich einige Außenseiterwerte enthalten, die weit außerhalb des $\pm 3 \cdot s$ Intervalls liegen, aber sehr selten und daher

nicht typisch sind. Auch in diesem Fall kann ein solcher Wert als untypisch gestrichen werden. Folgende Tabelle in *Dixon* und *Massey*'s Lehrbuch (Seite 412) gibt das Testkriterium

$\dfrac{x_2 - x_1}{x_k - x_1}$	für die Anzahl von k beobachteten Werten	auf dem 5 %- Niveau der Zufallswahrscheinlichkeit
	3	0,941
	4	0,765
	5	0,642
	6	0,560
	7	0,507
	usw.	

Wir rechnen im Zahlenbeispiel der Autoren

$$\frac{x_2 - x_1}{x_4 - x_1} = \frac{177 - 326}{157 - 326} = 0{,}882.$$

Und da dieser Wert größer als der Tabellenwert 0,765 (für n = 4 Werte) ist, können wir den Außenseiterwert 326 als nicht zur Population gehörend streichen. (Normalverteilung der Population vorausgesetzt).

Frage 4:

Aus den beobachteten Meßwerten einer Stichprobe 6, 7, 8, 9, 10 ist die „mittlere quadratische Abweichung" s auf zweierlei Art zu berechnen. Wie? Und warum überhaupt quadratische Abweichungsmaße? Nun, weil man sie addieren kann (siehe Antwort 2.) ($s^2 + s^2$, während $s + s$ nicht addierbar ist).

Antwort 4:

Die errechnete arithmetische Mitte = 8 und der Medianwert = 8 fallen hier zusammen. (Medianwert = mittelster Wert der Lage nach, durch Abzählen ermittelt). Die Abweichungen hiervon, quadriert, betragen 4+1+0+1+4, ihre Summe ist 10. Nachstehende graphische Darstellung mag den Rechengang veranschaulichen (Abb. 2).
Die mittlere quadratische Abweichung findet man als Wurzel aus dieser Summe der Abweichungsquadrate S $(x - \bar{x})^2 = 10$, nachdem man sie durch die Anzahl der Werte „n" geteilt hat. In der Zeichnung also als Seitenlänge des „mittleren Quadrats".

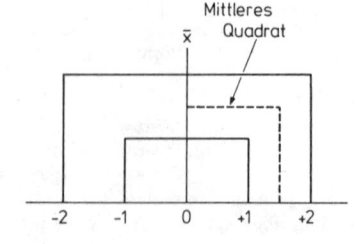

Abb. 2: Mittleres Quadrat aus den Quadraten $+2^2$, $+1^2$, 0, -1^2, -2^2 ist 10.
Um es einzutragen, muß man die Seitenlänge wissen, also die Wurzel ziehen.
Die Wurzel aus 2,5 ist 1,6.

Das quadratische Variationsmaß

$$s^2 = \frac{S(x-\bar{x})^2}{n-1}$$ wird Varianz genannt, es errechnet sich als

$$s^2 = \frac{S(x-\bar{x})^2}{n-1} = \frac{10}{4} = 2,5.$$

Die Seitenlänge des mittleren Quadrats ist $= \sqrt{2,5} = 1,6$. Warum man durch (n — 1) und nicht durch n teilt, wird sogleich erläutert (Freiheitsgrade) (siehe auch 1.9.). Die Anzahl unabhängiger Differenzen ist nicht = n, sondern = (n — 1). Nachdem in unserem Zahlenbeispiel der Mittelwert = 8 und die ersten Differenzen vom Mittelwert = —2, —1,0, und +1 berechnet sind, ist die fünfte Differenz nicht mehr frei wählbar, sie muß jetzt +2 betragen. Durch diese Berücksichtigung der Freiheitsgrade (n — 1) bei Errechnung von s^2 und s schätzt man den Populationsparameter sigma (σ) realistischer. Denn je kleiner die Stichprobe, desto eher werden die Werte ziemlich dicht um den Mittelwert liegen. Bei Normalverteilung fallen innerhalb $\bar{x} \pm 1 \cdot s$ immerhin ca. 70 % der Beobachtungen. Gehen wir aus unserem Haus, so werden die ersten 10 Passanten, denen wir in der Stadt begegnen, mittlere Körperlängen, nahe um das Bevölkerungsmittel, aufweisen. Auf stärkere Abweichungen stoßen wir erst in größeren Stichproben. Daher schätzt man die Populationsvarianz aus kleinen Stichproben zu klein ein, und korrigiert diesen Schätzfehler durch Berücksichtigung der Freiheitsgrade (n — 1) im Nenner des Bruchs (wie Kap. I, Nr. 7 u. Nr. 9 erwähnt).

Um die Berechnung der Abweichungen vom Mittelwert zu sparen, kann man nun die beobachteten Werte selbst quadrieren und erhält im Beispiel $36+49+64+81+100$ und die Summe $S(x)^2 = 330$. Sie ist natürlich größer als die gesuchte Summe der Abweichungsquadrate $S(x-\bar{x})^2 = 10$. Ein Korrekturglied (hier 320) ist abzuziehen. Wenn man die beobachteten Werte selbst statt der Abweichungswerte benutzt, so geht man dabei von einem vorläufigen Mittelwert = 0 aus. Von Null gerechnet, sind die beobachteten Werte die Abweichungen vom Mittelwert. Die Größe der beobachteten Variation läßt sich erfassen, wenn wir einmal hypothetisch annehmen, es gäbe keine. Dann würde also nur der Wert 8, fünfmal auftreten, anstelle der tatsächlichen Stichprobenwerte 6, 7, 8, 9, 10. Die Summe der Quadrate wäre dann $8^2+8^2+8^2+8^2+8^2 = 5$ mal $8^2 = 320$. Statt $5 \cdot 8^2$ kann man schreiben

$$\frac{(5 \cdot 8)^2}{5} = \frac{(40 \cdot 40)}{5} = 320,$$

allgemein

$$\frac{(Sx)^2}{n} = \text{Subtraktionsglied} \quad S(x-\bar{x})^2 = Sx^2 - \frac{(Sx)^2}{n} \quad \sigma^2 = \frac{Sx^2 - \frac{(Sx)^2}{n}}{n-1}$$

Frage 5:

Würden Sie aufgrund eines von der Verteilung unabhängigen (nichtparametrischen) Tests zur Entscheidung kommen, daß Medikament II dem Medikament I in der Wirkung überlegen war? Nachstehend Daten zum „Vorzeichentest":

Patient Nr.	Mehr Std. Schlafdauer gegenüber unbehandelt nach Medikament		Vorzeichen II gegenüber I
	I	II	
1	+0,7	+1,9	+
2	—1,6	+0,8	+
3	—0,2	+1,1	+
4	—1,2	+0,1	+
5	—0,1	—0,1	0
6	+3,4	+4,4	+
7	+3,7	+5,5	+
8	+0,8	+1,6	+
9	0,0	+4,6	+
10	+2,0	+3,4	+

Antwort 5:

Der Vorzeichentest ist von der Art der Verteilung unabhängig. Er ist nichtparametrisch, d. h. er gibt nicht an, um wieviel Stunden Schlafgewinn (Spalte rechts) die Wirkung des Medikaments II der des Medikaments I überlegen war. Allerdings ist er an einen sogenannten *paarweisen* Vergleich gebunden. Während man sonst eine unbehandelte Gruppe von Patienten (Kontrollgruppe) mit einer anderen behandelten (Versuchsgruppe) vergleicht, oder eine erste Personengruppe nach Gabe des Medikaments I mit einer zweiten, der das Medikament II gegeben wurde, setzt der Vorzeichentest voraus, daß an *denselben* Patienten die Wirkung von I und II gemessen worden ist. Man benutzt die Zeichentesttafel und findet darin: bei neun Vergleichen (wenn eine Null auftritt, siehe oben, so scheidet dieser Fall aus) wurde neunmal ein Pluszeichen erhalten. Daher ist der Unterschied hochsignifikant.

Zugrunde liegt die Frage: ist der Unterschied des Medianwerts der beiden verglichenen Reihen von Null verschieden? Der Zeichentest schätzt in Spalte 4 (rechts) keine Parameter der Grundgesamtheit, er sagt auch nichts über den Medianwert selbst aus. Wir erfahren also nicht wie beim klassischen t-Test, wie groß die Mittelwerte zweier Stichproben und ihre Differenzen waren. Vielmehr begnügt man sich bei Anwendung des Zeichentests damit, zu prüfen, ob die Lage zweier Medianwerte derart ist, daß die Nullhypothese (Mediandifferenz = Null) verworfen werden kann. Würden etwa gleich viele Plus- und Minuszeichen gefunden werden, so müßte man schließen, daß kein signifikanter Unterschied vorlag. In Spalte 2 (Medikament I gegenüber unbehandelt) sei einmal die Lage des Medianwerts aus der Anordnung der Schlafgewinne in Stunden, nach ansteigender Größe, abgelesen:

—1,6   —1,2   —0,2   —0,1   0,0   +0,7   +0,8   +2,0   +3,4   +3,7.

Der Medianwert liegt zwischen dem 5. und 6. Wert, er hat hier also, zwischen 0,0 und +0,7, den Wert +0,35. Eine Drittelstunde Schlafgewinn nach Medikament I gegenüber unbehandelt ist nicht gerade viel. Wir werden also die Nullhypothese akzeptieren und sagen können: Medikament I war unwirksam. Die Spalte 2 enthält etwa gleich viele Plus- und Minuszeichen.

Frage 6:

Um zwei alternierende Häufigkeiten, beispielsweise p für den Anteil keimender Samen, q = 1 — p für den Anteil der Nichtkeimer, wie Meßwerte eines quantitativen Merkmals verrechnen zu können, teilt man ihnen Wertigkeitsziffern zu. Da für uns nur die keimenden „zählen", so erhalten sie die Wertzahl 1, und die nicht keimenden die Wertzahl 0. Bei den Ja- und Nein-Stimmen bei Wahlbefragungen interessiert uns, mit welchen Streubreiten (Unsicherheitsgürteln) wir zu rechnen haben. Wie groß ist das Intervall $\pm 2 \cdot s$ um 52 % Ja-Stimmen, wenn nur 100 Personen (bei Zufallsauswahl) befragt wurden? Reicht es von 42 % bis 62 %? Und wie groß ist es, wenn 10 000 Personen befragt worden sind?

Antwort 6:

Das Unsicherheitsintervall, mit dem wir bei dem Schluß aus einer Hunderterstichprobe auf die Gesamtheit zu rechnen haben, reicht bei p = 52 % Ja-Stimmen von 42 % bis 62 %. Bei 10 000 Befragungen dagegen nur von 51 % bis 53 %. Zu kleine Stichproben haben also ein hohes Unsicherheitsrisiko. Wir haben dabei das $\pm 2 \cdot s$ Intervall um den Wert p = 52 % zugrunde gelegt. Dies wird aus folgender Tabelle klar. Den 1000 roten Kugeln in einem Behälter geben wir die Wertziffer 1, und 1000 weißen Kugeln die Wertziffer 0, und können dann schreiben:

Wertzahl „x"	Anzahl „n"	Anzahl mal Wertzahl $n \cdot x$	$n \cdot x^2$
1 (rot)	1000	1000	1000
0 (weiß)	1000	0	0
Summen	N = 2000	Sx = 1000	Sx^2 = 1000

Mittelwert $\bar{x} = \dfrac{1000}{2000} = 0{,}5$

Nach Formel II.4 ist $s^2 = \dfrac{Sx^2 - \dfrac{(Sx)^2}{N}}{N} = \dfrac{1000 - \dfrac{(1000)^2}{2000}}{2000} = 0{,}25 = p \cdot q$

Bei so großen Stichproben können wir als Zähler N = 2000 setzen, statt (n — i).
Aus der **Varianz** = $p \cdot q$ ergibt sich die Standardabweichung

$s = \sqrt{0{,}25} = 0{,}5 = \sqrt{p \cdot q}$.

Wir haben hier den Wert $s = p \cdot q$ für gleiche Anteile p = q = 0,5 gefunden, können ihn aber auch bei *unsymetrischen binomialen Verteilungen* verwenden, obwohl doch eigentlich bei der schiefen Verteilung p = 0,3 und q = 0,7 ein anderes Produkt p · q sich ergeben müßte!
Es ist

	$s^2 = p \cdot q$	$s = \sqrt{p \cdot q}$
bei p = 0,1 oder 0,9	0,09	0,30
bei p = 0,2 oder 0,8	0,16	0,40
bei p = 0,3 oder 0,7	0,21	0,46
bei p = 0,4 oder 0,6	0,24	0,49
bei p = 0,5	0,25	0,50

Man sieht: Liegt p zwischen 0,3 und 0,7, so kann man immer mit s = 0,5 rechnen. Der Fehler beträgt höchstens 10 %.

Nun rechnen wir: der Bereich $\pm 2 \cdot s = 2 \cdot 0{,}5 / \sqrt{N}$ reicht bei einer Stichprobe von N = 100 von 52 % minus $\frac{2 \cdot 0{,}5}{10} = 42$ % bis 52 % plus $\frac{2 \cdot 0{,}5}{10} = 62$ %.

Warum nicht mit der Streuung der Einzelwerte „s", sondern mit der Streuung der Mittelwerte $\frac{s}{\sqrt{N}}$ zu rechnen ist, siehe W. *Schmidt*, Mehrfaktorenanalyse, Aulis Verlag 1965, Seite 74/75 (standard error). Ablesetafeln Seite 79.

Frage 7:

Die Binomialverteilung $(p+q)^n$ ist bei $p=q=0{,}5$ symmetrisch. Welche anderen „diskontinuierlichen" Entweder-Oder-Häufigkeiten zeigen andere Verteilungsbilder? Z. B. das j-förmige Bild bei dominanter Mendelspaltung 3 : 1? Oder bei einem Verhältnis 98 : 2 % zwischen keimenden und nichtkeimenden Samen? Schildern Sie die Poissonverteilung „seltener Ereignisse" und die u-förmige Verteilung der Sterbehäufigkeiten nach Altersklassen.

Antwort 7:

Die j-förmige Verteilung seltener Ereignisse läßt sich an einer Kurve der Unfallhäufigkeiten deutlich machen. Angenommen, im Arbeits-Alltag, im Straßenverkehr und im Haushalt seien von einem Ausgangskollektiv (1000 Personen) in einem Zeitraum von sagen wir 5 Jahren folgende Unfälle registriert worden:
Es erlitten Unfälle

77 %	0 mal	(blieben unfallfrei)	
15 %	1 mal	Anzahl der Unfälle	150
6 %	2 mal	Anzahl der Unfälle	120
2 %	3 mal	Anzahl der Unfälle	60
von 1000 Personen		insgesamt	330 Unfälle

Die Poissonverteilung ist, wie die Normalverteilung, eine theoretische Verteilung. Passen beobachtete Werte annähernd sich dem theoretisch errechneten Kurvenverlauf an, so kann man nicht sagen, daß die 8 % Personen (in den zwei letzten Zeilen), die mehrmals Unfälle hatten, etwa besonders unfallgefährdet waren. Es handelt sich um eine reine Zufallsverteilung, ähnlich wie man ja auch von Lottogewinnen, die mehrmals hintereinander demselben zufielen, sagen kann: es war Zufall.

Die Sterblichkeitsziffern haben einen Gipfel in der frühesten Kindheit und einen zweiten im höheren Alter. Dazwischen sind sie niedrig. Es entsteht das Bild einer u-förmigen Verteilung. Nach der Sterbetafel von 1871 starben 25 % im Säuglingsalter, 1950 nur noch 6 %. Infolge dieser Senkung der Säuglingssterblichkeit rückte der 50 %-Wert, d. h. das Alter, bis zu dem 50 % der Bevölkerung gestorben waren und 50 % überlebten, von 35 Jahren (1871) auf 72 Jahre (1950) herauf. Man kann also *nicht* sagen: wir leben heute länger als unsere Großeltern, denn auch *sie* wurden über 70 Jahre alt, und *wir* werden nicht 100 Jahre alt. Sondern: es ist

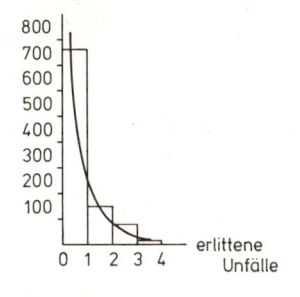

Abb. 3: J-förmige Verteilung seltener Ereignisse, z. B. der Unfallhäufigkeiten.

ganz einfach so: es bekommen von den Neugeborenen erheblich mehr als 1971 die Chance, heranzuwachsen und nicht schon vor Erreichung des ersten Lebensjahres auszuscheiden.

Anmerkung: Die Normalverteilung (Gaußverteilung) weist eine starre Gestalt auf, die aber bei vielen empirischen Verteilungen nicht zutrifft. Wir haben soeben angedeutet, wie vielfältige Formen Häufigkeitsverteilungen annehmen können. L. Euler zeigte erstmals (1768), daß die von ihm aufgestellte Beta-Funktion praktisch an jede Form von Verteilungen, auch schiefe oder die u-förmige Sterblichkeitskurve, angeglichen werden kann.

Frage 8:
Wie kann geprüft werden, ob eine gefundene Verteilung annähernd mit einer echten Normalverteilung übereinstimmt?

Antwort 8:
1. Man kann die gefundenen Häufigkeiten in den Klassen der Merkmalswerte mit den theoretischen (in %) vergleichen und die Abweichungen mit Hilfe des χ^2-Tests prüfen (Chiquadrat).
2. die *Hazensche Gerade* (Summenprozentlinie im Wahrscheinlichkeitsnetz) wie folgt zur Prüfung verwenden.

Angenommene Körperlängen in einer Schülerklasse	Klassenhäufigkeiten absolut	addiert	Summenprozente
130 cm	1	1	1,56 %
132 cm	6	7	10,94 %
134 cm	15	22	34,37 %
136 cm	20	42	65,63 %
138 cm	15	57	89,06 %
140 cm	6	63	98,44 %
142 cm	1	64	100,00 %
		64	100,00 %

Trägt man die absoluten Häufigkeiten graphisch über den Klassenmaßen 130 bis 142 cm auf, so erhält man eine Glockenkurve. Die *addierten* Häufigkeiten ergeben

eine S-förmige Kurve (siehe *W. Schmidt*, Anlage und statistische Auswertung von Untersuchungen, Schaperverlag 1961, S. 52). Die prozentischen Summenhäufigkeiten (rechte Spalte der Tabelle) ergeben, wenn die Ordinate nach dem Wahrscheinlichkeitsnetz eingeteilt ist, die *Hazen*sche Gerade (Seite 54).
Prüfung auf Normalität: Liegen die gefundenen Punkte einer empirischen Verteilung dicht um diese Gerade, und kommen Abweichungen etwa gleich oft nach oben und unten von der Geraden vor, so paßt das Modell der Normalverteilung angenähert zu der in Wirklichkeit gefundenen Verteilung.
χ^2-Test siehe Seiten 214/215.

III. Anlyse der Variationsursachen

Frage 1:

Der t-Test prüft, ob beim Vergleich nur *zweier* Stichproben die Differenz zwischen den beiden Stichprobenmitteln $\bar{x}_1 - \bar{x}_2$ größer war, als die zufällige Streuung *innerhalb* der beiden Gruppen von x_1-Werten und x_2-Werten (siehe II.2).

Prüfquotient: $\dfrac{\text{Differenz } zwischen\ \bar{x}_1 \text{ und } \bar{x}_2}{\text{Streuung } innerhalb\ (s_{\text{diff}})}$

Man wägt also den Einfluß eines erfaßten Faktors (z. B. Behandlungsunterschied) gegen die unerfaßten „Zufalls"faktoren ab. (Siehe *W. Schmidt*, Mehrfaktorenanalyse, Aulis Verlag 1965).
Lassen sich auch *mehrere* Einflußfaktoren, z. B. Sorten- und Bodeneinflüsse beim Pflanzenanbauversuch, getrennt erfasen und als Variationsursachen isolieren?

Antwort 1:

Die Möglichkeit hierzu schuf *R. A. Fisher* durch das Verfahren der Streuungszerlegung (Varianzanalyse).

Frage 2:

Dies setzt eine kombinierte Versuchsanlage voraus. Man beobachtet z. B. die Unterschiede zwischen den Sortenerträgen a und b jeweils in den Bodenfruchtbarkeits-Lagen (Blöcken) 1, 2 usw.
Wie kann man nun im folgenden Anlageschema den Einfluß der Sortendifferenz und der Bodendifferenzen varianzanalytisch getrennt erfassen?

		Lagen (Blöcke)			Zeilenmittel
		1	2	3	
Sortenerträge	a	$\bar{x}_{a1}$	$\bar{x}_{a2}$	$\bar{x}_{a3}$	$\bar{x}_a$
Sortenerträge	b	$\bar{x}_{b1}$	$\bar{x}_{b2}$	$\bar{x}_{b3}$	$\bar{x}_b$
					Gesamtmittel
Spaltenmittel		$\bar{x}_1$	$\bar{x}_2$	$\bar{x}_3$	$\bar{x}$

Antwort 2:

Die Variation, die in den Differenzen zwischen den Spaltenmitteln erfaßt wird, mißt den Einfluß des Faktors Lage (Blöcke). Getrennt davon läßt sich durch die Differenz der Zeilenmittel die Variationsursache „Sortenunterschied" erfassen und somit als Streuungsquelle isolieren, worauf es dem Versuchsansteller ankam.

Aber die Gesamtstreuung um das Gesamtmittel x̄ ist größer als diese beiden erfaßten Teil-Varianzen. Es verbleibt als „Reststreuung" die Zufallsvarianz „innerhalb" der Gruppen. Gegen sie werden die Spalten- und die Zeilenvarianz abgewogen. Wir benutzen als Prüfquotienten die Varianzquotienten

für die Sorten: $\dfrac{\text{Zeilenvarianz}}{\text{Rest-(Zufalls-)Varianz}}$

für die Blöcke: $\dfrac{\text{Spaltenvarianz}}{\text{Rest-(Zufalls-)Varianz}}$

Frage 3:

Kann in der nachstehenden Datentabelle anstelle des Varianzenquotienten auch der t-Test angewandt werden?

Personen	Gruppenvergleich Pulsmessungen		Differenz „d"	d²-Werte
	I	II	II—I	
	(Pulsschläge pro Min.)			
A	60	60	0	0
B	80	100	+20	400
C	70	80	+10	100
D	85	85	0	0
E	90	100	+10	100
F	75	80	+ 5	25
G	77	82	+ 5	25
H	88	95	+ 7	49
Mittel :	78	85	Sd = 57	Sd² = 699

mittlere d̄ = +7

Pulsmessung I wurde von den Schülern selbst ausgeführt. Pulsmessung II (durch einen Arzt) lag etwas höher (es kann Erregung mitspielen).

Antwort 3:

Wir wollen die Tabelle varianzanalytisch auswerten. Jedoch kann auch der t-Test angewandt werden. Dies allerdings nur beim Spaltenvergleich I—II. Denn der t-Test prüft nur den Vergleich *zweier* Stichproben, und beim Zeilenvergleich haben wir 8 Zeilen, also mehr als zwei. Es ist $\quad t = \dfrac{\bar{d} - 0}{s_d / \sqrt{n}}$

Somit kann geprüft werden, ob die durchschnittliche Differenz d̄ = 7 von Null verschieden ist. *(t-Test für paarweise Vergleiche).* Man rechnet

$$s^2 = \dfrac{Sd^2 - \dfrac{(Sd)^2}{n}}{n-1} = \dfrac{699 - \dfrac{57^2}{8}}{7} = \dfrac{293}{7} = 41{,}9$$

und erhält hieraus s = $\sqrt{41{,}9}$ = 6,48. Und da nicht die Varianz der Einzelwerte interessiert, sondern die der Stichprobenmittelwerte der Differenz d̄, so ergibt sich $\quad s_{\bar{d}} = \dfrac{s}{\sqrt{n}} = 2{,}29$. Dann ist t = $\dfrac{7-0}{2{,}29}$ = 3,06, ein t-Wert, der die Differenz als signifikant nachweist. (Siehe W. *Schmidt*, Mehrfaktorenanalyse, Seite 75, 105).

Da die Pulsmessung (Ruhepuls in Schlägen pro Minute) paarweise gemacht ist, d. h. Pulsfrequenz I und II an denselben Personen A bis H ermittelt wurden, so kann man auch den Vorzeichentest anwenden. Siehe II.2 und II.5. Wir können bei solch einem paarweisen Vergleich an denselben Personen A bis H die Messung I und II gegenüberstellen, also gewissermaßen die Ungleichheit der Ausgangswerte I als Streuungsquelle ausschalten und die I-Werte als 100 % ansetzen. Bezogen auf I, sind die II-Werte dann den I-Werten überlegen um

$$
\begin{aligned}
&0 \text{ \%} \\
&25 \text{ \%} \\
&14,3 \text{ \%} \\
&0 \text{ \%} \\
&11,1 \text{ \%} \\
&6,6 \text{ \%} \\
&6,5 \text{ \%} \\
&7,0 \text{ \%}
\end{aligned}
$$

d. h. um rund 9 % im Durchschnitt höher.

Der paarweise Vergleich schaltet also die Streuungsquelle aus, die auftreten würde, wenn wir die Messung I an einer Gruppe von 8 Personen und die Messung II an 8 anderen Personen ausgeführt hätten.

Frage 4:

Wir ordnen nun die Werte in der folgenden Datentabelle so an, daß wir die Varianzanalyse anwenden können:

Personen	Puls-Messungen I	Puls-Messungen II	Individuelle Summen I+II	Zeilenmittel A bis H
A	60	60	120	60
B	80	100	180	90
C	70	80	150	75
D	85	85	170	85
E	90	100	190	95
F	75	80	155	77,5
G	77	82	159	79,5
H	88	95	183	91,5
Spaltensummen	625	682	$Sx = 1307$	Generalmittel
Spaltenmittel	78	85		$Sx/n = \frac{1307}{16} = 81,7$

Wir haben 8 Zeilen (r = rows = 8) und
2 Spalten (c = columbs = 2)

Die Spaltenmittel streuen um das Generalmittel 81,7. Aber die Zeilenmittel liegen zwischen 60 und 95 und streuen mithin stärker um das Generalmittel.

Worin besteht der Vorteil der varianzanalytischen Trennung der verschiedenen Streuungsquellen?

Antwort 4:

Wir können nicht nur 1. prüfen, ob die beiden Streuungsquellen (Unterschied zwischen I/II und Unterschiede zwischen den individuellen Werten A bis H) einen signifikanten Einfluß innerhalb der Gesamtstreuung haben, sondern auch 2. erkennen, ob der anteilige Einfluß des einen Faktors stärkeres Gewicht hat als der andere, d. h. die Gewichte prüfen, mit denen die Faktoren beteiligt sind.

Würde man den Einfluß der individuellen Variation nicht abtrennen, so würde er in der Restvariation (Zufallsvariation) in Erscheinung treten, und der Varianzquotient $F = \dfrac{\text{Varianz zwischen II und I}}{\text{Zufallsvarianz}}$

würde evtl. nicht mehr Signifikanz anzeigen. Das hatten wir weiter oben schon vorweggenommen, als wir die Ausschaltung der individuellen Streuungsquelle durch paarweisen Vergleich erörterten (III.3).

Frage 5:

Wie errechnet man nun varianzanalytisch

a. die Gesamtstreuung um das Generalmittel 81,7?
b. die Streuungskomponente, die durch den Spaltenunterschied II—I gegeben ist?
c. die Streuungskomponente der individuellen Variation (Zeilenunterschiede)?
d. die Restvariation (Zufallsvarianz)?

Antwort 5:

a. Gesamtstreuung: Die Abweichungsquadratsumme finden wir als

$S(x - \bar{x})^2 = Sx^2 - \dfrac{(Sx)^2}{n}$ (Siehe II.4), brauchen also nicht die Abweichungen zu errechnen und zu quadrieren, sondern quadrieren die x-Werte selbst und erhalten $(60^2 + 80^2 + 70^2 + \ldots + 95^2) = 108\,997$. Davon ist das Korrekturglied

$\dfrac{(Sx)^2}{n} = \dfrac{1307^2}{16} = 106\,766$ abzuziehen. Wir können dieses Korrekturglied

später nochmals verwenden. Es ergibt sich $108\,997 - 106\,766 = 2231$.

b. Die Komponenten, die an der Gesamtvariation beteiligt sind, errechnet man wie folgt. Für den Spaltenunterschied II—I finden wir aus der Arbeitstabelle (siehe III.4) $682 - 625 = 57$. Wir rechnen $1/8 \cdot (682^2 + 625^2)$ minus Korrekturglied (siehe oben) und erhalten die auf den Spaltenunterschied entfallende Teilquadratsumme $106\,969 - 106\,766 = 203$.

c. Die Streuungskomponente, die auf die individuelle Zeilenunterschiede entfällt, erhält man durch Quadrierung der 8 Zeilensummen $120^2 + 180^2 + 150^2 + 170^2 + 100^2 + 155^2 + 150^2 + 183^2 = 217\,100$. Jetzt muß durch 2 geteilt werden, da sich jede Zeilensumme aus zwei Spaltenwerten zusammensetzt, während wir bei der Berechnung der Spalten-Quadratsumme durch 8 teilen mußten, weil dafür 8 Daten aus 8 Zeilen zugrunde lagen. $\frac{1}{2} \cdot (217\,100) = 108\,550$. Davon ist wieder das Korrekturglied abzuziehen. $108\,550 - 106\,766 = 1784$.

d. Die restliche Zufallsvariation findet man durch Subtraktion.

Frage 6:
Mit Hilfe der soeben errechneten Quadratsummen stellen wir die *Varianztabelle* zusammen:

Variationsursachen	Quadrat-summen	Freiheits-grade	Varianz
Einfluß der Differenz II—I	203	1	203
Einfluß der Unterschiede, die in den individuellen Werten A bis H stecken	1784	7	255
Restvariation (Zufallsvarianz) durch Subtraktion gefunden	244	7	34,86
Insgesamt	2231	15	

Was ist daraus zu schließen?

Antwort 6:
Wir haben die jeweils errechneten Quadratsummen eingetragen und jeder Streuungsquelle die zugehörige Zahl der Freiheitsgrade zugeordnet (Freiheitsgrade siehe I.9 und II.4). Im ganzen haben wir 15 Freiheitsgrade, denn es beträgt $n=16$, mit hin $(n-1) = 15$. Bemerkung: die Varianz (rechte Spalte) ergibt sich aus $\frac{\text{den betreffenden Quadratsummen}}{\text{geteilt durch die Zahl der Freiheitsgrade}}$.

Folgende Schlüsse sind jetzt möglich:

Der Varianzquotient $\frac{\text{Differenz II—I}}{\text{Zufallsvarianz}}$ beträgt $F = \frac{203}{34,86} = 5{,}82$. In der „F-Tafel" der Varianzquotienten finden wir, daß der Einfluß der II-I Differenz auf dem 0,05-Verläßlichkeits-Niveau gesichert ist, während der Einfluß der individuellen Variation mit $F = \frac{255}{34,86} = 7{,}31$ stärker, d. h. sogar auf dem 0,01-Niveau gesichert ist. Dieser Varianztest wurde zu Ehren *R. A. Fishers* mit dessen Anfangsbuchstaben F bezeichnet.

Man sieht: Wäre die individuelle Varianz nicht abgesondert worden, so hätte der Quadratsumme (für Differenz II—I = 203 eine Restvarianz von $1784 + 244 = 2028$, geteilt durch 14 FG gegenübergestanden, Varianz = 145. Der F-Test $\frac{203}{145} = 1{,}4$ ergäbe dann keine Signifikanz des Unterschiedes II—I mehr.

Frage 7:
Der Versuchsfehler (Restvarianz) wird in der Varianzanalyse durch mehrfache Aufgliederung nach erfaßbaren Streuungsursachen gesenkt. Das ist der Vorzug des Verfahrens. Es wird jeder Tropfen an Information herausgeholt. Die Eleganz und Ergiebigkeit der Varianzanalyse beruht auf der Addierbarkeit und Subtrahierbarkeit der Abweichungsquadratsummen.
Wie errechnet man, mit welchem anteiligen Gewicht die Faktoren (Variationsursachen) *beteiligt sind?* D. h. wie findet man die *Varianzkomponenten?*

Gehen wir von dem folgenden Gedankenexperiment nach *H. Rundfeldt* aus. Die Ungleichheit des Bodens ist im landwirtschaftlichen Feldversuch, der Sorten oder Dünger prüfen soll, eine gefürchtete Streuungsquelle. Bei einem *Blindversuch* in Versuchsgefäßen ist weder der Boden verschieden, noch die Prüfglieder. Denn unter Blindversuch versteht man einen Versuch, bei dem man einheitliches Pflanzenmaterial verwandte (keine Sortenunterschiede). Aber trotzdem werden gewisse „zufällige" (nicht näher identifizierbare) Unterschiede auftreten. Wenn wir als in unsere Arbeitstabelle (III.4) einmal statt der Pulsmessungen I und II die beiden Sortenerträge I und II eintragen, und das in achtmaliger Wiederholung (auf Parzellen unterschiedlicher Bodenfruchtbarkeit), so müssen wir uns erinnern, daß eine allgemeine Zufallsvarianz („innerhalb der Versuchsstücke") s_i^2 überall hinzukommt. Mit dem Symbol s_i^2 soll diese „Varianz innerhalb" bezeichnet werden.

Wir erhalten die Tabelle:

Landwirtschaftlicher Feldversuch

Wiederholungen bei verschiedener Bodenfruchtbarkeit	Parzellenerträge zweier Sorten		Zeilensummen
	I	II	
1	60	60	120
2	80	100	180
3	70	80	150
4	85	85	170
5	90	100	190
6	75	80	155
7	77	82	159
8	88	95	183
Spaltensummen	625	682	

Den Vergleich zwischen den Sorten I und II nimmt man immer jeweils in der gleichen Wiederholung (Block) vor (bei gleichem Boden).
Wie sieht dann eine Varianztabelle aus?

Antwort 7:

Bezeichnet man mit
GL die Prüfglieder I und II
BL die Blöcke (Wiederholungen 1 bis 8)
FG die Freiheitsgrade
I die Variation „innerhalb", so läßt sich das nachstehende Varianzschema aufstellen:

Variationsursachen	Abweichungsquadratsummen SQ	$\dfrac{SQ}{FG} =$ Varianz	Varianzkomponenten
Prüfglieder I, II	GL	gl	$s_i^2 + 8 \cdot s_{gl}^2$
Blocks 1—8	BL	bl	$s_i^2 + 2 \cdot s_{bl}^2$
Restvariation „innerhalb"	I	i	s_i^2

Frage 8:

Wir können nun die Zahlen einsetzen: (aus Tabelle III.6)
$203 = s_i^2 + 8 \cdot s_{gl}^2$
$ = 34{,}86 + 8 \cdot s_{gl}^2$
Wie errechnet man daraus das Faktorengewicht?

Antwort 8:

Zunächst einmal zieht man von der Varianz 203 den Betrag $s_i^2 = 34{,}86$ ab und erhält 168,14. Dies ist durch 8 zu teilen, so daß $s_{gl}^2 = 21$ erhalten wird.
(Gewicht der Sortenunterschiede, Prüfglieder I und II).

Frage 9:

Und was ergibt sich für das Faktorengewicht der Blockunterschiede 1—8 bei entsprechender Rechnung?
$255 = s_i^2 + 2 \cdot s_{bl}^2$

Antwort 9:

Von 255 (siehe unsere Varianztabelle III.6) wird 34,86 abgezogen, bleibt 220,14, geteilt durch 2 ergibt 110,07.

Frage 10:

Wir sind beeindruckt von dem hohen Faktorengewicht der Blockunterschiede. Drücken Sie nun die erhaltenen Gewichtsziffern in Prozent aus.

Antwort 10:

In Prozenten ausgedrückt ergibt sich

s_i^2	=	34,83	=	21,00 %
Varianz I—II	=	21,00	=	12,67 %
Varianz Blöcke	=	110,07	=	66,33 %
Insgesamt		165,95	=	100,00 %

Zusammenfassung und Schlußbemerkung: Wir sehen hieraus, welchen Anteil die Teilvarianzen in Prozent der Gesamtvarianz haben. Mit zwei Dritteln der Gesamtvarianz ist die Blockvarianz (Wiederholungen auf verschiedenen Bodenparzellen) beteiligt. Das gilt auch für unsern ersten Versuch, in welchem wir den Vergleich I/II an 8 Personen A bis H wiederholt hatten.

Der Unterschied I/II wiegt nur mit einem anteiligen Gewicht von ca. 12 % (einem Achtel der Gesamtvarianz), also recht schwach. Und das erklärt auch die Schwierigkeit, diesen Unterschied überhaupt als signifikant nachzuweisen. Die Zufallsvarianz wiegt mit 21 % (d. h. mit einem Fünftel). Mit Hilfe der Varianzanalyse gelingt es jedoch, Prüfgliedunterschiede (hier I/II) sichtbar zu machen, auch wenn Mitfaktoren ein starkes anteiliges Gewicht haben, wie es bei vielen biologischen Tests zu berücksichtigen ist.

Anhang zu Kapitel III: Vereinfachter Rechengang bei Varianzanalysen

Frage 11:

Muß man bei Varianzanalysen mit den Originaldaten arbeiten, auch wenn es sich dabei um größere Zahlen handelt? Oder kann man auch mit Ersatz-Skalen (kodierte Zahlen) rechnen, die handlicher sind und Rechenarbeit einsparen lassen? Vorausgesetzt, daß der gewählte Code das Verhältnis zwischen den Zahlen nicht ändert?

Antwort: 11:

Es kommt bei der Varianzanalyse ja nur auf das Verhältnis zwischen den Zahlen an. Da eine durchgehende Codierung dieses Verhältnis nicht ändert, so sind kodierte Skalen ohne weiteres anwendbar.

Frage 12:

Man kann die gegebenen Daten einer Beobachtungstabelle durch 100 oder durch 10 teilen, um sie zu verkleinern und die Benutzung von Quadrattafeln zu erleichtern. *Moroney* schlug für nachstehende Zahlentabelle anstelle der Originalzahlen den Code $x' = \dfrac{x-50}{10}$ vor:

Originalzahlen:
Beobachtete Verkaufserfolge
bei den Verkäufern

in den Distrikten	A	B	C	D	Distriktsummen
1	30	70	30	30	160
2	80	50	40	70	240
3	100	60	80	80	320
Verkäufersummen	210	180	150	180	Generalsumme 720 Generalmittel 60

Welche Tabelle wird daraus bei Verwendung des Codes?

Antwort 12:

	A	B	C	D	Distriktsummen
1.	—2	2	—2	—2	—4
2.	3	0	—1	2	4
3.	5	1	3	3	12
	Verkäufersummen				Generalsumme
	6	3	0	3	—12 Anzahl n = 12

Frage 13:

Führen Sie die Varianzanalyse mit diesen codierten Zahlen durch.

Antwort 13:

Gesamtsumme der Abweichungen
$(-2)^2 + 2^2 + (-2)^2 + (-2)^2$
$+ 3^3 + 0^2 + (-1)^2 + 2^2$
$+ 5^2 + 1^2 + 3^2 + 3^2 = 74$
Minus Korrekturglied

$$\frac{12^2}{12} \quad \text{also} \quad -12 = 62$$

Distrikabweichungen (Zeilen)

$\frac{1}{4} \cdot [(-4)^2 + 4^2 + 12^2] = \frac{176}{4} - 12 = 32$

Verkäuferabweichungen (Spalten)

$\frac{1}{3} \cdot (6^2 + 3^2 + 0^2 + 3^2) = \frac{54}{3} - 12 = 6$

Varianztabelle

	SQ	FG	Varianz
Distriktunterschiede	32	2	16
Verkäuferunterschiede	6	3	2
Restvariation	24	6	4
Insgesamt	62	11	

F-Test für die Distriktunterschiede $F = \frac{16}{4} = 4,0$

(Tafelwert für F_{95} bei $\begin{array}{l} n_1 = 2 \\ n_2 = 6 \end{array}$ FG ist 5,1

Die Distriktunterschiede erreichen knapp Signifikanz, die Verkäuferqualitäten sind nicht unterschieden.

Frage 14:

Ein anderes Beispiel für die Codierung.
Versuchen Sie, einen Code zu bilden zur Verrechnung folgender Originalzahlen:
Experiment zur Wirkung einiger Wuchsstoffe.

Antwort 14:

Als Originalzahlen wurden gegeben (nach *Pearce*, Biological Statistics):

Wiederholungen (Blöcke)		I	II	III	IV
Unbehandelte Kontrolle	1.	60	62	61	60
Gibberelin	2.	65	65	68	65
sonstige Wuchsstoffe	3.	63	61	61	60
sonstige Wuchsstoffe	4.	64	67	63	61
sonstige Wuchsstoffe	5.	62	65	62	64
sonstige Wuchsstoffe	6.	61	62	62	65
Blocksummen		375	382	377	375

Generalsumme = 1509   Generalmittel = 63

Wie man sieht, sind die Ertragsunterschiede zwischen den Blöcken, in denen die Pflanzen (wiederholt) angebaut wurden, nicht erheblich (gleichmäßiger Boden). Was uns interessiert, ist ein eventueller Unterschied behandelt gegenüber unbehandelt (Zeilen).

Die Varianzanalyse der Originalzahlen ist wegen der Größe der Zahlen und Quadratzahlen etwas umständlich. Es ergab sich ein Wert F = 4,5 für die Unterschiede zwischen Behandlungen.

(Tafelwert = 2,9 (0,05-Niveau)
und 4,6 (0,01-Niveau)

Bei der Suche nach einem Code findet man, daß x' = (x — 60) (kleinsten Wert abziehen) fast zu denselben Zahlenverhältnissen führt, auch wenn man über die quadrierten Zeilenabweichungen vom Generalmittel rechnet und dabei Abrundungen in Kauf nimmt.

Codierte Tabelle x' = (x — 60)

| | Blöcke Z | | | | Zeilen- | | Abwei- |
	I	II	III	IV	Se	Mittel	chungen
1	0	2	1	0	3	0,8	2,1
2	5	5	8	5	23	5,8	2,9
3	3	1	1	0	5	1,4	1,6
4	4	7	3	1	15	3,7	0,8
5	2	5	2	4	13	3,3	0,4
6	1	2	2	5	10	2,5	0,4
Summen	15	22	17	15	Generalsumme		
Mittel	2,5	3,7	2,8	2,5	69		
Abweichungen	0,4	0,8	0,1	0,4	Generalmittel 2,9		

Als „Abweichungen" sind die Abweichungen der Spalten- bzw. Zeilenmittel vom Generalmittel 2,9 eingetragen.

Gesamtquadratsumme

$2^2 + 1^2 + 5^2 + \ldots$ usw. = 313

Korrekturglied $\dfrac{69^2}{24}$ = also — 198,4

114,6

Zeilenquadratsumme (berechnet nicht über die Summenquadrate geteilt durch 4, sondern über die quadrierten Abweichungen mal 4)

4. $(2,1^2 + 2,9^2 + 1,6^2 + 0,8^2 + 0,4^2 + 0,4^2)$ = 65,6

Spaltenquadratsumme

0. $(0,4^2 + 0,8^2 + 0,1^2 + 0,4^2)$ = 5,8

Varianztabelle

Var.-Ursachen	SQ	FG	Varianz
Behandlungen	65,6	5	13,1
Blöcke	5,8	3	1,9
Versuchsfehler, Restvarianz	43,2	15	2,9
Insgesamt	114,6	23	

F-Test: für Behandlungen

$$\frac{13{,}1}{2{,}9} = 4{,}5 \text{ (wie oben)}$$

Frage 15:

Wir erhalten durch die Varianzanalyse lediglich Auskunft darüber, ob überhaupt signifikante Unterschiede im Material (hier zwischen den Zeilen) stecken. Wir wollen aber auch wissen, zwischen *welchen* Behandlungen (Zeilen). Dazu benutzen wir anschließend den t-Test. Kann man nun die aus der Varianzanalyse ermittelte gemeinsame Durchschnittsvarianz einsetzen?

Antwort 15:

Ja, man kann. Wir hatten in obiger Arbeitstabelle noch nicht die *originalen* Zeilenmittel berechnet und wollen dies nachholen:

		Zeilenmittel
Unbehandelt	1.	60,75
Gibbelerin	2.	65,75
sonstige Wuchsstoffe	3.	61,25
	4.	63,75
	5.	63,25
	5.	62,50

Wir setzen die gemeinsame Durchschnittsvarianz $s^2 = 2{,}9$ in die Formel für den t-Test ein und prüfen den Unterschied zwischen Gibbelerin (65,75) minus „unbehandelt" (60,75) = 5.

$$t = \frac{\bar{x}_1 - \bar{x}_2}{\sqrt{\dfrac{s_1^2}{4} + \dfrac{s_2^2}{4}}} = \frac{5}{\sqrt{\dfrac{2{,}9}{4} + \dfrac{2{,}9}{4}}} = \frac{5}{\sqrt{1{,}45}} = \frac{5}{1{,}2} = 4{,}2$$

Facit: Man sieht, daß der Unterschied des Einflusses von Gibberelin auf den Pflanzenertrag (gegenüber unbehandelt) signifikant ist. Gefundener t-Wert 4,2, Tafelwert $t_{0.01} = 3{,}71$ (für 6 FG).

Ferner kann man den Unterschied von Wuchsstoff Nr. 4 gegenüber unbehandelt als signifikant nachweisen (t-Wert = 2,5, Tafelwert $t_{0.05} = 2{,}45$).

Auch läßt sich im gegebenen Datenmaterial der Unterschied zwischen Gibberelin gegenüber dem Durchschnitt aller sonstigen Wuchsstoffe als signifikant zeigen.

IV. Analyse von Zusammenhängen

Frage 1:

Im Abschnitt Kap. III, Frage 10 wurden *Variationsursachen* (Streuungsquellen) ihrem anteiligen Gewicht nach identifiziert, und mit den unerfaßten Begleit-Zufallsfaktoren verglichen.
Zusammenhänge zwischen zwei Variablen, z. B. zwischen Pflanzenzuwachs (y) und Regenmengen (x), lassen sich graphisch wie folgt darstellen. Steigen die y-Werte regelmäßig mit steigenden x-Werten, so liegen die y-Werte (Ordinate), eingetragen über den zugehörigen x-Werten, dicht um die durchschnittliche Beziehungslinie (Abbildung 4, links). Streuen die Punkte jedoch unregelmäßig um diese Linie, so zeigen die größeren Punktabstände an, daß eine totale Abhängigkeit der Variablen y von x *nicht* besteht (Abbildung 4, rechts). Wir haben hier wiederum zwei Variationsursachen auseinanderzuhalten: Folgen Punkte genau der Beziehungslinie, so drückt das den Einfluß von x auf y aus. Große Punktabstände jedoch deuten darauf hin, daß unbekannte Zufallsfaktoren im Spiele sind, die als Streuungsquelle zu berücksichtigen sind. Sie können ein so großes Gewicht haben, daß eine verläßliche Voraussage der y-Werte aus den x-Werten nicht mehr möglich wird.
Erläutern Sie mit eigenen Worten den Unterschied zwischen mathematisch funktionalen Zusammenhängen (zwischen Durchmesser und Kreisumfang) und auf der anderen Seite statistischen Korrelationen zwischen biologischen Variablen.

Antwort 1:

Mathematisch funktionale Zusammenhänge bestehen z. B. zwischen Durchmesser und Kreisumfang. Ist der Durchmesser bekannt, so ist dadurch eindeutig der Umfang bestimmt.

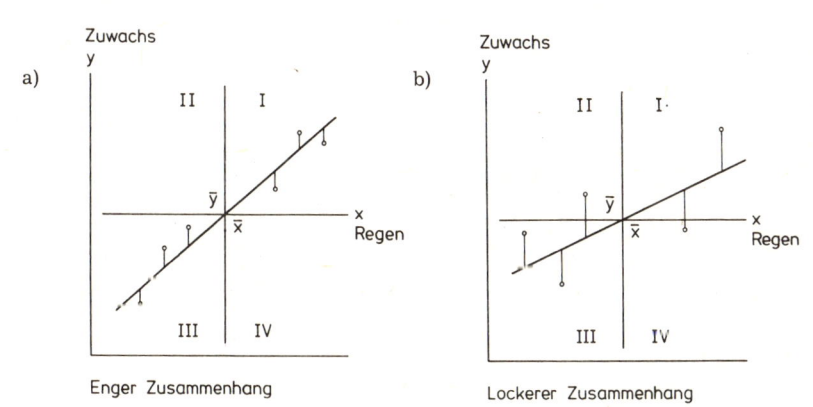

Abb. 4, a und b: Geradliniges Ansteigen der Pflanzenerträge mit den Regenmengen, bei Annahme eines trockenen Klimas, in welchem Wasser fehlt. Größere Punktabstände von der Beziehungslinie (siehe Abb. 4 b)) bedeuten einen schwächeren Zusammenhang zwischen x und y. Die Voraussage von y-Werten aus x-Werten ist dann „unbestimmt".

Bei *statistischen Korrelationen* dagegen muß berücksichtigt werden, daß praktisch niemals Werte einer biologischen Variablen (y) durch ihren Zusammenhang mit (ihre Abhängigkeit von) einer einzelnen Variablen (x) völlig bestimmt (erklärt) sind. Vielmehr lassen sich die y-Werte nicht „streuungsfrei" aus den x-Werten voraussagen. Trägt man beobachtete y-Werte graphisch über den zugehörigen x-Werten auf, so liegen die Punkte nicht genau auf der durchschnittlichen Beziehungslinie. Vielmehr haben wir es mit zwei verschiedenen Varianzen zu tun, einmal mit der Kovarianz von y und x, und zum anderen, wie die Punktabstände von der Beziehungslinie zeigen, mit einer hierdurch nicht erklärten Komponente, der Zufallsvarianz.

Denn: Merkmalswerte y sind niemals allein von korrelierten Merkmalswerten x abhängig, sondern gleichzeitig von einer Vielzahl von Begleitfaktoren, die wir, soweit sie nicht erfaßt sind, als Zufallsfaktoren bezeichnen. Der Koeffizient „r", als Maß der Stärke des Zusammenhangs zwischen y und x als r_{yx} geschrieben, erreicht praktisch niemals den Höchstwert totaler Korrelation $r = 1,0$, sondern Werte zwischen Null (Unabhängigkeit) und $+1$ bzw. -1 (bei negativem Zusammenhang).

$r = 1$ würde bedeuten, daß außer dem Einzelzusammenhang zwischen y und x kein anderer, unerfaßter (Zufalls-)Zusammenhang bestünde.

Frage 2:

Wie kamen *A. Bravais* und *K. Pearson* zu dem nach ihnen benannten Stärkemaß für Zusammenhänge, dem Produktmoment-Koeffizienten „r"? Und wozu dient dessen Quadrat, das Bestimmtheitsmaß r^2?

Antwort 2:

Um Frage zwei vorwegzunehmen: Wenn „r" die Stärke eines Zusammenhangs mißt, so bedeutet das nicht, daß $r = 1$ etwa einen hundertprozentigen Zusammenhang ausdrückt, und daß entsprechend ein r-Wert von 0,5 einen halb so engen Zusammenhang, $r = 0,25$ wiederum davon ein Halbwert bezeichnen. Wir wollen ja Varianzen trennen, nämlich die Kovarianz zwischen y und x von der Zufallsvarianz. Quadratische Maße haben den Vorzug, daß man sie addieren oder subtrahieren kann. Das Maß der „Bestimmtheit" der y-Werte durch die x-Werte wird daher durch r^2 ausgedrückt, und das Maß der durch die Kovarianz nicht bestimmten Variation ist $1-r^2$ (Unbestimmtheitsmaß).

Das bedeutet: Ist für den Zusammenhang der Alkoholpromille im Blut mit der Fahruntüchtigkeit ein $r = 0,5$ ermittelt, so ist die Fahruntüchtigkeit hierdurch nur zu $r^2 = 0,25$ erklärt, und zu 75 % durch Begleitfaktoren. Zum Verständnis des Koeffizienten „r" veranschaulichen wir die regelmäßige oder unregelmäßige Gleichläufigkeit von y mit x durch Abbildung 4.

In Abbildung 4 wurde der Nullpunkt des Koordinatennetzes auf die Mittelwerte $\bar{y}$ und $\bar{x}$ gelegt. Man erhält dann vier Quadranten. Punktwerte, die im Quadranten I auftreten, bedeuten, daß die $(y-\bar{y})$-Werte positiv sind und mit positiven $(x-\bar{x})$-Werten zusammenfallen, ihr Produkt also positiv wird. Im Quadranten III treten negative $(y-\bar{y})$-Wert zusammen mit negativen $(x-\bar{x})$-Werten auf, ihr Produkt ist also ebenfalls positiv. Die Produktsumme wird also groß, wenn ausschließlich die Quadranten I und III besetzt sind. Sie ist von *Bravais-Pearson* als Maß für die

Stärke von Zusammenhängen, im Zähler des nachstehenden Prüfquotienten, benutzt worden. Fallen Werte in die Gegenquadranten II und IV, so sind ihre Produkte negativ und mindern die Gesamtproduktsumme S (xy), welche die „Kovarianz" von y und x mißt. Die Formel für den „Produktmoment-Koeffizienten" der Korrelation ist überraschend einfach. Siehe *Diamond*, The World of Probability, Statistics in Science, Basic Books, Inc. New York 1964). Wenn alle individuellen Paarwerte von x und y in Standardwerte*) umgerechnet sind, so ist die *Kovarianz* r_{yx} gleich dem *mittleren Produkt*, das man *aus den zwei Werten jedes Paares ableitet*, also

$$r = \frac{S(x_i y_i)}{n}$$

Oder man benutzt gewöhnliche Abweichungen $(y-\bar{y})$ und $(x-\bar{x})$ und fügt einen Standardisierungsfaktor hinzu. Das ergibt

$$r = \frac{S(x_i y_i)}{n} \cdot \frac{1}{s_x\, s_y}$$

Mit anderen Worten mißt der *Zähler denjenigen Anteil*, der auf die Kovarianz von x und y zurückgeht, und der *Nenner die Gesamtstreuung*.

Statt s_x kann im Nenner $\sqrt{\dfrac{S(x-\bar{x}^2)}{n}}$ und statt s_y kann $\sqrt{\dfrac{S(y-\bar{y})^2}{n}}$ geschrieben werden.

Man erhält, in quadratischen Ausdrücken,

$$r^2 = \frac{S[(x-\bar{x})(y-\bar{y})]^2}{S(x-\bar{x})^2 \cdot (y-\bar{y})^2} \quad \text{und r als Wurzel hieraus.}$$

Ein amerikanisches Einstellungsverfahren für Piloten erreichte während des Krieges nur eine „diagnostische Valenz" von $r = 0{,}46$, die Eignungsvoraussage, nur bezogen auf einen erfolgreichen Trainingsabschluß, hatte also nicht, wie erwartet, einen höheren Valenz-Wert. Es wirken weitere Faktoren mit!

Frage 3:

Im Nenner der Formel für r steht die Wurzel aus einem Produkt, also ein geometrisches Mittel. Woraus setzt sich die gemeinsame Korrelation zwischen y und x zusammen?

Antwort 3:

Die gemeinsame Korrelation zwischen y und x, ihre Gleichläufigkeit, setzt sich zusammen aus den Steigemaßen, mit denen y ansteigt, wenn x um eine Einheit

---

*) *Erläuterungen zur Standardisierung*, d. h. zur Umwandlung in s-Einheiten.
Beobachtete Abweichungen vom Mittelwert, die man in einer Zahlenwertskala (Größen, Gewichte usw.) erhalten hat, lassen sich in s-Einheiten umrechnen.
Unter der Annahme einer Normalverteilung (falls diese zutrifft) ist der Zentralwert, der 50 %-Wert, die Mitte der Verteilung. Liegt der Medianwert einer bestimmten Klasse unserer Merkmalsskala bei 95 %, rechts vom Mittelwert, so heißt das: er liegt um 95 % — 50 %, also 45 % rechts vom Mittelwert. Zwischen seiner Ordinate und der des Zentralwerts der Gesamtverteilung liegen 45 % der Fläche, die von der Verteilungskurve umgrenzt wird. In der linken und der rechten Halbfläche liegen je die halbe Fläche, rechts vom Mittel also $\dfrac{0{,}90}{2} = 0{,}45$. Aus der Tabelle für die s-Einheiten der Normalkurve finden wir seinen Ort bei 1,65 s.

steigt, und x ansteigt, wenn y um eine Einheit steigt. Diese beiden Steigemaße, nämlich die Regression von y nach x und von x nach y stecken im Korrelationskoeffizienten.

Die Regressionskoeffizienten sind

$$b_y = \frac{S(x-\bar{x})(y-\bar{y})}{S(x-\bar{x})^2} \quad \text{und} \quad b_x = \frac{S(x-\bar{x})(y-\bar{y})}{S(y-\bar{y})^2}$$

$$r = \sqrt{b_y \cdot b_x} = \frac{S(x-\bar{x})(y-\bar{y})}{\sqrt{S(x-\bar{x})^2 \cdot S(y-\bar{y})^2}}$$

Angenommen, die beiden Regressionsmaße seien $b_y = 1/2$ und $b_x = 2/1 = 2$, dann läßt sich aus den graphischen Darstellungen 5. folgendes ersehen:

$$r = \sqrt{b_y b_x} = \sqrt{1/2 \cdot 2} = \sqrt{1} = 1$$

Hier ist $r = 1$, eine totale Korrelation. Die Punkte liegen auf der Beziehungsgeraden. Das ist praktisch selten oder so gut wie niemals der Fall, wie wir sahen. Bei Streuung der Punkte um die Linie gehören zu gleichen x-Werten stark streuende y-Werte und umgekehrt. In diesem Fall fallen die beiden Regressionsgeraden *nicht* zusammen.

Beispiel: Bei $b_y = 2/4 = 0.5$ und $b_x = 4/6 = 0.66$

wäre $r = \sqrt{0.5 \cdot 0.66} = 0.5745$, was eine weniger enge Korrelation ausdrückt.

Frage 4:

Wann würde man von sehr enger Korrelation, d. h. streuungsfreier Voraussage der y-Werte aus den x-Werten sprechen?

Antwort 4:

Wenn Sie zur Charakterisierung der Stärke der Kovarianz sich an das Bestimmungsmaß r^2 erinnern, so sind Sie auf dem richtigen Wege.

r^2 drückt den Anteil der durch die Kovarianz bestimmten (erklärten) Teilvarianz aus. Innerhalb der Gesamtvarianz gibt es aber noch eine Restvarianz (Streuungs- oder error-Varianz), $1-r^2$, das Maß der Unbestimmtheit von Voraussagen (Streuung der Punkte *um* die Linie).

Ableitung der Errorvarianz $1-r^2$, welche die Voraussage der y- aus den x-Werten unbestimmt (unsicher) macht, siehe bei *S. Diamond*, The World of Probability, Statistics in Science, Verlag Basic Books, Inc., New York, 1964, Seite 185 ff.

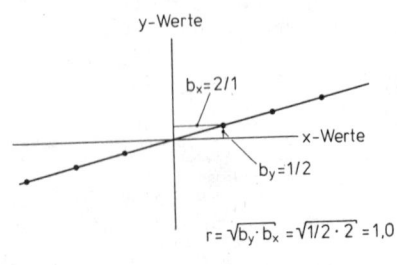

Abb. 5: Wenn x um 2 Einheiten steigt, während y um eine Einheit steigt, so ist das Steigemaß $b_x = 2/1$. Der Wert von y steigt dann, umgekehrt, um nur eine Einheit, wenn x um 2 Einheiten steigt, und das Steigemaß für y ist dann $b_y = 1/2$. Die beiden Steigemaße, nämlich b_x und b_y, stecken im Korrelationskoeffizienten.
$r = \sqrt{b_y \cdot b_x}$

Nur bei 100 %iger Korrelation ($r = 1$ und $r^2 = 1$) verschwindet die Rest-(Error-)Varianz. Es gäbe dann keine Punktabstände von der Beziehungslinie, alle Punkte lägen auf dieser. Die Varianzen r^2 und $(1-r^2)$ addieren sich zu 1,0.

Frage 5:

Wie viele Wertpaare von y und x reichen aus, um ein Korrelationsmaß r als gesichert von Null unterschieden nachzuweisen?

Antwort 5:

Die Nullhypothese würde lauten: Aus der (evtl. zu kleinen) Stichprobe ergab sich ein positiver (oder negativer) Korrelationskoeffizient. (Gleichläufigkeit, bzw. Gegenläufigkeit von y und x). Die Nullhypothese geht von der Annahme aus, daß „r" in Wirklichkeit (ϱ = rho in der Population) = Null ist, und nur zufällig in der Stichprobe von Null abwich, d. h. nur in einem Teil der Fälle.

Ob die Existenz einer Korrelation gesichert, d. h. von Null verschieden ist, kann man über $t = \dfrac{r \cdot \sqrt{n-2}}{\sqrt{1-r^2}}$ prüfen.

Erläuterung siehe W. *Schmidt*, Anlage und statistische Auswertung von „Untersuchungen", Verlag Schaper, 1961, Seite 185.

Man kann auch die dort angegebene Tabelle benutzen:

Bei einer Anzahl von Wiederholungen N	ist folgender r-Wert von Null verschieden bei 5 % Zufallsniveau	ist folgender r-Wert von Null verschieden auf dem 1 %-Niveau
3	0,88	0,96
10	0,63	0,76
20	0,44	0,56
30	0,36	0,46
50	0,28	0,36
100	0,20	0,26
200	0,14	0,18
300	0,11	0,15

Aber würde die Vorausage aus einem niedrigen Koeffizienten $r = 0,20$ brauchbar sein, selbst wenn er bei $N = 100$ eine gesicherte Existenz, bei 5 % Zufallswahrscheinlichkeit, nachweisen ließe? Seine Stärke ist zu schwach.
Bei $r = 0,20$ ist $r^2 = 0,04$! D. h. die Bestimmtheit von y-Werten aus der Kovarianz mit x-Werten entspräche $r^2 = 0,04$, mithin würden zu 96 % andere Zusammenhänge eine Rolle spielen.

Frage 6:

Wir hatten bei den Werten von $r = \dfrac{\text{Kovarianz von y und x}}{\sqrt{(\text{Var.}(x) \cdot \text{Var.}(y))}}$
gerade Beziehungslinien angenommen. Trifft das immer zu?

Antwort 6:

Lineare Beziehungen müssen nicht immer zutreffen. Wir hatten lediglich diese vereinfachende Voraussetzung gemacht. Bei gekrümmten Beziehungslinien ist die Rechnung komplizierter. Das bekannteste Beispiel ist die Steigerung des Pflanzenertrags durch Ertragsfaktoren, z. B. Düngergaben. Auf den ersten Zentner Dünger reagiert die Pflanze stärker als auf den zweiten. Die Ertragskurve flacht, nach steilem Anfangsverlauf, allmählich ab. Umgekehrt steigt eine Zinzeszinskurve progressiv an.

Frage 7:

Wie kann man die Stärke von Zusammenhängen, z. B. zwischen Schutzimpfung und Erfolg (Nichtinfektion), in vereinfachter Form aus Vierfeldertafeln entnehmen?

Antwort 7:

Man kann statt quantitativ abgestufter Meßwerte in einer Vierfeldertabelle nur die Häufigkeiten der y-Werte unter dem Mittelwert $\bar{y}$ und oberhalb $\bar{y}$ zu den entsprechenden x-Werten oberhalb und unterhalb $\bar{x}$ eintragen, wie folgt.

Es entsprechen y-Werte	unter $\bar{y}$	über $\bar{y}$
den zugehörigen x-Werten unter $\bar{x}$	80 % (a)	20 % (b)
x-Werten über $\bar{x}$	20 % (c)	80 % (d)

Man kann nun sehr einfach berechnen, oder noch einfacher, aus den Tafeln „Tables for Yule's Q-Association Coefficient for pairs of Perventages" von *J. A. Davis, R. Gilman* and *J. Schick,* The National Opinion Research Center, Chicago, USA 1965 (siehe Abschnitt 6, Seite 68) ablesen, wie hoch *Yule*'s Assoziationsmaß Q ist, nämlich bei der oben angenommenen Felderbesetzung

$$Q = \frac{ad + bc}{ad - bc} = 0{,}88.$$

(Höchstwert Q = 1,0; bei Unabhängigkeit der y-Werte von den x-Werten nimmt Q den Wert Null an.)

Signifikanzprüfung siehe dort (a. a. O.) Q selbst ist kein Signifikanzmaß, sondern ein Korrelationsmaß.

Vergleicht man den Schutzerfolg mit einer Impfung, so sind von vornherein Häufigkeiten der Fälle ausgezählt, und man trägt ein:

	Infiziert	Nicht infiziert
ohne Impfung	a	b
nach Impfung	c	d

Frage 8:

Warum beschränken wir uns hier auf die Angabe von ausgezählten Häufigkeiten in Prozenten? Man könnte doch auch absolute Zahlen der Häufigkeiten in die Felder einsetzen?

Antwort 8:
Natürlich wird man das können. Aber aus didaktischen Gründen ist es wohl immer gut, durch Angabe der Vomhundertwerte darauf hinzuweisen, daß man eben nicht mit allzu kleinen Stichproben arbeiten sollte, von denen man keine besonders überzeugenden Aussagen erwarten darf. Wenn auch, vom rein mathematischen Aspekt gesehen, Assoziationen auch für mager besetzte Vierfeldertafeln ausgerechnet werden können. Außerdem setzt die Ablesung aus den Q-Tafeln (von *Davis* und anderen) voraus, daß die Felderbesetzung in Prozente umgerechnet wurde, und man spart durch Tafelablesung Zeit!

Frage 9:
Ist Q ein symmetrisches Maß? D. h. ist $Q_{AB} = Q_{BA}$?

Antwort 9:
Ja.

Frage 10:
Es handelt sich also zunächst um die Feststellung einer gegenseitigen Abhängigkeit (Gleichläufigkeit) von Merkmalswerten x und y. Beispiel: Bei steigendem Volkseinkommen pflegt sich, in stabiler expansiver Wirtschaftslage, die Zahl der Arbeitsplätze zu erhöhen. Umgekehrt steigt mit dem Beschäftigungsstand die Zahl der Menschen mit Arbeitseinkommen und somit das Volkseinkommen.
Bei Prüfung des Zusammenhangs zwischen Impfung und Schutzwirkung (Nichtinfektion) dagegen kann doch die Impfung nur als *Ursache* und die Schutzwirkung als *Effekt* angesehen werden, nicht umgekehrt. Kann man das aus Q nicht ersehen? Und muß der Sachverstand entscheiden, ob eine Korrelation einen *Kausalzusammenhang* beinhaltet?

Antwort 10:
Q ist ein symmetrisches Maß, für Zusammenhänge, die aber erst der Sachverstand als Kausalzusammenhänge deuten kann.
Von *K. Hellmich* ist jedoch ein asymmetrisches Maß „K" als „paariges Vierfeldermaß" entwickelt worden, mit dem man Ursachen und Wirkungen identifizieren kann. Es weist also nicht nur Existenz und Stärke der Verknüpfung nach. Siehe *K. Hellmich*, Acta Albertina Ratisbonensis, Band 30, Regensburg 1970.

Frage 11:
Welchen weiteren Vorzug hat das Maß K noch gegenüber Q?

Antwort: 11:
Das Maß Q läßt sich nicht anwenden, wenn die Felder b oder c in der Vierfeldertafel mit Null besetzt sind.
Dann würde sich $Q = \dfrac{ad - 0}{ad + 0} = 1$ ergeben, obwohl das der Wirklichkeit nicht zu entsprechen braucht. Bei Verwendung des Maßes K stören mit Null besetzte Felder nicht.

Frage 12:

Was versteht man unter Scheinzusammenhängen?

Antwort 12:

Scheinzusammenhänge sind solche, die sachlich keinen Sinn ergeben. Beispiel: Kohlenpreise steigen, weil der Bergbau neue Investitionen vornehmen muß. Zur gleichen Zeit steigen Gummipreise, weil die Plantagen von einem Schädling befallen werden. Die zufällige Parallele in derselben Periode berechtigt natürlich nicht, einen sachlich begründeten Kausalzusammenhang zwischen beiden Preisbewegungen anzunehmen.

Frage 13:

Können durch Drittursachen gleichläufige Ereignisse ausgelöst werden?

Antwort 13:

Blitz und Donner treten zusammen auf, ausgelöst durch elektrische Entladungen. Im Falle gleichzeitigen Preisanstiegs kann die dahinterstehende Drittursache „Geldentwertung" Breitenwirkungen auf die Preise verschiedenster Produkte auslösen. Auch neue technische Entwicklungen können gleichläufige Bewegungen zur Folge haben.

Polyploidie kann die Ursache dafür sein, daß sich gleichzeitig mehrere Merkmale gegenüber den diploiden Ausgangsformen verändern.

Frage 14:

Ein weiteres Korrelationsmaß ist das Trefferprozent. Liest man in einer Vorprüfung Kulturpflanzen nach der Leistung im Merkmal x aus, nach guten und schlechten Typen, so ist man am Trefferprozent dieser Vorauslese interessiert, d. h. daran, ob die guten Merkmalsträger im Vorprüfungsbefund auch in der Endleistung zur guten Merkmalsgruppe y gehören werden. Wie prüft man das nach?

Antwort 14:

Man zählt die Häufigkeiten guter und schlechter Merkmalsträger in Vorprüfung und Endprüfung aus und erhält z. B. folgende Vierfeldertafel:

	In der Endprüfung schlecht	gut
In der Vorprüfung schlecht	70 (a)	30 (b)
gut	30 (c)	70 (d)

Der Trefferanteil (unserer Vorprüfung) $\dfrac{a+d}{a+b+c+d} = \dfrac{140}{200} = 0{,}7$

Dies ergibt einen Schätzwert für r; r wird aus folgender Tafel als $r = 0{,}6$ abgelesen.

Korrelation	Trefferanteil
r	w
0,00	0,50
0,10	0,53
0,20	0,56
0,30	0,60
0,40	0,63
0,50	0,67
0,60	0,70
0,70	0,75
0,80	0,80
0,90	0,86
1,00	1,00

Zu beachten ist: Schon bei Unabhängigkeit beider Merkmalsbefunde, d. h. bei gleicher Besetzung aller Felder, beträgt der Trefferanteil 0,50 (50 %), während der Korrelationskoeffizient natürlich $= 0$ ist.

Frage 15:

Unter welchen Voraussetzungen darf der Trefferanteil, das tetrachorische r_t, benutzt werden?

Antwort 15:

Voraussetzungen für die Benutzung des Trefferanteils, des tetrachorischen r_t sind folgende:
Es muß sich um eine *kontinuierliche* Verteilung handeln. Zwar zieht man die Häufigkeiten der Vierfelderbesetzung (gut oder schlecht in der Vorprüfung) und (gut und schlecht in der Endprüfung) zusammen, aber in Wirklichkeit handelt es sich um eine fließende kontinuierliche Skala, die zugrunde liegt. In unserem Beispiel ist diese Vorbedingung erfüllt, denn bei der Aufteilung nach „gut" und „schlecht" z. B. in Ertragsleistungen wird man es stets mit fließenden Übergängen der Noten zu tun haben. Man macht zweckmäßig *in der Mitte der Verteilungen* einen Trennungsstrich, teilt also der „guten Hälfte" alle Pflanzen zu, die sehr gut, fast ausnahmslos gut oder überwiegend gut nach unserem Urteil abschneiden, und sortiert als schlecht diejenigen Pflanzen ab, die leicht ungünstige, stärker ungünstige und ganz ungünstige Leistungen aufweisen.
Eine weitere Annahme muß gemacht werden. Es muß sich um Normalverteilungen handeln. Bei unbekanntem Material kennt man zwar die Verteilung in der Gesamtpopulation nicht, kann aber mit möglichen Abweichungen von der normalen Verteilung rechnen und daher Vorbehalte machen (vorsichtig urteilen). Aus kleinen Stichproben ist ein Schluß auf die Populationsverteilung nicht möglich, wohl aber aus größeren. So schloß *Mendel* aus ziemlich großen Kreuzungsnachkommenschaften auf die binomialen Verteilungen der Kollektive und konnte so seine Spaltungsregeln formulieren. Er fand gute Übereinstimmung mit der Erwartung, was später von anderen bestätigt wurde.
r_t ist mehr variabel als *Pearson*'s r-Wert. Aber wenn das Beobachtungsmaterial groß genug ist, wird r_t ausreichend verläßlich.

Als „effizient" würde man das Maß „r" bezeichnen, denn es ist ein präzises Maß und hat eine kleinere Varianz als irgend ein anderes Schätzmaß für Zusammenhänge, wenn die Stichproben aus normalverteilten Gesamtheiten stammen. Die relative Effizienz anderer Korrelationsmaße würde man angeben, indem man ihre Varianz mit der Varianz des *Pearson*'schen r vergleicht. r_t hat danach eine Effizienz von nur 0,40.

Anhang zu Kapitel IV

Vereinfachte Korrelationsanalyse, provisorische Skalen (Code)

Ob die variablen Werte zweier Merkmalsreihen völlig gleichläufig (r = 1,0) oder nur unregelmäßig miteinander steigen (oder fallen), mißt

$$r = \frac{S(x-\bar{x})(y-\bar{y})}{\sqrt{S(x-\bar{x})^2 \cdot S(y-\bar{y})^2}}$$

Dieser Koeffizient kann auch geschrieben werden

$$r = \frac{S(xy) - n \cdot \bar{x} \cdot \bar{y}}{\sqrt{(Sx^2 - n \cdot \bar{x}^2)(Sy^2 - n \cdot \bar{y}^2)}}$$

oder

$$r = \frac{S(xy) - \dfrac{(Sx)(Sy)}{n}}{\sqrt{\left(Sx^2 - \dfrac{(Sx)^2}{n}\right)\left(Sy^2 - \dfrac{(Sy)^2}{n}\right)}}$$

Beispiel eines *unregelmäßigen* Steigens der x-Werte und der y-Werte. Österreichischer Weizenertrag x und Kartoffelertrag y (Mill. Zentner)

Jahr	in den Jahren		geordnet	
	x	y	x	y
1952	4,0	25,7	4,0	25,7
1953	5,0	32,9	4,5	27,9
1954	4,5	27,9	5,0	32,9
1955	5,5	30,1	5,5	30,1
			Sx = 19,0	Sy = 116,6
			$\bar{x}$ = 4,8	$\bar{y}$ = 29,1

Frage 16:

Zu errechnen ist r.

Antwort 16:

r = 0,76.

Frage 17:

Im obigen Zahlenbeispiel sind die Summen $S(x-\bar{x})$ usw. und die quadrierten Werte $S(x-\bar{x})^2$ verhältnismäßig einfach zu errechnen, wenn wir die zuerst angegebene Formel verwenden. Ein vereinfachter Code empfiehlt sich dagegen im folgenden Fall:

Dichte von Hämatiterzen	Eisengehalt y
2,8	27
2,9	23
3,0	30
3,1	28
3,2	30
3,2	32
3,2	34
3,3	33
3,4	30
Se 28,1	267

Wählen Sie den Code
$x' = 10x - 30$ und $y' = y - 30$ (nach *Kreyszig*) (Lehrbuch 6).

Antwort 17:

Die codierten Werte sind

x	y
—2	—3
—1	—7
0	—0
1	—2
2	0
2	2
2	4
3	3
4	0
Se 11	—3
$\bar{x} = 1,2$	$\bar{y} = -0,33$

Zähler: $S(xy) - n \cdot \bar{x} \cdot \bar{y}$

$S(xy) = +6$
$+7$
0
-2
0
4
8
9
0
$\overline{32}$

abzuziehen $n \cdot \bar{x} \cdot \bar{y} = 9 \cdot 1,2 \cdot (-0,33) = (-3,564)$

32
$— (-3,6)$
$\overline{35,6}$

Nenner:

Sx^2	Sy^2
4	9
0	0
1	49
1	4
4	0
4	4
4	16
9	9
16	0
43	91

$$\begin{array}{rr} 43 & 91 \\ -13 & -1 \\ \hline 30 & 90 \end{array}$$

$n \cdot \bar{x}^2 = 9 \cdot 1{,}44 = 12{,}96$
$n \cdot \bar{y}^2 = 9 \cdot 0{,}11 = 1{,}0$

$\sqrt{30{,}90} \qquad\qquad = \sqrt{2700} = 5{,}96 = 52$

$r = \dfrac{36}{52} = 0{,}7$

DIE BIOLOGIE IN DER UMGANGSSPRACHE

Von Studiendirektor Dr. Helmut Carl

Bonn - Bad Godesberg

I. Das Problem der Fachsprache

Die Analyse einer naturwissenschaftlichen Fachsprache wird aus verständlichen Gründen nur selten versucht, wenngleich sich Naturwissenschaftler und Sprachwissenschaftler zu fruchtbarer Zusammenarbeit durchaus treffen könnten.

Für den *Naturwissenschaftler* bedeutet die Fachsprache nur Mittel zum Zweck, ihn kümmern keine Sprachgesetze, -regeln oder -eigenarten. Für den *Sprachwissenschaftler* umgekehrt liegt eine Fachwissenschaft oft am Rande, sie führt ihn in ein wenig bekanntes und daher stiefmütterlich behandeltes Grenzgebiet. So stößt keiner bis zu einer Analyse der Fachsprache vor, deren Eigengesetzlichkeit dennoch beide zu fesseln vermöchte.

Es würde den Rahmen dieses Beitrages sprengen, wollten wir eine Analyse der biologischen Fachsprache versuchen und ihre mannigfachen Beziehungen zur deutschen Sprache aufdecken. Hierzu gehört etwa eine Untersuchung der gegenwärtigen Entwicklung der biologischen Fachsprache, die ihren Wortschatz und ihre Ausdrucksmittel dauernd erweitert und verändert.

Wir wollen daher die Aufgabe einengen und nur *einen* Bestandteil der Fachsprache näher untersuchen. Es soll die Umgangssprache daraufhin überprüft werden, inwieweit sie Bestandteile der biologischen Fachsprache enthält. Es ist ein reizvolles Kapitel, bei dem wir den Blick oft in die Vergangenheit richten und die verschiedenen historischen Einflüsse erkennen, die an der Sprachentwicklung beteiligt sind.

Hierzu liefert uns gerade die Sprache des Biologen reichliches Material. Denn zur auffälligen Umwelt des Menschen (die es sprachlich zu erfassen gilt) gehört einmal sein eigener Körper mit den normalen und ungewöhnlichen Lebensäußerungen und laufenden Veränderungen. Zum anderen spielen für den Menschen die Tiere seines täglichen Umgangs eine Rolle und die Pflanzen, die ihn ernähren und kleiden. Das alles aber sind Themen des Biologen.

Nach verschiedenen Richtungen wenden wir unser Interesse: Zunächst sind die deutschen Namen für die Pflanzen und Tiere eine reiche Quelle für unsere Untersuchungen (S. 426). Haustiere und jagdbare Tiere finden dabei unser besonderes Augenmerk, so daß wir den Fachsprachen des Jägers und Landwirts ein wenig nachspüren müssen. Die Beobachtungen an diesen Tieren (Hund, Katze, Rind, Pferd, Hase usw.) finden in der Umgangssprache ihren Niederschlag, sie treten uns in Sprichwörtern, in Redensarten, in Zitaten, in festen Wortverknüpfungen usw. entgegen, wie an Beispielen zu zeigen ist (S. 429).

Von besonderem Reiz und für den Germanisten eine wahre Fundgrube von Entdeckungen ist endlich der menschliche Körper, weil wir ihn dauernd beobachten — an uns und an anderen — und kontrollieren; daher begegnet er uns im Sprachgebrauch auf Schritt und Tritt (S. 468 bis S. 483)!

II. Von den Pflanzen- und Tiernamen

1. Die primäre Aufgabe der Namen

Fast zwei Millionen verschiedene Lebewesen, Pflanzen und Tiere, sind bis heute beschrieben worden. Nicht einmal ein Zwanzigstel von ihnen gehört unserem erweiterten Heimatraum an. Manche von ihnen — verglichen mit der Zahl der verschiedenen Lebewesen eine sehr bescheidene Anzahl — tragen einen deutschen Namen. Natürlich aber haben sie alle vom Fachmann ihren wissenschaftlichen, lateinischen Namen erhalten.

Die deutschen Namen, die wir hier näher untersuchen wollen, sind in unserer Sprache, die sich immerfort wandelt, das Produkt einer langen Entwicklung. Denn an diesen Namen für Pflanzen und Tiere haben viele Einflüsse gefeilt und geformt. Wer in ihnen zu lesen vermag, entdeckt, daß sie unsere Kulturgeschichte widerspiegeln und getreulich Altes überliefern, das sich mit Neuem dauernd mischt in der lebendigen Begegnung der sprechenden und beobachtenden Menschen. Der Mann des Volkes ist kein Zoologe oder Botaniker, und er benennt die Lebewesen seines Umgangs nach seinen Sprachgewohnheiten, sicher oft anders als der Fachmann. Namenschöpfer waren Bauern, Jäger, Hirten und Fischer, kurz alle, die den Erscheinungen der Natur mit wachen Sinnen begegnen.

a. *Die Herkunft der Namen*

Die Herkunft der Pflanzen- und Tiernamen ist zugleich ein Stück Sprachgeschichte von allgemeiner Gültigkeit; es ist daher reizvoll, hier nachzuspüren. Die Namen sind aus recht verschiedenen Quellen in die Sprache eingeflossen. Diese Quellen fließen verschieden stark und erfuhren über die etwa 1200 Jahre der deutschen Sprachentwicklung mancherlei Schicksale.

Für germanistische Studien mag die älteste Quelle dieser Namen als besonders wertvoll erscheinen. Wenn wir auf die Wurzeln unseres Wortschatzes, in die althochdeutsche Sprache, zurückgehen, finden wir etwa 200 Tier- und 200 Pflanzennamen, einfache Hauptwörter, die man noch um eine nicht bestimmbare Zahl von Zusammensetzungen vermehren kann. Diese Namen — auch Stamm- oder Erbwörter genannt — bezeichnen u. a. unsere bekannten Bäume wie Birke, Ahorn, Buche, Eiche, Esche, Espe, Föhre, Holunder, Lärche, Pappel und Rüster. Von den Namen der Getreidearten findet man Dinkel, Emmer, Gerste, Hirse, Spelt, Roggen, Hafer und Weizen. Andere lang kultivierte Pflanzen sind Apfel, Birne, Kirsche, Erbse, Linse und Rebe. Bei den althochdeutschen Tiernamen ist auffällig, daß viele alte Namen von Süßwasserfischen überliefert sind, wie Aal, Aland, Äsche, Barsch, Belche, Forelle, Grundel, Hecht, Karpfen, Renke, Münne u. a. Zu den jagdbaren Tieren gehören seit altersher Bär, Fuchs, Elch, Hirsch, Luchs, Ur und Wisent. Von den ausländischen Tieren sind Elefant, Affe, Kamel, Leopard, Löwe, Panther und Tiger schon sehr lange bekannt.

Die zweite Quelle bringt die *Fremd-* und *Lehnwörter* in die deutsche Sprache. Viele außerdeutsche Sprachen — germanische, romanische, slawische, orientalische — brachten uns Pflanzen- und Tiernamen in großer Zahl, sicherlich Hunderte. Manche wurden unverändert übernommen und werden noch heute als Fremdlinge empfunden. Oft sind es dann endemische Lebewesen, die mit ihrem

Originalnamen bei uns bekannt wurden, wie unter den Tieren z. B. *Känguruh*, *Yak*, *Alligator* und *Kolibri*, unter den Pflanzen *Ananas*, *Kakao*, *Mahagoni* und *Majoran*. Diese Namen sind für den Sprachforscher eine einzige Fundgrube, die historische, volkskundliche und kulturgeschichtliche Aufschlüsse liefert. Andere wiederum sind so gut in die deutsche Sprache eingeschmolzen worden, indem sie sich abschliffen und deutsche Endungen annahmen, daß sie ihre Fremdnatur kaum noch ausweisen. Denn wer wollte glauben, daß die *Tomate* aus dem Mexikanischen kommt, der *Mais* aus dem Westindischen, das *Veilchen* und der *Spargel* aus dem Lateinischen, wenn er nicht den Sprachforscher fragen könnte?

Viele Tier- und Pflanzennamen aus fremden Ländern wurden im Laufe der letzten tausend Jahre in unsere Sprache aufgenommen. Heute freilich ist dieser Wortzuwachs im wesentlichen abgeschlossen.

Den breitesten Zustrom in das biologische Namensgut brachte aber erst die *Lehnübersetzung*. Grundsätzlich bekommt jedes Lebewesen, das der Forscher mit einem wissenschaftlichen Namen benennt, auch seinen deutschen Namen. Das Fachwort wird übersetzt. Statt *Paramaecium* sagen wir *Pantoffeltierchen*, statt *Amoeba: Wechseltierchen*, statt *Nautilus: Schiffsboot*, statt *Rhinozeros: Nashorn* usf. Durchaus nicht alle Fachnamen lassen sich aber ins Deutsche übersetzen. Daher ist auch das Interesse an solchen willkürlichen Namen im Volke recht gering. Sicher aber haben die Schulen an der Einführung einiger solcher Namen ihren Anteil. Ohne sie würden wir wohl kaum von *Froschlurchen*, *Zweiflüglern*, *Tausendfüßlern* und *Schmetterlingsblütlern* sprechen. — Diese Namen sind also nicht im Volke entstanden, sie sind Kunstprodukte und von Gelehrten ersonnen worden.

Eine Gruppe von Pflanzen- und Tiernamen besteht aus verkappten Eigennamen. Wir nennen sie *Appellativa*. Jedem sind unter den Blumennamen geläufig die *Dahlien*, *Begonien*, *Zinnien*, *Fuchsien;* unter den Ziersträuchern die *Forsythie* und die *Kamelie*. Es sind die mit der lateinischen Endung versehenen Namen von Naturforschern, Reisenden, Gelehrten, Gärtnern, Staatsmännern, Fürsten und anderen, die sich damit selbst ein Denkmal setzten oder setzen ließen.

Wieder andere Appellativa bewahren geographische Begriffe. Die *Apfelsine* ist der Apfel aus China, der *Pfirsich* stammt aus Persien; *Korinthen* sind getrocknete Weinbeeren, die aus dem griechischen Hafen Korinth ausgeführt werden; *Sisal* ist eine Faserpflanze, die aus der gleichnamigen Hafenstadt Mexikos kommt.

Zu der fünften und letzten Namensquelle sollen alle die Namen gerechnet werden, bei denen das Ohr in besonderer Weise Pate stand. Es sind nämlich lautmalende, nachahmende und verkleinernde Namen. Vielleicht sind es nur einige Dutzend, kaum hundert, aber ein reizvoller Bestandteil unseres Wortschatzes. Einige Beispiele sollen das zeigen:

Kosenamen schuf sich das Deutsche durch Bildung von Diminutivformen. Als Verkleinerungssilben spielen die Suffixe -*lein* und -*chen* ihre bekannte Rolle. Warum wir von *Meerschweinchen*, *Kaninchen* und *Eichhörnchen* sprechen? Es sind Tiere, die dasselbe rundliche Antlitz mit den weichen Formen, das Puppenhafte, das Possierliche haben, das andere Tiere (etwa der Bär) in der Jugend aufweisen. Manche Vögel geben mit ihren Namen Auskunft über ihren Gesang oder Ruf wie *Pirol*, *Uhu*, *Kuckuck*, *Fink* oder *Zilpzalp*.

b. *Die Verwendung der Namen*

Mit den Namen bezeichnen wir die Pflanzen und Tiere unseres Lebensraumes. Dabei sind jedoch Forderungen zu stellen.

Der Fachmann, also etwa der Biologe, verlangt vom Namen zu allererst Eindeutigkeit. Denn wenn eine Schnecke, die im Garten lebt, Gartenschnecke genannt wird, ist das für ihn ein ungenauer Name für Dutzende von verschiedenen Schneckenarten des Gartens. Wenn ein anderer von Butterblume spricht, so meint er offensichtlich Blumen mit gelben Blüten. Aber wieviel verschiedene Pflanzen erfüllen diese Bedingung! Hahnenfuß, Sumpfdotterblume, Löwenzahn und Wiesenbocksbart sind nur einige Beispiele. Alle häufigen Lebewesen werden mit vielen verschiedenen Namen bezeichnet. Wir kennen so Hunderte von Synonymen für das Gänseblümchen und Buschwindröschen, Dutzende von Namen für den Buntspecht und für den Kuckuck. — Es gibt also ein Überangebot an deutschen Namen für dasselbe Lebewesen und umgekehrt auch oft nur *einen* Namen für verschiedene Lebewesen zugleich, wie etwa für Marienblume, Osterblume, Kugeltierchen und Schwertfisch.

Solche Synonyma und Homonyma stehen aber jedem wissenschaftlichen Bemühen um Klarheit im Wege. Gerade die häufigsten Pflanzen bezeichnen wir am ungenauesten. Es sind Unkräuter, Blumen, Heilkräuter und Pilze. Vielseitig schillernde Namen sind aber für Lehre und Unterricht nicht geeignet. Der Fachbiologe muß jeden mehrdeutigen und zweifelhaften deutschen Pflanzen- und Tiernamen vermeiden.

Oft trägt das Lebewesen überhaupt keinen deutschen Namen. Der Fachmann benutzt dann den wissenschaftlichen Namen, etwa bei unseren niederen Pflanzen, den Algen, Moosen und Flechten oder den niederen Tieren und Einzellern. Er hat ihn sich für diesen Zweck selbst geschaffen. Auch eine Lehnübersetzung wäre nur ein zweifelhafter Gewinn.

Für alle anderen Benutzer unserer Muttersprache gelten andere Gesetze. Sie gebrauchen nicht willkürlich geschaffene Namen, sondern solche, die die Mutter sie lehrte und die alle Deutschen sprechen. Hier gewinnen die deutschen Namen der Pflanzen und Tiere eine große Bedeutung. Dabei wird leider die Kenntnis immer dürftiger, in dem Maße, wie sich der moderne Mensch in der Asphalt- und Steinwüste seiner Städte von der Landschaft entfernt hat. Hunderte von Namen sind ihm verloren gegangen, und er bezeichnet seine Lebewesen mit einem Arsenal von Sammelnamen. Er redet von *Blumen, Obst, Gemüse, Zierstrauch, Insekt, Lebewesen, Kräutchen* oder *Grünzeug* und ist damit zufrieden.

Dieser zunehmenden Verarmung muß die Schule entgegentreten. Wir wollen die Bäume des deutschen Waldes kennen, *Ulme, Erle, Eiche, Buche, Ahorn* und *Linde* usf.; wir wollen nicht die *Vögel* singen lassen, sondern *Singdrossel, Kohlmeise* und *Pirol*; nicht „bunte *Schmetterlinge*" sollen dahinfliegen, sondern *Distelfalter, Landkärtchen* und *Trauermantel*; nicht *Unkraut* steht am Weg, sondern *Brennnessel, Fingerkraut, Hahnenfuß* und *Kreuzblume*; nicht *Insekten* tummeln sich auf den Blütenschirmen der wilden Möhre, sondern *Schwebfliegen* und *Weichkäfer*. Wie wollen nicht *Greifvogel* jeden Vogel nennen, der mit ausgebreiteten Schwingen über unseren Häuptern kreist.

Eine besondere Aufgabe fällt hier der *Schule* zu. Sie sollte sich zum Ziel machen, nicht nur die Formenkenntnis der häufigsten deutschen Pflanzen und Tiere an die Schüler weiterzugeben — das wäre die Aufgabe der Schulbiologie —, sondern auch die deutschen Namen, vor allem die von allen häufigen lebenden Begleitern des Menschen. Hier aber hat der *Lehrer im Deutschen* zu helfen. Er muß dem Kinde die Augen öffnen für die Schönheiten und Eigenarten der Muttersprache. Die alten Namen für Pflanzen und Tiere sollten in unserer Zeit nicht vergessen werden. Denn wir beobachten unsere Mitgeschöpfe heute nicht mehr mit dem geduldig forschenden Auge des Fußwanderers, sondern wir gleiten an den Eindrücken als Autofahrer vorbei.

Natürlich sollte das Kind die schönen Tiernamen aus der Sage und Fabel kennenlernen, den *Reineke Voß, Lampe, Isegrim, Petz, Adebar* und *Grimbart*, den Dachs. Natürlich soll es sein Gehör schärfen, um nicht nur den Frühlingsruf des Kuckucks zu erkennen; es sollte auch wissen um das „pink" des Finken, das „komm-mit" des *Käuzchens* und das „tschilptschalp" des *Weidenlaubsängers*.

In unseren Verkleinerungssuffixen steckt ein tieferer Sinn. *Veilchen, Leberblümchen, Schneeglöckchen* sind nicht zufällig verkleinert; sie sind unsere Lieblinge aus der Frühlingsflora und teilen den Kosenamen mit *Rotkehlchen, Rotschwänzchen, Goldhähnchen* und *Müllerchen* unter den gefiederten Freunden. Das duftende *Waldvöglein*, jene prächtige Orchidee, hat mit seinem Namen etwas eingefangen von der Poesie seiner Umgebung.

Andere Lebewesen, meist Tiere, nennen wir mit Abkürzungen u. bilden *Aar* statt *Adler, Kerf* statt *Kerbtier, Leu* statt *Löwe, Spatz* statt *Sperling* und *Wanze* statt *Wandlaus*. — Um die Tier- und Pflanzennamen ranken sich Fabeln, Sagen und Legenden. Sie erzählen uns, warum es ein *Stiefmütterchen* gibt, einen *Venuswagen*, eine *Passionsblume*. Der *Distelfink* erzählt uns, wie er zu seinem bunten Gefieder kam, und die blaublühende *Wegwarte*, woher ihr Name und ihre Blütenfarbe stammen.

Die Schönheiten unserer Sprache gilt es zu entdecken und zu erhalten. Die deutschen Pflanzen- und Tiernamen sind für uns trotz aller Einschränkungen liebe, vertraute und wertvolle Glieder unseres Sprachschatzes. Wir freuen uns über ihre urwüchsige Kraft und leuchtende Farbe. Viele von ihnen erfüllt geradezu ein poetischer Reiz, wie *Vergißmeinnicht, Ackermännchen, Tausendschönchen* und *Habmichlieb*. Wir würden ärmer, wenn wir sie verlören. Sie sind mit Geist und Gemüt getränkt — und nicht umsonst auch ein Mittel der Dichtung.

2. *Die erweiterten Aufgaben der Namen*

Die Pflanzen- und Tiernamen haben die Aufgabe, Pflanzen und Tiere zu bezeichnen. Denn sie sind für diese geschaffen worden. So sicher wir die biologische Grenze von belebter und unbelebter Natur zu ziehen wissen, so unscharf wird die sprachliche Trennung und Abgrenzung der Namen für belebte und unbelebte Objekte. Pflanzen- und Tiernamen werden über ihre erste Aufgabe hinaus auch sonst vielseitig verwendet, sie werden umgebildet, in ihrer Bedeutung erweitert oder eingeengt, in andere Zusammenhänge gestellt und mit anderen Substantiven zu mannigfachen Komposita verschmolzen. Wir haben dabei den aus dem Pflanzen- und Tierreich ausgewanderten Namen nachzuspüren und sie in ihren neuen Verwendungen zu entdecken.

Dabei wird zuerst der *einzelne*, isolierte Name betrachtet, später der Name *im Wortzusammenhang*, wenn er sich mit anderen Wörtern oft fast formelhaft verknüpft und Tat- und Sachbestände aus fremden Bereichen schildert.

a. *Der einzelne Name in fremder Umgebung*

Die Pflanzen- und Tiernamen erfüllen auf dreierlei Art ihre neue Aufgabe. Ein Teil von ihnen wird *unverändert* benutzt: eine beträchtliche Zahl der Tiernamen dient dann als Schimpf- oder Kosename für den Menschen (Esel, Gans, Kauz), andere bezeichnen tote Gegenstände (Affe = Tornister, Melone = Hut). — Die Komposita gehören zwei verschiedenen Gruppen an, die erste umfaßt solche Namen, die *Teile* von Pflanzen- oder Tieren nennen (Kuhfuß, Schwanenhals), die andere Neubildungen, in denen Tier- und Pflanzennamen mit sachfremden Substantiven zu Komposita verschmolzen (Zankapfel, Hammelsprung).

Tiernamen bezeichnen Menschen

Von jeher hat man Menschen oder gewisse Teile seines Körpers mit Tieren und ihren Eigentümlichkeiten verglichen. Soweit Körpervergleiche in Frage kommen, ist manche Bezeichnung treffend und witzig. Manche Nase wird mit dem gekrümmten Schnabel des Adlers (Adlernase) verglichen, ein hervortretendes Auge mit dem eines Frosches oder Rindes (Froschauge, Kuhauge), manche Schneidezähne erinnern an die unseres Hamsters usw.

Sobald aber der Mensch mit dem ganzen Tier verglichen wird, kommt es zu groben Beobachtungsfehlern, die kritiklos von einem zum anderen in der Sprache weiterwandern. Warum soll ein Fink schmutziger sein als ein anderer Vogel (Dreckfink, Schmutzfink, Schmierfink), nur der Sperling teilt noch diesen Tadel (Dreckspatz). Warum wird ausgerechnet dem Hausschwein der Stempel der Unsauberkeit aufgedrückt (Sau, Ferkel, Schwein, Dreckschwein u. ä.)? Warum werden Kuh, Ziege, Kamel, Ochse, Roß, Heupferd und Hammel als dumm und blöd hingestellt? Warum sollte ein Windhund (es müßte nämlich „windiger Hund" heißen) das Beispiel für einen leichtsinnigen Menschen oder Genießer abgeben und die Unke pessimistischen Gedanken nachhängen? Viele solche Fragen tauchen auf, und nur wenige lassen sich beantworten.

Die Schimpfnamen mit ihrer breiten Skala haben natürlich ihre Geschichte. Tabuwörter sind unter ihnen; der Aberglaube hinterließ seine Spuren; eine schlechte Beobachtung schuf Schimpfnamen für Tiere, die sie nicht verdienten. Es folgt eine Liste von Tiernamen, die in der Umgangs- und Gemeinsprache auch für den Menschen verwendet werden.

Kind, Knabe, Jugendlicher

Elefantenküken (witzige Zusammenstellung, die klobig und jung verknüpft). Ferkel (derb: unsauberes Kind). Grasaffe (unfertiger Mensch; Gras = grün). Spatz (schmächtiges Kind). Specht (mageres Kind). Wurm (als Neutrum verwendet; Anpassung an *das* Kind).

Kind, Mädchen, Jugendliche

Äffchen (putzsüchtiges Mädchen). Goldfasan (eitles, junges Ding). Goldfisch (reiches, heiratsfähiges Mädchen). Krabbe (junges Mädchen; zu krabbeln?). Küken (junges, unerfahrenes Mädchen). Schäfchen (dummes Mädchen, begütigend).

Männlicher Erwachsener

Aal (glatter, geschmeidiger Mensch). Bär (starker Kerl). Bulle (starker, klobiger Kerl). Esel (dummer, leichtsinniger Mann). Kampfhahn (streitsüchtiger Mann). Kauz (schrulliger Alter). Rekel (ungehobelter Mensch; Rekel = unedler Hund). Windhund (Lebemann u. ä.).

Weibliche Erwachsene

Ameise, Biene, Bienchen (fleißige Frau). Brillenschlange (brillentragende Frau). Drache (zänkische Frau). Gans (dumme, weibliche Person). Katze (falsche Person). Klapperschlange (geschwätzige Frau; auch scherzhaft für Maschinenschreiberin). Kuh (dumme, weibliche Person). Eule, Nachteule (häßliche Alte). Pute (dumme, eingebildete Frau). Sau (derb: unsaubere Person). Schaf (dumme Person). Schlange (falsche Person). Wachtel (alte Frau; Spinatwachtel). Ziege (dumme, auch neugierige Person).

Ohne Rücksicht auf Geschlecht

Faultier (träger Mensch). Ferkel (schmutzige Person). Pfingstochse (eingebildeter Fatzke). Rindvieh, Kamel, Hornvieh, Ochse, Hornochse (derb: dummer Mensch). Fuchs (pfiffiger Mensch). Schwein, Dreckspatz, Dreckhammel (schmutzige, unsaubere Person). Gimpel (einfältiger Mensch). Angsthase (ängstlicher Mensch). Knurrhahn (mürrischer Mensch). Kröte (böse, unverträgliche Person). Nachtschwärmer (unsolider Mensch). Papagei (wer nachplappert). Trampel, Trampeltier (schwerfällige Person). Unglücksrabe (jemand, der Pech hat). Packesel (jemand, der alles arbeiten muß). Vielfraß (unmäßiger Esser). Bücherwurm (fleißiger Leser). Bock (steifer, ungelenker Mensch). Heupferd (dumme Person). Stockfisch (unbeholfener, steifer Mensch) und viele weitere Namen.

Tiernamen bezeichnen Pelzwerk

Man trägt nicht einen Nerzfellmantel (der aus vielen einzelnen Nerzfellen hergestellt wurde), sondern nur einen Nerz. Soll die Art der Verarbeitung erkannt werden, so braucht man ein Kompositum. Im Bestimmungswort steht der Tiername (das -fell wird fortgelassen). Man bildet statt Fuchsfellstola vereinfachend Fuchsstola, bzw. -mantel, -kragen, -muff usf.

Beispiele für Tierfellkleidungsstücke: Biber, Bisam, Feh, Fohlen, Fuchs, Hamster, Hermelin, Iltis, Kalb, Kanin(chen), Lamm, Leopard, Maulwurf, Nerz, Schaf und Wiesel.

Tiernamen unter den Sternbildern

Die Sternbilder, die in unseren Breiten am Himmel sichtbar sind, tragen meistens ihren Namen schon seit dem Altertum. Ptolemäus hat sie in seinem Almagest veröffentlicht. Erst im 16. Jahrhundert brachten die Seefahrer das Wissen um südliche Sternbilder nach Hause. Neue Namen wurden im 17. und 18. Jahrhundert auch in der Astronomie heimisch.

Unter diesen 88 Namen der Sternbilder sind viele Bezeichnungen für Tiere, sogar für Fabelwesen wie Drache, Pegasus und Einhorn. Wir kennen

am nördlichen Himmel: Kleiner und Großer Bär, Giraffe, Jagdhunde, Schwan, Eidechse, Luchs, Kleiner Löwe, Fischchen, Delphin, Kleiner Hund, Füllen;

am südlichen Himmel: Hase, Großer Hund, Rabe, Südlicher Fisch, Taube, Wolf, Kranich, Schwertfisch, Fliegender Fisch, Fliege, Pfau, Tukan, Kleine Wasserschlange, Chamäleon, Paradiesvogel;

am Äquator: Walfisch, Wasserschlange, Schlange und Adler. Zu den Sternbildern des Tierkreises gehören Widder, Stier, Krebs, Löwe, Skorpion, Steinbock und Fische.

35 Wirbeltieren stehen nur 3 Wirbellose (Skorpion, Fliege und Krebs) gegenüber; die Hälfte aller Wirbeltiere sind Säugetiere.

Tiernamen in fremder Umgebung

Affe ⟶ Rausch, Studentensprache 17. und 18. Jahrh.
⟶ Tornister, Rucksack, wohl weil oft mit einem Tierfell bezogen
Biene ⟶ gemeint sind Laus und Floh, euphemistisch, gehen genauso fleißig ihren Aufgaben nach wie die Bienen
Boa ⟶ der langgestreckte Halspelz wird mit der Schlange verglichen
Bock ⟶ Turngerät (neben Pferd), das ursprünglich der Form dieses Tieres nachgebaut war
Bulldogg(e) ⟶ Zugmaschine, kräftig gebaut wie die Hunderasse
Esel ⟶ Gestell, das Druckpapier trägt, willfährig wie das Tier
Fliege ⟶ quer als Schleife gebundene Krawatte, nach der Gestalt
Frosch ⟶ Griffende am Bogen eines Streichinstruments (springt hin und her)
⟶ Feuerwerkskörper, der beim Abbrennen nach Froschart springt
Fuchs ⟶ Kanal für Verbrennungsgase, unterirdisch wie der Bau des Tieres
⟶ Neuling in einer studentischen Verbindung, Studentensprache
Gänschen ⟶ Okarina, Musikinstrument, das die Tiergestalt oder deren Stimme (?) nachahmt
Giraffe ⟶ ausfahrbarer Korb für Installationen an hohen Masten
Hering ⟶ Zeltstock, spindelförmiger Pflock aus Metall oder Holz
Hund ⟶ Lore, Karren, auch Grubenhund, treuer Diener
Igel ⟶ Verteidigungsstellung mit nach außen starrenden Waffen
Katze ⟶ Geldkatze war urspr. ein aus Katzenfell gefertigter Gürtel
Krabbe ⟶ auch Kriechblume, Verzierung in der gotischen Baukunst
Kran ⟶ verstümmelt aus Kranich, die Maschine wird mit einem langbeinigen und -schnäbligen Vogel verglichen
Muschel ⟶ in der Kunst vielfach verwendete Ornamentform
Polyp ⟶ Schutzmann, die Arme des Tieres entsprechen dem „Arm des Gesetzes"
Raupe ⟶ unendliches Band an Panzer oder Schlepper
⟶ Strickmuster; Schweißraupe; Schulterstücke eines Offiziers
Schlange ⟶ Destilliergerät mit einem schlangenähnlich gewundenem Rohr
Tiger ⟶ Panzer, der wie eine Großkatze geschmeidig das Gelände überwindet
Torpedo ⟶ Unterwasserwaffe, nach dem Zitterrochen (Torpedo), der elektrische Schläge austeilt
Widder ⟶ alte Belagerungsmaschine, Wassergeber, entfernte Ähnlichkeit mit einem männlichen Schaf
Wolf ⟶ Küchenmaschine, die wie das Vorbild Fleisch verschlingt u. zerkleinert

Pflanzennamen in fremder Umgebung

Akanthus ⟶ stilisierte Blätter von Acanthus mollis usw., als Schmuck des korinthischen Kapitäls

Baum ⟶ viele „Bäume" (Schlag-, Mast-, Hebe-) sind urspr. aus Holz gefertigt, also schlanker walzenförmiger Balken

Birne ⟶ der gläserne Lampenhohlkörper ahmt oft die Gestalt einer Birne nach

Flechte ⟶ Hauterkrankung, die an die Gestalt der pflanzlichen Flechte erinnert

Kartoffel ⟶ Loch im Strumpf, man wird an die Pellkartoffel erinnert, die man zu schälen beginnt

Kastanie ⟶ Hornwarze, Hauthorn an der Innenseite der Pferdebeine, nach der Gestalt

Kleeblatt ⟶ drei Menschen, die wie die Blättchen des Klees (Trifolium) ein zusammenhängendes Ganzes bilden

Korn ⟶ aus Roggen hergestelltes alkoholisches Getränk

Kreuzblume ⟶ eine Blume oder Knospe, in der gotischen Baukunst verwendet, jedoch keine Verbindung zu Polygala des Botanikers

Melone ⟶ steifer Hut, nach der Form der gleichnamigen Frucht

Palmette ⟶ wörtl. „kleine Palme", häufige Verzierung in der griech. Kunst, ein Palmblatt stilisierend

Rosette ⟶ wörtl. „Röschen", Zierform in der Baukunst, blattähnliche Gebilde in radialer Anordnung

Stinkmorchel ⟶ schlechte Zigarre, nach Form und Geruch (ähnlich „Giftnudel")

Windrose ⟶ die richtunggebenden Strahlen am Kompaß werden mit den Blütenblättern der Rose verglichen

Zwiebel ⟶ die alte Taschenuhr war nicht flach, sondern knollig und erinnerte an eine Küchenzwiebel

Teile von Tieren in fremder Umgebung

Nicht immer wird das ganze Tier verglichen, wobei dann der Namen auswandert und in neue Sinnzusammenhänge gerät. Mitunter sind es nur Teile (oft Organe, z. B. Auge, Ohr usw.) des Tieres, die dann in Komposita wiederkehren. Dazu einige Beispiele:

Bockmist ⟶ pleonastisch aus Bock (= Fehler) und Mist (= Unsinn) gebildet, also „völlig verkehrt"

Bocksbeutel ⟶ Glasgefäß von der Gestalt des Hodensackes des Schafbockes

Drachenblut ⟶ Vermischung zweier Bilder: roter Wein, der am Drachenfels gewachsen ist

Eselsohren ⟶ umgeknickte Ecken einer Buch- oder Heftseite, „Ohren", die nur ein Esel erzeugen kann

Eselsrücken ⟶ in der Baukunst bekannt als eine Bogenform, die vierteilig ist und einem Tierrücken ähnelt

Fischblase ⟶ in der Architektur spätgot. Maßwerk, in dem man die Schwimmblase eines Knochenfisches wiederfindet

Fischgräte ⟶ Stoffmuster, bei denen parallele Striche fiedrige Seitenstrahlen tragen

Fliegenkopf ⟶ verkehrt stehender Buchstabe, in der Sprache der Buchdrucker

Fliegendreck ⟶ sehr geringfügiger Fehler

Fuchsschwanz ⟶ kurze einhändige Handsäge, nach der Form

Gänsefüßchen ⟶ Anführungszeichen, Signum citationis, zur Kennzeichnung der wörtlichen Rede (vgl. Hasenfüßchen)
Geißfuß ⟶ am Ende gabelförmig gekrümmtes Werkzeug zum Ausziehen von Nägeln, Vergleich mit dem Fuß eines Paarhufers
Hasenfuß ⟶ einer, der die Füße des Hasen besitzt, d. h. leicht flieht
Hühnerauge ⟶ wohl nicht „hürnenes Auge", sondern tatsächlich wegen seiner Augengestalt genannt
Hühnerbrust ⟶ durch Rachitis veränderte Brust, bei der die Seitenwände eingezogen sind
Kälberzähne ⟶ wertvermindernder Ausdruck für Gerste, Graupen (ähnliche Gestalt)
Kalbfell ⟶ Trommel, mit getrockneter Kalbshaut bespannt
Katzenkopf ⟶ Straßenpflaster mit abgerundeten Steinoberseiten
Katzenzunge ⟶ zungenähnlich geformte Stücke aus Schokolade
Krähenfüße ⟶ Faltenkranz am äußeren Augenwinkel
Krokodilstränen ⟶ heuchlerische Tränen. Man glaubt, das Krokodil könne Tränen vergießen
Kuckucksei ⟶ Danaergeschenk
Kuhfuß ⟶ Gewehrkolben, nach der Form genannt
Ochsenauge ⟶ 1. in der Baukunst eine Fensteröffnung von Kreis- oder Eigestalt, häufig im Barock verwendet
⟶ 2. ein ausgeschlagenes und gebackenes Hühnerei
Ochsenmäuler (Bärenfüße, Kuhmäuler) ⟶ eine Schuhform des Mittelalters
Pferdefuß ⟶ versteckte Hinterlist, vielleicht schwebt Pferdefuß des Teufels vor
Rattenschwanz ⟶ eine nicht abreißende Kette
Schwanenhals ⟶ Tierfalle aus Eisen, halsähnlich gekrümmte Eisenbügel
Schweinsohren ⟶ Gebäck aus Blätterteig von ohrenähnlicher Form
Storchschnabel ⟶ Zeichengerät zum Verkleinern und Vergrößern, aus langen Holzstäben bestehend
Tigerauge ⟶ Edelquarz mit faseriger Schichtung

b. *Der Name im Wortzusammenhang*

Wir zeigten, daß der Pflanzen- und Tiername allein in mancherlei Bereiche auswanderte und vielseitig in der Umgangssprache verwendet wird (s. S. 430). Wird aber erst der Name durch Beifügungen mancherlei Art erweitert, schwillt seine Verwendung weiter gewaltig an. Die sprachlichen Mittel, die das herbeiführen, sind im einzelnen recht verschieden. Wir wollen ihnen ein wenig nachspüren. Wir können etwa ein Adjektiv beiordnen („taube Nuß"), wir können einfache „Wie-Vergleiche" bilden („stolz wie ein Pfau"), und wir schildern in stehenden Redensarten bis hin zum Sprichwort Situationen und Sachverhalte. So gewinnt unsere Sprache Farbe und Abwechslung in Fülle, mitunter wird geradezu ein sprachliches Feuerwerk abgeschossen, wenn wir in treffenden Vergleichen und Bildern dem Humor zu seinem Recht verhelfen.

Das beigeordnete Adjektiv
Die einfachste Erweiterung der Tier- und Pflanzennamen erfolgt durch ein beigefügtes Adjektiv. Durch dieses Hilfsmittel läßt sich eine große Zahl von Lebewesen, Pflanzen und Tieren, zusätzlich kennzeichnen. Zum Teil sind diese Adjek-

tive mit den Substantiven zu einer Einheit verschmolzen (etwa in Fleißiges Lieschen, Wandelndes Blatt), andere sind lediglich aus praktischen Gründen zur Ordnung der vielfältigen Erscheinungsformen vorangestellt (etwa in Wohlriechendes Veilchen, Afrikanischer Elefant) und werden im wissenschaftlichen System, bei Lehnübersetzungen, oft verwendet.

Wieder andere Adjektiva haben dagegen nicht die Aufgabe, mit dem Substantiv zusammen eine Pflanze oder ein Tier zu bezeichnen, sondern sie bringen durch ihre Anwesenheit den Pflanzen- oder Tiernamen in einen anderen Sinnzusammenhang. Eine „neunschwänzige Katze" ist gar kein Lebewesen, und ein „roter Hahn" wird genauso übertragen verstanden.

Erweiterte Tiernamen

faule Fische ⟶ verdächtige Angelegenheit
kleine Fische ⟶ geringfügige Sachen
aufgeblasener Frosch ⟶ nach einer Fabel von Äsop
schlauer Fuchs ⟶ Schläue mit Instinktverhalten verwechselt
dumme Gans ⟶ einfältige Frau (die Dummheit wird dem Tier zu Unrecht nachgesagt)
roter Hahn ⟶ urspr. eine mit Rötel gemalte Gaunerzinke, die zur Brandstiftung aufforderte
falscher Hase ⟶ Hackbraten, der einen Hasenrücken nachbildet
alter Hase ⟶ erfahrener Fachmann
heuriger Hase ⟶ unerfahren; diesjähriger Hase, der sich erst im Folgejahr vermehrt
toller Hecht ⟶ Draufgänger; Bild vom Hecht im Karpfenteich
alter Hirsch ⟶ im Dienst bewährter Mann
kleiner Hund ⟶ Sternbild wie auch „großer Hund"
krummer Hund ⟶ als Zopf geflochtene Zigarre
netter Käfer ⟶ Mädchen mit Reizen, auch kesser Käfer
goldenes Kalb ⟶ aus 2. Mose 32,4
falsche Katze ⟶ heimtückischer Mensch, die Katze verbirgt hinter Sammetpfötchen Krallen
neunschwänzige Katze ⟶ aus 9 Lederstreifen gebildete Peitsche
komischer Kauz ⟶ wunderlicher Mensch; die Eule hat sonderbares Äußeres, Nickhaut, Schleier usw.
garstige Kröte ⟶ Sinnbild der Häßlichkeit (warzige, feuchte Haut)
blinde Kuh ⟶ Gesellschaftsspiel, bei dem die Augen verbunden werden
bunte Kuh ⟶ Name für Bäderschiff, urspr. Name eines Seeräuberschiffes
milchende Kuh ⟶ Schillers Distichon „Wissenschaft" („einem ist sie die hohe himmlische Göttin, dem andern eine tüchtige Kuh, die ihn mit Butter versorgt.")
dumme Lumme ⟶ „dumm" wohl nur des Gleichklangs wegen
tolle Motte ⟶ leichtsinniges Mädchen, dem Bild entnommen; von der Motte, die vom Licht angezogen in der Flamme verbrennt
bunter Ochse ⟶ auffällig hergerichtet
trojanisches Pferd ⟶ Holzpferd, das bei Troja als Kriegslist diente
weißer Rabe ⟶ außergewöhnlicher Mensch; albinotische Rabenvögel, sind recht selten

schwarzes Schaf ⟶ Außenseiter, schwarze Schafe sind selten, (1. Mose 30.32)
falsche Schlange ⟶ Augenlider sind verwachsen, daher der Obeliskenblick
alte Schlange ⟶ Offenbarung 12,9. Biblisches Zitat, für den Satan
dürrer Specht ⟶ ohne Berechtigung (auch dürrer Hecht)
seltener Vogel ⟶ aus dem Lateinischen: „rara avis", Juvenal, Satire 6, 165

Der Wie-Vergleich

Ein reizvoller Bestandteil unserer Sprache ist der treffende, oft stereotype Vergleich. Mit ihm können wir drastisch werden, anschaulich sein, dem Humor sein Recht geben, unsere Entdeckungen zeigen. Viele solche Entdeckungen machen wir nämlich an Pflanzen und Tieren. Vor allem dem Körper und Verhalten der Tiere gilt unsere Aufmerksamkeit. Es scheint sich uns oft der Vergleich mit dem Menschen geradezu aufzudrängen.

Wir müssen aber wissen, daß wir mit dem Vergleich aber auch in das Tier gelegentlich Dinge hineindeuten, die in ihm gar nicht vorhanden sind. Wie sollten wir z. B. verstehen; tapfer wie ein Löwe (ist er es wirklich?), lustig wie eine Lerche (wohl deshalb, weil sie singt), ernst wie ein Pferd (weil es ohne Lautäußerung für uns arbeitet?). Wir müssen die Vergleiche als Freunde unserer Muttersprache beurteilen, dem kritischen Urteil des Biologen brauchen sie nicht standzuhalten. Dennoch ist auch der Biologe oft verblüfft, von mancher guten Naturbeobachtung, die er in den „Wie-Vergleichen" finden wird.

Die Vergleiche sollen gegliedert werden nach der Wortart, die mit dem „Wie" jeweils verknüpft wird. Wir unterscheiden daher solche, die mit Adjektiven, und solche, die mit Verben gebildet wurden.

Vergleich mit Adjektiva gebildet

stolz wie ein Pfau (gedacht wird an den radschlagenden Pfau)
stumm wie ein Fisch (Ausnahme macht der Knurrhahn)
flink wie ein Wiesel, wie ein Eichhörnchen
glatt wie ein Aal (wegen der schlüpfrigen Haut)
aufgeblasen wie ein Frosch (nach einer Fabel von Phädrus)
schimpfen wie ein Rohrspatz (er soll laut rufen, wenn sich ein Mensch nähert)
fett wie eine Made (z. B. im Speck)
bekannt wie ein bunter Hund (d. h. bestens bekannt, 17. Jahrh.)
blitzschnell wie ein vergifteter Affe (scherzhaft gebraucht)
widerlich wie eine Kröte (zu Unrecht als ein garstiges Tier verschrieen)
falsch wie eine Schlange (sie wird gern mit dem Teufel verglichen)
geschwätzig wie eine Elster (Rabenvögel können sprechen lernen)
arm wie eine Kirchenmaus (die sicher nicht im Überfluß lebt)
geputzt wie ein Pfingstochse (der Leitochse vor dem Almauftrieb)
sanft wie ein Lamm (weil es sich leicht fügt)
fromm wie eine Taube (Tauben gelten zu Unrecht als sanftmütig)
rot wie ein Krebs (die Farbe tritt aber erst nach dem Kochen auf)
verliebt wie ein Stint (mit welcher Berechtigung?)
dumm wie Bohnenstroh (da zu nichts nutze)
gemein wie Brombeeren (Falstaff in König Heinrich IV.)
schlank wie eine Pinie (mit dem langen Schaft des Stammes verglichen)
verborgen wie ein Veilchen (da es auch im Schatten wächst)

Vergleich mit Verben gebildet

wie ein Vogel im Hanfsamen leben (d. h. im Überfluß)
wie ein Schloßhund heulen (angeketteter Hund)
wie ein begossener Pudel dastehen (der verlegene Mensch wird mit dem Hund verglichen, der mit Wasser begossen wurde)
wie der Ochs vorm Berge stehen (einer Schwierigkeit unentschlossen begegnen)
wie ein Ochse (Stier) brüllen (Vergleich mit dem lauten Schrei des Tieres)
wie ein Fisch an der Angel zappeln (sich hilflos bewegen)
wie ein Ratz (Dachs, Iltis) schlafen (fest schlafen, 17. Jahrh.)
sich wie ein Affe putzen (der Affe gilt als sauberes Tier)
wie eine bleierne Ente schwimmen (scherzhafter Vergleich)
wie einem lahmen Gaul jemandem zureden (d. h. etwas mit Geduld erreichen)
wie die Katze um den heißen Brei gehen (Ausflüchte machen)
sich wie ein Schneekönig freuen (der Zaunkönig zeigt muntere Bewegungen)
wie ein Bulle schwitzen (hier wird an das schwer im Geschirr arbeitende Tier erinnert)
wie ein Reiher kotzen (der Vogel würgt die Nahrung für die Jungen aus)
wie ein Huhn gackern (aufdringliches Selbstlob)
wie die Turteltauben leben (als Vorbild dient das kosende Taubenpaar)
wie ein gehetztes Wild davonlaufen (sich aus einer mißlichen Lage befreien)
wie die Kuh zum Seiltanzen taugen (zu etwas völlig ungeeignet sein)
wie eine Nachteule aussehen (die Augen tragen „Ringe" wie die Eule den Schleier)
wie ein Spatz essen (sich mit wenig Nahrung begnügen)
wie ein Schießhund aufpassen (d. h. ein zur Jagd abgerichteter Hund)
wie ein Rabe stehlen (Eigenart der Rabenvögel)
wie ein Wurm sich krümmen (Widerstand bei hoffnungsloser Lage)
wie Hund und Katze miteinander leben (d. h. sich nicht vertragen)
wie eine gesengte Sau laufen (d. h. um sein Leben; derb)
wie eine gestochene Sau schreien (d. h. um sein Leben)
wie ein junger Hund frieren (junge Hunde sind besonders wärmebedürftig)
wie ein geprellter Frosch daliegen (bewegungsunfähig)
wie ein Fisch im Wasser sich wohlfühlen (in seinem Element sein)
wie ein Wiedehopf stinken (zeitweilig stinkt der Bürzeldrüsensaft)
wie die Sau vom Trog davonlaufen (d. h. ohne eine Ordnung)
wie ein Rohr im Winde schwanken (d. h. das Fähnchen nach dem Wind drehen)
wie eine Zitrone ausquetschen (d. h. bis zum letzten Tropfen)
wie eine Klette anhaften (d. h. sehr dauerhaft)
wie Pilze aus der Erde schießen (Pilze wachsen oft in erstaunlich kurzer Zeit)

Wir kennen auch Vergleiche, die durch ein substantivisches Attribut gebildet werden. Der „Elefant im Porzellanladen" richtet durch ungeschicktes Benehmen Schaden an. Der „Storch im Salat" stolziert gravitätisch einher. Den „Wolf in Schafskleidern (im Schafspelz)" kennen wir aus einem biblischen Zitat nach Matth. 7,15. Der „Hahn im Korb" spielt die entscheidende Rolle wie der Haushahn auf dem Hof.

Tiere und Pflanzen in Redensart und Sprichwort

Bei den Tieren wird man hier die Haustiere und einige jagdbare Tiere vermissen (sie sind auf S. 452 und S. 459 zu finden). Nur Beispiele sollen gegeben werden. Manche Sprichwörter und Redensarten werden von naturentfremdeten Städtern kaum noch gekannt.

In dem Maße, in dem die Bindung zur Natur verlorengeht, und damit das Wissen um die Gewohnheiten der Tiere, verlieren diese Redensarten ihren Inhalt und werden oft nicht mehr verstanden und verwendet.

Immerhin werden in Beispielen einige Dutzend Pflanzen und Tiere angeführt. Es überrascht dabei nicht, daß die häufigen Säugetiere und Vögel, sowie die Nutzpflanzen überwiegen. Von den „Ausländern" sind nur Affe und Löwe in die Redensarten der Umgangssprache aufgenommen worden.

Säugetiere

Ist der *Löwe* tot, so raufen ihm die Hasen den Bart. — An den Klauen erkennt man den Löwen. — Dem toten Löwen versetzt der Esel einen Tritt. — Gefährlich ist's den Leu zu wecken. — Er hat den Löwenanteil erhalten.

Bei *Bären* und Toren ist mancher Schlag verloren. — Ein hungriger Bär tanzt schlecht. — Jeder Bär tanzt, wie er's versteht. — Er muß nach seiner Pfeife tanzen. — Er läßt sich nicht an der Nase herumführen. — Man kann die Haut des Bären nicht verkaufen, bevor man den Bären hat.

Der *Wolf* ist gegenüber dem Lamm immer im Recht. — Der Hunger treibt den Wolf ins Dorf. — Wer anderen eine Grube gräbt, fällt selbst hinein. — Was dem Wolf in die Kehle kommt, ist verloren. — Er benimmt sich wie der Wolf im Schafstall. — Wer als Wolf geboren ist, kann nicht als Lamm sterben.

Jeder *Affe* liebt seine Jungen. — Er tut es nicht für einen Wald voll Affen. — Er bringt einen Affen nach Hause. — Er hat an ihr einen Affen gefressen.

Ein *Fuchs* geht bloß einmal in eine Falle. — Wenn der Fuchs predigt, so hüte die Gänse. — Den Fuchs muß man mit Füchsen fangen. — Der Fuchs weiß mehr als ein Loch. — Den Weg hat der Fuchs gemessen. — Wer den Fuchs betrügen will, muß früh aufstehen. — Alte Füchse gehen schwer in die Falle. — Jeder Fuchs liebt den Hühnerstall. — Aus jungen Füchsen werden alte. — Alte Füchse ändern den Balg, aber nicht den Schalk.

Man mag den *Igel* angreifen, wo man will, er stachelt überall. — Das paßt wie der Igel zum Taschentuch (zur Schlummerrolle).

Mit Speck fängt man *Mäuse*. — Der kreißende Berg gebar eine Maus. — Wenn die Maus satt ist, dann ist das Mehl bitter. — Da beißt die Maus keinen Faden ab. — Das trägt eine Maus auf dem Schwanz weg. — Es ist eine schlechte Maus, die nur ein Loch weiß. — Er verkriecht sich ins Mauseloch.

Die *Ratten* verlassen das sinkende Schiff. — Alte Ratten sind schwer zu fangen. — Er jagt die Ratten aus den Löchern. — Das ist ein wahrer Rattenkönig.

Vögel

Mancher will fliegen, ehe er Federn hat. — Es singt nicht ein *Vogel* wie der andere. — Vögel, die früh singen, frißt am Abend die Katze. — Jedem Vogel gefällt sein Nest. — Wie der Vogel, so das Ei.

Besser ein *Sperling* in der Hand, als eine Taube auf dem Dach. — Die Spatzen pfeifen es von allen Dächern. — Er hat Spatzen unter der Mütze. — Er schießt mit

Kanonen nach Spatzen. — Er schimpft wie ein Rohrspatz (gemeint ist dabei Drosselrohrsänger oder Rohrammer). — Er schaut den Spatzen nach.
Eine *Krähe* hackt der anderen nicht die Augen aus. — Eine Krähe sitzt gern bei der anderen. — Er stiehlt wie ein Rabe (eine Elster).
Adler fliegen gern allein. — Adler brüten keine Tauben. — Adler fangen keine Fliegen. — Einen toten Adler rupft jede Krähe. — Ein guter Adler hat den Schnabel stets gewetzt. — Wenn auch der Adler stirbt, die Eule wird nicht König. Des einen *Eule* ist des anderen Nachtigall. — Die Eule liebt den Tag nicht. — Die Eule will die Nachtigall singen lehren. — Er lebt wie eine Eule unter Krähen. — Eulen nach Athen tragen (überflüssige Arbeiten leisten). — Wo die Nachtigall singt, hört man die Krähe nicht.
Wenn *Kuckuck* und Esel singen, muß die Nachtigall schweigen. — Wird der Kuckuck noch so alt, er schreit dasselbe Lied im Wald. — Dich soll der Kuckuck (verhüllend für Teufel) holen!
Eine *Schwalbe* macht noch keinen Sommer. — Wenn die Schwalben wegfliegen, bleibt der Sperling.
Wo *Tauben* sind, da fliegen Tauben zu. — Hier geht es zu wie in einem Taubenschlag. — Ihm fliegen gebratene Tauben in den Mund. — Mancher entflieht dem Falken und wird vom Sperber gehalten (vom Regen in die Traufe kommen). — Wo ein Aas ist, sammeln sich die Geier.

Wechselwarme Wirbeltiere

Seid klug wie die *Schlangen* und ohne Falsch wie die Tauben (Matth. 10, 16). — Er nährt die Schlange an seinem Busen. — Sie ist eine Schlange. — Die Schlange sticht nicht ungereizt. — Eine Schlange lauert im Grase. —
Wer *Fisch* ißt, bekommt Durst. — Der Fisch will schwimmen. — Sie ist weder Fisch noch Fleisch. — Große Fische sind nicht immer die besten. — Es sind nicht alles Fische, was man im Netz findet. — Wer einen *Aal* hält bei dem Schwanz, dem bleibt er weder halb noch ganz. — Er windet sich wie ein Aal. — Er ist der *Hecht* im Karpfenteich.
Kleine *Kröten* haben auch Gift. — So ein aufgeblasener Frosch! — Er hat einen Frosch im Hals. — Die Frösche quaken das schöne Wetter nicht heraus.

Wirbellose Tiere

Eine *Biene* ist besser als ein ganzer Schwarm Fliegen. — Wo Bienen sind, ist Honig. — Jede Biene hat einen Stachel. — Sie hat ihm Honig um den Mund geschmiert. — Das läßt einen Stachel zurück.
Er hat in ein *Wespennest* gegriffen. — Greif niemals in ein Wespennest, doch wenn du greifst, so greife fest! — Sie hat eine Taille wie eine Wespe. — Er hat sich in ein Wespennest gesetzt.
Ameisen haben auch Galle. — Er hat sich auf einen Ameisenhaufen gesetzt. — Er hat Ameisen in der Hose. — Gehe hin zur Ameise, du Fauler (Sprüche 6, 6)!
Man fängt mehr *Fliegen* mit einem Tropfen Honig als mit einem Topf Essig. — Man ärgert sich über die Fliege an der Wand. — Sie schlägt zwei Fliegen mit einer Klappe. — Kleine Fliegen stechen große Leute. — Besser Fliegen gefangen als müßig gegangen. — Er fängt den ganzen Tag Fliegen (hat nichts zu tun). — Er tut keiner Fliege etwas zuleide.

Gegen *Mücken* ist schwer zu kämpfen. — Die Mücke (Motte) schwirrt so lange um das Licht, bis sie sich die Flügel verbrennt. — Er fängt Mücken (oder Grillen). — Er hat Mücken im Kopf. — Die kleinen Feinde sind die gefährlichsten. — Man muß nicht nach jeder Mücke schlagen.
Er hört die *Flöhe* husten. — Er macht aus einem Floh (einer Mücke) einen Elefanten. — Er möchte lieber Flöhe hüten. — Das kommt gleich nach dem Hundeflöhen. — Er setzt ihm einen Floh ins Ohr.
Ihm ist eine Laus über die Leber gelaufen. — Er setzt sich eine Laus in den Pelz. — Wer Nisse hat, hat Läuse. — Er hat *Grillen* im Kopf. Er hat *Hummeln* (oder Ameisen) im Gesäß (derber: im Hintern).
Wenn die *Spinnen* im Regen spinnen, wird er nicht lange rinnen. — Manche Menschen sind sich spinnefeind. — Es spinnt sich etwas an. — Er lockt ihn ins Netz. — Das sind Hirngespinste!
Er krümmt sich wie ein *Wurm*. Da sitzt der Wurm drin. — Er zieht ihm die Würmer aus der Nase. — Der getretene Wurm windet sich. — Er führt ein *Muschel*leben (ist sehr ungesellig). — Er hat zu krebsen. — Er macht einen Krebsgang (rückwärts).

Der Baum und seine Teile

Hohe *Bäume* werfen lange Schatten. — Wie es in den Wald hineinschallt, so schallt es wieder heraus. — Je höher der Baum, umso näher der Blitz. — Er sieht den Wald vor lauter Bäumen nicht. — Es ist dafür gesorgt, daß die Bäume nicht in den Himmel wachsen. — Das steigt auf die höchsten Bäume, das geht über alle Bäume (das ist der Gipfel)!
Sie will sich einen *Ast* (Buckel) lachen. — Er hat einen Ast (Auswuchs). — Er ist aus besserem Holz (geschnitzt). — Er ist ein hölzerner Mensch. — Man soll nicht den Ast absägen, auf dem man sitzt.
Er bohrt gern im weichen *Holz* (er ist ein Dünnbrettbohrer). — Er kommt auf keinen grünen Zweig (Hiob 15, 32). — Er ist auf dem Holzweg (Abfuhrwege sind wenig gepflegt).
Den Baum muß man biegen, so lange er jung ist. — Einen alten Baum soll man nicht versetzen.

Baumfrüchte

Verbotene *Früchte* schmecken am besten. — An den Früchten sollt ihr sie erkennen. — Die schlechtesten Früchte sind es nicht, woran die Wespen nagen. — Böse Saat trägt böse Früchte. — Wie der Baum, so die Frucht. — Je früher reif, desto früher faul. — Wo keine Blätter sind, da sind auch keine Früchte. — Wer den Kern haben will, muß die Schale beißen. — In rauher Schale steckt oft ein süßer Kern.
Es gibt hier *Nüsse* zu knacken. — Man soll nicht die Nuß mit der Schale zerdrücken (ähnlich: Kind mit dem Bade ausschütten). — Mit jemandem Nüsse knacken (ähnlich: Kirschen essen, ein Hühnchen rupfen). — Man kann nicht von jedem Baum Kirschen pflücken. — Mit ihm ist nicht gut Kirschen essen.
Der *Apfel* fällt nicht weit vom Stamm. — Wenn der Apfel reif ist, fällt er vom Baum. — Ein fauler Apfel steckt hundert gesunde an. — Es kann kein Apfel zur Erde fallen (so ein Gedränge). — Er muß in den sauren Apfel beißen. — Man

kann vom Apfelbaum keine Birnen verlangen. — Das haut in die Birnen. — Die Trauben hängen zu hoch. — Er wirft es weg wie eine ausgepreßte Zitrone.

Nutzgräser

Wie die Wiese, so die Weide. — Tau auf der Wiese ist Gold in der Truhe. — Aus schlechtem *Gras* wird kein gutes Heu. — Er hört das Gras wachsen. — Es wächst Gras darüber (dann kann ein Flurschaden nicht mehr eingeklagt werden). — Wo er hinschlägt, da wächst kein Gras mehr. — Jemand hört das Gras wachsen (ähnlich die Flöhe husten, die Krebse niesen). — Jemand muß ins Gras beißen. Sein *Weizen* blüht. — Ihn sticht der Hafer. — Er leert sein Haberfeld. — Hundert taube Ähren können keinen Sperling ernähren. — Leere Ähren stehen aufrecht. Er hat Geld wie *Heu*. — Er hat sein Heu herein. — Er hat Grütze im Kopf (im Gegensatz zu Stroh, Häcksel; er ist also gescheid). — Was in den Halm wächst, kann nicht ins Korn wachsen. — Man muß Gott helfen, Korn zu machen.

Blumen

Eine *Blume* macht keinen Kranz. — Man kann auch aus giftigen Blumen Honig ziehen. — Er nascht an allen Blumen; er flattert von einer Blume zur anderen. — Er redet durch die Blume. — Das ist eine schöne Blüte! —
Wer *Rosen* pflücken will, darf die Dornen nicht fürchten. — Keine Rose ohne Dornen. — Rosen auf den Weg gestreut und des Harms vergessen (Hölty)! — Sie ist auf Rosen (auf Dornen) gebettet. — Sie wandelt auf Rosen. — Noch sind die Tage der Rosen. — Er ist ein Dorn in ihrem Auge (4. Mose 33, 55).
Sie gleicht dem Veilchen, das im Verborgenen blüht. — Sie steht da, wie eine geknickte Lilie (den Kopf hängen lassen).

Gemüse und Hackfrüchte

Das macht den *Kohl* nicht fett. — Das ist aufgewärmter Kohl. — Er baut seinen Kohl (ist zufrieden). — Es geht durcheinander wie Kraut und Rüben. — Es schießt üppig ins Kraut. — Gegen den Tod ist kein Kraut gewachsen.
Das war der ganze *Salat* (die ganze Sache). — Da hast du den Salat (die Bescherung). — Es gab Blechsalat (beim Autounfall). — Die dümmsten Bauern haben die größten *Kartoffeln*. — Rein in die Kartoffeln, raus aus den Kartoffeln!
Wirf noch so viel *Erbsen* an die Wand, es klebt doch keine an. — Auf ihn hat der Teufel Erbsen gedroschen (er ist pockennarbig). — Er ist dumm wie Bohnenstroh (zu nichts verwendbar). — Er ist dürr (und lang) wie eine Bohnenstange.

Gewürze

Er gibt seinen *Senf* dazu (er äußert seine Meinung sehr ausführlich) — Er macht einen langen Senf. — Jemandem ist die *Petersilie* verhagelt (ähnlich; die Butter vom Brot gefallen). — Wir wünschen ihn dorthin, wo der *Pfeffer* wächst (d. h. weit weg). — Das ist starker Pfeffer (auch Tabak)! — Es ist Hopfen und Malz verloren (er ist unbelehrbar)

c. *Neue Wortarten als Abkömmlinge des Namens*

Tiernamen werden zu Verben
Viele Pflanzen- und Tiernamen bilden *Verben*, wobei freilich Tätigkeitswort und Stammwort nach Bedeutung und Inhalt recht verschieden verknüpft sein können.

Es lassen sich dabei zusammenhängende Gruppen nachweisen, in denen das Abhängigkeitsverhältnis gleich ist. Wenn z. B. ein Säugetier Junge gebiert, wird für diese Tätigkeit aus den Namen der Jungtiere ein eigenes Verbum gebildet, sofern die Tierjungen eigene Namen tragen (welpen, ferkeln, fohlen, kalben, lammen). Die Fortbewegungsart mancher Tiere ist so bezeichnend, daß man vom Tiernamen unmittelbar zum Verbum kommt (robben, hechten, storchen usw.). Es gibt auch Tiere, die nicht nur *ein*, sondern gleich *zwei* Verben prägen, wie z. B. die Maus und das Kalb. Von der Maus kommt das *mausen*. Aber mausen ist nicht stehlen. Man ist zwar entrüstet über die Frechheit des Diebstahls, aber geneigt, den Fehltritt zu verzeihen, jedenfalls eher, als wenn — gestohlen würde. Ähnlich ist es mit dem *mopsen,* wo etwas „rasch weggenommen" wird. Dabei wird von vornherein mit dem vergebenden Lächeln des Geschädigten gerechnet. Das mäuseln jedoch ist noch eine ganz besondere Mauseigenschaft. Das hohe Pfeifen junger Mäuse wollen manche darunter verstehen, andere den bezeichnenden Geruch von Maus und Losung (der Jäger sagt entsprechend: es „füchselt").

Vom Kalb dagegen wird das *kalben* geprägt, das bekanntlich soviel heißt wie „ein Kalb zur Welt bringen". Eine ganz andere Bewandtnis aber hat es mit dem *kalbern* (oder auch umlautend kälbern). Es bedeutet sich kalbähnlich benehmen. Dabei wird wohl an die tollpatschigen Luftsprünge des jungen Tieres gedacht. Auch junge Menschen tun ihm hierin gleich, wenn sie „kalbern", d. h. sich albern gebärden.

Eine Liste von Verben mag zeigen, wie mannigfach die Verknüpfung zu den Stammwörtern, den Pflanzen- und Tiernamen sein kann.

Säugetiere

Affe ⟶ äffen (scherzhaft: täuschen)
Bock ⟶ bocken (sich widerspenstig zeigen; coire)
⟶ böckeln (nach Bock riechen)
Büffel ⟶ büffeln (angestrengt wie ein Büffel arbeiten)
Ferkel ⟶ ferkeln (junge Schweine werfen; auch: sich beschmutzen)
Fohlen ⟶ fohlen (ein junges Pferd zur Welt bringen)
Hamster ⟶ hamstern (Vorräte sammeln; auch auf den Menschen angewendet)
Hund ⟶ (ver)hunzen (vielleicht wie einen Hund behandeln); erweitert:
verpfuschen)
Igel ⟶ (ein)igeln (die Waffen nach außen kehren)
Kalb ⟶ kalben (ein junges Rind zu Welt bringen)
⟶ kalbern, kälbern (sich albern gebärden)
Lamm ⟶ lammen (ein Ziegen- oder Schaflamm zur Welt bringen)
Maus ⟶ mausen, bemausen (stehlen, jedoch von der Katze gesagt)
⟶ mäuseln (das pfeifende Geräusch junger Mäuse hervorbringen)
Mops ⟶ mopsen (stehlen, rasch wegnehmen, jedoch abschwächend)
⟶ sich mopsen (sich langweilen; engl. mop = Gesicht verziehen)
Ochse ⟶ ochsen (anstrengend wie ein Ochse arbeiten)
Robbe ⟶ robben (sich robbenähnlich bewegen)
Sau ⟶ sauen, versauen (sich unsauber benehmen; schlecht arbeiten)
Stier ⟶ stieren (starr, unverwandt blicken)
Welpe ⟶ welpen (junge Hunde, Füchse zur Welt bringen)

Andere Wirbeltiere

Aal ⟶ aalen, sich aalen (sich nichtstuerisch räkeln, 19. Jahrh.)
Fisch ⟶ fischen (Fische fangen)
Glucke ⟶ glucken (vom Huhn; Brutinstinkt zeigen)
⟶ gluckern (Geräusch ähnlich wie das der lockenden Glucke)
Hecht ⟶ hechten (mit langgestrecktem Körper durch die Luft fliegen)
Kauz ⟶ kotzen (?), keuzen (sich übergeben; die Eulen brechen das Gewölle aus)
Kiebitz ⟶ kiebitzen (Herkunft unsicher; als Zuschauer am Spiel anderer teilnehmen)
Krähe ⟶ krähen (wie eine Krähe schreien, später auf den Hahn übertragen)
Hierher gehört nicht krächzen, das von krachen kommt.
Reiher ⟶ reihern (volkstümlich für „sich übergeben"; der Reiher würgt die Nahrung aus, um die Jungen zu füttern)
Schlange ⟶ schlängeln (nach Schlangenart bewegen)
Schwalbe ⟶ schwalben (eine unerwartete Ohrfeige versetzen)
Schwan ⟶ schwanen (unsicher; vielleicht zu ahnen, vielleicht ein lateinischer Scherz, in dem „olet mihi" mit „olor" = Schwan verknüpft werden)
Storch ⟶ storchen (sich stelzend bewegen)
Unke ⟶ unken (Unheil vorhersagen)
Vogel ⟶ vögeln (volkstümlich für coire)

Wirbellose Tiere

Floh ⟶ flöhen (nach Flöhen suchen)
Krebs ⟶ krebsen (nicht recht vorankommen; auch in der Ruderersprache)
Laus ⟶ lausen (nach Läusen suchen; nach Geld durchsuchen wie nach Ungeziefer)
Maikäfer ⟶ maikäfern (ein Redner, der sich vorbereitet, wird mit dem „pumpenden" Maikäfer verglichen, der fliegen will)
Puppe ⟶ (ent)puppen (Aus der Puppe schlüpfen, d. h. das wahre Gesicht zeigen. Bild aus der Metamorphose der Insekten)
Spinne ⟶ spinnen (einen Spinnfaden verarbeiten; sich eigenbrötlerischen Gedanken hingeben)
Wanze ⟶ verwanzen (mit Wanzen versehen)
Wurm ⟶ sich wurmen (sich ärgern; es frißt im Menschen wie ein Wurm)

Pflanzennamen werden zu Verben

Baum ⟶ bäumen (auf einen Baum flüchten, Jägersprache)
⟶ sich aufbäumen (wie ein Baum hinstellen)
Gras ⟶ grasen (Gras fressen)
⟶ abgrasen (Kaufmannsprache; nach Kunden durchkämmen, mit dem Weidevieh verglichen)
Haschisch ⟶ haschen (sich dem Haschischgenuß hingeben)
Heu ⟶ heuen (Heu zum Einbringen fertigmachen)
Kümmel ⟶ kümmeln (dem Kümmelschnaps zusprechen)
⟶ ankümmeln (sich berauschen, aber ohne Bezug auf die Art des Getränkes)

Linse ⟶ linsen (die Augen zukneifen; Verbindung von Linse und Augenlinse)
Nadel ⟶ nadeln (Nadeln verlieren, etwa von der Fichte)
Pfeffer ⟶ pfeffern (mit Pfeffer versetzen; gepfeffert = übermäßig, in Übertragungen)
Pflanze ⟶ pflanzen (eine Pflanze in die Erde setzen)
⟶ sich hinpflanzen (sich unbeweglich wie eine Pflanze hinstellen)
Pflaume ⟶ pflaumen, anpflaumen (verkohlen, veralbern)
Schimmel ⟶ schimmeln (Schimmel bilden; übertragen = nicht beachtet werden)
Stoppel ⟶ stoppeln (Ährenlesen auf dem Stoppelfeld; zusammenstoppeln, auch von der Gedankenarbeit)
Strauch ⟶ straucheln (zunächst über einen Strauch fallen)
Zwiebel ⟶ zwiebeln (soviel wie quälen, schikanieren; so schinden, daß die Tränen in die Augen treten)

Namen, die einfache Adjektiva prägen

Manche Tier- und Pflanzennamen werden durch Anhängen wie -ig oder bekannten Suffixen (wie -gleich, -artig, -förmig usw.) zu Adjektiven. Diese beinhalten aber durchaus nicht nur die Eigenschaften der Lebewesen, auf die sie zurückgehen. Falsche Beobachtungen werden hier fixiert, neue Bedeutungen treten auf, ohne daß wir ihre Quelle erforschen können. Warum muß eine Kröte widerspenstig sein, denn diese Vorstellung verbinden wir mit „krötig"? Eine Grille ist nicht abweisend, obwohl aus ihr „grillig" entstand.

Beispiele für Tiere

Affe ⟶ affig (affiges Benehmen, auffällig)
⟶ äffisch (nach Affenart)
Bock ⟶ bockig (widerborstig; Bild vom störrischen Ziegenbock)
Bulle ⟶ bullig (nach Bullenart; derb)
Bär ⟶ bärig (drastisch: urwüchsig, ungeschlacht)
Finne ⟶ finnig (Fleisch mit Finnen; aber auch f. (= pickelige) Haut)
Grille ⟶ grillig (abweisend, unzugänglich)
Hund ⟶ hündisch (herabsetzend, kriecherisch)
Katze ⟶ katzig (geschmeidig, glatt)
Kauz ⟶ kauzig (verschroben, seltsam)
Kröte ⟶ krötig (widerspenstig)
Laus ⟶ lausig (schlecht, herabsetzend z. B. in lausige Zeiten)
Made ⟶ madig (von Maden zerfressen; sich „madig" machen, d. h. sich unberechtigt breit machen wie eine Fliegenmade; jemanden „madig" machen, d. h. ungeduldig, ungehalten).
Maus ⟶ mausig (sich „mausig" machen, d. h. sich aufspielen)
Quappe ⟶ quappig (schlüpfrig; verschmilzt in der Bedeutung mit dem von Quabbe = Fettwulst hergeleiteten Wort)

Beispiele für Pflanzen

Bei den aus Pflanzennamen gebildeten Adjektiven tritt die neue Endung -en auf, die soviel wie „bestehend aus" ausdrückt. Sie kommt bei den Tiernamen nicht vor, da sie eine Eigenschaft von etwas Totem angibt, gebildet nach dem Muster ehern (aus Erz), hürnen (aus Horn), gülden (aus Gold) usw.

Buche ⟶ buchen, büchen (aus Buchenholz bestehend)
Eiche ⟶ eichen (aus Eichenholz gefertigt)
Gras ⟶ grasig (mit Gras bestanden)
Hainbuche ⟶ hanebüchen (aus Hainbuchenholz gefertigt; grob, klotzig)
Linde ⟶ linden (aus Lindenholz gefertigt)
Rose ⟶ rosig (übertragen, „angenehm", vielleicht von „rosigen", d. h. rosenfarbenem Aussehen)
Schilf ⟶ schilfig (mit Schilf bestanden) usf.

Farbadjektive aus dem Pflanzenreich

In *zusammengesetzten* Eigenschaftswörtern begegnen wir Pflanzen- und Tiernamen recht häufig. Unsere Sprache schuf sich z. B. neue Wörter mit Hilfe von auffällig gefärbten pflanzlichen Objekten. Es wird verglichen. Das Rot der Himbeere und das Gelb der Zitrone wären solche Beispiele. Dadurch gewinnen die Farbnamen an Leben. — Die Farben blau, gelb, grün und rot haben dabei den Hauptanteil. Als Beispiele mögen dienen:
blau: enzian-, flachs-, flieder-, kornblumen-, lavendel-, veilchen-;
gelb: mais-, möhren-, orange-, quitten-, stroh-, weizen-, zitronen-;
grün: apfel-, gras-, lauch-, lind-, moos-, oliven-, schilf-, spinat-;
rot: erdbeer-, himbeer-, kirsch-, rosen-, wein-, tomatenfarben.

In „erika" (Schneeheide) wurde ein lateinischer Gattungsname zum deutschen Eigenschaftswort. Man hat sich zur Kennzeichnung von bestimmten Farbqualitäten sogar daran gewöhnt, einfach zu sagen „Oleander", „Phlox", entsprechend auch „Kognak", „Khaki", „Eierschale", „Aubergine" usw. und läßt das anzuhängende -farben einfach weg. Übrigens sind einige der angeführten Namen recht ungenau: unter moos- oder grasgrün könnte man sich Dutzende von Farbabstufungen denken. Es sind wohl Begriffe, die nur in der Modeindustrie ihr Heimatrecht haben.

Bemerkenswert ist auch noch, daß *rosenrot* und *rosarot* verschiedene Vorstellungen erwecken, obwohl sich die Wörter gleichen; sogar noch ein rosenholz-farben wird unterschieden (näheres bei *Seufert*).

Andere Farben sind seltener. Das *blütenweiß* wird sehr allgemein abgeleitet; das *schlohweiß* könnte das Weiß der blühenden Schlehe bedeuten. Beim *kastanienbraun* ist an das leuchtende Braun der frischen Samen gedacht; bei *kaffeebraun* natürlich an die Farbe, die die gerösteten Samen an das Wasser abgeben; es ist sogar als Farbe das Braun des Tees bekannt. Das Wort *Ebenholz* steht oft gleichbedeutend für *ebenholzschwarz*.

Durch Anhängen von -farben und -farbig lassen sich endlich weitere Farbadjektive gewinnen. Dadurch werden auch Farbtöne vergleichbar, die nicht zu den geläufigen Grundfarben gehören. Als Beispiel könnte *malvenfarbig* (auch nur „mauve" allein) genannt werden, oder rehfarben.

Farbadjektive aus dem Tierreich

Die Farbe mancher bunter Tiere erscheint dem Beobachter so bezeichnend, daß, wie bei den Pflanzen auch, mit Tiernamen zusammengesetzte Eigenschaftswörter geschaffen wurden. Viele Wortbildungen sind freilich durchaus nicht treffend und glücklich geprägt worden. Aber der Bedarf der Philatelisten, Modeschöpfer, Innenarchitekten, Gärtner usw. am einprägsamen (und mitunter zugkräftigen) Farbnamen ist so groß, daß die Namen von toten gefärbten Naturobjekten (etwa Edelsteinen, Mineralien, Metallen) bei weitem nicht ausreichen. Auch die lebendige Natur muß mithelfen. Einige Beispiele seien angeführt:

braun: reh-, floh-, sepia-;
gelb: kanarien-, löwen-, tiger-;
grau: drossel-, elefanten-, esel-, feh-, hecht-, katzen-, motten-, maus-, seehund-;
grün: frosch-, libellen-, papagei-, specht-, zeisig-;
rot: fuchs-, gimpel-, ibis-, korallen-, krebs-, lachs-, puter-;
weiß: hermelin-, schwanen-.

Man versuche, etwa die angegebenen „grauen" Tierfarben zu unterscheiden und in der Farbmeßtafel (von W. Ostwald) oder Farbtonkarte (BAUMANN, System PRASE) einzuordnen. Selbst der Fachbiologe kennt diese grauen Töne nicht auseinander, wenn man sie ihm losgelöst vom Objekt zeigen würde.

Beim *taubenblau* (aber auch taubengrau und taubenbraun werden unterschieden) ist wohl an die Farbe der Wildtaube gedacht. *Sepiabraun* ist nach der Tintenfarbe von Sepia officinalis, *rehbraun* und *maikäferbraun* sind nach ihren Lieferanten einwandfrei zu definieren. Vogelvergleiche sind beliebt; bei *puterrot* sind die durch das Blut rot gefärbten Hautlappen des Truthuhns gemeint. Das farbige Kleid von Meister Rotvoß ist eben *fuchsrot*. *Krebsrot* bezeichnet man die Farbe des gekochten Flußkrebses. — Aus dem Tierreich stammen auch noch Farbnamen anderer Art. *Eiweiß* und *Eigelb* sind Substantiva und Adjektiva zugleich; weitere „biologische" Farben sind *blutrot, fleischfarben* und *honigfarben*.

Ähnlich wie bei den Pflanzen werden schließlich auch Farben durch den unveränderten Tiernamen wiedergegeben. Man braucht nicht von lachsrot oder lachsfarben zu sprechen, man sagt einfach *Lachs,* genauso auch *Nutria* (Farbe der Unterwolle des Pelzes) und *Otter. Elfenbein* ist die Farbe der Stoßzähne des Elefanten.

Pflanzen- und Tiernamen werden zu menschlichen Vornamen

Unsere weiblichen und männlichen Vornamen sind mitunter dem Reich der Biologie entnommen. Aus dem Althochdeutschen stammen einige Tiernamen (bhero, rabo, wolf, aro), die dann öfters als Bestandteile eines zusammengesetzten Vornamens wiederkehren. Beispiele, wie sie *Wasserzieher* angibt, sind etwa Bernhard (Mann mit Bärenkräften), Eberhard (kühn wie ein Eber), Arnold (wie ein Aar waltend), Wolfram (stark und klug wie Wolf und Rabe). Aber die Ausbeute an Tierarten ist dürftig; es sind nur wenige Säugetiere und Vögel, die als Vorbilder dienten. Pflanzennamen fehlen ganz, wenn man vielleicht von dem Wort für Holz, Wald (witu) absieht, das etwa in Witukind wiederkehrt.

Aus dem lateinisch-griechischen Wortschatz stammen einige weitere Vornamen, die zugleich in den binären Artnamen einiger Pflanzen auftauchen. Einige Beispiele sollen zeigen, wie solche Namen doppelt verwendet werden.

wissenschaftl. Name	in der Übersetzung	in den Vornamen
Rosa	Rose	Rose, Rosalie, Rosina, Sina
Viola	Veilchen	Viola, Violetta
Angelica	Engelchen	Angelika, Angela, Angelina
Ursus, Ursulus	Bär, kleiner Bär	Ursel, Ursula, Ursi, Ursch
Laurus	Lorbeer, mit Lorbeer geschmückt	Laura, Laurentius
Leo	Löwe	Leo, Leonie, Lionel (engl.)
Iris	Regenbogen, Schwertlilie	Iris

Einige „biologische" Vornamen stammen aus dem Hebräischen, wie Susanne („Lilie"), Rahel („Schaf") und Lea („Wildkuh"). Die griechische Bezeichnung für „Biene" kehrt in Melitta wieder, und der Jasmin, der aus dem Persisch-Türkischen erst im 16. Jahrhundert zu uns fand, hat sich zu dem modischen Vornamen Yasmin(e) fortentwickelt.

Vielleicht darf zum Schluß noch erwähnt werden, daß bereits die Römer biologische Vornamen kannten. Cicero war der „Erbsenbauer" (von cicer = Kichererbse), Fabius ein „Bohnenpflanzer" (faba = Bohne), und Cornelius war wohl ein unnachgiebiger Mann, weil er nach dem Holz der Kornelkirsche (cornum) heißt.

III. Von den jagdbaren Tieren

1. Besonderheiten der Jägersprache

Jede Biologiestunde soll zugleich eine Deutschstunde sein. Die Sprache des Schulbiologen enthält Bestandteile unserer Muttersprache, die nicht nur die Beachtung des Biologielehrers verdienen. Ebenso braucht der Sprachlehrer auf Schritt und Tritt die Erlebnisinhalte, wie sie ihm die Biologie, vor allem die Zoologie, in reichem Maße zur Verfügung stellt.

So ist es auch mit der Sprache des Jägers, an der unser Biologie- und Deutschunterricht nicht vorbei gehen dürfen. Wenn z. B. unsere Biologiebücher den Feldhasen beschreiben, so werden Bezeichnungen wie „Lampe, Löffel, Blume" verwendet (gewöhnlich mit Anführungsstrichelchen geschrieben). Umgekehrt behandelt der Deutschlehrer gern eine der vielen Tiergeschichten, wie sie Hermann Löns z. B. so meisterhaft geschildert hat, die Geschichte vom Hasen Mümmelmann, vom Raben Jakob, vom Fuchs Stummel und wie sie sonst heißen mögen. Mit ihnen aber lernt der Schüler eine ganze Reihe von Ausdrücken der Jägersprache kennen.

Es erscheint uns daher wichtig, die Jägersprache, soweit sie die Aufmerksamkeit der Schule verdient, näher zu untersuchen. Mit dieser Betrachtung soll zugleich dem Lehrer Hilfe und Anregung für den Unterricht gegeben werden. Ferner ist es unsere Absicht zu zeigen, wie groß tatsächlich der Einfluß der Jägersprache auf unsere Umgangssprache ist, obwohl sie eine Fachsprache ist, die zunächst von der Jägerzunft entwickelt und von wenigen gesprochen wurde. Aber sie drang ins Volk, weil sie teils drastisch, teils humorvoll, teils einprägsam ist, und wurde Allgemeingut.

Es gibt ausführliche Wörterbücher der Jägersprache, von denen nur Kostproben gegeben werden können. Wir wollen uns auf solche Beispiele beschränken, die der Lehrer in seinem Biologie- oder Deutschunterricht brauchen kann.

Die Eigenarten der Jägersprache sollen zunächst am einzelnen Wort gezeigt werden. Wir werden dabei Hauptwörter, Tätigkeitswörter und Tiernamen der Jägersprache untersuchen. Noch größere Bedeutung scheinen uns indessen die sprichwörtlichen Redensarten aus der Jägersprache zu besitzen.

a. *Substantiva*

Die Hauptwörter der Jägersprache bezeichnen vor allem Körperteile von jagdbaren Tieren. Gewisse Sprachregeln sind für diese Wortbildungen zu erkennen. Zunächst ist eine Vorliebe für die Wörter mit der verallgemeinernden Vorsilbe „Ge-" festzustellen. Meist wird vor ein Tätigkeitswort oder einen Wortstamm das „ge-" gesetzt. So entstanden Gebräche, Gebrech (es dient zum Brechen), Gesperre (es sperrt, nämlich den Schnabel), entsprechend Gestüber, Geäse, Gewaff, Gescheide. „Bewirkungswörter" werden durch ein angehängtes „-er" gebildet. So wurden Seher, Lauscher, Lecker, Ständer, Äser und andere Wörter gebildet.

Für Hauptwörter dieser Art sollen aus dem Wortschatz der Jägersprache einige Beispiele folgen, die sämtlich aus den Tiergeschichten von *Hermann Löns* entnommen wurden.

Bett (Lager des Schalenwildes)
Blatt (Schulter des Rehes),
Blume (Schwanz des Hasen),
Decke (Fell des Rehes),
Drossel (Kehle bei allem Schalenwild),
Fang (Maul des Fuchses),
Federn (Borsten des Schweines),
Geäse, Äser (Maul des Haarwildes),
Gebräche (Maul der Sau),
Gelege (Eier im Vogelnest),
Gescheide (Gedärm des Haarwildes),
Gesperre (Vogeljunge, Mehrzahl),
Gestüber (Kot des Federwildes),
Gewaff (Hauzähne des Schweines),
Haderer (Eckzähne im Oberkiefer des Keilers),
Kraut und Lot (Pulver und Blei),
Lauf (Beine des Haarwildes),
Lauscher (Ohr des Hirsches und Rehes),
Lecker (Zunge des Schalenwildes),
Lichter (Augen des Schalenwildes),
Löffel (Ohren des Hasen),
Losung (Kot),
Lunte (Schwanz des Fuchses),

Prante (Pfote der Wildkatze),
Pürzel (Schwanz des Schwarzwildes),
Ruder (Fuß des Schwanes, der Wildgänse und Wildenten),
Rute (Schwanz der Wildkatze, des Fuchses und des Hundes),
Schalen (Hufe des Rehes, Hirsches und Schweines),
Schild (Schulter des Schweines),
Schweiß (Blut des Wildes),
Seher (Augen des Raubwildes),
Spiegel (weißer Fleck auf der Rückseite des Rehes),
Spiel (Schwanzfedern des Birkhahnes),
Standarte (Schwanz, Lunte des Fuchses),
Ständer (Beine des Federwildes),
Stecher (Schnabel der Schnepfe),
Stoß (Schwanz eines Vogels),
Überhälter (Baum, der auf dem Kahlschlag stehenbleibt),
Witterung (Geruch),
Wurfboden (Wurzelwerk eines gefallenen Baumes).

b. *Verben*

Besonders lebendig und anschaulich sind viele Wörter, die eine Tätigkeit eines Tieres kennzeichnen. Manche dieser Verben sind allbekannt und erhalten in der Jägersprache nur noch eine zusätzliche Sonderbedeutung (reiten, rudern, winden), andere hingegen wurden eigens neu geschaffen und getreulich bewahrt (aufbaumen, schnüren, holzen, frischen). Wieder sollen einige Beispiele aus den Tiergeschichten von *Löns* folgen:

abstreichen (wegfliegen),
äsen (fressen vom Schalenwild),
aufbaumen (auf den Baum setzen der größeren Vögel),
aufgehen (springen bei Forellen),
äugen (sehen),
ausschliefen (herauskriechen vom Dachs),
falzen (balzen vom Auerhahn),
forttreten (Wild verscheuchen),
frischen (Junge werfen vom Schwein),
holzen (von Baum zu Baum sich bewegen — Marder),
Kegel machen (auf die Hinterbeine setzen),
sich lösen (Kot absetzen),
reiten (fliegen vom Auerhahn),
röhren (schreien vom Hirsch),
rudern (fliegen von einem Vogel),
schnüren (geradspurig fortlaufen, Fuchs),
schrecken (bellen der Rehe),
stricken (in Schlingen fangen),
sichern (auf verdächtige Dinge achten),
suhlen (sich im Schlamm baden, vom Wildschwein),
verhoffen (stehen bleiben, stutzen),
winden (schnuppern, z. B. von der Wildkatze).

c. *Tiernamen*

Diese Namen entstammen teils den alten Tierfabeln, teils sind sie Eigentum der Jägersprache. Eine scharfe Trennung ist wohl nicht möglich. Die bekanntesten Namen sind folgende:

Auerhahn: Großer Hahn, Urhahn
Bär: Braun und Brauner (Sprachtabu), Petz
Birkhahn: Kleiner Hahn
Dachs: Grimbart, Gräber
Eichelhäher: Markolf, Marquart
Esel: Langohr, Grauschimmel, Gromann
Fuchs: Reinecke, Reineke de Vos, Reineke Rotvoß
Feldhase: Mümmelmann, Krummer, Lampe (aus Lamprecht)
Iltis: Ilk, Stinkmarder, Stänker, Ratz (sprachlich zu Ratte)
Kater: Hinze, Murner
Misteldrossel: Schnarre
Murmeltier: Mankel, Murmentel, Murmelin
Käuzchen: Totenvogel
Rothirsch (geweihlos): Kahlhirsch, Mönch, Plattkopf
Saatkrähe: Grindschnabel
Uhu: Adlereule, Auf, Huivogel
Wachtelkönig: Arp, Schnarp, Wiesenschnarrer
Wildschwein: Basse (großes, altes männliches Wildschwein)
Wolf: Isegrimm.

Für die häufigen Jagdtiere sind daneben noch besondere Namen im Gebrauch, mit denen die einzelnen Familienglieder bezeichnet werden.

Tierart	Männchen	Weibchen	Halberwachsenes Jungtier	Junges
Rotwild	Hirsch	Alttier, Tier Hindin (nur poetisch)	Schmaltier (weiblich, noch ohne Kalb)	männlich: weiblich: Hirschkalb Wildkalb
Damwild	Schaufler	Damtier	Damschmaltier	Kalb
Rehwild	Bock	Ricke Geiß (in Süddeutschl.)	Schmalreh (weiblich, noch ohne Kitz) Jährling	Geißkitz Bockkitz
Wildschwein	Keiler Basse	Bache	Überläufer	Frischling
Fuchs	Rüde	Fähe, Betze	Jungfuchs	Welpe
Feldhase	Rammler	Häsin	Dreiläufer	Junghase

2. Von den Waffen des Jägers

Oft werden die sprichwörtlichen Redensarten und Sprichwörter um unsere jagdbaren Tiere übersehen, sicher zu Unrecht. — Es mögen etwa 200 solche Redensarten um die Jagd heute im Volk lebendig sein, ein Teil von ihnen wird seit Jahrhunderten getreulich in der Sprache bewahrt. Sie lassen alle Arten von Jagd erkennen: in erster Linie natürlich die Jagd auf Säugetiere, aber auch die Jagd auf Vögel, früher noch mit Leimrute, Schlinge oder Falken betrieben, und endlich die Jagd auf die Fische mit Angel und Netz.

Viele Redensarten, die den Jäger und sein Wild angehen, werden auch übertragen für Situationen verwendet, die unter den Menschen mitunter eintreten. Oft sind wir uns dabei ihrer Herkunft nicht mehr bewußt. Wenn wir uns z. B. um eine Sache *weidlich* mühen, denken wir dabei an das Weidwerk, und wenn wir *baff sind*, nicht an den Knall des abgeschossenen Jagdgewehres.

Wenn wir *auf den Busch klopfen*, wird die Tätigkeit bei einem Kesseltreiben beschrieben. Aber wir klopfen auch auf den Busch, wollen wir bei einem Menschen etwas Verborgenes herauslocken, wie dort das Tier. Einen Generalangriff auf etwas machen, ist in der Jägersprache ein *Kesseltreiben veranstalten*. Kann sich der Hase nicht drücken, sind wir ihm *ins Gehege gekommen*, so haben wir ihm *auf die Sprünge geholfen*. Der Hase *macht sich auf die Sprünge*, aber er kann oft *keine großen Sprünge machen*, weil ihm die Verfolger *im Nacken sitzen*.

Dem Schützen muß sich zunächst ein Ziel darbieten, *auf es* muß er *anlegen*. Er muß sein Gewehr in Anschlag bringen. Wir können es auf etwas anlegen (auch ohne Gewehr), wenn wir ein Ziel ins Auge fassen. Wenn der Jäger einen Anschlag auf den Hasen macht, so braucht er dazu das Gewehr. Aber wir können auch *einen Anschlag machen*, ohne daß wir ein Gewehr als Waffe brauchen. Genauso wenig brauchen wir unbedingt eine Schußwaffe, wenn wir es *auf etwas abgesehen* haben, obwohl ursprünglich das Absehen die Kerben am Gewehr brauchte, d. h. die Kimme mit dem Korn beim Zielen. Der Jäger muß auf den Hasen *abzielen*. Wenn wir *auf etwas zielen*, so wird unser Vorhaben auf ein Ziel gerichtet; aber wir brauchen dazu nur die Waffen des Geistes.

Natürlich darf das Wild nicht zu *weit vom Schuß* sein; das Ziel darf sich nicht außer Schußweite halten. Es muß gut *im Schuß sein!* Wenn etwas *gut im Schuß ist*, wird kaum noch an das freie Schußfeld gedacht, vielleicht aber an die schußtüchtige Waffe. — *Das ist zum Schießen!* sagen wir mit der Freude des Jägers vor dem Wild, obwohl wir gar nicht ans Schießen denken.

Wenn der Schütze treffen will, muß er den Hasen oder das Reh *aufs Korn nehmen* (d. h. mit Kimme und Korn zielen). Er muß das Tier ins Herz treffen und darf nicht *ins Blaue*, d. h. in den blauen Himmel hinein, *schießen*, genauso wenig *Löcher in die Luft*.

Hat aber der Jäger den Hasen getroffen, so hat er ihm eines *auf den Pelz gebrannt*. Traf er gut, so schoß er *auf Knall und Fall*, d. h. im Knall seines Gewehres fiel das Tier. Schoß er dagegen vorbei, so war er enttäuscht und hätte am liebsten *die Flinte ins Korn geworfen*. Das angeschossene Wild muß ihm der Hund bringen. Mitunter aber entgeht ihm die Beute. Der Hase sucht unübersichtliche Schlupfwinkel auf und *geht in die Wicken*. Wenn er *in die Binsen geht*, ist er für den Jäger in gleicher Weise verloren.

3. Von dem Gehilfen des Jägers

Der Hund ist der treue Jagdgehilfe des Menschen. Seine Eigenschaften werden daher genau beobachtet und treffend bezeichnet.

Der Hund *hat* vor allem *eine gute Nase*. Übertragen benutzt, brauchen mit der Nase durchaus nicht nur die Leistungen des Geruchsorgans gemeint zu sein. Den Spürhund zeichnet eine „weise Nase" aus, die ihm den Weg weist und die Beute anzeigt. Ein *naseweiser* Mensch hingegen wird zum kecken Draufgänger. Vorlaute Hunde sind uns unerwünscht, weil sie vorher Laut geben, d. h. zu früh bellen. Aber auch *vorlaute Menschen* sind wenig beliebt. Ungebändigte Hunde gehen zu unruhig am Band, d. h. an der Leine. Der Jäger wünscht sich bequemere Jagdbegleiter. Aber auch Menschen können sich *unbändig* gebärden. Solche Hunde sollten kurz gehalten werden. *Kurz angebundene* Hunde können keinen Schaden stiften. Menschen, die kurz angebunden sind, zeigen eine gleiche Ungeduld wie jene Hunde.

Der Hund muß *Wind von etwas bekommen*, damit er das angeschossene Wild findet. Wenn er *die Nase voll hat*, gelingt ihm das leicht. Der Mensch, der *die Nase voll hat*, ist einer Sache überdrüssig. — Soll ein Hund apportieren, wird ihm *etwas unter die Nase gehalten*. Auch einem Menschen kann *etwas unter die Nase gerieben werden*, wenn er nachdrücklich auf etwas hingewiesen wird. Die Tätigkeiten des Hundes während der Jagd werden noch näher erläutert: Wenn er *mit der Nase auf etwas gestoßen ist*, hat er Witterung aufgenommen, er ist *auf die Spur gebracht worden*. Auch ein Mensch kann *mit der Nase auf etwas gestoßen werden*, wenn es nötig ist. Ein Mensch kann sogar *jemandem an die Gurgel wollen*, wie der angriffsbereite Hund. — Wenn wir hartnäckig unserem Ziele nachsetzen, so *lassen wir nicht locker*, wie der Hund das Beutetier in seinen Fängen. Auch der Jäger muß *wissen, woher der Wind weht*, damit er mit Sicherheit dem Hasen auf die Spur kommen kann. Nicht immer ist das feine Geruchsvermögen des Hundes vonnöten. In anderen Fällen bringen ihn seine geistigen Gaben auf die Spur, wenn er einem Ziel nachgeht. — Auch ein Mensch merkt, wenn *die Luft rein ist* oder wenn *etwas in der Luft liegt*. Aber nicht nur dem Hund, sondern oft auch dem Menschen muß *auf die Spur geholfen* werden.

Wenn wir jemandem lästig werden, so *rücken wir ihm auf die Pelle*, wie der Jagdhund auf den Pelz des gejagten Tieres. *Er sitzt ihm auf der Pelle*, d. h. er verfolgt es unverdrossen. — Hat der Hund zum Beispiel die geschossene Ente apportiert, dann legt er sie dem Jäger zu Füßen. Wenn ein Mensch einem anderen *etwas zu Füßen legt*, so unterwirft er sich in entsprechender Weise dem Willen des Stärkeren. — Jagen zwei Hunde dasselbe Wild, so kann der eine *dem anderen die Beute vor der Nase wegschnappen;* auch miteinander wetteifernde Menschen jagen sich gelegentlich die Beute ab, *sie kommen sich ins Gehege*.

Wenn etwas *zu Tode gehetzt* wird, so ist es nur selten der Hirsch bei der Parforcejagd, wenngleich die Redensart hier ihren Ursprung hat. Von Menschen wird etwas *zu Tode gehetzt*, wenn es fast bis zum Überdruß unablässig verfolgt wird. Ein Hund wird bestraft, indem man ihm *eins auf die Pfoten gibt*. Wir sprechen so, wenn wir jemand scharf zurechtweisen. Wird ein Wild von Hunden zerrissen, so *geht es vor die Hunde*. Es gibt aber auch erfahrene *alte Hasen, die mit allen Hunden gehetzt* sind, d. h. erfolgreich den verfolgenden Hund abzuwehren verstehen.

Auch dem Menschen gilt diese Redensart, wenn er sich allen Gefahren geschickt zu entziehen versteht.

4. Von der Jagd auf den Hasen

Der Hase erfreut sich mancher Beinamen. Daß er mümmelt, d. h. die Lippen an der Hasenscharte zitternd gewegen kann, trug ihm den Mümmelmann ein. (In einer Erzählung gleichen Namens hat *Hermann Löns* dem geplagten Nagetier ein Denkmal gesetzt.) Mümmelmann kommt von mummeln, wobei die Bedeutung des Wortes für „mühsam wie ein Zahnloser essen" in so eindeutiger Weise verändert wurde. In der Tierfabel heißt der Hase bekanntlich Meister Lampe, wobei er als Name die verkürzte Koseform von Lamprecht erhielt, ähnlich wie der Name Petz, die Koseform zu Bernhard, dem Bären gehört.

Die Lebensweise des Hasen gibt der Jagd ein besonderes Gesicht. Wenn nämlich das verfolgte Tier in Gefahr ist, so *ergreift es das Hasenpanier*, es reißt aus und läßt sein Stummelschwänzchen (Blume) wie ein Fähnchen hinter sich herwehen. Aber der verfolgende Hund hat es schwer. Man *weiß* nämlich *nicht, wie der Hase läuft*. Denn er schlägt Haken, und daher ist der Weg des flüchtigen Tieres schlecht im voraus abzuschätzen. Zwei Hunde fangen das Ziel leichter, und sicher *sind viele Hunde des Hasen Tod*. Dagegen ist es so gut wie sicher, daß, *wer zwei Hasen jagt, keinen fängt*. Es mutet uns wie *die reine Hasenjagd* an, wenn ein Mensch vielfältig verfolgt wird und sich nicht mehr in Sicherheit bringen kann.

Ein verfolgter Hase kennt noch einen anderen Trick: er drückt sich, er duckt sich regungslos in eine Ackerfurche. Wer ihn dann zufällig aufstöbert, könnte meinen, das Tier habe *mit offenen Augen geschlafen*. Oft dient auch nur ein kleines Gebüsch als Schlupfwinkel, denn *aus einem kleinen Gebüsch springt oft ein großer Hase*.

Der Hase ist ein wehrloses Tier. Er gilt daher als feige, er *hat* eben *ein Hasenherz*. Aber alte *erfahrene Hasen* wissen sehr wohl mit dem verfolgenden Hund fertig zu werden. Sie sind eben *keine heurigen* (d. h. diesjährigen) *Hasen* mehr, sondern haben ihre Vergangenheit und sind *mit allen Hunden gehetzt*. Es gibt auch erfahrene und alte Hasen unter dem Menschen. Ein Filmhase ist ein Filmfachmann mit Erfahrung; ein Skihase läuft wie sein Namensvorbild, er macht Haken und Bögen, ohne zu fallen; ein Angsthase ahmt das Tier nach, das wissenschaftlich Lepus timidus (timidus = ängstlich) heißt. „*Er ist ein Hasenfuß*" sagen wir von einem ängstlichen Menschen.

Ist der Hase erbeutet, so kann ihn der Jäger noch *hinter die Löffel schlagen*, denn mit Nackenschlägen wird das weidwunde Nagetier rasch und schmerzlos getötet. (Wenn Menschen *Nackenschläge erhalten*, so sind es immerhin empfindliche Lehren.)

Soll der Hase den beliebten Braten liefern, so muß ihm zuerst *das Fell über die Ohren gezogen* werden, ehe er in die Küche kommt. Hasenpfeffer ist ein beliebtes Gericht. Wenn wir „*da liegt der Has im Pfeffer*" sagen, so bringen wir zum Ausdruck ähnlich wie in „da liegt der Hund begraben" — daß wir den Hasen verspeisen müssen, wenn er schon sein Leben hat hergeben müssen.

Das ist der springende Punkt oder darauf kommt es an ist der neue Sinn, der der Redensart für gewöhnlich unterlegt wird.

Damit ist die Hasenjagd beendet und die Beteiligten sind vorgestellt. Unsere Muttersprache hält für sie treffende Redensarten und Sprichwörter bereit. Wir sehen an ihrer großen Zahl, wieviele Menschen um das Leben und Sterben des Feldhasen wissen. Wir erkennen aber auch, welcher Beliebtheit sich das Tier erfreut, ob wir es mit den Augen des Naturfreundes, Jägers, Bauern, Biologen oder — Feinschmeckers sehen.

5. Von der Jagd auf Vögel

Die Vogelstellerei bediente sich früher des Netzes oder der Leimrute. Jahrhundertelang wurden aber Redensarten getreulich bewahrt, die von dieser Art der Vogeljagd herrühren.
Die Leimrute wurde mit klebrigem Pech bestrichen. Der *Pechvogel* bleibt daran hängen; er *hat Pech gehabt*. Wenn wir *jemanden leimen*, so legen wir ihn herein wie den Vogel mit der Lockspeise. Auch wir Menschen *kriechen* (gehen) mitunter *auf den Leim*, wir *lassen uns leimen*, wenn wir nicht rechtzeitig merken, daß man uns täuschen will.
Wenn wir *auf etwas erpicht sind*, (d. h. begierig etwas zu erreichen trachten), so sollten wir schauen, daß wir nicht am Pech kleben bleiben.
Einem Vogelsteller, der sein Handwerk versteht, *fliegt alles zu*, ähnlich wie einem anderen, der mühelos eine schwere Aufgabe bewältigt.
Ertragreich war auch der Vogelfang mit dem Netz und der Schlinge. Nur wenn das Netz zu grob ist, kann der kleinere Vogel entschlüpfen. Dann *geht er durch die Maschen* oder er *zieht den Hals aus der Schlinge*. Er versteht dann, *sich dem Garn* (Netz, Schlinge), *zu entziehen*. Viel häufiger aber wird der Vogel mit Erfolg *ins Garn* (in die Schlinge) *gelockt;* er ist dann *ins Garn* (in die Schlinge) *gegangen*. Einige Verben wollen dasselbe ausdrücken: wir *umgarnen* oder *umstricken* einen Menschen, indem wir ihn uns mit Versprechungen gefügig machen. Der *Berückte* oder *Bestrickte* wird dann oft in seinen Erwartungen enttäuscht sein. Wenn wir einen Dummen suchen, dann *sind wir auf Gimpelfang aus*. Der Dompfaff (= Gimpel) wird nämlich gern im Käfig gehalten, weil besonders das männliche Tier uns mit Gesang und durch sein schmuckes Äußeres erfreut.
Es gibt auch Fallen anderer Art. Wir wissen heute nicht mehr, welchen Tieren man nachstellte, wenn wir *eine Falle stellen* oder *einen Fallstrick legen* (Wolf? Bär?). Das Tier *geht* (gerät) *in die Falle,* wie der Mensch, dem erfolgreich nachgestellt wird. Wir *lassen die Flügel hängen* wie der gefangene Vogel, der seiner Freiheit nachtrauert, wenn etwas schief gegangen ist.
Wenn wir *den Vogel abschießen*, so meinen wir wohl weniger den Jäger als den Schützen auf dem Schützenfest. Wenn ich einen jagdbaren Vogel erbeuten will, muß ich ihn auch treffen. Ich kann nur *aufs Ganze gehen: Enten oder Federn!* Einen Storch aber schießt man nicht. Wenn wir uns höchst verwundern, sagen wir: *„da brat mir einer einen Storch!"* Das wäre in der Tat ein merkwürdiges, ja frevelhaftes Unterfangen.
Die Beobachtung der Vögel auf dem Bauernhof und im Freien hat noch zu einer großen Zahl weiterer Redensarten geführt (Näheres s. S. 465).

6. Von der Jagd auf Fische

Wenn man einen Fisch fangen will, wirft man seine Angel aus. Auch sonst im Leben erwarten wir Erfolge, wenn wir *das Netz* oder *die Angel auswerfen*. Aber nicht immer *geht* der erwünschte Fisch *an die Angel* oder *ins Netz*.

Der gefangene Fisch wird aus dem Wasser gezogen und liegt zappelnd auf der Erde, *er schnappt nach Luft*. Wir *lassen jemanden zappeln*, wenn wir ihn in einer quälenden Ungewißheit lassen. — Wenn wir *etwas an Land ziehen*, muß es durchaus nicht der Rekordhecht sein, den wir erangeln. Man zieht bereits etwas an Land, wenn man seine Vorteile zu wahren weiß. Übrigens will der Angler immer große Fische fangen, denn von *kleinen Fischen* denkt und spricht man geringschätzig. Dennoch: *Große Fische sind nicht immer die besten*. Außerdem *sind nicht alles Fische, was man im Netz findet*.
Beim Forellenfang ist der Fischgrund klar, Aale kann man auch *im Trüben fischen*. Wer im Trüben fischt, kann unverdiente und erwartete Überraschungen erleben. — Der Hecht übernimmt im Karpfenteich die Rolle des Gesundheitspolizisten. Wenn hingegen ein Mensch *als Hecht im Karpfenteich* erscheint, maßt er sich oft eine Rolle an, die ihm nicht zusteht.
Wer Fisch ißt, bekommt Durst. Denn *der Fisch will schwimmen*. Manch einer von uns ist zwar *stumm wie ein Fisch*, aber zugleich *gesund wie ein Fisch im Wasser*. Ein junges Mädchen ist *weder Fisch noch Fleisch*, es ist ein *Backfisch*. Man denkt dabei wohl an den Fisch, der noch so jung ist, daß man ihn nach dem Fang wieder zurück (back) ins Wasser wirft.

IV. Von Haustieren und Nutzpflanzen

1. Besonderheiten der Bauernsprache

Mit demselben Recht, mit dem wir von der Jägersprache reden, können wir auch die *Bauernsprache* nennen. Es ist die Sprache des Menschen, der an seinen Haustieren oder Nutzpflanzen seine Beobachtungen macht, des Gärtners, Hirten, Winzers und Imkers, kurz eines jeden „angewandten Biologen", vor allem natürlich des Landmanns.
Auch diese „Sondersprache" hat zu einem großem Vokabelschatz geführt, der nicht minder zäh im Volk festgehalten wird als die Jägersprache. Freilich wird heute noch zusätzlich die weidmännische Fachsprache liebevoll gepflegt, aber nicht die Sprache des Bauern, während eine Wortsammlung dieses Sprachgutes eine große Aufgabe zu erfüllen hätte.
Es gilt, Wortgut vor der Vergessenheit zu bewahren. Es gilt, den Einfluß aufzuzeigen, den die Bauernsprache, wie wir sie nennen wollen, bis heute noch auf die Umgangssprache behalten hat trotz der Modernisierung der Viehhaltung und des Ackerbaus. Der Dreschflegel ist allenthalben der Dreschmaschine gewichen, und diese wiederum dem Mähdrescher, aber „Dresche" und „dreschen" werden unverändert, wenn auch in neuer Bedeutung weiter verwendet. Um den Flachs und seine Bearbeitung entstand ein eigener Vokabelschatz, der auch im Zeitalter anderer und vor allem künstlicher Faserstoffe weiter verstanden wird, wenn wir uns z. B. beim Reden „verhaspeln" oder einen Mitmenschen „durchhecheln".
Wir wollen an Beispielen den Einfluß der Bauernsprache zeigen, wobei das einzelne Wort und die sprichwörtliche Redensart untersucht werden sollen; es sind die charakteristischen Ausdrucksmittel.
Bei den *Einzelwörtern* sollen Substantiva und Verben unterschieden werden; nur wenig Adjektiva werden von der Bauernsprache geliefert. Dagegen ist die Zahl

der in der Umgangssprache verstandenen Haustiernamen groß. Beispiele sollen das zeigen. Dabei kann man erkennen, wieviel von diesem Sprachschatz heute bereits verloren gegangen ist oder kaum noch verstanden wird.

a. *Substantiva*

Die Hauptwörter sollen so ausgewählt werden, daß wir Beispiele für typische Wortfelder geben.

Landmaße

Acker ⟶ zwischen 22 und 65 a, früheres Feldmaß
Morgen ⟶ 25 a, jedoch wechselnd; was ein Gespann am Morgen umpflügt
Joch, Juchart, Jauchert ⟶ 30—60 a; was ein Joch Ochsen an einem Tag umpflügt
Tagewerk ⟶ etwa 30 a
Hube, Hufe ⟶ 30—60 Morgen; durchschnittlicher bäuerlicher Grundbesitz
Ackernahrung ⟶ Fläche, die zur Erhaltung einer Bauernfamilie ausreicht.

Hohlmaße

Scheffel ⟶ 30—300 l, z. B. in Preußen 55 l
Malter ⟶ 128 l in Hessen, 660 l in Preußen; das, was auf einmal gemahlen wurde
Metze ⟶ 37 l; in Bayern 1/6 Scheffel
Oxhoft ⟶ 3 Eimer = 200—300 l, altes Weinmaß
Schoppen ⟶ 1/4 oder 1/2 Liter; 1 Schoppen Wein ist nur 1/4 l

Ackerwagen

Langwied ⟶ lange Stange am Ackerwagen
Leuchse ⟶ hölzerne Außenstütze am Wagen
Runge ⟶ Stemmleiste am Wagen
Ortscheit ⟶ Querholz, wo Geschirrstränge befestigt werden
Deichsel ⟶ Zugstange am Wagen

Tierkrankheiten

Staupe ⟶ Hundekrankheit, Viruserkrankung des Jungtieres
Räude ⟶ auch Krätze, Grind, Schäbe; durch Milben hervorgerufene Hautkrankheit der Haustiere
Mauke ⟶ Ekzem in der Fesselbeuge des Pferdes
Pips ⟶ Beläge im Rachenraum des Haushuhnes
Rotlauf ⟶ bakterielle Krankheit beim Schwein mit Hautrötungen

Weinberg

Stiefel ⟶ Stütze für eine rankende Pflanze, hier Weinstock
Lotte ⟶ junge Triebe des Weines
Kelse ⟶ spätere Triebe des Weines
Gescheine ⟶ Blütenstände der Rebe
Herling ⟶ unreife Weintraube
Wingert ⟶ Weingarten
Torkel ⟶ Kelter, Weinpresse

Grasernte

Öhmd ⟶ das zweite Mähen, Grasnachschur
Grummet ⟶ das zweite Heu, Spätheu

Mahd ⟶ das Gemähte
Fuder ⟶ eine Wagenlast, eine Fuhre (die auch anderes befördert)
Schwaden ⟶ eine Reihe gemähten Grases

Ackergeräte

Pflug ⟶ wendet und lockert die oberste Bodenschicht
Grubber ⟶ lockert, krümelt und mischt
Egge ⟶ lockert, krümelt, vermischt, deckt Saat zu
Walze ⟶ zerkleinert und zerkrümelt Erdschollen
Fräse ⟶ zerkleinert die Schollen mit rotierenden Messern

Werkzeug des Landmanns

Forke ⟶ Gabel für Heu oder Mist
Karst ⟶ Hacke mit zwei Zinken
Hippe ⟶ sichelförmiges Messer
Worb ⟶ Handhabe am Sensenstiel
Schippe, Schuppe ⟶ Schaufel

b. *Verben*

Als Beispiel sollen Verben genannt werden, die sich der Landwirt schuf, um den Anbau und die Pflege seiner Kulturpflanzen näher zu beschreiben. Ähnlich ließen sich viele Fachwörter zur Zucht und Pflege der Haustiere sammeln.

Flachsbearbeitung

brechen ⟶ Holz vom Bast lösen
boken ⟶ klopfen der Flachsstengel
dörren ⟶ dürr machen der Flachsstengel
hecheln ⟶ auskämmen der Bastfasern
raufen ⟶ Pflanzen aus der Erde ziehen
reffen ⟶ gleichbedeutend mit hecheln
rotten, rösten ⟶ Entfernung der Pektinlamelle
riffeln ⟶ Samen werden entfernt
schwingen ⟶ vollständige Entfernung der Holzteile

Feldbearbeitung

ackern — drillen — düngen — eggen — grubbern — holländern — pflügen —
rigolen — säen — umbrechen — walzen — wenden —

Sonderbehandlungen

ausgeizen (bei der Tomate) ⟶ Nebentriebe (Geize) entfernen
temeln (beim Hanf) ⟶ entfernen der männlichen Pflanzen (Qualitätsverbesser.)
verziehen (bei den Rüben) ⟶ vereinzeln der Pflänzchen
gipfeln (bei der Rebe) ⟶ kappen der Triebe
pfropfen = pelzen bei den Obstbäumen ⟶ eine besondere Art der Veredlung
worfeln (beim Getreide) ⟶ Getreide von der Spreu trennen; sprachlich zu „werfen"
verschulen (bei Gehölzpflanzen) ⟶ Jungpflanzen des Saatbeetes werden verpflanzt

c. *Tiernamen:*

Ein Ordnungsprinzip ist für alle Haustiere zunächst die Familienzugehörigkeit. Wir unterscheiden dabei das männliche und das weibliche, das jugendliche und das erwachsene, das unfruchtbare und fruchtbare Tier und geben ihm viele neue Namen. Die gebräuchlichen Namen zeigt folgende Tabelle:

Haustier	männliches Tier	weibliches Tier	jugendliches Tier	kastriertes Tier
Hauspferd	Hengst	Stute	Fohlen, Füllen	Wallach ♂
Hausrind	Bulle, Stier	Kuh	Kalb, Kalbin Färse, Sterke	Ochse ♂
Haushund	Rüde	Fähe, Hündin	Welpe	—
Hauskatze	Kater	Katze, Kätzin	Kätzchen	—
Hausschwein	Eber, Basse, Keiler	Sau, Bache	Ferkel, Läufer	Barch ♂ Gelze ♀
Hausschaf	Widder, Bock	Schaf	Lamm	Hammel ♂ Schöps ♂
Hausziege	Bock	Ziege, Geiß	Zicklein	—
Haushuhn	Hahn	Henne, Glucke	Küken Küchlein	Kapaun ♂
Hausgans	Gansert, Gänserich	Gans	Gössel	—
Hausente	Erpel	Ente	Entenküken	—

Aber auch nach anderen Gesichtspunkten lassen sich die Tiere unterscheiden. Dafür soll das Pferd als Beispiel dienen. Es vereinigt auf sich eine lange Namensliste.

Das Pferd

1. Familienglieder: Fohlen, Füllen, Hengst, Stute, Wallach (Kastrat), Reuß (Kastrat), Rune (= Raune, Kastrat)
2. Farbe: Falben, Schimmel, Apfelschimmel, Rappen, Schecken, Füchse, Isabellen, Braune, Albinos, Tiger
3. Temperament: Kalt-, Warm-, Halb-, Vollblut
4. Verwendung: Arbeits-, Dressur-, Jagd-, Kutsch-, Reit-, Renn-, Spring-, Zug-, Zirkuspferd; Traber (Pferd, das schnell Trab laufen kann); Remonte (Pferd, das den Pferdebestand eines Heeres ergänzt)

5. Allgemeine Namen: Gaul (großes, derb gebautes Tier; abwertend)
Klepper (langsam gehendes Tier)
Kracke (altes Tier)
Roß (starkes, schönes Tier)
Mähre (abgetriebenes Pferd)
Zelter (Reittier für Frauen; zunächst Pferd, das im Paßgang läuft)
Schinder, Schind(er)mähre (für den Roßschlächter reif)
6. Herkunft: Trakehner, Lippizaner, Oldenburger, Belgier, Hannoveraner, Araber, Haflinger, Holsteiner, Mecklenburger, Berber usf.
7. „Literarische" Pferde: Rosinante (Pferd des Don Quijote; von span. rocin = Klapper und antes = früher; das „Streitroß" des Helden war früher nur ein Reitklepper).

2. *Von den Haustieren*

a. *Der Haushund*

Von allen Haustieren ist wohl der Hund das älteste. Seine Verwendung ist vielseitig. Am häufigsten wird er wohl als Wach- oder Jagdhund gebraucht.
Ein Lehrer hat auf einem Schulausflug oft ähnliche Mühe, *seine Schäfchen zusammenzuhalten* wie der Hirtenhund, der dauernd seine Schafe umkreist. Der Hund wird die ungehorsamen Tiere *bei den Hammelbeinen nehmen*, damit sie gefügig werden. Auch der Lehrer wird mitunter strafen. — Hingegen ist vom Hofhund die Rede, wenn wir das Tier *an die Kette legen*. Auch Menschen sollte man besser *an die Leine nehmen* oder *an der Leine führen*, wenn sie, allein gelassen, Dummheiten machen oder gar gefährlich sind. Ein bissiger Hund wird kurz angebunden, damit er nicht viel Bewegungsfreiheit hat. Wenn jemand *kurz angebunden* ist, so macht er wenig Federlesens.
Der Hund wird in allen Lebenslagen genau beobachtet. Ist er zum Beispiel in Angriffsstellung, so *zeigt er die Zähne* und knurrt. Dagegen: *Hunde, die bellen, beißen nicht*. Schimpfende Menschen sind weniger gefährlich als wortlos handelnde. Aber es gibt auch *knurrige* Menschen mit *beißendem* Spott und *bissigen* Reden. Seine Gemütsbewegungen läßt der Hund an der Stellung von Ohren und Schwanz erkennen. Er kann *die Ohren spitzen* bei gespannter Aufmerksamkeit, er kann *die Ohren hängen lassen*. Wir wünschen einem Menschen, daß er *die Ohren steif halten* möchte, wenn er erfolgreich Schwierigkeiten begegnen will. Der schuldbewußte Hund *zieht den Schwanz ein* oder *läßt den Schwanz hängen* oder *nimmt den Schwanz zwischen die Beine*. Das sind alles Redensarten, die auch auf den Menschen angewendet werden. Der Hund, der die Strafe erwartet, ist oft ein Bild des Jammers, *es jammert einen Hund*. Wenn ein Mensch *auf den Hund kommt* oder *auf dem Hund ist*, mag ihm ähnlich zumute sein, vielleicht fehlt ihm das Selbstbewußtsein, vielleicht ist er sogar krank.
Hunde haben keine Schweißdrüsen. Sie müssen daher nach einer körperlichen Anstrengung „hecheln", wobei sie unter schnellen Atemstößen die Zunge aus dem Maul strecken. Wir sagen auch von uns mit Übertreibung, daß *uns die Zunge aus dem Halse hängt* nach einer großen Anstrengung. — Die feuchte Schnauze des Hundes ist das Zeichen seines Wohlbefindens. Wir sagen (schlecht beobachtend) *kalt wie (eine) Hundeschnauze* und legen der Redensart einen neuen Sinn unter. Warum *den letzten die Hunde beißen*, ist leicht einzusehen, wenn hinter mehre-

ren, die fliehen, ein Hund nachläuft, d. h. wenn mehrere dasselbe Ziel ins Auge fassen. — Eine Sache, die sich in keiner Weise lohnt, wird nicht einmal *einen Hund hinterm Ofen hervorlocken,* was man doch gewöhnlich mit der kleinsten Wurstpelle vermag. — Der Hund hat endlich im Bestimmungswort vieler Zusammensetzungen unsere Sprache bereichert mit *Hundeleben* und *Hundewetter,* mit *Hundetreue* und *Hundenase,* mit *hundemüde* und *hundeelend.* Warum wir dabei oft verächtlich vom Hund sprechen, will uns nicht einleuchten. Denn die guten Seiten dieses Haustieres scheinen uns bei weitem zu überwiegen.

b. *Die Hauskatze*

Das Geschlecht der Katzen, zu dem neben Tiger, Löwe, Panther usw. auch unsere Hauskatze gehört, unterscheidet sich von dem ihr nahestehenden Geschlecht der Hunde dadurch, daß die Krallen ihrer Fußzehen eingezogen werden können; die Krallen der Hunde verändern dagegen ihre Stellung nicht, sie sind daher nicht jene scharfgeschliffenen Angriffswaffen der Katzen. Wenn jemand *seine Krallen zeigt,* ähnelt er der angriffslustigen Katze, die ihre Krallen für gewöhnlich in *Sammetpfötchen* versteckt und schont, damit sie sie um so erfolgreicher in das Opfer einschlagen kann. — Auch ein wehrhafter Mensch kann *seine Krallen einziehen,* wenn er auf andere Weise sein Ziel erreicht. — Wenn sich jemand freiwillig unterwirft — manche tun es mit der tiefen Verbeugung des Kriechers —, so *macht er einen Buckel, er buckelt* oder *er katzbuckelt.* Dieses Bild ist schlecht. Denn wenn die Katze buckelt, bezieht sie ihre Angriffsstellung: sie spannt sich gleichsam wie eine Feder, um im nächsten Augenblick auf ihr Opfer loszuschnellen.

Wer sich in einer unerwarteten Lage sicher behauptet, ähnelt der Katze, die auf dem Baum den Halt verliert und zu Boden fällt. Sie nimmt nämlich unwillkürlich im Nu die richtige Lage ein und *fällt immer wieder auf die Füße* oder *auf die Viere.* — Die Katze ist ein sehr sauberes Tier, sie leckt und pflegt häufig ihr glänzendes Fell, dennoch scheut sie das Wasser. Wenn ein Mensch *Katzenwäsche macht,* so meinen wir, daß er nur wenig sorgfältig seine Körperpflege betreibt.

In der Nacht sind nicht nur *alle Katzen grau.* Wir nennen die Katze im Sprichwort, weil sie gern nachts auf Beutefang ausgeht. Auch andere Tiere und Gegenstände würden uns grau erscheinen, weil wir nachts nur mit den gegen Farben unempfindlichen Stäbchen der Netzhaut sehen können.

Die Katze läßt das Mausen nicht, wobei natürlich *mausen* soviel wie „Mäuse fangen" heißt. — Mancher zeigt seine Überlegenheit, indem er der Katze ähnlich mit seinem Opfer *Katze und Maus spielt.* — Ein erbitterter Gegner der Katze ist oft der Hund. Auch Menschen, die sich schlecht vertragen, *stehen* zueinander *wie Hund und Katze.*

Ein Käufer darf *die Katze nicht im Sack kaufen,* er muß sie erst prüfen, also sehen. Aber es kann große Überraschungen geben, wenn *die Katze aus dem Sack gelassen* wird. Vielleicht sucht das befreite Tier eiligst das Weite.

c. *Das Pferd*

Das Pferd als Reittier

Der Pferdehalter stuft die Tiere seines Stalles ab. Natürlich ist eines von ihnen *das beste Pferd im Stall.* Wenn er ausreiten will, muß das Pferd *geschniegelt und gebügelt* sein, sein Reiter aber ist *gestiefelt und gespornt.* — Vielleicht *hält* ihm *jemand die Steigbügel,* d. h. er leistet ihm wichtige Dienste, die zu einem Erfolg führen. Der Diener *hebt* auch den Reiter *in den Sattel.* Aber nicht nur dem Reiter sind solche Hilfestellungen von Nutzen. — Der Reiter muß *fest im Sattel sitzen,* er muß *sattelfest* sein, damit er nicht fällt, ähnlich dem Mann, der in seiner Sache so gut Bescheid weiß, daß niemand ihn *aus dem Sattel heben,* d. h. ihm Irrtümer nachweisen kann.

Der Reiter wird nun sein Pferd *in Trab bringen;* auch Menschen müssen *auf Trab gebracht* werden, wenn sie zu langsam arbeiten oder sich zu träge bewegen. — Der Reiter soll natürlich *auf dem richtigen Pferd sitzen.* Er soll sich *nicht aufs hohe Roß setzen.* Aber auch jeder andere soll sich nicht auf das Pferd setzen, von dem er leicht herunterfällt. Wer auf hohem Roß sitzt, wird leichter gesehen, aber auch härter beurteilt.

Ein guter Reiter wird *die Zügel straff anziehen* oder er wird *die Zügel lockern* oder er wird *die Zügel schießen (schleifen) lassen,* wie es Gangart des Tieres und Beschaffenheit des Weges verlangen. Manche Reiter *jagen* davon, *daß die Funken stieben,* denn das Reitpferd *ist gut beschlagen,* und seine Hufeisen stoßen an harte Steine. Wenn ein Mensch *gut beschlagen* ist, ist er genauso einsatzbereit wie das Pferd für seine Aufgabe. — Das Tier wird durch Sporen angetrieben; wenn es sich nicht freiwillig unterordnet, *verdient* es die Sporen. Wenn *sich* dagegen ein Mensch *die Sporen verdient,* so wollen wir damit sagen, daß er die Anfangserfolge hinter sich hat und, wäre er Reiter, beim Reiten Sporen tragen darf. — Wenn man zu einem Pferderennen geht, so soll man nicht *aufs falsche Pferd setzen,* wenn man schon wettet; und wer Geldgeschäfte machen will, soll sich die richtigen Industriepapiere kaufen.

Das Pferd als Zugtier

Man darf das Pferd *nicht beim Schwanz aufzäumen.* Genauso wenig darf man Ursache und Wirkung oder Voraussetzung und Behauptung verwechseln: alles in logischer Reihenfolge. — Das ungestüme Pferd *nimmt* man *an die Kandare.* Wenn man *jemanden an der Kandare hält,* dann zwingt man ihm seinen Willen auf. Nicht nur unsere Zunge müssen wir *zügeln* können, auch das Zugtier (oder Reittier) wird mit dem Zügel beherrscht. Man darf *die Zügel nicht locker lassen.* Wenn wir etwas hartnäckig verfolgen, *lassen wir nicht locker.*

Es ist vorteilhaft, das Pferd gelegentlich kurz zu halten; auch manchen Menschen muß ab und zu die Freiheit beschnitten werden. — Zu gut ernährte Pferde können *über die Stränge schlagen.* Aber auch uns kann *der Hafer stechen,* wenn wir zu übermütig werden. Gefährlich ist es, wenn das Pferd scheut. *Mach die Pferde nicht scheu!* ist ein wohlgemeinter Rat, der nicht nur für den Umgang mit Pferden gilt. — Wenn ein Pferd scheut, dann kann es *sich auf die Hinterbeine stellen,* im schlimmsten Falle können *alle Stränge reißen,* und das Pferd stürmt davon. Wenn für uns *alle Stränge reißen,* müssen wir nach einer ungewöhnlichen Lösung ausschauen, da unerwartete Bedingungen eingetreten sind.

Das vom Menschen beherrschte Pferd kann uns sehr nutzen. Es schuftet, *wie ein Pferd* sich eben anstrengt. Zwei Pferde nebeneinander sollen wie *an einem Strang ziehen.* Auch Menschen haben Erfolg, wenn sie *an einem Strang ziehen.* — Zehn Pferde auf einmal sind gewiß sehr stark. Es ist aber eine Übertreibung, wenn wir eine Weigerung mit „*Keine zehn Pferde...*" beginnen.

Das Pferd ist ein kluges Tier und schenkt uns seine Arbeitskraft. Nur ein lahmes Pferd verlangt unseren besonderen Zuspruch. Auch manchen Menschen müssen wir ab und an *zureden wie einem lahmen Gaul* (oder *einer kranken Ziege*). — Wenn man Pferde stehlen wollte, müßte man einen sehr vertrauten und erfahrenen Helfer haben, es müßte einer sein, mit dem man eben *Pferde stehlen* kann. Das Alter des Pferdes wird an dem Zustand des Gebisses, genauer gesagt: an der Größe und Form der sogenannten Kunden (Schmelzfaltenmuster) erkannt. *Einem geschenkten Gaul schaut man nicht ins Maul*, auch wenn es ein altes, d. h. wenig arbeitsfähiges Pferd ist. Will ich ein Pferd kaufen, muß ich also das Gebiß prüfen. Muß ein Mensch eine peinliche Prüfung über sich ergehen lassen, sagen wir auch, daß wir ihm *auf den Zahn fühlen* müssen.

d. Das Hausrind

Der Ochse wird als starkes und williges Arbeitstier verwendet. Er wird vor den Wagen oder Pflug gespannt. *Ein Joch* wird auch einem Menschen *auferlegt*, wenn er eine nicht leichte Aufgabe lösen, sein Päckchen tragen muß. — Das willige Tier *beugt sich dem Joch*, wie der Mensch, der ergeben sein Schicksal trägt. Besser ist, mit eigenen Kräften die Aufgabe zu erfüllen, als *mit fremdem Kalbe zu pflügen* (Buch der Richter 14, 18).

Die Redensart *den Ochsen hinter den Pflug spannen*, wird auch im menschlichen Bereich verwendet. Der angespannte Ochse *legt sich ins Zeug* (oder *ins Geschirr*), um den Wagen vorwärts zu bewegen. — Der Wagen muß *gut geschmiert* sein. Wenn etwas *wie geschmiert geht*, so ist es dem Wagen vergleichbar. — Der Wagen ist in Gefahr umzukippen, wenn sich eines der vier Räder löst. *Ist* bei einem Menschen *ein Rad locker*, ist sein Zustand in ähnlicher Weise bedenklich. — Mehr als vier Räder braucht der Wagen nicht, das fünfte wäre überflüssig. Auch Menschen wollen nicht *das fünfte Rad am Wagen sein*. — Natürlich soll der Wagen nicht in den Morast fahren. Eine *verfahrene Sache* erreicht nicht oder nur auf Umwegen das gewünschte Ziel.

Vor einer schweren Aufgabe, also auch vor der ansteigenden Straße, bleibt der Zugochse zunächst stehen, um neue Kraft zu sammeln. Auch der Mensch kann *wie der Ochs vorm Berge (Tor) stehen*, wenn ihn eine unerwartete Aufgabe überrascht.

Nicht ungefährlich ist es, mit dem Bullen umzugehen. Wenn wir *den Stier bei den Hörnern packen*, so greifen wir eine Aufgabe beherzt an. Einem wütenden Stier *die Stirn bieten* (d. h. das Angesicht zuwenden), wäre freilich tollkühn; aber zu offenem Widerspruch gehört mitunter auch großer Mut.

Dem Zuchtstier (aber auch dem Tanzbären) wird gelegentlich ein Ring durch die Nase gezogen, damit er leichter geführt werden kann. Wenn ein Mensch einen anderen *an der Nase herumführt*, so macht er mit ihm, was er will. Der andere wird *genasführt*, d. h. auch hereingelegt.

In der Bibel (5. Mose, 25.4) heißt es: „*Du sollst dem Ochsen, der da drischt, nicht das Maul verbinden.*" Wer arbeitet oder wie der Ochse am Göpel geht, soll gut ernährt werden. Das arbeitende Tier wird mit Recht *an der Krippe sitzen*. Aber der arbeitsunfähige Ochse kommt zum Metzger; er wird nur selten *in den Sielen* (d. h. im Geschirr, also während der Arbeit) *sterben*. Nur dem verdienten Pferd pflegt man *das Gnadenbrot zu geben*.

Eine Anzahl Ausdrücke, die ursprünglich zum Wortschatz um das Hausrind gehörten, sind ausgewandert; ihre Herkunft wird heute kaum noch empfunden. Wenn das Vieh (Pferde eingeschlossen) aus dem Stall gelassen wird, stürmt es oft mit einigen befreienden Sprüngen ins Freie. Wenn wir *ausgelassen* sind, entrinnen wir in entsprechender Weise einem äußeren Zwang. — Wir fahren in die Ferien, um einmal richtig *auszuspannen*. Das Zugvieh wird ausgespannt, indem Joch oder Kummet abgenommen werden, damit es von der Tagesarbeit ausruhen kann. — Umgekehrt sprechen wir von *anschirren* oder *im Geschirr gehen*, wenn sich jemand strengen Pflichten unterwirft. — Nur den Paarhufern gehören die Wiederkäuer an. Wenn wir also *wiederkäuen* im übertragenen Sinne verwenden (etwa eine fremde Vokabel wird wiederholt, damit wir sie lernen), so sind Beobachtungen an Rind, Ziege oder Schaf vorausgegangen. Übrigens *kaut* (oder *käut*) das Tier nur *einmal* wieder; die Nahrung wird dabei im Maul zweimal verarbeitet.

e. *Der Esel*

Der Esel wird gewöhnlich als ein dummes Tier hingestellt. Natürlich gilt: *aus dem Esel wird kein Reitpferd, magst ihn zäumen, wie du willst*. Sein Name wird oft als Schimpfwort gebraucht. Redensarten und Sprichwörter um den Esel lassen immer offen, welcher Esel damit gemeint ist, denn oft wird auch der Mensch mit dem Tier verglichen. Denn *es fressen nicht alle Esel Disteln* und *es gehen nicht alle Esel auf vier Füßen*.
Wenn es dem Esel zu wohl ist, geht er aufs Eis (tanzen), nur dumme Menschen begeben sich aus Übermut in Gefahr. Selbst *den Esel führt man nur einmal aufs Eis;* denn das gebrannte Kind flieht das Feuer. *Disteln sind dem Esel lieber als Rosen*, denn *Jedem gehört das Seine*, und jede Rangordnung ist subjektiv.
Unverhofft kommt oft, denn *wenn man den Esel nennt, kommt er gerennt*. Nur *ein Esel schimpft den anderen Langohr*, der kluge Mensch würde besser schweigen. *Den Sack schlägt man und den Esel meint man*. Der Schlag auf die Rückenlast soll den Rücken des Tieres treffen. Auch bei den Menschen gibt es Strafverfahren, die um Ecken führen.
Wenn wir uns beim Lernen Gedächtnisstützen suchen, so bauen wir uns *Eselsbrücken*, über die selbst ein Dummer den Weg findet. Beim Lesen eines Buches knicken wir uns *Eselsohren* (es sind große Ohren!), sie sind aber sicher keine Zierde des Buches. — Wenn wir jemanden ausgenutzt haben und ihn nicht mehr brauchen, gehen wir ähnlich mit ihm um wie mit einem Esel, der seine Arbeit tat und den *Eselstritt* (Fußtritt) bekommt. — Ein Wolf kann im Schafspelz einherkommen, aber es gibt auch *Esel in der Löwenhaut*.
Der Esel wird meist verzeichnet, und es geschieht ihm Unrecht. Er fährt in vielem schlechter als das Pferd, mit dem man ihn vergleicht. Er ist eben anders: genügsam und zäh, ausdauernd, aber langsamer.

f. *Das Schwein*

Wer vom Hausschwein spricht, denkt zuerst an das Tier, das als Speck- und Fleischlieferant gut gefüttert wird und großen Appetit entwickelt. Schweine sind anspruchslose Futterverwerter, man soll daher nicht *Perlen vor die Säue werfen* (Matth. 7.6). Sie fühlen sich wohl, wenn sie *im Dreck wühlen*, d. h. sich in der Suhle tummeln können. *Sie stecken ihre Nase in alles (in jeden Dreck, in jeden*

463

Quark). Es gilt nicht als ehrenvoll, *Schweine* (auch Sauen) *zu hüten*. Der Schweinehüter soll sich nicht in vornehme Kreise mischen, in die er nicht gehört; man kann nicht mit jedermann Schweine hüten.

Hungrige Schweine quieken aufdringlich, bis man ihnen *das Maul gestopft* hat. *Wenn aber das Schwein satt ist, wirft es den Trog um.* Es hat schlechte Tischsitten. *Es benimmt sich* eben *wie ein Schwein. Das ist unter aller Sau* muß sehr schlecht sein, wenn es das Benehmen der Schweine noch übertrifft. — Wenn etwas völlig unverständlich ist und wir meinen, daß *es kein Schwein lesen kann*, ist freilich nicht das Tier gemeint, sondern ein Mensch, der den Namen *Marcus Swyn* trug und im 17. Jahrhundert in Dithmarschen lebte. (Es mußte schon sehr schlecht geschrieben sein, wenn es selbst der gelehrte *Swyn* nicht lesen konnte!)

Wenn jemand *Schwein hat,* ist das Glück ihm hold. Auf dem As der Spielkarte war früher oft eine Sau abgebildet.

Jemanden auflaufen lassen (oder auch *anlaufen* lassen) benutzt ein Bild aus der Wildschweinjagd, bei der das weidwunde Tier auf den hingehaltenen Jagdspieß auflief, also in sein eigenes Verderben rennt.

g. Das Schaf

Viele Redensarten handeln vom Schaf als dem Wollieferanten. Wer *Scherereien* hat, ist zunächst bei der Schafschur beschäftigt. *Viel Geschrei und wenig Wolle* sagt man dann, wenn um eine unbedeutende Sache viel Aufhebens gemacht wird. Dabei ist aber nicht „Geschrei", sondern Gescherei (also die Schafschur) gemeint. Das Wort wurde entstellt.

Wer *sein Schäfchen schert,* weiß seine Vorteile zu wahren. *Das Schäfchen ins Trockne bringen* wird auch als „das Schiffchen ins Trockne (d. h. in den rettenden Hafen) bringen" gedeutet. Daß aber hier ein Bild aus dem Leben der Halligbauern vorschwebt, die ihre Schafe vor der Sturmflut retten, ist denn doch fraglich.

Wenn ein Schafbock kastriert wurde, nennt man ihn *Hammel* (it. castrato). Für diesen chirurgischen Eingriff mußte das Tier ruhig gestellt werden. Dazu diente ein entsprechendes Holzgestell, man *jagte das Tier ins Bockshorn.*

Hammelherde nennt man einen ungeordneten Haufen, aber man wird nicht Hammel, sondern Schafe meinen. So werden oft Schaf, Bock, Lamm und Hammel in Redensarten stellvertretend gebraucht. Auch ein Schaf ist „bockbeinig", oder „bockt". Man *macht den Bock zum Gärtner,* aber nicht nur das männliche Tier! Auch die Schafe haben *Lammsgeduld! Bei den Hammelbeinen erwischt* der Schäferhund auch das Schaf; *Hammelbeine werden auch langgezogen* oder *gereckt* usw. — Gelegentlich werden aber auch wirklich *die Böcke von den Schafen geschieden* (Math. 25.32).

Jemand *reißt aus wie Schafleder* sagen wir von einem, der sich durch die eilige Flucht rettet. Wir meinen, daß wir damit den Menschen mit den ängstlichen Schafen vergleichen. Das stimmt indes nicht. Das „Ausreißen" kommt hier aus der Fachsprache des Buchbinders: Schafleder ist weich und reißt daher eher als z. B. das derbere Schweinsleder.

Der Volkshumor kommt in manchen Redensarten zu seinem Recht. Jemand ist so mager, daß er *einen Bock zwischen den Hörnern küssen* kann (ob hierbei Schaf- oder Ziegenbock gemeint ist, bleibt unentschieden). Manche Wünsche könnten nur in Erfüllung gehen, *wenn die Böcke lammen.* Manche Bemühungen sind so aussichtslos, wie wenn man *einen Bock melken wollte.* Wenn zwei sich *in die Wolle geraten,* streiten sie miteinander. Wolle ist hier scherzhaft für Haare gesagt.

h. *Die Ziege*

Genau wird der Kopf der Ziege geprüft. Ihre Wangengegend erscheint wie geschwollen. Wenn bei einem Menschen die Ohrspeicheldrüsen anschwellen, sprechen wir von *Ziegenpeter.* Ein fein verzweigter Keulenpilz heißt *Ziegenbart;* ein anderer Pilz heißt nach der weichen Lippe des Tieres *Ziegenlippe.*
Auch Menschen können *neugierig wie eine Ziege* sein. Die Ziege scheint uns oft ohne Anlaß zu meckern. Auch Menschen *meckern* mitunter, wenn sie unberechtigt nörgeln.
Die Ziege ist die Kuh der Armen, weil sie leicht gehalten wird und keine großen Ansprüche stellt. *Eine alte Geiß leckt auch gern Salz,* d. h. jede Bedürfnislosigkeit hat ihre Grenzen. *Der liebe Gott läßt der Ziege den Schwanz nicht zu lang wachsen,* aber auch Bäume wachsen nicht in den Himmel.
Manchmal muß man einem Menschen *wie einer kranken Ziege zusprechen.*

i. *Das Haushuhn*

Das Haushuhn als Eierleger

Die Henne soll uns viele Eier legen. *Hennen aber, die viel gackern, legen wenig Eier.* Wenn man auch sagt, daß Klappern zum Handwerk gehöre, so können auch Menschen zuviel klappern. — *Kluge Hennen legen auch in die Nesseln.* Das Hühnernest in den Brennesseln wird schlecht entdeckt und ist gut geschützt. — Man soll *sich nicht zu sehr um ungelegte Eier kümmern.* Handeln ist besser als hochtrabende Pläne verkünden, die später nicht verwirklicht werden. — *Das Ei soll nicht klüger sein* wollen *als die Henne;* dem Kinde fehlt die Erfahrung des Erwachsenen.
Das Hühnerei ist leicht zerbrechlich; wir müssen sorgsam damit umgehen. Auch ein empfindlicher Mensch will *wie ein rohes Ei behandelt* werden. Der Fuß des Menschen würde das Ei leicht zertreten. Wenn wir *wie auf Eiern gehen,* wählen wir eine Gehweise, bei der wir jeden Schritt behutsam vor den anderen setzen. — Eier der gleichen Hühnerrasse sind äußerlich nicht zu unterscheiden; Menschen *gleichen einander wie ein Ei dem anderen.* — Wird das gekochte Ei von der Schale befreit, so kommt die strahlendweiße Eihaut zum Vorschein. Kleine Mädchen im Sonntagsstaat sind oft *wie aus dem Ei gepellt (geschält),* da sie ein neues Kleid tragen.

Die Familie des Haushuhns

Der Herr des Hühnerhofes ist der Hahn. *Hahn im Korb sein* heißt soviel wie im Mittelpunkt des Geschehens stehen. Welcher *Korb* hier gemeint ist, bleibt indes umstritten (Hühnerkorb = Hühnerhof?). Mit seinem lauten Kikeriki (wie wir Deutschen den Hahnenschrei wiedergeben) eröffnet der Hahn früh den Tag. *Beim ersten Hahnenschrei* steigt mancher fleißige Bauer aus dem Bett. — Der Hühnertag geht aber früh zu Ende; der Mensch wird selten *mit den Hühnern zu Bett gehen.* — Der Hahn tut sich auch während des Tages mit seinem Krähen wichtig. Etwas ist sehr nichtig bei uns Menschen, wenn *nicht einmal ein Hahn danach kräht.*

Das Gehabe des Hahnes scheint uns oft bei Menschen wiederzukehren, die sich ohne Grund aufspielen und sehr wichtig nehmen. Manche *plustern sich auf,* anderen *schwillt der Kamm* (wobei auch das Truthuhn einen guten Anschauungsunterricht gibt). — Das Krähen — übrigens ein Zeitwort, das von einem Vogel stammt, der nicht kräht, sondern krächzt (Krähe) — gehört dem Hahn; das Gackern der Henne. Darum: *Kräht die Henne und schweigt der Hahn, ist das Haus gar übel dran.* Auch bei den Menschen sollten für Mann und Frau die Rollen richtig verteilt sein.

Die Henne betreut mit großer Geduld und Mutterliebe ihre Küken. Bei Gefahr *breitet sie die Flügel (die Fittiche)* über sie oder sie *nimmt sie unter ihre Flügel (ihre Fittiche).* In einem bekannten Kirchenlied heißt es: „In wieviel Not hat nicht der gnädige Gott über dir Flügel gebreitet." Wenn jemandem *die Flügel beschnitten* sind, so kann er sich nicht entfalten, wie er will. — Offen bleibt, ob die Redensart *jemanden beim Schlafittchen (bei den Schlagfittichen) nehmen,* d. h. ihn derb zurechtweisen, vom Bauern herrührt, der sein Huhn greift, oder vom Jäger, der den erbeuteten Vogel festhält.

Soll das Huhn (oder die Gans) gegessen werden, rupft die Bäuerin sorgfältig die Federn aus. Würde sie *nicht viel Federlesens machen* oder gar *kein Federlesen machen,* wären wir nicht zufrieden mit ihr. — Wenn wir mit jemandem *ein Hühnchen rupfen,* so gehen wir mit ihm ins Gericht, wir nehmen ihn ins Gebet. Man verstand früher unter *rupfen* auch tadeln, das *Hühnchen* wurde vielleicht erst später hinzugefügt, als der Nebensinn des Zeitwortes nicht mehr empfunden wurde. — Wenn wir endlich *jemanden anpflaumen,* so werfen wir nicht mit Pflaumenkernen, sondern wir rupfen dem geschlachteten Vogel Flaumfedern aus, wozu Geschick und Beharrlichkeit gehören. Gar einem lebenden Vogel Federn auszureißen, ist dem Tier so wenig willkommen wie einem empfindlichen Menschen eine derbe *Pflaumerei.*

Da lachen die Hühner (oder auch *Putthühner)!* Es muß schon eine selten dumme Äußerung sein, die mit einem so ungewöhnlichen Ausruf beantwortet wird.

3. Von den Kulturpflanzen

a. Wechselfälle beim Ackerbau

Wer früh sät, früh mäht. Wer ernten will, muß säen. Wie du säst, so wirst du ernten. Man muß *das Feld bearbeiten, so lange es Zeit ist,* und den Samen legen, wenn man *einen guten Schnitt machen* will.

Man muß *die Hand an den Pflug legen.* Aber *auch der beste Bauer ackert einmal eine krumme Furche.* Nicht jeder Einsatz zahlt sich aus und mitunter muß man sogar *einen Pflock zurückstecken* (d. h. der Tiefgang des Pfluges wird durch einen Stellpflock verändert).

Manche Gefahren drohen der reifenden Frucht. Vielleicht ist *zu dünn gesät* worden. Vielleicht hat es *die Petersilie verhagelt* (der Hagel hat nämlich alles platt gewalzt). Vielleicht *hat alles nichts gefruchtet.* Es ist alles *ins Kraut geschossen* (hat sich zu rasch entwickelt). Denn *was in den Halm wächst, kann nicht ins Korn wachsen.* Und selbst *der beste Acker bringt allein keine Früchte,* und *nicht jedes Feld trägt jede Frucht.* Aber auch *der dümmste Bauer hat* nicht *die größten Kartoffeln.*

War die Ernte aber gut, so hat der Bauer alles *unter Dach und Fach* (unter dem Dach und hinter dem Fachwerk der Scheune) gebracht, *er hat sein Heu herein* (reiche Ernte). Manche ernten freilich auch, was nicht *auf dem eigenen Misthaufen (Mist) gewachsen ist.* Alle aber wünschen sich *Geld wie Heu!*

b. *Das Dreschfest*

Hat der Bauer *einen guten Schnitt gemacht,* dann werfen Getreide und Gras genügend Gewinn ab. *Sein Weizen blüht* sagt man von dem, der Reichtümer erwarb. Viele Feldfrüchte müssen erst nach der Ernte bearbeitet werden (Getreide, Hülsenfrüchte). Man muß sie dreschen. Man braucht dazu den Flegel (genauer den Dreschflegel), mit dem man Körner und Samen aus den eingeernteten, getrockneten Pflanzen herausschlägt. Die schlagende Bewegung mit dem Flegel gab Anlaß zu dem Vergleich, der in vielen Redensarten wiederkehrt. *Er bezieht* Dresche (= Prügel) und *er wird verdroschen* (= verprügelt). Man kann auch *Skat dreschen,* ja sogar *Phrasen.*

Durch das Dreschen wird *die Spreu von dem Weizen geschieden.* Etwas, was ganz ausgedroschen ist, ist *abgedroschen.* Ein abgedroschenes Pferd ist zu nichts mehr nutze. Denn es lohnt sich nicht, *leeres Stroh zu dreschen.* Immerhin — *auch wenn man leeres Stroh drischt, donnert die Tenne.*

Das Dreschen ist eine anstrengende Tätigkeit, die Hunger erzeugt. Der Drescher *frißt wie ein Scheunendrescher,* d. h. unmäßig. Dennoch — *man soll dem Ochsen, der da drischt, nicht das Maul verbinden* (5. Mose, 25.4). Denn oft gehen Tiere am Göpel und helfen dem Menschen.

Mitunter benimmt sich der Drescher ungesittet. Redensarten wie *er flegelt sich hin,* er benimmt sich *flegelhaft, er hängt den Flegel heraus* (er ist grob), bringen das zum Ausdruck. Wer sich hinflegelt, ist ein *Fleez.* In Pommern aber bedeutet Fleez auch Tenne. — Wenn gedroschen wird, bleibt das Stroh zurück, das nur geringen Wert besitzt. *Man gibt keinen Strohhalm* für etwas, das wertlos ist, und *man greift nach jedem Strohhalm,* wenn man in großer Not ist.

c. *Die Spinnfaser*

Die alte deutsche Faserpflanze ist der Flachs, der das Leinen liefert. Denn *wie der Flachs, so das Leinen.* Aus den Stengeln müssen zunächst die Bastfasern isoliert werden. Denn *Gott gibt nicht das Leinen, wohl aber den Flachs zum Spinnen.*

Dazu werden die mürben Stengel gebrochen, geschlagen und endlich gehechelt. Riffelwalzen befreiten den Bast vom Holz, das in kleine Stücke zerbrochen wird. Wenn *jemand gerüffelt wird* oder *einen Rüffel erhält,* so bekommt er einen empfindlichen Tadel. *Gut gehechelt ist halb gesponnen* (Wohl angelehnt an „frisch gewagt ist halb gewonnen"). Durch die Hechel ziehen heißt also soviel wie gründlich, aber rücksichtslos behandeln. Wenn wir *etwas durchhecheln* (die Hechel ist eine Art eiserner Kamm), so wird das peinlich genau untersucht. *Wird ein Mensch durchgezogen* (wie der Flachs durch die Hechel), so erhält er keine Schonung. Die Verknüpfung „durch den Kakao ziehen" dagegen mildert ab und enthält etwas von einer vergebenden Nachsicht.

Die Fasern werden zu einem Faden gedreht. Der Faden muß gut auf der Haspel laufen. Wenn man *sich verhaspelt,* gibt es unnötigen Aufenthalt. Wenn man sich beim Reden überschlägt, treten auch peinliche Pausen auf. Wer *gewieft* ist (Weife = Haspel), ist schlau. Weifen heißt zunächst nur mit der Haspel winden.

Wenn sich die Fäden beim Abspinnen vom Werg (hede = Werg) verwirren, so *verheddern sie sich.*

V. Vom menschlichen Körper

1. Von den Namen um den menschlichen Körper

a. Die eigenständigen Namen

An anderer Stelle des vorliegenden Handbuches*) werden etwa 250 Namen gesammelt und sprachlich kurz erklärt, mit denen wir unsere Körperteile benennen. Auf diese Sammlung muß verwiesen werden. Diese Namenliste soll um eine weitere Gruppe von Namen erweitert werden, die in unserem Sprachschatz um den menschlichen Körper eine besondere Rolle spielt. Wir pflegen die Oberfläche unseres und des anderen Körpers recht genau zu prüfen. Für alle auffälligen Veränderungen haben wir unsere Bezeichnungen; es sind oft Wörter mit sprachlicher Vergangenheit und Besonderheit dazu.

Etwa 50 derartige Bezeichnungen sollen in alphabetischer Reihenfolge genannt und kurz charakterisiert werden. Sie sind ein weiteres Beispiel für die eigenständigen Namen um unseren Körper.

Eine große Zahl von weiteren Namen wanderten nämlich erst in die biologische Fachsprache ein und erfuhren damit eine neue Verwendung. Hierfür sollen ebenfalls Beispiele gegeben werden (s. S. 474).

Endlich sind auch aus der Sprache des Biologen manche Bestandteile, Namen und Bezeichnungen, umgekehrt ausgewandert und werden übertragen in neuen Sinnzusammenhängen verwendet (s. S. 476).

Die Hautoberfläche und ihre Veränderungen

Ausschlag: Ein Ausschlag *(Exanthem)* verändert schlagartig das Aussehen der Haut. Diese krankhaften Hautveränderungen sind umschrieben oder auch über große Flächen verbreitet.
Was ausschlägt (wie etwa die Waage), weicht von der Ruhelage, die als Ausgangsform gilt, ab. So kann ein Pferd ausschlagen (mit dem Hinterhuf stoßen) oder die Bäume schlagen aus (bekommen Blätter).

Aussatz: Einer, der an Aussatz leidet, wird von der Gesellschaft „ausgesetzt", getrennt, damit er nicht Gesunde ansteckt. Das aus dem Griechischen entlehnte Wort „Lepra" tritt seit dem 13. Jahrhundert auf, wird aber wenig verwendet. Das im Ahd. und Mhd. verwendete Miselsucht geht auf mlat. *misellus* (= elend) zurück. Die Kranken werden als „arme Leute, Teufel" bezeichnet. Wie man noch heute den Fluch: „Daß dich die Pest" ... hört, hat man wohl auch „Daß dich die Miselsucht" ... verwendet. Durch Umdeutung ist hieraus vielleicht „Daß dich das Mäuslein beiß" ... entstanden.

Bart: Das Wort Bart, das wir für den Haarwuchs im Gesicht und am Hals gebrauchen, ist sprachlich mit Borste und Bürste verwandt. Barthaar ist sowohl ein einzelnes Haar als auch die Gesamtheit aller Haare des Bartes.
Ein Mann mit einem rothaarigen Bart ist ein Rotbart; der Beiname gilt dem Kaiser Barbarossa, Friedrich I. — Wir sprechen auch von Weißbart, im Märchen begegnen wir Drosselbart und Ritter Blaubart. Ein Flachskopf trägt eine hell-

---

*) Band 3, 1970, S. 198
Anhang: Die Namen der Körperteile

blonde Haarmähne, der Rotkopf hat rotes Kopfhaar. Pars-pro-toto-Namen verwenden auffällige Körpermerkmale, neben dem Bart z. B. die Körperfülle (Dickwanst) oder die Kopfform (Quadratschädel).

Beule: Beule nennen wir eine Vorwölbung, Schwellung der Haut, die etwa durch einen Stoß oder Schlag entstehen kann. Das bis ins Ahd. zurückgehende Wort gehört einer großen Wortverwandtschaft an. Eine Beule ist eine Erhebung, sie bildet einen „Buckel", sie „bauscht" sich. — Es gibt Beulen am Kopf, aber auch am Hosenknie. Eine Beule am Auto ist meist keine Vorwölbung, sondern eine Eindellung. — Nach dem geographischen Ort ihres Auftretens kennen wir eine Orientbeule, Bagdadbeule, Delhibeule usw.

Blatter(n): Das schon im Ahd. bekannte Wort bedeutet „anschwellen" und gehört zur Wurzel „blähen". — Also: Blattern sind angeschwollene Hautbläschen. Unter Blatter wird aber auch die durch Pockenerkrankung entstandene Pockennarbe verstanden. Ursache und Wirkung werden also nicht unterschieden.

Blausucht: Dieser alte Name wird noch heute für die „blaue Krankheit" (lat. *Morbus coeruleus*) verwendet. Es liegt ein angeborener Herzfehler vor, so daß die Versorgung des Körpers mit Sauerstoff nicht ausreicht. Der Körper, besonders Lippen und Nägel, färbt sich dann blau. — Andere Krankheiten, die nach einer Farbveränderung heißen, sind Gelbsucht, Bleichsucht und Röteln.

Brand: Brand werden Erkrankungen oder Hautveränderungen dann genannt, wenn „brandige" Körperteile so aussehen, als ob sie verbrannt wären. Der Gasbrand *(Gangrän)* wird durch Bakterien hervorgerufen, die in ihrem Stoffwechsel Gas bilden. — Der Sonnenbrand *(Erythema solare)* ist allgemein bekannt; er zeigt die Symptome einer Verbrennung, der Grad dieser Lichtschäden hängt von der Wellenlänge der Strahlen und der Dauer der Einwirkung ab. — Der Gletscherbrand stellt sich dort ein, wo die Luft für ultraviolette Strahlen besonders durchlässig ist.

Brausche: Die Umgangssprache nennt die blutunterlaufene Beule auf der Stirn, die durch Stoß oder Schlag entstanden ist, auch Brausche. In die Sprachverwandtschaft des Wortes gehören „Brust" und „Brünne".

Eiß(e): Der Eiß oder die Eiße ist eine Eiterbeule oder ein Blutgeschwür. Das oberdeutsche Wort gehört in die Wortverwandtschaft von „Eiter".

Ekzem: Das Lehnwort aus dem Griechischen wird für Hautausschlag verwendet. Es geht auf ein griech. Verbum *(zeein* = siede, koche) zurück. Ein Ekzem ist also das Ausgekochte. Man glaubte früher, daß der Körper auf solche Weise unreine Säfte ausstoße, auskoche. Ekzem ist also ein durch Hitze ausgetriebener Hautausschlag.

Finne: Finnen sind zunächst Jugendzustände von Bandwürmern. Im Volksmund wird Finne aber auch für gewisse Hauterkrankungen (lat. *Acne*) verwendet. Eine Haut mit entzündeten Haut- und Talgfollikeln ist „finnig" oder pickelig. Finnen sind also auch „Mitesser". (Die Finne = Flosse des Finnwals ist von anderer Herkunft, vielleicht urverwandt mit lat. *pinna*.)

Fistel: Fistel nennt man eine kanalähnliche Verbindung zwischen zwei Körperhohlräumen oder einem Körperhohlraum und der Körperoberfläche. Das Lehn-

wort (lat. *fistula* = Rohrpfeife) wurde zweimal ins Deutsche aufgenommen; Anlaß gaben:
1. Die Form der Pfeife, daraus die Fistel (in der Pathologie);
2. Die Funktion der Pfeife, daraus die Fistelstimme (und fisteln).

Flechte: Eine Flechte zerstört die Haut und ruft eine eigenartige Oberflächenveränderung hervor. Sie erinnert an ein Geflecht oder an etwas, das geflochten ist. Auch Flachs (als Faden des Geflochtenen) ist sprachlich verwandt.

Fleck: Das Wort wird vielseitig verwendet und bezeichnet auffällige Hautstellen. Ein Leberfleck teilt mit der Leber nur die Farbe. Ein Mongolenfleck ist ein pfenniggroßer blauer Fleck in der Gegend des Kreuzbeins. Er entsteht schon vor der Geburt und verliert sich in den ersten Lebensjahren; er ist bei Japanern und Malaien häufig.

Frieseln: Das Wort, wie Masern, Röteln usw. nur in der Mehrzahl gebraucht, bezeichnet einen harmlosen Hautausschlag, bei dem die Haut von hirsekorngroßen Bläschen bedeckt ist *(Miliaria).* Es läßt sich zeigen, daß auch eine sprachl. Verknüpfung von Frieseln und Hirsegrütze in slawischen Sprachen besteht. — Die roten Frieseln heißen auch scherzhaft „roter Hund der Seeleute".

Furunkel: Das Lehnwort stammt aus dem Lateinischen *(fur* = Dieb). Es wird mit der Verkleinerungsendung verbunden. Tatsächlich ist ein Furunkel, die bekannte umschriebene eitrige Entzündung, ein „kleiner Spitzbube". — Der Römer nannte übrigens *furunculus* auch den Nebentrieb an der Rebe, der das Wachstum des Haupttriebes beeinträchtigte.

Geschwür: Das Wort gehört zu Schwäre, schwären, mit dem es den Wortinhalt teilt. Das verallgemeinernde Ge- gibt dabei keine Differenzierung. — Gelegentlich wird Geschwür auch übertragen gebraucht (=großer Mißstand).

Geschwulst: Eine Geschwulst ist eine geschwollene, durch Gewebszunahme vergrößerte Stelle im oder am Körper. Früher wurde in der gleichen Bedeutung auch Schwulst (noch bei *Luther*) verwendet. Heute wird Schwulst und schwülstig eingeschränkt in der Bedeutung „aufgeblasen, überladen" aus dem medizinischen Bereich heraus genommen. Bemerkenswert ist aber, daß stattdessen das Wort „geschwollen" (wörtlich und übertragen) seit dem 18. Jahrhundert verwendet wird. — Natürlich gehört auch das Wort Schwiele in die Verwandtschaft, es gilt aber eingeengt nur für die Verdickung der Oberhaut.

Glatze: Die glatte, haarlose Stelle auf dem Kopf (mit allen Übergängen von der Stirnglatze zur Vollglatze) hat viele scherzhafte Bezeichnungen und Vergleiche hervorgebracht. Glatze ist sprachlich mit glatt und glänzend verwandt. — Man sagt im Volksmund auch Platte, Vollmond, Spielwiese usf.

Grind: Das schon im Ahd. *(grint* = Ausschlag) bekannte Wort bezeichnet in der Umgangssprache einen Hautausschlag, der Krusten bildet; oft bedeutet er auch den Wundschorf. — In der Sprache des Arztes wird „Grind" einer seltenen Hautkrankheit vorbehalten, die genauer Erbgrind oder Wabengrind *(Favus)* heißt.

Haar: Das Stammwort hat besonders in Komposita eine weite Verbreitung. Nach dem Ort ihres Auftretens heißen Kopf-, Achsel-, Scham- und Barthaare, nach ihrer Form Borsten-, Lang- und Flaumhaare.

Viele Namen drücken näher aus, in welcher Weise das Haupthaar getragen wird. Hier wird ein Vergleich aus dem biologischen Bereich bevorzugt. Beispiele:
Kauz: ein aufgesteckter Frauenzopf, der einen hockenden Kauz (Eulenvogel) vortäuscht.
Pferdeschwanz: hochgebundenes, offenes Haar, das pferdeschweifähnlich fällt.
Affenschaukel: ein in Schlinge gelegter Zopf, der mit einer Liane verglichen wird.
Hahnenkamm: das auf dem Scheitel hochgekämmte Haar eines kleinen Kindes wird mit dem Kamm eines Haushahnes verglichen.
Ananaszopf: das hochgebundene Haar eines Kleinkindes fällt wie der Blattschopf einer Ananasfrucht.

Karbunkel: Von *carbo* (= Kohle) wird die Verkleinerung *carbunculus* (= kleine Kohle) gebildet. Das Geschwür ist lokalisiert und schmerzt so heftig, als ob eine glühende Kohle auf der Haut Schmerzen bereite. — Mit „funkeln" verschmolzen ist daraus die Bezeichnung Karfunkel entstanden.

Krampfader: Eine Blutader *(Vene),* die krankhaft erweitert und erschlafft ist, nennt man Krampfader. Sie ist besonders gut an der Wade als geschlängelte, hervortretende und knotenbildende Vene zu sehen.

Krätze: Das Wort gehört zum Verbum „kratzen". (Ähnlich ist das seltenere Wort Schäbe gebildet, das zu schaben gehört und ein Synonym ist.) Die juckende Hauterkrankung *(Scabies)* wird durch einen kleinen *Schmarotzer* (Krätzmilbe) hervorgerufen. — Das Wort Räude wird mitunter als Synonym verwendet, es ist aber umfassender; es dient auch zur Bezeichnung mehrerer tierischer Hauterkrankungen.

Leichdorn: Das bis ins Ahd. zurückreichende Wort *(lichdorn)* wird noch heute für das Hühnerauge verwendet. Es ist ein schönes Beispiel dafür, wie Komposita alte Wortbedeutungen getreu bewahren. „Leich" wird nämlich für „Gestalt, Körper" und „dorn" für „Hartes im Körper" verwendet.

Mal: Mal ist ein angeborenes, örtlich begrenztes Zeichen auf der Körperoberfläche. Wir kennen das Muttermal *(Naevus);* Feuermale sind Blutgefäßmale. — Mit Merk-Malen werden freilich nicht nur körperliche Male, sondern auch geistige Eigenschaften verstanden.

Masern: Die Bezeichnungen von Krankheiten, die man an einer Veränderung der Haut erkennt, sind häufig Substantiva, die wir nur im Plural verwenden. Neben Masern sind etwa Pocken, Blattern, Röteln, Flechten und Frieseln zu nennen. Die Oberflächenzeichnung des geschnittenen und geglätteten Holzes wird Maser genannt. Das Holz ist gemasert, es zeigt eine Maserung.

Mitesser: Man glaubte früher, daß Dämonen oder böse Geister in der Haut säßen und dabei die Gestalt von kleinen Tieren (Maden, Milben und dergl.) angenommen hätten. Sie sollten sich von den Menschen ernähren lassen und so von seinen Körperkräften zehren. (Tatsächlich können gelegentlich in den „Mitessern" die sog. Haarbalgmilben als Parasiten nachgewiesen werden.)

Narbe: Ein westgerm. Adjektiv für eng (verwandt mit engl. *narrow* = eng) wurde zum Substantiv. Eine Narbe ist etwas, was sich verengt hat und durch zusammenschließen entstand; sie ist ein Hautdefekt, der nach einer Wundheilung bleibt. Eine Pockennarbe bleibt als Mal von der Pockenpustel zurück.

Niednagel: Der erste Bestandteil soll das mhd. *niet* (= verbindender Metallbolzen) enthalten (wobei Nied- und Nietnagel lautlich zusammenfallen). Die Nebenform Neidnagel wird durch den Volksglauben mit Neid in Verbindung gebracht.

Pickel: Der Name für diese kleine Hauterhebung gehört in die Wortverwandtschaft von picken (mhd. *pic* = Stich). Auch eine Verwandtschaft zu Pocke ist anzunehmen, obwohl der Mediziner beides streng scheidet.

Pocke(n): Das Wort wird im Singular und Plural verwendet. Während die Pocke (= Blatter) das mit Eiter gefüllte Bläschen bedeutet, nennen wir Pocken *(Variola)* eine durch einen Virus erzeugte Infektionskrankheit, bei der sich solche Bläschen auf der Haut bilden.
Eine harmlose pockenähnliche Erkrankung, die von einem Hautausschlag begleitet ist, heißt Windpocken. An dem Bestimmungswort ist zu erkennen, daß die Erkrankung harmlos ist (ähnlich Ei und Windei).

Quaddel: Das in Norddeutschland verbreitete Wort bezeichnet die juckende Anschwellung, die an unserer Haut entsteht, wenn wir uns an Brennesseln brennen oder von gewissen Insekten gestochen werden. Es läßt sich übrigens zurückverfolgen bis ins Indogermanische *(quet* = Anschwellung).

Röteln: Die Infektionskrankheit heißt nach den kleinen blaßroten Flecken, mit denen sich der Körper überzieht. Das Wort wird nur in der Mehrzahl verwendet, wie die Namen ähnlicher Erkrankungen auch.
Das Rot bildet mit dem Umlaut eine ganze Reihe von Hauptwörtern, die zur roten Farbe Beziehung haben:
Röt: Unterabteilung des Bundsandsteins (geol. Schicht),
Röte: Rotsein und rote Farbe,
Rötel: Gemenge von rotem Eisenocker und Ton,
Röteln: Infektionskrankheit mit Rötung des Körpers.

Rufe: Die Rufe ist mundartlich die Blutkruste, die sich auf einer Wunde bildet. Das alte, aus dem Ahd. stammende Wort ist verdrängt worden, häufigere Synonyma sind Grind und Schorf.

Runzel: Die Falten im Gesicht werden Runzeln genannt, ein runzliges Gesicht ist ein faltiges Gesicht. Wir runzeln die Stirn und meinen die Falten, die quer über die Stirn ziehen; wir runzeln die Brauen und meinen die Zornesfalten zwischen den Brauen. — Das Wort, das schon bis ins Ahd. zurückreicht *(runzala* neben *runza),* ist eine Verkleinerungsform, bei der die Ausgangsform verlorenging.

Scharlach: Die Infektionskrankheit *(Scarlatina)* hat ihren Namen nach einem persischen Wort (pers. *sägirlat)* für ein rotes Tuch. Das Hauptanzeichen der Krankheit ist nämlich ein scharlachroter Hautausschlag, vor dem die hochrote „Himbeerzunge" erscheint. — Wir verwenden das Wort auch für die Farbe allein.

Schinne(n): Die Schinnen oder Schuppen sind zunächst die sich ablösenden verhornten Teile unserer Oberhaut, die sich an der ganzen Körperoberfläche, in besonderer Weise aber auf der Kopfhaut bilden. Das Wort ist verwandt mit schinden. Man kann sich die Haut abschinden (oberflächlich schaben), ein Schinder zieht totem Vieh das Fell ab. Der „Schund" ist der Abfall beim Schinden, also etwas, was nicht viel wert ist.

Schmarre, Schmiß: Eine nur geringe Hautverletzung (Kratzer, Hiebwunde) ist eine Schmarre. (Merkwürdig ist die sprachliche Verbindung mit Schmarren = Eierkuchen.) — Ähnlich wird auch Schmiß gebraucht, jedoch wird der Begriff eingeengt. Unter beiden Wörtern versteht man auch die Narben, die von solchen Verletzungen stammen. Schmiß bedeutet übertragen auch Schwung, ein schmissiger Kerl hat nicht Schmisse im Gesicht, sondern ist voller Schwung.

Schorf: Schorf gehört zu schürfen. Schorf ist dabei der verkrustete und hart gewordene Belag auf einer Wunde; er wird gebildet aus dem eingetrockneten Blut und Gewebssaft. — In der Fachsprache wird aber darunter auch das abgestorbene Gewebe verstanden, das nach Verbrennungen oder Verätzungen den Körper bedeckt.
Das Wort wird gegen Grind nicht scharf abgegrenzt. Beide Wörter werden auch zur Bezeichnung mancher Tier- und Pflanzenkrankheiten benötigt.

Schrunde: Mit Schrunde (Fachwort *Rhagade*) bezeichnet man mitunter kleine schmerzhafte Risse oder Spalten in der Haut (etwa an den Lippen oder an den Fingern). Das Wort reicht bis ins Ahd. *(crunta)* zurück; das hierzu gehörende schrinden (= Risse bekommen) ist heute nicht mehr im Sprachgebrauch.

Schuppe: Schuppe gehört zu schaben wie Schinne zu schinden; es sind sinnverwandte Wörter verschiedener Herkunft. — Unter Kopfschuppen verstehen wir eine vermehrte Absonderung der Hauttalgdrüsen der Kopfhaare. — Den größten und außen gelegenen Teil des Schläfenbeines nennt man seine Schuppe; seine Gestalt erinnert stark an eine vergrößerte Fischschuppe.

Schwär(e): Wir bilden der Schwär und die Schwäre (= Furunkel); wir verstehen darunter ein offenes, eiterndes Geschwür. Mit der verallgemeinernden Vorsilbe Ge- wurde noch zu Lessings Zeit Geschwär gebildet (ähnlich Schwulst und Geschwulst). — Schwären als Zeitwort bedeutet „eine Schwäre bilden", was gleichbedeutend ist mit „eitern".

Schwiele: Wir meinen damit die umschriebene vermehrte Hornbildung an der Haut, die durch starke lokale Beanspruchung entsteht. Das mit „schwellen" verwandte Wort ist erst über die Mehrzahlbildung zum Femininum geworden, also (in der Schreibweise des 16. Jahrhunderts) der Schwillen → die Schwillen → die Schwille.

Sommersprossen: Die gelben bis braunen Hautflecke beruhen auf zu starker Pigmentierung. Sie treten im Sommer deutlicher hervor als im Winter. Da sie besonders in der Sonne sprießen, heißen sie auch Sonnensprossen (oder Sonnenflecke). Vom Zeitwort sprießen leiten wir also zwei Hauptwörter ab: der Sproß (Mehrzahl die Sprosse) und die Sprosse (Mehrzahl die Sprossen). Das Wort Sommersprossen wird dabei nur in der Mehrzahl verwendet.

Überbein: Das Überbein hat seinen Namen noch aus der Zeit, als man es für einen Knochenauswuchs („Bein") hielt und ist für das späte Mittelhochdeutsche nachgewiesen.

Umlauf: Die Umlauf *(Panaritium)* genannte Fingerentzündung kommt dadurch zustande, daß eine Infektion um den Außenrand eines Nagels herumläuft. Man hat einen „bösen Finger"; um ihn gab es früher manchen Aberglauben. Man glaubte, daß der Schmerz durch einen Wurm hervorgerufen würde. Der Signaturlehre entsprechend wurde ein lebendiger Regenwurm auf den entzündeten Finger gebunden, damit so der „Fingerwurm" getötet wurde.

Warze: Die Grundbedeutung dürfte wohl ein idg. Wort für „Erhöhung" ausweisen. Wir verstehen unter Warzen *(Verruca)* kleine umschriebene Erhebungen der Haut; meist sind es rötlichgelbe Knoten, die von einem Virus erzeugt werden. — Eine besondere Form besitzt die sog. Feigwarze *(Condyloma),* die der Gestalt der eßbaren Feige ähnelt.

b. *Die eingewanderten Namen*

In alten anatomischen Werken wurden gern Bezeichnungen aus dem Pflanzen- und Tierreich übernommen und auf den menschlichen Körper angewendet. Von diesen Ausdrücken sind uns eine große Zahl erhalten geblieben. Sie sind oft Lehnübersetzungen einer alten, lateinischen Terminologie, die z. T. sogar noch bis heute gilt. Dabei werden ganze Lebewesen (Wurm, Linse usf.) oder auch nur Teile von ihnen (Gänsefuß, Pferdeschweif usf.) zum Vergleich herangezogen.

Pflanzen und ihre Teile

Eichel (Glans penis): Der Endabschnitt des männlichen Gliedes erinnert an die Form einer Eichel.

Endbäumchen: Die Ausläufer einer Nervenzelle verzweigen sich ähnlich den Ästen eines Baumes.

Gerstenkorn (Hordeolum): Wenn eine Lidranddrüse vereitert, entsteht eine Entzündung von der Größe eines Getreidekorns.

Hagelkorn (Chalazion): chronische Entzündung am Lidknorpel des Auges (durch Stauung von Sekret).

Lebensbaum (Arbor vitae): im Kleinhirn, die weiße Markschicht in den Hemisphären zeigt auf dem Medianschnitt des Wurmes das Bild eines Baumes.

Linse (Lens): im Innern des Augapfels, nach der Form.

Mandel (Tonsilla palatina): mandelförmige Anhäufung von Lymphfollikeln.

Olive (Oliva): zwei ovale, der Ölbaumfrucht ähnliche Gebilde neben den Pyramiden der Hirnbasis.

Rose: Ein Virus verursacht die Gürtelrose *(Zoster);* die Rötung der Haut ist scharf begrenzt und am Rumpf „gürtelförmig" verteilt. — Die Wundrose *(Erisypel)* wird durch Bakterien hervorgerufen.

Zirbel (Corpus pineale): Epiphyse, Anhangsorgan des Gehirns, dessen Gestalt an einen Zirbelkieferzapfen erinnert.

Tiere und ihre Teile

Gänsefuß (Pes anserinus): breite Aponeurose an Oberschenkelmuskeln.

Gänsehaut: bei Kälte oder psychischen Einflüssen richten sich die Hauthärchen durch Kontraktion feiner, glatter Muskeln auf.

Hasenscharte: Die Oberlippe ist gespalten ähnlich wie bei den Nagetieren.

Hühnerauge (Clavus): eine Verdickung der Hornhaut; „Auge", weil sie meist rundliche Gestalt von der Größe eines Vogelauges hat.
Kalbsmilch (Thymus): auch Bries, innere Brustdrüse beim Kalb.
Krähenfüße: die feinen, fächerförmigen Hautfältchen, die sich an den Augenwinkeln bei älteren Menschen finden.
Maus, Mäuschen: Muskeln des Daumenballens, die an die Größe und Gestalt einer Maus erinnern.
Pferdeschweif (Cauda equina): der auslaufende Teil des Rückenmarks mit seinen Nervenwurzeln.
Schnecke (Cochlea): im inneren Ohr, ein schneckenhausähnliches Gebilde von zweieinhalb Umläufen.
Seepferdefuß (Pes hippocampi): bogenförmiger Längswulst am Unterhorn, im Schläfenlappen des Gehirns.
Spinnwebenhaut (Arachnoidea): Haut auf der Hirnoberfläche mit spinnwebenartig fibrösen Strängen.
Vogelsporn (Calcar avis): längliche Vorwölbung am Hinterhorn, im Hinterhauptlappen des Gehirns.
Wolf (Intertrigo): Wundsein zwischen den Schenkeln und Hinterbacken, das die gesunde Haut „frißt". — Mitunter tritt die Hauttuberkulose als „fressender Wolf" *(Lupus vulgaris)* auf.
Wolfsrachen (Palatum fissum): Gaumenspalte mit Einschluß von Lippen und Kiefer.

Eingewanderte Grundwörter für Komposita
Apfel: Adams-, Aug-
Bänder: Mutter-, Stimm-, Taschen-
Blase: Gallen-, Harn-, Samen-
Flügel: Lungen-, Nasen-
Gang: Gallenblasen-, Leber-, Gehör-
Grube: Herz-, Magen-, Wangen-, Kinngrübchen
Höhle: Achsel-, Augen-, Bauch-, Brust-, Kiefer-, Stirn-
Kanal: Darm-, Tränen-
Kuppe: Finger-, Nasen-
Lappen: Leber-, Lungen-, Ohrläppchen
Loch: Hinterhaupts-, Nasen-
Muschel: Nasen-, Ohr-
Nagel: Finger-, Nied-, Zehen-
Punkt: Kälte-, Schmerz-, Wärme-
Röhre: Eustachische-, Luft-, Speise-
Spitze: Finger-, Fuß-, Haar-, Kinn-, Lungen-, Nasen-
Stein: Blasen-, Gallen-, Nieren-
Winkel: Augen-, Mund-
Wurzel: Fuß-, Haar-, Hand-, Nasen-, Zahn-
Außerdem: Schulterblatt, Wirbelsäule, Brustkasten, Brustkorb, Kniescheibe, Herzkammer, Handteller, Ellenbogen, Beckengürtel, Herzbeutel und viele andere.

c. *Die ausgewanderten Namen*

Körperteile als Naturmaße

Mit Hilfe der Gliedmaßen kann man messen. Arm- und Beinlänge eines durchschnittlich großen Erwachsenen geben das Vorbild. Wir unterscheiden etwa:
Elle = Entfernung vom Ellenbogen bis zur Hand (50—75 cm)
Fuß = Fußlänge vom Zeh bis zur Ferse (25—34 cm)
Klafter = Entfernung der ausgebreiteten Arme (1,7 m)
Spanne = Entfernung von Daumenspitze bis Spitze des Mittelfingers (20 cm)
Schritt = Entfernung der schreitenden Füße (75 cm)

Ausgewanderte Grundwörter für Komposita

Achsel: Blatt-
Ader: Blatt-, Erz-, Wasser-
Arm: Fluß-, Hebel-, Kraft-, Meeres-, Signal-, Wasser-
Auge: Bull-, Fett-, Kartoffel-, Ochsen-, Würfel-
Backen: Brems-, Schleif-
Bart: Gems-, Schlüssel-, Spitz-, Ziegen-
Bauch: Flaschen-, Kannen-, Schiffs-, Wellen-
Bein: Falz-, Stuhl-, Tisch-
Buckel: Schild-
Busen: Meer-
Fuß: Berg-, Drei-, Lampen-, Schrank-, Vers-, Zins-
Hals: Flaschen-, Geigen-, Noten-
Hand: Rück-, Treu-, Vor-
Kehle: Dach-, Hohl-
Kopf: Brücken-, Kohl-, Kreuz-, Nagel-, Nadel-, Noten-, Pfeifen-
Körper: Fremd-, Heiz-, Klang-, Lehr-, Streich-
Mund: Gletscher-
Nagel: Eisen-, Holz-, Nied-, Sarg-
Nase: Berg-, Felsen-, Pech-, Topf-
Ohr: Blatt-, Buch-, Nadel-
Rippe: Berg-, Blatt-, Kühl-, Tabak-
Rücken: Berg-, Buch-, Hand-, Höhen-, Land-, Messer-, Nasen-
Scheitel: Winkel-
Schenkel: Winkel-, Zirkel-
Sehne: Bogen-, Kreis-
Sohle: Brunnen-, Schacht-, Tal-
Wirbel: Fenster-, Fluß-, Geigen-, Wasser-
Zahn: Blattrand-, Kamm-, Rad-, Säge-
Zunge: Gletscher-, Land-, Metall-, Schuh-, Waagen-, Weichen-

Vom Konkreten zum Abstrakten

Adjektiva
einleuchtend (ohne das Auge)
unerhört (ohne das Ohr)
haarsträubend (ohne das Haar)

begreiflich (ohne den Tastsinn)
geschmacklos (ohne den Geschmackssinn)
hellhörig (ohne das Ohr)
handlich (ohne daß es die Hand greift)
einsichtig (ohne das Auge)

Verben

handeln (durchaus nicht nur mit der Hand)
handhaben (auch ohne Hand)
begreifen (einsehen, ohne daß man greift)
mitfühlen (auch ohne daß man fühlt)
erfassen, sich befassen (auch ohne Hände)
fußen (ohne daß der Fuß berührt)
fingern (ohne daß die Finger greifen)
drosseln (ohne daß man an die Drossel faßt)
fesseln (ohne daß man an die Fessel legt)

Substantiva

Bild (auch ohne Augen)
Augenblick (kurze Zeitdauer, auch ohne Augen)
Blick (nicht nur, was man blickt)
Anschauung (auch ohne daß man schaut)
Geruch (auch ohne daß die Nase Eindrücke vermittelt)

Übertragungen in die Zoologie

Arm: zum Arm gehört etwas, was greift, zupackt, umschlingt. Daher „Arm" beim Tintenfisch, Seestern und Polyp. Soweit aber die „Arme" auch zum Gehen geeignet sind, können sie auch „Beine" heißen. Der Tintenfisch umgreift mit den Armen, die er aber auch wie Beine bewegt.

Fuß: etwas, das zum Fortbewegen dient. Daher auch bei der Muschel. — In der Fachsprache als -poden verwendet, wobei aber jetzt Bein (und nicht Fuß!) gemeint ist. Hexapoden sind zunächst *Sechsfüßer,* aber die Insekten müßten besser Sechsbeiner heißen. — Der Fuß ist ursprünglich nur ein Teil des Beines.

Sohle: heißt die Lauffläche bei den Fortbewegungsorganen. Daher die Fußsohle beim Menschen, aber auch die Sohle des Fußes der Schnecke.

Zahn: maßgebend ist die Form (spitz) und Konsistenz (hart), jedoch nicht der Ort. Daher tragen die Haie Hautzähne, d. h. Zähne in der Haut, aber auch wie fast alle Wirbeltiere im Maul. Die Fische tragen gewöhnlich Schuppen.

Mund: befindet sich am Eingang zum Verdauungsrohr. Daher haben auch Schnecken, Seeigel, Regenwürmer und Seesterne einen Mund. Die gegliederten Teile am Mundeingang der Insekten heißen Mundgliedmaßen. Auch Muscheln haben einen Mund, wenngleich der Kopf fehlt; er ist zum Mund nicht nötig.

Ohr: Mit Ohr bezeichnen wir gewöhnlich nur das äußere Ohr (= Ohrmuschel). In Verlegenheit gerät der Namensgeber, wenn er nicht wie bei Mensch und Säugetieren die äußeren Ohren am Kopf findet. Man muß dann besonders bemerken, daß z. B. Lurche ein Mittel- und Innenohr und Fische ein Innenohr haben. Heuschrecken haben am 1. Beinpaar ein „Hörorgan".

d. *Einige Ergebnisse der Untersuchung*

Erstaunlich ist die im ganzen gesehen geringe Zahl der eigenständigen deutschen Namen um den menschlichen Körper. Wir besitzen an ihm wichtige und auffällige Teile, die wir nicht mit einem deutschen Namen bezeichnen können. Z. B. können wir den zweiköpfigen Oberarmmuskel, kurz „Biceps" genannt, nicht umgangssprachlich angeben. Wir sagen (nach seiner Aufgabe) zwar „Armbeuger", aber das Wort wird kaum allgemein verwendet. — Wir kennen z. B. nur *eine* Fußzehe, die große Zehe, mit Namen; alle anderen sind die „übrigen" Zehen. — Wir können nicht einmal die Form unserer Ohrmuschel beschreiben. Nur das Ohrläppchen wird bezeichnet; denn wer kennt schon den Gegenbock (*Antitragus*) oder die Ohrleiste (*Helix*)?

Es fällt auf, daß meistens Stammwörter verwendet werden, die bis ins Idg. oder Ahd. zurückreichen. Spätere Ableitungen und Neuschöpfungen sind relativ selten. Aus dem Ahd. stammen etwa (um Beispiele zu nennen): Achsel, Ader, After, Arm, Arsch, Auge, Backe, Bart, Bauch, Becken, Bein, Blase, Blut, Braue, Brust, Busen, Darm, Daumen, Drüse, Fell, Ferse, Finger, Fuß, Gaumen usf.

Entlehnt sind Knochen, Knorpel, Körper, Lippe, Muskel, Nerv, Scheide, Weiche usf. Wir wissen auch, wann diese Bezeichnungen zuerst auftraten. So werden z. B. Zirbel und Speiche erst seit dem 18. Jahrhundert verwendet.

Sehr genau wird die Oberfläche des Körpers beobachtet (vgl. S. 468 ff.). Daher gibt es einen verhältnismäßig großen Vokabelschatz für die Haut und alle nur möglichen Veränderungen und Abweichungen nach Farbe, Form und Beschaffenheit.

Wir benennen auffällige Körperstellen und Oberflächenformen mit allgemeinen Namen und bilden dabei gern Komposita, wenn andere Namen fehlen. Ein oft gebrauchtes Grundwort ist z. B. -furche. Wir unterscheiden u. a. am Körper eine Stirn-, Schläfen-, Kinnlippen-, Oberlippenfurche usw.

Die Teile im Innern des Körpers kennen wir oft nur schlecht und können sie nicht benennen. Hier müssen wir Lehnübersetzungen bilden und Lehnwörter aus den wissenschaftlichen Fachnamen, so etwa für die Teile des Gehirns. Beispiele für Lehnübersetzungen sind u. a. Fortsatz (lat. *processus*) in Wurmfortsatz, Höhle (lat. *cavum*) in Brusthöhle, Körper (lat. *corpus*) in Gelbkörper, Lappen (lat. *lobus*) in Lungenlappen usf.

Bemerkenswert ist weiter, daß, von Ausnahmen abgesehen, fast alle Namen auch in der Zoologie verwendet werden. Sie wanderten wohl häufiger ein als aus, weil — historisch gesehen — die Anatomie des Wirbeltierkörpers früher untersucht wurde als die des Menschen. Jagd- und Haustiere und ihr Körper sind aber gut bekannt.

Die *nur* für den Menschen gebrauchten Bezeichnungen entsprechen seiner besonderen, vom Wirbeltierkörper abweichenden äußeren Anatomie. Ihm allein gehören z. B. Damm, Brüste, Kinn, Busen, Gesäß und Achsel. Schulter und Mund sind bereits ausgewandert: Schulter wird auch von Säugetieren gesagt (z. B. Rind), und Mund wird für viele wirbellose Tiere verwendet.

2. Über die Redensarten um den menschlichen Körper

In unserer Umgangssprache sind viele sprichwörtliche Redensarten um den menschlichen Körper zuhause. Eine fleißige Sammlung solcher nach dem Alphabet geordneten Redensarten aus allen Bereichen enthält das Buch von *Borchardt-Wustmann-Schoppe*. Wertvoller noch wäre eine Sammlung und Ordnung nach den Inhalten, die bis jetzt noch nicht befriedigend vorgenommen worden ist. Wenn man Redensarten um den menschlichen Körper — es sind viele Hunderte — sammelt und vergleicht, kann man mancherlei Entdeckungen machen:

a. Bei weitem die meisten Redensarten befassen sich mit dem *ruhenden Körper* und seinen Eigenschaften. Auffällig ist dabei, daß allein gegen 100 von ihnen das *Auge* und die *Hand* (vermehrt um *Faust, Daumen* und *Finger*) zum Gegenstand haben, also Teile des Körpers, durch die wir, nächst dem gesprochenen Wort und der mimischen Muskulatur, unsere Stimmungen, Regungen und Absichten auszudrücken pflegen.

b. Vom *Kopf* werden auch *Nase, Ohr, Bart, Gesicht, Haar, Lippe, Mund, Stirn, Zähne* und *Zunge* in vielen Redensarten verwendet. Von den Gliedmaßen sind *Hand* und *Arm, Fuß* und *Bein* anzutreffen. Von den Eingeweiden *Leber, Magen* und *Niere,* wenn man von dem *Herzen* absieht, das freilich — ähnlich wie die Begriffe *Ader* und *Blut* — nicht in der ursprünglichen Bedeutung (= Hohlmuskel) verwendet, sondern vielfältig übertragen wird.

c. Eine kleine Reihe von Redensarten beschreibt den *tätigen Körper,* an dem sich Lebensvorgänge, normale und außergewöhnliche vor den Augen des Beobachters abspielen. Stimmungs- und Gefühlsausdrücke, wie Freude, Trauer, Wut, Ärger, Ekel und Wohlgefallen werden mit drastischen Redensarten, oft auch mit humorvollen Übertreibungen (Hyperbel) ausgedrückt.

d. Wieder andere Redensarten lassen sich um den *kranken Körper* sammeln. Es ist bezeichnend, daß dabei der Volksmund vor allem die unliebsamen Zwischenfälle benennt, die bei der Ernährung auftreten. Besonders aber gilt den Störungen sein Augenmerk, die sich im geistigen Bereich mitunter einstellen können.

e. Für den *Lebensablauf* und seine Stufen verwenden wir gern sprichwörtliche Redensarten, da sie unverblümt die Dinge nennen, die wir in der gehobenen Sprache zu verhüllen pflegen. Redensarten um die *Zeugung, Schwangerschaft* und *Geburt,* aber auch um den *Tod* sind häufig.

f. Eine große Zahl weiterer Redensarten (sicher um 200), die sich um den menschlichen Körper drehen, sind eingewandert und werden aus der Zoologie entliehen. Aussehen und Lebensgewohnheiten von Haustieren und wildlebenden Tieren werden häufig verglichen. Man wird diese Redensarten z. T. bei der „Jägersprache" (s. S. 147) und „Bauernsprache" (s. S. 455) wiederfinden. „Die Ohren hangen lassen" und „die Zähne zeigen" stammen vom Jagdhund usw. Dergleichen Wendungen sind erst später auch auf den Menschen angewendet worden. Sie haben dann ihre Bedeutung erweitert.

g. Den Philologen mag interessieren, daß wir natürlich auch stehende Redensarten vom menschlichen Körper verwenden, die sich literarisch belegen lassen und die in die Umgangssprache einwanderten. So ist etwa die Zahl der biblischen Zitate um den menschlichen Körper nicht klein. Die Redensarten können auch

zum Spiegel der Kulturgeschichte werden, da wir sie oft zäh in der Umgangssprache bewahren.
Im Folgenden können nur Beispiele gegeben werden, wie es der Absicht dieses Beitrages entspricht.

a. *Die eigenständigen Redensarten*

Redensarten um den gesunden Menschen

Redensarten zur Gestik

die Arme über dem Kopf zusammenschlagen → Zeichen der Verwunderung
die Augen niederschlagen → Zeichen der Beschämung
die Faust unter die Nase halten → Zeichen der Überlegenheit
mit dem Finger auf jemanden zeigen → Zeichen der Bloßstellung
einen Fingerzeig geben → Zeichen der Hilfsbereitschaft
ein langes Gesicht machen → Zeichen der Enttäuschung
die Hände in den Schoß legen → Zeichen der Untätigkeit
sich die Hände reiben → Zeichen der Schadenfreude
sich die Hand reichen → Zeichen der Versöhnung
die Hände vors Gesicht halten → Zeichen der Trauer, Scham, Enttäuschung
die Hände über dem Kopf zusammenschlagen → Zeichen der Verwunderung
den Kopf hängen lassen → Zeichen der Niedergeschlagenheit
auf den Knien rutschen → Zeichen der Unterwürfigkeit
sich auf die Knie werfen → Zeichen der Unterwürfigkeit
sich auf die Lippen beißen → Zeichen der Verlegenheit
sich hinter dem Ohr kratzen → Zeichen der Verlegenheit, auch Übersprunghandl.
in die Hände klatschen → Zeichen der Freude, Zustimmung

Übertreibungen (Hyperbel)

Viele sprichwörtliche Redensarten beschreiben in starker Übertreibung besondere Zustände. Dafür einige Beispiele.
Jemand weint. Er weint sehr. *Er flennt Rotz und Wasser. Er schwimmt in Tränen. Er zerfließt* schließlich *in Tränen.* Am Ende *hat er sich die Augen ausgeweint,* d. h. es wird nur eine begrenzte Menge von Tränenflüssigkeit sezerniert. — Beim Weinen schreit man häufig. Das Kind *brüllt sich die Lunge aus dem Hals.* Es schreit *sich die Lunge aus dem Leibe.* Es schreit *aus vollem Hals.* Es schreit *aus Leibeskräften*, es schreit *herzerweichend.* Endlich: *es schreit wie am Spieß.*
Eine andere starke Gemütsbewegung ist das Lachen. *Ich lache mich scheckig* (soll vielleicht heißen, bis das Gesicht rotfleckig wird?). *Ich lache mir einen Ast.* Hier ist natürlich der Buckel gemeint. Der ganze Körper wird beim Lachen so erschüttert, daß er nach vorn gebeugt wird, dabei werden die Handflächen auf den Leib gelegt. Daher *halte ich mir den Bauch vor Lachen.* Ich kann mir sogar *einen Bruch lachen.* (Das muß leider sogar in seltenen Fällen wörtlich verstanden werden.) Beim Lachen wird das Zwerchfell heftig bewegt. Daher gibt es *zwerchfellerschütterndes* Lachen und Witze, die *das Zwerchfell erschüttern.*
Wenn ich sehr lange auf etwas warten muß, so stehe *ich mir die Beine in den Bauch.* Wenn ich auf einen anderen heftig und unablässig einrede, so *rede ich ihm ein Loch in den Bauch.*

Jemand kann sogar *mit dem Kopf durch die Wand rennen,* ja er kann sogar *vor Wut platzen.* Oder *er fährt aus der Haut,* nachdem er vorher *den Kopf verloren* hatte. — Man kann einem anderen *auf dem Kopf herumtanzen,* man kann ihm sogar *die Haare vom Kopf fressen.*
Harmloser ist es, wenn man sich nur *die Zähne ausbeißt* oder *an den Lippen* eines anderen *hängt.* Schlimmer wäre es, wenn mir etwas nicht nur *bis zum Hals steht,* sondern *aus dem Hals heraushängt!*

Redensarten um den kranken Menschen
Viele sprichwörtliche Redensarten befassen sich mit dem kranken Körper. Diese Spracheigentümlichkeiten werden oft sehr zäh bewahrt und sind mitunter jahrhundertelang in der Umgangssprache zuhause.
Wenn unsere Augenlinse trüb wird, bekommt das Auge einen starren Ausdruck; es hat den *grauen Star.* Quacksalber verstanden früher, den Star zu „operieren". Sie rissen durch einen gezielten Stoß mit einem spitzen Gegenstand die Linse aus ihrer Aufhängung und stießen sie in den unteren Bereich des Glaskörpers zurück. So wurde der *Star gestochen,* d. h. das Sehvermögen vorübergehend verbessert. Den eben Operierten *fiel es wie Schuppen von den Augen.* Heute verstehen wir unter „Star stechen" nur noch eine derbe Zurechtweisung.
Wenn wir jemanden schonungslos aufklären, so *ziehen wir ihm den Nerv.* Jeder weiß, welcher Schmerz uns ein Zahn bereiten kann. Aber es ist kaum weniger schmerzhaft, wenn der Zahnarzt *auf den Nerv fühlt.* — Harmlos ist es, wenn der Arzt *den Puls fühlt.* Wenn wir dagegen *auf Herz und Nieren* geprüft werden, so ist eine genaue Untersuchung nötig. Man kann jemanden *zur Ader lassen,* ohne ihm Blut abzunehmen, man braucht ihm auch nicht *Öl in die Wunden zu gießen,* wenn man bessere Hilfsmittel kennt.
Eine Arznei einzunehmen, ist nicht immer ein Vergnügen. Wenn wir *etwas herunterschlucken,* braucht es durchaus nicht die Speiseröhre zu passieren. Wir dürfen uns nicht *verschlucken.* Es ist unangenehm, vielleicht sogar gefährlich, wenn etwas *in die falsche Kehle (in den falschen Hals)* gerät. Wenn wir etwas schwer Verdauliches verschlucken, dann *liegt es uns oft wie Blei im Magen.* Aber auch andere unangenehme Dinge können uns ähnlich quälen. Oft *finden wir ein Haar in der Suppe,* aber wir müssen *unsere Suppe auslöffeln,* auch wenn sie *einen bitteren Beigeschmack hat.* Auch eine seelische Erschütterung kann sich uns *auf den Magen schlagen.*
Wenn jemand *auf den Kopf gefallen* ist, zeigt er Störungen, die nicht von einem solchen Unfall herzurühren brauchen. Jemand dagegen, der nicht auf den Kopf gefallen ist, fällt auf, weil er besonders vorteilhaft seine geistigen Kräfte einzusetzen versteht.
Manche Menschen *werden gelb vor Neid,* d. h. sie bekommen die Gelbsucht. Dasselbe tritt ein, wenn jemandem *die Galle überläuft* oder wenn ihm *die Galle aufsteigt.* — Von seelischen Eindrücken ist auch die Blutverteilung abhängig. So kann man auch *blaß vor Neid* werden oder *rot vor Wut.* Das Wechselspiel von Sympathikus und Vagus spielt dabei eine große Rolle. Jemand *schwitzt vor Angst,* ein anderer *sperrt Maul und Nase auf* und hält damit *Maulaffen feil* (entstanden aus: das Maul offen halten), einem dritten *bleibt der Bissen im Halse stecken* und der *Hals ist* ihm *wie zugeschnürt,* einem anderen schließlich *läuft das Wasser im Mund zusammen* oder *der Mund wird* ihm *wässerig.*

Nicht immer kann der Arzt den kranken Menschen helfen, mitunter wird es aber von ihm auch gar nicht erwartet. Denn die Umgangssprache kennt viele Redensarten, die wohl teilweise in der Krankenstube entstanden sein mögen, aber längst auswanderten und jetzt übertragen gebraucht werden. Man kann *auf den Mund gefallen* sein, *den Kopf verlieren* oder sogar *zerbrechen, sich in die Finger schneiden, sich den Mund verbrennen, ohne Kopf herumlaufen, sich ins eigene Fleisch schneiden* und so angestrengt arbeiten, daß *der Kopf raucht und die Schwarte kracht.*

b. *Redensarten aus der Zoologie*

Zunächst muß auf die Redensarten verwiesen werden, die sich um Haustiere (s. S. 459) und jagdbare Tiere (s. S. 453 ff) drehen. An weiteren Beispielen ist leicht zu zeigen, wie stark die Tierwelt auch sonst in die sprichwörtlichen Redensarten eingewandert ist.

Aal: sich wie ein Aal winden
Affe: jemand hat an einem andern einen Affen gefressen
Ameise: sich auf einen Ameisenhaufen setzen
Bär: sich an der Nase herumführen lassen; Honig um den Bart schmieren; nach jemandes Pfeife tanzen
Biene: etwas läßt einen Stachel zurück
Eule: wie eine Eule unter Krähen leben; Eulen nach Athen tragen
Fisch: nach Luft schnappen
Fliege: keiner Fliege etwas zu leide tun
Floh: aus einem Floh einen Elefanten machen; jemandem einen Floh ins Ohr setzen;
die Flöhe husten hören; Flöhe hüten
Frosch: einen Frosch im Hals haben
Gans: eine Gänsehaut kriegen
Hase: einen übers Ohr hauen; Nackenschläge erleiden
Hahn: jemandem schwillt der Kamm
Hummel: Hummeln im Gesäß haben
Hund: die Lippen nach etwas lecken
Katze: auf alle Viere fallen; die Krallen zeigen
Krokodil: Krokodilstränen (heuchlerische Tränen) vergießen
Kuckuck: jemandem ein Kuckucksei ins Nest legen
Laus: jemandem ist eine Laus über die Leber gelaufen
Maus: sich ins Mauseloch verkriechen
Mücke: Mücken im Kopf haben
Muschel: ein Muschelleben (zurückgezogenes Leben) führen
Ochse: ein Brett vor dem Kopf haben
Rabe: wie ein Rabe stehlen
Schnecke: seine Fühler ausstrecken; Stielaugen machen
Schaf: alles über einen Kamm scheren; ein dickes Fell haben
Schwein: seine Nase in alles stecken; den Hals nicht voll genug kriegen (auch von anderen Tieren gesagt)
Spatz: Spatzen unter der Mütze tragen; wie ein Rohrspatz schimpfen
Spinne: jemandem spinnefeind sein

Strauß: den Kopf in den Sand stecken
Taube: gebratene Tauben fliegen in den Mund
Wespe: in ein Wespennest greifen
Wolf: sich wie ein Wolf im Schafstall benehmen
Wurm: sich wie ein Wurm krümmen; die Würmer aus der Nase ziehen.

c. *Redensarten aus anderen Quellen*

Biblische Zitate

jemanden wie seinen Augapfel hüten → 5. Mose 32.10 und Psalm 17.8
durch die Finger sehen (nachsichtig sein) → 3. Mose 20.4
auf tönernen Füßen stehen (sinngemäß) → Daniel 2.31 ff.
die Hände in Unschuld waschen — Matth. 27.24 und Psalm 73.13
auf den Händen tragen → Psalm 91.12
ein Herz und eine Seele sein → Apg. 4.32
jemanden auf Herz und Nieren prüfen → Psalm 7.10
es fällt ihm wie Schuppen von den Augen → Ap. Gesch. 9.18
Lasse deine linke Hand nicht wissen, was die rechte tut → Matth. 6.3
feurige Kohlen aufs Haupt sammeln → Apg. 12.20
aus seinem Herzen keine Mördergrube machen → Matth. 21.13 und Jerem. 7.11

Aus dem Mittelalter

jemandem eines auswischen → ein Auge zerstören; mittelalterliche Strafmaßnahme
einem den Daumen aufs Auge setzen → gilt urspr. für den im Zwei-Kampf Unterlegenen; ähnlich: jem. das Messer an die Kehle setzen
jemandem Daumenschrauben ansetzen → mittelalterl. Folter; unter großen Druck setzen
den Fuß auf den Nacken setzen → Zeichen der Überlegenheit
auf freien Fuß sein, leben → aus der mittelalterl. Rechtsprache; ohne Freiheitsbeschränkung
jemandem die Hände binden → Bild aus dem Gerichtswesen; unfähig machen zu etwas
das Recht mit Füßen treten → mittelalterl. Strafmaßnahme, durch die Wucherer und Ehebrecher bestraft wurden
für etwas die Hand ins Feuer legen → mittelalterl. Gottesurteil
seine Henkersmahlzeit halten → der zum Tod Verurteilte durfte sich sein Lieblingsgericht als letztes Mahl wünschen
einen Hexenschuß bekommen → der plötzliche Schmerz in der Kreuzgegend wurde nach mittelalterl. Vorstellungen durch Pfeilschüsse von Hexen erzeugt
eine Lanze für jemanden brechen → Sekundant verteidigt im mittelalterl. Zweikampf seinen Schützling
etwas am Bein haben → aus der mittelalterl. Justiz; Gewichte, die eine Flucht verhindern.

VI. Folgerungen und Ergebnisse

1. Wenn deutsche Tier- und Pflanzennamen verwendet werden, besteht eine Schwierigkeit: wir brauchen eindeutige Bezeichnungen. Wir haben den Synonyma (mehrere Namen für *eine* Art, z. B. Dompfaff und Gimpel) und Homonyma (derselbe Name für Lebewesen verschiedener Arten, z. B. Butterblume) Rechnung zu tragen. Bei den Synonyma muß der allgemein übliche und verständliche Name unter den anderen ausgewählt und verwendet werden; bei den Homonyma (wenn sie sich nicht vermeiden lassen) darf eine erklärende Beifügung nicht fehlen. In beiden Fällen kann nur einwandfrei der beigegebene wissenschaftliche Name klären.

2. Unsere Schulbücher, die Pflanzen und Tiere zum Gegenstand haben, meist „Pflanzenkunde" und „Tierkunde" genannt, entsprechen diesem Bedürfnis nach Eindeutigkeit auf zweierlei Weise:
a. Sie setzen die wissenschaftliche Bezeichnung stets hinter den deutschen Namen in Klammern hinzu und erfüllen so diese Forderung.
b. Sie fügen dem deutschen Register ein alphabetisches Register aller fachwissenschaftlichen Namen hinzu, in dem beide Namen einander zugeordnet werden. Unsere Biologiebücher für die Oberstufe sollten aber ebenso die Zweisprachigkeit übernehmen (was durchaus nicht alle tun). Die wissenschaftlichen Namen für die Stämme und Klassen z. B. sollten neben den deutschen Namen nicht fehlen; sie belasten das Gedächtnis sicher nicht.

3. Wir erkennen, daß unsere Fachsprache mit der deutschen Umgangssprache eng verknüpft ist. Daher gehören auch in die Biologiestunde bei passender Gelegenheit Mitteilungen, die ebenso in den Deutschunterricht passen. Worterklärungen sind seit von Nutzen, wie wir sie in Band 3, S. 199 ff. und im vorliegenden Band, S. 468 ff. geben. Denn mit der Erklärung eines Namens gewinnen wir oft auch fachliche Kenntnisse, mitunter geben wir dem Gedächtnis wertvolle Hilfen, schließlich entdecken wir nicht selten historische Zusammenhänge (z. B. Pförtner, Nerv, Muskel usf.). Sprachwissenschaft und Biologie können sich in fruchtbarer Zusammenarbeit treffen.

4. An jeder Schule, die Fremdsprachenunterricht erteilt (besonders in Latein) wird man mit Gewinn Lehnübersetzungen und Wortneuschöpfungen mit fremden Sprachbestandteilen, wie sie die Biologie verwendet, sprachlich erklären. Die nicht vermeidbaren Fremdwörter haften dann besser im Gedächtnis, wenn der Schüler erfährt, wie es zu einem Kunstwort oder Fachwort kam. Hier erweist sich u. a., daß die Sprache getreu bewahrt, auch wenn die Voraussetzungen für Wortschöpfungen sich verändern (z. B. Vitamin, Enzym usf.). Auch der Biologe kann Beispiele für Bedeutungserweiterungen, -einengungen, -veränderungen ohne Mühe in seiner Fachsprache finden.

5. Viele Berufe haben sich mit den Objekten der Biologie, mit Pflanzen und Tieren, zu beschäftigen. Der Landwirt, Gärtner, Winzer, Jäger, Imker, Fischer und Hirte verwenden in ihrer Sprache einen zusätzlichen Wortschatz, der von den Gegenständen und Tätigkeiten ihres Berufes beigesteuert wird. Manches aus diesem besonderen Sprachgut ist auch sprachliches Allgemeingut geworden und bereichert damit unsere Umgangssprache um einen wertvollen Bestandteil. Wir begegnen ihm oft besonders in Redensarten, sogar Sprichwörtern.

6. Schließlich muß noch auf einen Bestandteil der biologischen Fachsprache verwiesen werden, dem eine besondere Aufgabe zukommt. Wir müssen mit dem Wortschatz der Umgangssprache nicht allein unseren gesunden Körper mit seinen Lebensäußerungen, sondern auch den kranken Körper mit seinen Veränderungen beschreiben können. Der Arzt, der dem Patienten helfen will, muß umgekehrt mit den einfachen Worten der Umgangssprache erklären können, was ihm mit der medizinischen Fachsprache mühelos gelänge. Die Sprache ist Mittlerin.

Literatur

Borchardt - Wustmann - Schoppe: Die sprichwörtlichen Redensarten im deutschen Volksmund, Leipzig 1955
Carl, H.: Die deutschen Pflanzen- und Tiernamen, Quelle & Meyer, Heidelberg 1957
Carl, H. und *Alschner, R.:* Naturkunde im Deutschunterricht, Dürrsche Buchhandlung, Bad Godesberg 1966
Carl, H.: „Praktische Menschenkunde" in Handbuch der praktischen und experimentellen Schulbiologie, herausgegeben von Falkenhan, Aulis Köln 1970
Duden, Der Große: Herkunftswörterbuch (Etymologie), Dudenverlag, Mannheim 1963
Duden, Der Große: Stilwörterbuch, Dudenverlag, Mannheim 1963
Duden, Der Große: Vergleichendes Synonymenwörterbuch, Dudenverlag, Mannheim 1964
Frevert, W.: Wörterbuch der Jägereien, Paul Parey, Hamburg 1954
Kluge, F.: Etymologisches Wörterbuch der deutschen Sprache, De Gruyter, Berlin 1957
Krüger-Lorenzen, K.: Das geht auf keine Kuhhaut, Econ, Düsseldorf 1960
Küpper, H.: Wörterbuch der deutschen Umgangssprache, Claasen, Hamburg 1963
Mackensen, L.: Die deutsche Sprache in unserer Zeit, Quelle & Meyer, Heidelberg 1966
Pschyrembel, W.: Klinisches Wörterbuch, De Gruyter, Berlin 1975
Seufert, G.: Farbnamenlexikon von A bis Z, Musterschmidt 1955
Triepel, H. und *Herrlinger, R.:* Die anatomischen Namen, ihre Herleitung und Aussprache, Bergmann, München 1957
Wahrig, G.: Das große deutsche Wörterbuch, Bertelsmann, Gütersloh 1966
Wasserzieher, E.: Ableitendes Wörterbuch der deutschen Sprache, Dümmler, Bonn 1960
Wehrle, H. und *Eggers, W.:* Deutscher Wortschatz, ein Wegweiser zu treffendem Ausdruck, Klett, Stuttgart 1963
Wolf, F.: Moderne deutsche Idiomatik, Max Hueber Verlag, München 1966

Weitere Quellen in Zeitschriften:
Carl, H.: „Die Maus im Sprachgebrauch", Muttersprache, Heliand, Lüneburg 1955
Carl, H.: „Deutsche Pflanzen- und Tiernamen für Praxis und Volksbildung", Sprachforum, Böhlau, Köln 1955
Carl, H.: „Vom Sprachgebrauch der Frucht", Praxis der Biologie, Aulis, Köln 1957
Carl, H.: „Zur Problematik der naturwissenschaftlichen Fachsprachen", MNU, Dümmler, Bonn 1958
Carl, H.: „Tiernamen bilden Verben", Wirkendes Wort, Schwann, Düsseldorf 1958
Carl, H.: „Sprachstudien an der Schlange", Muttersprache, Heliand, Lüneburg 1959
Carl, H.: „Der menschliche Körper in der Umgangssprache", Muttersprache, Heliand, Lüneburg 1960
Carl, H.: „Biologie im Deutschunterricht", Zeitschr. f. Naturlehre und Naturkunde, Aulis, Köln 1961
Carl, H.: „Deutsche Wortfamilien in der Fachsprache des Biologen", Muttersprache, Heliand, Lüneburg 1961
Carl, H.: „Unsere Haustiere in sprichwörtlichen Redensarten" Muttersprache, Heliand, Lüneburg 1962
Carl, H.: „Die Jägersprache in der Schule", Zeitschr. f. Naturlehre u. Naturkunde, Aulis, Köln 1963
Carl, H.: „Sprichwörtliche Redensarten um den menschlichen Körper", Die Natur, Spectrum, Stuttgart 1963
Carl, H.: „Auf den Busch geklopft", Die Natur, Spectrum, Stuttgart 1964
Carl, H.: „Die deutschen Pflanzen- und Tiernamen", Muttersprache, Bibliogr. Institut, Mannheim 1966
Carl, H.: „Sprachliche Merkwürdigkeiten am menschlichen Körper", Praxis der Biologie, Aulis, Köln 1967

UMWELTSCHUTZ

Von Studiendirektor Dr. Wolfgang Odzuck

München-Glonn

EINLEITUNG

Zur *Umwelt* gehören alle anorganischen (abiotischen) und organischen (biotischen) Faktoren, von denen das Leben eines Organismus abhängt. Abiotische Faktoren sind materieller (Wasser, Boden) oder energetischer Natur (Sonnenstrahlung), biotische meist andere Organismen (nach *Knodel* und *Kull*).

(1) Umwelt eines Lebewesens = abiotische + biotische Faktoren

Die ursprüngliche Umwelt der Lebewesen hat etwa seit 1800, besonders aber nach 1945 entscheidende, meist nachteilige Veränderungen erfahren. Sie sind oft so gravierend, daß Maßnahmen zum Schutz der Umwelt nötig sind, um das Weiterleben vieler Arten zu ermöglichen (siehe Band 4/1: *Stengel* — Umweltschutz, S. 352 ff.).

Mit den Ursachen dieser Veränderungen, ihren nachweisbaren Auswirkungen auf die ökologischen Strukturen, Funktionen und Ökosysteme, und Maßnahmen zum Erhalt einer gesunden Umwelt beschäftigt sich der folgende Beitrag.

In der *Praxis* können die theoretischen Grundlagen, viele Untersuchungen und alle Auswertungen in der Schule erarbeitet werden. Häufig müssen jedoch Proben von außerhalb der Schule besorgt werden, auch halbtägige Exkursionen sind nötig.

Unter „*Didaktik*" wird bei den einzelnen Untersuchungen vermerkt, ob ihre Durchführung in der Unter-, Mittel- oder Kollegstufe erfolgen soll und, ob sie als selbständige Einzelaufgabe, im Klassenverband, in einer Arbeitsgemeinschaft oder in und mit einem Leistungskurs sinnvoll ist.

Folgende *Abkürzungen, Einheiten und Definitionen* werden häufig im Bereich des Umweltschutzes angewandt:

Zeiten: a = Jahr, d = Tag, h = Stunde

Belastung und Belastbarkeit:

Belastung: b

Art der Belastung mit Index: Z. B. durch SO_2 : b_{SO_2}

Unter Belastung versteht man dabei alle nicht zum normalen Haushalt gehörigen Einwirkungen eines oder mehrerer Faktoren *(Ellenberg)*.

Belastbarkeit: B

Belastbarkeit durch SO_2 : B_{SO_2}

Die Belastbarkeit ergibt sich aus der Empfindlichkeit eines Ökosystems gegen Belastungen und seiner Regenerationsfähigkeit.

Luftverunreinigung:

Konzentration: mg/m^3

Verdünnung: ppm = parts per million = 1 : 1 000 000

Umrechnung: ppm in mg/m³

$$\text{ppm} = \frac{24}{M} \cdot \text{mg/m}^3 \quad (M = \text{Molekulargewicht})$$

Z. B. hatte München im Februar 1974 eine mittlere SO_2-Belastung von 0,05 mg/m³.
MIK: Maximale-Immissions-Konzentration (siehe B.II.1)
MAK: Maximale-Arbeitsplatz-Konzentration

Wasserverunreinigung:

O_2-Gehalt des Wassers: mg/l
Sauerstoffzehrung: mg/l
Die Sauerstoffzehrung ergibt sich aus der Differenz einer ersten Sauerstoffbestimmung und einer zweiten 48 Stunden später (B.II.2).
BSB: Biochemischer Sauerstoffbedarf
BSB-Wert: Menge an O_2, die benötigt wird, um die tägliche Abwassermenge einer Person mikrobiell abzubauen (errechnet mit 54 g O_2 oder 37 l O_2).
BSB_5-Wert: Geht von der Annahme aus, daß der Abbau nach 5 Tagen vollzogen ist.
Gewässergüteklassen (Saprobiensystem):
I = Oligosaprobe Stufe — kaum verunreinigte Gewässer, Keimzahl $<$ 100/ml, Zeigerpflanzen einige Kiesel-, Joch-, Grün- und Rotalgen.
II = β-mesosaprobe Stufe — schwach verunreinigt, Keimzahl $<$ 10 000/ml, Hauptverbreitung von Kiesel-, Joch- und Grünalgen.
III = α-mesosaprobe Stufe — stark verunreinigt, Keimzahl $<$ 100 000/ml, Zeigerpflanzen sind Blau-, Kiesel-, Grünalgen. Typische Wasserblüten.
IV = Polysaprobe Stufe — sehr stark verunreinigt, Keimzahl $>$ 1 000 000/ml, Algen fehlen, Abwasserpilze treten auf.

Lärm:

Einheit: dB = Dezibel, zehnter Teil eines Bel, logarithmisches Maß für die Lautstärke; eine Zunahme um 10 dB entspricht einer Verdopplung der Lautstärkewahrnehmung (B.II.3)

Strahlenbelastung:

1 Curie: Einheit der Aktivität radioaktiver Stoffe. Menge einer radioaktiven Substanz, die $3{,}7 \cdot 10^{10}$ Teilchen/s ausstrahlt (gleichgültig ob α- oder β-Strahlen).
Röntgen (r): Einheit der Dosis der Strahlung (D), die beim Durchtritt durch Materie in dieser absorbiert wird.

$$D = 0{,}14 \; \frac{c\,t}{R^2} \quad (r)$$

c = mg, t = Minuten, R = Entfernung in cm

Müll.

Gewichtung: g/m²
Aufteilung in verschiedene Stoffklassen (B.II.5)

A. Neuartige Begrenzungs- und Regulationsfaktoren (Belastungsfaktoren)

Das Leben der Organismen wird gewöhnlich durch *naturbedingte Faktoren* (Klima, Geologie) begrenzt bzw. reguliert:
— Hemmstoffe verhindern das Keimen der Samen und erst ausreichende Wassermengen vermögen sie zu beseitigen.
— Feuer hemmt Wüstensträucher und fördert die Gräser.
— Die Tageslänge oder Photoperiode reguliert in den mittleren Breiten zahlreiche Vorgänge: Sie steuert das Vogelleben im Jahreslauf, das Blühen der Pflanzen (Lang- und Kurztagpflanzen) und die Fortpflanzung mancher Insekten.

Zu diesen seit jeher vorhandenen sind vor allem in den letzten Jahrzehnten *neuartige Faktoren* gekommen, die nachweislich begrenzend oder regulierend auf Organismen wirken und deren Auftreten die Ursache der Umweltbelastung der Lebewesen ist. Sie werden von nun an *als Belastungsfaktoren bezeichnet.* Sie gilt es zu erfassen und nachzuweisen:
(2)   Umweltbelastung = natürliche Umwelt + Belastungsfaktoren
in (1) Umweltbelastung = (abiot. und biot. Faktoren) + Belastungsfaktoren
oder Umweltbelastung = Standortfaktoren + Belastungsfaktoren

I. Dominieren der Population „Homo sapiens"

Der Mensch ist wie alle anderen Lebewesen ein Glied der Ökosysteme seiner Umwelt und damit den ökologischen Naturgesetzen unterworfen. Infolge seiner intellektuellen Fähigkeiten unterscheidet er sich jedoch von anderen Lebewesen:
— er macht sich von der Umwelt teilweise unabhängig
— er paßt die Umwelt seinen Bedürfnissen an
— er beherrscht die Umwelt

Dadurch wurde seine eigene Art sehr begünstigt.

Bis zum Jahr 1800 etwa lag die Geburtenrate nur unwesentlich über der Sterberate. Durch medizinische und hygienische Maßnahmen sank die Sterberate, während die Geburtenrate nahezu konstant blieb (siehe Band 3: Menschenkunde, S. 506, Abb. 8). Dies führte seither zu einer außerordentlichen Zunahme der Population *„Homo sapiens"* (siehe Band 3: Menschenkunde, S. 504, Tab. 22).

Ökologisch bedeutet aber bereits heute die vorhandene Menschenzahl das Dominieren einer Art, die entsprechend Lebensraum und Nahrungsanspruch auf Kosten anderer Lebewesen stellt. Sie ist ein neuartiger Begrenzungsfaktor für zahlreiche Organismen.

II. Sonstige Belastungsfaktoren und ihr chemischer oder physikalischer Nachweis

Um die Umwelt zu gestalten und zu beherrschen hat die menschliche Population technische Mittel entwickelt. Diese Werkzeuge werden mit Hilfe von Energie aus Rohstoffen produziert. Sowohl bei der Herstellung wie beim Gebrauch dieser Errungenschaften treten Nebenwirkungen auf, die die umgebenden Lebewesen einschließlich anderer Menschen (besonders bei hoher Bevölkerungsdichte wie in der BRD) beeinträchtigen (siehe auch Band 4/I — *Stengel:* Ökologie, S. 346 ff. und Umweltschutz, S. 352 ff.).

1. Luftverunreinigungen

Durch Hausbrand, Verkehr und Industrie gelangen Gase und Stäube in die Atmosphäre, meist infolge unvollständiger Verbrennung. Bereits mehr als 300 chem. Verbindungen der Luftverunreinigung sind bekannt.

— *Emissionen* (von lat. *emittere* = aussenden) sind luftverunreinigende Stoffe, die beim Verlassen einer Anlage in die Atmosphäre gelangen. Die Anlage ist der Emittent, der ausgestoßene Stoff der emittierte.

— *Immissionen* (von lat. *immittere* = hineinsenden) sind luftverunreinigende Stoffe, die in der Nähe der Einwirkstelle auftreten (gewöhnlich in 1,5 m Höhe über dem Erdboden, der Vegetation oder einem Bauwerk gemessen).

Von bestimmten, für die einzelnen Luftverunreingungen unterschiedlichen Konzentrationen ab wirken viele schädlich, weshalb maximale Arbeitsplatzkonzentrationen (MAK) und maximale Imissionskonzentrationen (MIK) festgesetzt wurden (Tab. 1).

— *MIK-Werte* sind definiert als diejenigen Konzentrationen von Luftverunreinigungen in bodennahen Schichten, die nach den derzeitigen Erfahrungen für Mensch, Tier und Pflanze als unbedenklich gelten können.

Gas	Dauereinwirkung mg/m^3	ppm	Kurzzeiteinwirkung mg/m^3
Schwefeldioxid	0,5	0,2	0,75
Schwefelwasserstoff	0,15	0,1	0,3
Chlor	0,3	0,1	0,6
Stickoxide	1,0	0,5	2,0

Tab. 1 — Maximale Immissionskonzentration (MIK) für Gase. Kurzzeiteinwirkung: 1/2 h innerhalb 8 h (nach *Moll*).

Für den Lehrer bestehen folgende Möglichkeiten, sich Daten über *gasförmige Immissionen* zu beschaffen.

— Von den *Ministerien und Landesämtern für Umweltschutz:*
Didaktik: Kollegstufe, Leistungskurs.
Gelegentlich besteht die Möglichkeit, von obigen Ämtern Meßwagen auszuleihen, aber auch Unterlagen können herangezogen werden (Umweltberichte, Lufthygienische Monatsberichte).

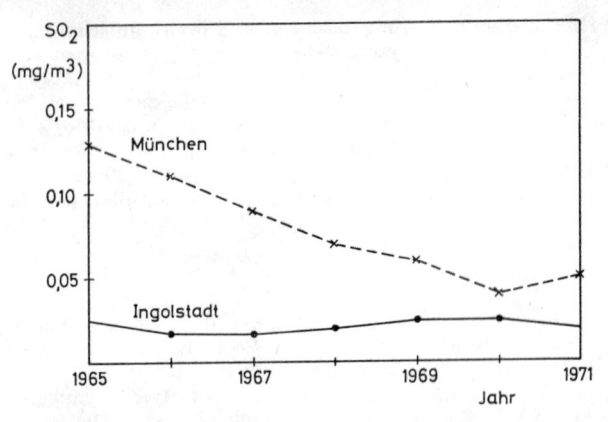

Abb. 1: Entwicklung des SO_2-Gehalts in einigen Städten Bayerns (aus dem Umweltbericht des Bayer. Staatsministeriums für Landesentwicklung und Umweltfragen)

Dadurch sind viele Auswertmöglichkeiten gegeben (Beziehungen zur Einwohnerzahl, Berücksichtigung der Winter- und Sommermittel usw.). Aus Abb. 1 geht z. B. hervor, daß der SO_2-Gehalt in den Städten in den letzten Jahren keineswegs immer zugenommen hat.
— Mit dem *Gasspürgerät* (Abb. 2):
Didaktik: Kollegstufe, Leistungskurs

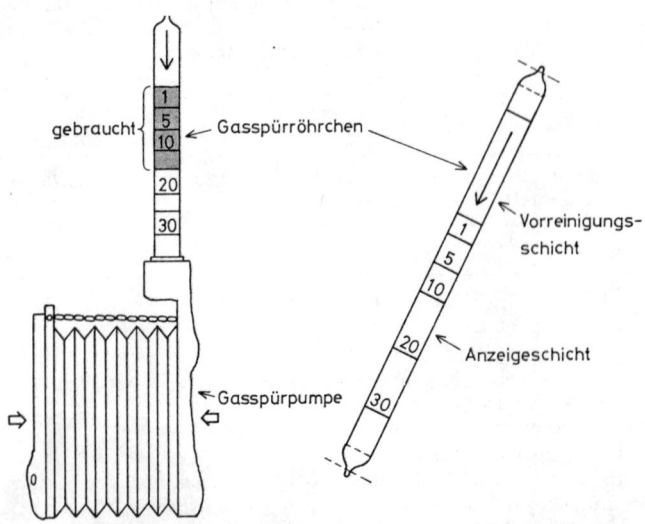

Abb. 2: Gasspürgerät, bestehend aus Gasspürpumpe und Gasspürröhrchen

Geräte: Gasspürpumpe, Gasspürröhrchen (für Schulzwecke zu empfehlen für: CO, C_nH_m, SO_2, H_2S, NO_x).
Durchführung: Die Spitzen der Röhrchen werden an beiden Seiten abgebrochen, auf die Gasspürpumpe gesetzt und Luft angesaugt. Dabei muß eine vorgeschriebene Anzahl von Saughüben ausgeführt werden.
Auswertung: Die Länge der Verfärbung ist auf der Skala des Röhrchens abzulesen. Der Zahlenwert ist das Maß für die Konzentration des Gases (z. B. in ppm). Röhrchen wie Pumpe sind im Preis erschwinglich (*Dräger AG*, Lübeck) und gut einsetzbar.
Neben den Gasen gelangen auch *Stäube* in die Atmosphäre. Auch für diese wurden Grenzwerte festgelegt (Tab. 2):

	Jahresmittelwert	Monatsmittelwert
Allgemein	0,42	0,65
Für industrielle Ballungsgebiete	0,85	1,30

Tab. 2 — Grenzwerte für Staubniederschlag, in g/m²/Tag (nach *Moll*).

Staub kann schulpraktisch folgendermaßen gemessen werden:
Didaktik: Kollegstufe, Leistungskurs, auch Einzelaufgabe
Geräte und Materialien: Weckgläser gleichen Durchmessers (1,5 oder 2 l Inhalt), Analysenwaage, Abdampfschale, Filtrierpapier, Trichter, Stativ, Aqua dest.
Durchführung: Weckgläser werden an den zu prüfenden Standorten für 30 Tage aufgestellt. Danach wird der Inhalt mit Wasser aufgenommen und filtriert. Im

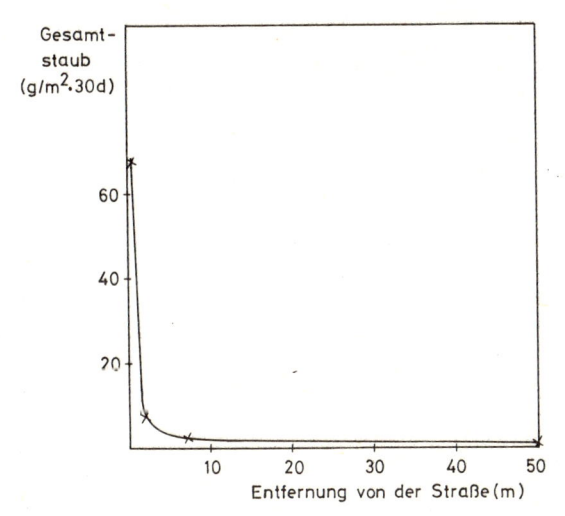

Abb. 3: Staubniederschlag in Abhängigkeit von der Straßenentfernung
(Straßenbelastung: 800 Fahrzeuge/h, Fahrzeuggeschwindigkeit 80 km/h (nach *Odzuck*)

Filter bleibt der wasserunlösliche, im Filtrat der wasserlösliche Staub zurück. Das Filter wird bei 105° C, 1 h in den Trockenschrank gestellt, das Filtrat in einer Porzellanschale bis zur Trockne eingeengt und beide zurückgewogen.
Auswertung: Die Staubmenge ist auf 1 qm zu beziehen (Öffnungsfläche des Weckglases berücksichtigen).

wasserunlöslicher + wasserlöslicher Staub = Gesamtstaub
x + y = z ($g/m^2/30 \cdot d$)

Ein erarbeitetes Beispiel zeigt Abb. 3.

2. Verunreinigungen des Wassers

Unser Wasser wird heute durch zahlreiche Faktoren verunreinigt (Tab. 3):

Verunreinigung	Schädliche Auswirkung
Fäkalien	Krankheitserreger
Düngemittel, Waschmittelreste	Eutrophierung
Biozide	Auswirkungen über die Nahrungskette
Metallionen	Zellgifte
Mineralöle	Widerlicher Geruch, Geschmack
Erwärmung	Vermindert die biolog. Selbstreinigungskraft

Tab. 3 — Verunreinigungen des Wassers und ein Teil ihrer schädlichen Auswirkungen.

Auf diesen Punkt wurde bereits in Band 4/I, Allgemeine Biologie: *Stengel*, S. 357 hingewiesen.
Für einige dieser Verunreinigungen sollen nun schulpraktisch durchführbare Nachweise angegeben werden.

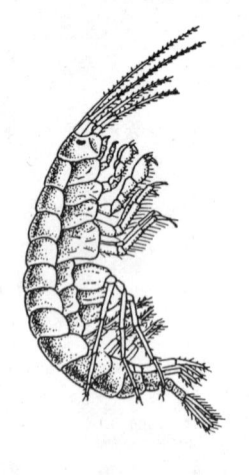

Abb. 4: Der Bachflohkrebs Gammarus pulex.
(Aus W. *Engelhardt*, Was lebt in Tümpel, Bach und Weiher? KOSMOS-Verlag, Stuttgart 1971)

Der Bachflohkrebs Gammarus pulex als Wassergüteanzeiger
Nach *Bukatsch* und seinem Mitarbeiter *Vogel* (Mikrokosmos, 1974, Heft 1) ist der Bachflohkrebs *Gammerus pulex* (Abb. 4) besonders geeignet, um in Schülerversuchen, am besten in einer Arbeitsgemeinschaft, die Wasserverunreinigung festzustellen.

Der anspruchslose, ca. 1—1,5 cm große Moder- und Aasfresser ist eine halbe Woche lang, ohne Schaden zu nehmen, in Aquarien zu halten. Man hält die Tiere in großen Einmachgläsern und bringt sie zu je zwei Exemplaren mit Hilfe eines Teesiebs in große Reagenzgläser von 18—20 mm Durchmesser mit den zu prüfenden Lösungen. Als Reinwassertier zeigt er durch schwächer werdende Schwimmbewegungen den Grad der Verschmutzung sehr differenziert an. Eine zehnteilige Skala der Schadwirkung, vom Normalverhalten bis zum Tod des Tierchens, sieht so aus:

10 lebhaftes, kräftiges Schwimmen
 9 starkes Schwimmen
 8 häufige, schwächere Schwimmbewegungen
 7 schwaches Schwimmen
 6 sehr mattes Schwimmen, das Tier bleibt am Grund
 5 starke Bewegungen der Schwimmbeine
 4 normale Bewegungen der Schwimmbeine
 3 langsame Bewegungen der Schwimmbeine
 2 matte Bewegungen der Schwimmbeine
 1 Zucken der Schwimmbeine
 0 Tod des Tieres

Man bringt die Tiere in Salzlösungen von Na_2SO_4, Na_2SO_3, $NaCl$, $Al_2(SO_4)_3$, $CuSO_4$, und Na_3PO_4, wobei der Salzgehalt zwischen 0,001 % und 5 % verändert wird. (Zwischenstufen z. B. 0,01 %, 0,1 %, 1 %). Zur Kontrolle kommt immer ein Tier in Reinwasser. Die Ergebnisse werden grafisch festgehalten, wobei die 10 Verhaltensweisen auf der Ordinate, die Zeit auf der Abszisse abgetragen werden (Abb. 5). Die Erkenntnis: „Chemisch verschmutztes Wasser zerstört Leben" kann so in kurzer Zeit von den Schülern erarbeitet werden. Natürlich wird man auch aus Flüssen und Teichen entnommenes Wasser benutzen, um seinen Verschmutzungsgrad festzustellen.

Quantitative Bestimmung des Phosphat-Gehalts (nach *Steubing* und *Kunze*)
Vorbemerkung: Phosphat gelangt durch Dünge- und Waschmittelreste in die Gewässer und führt dort zur Eutrophierung.
Prinzip. Phosphat bildet mit Molybdat Phosphormolybdänsäure. Diese wird durch Reduktionsmittel in Molybdänblau übergeführt, das photometrisch bestimmt werden kann. Die Farbabstufung ist dem Phosphatgehalt proportional.
Didaktik: Kollegstufe, Leistungskurs, auch Einzelaufgabe.
Geräte und Reagenzien: Photometer, Analysenwaage, Pipetten, Meßzylinder, 100 ml und 1000 ml Meßkolben, Vanadat-Molybdat-Reagenz (*Merck,* Darmstadt), Natriumammoniumhydrogenphosphat, Aqua dest.
Durchführung: Zu 10 ml der zu untersuchenden Wasserprobe gibt man 2 ml Vanadat-Molybdat-Reagenz, schüttelt um und mißt nach 5 Minuten im Photometer

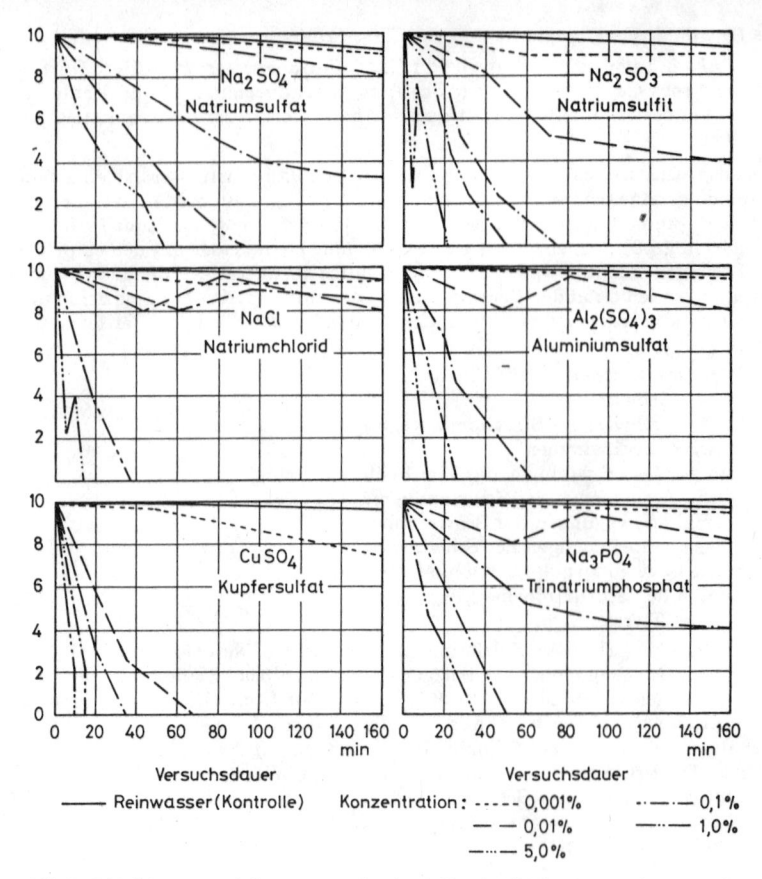

Abb. 5: Salzwirkungen auf Gammerus pulex (nach *Vogel*, Mittelwerte aus vier Versuchen)

bei 405 nm die Extinktion. Als Vergleichslösung dient eine Mischung von 2 ml Vanadat-Molybdat-Reagenz mit 10 ml Aqua dest.

Auswertung: Vergleich mit einer Eichkurve, die mit Lösungen bekannten P_2O_5-Gehalts wie oben aufgenommen wurde.

Phosphateichlösungen: 14,73 g Natriumammoniumhydrogenphosphat werden in 1000 ml Aqua dest, gelöst (1 ml = 5 mg P_2O_5) = Stammlösung. Daraus werden 20 ml mit Aqua dest. auf 1000 ml aufgefüllt. (1 ml = 0,1 mg P_2O_5). Daraus werden mit Aqua dest. folgende Eichlösungen hergestellt:

10 ml auf 100 ml verdünnt entsprechen 10 mg P_2O_5 pro Liter
5 ml auf 100 ml verdünnt entsprechen 5 mg P_2O_5 pro Liter

1 ml auf 100 ml verdünnt entsprechen 1 mg P_2O_5 pro Liter
5 ml auf 1000 ml verdünnt entsprechen 0,5 mg P_2O_5 pro Liter
1 ml auf 1000 ml verdünnt entsprechen 0,1 mg P_2O_5 pro Liter

Umrechnung: 1 mg P_2O_5 pro Liter = 1,338 mg PO_4^{---} pro Liter.

Quantitative Bestimmung des Nitrat-Gehalts (nach *Steubing* und *Kunze*)

Vorbemerkung: Nitrat gelangt durch Düngemittel aber auch organische Verbindungen in die Gewässer.

Didaktik: Kollegstufe, Leistungskurs

Geräte und Reagenzien: Photometer, Analysenwaage, Erlenmeyerkolben (100 ml), Meßkolben (1000 ml), Brucinlösung (5 g Brucin sind in 100 ml 96 %ige Essigsäure zu lösen und in einer braunen Flasche aufzubewahren), Kaliumnitrat, Schwefelsäure (95—97 %ig).

Durchführung: Zu 1 ml Brucinlösung gibt man 10 ml der zu untersuchenden Wasserprobe. Dann fügt man sehr vorsichtig 20 ml H_2SO_4 (95—97 %ig) hinzu. Es wird geschüttelt und auf Zimmertemperatur abgekühlt. Nach 10 Minuten wird die Extinktion bei einer Wellenlänge von 420 nm gemessen. Als Vergleichslösung diene 10 ml des zu untersuchenden Wassers versetzt mit 20 ml H_2SO_4 (Reaktion ohne Brucin).

Auswertung: Aus einer zuvor erstellten Eichkurve wird der Nitratgehalt abgelesen.

Nitrateichlösungen: 0,1635 g Kaliumnitrat werden in einen Meßkolben mit Aqua dest. auf 1000 ml aufgefüllt. 1 ml = 0,1 mg NO_3^-. Aus dieser Stammlösung sind durch Verdünnung (siehe Phosphateichlösungen) weitere Eichlösungen herzustellen. Die Proben mit bekanntem Nitratgehalt werden genauso behandelt wie die zu untersuchenden Proben.

Meßbereiche: Sie hängen von der Schichtdicke der Küvetten ab.

Schichtdicke	—	Meßbereich
0,5 cm	—	6,0 — 30,0 mg NO_3^-/l
1,0 cm	—	1,0 — 14,0 mg NO_3^-/l
5,0 cm	—	0,1 — 1,0 mg NO_3^-/l

Sauerstoffzehrung in verschmutztem Wasser (nach *Steubing* und *Kunze*)

Didaktik: Kollegstufe, Leistungskurs, auch Einzelaufgabe

Vorbemerkung: Infolge der Selbstreinigungskraft der Gewässer werden fäulnisfähige Verunreinigungen im Lauf der Zeit abgebaut. Dies führt zu einer Abnahme des Sauerstoffgehalts, die für manche Organismen lebensgefährlich werden kann. Zum Vergleich wird in Tab. 4 die Löslichkeit von Sauerstoff angegeben.

Prinzip des Verfahrens von Winkler: Aus $MnCl_2$ und NaOH wird in einem abgeschlossenen Wasservolumen eine Fällung von Manganhydroxid herbeigeführt, die sich entsprechend dem im Wasser gelösten Sauerstoffs zu manganiger Säure umsetzt. Durch Salzsäure wird letztere in $MnCl_2$ und freies Chlor gespalten. Dieses Chlor setzt aus Kaliumjodid die äquivalente Menge Jod frei, die mit Natriumthiosulfat volumetrisch bestimmt werden kann.

Temperatur	O_2 (mg/l) in reinem H_2O
0	14,6
10	11,3
20	9,2
30	7,6

Tab. 4 — Löslichkeit von Sauerstoff (nach *Braun*).

Folgende chemische Reaktionen laufen ab:

$2\ NaOH + MnCl_2 \longrightarrow Mn(OH)_2 + 2\ NaCl$
$Mn(OH)_2 + 1/2\ O_2 \longrightarrow H_2MnO_3$
$H_2MnO_3 + 4\ HCl \longrightarrow MnCl_2 + 3\ H_2O + Cl_2$
$Cl_2 + KJ \longrightarrow 2\ KCl + J_2$
$J_2 + 2\ Na_2S_2O_3 \longrightarrow 2\ NaJ + Na_2S_4O_6$

Untersuchungsmaterial: Wasserproben aus einem verschmutzten See oder Fluß.

Geräte und Reagenzien: 300—500 ml Flaschen mit gut verschließbarem Verschluß, 100 ml Erlenmeyer, Bürette, Pipetten, 30 %ige NaOH mit Zusatz von 10 g KJ pro 100 ml, 40 %ige wässrige Lösung von $MnCl_2 \cdot 4\ H_2O$, konz. HCl, n/10 $Na_2S_2O_3$, 1 %ige lösliche Stärke (als Indikator).

Durchführung: Mit dem zu untersuchenden Wasser werden 2 Flaschen so gefüllt, daß keine Luftblasen enthalten sind. In einer Flasche wird der O_2-Gehalt sofort bestimmt, die andere Flasche wird 48 Stunden unter Lichtabschluß bei 20—22° C aufbewahrt und dann der O_2-Gehalt bestimmt.
Zur Sauerstoffbestimmung wird ein 100 ml Erlenmeyerkolben mit der Wasserprobe gefüllt. Mit Pipetten gibt man dann je 1 ml $MnCl_2$- und NaOH + KJ-Lösung hinzu. Erst nach luftblasenfreiem Aufsetzen des Stopfens wird umgeschüttelt. Den sich bildenden Niederschlag, der je nach Sauerstoffgehalt der Lösung mehr oder weniger braun ist, läßt man 10 Minuten absitzen, dann gibt man vorsichtig 2 ml konz. HCl hinzu. Der Kolben ist wieder zu verschließen, dann kräftig zu schütteln, bis sich der Niederschlag gelöst hat. Nun wird mit n/10 Thiosulfatlösung fast bis zur Entfärbung titriert. Dann setzt man einige Tropfen Stärkelösung zu und titriert bis zum Verschwinden der Blaufärbung.

Auswertung: 1 ml n/10 $Na_2S_2O_3$ entspricht 0,8 mg O_2 bzw. 0,56 ml O_2. Die Differenz der beiden Sauerstoff-Bestimmungen, bezogen auf 1 Liter, ist die Sauerstoffzehrung.

Beispiel:
Sauerstoff bei Entnahme:	8,80 mg / 1000 ml
Sauerstoff nach 48 Stunden:	5,60 mg / 1000 ml
Sauerstoffzehrung:	3,20 mg / 1000 ml

Mineralölverseuchtes Wasser:

Vorbemerkung: Öl macht Wasser in geringster Konzentration bereits ungenießbar. Durch eine Verdünnungsreihe kann festgestellt werden, bis zu welcher Verdünnung das Mineralöl geruchlich noch wahrgenommen werden kann.

Didaktik: Mittel- und Kollegstufe, Klassenverband oder Leistungskurs

Geräte und Reagenzien: Pipetten, Meßzylinder, Mineralöl

Durchführung: 1 ml Dieselöl wird auf 1 l H_2O gegeben und kräftig geschüttelt. Von dieser Lösung wird wieder 1 ml mit Wasser auf 10 (100, 1000) ml aufgefüllt, entsprechend einer Verdünnung von 1 : 10 000 (1 : 100 000, 1 : 1 000 000).

Auswertung: Es wird festgestellt, bei welcher Verdünnung das Mineralöl geruchlich noch nachgewiesen werden kann.

3. Lärm

Lärm ist unerwünschter Schall. Durch Verkehrs-, Betriebs- und Wohnungslärm fühlt sich heute jeder zweite Einwohner der BRD belästigt. Vom *Max-Planck-Institut für Arbeitsphysiologie* in Dortmund werden daher folgende Grade der Lärmentwicklung auf den Menschen unterschieden:

Lärmstufe I	Belästigung	30 — 60 dB
Lärmstufe II	Gefährdung	60 — 90 dB
Lärmstufe III	Schädigung	90 — 120 dB
Lärmstufe IV	Mechanische Schäden	über 120 dB

Lärmmessung:

Vorbemerkung: Gemessen werden kann nur der Schalldruck (Lautstärke). Dazu gibt es Handlärmmeßgeräte. Sie sind zwar für eine Schule in der Anschaffung zu teuer, jedoch kann man sich um eine Ausleihe von einer Herstellerfirma bemühen.

Didaktik: Mittel- und Kollegstufe, Arbeitsgemeinschaft oder Leistungskurs.

Gerät: Handlärmmeßgerät

Durchführung: Das Meßgerät wird auf verzögerten Ausschlag geschaltet, da nur Durchschnittswerte festgestellt werden sollen. In Abhängigkeit von der Flugplatz-, Bahn-, Straßenentfernung, von einem Badebetrieb, einem Industriebetrieb, wird gemessen. Aber auch der Durchschnittslärm in einer Großstadt (öffentl. Plätze, Straßen, Grünanlagen, Hinterhöfe), einer Kleinstadt, einem Dorf usw. kann registriert werden.

Auswertung: Graphische Darstellung (z. B. Abb. 6) und Bezug zu den erwähnten Lärmstufen.
Abb. 6 zeigt, daß in unmittelbarer Nähe einer vielbefahrenen Straße fast Schädigung eintreten kann und bis über 100 m Abstand eine Belästigung des Menschen vorliegt.
Weitere Orientierungsangaben sind in Band 4/1 Allgemeine Biologie — Stengel, S. 905, zu finden.

4. Strahlung

Die Organismen sind ständiger Strahlung ausgesetzt:

Natürliche Strahlung: Kosmische Strahlung, Bodenstrahlung natürlicher radioaktiver Stoffe.

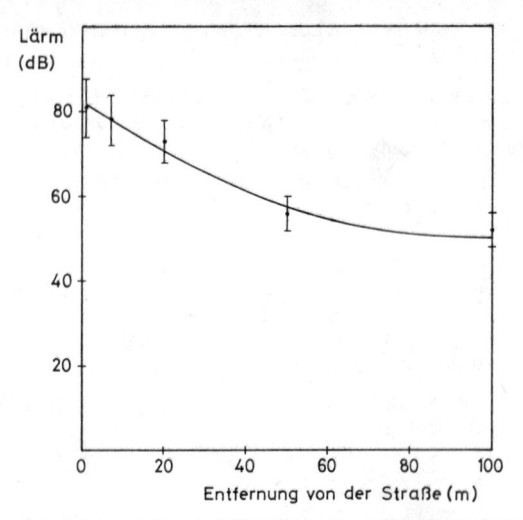

Abb. 6: Fahrzeuglärm in Abhängigkeit von der Straßenentfernung.
(Verkehrsdichte: 800 Fahrzeuge/h, Geschwindigkeit 80—100 km/h, nach *Odzuck*)

Künstliche Strahlung: Kernexplosionen, Kernreaktoren, Röntgengeräte, radioaktive Substanzen.

Die künstlichen Strahlenquellen können durchaus eine Gefährdung des Menschen bewirken. Darauf wurde bereits in Band 3 (Menschenkunde) dieses Werkes eingegangen.

Meßmöglichkeiten, gedacht als Nachweisverfahren für radioaktive Stoffe in Luft, Wasser, Boden oder Organismen, sind für die Schule nicht erschwinglich, erscheinen aber auch nicht nötig, da die Umweltbelastung durch Strahlung laut Literatur noch als äußerst gering zu bezeichnen ist.

5. Müll

Der Müllanfall hat in den letzten Jahrzehnten u. a. aus folgenden Gründen enorm zugenommen:
— Kurze Lebensdauer vieler Güter
— Altmaterial wird nur teilweise wieder verwertet

Eine schulpraktische Untersuchung kann folgendermaßen aussehen.

Mülluntersuchung:

Didaktik: Mittelstufe, Arbeitsgemeinschaft oder Einzelaufgabe

Geräte: Plastiktasche, Waage, ev. Handschuhe

Durchführung: In verschiedener Entfernung vom Emittenten (Straßen-, Bahnverkehr z. B.) oder an Ort und Stelle (Badeplatz z. B.) wird der Unrat von bestimmten Flächen in verschiedene Plastiktüten gesammelt.

Auswertung: Der Unrat wird nach Stoffgruppen aufgeteilt, gewogen und auf 1 m² Fläche bezogen (Tab. 5).

Stoffgruppe	Entfernung von der Bahn		
	3,5 m	7 m	12 m
Metalle (z. B. Dosen, Eisenteile)	29 g	50 g	— g
Steine (z. B. Bauschutt)	— g	— g	— g
Feinmüll (z. B. Sand, Asche)	2 g	2 g	1 g
Glas (mit Ton, Porzellan)	157 g	225 g	— g
Kunststoffe (z. B. Verpackungen)	3 g	— g	1 g
Textilien (z. B. Kleidungsstücke)	22 g	— g	— g
Papiere (z. B. Zeitungen, Pappe)	2 g	4 g	— g
Sonstiges brennbares Material (z. B. Gummi, Leder)	— g	— g	— g
Organische Abfälle (z. B. Apfelbutzen)	3 g	— g	— g

Tab. 5 — Müllverteilung in Abhängigkeit von der Bahnentfernung (Schülerarbeit)

Durch die Aufteilung in Stoffgruppen kann man auf Auswirkungen auf das Grundwasser, Brandgefahr, Veränderungen der Pflanzengesellschaften, Beseitigungsmöglichkeiten usw. schließen.

Es konnte z. B. nachgewiesen werden, daß der Unrat einen wesentlichen Faktor bei den Auswirkungen des Straßen- und Bahnverkehrs auf die Umgebung darstellt (weitere Angaben sind in Band 4/I — S. 360 zu finden).

6. Gefährdung des Bodens

Die nachteiligen Veränderungen des Bodens, die sich in den letzten Jahrzehnten ergeben haben, sind nur zum geringen Teil durch Versuche nachweisbar:

— *Verringerung der landwirtschaftlichen Nutzfläche:* Infolge des enormen Bedarfs für Verkehrsanlagen, Wohn- und Industriegebiete.

— *Verschlechterung der Bodenqualität:* Durch Behandlung mit Bioziden und extensive, großflächige Bewirtschaftung ist die für die Fruchtbarkeit entscheidend wichtige Bodenlebewelt beeinträchtigt worden. Gleichzeitig haben sich die Biozide über Nahrungsketten in den Endgliedern (höhere Wirbeltiere, Mensch) angereichert (siehe Band 4/I, S. 359).

— *Verunreinigung des Bodens:* Hier ist besonders das Mineralöl zu erwähnen. Einsickerndes Öl verunreinigt nicht nur das Grundwasser, sondern vermindert auch den Ertrag. Aber auch Streusalz richtet an Straßenbäumen irreparablen Schaden an.

Eine Nachweismöglichkeit für Mineralöl wurde bereits erwähnt (B.II.2). Biozide werden durch Biotests nachgewiesen, die jedoch für die Schule zu aufwendig sind.

Meist handelt es sich jedoch nicht um einen Belastungsfaktor, sondern eine ganze Faktorengruppe, die von einem Emittenten ausgeht. Daher ist in Tab. 6 die quantifizierte Gesamtbelastung eines Bahnbereichs in Abhängigkeit von der Bahnentfernung dargestellt.

Immission	Intensität					Anmerkung
	3,5 m	7 m	12 m	25 m	100 m	
Müll (g/m²)	321	189	1	—	—	Zusammensetzung siehe Tabelle 5
Staub (g/m² · 30 d)	2,63	2,24	0,93	0,84	0,69	Flaches Gelände
Wind (Beaufort)	5	3	—	—	—	Flaches Gelände
Lärm (dB)	96	91	85	76	72	Güterzug
Optischer Reiz	+	+	+	+	+	Auf den Menschen bezogen
Erschütterung	+	+	—	—	—	Bodenabhängig
(Herbizid	+	—	—	—	—	1—2 mal/Jahr)

Tab. 6 — Immissionen des Bahnverkehrs auf umgebendes Grünland (nach *Odzuck)*

B. Auswirkungen der Belastungsfaktoren auf die ökologischen Strukturen

I. Abiotische Substanzen

Zu den natürlich vorkommenden abiotischen Substanzen sind die bei B.II erwähnten Immissionen hinzugekommen. Ihr qualitativer und quantitativer Nachweis ist durch chem. oder physikal. Reaktionen bzw. Verfahren möglich. Aussagen über ihre Wirkung auf Lebewesen können jedoch allein Biotests machen. Einige, schulpraktisch gut durchführbare, seien aufgeführt.

1. Biotest auf Luftverunreinigungen — Flechtentest (nach *Steubing* und *Kunze*)

Vorbemerkung: Flechten sind bereits in vielen Städten (Saarbrücken, Gießen, Frankfurt, Wien) als Indikatoren für Luftverschmutzung herangezogen worden. Ohne die puffernde Wirkung des Bodens reagieren sie sehr empfindlich auf Veränderungen der pH-Werte der Niederschläge und des Substrats.

Didaktik: Kollegstufe, Leistungskurs oder Einzelaufgabe.

Geräte: Meterstab, Genaue Skizze des Untersuchungsgebietes.

Durchführung: Eine große Anzahl von Bäumen ist auf Flechtenbewuchs zu untersuchen. Die Bäume sollen etwa gleich alt sein und derselben Art angehören. Über die Bezugsflächen werden in der Literatur ganz unterschiedliche Angaben gemacht. Einfach aber genügend ist die Schätzung des Deckungsgrades der Flechten, wobei der halbe Stammumfang von 30 cm Höhe über dem Boden bis 2 m verwendet wird (die Hälfte mit dem stärksten Bewuchs). In diesem Fall ist eine Kenntnis der Flechtenarten nicht nötig, was schulisch von großem Vorteil ist.

Eine Kartierung kann nach folgender Verteilung des Deckungsgrades erfolgen:

Deckungsgrad: 0 — 0,1 %
0,1 — 10 %
10 — 30 %
30 — 50 %
über 50 %

In die Karte des Untersuchungsgebietes wird der Standort des Baumes mit seinem Deckungsgrad eingetragen. Gebiete gleichen Flechten-Deckungsgrades werden graphisch zusammengefaßt.

Auswertung: Man erhält eine *Zonierung des Flechtenbewuchses*, der bei der Kartierung deutlich zum Ausdruck kommt (z. B. Abb. 7). Im Zentrum einer Stadt herrschen sog. Flechtenwüsten, in den Außenbezirken treten mehr Flechten auf größeren Flächen und mit erhöhter Vitalität auf.

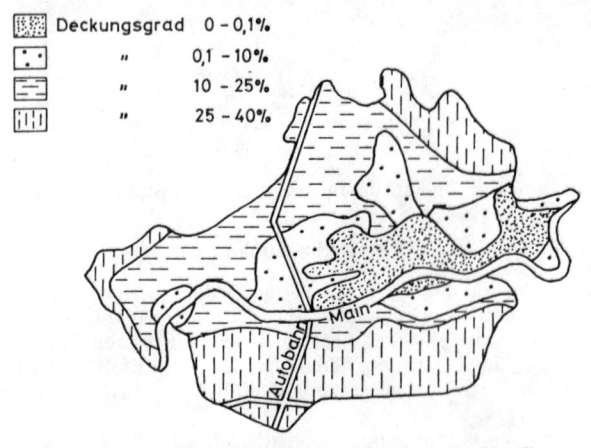

Abb. 7: Flechtenkartierung der Stadt Frankfurt (nach *Steubing/Kunze*)

Durch Vergleich mit SO_2-Meßergebnissen (Dräger-Röhrchen, Meßwagen, Lufthygienische Monatsberichte) kann man die biologische Immissionskarte mit Ergebnissen der chem. Luftanalysen vergleichen. Dabei hat sich eine Korrelation zwischen SO_2-Mittelwerten und Flechtenzonen ergeben.

2. Biotest auf Verunreinigungen eines Sees — Planktontest

Vorbemerkung: Verunreinigungen des Wassers wirken sich auf alle darin befindlichen Organismen aus. Aber nicht alle sind in gleicher Weise als Bioindikatoren geeignet. Manche sind schwer zu erreichen, andere in nicht aussagekräftiger Zahl vorhanden. Plankton besteht aus einer Unzahl gut auswertbarer Organismen.

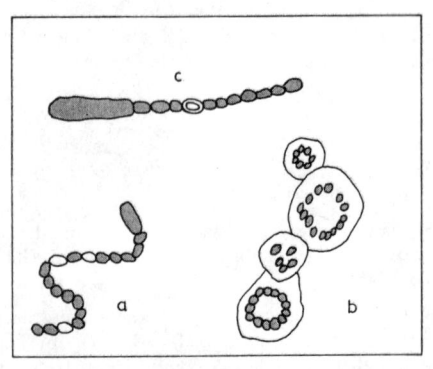

Abb. 8: Einige Blaualgen als Kennzeichen stark eutrophierter Seen
(a = *Anabaena flos aquae*, b = *Polycystis flos aquae*, c = *Aphanizomenon flos aquae*)

Didaktik: Mittel- und Kollegstufe, Arbeitsgemeinschaft, Einzelaufgabe, Leistungskurs.

Geräte und Reagenzien: Planktonnetze (für Phyto- und Zooplankton), Formalin, Kupfersulfatkristalle, Reagenzgläser, Gummistopfen (ev. Meßzylinder), Zählkammer, Mikroskop, Bestimmungsbuch.

Durchführung: Bestimmte Wassermengen verschiedener Seen werden durch die Planktonnetze gefiltert, zwecks Konservierung mit Formalin versetzt (bei Phytoplankton zusätzlich 1 Kristall $CuSO_4$ zur Konservierung des Chlorophylls) und auf gleiche Volumina aufgefüllt. In der Zählkammer können Arten und Zahl der Planktonorganismen mikroskopiert werden.

Auswertung: Das *Vorkommen bestimmter Planktonarten* und auch die Planktondichte lassen eine *Aussage über den Reinheitsgrad* bzw. die Verschmutzung *des Sees* zu. In Abb. 8 sind einige Algen skizziert, die charakteristisch für eutrophierte Seen sind.

Es handelt sich hier ausschließlich um Blaualgen, die im Plankton dominieren, die „Wasserblüte" bilden, den Gewässern eine grüne Farbe verleihen und die Sichttiefe mindern.

Die *Güteklassen fließender Gewässer (Saprobiensystem)* beruhen ebenfalls auf dem Vorkommen bestimmter Leitorganismen. Sie wurden bereits in der Einführung (A) erwähnt, andererseits in Band 4/I, S. 340.

3. Biotest auf Verunreinigungen des Bodens — Kressetest

Vorbemerkung: Kresse hat sich als sehr empfindlich gegenüber Schadstoffen im Boden erwiesen.

Didaktik: Mittel- und Kollegstufe, Arbeitsgemeinschaft, Einzelaufgabe, Leistungskurs.

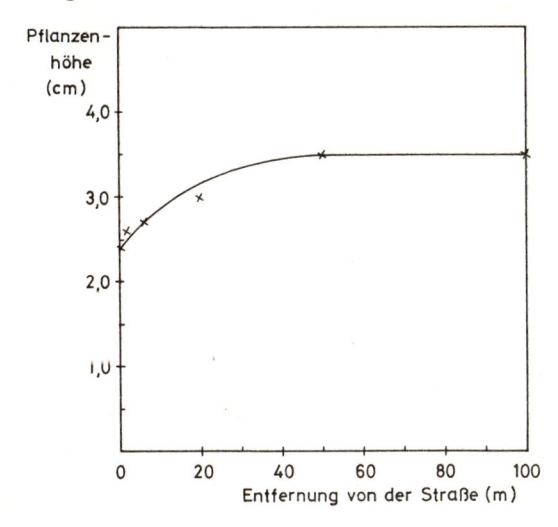

Abb. 9: Kressetest auf Bodenschadstoffe in Abhängigkeit von der Straßenentfernung (Fahrzeugdichte: 800/h, nach *Odzuck*)

Geräte und Untersuchungsmaterial: Petrischalen, Kressesamen, Bodenproben.

Durchführung: Petrischalen werden mit den zu untersuchenden Bodenproben gefüllt, je Schale 50 Kressesamen gesät und gut befeuchtet. Die Schalen werden alle bei gleichen Bedingungen exponiert. Es wird nachgegossen und die Entwicklung der Keimlinge verfolgt.

Auswertung: Die Wuchshöhe der Keimlinge wird gemessen, ihre Blattfarbe und Wuchsform notiert.

Ein Beispiel zeigt Abb. 9. Treten derartige Unterschiede auf, können nachfolgend gezielte Nachweisreaktionen auf bestimmte Stoffe (z. B. Blei, Fahrzeugabgase) bzw. gezielte Biotests mit Eichimmissionen durchgeführt werden.

II. Produzenten

Flechten, Plankton und Kresse, bei den vorstehenden Biotests verwendet, sind zwar Produzenten, mit Ausnahme des Planktons machen sie aber nicht die Hauptbestandteile von Pflanzengesellschaften aus. Letztere müssen aber zusätzlich betrachtet werden, da die Reaktionen einer ganzen Gesellschaft am aussagekräftigsten sind.

Vorbemerkung: Um eine Gesellschaft zu erfassen, sind pflanzensoziologische Aufnahmen nötig, aus denen bei Immissionseinwirkung Unterschiede ablesbar sein müssen. Bei *soziologischen Aufnahmen* sind Deckungsgrad (D) und Stetigkeit (S) von Bedeutung.

Bei D wird durch Zahlen angegeben, wie hoch die prozentuale Deckung der Bodenfläche ist:

Deckungsgrad

```
5  =  über 75 % deckend
4  =  50 — 75 % deckend
3  =  25 — 50 % deckend
2  =   5 — 25 % deckend
1  =  bis   5 % deckend, zahlreich
+  =  bis   5 % deckend, vereinzelt
```

Aufnahmeschicht	Unbelastet S.D	Belastet S.D
Baumschicht		
Artenzahl	3	1
Vegetationsbedeckung	61 %	60 %
Picea abies	V.3	V.4
Pinus sylvestris	V.3	
Betula pubescens	V.2	

Aufnahmeschicht	Unbelastet S.D	Belastet S.D
Strauchschicht		
Artenzahl	9	6
Vegetationsbedeckung	57 %	14 %
Picea abies	V.2	IV.2
Betula pubescens	V.1	IV.1
Quercus robur	V.1	II.1
Fagus sylvatica	V.+	II+
Pinus sylvestris		I+
Sorbus aucuparia	V.1	
Rubus idaeus	V.2	II.+
Frangula alnus	V.2	
Rubus fruticosus	II.1	
Corylus avellana	II.+	
Krautschicht		
Artenzahl	6	6
Vegetationsbedeckung	64 %	16 %
Poa annua		V.2
Vaccinium myrtillus	V.3	II.1
Andromeda polyfolia	III.2	
Dryopteris dilatata	III.1	
Oxycoccus palustris	II.2	
Calluna vulgaris	II.2	
Molinia coerulea	II.2	V.+
Eriophorum vaginatum		V.1
Plantago major		II.1
Taraxacum officinale		II.+

Tab. 7 — Pflanzensoziologische Aufnahme von natürlicher und durch Badegäste beeinflußter Pflanzengesellschaft eines Moores (S = Stetigkeit, D = Deckung, nach Odzuck)

S gibt die Häufigkeit des Vorkommens an, wobei folgende Einteilung gilt:

Stetigkeitsklasse

I = bis in 20 % der Aufnahmen vorkommend

II = bis in 40 % der Aufnahmen vorkommend

III = bis in 60 % der Aufnahmen vorkommend

IV = bis in 80 % der Aufnahmen vorkommend

V = in über 80 % der Aufnahmen vorkommend

Wurde bei 5 Probeflächen eine Art bei 3 Flächen angetroffen, so ist S = III.

Die Aufnahmeflächen sollen etwa folgende Größen aufweisen:
Baumschicht etwa 200 m²
Strauchschicht etwa 100 m²
Krautschicht etwa 10 m²
Moosschicht etwa 1 m²

Didaktik: Mittel- und Kollegstufe, Arbeitsgemeinschaft oder Einzelaufgabe.

Geräte: Meterstab, Bestimmungsbuch.

Durchführung: Etwa 5 homogene Probeflächen des Untersuchungsgebietes werden ausgewählt. Die vorkommenden Arten werden nach ihrer Schichtzugehörigkeit notiert, ihr Deckungsgrad (in %) festgestellt (Rohtabelle).

Auswertung: Die Arten werden nach Schichtzugehörigkeit, Stetigkeit und Deckungsgrad (diesmal in Zahlen) geordnet, so, daß die endgültige, differenzierte Tabelle entsteht.
Aus Tab. 7 ist z. B. ersichtlich, daß die Baumschicht in ihrer Bedeckung kaum beeinflußt wird. Die Strauchschicht wird erheblich dezimiert, wobei nachwachsende Bäume und Sträucher als Brennmaterial für Lagerfeuer verwendet werden. Die Krautschicht wird ebenfalls, diesmal durch Tritt, verringert. Gleichzeitig treten trittresistente Pflanzen auf. (Auf die Moosschicht wurde aus Übersichtsgründen verzichtet.)

III. Konsumenten

Auch um alle Konsumenten, Wirbeltiere und Wirbellose (mit Ausnahme der Zersetzer), quantitativ zu erfassen, ist ein praktikables *Aufnahmeverfahren* nötig. Folgendes hat sich als zuverlässig erwiesen:

Didaktik: Mittelstufe und Kollegstufe, Arbeitsgemeinschaft, Leistungskurs.
Geräte und Untersuchungsmaterial: Bestimmungsbuch (für alle Tierarten), Meterstab, Maßband, Fangnetz, Spaten, Tötungsgläser, Plastikbehälter.

Durchführung:
— Wirbeltiere: Sie werden gezählt. Durch Beobachtung und Abschreiten kann man Art und Zahl der Individuen in einem definierten Gebiet (z. B. 100 × 100 m) feststellen.
— Fliegende Insekten: Sie werden mit einem Fangnetz gefangen. Eine bestimmte Zahl von Fangbewegungen (z. B. 50) wird auf einer vermessenen Fläche (100 × 100 m) durchgeführt und Art und Zahl der gefangenen Insekten notiert. Beim 2. Fanggang mit ebensovielen Fangbewegungen nehmen die Zahlen bereits ab und bei den weiteren Fanggängen gehen sie allmählich gegen Null.
— Bodentiere: 1 qm der Bodenfläche wird zunächst oberirdisch nach Tieren abgesucht, dann werden durch Graben die Tiere im Boden ermittelt.

Auswertung: Während die Zahl der Wirbel- und Bodentiere einfach auszuwerten ist, muß geprüft werden, ob die Entnahmemethode bei fliegenden Insekten erfolgreich war. Wie Abb. 10 ergab, war dies für das Beispiel Naturwiese der Fall. Interessant ist noch die grobe Gesamtbestimmung der Naturwiese. Dabei kommt

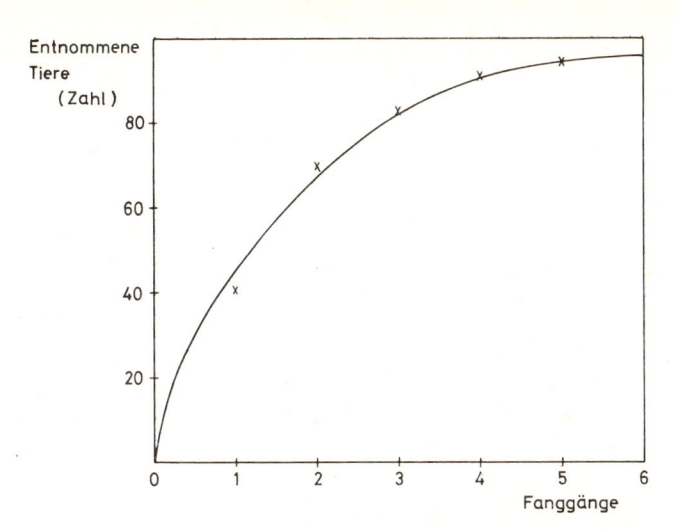

Abb. 10: Entnahmemethode, um die Zahl der fliegenden Insekten einer Naturwiese zu bestimmen (Untersuchungsfläche 1 ha, 50 Fangbewegungen/Fanggang, — Schülerarbeit)

die ungeheuer große Zahl der kleinen Lebewesen klar zum Ausdruck. Dieses Verfahren kann nun auch an einer belasteten Stelle, z. B. an einer Straße oder in einer Stadt durchgeführt werden. Es würde neben der Verdrängung zahlreicher Arten auch die Zunahme anderer (z. B. der Tauben, Spatzen, Amseln) und interessante Zusammenhänge ergeben.

IV. Zersetzung

Auch hier gibt es aussagekräftige Verfahren, die vergleichend benutzt werden können:

Nylonstrumpf-Methode:

Didaktik: Mittelstufe, Arbeitsgemeinschaft
Geräte und Untersuchungsmaterial: Nylonstrümpfe, Waage, Trockenschrank, Kräuter, Laubblätter, Fichtennadeln.

Durchführung: Kräuter, Laubblätter oder Fichtennadeln eines innerstädtischen, eines straßenbenachbarten und -entfernten und eines naturwüchsigen Gebietes werden in je einen Nylonstrumpf gegeben, getrocknet, gewogen und an den Entnahmestellen wieder ausgelegt. Nach Monaten (oder zweimal im Jahr — im Frühjahr und Herbst) wird getrocknet und zurückgewogen.

Auswertung: Der Gewichtsverlust ist ein Maß für die Tätigkeit der Zersetzer. Das Verfahren soll mindestens über ein Jahr ausgedehnt werden.

C. Auswirkungen der Belastungsfaktoren auf die ökologischen Funktionen

I. Energiefluß

Beim gewöhnlichen Energiefluß wird die Strahlungsenergie der Sonne (in den mittleren Breiten etwa 1500 kcal/m² · d) von den grünen Pflanzen (Produzenten) zum Aufbau organischer Verbindungen gebraucht (Bruttoprimärproduktion, P_b). Durch Veratmung und Abfall bleibt ein geringerer Teil als organische Masse erhalten (Nettoprimärproduktion, P_n). Der Nutzungsgrad der Strahlung ist zwar unterschiedlich, aber sehr gering und liegt bei etwa 1 %! Beim Übergang zu den Pflanzenfressern beträgt er etwa 10 %, beim Übergang zu den Fleischfressern ebenfalls 10 %.

Daraus ergibt sich folgendes gewöhnliche Energiefluß-Diagramm (Abb. 11).
Den Energiefluß zu verfolgen bereitet gewisse Schwierigkeiten. Am einfachsten ist die *Bestimmung der Nettoprimärproduktion*, P_n.

Didaktik: Mittel- und Kollegstufe, Arbeitsgemeinschaft, Einzelaufgabe.
Geräte: Schere, Spaten, Sieb, Meterstab, Plastiktüten, Trockenschrank, Waage.
Durchführung: 1 m² der zu untersuchenden Pflanzendecke (4 Proben a 0,25 m² oder 16 Proben a 0,0625 m²) wird gegen Ende der Vegetationsperiode oberirdisch

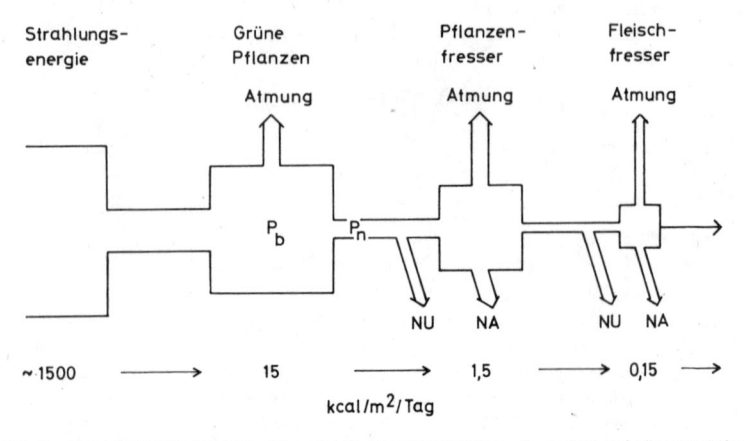

Abb. 11: Energiefluß-Diagramm (P_b = Bruttoprimärproduktion, P_n = Nettoprimärproduktion, NU = Nicht ausgenützte Energie, NA = Nicht assimilierte Energie, — nach *Odum*, etwas verändert)

abgeschnitten und in eine Plastiktüte gesteckt. Der Boden wird ausgehoben, die Erde von der Wurzelmasse abgespült (Sieb verwenden!) und in eine Plastiktüte gegeben. Ober- und unterirdische Pflanzenmasse werden getrennt im Trockenschrank 1 h bei 105° C, dann bei 80° bis zur Gewichtskonstanz getrocknet.

Auswertung: Das Trockengewicht der ober- und unterirdischen Teile (z. B. von 1 m² eines Mais- oder Weizenfeldes nach der Reife) entspricht der Nettoprimärproduktion eines Jahres.

Bestimmt werden muß aber auch die *Atmung der Primärproduzenten.*

Didaktik: Kollegstufe, Leistungskurs oder Einzelaufgabe.

Geräte und Chemikalien: Dunkle Kammer, Teller, Becherglas, Bürette, Aqua dest., NaOH, $BaCl_2$, Indikator.

Durchführung: Die zu untersuchenden Pflanzen werden in einer dunklen Kammer eingeschlossen, wo sie nur atmen. Das entwickelte CO_2 wird durch Natriumhydroxid als Natriumcarbonat gebunden. Nach einer bestimmten Zeit fällt man das Karbonat mit Bariumchlorid als Bariumkarbonat, das verbliebene Natriumhydroxid wird titrimetrisch bestimmt.

Auswertung: Die bei der Atmung ausgeschiedene CO_2-Menge erhält man durch Subtraktion der festgestellten CO_2-Menge in einer leeren Kammer (als Nullwert) von der bestimmten Menge in der Kammer mit den Pflanzen. Die Berechnung erfolgt auf Grund der Atmungsgleichung:

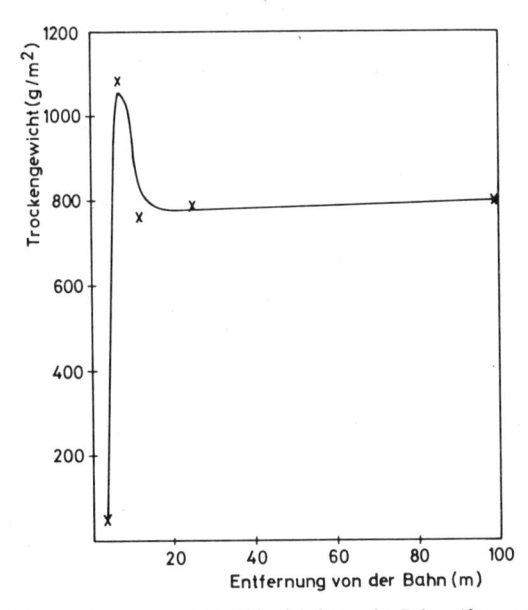

Abb. 12: Nettoprimärproduktion in Abhängigkeit von der Bahnentfernung (nach *Odzuck*)

$C_6H_{12}O_6 + 6\,O_2 \longrightarrow 6\,CO_2 + 6\,H_2O$
1 g CO_2 entspricht 0,67 g Trockensubstanz

Damit sind die wichtigsten Komponenten im Energiefluß der Produzenten bestimmt: Nettoprimärproduktion und Atmung. Für die eingestrahlte Energie kann der Literaturwert von 1500 kcal/m² · Tag verwendet werden.

Ebenso hat nun die Bestimmung der Sekundärproduktion und deren Atmung zu erfolgen. Ein schwieriges, aber durchführbares Unterfangen. So läßt sich der gesamte Energiefluß näherungsweise bestimmen.

Da die *Nettoprimärproduktion* die Grundlage für jede Sekundärproduktion darstellt, können *bereits* deren Werte sehr aussagekräftig sein.

Abb. 12 zeigt die Nettoprimärproduktion in einem Bahnbereich. Durch Herbizide, Wind und groben Müll bleibt die P_n unmittelbar an der Bahn (3,5 m) sehr gering, um bereits in 7 m Entfernung infolge Düngung durch zersetzte Unratsstoffe ein Maximum zu erreichen, das dann bald auf die normalen Werte des Standorts absinkt.

Bei Umrechnung auf g/m² · d ist durch 365 zu teilen, bei Umrechnung auf kcal/m² · d

bei pflanzlichen Stoffen mit 4
bei tierischen Stoffen mit 5
zu multiplizieren.
So erhält man in etwa den Energieinhalt.

Aber nicht nur die P_n ist dicht an der Bahn verändert, auch der *gesamte Energiefluß* scheint es zu sein. Da die Wirbeltiere durch Lärm- und Sichtreiz vertrieben werden, hat es den Anschein, als ob der Detritus-Weg der Nahrungskette verstärkt und die Weide-Nahrungskette verringert würde (Abb. 13).

Dazu müßte neben der Atmung der Produzenten noch Bestand und Atmung der Konsumenten und die Zersetzertätigkeit ermittelt werden.

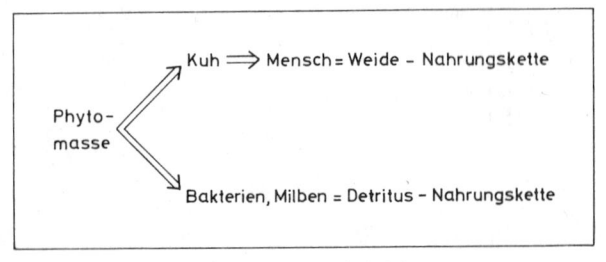

Abb. 13: Y-förmiges Energieflußdiagramm

II. Stoffkreislauf

Die Bestimmung der verfügbaren Stoffmengen ist in terrestrischen Ökosystemen sowohl bei Makro- wie Mikronährstoffen sehr schwierig und in der Schule kaum durchführbar. Der quantitative Stoffnachweis für O_2 und Phosphat in aquatischen Systemen wurde bei B.II angegeben. Da bei den biogeochemischen Stoffkreisläufen Übergänge in löslicher und ungelöster Form häufig vorkommen, ist es kaum möglich, einen Stoffkreislauf quantitativ zu verfolgen. Eine Faustskizze des Stickstoffkreislaufs ist in Band 4/I, S. 319 zu finden.

III. Biotische Faktoren

1. Sukzessionen

Ökosysteme sind dynamische Gebilde, die durch Anhäufen bzw. Verbrauch von organischem Material zu einer Abfolge von Lebensgemeinschaften, also einer Sukzession, Anlaß geben. Daher ist auch zu erwarten, daß veränderte abiotische oder biotische Faktoren Sukzessionen verursachen.
Durch soziologische Aufnahmen vor der Einwirkung der neuartigen Faktoren und in zeitlichen Abständen danach oder in verschiedenen Abständen von einer Emissionsquelle (bei Untersuchung einer homogenen Ausgangsgesellschaft) lassen sich Sukzessionen feststellen. Nachgewiesen wurden sie in der Nähe von Bahnstrecken und Straßen, aber auch nach Abwassereinleitungen (siehe Band 4/I, S. 342).
Die Aufnahme derartiger Pflanzengesellschaften wurde bereits unter C.II besprochen.
Ein Beispiel für eine derartige Suszession liefert Tab. 8. Nahe der Bahn (3,5 m) ist eine Ruderalvegetation oft gestörter Plätze zu finden (Polygono-Chenopodietalia und Agropyretalia), die sich auch noch bei 7 m bemerkbar macht und erst ab 12 m liegt eine praktisch ungestörte, konsolidierte Rasengesellschaft (Arrhenatheretalia) vor. Durch die Imissionen des Bahnverkehrs (direkt Wind und Müll, indirekt Herbizide) ist die Rasengesellschaft bei 3,5 m beseitigt und bei 7 m noch beeinflußt worden. Die Belastungsfaktoren gaben zu einer Sukzession mit definierbarem Endzustand Anlaß.

Gesellschaft	Aufnahme	3,5 m	7 m	12 m	25 m	100 m
	Artenzahl	9	23	35	27	31
	Aufnahmefläche (m²)	10	10	10	10	10
	Deckungsgrad (%)	12	100	100	100	100
A	Convolvulus arvensis	II	III			
	Equisetum arvense	IV	III	III		
	Papaver rhoeas	I				
	Polygonum persicaria	I				
	Silene vulgaris	I	IV	II		
B	Achillea millefolium		IV	IV	IV	III
	Arrhenatherum elatius		V	V	II	II
	Dactylis glomerata		III	III	V	V
	Festuca pratensis			II	IV	II
	Galium mollugo		V	III	IV	IV
	Heracleum sphondylium	I	II	IV	III	I
	Lotus corniculatus		V	III	V	IV
	Plantago lanceolatum		II	III	V	IV
	Ranunculus bulbosus		III	II	V	IV
	Trifolium pratense		III	II	IV	IV
Begleiter	Aegopodium podagraria	II	III			
	Pimpinella saxifraga	III		III		III
	Taraxacum officinale	I		III	V	V
	Agrostis stolonifera		II		I	V
	Agrostis tenuis		I	II	II	III
	Angelica sylvestris		I	II		
	Calamagrostis epigejos		III			
	Knautia arvensis		I	I		III
	Linaria vulgaris		II			II
	Ranunculus acris		I	I	IV	II
	Salvia verticillata		I			I
	Veronica chamaedrys		II	II	IV	II
	Vicia sepium		III	II		I
	Briza media			I	I	II
	Carex hirta			I		
	Centaurea jacea			II		
	Cirsium arvense			II	II	
	Cirsium oleraceum			II	I	II
	Galium verum			II		I
	Hypericum perforatum			I		
	Holcus lanatus			II	III	
	Leontodon autumnales			III	IV	VI
	Molinia caerulea			II	I	
	Pastinaca sativa			III	II	
	Phleum pratense			II	II	

Gesellschaft	Aufnahme	3,5 m	7 m	12 m	25 m	100 m
	Artenzahl	9	23	35	27	31
	Aufnahmefläche (m²)	10	10	10	10	10
	Deckungsgrad (%)	12	100	100	100	100
	Rhinanthus serotinus			II		
	Tragopogon pratensis			I		I
	Trifolium repens			III	V	II
	Alchemilla vulgaris				II	II
	Bellis perennis				II	
	Carex flacca				I	
	Plantago media					III
	Potentilla erecta					III
	Thymus serphyllum					I
	Viola hirta					III

Tab. 8 — Soziologische Aufnahmen von Artenkombinationen in Abhängigkeit von der Bahnentfernung. A = Krautige Vegetation oft gestörter Plätze, B = Anthropo-zoogene Heiden und Wiesen. Es wurde nur die Stetigkeit angegeben (nach *Odzuck*, vereinfacht).

2. Konkurrenz

Zu dieser biotischen Faktorengruppe gehören *innerartliche und zwischenartliche Konkurrenz und die Räuber-Beute Beziehungen*. Sind hier Änderungen unter dem Einfluß von Belastungsfaktoren zu erwarten? Bei zwischenartlicher Konkurrenz und den Räuber-Beute Beziehungen sicher. So kann man sich vorstellen, daß verschiedene Arten, die sich gewöhnlich dieselbe ökologische Nische streitig machen, durch Belastungsfaktoren unterschiedlich betroffen werden. In derselben Weise könnten Räuber und Beute beeinflußt werden. Diesbezügliche Untersuchungen liegen noch nicht vor. Andererseits würden sich solche Themen als Facharbeiten in der Kollegstufe anbieten.

D. Auswirkungen der Belastungsfaktoren auf Ökosysteme

I. Allgemeine Auswirkungen auf Ökosysteme

1. Vermutliche Ausgangssituation des Ökosystems (Sollwert)

Zunächst gilt es, die Standortfaktoren (Klima, Boden, geolog. Beschaffenheit des Untergrundes) und die ökologischen Strukturen und Funktionen festzustellen, die ursprünglich vorhanden waren. Häufig gibt es noch kleinere, unbeeinflußte Bereiche, die den früheren Zustand rekonstruieren lassen.

2. Belastungsfaktoren

Danach werden alle in Frage kommenden Belastungsfaktoren ermittelt (B).

3. Tatsächliche Situation des belasteten Ökosystems (Istwert)

Der Istwert des Ökosystems ergibt sich bei der Untersuchung der veränderten Strukturen und Funktionen. Dabei muß man darauf hinweisen, daß Ökosysteme als Wirkungsgefüge von Organismen und ihren abiotischen Standortfaktoren offene Systeme und damit störanfällig sind:
— *wird der kritische Grenzwert nicht überschritten,*
erfolgt Selbstregulation durch Abpuffern der Belastungskomponenten oder Einstellung eines neuen dynamischen Gleichgewichts
— *wird die Belastungsgrenze überschritten,*
treten irreversible Schäden auf.
Praktisch muß daher geprüft werden, welche Veränderungen eingetreten sind, durch Aufnahme der Produzenten, Konsumenten und Zersetzer (wie bei C) und des Energieflusses, des Stoffkreislaufes und der biotischen Zusammenhänge (wie bei D).

4. Darstellung des Istwertes

Diese ist für eine anschauliche Übersicht unbedingt notwendig. Während eine Kartierung die veränderten Strukturen und ihre Beziehungen zu bestimmten Umweltverhältnissen angibt, vermag ein Pfeildiagramm die Kausalbeziehungen auszuzeigen. Ein Strukturschaubild und eine Strukturmatrix können sogar zur Quantifizierung der Beziehungen herangezogen werden.

a. Kartierung

Vorbemerkung: Kartiert werden kann vor allem die Vegetation. Dabei muß jeder Pflanzenbestand eingeordnet werden. Eine derartige Karte muß die räumlichen

Beziehungen der Pflanzengesellschaften zueinander zeigen und auch zu best. Umweltverhältnissen.

Geräte und Vorbereitung: Millimeterpapier, Schlüssel von Signaturen oder Farben aufstellen, Maßstab wählen.

Durchführung: Es ist zweckmäßig, solche Vegetationseinheiten als Kartierungseinheiten zu verwenden, die deutliche Belastungsunterschiede ausdrücken. Bei Schichtengesellschaften sind die veränderten Vegetationsschichten, also von Tab. 6 die Strauch- und Krautschicht, gesondert zu kartieren. Verwandte Vegetationseinheiten sollen auch durch verwandte Signaturen oder Farben ausgedrückt werden.

Auswertung: Die Pflanzengesellschaften sind in Beziehung zu den Belastungsfaktoren zu bringen.
Ein Beispiel für eine Kartierung ist in Band 4/I, S. 281 zu finden.

b. *Pfeildiagramm*

Vorbemerkung: Eine Darstellung in Form eines kybernetischen Regelkreisschemas ist nicht möglich, da Meß-, Stell- und Führungsglieder und eine deutliche Trennung in Haupt- und Nebenstrom fehlen. Daher bleibt allein das Pfeildiagramm als Darstellungsweise. Es beschreibt die Kausalbeziehungen zwischen Systemgrößen und verzichtet auf eine Differenzierung der Systemglieder.

Durchführung: Die Beziehungen zwischen den Organismen werden durch Pfeile angegeben, und mit + und − differenziert.
Dabei bedeutet:

+
───→ Gleichsinnigkeit (je mehr ... umso mehr)

−
───→ Gegensinnigkeit (je mehr ... umso weniger)

Auswertung: Die notwendigen Beziehungen zum Erhalt eines Gleichgewichts können herausgearbeitet, die Auswirkungen von Störungen diskutiert werden (Beispiel Abb. 14).

c. *Strukturschaubild und Strukturmatrix*

Vorbemerkung: Die Beziehungen zwischen den Komponenten eines Ökosystems werden dargestellt. Aus dem sich ergebenden Strukturschaubild wird eine Strukturmatrix gefertigt (Abb. 15). An Hand dieser kann abgelesen werden, ob das System stabil ist.

Durchführung: Beim Strukturschaubild werden die Beziehungen durch Pfeile ausgedrückt, bei der Strukturmatrix in der linken Spalte und oberen Reihe alle Elemente des Systems eingetragen. Die Kopplungen (im Sinn des Pfeilsymbols gelesen) werden durch den Wert 1 beschrieben, fehlende Kopplung durch 0.

Auswertung: Je größer die Zahl der „Einsen", d. h. je größer die Zahl der Kopplungen, umso stabiler ist das System. Es kann mehr Störungen von außen kompensieren, einen Gleichgewichtszustand wieder herstellen usw.

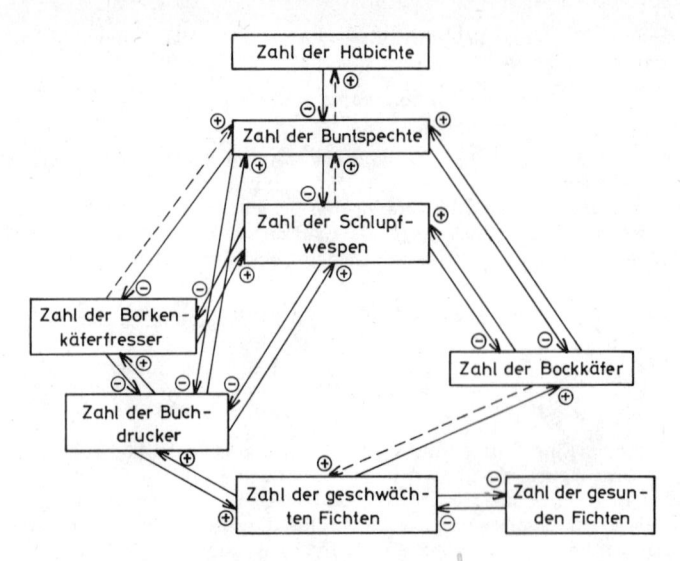

Abb. 14: Das Nahrungsnetz um Buntspecht und Fichtenborkenkäfer als komplexes Pfeildiagramm 2. Stufe (nach *Eulefeld — Schaefer*)

Strukturschaubild   Strukturmatrix

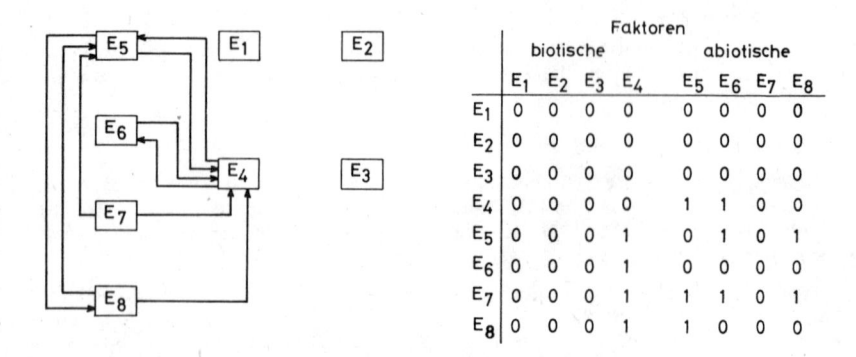

| | \multicolumn{8}{c}{Faktoren} |
| | biotische | | | | abiotische | | | |
	E_1	E_2	E_3	E_4	E_5	E_6	E_7	E_8
E_1	0	0	0	0	0	0	0	0
E_2	0	0	0	0	0	0	0	0
E_3	0	0	0	0	0	0	0	0
E_4	0	0	0	0	1	1	0	0
E_5	0	0	0	1	0	1	0	1
E_6	0	0	0	1	0	0	0	0
E_7	0	0	0	1	1	1	0	1
E_8	0	0	0	1	1	0	0	0

Abb. 15: Modell des Ökosystems See — Primärstadium (nach *Bauer, Fegers, Trippel*)

E_1 = Ufergebüsch
E_2 = Röhricht
E_3 = Schwimmblattzone
E_4 = Biocönosen im offenen Wasser
E_5 = Wassermasse, Wasserfläche
E_6 = Chemismus des Wassers
E_7 = Morphologie des Seebeckens
E_8 = Geländeklima

II. Auswirkungen der Belastungsfaktoren auf bestimmte Ökosysteme

Praktisch sind hier Excursionen durchzuführen, wobei eine Aufgliederung in arbeitsteilige Gruppen von 2—3 Schülern erfolgen soll. Die Einzelauswertung können die Schüler zu Hause vornehmen, die Gesamtauswertung wird in der Schule gemacht.

1. Aquatische Ökosysteme

a. *Fließend-Wasser-Ökosystem*

Vorbemerkung: Hier kann auf die Selbstreinigungskraft der Flüsse und die Gefahr ihrer Überbelastung durch Abwässer eingegangen werden.

Didaktik: Kollegstufe (Leistungskurs oder Einzelaufgabe)

Untersuchungen an Ort und Stelle: Bestimmung des O_2-Gehalts und Probeentnahmen an verschiedenen Stellen (vor einer Abwassereinleitung und an einigen Stellen danach).

Untersuchungen in der Schule: Mikroskopische Untersuchung auf Verschmutzungsanzeiger (siehe Band 4/1, S. 340), Bestimmung des PO_4-, NO_3-, H_2S- und pH-Gehalts, Bestimmung der O_2-Zehrung.

Auswertung: Auf Grund der mikroskopischen Untersuchung ist eine Einteilung der fließenden Gewässer auf der Grundlage des Saprobiensystems in die 4 Wassergüteklassen möglich (siehe Band 4/I, S. 357 und A). Schließlich kann die Ursache der Verschmutzung festgestellt werden (erhöhte Menge an Mineralsalzen oder organischen Stoffen).

b. *Stehendes Gewässer*

Vorbemerkung: Zur Erfassung eines Sees sind vielfältige Untersuchungen nötig, eine Exkursion reicht gewöhnlich nicht aus. Bei jeder Exkursion ist eine vorgeplante Aufteilung in Arbeitsgruppen nötig.

Didaktik: Mittelstufe (Arbeitsgemeinschaft), Kollegstufe (Leistungskurs)

Untersuchungen an Ort und Stelle: Seegröße, Seetiefe, Sichttiefe, O_2-Bestimmung, Temperatur, Plankton, Fauna.
Folgende Hilfsmittel sind nötig: Maßband, Boot, markierte Schnur mit Senkblei, Sichtscheibe, Planktonnetze, Formalin, $CuSO_4$, Reagenzgläser mit Korken, Käscher, Greifer, Bestimmungsbücher, Plastikflaschen, Glaswaren und Reagenzien für die O_2-Bestimmung, Thermometer.

Nachuntersuchungen in der Schule: Mikroskopische Untersuchung des Planktons, Auszählen der Planktondichte, Untersuchung und Bestimmung der mitgebrachten Fauna, Bestimmung des PO_4-, NO_3-, NH_4-, H_2S- und pH-Gehalts und der O_2-Zehrung.
Hierfür nötige Hilfsmittel: Mikroskop, Zählkammer, Bestimmungsbücher, Geräte und Chemikalien zur Bestimmung des Chemismus des Wassers.

Auswertung: Folgende Ergebnisse können u. a. erarbeitet werden:
Grundriß des Seegebiets

Lage- und Tiefenprofil des Sees
Tabelle über Fläche und Volumen des Sees
Tabelle über O_2-Gehalt, O_2-Zehrung, PO_4-, NO_3-, NH_4-, H_2S-, pH-Gehalt
Abbildung über Seetiefe, Temperatur und O_2-Gehalt
Abbildung über die Planktonformen
Tabelle über die Klassifikation des Planktons
Tabelle über die Fauna des Sees
Danach kann festgestellt werden, ob der See eutrophiert ist und Aussagen über die Ursache der Verschmutzung getroffen werden. Zur Einordnung des Sees kann Tab. 9 herangezogen werden.

Typ	Wasser-farbe	Sicht-tiefe	pH	mg/l N	P_2O_5	Vorkommen
Oligotroph kalkreich	blau bis grünlich	sehr groß	alkalisch $< 7,5$	Spur	0	Kalkgebirge u. Vorland
kalkarm	grünlich, bräunlich	groß	etwas sauer $< 7,5 > 4,5$	Spuren		Silikat-Gebirge kalkarme Sande
Eutroph	grau bis blaugrün	gering	neutral, etwas alkal.	1	0,5	Moränen-, Löß-lehmgebiete
Dystroph	gelblich bis braun	sehr gering	stark sauer < 5	0	0,5	Hochmoor, Torf-stiche

Tab. 9 — Nährstofftypen von Binnengewässern (nach *Ellenberg*, etwas verändert)

Das Ergebnis eines durch Lachmöwenkot verunreinigten Sees ergab Ende August (die ca. 5000 Lachmöwen waren Ende Juli bereits abgezogen) folgende Daten:

Wasserfarbe: grün bis grau O_2: 9,50 mg/l
Plankton: Wasserblüte O_2-Zehrung: 3,20 mg/l
(sehr viel Blaualgen)   pH: 8,5
Sichttiefe: 0,50 m NO_3^-: 5,5 mg/l
Temperatur: 18° C P_2O_5: 0,9 mg/l

Damit läßt sich bei Ausschalten anderer Verunreinigungsursachen zeigen, daß der Kot einer Lachmöwenkolonie zur Eutrophierung eines Sees führt.

2. Terrestrische Ökosysteme

Vorbemerkung: Hier können Bereiche an einer vielbefahrenen Straßen- oder Bahnlinie untersucht werden, auch die Umgebung eines speziellen Emittenten. Wiederum sind Excursionen mit Nachuntersuchungen in der Schule erforderlich.

Didaktik: Mittelstufe (Arbeitsgemeinschaft), Kollegstufe (Leistungskurs)

Untersuchungen an Ort und Stelle (Tab. 10):

Nachuntersuchungen in der Schule: Nachbestimmungen von Pflanzen und Tieren, Pflanzenernte auswerten, Tests auf Schadstoffe durchführen (Kressetest).
Nötige Hilfsmittel: Bestimmungsbücher, Trockenschrank, Waage, Kressesamen, Petrischalen, Behälter für die Trockenmasse.

Auswertung: Folgende Ergebnisse sind darzustellen:

Allgemein
Skizze des Untersuchungsgebietes
Ökologische Pyramide

Jeweils in Abhängigkeit von der Entfernung zum Emittenten

Tabelle und Abbildungen der Belastungsfaktoren
Differenzierte Tabelle der Pflanzengesellschaften
Tabelle der Tieraufnahmen
Nettoprimärproduktion
Vermutlicher Energiefluß
Nachweisbare Sukzession

Sowohl die Belastungsfaktoren wie auch die veränderten Strukturen und Funktionen werden erfaßt. Erfahrungsgemäß sind mehrere Excursionen zum selben Untersuchungsgebiet nötig.

Entfernung von der Bahn		3,5 m	7 m	12 m	25 m	100 m
Soziologisches Verhalten		Krautige Vegetation oft gestörter Plätze				
		30 %	11 %	3 %		
			Anthropo-zoogene Heiden und Wiesen			
		35 %	60 %	88 %	97 %	86 %
Ökologisches Verhalten						
Reaktionszahl	mR	7,00	6,85	6,80	6,30	7,00
Stickstoffzahl	mN	5,40	5,10	4,70	4,80	4,80
Lebensformen						
Geophyten	%	49	25	13	9	6
Therophyten	%	7	—	2	—	—
Anatomischer Bau						
Skleromorphe	%	29	16	18	14	11
Immissionen						
Herbizide		+	—	—	—	—
Wind (Beaufortskala)		5	3			
Müll (g/m^2)		321	189	1	—	—

Tab. 10: Floristisch-ökologische Gliederung eines Bahnbereichs (nach *Odzuck*, vereinfacht)

Das Ergebnis einer Untersuchung an einer vielbefahrenen Bahnstrecke (240 Züge/Tag, vorwiegend zwischen 6.00 und 22.00 Uhr) zeigt Tab. 10.
Wie ersichtlich können soziologisches und ökologisches Verhalten gut auf die

Immissionen bezogen werden. Während in 3,5 m Entfernung von der Bahn Müll eine Stickstoffzufuhr bedeutet und eher basischen Boden bewirkt, bringt der Wind Pflanzen mit skleromorphem Bau Konkurrenzvorteile und Wind zusammen mit Herbiziden ermöglichen vor allem Geophyten (Pflanzen mit unterirdischen Überwinterungsknospen) und Therophyten (Pflanzen mit kurzer Vegetationsperiode, die auch mit Samen überdauern) das Gedeihen. Die Pflanzengesellschaft als Ganzes reagiert natürlich auf alle 3 wirksamen Immissionen mit einem ruderalen Charakter.

In 7 m Entfernung ist fast nur noch Müll als Immission wirksam und ab 12 m ist in ebenem Gelände kein Belastungsfaktor des Bahnverkehrs in der Pflanzengesellschaft mehr nachweisbar.

3. Urban-industrielle Ökosysteme

Vorbemerkung: Hier bietet sich ein Stadtkern an, wobei nicht nur Häuserkomplexe sondern auch Grünanlagen mit einbezogen werden sollen. Die Untersuchungsfläche kann man aus einem Stadtplan entnehmen und den Arbeitsgruppen in Form von exakten Skizzen in die Hand geben. Liegen Meßdaten der Landesämter für Umweltschutz über das Stadtgebiet vor, so können sie mit verwertet werden.

Didaktik: Mittelstufe (Arbeitsgemeinschaft), Kollegstufe (Leistungskurs).

Nachuntersuchungen in der Schule: Kressetest auf Schadstoffe in Bodenproben, Nachbestimmungen von Pflanzen und Tieren, mikroskopische Betrachtung geschädigter Pflanzenteile.

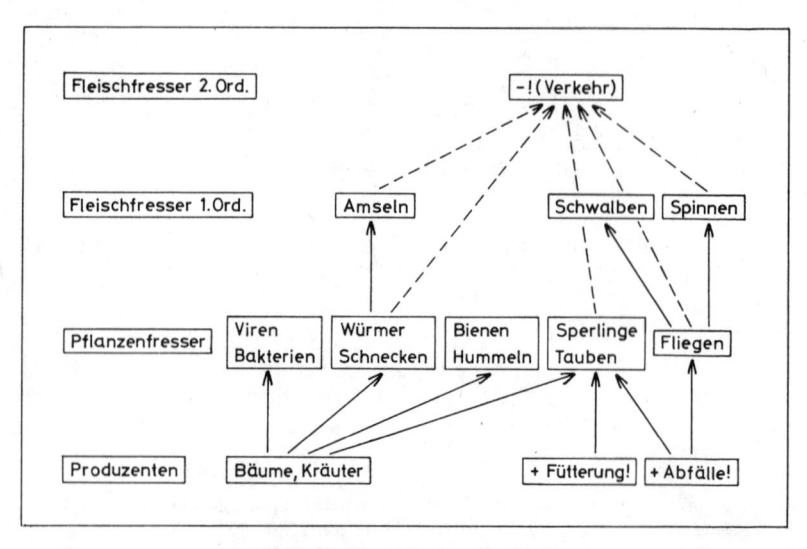

Abb. 16: Ökopyramide eines Stadtkerns

Nötige Hilfsmittel: Kressesamen, Petrischalen, Bestimmungsbücher, Mikroskop.

Auswertung: Die Ergebnisse obiger Untersuchungen sind nun in Form von Tabellen und Abbildungen darzustellen und auf die Belastungsfaktoren zu beziehen. Interessante Einblicke liefert auch hier eine Ökopyramide (Abb. 16).

Wie ersichtlich können aus 2 Gründen mehr Pflanzenfresser im Stadtkern existieren: Einmal fehlen Greifvögel und Raubtiere, andererseits wird durch Fütterung und Abfälle die Energieversorgung verbessert. Daneben gibt es viele andere, äußerst aufschlußreiche Beziehungen, so, daß sich eine solche Excursion auch für Schulen in ländlichen Gebieten außerordentlich fruchtbar erweist.

E. Maßnahmen zum Erhalt bzw. zur Wiederherstellung einer gesunden Umwelt

Durch die neuartigen Belastungsfaktoren hat sich die Umwelt für Mensch, Tier und Pflanze in hochindustrialisierten Ländern entscheidend verändert. Wie werden sich diese Faktoren weiter entwickeln? Welche Folgen ergeben sich für die Menschheit? Was ist zu tun?

Zunächst haben zahlreiche Wissenschaftler *Modellrechnungen* durchgeführt, wovon ein einzelnes aber aufrüttelndes Beispiel dargestellt werden soll (Abb. 17).

Daraus geht hervor, daß eine rasch anwachsende Menschheit durch eine mitbedingte, zunehmende Ansammlung von Belastungsfaktoren ihre eigene Lebensgrundlage zerstören kann.

Die bisherigen Folgen der Umweltbelastung und die künftigen Gefahren sollten daher zum Handeln zwingen.

I. Änderung des Verhaltens

Das Handeln soll sich nicht auf Einzelmaßnahmen beschränken, sondern das Problem an den Wurzeln anpacken.

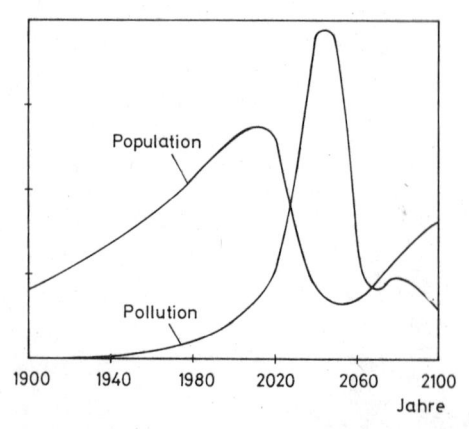

Abb. 17: Modellrechnung des *Forrester*-Kreises über eine mögliche Entwicklung von Pollution (Belastungsfaktoren) und menschlicher Population (nach *Jost*)

1. Geburtenkontrolle

Die *Bevölkerungsdichte* nimmt in verschiedener Hinsicht *eine Schlüsselrolle ein*. Durch das Absinken der Sterberate bei annähernd gleich gebliebener Geburtenrate hat die Bevölkerungszahl und -dichte sehr zugenommen (B. I.). Nur durch eine Änderung des Verhaltens (Absinken der Geburtenrate) kann Einhalt geboten werden. Die Zahl der Menschen muß im Gleichgewicht stehen mit dem verfügbaren Raum und den vorhandenen Energie-, Rohstoff- und Nahrungsquellen. Kann dies nicht durch Verhaltensänderung erreicht werden, ist eine Einregulation durch Seuchen oder Kriege zu erwarten.

2. Unterrichtung

Hand in Hand damit gehen muß eine Unterrichtung der gesamten Bevölkerung. Einerseits sind die *Schulen aller Art* (Volks-, Real- und Berufsschulen, Gymnasien, Universitäten) dazu aufgerufen, andererseits müssen die *Erwachsenen* über Kommunikationsmittel (Presse, Rundfunk, Fernsehen) erreicht werden. Besonders im Lernalter läßt sich eine dauerhafte Verhaltenseinstellung erreichen.

In den Schulen kann plausibel gemacht werden, daß bei zunehmender Bevölkerungsdichte auftretende Schäden umso schwerwiegender sind. Wenn Millionen Menschen denselben Fehler machen, sind die Folgen verheerend.

3. Ökologische Produktion

Manche Bauernhöfe und Gärtnereien produzieren bereits ohne den Einsatz von Bioziden und Mineraldünger. Ihre Erträge mögen zunächst nicht ganz so hoch sein. Langfristig jedoch führen die bisherigen Produktionsmethoden zur Minderung der Bodenqualität und des Werts der Erzeugnisse und bringen Gewässereutrophierung mit sich.

Durch wissenschaftliche Untersuchungen und Unterrichtung der Produzenten sollte eine Verhaltensänderung in Richtung auf ökologisch orientierte Wirtschaftsweisen erreicht werden.

II. Gesetzliche Maßnahmen

Der Versuch Verhaltensänderungen zu erreichen, muß von gesetzlichen Maßnahmen dort begleitet werden, wo die Möglichkeiten des Einzelnen zu gering sind.

1. Naturschutz

Die Artenzahl von Pflanzen und Tieren vermindert sich fortlaufend, außerdem wird das ökologische Gleichgewicht an sehr vielen Orten zunehmend gestört. Um diesen Vorgängen Einhalt zu gebieten, sind staatliche Eingriffe nötig.
Natur- und Landschaftsschutzgebiete sollen Reservate für bestimmte Pflanzen und Tiere sein, Regenerationszellen zur Wiederbesiedlung vorübergehend gestörter Gebiete, der Forschung dienen und die Landschaftsgebiete auch noch teilweise der Erholung.

Bei den Schülern ist aus diesen Gründen das Verständnis für einen gebührenden Schutz der Natur zu wecken. Es muß ihnen klargemacht werden, daß die Ausrottung einer Art den irreparablen Verlust genetischen Potentials bedeutet.

2. Raumordnung und Landesplanung

Selbstverständlich soll die Minderung der Umweltbelastung bei den eigentlichen Emissionsquellen beginnen. Aber auch durch eine *geplante Verteilung von Grünflächen, Wohn- und Industrieräumen* kann die Belastung verringert werden.

Eine schulpraktische Untersuchung bietet sich an:

Vorbemerkung: Für den Lehrer ist es reizvoll, den Schulort diesbezüglich kartographisch aufnehmen zu lassen und zu prüfen, ob von einer vernünftigen Raumordnung gesprochen werden kann.

Didaktik: Mittelstufe (Arbeitsgemeinschaft), Kollegstufe (Einzelaufgabe).

Geräte und Materialien: Orts- bzw. Stadtplan, ausgewählte Farben oder Signaturen.

Durchführung: In den Plan werden alle Industrie-, Wohn- und Grünanlagenkomplexe mit unterschiedlichen Farben oder Signaturen eingetragen, ebenso die Hauptwindrichtung und die Hauptverkehrswege.

Auswertung: Das Ergebnis wird mit dem Grundriß einer raumordnungsmäßig idealen Gemeinde verglichen (Abb. 18).

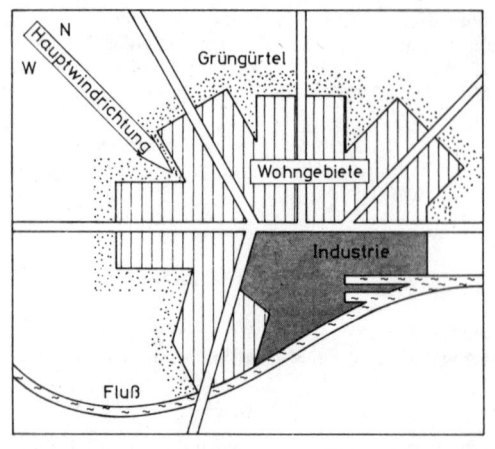

Abb. 18: Grundriß einer raumordnungsmäßig idealen Gemeinde
(aus *Böhlmann,* nach *Schwalb/Robel*)

Literatur

1. Bücher

Bayer. Landesamt f. Umweltschutz (Hrsg.): Lufthygienische Monatsberichte (ab 1973)
Bayer. Staatsminist. f. Landesentwicklung u. Umweltfragen (Hrsg.): Umweltbericht (1972)
Braun, M.: Chemie — Sekundarstufe II: Umweltschutz — experimentell BLV, München (1974)
Ellenberg, H.: Vegetation Mitteleuropas mit den Alpen (Band IV/2 der Einführung in die Phytologie von H. Walter), Stuttgart (1963)
Ellenberg, H.: Ökosystemforschung. Springer, Heidelberg (1973)
Engelhardt, W.: Umweltschutz. BSV, München (1973)
Jost, W.: Globale Umweltprobleme. UTB, Steinkopff, Darmstadt (1974)
Knodel, H. und U. Kull: Ökologie und Umweltschutz. Metzler, Stuttgart (1974)
Kreeb, K.: Ökophysiologie der Pflanzen. Fischer, Stuttgart (1974)
Krebs, Ch. J.: Ecology. Harper a. Row, New York (1972)
Moll, W. L. H.: Taschenbuch für Umweltschutz I: Chemische und technologische Informationen. UTB, Steinkopff, Darmstadt (1974)
Müller, P. (Hrsg.): Verhandlungen der Gesellschaft für Ökologie, Erlangen 1974. Junk, The Hague (1975)
Odum, E. P.: Ökologie. BLV, Mnchen (1972)
Olschowy, G. (Hrsg.): Belastete Landschaft — Gefährdete Umwelt. Goldmann, München (1971)
Schmidt, E.: Ökosystem See. Quelle u. Meyer, Heidelberg (1973)
Schuster, M.: Ökologie und Umweltschutz — ein Unterrichtsmodell für den Leistungskurs Biologie. In: Der Biologieunterricht in der Kollegstufe. BSV, München (1975)
Steinecke, F.: Das Plankton des Süßwassers. Quelle u. Meyer, Heidelberg (1972)
Steubing, L.: Pflanzenökologisches Praktikum. Parey, Hamburg (1965)
Steubing, L. u. Ch. Kunze: Pflanzenökologische Experimente zur Umweltverschmutzung. Quelle u. Meyer, Heidelberg (1972)
Steubing, L., Ch. Kunze, J. Jäger (Hrsg.): Belastung und Belastbarkeit von Ökosystemen. Tagungsbericht der Gesellschaft für Ökologie, Gießen (1972)

2. Zeitschriften

Der Biologieunterricht (BU)
Ecology (Ecol.)
Landschaft und Stadt (Landsch. u. Stadt)
Der Mathematisch-Naturwissenschaftliche Unterricht (MNU)
Natur und Landschaft (Nat. u. Landsch.)
Natur und Mensch (Nat. u. Mensch)
Oecologia (Oecol.)
Oikos (Oikos)
Praxis der Naturwissenschaften, Teil: Biologie (PdB)

3. Veröffentlichungen in Zeitschriften

Bauer, H. J., R. Fegers, R. Trippel: Die mathematisch-kybernetische Beschreibung von Ökosystemen. In: Belastung u. Belastbarkeit von Ökosystemen, S. 35—39. GfÖ, Gießen (1972)
Böhlmann, D.: Die Luftverschmutzung bedroht Mensch, Tier und Pflanze. BU, 7, H. 3, S. 4—24 (1971)
Dierschke, H.: Forschungsgegenstand und Forschungsrichtungen der Vegetationskunde. BU, 6, H. 2, S. 4—21 (1970)
DS-IRV: Die in der BRD gefährdeten Vogelarten („Rote Liste"). Nat. u. Landsch., 48, H. 4, S. 109 bis 110 (1973)
Ellenberg, H.: Ökologische Forschung und Erziehung als gemeinsame Aufgabe. Umschau, 72, H. 2, S. 53—54 (1972)
Eulefeld, G. u. G. Schaefer: Biologisches Gleichgewicht. BU, 7, H. 4, S. 84—107 (1971)
Klein, K.: Chemische und biologische Auswirkungen der Abwässer auf die Gewässer. PdB, 22, H. 9, S. 232—236 und H. 10, S. 266—271 (1970)
Kreeb, H.: Die ökologischen Grundlagen der Umwelt des Menschen. Umschau, 72, H. 21, S. 681—686 (1972)
Maschke, J.: Kryptogamen als Indikatoren der Luftverschmutzung. PdB, 22, H. 4, S. 102—105 (1973)
Maschke, J.: Methoden der Wasseruntersuchung: Die biologische Wasseruntersuchung. PdB, 23, H. 8, S. 218—221 (1974)
Moir, W. H.: Natural Areas, Science, 177, S. 396—400 (1972)
Odzuck, W.: Auswirkungen eines Badebetriebs auf die Pflanzen- und Tierwelt eines Sees. Nat. u. Landsch., 47, H. 12, S. 337—341 (1972)
Odzuck, W.: Die biologische Entwicklung eines Landkreises — eine Hinführung zum Naturschutzgedanken. MNU, 27, H. 4, S. 230—236 (1974)

Odzuck, W.: Auswirkungen des Bahnverkehrs auf Arrhenatheretum und Fagetalia sylvaticae (in Bearbeitung)
Odzuck, W.: Auswirkungen des Straßenverkehrs auf das Arrhenatheretum (in Bearbeitung)
Schröder, H.: Die Verunreinigung der Luft als Problem des Umweltschutzes. MNU, Teil 1: *26*, S. 44—49, Teil 2: 108—115 (1973)
Sukopp, H.: „Rote Liste" der in der BRD gefährdeten Arten von Farn- und Blütenpflanzen (1. Fassung). Nat. u. Landsch., *49*, H. 12, S. 315—322 (1974)

DIE STELLUNG DES EXPERIMENTES IM BIOLOGIEUNTERRICHT

Von Studiendirektorin Elisabeth Frfr. v. Falkenhausen

Hannover

EINLEITUNG

Dieser Aufsatz behandelt die Frage, was mit dem Experiment im Unterricht ausgerichtet werden kann. Denn, jeder Lehrer weiß zwar, wie wichtig das Experiment für seinen Unterricht ist. Was er aber mit Hilfe der vielfach mühsamen und zeitraubenden Experimente wirklich erreichen kann, bleibt oft unklar. Und damit fehlte bisher auch die Möglichkeit, Schwierigkeiten, die im Experimentalunterricht auftauchten zu analysieren und zielsicher zu beseitigen. Diese Lücke will der vorliegende Aufsatz schließen.

I. Versuche

Versuch 1: Induktion der β-Galaktosidase bei Escherichia coli

Ziel:
Nachweisen, daß eine milchzuckerfreie E. coli-Kultur keine β-Galaktosidase enthält, und daß nach Zugabe von Milchzucker Galaktosidase produziert wird.

Material:
Escherichia coli-Kultur, Übernachtkultur
Toluol (zum Abtöten der Bakterien und Durchlässigmachen der Bakterienwände)
100 ml o-NPG-Lösung 0,3 g o-NPG/100 ml Phosphatpuffer (o-NPG = o-Nitrophenol-β-D-Galactopyranosid)
100 ml o-NPG-Lösung 0,3 mg o-NPG/100 ml Phosphatpuffer
200 ml Laktose-Lösung 0.1molar 6,8 g/200 ml
Phosphatpuffer ph 7, 200 ml, 0.1molar
17,8 g Na_2HPO_4 + 2 aq   in 1000 ml
 6,3 g NaH_2PO_4 + 2 aq   Wasser
200 ml Na_2CO_3-Lösung, 1 molar
Kulturmedium für die Escherichia coli-Kultur:
10 g Pepton
 5 g NaCl   1000 ml H_2O
 3 g Hefeextrakt
Reagenzgläser, Reagenzglasständer
Pipetten, 10 ml, 1 ml, diverse Erlenmeyerkolben 300 ml, 200 ml
Filzstift, Uhr
Eiswasser
evtl.
Wasserbad 37°
Photometer

Bemerkung: Wenn ein Wasserbad vorhanden ist, sollten die Proben während der Reaktionszeit beim Galaktosidase-Nachweis ins Wasserbad gestellt werden.

Die Gelbfärbung der o-NPG-Lösung bei Anwesenheit von β-Galaktosidase kann mit bloßem Auge in ihren Abstufungen gut erkannt werden. Wenn ein Photometer vorhanden ist, sollte die Extinktion bei 420 oder 580 nm gemessen werden. Im Gegensatz zur *Schlösser*schen Beschreibung (siehe Literatur 1) werden die Bakterienkulturen hier nicht belüftet, sondern in Erlenmeyerkolben gehalten, 50 ml Kultur im 300 ml Erlenmeyerkolben ergibt eine große Oberfläche und geringe Schichtdicke und damit gute Durchlüftung.

Jede Arbeitsgruppe erhält:
10 Pipetten 10 ml
10 Pipetten 1 ml
20 Reagenzgläser
Reagenzglasständer
  1 am Tage vorher beimpfte E. coli-Kultur 150 ml
  1 Reagenzglas mit Toluol
25 ml Laktoselösung
25 ml Sodalösung
  5 ml o-NPG-Lösung
25 ml Phosphatpuffer
Filzstift, Uhr
  1 Becherglas mit Eiswasser

Etwa eine Stunde vor Versuchsbeginn wird die Escherichia-Kultur durch Zugabe von Nährlösung verdünnt und zum weiteren Wachstum gebracht, 50 ml Nährlösung auf 100 ml Escherichia-Kultur.
Die o-NPG-Lösung muß am Tag der Übung frisch angesetzt werden.

Versuchsdurchführung

1. Aufhebung der Repression der Gene für das Galaktosidase-Enzym durch Zugabe von Milchzucker, Probenentnahme
Entnehmen Sie der Milchzucker-freien E. coli-Kultur eine Probe = *Probe 0* nach folgender Vorschrift:

Probenentnahme, Toluolzugabe:
Reagenzgläser bereitstellen, beschriften; in jedes Reagenzglas 3 Tropfen Toluol geben; 2 ml Probe aus der Kultur entnehmen, ins Reagenzglas + Toluol geben, ½ Min. schütteln, ins Eiswasser stellen.
50 ml der Escherichia-Kultur in einen 200 ml *Erlenmeyerkolben* abfüllen, und als Kontrolle benutzen. Hiervon nach 35 Min. eine Probe nehmen.
2,5 ml Lactoselösung zur Escherichia-Kultur geben = *Zeitpunkt 0;* nach 5, 10, 15, 20, 25, 30, 35 Min. je eine Probe entnehmen, mit Toluol abtöten und schütteln, in Eiswasser stellen.

2. Nachweis der Galaktosidase
Für jede Probe ein Reagenzglas aufstellen und beschriften; in jedes Reagenzglas 0,5 ml Phosphatpuffer und 0,5 ml Probe (möglichst ohne Toluol), geben; zum Zeitpunkt t 0,2 ml o-NPG-Lösung zu jeder Probe geben, zum Zeitpunkt t + 20 Min. mit Hilfe von 1 ml Sodalösung die Reaktion abstoppen. Abschließend wird die entstandene Gelbfärbung verglichen oder mit Hilfe des Photometers genau registriert.

Bei der Zugabe von 0-NPG verfahren Sie am besten nach folgendem Zeitplan:

Probe Nr.	Zugabe 0-NPG Zeit Min.	Zugabe Sodalsg. Zeit Min.
0	1	21
1	2	22
2	3	23
3	4	24
4	5	25
5	6	26
6	7	27
7	8	28
Kontrolle	9	29

Stundenplanung:
Die Repressortheorie wurde im davor liegenden Unterricht besprochen.
1. Stunde: Vorbesprechung des Versuchs. Da dieser komplizierte Versuch für Schüler verwirren könnte, muß hier klargestellt werden, daß praktisch zwei hintereinanderliegende Versuchsserien durchgeführt werden. Nämlich zum ersten wird die Repression des β-Galaktosidase produzierenden Gens durch Zugabe von Milchzucker aufgehoben. Als nächster Schritt wird dann in den vorher gemachten Proben die β-Galaktosidase nachgewiesen. Während der Vorbesprechung sollten einige Arbeitsgänge vom Lehrer demonstriert werden, z. B. Probeentnahme; Abtöten der Probe durch Schütteln mit Toluol; Überpipettieren aus der abgetöteten Probe ohne Toluol mitzunehmen.
2./3. Stunde, besser auch 4. Stunde: Versuch.
Die Versuchsergebnisse werden am Ende der Stunde verglichen.
4. Stunde: Kurze Nachbesprechung, wenn nötig.

Versuch 2: Streptomycinresistente Mutanten

Achtung: Nicht weitere Antibiotika-resistente Bakterien von Schülern suchen lassen. Denn nur die Gene für Streptomycinresistenz liegen mit Sicherheit auf dem Bakterienchromosom. Andere Antibiotikaresistenzen liegen auf den Episomen und können deshalb leicht zur Übertragung der Antibiotikaresistenz auf die Praktikanten führen.

Ziele:
Feststellen der Häufigkeit der Mutanten
Nachweis von streptomycinresistenten Mutanten in einer Escherichia coli-Kultur.

Rezepte:
Nährböden: 1000 g Wasser
10 g Pepton aus Fleisch tryptisch verdaut
3 g Hefeextrakt
5 g Kochsalz
15 g Agar
Streptomycinhaltiger Nährboden: sterilisierten Nährboden auf etwa 55° C abkühlen, Streptomycin dazugeben und den Kolben zum Verrühren sorgfältig schwenken (200 μg Streptomycin / 1 ml Nährboden)

Nährlösung: Rezept wie Nährboden, ohne Agar

Verdünnungsflüssigkeit: 1000 g Wasser — 5 g NaCl — 50 ml Escherichia Coli-Übernacht-Kultur

Geräte für jede Arbeitsgruppe:
3 Petrischalen mit Nährboden + Streptomycin
6 Petrischalen mit Nährboden
10 sterile Reagenzgläser (im Becherglas aufgestellt), mit Alufol. gedeckt
1 Reagenzglasständer
3 Impfnadeln, besser Spatel
12 sterile Pipetten 1 ml   ⎫ entweder in Aluminiumhülse oder
8 sterile Pipetten 10 ml   ⎬ in Alufolie verpackt
4 sterile Pipetten 0,1 ml   ⎭

Versuchsvorschrift:

a. *Zählen der Bakterien:*
Herstellen einer Verdünnungsreihe: Aufstellen und Bezeichnen der Reagenzgläser, Einfüllen der Verdünnungsflüssigkeit, Überpipettieren der Lösungen. — Beim Überpipettieren, bei jedem Verdünnungsschritt die Pipette wechseln!
0,1 ml einer geeigneten Verdünnung auf je einen Nährboden pipettieren. — Die Kultur hat etwa einen Titer von 10^8/ml — sofort mit Spatel verteilen; umgekehrt aufstellen, im Brutschrank bei 24°, oder bei Zimmertemp. Genügend Parallelversuche ansetzen! Kontrollversuche! Petrischale kennzeichnen: Arbeitsgruppe, Verdünnung.

b. *Nach zwei Tagen auswerten:*
Entweder Schalen öffnen und jede gezählte Kolonie mit einer Nadel abhaken, oder Schalen geschlossen lassen und gezählte Kolonien mit Filzschreiber kennzeichnen.
Auswerten: Berechnen Sie die Zahl der Bakterien/ml!
= Berechnung des Mittelwertes und der Varianz.

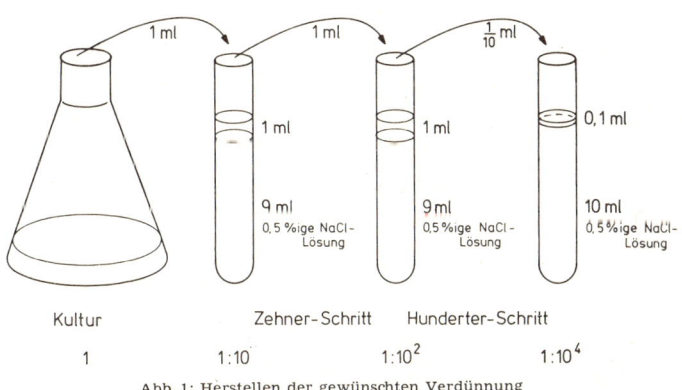

Abb. 1: Herstellen der gewünschten Verdünnung

c. *Nachweis und Zählen der Mutanten:*
0,1 ml der Kulturflüssigkeit auf den streptomycinhaltigen Nährboden pipettieren. Mit Spatel verteilen. Umgekehrt aufstellen. Nach 2 Tagen auszählen. Abschließend Zahl der Mutanten / 10^6 Bakterien angeben. Jede Gruppe gibt ein Protokoll ab, das benutzte Verdünnungen, Zahl der Parallelversuche, Kontrollen, Auswertung enthält.

Stundeneinteilung:
1. *Stunde:* Besprechen der Versuchsplanung
2. *Stunde:* Vorversuch: Festlegung des Titers in einer Bakterienkultur, damit zum korrekten Auszählen der Parallelversuche die richtigen Verdünnungen plattiert werden. Der Vorversuch ist zur Einübung der Versuchstechnik wichtig. In einer Pause, zwei Tage nach dem Vorversuch werden die Kolonien auf den Petrischalen ausgezählt. Die Besprechung der Ergebnisse des Vorversuchs erfordert 10 Min. in einer einem anderen Inhalt gewidmeten Unterrichtsstunde.
3./4. *Stunde:* Versuch; in der Versuchsanordnung wird bewußt nicht angegeben, wo nun Parallelversuche angesetzt werden, und was hier ein sinnvoller Kontrollversuch ist.
5. *Stunde:* Auszählen der Ergebnisse (muß 2 Tage nach dem Versuch erfolgen), Zusammenstellung der Versuchsergebnisse aller Arbeitsgruppen in einer Tabelle. In der Diskussion der Versuchsergebnisse soll die Frage „welches Versuchsergebnis ist eigentlich das richtige?" bewußt gemacht werden. Im Protokoll sollen die Schüler für die Keimzahl und die Häufigkeit der Mutanten den Mittelwert, möglichst auch die Standardabweichung, berechnen.
6. *Stunde:* Diskussion einiger Protokolle. Bei der Bewertung der Protokolle soll vor allem beurteilt werden, ob Versuch, Parallelversuch und Kontrollversuch sinnvoll angelegt wurden, und wie gründlich die Absicherung des Versuchsergebnisses durchdacht ist.

Versuch 3 und 4

Versuch 3: Messung der Pulsfrequenz
Versuch 4: Sektion von Schweineherzen
Ziele:
Der Schüler soll den Pumpmechanismus des Herzens erläutern und dabei die Begriffe Systole und Diastole benützen können.
— Er soll die Orte der Erregungsbildung im Herzen benennen können und dabei Schrittmacher und potentielle Erregungsbildner unterscheiden können.
— Er soll wissen, daß das Herzminutenvolumen durch Änderung der Herzfrequenz und durch Änderung des Schlagvolumens erhöht werden kann.
— Er soll die Beeinflussung der Herzfrequenz durch Sympathikus und Parasympathikus nennen und mit Hilfe des Regelkreisschemas verdeutlichen können.
— Er soll die Pulsfrequenz unter verschiedenen Bedingungen messen können.
— Er soll Mittelwerte berechnen und mit Hilfe des t-Test oder Ermittlung des Vertrauensbereichs beurteilen können, ob zwischen den Ergebnissen zweier Meßreihen statistisch signifikante Unterschiede bestehen.
— Er soll eigene Hypothesen hinsichtlich der Änderung der Pulsfrequenz unter verschiedenen Bedingungen aufstellen können, und diese Hypothesen mit Hilfe geeigneter Meßreihen bestätigen oder falsifizieren können.

Versuch 3: Messung der Pulsfrequenz unter verschiedenen Bedingungen, zum Beispiel im Sitzen, nach 10 Kniebeugen.
graphische Darstellung der Versuchsergebnisse
mathematisch-statistische Auswertung der Ergebnisse.

Versuch 4: Sektion von Schweineherzen
Demonstration der Herzkammern, der zu und abführenden Gefäße, der Klappen, der Herzkranzgefäße.

II. Experimentelles Verfahren

Ziele:
Der Schüler soll Transformationsversuche nennen und beschreiben können.
Er soll im Bereich der Phagengenetik Beobachtungen deuten können.
Er soll sich Versuche ausdenken können, mit deren Hilfe seine Hypothese bestätigt werden könnte.
Text:
„... Infiziert man nun z. B. einen Arginin bedürftigen, Streptomycin-sensiblen (arg str^s) Mutantenstamm mit Phagen, die sich auf arg$^+$str^r-Zellen vermehrt hatten, so wird ein Teil der infizierten Bakterien lysiert, ein anderer lysogenisiert. Plattiert man die infizierten arg str^s-Zellen auf Agar ohne Arginin oder Komplettagar mit Streptomycinzusatz, so wachsen einige Kolonien." *(Bresch Hausmann, klassische und molekulare Genetik, Springer Verl. 3. Aufl. 1973 S. 104).*

Aufgabe:
Suchen Sie eine Erklärung zur Deutung des oben geschilderten Befundes. Denken Sie sich einen Versuch aus, mit dem Ihre hypothetische Erklärung bestätigt werden könnte.
(Wiederholung des Versuches mit Phagen, die auf arg str^s-Zellen gewachsen waren; Plattieren von nicht infizierten arg str^s-Zellen).

III. Analyse

1. Die Matrix als Maßstab

Ausgangspunkt für solche Analyse des experimentellen Unterrichts ist ein Maßstab, mit dessen Hilfe Unterrichtsqualitäten gemessen werden können. Für diesen Zweck sind die heute gebräuchlichen wohlgeordneten Listen von Verhaltenszielen (Taxonomien) geeignet, denn in ihnen ist all das aufgeführt und eingeordnet, was an Verhaltensweisen mit Hilfe des Unterrichtes erreicht werden soll[1]).
Unter den verschiedenen Taxonomien ist die *Klopfer*sche Taxonomie der Verhaltensziele (2) für die Probleme des naturwissenschaftlichen Unterrichtes besonders brauchbar, denn diese Taxonomie ist speziell auf die Naturwissenschaften hin ausgerichtet. Sie wird deswegen in veränderter Form im weiteren benutzt, und hier als Teil einer Matrix wiedergegeben. Die Verhaltensziele sind auf einer Seite aufgetragen, quer dazu werden die zu prüfenden Unterrichtsinhalte notiert.
Mit Hilfe dieser Matrix sollen nun, den Intentionen dieses Aufsatzes entsprechend, Schulexperimente rsp. Unterrichtseinheiten mit experimentellem Anteil systematisch analysiert werden.

Matrix zur Analyse des experimentellen Unterrichts

Verhaltensziele

A. 0 Wissen und verstehen
 . 1 Wissen von spezifischen Fakten
 . 2 Kenntnis der naturwissenschaftlichen Terminologie
 . 3 Kenntnis von Konzepten der Naturwissenschaften
 . 4 Kenntnis von Konventionen (Zeichen, Symbole, Abkürzungen)
 . 5 Kenntnis von Richtungen und Stufenfolgen
 . 6 Kenntnis der Klassifikationen und Kriterien
 . 7 Kenntnis naturwissenschaftlicher Techniken und Verfahren
 . 8 Kenntnis naturwissenschaftlicher Regeln und Gesetze
 . 9 Kenntnis naturwissenschaftlicher Theorien und Leitideen
 .10 Erkennen von Fakten in neuem Zusammenhang
 .11 Übersetzen von einer Symbolsprache in eine andere

B. 0 Naturwissenschaftliche Verfahren (Beobachten und Messen)
 . 1 Beobachten von Objekten und Phänomenen
 . 2 Beschreiben der Beobachtung in angemessener Sprache
 . 3 Messen von Gegenständen und Veränderungen
 . 4 Auswahl geeigneter Meßinstrumente
 . 5 Einschätzung der Meßgenauigkeit

C. 0 Naturwissenschaftl. Verfahren (Sehen eines Problems. Suchen des Lösungsweges)
 . 1 Erkennen eines Problems
 . 2 Formulieren einer Arbeitshypothese
 . 3 Suchen nach geeigneten Verfahren zum Überprüfen von Hypothesen
 . 4 Entwerfen geeigneter Verfahren um Versuche durchzuführen

D. 0 Naturwissenschaftliche Verfahren (Interpretieren von Daten, Generalisieren)
 . 1 Verarbeiten experimenteller Daten
 . 2 Darstellen der Versuchsergebnisse in Kurven und Ermitteln von mathematischen Beziehungen
 . 3 Interpretieren von experimentellen Daten und Beobachtungen
 . 4 Extrapolation und Interpolation
 . 5 Bewertung der zu prüfenden Hypothese nach den Versuchsergebnissen
 . 6 Formulieren von Verallgemeinerungen, die durch die Ergebnisse abgesichert sind

E. 0 Naturwissenschaftl. Verfahren (Errichten, Überprüfen und Berichten einer Modellvorstellung)
 . 1 Erkennen des Bedürfnisses einer Modellvorstellung
 . 2 Formulieren einer Modellvorstellung um Wissen einordnen zu können
 . 3 Beschreiben von Zusammenhängen, die der Modellvorst. entsprechen
 . 4 Herleiten neuer Hypothesen aus einer Modellvorstellung
 . 5 Überprüfen einer Modellvorstellung
 . 6 Formulieren einer berichtigten, verbesserten oder erweiterten Modellvorstellung

F. 0 Praktische Fähigkeiten
 . 1 Entwicklung von Fertigkeiten im Umgang mit dem üblichen Laborgerät
 . 2 Sicheres Beherrschen von Versuchstechniken

Versuch 1	Versuch 2	Versuch 3	Versuch 4	Experimentelles Verfahren
. . . . . . + . . .	. . . . . .	. . . .	. . . .	+ + + + + + +
+ +	+ + + +	+ + + +	+ +	
		+ + + +		+ + + + +
	+ + +	+ + + + + +		+
		+ + + +		+ + + +
+	+ +	+	+	

2. Versuchsanalysen

a. Analyse des Versuchs zur Repressortheorie

Aus dem *Abschnitt A, Wissen und Verstehen* werden die Ziele A 3, Kenntnis von Konzepten der Naturwissenschaften, A 5 Kenntnis von Richtung und Stufenfolgen und A 7, Kenntnis naturwissenschaftlicher Techniken und Verfahren, berührt. Für A 7 ist das offensichtlich, denn ein Nachweisverfahren wird hier ja praktiziert. Die anderen beiden Ziele wurden im davor liegenden Unterricht beim Besprechen der Repressortheorie abgedeckt. Jetzt wird mit Hilfe eines Versuchs dies Wissen „vertieft", durch das lernpsychologische Hilfsmittel Schulversuch wird das Wissen in den Köpfen besser haften.

Die Abschnitte Naturwissenschaftliche Verfahren I—IV:
B, Beobachten von Objekten und Phänomenen. Bei diesem Versuch wird wenig beobachtet, aber immerhin eine Gelbfärbung gesehen und in ihren Nuancen unterschieden. B 1 wird also abgedeckt. Das Anfertigen eines ausführlichen Protokolls mit einer Beschreibung der Beobachtung entsprechend B 2 ist hier nicht vorgesehen, B 3 wird durch das Abschätzen der Farbnuancen bzw. bei der Messung mit Hilfe des Photometers betroffen. B 4 und B 5 werden bei diesem Versuch kaum abgedeckt werden.

Die Ziele der übrigen naturwissenschaftlichen Verfahren II—IV Abschnitte C, D, E werden bei diesem Versuch offensichtlich nicht betroffen.

Praktische Fähigkeiten, F 1 und F 2 werden geübt.

b. Analyse des Versuchs 2:

Nachweis von streptomycinresistent Mutanten und Analyse des Versuchs zur Bestimmung der Häufigkeit von streptomycinresistenten Mutanten.
Wiederum wird mit Hilfe dieses Versuchs das vorhandene Wissen vertieft. In diesem Sinne wird hier von den Zielen des *Abschnittes A, Wissen und Verstehen*, A 1, 2, 3, 4, 5, 7 abgedeckt.
Naturwissenschaftliche Verfahren I—IV, Abschnitte B, C, D, E. Von den Zielen des *Abschnittes B, Beobachten und Messen* wird B 1 beim Betrachten und Auszählen der Bakterienkolonien erfaßt. Wieweit B 2 tangiert wird, hängt davon ab, welchen Wert der beurteilende Lehrer der Darstellung des beobachteten im Unterricht und im Protokoll beimißt.
B 3 wird zweifellos mit Hilfe des Auszählens betroffen, und B 5, Einschätzen der Meßgenauigkeit kann bei der Beratung des Zählmodus, z. B. der Frage, welche der größeren, unförmigen Kolonien zwei- bis dreifach gezählt werden sollte, mit erfaßt werden.

B 4 kann hier nicht erreicht werden. Aus dem *Abschnitt C, Sehen eines Problemes, Suchen eines Lösungsweges* wird keins der Ziele betroffen.
Dagegen wird von den Zielen des Abschnittes D, *Interpretieren von Daten, Generalisieren*, durch die Aufarbeitung der gefundenen Daten und durch das Absichern der Versuchsergebnisse mit Sicherheit D 1, D 3, D 4, abgedeckt. *Modellvorstellungen* entsprechend Abschnitt E, Naturwissenschaftliche Verfahren IV werden hier weder formuliert noch bearbeitet.
Praktische Fähigkeiten, entsprechend Abschnitt F, werden geübt.

c. *Zusammenfassung der Analysenergebnisse der Versuche 1 und 2*

Die Analyse der beiden Versuche zeigt also, daß mit Hilfe von Schulversuchen durchaus unterschiedliche Verhaltensziele abgedeckt werden können. Denn gerade der mühselige Versuch zur Repressortheorie dient im wesentlichen der Anschauung, daneben werden praktische Fähigkeiten und etwas Beobachtung geübt. Während der erste Versuch also im wesentlichen der Anschauung dient und aus lernpsychologischen Gründen eingesetzt wird, erlaubt der Versuch Nachweis und Zählen von streptomycinresistenten Mutanten das Abdecken weiterer Ziele des Abschnittes B, Beobachten und Messen und vor allem das Erfassen von Zielen des Abschnittes D, Interpretieren von Daten, Generalisieren. Es werden mit dem 2. Versuch also wesentlich mehr Ziele der Abschnitte Naturwissenschaftliche Verfahren abgedeckt und damit intensiver in die naturwissenschaftliche Denk- und Arbeitsweise eingeführt.

Weiter muß hervorgehoben werden, daß mit keinem der besprochenen Versuche alle Ziele der Abschnitte B, C, D, E berührt werden, die Abschnitte C und E wurden nicht angesprochen, also ein Teil der Arbeits- und Denkweisen der Naturwissenschaftler wurde gar nicht geübt.

d. *Analyse des Versuchs 3*

Dieser Versuch ist denkbar einfach. Jedoch sollten die Schüler von vornherein dazu angehalten werden, stets mehrere Pulszählungen nacheinander durchzuführen, denn die zuerst registrierten Werte sind selten reproduzierbar.

Mit Hilfe der Pulszählung wird kein Wissen vermittelt. Jedoch wird durch das Beobachten des Pulsschlags und durch die Erfahrung der Veränderung des Pulsschlags am eigenen Leib das Ganze für den Schüler lebendiger. Diese Verbesserung der Lernvorgänge mit Hilfe dessen, was gemeinhin sehr undifferenziert als Anschauung bezeichnet wird, ist z. B. von *Aebli, H.* 3. untersucht worden. Für das Fach Biologie liegen keine einschlägigen Ergebnisse vor. Immerhin läßt sich annehmen, daß so das Wissen gerade der komplizierten Regelungsvorgänge (betr. Ziele A 5, 6, 8) in den Köpfen besser haftet, und auch der Transfer gemäß A 10, A 11 erleichtert wird.

Vom Abschnitt B Naturwissenschaftliche Verfahren Beobachten und Messen wird B 1, 2, 3, 5, abgedeckt. Dabei muß hervorgehoben werden, daß hier ein Schwerpunkt im Bereich Beobachten von Phänomenen, Beschreibung der Beobachtung in angemessener Sprache liegt. Denn gerade hinsichtlich der Stärke des Pulsschlags lassen sich vielfältige Differenzierungen beobachten.

Die Zusammenstellung der Ergebnisse führt die Schüler zur Hypothesenbildung, etwa „alle Raucher haben eine erhöhte Herzschlagfrequenz" oder „Menschen mit Übergewicht haben eine relativ niedrige Schlagfrequenz". Mit Hilfe dieser Hypothesen und dem Ausdenken geeigneter Meßreihen zum Überprüfen dieser Hypothesen werden die Ziele des Abschnittes C abgedeckt.

Beim Durchführen der geplanten Versuchsreihen erwerben die Schüler große Sicherheit im Zählen und Beurteilen des Pulsschlags, entsprechend dem Verhaltensziel F 2, sicheres Beherrschen von Versuchstechniken. Verhaltensziele des *Abschnittes D, Interpretieren von Daten, Generalisieren* werden durch das Auswerten der Versuchsreihen betroffen.

Das Diskutieren von Hypothesen zur Abhängigkeit der Herzschlag-Frequenz von verschiedenen Parametern kann bei geeigneter Unterrichtsführung zu Modellvorstellungen und zur Revision anfänglich gebildeter Modellvorstellungen führen. Solche Modellvorstellungen werden die Regelungsvorgänge betreffen. Eventuell kann das Regelkreisschema von den Schülern erarbeitet werden. Die Modellvorstellungen könnten aber auch das Hochdruck-Niederdruck-System des Blutkreislaufes oder die Windkesselfunktion der Aorta betreffen. Es ist also im Rahmen dieses Unterrichtsabschnittes durchaus möglich Ziele des *Abschnittes E, Errichten, Überprüfen und Berichtigen einer Modellvorstellung* abzudecken.

Im Ganzen dient dieser Versuch zwar auch der Erweiterung und Festigung des Wissens. Vor allem aber können mit seiner Hilfe alle diejenigen Verhaltensziele abgedeckt werden, die auf Vermittlung naturwissenschaftlicher Denk- und Arbeitsverfahren zielen. Der Unterricht ist hier vorwiegend Prozeß-orientiert. Das heißt, hier lernen die Schüler, wie sie selbst Wissen erwerben können, und wie sie die Verläßlichkeit des erworbenen Wissens überprüfen können.

e. *Analyse des Versuch 4. Sektion von Schweineherzen*

Dieser Versuch dient der Anschauung. Das Wissen über den Bau von Herzkammern und Herzklappen kann auch durch Bild und Wort vermittelt werden. Jedoch werden mit Hilfe der Präparation von Herzen die Lagebeziehung z. B. der Klappen und der zu- und abführenden Gefäße viel klarer. Die unterschiedliche Beschaffenheit von Herzvorkammern gegenüber den Herzhauptkammern kann nur durch solche Anschauung geklärt werden.

Dieser Versuch dient also nicht eigentlich der Wissensvermittlung; hingegen ist er vorzüglich geeignet das Wissen zu erweitern und zu festigen. Ob also mit Hilfe der Präparation eigene Verhaltensziele im Abschnitt Wissen und Verstehen abgedeckt werden, bleibt damit offen.

Von den weiteren Zielen der Taxonomie wird nur Beobachten von Objekten und Phänomenen und Beschreiben der Beobachtung in angemessener Sprache, B 1 und 2, und G 1, Entwicklung von Fertigkeiten im Umgang mit dem üblichen Laborgerät, tangiert.

Die Erweiterung des Wissens durch Anschauung steht bei diesem Versuch eindeutig im Vordergrund.

Analyse des experimentellen Verfahrens Hypothesen zur Transformation

Von den Zielen des Abschnittes A werden A 1, 2, 3, 4, 5 und 7 abgedeckt.
Im Bereich Beobachten und Messen werden keine Ziele tangiert.
Alle Verhaltensziele des Abschnittes C, sehen eines Problemes, Suchen eines Lösungsweges werden erfaßt. Von den Zielen des Abschnittes D wird D 1 abgedeckt. Eventuell können die Schüler hier Modelle entwickeln, damit würde vom Abschnitt E E 1, 2, 3 und 4 tangiert. Praktische Fähigkeiten entsprechend F werden nicht geübt.

Hier werden also experimentelle Arbeitsverfahren, nämlich das Bilden von Hypothesen und das Suchen von geeigneten Verfahren zum Überprüfen von Hypothesen geübt; und zwar ohne praktische Versuchsdurchführung.

IV. Besprechung der Analysenergebnisse, Folgerungen für den Unterricht

Auf Grund der Analysenergebnisse lassen sich die hier besprochenen Versuche in 2 Gruppen einteilen. Zur ersten Gruppe gehört Versuch 1 und Versuch 4. Diese beiden Versuche dienen im wesentlichen der Veranschaulichung. Daneben wird die Beobachtungsgabe geschult und es werden praktische Fähigkeiten eingeübt. Zur zweiten Gruppe zählt Versuch 2 und 3, und der Abschnitt experimentelles Verfahren Hypothesebilden. Mit Hilfe dieser Versuche wird zwar ebenfalls Wissen vertieft und erweitert. Vor allem aber dienen diese Versuche dem Einüben in wissenschaftliche Verfahrensweisen. Das heißt, hier lernen die Schüler wie sie selbst Wissen erwerben können, und wie sie die Verläßlichkeit des erworbenen Wissens überprüfen können. Dabei wurde an dem Verfahren zur Hypothesebildung demonstriert, daß dabei nicht immer praktische Versuche durchgeführt werden müssen; und, daß zum anderen nicht immer die volle Folge der naturwissenschaftlichen Verfahren geübt werden, sondern daß einzelne Schritte, hier das Hypothesebilden im Mittelpunkt stehen kann.

Auf Grund solcher Analysenergebnisse kann der Lehrer die Versuche für seinen Unterricht sicherer auswählen. Zum Beispiel ist die Vorbereitung des Versuchs zur Repressortheorie zeitraubend. Die praktische Durchführung ist mühsam und verzwickt, dadurch verlieren die Schüler leicht die Übersicht. Die resultierende Gelbfärbung ist keine Anschauung, die das Verständnis wesentlich verbessert. Und da das Analysenergebnis zeigt, daß sonst keine wichtigen Verhaltensziele abgdeckt werden, kann dieser ganze Versuch ausgelassen werden. Die Präparation des Schweineherzens dient wiederum im wesentlichen der Anschauung. Hier liefert die Anschauung aber wesentliche Erweiterung des Wissens. Auch die Beobachtungsgabe wird wirklich gefördert. Der ganze Versuch ist denkbar einfach und übersichtlich. Solche Versuche sind auch im Bereich der Sek. St. II sinnvoll und notwendig.

Der Nutzen des Versuchs 2, Zählen der Mutanten ist ohne weiteres ersichtlich. Denn hier wird einerseits durch Anschauung das Wissen erweitert und gefestigt und andererseits sehr gründlich das Absichern von Versuchsergebnissen geübt. Besonders hervorgehoben werden muß das Analysenergebnis von Versuch 3, Messung der Pulsfrequenz; denn es wurde ja gezeigt, daß dieser unscheinbare Versuch einerseits den Zugang zum Wissen über Regelung der Herztätigkeit erleichtert. Zum anderen lernen die Schüler hier sich selbständig zu informieren, das heißt, sie formulieren Überlegungen, ersinnen Versuchsreihen, sichern ihre Versuchsergebnisse ab und überprüfen ihre Ausgangshypothese an Hand der erzielten Ergebnisse. Das Ergebnis der Analyse klärt damit die Bedeutung gerade dieses einfachen Versuches für die Denkschulung. Es zeigt auf diese Weise aber auch, wie wichtig für den planenden Lehrer solch eine Analyse einzelner Versuche sein kann.

Literatur

1. *K. Schlösser*, Enzyminduktion bei Bakterien, MNU, 22, S. 352—358, 1969
2. *K. Schlösser*, Experimentelle Genetik, Verlag Quelle u. Meyer, Biologische Arbeitsbücher 6, 1968
3. *H. G. Schlegel*, Allgemeine Mikrobiologie, G. Thieme Verlag 1970, 2. Auflg.
4. *W. David*, Experimentelle Mikrobiologie, Verlag Quelle u. Meyer, Biol. Arbeitsbücher 7, 1968
5. *P. Häußler, J. Pittmann*, System zur Analyse Naturwissenschaftlicher Curricula, Beltz-Verlg. 1973
6. *L. E. Klopfer*, Evaluation of Learning in Science, in Bloom, Hastings, Madaus, Handbook an formative and summative Evaluation od Student earning, McGram-Hill 1971
7. *H. Aebli*, Über die geistige Entwicklung des Kindes, Klett 1971

Namen- und Sachregister

Biologische Quellen

Autorenverzeichnis

Aristoteles 3, 40
Avery, Oswald, Th. 112

Behring, Emil v. 237
Beringer, Johann,
  Bartholomäus, Adam 188
Boveri, Theodor 62, 65, 67

Cäsar, Gajus, Julius 175
Cairns, John 118
Correns, Carl 58
Crick, Francis, H. C. 113
Crisler, Louis 222
Cuvier, Georges Baron v. 128

Darwin, Charles 130, 138, 139

Ehrlich, Paul 33

Fischer, Eugen 78
Fleming, Sir Alexander 248
Frisch, Karl v. 197, 198, 203, 211

Geßner, Conrad 176, 179
Gößwald, Karl 228

Haeckel, Ernst 149, 192
Hertwig, Oskar v. 45, 149

Kaiser, Hans, Elmar 158
Keidel, Wolf, D. 38
Koch, Robert 235
Kokko, Yriö 227
Krott, Peter 165

Lamarck, Jean 123
Lange, Johannes 96
Lenz, Fritz 87, 93
Linné, Carl v. 43
Lonitzerus, Adam 181, 182, 185
Lorenz, Konrad 214
Lyssenko, Trofim,
  Denissowitsch 155

Malphighi, Marcellus 10
Marret, Mario 219
Mendel, Gregor 53
Morgan, Thomas, Hunt 98, 102
Müller, Fritz 148
Muller, Hermann, J. 109

Nägeli, Karl, Wilhelm v. 140

Oparin, Alexander,
  Iwanowitsch 8

Pasteur, Louis 5
Pfeffer, Wilhelm 25, 28

Reinert, J. 18
Röntgen, Wilhelm, Conrad 241

Sachs, Julius 21, 22
Scheuchzer, Johann, Jakob 186
Schopenhauer, Arthur 148
Semmelweis, Ignaz 233
Sirlin, J. L. 12
Spallanzani, Lazzano 49
Spemann, Hans 70
Sprengel, Christian, Conrad 41

Tinbergen, Nikolaus 153, 218
Tschermak, Erich
  Edler v. Seysenegg 59

Uexküll, Jakob v. 166

Valentine, R. C. 15

Watson, James, D. 113, 116
Weismann, August 61, 141
Wiseman, Alan 35

Die Ausstellung im Dienste der Schulbiologie

Lebende Pflanzen und Tiere in der Schule

Agave 276
Aktinien 307
Aloe-Arten 273, 274
Amazonas — Becken 295
Ameisenjungfer 319
Ameisennester 319
Ananas 278
Anguillula silusia 324
Aquarien-Einrichtung 292
Aquariengestaltung 295
Aquarien — Unterrichtliche Ausnutzung 308
Artemia salina 324
Aspidistra elatior 273
Ausstellungen 253
Ausstellungsmaterial 256
Ausstellungsschränke 255
Ausstellungsthemen 258

Begonia Rex 282
Billbergia nutans 278
Blattiden 324
Blumenfenster 270
Bogenhanf 272
Briefmarken 257, 262
Bromeliaceae 278
Bryophyllum 280, 281

Cactaceae 284
Callisia 279
Clivia 275
Commeliaceae 279
Crassula 280

Cuscuta europaea 282, 283
Cyperus 276

Drosophila-Zucht 319

Elefantenohr 275
Enchytraeus albidus 325
Enchytraeus Buchholzi 325
Euphorbia milii 282
Euplotes 326

Farngewächse 285
Feldheuschrecken 320
Fensterblatt 277
Ficus carica 279

Gallen 322
Grillen 320
Grindal-Würmchen 325

Haemanthus 275
Heimataquarium 298
Heimat-Terrarium 312
Hydrokultur 271
Hypeastrum 275

Insektarien 317

Kongofluß-Becken 296
Kugelspringer 320, 321

Laubheuschrecken 320
Lepisma saccharina 320
Lurche im Aquarium 299

Meeresaquarium 305
Mehlkäfer 318
Mehlmotte 323
Monstera 277
Myrmeleon formicarius

Palludarium 316
Palmen 277
Paramaecium 325
Pflanzengallen 265, 322
Philodendron 277
Prothallienzucht 287
Pseudoskorpione 322

Ritterstern 275

Salinenkrebs'chen 324
Sansivieria 272
Schaben 324
Schildblume 273
Schulpflanzen 269
Silberfischchen 320
Sminthurides aquaticus 320
Stabheuschrecken 320
Sumatra-Becken 297

Terrarien 310
Terrariengestaltung 312
Tradescantia 279
Tümpelaquarium 300

Zebrina 279
Zucht von Futtertieren 323
Zyperngras 276

Schulversuche zum Thema Rauchen

Atmungsvorgang 337
Ausatmungsluft 337

Beckmannthermometer 348
Bronchien 337, 338
Bronchitis 360

CO-Hämoglobin 351, 355
CO-Nachweis 351, 353
CO-Nachweis im
  Zigarettenrauch 352

Dauerpräparat (Teerstoffe) 344
Drogenkonsum (als Folge
  des Rauchens) 367

Einatmungsluft 337
Einleitung 336

Feststoffe 338
Filterzigaretten 341, 369 ff
Fingerthermometer 349
Flimmerhärchen 337
Fötus, Raucherschäden 362, 365

Gewohnheitsraucher 336

Handgebläse 343
Herzerkrankungen 360
Herzinfarkt 346, 351

Herzkranzgefäß-
  erkrankungen 361

Kinder u. Passivrauchen 366
Krebserkrankungen 359
Kreislauferkrankungen 360
Kochsalzzigaretten-
  spitze 339 ff
Kohlenmonoxid 336, 350, 364

Lebenserwartung 358
Lungenemphysem 360
Lungenkrebs 341
Lungenzug 339

Magengeschwüre 362
MAK-Werte 364
Methodische Hinweise 337
Mißbildungen 366

Nichtraucher 336
Nicot, Jean 345
Nikotin 336, 345, 364
Nikotin (als Magengift) 368
Nikotin (als Hautgift) 368

Oxihämoglobin 355, 356

Passivrauchen 364

pH-Werte des Rauchs 356
Prado-Universal 347
Pulsbeschleunigung 346

Raucherbein 346
Raucherinnen
  (Schädigung) 362
Raucherinnen
  (Fötusschädigung) 362
Rauchgewohnheiten
  (Jugendlicher) 366
Raucherkatarrh 360
Raucherlunge 341
Raucherthermometer 349
Raucherzimmer 336
Säuglinge und
  Passivrauchen 366
Schadstoffgehalt
  (in Zigaretten) 369 ff
Schleimzellen 337
Stadtgas 352
Statistische Angaben 358
Sterberisiko 359, 363
Streß, stiller 363

Teerstoffe 336, 338, 339, 340, 364

Untersuchungen
  (medizinische) 358

Statistischer Wiederholungskurs, programmiert

Abhängigkeit
— der Pflanzenerträge von Klimafaktoren 411
— der Aussageergiebigkeit von kombinierten Versuchsanlagen 383, 400
— bei Zusammenhängen 377, 382
— Unabhängigkeit von Differenzen (Freiheitsgrade) 387

Abweichung vom Mittelwert
— durchschnittliche 385
— mittl. quadratische 394
— Streuungsmaße 385, 394, 396
— zufällige Abweichung, bei kleinen Stichproben 385
— Außenseiterwerte 393
— bei Analyse von Zusammenhängen 411, 412

Alternative Hypothesen 386
— (Nullhypothese) 388, 389

Analysen, Sinn des statistischen Datenlesens 377, 389
— der Variationsursachen 400
— von Zusammenhängen 411

Arithmetisches Mittel 388
— (Medianwert) 388, 394, 396

Associationsmaß Q 416

Begleitfaktoren (unkontrollierte Zufallsfaktoren) 411, 412
Bestimmtheitsmaß r^2 382, 412
Binomialverteilung 398
Bravais-Pearsons Korrelationsmaß r 412

Chilton-Tabelle 381
Chiquadrat-test 399
Codierung 407, 426
Co-varianz 414

Deutungsfehler 382

Deduktion und Induktion 389, 390

Effizienter Schätzwert 420
Einfallsreichtum (creativ) 386
Einkommensverteilung, schiefe 388

Faktoren, Vernachlässigung a priori 388

Fehler
— Deutungsfehler 382
— systematische 381
— zufällige 379

FISHER's F-Test bei der Varianzanalyse 400
Freiheitsgrade 387

Gauß-Verteilung 392 (normale)
Grundgesamtheit und Stichprobe 379

Hellmichs K-Test 417
Hypothesenprüfung 387
(Nullhypothese) 388, 389

Irrtums- (Zufalls-) Wahrscheinlichkeit 387
— empirische Wahrscheinlichkeit 389
Induktiver- deduktiver Schluß 389, 390

Konstanthaltung von Versuchsbedingungen 381
Korrelation 411, 412
Medianwert (Zentralwert) 388, 394, 396
Mendels statistische Spaltungsregeln 390, 391
Mittelwert, arithmetischer 388

Normalverteilung (nach Gauß) 392
— Binomial-, Poisson-Verteilung 398
Nullhypothese 388, 389

Parameter 396
— (nichtparametrischer Test) 396
Prokopfeinkommen 388

Q-Test nach Yule 416

Regression 414
Repräsentative Stichprobe 380

Signifikante Unterschiede 380, 386
Spannweite „w", zwischen x_{max} und x_{min} 385
Statistik, Herkunft des Wortes 378
— Methodik und Tests 391
Stichproben 379
Streuungszerlegung (Varianzanalyse) 400
Standardabweichung „s" 394
student-Test, t-Test 393

Trefferanteil 419
Typologie 390

Variable 383, 411
Varianz „s^2" 395
Varianzanalyse 400
Vierfeldertabelle

Zeichentest 396
Zeitsparende Verfahren
— Nichtparametrische 396
— Codierung 407, 420
Zufallsfaktoren 379
Zufallswahrscheinlichkeit 386, 387

Die Biologie in der Umgangssprache

Aberglauben 430
Ackerbau 466
Ackergeräte 457
Ackerwagen 456
Adler 439
Adjektiva 476
  aus Pflanzennamen 444 f
  aus Tiernamen 444
  beigeordnet 434 f
  bei Tiernamen 435
  einfache 444 f
  für Farben 445 f
  im Vergleich 436 f
Affe 438
Althochdeutsch 426, 478
Ameise 439
Apfel 440
Appellativa 427
Arm 477
Ast 440
Augenfehler 481
Aussatz 468
Ausschlag 468

Bär 438
Bart 468
Bauernsprache 455 f
Baum 440
Baumfrüchte 440
Bedeutungs-
erweiterung 476, 477, 482
Beule 469
Bewirkungswörter 448
Biblische Zitate 483
Biene 439
Blatter(n) 469
Blausucht 469
Blumen 441
Brand 469
Brausche 469

Diminutiva 427 f
Dreschfest 467

Eigennamen 427
Eiß(e) 469
Ekzem 469
Esel 463
Eule 439

Fabel 429
Farbadjektiva 445 f
Feldbearbeitung 457
Feldhase 453 f

Finne 469
Fisch 439
Fistel 469
Flachsbearbeitung 457, 467
Flechte 470
Fleck 470
Fliege 439
Floh 440
Fremdwörter 426 f
Frieseln 470
Frucht 440
Fuchs 438
Furunkel 470
Fuß 477

Gemüse 441
Geographie 427
Geschwür 470
Geschwulst 470
Gestik 480
Getreide 441
Gewürze 441
Glatze 470
Gras 441
Grasernte 456
Greifvogel 439
Grind 470

Haar 470
Hackfrüchte 441
Hasenjagd 453
Hausente 458
Hausgans 458
Haushuhn 458, 465 f
Haushund 458, 459 f
Hauskatze 458, 460
Hauspferd 458 f, 460
Hausrind 462 f, 458
Hausschaf 458, 464
Hausschwein 458, 463
Haustiere 458, 459 f
Haustierfamilien 458
Hausziege 458, 465
Hautoberfläche 468 f
Hohlmaße 456
Homonyma 428, 484
Hühnerei 465
Hund 452 f
Hyperbel 480

Igel 438
Insekten 439

Jägersprache 447 f
Jagd 451

  auf Fische 454 f
  auf Hasen 451
  auf Vögel 454
Jagdhund 452
Jagdtiere 450

Karbunkel 471
Kerbtiere 439
Kohl 441
Komposita 475, 476
  Grundwörter
  ausgewandert 476
  Grundwörter
  eingewandert 475
  mit Tiernamen 473 f
Kosenamen 430 f, 427
Krätze 471
Krampfader 471
Krankheiten 481
Krebs 440
Kuckuck 439
Kulturpflanzen 466, 426, 457
Kunstwort 484

Landmaße 456
Lehnübersetzung 427, 478
Lehnwörter 426, 478
Leichdorn 471
Löwe 438
Lurch 439

Mal 471
Masern 471
Maus 438
Mitesser 471
Mittelalter 483
Mücke 440
Mund 477

Namen für den menschlichen
  Körper 468 f
Namen für Pflanzen
  und Tiere 426
  für Haustiere 458
  für Jagdtiere 450
  ausgewandert 429 f
  eingewandert 474 f
  eigenständig 426
Narbe 471
Naturmaße 476
Niednagel 472
Nuß 440
Nutzgräser 441

Ohr 477

Pelzwerk 431
Pflanzennamen 443 f
  eingewandert 474 f
  in fremder Umgebung 433
  in Redensarten 440 f
  in Sprichwörtern 440 f
Pferd 458, 460 f
Pferdenamen 458
Pickel 472
Pocke(n) 472

Quaddel 472

Rabenvogel 439
Ratte 438
Redensarten 438 f, 451 f, 479 f, 482
Reittier 460 f
Röteln 472
Rose 441
Rufe 472
Runzel 472

Säugetiere 438, 442
Schaf 464
Scharlach 472
Schimpfname 430 f
Schinne(n) 472
Schlange 439
Schmarre, Schmiß 473
Schorf 473
Schrunde 473
Schuppe 473
Schwär(e) 473
Schwalbe 439
Schwiele 473
Sohle 477
Sommersprossen 473
Sperling, Spatz 438
Spinne 440
Spinnfaser 467
Sprichwörter 438 f, 451 f
Stammwörter 426, 478
Sternbilder 431 f
Substantiva 477
  der Bauernsprache 456 f
  der Jägersprache 448 f
Suffixe 429
Synonyma 428, 450, 484

Taube 439
Tierfabel 429
Tiergeschichten 447
Tierkrankheiten 456
Tiernamen 444
  der Bauernsprache 458
  der Jägersprache 450
  eingewandert 474 f
  erweitert 435
  in fremder Umgebung 432
  in Redensarten 482 f
  in Sprichwörtern 438 f
  für den Menschen 430 f
  Synonyma 450

Überbein 473
Übertragungen 432 f, 476 f
Übertreibungen 480
Umlauf 474

Verben 477
  der Bauernsprache 457
  der Jägersprache 449 f
  aus Pflanzennamen 443 f
  aus Tiernamen 441 f
  im Vergleich 437
Vergleiche 436 f
Vögel 438 f, 454, 465 f
Vogelstellerei 454
Vornamen 446 f

Warze 474
Wechselwarme
  Wirbeltiere 439, 443
Weinberg 456
Werkzeug des Landmannes 457
Wespe 439
Wie-Vergleich 436 f
Wirbellose Tiere 439 f, 443
Wolf 438
Wurm 440

Zahn 477
Ziege 465
Zitate 483
Zoologie 477, 482
Zugtier 461

Umweltschutz

Aquatisch 519
Aufnahmeflächen (Pflanzen) 508
Aufnahmeverfahren (Tiere) 508

Belastung 488
Belastbarkeit 488
Belastungsfaktoren 490
Belastungsgrenze 516
Bodengefährdung 501
Bruttoprimärproduktion 510
BSB-Wert 489

Einheiten 488
Emissionen 491
Energiefluß 510
Energieflußdiagramm 510, 512
Entnahmemethode 508

Flechtentest 503

Gasspürgerät 492
Geburtenkontrolle 525
Gewässergüteklassen 489

Immissionen 491

Kartierung 516

Konkurrenz 515
Kressetest 505
Kritischer Grenzwert 516

Landesplanung 526
Landschaftsschutz 525
Lärm 489, 499
Lärmmessung 499
Luftverunreinigungen 491

MAK-Werte 489, 491
MIK-Werte 489, 491
Mineralöl 498
Modellrechnung 524
Müll 489, 500
Mülluntersuchung 500

Naturschutz 525
Nettoprimärproduktion 510
Nitratbestimmung 497
Nylonstrumpfmethode 509

Ökopyramide 522
Ökosysteme 516

Pflanzensoziologische Aufnahme 508

Phosphatbestimmung 495
Planktontest 504
ppm 488

Raumordnung 526

Saprobiensystem 489
Sauerstoffzehrung 489, 497
Staubbestimmung 493
Stetigkeit 506, 507
Stoffkreislauf 513
Strahlenbelastung 489, 499
Strukturschaubild 517, 518
Sukzession 513

Terrestrisch 520

Umwelt 488
Umweltbelastung 490
Urban-industriell 522

Wasserblüte 505
Wassergüteanzeiger 495
Wasserverunreinigung 494

Zersetzer 509

Verbesserung von sinnentstellenden Druckfehlern im Handbuch

Seite XII: Zeile 9 von unten: statt „Substanzen": Faktoren
Seite 27: Zeile 5 von unten: statt „aus": auf
Seite 28: Zeile 15 von unten: statt „je": ja
Seite 54: Zeile 31 und 32 vertauschen
Seite 66: Zeile 16: Nach + 1RR das Wort „vorkommen" einfügen
Seite 79: Zeile 16: statt „ein": nein
Seite 90: Zeile 8: statt „es hat": er hat es
Seite 245: Zeile 3: statt: „war": zwar
Seite 247: Zeile 3 der Abbildungserklärung: statt „Koelliken": Koelliker
Seite 359: Zeile 3 von unten: Die Zahlen 11,5 und 7,65 sind zu vertauschen
Seite 503: Zeile 2: statt „Substanzen": Faktoren
Seite 525: Zeile 19: statt „Ökologische Produktion": Alternativer Landbau
Seite 532: An Zeile 32 anschließen: „Vorsicht! Schalen mit resistenten Bakterien nie öffnen, sondern vor dem Auswerten mit Klebeband verschließen. Nach Auswertung in geschlossenem Plastikbeutel in Müllkontainer geben."
Seite 533: Zeile 2: statt: „Verdünnungsflüssigkeit: 1000 g Wasser – 5 g NaCl – 50 ml Escherichia Coli-Übernachtkultur": Verdünnungsflüssigkeit: 1000 g Wasser, 5 g NaCl zu 50 ml Escherichia-Übernachtkultur geben.